Vom Zählstein zum Computer

Herausgegeben von
H.-W. Alten, A. Djafari Naini, K.-J. Förster,
B. Schmidt-Thieme, E. Wagner, H. Wesemüller-Kock
Institut für Mathematik und Angewandte Informatik
center for lifelong learning
Universität Hildesheim

In der Reihe „Vom Zählstein zum Computer"
sind bisher erschienen:

6000 Jahre Mathematik
Eine kulturgeschichtliche Zeitreise
Band 1: Von den Anfängen bis Leibniz und Newton
Band 2: Von Euler bis zur Gegenwart
Wußing
ISBN 978-3-642-02363-7

4000 Jahre Algebra
Alten, Djafari Naini, Folkerts, Schlosser, Schlote, Wußing
ISBN 978-3-540-43554-9

5000 Jahre Geometrie
Scriba, Schreiber
ISBN 978-3-642-02361-3

Überblick und Biographien,
Hans Wußing et al. ISBN 978-3-88120-275-6
Vom Zählstein zum Computer – Altertum (Videofilm),
H. Wesemüller-Kock und A. Gottwald ISBN 978-3-88120-236-7
Vom Zählstein zum Computer – Mittelalter (Videofilm),
H. Wesemüller-Kock und A. Gottwald

Thomas Sonar

3000 Jahre Analysis

Geschichte, Kulturen, Menschen

Mit 558 Abbildungen, davon 363 in Farbe

To Pat & Bill in love

Yours ever

Thomas

Braunschweig, 5.7.2011

Springer

Prof. Dr. Thomas Sonar
Institut Computational Mathematics
Technische Universität Braunschweig
Pockelsstr. 14
38106 Braunschweig
Deutschland

ISBN 978-3-642-17203-8   e-ISBN 978-3-642-17204-5
DOI 10.1007/978-3-642-17204-5
Springer Heidelberg Dordrecht London New York

Bibliografische Information der Deutschen Nationalbibliothek
Die Deutsche Bibliothek verzeichnet diese Publikation in der Deutschen Nationalbibliografie;
detaillierte bibliografische Daten sind im Internet über http://dnb.d-nb.de abrufbar.

Mathematics Subject Classification: 01-00, 26-03, 65-03

© Springer-Verlag Berlin Heidelberg 2011

Dieses Werk ist urheberrechtlich geschützt. Die dadurch begründeten Rechte, insbesondere die der Übersetzung, des Nachdrucks, des Vortrags, der Entnahme von Abbildungen und Tabellen, der Funksendung, der Mikroverfilmung oder der Vervielfältigung auf anderen Wegen und der Speicherung in Datenverarbeitungsanlagen, bleiben, auch bei nur auszugsweiser Verwertung, vorbehalten. Eine Vervielfältigung dieses Werkes oder von Teilen dieses Werkes ist auch im Einzelfall nur in den Grenzen der gesetzlichen Bestimmungen des Urheberrechtsgesetzes der Bundesrepublik Deutschland vom 9. September 1965 in der jeweils geltenden Fassung zulässig. Sie ist grundsätzlich vergütungspflichtig. Zuwiderhandlungen unterliegen den Strafbestimmungen des Urheberrechtsgesetzes.
Die Wiedergabe von Gebrauchsnamen, Handelsnamen, Warenbezeichnungen usw. in diesem Werk berechtigt auch ohne besondere Kennzeichnung nicht zu der Annahme, dass solche Namen im Sinne der Warenzeichen- und Markenschutz-Gesetzgebung als frei zu betrachten wären und daher von jedermann benutzt werden dürften.

Einbandgestaltung: deblik, Berlin und H. Wesemüller-Kock, Hildesheim
Satz: Elena Bornschein und Sylvia Voß, Hildesheim

Gedruckt auf säurefreiem Papier

Springer ist Teil der Fachverlagsgruppe Springer Science+Business Media (www.springer.com)

Meinen Lehrern

Erwin Mues, Günter Mühlbach und *Horst Tietz*

in Dankbarkeit gewidmet.

„Ich glaube, König Gelon, daß dies der Menge der nicht mathematisch gebildeten Menschen unglaublich erscheinen wird ..."

ARCHIMEDES [Archimedes 1972, S. 360]

Thomas Sonar wurde 1958 in Sehnde bei Hannover geboren. Nach dem Maschinenbaustudium an der Fachhochschule Hannover wurde er kurzzeitig Laboringenieur im Labor für Regelungstechnik der FH Hannover und gründete ein eigenes Ingenieurbüro. Dem Mathematikstudium an der Universität Hannover folgte von 1987 bis 1989 eine Tätigkeit als wissenschaftlicher Mitarbeiter der DLR (damals DFVLR) in Braunschweig im Raumgleiterprojekt HERMES, dann als wissenschaftlicher Mitarbeiter am Lehrstuhl von Prof. Dr. Wolfgang Wendland in Stuttgart. Nach Studien in Oxford am Computing Laboratory promovierte Thomas Sonar 1991 im Fach Mathematik und arbeitete danach bis 1996 als Hausmathematiker am Institut für Theoretische Strömungsmechanik der DLR in Göttingen, gab dort den Anstoß zur Entwicklung des heute vielfach eingesetzten TAU-Codes zur numerischen Berechnung kompressibler Strömungen und programmierte dessen erste Versionen. 1995 erfolgte die Habilitation für das Fach Mathematik an der TU (damals TH) Darmstadt. Von 1996 bis 1999 wirkte er an der Universität Hamburg im Institut für Angewandte Mathematik und seit 1999 an der TU Braunschweig als Abteilungsleiter der Arbeitsgruppe für partielle Differentialgleichungen. Einen Ruf an die Universität Kaiserslautern und die damit verbundene Übernahme einer Führungsposition im dortigen Fraunhofer-Institut für Techno- und Wirtschaftsmathematik lehnte er 2003 ab. Im selben Jahr gründete er an der TU Braunschweig das bis heute sehr aktive Mathematiklehrerfortbildungszentrum „Mathe-Lok", in dem auch regelmäßige Veranstaltungen für Schülerinnen und Schüler stattfinden.

Thomas Sonar entwickelte früh sein Interesse an der Geschichte der Mathematik, arbeitete insbesondere zur Geschichte der Navigation und der Logarithmen in England und begleitete die viel beachteten Braunschweiger Ausstellungen zum Gauß-Jahr 2005 und zum Euler-Jahr 2007 wissenschaftlich.

Weitere mathematikhistorische Arbeiten sind Eulers Analysis, seiner Mechanik und Strömungsmechanik, der Geschichte mathematischer Tafeln, William Gilberts' Magnettheorie, der Geschichte der Ballistik, dem Mathematiker Richard Dedekind, sowie den Vorgängen um den Tod Gottfried Wilhelm Leibniz' gewidmet. Im Jahr 2001 erschien nach intensiven Studien im Merton College in Oxford sein Buch über die frühen mathematischen Arbeiten von Henry Briggs. Insgesamt hat Thomas Sonar etwa 150 Fachbeiträge und 14 Bücher – zum Teil mit Kollegen – publiziert, eine Vorlesung zur Mathematikgeschichte an der TU Braunschweig etabliert und viele Jahre lang dieses Fach im Rahmen eines Lehrauftrages an der Universität Hamburg vertreten. Zahlreiche Veröffentlichungen beschäftigen sich auch mit der Vermittlung von Mathematik und Mathematikgeschichte an ein breiteres Publikum und der Verbesserung des Mathematikunterrichtes an Gymnasien.

Thomas Sonar ist Mitglied in der Braunschweigischen Wissenschaftlichen Gesellschaft und korrespondierendes Mitglied in der Hamburger Akademie der Wissenschaften.

Vorwort des Autors

„6000 Jahre Mathematik", „5000 Jahre Geometrie", „4000 Jahre Algebra" – und nun liegen „3000 Jahre Analysis" vor. Es ist folgerichtig, nach einer Kulturgeschichte der Mathematik und nach der Geschichte von Geometrie und Algebra nun auch die Geschichte der Analysis für ein breiteres interessiertes Publikum zugänglich zu machen.

Dabei wurde versucht, an dem überaus erfolgreichen Konzept der Vorgängerbände festzuhalten: Wissenschaftlich gesicherte Fakten in einer lesbaren Form, die Freude an der Zukunftswissenschaft Mathematik und ihrer historischen Entwicklung vermitteln soll. Aber etwas ist doch anders. Während man die Kulturgeschichte der Mathematik weitgehend ohne mathematische Details spannend darlegen kann, während die Geometrie sich weitgehend aus der Geschichte ihrer Konstruktionen in wunderbaren Zeichnungen ergibt und während sich die Geschichte der Algebra – jedenfalls noch bis ins 19. Jahrhundert hinein – aus elementaren mathematischen Überlegungen entwickeln lässt, verlangt die Disziplin der Analysis mehr. Analysis ist im Kern die Wissenschaft des Unendlichen – und zwar des unendlich Großen wie des unendlich Kleinen. Ihre Wurzeln liegen schon in den Fragmenten der Vorsokratiker und deren Überlegungen zum „Kontinuum" und der brennenden Frage, ob Zeit und Raum „kontinuierlich" oder „atomar" aufgebaut sind. Dünne Wurzelfäden der Analysis reichen sogar zurück bis ins Reich der Pharaonen und der Babylonier, von denen die Griechen gelernt haben. Spätestens mit Archimedes (ca. 287–212 v. Chr.) erreicht die Analysis jedoch eine Maturität, die nach einer aktiven Teilnahme des Lesers verlangt. Man kann beim besten Willen die Bedeutung der Archimedischen Analysis *nicht* verstehen, ohne einige Beispiele genau zu studieren und auch einmal mit Bleistift und Papier nachzuvollziehen. Nach Archimedes wird dieses Wissen zwar wieder verschüttet, aber spätestens mit der Renaissance schreitet die Analysis wieder in Riesenschritten fort und wieder fordert diese Wissenschaft den Leser! Um es poetisch auszudrücken: Die Analysis erweist sich als fordernde Geliebte und man muss sich ihr hingeben, wenn man sie verstehen will.

Aber keine Angst! Diese Bemerkungen sollen nicht abschreckend wirken – im Gegenteil: Sie sollen die Spannung auf die Inhalte dieses Buches erhöhen. Man muss von Zeit zu Zeit mitdenken, aber dann erhält man als Belohnung tiefe und befriedigende Einsichten in eine der wichtigsten Teildisziplinen der Mathematik, ohne die die technische Revolution und die damit verbundene Entwicklung unserer heutigen hochtechnisierten Welt undenkbar gewesen wäre.

Es sind mehrere Bücher über die Geschichte der Analysis auf dem Markt und der Leser verdient daher ein paar Bemerkungen über die Position dieses Buches im Hinblick auf die anderen. Ich beanspruche nicht, neueste und bisher unbekannte Forschungsergebnisse zu publizieren. Das vorliegende Buch unterscheidet sich dennoch von anderen ganz erheblich. Zum Einen kommt das daher, dass auch den geschichtlichen Entwicklungen im Umfeld genügend Raum eingeräumt wird, wie es sich für Bücher in dieser Reihe gehört. Des Weiteren habe ich einen Schwerpunkt auf die Vorsokratiker und das christliche Mittelalter gelegt, in dem die Kontinuumsdiskussionen bestimmend waren. Schließlich ist die Klammer, die alle in diesem Buch behandelten Themen umfasst, das „Unendliche". Diese Klammer erlaubt es mir, im 20. Jahrhundert nicht vor der unglaublichen Breite der Entwicklung – Funktionalanalysis, Maßtheorie, Integrationstheorie, usw. – kapitulieren zu müssen, sondern vielmehr mit der Nichtstandard-Analysis zu enden, in der wir unendlich kleine und große Größen finden, in der das Kontinuum im vorsokratischen Sinne wieder zu Ehren kommt und somit ein großer Kreis geschlossen werden kann, der Zenon von Elea mit Thomas Bradwardine, Isaac Newton, Gottfried Wilhelm Leibniz, Leonhard Euler, Karl Weierstraß, Augustin Louis Cauchy und schließlich mit Abraham Robinson und Detlef Laugwitz verbindet. Dieser verbindenden Klammer ist es auch zu verdanken, dass ich die Entwicklung der Mengenlehre in die Geschichte der Analysis aufgenommen habe, was sicher nicht üblich ist. Aber unter dem Aspekt der Geschichte vom Umgang mit „Unendlich" gehört die Mengenlehre einfach dazu.

Dieses Buch wurde erst ermöglicht durch die Projektgruppe Geschichte der Mathematik der Universität Hildesheim, der ich herzlich danken möchte. Besonderer Dank gebührt meinem Kollegen Heinz-Wilhelm Alten und meinem Freund und Kollegen Klaus-Jürgen Förster für ihr Vertrauen in mich. Insbesondere Herrn Kollegen Alten habe ich und hat dieses Buch außerordentlich viel zu verdanken. Er hat die Manuskripte in schneller Folge mit großer Sachkenntnis und scharfem Blick korrekturgelesen, kritische Anmerkungen gemacht und oft Textvorschläge unterbreitet. Herr Wesemüller-Kock hat sich in gewohnt professioneller Weise um die Gestaltung des Werkes gekümmert. Welche Arbeit damit verbunden ist, wenn man Bilder und Skizzen selbst anfertigen muss, vorhandene Bilder zu modifizieren hat und Bildunterschriften anfertigt oder korrigiert, kann nur der nachvollziehen, der sich einer solchen Aufgabe einmal selbst gestellt hat. Welch umfangreiche Arbeit er wieder einmal geleistet hat, kann man in diesem Buch – wie in allen anderen Bänden der Reihe – erkennen. Ohne den Verlag, der das Projekt wollte und unterstützte, hätte es dieses Buch ebenfalls nicht gegeben. Insbesondere danke ich Herrn Clemens Heine vom Springer Verlag.

Nun bin ich kein ausgebildeter Historiker. Natürlich hat mein stetes und langjähriges Interesse an Geschichte geholfen, aber auch gute Bücher wie „Der große Ploetz" [Ploetz 2008] oder die wunderbaren Bände des Reclam-Verlages, die mit „Kleine Geschichte ..." oder „Kleine ... Geschichte" beginnen [Maurer 2002], [Altgeld 2001], [Dirlmeier et al. 2007], [Haupt et al. 2008]. Im Zweifel aber hilft Herr Kollege Alten oder nur ein gestandener Historiker wirklich weiter und ich schätze mich sehr glücklich, dass mein Freund und Kollege Gerd Biegel vom Institut für Braunschweigische Regionalgeschichte, trotz ständiger Arbeitsüberlastung geduldig an meiner Seite war und mir bei so mancher Virginier-Zigarre und unzähligen Espressi Einblicke in historische Zusammenhänge ermöglichte.

Frau Sylvia Voß hat mich mit großer Kompetenz LaTeXnisch betreut, wofür ich ihr sehr danken möchte. Außerordentlich dankbar bin ich Herrn Prof. Dr. Eberhard Knobloch nicht nur für die kostbare Zeit, die er mir beim Korrekturlesen geopfert hat, sondern auch für zahlreiche konstruktive Kritik und Hinweise und korrekte Übersetzungen aus dem Altgriechischen.

Vor vielen Jahren habe ich Analysis bei meinem verehrten Lehrer Prof. Dr. Erwin Mues gelernt, der sich längst im Ruhestand befindet. Seine Vorlesungen haben meine Liebe zur Analysis begründet, wofür ich ihm nur aus zeitlicher Ferne von Herzen danken kann. Meinen weiteren akademischen Lehrern Profs. Dres. Horst Tietz und Günter Mühlbach bin ich ebenfalls zu großem Dank verpflichtet. Dem ersten für die Lineare Geometrie – die von ihm bevorzugte Bezeichnung der Linearen Algebra – und Topologie und seine jahrelange väterliche Freundschaft, und dem zweiten für seine unerreichten Vorlesungen über Numerische Mathematik, in denen seine Studierenden lernen konnten, dass man erst einmal ein brauchbarer reiner Mathematiker sein muss, um die Numerik zu verstehen. Meinen drei Lehrmeistern ist dieses Buch gewidmet.

So ein Buch kostet Zeit, viel Zeit! Meine Entscheidung, dieses Buch zu schreiben, hatte für meine Frau Anke und die Kinder daher ernste Konsequenzen, wovon die „Großen", Konstantin und Alexander, nicht so sehr betroffen waren, wohl aber Philipp und Sophie-Charlotte. Zwei Semesterferien gingen vollständig in dieses Buch, in denen ich im Arbeitszimmer oder in Bibliotheken saß, während um mich herum das Leben weiterging – ohne mich! Außerdem habe ich nicht unbedeutende Mengen von Geld in den Erwerb antiquarischer Bücher gesteckt, um meine Privatbibliothek zum Thema „Geschichte der Analysis" zu vergrößern. Dies und die vielen, teils halbmeterhohen Bücherstapel in Wohn- und Esszimmer, auf Sofas und Stühlen und auf dem Boden, hat meine liebe Frau mit Humor und mit nur wenigen bissigen Bemerkungen hingenommen. Auch in den laufenden Semestern habe ich viel Zeit in dieses Buch gesteckt, was meine Studierenden (hoffentlich!) nicht bemerkt haben, meine Familie aber sehr wohl. Nach dem Erscheinen der beiden Bände „6000 Jahre Mathematik" von Hans Wußing brachte meine Frau es auf den Punkt: „Mein Mann hat eine Geliebte, die ist 6000 Jahre alt, und er liebt sie wirklich!" Dafür, dass sie es bis heute mit mir und der Geliebten ausgehalten hat, danke ich ihr von ganzem Herzen.

Thomas Sonar

Vorwort des Herausgebers

3000 Jahre Analysis - mit diesem Band der Reihe „Vom Zählstein zum Computer" legt die Projektgruppe Geschichte der Mathematik der Universität Hildesheim nach den bereits wiederholt aufgelegten beiden Bänden „6000 Jahre Mathematik" und den Bänden „5000 Jahre Geometrie" und „4000 Jahre Algebra" einen weiteren Band über die Entwicklung eines großen Teilgebietes der Mathematik vor, eines Teilgebietes, das zu den Grundpfeilern der Mathematik gehört, in den beiden letzten Jahrhunderten rasanten Aufschwung und enorme Ausdehnung gewonnen hat und in seinen Anwendungen fast alle Bereiche unseres Lebens durchdringt.

Analysis – nicht zu verwechseln mit dem in Chemie, Medizin, Wirtschaft und Politik verwendeten Begriff Analyse – bei diesem Oberbegriff für viele große Teilgebiete der Mathematik denken Gymnasiasten, Studierende und viele, die sich mit „Höherer" Mathematik befasst haben wohl zuerst an Differential- und Integralrechnung. Aber die haben doch Leibniz und Newton entdeckt und das war erst vor gut 300 Jahren! Wieso dann 3000 Jahre Analysis? Anderen fällt dazu vielleicht das schwer auszusprechende Wort Infinitesimalrechnung ein. Aber was bedeutet eigentlich infinitesimal? Wörtlich soviel wie „unendlich klein"! Und damit sind wir auf einen grundlegenden Begriff der Analysis gestoßen. Von „unendlich kleinen" und „unendlich großen" Größen ist dort die Rede, vom „Streben gegen Null" und vom „Streben gegen Unendlich", von Grenzwerten, Differentialen und Integralen, von Infinitesimalen und Indivisiblen, von Stetigkeit und dem Kontinuum der reellen Zahlen, auch von irrationalen und sogar von transzendenten, transfiniten und hyperreellen Zahlen. Aber was bedeuten all diese Begriffe und wie sind sie entstanden?

Antworten auf all diese Fragen gibt Thomas Sonar in diesem Buch! In erfrischend verständlicher Sprache spannt er einen weiten Bogen von den Vorstufen mathematisch-analytischen Denkens in den alten Kulturen des Vorderen Orients, über das Entsetzen der Pythagoreer bei der Entdeckung inkommensurabler Strecken (und damit irrationaler Zahlen), die Diskussionen über Kontinuum und Atomismus, Infinitesimale und Indivisible im Griechenland der Antike, fast 2000 Jahre später in der scholastischen Philosophie und Mathematik des Mittelalters, dann in der Renaissance bis hin zum Streit über die Kontinuumhypothese im 20. Jahrhundert und den überraschenden Beweisen von Gödel und Cohen, dass diese im Rahmen der von Fraenkel und Zermelo axiomatisierten Mengenlehre weder beweisbar noch zu widerlegen, also unentscheidbar ist.

Analysis wird deshalb oft auch als „Wissenschaft des Unendlichen" charakterisiert und Leonhard Euler spricht im Vorwort seiner „Introductio in Analysin infinitorum" von der Analysis des Unendlichen. Deshalb ist das Unendliche auch Klammer und Leitlinie dieses Buches und sein Autor beschränkt sich bewusst auf die Darstellung der historischen Entwicklung dieser grundlegenden Begriffe der Analysis. Ausführlich beschreibt er ihre Entwicklung und Wandlung im Streit von Mathematikern und Philosophen in langen Jahrhunderten bis hin zu den unendlich kleinen und unendlich großen bzw. hyperreellen Zahlen der erst in den letzten 50 Jahren entwickelten Ausprägungen der Nichtstandard-Analysis.

Das unendlich Kleine führt zur Infinitesimale, unbegrenzt Teilbares zum Infinitesimalkalkül, zu Differential und Integral, das unendlich Große als ohne Ende Wiederholbares zum Integral als Gesamtheit von Indivisiblen, zu unendlichen Folgen und Reihen und ihren Grenzwerten, zu den Hierarchien der unendlichen Mächtigkeiten in Cantors Mengenlehre, zu transfiniten Kardinal- und Ordinalzahlen, zu vollständiger und zu transfiniter Induktion. Beide sind neben dem Funktionsbegriff ausschlaggebend und zielführend bei der Definition und zur Klärung grundlegender Begriffe der Analysis: Grenzwert, Stetigkeit, Konvergenz, Differential und Integral.

Hingegen werden die mehrdimensionale Analysis und viele Zweige der modernen Analysis - Differentialgleichungen, Integralgleichungen, Differentialgeometrie, Vektoranalysis und Funktionalanalysis nur in Anfängen und Grundzügen skizziert. Andere Teilgebiete wie die Theorie der reellen Funktionen und der unendlichen Reihen, Maß und Integral, Topologie, Approximationstheorie, Numerische Analysis und das riesige Gebiet der Funktionen komplexer Veränderlicher werden nur erwähnt, weil die Darstellung ihrer Geschichte den Rahmen dieses Buches sprengen würde und deshalb anderen Bänden vorbehalten bleibt.

Wie die Analysis und ihre Anwendungen heutzutage in fast alle Bereiche unseres Lebens eingedrungen sind, uns auf Schritt und Tritt begleiten - das erfährt der Leser im letzten Kapitel dieses Buches.

Wie in den anderen Bänden dieser Reihe ist die Darstellung eingebettet in die allgemeine und kulturelle Geschichte, in jedem Kapitel eingeleitet durch eine Tabelle und eine historische Einführung. Die Lebensläufe der Gelehrten geben Aufschluss über ihre Leistungen und Ergebnisse und das Umfeld ihres Wirkens. Am Ende jedes Kapitels (bis auf das erste und das letzte) sind die wesentlichen Inhalte und Ergebnisse der Mathematik in der jeweiligen Epoche in einer Tabelle aufgelistet und Aufgaben angegeben, deren Bearbeitung den Leser zu erneutem Nachdenken und tieferem Verständnis führen soll. Zahlreiche farbige Abbildungen und viele Figuren unterstützen und erläutern den Text. Ausführliche Verzeichnisse erleichtern das Nachschlagen.

Auch für dieses Buch ist es uns nicht gelungen, für einige Abbildungen die Rechtsinhaber zu ermitteln bzw. unsere Anfragen blieben unbeantwortet. Betroffene und Personen, die zur Klärung beitragen können, werden gebeten, sich beim Verlag zu melden.

„Sie haben eindeutig ein sehr schönes Buch verfasst" schrieb Prof. E. Knobloch nach kritischer Durchsicht des Manuskripts. Dem kann ich mich nur anschließen und tue dies mit herzlichem Dank an ihn und an den Autor Thomas Sonar, für seinen unermüdlichen Einsatz, für die vielen Vorlagen von Abbildungen und Figuren und für das Eingehen auf meine Vorschläge zur Ergänzung und Umstellung des Textes.

Mein besonderer Dank gilt dem Medienwissenschaftler und Mitherausgeber H. Wesemüller-Kock. In bewährter Weise hat er wieder die graphische Gestaltung des Buches maßgebend geprägt, auch Beiträge und Anregungen zum Text gegeben. Mit viel Hingabe hat er für viele Abbildungen zum historischen und kulturellen Hintergrund recherchiert und dieses Werk hervorragend visuell gestaltet. Besondere Anerkennung verdienen die Schmuckseiten am Anfang der Kapitel. Für die Unterstützung bei dieser Arbeit und die Besorgung der Lizenzen danke ich Frau Anne Gottwald. Für die Umsetzung und Überprüfung der Texte, der Abbildungen und der umfangreichen Verzeichnisse und den endgültigen Satz sage ich Frau Elena Bornschein und Frau Sylvia Voß herzlichen Dank, für die Unterstützung bei dieser Arbeit danke ich Frau Monika Winkler und den Mitarbeiterinnen im Institut für Mathematik und Angewandte Informatik, Frau Bettina David und Frau Tanja Seifert.

Meinen Kollegen und Mitherausgebern Prof. K.-J. Förster und Prof. E. Wagner gebührt besonderer Dank für die Unterstützung zur Finanzierung all dieser Arbeiten, dem Springer Verlag und seinem verantwortlichen Redakteur, Herrn C. Heine, danke ich für das Eingehen auf meine Wünsche und die hervorragende Ausstattung dieses Buches.

Möge auch dieser Band einen breiten Leserkreis erreichen, vielen Schülern und Studenten Anregungen zum tieferen Eindringen in die Analysis und besseres Verständnis für ihre Methoden und Anwendungen vermitteln und vielen Menschen Einblick geben in den Jahrtausende währenden Prozess der Entstehung und den Kern der mathematischen Analysis, einer Wissenschaft, die uns – ohne dass wir es merken – auf Schritt und Tritt begleitet.

Hildesheim, im Januar 2011   Im Namen der Herausgeber

Heinz-Wilhelm Alten
Leiter der Projektgruppe
Geschichte der Mathematik
der Universität Hildesheim

Hinweise für den Leser

Runde Klammern enthalten ergänzende Einschübe, Lebensdaten oder Hinweise auf Abbildungen.

Eckige Klammer enthalten

- Auslassungen und Einschübe in Zitaten
- im laufenden Text Hinweise auf Literatur
- unter Abbildungen Quellenangaben

Abbildungen sind nach Teilkapiteln nummeriert, z. B. bedeutet Abb. 10.1.4 die vierte Abbildung in Abschnitt 10.1 von Kapitel 10.

Die Namen arabischer Gelehrter sind im Text der deutschen Aussprache entsprechend geschrieben. In Klammern und im Personenverzeichnis ist außerdem die wissenschaftliche Transskription aufgeführt.

Die Originaltitel von Büchern und Zeitschriften sind kursiv wiedergegeben, wörtliche Zitate kursiv. Auf weiterführende Literatur bzw. auf Erläuterungen eines nur verknappt dargestellten Sachverhaltes wird durch Hinweise wie (vgl. ausführlich in...) verwiesen.

Im Literaturverzeichnis ist wortwörtlich oder inhaltlich zitierte sowie weiterführende Literatur aufgeführt.

Inhaltsverzeichnis

1	Prolog: 3000 Jahre Analysis	1
	1.1 Was ist Analysis?	3
	1.2 Vorläufer von π	4
	1.3 Das π der Bibel	7
	1.4 Volumen eines Pyramidenstumpfes	8
	1.5 Babylonische Näherung an $\sqrt{2}$	13
2	Das Kontinuum in der griechisch-hellenistischen Antike	15
	2.1 Die Griechen formen die Mathematik	18
	2.1.1 Der Beginn: Thales von Milet und seine Schüler	19
	2.1.2 Die Pythagoreer	21
	2.1.3 Die Proportionenlehre des Eudoxos in Euklids Elementen	27
	2.1.4 Die Methode der Exhaustion – Integration auf griechisch	33
	2.1.5 Das Problem der Kontingenzwinkel	37
	2.1.6 Die drei großen klassischen Probleme	38
	2.2 Kontinuum versus Atome – Infinitesimale versus Indivisible	47
	2.2.1 Die Eleaten	48
	2.2.2 Atomismus und Kontinuum	49
	2.2.3 Indivisible und Infinitesimale	51
	2.2.4 Die Zenonschen Paradoxien	54
	2.3 Archimedes	59
	2.3.1 Leben, Tod und Anekdoten	59
	2.3.2 Das Schicksal der archimedischen Schriften	67
	2.3.3 Die Methodenschrift: Zugang hinsichtlich der mechanischen Sätze	71
	2.3.4 Die Quadratur der Parabel durch Exhaustion	76
	2.3.5 Über Spiralen	80
	2.3.6 Archimedes fängt π	84
	2.4 Die Beiträge der Römer zur Analysis	86
	2.5 Aufgaben zu Kapitel 2	89

3 Wie Wissen wanderte – Vom Orient zum Okzident 91
3.1 Der Niedergang der Mathematik und die Rettung durch die Araber 93
3.2 Die Beiträge der Araber zur Analysis 98
3.2.1 Avicenna (Ibn Sīnā): Universalgelehrter im Orient 98
3.2.2 Alhazen (Al-Haiṯam): Physiker und Mathematiker 99
3.2.3 Averroës (Ibn Rušd): Aristoteliker im Islam 106
3.3 Aufgaben zu Kapitel 3 108
4 Kontinuum und Atomistik in der Scholastik 109
4.1 Der Wiederbeginn in Europa 111
4.2 Die große Zeit der Übersetzer 120
4.3 Das Kontinuum in der Scholastik 127
4.3.1 Robert Grosseteste 130
4.3.2 Roger Bacon 131
4.3.3 Albertus Magnus 133
4.3.4 Thomas Bradwardine 136
4.3.5 Nicole Oresme 142
4.4 Scholastische „Abweichler" 148
4.5 Nicolaus von Kues 150
4.5.1 Die mathematischen Werke 152
4.6 Aufgaben zu Kapitel 4 156
5 Indivisible und Infinitesimale in der Renaissance.......... 157
5.1 Renaissance: Die Wiedergeburt der Antike 159
5.2 Die Schwerpunktrechner 162
5.3 Johannes Kepler 170
5.3.1 Neue Stereometrie der Fässer 190
5.4 Galileo Galilei 195
5.4.1 Der Umgang Galileis mit dem Unendlichen 203
5.5 Cavalieri, Guldin, Torricelli und die hohe Kunst der Indivisiblen 208
5.5.1 Die Indivisiblenrechnung nach Cavalieri 212
5.5.2 Die Kritik durch Guldin 220
5.5.3 Die Kritik durch Galilei 221
5.5.4 Torricellis scheinbares Paradoxon 222
5.5.5 De Saint-Vincent und die Fläche unter der Hyperbel .. 224
5.6 Aufgaben zu Kapitel 5 233

6 An der Wende vom 16. zum 17. Jahrhundert 235
6.1 Analysis vor Leibniz in Frankreich 237
6.1.1 Frankreich an der Wende vom 16. zum 17. Jahrhundert 237
6.1.2 René Descartes................................. 240
6.1.3 Pierre de Fermat 250
6.1.4 Blaise Pascal 260
6.1.5 Gilles Personne de Roberval 273
6.2 Analysis vor Leibniz in den Niederlanden 279
6.2.1 Frans van Schooten jr. 281
6.2.2 René François Walther de Sluse 281
6.2.3 Johann van Waveren Hudde 283
6.2.4 Christiaan Huygens............................. 286
6.3 Analysis vor Newton in England......................... 289
6.3.1 Die Entdeckung der Logarithmen.................. 289
6.3.2 England an der Wende vom 16. zum 17. Jahrhundert . 290
6.3.3 John Napier und die Napierschen Logarithmen 294
6.3.4 Henry Briggs und seine Logarithmen................ 301
6.3.5 England im 17. Jahrhundert 312
6.3.6 John Wallis und die Arithmetik des Unendlichen 315
6.3.7 Isaac Barrow und die Liebe zur Geometrie........... 325
6.3.8 Die Entdeckung der Reihendarstellung des Logarithmus durch Nicolaus Mercator................ 332
6.3.9 Die ersten Rektifizierungen: Harriot und Neile 337
6.3.10 James Gregory 346
6.4 Analysis in Indien 347
6.5 Aufgaben zu Kapitel 6 351

7 Newton und Leibniz – Giganten und Widersacher 353
7.1 Isaac Newton 355
7.1.1 Kindheit und Jugend 355
7.1.2 Der Student in Cambridge........................ 358
7.1.3 Der Lucasische Professor 366
7.1.4 Alchemie, Religion und die große Krise 370
7.1.5 Newton als Präsident der Royal Society 375
7.1.6 Das Binomialtheorem 377

7.1.7 Die Fluxionsrechnung 378
7.1.8 Der Hauptsatz 381
7.1.9 Kettenregel und Substitutionen 383
7.1.10 Das Rechnen mit Reihen 383
7.1.11 Integration durch Substitution 385
7.1.12 Newtons letzte Arbeiten zur Analysis 387
7.1.13 Differentialgleichungen bei Newton 387
7.2 Gottfried Wilhelm Leibniz 389
7.2.1 Kindheit, Jugend und Studium 389
7.2.2 Leibniz in Mainzer Diensten 392
7.2.3 Leibniz in Hannover 395
7.2.4 Der Prioritätsstreit 401
7.2.5 Erste Erfolge mit Differenzenfolgen 405
7.2.6 Die Leibnizsche Notation 407
7.2.7 Das charakteristische Dreieck 411
7.2.8 Die unendlich kleinen Größen 414
7.2.9 Das Transmutationstheorem 418
7.2.10 Das Kontinuitätsprinzip 421
7.2.11 Differentialgleichungen bei Leibniz 423
7.3 Erste Kritik: George Berkeley 424
7.4 Aufgaben zu Kapitel 7 427

8 Absolutismus, Aufklärung, Aufbruch zu neuen Ufern 429
8.1 Historische Einführung 431
8.2 Jakob und Johann Bernoulli 439
8.2.1 Die Variationsrechnung 444
8.3 Leonhard Euler 448
8.3.1 Der Funktionsbegriff bei Euler 460
8.3.2 Das unendlich Kleine bei Euler 462
8.3.3 Die trigonometrischen Funktionen 465
8.4 Brook Taylor 467
8.4.1 Die Taylor-Reihe 469
8.4.2 Bemerkungen zur Differenzenrechnung 470
8.5 Colin Maclaurin 471
8.6 Die Algebraisierung beginnt: Joseph-Louis Lagrange 471

		8.6.1 Lagranges algebraische Analysis 472
	8.7	Fourier Reihen und mehrdimensionale Analysis 475
		8.7.1 Joseph Fourier 475
		8.7.2 Frühe Diskussionen um die Schwingungsgleichung 477
		8.7.3 Partielle Differentialgleichungen und mehrdimensionale Analysis 478
		8.7.4 Eine Vorausschau: Die Bedeutung der Fourier-Reihen für die Analysis 479
	8.8	Aufgaben zu Kapitel 8 484
9	**Auf dem Weg zu begrifflicher Strenge im 19. Jahrhundert**	**485**
	9.1	Vom Wiener Kongress zum Deutschen Kaiserreich 489
	9.2	Die Entwicklungslinien der Analysis im 19. Jahrhundert 497
	9.3	Bernhard Bolzano und die Paradoxien des Unendlichen 497
		9.3.1 Bolzanos Beiträge zur Analysis 500
	9.4	Die Arithmetisierung der Analysis: Cauchy 503
		9.4.1 Grenzwert und Stetigkeit 508
		9.4.2 Die Konvergenz von Folgen und Reihen 509
		9.4.3 Ableitung und Integral 512
	9.5	Die Entwicklung des Integralbegriffs 514
	9.6	Die finale Arithmetisierung der Analysis: Weierstraß 521
		9.6.1 Die reellen Zahlen 524
		9.6.2 Stetigkeit, Differenzierbarkeit und Konvergenz 525
		9.6.3 Gleichmäßigkeit 527
	9.7	Richard Dedekind und seine Wegbegleiter 529
		9.7.1 Die Dedekindschen Schnitte 536
	9.8	Aufgaben zu Kapitel 9 542
10	**An der Wende zum 20. Jahrhundert: Mengenlehre und die Suche nach dem wahren Kontinuum**	**543**
	10.1	Von der Gründung des Deutschen Kaiserreiches zu den Weltkatastrophen..................................... 546
	10.2	Der heilige Georg erlegt den Drachen: Cantor und die Mengenlehre 551
		10.2.1 Cantors Konstruktion der reellen Zahlen 561
		10.2.2 Cantor und Dedekind 562
		10.2.3 Die transfiniten Zahlen......................... 570

10.2.4 Die Rezeption der Mengenlehre 573
10.2.5 Cantor und das unendlich Kleine 574
10.3 Auf der Suche nach dem wahren Kontinuum: Paul Du Bois-Reymond 575
10.4 Auf der Suche nach dem wahren Kontinuum: Die Intuitionisten 577
10.5 Vektoranalysis 582
10.6 Differentialgeometrie 585
10.7 Gewöhnliche Differentialgleichungen 587
10.8 Partielle Differentialgleichungen 590
10.9 Die Analysis wird noch mächtiger: Funktionalanalysis 592
10.9.1 Grundbegriffe der Funktionalanalysis 592
10.9.2 Ein geschichtlicher Abriss der Funktionalanalysis 596
10.10 Aufgaben zu Kapitel 10 605

11 Ein Kreis schließt sich: Infinitesimale in der Nichtstandardanalysis 607
11.1 Vom Kalten Krieg bis heute 611
11.1.1 Computer und Sputnikschock 613
11.1.2 Der „Kalte Krieg" und sein Ende 615
11.1.3 Bologna-Reform, Krisen, Terrorismus 616
11.2 Die Wiedergeburt der unendlich kleinen Zahlen............. 618
11.2.1 Die Infinitesimalmathematik im „schwarzen Buch" 620
11.2.2 Die Nichtstandardanalysis von Laugwitz und Schmieden 623
11.3 Robinson und die Nichtstandardanalysis 625
11.4 Nichtstandardanalysis durch Axiomatisierung: Der Ansatz von Nelson 627
11.5 Nichtstandardanalysis und glatte Welten 628
11.6 Aufgaben zu Kapitel 11 634

12 Analysis auf Schritt und Tritt 635

Literatur 647

Abbildungsverzeichnis 663

Personenverzeichnis mit Lebensdaten 683

Sachverzeichnis 693

1 Prolog: 3000 Jahre Analysis

Th. Sonar, *3000 Jahre Analysis*, Vom Zählstein zum Computer,
DOI 10.1007/978-3-642-17204-5_1, © Springer-Verlag Berlin Heidelberg 2011

ab 3000 v. Chr.	Nomaden aus dem Norden wandern in das südliche Mesopotamien ein. Entstehung sumerischer Stadtstaaten und der Keilschrift auf Tontafeln. Einigung der Reiche am Nil. Entstehung der Hieroglyphen
ca. 2707–2170	Altes Reich in Ägypten. Die Stufenpyramide in Sakkara, die Knickpyramide in Dahschur, die großen Pyramiden des Cheops, Chefren und Mykerinos und die Sphinx in Giza entstehen
2170–2020	Erste Zwischenzeit in Ägypten
um 2235–2094	Das Reich von Akkad in Mesopotamien, begründet durch Sargon von Akkad
ca. 2137–1781	Mittleres Reich in Ägypten. Mathematische Papyri
1850	Vermutliche Entstehungszeit des Moskauer Papyrus
1793–1550	Zweite Zwischenzeit in Ägypten
1650	AHMES schreibt den Papyrus Rhind
2000–1595	Altbabylonische Periode in Mesopotamien. Unter König Hammurabi (um 1700) entstehen die ersten Gesetzestexte der Menschheit
1675	Eine Tontafel mit der Länge der Diagonalen in einem Quadrat wird in Mesopotamien beschriftet
ca. 1550–1070	Neues Reich in Ägypten. Tempel der Hatschepsut und Königsgräber in Theben. Amuntempel in Karnak. Sonnenkult des Echnaton in Amarna
1279–1213	Rhamses II., Tempel von Abu Simbel
1070–525	Dritte Zwischenzeit und Spätzeit in Ägypten
ca. 1700–609	Assyrisches Reich. Mathematische Keilschrifttexte, Zikkurate
ca. 750–620	Neuassyrisches Reich, das erste Großreich der Weltgeschichte, Residenzen in Nimrud und Ninive
625–539	Neubabylonisches Reich, Blüte von Astrologie und Astronomie
539	Kyros der Große erobert Babylon
525	Perser erobern Ägypten
332	Alexander der Große erobert Ägypten

Bemerkung: Es gibt davon abweichende Chronologien

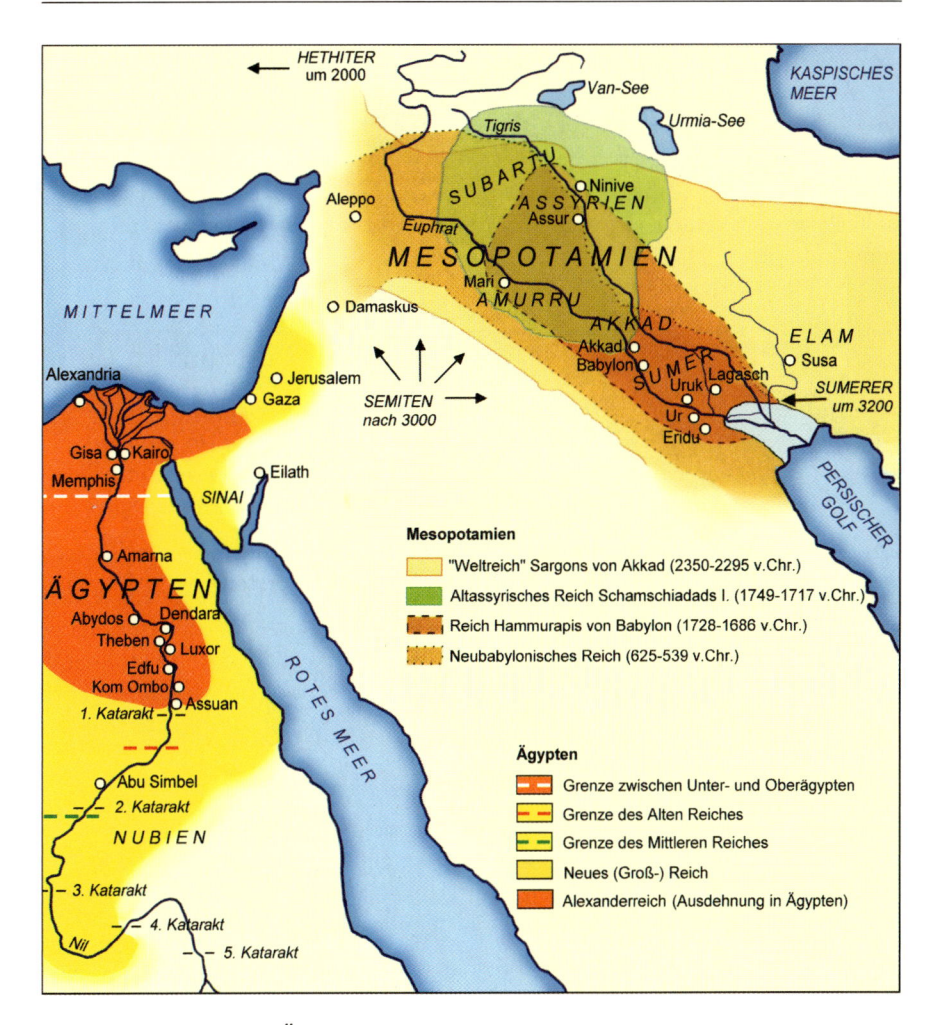

Abb. 1.1.1 Ägypten und Mesopotamien in vorchristlicher Zeit

1.1 Was ist Analysis?

Dreitausend Jahre Analysis? Ist die Analysis nicht erst im 17. Jahrhundert durch Newton und Leibniz entstanden?

Um diese Fragen zufriedenstellend beantworten zu können, sollten wir uns zu Beginn ansehen, was man unter Analysis versteht. Im Internet findet man unter der Adresse `http://de.wikipedia.org/wiki/Analysis` die folgende Definition:

> *Die Analysis [...] ist ein Teilgebiet der Mathematik, dessen Grundlagen von Gottfried Wilhelm Leibniz und Isaac Newton unabhängig voneinander entwickelt wurden. [...]*

Also doch! Analysis wäre demnach etwa 400 Jahre alt, aber Vorsicht ist geboten, denn der zitierte Wikipedia-Artikel steht zur Überprüfung seiner Qualität gerade auf dem Prüfstand und ist in dem Moment, an dem Sie diese Sätze hier lesen, vielleicht schon verschwunden!

Etwas dauerhafter als eine in der Veränderung sich befindliche Internetseite ist die gute alte Encyclopaedia Britannica. Unter „Analysis (mathematics)" findet man dort:

> *a branch of mathematics that deals with continuous change and with certain general types of processes that have emerged from the study of continuous change, such as limits, differentiation, and integration. Since the discovery of the differential and integral calculus by Isaac Newton and Gottfried Wilhelm Leibniz at the end of the 17th century, analysis has grown into an enormous and central field of mathematical research, with applications throughout the sciences and in areas such as finance, economics, and sociology.*

Dieser Definition bin ich bereit zu folgen! Es geht um die Mathematik der stetigen Veränderung, woraus sich Tangentenprobleme, Quadraturprobleme (Berechnung von Flächen unter Kurven) und schließlich mit Newton und Leibniz die eigentliche Differential- und Integralrechnung entwickelten.

In einem engeren Sinne ist Analysis aber die mathematische Teilwissenschaft der unendlichen Prozesse und der „unendlich kleinen Größen" und dieser Standpunkt soll das Band sein, das unsere Reise durch die Geschichte wie ein roter Faden begleiten soll. Nun ist das nicht durchgängig möglich. Der Begriff der „Funktion" ist in der Analysis zentral, hat aber erst einmal nichts mit unendlich kleinen Größen zu tun, dennoch gehört eine Diskussion des Funktionsbegriffs in eine Geschichte der Analysis.

Wie kommen nun aber die 3000 Jahre zustande? Nun, in der Analysis spielen auch spezielle Zahlen wie die Kreiszahl π oder $\sqrt{2}$ eine besondere Rolle, und solche Zahlen findet man bereits tatsächlich im alten Ägypten und im mesopotamischen Kulturraum.

1.2 Vorläufer von π

Bereits in einem berühmten altägyptischen Papyrus, dem Papyrus Rhind[1], in dem der Schreiber Ahmes um das Jahr 1650 v. Chr. mathematische Aufgaben kopierte, die mindestens 200 Jahre älter sind, befindet sich eine angenäherte Kreisflächenberechnung. Ahmes zeigt in Problem 48 seines Papyrus einen Kreis, der von einem Quadrat umgeben ist. Die Berechnungen darunter lassen

---

[1] Benannt nach dem Schotten Alexander Henry Rhind, der den Papyrus im Jahr 1858 in Luxor kaufte.

Abb. 1.2.1 Der Anfang vom Papyrus Rhind. Das Papyrus ist 5,5 m lang und 32 cm breit. Es enthält Angaben und Aufgaben zu mathematischen Themen, die wir heute zur Algebra, Bruchrechnung, Geometrie und Trigonometrie zählen. Es ist die Abschrift einer Vorlage aus der 12. Dynastie (19. Jh. v. Chr.). Der Schreiber Ahmose verfasste diese Kopie um 1650 v. Chr. in hieratischer Schrift [Department of Ancient Egypt and Sudan, British Museum EA 10057, London; Creative Commons Lizenz CC-BY-SA 2.0]

darauf schließen, dass ein Quadrat mit Seitenlänge 9 den Flächeninhalt 81, und ein Kreis mit Durchmesser 9 den Flächeninhalt 64 hat. In Problem 50 findet man dann eine konkrete Anweisung zur Berechnung einer Kreisfläche[2]:

Beispiel der Berechnung eines runden Feldes vom (Durchmesser) 9. Was ist der Betrag seiner Fläche? Nimm 1/9 von ihm (dem Durchmesser) weg. Der Rest ist 8. Multipliziere 8 mal 8. Es wird 64.

Diese Rechenvorschrift läßt darauf schließen, dass die Ägypter für $\pi/4$ den Wert $\pi_{\text{Ägypten}}/4 = (8/9)^2$ verwendeten. Da sie die Kreiszahl aber gar nicht als solche kannten, ergibt sich die Frage, wie man auf diesen Wert kam. Eine Möglichkeit wäre die Verwendung eines Gitternetzes. Man umschreibt einem Kreis mit Durchmesser d ein Quadrat der Kantenlänge d und teilt das Quadrat gleichmäßig in 9 Unterquadrate nach Abb. 1.2.2 (links). Nun würde die Fläche des Quadrates die Kreisfläche massiv überschätzen, also teilt man die vier Unterquadrate in den Ecken in je zwei Dreiecke, von denen nur jeweils eines zur Flächenberechnung beiträgt (vgl. Abb. 1.2.2 (rechts)). Damit bleiben noch 5 Unterquadrate und 4 Dreiecke übrig und die Kreisfläche wird durch die Beziehung

---
[2] Zitiert nach [Gericke 2003, S. 55]

$$A_{\text{Kreis}} \approx 5 \cdot \left(\frac{d}{3}\right)^2 + 4 \cdot \frac{1}{2}\left(\frac{d}{3}\right)^2 = \frac{7}{9}d^2$$

angenähert. Ahmes gibt jedoch als Näherung an

$$A_{\text{Kreis}} \approx \frac{64}{81}d^2 = \left(\frac{8}{9}d\right)^2.$$

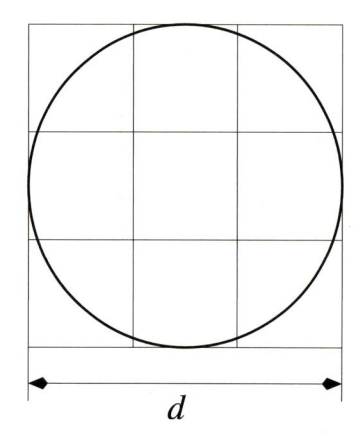

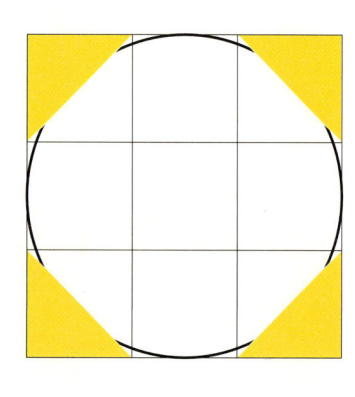

Abb. 1.2.2 Näherung der Kreisfläche von außen

Offenbar hat er die (korrekte!) Näherung $\frac{7}{9}d^2 = \frac{63}{81}d^2$ um die Fläche von $\frac{1}{81}d^2$ vergrößert, um schließlich zu Quadratzahlen in Zähler und Nenner zu kommen! Da die Kreisfläche durch $A_{\text{Kreis}} = \pi r^2 = (\pi/4)d^2$ gegeben ist, haben die alten Ägypter also mit einem Näherungswert

$$\pi_{\text{Ägypten}} = 3.16049$$

gearbeitet, der wirklich nicht schlecht ist! Immerhin ist der relative Fehler nur

$$\frac{\pi_{\text{Ägypten}} - \pi}{\pi} \approx 0.00601643,$$

also etwa 0.6%!

In der sehr sehenswerten Fernsehproduktion „The Story of Maths" [Du Sautoy 2008] erläutert Marcus du Sautoy eine andere Möglichkeit, wie die Ägypter auf ihre Kreisberechnung gekommen sein könnten. Demnach stammt die Näherung $\pi_{\text{Ägypten}}/4 = (8/9)^2$ von einem alten ägyptischen Brettspiel, bei dem man Kugeln aus halbkugelförmigen Vertiefungen um ein Spielbrett herum bewegen muss. Mit den Spielkugeln läßt sich ein Kreis mit einem Durchmesser legen, der 9 Kugeln entspricht.

Abb. 1.2.3 Königin Nefertari (19. Dynastie, Gattin Rhamses II.) beim Senetspiel. Das Senetspiel konnte in seinen Regeln annähernd nachvollzogen werden. Die Regeln anderer Spiele wie Schild- oder Schlangenspiel sind dagegen weitgehend unbekannt (Wandmalerei Grabkammer Nefertari, Theben-West)

Legt man die Spielkugeln nun so um, dass sie ein Quadrat bilden, dann hat das Quadrat die Kantenlänge 8. Sollte du Sautoys Interpretation stimmen, dann liegt hier auch schon ein früher Versuch der „Quadratur des Kreises" vor, die uns später beschäftigen wird.

1.3 Das π der Bibel

Der ägyptische Wert für π ist war schon wesentlich besser als der „biblische" Wert. Im ersten Buch Könige, Kapitel 7, Vers 23, lesen wir:

> *Und er machte das Meer, gegossen, von einem Rand zum andern zehn Ellen weit rundherum und fünf Ellen hoch, und eine Schnur von dreißig Ellen war das Maß ringsherum.*

Sollten noch Zweifel an der *Form* des Meeres vorhanden sein, so klärt uns der Vers 2 im vierten Kapitel des zweiten Buches Chronik auf:

> *Und er machte das Meer, gegossen, von einem Rand zum andern zehn Ellen breit, ganz rund, fünf Ellen hoch, und eine Schnur von dreißig Ellen konnte es umspannen.*

Damit ist die Form des Meeres tatsächlich ein Kreis mit Durchmesser $d = 10$ Ellen und Umfang $U = 30$ Ellen. Weil Umfang und Durchmesser eines jeden Kreises im Verhältnis $U = \pi d$ stehen, folgt damit

$$\pi_{\text{Bibel}} = \frac{U}{d} = \frac{30}{10} = 3.$$

Diesen Wert verwendeten auch die Babylonier, und Edwards schlägt in [Edwards 1979, S. 4, Ex.5] einen Erklärungsversuch dafür vor, der mir sehr realistisch zu sein scheint. An Stelle der Flächennäherung wie bei den Ägyptern kann man auch auf die Idee kommen, dem Kreis nicht nur ein Quadrat umzubeschreiben, sondern auch wie in Abb. 1.3.1 eines *ein*zubeschreiben, um die Fläche des Kreises dann als arithmetisches Mittel der beiden Quadratflächen anzunähern. Der Flächeninhalt des äußeren Quadrats ist offenbar $A_1 := d^2 = 4r^2$. Nach dem Satz des Pythagoras, den derselbe vermutlich aus Mesopotamien mitbrachte und den die Babylonier daher mit Sicherheit kannten, folgt für die Kantenlänge des inneren Quadrats $\sqrt{r^2 + r^2} = \sqrt{2}r$, also für die Fläche des inneren Quadrats $A_2 := 2r^2$. Da die Fläche des äußeren Quadrats die Kreisfläche überschätzt, während die Fläche des inneren Quadrats die Kreisfläche unterschätzt, kann man hoffen, dass das arithmetische Mittel eine brauchbare Näherung an die Kreisfläche ergibt:

$$A_{\text{Kreis}} \approx \frac{A_1 + A_2}{2} = 3r^2.$$

Hier taucht also tatsächlich der biblische Wert für π auf.

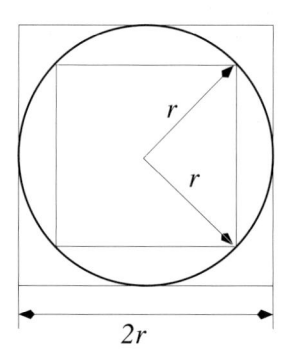

Abb. 1.3.1 Näherung der Kreisfläche von innen

1.4 Volumen eines Pyramidenstumpfes

Im sogenannten Moskauer Papyrus, der sich im Puschkin-Museum in Moskau befindet, finden wir das Problem 14, das fast schon auf eine Grundaufgabe der Analysis hinweist: es wird das Volumen von Pyramidenstümpfen

1.4 Volumen eines Pyramidenstumpfes

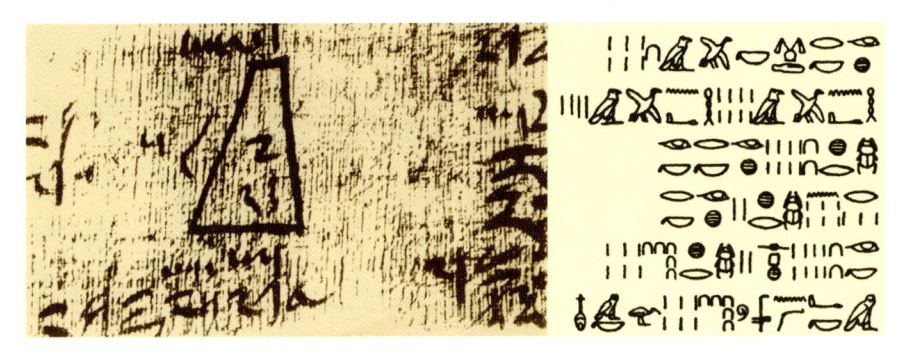

Abb. 1.4.1 Berechnung des Volumens eines Pyramidenstumpfes (Papyrus Moskau) in hieratischer Schrift und als Hieroglyphen

berechnet. Gerade für die Baumeister der Pyramiden muss diese Berechnung äußerst wichtig gewesen sein, denn die Pyramiden entstanden schichtweise. Eine Pyramide ist also nichts anderes als die Summe von Pyramidenstümpfen mit einer pyramidalen Spitze ganz oben. Wir wollen hier nicht spekulieren, wie die Ägypter zu ihrer (richtigen) Formel für das Volumen eines Pyramidenstumpfes gekommen sind, sondern verweisen auf die entsprechenden Abschnitte in [Gillings 1982] (siehe auch [Scriba/Schreiber 2010, S. 14 ff.], [Wußing 2008, S. 99f.]). Auf die Analysis hinweisend ist aber die Methode, mit der man vermutlich das Volumen einer Pyramide berechnete (in [Gillings 1982] wird noch eine weitere Methode präsentiert). Dazu betrachteten die ägyptischen Schreiber eine Pyramide, bei der die Spitze genau über einem der Eckpunkte steht.

Drei solcher rechtwinkligen (oder „schiefen") Pyramiden mit gleicher Höhe und Basiskante bilden zusammen einen Würfel mit gleicher Höhe und Basiskante, d. h. das Volumen jeder dieser Pyramiden ist ein Drittel des Volumens

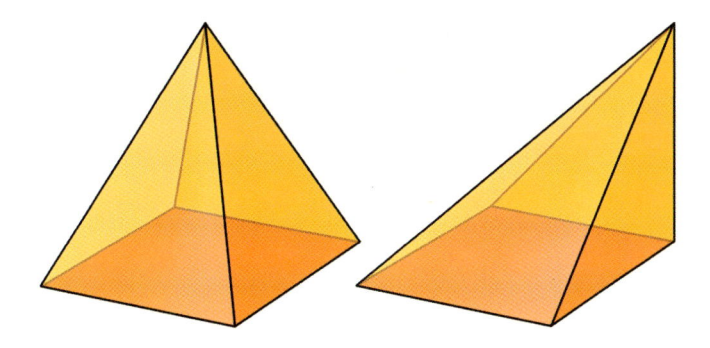

Abb. 1.4.2 Eine symmetrische und eine rechtwinklige Pyramide mit derselben Grundfläche und derselben Höhe haben das gleiche Volumen

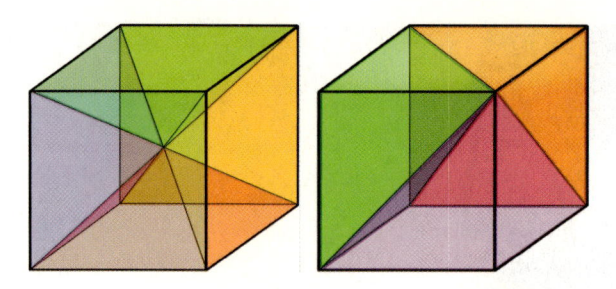

Abb. 1.4.3 Zerlegung eines Würfels in sechs symmetrische Pyramiden halber Höhe mit den Spitzen im Zentrum (li.), in drei rechtwinklige Pyramiden (re.)

des Würfels. Man kann auch aus 6 kongruenten, symmetrischen Pyramiden mit halber Höhe ihrer Basiskante einen Würfel zusammensetzen: Man setze zwei dieser Pyramiden mit der Spitze aufeinander und schließe die verbleibenden Hohlräume ringsum mit den anderen vier Pyramiden wie in Abb. 1.4.3 (links). Wenn man sich nun die rechtwinklige Pyramide in Abb. 1.4.2 in sehr viele dünne Schichten parallel zur Grundfläche zerlegt vorstellt und diese Schichten verschiebt, dann erhält man die symmetrische volumengleiche Pyramide, deren Spitze wie gewohnt über der Mitte der quadratischen Grundfläche thront. Dasselbe gilt natürlich auch für die Pyramidenstümpfe in Abb. 1.4.4. In der Tat sind die Pyramiden im alten Ägypten durch den Aufbau in vielen, vielen Schichten entstanden. Schon die für die Könige der ersten beiden Dynastien (ca. 3000–2700) als Grabanlagen erbeuten Mastabas weisen diese Schichten auf.

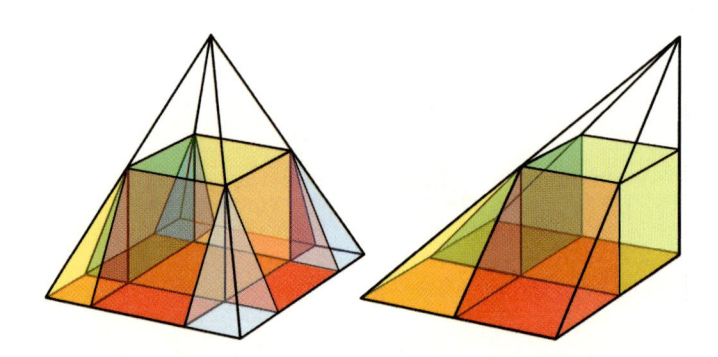

Abb. 1.4.4 Die Berechnung eines Pyramidenstumpfes lässt sich anschaulich durch die Aufteilung in seine geometrischen Grundformen nachvollziehen: bei der symmetrischen Pyramide 1 Quader in der Mitte, 4 Prismen an den Seiten und 4 rechtwinklige Pyramiden an den Ecken; bei der rechtwinkligen Pyramide derselbe Quader, jedoch nur 2 doppelt so große Prismen an den Seiten und 1 (rechtwinklige) Pyramide von vierfachem Volumen an der Ecke, so dass man für beide Stümpfe auf dasselbe Volumen $V = \frac{h}{3}(a^2 + ab + b^2)$ kommt.

1.4 Volumen eines Pyramidenstumpfes 11

Abb. 1.4.5 Stufenpyramide des Pharao Djoser in Sakkara (um 2600 v. Chr.)
[Foto Alten]

Abb. 1.4.6 „Knickpyramide" von Dahschur [Foto Wesemüller-Kock]

Abb. 1.4.7 Schichtenaufbau der Cheops-Pyramide (Giza, Kairo) [Foto Alten]

König Djoser, der zweite König der dritten Dynastie, ließ die ursprünglich dreistufige Mastaba um drei weitere Stufen erhöhen, von denen jede wiederum aus vielen dünnen Schichten von Steinquadern gebildet ist. So entstand um 2680 die berühmte Stufenpyramide des Djoser in Sakkara (Abb. 1.4.5). Unter König Snofru in der vierten Dynastie vollzog sich der Übergang zur abstrakten geometrischen Form der Pyramide. Das war ein großes Wagnis, denn der in der ersten Phase bis etwa 49m Höhe aus nach innen geneigten Schichten ausgeführte Baukörper war instabil. Dies war eine Folge des mit ca. 58 Grad zu steilen Böschungswinkels und der Neigung der Schichten. In der zweiten Phase wurde die Grundfläche vergrößert, der Winkel mit 54 Grad kleiner gewählt, aber wieder mit geneigten Schichten gebaut. Als auch dies nicht half, wurde in der dritten Phase eine Pyramide mit dem Böschungswinkel von 43 Grad und horizontal verlegten Schichten auf den vorhandenen Pyramidenstumpf gesetzt. So entstand um 2615 die Knickpyramide des Snofru in Dahschur (Abb. 4.1.6) – Prototyp für die großen Pyramiden des Cheops, Chefren, Mykerinos und die anderen Pyramiden des alten Reiches, alle mit horizontalem Schichtenaufbau (Abb. 1.4.7).

Wenn diese Idee des Zerschneidens einer räumlichen Figur in (im Prinzip unendlich viele) horizontale Schnitte den alten ägyptischen Schreibern tatsächlich zur Hand war, dann haben sie eine zentrale Idee der Analysis vorweggenommen, nämlich das Jahrtausende später von Cavalieri entdeckte Prinzip zur Berechnung von Flächen- bzw. Rauminhalten durch „Summation" von „Indivisiblen" bzw. den Begriff des bestimmten Integrals als Summe (unendlich vieler) infinitesimaler Strecken bzw. Schichten.

1.5 Babylonische Näherung an $\sqrt{2}$

In der *Yale Babylonian Collection* findet man unter der Archivnummer YBC 7289 eine Babylonische Keilschrifttafel, auf der die Länge der Diagonale eines Einheitsquadrates als Beispiel zum Satz des Pythagoras näherungsweise berechnet wird, vgl. [Alten et al. 2005, S. 41, Abb. 1.3.9], s. Abb. 1.5.1. Die Tontafel wurde um das Jahr 1675 v. Chr. beschriftet. Transkribiert man die Keilschrift wie in Abb. 1.5.1, dann ergeben sich die Zahlen

$$a := 30$$
$$b := 1, 24, 51, 10$$
$$c := 42, 25, 35,$$

die im Sexagesimalsystem, d. h. zur Basis 60 geschrieben sind. Es ist nicht ganz einfach, die richtige Stelle einer solchen Zahl zu finden, denn die Babylonier schrieben je nach Kontext entweder $1, 2, 3 \equiv 1 \cdot 60^2 + 2 \cdot 60^1 + 3 \cdot 60^0 = 3723$

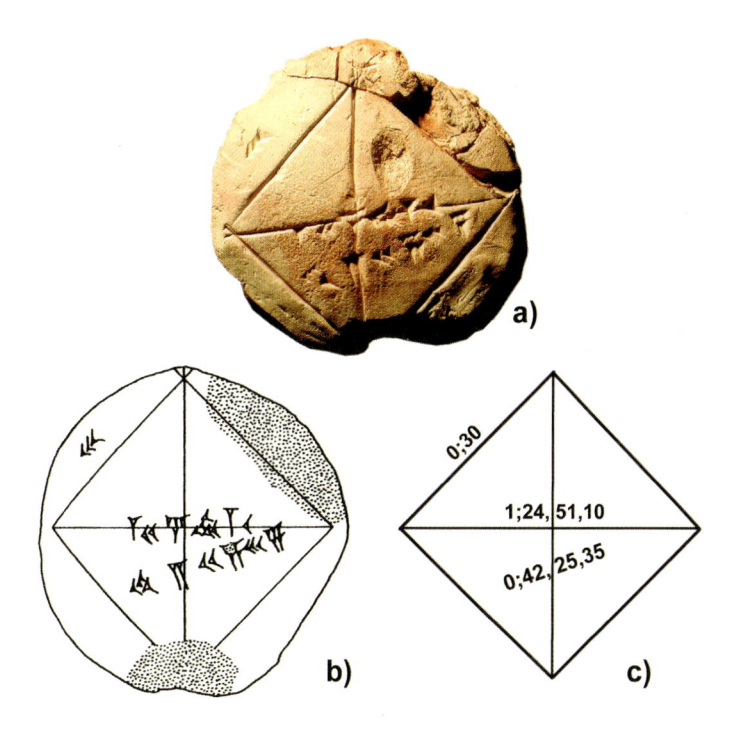

Abb. 1.5.1 Zur Berechnung von $\sqrt{2}$: a) Keilschrifttext YBC 7289 aus der Babylonischen Sammlung Yale, b) Reproduktion des Textes YBC 7289 nach Resnikoff, c) Schreibung dieses Textes mit indisch-arabischen Ziffern im Sexagesimalsystem

oder $1,2,3 \equiv 1 \cdot 60^1 + 2 \cdot 60^0 + 3 \cdot 60^{-1} = 62.0166\ldots$. Die Keilschriftexperten schreiben im ersten Fall $1,2,3$ und im zweiten $1,2;3$. Wenn man ein wenig in Sexagesimalzahlen rechnen kann, dann sieht man sofort, dass oben $c = a \cdot b$ gilt. Interpretieren wir aber unsere obigen Zahlen als Seitenlänge a des Quadrats und als Länge der Diagonalen c, dann gilt nach dem Satz des Pythagoras $c^2 = 2a^2$, also $c = \sqrt{2}a$. Demnach müsste die Zahl b eine Näherung an $\sqrt{2}$ sein, und in der Tat ist

$$1;24,51,10 \equiv 1 \cdot 60^0 + 24 \cdot 60^{-1} + 51 \cdot 60^{-2} + 10 \cdot 60^{-3} = 1.414213$$

und das Quadrat $(1;24,51,10)^2 = 1;59,59,59,38,1,40$ ist sehr nahe bei 2, vgl. [Aaboe 1998]. Die Babylonier wussten also sehr genau, dass die Diagonale eines Quadrates das $\sqrt{2}$-fache der Seitenlänge ist und sie verfügten über hervorragende Näherungen für diesen Wert. Irrationale Zahlen wie $\sqrt{2}$ sind für die Entwicklung der Analysis essentiell und es sind gerade diese Zahlen, die eine Analysis in den reellen Zahlen erst möglich machen. Wir haben keinerlei Hinweise auf ein tieferes Verständnis von irrationalen Zahlen im mesopotamischen Kulturraum und das ist auch kein Wunder, denn ein echtes Verständnis des Aufbaus der reellen Zahlen wird erst im ausgehenden 19. Jahrhundert erarbeitet.

Sollten damit die „3000 Jahre" des Titels hinreichend begründet sein? Die Cheops-Pyramide entstand um 2600 v. Chr. Sollten wir den alten Ägyptern zugestehen, dass auch sie schon analytische Methoden zur Berechnung des Pyramidenvolumens hatten, dann wäre die Analysis etwa 5000 Jahre alt. Akzeptiert man, dass der eigentliche Beginn der Analysis (nach unserem heutigen Verständnis) wie so vieles in der griechischen Kultur zu suchen ist, dann ist die Entdeckung der Irrationalzahlen durch Hippasos von Metapont etwa um 500 v. Chr. sicher wichtig für die Analysis. Demnach wäre Analysis etwa 2500 Jahre alt. Die wahre Antwort auf die Altersfrage ist: Wir wissen es nicht! Aus diesem Grund haben wir uns als Kompromiss für 3000 Jahre entschieden.

2 Das Kontinuum in der griechisch-hellenistischen Antike

3500 v. Chr.	Erste Spuren minoischer Siedlungen auf Kreta. Großer Einfluß auf die Ägäis und süd-westliche Gegenden Kleinasiens
2. Jt. v. Chr.	Indoeuropäische Stämme der Achäer und Ionier wandern in die südliche Balkanhalbinsel ein und mischen sich mit protogriechischen Stämmen der Thraker. Unter minoischem Einfluß entwickelt sich die mykenische Kultur
ca. 1630	Ausbruch des Vulkans auf Santorin. Beginn des Untergangs der minoischen Kultur
ab 1200	Die sogenannten Seevölker verheeren den Mittelmeerraum. Die minoische Kultur verschwindet
ca. 1000	Dorische Wanderung. Der Stamm der Dorer gewinnt die Vorherrschaft in der Peloponnes. Weitere Durchmischung aller griechischen Stämme. Gründung von Städten wie Milet und Ephesus
1200–750	„Dunkles Zeitalter" zwischen dem Ende der mykenischen Kultur und dem Beginn der archaischen Zeit
750–500	Archaische Zeit. Kolonisation des Mittelmeerraumes. Entstehung griechischer *Poleis* (Stadtstaaten)
um 550	Sparta gründet den Peloponnesischen Bund
ca. 500–494	Ionischer Aufstand führt zum Konflikt mit dem Perserreich unter Dareios I.
497	Die Griechen besiegen das persische Heer in der Schlacht bei Plataiai
490	Griechischer Sieg bei Marathon. Athen rüstet massiv auf
480	Schlacht bei den Thermopylen gegen die Perser unter Dareios' Sohn Xerxes I.
Sept. 480	Entscheidungsschlacht bei Salamis. Die persische Flotte wird vernichtend geschlagen
478/477	Athen gründet den „Attischen Seebund". Auf Basis der Reformen von Solon und Kleisthenes entwickelt sich die Attische Demokratie
431–404	Peloponnesischer Krieg zwischen dem Attischen Seebund und Sparta endet mit dem Sieg der Spartaner
395–387	Im Korinthischen Krieg muss sich Sparta gegen eine Allianz der Stadtstaaten Athen, Theben, Korinth und Argos behaupten
371	Die Spartaner unterliegen schließlich Theben in der Schlacht bei Leuktra. Theben wird für kurze Zeit griechisches Machtzentrum
um 382–336	Philipp II. von Makedonien. Makedonien erringt die Vorherrschaft in Griechenland
356–323	Alexander der Große, Sohn Philipps. Sieg über die persischen Armeen, Vorstoß nach Indien. Zeitalter des Hellenismus beginnt
218–201	Zweiter Punischer Krieg gegen Karthago
200–197	Zweiter Makedonisch-Römischer Krieg endet mit der Niederlage der Makedonier
168	Schlacht von Pydna. Makedonien wird von den Römern endgültig geschlagen
146	Griechenland wird vollständig ins Römische Reich integriert
30	Die letzte hellenistische Enklave, das ptolemäische Ägypten, wird von Rom annektiert

2 Das Kontinuum in der griechisch-hellenistischen Antike   17

Abb. 2.1.0
Griechisch-hellenistische Antike:
Geburtsorte und Wirkungsstätten
ausgewählter Mathematiker (rot)

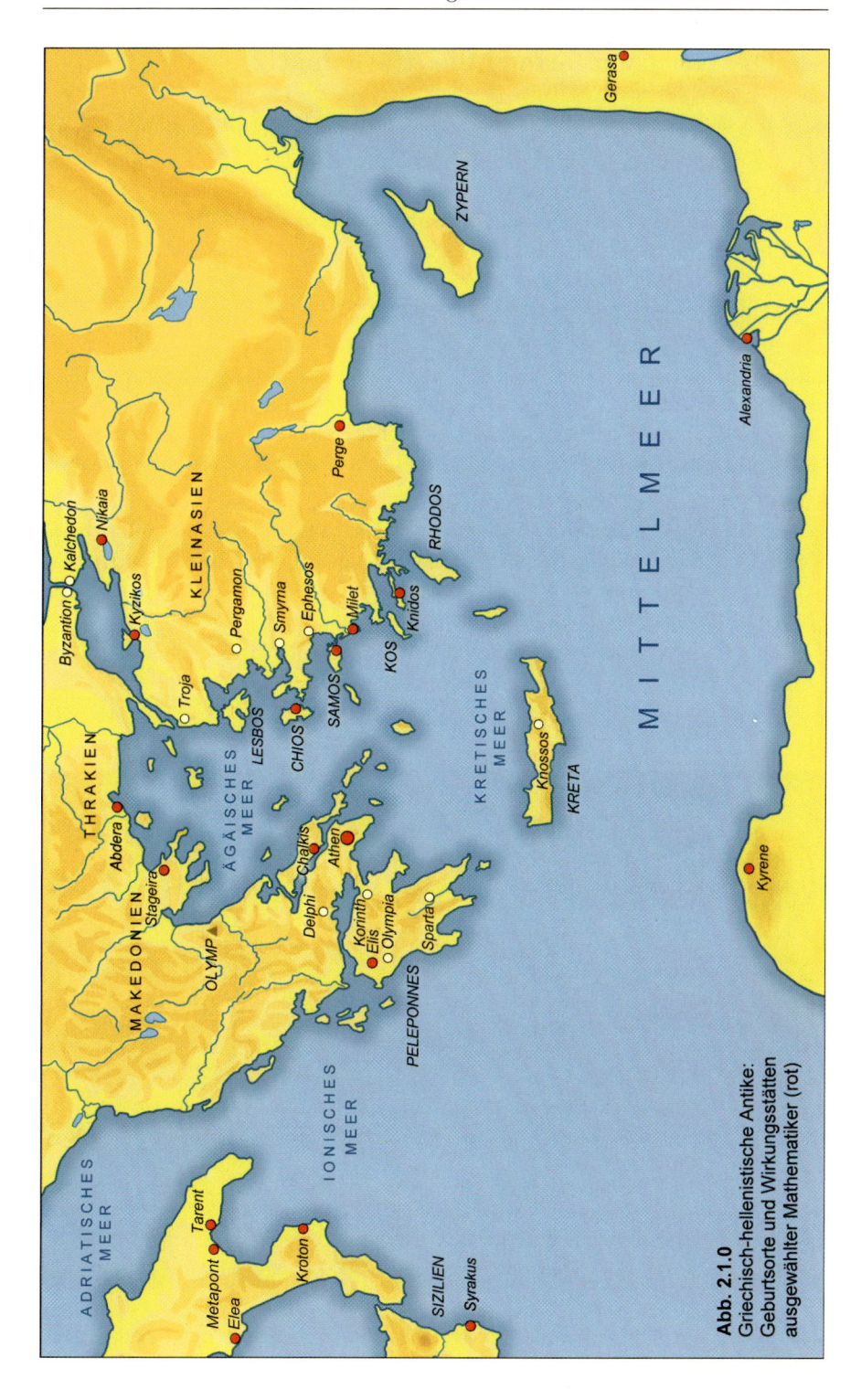

2.1 Die Griechen formen die Mathematik

Noch zur Blütezeit des ägyptischen Reiches und Mesopotamiens entwickelte sich auf der Insel Kreta eine weitere Hochkultur, die man heute die minoische Kultur nennt. Anfang des zweiten Jahrtausends vor Christus waren indogermanische Stämme in die südliche Balkanhalbinsel eingewandert. Unter dem Einfluss der kretischen Kultur entwickelte sich zwischen ca. 1600 und 1000 v. Chr. die Kultur der Mykener.

Nachdem um 1200 v. Chr. vermutlich die sogenannten Seevölker weite Teile des Mittelmeerraumes verheerten, kam es um 1000 v. Chr. zur dorischen Wanderung, in der der Volksstamm der Dorer seinen Siedlungsraum im nordwestlichen Griechenland (Dalmatien) verließ und sich über die Peloponnes verbreitete. Weitere griechische Stämme mischten sich und bildeten schließlich ein Konglomerat von Völkern, das wir heute als „die Griechen" bezeichnen.

Einem „dunklen Zeitalter" von etwa 750–500 v. Chr., in dem praktisch der gesamte Mittelmeerraum durch griechische Völker besiedelt wurde, folgte etwa 550 v. Chr. die Gründung des Peloponnesischen Bundes durch Sparta, was den Weg in die „Griechische Klassik" einleitete, die erst mit Alexander dem Großen in das Zeitalter des Hellenismus überging.

Abb. 2.1.1 Thronsaal in der Palastanlage von Knossos auf Kreta [Foto Alten]

2.1.1 Der Beginn: Thales von Milet und seine Schüler

Milet in Kleinasien war zur Zeit des Thales eine der großen ionischen Handelsstädte, aber bereits über das Geburtsjahr des Thales herrscht Uneinigkeit. Den Angaben von Diogenes Laertios zufolge, der seine Aufzeichnungen über *Leben und Meinungen berühmter Philosopher* [Diogenes Laertius 2008] aber vermutlich erst in der ersten Hälfte des dritten nachchristlichen Jahrhunderts verfasste, lebte Thales zwischen 640 und 562 v. Chr., Gericke [Gericke 2003] vermerkt 624–548/545 als Lebensdaten. Inzwischen sind wohl die Geburt um das Jahr 624 v. Chr. und der Tod um das Jahr 546 v. Chr. akzeptiert. Es ist sicher, dass Thales Reisen nach Ägypten untergenommen hat und mathematisches Wissen der Ägypter mit nach Kleinasien, also in den griechischen Kulturkreis, gebracht hat.

Nichts Schriftliches von Thales ist überliefert, aber seine Fähigkeiten wurden früh gelobt und hervorgehoben, so dass er als der Erste der sieben Weisen des Altertums genannt wurde. Glaubt man der Überlieferung, dann muss Thales ein Hans Dampf in allen Gassen gewesen sein. So soll er eine Sonnenfinsternis im Jahr 585 v. Chr. vorhergesagt haben. Schramm hat klar herausgestellt, dass dazu keine überragenden astronomischen Kenntnisse nötig waren [Schramm 1994, S. 572f.]. Bereits auf babylonischen Keilschrifttafeln waren Zeitraster verzeichnet, in denen Mondfinsternisse regelhaft auftraten, und wenn eine solche Finsternis auftrat, reichte es, eine gewisse Anzahl von Mondmonaten weiterzuzählen, um das nächste kritische Datum für eine wei-

Abb. 2.1.2 Thales von Milet und Ausschnitt aus dem Tor von Milet [Foto Alten]

tere Finsternis „vorherzusagen". Thales kannte solche Techniken, so dass seine Voraussage nicht mit astronomischen Kenntnissen in unserem Sinne begründet werden darf.

Thales soll auch als Ingenieur tätig gewesen sein, und er steht in dem Ruf, mathematische Theoreme *bewiesen* zu haben. In dieser letzten Aussage steckt nun Sprengstoff! Die Mathematik der Ägypter und Babylonier war geprägt von einer *Aufgabenkultur*, d. h. Schüler lernten das Rechnen an konkreten Beispielen. Es ist uns keine Aufzeichnung überliefert, nach der in alten Kulturen *allgemeine* mathematische Sätze aufgestellt (oder gar bewiesen) wurden. Alles wurde nur an konkreten Zahlenbeispielen gezeigt, und auch der Satz des Pythagoras, dass in einem rechtwinkligen Dreieck das Quadrat der Hypotenuse c gleich der Summe der Quadrate der Katheten a und b ist, war nicht in der Form $c^2 = a^2 + b^2$ bekannt, sondern nur in Form konkreter Zahlangaben, z. B. $5^2 = 4^2 + 3^2$. Es ist eine nicht hoch genug einzuschätzende Wendung in der Auffassung von Mathematik, dass die Griechen die Notwendigkeit einer *Herleitung* durch *Deduktion* empfunden haben. Für Aristoteles (384–322 v. Chr.) ist Thales daher der Urheber der naturphilosophischen Erklärungsweise [Mansfeld 1999]. Das heißt insbesondere, dass Thales die Phänomene der Natur entmythologisiert hat und sie sozusagen vorbereitet hat für eine rationale Erklärung. Wer eine Sonnenfinsternis voraussagen kann, der muss über profundes Wissen der Planetenbewegungen verfügen und ist nicht mehr in Vorstellungen von kosmologischen Mythen verfangen.

Mit Thales beginnt der Siegeszug der Mathematik als deduktive Wissenschaft, und spätestens mit Thales fließt die Mathematik als wichtiger Teil in die griechische Philosophie ein. Das Wort „Mathematik" ist griechischen Ursprungs und bedeutet „zum Lernen gehörig"; wurde also als ein fundamentaler Teil der klassischen Bildung betrachtet.

Die berühmtesten Schüler des Thales waren Anaximander (geb. 611 v. Chr.) und Anaximenes (geb. 570 v. Chr.). Beide bauten die Naturphilosophie ihres Meisters aus, spielen aber in der Urgeschichte der Analysis sicher keine Rolle. Erst Anaxagoras (500–428 v. Chr.), ein Schüler des Anaximenes, trägt zur Geschichte der Analysis bei; das allerdings gleich so heftig, dass er die Mathematik bis ins 19. Jahrhundert beschäftigt hat! Anaxagoras stammt

Abb. 2.1.3 Anaxagoras und Anaximenes auf Münzen

aus Klazomenai (Klazomenä), einer ionischen Stadt, die rund 40 km westlich der heutigen türkischen Stadt Izmir lag. Mit seinen kosmologischen Theorien eckte er bei seinen Zeitgenossen an. So behauptete er, die Sonne sei eine glühendheiße feurige Eisenmasse, wurde dafür wegen Gottlosigkeit angeklagt und kam ins Gefängnis. Diogenes Laertios [Diogenes Laertius 2008, Band 1, S. 73] gibt uns zwei Versionen zum Ausgang des Prozesses. Da der große Staatsmann Perikles ein Schüler Anaxagaros' gewesen sein soll, konnte Perikles ihn vor dem Schlimmsten bewahren, und er kam mit einer Geldstrafe und der Verbannung davon. Allerdings könnte auch eine Anklage wegen Landesverrats dazugekommen sein, was zur Verhängung der Todesstrafe führte. Man mag sich seine Version aussuchen. Wie dem auch sei, im Gefängnis langweilte sich Anaxagoras offenbar und dachte sich daher folgende Aufgabe aus:

Die Quadratur des Kreises:
Gegeben ist ein Kreis mit Radius r. Man konstruiere ein flächengleiches Quadrat.

Zündstoff liefert das Wort „konstruiere", denn bald nach Anaxagoras verstand sich von selbst, dass mit „konstruiere" eine Aufforderung zur Konstruktion mit Zirkel und Lineal zu sehen ist. Das Lineal darf keinerlei Markierungen beinhalten, ebensowenig darf der Zirkel eine Gradskala aufweisen oder als Stechzirkel benutzt werden! Die Quadratur des Kreises hat Generationen von Mathematikern beschäftigt und sich erst im 19. Jahrhundert in Luft aufgelöst, als Ferdinand Lindemann (1852–1939) zeigen konnte, dass die Zahl π eine *transzendente* irrationale Zahl ist, d. h. die Zahl π ist nicht Lösung einer Gleichung der Form

$$a_n x^n + a_{n-1} x^{n-1} + \ldots + a_1 x + a_0 = 0$$

mit rationalen Koeffizienten $a_0, a_1, \ldots, a_n$. Damit war bewiesen, dass die Quadratur des Kreises ein unlösbares Problem darstellt.

Wir werden noch auf Anaxagoras zurückkommen, denn er spielt in der Geschichte der Analysis noch eine weitere wichtige Rolle, aber zwei Dinge sind doch bemerkenswert: (1) Das Problem der Quadratur des Kreises ist letztlich ein Problem der Eigenschaften irrationaler Zahlen. (2) Das Problem der Existenz irrationaler Zahlen überhaupt hat in der griechischen Mathematik eine ganz besondere Rolle gespielt, die wir nun beleuchten wollen.

2.1.2 Die Pythagoreer

In seiner Übersicht über die Geschichte der griechischen Philosophie bezeichnet Luciano de Crescenzo den Pythagoras schlicht als „Superstar" [De Crescenzo 1990, Band 1, S. 61 ff.]. Pythagoras stammt von der ionischen Insel Samos, die in der Nähe der Küstenstadt Milet liegt, wo er um 570 v. Chr. geboren wurde. Nach Diogenes Laertios [Diogenes Laertius 2008, Band 2, S. 105] unternahm Pythagoras Reisen nach Ägypten und Mesopotamien und lernte dort auch die Mathematik kennen, unter anderem wohl auch den heute nach ihm benannten Satz des Pythagoras. Iamblichos (ca. 250–ca. 325) schreibt in seinem *Leben des Pythagoras*, dass Pythagoras von den Soldaten des persischen Königs Kambyses (wahrscheinlich der ältere dieses Namens) nach Babylon entführt wurde. Dort soll er sein Studium von Arithmetik, Musik „und allen anderen Wissenschaften" abgeschlossen haben [Guthrie 1987, S. 61]. Als Pythagoras nach Samos zurückkehrte, fand er die Insel unter der Herrschaft des Tyrannen Polykrates. Obwohl er als Lehrer von Polykrates' Sohn tätig gewesen sein soll, ging er schließlich ins Exil nach Unteritalien in die Stadt Kroton (heute Crotone in Kalabrien). Dort soll er gesetzgebend tätig geworden sein und man sagt ihm nach, er habe eine wirkliche Aristokratie (=Herrschaft der Besten) geschaffen. Neben diesen politischen Tätigkeiten gründete er in Kroton eine Schule, deren Meister er war. Seine Lehren hielten jedoch viele für aufrührerisch. So musste er auch Kroton verlassen, fand gegen 510 v. Chr. Zuflucht in Metapont und starb dort um 496 v. Chr. Der dorische Hera-Tempel von Metapont galt den Römern später als „Schule des Pythagoras". Diese Schule wird häufig auch als Sekte oder Geheimgesellschaft bezeichnet, denn es galten seltsame Regeln:

- Keine Bohnen essen
- Brot nicht brechen
- Nicht das Herz essen
- Sich nicht selbst neben einem Licht im Spiegel ansehen
- Nach dem Aufstehen im Bett keinesfalls einen Abdruck des Körpers hinterlassen

und noch einige mehr [De Crescenzo, Band 1, S. 65]. Die Gruppe muss sehr effektiv gewesen sein: Eine ganze Zeit lang fanden sich Pythagoreer in leitender politischer Funktion in weiten Teilen des griechischen Einflussbereiches. Uns interessiert hier mehr die Mathematik dieses Geheimbundes, die vom Meister an die Schüler weitergegeben wurde. Dabei gab es mindestens zwei Arten von Pythagoreern, wie wir von Iamblichos wissen: Die *Mathematikoi* und die *Akusmatikoi*. Erstere waren diejenigen, die die *Mathemata* – Lerngegenstände – pflegten und die Letzteren, die mehr Wert auf das Gehörte (*akusmata*) legten. Heute würden wir sagen, dass die einen die Mathematiker, die anderen die Bewunderer der Mathematik waren. Das bekannte pythagoreische Motto war:

„Alles ist Zahl!" („Alles entspricht einer Zahl").

Dabei dürfen wir sicher sein, dass mit „Zahl" die natürlichen Zahlen gemeint waren,
$$\mathbb{N} := \{1, 2, 3, \ldots\}.$$

Abb. 2.1.4 Pythagoras von Samos, mittelalterliche Holzfigur im Chorgestühl des Ulmer Münsters [Foto Wesemüller-Kock]

Um die Begeisterung der Pythagoreer für natürliche Zahlen zu verstehen, muss man wissen, dass Pythagoras eine mathematische Harmonielehre hinterlassen hat. Vermutlich entstand diese Harmonielehre, als Pythagoras das Monochord spielte, das er nach Diogenes Laertios auch erfunden haben soll. Die Saite soll über einem Maßstab mit zwölf gleichen Teilen gespannt worden sein, was sehr klug ist, denn 12 ist durch 2, 3, 4 und 6 teilbar und man kann daher Töne von verschieden stark verkürzten Saiten vergleichen [van der Waerden 1979, S. 370]. Betrachtet man die Zahl 12, ihre Hälfte, zwei Drittel und drei Viertel:

$$12, 9, 8, 6,$$

dann spielen diese Zahlen bei den Pythagoreern eine große Rolle. Sie bilden eine Proportion

$$12 : 9 = 8 : 6,$$

die Zahl 9 ist das arithmetische Mittel von 12 und 6, 8 ist das harmonische Mittel von 12 und 6. So etwas ist natürlich für eine zahlenmystisch angehauchte Sekte wie die Pythagoreer ein gefundenes Fressen! Sind zwei Töne, die gemeinsam erklingen, sehr wohltönend, so nannten die Pythagoreer diese *symphon*. Die Oktave, die reine Quinte und die Quarte sind solche Tonabstände, die symphon sind. Nun kann man der Oktave das Verhältnis 2:1 zuordnen, der Quinte 3:2 und der Quarte 4:3. Aus diesen Grundverhältnissen berechneten die Pythagoreer noch zahlreiche weitere, vgl. [van der Waerden 1979, S. 367 f.].

Dass man einen Ton im Vergleich zu einem anderen in Form eines Verhältnisses „messen" kann, fanden die Pythagoreer auch an Längen, Flächen und Volumina. Zwei Größen a und b heißen *kommensurabel* (zusammen messbar), wenn sie beide Vielfaches einer dritten Zahl c sind, also:

> Zwei Größen a und b sind kommensurabel :⇔ es gibt eine Größe c und zwei Zahlen m und n, so dass $a = mc$ und $b = nc$ gilt.

Das kann man auch anders ausdrücken, nämlich als Proportion:

> Zwei Größen a und b sind genau dann kommensurabel, wenn für ihr Verhältnis $a : b = m : n$ mit zwei natürlichen Zahlen m und n gilt.

Für die Griechen mussten „Größen" immer von einerlei Typ sein, nämlich „dimensionstreu", d. h. man durfte keine Fläche mit einer Länge vergleichen und kein Volumen mit einer Fläche, sondern nur Längen mit Längen, etc.

Über die Proportionen waren die Pythagoreer also auch mit den positiven *rationalen Zahlen*, d. h. mit der Menge $\mathbb{Q}^+$ der positiven Brüche vertraut. Andere Zahlen gab es für sie nicht – durfte es nicht geben: Die natürlichen Zahlen („Alles ist Zahl") und daraus die Proportionen waren für sie das Wesen der Wirklichkeit, der Inbegriff des Seins. Wenn „Alles" Zahl ist, dann ist auch alles kommensurabel, also mit gleichem Maß messbar. Nichts in der Welt ist inkommensurabel! Allerdings wurde diese Grundüberzeugung der Pythagoreer aus ihren eigenen Reihen vernichtet! Der Pythagoreer Hippasos von Metapont, den van der Waerden auf zwischen 520 und 480 v. Chr. datiert[1] [van der Waerden 1979, S. 74], soll als erster die Existenz inkommensurabler Größen gezeigt haben – die erste Grundlagenkrise der Mathematik! Man liest häufig, dies sei an dem geheimen Zeichen der Pythagoreer, dem Pentagramm,

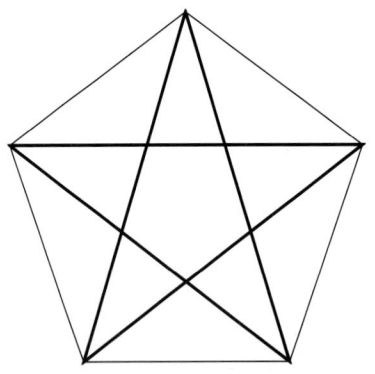

(a) Das Pentagramm, einbeschrieben im Pentagon

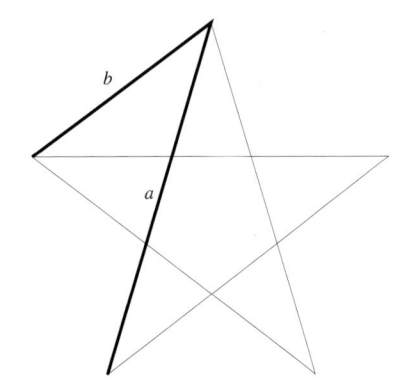

(b) Zur Wechselwegnahme am Pentagramm

Abb. 2.1.5 Symbol der Pythagoreer: Das Pentagramm

---
[1] K. v. Fritz setzt seine Lebenszeit um 450 v. Chr. an [von Fritz 1971]

geschehen, was den Frevel des Hippasos natürlich in die Ungeheuerlichkeit erhebt. Die Seite des Pentagramms a und die Kante des Pentagons b in Abb. 2.1.5(b) sind nämlich nicht kommensurabel, d. h. für alle natürlichen Zahlen m und n gilt

$$a : b \neq m : n,$$

d. h. es gibt kein gemeinsames Maß c, so dass $a = mc$ und $b = nc$ gilt. Um die Inkommensurabilität von a und b zu zeigen, hat Hippasos vermutlich die sogenannte *Wechselwegnahme* verwendet, die lange vor seiner Zeit bekannt war, vgl. [Scriba/Schreiber 2010, S. 36ff.]. Das Verfahren der Wechselwegnahme ist nichts anderes als der bekannte Euklidische Algorithmus in geometrischer Einkleidung und lässt sich am übersichtlichsten in einem Stück Pseudocode beschreiben:

– Solange $a \neq b$ führe folgende Befehle aus:
  - Ist $a > b$, dann setze $a := a - b$;
  - andernfalls setze $b := b - a$;
– Gib a aus.

Der Algorithmus endet genau dann, wenn a und b kommensurabel sind. Sind a und b inkommensurabel, dann endet der Algorithmus *nicht*! Im ersten Schritt der Wechselwegnahme nehmen wir b von a weg. Bemerken wir die Parallelität von Pentagonkante und Seite des Pentagramms wie in Abb. 2.1.6(a) angedeutet, dann bleibt bei Wegnahme der Größe b von a der Rest a_1. Diesen Rest nehmen wir nun von b weg und erhalten b_1 wie in Abb. 2.1.6(b) gezeigt.

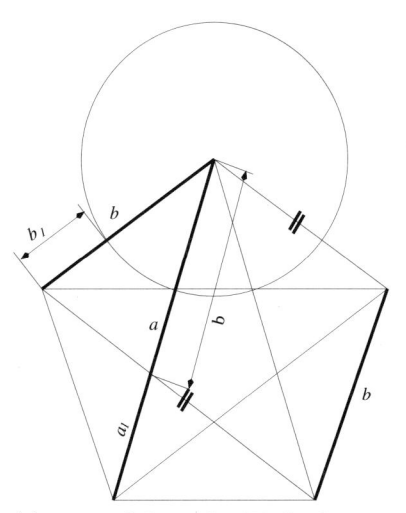

(a) Erster Schritt der Wechselwegnahme

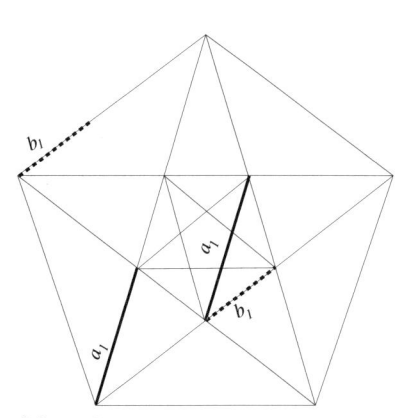

(b) Vorbereitung zum zweiten Schritt

Abb. 2.1.6 Wechselwegnahme zum Beweis der Inkommensurabilität von Seite b und Diagonale a eines Fünfecks

Durch Parallelverschiebung ins Innere des Pentagramms erkennt man, dass a_1 nun Seitenlänge eines kleineren Pentagramms ist, während b_1 die Kantenlänge des umschriebenen Pentagons darstellt. Wir sind also im zweiten Schritt der Wechselwegnahme auf eine zum Ausgangspunkt identische Situation gekommen! Damit kann die Wechselwegnahme aber nicht enden und die Inkommensurabilität von a und b ist gezeigt.

Ob nun Hippasos tatsächlich das magische Symbol der Pythagoreer wählte ist nicht gewiss. Bereits die Diagonale im Einheitsquadrat besitzt nach dem Satz des Pythagoras die Länge $\sqrt{2}$ und auch hier wäre eine Wechselwegnahme der Schlüssel zur Inkommensurabilität von 1 und $\sqrt{2}$ gewesen.

Man vermutet, dass die Entdeckung nichtkommensurabler Größen die Pythagoreer schwer erschüttert hat. Iamblichos schreibt [Guthrie 1987] (Übersetzung nach [Mansfeld 1999, Band 1, S. 171]):

> *Man sagt, sie hätten jenen, der als erster die Natur des Kommensurablen und des Inkommensurablen denen ausgeplaudert habe, die nicht würdig waren, an den Lehren teilzuhaben, als einen so widerlichen Menschen betrachtet, dass sie ihn nicht nur vom Zusammenleben in ihrem gemeinsamen Kreis ausschlossen, sondern sogar einen Grabstein für ihn errichteten, als wäre der Freund von damals aus dem Leben der Menschen überhaupt ausgeschieden.*

Es geht sogar die Geschichte um, dass der Frevler Hippasos zur Strafe im Meer umgekommen sein soll, wie ebenfalls Iamblichos berichtet hat. Es gibt aber auch kritische Stimmen zu dieser Überlieferung. So argumentiert Zhmud in [Zhmud 1997, S. 173], dass der Begriff *arrhetos*, den Platon in seinem Dialog *Hippias der Ältere* für die irrationalen Zahlen verwendet, zwar „Geheimnis" oder „unaussprechliches Mysterium" bedeutet, gleichzeitig aber eben nicht mehr bedeutet als „nicht in Zahlen auszudrücken". Er führt die Berichte über Hippasos auf Übersetzungsfehler früher Kommentatoren zurück. Belegt sei nur ein Streit zwischen Hippasos und den Pythagoreern, der aber politisch bedingt gewesen sein soll. Es ist also auch ebensogut möglich, dass die Entdeckung irrationaler Zahlen keine Verletzung ungeschriebener pythagoreischer Gesetze war. Wie dem auch sei, die Inkommensurabilität von Strecken hat die Mathematik der Griechen massiv beeinflusst und das Programm der Pythagoreer, die Geometrie zu arithmetisieren, zum Halten gebracht. Womöglich kann dieser Schock auch dafür verantwortlich gewesen sein, dass die Geometrie in der griechischen Mathematik hervorragend entwickelt wurde, während Algebra und Arithmetik nur zögerlich betrieben wurden. Der große Philosoph Platon (428/427–348/347 v. Chr.) zumindest erklärt in *Theaitetos* 147d–148a und in *Gesetze* 819d–822d, dass er sich für die Griechen schäme, dass sie sich nicht auf das Problem der nicht messbaren Größen geworfen haben [Popper 2006, S. 329].

2.1.3 Die Proportionenlehre des Eudoxos in Euklids Elementen

Eine hervorragende Zusammenfassung der griechischen Mathematik liefern die *Elemente*, das berühmte Buch des Euklid (um 300 v. Chr.), [Euklid 1980]. Buch X enthält einen axiomatischen Zugang zum Umgang mit kommensurablen und inkommensurablen Größen und erklärt die Wechselwegnahme. Am Ende von Buch X findet sich dann der Beweis, dass die Diagonale im Einheitsquadrat und die Kantenlänge inkommensurabel sind. Dieser Beweis am Quadrat ist nach Kurt von Fritz [von Fritz 1971, S. 562] der Originalbeweis.

Noch interessanter ist jedoch Buch V, das über die Proportionenlehre des Eudoxos von Knidos (410 oder 408–355 oder 347 v. Chr.). Eudoxos war der wohl genialste Mathematiker in Platons Akademie, zu der er enge Beziehungen unterhielt. Grundlage der heutigen Analysis ist das *Archimedische Axiom*:

Axiom: Zu jeder noch so kleinen positiven reellen Zahl ε gibt es eine natürliche Zahl n, so dass gilt:
$$0 < \frac{1}{n} < \varepsilon \quad .$$

Dieses Axiom, das man heute häufig als Folge des Supremumsprinzips herleitet, gibt eine entscheidende Einsicht in den Aufbau der reellen Zahlen, z. B. kann es nach diesem Axiom keine kleinste positive Zahl geben. Denn wäre $\delta > 0$ diese kleinste positive Zahl, dann fände man eine natürliche Zahl n, so dass $1/n$ noch zwischen 0 und δ passt. Also wäre $1/n$ noch kleiner als δ.

Abb. 2.1.7 Bildnisse von Euklid aus der italienischen Renaissance (Tafelbild des Joos von Wassenhove um 1474) und der frühen Neuzeit (Phantasiebild eines unbekannten Künstlers)

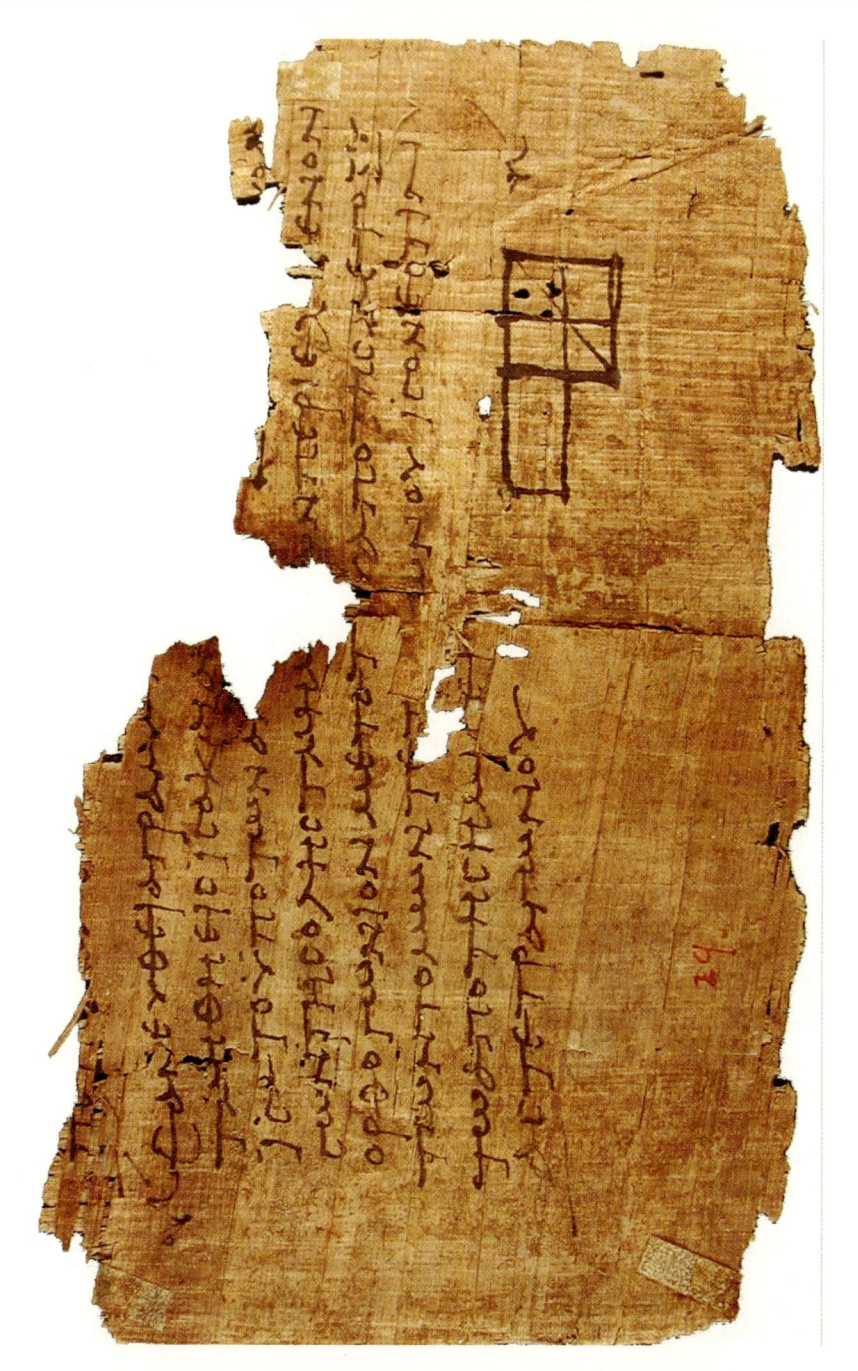

28   2 Das Kontinuum in der griechisch-hellenistischen Antike

Abb. 2.1.8 Fragment der Elemente des Euklid (Papyrus aus der Zeit 75–125 n. Chr., eines der ältesten erhaltenen Fragmente der *Elemente* des Euklid) [University of Pennsylvania, P.OXY.1 29]

Abb. 2.1.9 Berühmte englische Ausgabe der *Elemente* des Euklid von Henry Billingsley aus dem Jahr 1570 mit einem Vorwort von John Dee

Dieses Axiom ist die eigentliche griechische Antwort auf die Fragen nach der Unendlichkeit: Es gibt keine unendlich kleinen Zahlen! Somit wären alle Probleme gelöst, aber natürlich war das unendlich Kleine zu interessant, um sich nicht damit zu beschäftigen.

Man kann das Archimedische Axiom auch äquivalent formulieren, nämlich so, dass für je zwei Größen $y > x > 0$ eine natürliche Zahl N existiert, so dass $N \cdot x > y$ gilt. In dieser Form hat es Eingang in Euklids *Elemente* gefunden und das Archimedische Axiom müsste eigentlich *Eudoxos'sches Axiom* heißen. Am Beginn des fünften Buches heißt es in Definition 4 [Euklid 1980, S. 91]:

> *4. Daß sie ein* **Verhältnis zueinander haben**, *sagt man von Größen, die vervielfältigt einander übertreffen.*

Und es geht weiter mit:

> *5. Man sagt, dass Größen* **in demselben Verhältnis stehen**, *die erste zur zweiten, wie die dritte zur vierten, wenn bei beliebiger Vervielfältigung die Gleichvielfachen der ersten und dritten den Gleichvielfachen der zweiten und vierten gegenüber, paarweise entsprechend genommen, entweder zugleich größer oder zugleich gleich oder zugleich kleiner sind.*

Wir würden dies heute so formulieren:

Definition 5 Eudoxos/Euklid: Es soll $a : b = c : d$ genau dann sein, wenn für alle natürlichen Zahlen m, n gilt:

$$\text{Ist } n \cdot a > m \cdot b \quad \text{dann} \quad n \cdot c > m \cdot d$$
$$\text{Ist } n \cdot a = m \cdot b \quad \text{dann} \quad n \cdot c = m \cdot d$$
$$\text{Ist } n \cdot a < m \cdot b \quad \text{dann} \quad n \cdot c < m \cdot d.$$

Es sieht nun so aus, als hätte Eudoxos nichts anderes getan, als die eigentlich doch ganz klare Bedeutung der Proportion in eine unverständliche Definition gepackt. Nichts ist weniger wahr! Diese Definition ist ein Durchbruch ganz besonderer Art, denn was geschieht bei zwei inkommensurablen Größen a und b? Dann teilt die Eudoxos'sche Definition doch die Menge der rationalen Zahlen m/n in zwei disjunkte Teile, nämlich einmal die Menge U, für die die erste Möglichkeit der Definition 5 in Betracht kommt. Das sind alle die m/n, für die

$$n \cdot a > m \cdot b, \quad \text{also} \quad \frac{m}{n} < \frac{a}{b}$$

gilt. Da a und b inkommensurabel sein sollen, kommt die mittlere Möglichkeit in Definition 5 nicht in Frage, aber die letzte Möglichkeit. Hier wird eine Menge O definiert, die alle diejenigen m/n enthält, für die

$$n \cdot a < m \cdot b, \quad \text{also} \quad \frac{m}{n} > \frac{a}{b}$$

gilt. Wir haben also die Zerlegung

$$\mathbb{Q} = U \cup O$$

der rationalen Zahlen in eine Untermenge U und eine Obermenge O, die noch dazu disjunkt sind:

$$U \cap O = \emptyset.$$

Jede Zahl in U ist echt kleiner als jede Zahl in O. An der „Schnittstelle" von U und O kann eine neue Zahl definiert definiert werden, die natürlich eine irrationale Zahl ist. Es hat bis in die zweite Hälfte des 19. Jahrhunderts gedauert, um die Eudoxos'sche Theorie der Proportionen zur Konstruktion irrationaler Zahlen zu verwenden, und diesen Schritt ist der Braunschweiger Mathematiker Richard Dedekind (1831–1916) gegangen. Die Grundlage seines „Dedekindschen Schnittes" ist die oben geschilderte disjunkte Zerlegung von $\mathbb{Q}$ durch die Eudoxos'sche Definition der Proportionalität, wie wir in Abschnitt 9.7.1 sehen werden!

Ein weiterer Fortschritt in der Definition der Proportionalität besteht einfach darin, dass man Größen „verschiedener Art" vergleichen konnte. So konnten a und b Längen und c und d Volumina sein; ihre Verhältnisse sind vergleichbar.

Wozu hat aber Eudoxos das Archimedische/Eudoxos'sche Axiom verwendet? Auch das wird im fünften Buch von Euklids Elementen deutlich, wenn

$$a : c = b : c \implies a = b$$

bewiesen werden soll. Wir folgen [Edwards 1979, S. 14]: Nimm an, dass $a > b$ gilt. Nun gibt es nach dem Archimedischen Axiom eine natürliche Zahl N, so dass

$$N \cdot (a - b) > c$$

ist. Weiterhin gibt es eine kleinste natürliche Zahl M mit der Eigenschaft $M \cdot c > N \cdot b$, aber es gilt auch $N \cdot b \geq (M - 1) \cdot c$, denn M war ja die *kleinste* natürliche Zahl mit $Mc > Nb$. Addiert man nun die Ungleichungen $N(a-b) > c$ und $Nb \geq (M-1)c$, so erhält man

$$Na > Mc,$$

aber es war ja nach Voraussetzung $Nb < Mc$, was der Definition der Proportionalität widerspricht. Also war die Annahme $a > b$ falsch. Diese Art des Beweises nennt man *reductio ad absurdum*, weil man eine Annahme zum Widerspruch führt. Nun bleiben uns noch die zwei Möglichkeiten $a < b$ und $a = b$. Nach dem Satz vom ausgeschlossenen Dritten müssen wir nur noch $a < b$ widerlegen (was analog zu dem oben ausgeführten Beweis funktioniert) und damit ist $a = b$ gezeigt. Insgesamt handelt es sich um einen für die griechische Antike typischen Beweis, die *doppelte reductio ad absurdum*. Wir werden auf diese Technik gleich noch genauer zurückkommen.

Abb. 2.1.10 Euklid (Statue im Oxford University Museum of Natural History) [Foto Sonar]

2.1.4 Die Methode der Exhaustion – Integration auf griechisch

Mit dem Archimedischen Axiom brachte Eudoxos auch eine Methode zur Flächenberechnung in die Welt, die Exhaustionsmethode (Ausschöpfungsmethode). Der Name *Exhaustionsmethode* geht dabei zurück auf Grégoire de Saint-Vincent (vgl. Abschnitt 7.2), der ihn 1647 geprägt hat [Jahnke 1999, S. 23]. Dabei füllt man die Fläche einer krummlinig berandeten Figur, z. B. die eines Kreises, mit Hilfe von Polygonen und betrachtet eine Folge von Polygonen mit immer größerer Eckenzahl, die die krummlinige Figur besser und besser ausfüllen.

Die Grundlage dieser Methode steht im zehnten Buch von Euklids Elementen unter X.1:

> *Nimmt man bei Vorliegen zweier ungleicher (gleichartiger) Größen von der größeren ein Stück größer als die Hälfte weg und vom Rest ein Stück größer als die Hälfte und wiederholt dies immer, dann muß einmal eine Größe übrig bleiben, die kleiner als die kleinere Ausgangsgröße ist.*

Es handelt sich dabei offenbar um eine Umformulierung des Archimedischen Axioms. In moderner mathematischer Sprache starten wir mit zwei positiven Größen G_0 und ε und berechnen dann Zwischengrößen

$$G_1 < \frac{1}{2}G_0, \quad G_2 < \frac{1}{2}G_1, \quad G_3 < \frac{1}{2}G_2, \quad \text{usw.,}$$

bis wir bei irgendeinem Index n bei $G_n < \varepsilon$ angekommen sind. Der Beweis für den Erfolg einer solchen Strategie ergibt sich aus einer mehrschrittigen Überlegung:

In Schritt 1 erlaubt uns das Archimedische Axiom die Wahl einer natürlichen Zahl n, so dass $(n+1)\varepsilon > G_0$ gilt. Weil ε positiv ist, ist auch $n\varepsilon \geq \varepsilon$ und $n\varepsilon + \varepsilon \geq 2\varepsilon$, also ist

$$\varepsilon \leq \frac{(n+1)\varepsilon}{2}.$$

Daher ist

$$n\varepsilon > G_0 - \varepsilon \geq G_0 - \frac{(n+1)\varepsilon}{2}.$$

Division durch 2 und Zusammenfassen zusammengehöriger Terme liefert

$$\frac{3}{4}n\varepsilon + \frac{\varepsilon}{4} \geq \frac{G_0}{2}.$$

Nun ist aber $n\varepsilon \geq \varepsilon$, so dass gilt

$$n\varepsilon \geq \frac{3}{4}n\varepsilon + \frac{\varepsilon}{4} \geq \frac{G_0}{2},$$

d. h. $n\varepsilon \geq \frac{1}{2}G_0 > G_1$ und damit ist der erste Schritt beendet.

Im zweiten Schritt ist nun also $n\varepsilon > G_1$. Weil $(n-1)\varepsilon \geq \varepsilon$ gilt, folgt $n\varepsilon \geq 2\varepsilon$ oder
$$\varepsilon \leq \frac{n\varepsilon}{2}.$$
Daher erhält man
$$(n-1)\varepsilon > G_1 - \varepsilon \geq G_1 - \frac{n\varepsilon}{2}.$$
Division durch 2 und Zusammenfassen liefert
$$\frac{3}{4}(n-1)\varepsilon + \frac{\varepsilon}{4} \geq \frac{G_1}{2},$$
und wegen $(n-1)\varepsilon \geq \varepsilon$ folgt
$$(n-1)\varepsilon \geq \frac{1}{2}G_1 > G_2,$$
womit auch der zweite Schritt abgeschlossen ist. So geht es nun immer weiter, bis schließlich im Schritt n
$$\varepsilon > G_n$$
erreicht ist.

Nun können wir diese Version des Archimedischen Axioms auf Flächenberechnungen durch Exhaustion anwenden.

Satz (Anwendung der Exhaustion auf die Berechnung der Kreisfläche): *Gegeben sei ein Kreis C mit Fläche $A(C)$ und eine Zahl $\varepsilon > 0$. Dann gibt es ein einbeschriebenes reguläres Polygon P mit der Eigenschaft*
$$A(C) - A(P) < \varepsilon.$$

Mit anderen Worten, man kann die Eckenzahl von in den Kreis einbeschriebenen Polygonen so weit erhöhen, bis sich die Fläche des betreffenden Polygons nur noch um weniger als eine beliebig kleine positive Zahl ε von der Kreisfläche unterscheidet. Die Methode der Exhaustion erlaubt es nun, den Satz *ohne* die Kenntnis eines sauberen Grenzwertbegriffes zu beweisen. Dazu beginnen wir mit einem Quadrat $P_0 = EFGH$ wie in Bild 2.1.11(a). Um Bezug zum Archimedischen Axiom zu bekommen, schreiben wir
$$G_0 := A(C) - A(P_0)$$
für die Flächendifferenz zwischen Kreis C und Quadrat P_0. Eine Verdoppelung der Seitenzahl ergibt als nächstes reguläres Polygon ein Oktogon P_1 und weitere Verdoppelungen führen zu einer Folge $P_0, P_1, P_2, \ldots, P_n, \ldots$, wobei das reguläre Polygon P_n genau 2^{n+2} Seiten hat. Wenn wir nun für
$$G_n := A(C) - A(P_n)$$

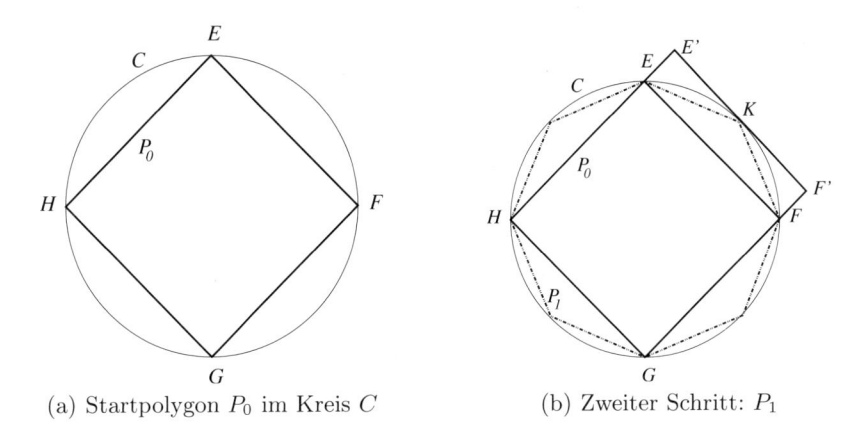

(a) Startpolygon P_0 im Kreis C (b) Zweiter Schritt: P_1

Abb. 2.1.11 Das Exhaustionsprinzip am Kreis

zeigen können, dass
$$G_{n+1} < \frac{1}{2} G_n$$
gilt, dann folgt nach der vorausgegangenen Version des Archimedischen Axioms, dass $G_n < \varepsilon$ für hinreichend großes n gilt.

Beginnen wir mit $n = 0$. Abb. 2.1.11(b) sagt uns, dass

$$\begin{aligned}
G_0 - G_1 &= A(P_1) - A(P_0) = 4 \cdot A(\text{Dreieck } EFK) \\
&= 2 \cdot A(\text{Viereck } EFF'E') > 2 \cdot A(\text{Kreisabschnitt } EKF) \\
&= \frac{1}{2} \cdot 4 \cdot A(\text{Kreisabschnitt } EKF) = \frac{1}{2} \underbrace{(A(C) - A(P_0))}_{=G_0},
\end{aligned}$$

also ist $G_0 - G_1 > \frac{1}{2} G_0$ gezeigt und das ist nichts anderes als

$$G_1 < \frac{1}{2} G_0.$$

Ganz analog erhält man nun für beliebiges n

$$G_n - G_{n+1} = A(P_{n+1}) - A(P_n) > \frac{1}{2} \left(A(C) - A(P_n) \right) = \frac{1}{2} G_n,$$

wobei $A(C) - A(P_n)$ die Summe der Flächen der 2^{n+1} Kreissegmente ist, die von den Ecken von P_n abgeschnitten werden.

Als ein letztes Beispiel der Exhaustionstechnik möge uns folgender Satz dienen, der in Euklids Elementen unter XII.2 zu finden ist.

Satz: *Sind C_1 und C_2 Kreise mit Radien r_1 und r_2, dann gilt*

$$\frac{A(C_1)}{A(C_2)} = \frac{r_1^2}{r_2^2}. \tag{2.1}$$

Der Beweis dieses Satzes erfolgt mit Hilfe der Technik der *doppelten reductio ad absurdum*. Es kann nur drei Möglichkeiten geben, denn entweder ist

$$\frac{A(C_1)}{A(C_2)} = \frac{r_1^2}{r_2^2}, \quad \text{oder} \quad \frac{A(C_1)}{A(C_2)} < \frac{r_1^2}{r_2^2}, \quad \text{oder} \quad \frac{A(C_1)}{A(C_2)} > \frac{r_1^2}{r_2^2}.$$

Wir machen die *Annahme 1*: $\frac{A(C_1)}{A(C_2)} < \frac{r_1^2}{r_2^2}$, wir nehmen also an, dass

$$A(C_2) > \frac{A(C_1) r_2^2}{r_1^2} =: S.$$

Damit wäre die Zahl $\varepsilon := A(C_2) - S$ positiv, also $\varepsilon > 0$. Nach dem vorangegangenen Satz über die Ausschöpfung der Kreisfläche gibt es ein in den Kreis C_2 einbeschriebenes Polygon P, so dass $A(C_2) - A(P) < \varepsilon = A(C_2) - S$ gilt, also ist $A(P) > S$. Passend zu P schreiben wir nun ein Polygon Q auch in C_1 ein. Nun gilt (vgl. Abb. 2.1.12)

$$\frac{A(Q)}{A(P)} = \frac{r_1^2}{r_2^2},$$

also

$$\frac{A(Q)}{A(P)} = \frac{r_1^2}{r_2^2} = \frac{A(C_1)}{\frac{A(C_1) r_2^2}{r_1^2}} = \frac{A(C_1)}{S}.$$

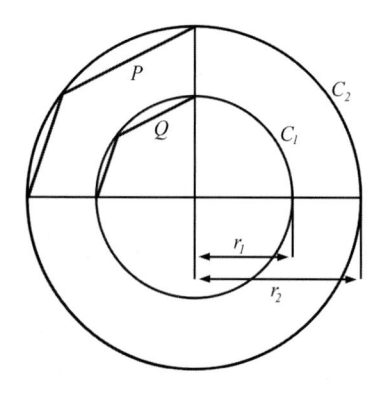

Abb. 2.1.12 Reguläre Polygone in Kreisen

Daraus folgt aber
$$\frac{S}{A(P)} = \frac{A(C_1)}{A(Q)} > 1,$$
also $S > A(P)$, was zum Widerspruch führt, denn wir haben oben festgestellt, dass unter unserer Annahme $A(P) > S$ sein muss. Damit ist Annahme 1 gescheitert, und zwar durch eine *reductio ad absurdum*.

Machen wir nun *Annahme 2*: $\frac{A(C_1)}{A(C_2)} > \frac{r_1^2}{r_2^2}$ und führen auch diese Annahme wie oben zum Widerspruch. Dann liegt eine *doppelte reductio ad absurdum* vor, und es kann nur noch $\frac{A(C_1)}{A(C_2)} = \frac{r_1^2}{r_2^2}$ richtig sein.

2.1.5 Das Problem der Kontingenzwinkel

Die griechische Mathematik wurde seit Eudoxos von *archimedischen* Zahlensystemen beherrscht, d. h. solchen, bei denen das Archimedische Axiom gilt: Zu zwei positiven Größen $x < y$ kann man immer eine natürliche Zahl n finden, so dass $n \cdot x > y$ wird. Aber bereits Eudoxos wusste, dass auch andere Zahlensysteme – sogenannte nichtarchimedische – möglich sind [Becker 1998, S. 104]. Ein schon bei den Griechen gut bekanntes solches Größensystem waren die Kontingenzwinkel, die man auch Hornwinkel nennt [Thiele 1999, S. 13 f.]. Es handelt sich dabei um Winkel zwischen zwei sich berührenden Kreisen oder zwischen einem Kreis und seiner Tangente, wie in Abb. 2.1.13 gezeigt. Im dritten Buch der *Elemente* Euklids [Euklid 1980, III, 16] findet sich ein Satz zu Kontingenzwinkeln:

> *Eine rechtwinklig zum Kreisdurchmesser vom Endpunkt aus gezogene gerade Linie muß außerhalb des Kreises fallen, und in den Zwischenraum der geraden Linie und des Bogens läßt sich keine weitere gerade Linie nebenhineinziehen; der Winkel des Halbkreises ist größer als jeder spitze geradlinige Winkel, der Restwinkel kleiner.*

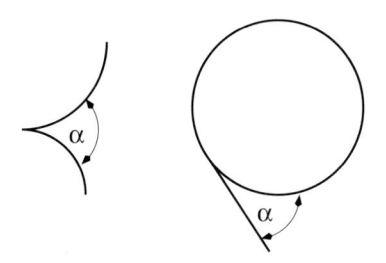

Abb. 2.1.13 Kontingenz- oder Hornwinkel

Zwischen der Kreisperipherie und der Tangente ist eben keine weitere Gerade außerhalb des Kreises möglich. Kontingenzwinkel bilden ein nichtarchimedisches Größensystem, denn für zwei Kontingenzwinkel gilt das Archimedische Axiom offenbar nicht. Definiert man Kontingenzwinkel als Winkel zwischen den Tangenten, dann ist jeder Kontingenzwinkel Null und das Archimedische Größensystem ist wieder in Ordnung. Körle schreibt dazu in [Körle 2009, S. 29]:

> Für uns gibt es schlichtweg keine Kontingenzwinkel. Ihr Problem ist psychologischer Natur. Man wusste sich nicht gegen die Vorstellung zu wehren, irgendwas müsse jene Öffnung doch ausfüllen. Wegdiskutieren ließen sie sich nicht, gegenstandslos wurden sie mit dem Begriff des Grenzwerts. Bei bestem Willen zur Interpretation bliebe den Kontingenzwinkeln nur die Größe Null. Die Kontroverse um sie hielt lange an, noch Leibniz beschäftigte sich mit ihnen.

Wir werden später jedoch sehen, dass auch eine Analysis in nichtarchimedischen Zahlensystemen möglich ist. Dort können verschiedene Kontingenzwinkel auch verschieden groß sein!

2.1.6 Die drei großen klassischen Probleme

Über das Problem der Quadratur des Kreises und seine Urheberschaft durch den inhaftierten Anaxagoras haben wir bereits berichtet. Zwei weitere Probleme sind zu nennen, die durch verschiedenste Lösungsansätze auch in der Geschichte der Analysis mit der Quadratur des Kreises als „klassischem Problem der Mathematik" eine nicht unerhebliche Rolle gespielt haben. Man vergleiche dazu auch die Ausführungen in [Alten et al. 2005] und [Scriba/Schreiber 2010].

Die Dreiteilung des Winkels:
Gegeben ist ein Winkel α. Man konstruiere eine exakte Dreiteilung dieses Winkels.

Heath vermutet in [Heath 1981, S. 235], dass dieses Problem entstand, als man die Konstruktion (mit Zirkel und Lineal!) des Pentagons beherrschte und nun daran gehen wollte, weitere Polygone zu konstruieren, denn zur Konstruktion eines regulären Polygons mit zehn Seiten benötigt man die Winkeldreiteilung. Wie die Quadratur des Kreises ist auch die Winkeldreiteilung ein unlösbares Problem, was erst die moderne Algebra gezeigt hat. Dennoch haben sich natürlich Generationen von Mathematikern daran versucht.

Die Verdoppelung des Würfels:
Gegeben ist ein Würfel mit Volumen V. Man konstruiere daraus einen Würfel mit doppeltem Volumen.

Der Sage nach wurden die Delier, Bewohner der Kykladeninsel Delos im Ägäischen Meer, von der Pest heimgesucht. Man befragte das Orakel was zu tun sei, und erhielt zur Antwort, dass die Delier den würfelförmigen Altar in ihrem Tempel verdoppeln sollten. Als das nicht gelang, befragte man den großen Platon und dieser soll geantwortet haben, dass der Gott gar keinen neuen Altar wollte, sondern diese Aufgabe stellte, um die Delier, die Mathematik nicht interessierte und die Geometrie verachteten, zu beschämen, vgl. [Heath 1981, S. 245 f.].

Zur Quadratur des Kreises

Der Versuch der Quadratur des Kreises scheint schon für die griechischen Mathematiker voller Versuchung gewesen zu sein. Ein Ansatz, der ohne die Methode der Exhaustion auskommt, wurde von Hippokrates von Chios (Mitte oder zweite Hälfte des 5. Jh. v. Chr.) entwickelt und hat bis in die Schulbuchliteratur unserer Tage hinein gewirkt. Er beruht auf den „Möndchensätzen". Hippokrates hat sich offenbar auch an der Quadratur des Kreises beteiligt, sich dann aber dem etwas weniger ambitionierten Ziel zugewandt, die Fläche von Figuren zu berechnen, die durch Kreisteile begrenzt werden. Zeichnet man in einen Halbkreis ein gleichschenkliges Dreieck ein wie in Abb. 2.1.14 (das dann nach dem Satz des Thales ein rechtwinkliges ist) und zeichnet man weiter zwei Halbkreise über den Katheten des Dreiecks, dann bilden sich kreisförmig begrenzte Flächen M, die an kleine Möndchen erinnern. Mit den Bezeichnungen in Abb. 2.1.14 führen wir die Flächen

$$C_1 := M + S$$
$$C_2 := 2 \cdot (S + T)$$

ein. Nun wissen wir aus dem Satz auf Seite 34, dass sich Kreisflächen wie die Quadrate der Radien verhalten, was natürlich auch für Halbkreisflächen gilt. Ist der Radius des großen Halbkreises r, dann ist der Radius der kleinen Kreise

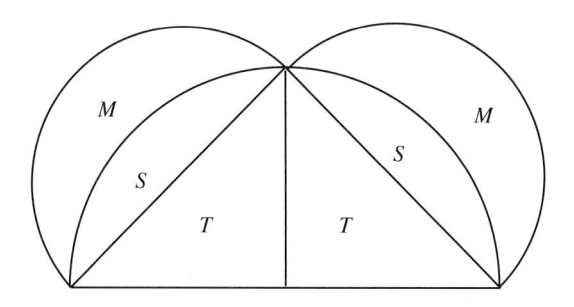

Abb. 2.1.14 Möndchen des Hippokrates

nach dem Satz des Pythagoras gerade $\frac{\sqrt{2}}{2}r$. Die Quadrate dieser Radien sind r^2 bzw. $\frac{1}{2}r^2$. Damit gilt für die Halbkreisflächen C_1 und C_2:

$$\frac{C_1}{C_2} = \frac{1}{2}.$$

Setzt man die Definition für C_2 ein, so folgt $2(T+S) = 2C_1$, also $T+S = C_1$. Nun ist aber nach unserer Definition $C_1 = M + S$, d. h.

$$T + S = C_1 = M + S$$

und damit ist gezeigt, dass $M = T$ gilt. Die Fläche eines Möndchens ist also genau so groß wie die Fläche des Dreiecks T.

Es besteht kein Zweifel daran, dass Hippokrates' Ergebnisse ihn selbst und auch andere anspornten, auf diesem Weg weiter zu gehen und schließlich die Quadratur des Kreises doch noch in Angriff nehmen zu können. So finden sich auch noch kompliziertere Möndchen im Repertoire dieser Methode, vgl. [Baron 1987, S. 32 f.], [Scriba/Schreiber 2010, S. 47f.].

Heath zitiert in [Heath 1981, Vol.1, S. 225 f.] mehrere antike Autoren, die uns über einige der mathematischen Entwicklungen berichten, die bei den vergeblichen Versuchen, die drei großen Probleme mit einer Konstruktion mit Zirkel und Lineal zu lösen, entwickelt wurden. So schreibt Iamblichos (ca.245–ca.325) über die Quadratur des Kreises:

Archimedes schaffte es mit Hilfe der Spirale, Nikomedes mit Hilfe der Kurve, die den speziellen Namen Quadratrix trägt. Apollonios mit Hilfe einer bestimmten Kurve, die er „Schwester der Cochloide" nennt, aber die dieselbe ist wie die des Nikomedes, und endlich schaffte es Carpus mit einer bestimmten Kurve, die von einer doppelten Bewegung her kommt.

Pappos von Alexandrien (ca.290–ca.350) wird zitiert mit:

Zur Quadratur des Kreises verwendeten Deinostratos, Nikomedes und andere spätere Geometer eine bestimmte Kurve die ihren Namen von ihrer Eigenschaft bekam; diese Geometer nannten sie Quadratrix.

Proklos (412–485) schreibt zur Winkeldreiteilung:

Nikomedes dreiteilte jeden Winkel mit Hilfe der conchoïdalen Kurven, deren Konstruktion und Eigenschaften er uns hinterlassen hat, da er der eigentliche Entdecker ist. Andere haben dasselbe mit Hilfe der Quadratrix des Hippias und des Nikomedes unternommen. ... Wieder andere, beginnend mit der Archimedischen Spirale, teilten jeden gegebenen Winkel in jeden beliebigen Teil.

Abb. 2.1.15 Sphinx und Säule des Pompeius in Alexandria, der Stadt mit der größten Bibliothek der Antike und vielen Gelehrten. Pappos von Alexandria war einer von ihnen [Foto Alten]

Proklos wird dann noch expliziter, was die Zuordnung dieser Kurven zu ihren Entdeckern betrifft, und schreibt:

> *Apollonios zeigte im Fall der Kegelschnitte ihre Eigenschaften und so hat es Nikomedes mit der Konchoïde, Hippias mit der Quadratrix und Perseus mit den Achtkurven² gemacht.*

Die drei großen Probleme sind in ihrer Originalformulierung, d. h. Konstruktion mit Zirkel ohne Skala und Lineal ohne Markierungen, nicht zu lösen, wohl aber mit den in den Zitaten genannten Kurven. Es lohnt sich, zwei der Kurven näher im Kontext der Winkeldreiteilung zu betrachten.

Zur Winkeldreiteilung

Hippias von Elis (5. Jh. v. Chr.) aus Westgriechenland wird die Entdeckung der Quadratrix zugeschrieben. Sie ist punktweise definiert über ein mechanisches Modell wie in Abb. 2.1.16(a) gezeigt. Gegeben ist ein Quadrat $OACB$

---

² Eine „Achtkurve" entsteht aus dem Schnitt eines Torus mit einer Ebene. Die Lemniskate ist ein Beispiel für eine Achtkurve.

42   2 Das Kontinuum in der griechisch-hellenistischen Antike

Abb. 2.1.16 Die Quadratrix – eine Hilfskurve zur Winkeldreiteilung

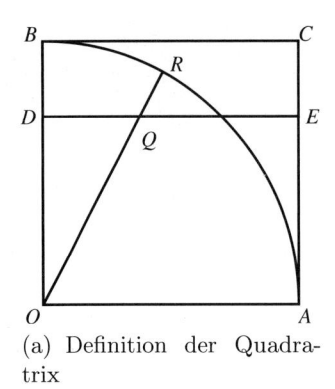

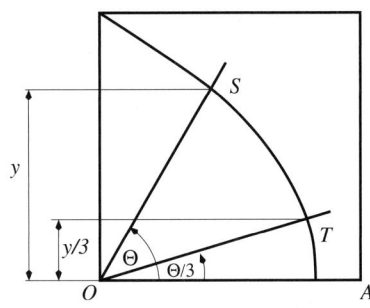

(a) Definition der Quadratrix

(b) Winkeldreiteilung mit der Quadratrix

mit Kantenlänge 1 und ein einbeschriebener Viertelkreis BRA. Wir stellen uns jetzt vor, die Kante BC bewegt sich mit konstanter Geschwindigkeit nach unten auf OA zu. Gleichzeitig bewegt sich die Kante OB mit konstanter Geschwindigkeit um den Punkt O in radialer Richtung ebenfalls auf OA zu und zwar so, dass beide Kanten zur selben Zeit OA erreichen. Zu irgendeinem Zeitpunkt dazwischen ist BC bei DE angekommen und OB hat die Position OR erreicht. Der Schnittpunkt Q ist ein Punkt der Quadratrix.

Betrachten wir die Bewegung des Punktes R. Seine Koordinaten werden beschrieben durch

$$x = \cos\Theta$$
$$y = \sin\Theta,$$

wobei der Winkel Θ sich wie in Abb. 2.1.16(b) von $\Theta = \pi/2$ (=90°) bis $\Theta = 0$ bewegt. Die Kante BC bewegt sich mit konstanter Geschwindigkeit in y-Richtung. Nennen wir diese Geschwindigkeit v_y und bringen wir die Bewegung von BC in Verbindung mit dem Winkel Θ, so können wir den Ansatz

$$y = v_y \cdot \Theta$$

machen. Wenn $\Theta = 0$ ist, muss auch $y = 0$ sein. Ist $\Theta = \pi/2$, dann ist $y = 1$. Aus diesen Bedingungen gewinnen wir die Gleichung

$$y = 1 = v_y \cdot \frac{\pi}{2},$$

also muss die Geschwindigkeit von BC gerade $v_y = 2/\pi$ sein. Damit ergibt sich für den Zusammenhang von Winkel und y-Koordinate

$$\Theta = \frac{\pi y}{2}.$$

Nun ist aber
$$\frac{y}{x} = \frac{\sin\Theta}{\cos\Theta} = \tan\Theta,$$
woraus $\tan(\pi y/2) = y/x$ folgt, was man auch als
$$x = y \cdot \cot\frac{\pi y}{2}$$
schreiben kann. Das ist also die Gleichung der Quadratrix, die Hippias natürlich nicht kannte. Da der Cotangens in der Gleichung vorkommt, handelt es sich um eine *transzendente* Funktion. Die Winkeldreiteilung kann nun wie folgt geschehen: Zu einem Winkel Θ gehört ein y-Wert nach Abb. 2.1.16(b) und da Θ und y über die Beziehung $\Theta = \pi y/2$ proportional sind, brauchen wir nur in der Höhe $y/3$ eine horizontale Linie mit der Quadratrix zum Schnitt zu bringen (Punkt T) um den Winkel Θ zu dritteln. Die Verwendung der Quadratrix zur Kreisquadratur ist deutlich verwickelter, vgl. [Heath 1981, Vol.1, S. 227 f.].

Die zweite Kurve, von der in den Zitaten die Rede war, ist die Konchoïde des Nikomedes (ca. 280–ca. 210 v. Chr.). Wie es scheint, gab es eine Reihe von Kurven, die als Kochloïden bezeichnet wurden und die Konchoïde ist eine davon. Auch sie ist eine transzendente Kurve und hat eine mechanische Konstruktionsvorschrift. Man wählt zwei positive Zahlen a und k. In einem cartesischen Koordinatensystem zeichne man eine vertikale Gerade im Abstand a vom Ursprung. Ein Punkt der Konchoïde ist dann wie folgt definiert: Man zieht eine Linie von O zur vertikalen Geraden und verlängert diese Linie um eine Strecke der Länge k. Am Ende dieser Strecke befindet sich ein Punkt der Konchoïde, vgl. Abb. 2.1.17(a). Man kann die Konchoïde des Nikomedes entweder in der cartesischen Form
$$y^2 = \frac{x^2(k+a-x)(k-a+x)}{(x-a)^2}$$
beschreiben, oder aber in der Polarform
$$r = k + \frac{a}{\cos\Theta},$$
wobei r die Länge der Strecke von O zu einem Konchoïdenpunkt beschreibt, der unter dem Winkel Θ von der x-Achse entgegen dem Uhrzeiger gemessen wird.

Die Dreiteilung eines beliebigen Winkels α geschieht nun wie folgt: Wie in Abb. 2.1.17(b) gezeigt, legt man den einen Schenkel des Winkels auf die horizontale Achse und verschiebt die vertikale Achse so weit, dass der zweite Schenkel von O bis zum Schnittpunkt der vertikalen Geraden die Länge $k/2$ hat. Eine Parallele zur horizontalen Achse durch diesen Schnittpunkt B ergibt auf der Konchoïde den Schnittpunkt T. Verbindet man T mit dem Ursprung, dann ist der Winkel α gedrittelt.

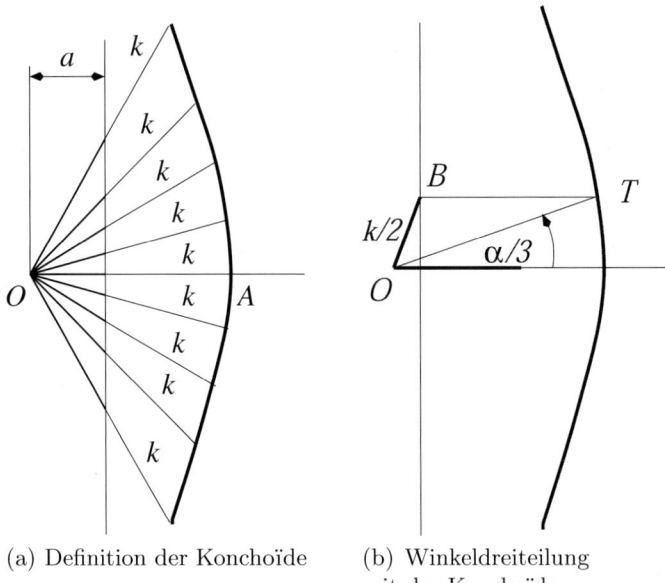

44   2 Das Kontinuum in der griechisch-hellenistischen Antike

(a) Definition der Konchoïde

(b) Winkeldreiteilung mit der Konchoïde

Abb. 2.1.17 Die Konchoïde – eine weitere Hilfskurve zur Winkeldreiteilung

Auch für die Konchoïde gibt es eine Mechanik, die in Abb. 2.1.18 gezeigt ist. Ein Zeiger mit Spitze P läuft mit einem Stift C in der Nut N einer horizontalen Schiene. Senkrecht zu dieser Schiene und mit dieser fest verbunden befindet sich eine Lasche mit einem festen Stift K, um der Nut des Zeigers Halt zu geben. Bewegt man nun den Zeiger, dann zeichnet dessen Spitze eine Konchoïde.

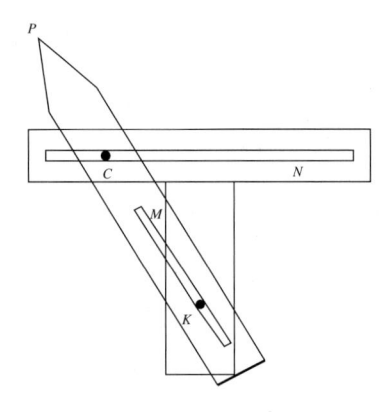

Abb. 2.1.18 Eine Mechanik zur Konstruktion der Konchoïde

Als weitere Methoden beschrieben Archimedes und später Pappos von Alexandria zwei als „Neusis" in der klassischen griechischen Geometrie beliebte Einschiebungsverfahren zur Winkeldreiteilung (Näheres s. [Scriba/Schreiber 2010, S. 45f.]).

Zur Würfelverdoppelung

Gegeben sei ein Würfel mit Kantenlänge a, der damit das Volumen $V = a^3$ besitzt. Will man einen neuen Würfel mit doppeltem Volumen konstruieren, dann muss für die unbekannte Kantenlänge gelten: $x^3 = 2 \cdot a^3$, oder

$$x = \sqrt[3]{2} \cdot a.$$

Die moderne Algebra, die erst im 19. Jahrhundert entstand, lehrt uns, dass diese Zahl x *nicht* mit Zirkel und Lineal konstruierbar ist, da die Zahl $\sqrt[3]{2}$ damit allein nicht konstruierbar ist. Die Ehre, erstmals einen sauberen Beweis der Unmöglichkeit der Dreiteilung des Winkels und der Verdoppelung des Würfels vorgelegt zu haben, gebührt dem französischen Mathematiker Pierre Laurent Wantzel (1814–1848), der seine Beweise im Jahr 1837 in Liouvilles „Journal de Mathématiques Pures et Appliquées" publizierte [Cajori 1918].

Wir wollen hier nicht die vielen genialen Versuche der Griechen beschreiben, dieses Problem anzugehen, aber Hippokrates von Chios gebührt die Ehre der Unsterblichkeit durch eine bahnbrechende Entdeckung. Ihm gelang es, das Problem der Würfelverdoppelung zurückzuführen auf ein Problem der Bestimmung zweier *mittlerer Proportionalen*: Ein Würfel mit der Kantenlänge $2a$ erfüllt unsere Bedingung offensichtlich nicht, denn er besitzt zwar die doppelte Kantenlänge wie unser Ausgangswürfel, aber das Volumen beträgt $8 \cdot a^3$. Trotzdem muss die Verdoppelung der Kantenlänge dem Hippokrates nicht aus dem Kopf gegangen sein. Er suchte zwischen den Längen a und $2a$ zwei mittlere Proportionale, wobei x eine mittlere Proportionale von zwei Strecken a und b ist, wenn

$$a : x = x : b$$

gilt. Löst man diese Proportionalität auf, dann erhält man $x^2 = a \cdot b$ oder $x = \sqrt{a \cdot b}$, es handelt sich bei der mittleren Proportionalen also um nichts anderes als das geometrische Mittel. Nun ist die mittlere Proportionale x der Strecken a und $2a$ definiert durch

$$a : x = x : 2a,$$

also $x = \sqrt{2} \cdot a$. Es gibt keine Möglichkeit, mit Hilfe *einer* mittleren Proportionalen auf unsere Würfelverdoppelung mit $x = \sqrt[3]{2} \cdot a$ zu kommen. Diese Erkenntnis ist mit hoher Wahrscheinlichkeit schon pythagoreisch, denn Platon schreibt in seinem Dialog *Timaios* [Platon 2004, Band III, 32A-B]:

> *Zwei Dinge allein aber ohne ein Drittes wohl zusammenzufügen ist unmöglich, denn nur ein vermittelndes Band kann zwischen beiden die Vereinigung bilden. Von allen Bändern ist aber dasjenige das Schönste, welches zugleich sich selbst und die durch dasselbe verbundenen Gegenstände möglichst zu einem macht. Dies aber auf das schönste zu bewirken, ist die Proportion da. Denn wenn von drei Zahlen oder Massen oder Kräften von irgend einer Art die mittlere sich ebenso zur letzten verhält wie die erste zu ihr selber, und ebenso wiederum zu der ersten wie die letzte zu ihr selber, dann wird sich ergeben, dass , wenn die mittlere an die erste und letzte, die erste und letzte dagegen an die beiden mittleren Stellen gesetzt werden, das Ergebnis notwendig ganz dasselbe bleibt; bleibt dies aber dasselbe, so sind sie alle damit wahrhaft untereinander Eins geworden. Wenn nun der Leib des Alls eine bloße Fläche ohne alle Höhe hätte werden sollen, dann würde* **ein** *Mittelglied genügt haben, das andere unter sich und sich selber mit ihm zusammenzubinden; nun aber kam es ihm zu, ein Körper zu sein, und alle Körper werden nie durch ein, sondern stets durch zwei Mittelglieder zusammengehalten, ...*

Hippokrates hatte es bei dem Würfel ebenfalls mit einem Körper zu tun; eine mittlere Proportionale reichte also nicht. Daher suchte er *zwei* mittlere Proportionalen x und y von a und $2a$, so dass

$$a : x = x : y = y : 2a$$

gilt. Aus diesen Proportionalitäten erhält man die folgenden drei Gleichungen:
$$x^2 = a \cdot y, \quad y^2 = 2a \cdot x, \quad x \cdot y = 2a^2.$$

Löst man die letzte Gleichung nach y auf und setzt in die erste Gleichung ein, dann folgt die Gleichung der Würfelverdoppelung

$$x^3 = 2 \cdot a^3 \quad \Rightarrow \quad x = \sqrt[3]{2} \cdot a.$$

Es ist klar, dass Hippokrates dem eigentlichen Problem, der Konstruktion einer Würfelverdoppelung mit Zirkel und Lineal, nicht nähergekommen ist. Aber die Einsicht, dass das Problem der Würfelverdoppelung zu dem Problem des Auffindens zweier mittlerer Proportionalen von zwei Strecken vollständig äquivalent ist, ist nur als genial zu bezeichnen.

Weitere griechische Mathematiker beteiligten sich natürlich auch an der Lösung der Würfelverdoppelung und erzielten beeindruckende Fortschritte in der Entwicklung mathematischer Methoden. Zu nennen sind Diokles und die nach ihm benannte Kissoïde (Efeukurve) zur geometrischen Konstruktion der Lösung zweier mittlerer Proportionalen sowie in diesem Zusammenhang Archytas von Tarent (ca. 428–ca. 365 v. Chr.), der eine bemerkenswerte dreidimensionale Konstruktion zur Ermittlung der neuen Kantenlänge x vorlegte.

Er brachte drei Rotationskörper zum Schnitt, deren eindeutiger Schnittpunkt gerade den Punkt x ergab.

In der Behandlung des Würfelverdoppelungsproblems mit Hilfe der Hippokrates'schen mittleren Proportionalitäten machte Menaichmos (ca. 380–ca. 320 v. Chr.) die Entdeckung der Kegelschnitte, die allerdings erst später durch Apollonios von Perge (ca. 262–ca. 190 v. Chr.) so bezeichnet und untersucht worden sind.

Details zu den genannten Konstruktionen findet man in [Alten et al. 2005], [Scriba/Schreiber 2010] und in [Heath 1981, Vol.I].

Bemerkungen

Die Einsicht und Schöpferkraft der griechischen Mathematiker erscheint selbst aus moderner Sicht beeindruckend. Obwohl sich die Probleme der Kreisquadratur, Würfelverdoppelung und der Winkeldreiteilung mit besonderen Kurven wie der Quadratrix, den Kegelschnitten und der Konchoïde in beliebiger Geauigkeit lösen ließen, zeigte sich die eigentliche Aufgabenstellung – die exakte Konstruktion mit Zirkel und Lineal – als unlösbar. Allerdings gibt es auch heute noch, nach der Entwicklung von Analysis, Algebra und einer Zahlentheorie, genügend „Hobby"-Mathematiker die glauben, ihnen sei die Quadratur des Kreises, die Winkeldreiteilung, die Würfelverdoppelung oder ein Beweis für die Rationalität von π gelungen. Wunderbare Beispiele finden sich in dem Buch [Dudley 1987] von Underwood Dudley. Unglücklicherweise ist jeder Versuch, solchen Pseudomathematikern das Handwerk zu legen, zum Scheitern verurteilt – sie verstehen einfach die exakte Aufgabenstellung nicht, oder die nötigen Begriffe und mathematischen Hilfsmittel fehlen! Sie erfinden oft Näherungsmethoden, die in endlich vielen Schritten erstaunlich gute Näherungen liefern, wollen aber nicht wahrhaben, dass die exakte Lösung nur mit unendlich vielen Schritten erreichbar ist.

2.2 Kontinuum versus Atome – Infinitesimale versus Indivisible

Die Entdeckung inkommensurabler Größen, also die Existenz irrationaler Zahlen hat die griechischen Mathematiker sicher verstört und dafür gesorgt, dass sich die griechische Mathematik primär auf die Geometrie zurückgezogen hat. Das Irrationale war ja nach [Lasswitz 1984, Band 1, S.175] zugleich das Unaussprechliche, Unbegreifliche, Bildlose. Allerdings hat ein Philosophenstreit über Dinge des *Seins* die Analysis fast noch nachhaltiger erschüttert und diese Erschütterung ist bis heute zu spüren. Wir wollen an dieser Stelle nicht zu tief in die philosophischen Probleme eintauchen und verweisen daher auf die Literatur, z. B. [von Fritz 1971]. Ein paar Worte sind zum besseren Verständnis und zum historischen Hintergrund aber sicher angebracht.

Abb. 2.2.1 Parminedes und Zenon von Elea

2.2.1 Die Eleaten

Durch kriegerische Auseinandersetzungen mit den Persern an der ionischen Küste verschlug es einige Griechen im Jahr 545 v. Chr. an die süditalienische Westküste, wo sie die Siedlung Elea gründeten, die heute Velia heißt. In Elea entwickelte sich eine Gemeinschaft von Philosophen, die Eleaten, als deren Gründungsvater der Dichter und Naturphilosoph Xenophanes (um 570–um 475 v. Chr.) gilt. Einer der großen Eleaten war Parmenides (um 540/535–um 483/475 v. Chr.), mit dem ein neues Denken in die griechische Philosophie kam. Waren vor-Parmenides'sche Denker darauf bedacht, die Welt zu verstehen, so bringt Parmenides nun den Anspruch auf absolute Gewissheit von nicht-empirischen Theorien in das Denken [Mansfeld 1999, S. 284 f.], womit diese Theorien nicht direkt zur Beschreibung der Welt dienen *können*. „Das Seiende" wird zu einem zentralen Punkt der Parmenides'schen Philosophie und das Sein (oder der Logos, das Eine oder Gott [De Crescenzo, Band 1, S.112]) ist etwas Einziges, Ganzes, Unbewegliches. Es gibt keine Leere und kein „Werden"; „Nichtseiendes" ist undenkbar. Da das Seiende unbeweglich ist, zweifelt Parmenides offenbar an der Möglichkeit von Bewegung überhaupt – wir sehen nur scheinbare Bewegungen von Menschen, das eigentliche Sein ist hingegen statisch – und das wird trefflich bestätigt durch seinen berühmtesten Schüler, Zenon von Elea (um 490–um 430 v. Chr.). Platon schreibt in seinem Dialog *Parmenides* in 128d, dass Zenon seinen Lehrer in Schutz nehmen wollte gegen den Vorwurf, die Ablehnung von Bewegung führe auf unsinnige Folgerungen. Was steckt mathematisch dahinter?

Abb. 2.2.2 Demokrit von Abdera, Ausschnitt aus Geldschein (100 griech. Drachmen 1967)

2.2.2 Atomismus und Kontinuum

Fast alles, was wir über Zenon wissen, stammt vom großen Philosophen Aristoteles (384–322 v. Chr.), der unser Denken in der westlichen Welt über viele Jahrhunderte geprägt hat. Von allen Philosophen von Thales bis hin zu einigen in der Lebenszeit von Sokrates (469–399 v. Chr.), also von den sogenannten *Vorsokratikern*, sind keinerlei schriftliche Überlieferungen erhalten. Alles vorliegende Material ist uns in der Form von Fragmenten [Capelle 2008] überliefert, die von Philosophen späterer Generationen niedergelegt wurden. In Aristoteles' *Physikvorlesung* [Aristoteles 1995] widmet der große Philosoph dem Thema „Kontinuum" ein eigenes Buch, Buch VI, und dort kommt Zenon zu Wort. Bei den griechischen Denkern waren zwei Denkmodelle für den Ablauf von Zeit oder auch vom Aufbau des Raumes im Schwange: Der Atomismus und das Kontinuum. Die Philosophen Leukipp (5. Jh. v. Chr.) und sein Schüler Demokrit (460–371 v. Chr.) gelten als die „Erfinder" des Atomismus. Demnach besteht alles aus unendlich kleinen Teilen, den „Atomen", die keinesfalls in unserem heutigen Sinne zu verstehen sind. Demokrits „Atome" sollen in der ursprünglichen Bedeutung ebenfalls weiter unendlich teilbar gewesen sein, aber für unsere Diskussion der *mathematischen* Implikationen ist die Vorstellung eines Atoms als Punkt auf einer Geraden gut. Dieser Punkt ist ein Atom und nach Demokrit besteht die gesamte Gerade aus unendlich vielen Punkten. Aristoteles und viele andere lehnten diese Atomtheorie massiv ab, was unter anderem auf Zenon zurückzuführen ist, wie wir noch sehen werden. Nach der Kontinuumstheorie ist eine Gerade ein „Kontinuum", das beliebig teilbar ist. Selbst wenn ich beliebig oft geteilt habe, bleibt aber immer ein weiter teilbares Kontinuum übrig, nie ein Punkt! Ein Punkt kann daher nicht Element einer Geraden sein!

Aristoteles definiert in Buch V seiner *Physikvorlesung* die Begriffe „Zusammenhang", „Berührung" und „Aufeinanderfolge" wie folgt [Aristoteles 1995, S. 135]:

> Ortsgleichheit *soll das haben, was sich in einen und denselben unmittelbaren Ort teilt,* Ortsunterschiedenheit *das, was an einem anderen Ort sich befindet; räumliche* Berührung *soll jenen Gegenständen eignen, welche Enden besitzen, die miteinander ortsgleich sind.*

und kurz darauf [Aristoteles 1995, S. 136]:

> *Wir sagen, ein Gegenstand folge auf einen anderen, wenn er nicht der erste ist und wenn er von diesem durch seine Lage oder seine Gestalt oder durch etwas anderes in solcher Weise abgegrenzt ist und wenn zwischen ihm und seinem Vorderglied nichts liegt, was von der gleichen Art wäre (wie er oder sein Vorderglied) [...] Wir sagen, ein Gegenstand schließe sich an einen anderen an, wenn er auf diesen folgt, und zwar so, dass er sich mit ihm berührt. Unter einem räumlichen Zusammenhang verstehen wir eine spezielle Form des räumlichen Anschlusses; er liegt dort vor, wo die sich berührenden Enden der beiden Gegenstände zur völligen Identität verschmelzen und also, wie der Name sagt, die Gegenstände zusammenhängen. Das ist nicht möglich, solange eine Zweiheit an den Enden besteht.*

Diese Definition verwendet er in Buch VI, um der Idee des Atomismus den Todesstoß zu versetzen [Aristoteles 1995, S. 149]:

> *Bestehen nun unsere oben gegebenen Definitionen des Zusammenhangs, der Berührung und der Aufeinanderfolge zurecht, ist der Zusammenhang also dadurch charakterisiert, dass die Enden seiner Stücke zur Einheit verschmelzen, die Berührung hingegen dadurch, dass die Enden der Stücke miteinander ortsgleich sind, die Aufeinanderfolge schließlich dadurch, dass zwischen den Stücken kein Artgleiches liegt, so ergibt sich die Unmöglichkeit des Aufbaus eines Kontinuums aus unteilbaren Gliedern, etwa eine Linie aus Punkten, wenn ja die Linie ein Kontinuum und der Punkt unteilbar ist.*

Euklid hatte am Beginn seiner *Elemente* definiert [Euklid 1980]:

1. Ein Punkt ist, was keine Teile hat,
2. Eine Linie breitenlose Länge.

Allerdings ist die zugrundeliegende Übersetzung nicht ganz korrekt [Knobloch 2010]. Tatsächlich definierte Euklid:

1. Ein Punkt ist, was keinen Teil hat,
2. eine Linie eine breitenlose Länge,

und zog sich damit sehr geschickt aus der Affäre. Wer „breitenlose Länge" als Umschreibung für eine Linie verwendet, der braucht eben keine Diskussionen um Atome oder Kontinuum zu fürchten. Wenn aber ein Punkt keinen Teil hat, wie sollen dann Punkte eine Linie aufbauen können, fragt Aristoteles? In welchem Sinne sollen zwei solche Punkte auf der Geraden benachbart sein?

Fragen wie diese haben Denker bis in unsere Tage hinein fasziniert. Es sei an den Mathematiker Hermann Weyl (1885–1955) erinnert, der bereits 1917 über das Kontinuum schrieb [Weyl 1917], und noch im Alter im Jahr 1946 die philosophischen Probleme der Mathematik diskutierte. In [Weyl 1966, S. 59] zieht er das Kontinuum in die Moderne und schlägt den Bogen zur modernen Analysis, wenn er schreibt:

> *Objekt der Zahlentheorie sind die einzelnen natürlichen Zahlen, Objekt der Kontinuumslehre die möglichen Mengen (oder die unendlichen Folgen) natürlicher Zahlen.*

Er zitiert auch Anaxagoras, um das Wesen des Kontinuums zu charakterisieren [Weyl 1966, S. 59]:

> *Im Kleinen gibt es kein Kleinstes, sondern es gibt immer noch ein Kleineres. Denn was ist, kann durch keine noch so weit getriebene Teilung je aufhören zu sein.*

Dieses Zitat stammt aus dem sogenannten *Fragment 3* des Anaxagoras, vgl. [Schofield 1980, S. 80 ff.], und wurde in Zusammenhang mit den Zenonschen Paradoxien gebracht, die wir im Folgenden noch diskutieren werden.

2.2.3 Indivisible und Infinitesimale

Die Meinungen der Atomisten und der Kontinuumsanhänger prallten unter anderem deshalb so aufeinander, weil es um den Umgang mit dem Unendlichen ging, vgl. [Heuser 2008, S. 59 ff.]. Demokrit und die Atomisten behaupten ja nichts anderes als die Existenz eines „Aktualunendlichen", denn eine Gerade (oder selbst eine Strecke) besteht aus aktual unendlich vielen Punkten, den Atomen. Aristoteles und viele andere schon zu Zenons Zeiten lehnten das Aktualunendliche ab und postulierten das „potentiell Unendliche", in dem man beliebig voranschreiten kann. Diese Diskussion, so antik sie uns jetzt vielleicht vorkommen mag, ist bis heute nicht verstummt! Georg Cantor (1845–1918) erst hat das aktual Unendliche sauber in die Mathematik eingeführt durch die Erfindung der Mengenlehre. In der Cantorschen Mathematik nennt man zwar eine Gerade (z. B. die reelle Zahlengerade) „Kontinuum", aber das Cantorsche Kontinuum ist definiert durch einzelne Punkte! Aristoteles *und* Demokrit würde es schaudern! In den 1960er Jahren erst erstand dann mit der Nonstandard-Analysis die Kontinuumsidee erneut aus der Asche, worüber wir am Ende dieses Buches berichten wollen.

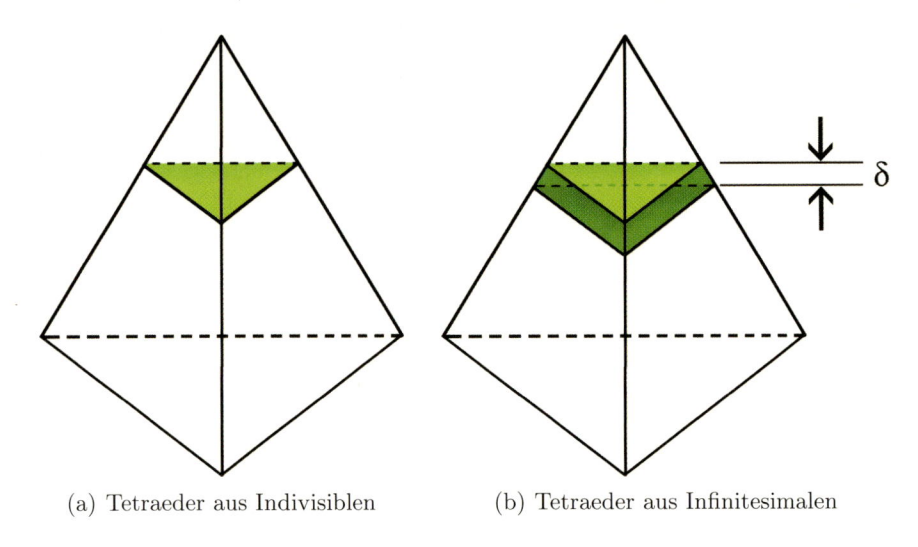

(a) Tetraeder aus Indivisiblen   (b) Tetraeder aus Infinitesimalen

Abb. 2.2.3 Indivisible und Infinitesimale

Von Demokrit sagt man [Edwards 1979], er habe für den Kegel und das Tetraeder die Volumenformel

$$V = \frac{1}{3} A \cdot h$$

entdeckt, wobei A die Grundfläche und h die Höhe dieser Körper ist; bewiesen wurde dies aber erst durch Eudoxos. Demokrit stellt sich dabei den Körper aus unendlich vielen Scheiben der Dicke Null vor, die wir heute „Indivisible" nennen. Dennoch ist zu beachten, dass Demokrit sicher nicht über eine Theorie der Indivisiblen verfügte, vgl. [Heath 1981, Vol. I, S.181]. Ein Punkt, eine Linie, eine Fläche sind Indivisible im ein-, zwei- und dreidimensionalen Raum, da eine ihrer Abmessungen Null ist. Im Gegensatz dazu steht die Auffassung der Kontinuumsanhänger, nach der ein Körper wieder nur aus immer wieder teilbaren Kontinua, also Körpern, besteht. Solche „Scheiben" im Tetraeder nennt man heute „Infinitesimale". Der Beweis der Demokritschen Volumenformel durch Eudoxos in Euklids Elementen XII.5 beruht auf einer Unterteilung des Tetraeders, aber wir haben allen Anlass zu glauben, dass Demokrit dieses Resultat erhielt, indem er sich die Pyramide als aus unendlich vielen Indivisiblen (ebene Schichten parallel zur Grundfläche wie in Abb. 2.2.3(a)) aufgebaut vorstellte. Baertel van der Waerden (1903–1996) zitiert in seinem Werk *Erwachende Wissenschaft* [van der Waerden 1956, S. 228] (vgl. auch [Heath 1981, Vol. I, S. 179 f.]) Plutarch, der dem Demokrit folgende Argumentation zuschreibt:

> *Wenn ein Kegel parallel der Grundfläche durch Ebenen geschnitten wird, wie soll man sich dann die entstehenden Schnittflächen vorstellen, gleich oder ungleich? Wenn sie ungleich sind (und, so können wir*

in Gedanken hinzufügen, wenn die Scheibchen als Zylinder betrachtet werden), so wird der Kegel ungleichmäßig, da er treppenähnliche Einschnitte und Vorsprünge erhält; aber wenn sie gleich wären, so würden alle Schnitte gleich sein und der Kegel würde wie ein Zylinder aussehen und aus gleich großen Kreisen aufgebaut sein, was doch sehr ungereimt ist.

Demokrit hat also ein ganz unklare Vorstellung von den Schwierigkeiten der Auffassung eines Körpers als Ansammlung von zweidimensionalen Schnitten, worauf Knobloch hingewiesen hat [Knobloch 2000]. Knobloch spricht sogar von einem „Pseudoproblem" [Knobloch 2000, S.86]. Ein Schnitt der Ebene mit dem Kegel führt zu *zwei* Schnittflächen A und B, die eine gehört zu dem unteren Kegelstumpf, die andere zu dem abgeschnittenen oberen Kegel. Diese beiden Schnittflächen können natürlich gleich sein, $A = B$, ohne dass dadurch die Gleichheit aller Schnittflächen folgt. Erst ein weiterer Schnitt in anderer Höhe, der wieder zu zwei Schnittflächen C und D mit $C = D$ führt, und die Verwendung des Transitivitätsgesetzes würde aus $A = B$ und $C = D$ zu $A = C$ führen und zeigen, dass der Kegel eigentlich ein Zylinder wäre. Demokrits Argumente sind damit von einem nicht rigorosen, physikalischen Typ, während die Archimedes'schen Argumente zu einem mathematisch rigorosen Typ gehören.

Abb. 2.2.4 Sonnenuntergang über dem Tetraeder von Bottrop. Es wurde vom Architekten Wolfgang Christ (Bauhaus-Universität Weimar) entworfen und 1995 mit einer Aussichtsplattform errichtet [Foto Wesemüller-Kock]

Dennoch ist es nun kein weiter Schritt mehr anzunehmen, dass Demokrit bereits über das „Cavalierische Prinzip" (Bonaventura Cavalieri (1598–1647)) verfügte:

Cavalierisches Prinzip: *Zwei Körper, deren Schnittflächen mit Ebenen parallel zu den Grundflächen in gleicher Höhe immer gleich sind, haben gemeinsames Volumen.*

Selbstverständlich hätte Demokrit auch gesehen, dass man ein Prisma mit dreieckiger Grundfläche A in drei gleich große Tetraeder zerlegen kann und bei Anwendung des Cavalierischen Prinzips wäre das Volumen dieser drei Pyramiden dann genau dem Volumen des Prismas gleich. Auch die Übertragung dieses Arguments auf den Kegel wäre für einen Atomisten wie Demokrit einfach gewesen [Heath 1981, Vol. I, S.180], denn er hätte argumentiert, dass der Kegel aus dem Tetraeder durch unendliche Hinzufügung von Seitenflächen entsteht.

2.2.4 Die Zenonschen Paradoxien

Welche Rolle aber spielte Zenon? Wir erinnern uns, dass er seinem Lehrer Parmenides beispringen wollte und zeigen wollte, dass Bewegung tatsächlich nur Illusion ist. Aristoteles berichtet uns von vier Zenonschen Paradoxien, die wir nun diskutieren wollen.

Das bekannteste Paradoxon ist das von Achilles und der Schildkröte, aber auch die Dichotomie, der fliegende Pfeil und das Stadion sind durch Aristoteles unsterblich geworden.

Achilles und die Schildkröte: Der schnelle Läufer Achilles soll gegen eine Schildkröte antreten. Da Achilles deutlich schneller laufen kann als die Schildkröte, bekommt sie einen Vorsprung. Zenon behauptet nun: *Achilles wird die Schildkröte nie einholen können!* Er argumentiert dabei so: Wenn Achilles den Vorsprung der Schildkröte eingeholt hat, dann ist diese schon ein kleines Stückchen weiter. Hat er diese Differenz überbrückt, dann ist die Schildkröte wieder ein kleines Stückchen vor ihm, usw. Zur Illustration geben wir der Schildkröte 10m Vorsprung und legen fest, dass Achilles 10 mal so schnell laufen kann wie die Schildkröte und die 10m in einer Sekunde überwindet. Damit läuft die Schildkröte einen Meter pro Sekunde. Nun beginnt das Rennen: Nach 10m hat Achilles die Ausgangsposition der Schildkröte erreicht, aber diese ist in der einen Sekunde natürlich einen Meter weitergelaufen und damit einen Meter vor Archilles. Hat Achilles den einen Meter geschafft (in 1/10 Sekunde), dann ist die Schildkröte in dieser Zeit um 10cm weitergekommen. Hat Achilles diese 10cm überwunden, dann ist die Schildkröte immer noch 1mm vor Achilles, und so geht es immer weiter.

Die Dichotomie: Man kann nicht von einem Punkt A zu einem Punkt B laufen, sagt Zenon. Denn um von A nach B zu kommen, muss man erst die Hälfte dieser Strecke überwinden. Um die Hälfte dieser Strecke zu überwinden, muss man aber erst ein Viertel der Strecke schaffen. Um ein Viertel der Strecke zu schaffen, muss man aber erst ein Achtel der Strecke laufen, usw. Also muss man unendlich viele Strecken durchlaufen, um von A nach B zu kommen, und das kann nicht in endlicher Zeit geschehen. Ergo gibt es keine Bewegung.

Der fliegende Pfeil: Nach Zenon fliegt ein von der Sehne geschossener Pfeil gar nicht. Betrachten wir einen festen Zeit*punkt* auf dem Weg des Pfeils durch die Luft. Zu diesem Zeitpunkt ist der Pfeil an einem ganz bestimmten Raumpunkt, also bewegt er sich nicht. Da er sich dann zu jedem Zeitpunkt nicht bewegt, muss die Bewegung des Pfeils unmöglich sein.

Das Stadion: Wir verfolgen ein Wagenrennen von zwei Wagen im Stadion, die mit je 8 Personen besetzt sind, vgl. Abb. 2.2.6. Im einen Wagen sitzen die Personen B, im anderen die Personen C, während 8 weitere Personen A fest auf der Tribüne sitzen. Der B-Wagen fährt nach rechts und der C-Wagen mit derselben Geschwindigkeit nach links. Wenn nun der B-Wagen eine A-Position weiter ist, dann sind B und C-Wagen aber schon 2 Positionen weiter. Das aber bedeutet nach Zenon, dass die Hälfte der verstrichenen Zeit

Abb. 2.2.5 Stadion in Delphi. Das Stadion ist auch ein antikes Längenmaß von 600 Fuß Länge. Je nach regionalem Fußmaß misst es zwischen 165 und 195m (Olympia 192.28m, Delphi 177.35m) [Foto J. Mars]

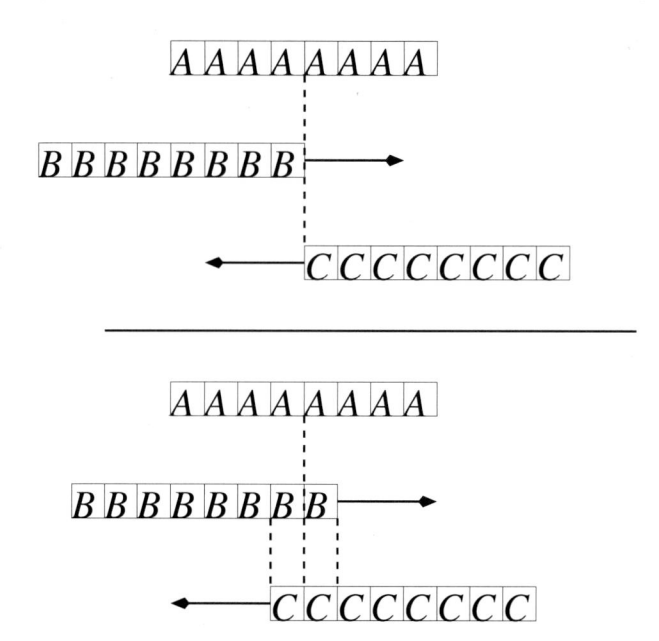

Abb. 2.2.6 Figur zum Stadion-Paradoxon

gleich ist der verstrichenen Zeit und durch diesen Widerspruch ist Bewegung wieder unmöglich.

Nun kann man gegen das Stadion-Paradoxon sofort einwenden, dass Zenon offenbar den Begriff der Relativgeschwindigkeit nicht kannte, der das Paradoxon auflöst. Auch das Achilles-Paradoxon ist für heutige Mathematiker kein Problem, denn die von Achilles im Ganzen gelaufene Strecke in Metern ist

$$10 + 1 + 0.1 + 0.01 + \ldots = 10 + \sum_{k=0}^{\infty} \left(\frac{1}{10}\right)^k$$

und die unendliche Reihe ist eine konvergente geometrische Reihe mit dem Wert 10/9. Die Strecke $10 + 10/9 = 11.11111\ldots$ ist genau diejenige Strecke, nach der Achilles die Schildkröte überholen würde. Aber das ist hier nicht der Punkt, denn das ist zum Einen Wissen des 19. Jahrhunderts, zum Anderen verfehlt eine solche Argumentation das eigentliche Problem! Nehmen wir zur Erläuterung den „Achilles": Die eigentliche Frage, die Zenon aufwirft, ist doch die Frage nach der Struktur von Raum (in diesem Fall die Struktur der Rennbahn) und Zeit. Legen wir die reellen Zahlen zu Grunde, so können wir dieses Paradoxon auflösen, aber wer sagt uns denn, dass der *reale* Raum und die *reale* Zeit sich tatsächlich mit Hilfe von reellen Zahlen modellieren (=beschreiben) lassen? In einem kleinen Aufsatz aus dem Jahr

1992 hat Höppner [Höppner 1992, S. 59–69] diesen Punkt allgemeinverständlich untersucht und der Achilles'schen Rennbahn andere Strukturen als die reellen Zahlen gegeben. Neben einer gedachten Minkowski-Welt, einer probabilistisch aufgebauten Rennbahn und einer Darstellung mit Hindernissen läst Höppner auch eine Rennbahn zu, die als Cantor-Menge daherkommt. Die Cantor-Menge ist die Menge aller Zahlen zwischen 0 und 1, die sich im Dreiersystem (d. h. nur mit den Ziffern 0, 1, 2) so darstellen lassen, dass in keiner Zahl mehr die Ziffer 1 vorkommt. Die Menge nennt man auch „Cantorsche Wischmenge", weil sie sich aus dem reellen Intervall [0, 1] durch rekursives Wegwischen der mittleren Drittel ergibt. Die Cantor-Menge hat die Länge Null, aber es sind noch überabzählbar viele Punkte, d. h. eine Menge „so groß wie" die Ausgangsmenge! Auf dieser Menge kommen weder Achilles noch die Schildkröte vorwärts; wie Höppner schreibt „... *versinken sie unrettbar im Cantor-Staub.*"

Betrachten wir die Paradoxien unter dem Blickwinkel der Problematik von Atomismus gegen Kontinuum, dann erkennen wir zwei Gruppen von Paradoxa: *Achilles* und *Dichotomie* richten sich offenbar gegen eine Annahme des Kontinuums und zeigen, in welche Schwierigkeiten man kommen kann, wenn man die Kontinuumsannahme (beliebige Teilbarkeit!) macht. *Fliegender Pfeil* und *Stadion* jedoch richten sich gegen die Annahme des Atomismus und zeigen auf, dass es auch dort zu großen Problemen kommt. Wenn man sich Zeit als atomistisch, also als Sammlung von Zeit*punkten*, vorstellt, dann, so Zenon, kann ich mir den Pfeil in einem dieser Zeitpunkte anschauen und zu diesem Zeitpunkt steht er still. Das ist doch offenbar mit der Bewegung des Pfeiles gar nicht zu vereinbaren! Wenn man andererseits im Fall von Achilles und der Schildkröte annimmt, dass die Laufstrecke ein Kontinuum ist, dann muss der Läufer unendlich viele, immer kleiner werdende Stücke dieses Kontinuum durchlaufen und das, so Zenon, kann nicht in endlicher Zeit ausgeführt werden.

Übersetzt in die Sprache der Analysis stehen wir hier an der Wiege zweier Auffassungen, die sich bis in unsere Zeit hinein zieht. Der große Leibniz (1646–1716) wird sich als Kontinuumsmathematiker erweisen und er findet dann auch zwangsläufig nichts dabei, mit unendlich kleinen Größen zu rechnen. Isaac Newton (1643–1727, 1642–1726 Julianischer Kalender) wandte sich in seinen physikalischen Überlegungen mehr der atomistischen Seite zu und hatte sogar vom Licht eine atomistische Vorstellung. Wie kamen diese grundlegenden Ideen von Kontinuum und Atomismus in unseren Kulturkreis? Das verdanken wir Aristoteles, den Aristoteles-Übersetzern und dem großen Interesse der mittelalterlichen christlich-scholastischen Philosophen an Aristoteles, worüber noch zu berichten sein wird.

Zenon und seine Paradoxien werden bis heute kontrovers diskutiert. Der englische Mathematiker und Philosoph Bertrand Russell (1872–1970) war von den Zenonschen Ideen so begeistert, dass er Zenon als Vorläufer der Mathematiker des 19. Jahrhunderts, insbesondere von Karl Weierstraß sah [Russell

Abb. 2.2.7 Marmorbüste von Aristoteles (Nationalmuseum Rom). Römische Kopie nach Vorlage des griechischen Bronze-Orginals von Lysippos (330 v. Chr.). Der Alabastermantel ist eine Ergänzung aus der Neuzeit [Foto Jastrow 2006]

1903, S. 346 ff.]. Das geht sicher zu weit. Auf der anderen Seite steht Baertel van der Waerden, der Zenon eher marginalisiert wissen will. Er argumentiert in [van der Waerden 1940, S. 141 ff.], dass der Atomismus erst nach Zenon und als Gegenreaktion auf die Eleaten entwickelt wurde und dass die Pythagoreer gar kein nachweisbares Interesse an infinitesimalen oder indivisiblen Methoden hatten. Auch diese Auffassung geht sicher zu weit in die andere Richtung.

Sicher ist, dass die Frage nach dem Aufbau einer geraden Linie am Ursprung der Entwicklung der Analysis liegt und alle Forscher über Newton, Leibniz und deren Nachfolger beeinflusst hat. Dabei ist das Aristotelische Kontinuum *in keiner Weise* auch nur irgendwie mit der heutigen mengentheoretischen Auffassung in Einklang zu bringen. Auch sei bemerkt, dass das Kontinuum in den Aristotelischen Schriften stets eng mit dem Problem der *Bewegung* verknüpft ist, vgl. [Wieland 1965], und über das Nachdenken über die Natur der Bewegung wird die Frage nach dem Kontinuum in die christliche Scholastik kommen.

2.3 Archimedes

So brillant uns auch die Mathematik der alten Griechen erscheint; der alles überstrahlende Stern – ein Universalgenie – war Archimedes (um 287–212 v. Chr.). Seine Wirkstätte war die Stadt Syrakus auf Sizilien, die damals zum griechischen Herrschaftsbereich gehörte, und Archimedes ist vermutlich auch ein gebürtiger Syrakusaner.

2.3.1 Leben, Tod und Anekdoten

Vom Leben dieses Genies wissen wir befremdlich wenig, dafür haben sich einige Anekdoten bis heute erhalten, bei deren Wahrheitsgehalt man allerdings sehr vorsichtig sein muss. Als er das Hebelgesetz entdeckte, soll er gesagt haben: „Gebt mir einen Punkt im Weltall und ich bewege die Welt". Noch berühmter ist die Geschichte um König Hierons Krone. König Hieron II. (um 306–215 v. Chr.), an dessen Hof sich Archimedes befand und der vielleicht sogar mit ihm verwandt war, hatte nach dieser Anekdote eine Zweitkrone in Auftrag gegeben, aber war trotz des gleichen Gewichts in Sorge, ob ihn der Goldschmied nicht vielleicht beim Goldanteil im Metall betrogen habe. Archimedes wurde beauftragt, dieses zu prüfen. Um besser nachdenken zu können, ging Archimedes ins Badehaus und legte sich erst einmal in warmes Wasser. Dort soll ihm schlagartig die Idee zum „Archimedischen Prinzip" gekommen sein: Jeder Körper verdrängt genau so viel Wasser, wie er selbst an Volumen besitzt. Er soll sofort aus dem Bad gesprungen und nackt nach Hause gelaufen sein, dabei „Eureka! Eureka" („Ich hab's! Ich hab's") schreiend. Der römische Architekt und Ingenieur Marcus Vitruvius Pollio (Vitruv) (1. Jh. v. Chr.) beschreibt dieses Ereignis in [Vitruv 2008, S. 407 f.]:

> *Obwohl aber Archimedes viele verschiedene, bewundernswerte Entdeckungen gemacht hat, scheint von allen diese, von der ich nun berichte, auch mit unendlich großem schöpferischem Geist erarbeitet zu sein. In Syrakus nämlich hatte sich Hieron der Jüngere zu einer starken Königsmacht emporgeschwungen. Als er nach seinen Siegen den unsterblichen Göttern in einem Heiligtum einen goldenen Kranz als Weihegabe niederzulegen beschlossen hatte, verdingte er die Anfertigung um einen Arbeitslohn und wog dem Unternehmer das Gold genau nach Gewicht zu. Dieser legte zur gegebenen Zeit das schön handgearbeitete Werkstück zur Abnahme vor, und er schien das Gewicht des Kranzes genau abgeliefert zu haben. Später wurde Anzeige erstattet, es sei Gold weggenommen und dem Kranz ebensoviel Silber beigemischt worden. Hieron war darüber erbost, dass er betrogen war. Da er jedoch kein Mittel ausfindig machen konnte, wie er die Unterschlagung nachweisen konnte, bat er Archimedes, er sollte es übernehmen, sich darüber Gedanken zu machen. Während dieser*

Abb. 2.3.1 Archimedes, Ölgemälde von Domenico Fetti (1620) (Gemäldegalerie alter Meister, Staatliche Kunstsammlungen Dresden)

darüber nachdachte, ging er zufällig in eine Badestube und, als er dort in die Badewanne stieg, bemerkte er, dass ebensoviel wie er von seinem Körper in die Wanne eintauchte, an Wasser aus der Wanne herausfloß. Weil (dieser Vorgang) einen Weg für die Lösung der Aufgabe gezeigt hatte, hielt er sich daher nicht weiter auf, sondern sprang voller Freude aus der Badewanne, lief nackend nach Hause und rief mit lauter Stimme, er habe das gefunden, was er suche. Laufend rief er nämlich immer wieder griechisch: „Ich hab's gefunden! Ich hab's gefunden!" Dann aber soll er in Verfolg dieser Entdeckung zwei Klumpen von dem gleichen Gewicht, das auch der Kranz hatte, gemacht haben, einen aus Gold, einen zweiten aus Silber. Danach füllte er ein großes Gefäß bis an den äußersten Rand mit Wasser, und dahinein tauchte er den Silberklumpen. Der Größe des in das Wasser eingetauchten Silberklumpens entsprach die Menge des abfließenden Wassers. Dann nahm er den Klumpen heraus. Darauf goß er, mit einem Sextar[3] abmessend, so viel Wasser, wie es weniger geworden war, in das Gefäß nach, sodass das Wasser in derselben

---

[3] Etwa $0.547 l$.

Weise, wie es vorher gewesen war, mit dem Rand eine waagerechte Fläche bildete. So fand er daraus, welches bestimmte Gewicht Silber einem bestimmten Maß Wasser entsprach. Nachdem er dies festgestellt hatte, tauchte er in der gleichen Weise den Goldklumpen in das volle Gefäß, nahm ihn wieder heraus, fügte in der gleichen Weise das abgemessene Quantum Wasser hinzu und fand, weil der Meßbecher eine geringere Anzahl von Sexteln Wasser anzeigte, um wieviel bei gleich großem Gewicht ein Goldklumpen in seinem Volumen kleiner ist als ein Silberklumpen. Später aber füllte er das Gefäß wieder auf, tauchte den Kranz selbst in das gleiche Wasser hinein und fand, dass, als der Kranz eingetaucht war, mehr Wasser (aus dem Meßbecher) abgeflossen war als dann, als der Goldklumpen von gleichem Gewicht eingetaucht war. Und so errechnete er aus dem, was im Fall des Kranzes mehr an Wasser zugetan war als im Falle des Goldklumpens, die Beimischung des Silbers zum Gold und wies sie und die handgreifliche Unterschlagung des Goldarbeiters nach.

Und noch weitere archimedische Erfindungen drehen sich um das Wasser. Noch heute findet die Archimedische Schraube aus Abb. 2.3.2 li. Verwendung wenn es gilt, Wasser von einem tieferliegenden Reservoir auf ein höheres Niveau zu pumpen, z. B. auf asiatischen Reisfeldern. Selbst auf neueren Kinderspielplätzen kommt diese Schraube zum Einsatz, dort allerdings in Form eines schraubenförmigen Rohres wie in Abb. 2.3.2 re.

Abb. 2.3.2 Archimedische Schraube [*Chambers's Encyclopedia Vol. I.* Philadelphia: J. B. Lippincott & Co. 1871, S. 374]

Die berühmteste aller archimedischen Anekdoten spinnt sich um seinen Tod. Wir wissen davon zum einen durch Plutarch (um 45–um 125) und des Weiteren von Titus Livius (etwa 59 v. Chr.–um 17 n. Chr.). Plutarch beschrieb in [Plutarch 2004, S. 437–523] in seinem *Leben des Marcellus* das Leben des römischen Konsuls und Generals Marcus Claudius, genannt Marcellus (um 268–208 v. Chr.), der im Jahr 214 v. Chr. mit seinen Truppen von See und

Land her Syrakus belagerte. Diese Belagerung fand im Rahmen des zweiten Punischen Krieges (218–201 v. Chr.) statt und richtete sich gegen die Karthager. Hieron II. hatte zwar die Römer bis zu seinem Tod unterstützt, unter seinem Nachfolger erfolgte jedoch ein Umschwung hin zu den Karthagern, was Syrakus zum Ziel römischer Angriffe machte. Plutarch berichtet über eine Artillerie auf acht zusammengebundenen Galeeren, mit der Marcellus angriff. Aber:

> ... all das erwies sich als nutzlos in den Augen des Archimedes und im Vergleich zu den Maschinen des Archimedes. Dabei hat er sich zur Konstruktion solcher Maschinen nicht etwa aus ernsthaftem Interesse gewidmet, sondern die meisten Apparate waren nichts als Nebenprodukte seiner Geometrie, die er zu seiner Unterhaltung betrieb. In vergangenen Zeiten schon hatte König Hieron ihn aufgefordert, seine Kunst von abstrakten Ideen zu handfesten Dingen zu wenden.

Marcellus und seine Truppen mussten also nun die Kriegsmaschinen des Archimedes am eigenen Leibe erleben, und auch hier zeigte sich Archimedes' Genialität. Neben dem Hebelgesetz benutzte Archimedes Flaschenzüge und konstruierte damit nie dagewesene Maschinen, die es den Römern schwer machten, Syrakus einzunehmen. Ein Flaschenzug konnte eine Kralle an einem langen Seil unter den Bug eines Schiffes bringen, hob das Schiff in die Höhe und ließ es nach der Auslösung so auf das Wasser aufschlagen, dass es zerbrach. Archimedes soll sogar Parabolspiegel konstruiert haben, mit denen er römische Schiffe in Brand setzen konnte. Livius berichtet [Livius 2004, 34.1-13]:

> Und in der Tat wäre dieses mit solch geballter Energie begonnene Unternehmen erfolgreich gewesen, hätte zu dieser Zeit nicht ein außerordentlicher Mann in Syrakus gelebt. Es war dies Archimedes, ein hervorragender Beobachter des Himmels und der Sterne und ein noch bewundernswerterer Erfinder und Konstrukteur von Kriegs- und Belagerungsmaschinen, mit denen er die Aktionen der Feinde, die diese mit hohem Kraftaufwand betrieben, selbst ohne große Mühe vereiteln konnte. Auf die Stadtmauer, die sich über verschieden hohe Hügel hinzog – das Gelände war meist hoch gelegen und schwer zugänglich, manche Stellen hatten eine sanfte Steigung und konnten über flache Mulden erreicht werden –, postierte er jede Art von Wurfmaschinen, je nachdem, wie es für die jeweilige Stelle angebracht erschien. Die Mauer von Achradina[4], die, wie oben gesagt, vom Meer bespült wird, versuchte Marcellus mit 60 Fünfruderern[5] anzugreifen.

---

[4] Ein Stadtteil von Syrakus.

[5] Die Fünfruderer sind die großen römischen Quinqueremen: übergroße Schlachtschiffe, die mit 5 Reihen von Ruderern, die übereinander angeordnet waren, angetrieben wurden.

Abb. 2.3.3 Archimedes' Beitrag zur Verteidigung von Syrakus, Collage aus neuzeitlichen Darstellungen (u. a. Renaissance). Das Fehlen authentischer Zeichnungen veranlasste Künstler zur Produktion von Phantasiebildern

Von den anderen Schiffen aus schafften es die Bogenschützen, Schleuderer und Veliten[6], deren Geschosse unerfahrene Gegner kaum zurückwerfen können, dass fast niemand, der auf der Mauer stand, unverletzt blieb. Die Römer hielten, da man für die Wurfgeschosse Platz braucht, die Schiffe von der Mauer entfernt. Andere Fünfruderer waren paarweise miteinander verbunden; man hatte die inneren Ruder entfernt, so dass sie Bord an Bord lagen und mit der äußeren Ruderreihe wie ein einziges Schiff manövriert wurden; sie trugen mehrstöckige Türme und andere Kriegsmaschinen zur Erschütterung der Mauern. Gegen dieses Schiffsarsenal verteilte Archimedes auf den Mauern unterschiedlich große Wurfgeschütze. Gegen die Schiffe, die weit entfernt lagen, ließ er ungeheuer schwere Felsbrocken schleudern; die näher befindlichen Schiffe griff er mit leichteren, dafür umso zahlreicheren Geschossen an. Zuletzt ließ er, damit seine Männer ihre Geschosse, ohne selbst getroffen zu werden, auf die Feinde schleudern konnten, in der Mauer von unten bis oben zahlreiche Schießscharten von fast einer Elle Länge brechen, durch welche die einen den Feind mit Pfeilen, die anderen mit kleineren Skorpionen[7] aus gedeckter Stellung angriffen. Einige Schiffe fuhren näher heran, um in den toten Winkel der Wurfgeschosse zu gelangen; gegen diese wurde mit Hilfe eines über die Mauer ragenden Krans ein eiserner Greifhaken, der an einer starken Kette befestigt war, auf den Bug geschleudert. Wenn das Blei durch sein großes Gewicht vom Boden zurückschnellte, hob sich der Bug und stellte das Schiff auf das Heck. Dann wurde der Greifhaken plötzlich wieder losgelassen, und die Wellen schlugen zur panikartigen Bestürzung der Matrosen so heftig gegen das gleichsam wie von einer Mauer herabstürzende Schiff, dass es, selbst wenn es senkrecht zurückfiel, ziemlich viel Wasser fasste. So wurde der vom Meer vorgetragene Ansturm zurückgeschlagen, und alle Hoffnung richtete sich darauf, mit allen Kräften von Land aus den Angriff zu führen. Doch auch diese Frontseite war in gleicher Weise mit Wurfmaschinen aller Art dank der einzigartigen Kunst des Archimedes gerüstet – Hieron hatte sich während vieler Jahre um alles gekümmert und die Kosten getragen.

Doch schließlich fiel Syrakus nach einer zweijährigen Belagerung und Marcellus wollte Archimedes sprechen, den er sehr zu bewundern gelernt hatte. Der Soldat, der Archimedes holen sollte, fand ihn über eine Zeichnung versunken. Archimedes weigerte sich, mit ihm zu gehen, bis er nicht einen wichtigen Beweis zu Ende gebracht hätte, und daraufhin wurde er von dem wütenden Soldaten mit dem Schwert zu Tode gebracht. Plutarch hat aber noch zwei weitere Versionen dieses Mordes.

---

[6] Leicht bewaffnete, schnelle Angreiftruppe.
[7] Schleudermaschine für Speere und schwere Pfeile.

Abb. 2.3.4 Kupferstich auf dem Titelblatt der lateinischen Ausgabe des *Thesaurus opticus* von Alhazen. Archimedes setzt römische Schiffe mit Hilfe von Parabolspiegeln in Brand

In der zweiten Version soll ihn ein Soldat sofort hingestreckt haben, während in der dritten Version Archimedes dem Soldaten zu Marcellus folgen wollte, aber noch einige seiner mechanischen Geräte zur Vorführung mitnehmen wollte. Der arme Soldat geriet in Panik, weil er solche Geräte nie zuvor gesehen hatte und annahm, dass Archimedes damit gefährlich werden konnte; daraufhin tötete er Archimedes. Wie Plutarch überliefert, soll Marcellus bei der Nachricht von Archimedes' Tod sehr traurig gewesen sein und sich von dessen Mörder angewidert abgewandt haben. Livius schreibt [Livius 2006, 31.9,10]:

Abb. 2.3.5 Tod des Archimedes (Mosaik Städtische Galerie Frankfurt)

Aus Erbitterung und Habgier kam es zu vielen Gräueltaten. Es ist überliefert, dass sich trotz dieses Chaos, das infolge des Umherstreifens der plündernden Soldaten in den Straßen der eroberten Stadt herrschte, Archimedes in geometrischen Figuren vertieft hatte, die er in den Sand gezeichnet hatte, und von einem Soldaten, der nicht wusste, wen er vor sich hatte, getötet wurde. Marcellus soll dies sehr bedauert und sich um sein Begräbnis gekümmert haben. Und auch für die Verwandten, die man ausfindig gemacht hatte, soll der Name des Archimedes und die Erinnerung an ihn Ehre und Schutz gebracht haben.

Der Tod des Archimedes ist von zahlreichen Künstlern als Motiv aufgegriffen worden. Abb. 2.3.5 zeigt ein Mosaik aus der Städtischen Galerie Liebieghaus in Frankfurt am Main von dem man annahm, dass es aus antiker Zeit stammte. Heute nimmt man an, dass es sich um eine Fälschung oder um eine Kopie aus dem 18. Jahrhundert handelt.

Es gehört zum Anekdotenschatz, dass Archimedes den Satz „Noli turbare circulos meos" („Störe meine Kreise nicht") gesagt haben soll, kurz bevor das Schwert des Soldaten ihn durchbohrte. Aber weder Plutarch noch Livius berichten von einem solchen Satz. Erst bei Valerius Maximus, einem lateinischen Schriftsteller des ersten Jahrhunderts, sagt Archimedes: „Noli obsecro istum disturbare" („Bitte störe das nicht"), vgl. [Stein 1999, S. 3]. Im 12. Jahrhundert wird daraus dann „Bursche, bleib' von meiner Zeichnung weg". Wir müssen also diesen Satz ins Reich der Phantasie abtun.

Archimedes ist ohne Übertreibung der größte Ingenieur und Physiker des Altertums gewesen, aber auf dem Gebiet der Mathematik – und insbesondere der Analysis – ist er ein Gigant. Dabei hat die Menscheit reines Glück gehabt, dass überhaupt Schriften des Archimedes auf uns gekommen sind!

2.3.2 Das Schicksal der archimedischen Schriften

Im April 1204 ging in einem Blutbad ohnegleichen die Stadt Konstantinopel unter. Christliche Kreuzzügler, die eigentlich Jerusalem „befreien" sollten, vergriffen sich an der strahlendsten Stadt Europas; sie schändeten die Hagia Sophia, plünderten, brandschatzten, vergewaltigten und – sie vernichteten und verschleppten Bücher, die seit Jahrhunderten in Konstantinopel gesammelt worden waren. Darunter auch drei Bücher des Archimedes, die sogenannten Kodizes A, B und C. Kodex B wird im Jahr 1311 zum letzten Mal erwähnt, danach verschwand Kodex A, der sich noch 1564 in der Bibliothek eines italienischen Humanisten befand. Aus den Kodizes A und B schöpften die Renaissancemeister ihr Wissen der archimedischen Schriften. Nur Kodex C blieb verschwunden. Schon mit den Arbeiten in Kodex A und B wäre Archimedes uns als großer Mathematiker und Physiker überliefert worden, aber der Inhalt von Kodex C katapultierte Archimedes in den Himmel der Unsterblichen auf einen Ehrenplatz neben Newton und Leibniz. Die Geschichte von Kodex C ist eine Kriminalgeschichte – nein, ein Thriller – den sich auch Arthur Conan Doyle nicht besser hätte ausdenken können. Sie ist beschrieben in [Netz/Noel 2008] und wir wollen ihr in den Grundzügen nachgehen. In den Sommerferien des Jahres 1906 reiste der dänische Philologe Johan Ludvig Heiberg (1854–1928) nach Konstantinopel, um eine seltsame Handschrift im Metochion (Klösterliche Gemeinschaft) zu untersuchen. Er wurde im Vorfeld von der Beschreibung eines Palimpsests in einem Katalog von 1899 unterrichtet, die ihn sofort in den Bann schlug. Unter dem Namen Palimpsest fasst man alte Pergamente zusammen, die nach einer ersten Beschriftung im Lauf der Zeit noch einmal wiederverwendet wurden. Pergament – gegerbte Ziegenhaut – war ein teurer Rohstoff, und so verwundert es nicht, wenn Autoren und Schreiber gerne auf schon beschriebene Pergamente zurückgriffen, die alte Beschriftung abschabten, das Pergament unter Umständen auch neu zuschnitten und dann neu beschrieben. Der Autor des besagten Katalogs, ein gewisser Papadopoulos-Kerameus hatte keine feste Anstellung, sondern wurde nach abgelieferter Seitenzahl der Katalogeinträge bezahlt, wodurch er sehr detaillierte Beiträge lieferte. So beschrieb er nicht nur den neuen Text auf dem Palimpsest, sondern auch noch die für ihn noch lesbaren, unperfekt weggeschabten Teile des ursprünglichen Pergaments. Heiberg, der Philologe, erkannte sofort, dass es sich bei dem ursprünglichen Text auf dem Pergament um eine Schrift des Archimedes handeln musste. Versuche, das Palimpsest mit Hilfe diplomatischer Kanäle nach Kopenhagen zu Heiberg zu holen, scheiterten, und so musste sich der Gelehrte selbst auf den Weg machen. In

Abb. 2.3.6 Manuskript aus dem Archimedes-Palimpsest
[Auktionskatalog der Fa. Christies, New York 1998]

Konstantinopel bestätigten sich Heibergs schönste Hoffnungen: Er hatte den verlorenen Kodex C gefunden! Die New York Times titelte in der Ausgabe vom 16. Juli 1907: „Big Literally Find in Constantinople – Savant Discovers Books by Archimedes, Copied About 900 A. D.". Der gesamte Artikel ist in [Stein 1999, S. 28] reproduziert. Schon in alten Archimedes-Übersetzungen konnte man die Genialität des Archimedes bewundern und häufig fragte man sich, wie er eigentlich auf die Ideen seiner mathematischen Sätze gekommen war. Auf dem Palimpsest erhalten war ein Brief des Archimedes an seinen Freund Eratosthenes von Kyrene, die heute so berühmte, fälschlicherweise sogenannte *Methodenschrift*, in der der Meister erklärte, wie er eigentlich auf seine Sätze kam – mit Hilfe einer genialen Indivisiblenmethode, die wir noch im Detail diskutieren müssen. Heiberg entzifferte den Palimpsest so gut es mit bloßem Auge und Lupe ging, publizierte eine Übersetzung der sogenannten *Methodenschrift* in einer wissenschaftlichen Zeitschrift und schuf zwischen 1910 und 1915 eine völlig neue Ausgabe der archimedischen Werke, die auf den heute verschollenen Kodizes A und B und dem wiedergefundenen Palimpsest, Kodex C, basierte. Die neue Heibergsche Ausgabe war auch die

Abb. 2.3.7   Eratosthenes von Kyrene

Grundlage der englischen Übersetzung von Sir Thomas Heath [Heath 2002], die Archimedes' Werke international bekannt machte. Das Palimpsest enthielt sieben mehr oder weniger vollständige Arbeiten:

1. *Über das Gleichgewicht ebener Flächen oder über den Schwerpunkt endlicher Flächen,*
2. *Über schwimmende Körper,*
3. die sogenannte *Methodenschrift,*
4. *Über Spiralen,*
5. *Kugel und Zylinder,*
6. *Kreismessung,*
7. *Stomachion* (Ein Fragment über ein Tangram-ähnliches Spiel).

Drei weitere Bücher haben sich aus anderen Quellen, Abschriften bzw. Auszügen der Kodizes A und B erhalten:

1. *Die Quadratur der Parabel,*
2. *Die Sandzahl,*
3. *Über Paraboloide, Hyperboloide und Ellipsoide.*

Bis auf das *Stomachion* bilden diese Arbeiten das heute bekannte Werk des Archimedes, wie es sich z. B. auch in [Archimedes 1972] befindet.

Damit ist die Geschichte von Kodex C aber noch nicht am Ende. Im Jahr 1938 wurden die Schriften des Metochion unter den Augen der Türken fortgeschafft und sollten fortan in der Nationalbibliothek in Athen aufbewahrt werden. Kodex C kam offenbar nie in Athen an! Nach den in [Netz/Noel 2008] beschriebenen Nachforschungen kam das Palimpsest in eine Privatsammlung nach Frankreich, wo es nach dem Tod des Sammlers 1956 in den Besitz seiner Tochter gelangte, die sich in den sechziger Jahren für die Bedeutung des Erbstücks zu interessieren begann. Zu Beginn der 1970er Jahre wusste diese Tochter offenbar in etwa um die Bedeutung ihres Besitzes und ließ einige Seiten von einem Pilzbefall befreien. Vergeblich versuchte sie, das Palimpsest zu verkaufen, bis es schließlich im Jahr 1998 auf einer Auktion des Hauses Christie's in New York auftauchte – Schätzpreis 800 000 US-Dollar. Das Kulturministerium Griechenlands bot mit, aber auch ein Unbekannter ließ durch einen Mittelsmann mitbieten. Schließlich war der griechische Staat am Ende und das Palimpsest ging für ungeheuerliche 2 200 000 US-Dollar an den großen Unbekannten. Dabei hatte das Palimpsest seit den Tagen Heibergs stark gelitten: Es hatte Pilzbefall, starke Brandspuren und so starke Schäden durch Feuchtigkeit, dass selbst die Passagen, die Heiberg noch mit bloßem Auge lesen konnte, nun stark verfallen waren.

Glücklicherweise stellte der bis heute der Öffentlichkeit unbekannte Käufer das Palimpsest der Wissenschaft zur Verfügung. Es befindet sich als Leihgabe im Walters Art Museum in Baltimore, wo es konserviert und mit den modernsten Methoden der Bildverarbeitung untersucht wird. Sehr empfehlenswert ist die Internetseite http://www.archimedespalimpsest.org, die begleitend zu dem Projekt der Entschlüsselung des Palimpsests aufgebaut wurde. Die Entdeckung und erste Publikation von Heiberg und die neuen Ergebnisse der Forschungsarbeiten zu dem wieder aufgetauchten Palimpsest haben Archimedes' Rolle in der Geschichte der Analysis klar herausgestellt. Jetzt ist es für uns an der Zeit, ein wenig in seine Arbeiten einzutauchen.

2.3.3 Die Methodenschrift: Zugang hinsichtlich der mechanischen Sätze

Seit Heiberg nannte man die *Methodenschrift* des Archimedes *Des Archimedes Methodenlehre von den mechanischen Lehrsätzen*. Diese Bezeichnung ist allerdings falsch, worauf Knobloch mit Nachdruck hingewiesen hat [Knobloch 2000]. Das Wort „Methode" tritt im Titel dieses Werkes nämlich gar nicht auf. Die korrekte Übersetzung des Titels lautet [Knobloch 2010]

Zugang hinsichtlich der mechanischen Sätze.

Der *Zugang* beginnt nach Heibergs Übersetzung mit den Worten [Archimedes 1972, S. 382]:

Archimedes grüßt den Eratosthenes

Ich habe dir früher einige der von mir gefundenen Lehrsätze übersandt, indem ich nur die Sätze verzeichnete, mit der Aufforderung, die vorläufig nicht angegebenen Beweise zu finden.

Dann eröffnet er dem Eratosthenes, dass er nun die Beweise nachliefern werde. Zu Beginn wiederholt er einige Sätze über den Schwerpunkt, die er selbst in der Arbeit *Über das Gleichgewicht ebener Flächen oder über den Schwerpunkt ebener Flächen* [Archimedes 1972, S. 177 ff.] bewiesen hat. Insbesondere befindet sich in dieser Arbeit die Theorie des Hebels, die Archimedes axiomatisch herleitet aus nur drei Axiomen (Annahmen):

1. Wir setzen voraus, dass gleiche Gewichte an gleichen Hebelarmen im Gleichgewicht sind, dass aber gleiche Gewichte an ungleichen Hebelarmen nicht im Gleichgewicht sind, sondern ein Übergewicht nach der Seite des längeren Hebelarmes haben.

2. Wenn irgend zwei Gewichte an irgendwelchen Hebelarmen im Gleichgewicht sind und zu einem Gewicht etwas hinzugefügt wird, so entsteht ein Übergewicht nach der Seite, auf der etwas hinzugefügt wurde.

3. In gleicher Weise entsteht, wenn auf einer Seite etwas fortgenommen wird, ein Übergewicht, und zwar nach der Seite, auf der nichts weggenommen wurde.

Schließlich beweist Archimedes das Hebelgesetz: Ein großes Gewicht G kann auf einem Hebel mit einem kleinen Gewicht g ins Gleichgewicht gebracht werden, wenn sich die Strecken D und d verhalten wie

$$D : d = g : G. \tag{2.2}$$

Mit Hilfe dieser rein mechanischen Methode wiegt Archimedes nun Indivisible!

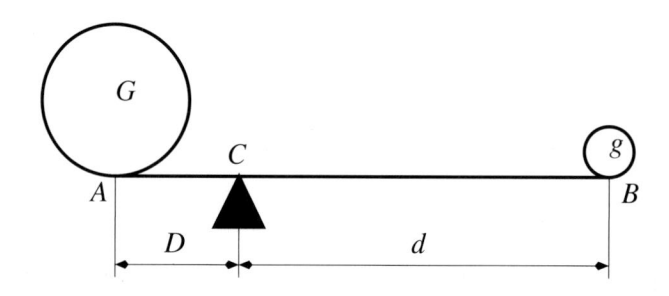

Abb. 2.3.8 Figur zum Hebelgesetz

Die Fläche unter einer Parabel wird gewogen

Zur Illustration des Archimedes'schen „Zugangs" soll uns die Berechnung eines Parabelsegments dienen. Gegeben ist ein Parabelsegment wie in Abb. 2.3.9(a) gezeigt. Archimedes betrachtete sogar ein schief auf das Papier gezeichnetes Parabelsegment, aber der einfachere Fall reicht zur Diskussion aus, in der wir [Netz/Noel 2008, S. 152 ff.] folgen. In das Parabelsegment legen wir ein Dreieck ABC, wobei die Strecke BD gerade die Symmetrieachse ist.

Nun zeichnen wir die Tangente an die Parabel im Punkt C und errichten auf AC das Lot in A. Tangente und Lot treffen sich im Punkt Z. Die Verlängerung der Strecke BC ergibt den Punkt K und die Verlängerung von DB den Punkt E, wie in Abb. 2.3.9(a) dargestellt. Archimedes benutzt und beweist die folgenden Zusammenhänge, die wir hier als gegeben hinnehmen wollen:

1. K liegt genau in der Mitte von AZ.
2. B liegt genau in der Mitte von DE.
3. Die Fläche des Dreiecks AKC ist die Hälfte der Fläche des Dreiecks AZC.

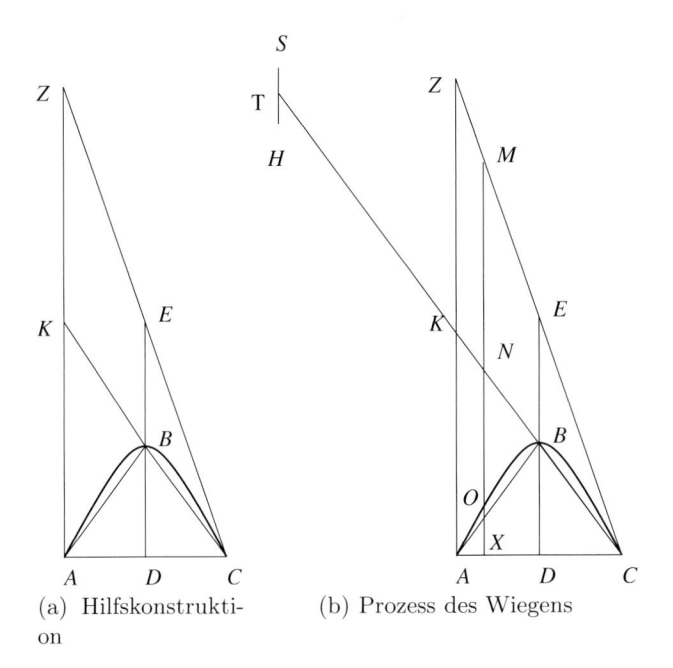

Abb. 2.3.9 Zum Wiegen eines Parabelsegments

4. B liegt genau in der Mitte von KC.
5. Die Fläche des Dreiecks ABC ist halb so groß wie die Fläche des Dreiecks AKC.

Aus diesen Zusammenhängen folgert man, dass die Fläche des Dreiecks ACZ genau vier mal so groß ist wie die Fläche des Dreiecks ABC. Nun benutzt Archimedes eine besondere Eigenschaft der Parabel. Zeichnet man irgendeine Linie parallel zu BD, z. B. MX in Abb. 2.3.9(b), dann gilt immer

$$\frac{MX}{OX} = \frac{AC}{AX}. \qquad (2.3)$$

Wir wollen auch diese Eigenschaft nicht beweisen und verweisen dazu auf die Ausführungen in [Stein 1999].

Wir verlängern nun die Strecke CK bis zum Punkt T, der dadurch definiert ist, dass die Strecken KT und CK gleich lang sind. Dies ist unser Hebel oder Wägebalken und der Punkt K ist der Drehpunkt. Sodann verschieben wir die Strecke OX in den Punkt T, so dass die Strecke SH durch T verläuft, die die gleiche Länge wie OX hat. *Wir haben die Indivisible OX, aus denen man sich das Parabelsegment aufgebaut denken kann, jetzt auf die andere Seite der Waage verschoben.* Nun gilt nach dem Strahlensatz

$$\frac{AC}{AX} = \frac{KC}{KN}$$

und zusammen mit (2.3) erhalten wir daraus

$$\frac{MX}{OX} = \frac{KC}{KN}.$$

Da $TK = KC$ gilt, muss also auch

$$\frac{MX}{OX} = \frac{TK}{KN}$$

gelten. Nun ist HS nichts anderes als die nach T verschobene Strecke OX, also muss auch

$$\frac{MX}{SH} = \frac{TK}{KN} \qquad (2.4)$$

richtig sein. Und hier steht nun das eigentlich Ungeheuerliche! Archimedes behandelt die *Strecken* MX und SH wie *Gewichte*, die in den Abständen TK bzw. KN vom Drehpunkt K aufgehängt sind und deren „Gewicht" proportional zu ihrer Länge ist. Die Gleichung (2.4) ist offenbar nichts anderes als das Hebelgesetz (2.2)! Die beiden *Linien* MX und SH befinden sich offenbar im Gleichgewicht. Nun haben wir an Punkt X keine besondere Bedingung gestellt, d. h. das eben beschriebene Gleichgewicht gilt für alle Strecken MX und $SH = OX$, ganz egal wo der Punkt X zwischen A und C gewählt wurde. Da $SH = OX$ aber eine Indivisble der Parabel ist und MX eine Indivisible des Dreiecks ACZ ist, muss die Parabelfläche letzten Endes im Gleichgewicht mit der Dreiecksfläche sein, wenn wir die verschiedenen Entfernungen vom Drehpunkt unseres Hebels bedenken. Denken wir uns das gesamte Dreieck verschoben, so landet der Schwerpunkt des Parabelstückes offenbar im Punkt T. Wo ist aber der Schwerpunkt des Dreiecks ACZ? Er liegt, und Archimedes hat das natürlich gewusst, auf der Seitenhalbierenden KC, und zwar im Abstand von einem Drittel von K entfernt. Das bedeutet aber, dass der Hebelarm des Dreiecks nur ein Drittel so lang ist wie der Hebelarm TK der Parabel. Da Dreieck und Parabel im Gleichgewicht sind, muss also die Dreiecksfläche genau drei Mal so groß sein wie die Fläche des Parabelsegments, denn das Dreieck „wiegt" ja drei mal so viel. Damit erhält Archimedes das Ergebnis:

> Die Fläche des Parabelsegments ist ein Drittel der Fläche des Dreiecks ACZ.

Es ist jetzt nicht mehr schwer zu sehen, dass das in die Parabel einbeschriebene Dreieck ABC nur ein Viertel so groß ist wie das Dreieck ACZ. Damit ergibt sich:

> Die Fläche des Parabelsegments ist vier Drittel der Fläche des Dreiecks ABC.

Das Volumen eines Rotationsparaboloides

Die Methode des „Wiegens" von Indivisiblen funktioniert natürlich auch im Fall von Körpern. Dazu betrachten wir die einfache Parabel $y = x^2$ auf einem Intervall $[-a, a]$ der x-Achse und fragen nach dem Volumen des Körpers, der bei Rotation der Parabel um die y-Achse entsteht. Es handelt sich dabei offenbar um ein Rotationsparaboloid der Höhe a^2. Wie in Abb. 2.3.10 dargestellt, legen wir unser Paraboloid auf die rechte Seite einer Waage mit Drehpunkt A. Die Strecken AH und AD seien gleich lang. Das Paraboloid schließen wir in einen Zylinder ein, dessen Volumen

$$\text{Vol(Zylinder)} = \text{Grundfläche} \times \text{Höhe}$$

beträgt. Die Höhe des Zylinders ist AD und seine Grundfläche ist $\pi \cdot BD^2$ und sein Schwerpunkt ist der Punkt K, der genau auf der Hälfte von AD liegt. Unsere y-Achse zeigt nun nach rechts, da wir das Paraboloid um neunzig Grad gedreht haben. Die Strecken von A bis zum Paraboloid sind also unsere y-Werte. Damit gilt

$$\frac{BD^2}{OS^2} = \frac{AD}{AS},$$

denn AD ist gerade der y-Wert der Parabel, wenn wir als x-Wert BD einsetzen, und AS ist der Wert bei OS. Nun ist aber $BD = MS$, daher muss auch

$$\frac{MS^2}{OS^2} = \frac{AD}{AS}$$

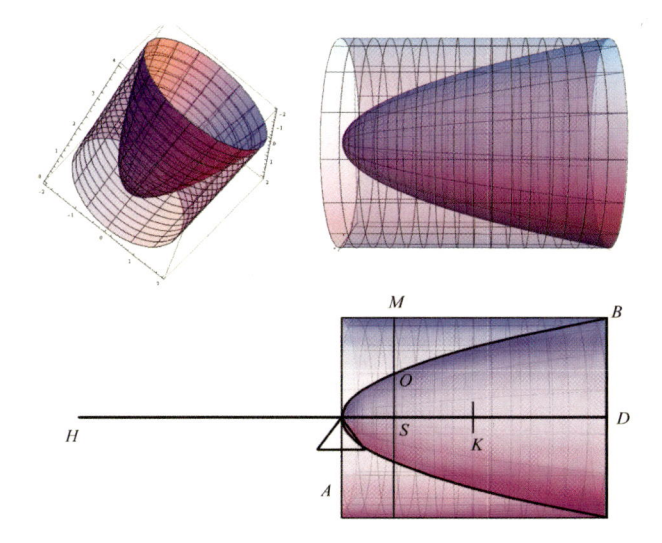

Abb. 2.3.10 Das Paraboloid im Zylinder und auf der Waage

gelten und damit
$$AS \cdot MS^2 = AD \cdot OS^2.$$
Weil $AD = AH$ nach Voraussetzung gilt, kann man auch
$$AS \cdot MS^2 = AH \cdot OS^2$$
schreiben. Nun arbeiten wir mit Körpern und nicht mit Flächen und unsere Indivisiblen sind keine Linien, sondern Kreisscheiben. Wir haben also eigentlich
$$AS \cdot (\pi \cdot MS^2) = AH \cdot (\pi \cdot OS^2),$$
d. h. die Querschnitte des Zylinders bei S halten die Querschnitte des Paraboloides bei H im Gleichgewicht. Wenn man (wie Archimedes) annimmt, dass die Körper aus Indivisiblen bestehen, dann hat man jetzt die Gleichung
$$AH \cdot \text{Vol(Paraboloid)} = AK \cdot \text{Volumen(Zylinder)}.$$
Nun ist $AK = \frac{1}{2}AD$ und $AH = AD$, so dass
$$AD \cdot \text{Vol(Paraboloid)} = \frac{1}{2}AD \cdot \text{Volumen(Zylinder)}$$
folgt und damit:

> Das Volumen des Rotationsparaboloides ist genau halb so groß wie das Volumen des ihn umfassenden Zylinders.

2.3.4 Die Quadratur der Parabel durch Exhaustion

Wir dürfen mit gutem Recht annehmen, dass Archimedes selbst die Methode des Wiegens von Indivisiblen nicht als eine Beweismethode anerkannte, vgl. [Cuomo 2001]. Die Methode war einfach zu ungeheuerlich. Daher findet man in den Werken des Archimedes klassische Beweise für die von ihm auf ganz anderem Wege gefundenen mathematischen Sätze. In der Arbeit *Die Quadratur der Parabel* gibt Archimedes einen weiteren Beweis für die Fläche eines Parabelsegments an, der von dem in dem *Zugang* grundsätzlich verschieden ist. Er verwendet einen *Exhaustionsbeweis* indem er das Parabelsegment mit Dreiecken füllt.

Das erste Dreieck wird wie in Abb. 2.3.11 konstruiert. Das Parabelsegment wird durch die Sehne AC begrenzt. Sei B der Punkt auf der Parabel, an dem die Steigung der Tangente gerade der Steigung der Sehne entspricht, dann ist ABC das erste Dreieck der Exhaustion. Nun konstruieren wir weitere Dreiecke nach demselben Muster. Im nächsten Schritt entsteht das Dreieck BCP (und das „Schwesterdreieck" über der Strecke AB). Der Punkt P ist definiert als derjenige Punkt auf der Parabel, an dem die Steigung der Tangente genau der Steigung der Strecke BC entspricht. Verbindet man den Punkt B mit

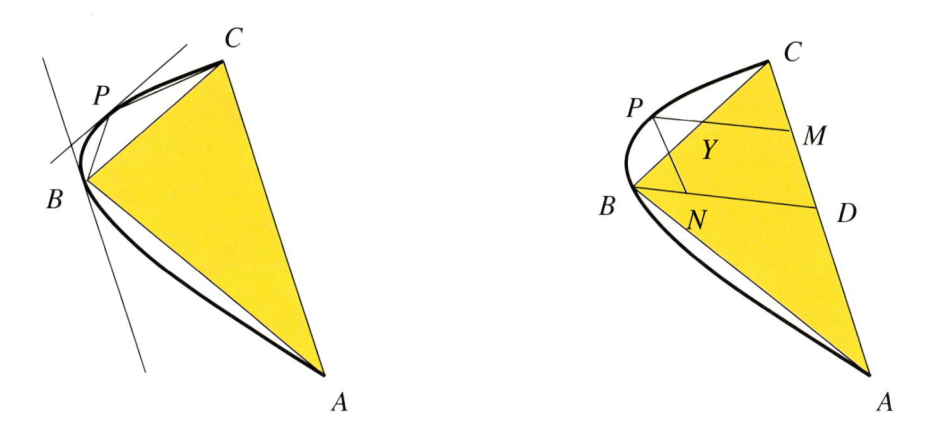

Abb. 2.3.11 Quadratur eines Parabelsegments durch Exhaustion

dem Mittelpunkt D der Strecke AC und zieht eine Parallele zu BD durch P, so definiert man dadurch die Punkte M und Y. Eine Parallele zu AC durch P definiert den Punkt N wie im rechten Teil der Abb. 2.3.11 gezeigt.

M teilt die Strecke CD in der Mitte, daher ist $CD = 2PN$. Weiterhin gilt

$$\frac{BD}{BN} = \frac{CD^2}{PN^2},$$

denn die Länge von BD ist ja der Funktionswert $y = x^2$ an derjenigen Stelle x, die die Strecke CD vom Nullpunkt entfernt ist, wenn wir ein Koordinatensystem verwenden würden. Einsetzen von $CD = 2PN$ liefert

$$\frac{BD}{BN} = \frac{4 \cdot PN^2}{PN^2} = 4,$$

also $BD = 4 \cdot BN$. Nun gilt aber auch $PM = 3 \cdot BN$ und $YM = \frac{1}{2}BD$, und daraus folgt durch Einsetzen $YM = \frac{1}{2} \cdot 4 \cdot BN = 2 \cdot BN$. Damit ist unser erstes Zwischenresultat erreicht:

$$YM = 2 \cdot PY.$$

Ziel ist es jetzt, zwischen den zwei Dreiecken BPC und BDC die Gleichung

$$\text{Fläche}(BPC) = \frac{1}{4} \cdot \text{Fläche}(BDC)$$

zu beweisen, wozu wir in Abb. 2.3.12 die Strecke BM einführen. Der Punkt M ist der Mittelpunkt der Strecke CD, woraus

$$\text{Fläche}(BCD) = 2 \cdot \text{Fläche}(BMC)$$

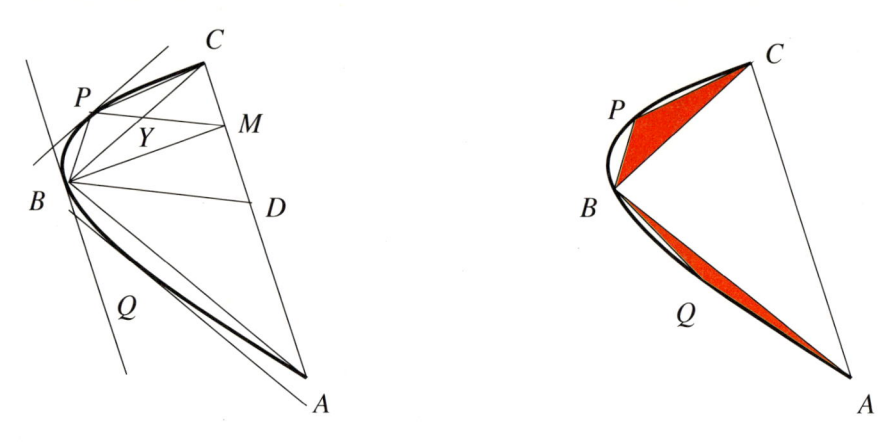

Abb. 2.3.12 Quadratur eines Parabelsegments durch Exhaustion

folgt. Wegen $YM = 2 \cdot PY$ ist auch Fläche$(BMC) = 2 \cdot$ Fläche(BPC), womit sich sofort

$$\text{Fläche}(BCD) = 4 \cdot \text{Fläche}(BPC)$$

ergibt. Führt man die gleichen Betrachtungen auf der anderen Hälfte des Parabelsegments durch, so erhält man vollständig analog:

$$\text{Fläche}(BAD) = 4 \cdot \text{Fläche}(BQA).$$

Nun beginnt das Auffüllen (die *Exhaustion*) mit Dreiecken. Wir wissen schon aus den vorstehenden Betrachtungen:

$$\text{Fläche}(BPC) + \text{Fläche}(BQA) = \frac{1}{4} \cdot \text{Fläche}(ABC).$$

Die Flächen der beiden im ersten Schritt eingefügten Dreiecke sind im rechten Teil der Abb. 2.3.12 zu sehen. Im zweiten Schritt sind vier Dreiecke einzufügen, deren Gesamtfläche gerade $\frac{1}{4} \cdot ($Fläche$(BPC) +$ Fläche$(BQA))$ beträgt, oder, mit anderen Worten:

$$\frac{1}{4^2} \cdot \text{Fläche}(ABC).$$

Im dritten Schritt werden acht Dreiecke eingefügt, deren Gesamtfläche 1/4 der Summe der vier zuvor eingefügten Dreiecke entspricht, oder, was dasselbe ist, ihre Gesamtfläche ist

$$\frac{1}{4^3} \cdot \text{Fläche}(ABC).$$

So geht es nun beliebig weiter, so dass wir nach n Schritten einen Gesamtflächeninhalt von

$$\left(1 + \frac{1}{4} + \frac{1}{4^2} + \frac{1}{4^3} + \ldots + \frac{1}{4^n}\right) \cdot \text{Fläche}(ABC)$$

erhalten. Die endliche Summe (und ihr Grenzwert für $n \to \infty$) ist aus heutiger Sicht einfach zu berechnen, und auch für Archimedes bereitete das keinerlei Probleme. Er beweist zunächst die Beziehung (vgl. [Stein 1999, S. 45 f.])

$$1 + \frac{1}{4} + \frac{1}{4^2} + \ldots + \frac{1}{4^n} + \frac{1}{3} \cdot \frac{1}{4^n} = \frac{4}{3}. \tag{2.5}$$

Wegen

$$\frac{1}{4^n} + \frac{1}{3} \cdot \frac{1}{4^n} = \frac{1}{4^n}\left(1 + \frac{1}{3}\right) = \frac{1}{4^n} \cdot \frac{4}{3} = \frac{1}{3} \cdot \frac{1}{4^{n-1}}$$

verkürzt sich offenbar die Summe (2.5) auf

$$1 + \frac{1}{4} + \frac{1}{4^2} + \ldots + \frac{1}{4^{n-1}} + \frac{1}{3} \cdot \frac{1}{4^{n-1}}$$

und nun können wir die Verkürzung erneut durchführen, denn es ist

$$\frac{1}{4^{n-1}} + \frac{1}{3} \cdot \frac{1}{4^{n-1}} = \frac{1}{4^{n-1}}\left(1 + \frac{1}{3}\right) = \frac{1}{4^{n-1}} \cdot \frac{4}{3}.$$

Wenden wir diese Verkürzung immer weiter an, so landen wir bei

$$1 + \frac{1}{3} \cdot \frac{1}{4^0} = 1 + \frac{1}{3} = \frac{4}{3},$$

was die Summe (2.5) beweist.

Damit ist Archimedes aber noch nicht fertig! Er hat jetzt bewiesen:

$$\text{Fläche (Parabelsegment)} \geq \frac{4}{3} \cdot \text{Fläche}(ABC),$$

aber es kann immer noch sein, dass beim Auffüllen mit Dreiecken Lücken zurückbleiben, deren gesamter Flächeninhalt nicht verschwindet. Dazu betrachtet Archimedes den ersten Schritt wie in Abb. 2.3.13, dann weitere Auffüllschritte. Die Fläche des Dreiecks XYZ entspricht genau der Hälfte der Fläche des gezeichneten Parallelogramms, daher nimmt die Fläche des Dreiecks XYZ mehr als die Hälfte der Fläche des Parabelsegments ein. Der im nächsten Schritt entstehende Fehler (das sind wieder kleinere Parabelabschnitte) ist daher weniger als die Hälfte des Fehlers in diesem betrachteten Schritt. Also werden die Fehlflächen mit jedem Exhaustionsschritt kleiner und es folgt schließlich:

$$\text{Fläche des Parabelsegments} = \frac{4}{3} \cdot \text{Fläche des Dreiecks } ABC.$$

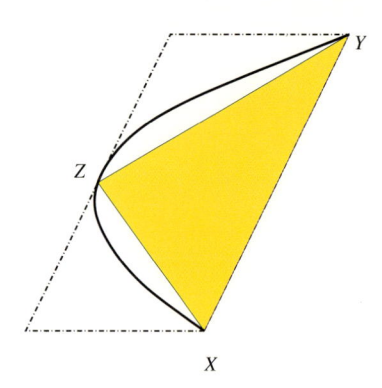

Abb. 2.3.13 Zur Bestimmung der Fehlflächen

2.3.5 Über Spiralen

In der Arbeit *Über Spiralen* behandelt Archimedes die heute nach ihm benannte Spirale, die wir in Polarform modern in der Form

$$r = \frac{a}{2\pi}\varphi, \quad \varphi \geq 0,$$

schreiben würden. Dabei ist $a > 0$ eine frei wählbare Konstante, φ bezeichnet den Winkel eines Fahrstrahls, der beim Winkel φ die Länge r besitzt. Für jeden Winkel φ finden wir also den zugehörigen Punkt der Spirale an der Spitze des Fahrstrahls. Archimedes berechnet die Tangenten an die Spirale und die Fläche unter der Spirale. Seine Lösung dieser Quadraturaufgabe wollen wir beschreiben.

Archimedes betrachtet die Spirale auf einer vollen Umdrehung (d. h. $r = \frac{a}{2\pi}\varphi, \varphi \in [0, 2\pi]$) und legt um die Spirale einen Kreis C wie im linken Teil von Abb. 2.3.14 gezeigt. Der Kreis C hat offenbar den Radius a, denn bei einem Umlauf der Spirale ($\varphi = 2\pi$) beträgt die Länge des Fahrstrahls gerade $r = a$. Die Fläche des Kreises mit Radius a wollen wir A nennen, die Fläche irgendeines Kreises mit Radius b sei mit B benannt. Dann wissen wir aus (2.1), dass sich die Flächen der Kreise wie die Quadrate der Radien verhalten, mit anderen Worten:

$$\frac{A}{B} = \frac{a^2}{b^2}.$$

Nun wird der Kreis C gleichmäßig in n Sektoren unterteilt, was im rechten Teil der Abb. 2.3.14 für den Fall $n = 16$ gezeigt ist.

Jeder Sektor besitzt den Flächeninhalt

$$A_{\text{Sektor}} = \frac{A}{n}.$$

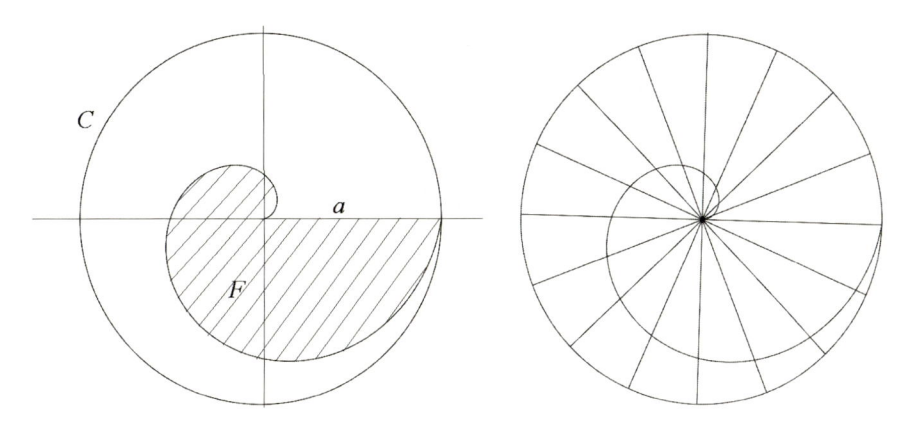

Abb. 2.3.14 Zur Berechnung der Fläche unter der Spirale. Links die Spiralfläche, rechts die Teilung des Kreises in n Teile

In jedem Sektor ergibt sich das in Abb. 2.3.15(a) gezeigte Bild, wobei wir mit A_k die Fläche eines Kreises mit Radius $\frac{k \cdot a}{n}$ bezeichnen, der das Spiralenstück im k-ten Sektor gerade einschließt.

Der in Abb. 2.3.15(a) bezeichnete Winkel φ_k ist offenbar gerade

$$\varphi_k = k \cdot \frac{2\pi}{n},$$

also gilt für den Radius l des einschließenden Kreises

$$l = r(\varphi_k) = \frac{a}{2\pi} \cdot k \cdot \frac{2\pi}{n} = \frac{k \cdot a}{n}$$

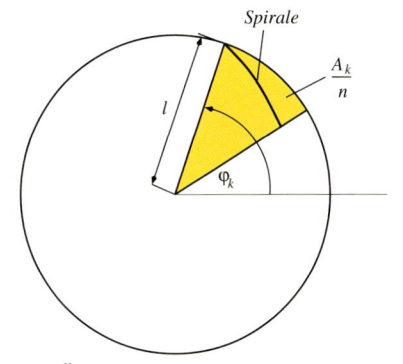

(a) Überschätzen der Segmentfläche

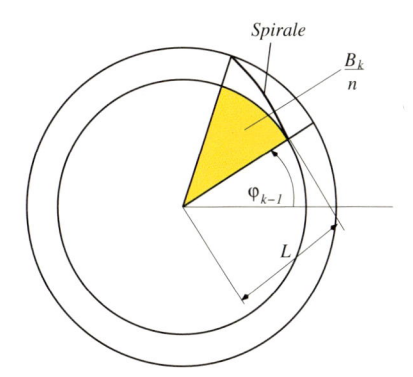

(b) Unterschätzen der Segmentfläche

Abb. 2.3.15 Schätzungen des Spiralensegments im k-ten Sektor

und damit für seine Fläche

$$A_k = \pi \cdot l^2 = \pi \cdot \left(\frac{k \cdot a}{n}\right)^2.$$

Damit erhalten wir

$$\frac{A_k}{A} = \frac{\left(\frac{k \cdot a}{n}\right)^2}{a^2} = \frac{k^2}{n^2},$$

also

$$A_k = \frac{k^2}{n^2} A$$

oder

$$\frac{1}{n} A_k = \frac{k^2}{n^3} A.$$

Die Summe der Flächen aller Sektoren für alle $k = 1, 2, \ldots, n$ liefert dann den Wert

$$\frac{1^2 + 2^2 + \ldots + n^2}{n^3} \cdot A. \qquad (2.6)$$

Nun benötigt Archimedes einen

Hilfssatz: *Es gelten die Ungleichungen*

$$1^2 + 2^2 + \ldots + (n-1)^2 < \frac{n^3}{3} < 1^2 + 2^2 + \ldots + (n-1)^2 + n^2,$$

den er auch sauber beweist. Wendet man diesen Hilfssatz auf (2.6) an, so erhält man

$$\frac{1^2 + 2^2 + \ldots + n^2}{n^3} \cdot A > \frac{n^3}{3n^3} = \frac{1}{3} A.$$

Nun betrachten wir den Sektor im Licht der Abb. 2.3.15(b). Mit B_k wollen wir die Fläche des Kreises bezeichnen, der im k-ten Sektor die Spirale an der rechten Sektorseite (also zum Sektor $k-1$ hin) trifft. Der Winkel φ_{k-1} ist offenbar

$$\varphi_{k-1} = (k-1) \frac{2\pi}{n}$$

und damit gilt für den Radius des Kreises

$$L = \frac{a}{2\pi} (k-1) \frac{2\pi}{n} = \frac{(k-1) \cdot a}{n},$$

so dass sich für B_k ergibt:

$$B_k = \pi \cdot L^2 = \pi \cdot \left(\frac{(k-1) \cdot a}{n}\right)^2.$$

Damit folgt

$$\frac{B_k}{A} = \frac{\left(\frac{(k-1) \cdot a}{n}\right)^2}{a^2} = \frac{(k-1)^2}{n^2}$$

bzw.
$$\frac{1}{n}B_k = \frac{(k-1)^2}{n^3} \cdot A.$$

Die Summe aller solcher Sektorenflächen von $k = 1$ bis $k = n$ ist demnach

$$\frac{1^2 + 2^2 + \ldots + (n-1)^2}{n^3} \cdot A. \qquad (2.7)$$

Nun wenden wir wieder den Hilfssatz an und erhalten

$$\frac{1^2 + 2^2 + \ldots + (n-1)^2}{n^3} \cdot A < \frac{n^3}{3n^3} \cdot A = \frac{1}{3}A.$$

Offensichtlich ist die Fläche (2.6) größer als die gesuchte Spiralenfläche F und ebenso offensichtlich ist die Fläche (2.7) kleiner als F. Es gilt also:

$$\frac{1^2 + 2^2 + \ldots + (n-1)^2}{n^3} \cdot A < F < \frac{1^2 + 2^2 + \ldots + n^2}{n^3} \cdot A. \qquad (2.8)$$

Wir haben mit unserer Rechnung auch gezeigt, dass

$$\frac{1^2 + 2^2 + \ldots + (n-1)^2}{n^3} \cdot A < \frac{1}{3} \cdot A < \frac{1^2 + 2^2 + \ldots + n^2}{n^3} \cdot A \qquad (2.9)$$

gilt. Wir können nun auf zwei Arten vorgehen: Zum einen ist die Differenz zwischen über- und unterschätzter Fläche gerade

$$\frac{1^2 + 2^2 + \ldots + n^2}{n^3} \cdot A - \frac{1^2 + 2^2 + \ldots + (n-1)^2}{n^3} \cdot A = \frac{1}{n} \cdot A$$

und je größer n wird, desto kleiner wird die Differenz. Im Grenzwert (ein Begriff, den Archimedes natürlich nicht kannte!) des über alle Grenzen wachsenden n verschwindet diese Differenz. Damit ist dieser Grenzwert nach (2.9) gerade $\frac{1}{3}A$ und nach (2.8) ist damit

$$F = \frac{1}{3} \cdot A.$$

Andererseits könnten wir auf eine Formel der Summe der Quadratzahlen zurückgreifen, die man in jeder Formelsammlung findet. Es gilt

$$1^2 + 2^2 + \ldots + n^2 = \frac{2n^3 + 3n^2 + n}{6}$$

und

$$1^2 + 2^2 + \ldots + (n-1)^2 = \frac{2n^3 - 3n^2 + n}{6}.$$

Damit präsentiert sich (2.9) als

$$\frac{2n^3 - 3n^2 + n}{6n^3} \cdot A < \frac{1}{3} \cdot A < \frac{2n^3 + 3n^2 + n}{6n^3} \cdot A,$$

was sich nach Kürzen mit n^3 zu

$$\left(\frac{1}{3} - \frac{1}{2n} + \frac{1}{6n^2}\right) \cdot A < \frac{1}{3} \cdot A < \left(\frac{1}{3} + \frac{1}{2n} + \frac{1}{6n^2}\right) \cdot A$$

ergibt. Wächst nun n über alle Grenzen, dann geht die linke und die rechte Seite gegen $\frac{1}{3}A$ und wieder ergibt sich, dass die Spiralfläche F genau ein Drittel der Kreisfläche A beträgt.

Archimedes musste diesen letzten Schritt etwas mühsamer zurücklegen und verwendete wieder seine Methode der doppelten *reductio ad absurdum*.

2.3.6 Archimedes fängt π

Wir haben die Zahl π bereits einige Male naiv benutzt, so etwa in der Formel πr^2 für die Fläche eines Kreises vom Radius r. Archimedes hat in seiner *Kreismessung* [Archimedes 1972, S. 369–377] diese Zahl, deren Natur als transzendent irrationale Zahl er nicht kennen konnte, mit Hilfe von Kompression und Exhaustion eines Kreises mit regulären Polygonen eingeschachtelt. Die *Kreismessung* beginnt mit dem Satz, dass die Fläche eines Kreises mit Radius r der eines rechtwinkligen Dreiecks entspricht, dessen eine Kathete die Länge r besitzt und die andere die Länge des Kreisumfangs U. Archimedes beweist dies wieder mit einer doppelten *reductio ad absurdum*, aber man kann sich leicht klarmachen, wie man auf eine solche Idee kommen kann. Dazu teilen wir einen Kreis in verschiedene Sektoren, wie es in Abb. 2.3.16 gezeigt ist. Reiht man diese Sektoren auf wie in der Abbildung gezeigt, dann entsteht bei hoher Anzahl von Sektoren ein „halbes Rechteck" mit Seitenlänge U und Höhe r. Dies entspricht einem rechtwinkligen Dreieck mit Flächeninhalt

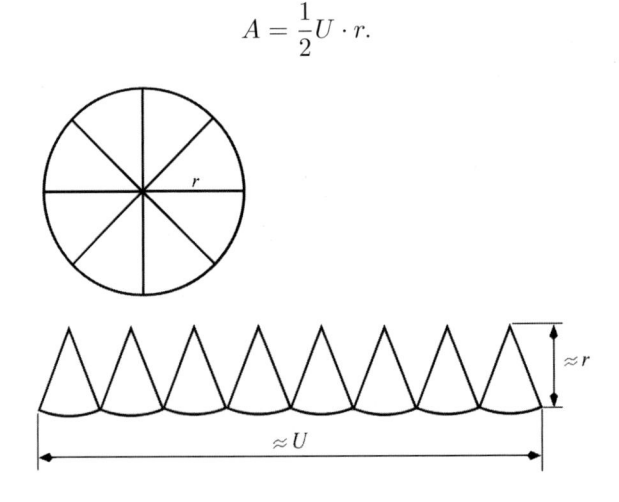

$$A = \frac{1}{2}U \cdot r.$$

Abb. 2.3.16 Idee zur Flächenberechnung eines Kreises

Um eine Abschätzung für die Zahl π zu erlangen, arbeitet Archimedes schließlich mit 96-eckigen regulären Polygonen und erreicht die Einschließung

$$3\frac{1}{7} > \frac{14688}{4673\frac{1}{2}} > \pi > \frac{6336}{2017\frac{1}{4}} > 3\frac{10}{71}.$$

Es sollte Jahrhunderte dauern, bis diese Abschätzung erstmals übertroffen wurde!

Es ist hier ein guter Platz, um im Licht der archimedischen Bemühungen einen Blick auf den haarsträubenden Unsinn zu werfen, der in jüngerer Zeit mit und um π getrieben wurde. Berühmt ist hier eine Eingabe des Arztes Edwin J. Goodman aus Solitude, Posey County, im amerikanischen Bundesstaat Indiana, die am 18. Januar 1897 in die Regierung eingebracht wurde. Es handelte sich um einen Gesetzentwurf über eine „new mathematical truth", die der Autor dem Staat Indiana kostenfrei anbot, während nach Annahme des Gesetzes alle anderen Benutzer ein Lizenzgeld zu zahlen hätten. Wie Petr Beckmann in [Beckmann 1971, S. 174 ff.] aus diesem Gesetzesentwurf herausliest (man muss es wirklich *heraus*lesen, denn dort steht einiger grober Unsinn), folgt aus Goodmans Ausführungen ein Wert von π zu

$$\frac{16}{\sqrt{3}} \approx 9.2376.$$

Damit hat Goodman die größte bekannte Überschätzung des Wertes von π gegeben, obwohl die Zahl π im Gesetzentwurf gar nicht auftaucht! Da das Angebot für den Staat Indiana verlockend war, passierte der Gesetzentwurf alle Hürden, bis in der letzten Lesung durch Zufall der Mathematiker Clarence Abiathar Waldo (1852–1925) anwesend war und den Unfug stoppen konnte. Allerdings wurde der Entwurf wohl nie offiziell abgelehnt und es ist zu befürchten, dass man ihn relativ einfach wieder aktivieren könnte.

Weitere Beispiele beherzter Männer, die den Wert von π bewiesen zu haben glaubten, sind die Amerikaner John A. Parker und Carl Theodore Heisel. Parker publizierte 1874 in New York ein Buch mit dem Titel *The Quadrature of the Circle. Containing Demonstrations of the Errors of Geometers in Finding Approximations in Use*. In seinem Versuch, das Problem der Quadratur des Kreises zu lösen, gibt Parker den Wert von π mit

$$\frac{20612}{6561} \approx 3.14159$$

als exakt an und „beweist" dies auch. Carl Theodore Heisel lebte in Cleveland, Ohio. In seinem Buch *Behold! The Grand Problem – The Circle Squared Beyond Refutation – No Longer Unsolved*, erschienen 1931, schenkt er der Welt als größte Entdeckung den Wert von π als

$$\frac{256}{81} \approx 3.16049.$$

Dieser Wert entspricht demjenigen, den der Schreiber Ahmes um 1700 v. Chr. im alten Ägypten der Welt hinterließ!

Noch 1960 musste Heinz-Wilhelm Alten, der Herausgeber dieser Reihe, im Auftrag seines Doktorvaters Wilhelm Quade der Bitte des Bundespräsidialamtes (!) nach einem Gutachten über eine Eingabe eines Hobbymathematikers nachkommen, der „die richtige Zahl π" gefunden zu haben glaubte, die sich allerdings als Näherung entpuppte. Der Hobbymathematiker, ein jüdischer Emigrant, gab an, dass seine Entdeckung durch die Nazis aus rassischen Gründen unterdrückt worden war und daher keinen Eingang in die Schulbücher finden konnte. Durch diese Ereignisse sei ihm nicht nur ein großer finanzieller Schaden entstanden, sondern auch ein gesundheitlicher, so dass er DM 10 000 vom Bundespräsidenten erbat, um in Israel eine Kur antreten zu können.

2.4 Die Beiträge der Römer zur Analysis

Hier dürfen wir uns kurz fassen. Die Bewohner des römischen Weltreiches, das nun den Mittelmeerraum fest im Griff hatte, Aquädukte baute und große Teile der damals bekannten Welt eroberte, waren an Mathematik nicht interessiert, schufen jedoch die Zahlzeichen der sogenannten römischen Zahlen, mit denen in Mitteleuropa bis ins 16. Jh. gerechnet wurde. Sie werden auch heute noch zur Gliederung von Schriftsätzen verwendet und sind auf alten Inschriften an Fachwerkhäusern und alten Uhren zu sehen. Wir kennen aber keinerlei Beiträge zur Analysis von Seiten dieses Volkes, bis auf einige unbedeutende:

Wie Plutarch uns im *Leben des Marcellus* [Plutarch 2004, S. 481] mitteilt, hatte Archimedes seine Freunde angewiesen, auf sein Grab eine Skulptur zu stellen, die eine Kugel und einen sie umschließenden Zylinder zeigen sollte und, in einer Inschrift, das Verhältnis der Volumina der beiden Körper. Offenbar wurde seinem Wunsch entsprochen, denn als der große Marcus Tullius Cicero (106–43 v. Chr.) im Jahr 75 v. Chr. Quästor[8] auf Sizilien war, besuchte der das Grab, fand es in schlechtem Zustand vor und gab den Auftrag, das Grab des Archimedes freizulegen. Cicero selbst berichtet in [Cicero 1997, S. 433 f, (64)-(66)]:

> *(64) ... Als Quästor habe ich sein Grab, das die Syrakusaner nicht kannten und das, wie sie behaupteten, überhaupt nicht mehr existiere, aufgespürt; es war von allen Seiten von Dornen und Gestrüpp umgeben und umwachsen. Ich hatte nämlich einige kleine Senare[9] im Gedächtnis, die, wie ich erfahren hatte, auf dem Denkmal eingemeißelt waren und besagten, dass auf der Spitze des Grabmals eine Kugel mit einem Zylinder angebracht sei. (65) Als ich aber alles genau in Augenschein nahm – beim Agrigentinischen Tor nämlich gibt es eine große Anzahl von Gräbern –, bemerkte ich eine kleine Säule,*

---

[8] Ein niederes Amt in der senatorischen Laufbahn.
[9] Römisches Versmaß.

2.4 Die Beiträge der Römer zur Analysis

Abb. 2.4.1 Cicero entdeckt das Grab des Archimedes (Gemälde von Benjamin West aus dem Jahr 1797, Yale University Art Gallery, New Haven)

die nicht weit über das Gestrüpp hinausragte und auf der sich die Darstellung einer Kugel und eines Zylinders befand. Und sofort sagte ich zu den Syrakusanern – die führenden Männer befanden sich in meiner Begleitung –, ich glaubte, dass eben dies es sei, wonach ich suchte. Viele Männer wurden mit Sicheln hingeschickt, schnitten und legten den Ort frei. (66) Als der Zugang dorthin offenlag, gingen wir zur Vorderseite der Basis. Es war das Epigramm sichtbar, von dessen Versen nur ungefähr die erste Hälfte lesbar war, da die Enden verwittert waren. So hätte die edelste und einst auch die gelehrteste Stadt Griechenlands das Grabmal ihres einzig scharfsinnigen Mitbürgers nicht gekannt, wenn sie es nicht von einem Mann aus Arpinum (Ciceros Geburtsstadt) erfahren hätte.

Wie Cicero im fünften Buch von [Cicero 1989, S. 397,(4)] berichtet, hat er auch in Metapont das Wohnhaus und den Sterbeort des Pythagoras besucht:

(4) ... Ich stimme dir aber darin zu, Piso, dass uns die erinnernde Wirkung entsprechender Schauplätze um einiges lebhafter und aufmerksamer an berühmte Männer denken läßt. Du weißt ja, dass ich mit dir einmal Metapont besuchte und erst bei meinem Gastgeber einkehrte, als ich jenen Ort, an dem Pythagoras gestorben war, und seinen Wohnsitz gesehen hatte.

Aber dies waren doch nicht die einzigen Beiträge Roms zur Analysis. Römische Feldmesser – Agrimensoren – hatten krummlinig berandete Flächen im Gelände zu vermessen, was sie durch „Linearisierung" des Randes bewerkstelligten. Der krummlinige Rand wurde stückweise durch endlich viele Sekanten ersetzt, so dass sich Teile der wahren Fläche innerhalb, andere Teile außerhalb der linearisierten Berandung befanden. So erhielt man berechenbare Teilstücke der Fläche und diese Idee der Linearisierung liegt der Integralrechnung zugrunde [Cantor 1875, S.96], [Hinrichs 1992]. Welche Vorarbeiten aber die Griechen auf dem Gebiet der Anwendungen von Mathematik bereits erbrachten, ist von Lelgemann untersucht und kürzlich publiziert worden [Lelgemann 2010].

Ansätze zur Analysis in der griechischen Antike

um 600 v. Chr.	THALES begründet die Mathematik als deduktive Wissenschaft und beweist Sätze
um 579	Pythagoras wird geboren. Er wird Begründer einer Sekte mit dem Motto „Alles ist Zahl"
um 520	Die Eleaten PARMENIDES und sein Schüler ZENON begründen Diskussionen über das Kontinuum und den Atomismus
um 500	HIPPOKRATES VON CHIOS gelingt die Flächenberechnung von „Möndchen". HIPPIAS VON ELIS entwickelt die Quadratrix zur Winkeldreiteilung
um 470	ANAXAGORAS stellt das Problem der Quadratur des Kreises. Dazu gesellen sich als weitere klassische Probleme die Verdoppelung des Würfels und die Dreiteilung des Winkels ZENON formuliert seine Paradoxien
um 450	Der Pythagoreer HIPPASOS entdeckt inkommensurable (irrationale) Zahlen
um 400	EUDOXUS ist der größte Mathematiker seiner Zeit. Er begründet die Proportionenlehre. PLATON gründet die erste Universität (Akademie) in Athen. DEMOKRIT wird der bekannteste Atomist
um 360	ARISTOTELES schreibt seine *Physikvorlesung*
um 300	EUKLID schreibt *Die Elemente*
um 250	NIKOMEDES entwickelt die Konchoïde zur Winkeldreiteilung ARCHIMEDES, größter Ingenieur u. Physiker der Antike, konstruiert technische Geräte (Wasserschraube, Kriegsmaschinen), entdeckt das Hebelgesetz und den Auftrieb, verwendet das Hebelgesetz zur Berechnung von Flächen und Volumina durch Wiegen, erfindet die Methode der Exhaustion und infinitesimale Methoden zur Flächenberechnung (Parabelquadratur, Kreisinhalt und Näherungen für π, Fläche unter einer Spirale), publiziert seine Ergebnisse in den Kodices A,B,C.
212	ARCHIMEDES wird von einem römischen Legionär ermordet

2.5 Aufgaben zu Kapitel 2

Aufgabe 2.5.1 *(zu 2.1)* Erläutern Sie den Begriff „Quadratur". Worum geht es bei dem Problem der „Quadratur des Kreises"?

Aufgabe 2.5.2 *(zu 2.1)* Beweisen Sie durch Wechselwegnahme am Einheitsquadrat (Abb. 2.5.1) die Irrationalität von $\sqrt{2}$.

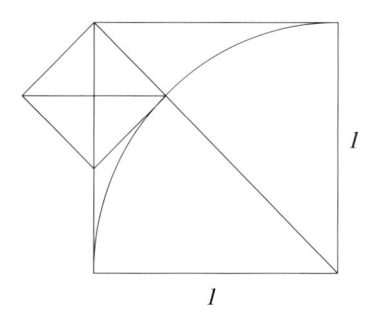

Abb. 2.5.1 Zur Wechselwegnahme am Quadrat

Aufgabe 2.5.3 *(zu 2.1)* Beweisen Sie, dass die Länge x in Abb. 2.5.2(a) gerade $\sqrt{a \cdot b}$ ist.

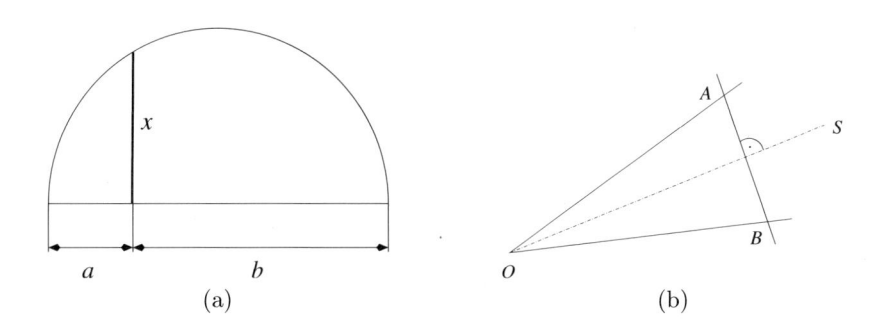

Abb. 2.5.2 Zu Aufgaben 2.5.3 und 2.5.4

Aufgabe 2.5.4 *(zu 2.1)* Gegeben ist der Winkel AOB wie in Abb. 2.5.2(b). Konstruieren Sie nur mit Zirkel und Lineal die Winkelhalbierung durch OS. Errichten Sie nur mit Zirkel und Lineal auf OS die Senkrechte AB. Nun könnte man AB nur mit Zirkel und Lineal dreiteilen. Warum ist damit das Problem der Winkeldreiteilung nicht gelöst?

Aufgabe 2.5.5 *(zu 2.2)* Gegeben sei ein aristotelisches Kontinuum als Intervall $[a, b]$. Diskutieren Sie die Bedeutung der Endpunkte a und b. Gehören sie zum Kontinuum? Schneiden Sie das Kontinuum irgendwo zwischen a und b in zwei Kontinua. Was ist mit dem Schnittpunkt? Gehört er zum linken oder zum rechten Teilkontinuum?

Aufgabe 2.5.6 *(zu 2.2)* Geben Sie mindestens zwei Gründe an, warum ein Studium der antiken griechischen Mathematik zum Verständnis der Analysis notwendig ist.

Aufgabe 2.5.7 *(zu 2.3)* Machen Sie sich den Unterschied zwischen der archimedischen Methode des Wiegens von Flächen mit der Exhaustionsmethode klar. Finden Sie Argumente für das Zusammenfassen einer Fläche im Schwerpunkt.

Aufgabe 2.5.8 *(zu 2.3)* Berechnen Sie eine Näherung von π durch Approximation der Kreisfläche von innen durch ein reguläres Achteck.

3 Wie Wissen wanderte – Vom Orient zum Okzident

Th. Sonar, *3000 Jahre Analysis*, Vom Zählstein zum Computer,
DOI 10.1007/978-3-642-17204-5_3, © Springer-Verlag Berlin Heidelberg 2011

455	Plünderung Roms durch die Vandalen
ca. 570	Mohammed in Mekka geboren
610	Der Erzengel Gabriel erscheint Mohammed. Mohammed wird Prophet
622	Mohammed zieht von Mekka nach Medina und begründet eine neue Religion, den Islam
632–661	Regierungszeit der vier Rechtgeleiteten Kalifen
634–644	Unter dem zweiten Kalifen Omar I., Schwiegervater Mohammeds, vollzieht sich die Expansionsbewegung des Islam im Mittelmeerraum. Omar gilt als Schöpfer des islamischen Reiches
705–715	Zweite große Expansionsbewegung des Islam bis nach Spanien hinein unter Walid I.
732	Die Eroberung des Frankenreiches misslingt. Die arabischen Truppen verlieren gegen das Heer von Karl Martell in der Schlacht von Tours und Poitiers
800	Kaiserkrönung Karls des Großen
969–1171	Die Fatimiden regieren Ägypten
1055	Die türkischen Seldschuken erobern Bagdad
1071	Jerusalem fällt an die Seldschuken
1076	Damaskus fällt an die Seldschuken
1086	Die Almoraviden sichern die islamische Herrschaft in Spanien
1095	Auf dem Konzil von Clermont ruft Papst Urban II. den ersten Kreuzzug aus. Sechs weitere folgen bis zum Ende des 13. Jahrhunderts
1147	Die orthodox-islamischen Almohaden lösen in Spanien die Almoraviden ab
1299	Gründungsjahr des Osmanischen Reiches
1453	Eroberung Konstantinopels durch die Osmanen

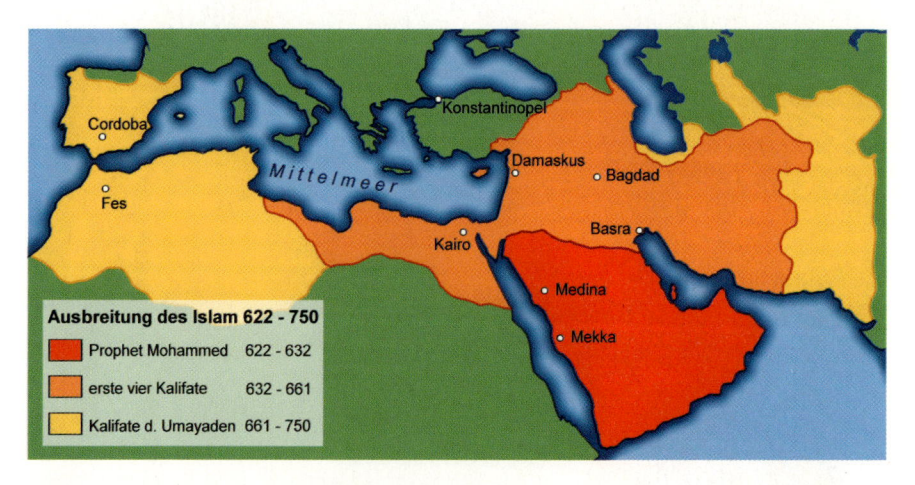

Abb. 3.1.0 Die Ausbreitung des Islam vollzog sich rasant in den ersten 100 Jahren. Erst ab etwa 750 bis ins 9. Jh. erreichten Kultur und Naturwissenschaften eine Blütezeit

3.1 Der Niedergang der Mathematik und die Rettung durch die Araber

Mit dem Untergang des weströmischen Reiches im fünften Jahrhundert unserer Zeitrechnung bricht das römische Weltreich endgültig zusammen. Die Verschiebungen und Verwerfungen, die sich durch die Völkerwanderung ergeben haben, insbesondere die Angriffe der Hunnen, ließen das Reich erbeben und in seinen Grundfesten erzittern. Nach der Schlacht von Adrianopel 378, in der Kaiser Valens von den Goten geschlagen wurde, verlor Rom zusehends die Kontrolle. Mitte des 5. Jahrhunderts gehen weite Teile Galliens und Spaniens an die eingedrungenen Vandalen, Franken und Goten; 435 fallen die afrikanischen Provinzen an die Vandalen. Die Westgoten plündern Rom im Jahr 410, im Jahr 455 folgen ihnen die Vandalen und plündern erneut. 476 wird der römische Kaiser Romulus Augustulus von dem Germanen Odoaker abgesetzt und dessen Nachfolger Theoderich der Große agiert schon wie ein weströmischer Kaiser. Allerdings waren Odoaker und Theoderich noch bemüht, sich durch den oströmischen Kaiser in Byzanz (Konstantinopel) anerkennen zu lassen. An Theoderichs Hof wirkte der Römer Boëthius (zw. 475 und 480–zw. 524 und 526) aus angesehener Familie. Er ist uns dadurch im Gedächtnis, dass er in Ungnade fiel, ins Gefängnis musste, und dort eines der berühmtesten Bücher der Philosophie schrieb: *Der Trost der Philosophie* [Boethius 2005], nachdem ihm die allegorische Gestalt der Philosophie erschienen war, mit der Boëthius einen Dialog beginnt.

Abb. 3.1.1 Boëthius lehrt vor seinen Schülern (Glasgow University Library)

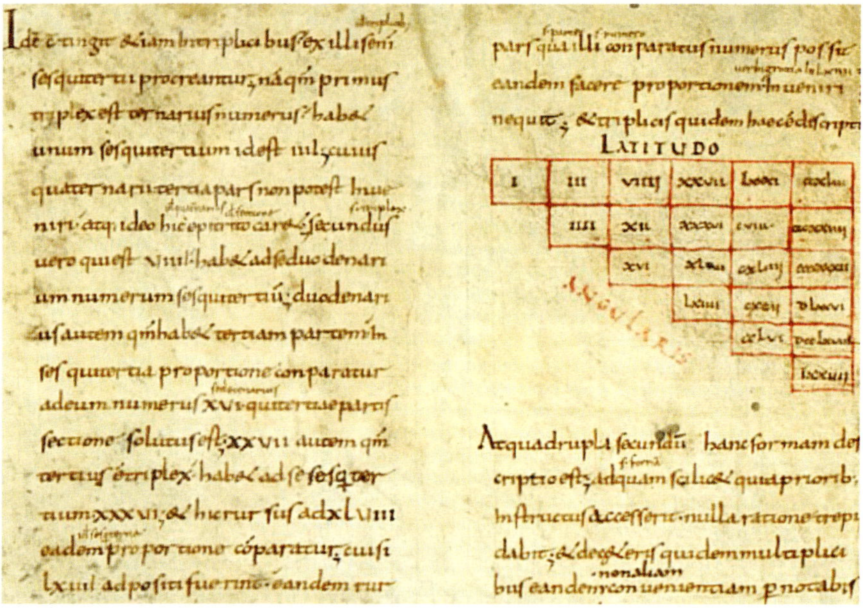

Abb. 3.1.2 Boëthius: *De institutione arithmetica*, Handschrift aus dem 10. Jh., Seite 4 links [St. Laurentius Digital Library, Lund University]

1	3	9	27	81	243
	4	12	36	108	324
		16	48	144	432
			64	192	576
				256	768
					1024

Abb. 3.1.3 Tabelle aus der der Handschrift *De institutione arithmetica* des Boëthius mit indisch-arabischen Ziffern anstelle römischer Zahlzeichen. In der Tabelle steht jede Zahl zu der unter ihr genannten im Verhältnis 3:4. Zwei der unten rechts stehenden Zahlen (768 und 576) finden sich beim 4:3 Fernsehbild des PAL-Systems (vor Einführung von Breitbild und HD) in der Auflösung 768 × 576 wieder.

Boëthius übersetzte auch Teile der Werke von Aristoteles und kommentierte sie. Damit wurde er zu einem wichtigen Boten griechischer Philosophie in der mittelalterlichen Scholastik, denn Kenntnisse des Griechischen waren im latinisierten Westeuropa kaum noch vorhanden. Einst hatte er den Plan, sämtliche Werke von Platon und Aristoteles ins Lateinische zu übersetzen – die Inhaftierung machte diesen Plan zunichte. Boëthius hat auch eigene Bücher zur Mathematik geschrieben [Cajori 2000, S. 67 f.].

Sie zeigen den Verfall der mathematischen Wissenschaften am Ende des römischen Reiches. Boëthius' *De Institutione Arithmetica* ist eine Teilübersetzung eines Buches des griechischen Mathematikers Nikomachos (ca. 60–ca. 120), wobei die schönsten Resultate des Nikomachos fehlen. In einem Buch zur Geometrie finden wir eine Übersetzung weniger Teile der *Elemente* Euklids.

Aber Boëthius hat auch anderweitig weit in das Mittelalter hinein gewirkt. Er ist derjenige, der die Bezeichnung *Quadrivium* für die vier Wissenschaften: Arithmetik, Astronomie, Geometrie und Musik prägte, die er selbst als „vierfachen Weg zur Weisheit" bezeichnete [Gilson 1989, S. 97]. Daneben steht das *Trivium:* Grammatik, Rhetorik und Dialektik.

Der Ostteil des Reiches war hingegen wesentlich erfolgreicher als Rom, und hier überlebte die Idee des römischen Reiches länger. Zum einen war Ostrom geographisch besser vor dem Eindringen von Fremdvölkern geschützt, zum anderen war die Wirtschaft und Verwaltung im Gegensatz zu Westrom intakt und das oströmische Heer hielt noch zusammen. Unter dem letzten oströmischen Kaiser lateinischer Zunge, Justinian I. (ca. 482–565), gelang es sogar, weite Teile Italiens, Südspaniens und Nordafrikas zurückzuerobern, allerdings wurde Ostrom dann in verheerende Kriege mit den persischen Völkern aus dem Osten verwickelt, die das Reich im 7. Jahrhundert in großen Teilen eroberten.

Im Jahr 529 ließ Kaiser Justinian die griechischen „Heidenschulen" in Athen schließen, darunter auch die Platonsche Akademie, die neun Jahrhunderte überdauert hatte. An Mathematik war nicht mehr zu denken. Mathematische Manuskripte wurden in Byzanz, Alexandria und vielen anderen Orten der griechisch-hellenistischen Welt verwahrt.

In der arabischen Welt wird um das Jahr 570 Mohammed in Mekka geboren, dem 610 der Erzengel Gabriel erscheint und ihm einen Lebensauftrag gibt. Nun ist Mohammed der Prophet und gründet den Islam als neue Religion. In wenigen Jahrzehnten wurden unter der Fahne des Propheten Syrien, Mesopotamien, Persien und Ägypten, ja sogar Turkestan (die heutigen Länder Turkmenistan, Usbekistan, Afghanistan sowie Tadschikistan und Kaschgar in der chinesischen Provinz Sinkiang) und der Pandschab (das Fünfstromland im heutigen Pakistan) erobert und damit große Teile des einstigen Alexanderreiches und der griechisch-hellenistischen Welt. In einem Siegeszug ohnegleichen fielen auch Nordafrika bis zum Atlantik und große Teile der iberischen Halbinsel unter arabische Herrschaft. Erst auf französischem Boden wurde dieser Siegeszug bei Tours und Poitiers durch Karl Martell im Jahre 732 gestoppt, ein Feldzug, der im Grunde genommen die vollständige Umklammerung des byzantinischen Reiches und die Eroberung Konstantinopels zum Ziele hatte.

In diesem Weltreich der Araber waren die verschiedensten Kulturen und Völker vereinigt, die arabische Sprache war ihr einigendes Band. Die überall verstreuten wissenschaftlichen Schriften dieser Völker – insbesondere auch

3 Wie Wissen wanderte – Vom Orient zum Okzident

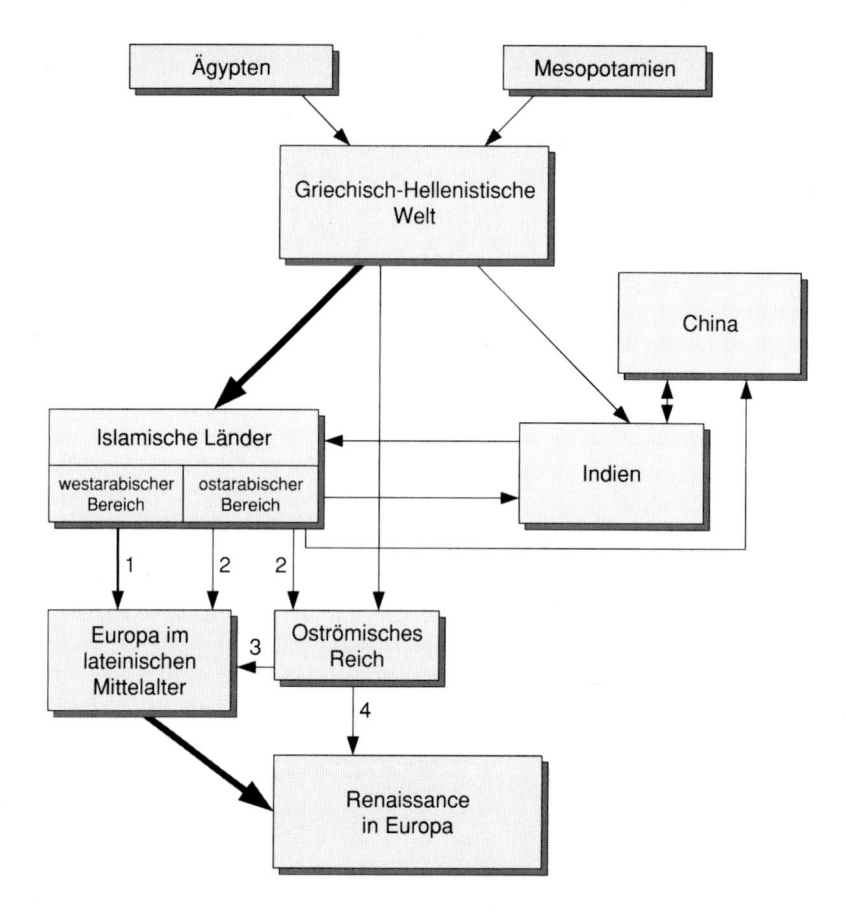

Abb. 3.1.4 Wie Wissen wanderte – Hauptströme der Tradierung mathematischen Wissens. Erläuterungen: 1: Ausbreitung von den westarabischen Ländern über Spanien und Sizilien nach Europa im 11.–13. Jh.; 2: Begegnung mit der ostarabischen Welt im Verlauf der Kreuzzüge; 3: Tradierung mathematischer Werke der griechischen Antike und islamischer Gelehrter des Mittelalters über das byzantinische Reich nach Europa; 4: Direkter Einfluss der byzantinischen Quellen auf die europäische Renaissance. Danach Ausbreitung der europäischen Mathematik ab dem 16. Jh.; Entstehung einer in Terminologie und Symbolik einheitlichen globalen Mathematik im 19. Jh.

die umfangreichen Manuskripte griechischer, persischer und indischer Mathematiker – wurden im 8. und 9. Jahrhundert im Osten des riesigen Reiches gesammelt und ins Arabische übersetzt. Die abbasidischen Kalifen hatten die Hauptstadt des Weltreiches von Damaskus in das unter dem Kalifen al-Mansur gegründete Bagdad verlegt, das unter seinen Nachfolgern zur Pflegestätte von Kunst und Wissenschaft wurde, die sich unter den Arabern in allen Teilen des riesigen Reiches zu hoher Blüte entwickelten.

3.1 Der Niedergang der Mathematik und die Rettung durch die Araber

Im unter al-Mamun (Kalif von 813 bis 833), dem Sohn Harun ar-Rašids, erbauten „Bayt al-Hikma" (Haus der Weisheit) wurden die Quellen griechischer, syrischer, indischer und persischer Gelehrter in der Bibliothek gesammelt, ins Arabische übersetzt und abgeschrieben. Im Westen des Weltreiches hatte der Umayyadenherrscher Abd ar-Rahman (756–788) in Spanien das unabhängige Königreich und spätere Kalifat Córdoba gegründet. Neben Bagdad wurde Córdoba das bedeutendste Kulturzentrum der islamischen Welt. Hier wirkte auch der Philosoph Ibn Rušd (Averroës, s. Abschnitt 3.2.3). In der nahe gelegenen Sommerresidenz der Kalifen Medina az-Zahra entstand eine große Bibliothek mit 400 000 Bänden – Córdoba wurde von entscheidender Bedeutung für die Übermittlung des mathematischen Wissens der Griechen und des islamischen Kulturkreises ins westliche Europa.

In den während der Reconquista rückeroberten Gebieten der iberischen Halbinsel begegneten westeuropäische Gelehrte der islamischen Kultur, in den arabischen Übersetzungen alter Manuskripte den Ergebnissen und Kenntnissen von Wissenschaftlern der Antike und im Orient, z. B. den indisch-arabischen Ziffern zur dezimalen Schreibweise der Zahlen, die mit den „Siddanthas" aus Indien an den Hof der Kalifen von Bagdad gelangt waren, den trigonometrischen Funktionen Sinus und Cosinus der Inder, den astronomischen Berechnungen und den Näherungsmethoden zur Lösung algebraischer Gleichungen persischer Gelehrter [Alten et al. 2005, S.116ff.]. Vor allem aber lernten sie die Begriffswelt, die Beweismethoden und die ungeheure Fülle der Ergebnisse griechischer Mathematiker kennen. Schon im 10. Jahrhundert lagen die Werke von Euklid, Archimedes, Apollonios, Diophant, Heron und vieler anderer in arabischer Übersetzung vor.

An vielen Orten im wieder christlich gewordenen Teil Spaniens entstanden nun Übersetzerschulen, in denen die jetzt in arabischer Sprache vorliegenden Schriften größtenteils ins Lateinische, die Gelehrtensprache des Mittelalters, übertragen wurden. Besonders bekannt und berühmt wurde die Übersetzerschule im 1085 wieder christlich gewordenen Toledo, wo u. a. Gerhard von Cremona rund 80 Werke übersetzte. In Segovia übersetzte Robert von Chester die berühmte Schrift des persischen Mathematikers al-Chorezmi (al-Ḫwārizmī) zur Algebra, dessen Name sich im modernen „Algorithmus" wiederfindet.

So wurde Spanien (neben dem nach arabischer Herrschaft auch wieder christlich gewordenen Sizilien) zum wichtigsten Brückenkopf für die Tradierung griechisch-hellenistischer und orientalischer Mathematik nach Europa, zum Verladebahnhof für die Wanderung des Wissens vom Orient zum Okzident.

Über die eigenständigen Leistungen der arabischen Wissenschaftler auf dem Gebiet der Algebra wurde bereits ausführlich in [Alten et al. 2005] berichtet, über ihre Leistungen in der Geometrie in [Scriba/Schreiber 2010], aber es lohnt sich noch ein Blick auf Beiträge zur Analysis.

3.2 Die Beiträge der Araber zur Analysis

Schon im Jahr 773 gab es Kontakte zwischen dem Regierungssitz Bagdad und Indien [Alten et al. 2005, S. 161 f.]. Auf diesem Wege kamen die uns heute geläufigen Ziffern 1, 2, 3, 4, 5, 6, 7, 8, 9 und die Zahl 0 in die arabische Mathematik. Das erste Werk, in dem von diesem Zahlensystem Gebrauch gemacht wurde, war eine Schrift des al-Ḥwārizmī (ca. 790–ca. 840) zur Arithmetik [Juschkewitsch 1964, S. 187], die wir nur in einer lateinischen Übersetzung kennen.

In der Analysis zeichnen sich die arabischen Wissenschaftler durch eine Fortführung der archimedischen Ideen zur Quadratur und Kubatur aus, aber nicht nur durch diese expliziten Arbeiten wird die Analysis weitergeführt. Arabische Wissenschaftler beschäftigen sich auch mit der Philosophie des Aristoteles und seiner Physik und wirken damit weit in die scholastische Philosophie des europäischen Mittelalters hinein.

3.2.1 Avicenna (Ibn Sīnā): Universalgelehrter im Orient

Abū Alī al-Husayn ibn Abdullāh ibn Sīnā wurde im Jahr 980 im persischen Afschana geboren und starb 1037 in Hamadan im Gebiet des heutigen Iran.

Abb. 3.2.1 Ibn Sīnā (Avicenna) war ein großer Universalgelehrter. Er kannte sich in vielen Fachgebieten aus und ist in Europa hauptsächlich wegen seiner Medizinkenntnisse bekannt. Unter anderem lieferte er auch die Konstruktion eines sehr genauen Messinstrumentes zur Astronomie.

Er wurde einer der berühmtesten Gelehrten seiner Zeit und arbeitete als Mathematiker, Astronom, Alchemist und Arzt. In der westlichen Welt ist er unter seinem latinisierten Namen Avicenna bekannt geworden.

Der Wissenschaftshistoriker George Sarton (1884–1956) war von Avicennas Leistungen so begeistert, dass er ihn als berühmtesten Wissenschaftler des Islam und vielleicht aller Zeiten einschätzte.

Im Alter von zehn Jahren soll Avicenna den Koran auswendig gewusst und zahlreiche Werke der Literatur gelesen haben. In den folgenden Jahren studierte er die Werke Euklids und den *Almagest* des Ptolemaios und soll das Rechnen mit indischen Ziffern beherrscht haben. Mit siebzehn Jahren wandte er sich dann der Medizin zu und fand damit das Gebiet, das ihn unsterblich machen sollte. Avicenna sammelte Heilkräuter, untersuchte ihre Wirkung und dokumentierte seine Untersuchungen. Die gesamte mittelalterliche Medizin in Europa ruhte später hauptsächlich auf Avicennas medizinischen Schriften. Auch heute noch ist das Interesse an ihm ungebrochen, denn man untersucht seine Rezepturen mit modernen Methoden, um dem Geheimnis neuer „alter" Naturmedizin auf die Schliche zu kommen. Im 12. Jahrhundert übersetzte Gerhard von Cremona den *Kanon der Medizin* Avicennas, der bis ins 17. Jahrhundert in unseren Breiten ein aktuelles Lehrbuch geblieben ist.

Für uns ist interessant, dass er die Schriften des Aristoteles kommentierte, und zwar in einer durchaus originellen Form. Seine Kritik an Aristoteles in einzelnen Punkten wird später im Westen für eine neue Aristoteles-Rezeption sorgen. Insbesondere schrieb er über die Logik und verfasste auch ein eigenes logisches System, das als Avicennas Logik bekannt wurde. Damit erwies er sich als eigenständiger und von Aristoteles unabhängiger Denker, der durchaus kritisch war. Er wurde, neben Averroës, zu einem wichtigen Vermittler der Aristotelischen Naturkunde und Philosophie [Strohmaier 2006], [Gutas 1988].

3.2.2 Alhazen (Al-Haitam): Physiker und Mathematiker

Abu Ali al-Hasan ibn al-Hasan ibn al-Haitam al Basri, im westlichen Kulturkreis latinisiert als Alhazen bekannt, wurde um 965 in Basra geboren und starb 1039 oder 1040 in Kairo. Er gilt als der Vater der Optik und großer Geometer, aber er arbeitete auch daran, einige archimedische Ergebnisse zu übertreffen. Hatte Archimedes das Volumen eines Körpers bei Drehung eines Parabelsegments um seine Symmetrieachse berechnet, so berechnete Alhazen das Volumen, das entsteht, wenn ein Parabelsegment um eine andere Achse rotiert. So ließ er eine Parabel um die Achse AB rotieren, wie in Abb. 3.2.3 gezeigt. Viel später, im Jahr 1615, wird Johannes Kepler in seiner Schrift *Nova Stereometria Doliorum Vinariorum*, also *Neue Stereometrie der Weinfässer* (in [Kepler 1908] ungenau übersetzt als *Neue Stereometrie der Fässer*) den so entstehenden Körper die „Parabolische Spindel" nennen.

Abb. 3.2.2 Banknote mit dem Porträt von Abu Ali al-Hasan ibn al-Hasan ibn al-Haitam (Irak 1982)

Eine Parabel ist definiert als die Menge aller Punkte, die von einem festen Punkt (dem Brennpunkt F) und einer vorgegebenen Linie (der Leitlinie l) denselben Abstand haben. In Abb. 3.2.3 gilt also für den Punkt P auf der Parabel

$$\text{Länge von } FP = \text{Länge von } PQ.$$

Natürlich muss dies auch für den Scheitelpunkt S gelten, also

$$\text{Länge von } FS = \text{Länge von } SR =: f.$$

Führen wir das uns gewohnte (x, y)-Koordinatensystem ein und bezeichnen die Länge der Strecke RQ mit x, d. h. x und y sind die cartesischen Koordinaten des Punktes P, dann ergibt sich für die Länge der Strecke PQ offenbar $y + f$. Nach dem Satz des Pythagoras ist dann

$$(y - f)^2 + x^2 = (\text{Länge von } FP)^2,$$

und wegen: Länge von FP = Länge von $PQ = y + f$ folgt

$$(y - f)^2 + x^2 = (y + f)^2.$$

Lösen wir diese Gleichung nach y auf, so erhalten wir die Gleichung der Parabel in der Form

$$y = x^2 \frac{1}{4f}. \tag{3.1}$$

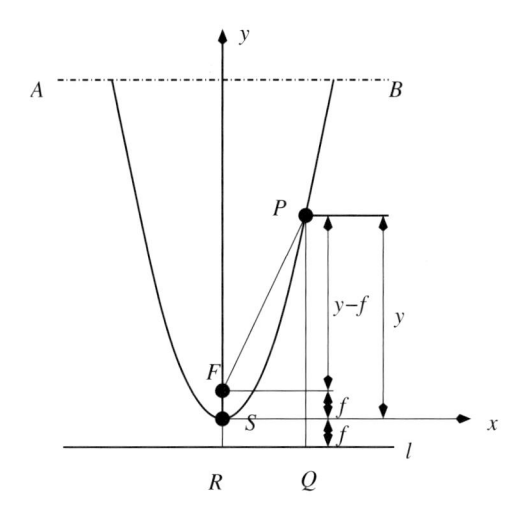

Abb. 3.2.3 Figur zur Erzeugung einer parabolischen Spindel durch Rotation eines Parabelsegments

Nun gilt diese Beziehung nicht nur für den Fall, dass die Parabel wie für uns gewohnt in einem Koordinatensystem liegt, sondern ganz allgemein. Fixiert man zwei Punkte P und O auf der Parabel und zeichnet man die Tangente im Punkt O sowie eine Parallele dazu durch P wie in Abb. 3.2.4 gezeigt, dann gilt in völliger Analogie zu (3.1)

$$OX = (XP)^2 \frac{1}{4OF},$$

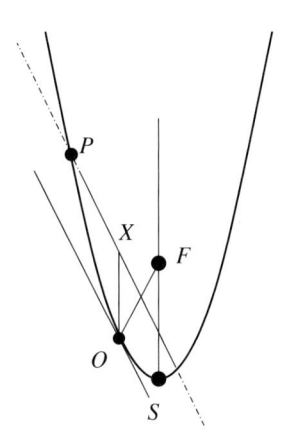

Abb. 3.2.4 Eine weitere Drehachse für die Parabel bei Alhazen

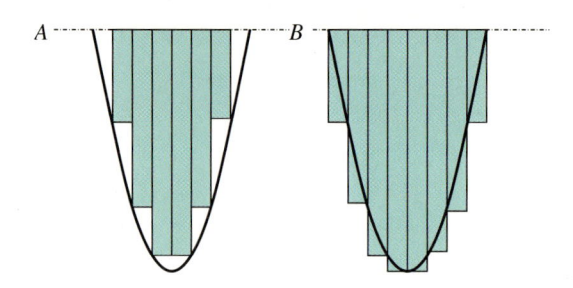

Abb. 3.2.5 Volumenberechnung bei Rotation eines Parabelsegments um AB

wobei wir aus Gründen der Einfachheit nun OX für „Länge von OX" schreiben. Nun betrachtet Alhazen auch den Drehkörper, der durch Rotation um die Achse OX entsteht. Wenn $O = S$ gilt, dann sind wir zurück bei dem von Archimedes behandelten Problem. Aber auch die Rotation um PX kann betrachtet werden [Baron 1987, S. 68], und dort führt die Wahl von $O = S$ auf den Fall der Rotation um die Achse AB in Abb. 3.2.3.

Betrachten wir den Fall der parabolischen Spindel, also der Rotation um die Achse AB. Alle anderen Fälle lassen sich auf diesen zurückführen, wie in [Baron 1987] vorgerechnet wird. Alhazen schreibt in die Parabel Rechteckstreifen wie im linken Teil der Abb. 3.2.5 ein, die bei Rotation um AB Zylinderscheiben bilden. Die Summe der Volumina dieser Zylinderscheiben unterschätzt das Volumen der parabolischen Spindel, wie dünn man die Rechteckstreifen auch macht. Sodann fasst er die Parabel in Rechteckstreifen ein, wie im rechten Teil von Abb. 3.2.5 gezeigt. Die Summe der Volumina dieser Kreisscheiben überschätzt das eigentliche Volumen. Betrachten wir den Fall von einbeschriebenen Scheiben etwas näher, wozu wir nur eine Hälfte der Parabel wie in Abb. 3.2.6 benötigen. In der in dieser Abbildung gewählten Darstellung lautet die Gleichung der Parabel offenbar

$$x = ky^2,$$

wobei wir $k := 1/4f$ gesetzt haben. Gehen wir auf der Parabel in y-Richtung bis $y = b$, dann ist der Wert für x dort $x = a = kb^2$. Auf der y-Achse teilen wir die Strecke von 0 bis b in n gleiche Teile der Breite

$$h := \frac{b}{n} = y_i - y_{i-1}, \quad i = 1,\ldots,n.$$

Das schraffiert eingezeichnete Rechteck hat damit den Flächeninhalt

$$A_i := (a - x_i) \cdot h$$

und wenn dieses Rechteck um die Achse bei $x = a$ rotiert, ergibt sich eine Zylinderscheibe vom Volumen

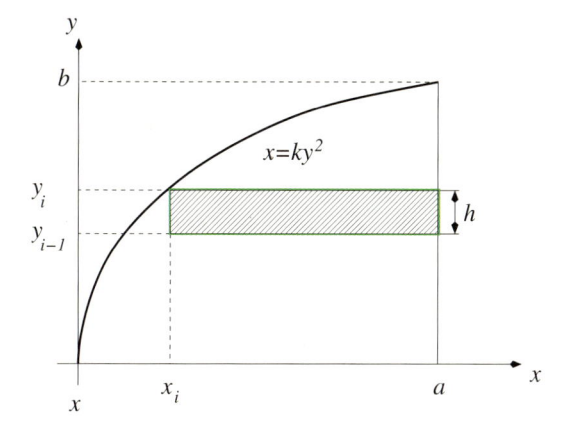

Abb. 3.2.6 Figur zu Rechnungen für das Volumen der parabolischen Spindel nach Alhazen

$$V_i := \text{Grundfläche} \cdot \text{Höhe} = \pi(a - x_i)^2 \cdot h.$$

Nun ist $a = kb^2$ und $x_i = ky_i^2 = ki^2h^2$, also

$$V_i = \pi h(kb^2 - ki^2h^2)^2$$

und wegen $b = nh$ ergibt sich

$$V_i = \pi h(kn^2h^2 - ki^2h^2)^2 = \pi h^5 k^2(n^2 - i^2).$$

Damit hat der Körper, der aus allen n Zylinderscheiben besteht, das Volumen

$$V_{\text{innen}} = \sum_{i=1}^{n} \pi h^5 k^2 (n^2 - i^2)^2 = \pi h^5 k^2 \sum_{i=1}^{n}(n^4 - 2n^2 i^2 + i^4)$$
$$= \pi h^5 k^2 \left(n^5 - 2n^2 \sum_{i=1}^{n} i^2 + \sum_{i=1}^{n} i^4 \right). \tag{3.2}$$

Ganz analog sieht man, dass das Volumen der äußeren Zylinderscheiben gerade

$$V_{\text{außen}} = \sum_{i=0}^{n-1} \pi h^5 k^2 (n^2 - i^2)^2$$

beträgt. Um diese Berechnung ausführen zu können, benötigte Alhazen die Summe der ersten n vierten Potenzen. Ist die Drehachse schief, wird auch

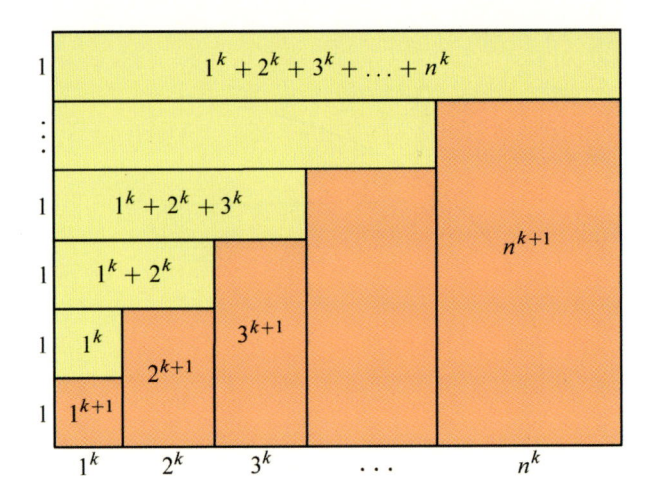

Abb. 3.2.7 Zur Herleitung der Summenformeln

noch die Summe der ersten n Kubikzahlen benötigt. Archimedes hatte demgegenüber die Summen

$$\sum_{i=1}^{n} i, \quad \sum_{i=1}^{n} i^2$$

benötigt. Um an die Werte der Summen

$$\sum_{i=1}^{n} i^3, \quad \sum_{i=1}^{n} i^4$$

zu kommen, ließ sich Alhazen eine geniale geometrische Konstruktion einfallen. Er stellte die Summe $\sum_{i=1}^{n} i^k$ als eine Aneinanderreihung von Rechtecken dar, wie in den gelb markierten Rechtecken der Abb. 3.2.7 gezeigt. Die Höhe eines jeden dieser horizontalen Teilrechtecke ist 1 und es gibt offenbar n solcher Rechtecke. Nun vervollständigt Alhazen diese Rechteckstreifen zu einem großen Rechteck wie in Abb. 3.2.7. Das große Rechteck besitzt den Flächeninhalt

$$F = (n+1) \cdot \sum_{i=1}^{n} i^k.$$

Dieser setzt sich aus den beiden Summen der Flächen der horizontalen Rechtecke

$$F_1 = (1^k) + (1^k + 2^k) + (1^k + 2^k + 3^k) + \ldots + (1^k + 2^k + 3^k + \ldots + n^k) = \sum_{\ell=1}^{n} \left(\sum_{i=1}^{\ell} i^k \right)$$

und der vertikalen Rechtecke

$$F_2 = \sum_{i=1}^{n} i^{k+1}$$

zusammen. Wegen $F = F_1 + F_2$ hat Alhazen die Beziehung

$$(n+1) \cdot \sum_{i=1}^{n} i^k = \sum_{\ell=1}^{n} \left(\sum_{i=1}^{\ell} i^k \right) + \sum_{i=1}^{n} i^{k+1} \qquad (3.3)$$

bewiesen.

Setzen wir dort $k = 1$, dann folgt

$$(n+1) \cdot \sum_{i=1}^{n} i = \sum_{\ell=1}^{n} \left(\sum_{i=1}^{\ell} i \right) + \sum_{i=1}^{n} i^2. \qquad (3.4)$$

Schon Archimedes war die Summe

$$\sum_{i=1}^{n} i = 1 + 2 + 3 + \ldots + n = \frac{n(n+1)}{2} = \frac{1}{2}\left(n^2 + n\right)$$

bekannt. Ersetzen wir diesen Wert der Summe für $\sum_{i=1}^{n} i$ und für $\sum_{i=1}^{\ell} i$, dann erhalten wir aus (3.4) die Gleichung

$$(n+1) \cdot \left(\frac{1}{2}\left(n^2 + n\right) \right) = \sum_{\ell=1}^{n} \frac{1}{2}\left(\ell^2 + \ell\right) + \sum_{i=1}^{n} i^2,$$

und wenn wir die linke Seite ausmultiplizieren und die erste Summe auf der rechten Seite auflösen, dann ergibt sich

$$\frac{1}{2}n^3 + n^2 + \frac{1}{2}n = \frac{1}{2}\sum_{\ell=1}^{n} \ell + \frac{3}{2}\sum_{i=1}^{n} i^2.$$

Nun haben wir rechts wieder eine Summe der Form $\sum_{\ell=1}^{n} \ell$, die wir durch ihren Wert $\frac{1}{2}n^2 + \frac{1}{2}n$ ersetzen können. Ein wenig Aufräumen liefert dann schließlich

$$\sum_{i=1}^{n} i^2 = 1^2 + 2^2 + 3^2 + \ldots + n^2 = \frac{1}{3}n^3 + \frac{1}{2}n^2 + \frac{1}{6}n. \qquad (3.5)$$

Damit ist die Formel für die Summe der ersten n Quadratzahlen gewonnen.

Nun kann man so fortfahren. Setzt man in (3.4) $k = 2$ und verwendet (3.5), dann folgt

$$\sum_{i=1}^{n} i^3 = 1^3 + 2^3 + 3^3 + \ldots + n^3 = \frac{1}{4}n^4 + \frac{1}{2}n^3 + \frac{1}{4}n^2$$

und für $k = 3$ erhält man mit Hilfe der letzten Gleichung

$$\sum_{i=1}^{n} i^4 = 1^4 + 2^4 + 3^4 + \ldots + n^4 = \frac{1}{5}n^5 + \frac{1}{2}n^4 + \frac{1}{3}n^3 - \frac{1}{30}n.$$

Bezeichnen wir mit $V_{\text{Zylinder}} = a \cdot \pi b^2$ das Volumen des Zylinders, der den Parabelabschnitt ganz erfaßt, dann läßt sich mit Hilfe der obigen Summen zeigen, dass

$$V_{\text{innen}} < \frac{8}{15} V_{\text{Zylinder}} < V_{\text{außen}}$$

gilt [Edwards 1979, S. 85]. Nun zeigt Alhazen in archimedischer Manier, d. h. mit Hilfe der doppelten *reductio ad absurdum*, dass das Volumen dieses Drehkörpers genau 8/15 des Volumens des ihm umbeschriebenen Zylinders ausmacht.

3.2.3 Averroës (Ibn Rušd): Aristoteliker im Islam

Der spanisch-arabische Philosoph, Mystiker und Arzt Averroës oder Ibn Rušd wurde 1126 in Córdoba geboren, wo heute eine Statue zu seinen Ehren steht (Abb. 3.2.8). Er starb 1198 in Marrakesch. Durch seine Aristoteles-Kommentare, die kaum ein Werk ausließen, wurde er in der Scholastik des Mittelalters zu einer Kernperson der Aristoteles-Rezeption. Er wurde so berühmt, dass man ihn „der Kommentator" nannte. Sein zentrales Anliegen war

Abb. 3.2.8 Averroës (Ibn Rušd), Statue in Córdoba

neben der Medizin die Logik, in der er die einzige Möglichkeit für das Glück des Menschen sah. Nur durch die (aristotelische) Logik sah Averroës die Möglichkeit der Erlangung von Erkenntnis. Dabei übersteigerte er die Figur des Aristoteles maßlos, und seine Bewunderung für den Philosophen ließ ihn oftmals über das Ziel hinausschießen. So kritisierte er Avicenna, obwohl er sich nur oberflächlich mit dessen Schriften befasst hatte. Dennoch kommentierte niemand vor Averroës die Schriften des Aristoteles in einer so vollständigen Weise und in einem solchen kritischen Geist. Er forderte seine Glaubensbrüder auf, über ihren Glauben nachzudenken und durch (aristotelische) logische Überlegungen zu durchdringen und die eigene Vernunft zu gebrauchen. Dadurch entfernte er sich aber auch von der traditionellen Auffassung des Korans und wurde nach Nordafrika in die Verbannung geschickt, wo er auch starb. Noch heute lehnen orthodoxe Kreise im Islam die Philosophie des Averroës ab.

Wie schon bei Avicenna können wir auch bei Averroës keine direkte Beschäftigung mit Analysis nachweisen. Trotzdem kommt ihm eine tragende Rolle in der scholastischen Philosophie zu, denn seine Aristoteles-Kommentare wurden intensiv studiert und führten sogar zu einer eigenen Richtung im Aristotelismus, dem sogenannten Averroismus, der maßgeblich zu Spannungen innerhalb der christlichen Philosophie des Mittelalters führte, von Thomas von Aquin bekämpft und schließlich verboten wurde.

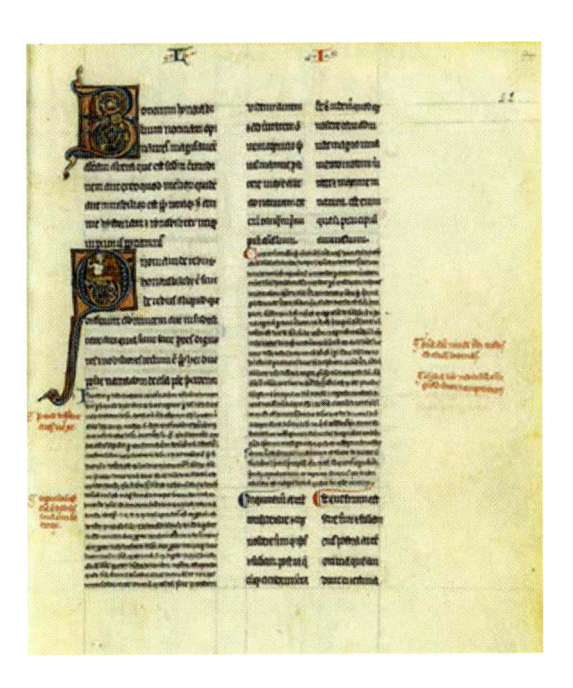

Abb. 3.2.9 Kommentar von Averroës zu *De anima* des Aristoteles (13. Jh.)

Beiträge islamischer Gelehrter zur Analysis

980	Der persische Mathematiker, Astronom, Alchemist und Arzt AVICENNA (Ibn Sīnā) wird in Afschana geboren. Seine medizinischen Schriften wirken weit in die westliche Kultur hinein
um 935	Geburt von ALHAZEN (Ibn al-Haiṯam) in Basra
um 1000	ALHAZEN schreibt ein Buch zur Optik, das ihn zum „Vater" dieser Wissenschaft macht. Er geht in seinen Volumenberechnungen über ARCHIMEDES hinaus
1126	Der spanisch-arabische Philosoph, Mystiker und Arzt AVERROËS (Ibn Rušd) wird in Córdoba geboren. Seine umfassenden Aristoteles-Kommentare tragen ihm in der christlichen Scholastik den Ehrennamen „der Kommentator" ein

3.3 Aufgaben zu Kapitel 3

Aufgabe 3.3.1 *(zu 3.2)* Beweisen Sie, dass sich eine Parabel in beliebiger Lage in der Form

$$OX = (XP)^2 \frac{1}{4OF}$$

mit Bezeichnungen aus Abb. 3.2.4 darstellen läßt.

Aufgabe 3.3.2 *(zu 3.2)* Beweisen Sie die binomische Formel $(a-b)^2 = a^2 - 2ab + b^2$ graphisch, d. h. durch eine Aufteilung der Quadratfläche $(a-b)^2$.

Aufgabe 3.3.3 *(zu 3.2)* Beweisen Sie die Summenformel

$$\sum_{i=1}^{n} i^3 = \frac{1}{4}n^4 + \frac{1}{2}n^3 + \frac{1}{4}n^2$$

mit vollständiger Induktion.

Aufgabe 3.3.4 *(zu 3.2)* Setzen Sie $f(i) := i^3$ und machen Sie den Ansatz

$$\sum_{i=1}^{n} f(i) = an^4 + bn^3 + cn^2 + dn + e$$

mit unbekannten Koeffizienten a, b, c, d, e. Formales Ableiten liefert

$$\sum_{i=1}^{n} f'(i) = \sum_{i=1}^{n} 3i^2 = 4an^3 + 3bn^2 + 2cn + d$$

$$\sum_{i=1}^{n} f''(i) = \sum_{i=1}^{n} 6i = 12an^2 + 6bn + 2c$$

$$\sum_{i=1}^{n} f'''(i) = \sum_{i=1}^{n} 6 = 24an + 6b$$

$$\sum_{i=1}^{n} f^{(4)}(i) = 0 = 24a.$$

Aus der letzten Gleichung folgt $a = 0$, aber wir wissen doch, dass $a = 1/4$ sein muss. Wo steckt der Fehler?

4 Kontinuum und Atomistik in der Scholastik

732	Die Eroberung des Frankenreiches durch die Mohammedaner misslingt. Die arabischen Truppen verlieren gegen das Heer von Karl Martell in der Schlacht von Tours und Poitiers
800	Kaiserkrönung Karls des Großen
735–804	Alcuin von York. Er baut das Bildungswesen im Frankenreich auf. Klosterschulen entstehen
871	Alfred der Große wird in England König von Wessex. Eine kulturelle Blüte beginnt in England
919–1024	Herrschaft der Ottonen in Deutschland
955	Otto I. besiegt ungarische Eindringlinge in der Schlacht auf dem Lechfeld. Ab 962 ist Otto römischer Kaiser
994	Otto III. übernimmt die Herrschaft als deutscher König. Er wird 996 römischer Kaiser
999–1003	Der Mönch Gerbert von Aurillac wird durch den Einfluß von Otto III. Papst Sylvester II.
1024–1125	Herrschaft der Salier in Deutschland
1066	England wird durch den Normannen Wilhelm (William the Conquerer) erobert
1095	Auf dem Konzil von Clermont ruft Papst Urban II. den ersten Kreuzzug aus. Sechs weitere folgen bis zum Ende des 13. Jhs.
12.-14. Jh.	Große Zeit der christlichen Scholastik
1138–1254	Herrschaft der Staufer in Deutschland
1159	Beginn des Schismas
1189	Richard I. „Löwenherz" wird englischer König
1220	Friedrich II. wird zum Kaiser gekrönt
1228–1229	Friedrich II. auf einem Kreuzzug im Heiligen Land
1337	Unter dem englischen König Eduard III. beginnt der Hundertjährige Krieg mit Frankreich
1348–1350	Erstes Auftreten der Pest in England
1410	Doppelwahl von Sigismund und Jobst von Mähren zum deutschen König mit einer Stimme Mehrheit für Jobst
1414–1418	Konzil von Konstanz
1415	Der englische König Heinrich V. nimmt den Krieg mit Frankreich wieder auf
1415	In Konstanz wird Jan Hus verurteilt und hingerichtet
1417	Die Wahl von Papst Martin V. beendet das Schisma Die Normandie wird von den Engländern erobert
1419	Beginn der Hussitenaufstände
1430	Gefangennahme der Jean d'Arc bei Compiègne. Sie wird 1431 in Rouen auf dem Scheiterhaufen verbrannt
1431–1449	Konzil von Basel
1433	Sigismund wird zum Kaiser gewählt. Ausgleich mit den gemäßigten Hussiten
1438	Albrecht II. von Habsburg wird deutscher König
1440	Friedrich III. wird deutscher König
1453	Konstantinopel fällt an die Türken
1483	Martin Luther in Eisleben geboren

4.1 Der Wiederbeginn in Europa

Das arabische Reich entwickelte sich schnell zu einem Weltreich von zuvor nicht gekannter Größe. Nach Osten erstreckte es sich bis Indien und im Westen gelang es, große Teile Spaniens unter die Kontrolle des Kalifen zu bringen. Die Eroberung Spaniens geschah während der Regierungszeit des Kalifen al-Walid I. (705–715). Im April 711 landete der Berberführer Tāriq ibn Ziyad in der Gegend von Gibraltar; an dieser Stelle liegt heute die Stadt Tarifa. Es folgte ein schnelles Ausbreiten der Araber, wobei die westgotischen Truppen vernichtend geschlagen wurden. Schließlich wurden sogar die Pyrenäen überquert und das Frankenreich wurde bedroht. Unter diesem Druck wendete der fränkische Hausmeier Karl Martell (ca. 688/689–741) sein Heer gegen die islamischen Araber, die er im Jahr 732 bei der Schlacht von Tours und Poitiers vernichtend schlagen konnte. Der arabische Expansionsdrang in Westeuropa wurde dann endgültig nach der Schlacht von Avignon und der am Fluss Berre im Jahr 737 gestoppt.

Abb. 4.1.1 Islamischer Herrschaftsbereich auf der iberischen Halbinsel zu Beginn des 10. Jahrhunderts

Abb. 4.1.2 Eingang zum Gebetssaal der Mezquita von Córdoba [Foto Alten]

Trotzdem blieben weite Teile Spaniens bis zum Jahr 1492 unter arabischem Einfluss. Das Emirat von Córdoba bestand von 750 bis 929 und wurde durch das Kalifat von Córdoba (929–1031) abgelöst, das dann in zahlreiche kleinere Staaten zerfiel. Die Stadt Córdoba entwickelte sich zu einem aktiven Zentrum kulturellen und wissenschaftlichen Lebens, und die Zeit zwischen 750 und 1100 ist geprägt von grandiosen Leistungen der Architektur, die noch heute bewundert werden können. Zu den Zeugnissen dieser Zeit gehört die berühmte Mezquita von Córdoba, die als Moschee errichtet und später

Abb. 4.1.3 Grab von Karl Martell in St. Denis [Foto J. Patrick Fischer]. Karl der Große (Gemälde 1512/13 von Albrecht Dürer, Germanisches Nationalmuseum Nürnberg)

zur Kathedrale gewandelt wurde, ebenso die Alhambra in Granada. Obwohl es anfänglich zu Aufständen der christlichen Bevölkerung kam und die im Norden gelegenen christlichen Reiche ab 1050 im Zuge der Reconquista zu Angriffen auf al-Andalus übergingen, war die Zeit der arabischen Regierung in Spanien nach damaligen Maßstäben von einem toleranten Geist geprägt, wenn auch zu verschiedenen Zeiten und unter unterschiedlichen Herrschern der Umgang mit Christen und Juden härter wurde, was jedoch auch von christlichen Fundamentalisten befördert wurde, die zum Märtyrertum aufriefen.

Während mit den Arabern auch mathematische Schriften auf spanischen Boden kamen, wirkte zu Beginn der arabischen Eroberung Spaniens in England und Irland der angelsächsische Benediktinermönch Beda Venerabilis (Beda der Ehrwürdige) (627 oder 673–735). Er entwickelte sich zu einem der größten Gelehrten seiner Zeit, wobei wir mit solchen Superlativen vorsichtig sein müssen! In seiner Zeit mag Beda außerhalb des arabischen Kulturkreises ein Gelehrter gewesen sein – verglichen mit den Kenntnissen arabischer Gelehrter war er vermutlich eher unbedeutend. Bei seinen Reisen in England und Irland ärgerte es Beda, dass verschiedene Klöster verschiedene Termine für das Osterfest berechneten. Die jährliche Gedächtnisfeier der Auferstehung Jesu ist nach dem jüdischen Kalender bestimmt und wird immer am ersten Sonntag nach dem ersten Frühlingsvollmond gefeiert. Nach dem heute im christlichen Europa gültigen Gregorianischen Kalender bedeutet das, dass

Abb. 4.1.4 Beda Venerabilis; Alcuin in der Palastschule Karls des Großen

der Ostersonntag frühenstens auf den 22. März und spätestens auf den 25. April fällt. Den christlichen Mönchen in den Klöstern fiel die Aufgabe zu, diesen Ostersonntag zu bestimmen; einen Vorgang, den man *computus* nennt. Um den verschiedenen Festlegungen des Osterfestes entgegen zu treten, entwickelte Beda in seinen Schriften *De temporibus* und *De temporum ratione* eine schon modern anmutende Zeitrechnung, wobei er einen Kalenderfehler feststellte, der erst mit der Einführung des Gregorianischen Kalenders im 16. Jahrhundert korrigiert wurde. Auch schrieb Beda mit *De natura rerum* ein Werk zu den Naturwissenschaften.

Als erster „Komputist" hat er sich auch einen Platz in der Geschichte der Mathematik verdient, denn das Gefühl für die Bedeutung mathematischer Aktivitäten, durch ihn in die Klöster getragen, ist tatsächlich die Urstunde der Mathematik im christlichen Abendland.

Im Jahr 800 wird Karl der Große (747 oder 748–814), der Enkel Karl Martells, in Rom zum Kaiser gekrönt. Karl, der sein Leben lang des Schreibens und Lesens nicht mächtig war, ahnte den Wert von Bildung und ihre Bedeutung für sein Reich. Der Kaiser regierte vom Pferd aus – es gab keinen festen Hof, sondern der Hofstaat bewegte sich von Pfalz zu Pfalz, um die jeweiligen Probleme vor Ort lösen zu können. Zur effektiven Verwaltung des wachsenden Reiches wurde eine gut ausgebildete Bürokratie benötigt, und Karl legte alle Ausbildungsbelange des Reiches in die Hände des englischen Mönches Alcuin von York (735–804). Alcuin besuchte die Domschule von York, deren Leiter

Abb. 4.1.5 Hrabanus Maurus in einem Manuskript aus Fulda um 830/40 (Österreichische Nationalbibliothek Wien). Hrabanus Maurus (neben ihm Alcuin) überreicht sein Werk *De laudibus sanctae crucis* dem Hl. Martin, Erzbischof von Tours. Andere Quellen berichten, es sei der Erzbischof Otgar von Mainz.

er später wurde. Im Jahr 782 übernahm er die Hofschule Karls des Großen in Aachen und führte die in der Völkerwanderung nach England geretteten Reste lateinischer Bildung in das Frankenreich ein, darunter den *computus*.

Auch Alcuins Schüler Hrabanus Maurus (um 780–856), ein gebürtiger Mainzer und später Abt des Klosters Fulda und Mainzer Erzbischof, kümmerte sich um Ausbildungsbelange von Geistlichen. Er begründete die Bedeutung der Mathematik damit, dass Gott alles nach Maß, Zahl und Gewicht geordnet habe. Nach Karls des Großen Tod zerfiel das fränkische Reich bedingt durch das Erbrecht recht schnell und die Bildungsoffensive, die man heute als „Karolingische Renaissance" bezeichnet, geriet ins Stocken. In dieser Zeit wirkte Hrabanus als Sammler und Vermittler des Wissens seiner Zeit.

Im Reich wurden nun Klosterschulen gegründet, in denen die Ausbildung der Geistlichen auch für weltliche Berufe stattfand. Vordringlich wurden die Psalmen auswendig gelernt, dann folgte das Erlernen von Schrift als Lesen und Schreiben von Latein. Die Grammatik basierte auf der durch Boëthius überlieferten Logik, mit der man Wahres von Falschem unterscheiden zu können glaubte. Neben dem reinen *computus* kennen wir auch Zeugnisse in Form von Aufgaben- und Übungsblättern, die eine weitere Beschäftigung mit elementarer Mathematik dokumentieren [Gericke 2003, S. 78]. Weltlich orientierten Schülern reichte offenbar eine Schulzeit von sieben Jahren, Geistliche wurden noch einige Jahre länger in Philosophie und Theologie unterrichtet. Einzelne Schulen wurden durch die dort tätigen Lehrer sogar berühmt, so etwa die Schule von Reims, in der der Mönch Gerbert von Aurillac (um 950–1003) lehrte. Gerbert studierte unter anderem an islamischen Schulen in Sevilla und Córdoba und konnte so etwas von den Errungenschaften des arabischen Kulturkreises aufnehmen. In seiner Zeit galt er als einer der führenden Gelehrten, allerdings ist diese Aussage im Licht der Erkenntnisse arabischer Wissenschaftler wiederum mit Vorsicht zu genießen. Ab 997 war Gerbert als persönlicher Lehrer und Berater von Kaiser Otto III. tätig, 998 wurde er Bischof von Ravenna und 999 schließlich zum ersten französischen Papst gewählt. Er nannte sich nun Sylvester II.

Gerade in Reims erzeugte Gerbert große Neugierde auf die philosophischen, wissenschaftlichen und kulturellen Errungenschaften, die bei den Arabern schlummerten; insbesondere wurde das Interesse an den Schriften des Ari-

Abb. 4.1.6 Gerbert von Aurillac: Links als Papst Sylvester II. (Ausschnitt aus französischer Briefmarke), rechts als Denkmal in Aurillac [Foto Alten]

stoteles geweckt, die in Auszügen in den Schriften des Boëthius vorlagen. Gerbert soll ein großer Sammler wissenschaftlicher Bücher gewesen sein. Es wird ihm ein Buch über Geometrie aus der Zeit 980/982 zugeschrieben [Gericke 2003, S. 74], in der er die Geometrie des Boëthius wiedergibt, aber die Fehler des Boëthius korrigiert, was darauf schließen lässt, dass Gerbert die Mathematik durchaus verstanden hatte. Im ersten Kapitel dieses Buches gibt er an, der Nutzen der Geometrie liege in der „Schärfung des Geistes". Es ist fast tröstlich, dass eine solch tief humanistische Erkenntnis über die Bedeutung und den Nutzen der Mathematik, die in unseren so „modernen" Zeiten in der schnellstmöglichen Ökonomisierung möglichst „angewandter" Mathematik gesehen wird, bereits vor mehr als 1000 Jahren möglich war und ausgesprochen wurde.

Gerberts Einfluss reichte weit. Sein Schüler Fulbert (um 950–1028/1029) brachte die Schule von Chartres an die vordere Bildungsfront.

Fulberts Schüler wiederum war Franco von Lüttich (1015/1020–ca. 1083), der computistische Traktate schrieb und dem eine weitere Geometrie auf der Grundlage von Boëthius zugeschrieben wird. Für uns ist besonders interessant, dass Franco eine Abhandlung zur Quadratur des Kreises hinterlassen hat. Das antike Gespenst der Kreisquadratur hat nun seinen Auftritt in der Mathematik des christlichen Abendlandes und wird sie so schnell nicht wieder verlassen! Das Werk wurde vor 1050 geschrieben und ist in vielfacher

Abb. 4.1.7 Kathedrale Notre Dame de Chartres (im Oktober 1260 vollendet) [Foto Wesemüller-Kock]

Hinsicht interessant, denn die Kreisquadratur war eigentlich als Problem gar nicht wahrzunehmen – man hielt schließlich 22/7 für den exakten Wert von π. Offenbar bezog Franco die Faszination für diese Aufgabe aus einer Bemerkung des Aristoteles in den *Kategorien* [Aristoteles 1876]. Dort schreibt Aristoteles in Kapitel 7:

> *Denn wenn kein Wissbares vorhanden ist, so giebt es auch kein Wissen (denn es wäre das Wissen von Nichts); aber wenn auch kein Wissen besteht, so hindert dies nicht das Bestehen des Wissbaren. So ist, wenn z. B. auch die Quadratur des Kreises wissbar ist, doch die Kenntniss desselben nirgends vorhanden, während die Quadratur als Wissbares besteht. Ebenso wird, wenn die Thiere weggenommen werden, keine Kenntniss von ihnen bestehen, während es doch viele wissbare Thiere geben kann.*

Dass etwas „Wissbares" wie die Kreisquadratur existiert, aber offenbar kein Wissen darüber vorhanden ist, muss Franco angestachelt haben. Nachdem er in seiner Abhandlung von einigen Versuchen „Anderer" schreibt, zu einem Kreis ein flächengleiches Quadrat anzugeben, kommt er zu einer eigenen Überlegung: Hat ein Kreis den Durchmesser $d = 14$, dann erhält man seine Fläche, wenn man den Radius $r = 7$ quadriert und mit 22/7 (das π Francos) multipliziert. Das ergibt

$$A_{\text{Kreis}} = 7^2 \cdot \frac{22}{7} = 7 \cdot 22 = 154.$$

Nun ist aber 154 keine Quadratzahl und damit ist die Seite des gesuchten Quadrates sicher keine ganze Zahl. Franco zeigt aber auch, dass die Seite kein Bruch sein kann, denn

$$\left(12\frac{4}{12}\right)^2 = \left(12\frac{1}{3}\right)^2 = 152\frac{1}{9} < 154$$

und

$$\left(12\frac{5}{12}\right)^2 = 154 + \left(\frac{5}{12}\right)^2 > 154.$$

Franco geht aber über dieses – zugegebenermaßen unzureichende – Argument hinaus. Er *beweist*, dass die Zahl $\sqrt{22/7}$ irrational ist, sich also nicht als Bruch darstellen lässt, vgl. [Gericke 2003, S. 76]. Wäre der Kreis quadrierbar, also wäre 154 darstellbar als $154 = p^2/q^2$, dann dürfte auch die Veränderung der Maßzahl, also Übergang von einer Einheit zu einer anderen in der Zahlenangabe des Durchmessers d, daran nichts ändern. Aber auch beim Übergang von d zu $q \cdot d$ ist 154 nicht als Quadrat eines Bruches darstellbar.

Trotz dieses negativen Resultates wendet sich Franco noch einer konstruktiven Bestimmung eines flächengleichen Rechtecks zu. Dazu unterteilt er den Umfang des Kreises in 44 Teile und damit den Kreis in 44 Sektoren, die er dann zu einem Rechteck zusammenlegt, indem er die gekrümmten Umfangsstücke kommentarlos zu Geraden und damit die Sektoren zu gleichschenkligen Dreiecken macht.

Franco von Lüttich ist im Vergleich zu einem Archimedes noch ein kleines Licht, aber hier ist der neue Aufbruch zu spüren! Ein unabhängiger Geist beschäftigt sich hier mit einem schwierigen Problem der Antike, und zwar kurz bevor sich die Erkenntnisse der griechischen Mathematiker im christlichen Abendland verbreiten.

Bis zum Ende des 11. Jahrhunderts fand eine wissenschaftliche Lehre ausschließlich an Einrichtungen der Kirche, an Dom- und Kathedralschulen, statt. Erste universitätsähnliche Einrichtungen im Italien des 11. Jahrhunderts waren noch keine Universitäten im eigentlichen Sinn, sondern eher einzelne Fakultäten für Rechtswesen oder Medizin. Zu den Rechtsschulen zählt die 1088 gegründete Fakultät von Bologna; als Medizinfakultät darf die Schule in Salerno zählen, die bereits ein Jahr vor der Rechtsfakultät von Bologna gegründet wurde. Erst Kaiser Friedrich I. erlässt im Jahr 1155 das sogenannte

Abb. 4.1.8 Europäische Universitätsstädte im Mittelalter

Scholarenprivileg, das es umherziehenden Lehrern und ihren Schülern gestattet, sich in Korporationen zusammenzufinden, die rechtlich noch an die Kurie gebunden waren. Erst im 13. Jahrhundert lösen sich Korporationen von der Kirche und bilden erste Universitäten im Sinne der *universitas magistrorum et scholarium*, also der Gemeinschaft von Lehrenden und Schülern. Eine erste Gründungswelle von Universitäten erschafft die Sorbonne in Paris (nach 1200, aber Vorläufer gab es dort bereits früher), die Universitäten von Oxford (1167) und Cambridge (1209), Salamanca (1218) und Padua (1222), vgl. [Wußing 2008, S. 283]. Im deutschen Sprachraum können sich Universitäten erst in einer weiteren Gründungswelle des 14. Jahrhunderts etablieren, als erste die Karls-Universität in Prag 1348.

4.2 Die große Zeit der Übersetzer

Der Einfluss der Kirchenlehrer erzeugte auf Dauer eine wachsende Nachfrage nach griechischen Texten; insbesondere wollte man das gesamte Werk des Aristoteles in Händen halten, studieren und darüber diskutieren. Es war bekannt, dass die Araber in Spanien griechische Texte in ihrem Besitz hatten, und zwar häufig in arabischen Übersetzungen. Da Christen in der Regel im muslimischen Spanien ungehindert arbeiten konnten, entwickelte sich eine einzigartige Übersetzertätigkeit.

Unter den ersten Übersetzern arabischer Texte war Adelard (Athelard) von Bath (1080–1160), ein englischer Gelehrter, der ausgedehnte Reisen durch Kleinasien und Nordafrika unternahm, wobei er sich sicherlich häufig in Gefahr brachte. Sein Ziel war das Erlernen und die Beherrschung der arabischen Sprache. Von ihm stammt eine der ersten lateinischen Übersetzungen (aus dem Arabischen) der *Elemente* Euklids und von astronomischen Tafeln des al-Ḥwārizmī. Die Abb. 4.2.1 zeigt ein Bild im Buchstaben *P* aus dieser Euklid-Übersetzung. Zu sehen ist eine Frau, die mit Zirkel und rechtem Winkel über geometrische Konstruktionen vor Studenten lehrt. Da im Mittelalter eine weibliche Lehrperson nicht vorstellbar ist, handelt es sich vermutlich um die Dame Geometrie selbst. Im Jahr 1857 fand man in Cambridge ein Manuskript einer lateinischen Übersetzung des Arithmetik-Buches von al-Ḥwārizmī, die man ebenfalls Adelard zugeschrieben hat [Cajori 2000, S. 118]. Auch eine Übersetzung der *Sphaerica* des Theodosius [Heath 2004, S. 394], in der es um Kreise auf einer Kugel geht (aber keinerlei sphärische Trigonometrie), geht auf Adelard zurück.

In die Lebenszeit Adelards fällt ein einschneidendes Ereignis, das trotz seiner katastrophalen Auswirkungen weitere Begegnungen mit dem arabischen Kulturkreis zur Folge hatte: 1095 rief Papst Urban II. den ersten Kreuzzug (der Begriff stammt erst aus dem 13. Jahrhundert) aus, der 1096 begann und zur Einnahme Jerusalems im Jahr 1099 führte. Unter Vorspiegelung falscher

Abb. 4.2.1 Ausschnitt aus Adelards Euklid-Übersetzung ins Lateinische (The British Library)

Tatsachen, insbesondere durch die Erfindung großen Leidens der christlichen Bevölkerung unter den arabischen Herrschern in Jerusalem, und durch das Versprechen des Seelenheils bei Teilnahme am Kreuzzug, wurden große Massen mobilisiert, die sich auf den Weg ins Heilige Land machten. Sie ließen verbranntes Land hinter sich: es kam zu Progromen an Juden und Plünderungen, noch bevor sich das eigentliche Kreuzfahrerheer auf den Weg machte. Viel ist über die Kreuzzüge – es gab nach akzeptierter Zählung sieben bis zum Jahr 1272, ein Kinderkreuzzug eingeschlossen – geschrieben worden, vgl. [Runciman 2008]. Hier gingen Barbaren auf eine entwickelte Hochkultur los, deren Vernichtung ihr oberstes Ziel war. Erst als sich nach Gründung

122   4 Kontinuum und Atomistik in der Scholastik

Abb. 4.2.2 Einnahme Jerusalems im ersten Kreuzzug 1099 (Darstellung um 1300, Bibliothéque Nationale, Paris)

der Kreuzfahrerstaaten keine eindeutige militärische Lage mehr erzielen ließ und die christlichen Heere auch schwere Verluste verzeichnen mussten, begannen einige wenige gebildetere Kreuzfahrer, sich für die Kultur, die vernichtet werden sollte, zu interessieren. Als herausragendes Beispiel ist hier Kaiser Friedrich II. von Hohenstaufen (1194–1250) zu nennen. Friedrich war als wissbegieriger und hochgebildeter Mann eine Ausnahmeerscheinung in seiner Zeit und wurde als *stupor mundi* – das Staunen der Welt – bezeichnet. Er erreichte die Übergabe von Jerusalem durch langwierige Verhandlungen, da er die arabische Mentalität sehr gut kannte und respektierte. Aus Sicht seiner christlichen Zeitgenossen wurde das Verhandeln mit den Muslimen als Hochverrat angesehen und brachte ihm große Schwierigkeiten ein. Zweimal wurde er vom Papst exkommuniziert! Er war und blieb dabei aber ein durch und durch christlicher Herrscher, und kein islamischer Wissenschaftler wirkte an seinem Hof. Dennoch war er ein offener und freier Geist, der die Kultur der Araber akzeptierte und die Wissenschaften in seinem Herrschaftsbereich beförderte. Die Übersetzung arabischer Werke wurde ebenfalls von ihm geför-

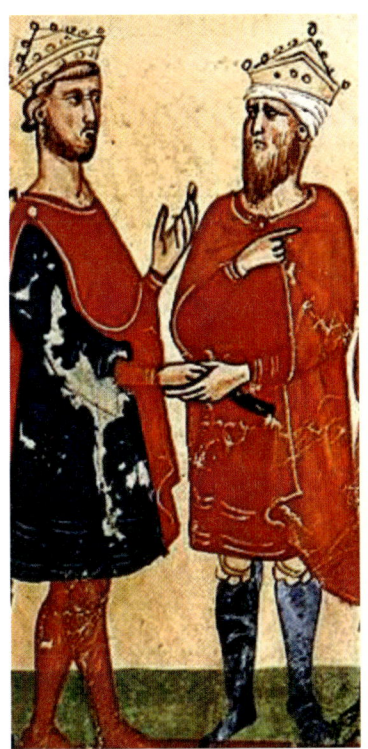

Abb. 4.2.3 Friedrich II., links im Gespräch mit al-Kamil Muhammad al-Malik, rechts als Vogelkundler mit einem Falken (aus seinem Buch *De arte venandi cum avibus*)

dert; unter anderem sorgte er für eine Übersetzung des *Almagest* von Klaudios Ptolemaios [Cajori 2000, S. 119]. Aber zurück zu den Übersetzern.

Johannes von Sevilla (Johannes Hispaniensis oder Hispalensis), (12. Jh.) war ein konvertierter jüdischer Gelehrter, der in Toledo Übersetzungen anfertigte, das sich im 12. Jahrhundert unter Erzbischof Raimund zu einem regen Zentrum der Übersetzertätigkeiten entwickelt hatte. Raimund förderte die Übersetzung arabischer Texte und es ist möglich, aber nicht erwiesen, dass er die berühmte Übersetzerschule von Toledo begründete. Durch Aristoteles-Übersetzungen wurde Johann berühmt, aber er kompilierte aus arabischen Quellen ein Werk mit dem Titel *liber algorismi*, in dem zum Beispiel die Division zweier Brüche in der Form

$$\frac{a}{b} \div \frac{c}{d} = \frac{ad}{bd} \div \frac{bc}{bd} = \frac{ad}{bc}$$

bewiesen wird. Es ist interessant, dass Johann den Term „Algorismus" verwendet, der ein Übersetzerfehler des Namens al-Ḫwārizmī ist. Außerdem weist er auf Hindu-Mathematik hin, so dass ganz klar ist, dass er an arabischen Quellen gearbeitet hat.

Etwas später als Johann von Sevilla wirkte Gerhard von Cremona (1114–1187). Angeblich zog ihn die Liebe zum *Almagest* des Ptolemaios, in dem das geozentrische Weltbild konstruiert wird, das uns bis in die Zeiten des Copernicus begleiten wird, nach Toledo. Dort wurde er überwältigt von der Fülle

Abb. 4.2.4 Saal der Gesandten im Alkazar von Sevilla – eines der schönsten Beispiele der sog. Mudejarkunst [Foto Alten]

der arabischen Manuskripte. Er blieb in Toledo, übersetzte etwa 70 wichtige Werke, und starb dort. Unter seinen Übersetzungen findet man nicht nur den *Almagest*, sondern weitere 17 mathematische und optische Texte, darunter al-Ḥwārizmīs *Al-jabr* und Euklids *Elemente*. Von ihm stammen auch Übersetzungen der *Physik* und der *Meteorologie* des Aristoteles und 12 astronomische Werke, sowie eine einflußreiche Übersetzung des *Kanon der Medizin* von Avicenna.

Die Übersetzer des 13. Jahrhunderts sahen sich mit einem inhärenten Problem konfrontiert: den nicht übersetzbaren Fachausdrücken der Araber. Daher wandten sie einen Kunstgriff an, in dem sie gewisse Übertragungen schufen, die als Kunstwörter in die lateinische Sprache einflossen. Ein solcher Begriff ist der „Sinus", den Gerhard in die Sprache einführte. Er ist die Übertragung des arabischen Wortes für Tasche, Bucht oder Busen.

Al-Ḥwārizmīs Buch *Al-jabr* wurde 1145 noch einmal von Robert von Chester übersetzt als *Liber algebrae et almucabalae*.

Im Jahr 1260 bewerkstelligt Johannes Campanus (Giovanni Campano, 1220–1296) dann schließlich diejenige Übersetzung der *Elemente* Euklids, die zur Grundlage aller weiteren Euklid-Ausgaben wurde. Auch Giovanni unternahm Reisen nach Arabien und Spanien. Er war ein bekannter Astrologe, Astronom

Abb. 4.2.5 Hufeisenarkaden in Santa Maria la Blanca, der als erste Synagoge in Toledo unter den Almohoden im 12. Jh. errichteten fünfschiffigen Pfeilerbasilika. Die Kulturvielfalt muslimischen, jüdischen und christlichen Lebens in Toledo wirkte sich förderlich auf den Wissenstransfer ins christliche Europa aus. Übersetzer aus diesen Kulturen haben hier zusammengearbeitet [Foto Alten]

Abb. 4.2.6 Schreibstube in einer Kirche in Lille

und Mathematiker und stand in Diensten von Papst Urban IV. und, als Arzt, von Papst Bonifatius VIII.

Der flämische Dominikanermönch und spätere Bischof von Korinth, Willem van Moerbeke (1215–1286) besorgte die vollständige Übersetzung aller Schriften des Aristoteles, da er an der Zuverlässigkeit früherer Übersetzungen zweifelte. So hatte etwa Gerhard von Cremona syrische Texte des Aristoteles rückübersetzt, während Willem auf griechische Originaltexte zurückgreifen konnte. Willem übersetzte auch Schriften des Archimedes um 1270 aus den Kodizes A und B, die sich zu dieser Zeit in der Bibliothek des Vatikans als griechische Handschriften befunden haben [Netz/Noel 2008, S. 123]. Über das Schicksal von Kodex C haben wir im Abschnitt über Archimedes detailliert berichtet.

Mit dem Ende des 13. Jahrhunderts liegen damit wesentliche Arbeiten der griechischen Antike in unserem Kulturkreis vor, und zwar in der Gelehrtensprache des Mittelalters: Latein. Nun sind die Voraussetzungen geschaffen, auf dieser Basis die Mathematik weiter zu entwickeln. Auch die Analysis in Form von Diskussionen über das Kontinuum nimmt nun wieder Fahrt auf. Wir sind auf dem Weg!

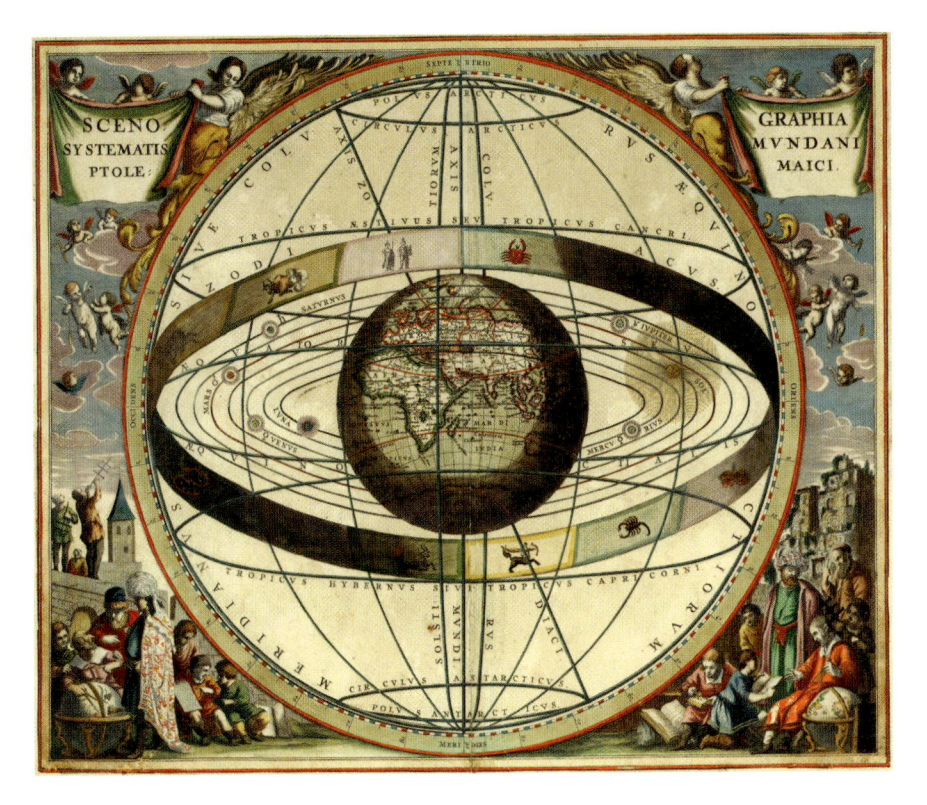

Abb. 4.2.7 Weltbild des Ptolemaios aus einer Übersetzung des Almagest (1661)

4.3 Das Kontinuum in der Scholastik

Mit dem Vorliegen von Aristoteles-Übersetzungen regt sich in ganz Europa in den gebildeten Kreisen der Wunsch, aristotelische Philosophie in die christliche Theologie einzuarbeiten. Der Benediktinermönch Anselm von Canterbury (um 1033–1109), der in Aosta in den italienischen Alpen geboren wurde, gilt als Vater der Frühscholastik durch seine Forderung, zwingende logische Begründungen für theologische Aussagen zu finden. Diese Forderung führt ihn zu einem berühmt gewordenen ontologischen Gottesbeweis, den er um 1080 in seinem Werk *Proslogion* in Form eines Gebetes veröffentlichte. Verkürzt lässt sich die Argumentation wie folgt darstellen:

> Prämisse 1: Gott ist das vollkommenste Wesen („worüber hinaus nichts Größeres gedacht werden kann").
> Prämisse 2: Zur Vollkommenheit gehört die Existenz.
> Konklusion: Gott existiert.

Abb. 4.3.1 Anselm von Canterbury; Fenster in der Kathedrale von Canterbury
[Foto Alten]

Der ontologische Gottesbeweis hat bereits zu Lebzeiten Anselms Kritiker auf den Plan gerufen und gehört zu den meistdiskutierten Problemen der Philosophiegeschichte.

An der Kathedralschule von Paris lehrt Abaelard (1079–1142) Logik und Theologie; seine tragische Liebesgeschichte mit Heloise hat ihn unsterblich gemacht. Er ist als christlicher Theologe überzeugt, dass sich die Wahrheit in der Bibel, dem Wort Gottes, befindet. Allerdings gibt es ärgerliche Auslegungsunterschiede, die zu Disputen führt. Hier kommt Aristoteles ins Spiel. Die Griechen führen mit ihrer mathematischen Methode, eine Wahrheit zu finden, komplizierte Sachverhalte auf einfachere zurück, bis sie auf unwiderlegbare Axiome kommen. Da sie mit dieser Strategie offenbar sehr erfolgreich waren – und die aristotelischen Schriften belegen dies – sollte man diese Methoden doch auch in der Theologie (und in den Naturwissenschaften) anwenden können. Abaelard verknüpft hier offenbar die *ratio* in Form der Aristotelischen Logik mit dem Glauben – es entsteht die mittelalterliche Scholastik, durch Boëthius vorbereitet. Abaelards Schrift *Sic et non* (So und Nein, im Sinne von: so und [so] nicht), entstanden etwa 1121/22, legt den Grundstein dieser neuen Richtung der christlichen Philosophie und feuert das Studium des Aristoteles an. Es bilden sich zwei Zentren der Scholastik heraus, in der sich zwei verschiedene Schulen entwickeln: Die Universität Oxford und die Sorbonne in Paris.

4.3 Das Kontinuum in der Scholastik 129

Abb. 4.3.2 Abaelard und Heloise (aus einer Handschrift des 14. Jahrhunderts, Musée Condé Chantilly)

4.3.1 Robert Grosseteste

Nach den Worten von Alistair C. Crombie [Crombie 1995, II S. 27] war der aus ärmlichen Verhältnissen stammende Robert Grosseteste (ca. 1175–1253) der eigentliche Begründer der wissenschaftlichen Tradition Oxfords und sogar der gesamten englischen intellektuellen Kultur. Wir wissen sehr wenig über die Ausbildung und den frühen Lebensweg von Grosseteste. Im Jahr 1225 bekam er als Geistlicher eine Pfründe in Abbotsley in der Diözese von Lincoln. In Oxford ist er 1229/30 als Lektor der Franziskaner nachweisbar, die dort um 1224 einen Konvent gegründet hatten, wo er bis 1235 blieb. Neben seiner Lehrtätigkeit erklomm er auch die Karriereleiter innerhalb der englischen Kirche. So wurde er Erzdekan von Leicester und Kanoniker in der Kathedrale zu Lincoln. Eine ernste Krankheit im Jahr 1232 brachte ihn dazu, einige seiner Ämter aufzugeben, aber 1235 wurde er zum Bischof von Lincoln gewählt.

In den Wissenschaften wurde Grosseteste unsterblich als der Begründer der experimentellen Wissenschaften [Crombie 1953] und als Vorgänger von Roger Bacon. Er schrieb über Astronomie, Optik, die mathematische Methode in den Naturwissenschaften und über den Regenbogen. Er war mit hoher

Abb. 4.3.3 Robert Grosseteste, Bischof von Lincoln

Wahrscheinlichkeit der erste Scholastiker, der die aristotelische Auffassung der Naturwissenschaften und seinen Weg zur Erkenntnis verstand und anwenden konnte. So schrieb er einen Kommentar zur *Physikvorlesung* und zur *Ersten Analytik*.

In unserem Zusammenhang ist Grosseteste einerseits interessant als Begründer der scholastischen Schule Oxfords, und andererseits in seinem Gegensatz zum aristotelischen Kontinuum [Lewis 2005]. Er war der Meinung, das Kontinuum bestehe aus unendlich vielen Punkten und ist somit zu den wenigen Atomisten unter den Aristotelikern zu zählen. Besonders interessant und kontrovers diskutiert wird in der Scholastik „das Unendliche". Folgt man der Kontinuumsdiskussion des Aristoteles, so ist ein Aktualunendliches unmöglich; lediglich das Unendlich *in potentia* ist denkbar. Für einen christlichen Denker taucht damit ein „Gottesproblem" auf: Gott ist allmächtig und allwissend, daher muss man wohl Gott auch die Fähigkeit zugestehen, das Aktualunendliche zu erschaffen. Dieser Konflikt wird sich durch die christliche Scholastik ziehen. Für Grosseteste existieren sogar mehrere Stufen im Unendlichen. Er schreibt [Gericke 2003, Teil II, S. 140]:

> *Es gibt verschieden große Unendlich. Denn die Menge der ganzen Zahlen ist unendlich und größer als die ebenfalls unendliche Menge der geraden Zahlen.*

Diese Feststellung wurde offenbar untermauert durch einen Grundsatz in Euklids *Elemente*, der lautet:

> *Das Ganze ist größer als der Teil.*

Dieser so einleuchtend erscheinende Satz gilt aber für unendliche Mengen gerade *nicht*, was Grosseteste wohl nie anzweifelte.

4.3.2 Roger Bacon

Ob der englische Franziskanermönch Roger Bacon (1214–1292 oder 1294) ein Schüler Grossetestes war, ist keinesfalls geklärt. Bacon ist als „Doctor Mirabilis" – wunderbarer Lehrer – in die Philosophiegeschichte eingegangen. Bacon studierte in Oxford und lehrte dort über aristotelische Schriften. In der Zeit zwischen 1237 und 1245 ging er an das wissenschaftliche Zentrum seiner Zeit, an die Universität von Paris, und hielt dort vielbesuchte Vorlesungen. Nach seiner Rückkehr nach Oxford studierte er Mathematik, Alchemie und Optik und widmete sich, wohl unter dem Einfluss Grossetestes, der experimentellen Forschung. Nach zehnjährigen Forschungen trat er in den Franziskanerorden ein, geriet aber schnell in Verdacht, gefährliche Lehren zu verbreiten und wurde 1278 sogar unter Arrest gestellt. Zu scharf waren seine Angriffe auf

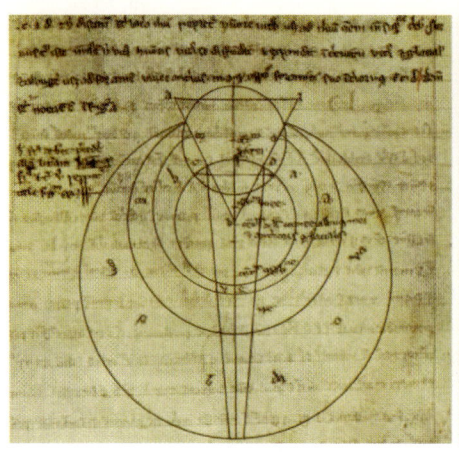

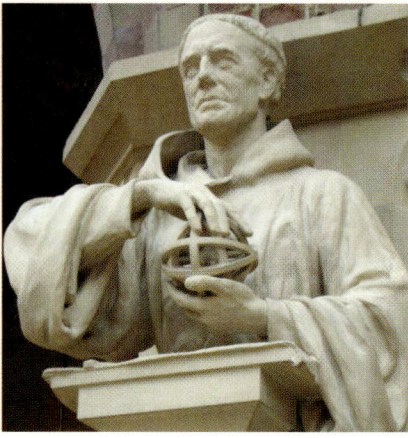

Abb. 4.3.4 Ausschnitt aus einer Buchseite zur Optik aus dem 1267 erschienenen Werk *Opus Maius* von Roger Bacon. Dieses Werk enthält auch Kapitel zur Mathematik. Statue von Bacon im Oxford University Museum of Natural History [Foto Michael Reeve]

die Scholastiker und zu unheimlich erschien seine Hinwendung zum Mystizismus. Erst 1292 wurde er aus dem Arrest entlassen und starb entweder noch in diesem Jahr oder 1294.

Bacon kannte und studierte Schriften der arabischen Wissenschaftler, die Aristoteles als Maß aller Dinge sahen, und er verehrte die Kommentare des Avicenna. Je mehr sich Bacon mit den aristotelischen Lehren beschäftigte, um so mehr kam er zu einer Ablehnung der scholastischen Methoden und ihrer „Haarspaltereien". Er formulierte Gründe, die er als Hindernisse der Erkenntnis erkannte, unter anderem der Respekt vor Autoritäten, die Gewohnheit und die Abhängigkeit von der Meinung der Massen. Er verlangte eine Reform des Theologiestudiums in Richtung weg von den scholastischen Detaildiskussionen und hin zu einem unverfälschten Studium der Bibel in ihrer Originalsprache. Außerdem verlangte er, in einer universitären Ausbildung *alle* Wissenschaften zu studieren.

Bacon gilt als der Erfinder der Brille (er kannte Alhazens Buch über die Optik) und des Schießpulvers. Er gilt auch als früher Kritiker des Julianischen Kalenders und soll das Mikroskop und das Teleskop vorausgesehen haben.

In der Diskussion um das Unendliche vertritt Bacon die klare Auffassung, dass es kein Aktualunendliches geben kann. Dazu argumentiert er an einer Geraden, die sich nach links und rechts ins Unendliche erstreckt (in Abb. 4.3.5 durch die Buchstaben D und C bezeichnet), [Gericke 2003, Teil II, S. 140]. Die Punkte A und B liegen auf der Geraden. Weil, so Bacon, „Unendlich = Unendlich" ist, muss auch $BD = BAC$ sein. Allerdings ist $BAC > AC$, denn nach Euklid ist das Ganze größer als ein Teil und BAC ist schließlich länger als AC. Andererseits gilt aber auch $AC = ABD$, dies wieder nach dem Grundsatz „Unendlich=Unendlich". So erhalten wir folgende Aussagen:

$$BD = BAC$$
$$BAC > AC$$
$$AC = ABD.$$

Daraus folgt aber, dass $BD > ABD$ gilt, was unmöglich ist, denn dann wäre der Teil größer als das Ganze.

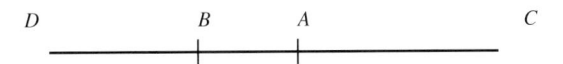

Abb. 4.3.5 Figur zu Roger Bacons Argument gegen das Unendliche

Bacon konfrontiert uns noch mit einer weiteren Zumutung des Unendlichen, die er aus den Schriften des arabischen Philosophen Abu Hamid Muhammad ibn Muhammad al-Ghazali (1058–1111), latinisiert Algazel, gelernt hat, die er aber in seiner Schrift *Opus maius* in modifizierter Form wiedergibt [Gericke 2003, Teil II, S. 145]. Man stelle sich ein Quadrat mit einer Diagonalen wie in Abb. 4.3.6 gezeigt vor. Nun kann man jeden Punkt der rechten Quadratseite auf einen entsprechenden Punkt auf der Diagonalen abbilden. Obwohl die Diagonale im Quadrat länger ist als die Seite, müssten aber beide Strecken aus derselben Anzahl von Atomen bestehen.

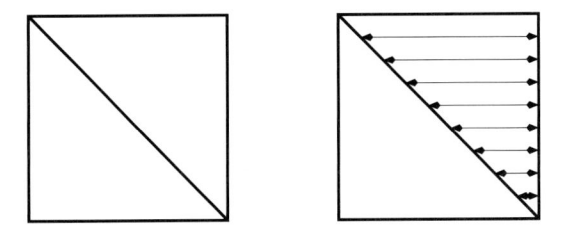

Abb. 4.3.6 Figur zu Roger Bacons Argument gegen den Atomismus

4.3.3 Albertus Magnus

Wegbereitend für den Aristotelismus in der christlichen Philosophie wurde der große Kirchenlehrer Albertus Magnus (um 1200–1280), der aus Lauingen an der Donau stammte. Er studierte in Padua die freien Künste (Grammatik, Rhetorik, Dialektik (Logik), Arithmetik, Geometrie, Musik und Astronomie) und vielleicht auch Medizin, bevor er im Jahr 1223 in den Dominikanerorden eintrat. Seinen Magisterabschluß erzielte er an der Sorbonne in Paris,

Abb. 4.3.7 Albertus Magnus (Fresco von 1352 in Treviso)

wohin er 1243 ging. In diese Studienzeit fällt sein intensives Studium der aristotelischen und von jüdisch-arabischen Schriften. Im Jahr 1248 kehrte er an den Hauptsitz der Dominikaner nach Köln zurück und führte die Kölner Domschule zu so großem Ruhm, dass diese Schule später zur Keimzelle der Universität zu Köln (gegründet 1388) wurde.

Albertus kann als echter Polyhistor verstanden werden. Er war Philosoph, Jurist, Naturwissenschaftler und natürlich Theologe. Seine Gelehrsamkeit brachte ihm den Beinamen „magnus", der Große, ein. Hatten die Scholastiker der vorhergehenden Generationen noch Probleme, mit Aristoteles zu argumentieren, der immerhin aus christlicher Sicht ein Heide war, so stellt Albertus nun Aristoteles in den Mittelpunkt der scholastischen Philosophie und integriert ihn damit in die christliche Lehre. Mit dieser Tat läutet Albertus die Blütezeit der Scholastik ein, die man auch Hochscholastik nennt.

Kontinuum und Indivisible

Natürlich diskutiert Albertus auch das Kontinuum. Wie Aristoteles ist er der Ansicht, dass das Kontinuum beliebig teilbar ist, dass aber unterhalb einer gewissen Grenze die schrankenlose Teilung ihre Wirkungsfähigkeit verliert [Neidhart 2007, S. 571 f.]. Hierin allerdings die Vorwegnahme des Wirkungsquantums der Quantenmechanik zu sehen, wie Neidhardt schreibt, halten wir für ein Wunschdenken des 21. Jahrhunderts.

Bei Albertus Magnus wird besonders deutlich, wie nun die Bewegungslehre des Aristoteles in das Bewusstsein der mittelalterlichen Denker kommt. Aristoteles hatte postuliert, dass sowohl Raum als auch Zeit Kontinua sind, und zwar von gleicher Art, d. h. beide sind beliebig oft teilbar und bei beiden ist jeder Teil wieder ein Kontinuum. Die Stetigkeit der Zeit liegt nach Aristoteles aber letztlich in der Bewegung begründet [Aristoteles 1995, VI 235a 11 ff.]:

> *Die andere Art einer Bewegungsteilung ist die zeitliche Teilung: Da jede Bewegung in der Zeit verläuft, jegliche Zeit aber teilbar ist, in kürzerer Zeit nur eine kleinere Bewegung statthaben kann, ist es unausweichlich, dass jede Bewegung eine zeitliche Teilung zuläßt.*

Da Zeit und Raum die Bewegung bestimmen, ist die Bewegung doppelt teilbar und daher doppelt stetig, denn Bewegung lässt sich durch Teilung der Zeit verändern, aber auch durch Teilung des Raumes [Breidert 1979, S. 23]. Allerdings spielt bei Aristoteles auch noch das *Mobile* selbst eine Rolle, also das Bewegte – ein Fakt, den Albertus in seinem Kommentar zur aristotelischen *Physikvorlesung* ignoriert [Breidert 1979, S. 24]. Ein besonderes Problem bei der Diskussion der Zeit ist der Moment der Gegenwart. Die Vergangenheit ist ein Kontinuum, ebenso die Zukunft, aber der Zeit*punkt* des „Jetzt" will sich nicht in ein Kontinuum einfügen. Aristoteles diskutiert diese Problematik in [Aristoteles 1995, IV 217b 29 - 218 a 29]. Um das „Jetzt" als Indivisible zu vermeiden, greift Aristoteles auf unsere Anschauung von Bewegung zurück, nachdem Zeit etwas durch verschiedene „Jetzt" Begrenztes ist. Nun macht Albertus einen radikalen Schritt weg von der Kontinuumsauffassung des Aristoteles: Der Punkt wird jetzt als Erzeuger eines Kontinuums gesehen, wenn nur eine Bewegung des Punktes gegeben ist. Wie Breidert in [Breidert 1979, S. 28] bemerkt:

> *In diesem Sinne ist der Punkt das primum continuans, das principium und die causa der Linie.*

Mit Albertus ist der Zusammenhang zwischen *Bewegung* und dem Kontinuum endgültig in der Scholastik angekommen. Thomas Bradwardine und seine Mitstreiter am Merton College der Universität Oxford werden diesen Zusammenhang in einer großartigen Leistung nutzen.

4.3.4 Thomas Bradwardine

Der englische Dichter und Schriftsteller Geoffrey Chaucer (um 1343–1400) hat dem Philosophen, Mathematiker und Theologen Thomas Bradwardine (um 1290–1349) in seinen *Canterbury-Erzählungen* ein kleines Denkmal gesetzt. In der „Erzählung des Nonnenpriesters" lässt Chaucer den Priester sagen [Chaucer 1971, S. 223]:

> *Ich kann mich nicht mit dem heiligen Augustin vergleichen, auch nicht mit Boethius und dem Bischof Bradwardine, ...*

Bradwardine wurde in der Grafschaft Sussex geboren und studierte am Balliol College in Oxford, wo er 1321 „Fellow", also Mitglied des Lehrkörpers wurde. Er wurde Doktor der Theologie, erarbeitete sich schnell einen hervorragenden Ruf als Mathematiker, Logiker und Theologe und wechselte als Fellow an das Oxforder Merton College. Das Amt des Kanzlers der Universität Oxford wurde ihm übertragen, wie auch das Amt eines „professor of divinity". Aber seine Karriere ging noch weiter. Ihm wurde das Amt des Dechants von St. Paul in London übertragen und er wurde der Beichtvater des englischen Königs Edward III. (1312–1377). Edwards Vater, Edward II. (1284–1327?), der die ersten Colleges in Oxford und Cambridge stiftete, wurde nach unglückseliger Regierung aus dem Amt gedrängt und starb entweder 1327 durch Mord oder aber entkam und floh aus England, so dass sein Sohn bereits im Alter von 14 Jahren gekrönt wurde. Er sollte ein außerordentlich erfolgreicher König werden, der 50 Jahre im Amt blieb. Wie die meisten Monarchen seiner Zeit war auch er hauptsächlich an Eroberungszügen interessiert, und sein Anspruch auf die französische Krone löste den unseligen Hundertjährigen Krieg aus, der von 1337 bis 1453 auf französischem Boden tobte. Bradwardine begleitete seinen König bei der Schlacht von Crécy am 26. August 1346, in der eine Armee von etwa 12 000 Engländern die französische in der Stärke von etwa 16 000 Mann schlug. Bradwardine las die Siegesmesse nach der Schlacht.

Von 1305 bis 1377 dauerte die „Babylonische Gefangenschaft" der Kirche: Päpste residierten durch massive Einflussnahme des französischen Königs in Avignon und nicht mehr in Rom. Diese Zeit führt nahtlos über ins große Schisma von 1378 bis zum Konzil von Konstanz 1417; es gibt nun Päpste in Avignon und Gegenpäpste in Rom. Bradwardine wird 1349 zum Erzbischof von Canterbury gewählt. Das ist das höchste Amt innerhalb der englischen Kurie. Zur Bestätigung muss er zum Papst Clemens VI. nach Avignon – eine lange, beschwerliche und nicht ganz ungefährliche Reise im 14. Jahrhundert. Bradwardine gelingt die Reise und er kehrt im selben Jahr nach England zurück, stirbt aber kurze Zeit nach Betreten englischen Bodens in Rochester an der Pest. Welche Hochschätzung man Bradwardine entgegenbrachte, können wir daraus ersehen, dass man den toten Körper nicht schnellstmöglich in Rochester begrub, sondern ihn nach Canterbury brachte und den Erzbischof dort zur letzten Ruhe bettete. Bradwardine war in seiner Zeit so berühmt, dass er als *doctor profundus* in der Erinnerung geblieben ist.

4.3 Das Kontinuum in der Scholastik 137

Abb. 4.3.8 Merton College, Universität Oxford [Foto Gottwald]

Leben im 14. Jahrhundert: Der Schwarze Tod

Die Beulenpest oder der „Schwarze Tod" tobte in Europa zwischen 1347 und 1351 und forderte etwa ein Drittel der Bevölkerung als Opfer; das sind geschätzte 20 Millionen Menschen [Cantor 2002]. Zum Vergleich: Die sogenannte spanische Grippe, die am Ende des ersten Weltkrieges durch Europa tobte, forderte 2 Millionen Todesopfer. Die sozialen, ökonomischen und politischen Folgen waren einschneidend: ganze Landstriche verödeten, Arbeitskräfte waren händeringend gesucht und die überlebenden Kleinbauern und Arbeiter verlangten mehr Lohn, was in London zu einem großen Aufstand führte, der durch den König brutal niedergeschlagen wurde. Moderne Forschungen haben aufgezeigt, dass die Beulenpest, wesentlich durch Flöhe auf Nagetieren übertragen, nicht allein die Ursache dieses Massensterbens gewesen sein kann. So schnell, wie die Krankheit durch Europa fegte, ist die Beulenpest einfach nicht. Medizinhistoriker vermuten daher, dass ein weiterer Erreger im Spiel gewesen sein muss. Ein Kandidat ist Milzbrand, der Paarhufer befällt [Cantor 2002]. Da im Mittelalter Menschen und ihre Nutztiere in der Regel auf engstem Raum zusammenlebten und es mehr Paarhufer als Menschen gab, ist eine Übertragung auf Menschen sehr wahrscheinlich. Wir leben heute im Zeitalter von SARS, HIV, Vogel- und Schweinegrippe – sämtlich Krankheiten, die sich durch den Übergang des Erregers von einer Tiergruppe auf den

Abb. 4.3.9 Gefolge eines Pesttoten, der aus der Stadt gebracht wird. Mit einer schnabelähnlichen Maske (überwiegend bei Medizinern) glaubte man die Infektionsgefahr bannen zu können (Szene aus dem Film: *Vom Zählstein zum Computer – Mittelalter*) [Wesemüller-Kock]

Menschen gebildet haben. Die schreckliche Epidemie in der zweiten Hälfte des 14. Jahrhunderts kann uns als Mahnung dafür dienen, wie bedroht menschliches Leben durch Ausbrüche ansteckender Krankheiten sein kann. Jedenfalls starb Bradwardine einen für seine Zeit durchaus üblichen Tod.

Zur Unendlichkeit

In der Arbeit *De causa Dei contra Pelagium* aus dem Jahr 1344 argumentiert Bradwardine gegen die Unendlichkeit der Zeit in einer für uns heute nicht mehr akzeptablen Form. Der britische Mönch Pelagius (360–420) hatte um 410 die Erbsünde geleugnet und die Willensfreiheit des Menschen betont [Hofmann 1951, S. 303]. Diese Meinung, die durch den heiligen Augustinus (354–430) bereits verworfen wurde, kam durch entsprechende Verschärfungen von Avicenna und Averroës in die christliche Scholastik zurück. Bradwardines Argumentation gegen Pelagius bedient sich durchweg mathematischer Schlussweisen. Diskutiert wird auch die Frage, ob die Welt seit unendlicher Zeit besteht, oder ob Gott die Welt zu einem festen Zeitpunkt erschaffen hat. Beim Problem der Unendlichkeit der Zeit argumentiert Bradwardine wie folgt: Wenn die Welt schon immer existiert hätte, dann würde es bis jetzt unendlich viele menschliche Körper und unendlich viele Seelen geben, die Gott den Körpern zugeordnet haben müsste. Nun kann man dem ersten Körper die erste Seele geben, dem zweiten die zweite, und so weiter. Es wäre aber genauso möglich, dem ersten Körper die erste Seele zu geben, dem zweiten die zehnte Seele, dem dritten die hundertste, und so weiter. Auch dann hätte jeder Körper genau eine Seele, aber Gott hätte viel zu viele Seelen, was Bradwardine absurd erscheint [Gericke 2003, Teil II, S. 141].

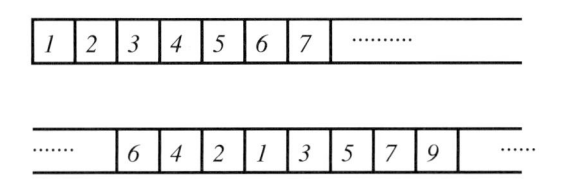

| 1 | 2 | 3 | 4 | 5 | 6 | 7 | .... |

| .... | 6 | 4 | 2 | 1 | 3 | 5 | 7 | 9 | .... |

Abb. 4.3.10 Bradwardines unendlich viele Würfel

Im Fall stetiger Größen zerlegt er diese in diskrete Teile (!) und argumentiert wie folgt: Hätte man unendlich viele Würfel, so könnte man sie so wie im oberen Teil der Abb. 4.3.10 aneinanderlegen. Ebenso gut könnte man aber die 2 links von der 1 anlegen, die 3 rechts, dann die 4 wieder links, die 5 rechts, usw. Damit wäre aber der bei 1 nach rechts startende Streifen der Würfel 1, 3, 5, 7, 9, ... genau so groß wie der Originalstreifen der Würfel 1, 2, 3, 4, 5, ... Der Teil wäre also wieder genauso groß wie das Ganze.

Das Bradwardinesche Kontinuum

Bradwardines Schrift *De continuo* [Stamm 1937] (auszugsweise auch in [Clagett 1961]) enthält eine detaillierte Analyse der Diskussionen über die Natur des Kontinuums seiner Zeit und der älteren, griechischen Schulen. Einigen Definitionen und Postulaten folgen 150 *Conclusiones*, in denen sich so ziemlich alles findet, was die Scholastik über das Kontinuum zu sagen hatte. Bradwardine bezieht sich insbesondere bei der Frage, ob ein Kontinuum aus endlich vielen Atomen bestehen kann, oder doch aus unendlich vielen Punkten, die entweder lückenlos aneinander liegen oder Lücken haben, auf *Henricus modernus* [Gericke 2003, Teil II, S. 146]. Bei diesem handelt es sich um Henry of Harclay, der von 1312 bis 1317 Kanzler der Universität Oxford war, und der für lückenlos aneinanderliegende Punkte im Kontinuum und ein Aktualunendlich plädierte. Dabei geht es bei Harclay um die in der christlichen Scholastik heiß diskutierte Frage, ob die Existenz der Welt einen Anfang hatte, also von Gott zu einem bestimmten Zeitpunkt erschaffen wurde, oder ob die Welt „schon immer", also unendlich lange existiert [Maier 1964, S. 41 ff.]. Bradwardine widerlegt sämtliche solche Ideen und lässt am Ende nur die aristotelische Auffassung gelten.

Formlatituden: Die Merton-Regel als erstes Bewegungsgesetz

Zwischen 1328 und 1350 wurde in Oxford der Unterschied zwischen Kinematik und Dynamik klar herausgearbeitet [Baron 1987, S. 81], [Clagett 1961, Kap.4]. Am Merton College traf eine Gruppe von Männern zusammen, die man heute die „Oxford calculators" nennt. Neben Bradwardine wissen wir von William Heytesbury (um 1313–1372), Richard Swineshead (ca. 1340–1354) und John Dumbleton (gest. ca. 1349). Swineshead war so berühmt, dass er als „the calculator" bekannt war; eine Ehrbezeichnung wenn man daran denkt, dass Aristoteles *der* Philosoph und Paulus *der* Apostel war. Ausgehend von der aristotelischen Philosophie beschäftigte man sich mit „Formlatituden". Formlatituden, oder besser: Die Theorie der Formlatituden, ist die mittelalterliche Lehre von der Quantifizierung der Qualitäten [Sylla 1973]. Einer Qualität (Geschwindigkeit, Wärme, etc.) wird dabei die Verteilung ihrer Intensität, also ihre Größe, zugeordnet. Bei diesen Überlegungen gelang die erste saubere Definition des Begriffs der *gleichförmigen* (uniformen) Bewegung: Dies ist eine Bewegung, bei der gleiche Abstände in gleichen Zeiten durchlaufen werden. Wir sagen heute, uniforme Bewegung meint konstante Geschwindigkeit. *Gleichförmige Beschleunigung* wurde definiert als eine Bewegung, in der die Zunahme der Geschwindigkeit in gleichen Zeitintervallen immer gleich ist. Zur Beschreibung dieser einfachen Bewegung zieht man heute einfach die moderne Analysis heran, die zu Bradwardines Zeiten noch nicht zur Verfügung stand. Die Männer aus Oxford mussten mit den Begriffen ihrer Zeit auskommen und das taten sie auch. Resultat ihrer Überlegungen ist die *Merton-Regel*:

> **Theorem:** *Wird ein Körper während eines bestimmten Zeitintervalls gleichförmig von einer Geschwindigkeit v_0 auf die Geschwindigkeit v_1 beschleunigt, dann legt dieser Körper einen Weg s zurück. Denselben Weg legt ein Körper zurück, der sich mit der konstanten Geschwindigkeit*
> $$v = \frac{v_0 + v_1}{2}$$
> *bewegt.*

Die Geschwindigkeit v ist offenbar gerade die Momentangeschwindigkeit des beschleunigten Körpers in der Mitte der Strecke. Interessanterweise haben die Merton-Gelehrten diese Regel auch bewiesen; zwar sehr mühsam und wortreich, aber unter Zuhilfenahme genialer Überlegungen [Clagett 1961, Chapter 5].

Die Merton-Regel fand außerordentlich schnell Verbreitung in Europa und wurde insbesondere in Frankreich von Nicole Oresme aufgenommen.

Bradwardines 1328 entstandene Arbeit *Tractatus de proportionibus velocitatum* enthält neben revolutionären Gedanken zur Mechanik auch hochinteressante Überlegungen zum Rechnen mit Proportionen. Euklid hatte in den *Elemente*n [Euklid 1980] in den Büchern VII und IX die Bruchrechnung als

Methode zum Umgang mit ganzzahligen Proportionen entwickelt, die einer geometrischen Veranschaulichung zugänglich sind. Nach Euklid lassen sich die Proportionen $a : b$ und $c : d$ zu $ac : bd$ „zusammensetzen"; in heutiger Notation also:
$$\frac{a}{b} \cdot \frac{c}{d} = \frac{ac}{bd}.$$
Bildet man zu dem Verhältnis $a : b$ das Quadrat $a^2 : b^2$, dann spricht Euklid vom „doppelten" Verhältnis, da die Potenzrechnung und ihre Notation nicht bekannt war. Bradwardine fühlt sich dadurch bestärkt, das Verhältnis $\sqrt{a} : \sqrt{b}$ das „halbe" Verhältnis von $a : b$ zu nennen [Hofmann 1951]. Auch damit wirkt Bradwardine unmittelbar auf Nicole Oresme, denn dieser wird tatsächlich korrekt mit „Bruchpotenzen" rechnen. Allerdings sind Oresmes Überlegungen in den Wirren des 100-jährigen Krieges untergegangen und mussten erst im 16. Jahrhundert mühsam neu erarbeitet werden [Hofmann 1951, S. 298].

Noch revolutionärer sind im *Tractatus de proportionibus velocitatum* Bradwardines Gedanken zum Bewegungsgesetz. Er untersucht sehr geistreich die Bewegung eines Hebels und beginnt am aristotelischen Bewegungsgesetz zu zweifeln. Nach Aristoteles gilt für die Geschwindigkeit v eines Körpers:
$$v = \frac{K}{R},$$
wobei K die „bewegende Kraft" und R der „hemmende Widerstand" ist, siehe [Hein 2010, S. 164ff.]. Demnach gibt es auch Bewegung, wenn $K \leq R$ ist, was Bradwardine aber bezweifelt, denn wenn der Widerstand überwiegt, gibt es erfahrungsgemäß keine Bewegung. In einer Vorahnung des Funktionsbegriffs [Hofmann 1951, S. 299] will Bradwardine die Geschwindigkeit v von einem passenden Verhältnis von K/R abhängig machen. Dazu postuliert er, dass man als Verhältnisse $a : b$ nur solche zulassen kann, bei denen $a > b$ gilt. Darauf kommt Bradwardine offenbar beim „Zusammenfügen" von $a : b$ und $b : c$, also bei der Produktbildung $\frac{a}{b} \cdot \frac{b}{c} = \frac{a}{c}$. Erst Nicole Oresme wird um 1350 in seiner Schrift *De proportionibus proportionum* diese Forderung „beweisen", denn wenn $a : b < 1$ und $b : c < 1$ gelten würde, dann wäre „das Ganze" $a : c$ kleiner als die „Teile" $a : b$ und $b : c$.

Nun hatte Aristoteles davon gesprochen, dass bei Verdoppelung des Verhältnisses $K : R$ sich auch die Geschwindigkeit verdoppelt. Bradwardine interpretiert diese „Verdoppelung" als $(K : R)^2$ und verallgemeinert auf $(K : R)^v$. Mit anderen (unseren heutigen) Worten ist die Geschwindigkeit damit proportional zu
$$\log \frac{K}{R}.$$
Diese Interpretation des Aristotelischen Bewegungsgesetzes wird begierig aufgenommen; erst von den Merton-Scholaren, dann aber auch von den Wissenschaftlern auf dem Kontinent, wie Nicole Oresme und Albert von Sachsen (um 1316–1390).

4.3.5 Nicole Oresme

Nicole Oresme (vor 1330–1382) (Nikolaus von Oresme, Nicolas oder Nicholas Oresme) studierte Theologie am Kolleg von Navarra in Paris, dessen späterer Leiter er wurde. Er kam in Kontakt mit der Familie des französischen Königs, in dessen Auftrag er von 1370 bis 1377 Schriften des Aristoteles ins Französische übersetzte. Im Jahr 1377 wurde er zum Bischof von Lisieux gewählt, wo er fünf Jahre später starb.

Oresme zählt zu den bedeutendsten Naturwissenschaftlern und Philosophen des 14. Jahrhunderts. Er hat die analytische Geometrie vor Descartes vorbereitet, soll Strukturtheorien organischer Moleküle weit vor dem 19. Jahrhundert angegeben, den freien Fall und die Rotation der Erde vor Galilei analysiert bzw. postuliert haben. Natürlich sind alle diese Einschätzungen falsch,

Abb. 4.3.11 Nicole Oresme. Miniatur aus dem Traité de l'espère (Bibliothéque Nationale Paris, fonds français 565, fol. 15)

wie Marshall Clagett in [Clagett 1968] klargestellt hat. Trotzdem enthalten diese Übertreibungen einen wahren Kern; Oresme war ein ausgesprochen tiefer Denker auf vielen Gebieten. Er nahm die Arbeiten der Merton-Schule zur Bewegung begierig auf, um sie weiter auszubauen, und er beschäftigte sich intensiv mit unendlichen Reihen.

Summation unendlicher Reihen

In Oxford hatte Richard Swineshead das folgende Problem gelöst [Edwards 1979, S. 91]:

> *Bewegt sich ein Punkt mit konstanter Geschwindigkeit durch die erste Hälfte eines bestimmten Zeitintervalls, durch das nächste Viertel des Intervalls mit doppelter Geschwindigkeit, durch das folgende Achtel mit dreifacher Geschwindigkeit und so weiter ad infinitum, dann ist die mittlere Geschwindigkeit im ganzen Zeitintervall genau doppelt so groß wie die Anfangsgeschwindigkeit.*

Setzen wir das ganze Zeitintervall mit der Länge 1 an und definieren die Anfangsgeschwindigkeit ebenfalls zu 1, dann behauptet Swineshead hier

$$\frac{1}{2} + \frac{2}{4} + \frac{3}{8} + \ldots + \frac{n}{2^n} + \ldots = 2 \qquad (4.1)$$

und er gibt dazu auch einen langen und ungemütlich verbalen Beweis. Oresme „sieht" einen äußerst eleganten Beweis durch eine geometrische Überlegung. Er legt Rechtecke der Höhe n und der Breite $\frac{1}{2^n}$, $n = 1, 2, 3 \ldots$, aneinander, die die Flächen $A_1, A_2, A_3 \ldots$ wie in Abb. 4.3.12 definieren.

Woher kann Oresme wissen, dass die Länge der horizontalen Grundlinie

$$\ell := \frac{1}{2} + \frac{1}{4} + \frac{1}{8} + \ldots + \frac{1}{2^n} + \ldots$$

endlich ist? Die unendliche Reihe

$$\ell = \frac{1}{2} + \left(\frac{1}{2}\right)^2 + \left(\frac{1}{2}\right)^3 + \ldots$$

ist eine geometrische Reihe, deren Wert zu Oresmes Zeiten längst bekannt war. Heute würden wir die Summe der ersten n Glieder

$$s_n := \frac{1}{2} + \left(\frac{1}{2}\right)^2 + \left(\frac{1}{2}\right)^3 + \ldots + \left(\frac{1}{2}\right)^n$$

noch einmal mit $1/2$ multiplizieren:

$$\frac{1}{2} \cdot s_n = \left(\frac{1}{2}\right)^2 + \left(\frac{1}{2}\right)^3 + \ldots + \left(\frac{1}{2}\right)^n + \left(\frac{1}{2}\right)^{n+1}$$

und dann von der Summe s_n subtrahieren,

$$s_n - \frac{1}{2} \cdot s_n = \frac{1}{2} \cdot s_n = \frac{1}{2} - \left(\frac{1}{2}\right)^{n+1}.$$

Damit haben wir

$$s_n = 1 - \left(\frac{1}{2}\right)^n$$

gezeigt. Wenn nun n über alle Grenzen wächst, dann wird $(1/2)^n$ beliebig klein. Im Grenzwert für $n \to \infty$ haben wir also

$$\ell = \frac{1}{2} + \left(\frac{1}{2}\right)^2 + \left(\frac{1}{2}\right)^3 + \ldots = 1. \tag{4.2}$$

Die Fläche eines Rechtecks A_n beträgt offenbar $F(A_n) = \frac{n}{2^n}$ und die Gesamtfläche ist damit

$$\frac{1}{2} + \frac{2}{4} + \frac{3}{8} + \ldots + \frac{n}{2^n} + \ldots$$

und das ist genau die Swineshead-Summe (4.1), die wir gerne berechnen würden. Oresme teilt nun die Flächen aus Abb. 4.3.12 einfach anders auf, und zwar so wie in Abb. 4.3.13. An der Gesamtfläche hat sich nichts geändert, also muss gelten

$$\frac{1}{2} + \frac{2}{4} + \frac{3}{8} + \ldots + \frac{n}{2^n} + \ldots = B_0 + B_1 + B_2 + \ldots.$$

Nun ist $B_0 = 1$, $B_1 = 1/2$, $B_2 = 1/4$ und ganz allgemein $B_n = (1/2)^n$, also

$$B_0 + B_1 + B_2 + B_3 + \ldots = 1 + \underbrace{\frac{1}{2} + \left(\frac{1}{2}\right)^2 + \left(\frac{1}{2}\right)^3 + \ldots}_{=1} = 2,$$

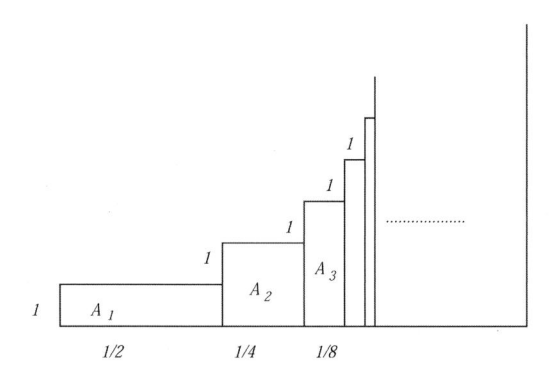

Abb. 4.3.12 Nicole Oresmes Beweis der Swineshead-Summe, Teil 1

denn die unterklammerte unendliche Reihe ist offenbar unsere geometrische Reihe (4.2). Damit ist die Swineshead-Formel (4.1) sauber bewiesen.

Oresme war auch der Erste, der die Divergenz der harmonischen Reihe

$$1 + \frac{1}{2} + \frac{1}{3} + \frac{1}{4} + \frac{1}{5} + \frac{1}{6} + \dots$$

bewies, und zwar bereits genau so, wie wir das heute immer noch tun. Er ersetzte die Reihe durch eine, die in der Summe kleiner sein muss, aber bereits divergent ist, also keinen endlichen Wert hat. Damit kann dann die harmonische Reihe ebenfalls keinen endlichen Wert haben.

Um zu seiner Vergleichsreihe zu kommen, erkennt Oresme:

$$\frac{1}{3} + \frac{1}{4} > \frac{1}{4} + \frac{1}{4} = \frac{1}{2},$$
$$\frac{1}{5} + \frac{1}{6} + \frac{1}{7} + \frac{1}{8} > \frac{1}{8} + \frac{1}{8} + \frac{1}{8} + \frac{1}{8} = \frac{1}{2},$$
$$\frac{1}{9} + \frac{1}{10} + \frac{1}{11} + \frac{1}{12} + \frac{1}{13} + \frac{1}{14} + \frac{1}{15} + \frac{1}{16} > \frac{8}{16} = \frac{1}{2},$$

und so weiter, er findet also immer Terme, die zusammen echt größer als 1/2 sind. Damit gilt aber

$$1 + \frac{1}{2} + \frac{1}{3} + \frac{1}{4} + \frac{1}{5} + \frac{1}{6} + \dots > \frac{1}{2} + \frac{1}{2} + \frac{1}{2} + \frac{1}{2} + \dots$$

und damit kann die harmonische Reihe keinen endlichen Wert haben.

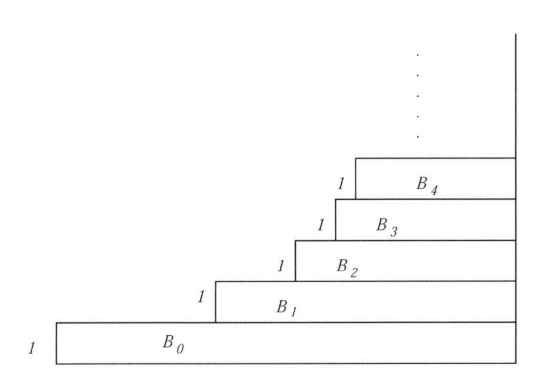

Abb. 4.3.13 Nicole Oresmes Beweis der Swineshead-Summe, Teil 2

Formlatituden und die Merton-Regel

Wir müssen noch einmal auf die aristotelische Theorie der Formlatituden zurückkommen, die Oresme in graphischer Form erfasste. Die Qualität eines Körpers hat eine Ausdehnung (*extensio*) und eine Intensität (*intensio*). Betrachten wir die Geschwindigkeit eines sich bewegenden Körpers und die Merton-Regel, dann stellt Oresme, gewissermaßen in Vorwegnahme eines cartesischen Koordinatensystems, die Ausdehnung (=Zeit) als Abszisse und die Intensität (=Geschwindigkeit) senkrecht dazu als Ordinate dar. Dann klassifiziert er die Quantität als *uniformis*, *uniformiter difformis* oder *difformiter difformis*. Unter *uniformis* können wir die gleichförmige Bewegung der Merton-Scholaren verstehen, unter *uniformiter difformis* dementsprechend die gleichförmig beschleunigte Bewegung. Die Art der Bewegung, die man unter der dritten Kategorie subsummieren kann, ist ohne die Analysis in der Form von Newton und Leibniz nicht zu analysieren.

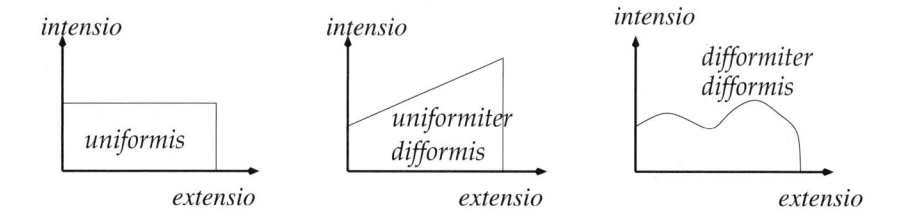

Abb. 4.3.14 Oresmes graphische Darstellungen

Allein eine graphische Darstellung hätte natürlich nicht genügt, um Oresme einen Platz unter den Nachfolgern der Merton-Gelehrten zu sichern. Er erkennt, dass sich die Merton-Regel im Rahmen seiner Diagramme ganz einfach ergibt! Im *Tractatus de configuratione intensionum* schreibt er [Becker 1964, S. 132 f.]:

> *Jede gleichförmigerweise ungleichförmige Qualität hat dieselbe Quantität, als wenn sie gleichförmig demselben Objekt zukommen würde mit dem Grade des mittleren Punktes.*

Die „Quantität" ist hier nichts anderes als die Fläche unter der Kurve in Oresmes Diagramm, oder, modern gesprochen, das Integral der Geschwindigkeit über der Zeit. Da die Geschwindigkeit die erste Ableitung des Weges nach der Zeit ist, hat die Fläche unter der Geschwindigkeits-Zeit-Kurve also die Bedeutung des zurückgelegten Weges. Damit hat Oresme der Merton-Regel eine Diagramm-Form gegeben, die in Abb. 4.3.15 zu sehen ist. Ein gleichförmig

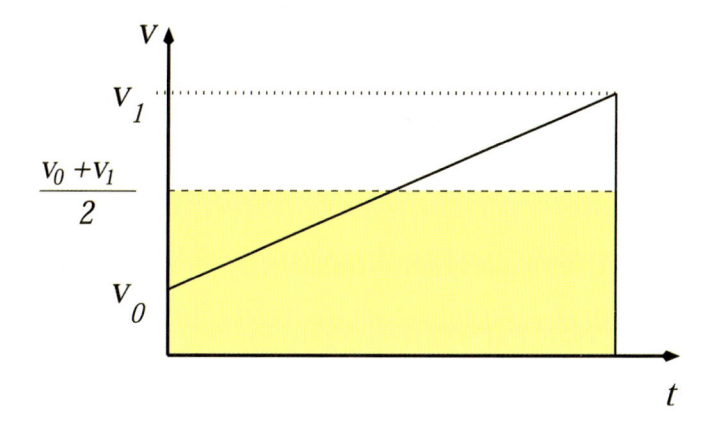

Abb. 4.3.15 Die Merton-Regel in Oresmes Diagramm

beschleunigter Körper legt in einer festgelegten Zeit genau so viel Weg zurück, wie ein Körper, der sich in derselben Zeit mit gleichförmiger Geschwindigkeit $v = (v_0 + v_1)/2$ bewegt.

Die Lehre von den Proportionen

In der Schrift *De proportionibus proportionum* beschäftigt sich Oresme mit Proportionen der klassischen Form $a : b$ und gibt Rechenregeln für sie an. Seine Ausführungen kommen den Rechenregeln für gebrochen rationale Exponenten schon recht nahe, und hier ist Oresme direkt von den Arbeiten von Thomas Bradwardine beeinflusst, aber natürlich bleibt er in der Schreibweise den Proportionen verhaftet. Er schreibt, dass man zu einem Verhältnis $B = b_1 : b_2$ ein Verhältnis $A = a_1 : a_2$ so angeben kann, dass $B = A \cdot A \cdot A$ ist, wenn man ein geometrisches Mittel einschiebt:

$$b_1 : a_1 = a_1 : a_2 = a_2 : b_2.$$

Denn dann ist offenbar $b_1 = \frac{a_1^2}{a_2}$ und $b_2 = \frac{a_2^2}{a_1}$ und damit $\frac{b_1}{b_2} = \left(\frac{a_1}{a_2}\right)^3$. Nun fragt Oresme nach einer Darstellung von A, und das ist in heutiger Notation natürlich $A = B^{\frac{1}{3}}$, aber diese Notation steht Oresme noch nicht zur Verfügung. Er drückt diesen Sachverhalt über Verhältnisse von Verhältnissen aus, vgl. [Gericke 2003, S. 154].

Oresme vermutet auch, dass nicht alle irrationalen Zahlen Wurzelausdrücke sind, vermag es aber nicht zu beweisen. Auch dass es mehr irrationale als rationale Zahlen gibt, wird von Oresme schon vermutet.

4.4 Scholastische „Abweichler"

Wir erleben innerhalb der christlichen Scholastik neben der zwar vieldiskutierten, aber weitgehend akzeptierten Auffassung des Kontinuums im aristotelischen Sinn eine ganze Reihe von Denkern, die von dieser Auffassung abwichen. Hatte Albertus Magnus schon die Idee des realen Kontinuums als einer nur bis zu einem gewissen Grad teilbaren Menge geäußert, so entwickelte sein Schüler Thomas von Aquin (um 1225–1274) diese Idee weiter. Der Dominikaner Thomas wurde der einflussreichste Philosoph des christlichen Mittelalters und einer der einflussreichsten Philosophen und Theologen überhaupt. Im Schloss Roccasecca als siebter Sohn eines Herzogs nahe der Stadt Aquino geboren, trat er gegen den Willen seiner Familie dem Dominikanerorden bei und wurde dafür sogar eine Zeit lang gefangen gehalten. Aber alle Versuche, ihn von seiner Bestimmung abzubringen, scheiterten, und so wurde er 1248 Schüler von Albertus Magnus in Köln. Dieses Lehrer-Schüler-Verhältnis dauerte bis 1252. Danach finden wir ihn als Lehrer in Paris, Rom, Viterbo und Orvieto. Er machte Karriere in seinem Orden und ging 1269 nach Neapel, wo er eine Dominikanerschule aufbaute. Nach einem Zeugnis eines seiner Sekretäre soll er drei oder vier Sekretären gleichzeitig diktiert haben, was die unglaubliche Zahl seiner Schriften erklären, aber auch seine Geistesgaben beleuchten könnte. Am 7. März 1274 befindet sich Thomas auf der Reise zum zweiten Konzil von Lyon und kehrt im Kloster Fossanova in der italienischen Gemeinde Priverno ein, wo er unter ungeklärten Umständen stirbt. In Dantes *Göttliche Komödie* finden wir in *Purgatorio XX 69* den Hinweis, dass der König von Sizilien, Karl I. von Anjou, ihn vergiftet haben soll. Nach anderen Quellen soll er ein vergiftetes Konfekt von einem Leibarzt des Königs bekommen haben, wieder andere Quellen erwähnen eine solche Vergiftung nicht. Schon 1323 wurde Thomas heilig gesprochen, seit 1567 steht er in dem Rang eines Kirchenlehrers.

Neidhart rechnet ihn in [Neidhart 2007, S. 571] zu den Atomisten, allerdings hat er eine spezielle Form des Atomismus vertreten, den man als „Formatomismus" bezeichnet. Diese Art des Atomismus wird auch noch von Thomas' Schüler Aegidius Romanus (1247–1316) vertreten, wonach Materie abstrakt zwar unbegrenzt teilbar ist, ein realer Körper sich der beliebigen Teilbarkeit ab einer prinzipiellen Grenze verweigert, weil die Substanz der Materie nur bis zu einem minimalen Quantum geteilt werden kann. Prinzipiell befindet sich Thomas damit auf den Spuren seines Lehrers Albert, den man ebenfalls zu den Formatomisten zählen kann [Neidhart 2007, S. 571 f.]. Natürlich gab es auch „echte" Atomisten, die sich allerdings in zwei Gruppen einordnen lassen. Die eine nahm an, dass das Kontinuum aus endlich vielen Punkten besteht, die andere zog die Vorstellung von unendlich vielen Punkten vor [Maier 1949]. In dieser zweiten Gruppe gab es eine weitere Unterscheidung. Entweder waren die Punkte unmittelbar benachbart (*puncta immediate*

Abb. 4.4.1 Aristoteles, Thomas von Aquin und Platon im Gemälde *Triumph des Hl. Thomas von Aquin über Averroës* von Benezzo Gozzoli (Louvre, Paris)

coniuncta), oder sie waren durch dazwischenliegende Punkte getrennt (*puncta ad invicem mediata*). Diese beiden Auffassungen hat auch Bradwardine in *De continuo* beschrieben. Natürlich erscheinen beide Vorstellungen seltsam, aber man halte sich vor Augen, dass die betreffenden Autoren nicht ein mathematisch-abstraktes Kontinuum diskutierten, sondern ein real existierendes. Die „endlichen Atomisten" gingen in den Fußstapfen von Demokrit und nahmen ausgedehnte Teilchen an, die aber dennoch die Eigenschaft der Unteilbarkeit haben sollten.

4.5 Nicolaus von Kues

In dem kleinen Ort Kues (heute: Bernkastel-Kues) an der Mittelmosel, in einem Haus nahe am Fluss, wird im Jahr 1401 Niklas Chryppfs oder Krebs (1401–1464), genannt Nicolaus von Kues oder Cusanus, geboren, siehe [Flasch 2004], [Flasch 2005], [Flasch 2008]. Cusanus wird sich zum größten Philosophen des 15. Jahrhunderts entwickeln und als Mathematiker eine bahnbrechende Wirkung über die Jahrhunderte hinweg ausüben. Knobloch sieht Cusanus als Ausgangspunkt einer Kette von Anschauungen zum Unendlichen [Knobloch 2004], die über Galileo Galilei bis hin zu Leibniz reicht, aber davon später. Der Vater von Nicolaus war ein wohlhabender Kaufmann und Schiffsbesitzer und ermöglichte seinem Sohn ein Studium an der Artistenfakultät der Universität Heidelberg, die dieser als Fünfzehnjähriger im Jahr 1416 bezog. In der Philosophie war gerade der Streit der Nominalisten gegen die Realisten ein aktuelles Thema – wir sind im sogenannten Universalienstreit, in dem es um die Frage geht, ob es Allgemeinbegriffe wie „Menschheit", „Zahl", etc., wirklich gibt (Realismus[1]), oder ob sie menschliche Konstruktionen (und damit nur Bezeichnungen) sind (Nominalismus) [Stegmüller 1978]. Von den von uns vorgestellten mittelalterlichen Philosophen war Anselm von Canterbury ein Realist, sogar ein „starker" Realist. Gemäßigter waren Albertus Magnus, Thomas von Aquin, Avicenna und Averroës. Einer der Begrün-

Abb. 4.4.2 Thomas von Aquin (Gemälde v. Carlo Crivelli, 1476); Nicolaus von Kues (Gemälde im Hospital von Kues)

---

[1] Die Bezeichnung „Realismus" bedeutet *nicht*, dass die Ansichten der Philosophen dieser Richtung besonders „realistisch" waren. Es handelte sich um Platonisten, die von der Realität der „Ideen" im platonischen Ideenhimmel überzeugt waren.

der des starken Nominalismus war der Franzose Roscelin von Compiègne (um 1050–um 1124), einer der Lehrer Abaelards, für den nur diejenigen Gegenstände existierten, die mit den Sinnesorganen wahrnehmbar sind. In Heidelberg folgte man der damaligen Pariser Mode und pflegte einen gemäßigten Nominalismus.

Schon ein Jahr nach Studienbeginn hat Cusanus Heidelberg wieder verlassen; wie Flasch in [Flasch 2004, S. 11] vermutet, fand er im Heidelberger geistigen Klima seine Heimat nicht. Er wechselte an die Universität Padua und nahm das Studium der Rechtswissenschaft auf, das er 1423 als Doktor des Kirchenrechts beendete. Da war er zweiundzwanzig Jahre alt. Warum fühlte er sich in Padua um so vieles wohler als in Heidelberg? Der christlichen Scholastik hatte die Stunde geschlagen; in Italien begann das Zeitalter der Renaissance! Man diskutierte nicht mehr mit Wonne Aristoteles, sondern begann mit einem freieren Geist nach neuen Ufern Ausschau zu halten, und Padua war das Zentrum in diesem Klima des geistigen Aufbruchs. Die Wissenschaften wurden nicht mehr als „fertig" angesehen, nicht mehr als das Feld von klugen Kommentaren zu den antiken Philosophen, sondern als etwas, das ganz neu zu denken und zu entdecken war. Dabei war die griechische Antike nicht etwa ad acta gelegt, sondern erregte sogar ein gesteigertes Interesse in Architektur, Geschichtsschreibung und auch Mathematik. Man wollte zurück zu den Quellen, sowohl was das Menschenbild anging, als auch in den Naturwissenschaften.

Cusanus kam in Padua mit Medizinern, Philosophen, Künstlern und Astronomen zusammen und er schloss wichtige Freundschaften, z. B. mit seinem Kommilitonen Giuliano aus der einflussreichen Familie der Cesarini, der schon mit 28 Jahren Kardinal war und dem Cusanus zwei seiner Bücher widmete. Mit Paolo dal Toscanelli (1397–1482), der Medizin und Mathematik studiert, schloss Nicolaus ebenfalls enge Freundschaft. Folgen wir [Flasch 2004, S. 15], so war Paolo ein besserer Mathematiker als Nicolaus, weil er genauer und kritischer war. Er hat an der großen Domkuppel von Florenz mitgearbeitet und in einem Brief an den Portugiesen Martins, zehn Jahre nach dem Tod des Cusanus, zu einer See-Expedition nach Westen geraten, um nach Indien zu kommen. Dieser Brief muss für einen genuesischen Seefahrer in spanischen Diensten, den wir als Christoph Kolumbus kennen, sehr wichtig gewesen sein, denn er hat ihn eigenhändig kopiert. In diesem geistigen Klima gedieh Nicolaus von Kues und er erfuhr eine Geisteshaltung, die man heute „Humanismus" nennt. Nach der Promotion verließ er Padua und ging in die Dienste des Kurfürsten von Trier, wo er als Jurist arbeitete und an der Universität Köln weitere Studien absolvierte. Dort begann auch 1425 das Sammeln und Auffinden seltener Manuskripte, eine Tätigkeit, die Nicolaus sehr erfolgreich durchführte. Einige der von ihm aufgespürten Manuskripte dienten später den großen Humanisten als Grundlage ihres Denkens. Auch nach Paris zog es ihn im Jahr 1428, wo er nach alten Handschriften suchte. Von 1432 bis 1437 finden wir den Cusaner auf dem Konzil zu Basel, das von

Abb. 4.5.1 Karte von Paolo dal Pozzo Toscanelli (re.) über den vermuteten westlichen Seeweg nach Indien (Amerika war zu dieser Zeit noch unbekannt)

seinem Freund Giuliano geleitet wurde. Dort wurde Nicolaus zu einem wichtigen Vordenker des Konzils, das die Rechte des Papstes einschränken und die Christenheit wieder enger zusammenbringen wollte. Dieses Ziel wurde nicht erreicht. Die Türken bedrohten die Christenheit im Osten, der Kaiser von Byzanz forderte militärische Hilfe an, und der Papst erreichte, dass sich die Ostkirche der westlichen Theologie unterwarf [Flasch 2004, S. 27]. Enttäuscht von den mageren Ergebnissen des Konzils traten Nicolaus und Giuliano 1437 zur päpstlichen Partei über.

Jetzt macht Nicolaus schnell Karriere. Seine diplomatischen Künste sind gefragt, er reist viel im Auftrag des Papstes, vermittelt und schreibt wissenschaftliche Werke. Papst Nikolaus V., ein Freund des Cusaners, ernennt ihn 1448 „in petto" zum Kardinal, 1450 wird die Erhebung zum Kardinal öffentlich vollzogen und er wird Bischof von Brixen in Südtirol. Wieder muss er für den Heiligen Stuhl reisen und vermitteln. Im Jahr 1453 fällt die Stadt Konstantinopel an die Türken. Nicolaus gerät in Konflikt mit Herzog Sigmund von Tirol, und 1458 beruft ihn Papst Pius II., durch und durch ein Humanist, nach Rom. Ein Versuch, 1460 nach Brixen zurückzukehren, scheitert. Am 11. August 1464 stirbt der Cusaner in der italienischen Stadt Todi bei der Vorbereitung eines Kreuzzuges gegen die Türken.

4.5.1 Die mathematischen Werke

Nicolaus von Kues ist *kein* Mathematiker, aber er benutzt die Mathematik, um philosophische und theologische Erkenntnisse zu gewinnen. Im elften Kapitel des ersten Buches der Schrift *De docta ignorantia* (Die belehrte Unwissenheit) schreibt Nicolaus [Nikolaus 2002a, S. 43]:

Alle sinnlich wahrnehmbaren Dinge aber leiden an einer gewissen fortwährenden Unstetigkeit infolge der in ihnen liegenden materiebedingten Möglichkeit. Gegenüber dieser Betrachtung, die von sinnlich wahrnehmbaren Gegenständen ausgeht, finden wir die abstrakteren Gegenstände wie die mathematischen als unwandelbar und für uns gewiß, nicht als ob sie völlig frei wären von materiellem Beiwerk, ohne das sie nicht vorgestellt werden können, und völlig der fluktuierenden Möglichkeit entzogen wären. Mit Geschick haben deshalb die Weisen ihre Beispiele für die Gegenstände, zu deren Untersuchung sich der Geist aufschwingt, im Bereich dieser mathematischen Gegenstände gesucht. Keiner von den alten Denkern, der als großer gilt, ist schwierige Dinge mit anderem Vergleichsmaterial als mit dem mathematischen angegangen. Das geschah in solchem Maße, dass Boëthius, der gelehrteste unter den Römern, behaupten konnte, niemand könne zu einem Wissen um die göttlichen Dinge kommen, der in der Mathematik jeder Übung völlig ermangele.

Und etwas weiter [Nikolaus 2002a, S. 45]:

Auf den Pfaden der Alten und mit ihnen im Wettstreit erklären auch wir: Da uns zu den göttlichen Dingen nur der Zugang durch Symbole als Weg offensteht, so ist es recht passend, wenn wir uns wegen ihrer unverrückbaren Sicherheit mathematischer Symbole bedienen.

Sämtliche mathematischen Werke des Cusaners [Nikolaus 1952] sind zwei Zielen gewidmet: Der Quadratur des Kreises und der Rektifizierung (Ausstreckung) des Kreisumfangs. Hofmann [Nikolaus 1952, S. X] ist sich sicher, dass Cusanus die *Geometria speculativa* von Bradwardine kannte, obwohl in *Docta ignorantia* weder von Euklid, noch von Bradwardine die Rede ist. Cusanus ist klar, dass aus der Existenz eines dem Kreis umschriebenen und eines einbeschriebenen Quadrats noch lange nicht die Existenz eines zum Kreis flächengleichen Quadrates folgt. Er kennt auch die aristotelische Meinung, dass man Kreisbögen und gerade Linien nicht ins Verhältnis setzen kann, weil das Verhältnis irrational ist und daher die Kreisquadratur unmöglich ist. Die Möndchenquadratur kennt er aber offenbar nicht.

Erkenntnis im Sinne des Cusaners ist von dreifacher Art: sensibilis, rationalis und intellectualis. Der Mathematiker behandelt keine Gegenstände der sinnlichen Welt, weil diese sämtlich unvollkommen sind. Er beschäftigt sich vielmehr mit idealen, rein gedachten Gegenständen, was in den Bereich der rationalen Erkenntnis fällt. Wenn die rationalen Mittel aber versagen, zum Beispiel bei der Untersuchung des unendlich Großen und des unendlich Kleinen, dann benötigt man die „visio intellectualis", die über die visio rationalis hinausgeht. Denkt man sich einen Kreis mit unendlich großem Radius, dann wird der Bogen der Strecke gleich. Vergrößert man die Eckenanzahl eines Vielecks ins Unendliche, so entsteht schließlich ein Kreis, usw. Das Verfahren, nach dem Nicolaus von Kues vorgeht, ist also ein zweistufiges: Erst vollzieht man bei den mathematischen Objekten einen „Grenzübergang" gegen Unendlich, dann steige man zu theologischen Fragestellungen auf. In diesem Sinne ist „Gott" der Name des unendlichen Kreises. Im Unendlichen existiert für Cusanus kein Gegensatz mehr. Das unendlich Große ist das absolute Maximum, das unendlich Kleine ist das Maximum an Kleinheit. Abstrahierend von den Begriffen „Großheit" und „Kleinheit" kommt Nicolaus zu der Vorstellung, dass Maximum und Minimum im Unendlichen zusammenfallen. Der Cusaner baut einerseits auf der aristotelischen Lehre von den Quantitäten und andererseits auf der euklidischen Größenlehre auf [Knobloch 2004, S. 491]. Quantität ist alles, was teilbar ist – das Unteilbare kann daher nicht Quantität sein. Mathematik ist die Wissenschaft der endlichen Größen und jedes Quantum lässt ein Mehr oder ein Weniger zu. Ein Quantum lässt sich beliebig teilen, aber man kommt nicht zu einem kleinsten Teil. Genauso lässt sich ein Quantum beliebig vergrößern, ohne dass man je am Größten ankommt. Das unendlich Große und das unendlich Kleine (=Indivisiblen) sind also für Nicolaus „Nichtquanten". Wie die Indivisiblen hat auch das Unendliche keine Teile, wonach der Euklidische Grundsatz:

Das Ganze ist größer als der Teil

für Cusanus im Unendlichen (groß oder klein!) *nicht* gilt! Indivisible sind daher keine mathematischen Objekte, denn ein Fortschreiten ins Unendliche kann nicht aktuell geschehen. Knobloch fasst dies in moderner Terminologie zusammen [Knobloch 2004, S. 492]: „Der Grenzwert einer konvergenten, nicht konstanten Folge, ist nicht eines ihrer Elemente", oder, noch stärker: „Eine transfinite[2] Zahl ist kein Spezialfall einer reellen Zahl." Damit kommt Nicolaus zu der Schlussfolgerung, dass eine exakte Kreisquadratur unmöglich ist, approximativ ist sie jedoch mit beliebiger Genauigkeit möglich.

Wir werden diese Gedanken über das Unendliche bei Galileo Galilei wiederfinden, der die Idee des Gegensatzes von „quanta" und „non quanta" des Cusanus wieder aufnimmt.

---

[2] Wir werden den Begriff der transfiniten Zahlen später bei Cantor genauer fassen. Hier reicht es, „transfinit" mit „jenseits aller Zahlen" zu übersetzen.

Beiträge zur Analysis im europäischen Mittelalter

zw. 475/480–zw. 524/526	BOËTHIUS kommentiert Aristoteles und hinterlässt eigene mathematische Schriften
ca. 700	BEDA DER EHRWÜRDIGE verlangt in England, dass in jedem Kloster das Osterfest korrekt berechnet werden kann
um 800	ALCUIN VON YORK organisiert die Bildung im fränkischen Reich. Er gründet Klosterschulen und führt *computus* als Unterrichtsfach ein
ca. 1000	Der Mönch GERBERT VON AURILLAC, später Papst SILVESTER II., sammelt arabisches Wissen und Manuskripte. Er trägt das Interesse an den Wissenschaften in den Westen
ca. 1100–1300	Die große Zeit der Übersetzer, hauptsächlich in Spanien. Seit der Eroberung Toledos 1085 durch die Christen wurde antikes griechisches Wissen in großem Umfang verfügbar
ca. 1175–1253	ROBERT GROSSETESTE begründet die wissenschaftliche Tradition Oxfords
um 1200–1280	ALBERTUS MAGNUS diskutiert das Kontinuum und die Bewegungslehre des Aristoteles
1214–1292 od. 1294	ROGER BACON diskutiert wie sein Lehrer Robert Grosseteste in Oxford die Paradoxien des Unendlichen und den Aufbau des Kontinuums
um 1290–1349	THOMAS BRADWARDINE ist ein scharfer Geist bei der Diskussion der Eigenschaften des Kontinuums. Mit weiteren Scholaren des Merton-College in Oxford erarbeitet er die „Merton-Regel", mit der Ideen der Kinematik erstmals fassbar werden
vor 1330–1382	NICOLE ORESME nimmt in Frankreich die Gedanken aus England begierig auf und entwickelt sie deutlich weiter. Brillanter Umgang mit unendlichen Reihen
1438–1440	*De docta ignorantia* von NICOLAUS VON KUES (CUSANUS) entsteht
1445–1459	Entstehungszeit der mathematischen Schriften von NICOLAUS VON KUES

4.6 Aufgaben zu Kapitel 4

Aufgabe 4.6.1 *(zu 4.1)* Lösen Sie die Alcuin zugeschriebene Knobelaufgabe: Ein Fährmann soll einen Wolf, eine Ziege und einen Kohlkopf über einen Fluss setzen. Er kann aber immer nur ein Fährgut mitnehmen. Lässt er Wolf und Ziege zurück, so frisst der Wolf die Ziege. Bleiben Ziege und Kohlkopf auf einer Seite, dann wird der Kohlkopf gefressen. Wie schafft es der Fährmann, alles sicher an das andere Ufer zu bringen?

Aufgabe 4.6.2 *(zu 4.3)* Diskutieren Sie den ontologischen Gottesbeweis:

Prämisse 1: Gott ist das vollkommenste Wesen.
Prämisse 2: Zur Vollkommenheit gehört die Existenz.
Konklusion: Gott existiert.

Versuchen Sie herauszufinden, wo *mathematisch* ein Problem liegen könnte.

Aufgabe 4.6.3 *(zu 4.3)* Ist t die Zeit, $t \mapsto x(t)$ der in t zurückgelegte Weg und sind $t \mapsto v(t)$ und $t \mapsto a(t)$ die Geschwindigkeit und die Beschleunigung, dann wissen wir heute: $x'(t) = v(t)$ und $x''(t) = a(t)$. Beweisen Sie damit die Merton-Regel: Ein Körper, der von der Geschwindigkeit v_0 auf v_1 gleichförmig beschleunigt wird, legt denselben Weg zurück wie ein Körper, der sich mit konstanter Geschwindigkeit $v = (v_0 + v_1)/2$ bewegt.

Aufgabe 4.6.4 *(zu 4.3)* Welche Bedeutung hatten die Untersuchungen zur Bewegung für die Analysis?

Aufgabe 4.6.5 *(zu 4.3)* Beweisen Sie, dass die geometrische Reihe

$$\sum_{i=k}^{\infty} q^k$$

für alle q mit $|q| < 1$ konvergiert. Hinweis: Ermitteln Sie eine explizite Formel für die endliche Summe $\sum_{i=k}^{n} q^k$.

Aufgabe 4.6.6 *(zu 4.3)* Beschreiben Sie in eigenen Worten die Möglichkeiten der graphischen Repräsentation von Funktionen, die aus Oresmes Beschäftigung mit der Theorie der Formlatituden entspringen.

5 Indivisible und Infinitesimale in der Renaissance

1434–1498	Florenz unter der Herrschaft der Medici
um 1445	Erfindung des Buchdrucks mit beweglichen Lettern durch Gutenberg
1452–1519	Leonardo da Vinci
1453	Türken erobern Konstantinopel, Ende des byzantinischen Reiches
1471–1528	Albrecht Dürer
1475–1520	Michelangelo
1492	Wiederentdeckung Amerikas durch Kolumbus
1509–1547	Heinrich VIII. König von England
1517	Beginn der Reformation. Martin Luther schlägt die 95 Thesen gegen den Ablass an die Tür der Schlosskirche in Wittenberg
1519–1556	Karl V. Kaiser des Hl. Römischen Reiches
1521	Reichstag zu Worms. Luther erleidet die Reichsacht
1524–1525	Bauernkrieg
1530	Augsburgisches Bekenntnis auf dem Reichstag zu Augsburg
1534	Der Spanier Ignatius von Loyola gründet die „Gesellschaft Jesu"
1546–1547	Schmalkaldischer Krieg
1555	Augsburger Religionsfriede
1545–1563	Konzil von Trient; Reform der katholischen Kirche
1548–1603	Elisabeth I. Königin von England
1556–1598	Philipp II. König von Spanien
1556–1612	Regierungszeit der Kaiser Ferdinand I., Maximilian II., Rudolf II.
1560	In Neapel wird die erste europäische Akademie der Neuzeit gegründet
1582	Kalenderreform durch Papst Gregor XIII: Der Julianische Kalender wird (zunächst in katholischen Ländern) durch den Gregorianischen Kalender abgelöst
1588	Untergang der Spanischen Armada
1590	Die Kuppel der Peterskirche wird vollendet
1571	Am 7. Oktober siegt die christliche Liga unter Don Juan d'Austria über die türkische Flotte in der Schlacht bei Lepanto
1579	Utrechter Union; Zusammenschluß der nördlichen Niederlande gegen Spanien
1593–1609	Türkenkrieg
1610	Galileo Galilei veröffentlicht sensationelle astronomische Entdeckungen mit dem Fernrohr
1612–1619	Kaiser Matthias
1618	Prager Fenstersturz. Der 30jährige Krieg beginnt
1619–1637	Kaiser Ferdinand II.
ab 1615	Wallensteins steile Karriere als Kriegsherr auf katholischer Seite
ab 1630	Die Schweden greifen unter Gustav II. Adolf in den Dreißigjährigen Krieg ein
1634	Wallenstein wird ermordet
1648	Der 30jährige Krieg endet

5.1 Renaissance: Die Wiedergeburt der Antike

Man zählt die Zeit vom beginnenden 15. Jahrhundert bis zum Ende des 16. Jahrhunderts zu der Epoche der Renaissance. Eine genauere zeitliche Bestimmung ist schwierig. Die Zeit von etwa 1420 bis 1500 wird mit Frührenaissance bezeichnet. Ganz wesentlich sind es die Perspektive in der Malerei und die Bewunderung der bildenden Kunst der Griechen, die das neue Interesse an der Antike befeuern, das in Italien seinen Anfang nahm. Etwa von 1500 bis 1530 lässt sich die Zeit der Hochrenaissance einordnen, in der Leonardo da Vinci (1452–1519) seine berühmtesten Werke malt, Michelangelo Buonarroti (1475–1564) die Fresken in der Sixtinischen Kapelle anfertigt und Albrecht Dürer (1471–1521) nördlich der Alpen durch seine Kupferstiche Aufsehen erregt. Die Zeit vom Tod des Raffael (1483–1520) bis etwa 1600 ist die Spätrenaissance, die in der Kunst nach Jacob Burckhardt auch als Manierismus bekannt ist. Im 15. Jahrhundert zeichnete sich unter dem Eindruck der Renaissance ein grundlegender Wandel in den europäischen Gesellschaften ab. Man löste sich aus den Fesseln eines durch die Kirche und stark hierarchisch geprägten Strukturen fremdbestimmten Lebens und wandte sich einer stärker durch das Individuum geprägten Existenz zu. Starke Impulse für diesen Wandel kamen von Gelehrten des byzantinischen Reiches, die nach

Abb. 5.1.1 Schule von Athen (Fresco im Vatikan in der Stanza della Segnatura von Raffael 1510/11). Viele bekannte Gelehrte der griechischen Antike finden sich auf diesem Fresco vereint. Platon und Aristoteles befinden sich in der Bildmitte im Hintergrund, Aristoteles hält seine Ethik in der Hand. Unten links liest Pythagoras in einem Werk. Mit dem auch abgebildeten Averroes werden Personen der Renaissance für den Wissenstransfer aus der antiken Welt gewürdigt.

Abb. 5.1.2 Der große Humanist Erasmus von Rotterdam (li) (Gemälde von Hans Holbein dem Jüngeren 1523) bereitete die Reformation durch seine Schriften mit vor, distanzierte sich aber von ihr, als Martin Luther (re) (Gemälde von Lucas Cranach der Ältere 1529) die Trennung von der römisch-katholischen Kirche vollzog.

dem Fall von Konstantinopel an die Türken im Jahr 1453 in die oberitalienischen Städte flüchteten. Den Wandel unterstützte auch der aufkommende Humanismus, der mit Rückblick auf die antike Philosophie den Menschen in den Mittelpunkt der Welt rückte und die Entfaltung seiner Kräfte auf ethisch-kulturellem Gebiet propagierte. Dieser Humanismus wurde zu einer umfassenden Bildungsbewegung bis in unsere Zeit, in der der französische Philosoph und Schriftsteller Jean-Paul Sartre (1905–1980) den „existenzialistischen Humanismus" begründete. In der Renaissance wurde Erasmus (Desiderius) von Rotterdam (1465 od. 1469–1536) der führende Humanist. Gerade in Deutschland hatte der Humanismus aber auch eine starke politische Komponente, die sich gegen den Papst und die römisch-katholische Kirche richtete und schließlich in die Reformation Martin Luthers führte, der sich die meisten Humanisten dann jedoch wegen ihrer Radikalität einer Kirchenneugründung nicht mehr anschließen konnten.

Im Jahr 1492 entdeckt der Genueser Seefahrer Christoph Kolumbus (1451–1506) in spanischen Diensten Amerika, das er noch für Indien hält. Damit öffnen sich im wahrsten Sinn des Wortes neue Horizonte. Um 1450 gelingt Johannes Gensfleisch (1400–1468), genannt Gutenberg, in Mainz mit dem Buchdruck mit beweglichen Lettern der Durchbruch zur Vervielfältigung von Schriften und Büchern. Er ist nicht der eigentliche Erfinder dieser Technik, trägt aber bereits bekannte Techniken des Buchdrucks zusammen und verfeinert und erweitert sie so, dass der Buchdruck nun praktikabel ist. Ohne diesen Buchdruck sind weder die Reformation noch die schnelle Verbreitung wissenschaftlicher Erkenntnis in der Renaissance denkbar.

Nicolaus Copernicus (1473–1543), Domherr in Frauenburg und Astronom, publiziert in seinem Buch *De Revolutionibus Orbium Caelestium* (Über die Umdrehungen der himmlischen Sphären) das bis heute akzeptierte Weltmodell mit der Sonne im Zentrum, um die sich die Planeten drehen. Das Buch erscheint im Todesjahr des Autors und löst das seit etwa 150 n. Chr. akzeptierte geozentrische Weltbild des Klaudios Ptolemaios (um 100 – um 175) ab. Obwohl im Zusammenhang mit *De Revolutionibus* gerne von einem Paradigma einer „wissenschaftlichen Revolution" [Kuhn 2009] gesprochen wird, liegt mit dem kopernikanischen System keine Vereinfachung des Ptolemäischen Systems vor. Ptolemaios hatte Epizykel einführen müssen, um seine Bahnen mit den Beobachtungen in Einklang zu bringen. Copernicus benötigt dazu die doppelte Anzahl von Epizykeln in seinem heliozentrischen Modell [Neugebauer 1969, S. 204]. Erst Johannes Kepler (1571–1630) wird sich von kreisförmigen Bahnen der Planeten lösen und als wahre Orbits die Ellipsen erkennen.

Natürlich hatte die Kirche mit einem heliozentrischen System große Probleme, schienen sich doch Widersprüche mit Inhalten der Bibel aufzutun. Schließlich war der Mensch das Zentrum göttlicher Schöpfung und gehörte daher in die Mitte des Kosmos. Man bezog sich auf die Bibelstelle im Buch Josua des alten Testaments, Kapitel 10, Vers 12–13:

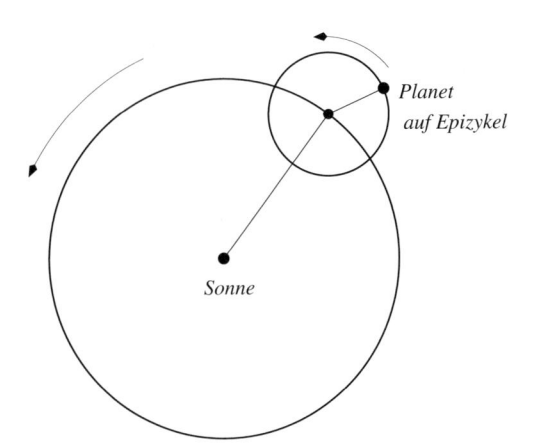

Abb. 5.1.3 Ptolemäisches System mit Epizyklen. Neben anderen technischen Hilfskonstruktionen führte Ptolemaios die Epizykel ein, die wohl auf Apollonius von Perge (ca. 262 v. Chr.–ca. 190 v. Chr.) zurückgehen. Bei Beobachtungen der Planetenbahnen zeigten einige, z. B. der Mars, Schleifenbewegungen. Um solche Bewegungen im Rahmen von Kreisbahnen realisieren zu können, setzte Ptolemaios den Planeten auf einen kleineren Kreis, auf dem er sich bewegt. Der Epizykel wiederum dreht sich auf einem großen Orbit, dem Deferenten, um die Erde. Copernicus stellte die Sonne in das Zentrum des Kosmos

(12) Damals redete Josua mit dem HERRN an dem Tage, da der HERR die Amoriter vor den Israeliten dahingab und er sprach in Gegenwart Israels: Sonne, steh still zu Gibeon, und Mond, im Tal Ajalon!

(13) Da stand die Sonne still, und der Mond blieb stehen, bis sich das Volk an seinen Feinden gerächt hatte. ...

Wenn Gott die Sonne zum Stillstand bringen konnte, wie kann sich dann die Sonne nicht um die Erde drehen? Dennoch waren Publikationen zum kopernikanischen System durchaus möglich, wenn man nur daran dachte, das System klar als „Modell" zu bezeichnen. Galileo Galilei (1564–1642) kam in große Schwierigkeiten, als er das kopernikanische System als Realität darstellte.

Auch in der Mathematik richtete sich der Blick zurück in die Antike. Für die Analyis wurden nun die Schwerpunktsberechnungen des Archimedes aufgegriffen und es wurden darüber hinausgehende Überlegungen angestellt.

5.2 Die Schwerpunktrechner

In der zweiten Hälfte des 16. Jahrhunderts entsteht eine Kultur der Schwerpunktsbestimmung, die durch die Verehrung der Arbeit *Über das Gleichgewicht ebener Flächen oder über den Schwerpunkt endlicher Flächen* des Archimedes angeregt wird. Dabei richtet sich das Interesse auf die Schwerpunktsberechnung von Körpern, da von Archimedes auf diesem Gebiet nur wenig überliefert ist. Obwohl es so aussieht, als beschäftigten wir uns jetzt mit einem eher unbedeutenden Nebenkriegsschauplatz, haben die Schwerpunktsberechnungen in der Tat eine wichtige Rolle bei der Entwicklung der Differential- und Integralrechnung gespielt, was man der Arbeit *Analysis tetragonistica ex centrobarycis* von Gottfried Wilhelm Leibniz entnehmen kann, die im Oktober 1675 entstand [Leibniz 2008, S. 263–269], englisch in [Child 2005, S. 65 ff.].

Francesco Maurolico (1494–1575) war ein aus Messina stammender Benediktiner-Abt aus einer griechischen Familie, die nach der Eroberung Konstantinopels durch die Türken nach Sizilien geflüchtet war. Maurolico gilt als Universalgelehrter des 16. Jahrhunderts, der zahlreiche antike Werke – unter anderen Euklid und Archimedes – übersetzt hat. Er war ein großer Geometer und hat Methoden zur Erdvermessung erarbeitet; auch als Historiker hat er sich einen Namen gemacht, als Astronom und natürlich als Mathematiker. Nur wenige seiner Werke sind zu seinen Lebzeiten gedruckt worden: Das meiste befindet sich in Manuskriptform, so auch die Arbeit *De momentis aequalibus*. Eine vollständige Edition seiner Werke ist vor kurzem in Pisa begonnen worden. In dieser Arbeit beweist Maurolico zuerst einen Satz über

5.2 Die Schwerpunktrechner

Abb. 5.2.1 Li.: Ausschnitt eines Gemäldes aus dem 17. Jh. (vermutlich von Hendrick van Balen). Es könnte den Titel tragen "jedes Ding hat sein Maß", aber auch das Lernen und Weitergeben von Wissen ist thematisiert. In Europa wurde mit unterschiedlichen Längenmaßen (z.B. Ellen, Fußmaße), Gewichten und Raummaßen gearbeitet. Hier steht das Messen für die Anwendung im Vordergrund. Re.: Francesco Maurolico (unbekannter Künstler)

den Schwerpunkt mehrerer Gewichte an einer Stange [Baron 1987, S. 91 f.]. Gilt in Abb. 5.2.2

$$AE = CG, EF = GH, BF = DH$$

und

$$I : O = K : P = M : Q = N : R,$$

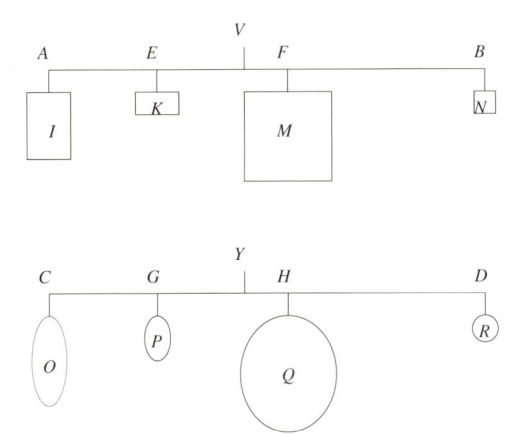

Abb. 5.2.2 Verschiedene Gewichte an einer Stange

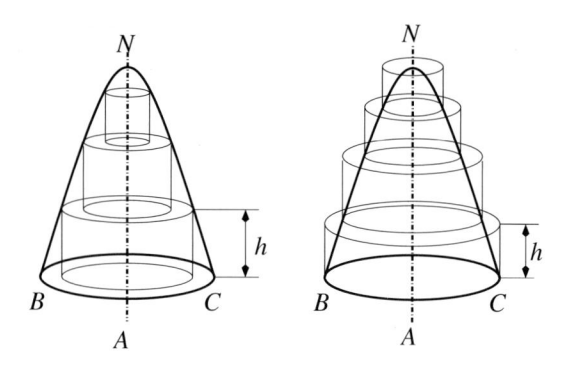

Abb. 5.2.3 Einbeschriebene und umbeschriebene Zylinderstücke am Rotationsparaboloid

dann gilt auch $VB = YD$. Dieser Satz dient als Vorbereitung eines subtilen Wiegeprozesses, den Maurolico für ein Rotationsparaboloid beschreibt. Dazu wird ein Abschnitt eines Rotationsparaboloids betrachtet und die Längsachse AN in n gleiche Teile der Höhe h eingeteilt (vgl. Abb. 5.2.3). Die Höhe AN ist damit nh. Dann denkt sich Maurolico dem Paraboloid Zylinderstücke der Höhe h einerseits einbeschrieben und andererseits umbeschrieben, wie in Abb. 5.2.3 gezeigt. Betrachten wir zunächst nur den Fall der einbeschriebenen Zylinder. Die Volumina der einbeschriebenen Zylinder seien $v_1, v_2, \ldots v_{n-1}$ und die zugehörigen Radien seien $r_1, r_2, \ldots, r_{n-1}$. Da alle Zylinderstücke dieselbe Höhe h haben, ist ihr Volumen proportional zu r^2 und es gilt

$$\frac{v_1}{r_1^2} = \frac{v_2}{r_2^2} = \frac{v_3}{r_3^2} = \ldots = \frac{v_{n-1}}{r_{n-1}^2}.$$

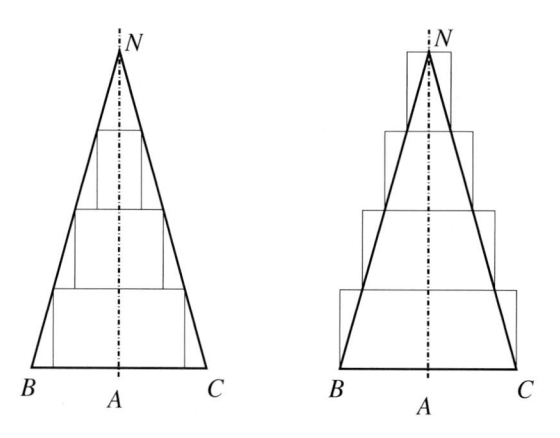

Abb. 5.2.4 Vergleichsflächen am Dreieck

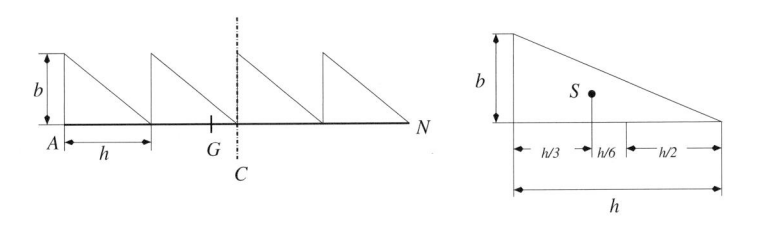

Abb. 5.2.5 Dreiecke auf dem Hebelarm

Nun ist der Grundkörper aber ein Paraboloid, so dass auch

$$r_1^2 \sim h, \quad r_2^2 \sim 2h, \quad r_3^2 \sim 3h, \quad \ldots$$

gilt, woraus sich schließlich

$$\frac{v_1}{1} = \frac{v_2}{2} = \frac{v_3}{3} = \ldots$$

ergibt. Nun folgt eine geniale Idee Maurolicos. Er sucht zu seinem in Zylinderstücke unterteilten Paraboloid Vergleichs*flächen* und findet sie in einem Kegel bzw. Dreieck mit denselben Abmessungen wie beim Paraboloid. Für die in Abb. 5.2.4 gezeigten Rechtecke im Dreieck gilt nämlich auch, dass ihre Flächen sich wie

$$1 : 2 : 3 : 4 : \ldots$$

verhalten. Damit kann man bei Betrachtungen der Zylinderstücke auf einem Hebelarm diese durch die entsprechenden Rechtecke ersetzen.

Bisher haben wir nur den Fall der einbeschriebenen Zylinder diskutiert; für den Fall der umbeschriebenen Zylinder gilt jedoch ganz analog das bisher Gesagte.

Nun kommt Maurolico zur Bestimmung der eigentlichen Schwerpunktslage und setzt dazu n rechtwinklige Dreiecke auf einen Hebelarm der Länge nh, was der Strecke AN entspricht. Da der Schwerpunkt S eines einzelnen Dreiecks wie in Abb. 5.2.5 bei einem Drittel der Höhe liegt, muss der Schwerpunkt G der n Dreiecke auf dem Hebelarm um $h/6$ vom Mittelpunkt C entfernt sein, d. h.

$$GN = \frac{nh}{2} \pm \frac{h}{6},$$

wobei sich das Vorzeichen danach richtet, wie die Dreiecke auf AN angeordnet sind. Dasselbe Resultat gilt auch, wenn man die Dreiecke in vertikaler Richtung beliebig verschiebt, z. B. so wie in Abb. 5.2.6. Damit kann Maurolico nun die Dreiecksfläche aus Abb. 5.2.4 auffassen als die Fläche der Rechtecke, von denen Dreiecke abgezogen, bzw. hinzugefügt werden. Die Fläche eines schraffierten Dreiecks beträgt $h \cdot b/2$, wobei für b offenbar $b = r/n$ gilt, wenn r die Länge der Strecke $AC = AB$ bezeichnet. Damit ist die Gesamtfläche aller kleinen Dreiecke

$$2 \cdot n \cdot \frac{h \cdot b}{2} = nhb = hr.$$

Bezeichnen wir die Gesamtfläche des großen Dreiecks mit F, dann gilt

$$F = nhr.$$

Für die Flächen der Rechtecke ergibt sich also im einbeschriebenen Fall

$$nhr - hr = F - \frac{F}{n} = F\left(1 - \frac{1}{n}\right) \qquad (5.1)$$

und im umbeschriebenen Fall

$$nhr + hr = F + \frac{F}{n} = F\left(1 + \frac{1}{n}\right).$$

Berechnet man jetzt die Momente des Hebelarms um den Punkt N, dann ergibt sich

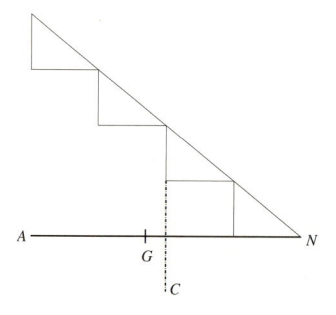

Abb. 5.2.6 Verschobene Dreiecke auf dem Hebelarm

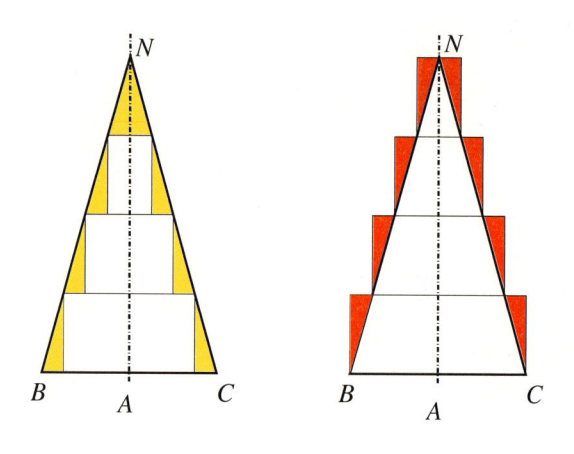

Abb. 5.2.7 Dreiecksfläche als Summe oder Differenz

$$M := \underbrace{F \cdot \frac{2}{3}nh}_{\text{Moment des großen Dreiecks}} \mp \underbrace{\frac{F}{n} \cdot \left(\frac{nh}{2} \pm \frac{h}{6}\right)}_{\text{Moment der kleinen Dreiecke}(=\frac{F}{n} \cdot GN)}$$

$$= F \cdot \left(\frac{n \mp 1}{n}\right) \cdot G_\square N,$$

wobei $G_\square$ nun den Schwerpunkt der Rechtecke bezeichnen soll. Es folgt also

$$h\left(\frac{2}{3}n \mp \frac{1}{2} - \frac{1}{6n}\right) = \frac{n \mp 1}{n} G_\square N$$

bzw. daraus

$$G_\square N = \frac{2}{3}nh \pm \frac{h}{6}.$$

Wir sehen nun zweierlei: Die Schwerpunktslage der einbeschriebenen Rechtecke unterscheidet sich von der der umbeschriebenen Rechtecke um $2 \cdot h/6 = h/3$ und für $n \to \infty$, $h \to 0$ und nh konstant folgt für den Schwerpunkt G_P des Paraboloids

$$G_P N = \tfrac{2}{3} AN, \text{ also } \quad AG_P : G_P N = 1 : 2.$$

Diesen Schritt hat Maurolico mit Hilfe eines klassischen *reductio ad absurdum*-Arguments ausgeführt. Neben Maurolico sind Federico Commandino (1509–

Abb. 5.2.8 Federico Commandino und das Titelblatt seiner Übersetzung der Werke des Pappos, 1589

1575) und Luca Valerio (1552–1618) italienische Mathematiker, die an Schwerpunktsberechnungen von Körpern großes Interesse zeigten. Commandino studierte in Padua und Ferrara Medizin. Er machte sich einen Namen durch die Übersetzung antiker Werke von Euklid, Aristarchos von Samos und Pappos von Alexandria, gab die Werke des Archimedes heraus und schrieb 1565 *Liber de centro gravitatis solidorum*, in dem sich auch „Der Satz von Commandino" zur Geometrie des Tetraeders befindet. Luca Valerio war ein Jesuit, der mit Galileo Galilei korrespondierte. Er studierte Philosophie und Theologie und war ein Student von Clavius. Als die Krise um Galilei eskalierte und die katholische Kirche die Lehre des Copernicus offiziell zur Irrlehre erklärte, brach er die Korrespondenz mit Galilei ab und trat aus der Accademia dei Lincei aus. Über die Arbeiten zur Schwerpunktsbestimmung von Commandino und Valerio hat Margaret Baron in [Baron 1987, S. 94 ff.] berichtet.

Der interessanteste Schwerpunktrechner dieser Zeit ist sicherlich der geniale Flame Simon Stevin (1548–1620). Stevin wurde in Brügge geboren, aber über sein weiteres Leben ist wenig bekannt. Er unternahm Reisen nach Polen, Dänemark und nach weiteren Ländern in Nordeuropa. Als er von den Reisen wieder zurückkam, wurde er der Erzieher von Moritz von Nassau. Moritz war

Abb. 5.2.9 Simon Stevin und der von ihm entwickelte Segelwagen für Prinz Moritz von Oranien, 1649

es auch, der ihn zum Direktor der Regierungsbehörde für Wasserangelegenheiten (Waterstaat) machte. Stevin ist nicht nur als genialer Mathematiker zu sehen, sondern auch als herausragender Ingenieur und Physiker. Er war wohl der Erste, der das Rechnen mit Dezimalzahlen beherrschte und lehrte. Zahlreiche Erfindungen gehen auf sein Konto und in der Mechanik zeigt er sich als genialer Entdecker, z. B. beim hydrostatischen Paradoxon, bei der Gezeitentheorie und bei der Ablehnung des perpetuum mobile. Wir haben hier nur seine Beiträge zur Analysis zu würdigen, die man in seinen Schriften zur Mechanik findet. Seine Bedeutung liegt in seinem Bemühen, die archimedische Argumentation über die reductio ad absurdum zu vereinfachen. Er benutzte das Argument: Wenn die Differenz zweier Größen kleiner gemacht werden kann als jede vorgegebene Größe, dann sind die beiden Größen gleich. Wir greifen zur Erläuterung auf das von Maurolico verwendete Dreieck mit einbeschriebenen Rechtecken wie in Abb. 5.2.10 zurück. Stevin möchte beweisen, dass der Schwerpunkt des Dreiecks auf der Seitenhalbierenden AD liegt. Ist die Fläche des Dreiecks ABC mit F bezeichnet und nennen wir die Summe der Flächen der n einbeschriebenen Rechtecke I_n, dann haben wir schon bei Maurolico in (5.1) gesehen, dass

$$F - I_n = \frac{F}{n}$$

ist. Nach Euklid (*Elemente* X.1) kann man F/n durch Wahl von n beliebig klein machen, also

$$\lim_{n \to \infty} \frac{F}{n} = 0.$$

Sind F_1 und F_2 die Flächen der Teildreiecke ABD und ADC, dann gilt also

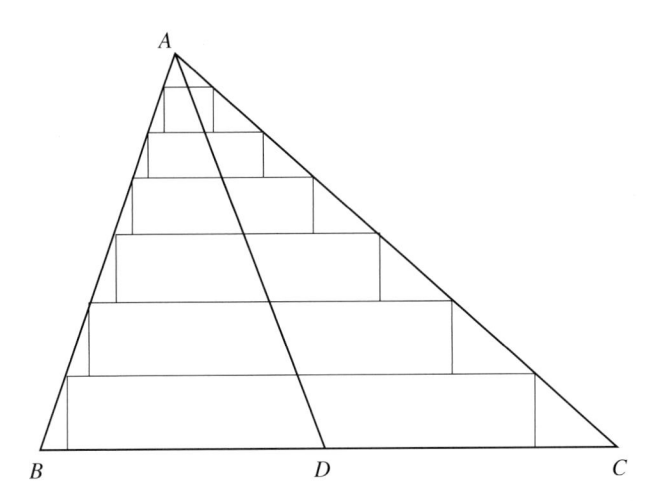

Abb. 5.2.10 Ein Dreieck mit einbeschriebenen Rechtecken

$$F - I_n = \frac{F}{n}$$
$$F_1 - \frac{I_n}{2} < \frac{F}{n}$$
$$F_2 - \frac{I_n}{2} < \frac{F}{n}$$

und
$$|F_1 - F_2| < \frac{F}{n}.$$

Gibt man also eine kleine Fläche $\varepsilon > 0$ vor, dann findet man immer ein n, so dass gilt
$$|F_1 - F_2| < \varepsilon.$$

Stevin argumentiert jetzt nicht mit der reductio ad absurdum, sondern er verwendet die logische Regel der „Kontraposition"

$$(p \to q) \Rightarrow (\neg q \to \neg p)$$

in der folgenden Form [Baron 1987, S. 99]:

1. Unterscheiden sich zwei Größen, dann unterscheiden sie sich um eine endliche Größe.
2. Diese Größen [gemeint sind F_1 und F_2] unterscheiden sich um weniger als eine endliche Größe.
3. Diese Größen unterscheiden sich nicht.

Stevin hat damit einen entscheidenden Schritt über die archimedische reductio ad absurdum hinaus getan: Mit Mitteln der Syllogistik hat er gezeigt, dass es den archimedischen Umweg nicht braucht, um einen Grenzübergang durchzuführen. Seine Methode wurde zu seiner Zeit durchaus anerkannt, aber dann wurde der Einfluss von Cavalieri so groß, dass man einen rigorosen Grenzübergang für nicht mehr praktikabel hielt.

5.3 Johannes Kepler

Am 27. Dezember 1571 wird Johannes Kepler in der kleinen württembergischen Stadt Weil der Stadt geboren. Er wird einer der größten Astronomen der Welt werden – seine „Keplerschen Gleichungen" sind heute Grundlagen der Raumfahrt – und sich als Naturforscher insbesondere auf dem Gebiet der Optik hervortun [Caspar 1993]. Weniger bekannt mag sein, dass er auch einen hervorragenden Beitrag zur Analysis geleistet hat, und zwar aus Anlass seiner zweiten Heirat!

Als Johannes zur Welt kommt, ist Weil der Stadt lutherisch und unter den etwa 1000 Einwohnern der kleinen freien Reichsstadt sind seine Eltern zu

Abb. 5.3.1 Johannes Kepler und sein Geburtshaus in Weil der Stadt. Heute Sitz des Kepler-Museums [Foto Hagenlocher]

den Wohlhabenden zu zählen. Getauft wurde Johannes aber wohl in der katholischen Kirche, denn es gab weder eine lutherische Kirche, noch einen solchen Pastor [Lemcke 1995]. Der Vater Heinrich war das vierte Kind des Bürgermeisters von Weil der Stadt, der auch eine Schankwirtschaft unterhielt und mit verschiedenen Waren handelte. Die Mutter, Katharina Guldenmann, stammte ebenfalls aus einer Bürgermeister- und Schankwirtfamilie aus Eltingen. Die Mutter hatte offenbar im Haus ihrer Schwiegereltern keinen leichten Stand und auch die Ehe kann nicht als glücklich gewertet werden. Vater Heinrich scheint ein rechter Taugenichts gewesen zu sein. Er ging als Söldner in die Spanischen Niederlande und kämpfte auf katholischer Seite. Die Mutter reiste ihm hinterher – vermutlich, um ihn nach Hause und in die Verantwortung eines Familienvaters zurück zu holen – und lies den kleinen Johannes bei den Schwiegereltern zurück, wo er an den Pocken erkrankte. Er überstand diese Krankheit trotz seiner zerbrechlichen Konstitution, blieb aber Zeit seines Lebens durch Vernarbungen auf der Hornhaut und dadurch hervorgerufene Kurzsichtigkeit stark fehlsichtig. Im Jahr 1575 sind beide Eltern wieder in Weil der Stadt, wo der Vater nun ein Haus am Marktplatz kauft, aber nach

Abb. 5.3.2 Der große Komet von 1577 über Prag (Holzschnitt von Jiri Daschitzsky)

nur einem Jahr wieder sein Glück als Söldner sucht. Die Schulausbildung des kleinen Johannes begann 1577 mit Lese- und Schreibunterricht im benachbarten Städtchen Leonberg, dann ging es 1578 an die dortige Lateinschule. Der Besuch der Lateinschule war den Kindern aus wohlhabenderen Familien oder aber den besonders talentierten vorbehalten.

Kepler hat später berichtet, seine Mutter habe ihn 1577 auf einen Hügel geführt, um ihm einen Kometen zu zeigen. Dieser Komet soll selbst am Tage klar erkennbar gewesen sein und wurde von zahlreichen Astronomen beobachtet. Es ist ohne Zweifel, dass dieser Komet Johannes' Interesse an Himmelsphänomenen stark beeinflußt hat. Aber was sind damals Kometen? Während die Astronomen noch rätseln, ob es sich um atmosphärische Erscheinungen handelt oder um außerirdische Phänomene, stellen Kometen für die gemeine Bevölkerung die Vorboten schlechter Nachrichten dar. Es sind sozusagen „Telegramme von Gott", mit denen dieser Strafen für das Fehlverhalten der Menschen ankündigt.

Die Schulkinder mussten damals häufig zu Hause helfen und so war der Schulbesuch in vielen Fällen sporadisch. Das gilt auch für Johannes Kepler. Als der Vater 1577 nach Hause kommt und das Haus 1579 verkauft, zieht die Familie nach Ellmendingen, wo der Vater das Gasthaus „Zur Sonne" übernimmt. Spätestens ab dieser Zeit muss Johannes Arbeit auf den Feldern leisten und kann die Lateinschule nur noch im Winter besuchen, bleibt aber ein guter Schüler. In der Ellmendinger Zeit zeigte Vater Kepler seinem Sohn eine Mondfinsternis – ein weiteres Ereignis, das das Interesse des kleinen Johannes an den Himmelsphänomenen befeuert haben mag. Im Jahr 1583 ist der Vater pleite, gibt die Gastwirtschaft auf und die Familie zieht nach Leonberg. Im gleichen Jahr besteht Johannes das „Landexamen" und nun steht ihm eine geistliche Laufbahn offen. Am 16. Oktober findet er Aufnahme in der Klosterschule Adelberg. Das Leben in den Klosterschulen war hart und beruhte auf einem gnadenlosen System von Bespitzelung und Unterdrückung. Kepler reagiert auf die Zustände mit psychosomatischen Störungen – er entwickelt hohes Fieber und Kopfschmerzen. Hier beginnt er auch seine theologischen Grübeleien, die ihn sein Leben lang begleiten sollen. Die Auseinandersetzungen zwischen den Lutheranern und den Calvinisten sind auf dem Höhepunkt. Während die Lutheraner glauben, beim Abendmahl sei Jesus Christus leibhaftig anwesend, vertreten die Calvinisten die Anschauung, dass er nur „im Geiste" anwesend sei. Kepler kommt als Lutheraner zu dem Schluss, dass er sich eigentlich in diesem Punkt nur den Calvinisten anschließen kann. Da er darüber nicht sprechen kann, muss er diesen Konflikt in sich verschließen. Auch mit Mathematik und Poesie beschäftigt sich der Junge in Adelberg, um vor den Konflikten mit seinen Mitschülern zu fliehen. Nach zwei Jahren und bestandener Abschlussprüfung kommt Johannes im November 1586 an die höhere Klosterschule Maulbronn, wo er noch stärker unter den Repressalien seiner Mitschüler leiden muss . Einmal bekommt er ein derart hohes Fieber, dass um sein Leben gefürchtet wird. Noch Jahrhunderte später wird Hermann Hesse in seinem Roman *Unterm Rad* die immer noch scheußlichen Verhältnisse in Maulbronn anklagen.

Nach zwei Jahren in Maulbronn legt Kepler erfolgreich in Tübingen die Baccalaureatsprüfung ab und kommt für ein Jahr als „Veteran" zurück nach Maulbronn, bevor er 1589 das Tübinger Stift bezieht, von wo aus er an der Artistenfakultät der Universität Tübingen studieren soll. Danach kann er sich in das eigentliche Studium der Theologie begeben. In diesem Jahr tut auch seine Mutter das für damalige Zeiten Ungeheuerliche: Sie wirft ihren Mann aus dem Haus, der daraufhin für immer verschwindet.

Kepler hört unter anderen auch Vorlesungen in Mathematik und Astronomie bei dem damals schon bekannten Astronomen Michael Mästlin (1550–1631), Professor für Mathematik an der Universität Tübingen. Aber Kepler lernt auch die griechischen Philosophen kennen und er liest die Schriften des Nicolaus von Kues. Kepler gilt schon jetzt als gewiefter Astrologe, der seinen Kommilitonen Horoskope ausstellt. Hier entstehen auch Vorarbeiten zu dem ersten „Science Fiction"-Roman der Geschichte – dem *Mondtraum* (begonnen 1610), an dessen Abfassung er bis zu seinem Tode arbeitet und der erst posthum erscheinen wird. Hierin berichtet Kepler von einer fiktiven Reise zum Mond. Am 11. August 1591 besteht Kepler das Magisterexamen als zweiter von 15 Kandidaten, beantragt und erhält ein Stipendium und wechselt zum Theologiestudium an die Universität. Als Kepler im dritten Jahr studiert, erreicht die Tübinger Fakultät die Bitte der Stiftsschule in Graz, einen Nachfolger für den verstorbenen Mathematiklehrer zu schicken. Man schickt Kepler, der eigentlich gar nicht gehen will; vielleicht wegen seiner bekannten mathematischen Fähigkeiten, vielleicht aber auch, weil seine unkonventionellen theologischen Ansichten durchgesickert waren.

Nach zwanzig Reisetagen trifft Kepler am 11. April 1594 in Graz ein. Ein Mathematiklehrer war damals nicht viel wert und hatte wenig Ansehen. Zudem sind die Grazer Protestanten in einer prekären Lage. Im Zuge der Gegenreformation waren die Jesuiten nach Graz gekommen, hatten 1572 ein Kolleg (das jesuitische Pendant eines Klosters) gegründet, 1573 ein Gymnasium und 1585 eine Universität. Die Stiftsschule, an der Kepler nun lehrt, ist das protestantische Gegenstück zur jesuitischen Universität. Die Lage zwischen den Protestanten und den Katholiken hatte sich durch Verbohrtheit auf beiden Seiten, insbesondere aber der Protestanten, stark verschärft, so dass der katholische Erzherzog Karl dazu übergegangen war, die Protestanten unter Druck zu setzen, die mit Hetzkampagnen antworteten. Unter diesem Eindruck der Situation reagierte Kepler erst einmal nach seiner Ankunft in gewohnter Weise – er bekam hohes Fieber und konnte erst am 24. Mai den Unterricht aufnehmen. Sein Unterricht war so anspruchsvoll und er wohl auch so ungeschickt, dass ihm im zweiten Jahr die Schüler wegblieben. Trotzdem waren die Schulinspektoren offenbar sehr mit ihm zufrieden. Sie stellten fest, dass [Oeser 1971, S. 31]

Mathematicum studium nit Jedermans thuen ist

und konstatierten im zweiten Jahr, er habe sich

anfangs perorando, hernach docendo und dann auch disputando dermassen erwisen, was wir anders nit indiciren khönen, dann dz Er bey seiner Jugent ein gelehrter und in moribus ein bescheidener und dieser Einer Ersamen Landschafft Schuell allhie ein wolanstehund Magister und profeßor wie nit ohn ist.

Neben seiner Stelle als Grazer Lehrer war er auch Mathematiker einer „Ehrsamen Landschaft der Steiermark", für die er jährliche Kalender mit „Prognostica" anzufertigen hatte, die sich auf das Wetter und auf allgemeine Horoskope bezogen. Keplers Gehalt als Mathematiklehrer betrug 150 Gulden, für den Kalender kamen noch 20 Gulden jährlich hinzu. Zum Vergleich: Sein Amtsvorgänger Georg Stadius hatte ein Jahresgehalt von 200 Gulden in Graz und 32 Gulden für den Kalender!

Hier nun beginnt die eigentliche Karriere Keplers als Astrologe! Schon seine ersten Prognostica für 1595 waren sehr erfolgreich. Er sagt Türkeneinfall, strenge Kälte und Bauernaufstände voraus und alles tritt ein. Kepler hat immer daran geglaubt, dass es mehr als nur die sichtbaren Dinge zwischen Himmel und Erde gibt, aber an die Macht der Astrologie, das Schicksal *bestimmt* vorherzusagen, hat er nie geglaubt! Davon zeugen eindeutige Bemerkungen von ihm, so etwa [Gerlach/List 1987, S. 29]:

> *Es ist wol diese Astrologia ein närrisches Töchterlin, aber lieber Gott, wo wolt ihr Mutter die hochvernünfftige Astronomia bleiben, wann sie diese närrische Tochter nit hette, ist doch die Welt noch viel närrischer*

oder

> *Die Dirne Astrologia muß ihre Mutter Astronomia aushalten.*

Kepler beschäftigt sich vermehrt mit Astronomie, insbesondere beschäftigt ihn die Frage, warum es gerade sechs Planeten gibt und nicht mehr oder weniger (die Planeten Uranus, Neptun und Pluto waren noch nicht entdeckt). Nach der Überzeugung Keplers kann der Kosmos von Gott nur nach einem mathematischen Plan entworfen sein. Er versucht sich an Zahlenverhältnissen für die Abstände der Planetenbahnen, was aber scheitert. Dann kommt ihm plötzlich eine Idee: Es gibt fünf platonische Körper, Tetraeder, Hexaeder (=Würfel), Oktaeder, Dodekaeder und Ikosaeder. Was wäre, wenn Gott die 6 Planeten geschaffen hätte, *weil* es genau fünf platonische Körper gibt? Kepler schreibt [Kepler 2005a, S. 17]:

> *Der Erdkreis ist das Maß für alle anderen. Ihm umschreibe ein Dodekaeder; der diesen umspannenden Kreis ist der Mars. Dem Mars umschreibe ein Tetraeder; der dieses umspannende Kreis ist der Jupiter. Dem Jupiterkreis umschreibe einen Würfel; der diesen einbeschriebene Kreis ist der Saturn. Nun lege in den Erdkreis ein Ikosaeder; der diesem einbeschriebene Kreis ist die Venus. In den Venuskreis lege ein Oktaeder, der diesem einbeschriebene Kreis ist der Merkur. Da hast Du den Grund für die Anzahl von Planeten.*

Wir Heutigen sehen betroffen auf Keplers naiv erscheinendes „Ergebnis", aber nicht nur Kepler steht noch mit einem Bein im Mittelalter und mit dem anderen in der Neuzeit. Andere werden dieses Weltmodell begeistert aufnehmen. Kepler schreibt weiter [Kepler 2005a, S. 17]:

> *Den Genuß, den ich aus meiner Entdeckung geschöpft habe, mit Worten zu beschreiben, wird mir nie möglich sein.*

Kepler berichtet begeistert an seinen Lehrer Mästlin nach Tübingen und legt seine Ergebnisse in dem Buch *Mysterium cosmographicum* (Weltgeheimnis) nieder, dessen Manuskript er 1596 persönlich zum Druck nach Tübingen

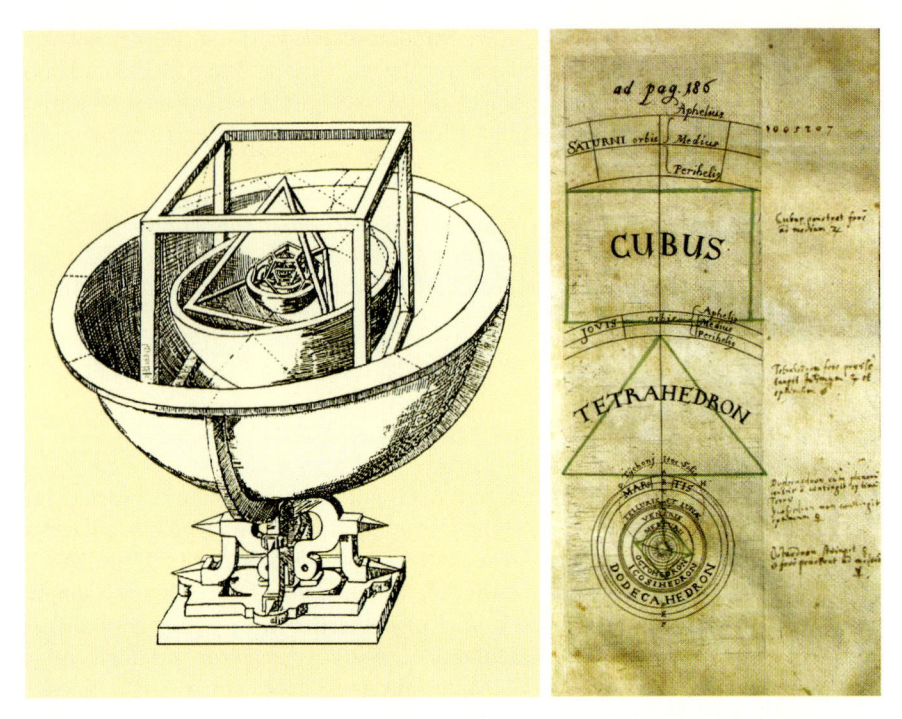

Abb. 5.3.3 Keplers Weltmodell aus dem *Mysterium cosmographicum*, 1596. Darstellung dieses Modells in *Harmonice mundi*, 1619

brachte, wo es 1597 erschien. In diesem Jahr heiratet Kepler die 23jährige zweifache Witwe Barbara Müller, auf die er in Graz aufmerksam wurde. Die Ehe wird nicht glücklich. Von vier gemeinsamen Kindern sterben zwei früh, zudem hat Barbara wohl nie rechtes Verständnis für die wissenschaftlichen Ambitionen ihres Johannes aufgebracht. Im Jahr 1611 stirbt sie. Die Gegenreformation erreicht in Graz 1598 einen Höhepunkt: Alle protestantischen Stifts-, Kirchen- und Schulmitarbeiter werden ausgewiesen, nur Kepler darf als einziger zurückkehren. Er wendet sich verzweifelt an Mästlin und bittet darum, ihm eine Stelle in Tübingen zu verschaffen – Mästlin antwortet ihm nicht. Zwischen 1598 und 1600 sitzt er an dem Manuskript zu einem neuen Buch, der Weltharmonik *Harmonice mundi*. Inzwischen hat er zahlreiche positive Reaktionen auf sein *Mysterium cosmographicum* erhalten, unter anderen von Galileo Galilei und dem damals berühmtesten Astronomen, Tycho Brahe (1546–1601) [Thoren 1990].

Brahe, gebürtiger Däne adliger Abstammung, studierte in Kopenhagen, Leipzig, Rostock, Basel und Wittenberg Philosophie, Naturwissenschaften, Rhetorik und Jura. Im Alter von 20 Jahren verlor er bei einem Duell um eine mathematische Formel seine Nase und trug seitdem eine Prothese, die vermutlich mit Vaseline im Gesicht gehalten wurde. Dabei bestand die Prothese

Abb. 5.3.4 Tycho Brahe mit dem Mauerquadranten aus *Astronomiae instauratae mechanica* 1598, später koloriert

vermutlich aus einer Platte Kupferblech. Der dänische König finanzierte ihm zwei Sternwarten, Uranienborg und Stjernerborg auf der Insel Hven, in denen Tycho zum größten beobachtenden Astronomen seiner Zeit wurde. Noch gibt es keine Fernrohre – Tycho wird seine Beobachtungen mit dem bloßen Auge und mit Hilfe eines großen Quadranten machen. Nach dem Tod des Königs kürzte der Nachfolger die Gelder, so dass Tycho 1597 der Einladung seines Freundes Heinrich Rantzau (1526–1598) [Oestmann 2004] folgte und Dänemark in Richtung Hamburg verließ, um 1599 als kaiserlicher Hofmathematiker nach Prag zu gehen. Dort wollte der Kaiser ihm eine neue Sternwarte bauen.

Da Kepler keine eigenen Instrumente besitzt und sie wegen seiner Sehfehler auch nicht benutzen kann, ist er auf die Beobachtungen anderer angewiesen. Tycho hat sich lobend über sein *Mysterium cosmographicum* geäußert und lädt ihn nun ein, nach Prag zu kommen. Anfang des Jahres 1600 finden wir Kepler in Prag, allerdings gehen die beiden Männer bald im Streit auseinander. Tycho hatte sich eine Hilfskraft gewünscht, die ihm bei der rechnerischen Aufbereitung seiner Daten helfen konnte. Kepler wollte an die Daten des großen Astronomen und muss feststellen, dass dieser ihn nicht teilhaben lassen will und dass die Daten noch in Rohform, also vollständig unbearbeitet, vorliegen. Erst Wochen später schreibt Kepler von Graz aus einen Entschuldigungsbrief an Tycho und dieser nimmt an. So kommt Kepler mit Familie am 19. Oktober 1600 in Prag an. Er leidet an Malaria und Husten. Wieder wendet er sich an seinen alten Lehrer Mästlin und bittet inständig, ihm eine Anstellung in Tübingen zu besorgen – wieder antwortet Mästlin nicht und er wird das auch in den nächsten vier Jahren nicht tun, obwohl Kepler ihm noch einige Male schreibt.

Der Tod des Schwiegervaters zieht ihn nochmals nach Graz zurück. Von dort aus schreibt er an Kaiser Rudolf II. und bittet ihn um Anstellung. Der Kaiser beauftragt Tycho und Kepler damit, neue Planetentafeln zu berechnen, die nach Tychos Vorschlag „Rudolphinische Tafeln" heißen sollen. Dazu hatte der Kaiser ein Haus am Prager Loretoplatz gekauft, in dem Kepler wohnte. Plötzlich stirbt Tycho Brahe am 24. Oktober 1601 nach schweren Nierenkoliken. Untersuchungen von Barthaaren Tychos, die nach der Öffnung seines Grabes in der Prager Teynkirche entnommen wurden, haben in neuerer Zeit massive Vergiftungen mit Quecksilber aufgedeckt und in einem schwer erträglichen Machwerk [Gilder 2005] wird Kepler sogar als Mörder Tychos bezeichnet. Kepler bringt Tychos Datenmaterial schnell an sich, um es dem Streit mit den Erben zu entziehen, aber die Streiterein sind nicht zu vermeiden. Der Kaiser ernennt Kepler zum kaiserlichen Hofmathematiker und beauftragt ihn, die Tychoschen Arbeiten fortzusetzen, was er mit der Untersuchung der Marsbahn beginnt. Er beschäftigt sich auch intensiv mit Optik – sicher auch wegen seiner eigenen Sehprobleme. In der Schrift *Ad Vitellionem paralipomena quibus astronomiae pars optica traditur* (Anmerkungen zu Witelo, in denen der optische Teil der Astronomie übermittelt wird), die 1604 erscheint, untersucht Kepler auch das menschliche Auge und er erkennt, dass das Bild auf der Netzhaut auf dem Kopf steht. Auch kann er die Kurzsichtigkeit und die Funktion der Brille erklären. Witelo war ein Zeitgenosse des

Abb. 5.3.5 Rudolf II. (Gemälde um 1590 von Joseph Heintz d.Ä. und in einem Gemälde von G. Arcimboldo)

13. Jahrhunderts, der ca. 1270 ein Buch zur Perspektive schrieb, das zu Keplers Zeiten wieder in Umlauf kam. In einem Brief schreibt Kepler im Mai 1603 [Lemcke 1995, S. 61]:

Ich habe die dornenvolle Optik vorgenommen; [...] Guter Gott, wie dunkel ist die Sache!

Durch die Arbeiten zur Optik wird Kepler später zu einem Wissenschaftler des Fernrohres.

Inzwischen arbeitet er an den Daten der Marsbahn. Er kennt das Buch *De magnete* des Engländers William Gilbert (1544–1603), das im Jahr 1600 erschienen war. Gilbert hält den Magnetismus für die Kraft, die die Planeten auf ihren Bahnen hält und Kepler ist von dieser Idee fasziniert. Er fragt sich, ob die Sonne wirklich im Mittelpunkt von kreisförmigen Bahnen der Planeten steht, weil Tychos Daten keine Kreisbahnen hergeben. Er vermutet, da ja alles Leben aus dem Ei kommt, dass Gott den Kosmos wie ein Hühnerei geschaffen hat: Die Bahnen der Planeten sind Eibahnen und die Sonne steht dort, wo das Eigelb sitzt! Er rechnet ein ganzes Jahr, bis Ostern 1605, bis er die Ei-Hypothese verwirft und feststellen muss, dass sich die Planeten auf Ellipsen bewegen und die Sonne in einem der Brennpunkte der Ellipsen steht. Das erste Keplersche Gesetz ist geboren. Dass die Fahrstrahlen der Planeten in gleichen Zeiten gleiche Flächen überstreichen ist ihm da ebenfalls klar. Dies ist das zweite Keplersche Gesetz. Anfang 1606 ist ein neues Buch fertig, die *Astronomia nova* (Neue Astronomie) [Kepler 2005b]. Allerdings verhindern Streitigkeiten mit Tychos Erben und finanzielle Engpässe die Publikation bis 1609. Am zweiten Keplerschen Gesetz kann man die schon fast unglaubliche

Abb. 5.3.6 Frontispiz der Rudolphinischen Tafeln 1627

Mischung von Intuition, Wissen und Kompensation von Fehlern studieren, die Keplers astronomische Arbeiten auszeichnen. Wir folgen dabei den Ausführungen von [Edwards 1979, S. 100 f.]. Kepler betrachtet die Bahn eines Planeten P um die Sonne S. Der Fahrstrahl r ist die Verbindungslinie zwischen Planet und Sonne, wie in Abb. 5.3.7 gezeigt.

Die Punkte P_1 und P_2 sind „Perihel" und „Aphel" der Bahn, die man auch die „Apsiden" nennt. Die Astronomen der damaligen Zeit wissen aus Beobachtungen, dass in den Apsiden für die Geschwindigkeiten des Planeten die Beziehungen

$$v_1 = \frac{k}{r_1}, \quad v_2 = \frac{k}{r_2}$$

gelten, wobei k ein positiver Faktor ist. Kepler macht daraufhin die Annahme (die er als „Theorem" bezeichnet), dass *überall* auf der Bahn

$$v = \frac{k}{r}$$

gilt. Diese Annahme ist falsch! Richtig wäre es gewesen, hätte Kepler eine Tangente an die elliptische Umlaufbahn durch P gelegt, eine Parallele dazu durch S, und mit dem Abstand R der beiden Geraden wie in Abb. 5.3.7 gerechnet. Dann gilt nämlich

$$v = \frac{k}{R}.$$

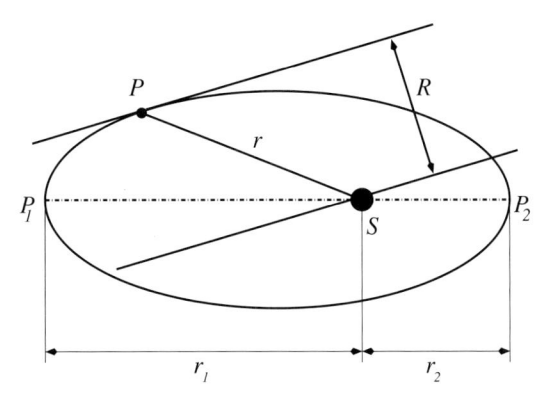

Abb. 5.3.7 Figur zur richtigen Berechnung der Geschwindigkeit beim Umlauf eines Planeten

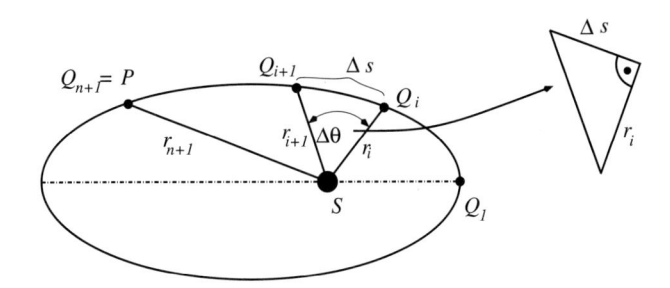

182 5 Indivisible und Infinitesimale in der Renaissance

Abb. 5.3.8 Diskretisierung der Planetenbahn mit der archimedischen Idee der Zerlegung des Kreises in Dreiecke

Da die Integralrechnung noch nicht entwickelt ist, muss Kepler nun die Bahn des Planeten in viele kleine diskrete Schritte der Winkeldifferenz $\Delta\theta$ einteilen wie in Abb. 5.3.8. Dabei soll in jedem diskreten Schritt ein Bogenlängenelement der Größe Δs zurückgelegt werden. Bekanntermaßen ist Geschwindigkeit = Weg/Zeit, im diskreten Fall also

$$v_i = \frac{\Delta s}{t_i},$$

und daher $t_i = \frac{\Delta s}{v_i}$. Ist die gesamte Bahn in n diskrete Schritte unterteilt, dann gilt offenbar

$$t = \sum_{i=1}^{n} t_i = \sum_{i=1}^{n} \frac{\Delta s}{v_i}.$$

Nun ist, nach Keplers falscher Annahme, $v_i = k/r_i$, also gilt

$$t = \frac{1}{k} \sum_{i=1}^{n} r_i \cdot \Delta s. \tag{5.2}$$

Kepler schreibt [Koestler 1989, S. 333 f.]:

> *Da ich mir über die unendliche Anzahl von Punkten auf dem Orbit und somit der unendlichen Anzahl von Abständen [zur Sonne] bewußt war, erschien mir die Summe dieser Abstände in der Fläche des Orbits zu liegen. Ich erinnerte mich daran, dass Archimedes auf die gleiche Weise den Kreis in eine unendliche Anzahl von Dreiecken zerteilt hatte.*

Er bezieht sich offenbar auf die Zerlegung des Kreises in Dreiecke, wie sie Archimedes bewerkstelligt hatte, vgl. 2.3.16. Jeder diskrete kleine Bahnabschnitt zwischen den zwei einschließenden Fahrstrahlen ist also, Kleinheit von Δs vorausgesetzt, ungefähr ein rechtwinkliges Dreieck wie in Abb. 5.3.8 gezeigt. Ein solches Dreieck hat also die Fläche $\frac{1}{2} r_i \cdot \Delta s$, damit ist die gesamte überstrichene Fläche des Orbits

$$A = \frac{1}{2} \sum_{i=1}^{n} r_i \cdot \Delta s. \tag{5.3}$$

Zusammen mit (5.2) ist damit

$$t = \frac{1}{k} \sum_{i=1}^{n} r_i \cdot \Delta s = \frac{1}{k} \cdot 2 \cdot A =: \frac{A}{h}$$

mit $h := k/2$. Und nun steht das zweite Keplersche Gesetz:

$$A = h \cdot t,$$

die durch den Fahrstrahl überstrichene Fläche ist proportional zur Zeit, die der Fahrstrahl benötigt, oder, nur anders ausgedrückt: Der Fahrstrahl überstreicht in gleichen Zeiten gleiche Flächen. Aber, oh weh, auch (5.3) ist im Allgemeinen falsch! Aus Keplers Gleichung (5.3) ergibt sich für $n \to \infty$ für die wahre Fläche:

$$A = \frac{1}{2} \int r \, ds,$$

aber richtig ist

$$A = \frac{1}{2} \int r^2 \, d\Theta.$$

Zum Glück hängen aber Bogenlänge s und Winkel Θ in der Form

$$s = r \cdot \Theta$$

zusammen, so dass näherungsweise gilt: $\Delta s \approx r \cdot \Delta \Theta$. Es ist schon atemberaubend, wie sich bei Keplers Rechnungen letztlich doch alles fügt.

Im Jahr 1610 schreibt Galileo Galilei die Abhandlung *Sidereus nuncius* (Sternenbotschaft) und berichtet von seiner Beobachtung mit seinem neuen Fernrohr, mit dem er vier neue Planeten gefunden habe. Kepler hat ja bereits im *Mysterium cosmographicum* „bewiesen", warum es nur genau sechs Planeten geben kann, also vermutet er, Galileo habe vier Jupitermonde gesehen, was tatsächlich zutrifft.

Im Jahr 1610 hat Kepler auch seine optischen Arbeiten so weit fortgesetzt, dass er das Buch *Dioptrice* veröffentlicht. Dem Kurfürsten Ernst, der Kepler sein Fernrohr geliehen hatte, erklärt er in einem Brief den Namen „Diopter" [Lemcke 1995, S. 82]:

> *Da nun Euklid einen Teil der Optik, die Katoptrik, geschaffen hat, welche von den zurückgeworfenen Strahlen handelt, indem er den Namen von den Hauptwerkzeugen dieser Art, den Spiegeln und ihrer wunderbaren und erfreulichen Vielgestaltigkeit hernahm, so entstand nach diesem Vorgange für mein Büchlein der Name Dioptrik, weil es hauptsächlich von den in dichten, durchsichtigen Medien gebrochenen Strahlen handelt, sowohl in den natürlichen Medien des menschlichen Auges, als den künstlichen verschiedener Gläser.*

Im Vorwort gibt uns Kepler einen Eindruck, welche Bedeutung für ihn das Teleskop als astronomisches Beobachtungswerkzeug hat. Man bedenke dabei, dass Kepler selbst wegen seiner Augenfehler nie ein beobachtender Astronom hätte sein können [Kepler 2003]:

> *O du vielwissendes Rohr, kostbarer als jegliches Szepter! Wer dich in seiner Rechten hält, ist der nicht zum König, nicht zum Herrn über die Werke Gottes gesetzt!*

Inzwischen ergaben sich politische Probleme in Prag. Der Bruder des Kaisers, Matthias, versuchte durch unterschiedliche Bündnisse, das Regiment Rudolfs einzuschränken. Rudolf II. wiederum verbündete sich gegen Matthias mit dem katholischen Erzherzog Leopold von Passau. Die Passauer Soldaten fielen in Böhmen ein, Rudolf verlor weiter im Ansehen der Bevölkerung und er musste schließlich als böhmischer König abdanken. Furchtbarerweise hatten die fremden Truppen die Pocken in die Stadt gebracht, an denen Keplers Kinder erkrankten. Friedrich, der Liebling der Eltern, starb am 19. Februar 1611. Keplers Frau Barbara hatte all ihren Lebensmut verloren und verstarb kurz danach im Jahr 1611. Schon vorher hatte Kepler Verhandlungen mit den Linzer Ständen aufgenommen und dort eine Stelle angeboten bekommen. Als nach dem Tod seiner Frau auch noch im Jahr 1612 Kaiser Rudolf II. starb, hielt Kepler nichts mehr in Prag, und er begab sich nach Linz. Dort sollte er sich als Hofmathematiker weiter um die Rudolphinischen Tafeln kümmern, den adligen Kindern Mathematik-, Geschichts- und Philosophieunterricht geben und eine Landkarte der Region erstellen. Das alles wurde möglich, weil Kaiser Matthias ihn am 18. März als Hofmathematiker mit einem Monatsgehalt von 25 Gulden bestätigte und ihm den Weggang nach Linz genehmigt hatte. Bei den Linzer Ständen sollte Kepler ein Jahressalär von 400 Gulden bekommen.

Es dauerte nur wenige Wochen, bis Kepler erneut in religiöse Querelen verstrickt war. Etwas naiv hatte er seine Zweifel bei der Frage der leibhaftigen Anwesenheit Jesu beim Abendmahl dem protestantischen Pfarrer Daniel Hitzler anvertraut, der Kepler daraufhin vom Abendmahl ausschloss. Als Kepler das Stuttgarter Konsistorium als Schlichtungsstelle anrief, erhielt er einen weiteren Dämpfer: Man verlangte unbedingten Gehorsam unter dem Hirten Hitzler. Keplers Ruf, ein Häretiker zu sein, erschwerte auch die Suche nach einer neuen Frau, auf die sich Kepler nun begab. Elf Frauen kamen in die engere Wahl. Kepler wählte – wohl aus den Erfahrungen seiner ersten Eheschließung – eine völlig mittellose Frau, aber gut erzogen, ohne mittellosen Anhang, und sie versprach, tüchtig, sparsam und Keplers Kindern eine gute Mutter zu sein. Es handelte sich um Frau Nummer fünf, Susanna Reuttinger. Am 30. Oktober 1613 fand im Geburtsort der Braut, Eferding bei Linz, die Trauung statt. Kepler schreibt [Oeser 1971, S. 80 f.]:

> *Als ich im November des letzten Jahres, 1613, meine Wiedervermählung feierte, zu einer Zeit, da an den Donauufern bei Linz die aus*

Niederösterreich herbeigeführten Weinfässer nach einer reichlichen Lese aufgestapelt und zu einem annehmbaren Preis zu kaufen waren, da war es die Pflicht des neuen Gatten und sorglichen Familienvaters, für sein Haus den nötigen Trunk zu besorgen. Als einige Fässer eingekellert waren, kam am 4. Tag der Verkäufer mit der Meßrute, mit der er alle Fässer, ohne Rücksicht auf ihre Form, ohne jede weitere Überlegung oder Rechnung ihrem Inhalte nach bestimmte. [...] Ich [...] bezweifelte die Richtigkeit der Methode, denn ein sehr viel niedrigeres Faß mit etwas breiteren Böden und daher sehr viel kleinerem Inhalt könnte dieselbe Visierlänge besitzen. Es schien mir als Neuvermähltem nicht unzweckmäßig, ein neues Prinzip mathematischer Arbeiten, nämlich die Genauigkeit dieser bequemen und allgemein wichtigen Grundsätze zu erforschen und die etwa vorhandenen Gesetze ans Licht zu bringen.

Die Messrute wurde einfach durch das Spundloch gesteckt, bis sie auf dem Fassboden aufsaß. Dann wurde ermittelt, wieviel der Rute von Flüssigkeit bedeckt war. Die Kritik an dieser Methode ist die Geburtsstunde der Keplerschen Arbeiten zur Analysis.

Im Jahr 1614 arbeitet Kepler wieder an den Rudolphinischen Tafeln und es erscheint eine Schrift, in der Kepler das genaue Geburtsdatum Jesu berechnet haben will. Ein Jahr später überschattet ein schlimmes Ereignis das Leben Keplers. In Leonberg wird seine Mutter als Hexe angeklagt und verhaftet. Die im Umgang wohl nicht ganz einfache Frau – Kepler selbst spricht von „Schwatzsucht, Neugier, Jähzorn, Bösartigkeit, Klagsucht" [Lemcke 1995, S. 97] – gerät durch eine Denunziation eines Nachbarn in die fast immer tödlich endende Mühle eines Hexenprozesses [Sutter 1984]. Kepler wird sich mit seiner ganzen Kraft und seinen Titeln einschalten, Besuche in Württemberg machen, und kann wenigstens verhindern, dass seine Mutter gefoltert wird. Sie wird 1621 freigesprochen, stirbt aber bereits ein Jahr später.

Wir wollen nicht den zahlreichen Geburten und Kindstoden in der Familie Kepler folgen – es war damals nichts Besonderes, auch wenn es für Mutter und Vater jedes Mal ein schwerer Schicksalsschlag war. Kepler arbeitet an einem Werk *Epitome astronomiae Copernicanae* zur kopernikanischen Astronomie, an seiner *Harmonice mundi* und an den Aufgaben seiner Stelle, unter anderen an den jährlich fälligen Sternenkatalogen, den Ephemeriden. Im Jahr 1617 ist er in Prag, um den Hofdienst abzuleisten. Dort hat er Einblick in die erste Logarithmentafel des Schotten John Napier (siehe Seite 294) und erkennt in ihr ein unschätzbares Hilfsmittel für seine Arbeit an den Sternentafeln. Allerdings saß er mit einem anderen Erfinder der Logarithmen, Jost Bürgi, am gleichen kaiserlichen Tisch.

Der schweizer Uhrmacher und Instrumentenbauer Jost Bürgi (1552–1632) ist in der Geschichte der Logarithmen in mehr als einer Hinsicht eine tragische Figur. Über sein Leben vor seiner Anstellung als Hofuhrmacher beim Hessi-

Abb. 5.3.9 Jost Bürgi und seine astronomische Stutzuhr. Auf der Innenseite des Deckels werden erste und zweite Ungleichheit der Mondbewegung nach Copernicus und die Zeitgleichung sowie die genaue Mondphase angezeigt (Astronomisch-Physikalisches Kabinett Kassel) [Foto Wesemüller-Kock]

schen Landgrafen Wilhelm VI. im Jahr 1579 ist wenig bekannt. Er kann keine höhere Schulbildung genossen haben, da er kein Latein beherrschte, fiel aber offenbar dem Landgrafen bei Arbeiten zur zweiten Straßburger Münsteruhr auf, der ihn dann an seinen Hof nach Kassel holte. In Kassel eingebürgert wurde er 1591 und erwarb dort auch ein Haus. Zwei Ehen blieben kinderlos. Anfang des Jahres 1592 bestellte Kaiser Rudolf II. bei seinem Onkel, dem Hessischen Landgrafen, einen „Bürgi-Globus", einen heute verschollenen Planetenglobus, der ihm vom Erbauer persönlich überreicht wurde. Auf Wunsch des Kaisers und mit Billigung des Landgrafen Moritz – Wilhelm VI. war inzwischen verstorben – trat Bürgi Ende 1604 in kaiserliche Dienste ein und erhielt eine eigene Werkstatt mit Gehilfen, wo er auch für Johannes Kepler arbeitete. Vielleicht hat Kepler durch Bürgi bei einem Aufenthalt in Prag von Napiers Logarithmen erfahren, aber über seine eigenen Logarithmen hat er mit Kepler offenbar nicht gesprochen. Kepler spricht später von Bürgi als von einem „Zauberer" und „Beschützer seiner Geheimnisse", der sein Kind schon bei der Geburt aufgegeben hat [Goldstine 1977, S. 22]. Franz Hammer übersetzt in seinem Beitrag *Die logarithmischen Schriften Keplers* aus Band 9 der Gesammelten Werke Keplers (zitiert nach [Tropfke 1980, S. 309]) aus den Rudolphinischen Tafeln:

Allerdings hat der Zauberer und Geheimtuer das neugeborene Kind verkommen lassen, statt es zum allgemeinen Nutzen groß zu ziehen.

Ernst Kühn aus dem Vorstand der Kepler-Gesellschaft Weil der Stadt übersetzt noch drastischer [Kühn 2009]:

> *Da hat doch der Tropf – als ein Zauderer und Wächter seiner Geheimnisse – den Fötus bei der Geburt eingehen lassen, und hat ihn nicht zu öffentlichem Nutzen aufgezogen!*

Leider hat Bürgi auch kaum publiziert, vermutlich weil er der Gelehrtensprache seiner Zeit – Latein – nicht mächtig war. Ihm gebührt das Verdienst, die Logarithmen noch vor Napier entdeckt zu haben; seine Arbeiten wurden aber durch Napiers Veröffentlichungen überholt. Erst 1620 erschien in Prag die Bürgische Logarithmentafel, wurde aber in gelehrten Kreisen vermutlich nicht gelesen. Heute gilt Bürgi als wichtiger Astronom und Mathematiker. Bürgi kehrte 1631 nach Kassel zurück, wo er im Januar 1632 starb und begraben wurde.

Seine Logarithmentabelle publiziert Bürgi 1620 in Prag unter dem Titel *Aritmetische und Geometrische Progress Tabulen, sambt gründlichem unterricht, wie solche nützlich in allerley Rechnungen zugebrauchen und verstanden werden sol*. Bürgi verwendet durchweg einen zweifarbigen Druck, und zwar erscheinen die Logarithmen in roter Farbe und die dazu gehörenden Zahlen in schwarz. Eigentlich ist es keine Logarithmentabelle, sondern eine „Antilogarithmentabelle" [Goldstine 1977, S. 20], d. h. man findet zu gegebenem Logarithmus den Numerus. Bei Bürgis Logarithmen gilt schon die Normierung

$$\log 1 = 0,$$

und Bürgis Logarithmus ist tatsächlich monoton wachsend [Lutsdorf/Walter 1992, S. 13]. Obwohl die Bürgischen Logarithmen mathematisch sehr interessant sind, haben sie in der Geschichte der Analysis keine Rolle gespielt, ebenso übrigens wie die Keplerschen Logarithmen, die dieser in seiner *Chilias logarithmorum* 1624 publizierte. Kepler war mit Napiers Herleitung der Logarithmen unzufrieden und schuf einen eigenen Logarithmus (vgl. [Tropfke 1980, S. 307 ff.]), der dem Napiers ähnlich, aber mit ihm nicht identisch ist.

Im Horoskop für das Jahr 1618/19 hatte Kepler vor etlichen Kometen gewarnt, „die nichts guts bedeutten" [Lemcke 1995, S. 11]. Tatsächlich erscheinen drei Kometen als unheimliche Vorboten des Kommenden. Kepler schreibt, dass [Oeser 1971, S. 71]

> *auff künfftigen Früling nit allein das Wetter, sondern auch viel mehr der Lauff der Planeten manchem sonst frischem Hanen das Hertz blühen und einen kriegerischen Muth machen werde.[...] Dann warlich im Mayen wirdt es [...] ohne große Schwürigkeit nicht abgehen.*

Am 23. Mai 1618 kommt es zum Prager Fenstersturz – der Dreißigjährige Krieg entwickelt sich. Kepler hat am 15. Mai, also acht Tage vor Ausbruch des Dreißigjährigen Krieges, das dritte Planetengesetz gefunden: „Die Quadrate

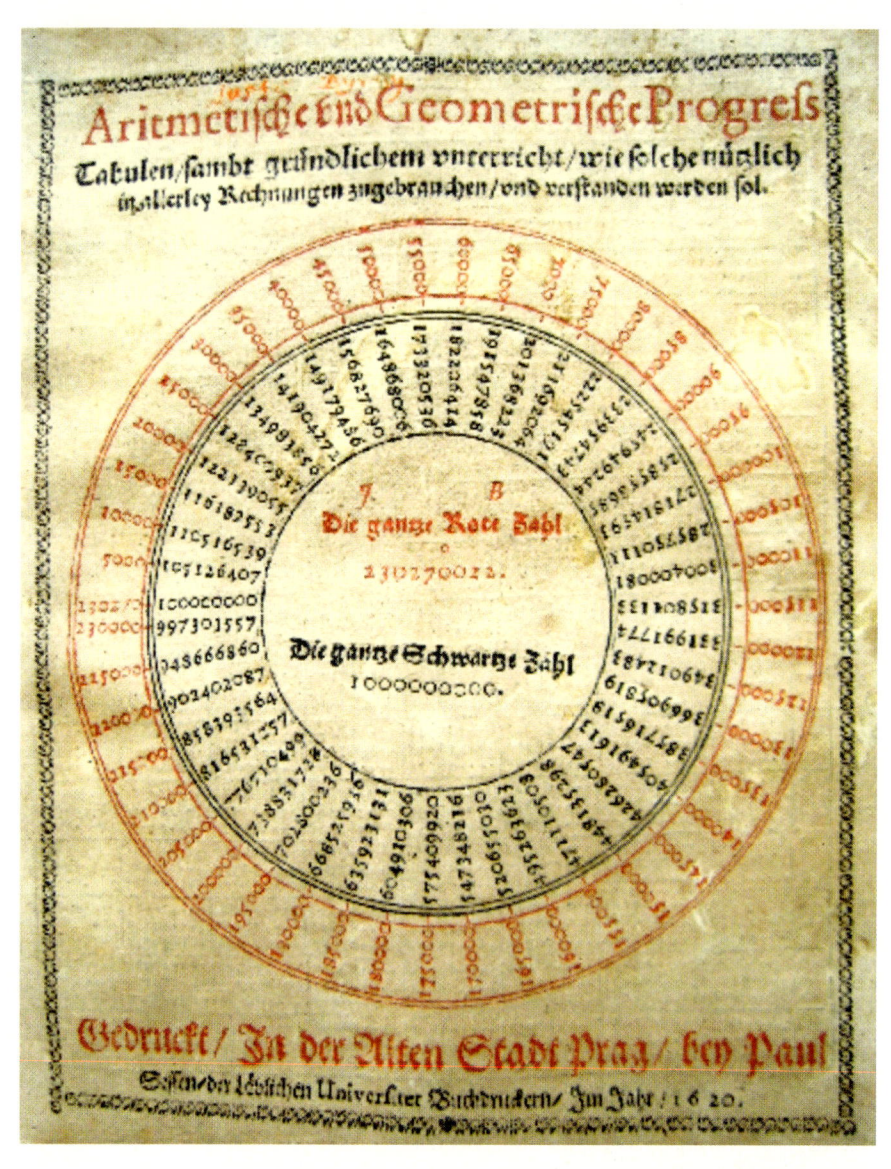

Abb. 5.3.10 Titelblatt der Progress Tabulen 1620 (Rara Sammlung der Universitätsbibliothek Graz)

der Umlaufzeiten der Planeten verhalten sich zueinander wie die Kuben ihrer mittleren Sonnenentfernung". Die Arbeit an der *Weltharmonik* wird beendet, die 1619 erscheinen wird [Kepler 2006]. Die Arbeiten an den Rudolphinischen Tafeln ziehen sich noch bis ins Jahr 1624 hin. Dann reist Kepler nach Wien zum Kaiser Ferdinand II., um das Geld für den Druck dieser Tafeln zu erbitten. Geld ist längst nicht mehr vorhanden, und so erhält Kepler Anweisungen an einige Städte, Gelder an ihn auszubezahlen, unter anderen Memmingen, Kempten, Nürnberg und Augsburg. Nach einigen frustrierenden Erlebnissen in diesen Städten – Nürnberg war gerade von Wallenstein um 100 000 Gulden „erleichtert" worden – kauft Kepler das Papier für den Druck aus eigener Tasche. Als Albrecht Wenzel Eusebius von Waldstein (1583–1634), bekannt als Wallenstein, der große Heerführer der kaiserlichen Partei, von Keplers Aufenthalt in Wien hörte, bat er um ein Horoskop. Ein solches hatte Kepler bereits 1608 für Wallenstein ausgeführt; nun wünschte Wallenstein ein neues. Allerdings war Wallenstein nicht mit dem Horoskop zufrieden und zahlte daher auch nicht; er wollte mehr Details, die Kepler ihm aber nicht geben wollte. In Linz wurde nun die Lage für alle Protestanten eng. Nach dem Reformationspatent vom 20. Oktober 1625 mussten alle Protestanten bis Ostern das Land verlassen. Obwohl Kepler explizit ausgenommen war, versiegelte man seine Bibliothek. Er schrieb an den Jesuiten Paul Guldin, der sich für ihn einsetzte und es erreichte, dass Kepler seine Bibliothek wenigstens des Nachts benutzen durfte. Zu allem Überfluss ging bei einer Belagerung der Stadt Linz im Jahr 1626 die Druckerei in Flammen auf. Um die Rudolphinischen Tafeln überhaupt noch in den Druck zu bringen, packt Kepler seine Familie und den Hausstand ein und begibt sich nach Ulm. Seine Familie lässt er bei Freunden in Regensburg zurück. Als die Rudolphinischen Tafeln schließlich gedruckt vorliegen, reist Kepler zur Herbstmesse nach Frankfurt und nach einem Auf-

Abb. 5.3.11 Tilly und Wallenstein. Beide waren Heerführer der katholischen Liga im Dreißigjährigen Krieg. Sie kämpften u.a. gegen Gustav II. Adolf von Schweden.

enthalt bei der Familie in Regensburg schließlich nach Prag, um das Werk dem Kaiser zu überreichen. Dort trifft Kepler auf Wallenstein, der auf der Suche nach einem neuen Astrologen ist. Er ist bereit, Kepler auf seinem Gut in Sagan großzügig eine Druckerei einzurichten und gut für ihn zu bezahlen, also nimmt Kepler das Angebot an und geht nach Sagan. Um die Ausrüstung der Druckerei konnte Kepler sich nun selbst kümmern, und Teile von Keplers *Mondtraum* werden tatsächlich schon in Sagan gedruckt. Da wird Wallenstein am 13.9.1630 entlassen. Er war mächtiger geworden als der Kaiser und hatte starke Neider auf der katholischen Seite. Kepler ist alarmiert und reist am 8. Oktober über Leipzig nach Regensburg, wo er seine Familie trifft. Am 2. November ist er in Regensburg. Es stellt sich ein Fieber ein, er fällt zeitweise ins Delirium und stirbt am 15. November 1630 um die Mittagszeit. Als Protestant darf er nicht innerhalb der Stadtmauern von Regensburg beerdigt werden und erhält ein Gab an der Stadtmauer. Als Grabspruch hatte er sich (in deutscher Übersetzung)

> Himmel hab' ich vermessen, jetzt meß' ich die Schatten der Erde /
> War himmlisch erhoben der Geist, sinkt nieder des Körpers Schatten

ausgesucht [Lemcke 1995, S. 141]. Kurze Zeit später wird Regensburg von den schwedischen Truppen belagert und 1633 erstürmt. In diesen Kriegswirren wurde das Grab des großen Mathematikers und Astronomen zerstört. Seine genaue Lage ist heute unbekannt.

5.3.1 Neue Stereometrie der Fässer

Nach seiner 1613 bei der Wiedervermählung entdeckten offenbar fehlerhaften Bestimmung des Inhalts von Weinfässern und eigenen Berechnungen dieses Inhalts schreibt Kepler sein Büchlein *Nova Stereometria doliorum vinariorum* (Neue Inhaltsberechnung von Weinfässern), das 1615 in Linz erscheint. Eine deutsche Übersetzung [Kepler 1908] erschien 1908 in Leipzig. Da der Drucker das Risiko scheute, übernahm Kepler selbst die Druckkosten. Da das Buch sich nicht verkaufte, fertigte Kepler bereits 1616 eine überarbeitete deutsche Fassung *Außzug auß der uralten Messekunst Archimedis* an.

Bei der Berechnung der Fläche eines Kreises argumentiert er, dass der Umfang so viel Teile hat wie Punkte, vgl. [Struik 1969, S. 194]. Rollt man den Umfang eines Kreises mit Radius r als Strecke OU ab, dann lassen sich je nach Teilung der Kreisfläche in die „Tortenstücke" der Abb. 5.3.12 die Teilungspunkte auf OU mit dem Mittelpunkt des Kreises verbinden. Das kann man für jede Teilung der Kreisfläche machen und daher ist die Kreisfläche

$$A = \frac{1}{2} U \cdot r.$$

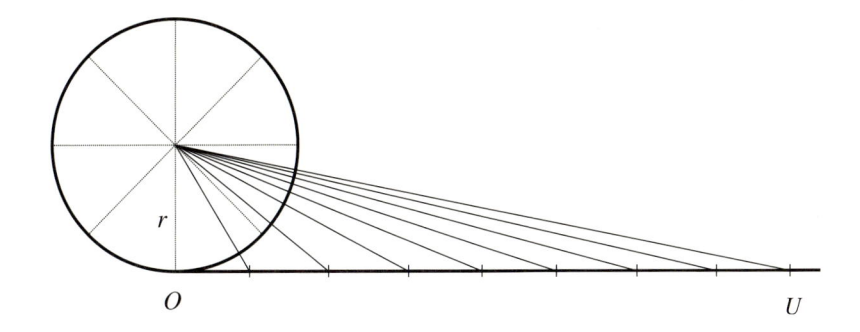

Abb. 5.3.12 Zur Berechnung der Kreisfläche

Für die Kugel mit Radius r argumentiert Kepler mit kleinen Kegeln, die ihre Spitze im Mittelpunkt der Kugel haben, und deren Grundfläche aus einem Stück Kugeloberfläche besteht, vgl. Abb. 5.3.13. Das Volumen eines solchen Kegels ist
$$\frac{1}{3} \cdot \text{Anteil der Kugeloberfläche} \cdot r,$$
also ist das Gesamtvolumen der Kugel gerade
$$V = \frac{1}{3} \cdot \text{Kugeloberfläche} \cdot r.$$

Diese Betrachtungen sind nicht sonderlich revolutionär, sondern können in der ein oder anderen Form schon bei Vorgängern von Kepler gefunden werden. Nun aber wendet sich Kepler den Rotationskörpern zu. Dabei lässt er

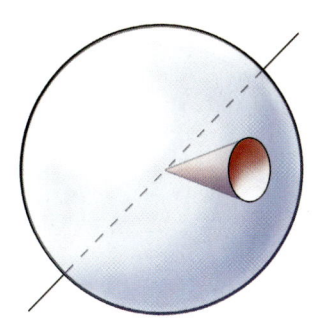

Abb. 5.3.13 Zur Berechnung des Kugelvolumens nach Kepler

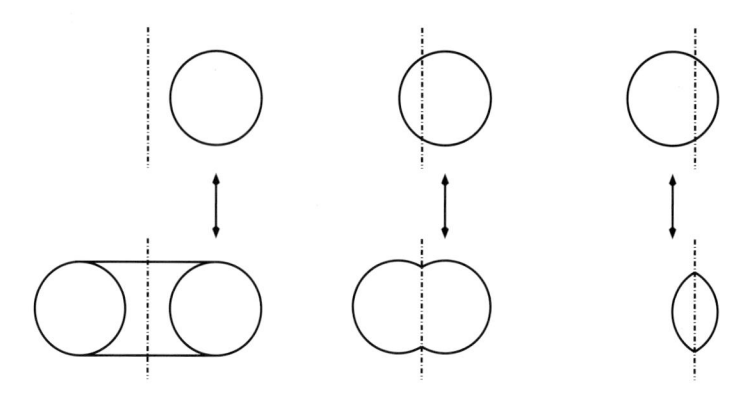

Abb. 5.3.14 Verschiedene Rotationskörper im Schnitt: Ring, Apfel und Zitrone

verschiedene Rotationsachsen zu. Lässt er einen Kreis um eine außerhalb gelegene Achse drehen, so erhält er einen „Ring" – wir würden heute „Torus" sagen (Abb. 5.3.14 links), ist die Drehachse innerhalb des Kreises und dreht der flächengrößere Teil (Abb. 5.3.14 mittig), dann nennt Kepler den entstehenden Körper einen „Apfel", und dreht der flächenkleinere Teil, dann erhält er eine „Zitrone"(Abb. 5.3.14 rechts). Um das Volumen dieser Körper zu bestimmen entwickelt Kepler Methoden, die als Inspiration für andere geometrische Integrationsverfahren nach ihm gesehen werden können [Baron 1987, S. 112].

Das Volumen des „Ringes" ermittelt Kepler durch Schneiden in unendlich viele Teile. Kepler schreibt in [Kepler 1908, S. 19] (siehe Abb. 5.3.15):

> *Wenn man nämlich den Ring [...] durch Schnitte aus dem Zentrum A in unendlich viele und sehr dünne Scheiben zerschneidet, so wird eine Stelle der Scheibe gegen den Mittelpunkt A hin um so viel schmäler sein, als diese Stelle, z. B. E, dem Mittelpunkt A näher liegt als F oder eine durch F in die Schnittebene zu ED gezogene Normale, und um so viel breiter in dem äußeren Punkte D. Danach wird, wenn man D u. E zugleich betrachtet, die Dicke an diesen beiden Stellen zusammen doppelt so groß sein wie in der Mitte der Scheiben.*

Nennen wir die Dicke t_1 bei E und t_2 bei D, dann ist die Dicke der Scheibe in der Mitte
$$t = \frac{t_1 + t_2}{2}.$$

Jede infinitesimale Scheibe hat also das Volumen $A_{Kreis} \cdot t$, wobei A_{Kreis} die Kreisfläche ist, d. h. jede Scheibe kann ersetzt werden durch einen Kreiszylinder der Höhe t. Da die Höhe t auf der Mittellinie des Ringes gemessen wird, ist das Gesamtvolumen des Ringes

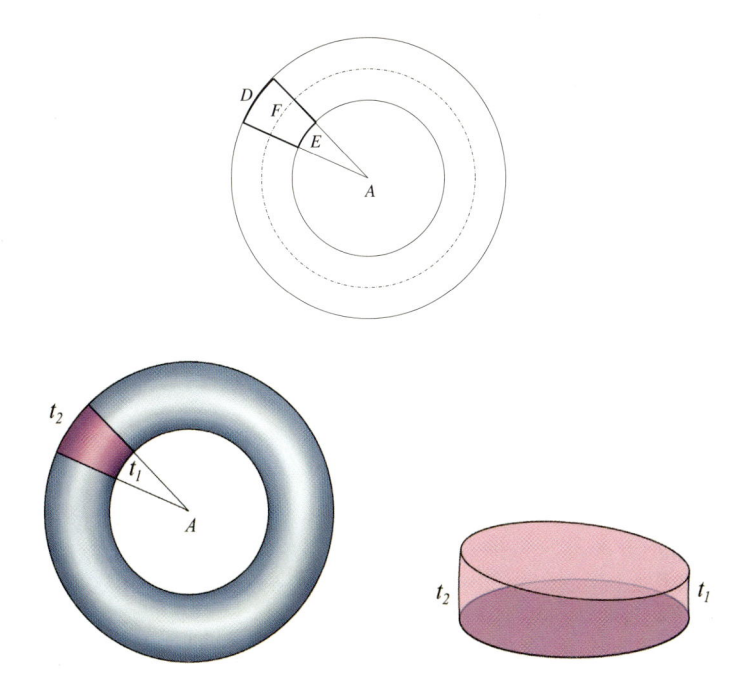

Abb. 5.3.15 „Infinitesimale" Schnitte eines Ringes

$$A_{Kreis} \cdot \text{Länge der Mittellinie.}$$

Diese Argumentation gilt nur für den Ring, und Kepler weiß das auch. Aber die Idee, das Volumen der Rotationskörper mit einem bestimmten Kreiszylinder zu vergleichen, ist erfolgreich. Betrachten wir den „Apfel" in Abb. 5.3.16 etwas genauer. Denken wir uns den Apfel in Form eines Zylinders, so ist die Grundfläche kein Kreis mehr, sondern ein durch die Strecke MN abgeschnittenes Stück eines Kreises, vgl. Abb. 5.3.17 li. Die Höhe PS des Zylinders ist der Kreisweg, den der Punkt P bei einer vollen Rotation um MN zurücklegt.

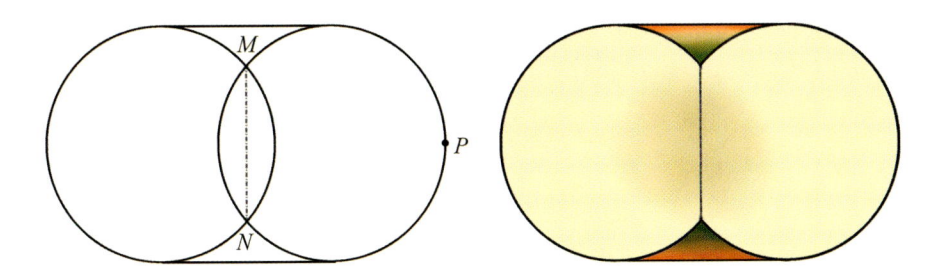

Abb. 5.3.16 Schnitt durch Keplers Apfel

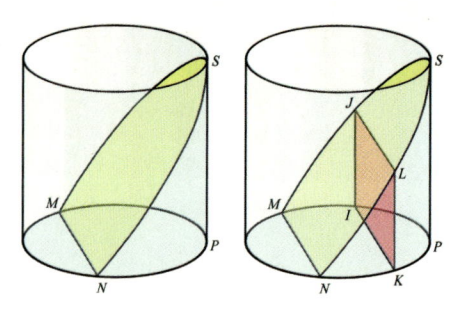

Abb. 5.3.17 (li.) Der Apfel als Zylinder; (re.) Der Apfel als Gesamtheit von Indivisiblen

Das Volumen des Apfels entspricht also dem Zylinderabschnitt $MSPN$. Kepler denkt sich diesen Zylinderabschnitt aufgebaut aus indivisiblen Rechtecken $IJLK$ in Abb. 5.3.17 re., die durch Strecken IK parallel zu MN und Höhen $IJ = KL$ bis zu der Schnittfläche MSN gebildet werden. Wohl wissend, dass es sich nicht um eine Summe in heutigem Sinne handelt, schreiben wir:

$$\sum IJLK = \text{Volumen des durch den Kegelschnitt } MJSLN$$
$$\text{begrenzten Zylinderabschnitts,} \qquad (5.4)$$

wobei die erste Summe als „Gesamtheit aller Indivisiblen" gelesen werden muss. Auch für die „Zitrone" und andere Rotationskörper erhält Kepler so Formeln für das Volumen als Gesamtheit von Indivisiblen, vgl. [Baron 1987, S. 114].

Kommen wir nun noch zu den eigentlichen Weinfässern. Sie lassen sich hervorragend durch Parabeln beschreiben, die sich um eine Achse drehen wie in Abb. 5.3.18 gezeigt. Berechnet man das Volumen des Fasses nach der Gul-

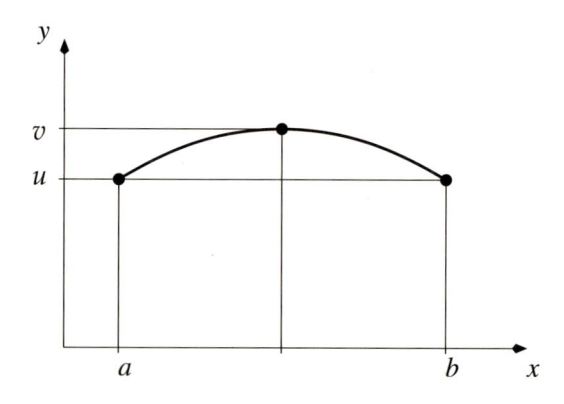

Abb. 5.3.18 Figur zur Keplerschen Faßregel

dinschen Regel (siehe Seite 210), dann benötigt man die Fläche unter der Parabel. Kepler fand für die Fläche die Beziehung

$$A = \frac{b-a}{6}(u + 4v + u),$$

oder, wenn wir allgemeiner Funktionswerte $f(a)$ und $f(b)$ zulassen,

$$A = \frac{b-a}{6}\left(f(a) + 4f\left(\frac{a+b}{2}\right) + f(b)\right).$$

Diese Regel zur Berechnung der Fläche unter einer Parabel ist heute unter dem Namen „Keplersche Fassregel" bekannt. Sie ist exakt für Parabeln, wird aber heute auch gerne in der Numerischen Mathematik zur approximativen Berechnung eines Integrals verwendet.

5.4 Galileo Galilei

Galileo Galilei erblickt das Licht der Welt als Sohn einer verarmten Familie von Patriziern im italienischen Städtchen Pisa im Jahr 1564. Der aus Florenz stammende Vater war ein Tuchhändler, aber auch sehr an Musik interessiert. Er stellte sich die Frage, wie denn die Tonhöhe wohl von der Spannung einer Saite abhängen möge, und dieser Vater brachte seinem Sohn das selbständige Denken und die Bedeutung der exakten Sinneswahrnehmung bei [Hemleben 2006, S. 16]. Der Vater ging früh zurück in seine Heimat Florenz und ließ seine Familie im Herbst 1574 nachkommen. Galileos Mutter soll eine zänkische Frau gewesen sein, die ihren Mann um 30 Jahre überlebte; aus der Ehe gingen sechs oder sieben Kinder hervor, von denen nur vier (je zwei Jungen und Mädchen) die Kindheit überlebten. Bald nach dem Umzug nach Florenz kam Galileo zur Erziehung in ein Kloster, wo es ihm so gut gefallen haben soll, dass er Mönch werden wollte. Zeit seines Lebens – auch in den verzweifelten Auseinandersetzungen um das Kopernikanische Weltbild mit der Kurie am Ende seines Lebens – blieb Galileo ein gläubiger Katholik. Allerdings hatte der Vater andere Pläne mit seinem Sohn. Am 5. September 1580 immatrikulierte sich Galileo an der Universität Pisa zum Studium der Medizin. Das damalige Medizinstudium lässt keinerlei Vergleiche mit dem gleichnamigen Studium unserer Zeit zu – man studierte Aristoteles und die Schriften des Galen (um 129–um 216). Aus Aufzeichnungen des jungen Galilei aus dieser Zeit wissen wir, dass er das Kopernikanische Weltbild kannte, also das Weltbild des Nicolaus Copernicus (1473–1543), niedergelegt in dem Buch *De Revolutionibus Orbium Caelestium* (Von den Umdrehungen der himmlischen Sphären) [Copernicus 1992], in dem das geozentrische Weltbild des Klaudios Ptolemaios (um 100–um 175) [Toomer 1998] ersetzt wurde durch das heliozentrische Weltbild. Allerdings lehnt der 19-jährige Galileo dieses Weltbild noch ab; später wird er zum Vorkämpfer des Kopernikanischen Systems

Abb. 5.4.1 Galileo Galilei (Gemälde von Justus Susterman, 1636; National Maritime Museum, Greenwich, London)

werden und dafür leiden. Bei einem Besuch im Dom zu Pisa beobachtet er den schwingenden Kronleuchter. Mit Hilfe seines Herzschlages misst er die Schwingungsdauer und stellt scharfsinnig fest, dass die Schwingungsdauer über die Zeit konstant bleibt. Galileo hat entdeckt, dass man mit Hilfe eines Pendels die Zeit messen kann.

Abb. 5.4.2 Galileo Thermometer [li. Foto Fenners, re. Foto Grin]

Nach vier Jahren bricht Galileo das Studium der Medizin ab und kehrt nach Florenz zurück, um bei Ostilio Ricci Mathematik zu lernen. Er arbeitet als Privatlehrer, hält Vorträge und beeindruckt durch Untersuchungen zur Mechanik und Hydrostatik so sehr, dass er 1589 eine Stelle als Mathematiklektor an der Universität Pisa bekommt. Die Stelle wird miserabel bezahlt, aber Galileo hat Zeit, Instrumente zu entwickeln (und zu verkaufen). So arbeitet er unter anderem an dem Thermometer, das bis heute seinen Namen trägt und wegen seines dekorativen Aussehens heute in vielen Wohnzimmern steht.

In einem geschlossenen Glaszylinder befindet sich eine Flüssigkeit, in der Glaskugeln schweben, die zum Teil mit Flüssigkeit gefüllt sind. Temperaturänderungen führen zu Dichteänderungen im Zylinder, und die Füllungen der Kugeln sind so eingestellt, dass immer die unterste schwebende (nicht die, die vielleicht noch am Boden klebt!) die Temperatur anzeigt, die an einem Blech am unteren Ende der Kugeln ablesbar ist. Der Bau eines solchen Thermometers ist äußerst kompliziert und muss mit hoher Präzision erfolgen. Galileo erfindet auch eine Wasserwaage, er untersucht die Fallgesetze und stellt fest, dass die Schwingungsdauer eines Pendels nur von der Pendellänge abhängt. Zeit seines Lebens versucht er, eine Pendeluhr zu konstruieren, was aber erst dem Holländer Christiaan Huygens (1629–1695) gelingen sollte. Er experimentiert mit Kugeln, die auf schiefen Ebenen unter verschiedenen Winkeln rollen und gelangt so zu seinen Fallgesetzen. Ob Galilei tatsächlich Fallversuche auf dem Schiefen Turm von Pisa durchgeführt hat ist keinesfalls sicher, eher unwahrscheinlich, vgl. [Drake 2003, S. 19 ff.]. Er fasst seine Ergebnisse in einer Schrift *De motu antiquiora* zusammen, die sich explizit gegen die Physik Aristoteles' richtet und bei seinen Fachkollegen daher schlecht ankommt. So wird sein Vertrag im Jahr 1592 nicht mehr verlängert. Ein Jahr zuvor war der Vater verstorben, so dass Galileo sich nun um einen Broterwerb kümmern musste.

Schon zu dieser Zeit hatte Galileo aber nicht nur Kritiker, sondern auch Gönner. Diese verschaffen ihm 1592 einen Lehrstuhl für Mathematik in Padua, auf dem er 18 Jahre lang bleibt. Padua gehört zur Republik Venedig; dort ist man liberal eingestellt. Neben seiner Professur gibt Galileo auch Privatunterricht gegen Geld. Unter seinen Schülern sind auch zwei spätere Kardinäle. Auch dem Instrumentenbau widmet sich Galileo weiter. So baut und vertreibt er einen Proportionalzirkel und lässt von einem Mechaniker eine verbesserte Version des „Compasso", einen Vorgänger des Rechenschiebers, bauen. Aus einem Brief an Kepler wissen wir, dass Galileo inzwischen zu einem Anhänger des Kopernikanischen Systems geworden war. Die Beobachtung der Supernova im Jahr 1604 führt bei ihm zu weiteren öffentlichen Angriffen auf die etablierte aristotelische Lehrmeinung zum Aufbau des Kosmos.

Im Jahr 1609 erfährt Galileo von der Erfindung des Fernrohres durch den Holländer Hans (Jan) Lipperhey (um 1570–1619) und ist Feuer und Flamme. Er erwirbt Glaslinsen und baut das Fernrohr nach. In wenigen Jahren wird es von ihm so vervollkommnet, dass eine mehr als dreißigfache Vergrößerung möglich ist. Galileo führt das Instrument, das ja große Auswirkungen im militärischen Bereich hat, der venezianischen Regierung vor und vergibt gegen eine Gehaltserhöhung das alleinige Recht der Nutzung. Da man kein Nutzungsrecht für ein Instrument verkaufen kann, das man nicht selbst erfunden hat, wird Galileo durch eine Gehaltskürzung im nächsten Jahr abgestraft, als der Regierung klar wurde, dass man Teleskope auf den Marktplätzen kaufen konnte. Galileo ist aber zumindest der Begründer der Astronomie mit dem Teleskop, wenn man von dem Engländer Thomas Harriot (1560–1621) absieht, der schon 1609 mit einem eigenen Teleskop in aller Heimlichkeit den Mond und die Jupitermonde beobachtete – einige Monate *vor* Galileo. Galileo entdeckt die vier größten Monde des Jupiters und hält sie für neue Planeten, was ihn in Widerspruch zu Kepler bringt. Sein Bericht über diese und andere Entdeckungen erscheint 1610 unter dem Titel *Sidereus nuncius* (Sternenbotschaft) [Galilei 2003, S. 95–144], der in wenigen Tagen vergriffen war.

Abb. 5.4.3 Der Schiefe Turm von Pisa neben dem Dom. Von diesem Turm soll Galilei seine Fallversuche ausgeführt haben. Doch dies ist nur eine oft wiederholte Legende [Foto Gottwald]

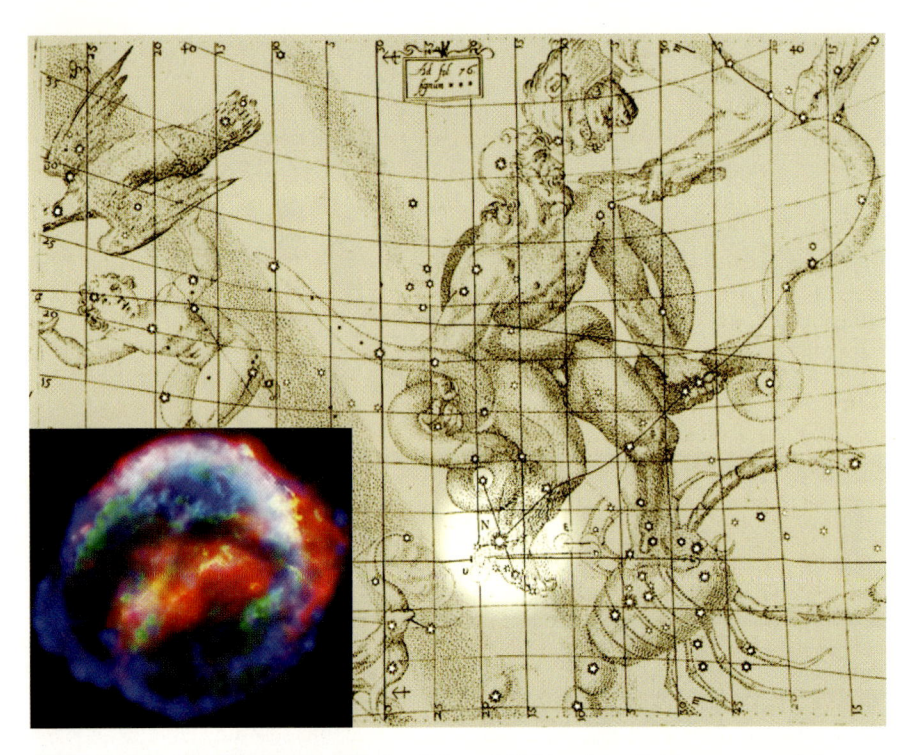

Abb. 5.4.4 Die Supernova (N) des Jahres 1604 in einer Zeichnung von Johannes Kepler in seinem Buch *De Stella Nova in Pede Serpentarii*. Eine Kombination von Aufnahmen dreier Teleskope (u.li.) zeigt die Gaswolke (in der Zeichnung heller) 400 Jahre später [NASA 2000-2004]

Einer seiner früheren Schüler war inzwischen zum Großherzog der Toskana aufgestiegen: Cosimo II. de' Medici. Im Jahr 1610 berief dieser Galileo zum Hofmathematiker, Hofphilosophen und zum ersten Mathematikprofessor in Pisa, womit Galileo keine Lehrverpflichtungen hatte. In seinem 47. Lebensjahr war er nun am Ziel seiner Träume und siedelte nach Florenz um. Bei dieser Gelegenheit trennte er sich offenbar von seiner Lebensgefährtin und Haushälterin Marina Gamba, mit der er drei Kinder hatte. Einer seiner Bewunderer, Kardinal Barberini, der spätere Papst Urban VIII., half, seine illegitimen Töchter in Klöstern unterzubringen, während der Sohn 1613 zu seinem Vater nach Florenz kam.

Es ist hier nicht der Ort, Galileo Galileis wunderbare Entdeckungen in der Physik und Astronomie zu diskutieren, die die Welt verändert und die Arbeit eines Isaac Newton erst ermöglicht haben. Dazu sei auf die Wissenschaftsbiographie [Drake 2003] verwiesen. Dort finden wir auch detailliert den Prozess der Kurie gegen Galileo beschrieben, der zum Hausarrest des alten Mannes und zu einem erzwungenen Widerruf der Kopernikanischen Lehre führte. Die ersten Probleme ergaben sich 1616, als ein Kleriker ein Buch veröffentlichte, in dem gezeigt werden sollte, dass die Kopernikanische Lehre der Bibel nicht widersprach. Die Inquisition eröffnete ein Verfahren gegen den Autor, Paolo Antonio Foscarini, und sein Buch wurde gebannt. Bis 1822 durfte Copernicus' *De revolutionibus* im Einflussbereich der Inquisition nur in Bearbeitungen erscheinen, die ausdrücklich darauf hinwiesen, dass es sich lediglich um ein mathematisches Modell handelte! Galileos Haltung zu Copernicus war klar und öffentlich bekannt. Nach dem Verfahren von 1616 hatte er die Warnung verstanden und hielt sich deutlich zurück.

Zu Ehren seines Förderers Kardinal Barberini und aus Anlass von dessen Wahl zum Papst widmete ihm Galileo die Schrift *Saggiatore*, die eine Polemik gegen einen Jesuiten enthielt, der über die Erscheinung von Kometen phantasiert hatte. In dieser Schrift legt Galileo den Grundstein zu einer mathematisierten Naturwissenschaft und verweist Alchemie und Astrologie ein für alle Mal aus dem Reich der Wissenschaft. Die Schrift wurde wegen „Atomismus" anonym angezeigt, und nur ein Gefälligkeitsgutachten und die Hilfe seiner Freunde und Gönner im römischen Klerus verhinderten größeren Ärger für Galileo.

Als Galileo 1624 in Rom sechs Mal von Papst Urban VIII. empfangen wurde und von diesem ermuntert wurde, über das Kopernikanische System als mathematisches Modell (!) zu schreiben, beurteilte Galileo die allgemeine Lage wohl zu optimistisch. Im Jahr 1630 erschien *Dialogo di Galileo Galilei sopra i due Massimi Sistemi del Mondo Tolemaico e Copernicano* (Dialog über die beiden hauptsächlichen Weltsysteme, das ptolemäische und das kopernikanische), [Galilei 1982]. Galileo hat sich bewusst gegen Latein und für seine Muttersprache Italienisch entschieden. Das Buch sollte also offenbar gelesen werden! Stillman Drake schreibt im Vorwort [Galilei 1982, S. XX] sogar, Galilei habe es aufgegeben, die Fachleute überzeugen zu wollen. Außerdem ist in diesem Buch keine Rede von dem Weltsystem des Tycho Brahe, das gerade von Jesuiten sehr geschätzt wurde. Drei Personen, Salviati, Sagredo und Simplicio, unterhalten sich mehrere Tage lang und diskutieren Probleme. Ziel des Buches ist es, die Überlegenheit des Kopernikanischen Weltsystems eindeutig zu belegen. Die Figuren Salviati und Sagredo sind tatsächliche Personen und waren mit Galileo eng befreundet. Die dritte Person des Simplicio (= der Einfältige) trägt alle Züge eines konservativen, autoritätengläubigen Büchergelehrten der damaligen Zeit und hat sein reales Vorbild in Simplikios, einem Aristoteles-Kommentator der Spätantike. Gleichwohl konnte es Galileo sich wohl nicht verkneifen, dem Simplicio ein paar Lieblingsgedanken des Papstes Urban VIII. in den Mund zu legen, was letztlich dazu führte, dass ihm dieser langjährige Förderer das Vertrauen entzog und sich gegen ihn stellte. Vorerst erhält Galileo das Imprimatur und das Buch kann in Florenz erscheinen.

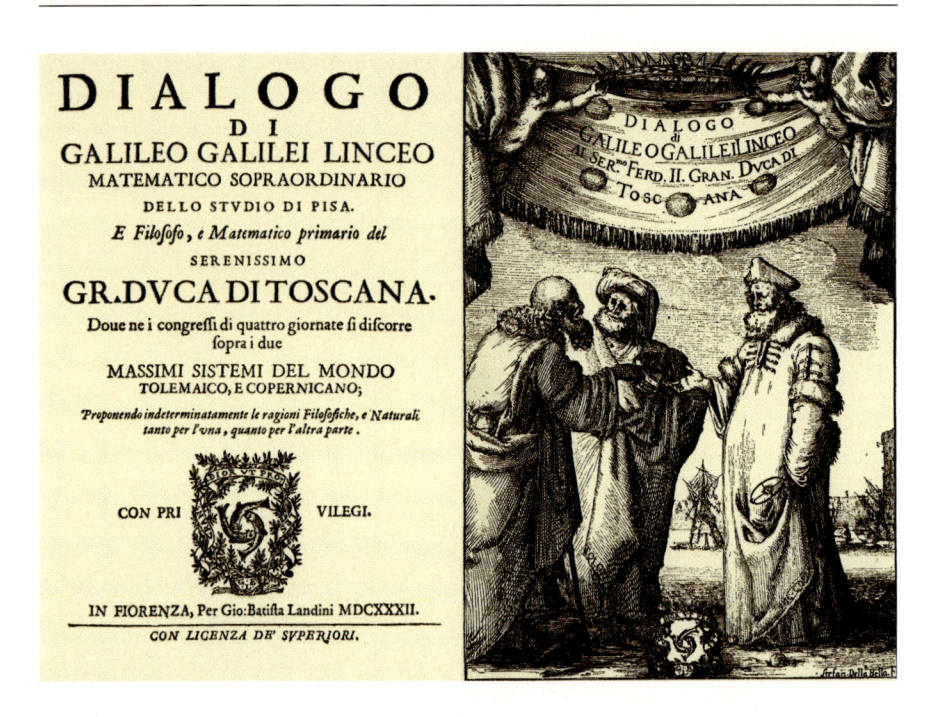

Abb. 5.4.5 Zwei Titel des *Dialogo* von Galilei, 1632 und 1635

Schon 1632 wird der Inquisitor von Florenz angewiesen, die Verbreitung des Buches zu verhindern. Galilei wird vor den Papst zitiert, kann sich aber durch ärztliche Atteste lange Zeit drücken, bis schließlich der Papst droht, ihn in Ketten vorführen zu lassen. 1633 findet der Prozess gegen ihn statt – er muss widerrufen und erhält Hausarrest, der bis zu seinem Lebensende nicht aufgehoben wird. Seine Gesundheit ist schon seit längerer Zeit angeschlagen, 1638 erblindet er. Kurz vor der Erblindung, die vielleicht auf seine Sonnenbeobachtungen zurückzuführen ist, entdeckt er noch die Libration des Mondes, also dessen scheinbare Taumelbewegung. Ab 1633 hatte sich Galileo an sein physikalisch-mathematisches Hauptwerk gemacht: *Discorsi e Dimostrazioni Matematiche intorno a due nuove scienze attenti alla mecanica e i movimenti locali* (Unterredungen und mathematische Demonstrationen über zwei neue Wissenszweige, die Mechanik und die örtlichen Bewegungen betreffend) [Galilei 1973], in denen sich wieder die drei aus dem *Dialogo* bekannten Personen unterhalten. Eine Publikation mit Imprimatur des Klerus war nicht mehr denkbar und so wurde das Buch zuerst nördlich der Alpen in einer lateinischen Übersetzung von Matthias Bernegger (1582–1640) bekannt. Der italienische Text erschien 1638 in Leiden. Der Text begründet die moderne Physik, die Newton dann in seinen *Principia* ausbilden wird. Galileo behandelt Probleme der Elastizitätstheorie und der Kinematik; unter anderem finden wir dort die korrekte Beschreibung des schiefen Wurfes.

Abb. 5.4.6 Grab des Galilei in Santa Croce, Florenz [Foto Melissa Ranieri]

Im Jahr 1641 wird der überaus begabte Evangelista Torricelli Galileos Privatsekretär. Galileo Galilei stirbt am 8. Januar 1642. Ein prunkvolles Begräbnis wurde durch den Vatikan verhindert. Sein Grab findet man in der Kirche Santa Croce in Florenz.

5.4.1 Der Umgang Galileis mit dem Unendlichen

Wir gehen Galileis Beiträgen zu unendlich großen und unendlich kleinen Größen in seinen *Discorsi e Dimostrazioni Matematiche intorno a due nuove scienze* 1638 (Diskurse und mathematische Beweise in zwei neuen Wissenschaften) nach.

Das Rad des Aristoteles

Ab Seite 20 in [Galilei 1973] behandelt Galilei ein scheinbares Paradoxon, das als „Rad des Aristoteles" bekannt ist, siehe [Knobloch 1999]. Dabei handelt es sich um ein Rad mit n Ecken wie in Abb. 5.4.7(a) für $n = 6$ gezeigt ist.

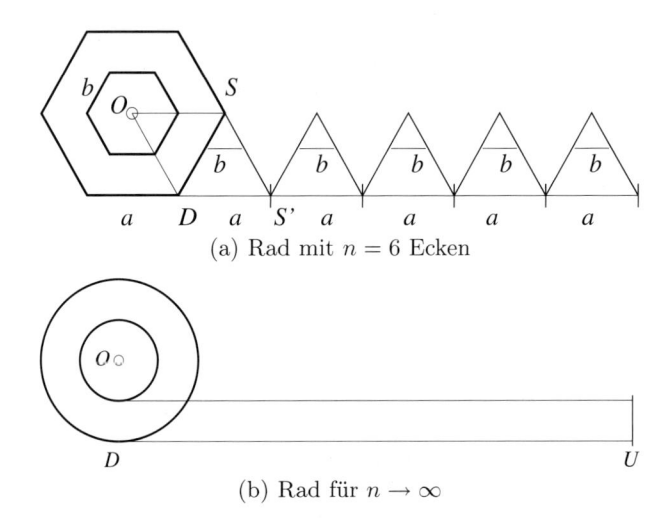

(a) Rad mit $n = 6$ Ecken

(b) Rad für $n \to \infty$

Abb. 5.4.7 Das Rad des Aristoteles

Auf einer Achse O befinden sich zwei sechseckige Räder fest miteinander verbunden, wobei das große Rad eine Kantenlänge a und das kleinere eine Kantenlänge b besitzt. Rollt man das Rad nun ab, so erhält man die Strecke $6a$, die dem Umfang des großen Sechsecks entspricht. Da auch das kleine Sechseck abgewickelt wird, erhalten wir auch eine Strecke $6b$, die jedoch nicht zusammenhängend ist, sondern von 5 Lücken unterbrochen ist. Nun macht Galilei ein Gedankenexperiment: Was passiert, wenn man die Eckenzahl n erhöht? Beim Abrollen des großen n-Ecks entsteht natürlich eine Strecke der Länge $n \cdot a$, aber die $n - 1$ Lücken zwischen den Stücken b werden immer kleiner. Wächst die Eckenzahl n über alle Grenzen, dann ergeben sich offenbar Kreise. Rollen wir nun den Kreis auf seinen gesamten Umfang DU ab, so rollt auch der Umfang des kleineren Kreises ab, und zwar ebenfalls auf der Strecke DU! Damit hätten beide Kreise denselben Umfang, was aber nicht möglich ist.

Galileis Disputanden sind in heller Aufregung. Salviati hat das Problem vorgestellt und Salgredo sagt [Galilei 1973, S. 24]:

> *Der Vorgang ist wahrhaftig sehr verzwickt, auch finde ich keine Lösung, darum sagt uns das Erforderliche.*

Salviati gibt nun eine Erklärung, die auf Indivisiblen beruht. Da bei den Polygonrädern für jedes n zwischen den Strecken der Länge b immer Lücken blieben und weil der Kreis ja nur ein Polygonrad mit unendlich vielen, unendlich kurzen Strecken ist, müssen auch im Fall der Kreise unendlich viele unendlich kleine Lücken in der scheinbar zusammenhängenden Strecke sein, auf die der kleine Kreis abrollt. Die Strecke DU ist also deshalb länger als der Umfang des kleinen Kreises, weil sie nicht dieselbe ist wie die Strecke DU des großen Kreises. In dieser gibt es keine Lücken, in jener aber unendlich viele unendlich kleine Lücken.

Galilei und die Indivisiblen

Wie kann es aber sein, dass man Punkten Längen zuordnet, denn im Beispiel des Aristotelischen Rades verlängerten ja punktartige Lücken sogar eine Strecke? Salviati spricht [Galilei 1973, S. 26]:

> *Wohlan denn, wie es Euch gefällig ist. Vom ersten zu beginnen, fragten wir, wie es komme, dass ein einziger Punkt einer Linie gleich sein könne. Da sehe ich für jetzt keinen andern Ausweg, als eine Unwahrscheinlichkeit durch eine andere ähnliche oder größere geringer erscheinen zu lassen, wie so oft eine wunderbare Sache durch eine noch wunderbarere abgeschwächt wird. [...]*

Dann wird eine „Schüssel" betrachtet wie in Abb. 5.4.8 im Schnitt dargestellt. Wir folgen zum besseren Verständnis [Baron 1987, S. 119 f.]; bei Galilei ist in [Galilei 1973, S. 27] die Schüssel nach oben offen. Bei unserer Schüssel handelt es sich um die Halbkugel ABF in einem Zylinder $ABED$, in den wir noch einen Kreiskegel DCE legen. Eine gedachte Ebene GN schneide den Zylinder und speziell seine Achse CF im Punkt P.

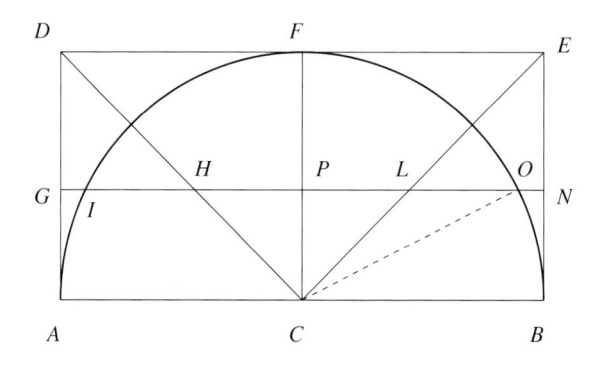

Abb. 5.4.8 Figur mit Schnitt durch Galileis „Schüssel"

Offenbar gilt
$$CO^2 = PN^2,$$
denn beide Strecken sind Radien des Zylinders bzw. der Schüssel. Nach dem Satz des Pythagoras gilt

$$PN^2 = CO^2 = CP^2 + PO^2 = PL^2 + PO^2$$

und die letzte Gleichung folgt aus der Tatsache, dass $CBEF$ ein Quadrat ist und daher $CP = PL$ gilt. Dann folgt aber

$$PN^2 - PO^2 = PL^2.$$

Das bedeutet aber, dass die Fläche des Kreisringes mit Breite ON (= $PN - PO$) gleich ist der Kreisfläche des Kreises mit Radius PL. Wir haben keine besonderen Ansprüche an die Lage der schneidenden Ebene GN gestellt, also gilt unser Resultat für jede Lage der Schnittebene. Schieben wir daher die Schnittebene GN in die Position AB, dann wird aus dem Kreis mit Radius PL ein einzelner Punkt, nämlich C, während aus dem Kreisring der Breite ON die Kreislinie des Kreises mit Radius CB wird. In dieser Lage müssen wir also wohl sagen, dass dem Punkt C der Umfang des Kreises mit Radius CB entspricht!

Salviati hält fest [Galilei 1973, 28]:

> *Auf Grund solcher Speculationen erkennen wir, dass alle Kreisumfänge, seien sie auch noch so verschieden, einander gleich genannt werden können, und ein jeder gleich einem Punkte.*

Diese Argumentation erscheint heute haarsträubend und hält unseren Vorstellungen von Grenzübergängen nicht stand. Der Flächeninhalt des Kreisringes mit Breite ON verschwindet in AB ebenso wie der Flächeninhalt des Kreises mit Radius PL. Mir scheint, dass sich gerade hier Galileis tiefe Verwurzelung in den scholastischen Ideen des Mittelalters zeigt, mit denen er aufgewachsen ist.

Wir hatten bereits erwähnt, dass Knobloch [Knobloch 2004] bei der Behandlung von Indivisiblen ein Band zwischen Nicolaus von Kues und Gottfried Wilhelm Leibniz sieht, das über Galileo Galilei läuft, vgl. Seite 154. Wir sehen diese Verbindung von Galilei und dem Kusaner an dieser Stelle nun sehr deutlich. Wie auch der Kusaner unterscheidet Galilei zwischen Größen (quanti) und Nichtgrößen (non quanti) und wie jener konstatiert auch dieser, dass Nichtgrößen (gemeint sind das unendlich Große wie auch die Indivisiblen) mit dem menschlichen Verstand nicht zu verstehen sind. Beim Übergang vom Endlichen zum Unendlichen betreten beide ein Gebiet, in dem die bekannten Regeln der finiten Mathematik offenbar nicht mehr gelten.

Die Mächtigkeit der Quadratzahlen

Aber die Diskussion um das Unendliche hält an und so lässt Galilei den Salviati sagen [Galilei 1973, S. 30]:

Das sind die Schwierigkeiten, die dadurch entstehen, dass wir mit unserem endlichen Intellect das Unendliche discutiren, indem wir letzterem die Eigenschaften zusprechen, die wir an dem Endlichen, Begrenzten kennen, das geht aber nicht an, denn die Attribute des Grossseins, der Kleinheit und Gleichheit kommen dem Unendlichen nicht zu, daher man nicht von grösseren, kleineren oder gleichen Unendlichen sprechen kann. Ein Beispiel fällt mir ein [...]

Und nun behandelt Galilei das Problem der Mächtigkeit der Menge der Quadratzahlen und dabei weht uns der Wind der Moderne an. Verglichen mit den natürlichen Zahlen $1, 2, 3, 4, 5, 6, \ldots$ erscheinen die Quadratzahlen $1, 4, 9, 16, 25, 36, \ldots$ doch sehr ausgedünnt. Gibt es zwischen 1 und 10 zehn natürliche Zahlen (die Grenzen eingeschlossen), so finden wir dort nur drei Quadratzahlen. Zwischen 10 und 20 gibt es gar nur eine Quadratzahl und die Verteilung der Quadratzahlen wird immer „dünner". Galilei kommt auf die Idee, die unendliche Menge aller natürlichen Zahlen mit der unendlichen Menge aller Quadratzahlen zu vergleichen, indem er die Quadratzahlen durchnummeriert.

$$\begin{array}{ccccccc} 1 & 2 & 3 & 4 & 5 & 6 & 7 & \cdots \\ \updownarrow & \updownarrow & \updownarrow & \updownarrow & \updownarrow & \updownarrow & \updownarrow & \cdots \\ 1 & 4 & 9 & 16 & 25 & 36 & 49 & \cdots \end{array}$$

Jede Quadratzahl erhält eine eindeutige Nummer und – umgekehrt – ist jeder Nummer eindeutig eine Quadratzahl zugeordnet. Heute sagen wir: Galilei hat eine bijektive Abbildung zwischen beiden Mengen konstruiert. Nun gibt es aber nur eine Schlussfolgerung: Beide Mengen haben dieselbe Mächtigkeit. Salviati sagt [Galilei 1973, S. 31]:

Ich sehe keinen anderen Ausweg als zu sagen, unendlich ist die Anzahl aller Zahlen, unendlich die der Quadrate, unendlich die der Wurzeln; weder ist die Menge der Quadrate kleiner als die der Zahlen, noch ist die Menge der letzteren grösser; und schliesslich haben die Attribute des Gleichen, des Grösseren und des Kleineren nicht statt bei Unendlichem, sondern sie gelten nur bei endlichen Grössen. [...]

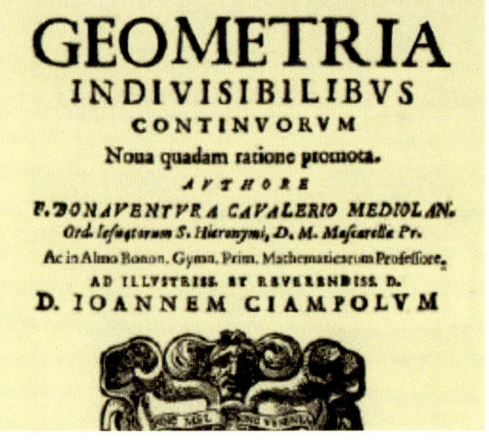

Abb. 5.5.1 Bonaventura Cavalieri und der Titel seines Werkes zu den Indivisiblen 1635

5.5 Cavalieri, Guldin, Torricelli und die hohe Kunst der Indivisiblen

Unter Galileo Galileis Schülern gelangte insbesondere Bonaventura Francesco Cavalieri (1598–1647) zu Berühmtheit. Ihm gelang es, die Indivisiblenmethoden zu perfektionieren und in eine Form zu bringen, die sie zu einem mächtigen Werkzeug für die Analysis machten.

Geboren in Mailand, das damals zum Habsburger Reich gehörte, trat Cavalieri bereits im Jahr 1615 in den Jesuatenorden (nicht Jesuiten!)[1] ein.

Bereits im Jahr darauf kam er in das Jesuatenkloster zu Pisa und in Kontakt mit Galileo Galilei, als dessen Schüler er sich bezeichnete. Schon in Mailand war dem Kardinal Federico Borromeo das Genie Cavalieris aufgefallen und über ihn kam auch der Kontakt mit Galileo zustande. In Pisa lernte Cavalieri Mathematik von Benedetto Castelli, der an der dortigen Universität tätig war, und übernahm es von Zeit zu Zeit, ihn in dessen Vorlesungen zu vertreten. Die Bewerbung auf die freie Mathematikprofessur in Bologona 1619 scheiterte an der Jugend Cavalieris, und als Castelli nach Rom ging und der mathematische Lehrstuhl in Pisa frei wurde, kam er auch dort nicht zum Zuge. So ging er als persönlicher Mitarbeiter des Kardinals Borromeo in das Kloster nach Mailand, wo er bis 1623 Theologie lehrte, bevor er Prior von

---

[1] Die Jesuaten des Heiligen Hieronymus wurden um 1360 als Laienbewegung gegründet und 1367 von Papst Urban V. als Orden bestätigt. Im Jahr 1668 wurde der Orden durch Papst Clemens IX. aufgehoben, der Zweig der weiblichen Jesuaten bestand noch etwa 200 Jahre länger. In Italien und in Toulouse unterhielten die Jesuaten etwa 40 Niederlassungen.

Abb. 5.5.2 Paul Guldin (Ölgemälde in der Fachbibliothek der Universität Graz). Das Porträt hat große Ähnlichkeit, ist nahezu identisch mit einem Bild von Christophorus Clavius (1538–1612) im Collegium Romanum in Rom sowie mit dem Stich nach einem Ölbild von Francisco Villamena aus dem Jahr 1606 und dem Porträt von Clavius im Frontispiz seiner *Opera Mathematica*. Die Unterschiede – z.B. bei den Großkreisen der Armillarsphäre, bei der Haltung des Zirkels und der Gegenstände auf dem Tisch – lassen vermuten, dass das posthum angefertigte Porträt Guldins von einem früheren Bild, etwa dem Kupferstich des Ölgemäldes von Villamena, abgemalt wurde. Derartige „Typenbilder" von Jesuiten sind sehr verbreitet, hatte doch Guldin am jesuitischen Collegium Romanum bei Clavius Mathematik studiert und war von dort um 1618 an die damalige Jesuitenuniversität Graz gesandt und dort zum Professor für Mathematik ernannt worden [Gronau 2009]

Sankt Peter in Lodi in der Lombardei wurde. Nach drei Jahren wechselte er an das Kloster in Parma, wo er weitere drei Jahre verbrachte. Im Jahr 1629 war es dann soweit: Er bekam den mathematischen Lehrstuhl an der Universität von Bologna. Zu dieser Zeit hatte er bereits bahnbrechende Arbeiten zur Theorie der Indivisiblen geleistet. Seine Arbeit *Geometria indivisibilibus continuorum nova quadam ratione promota* erschien 1635 und seine Theorie fasste die archimedische Methode der Exhaustion mit den Indivisiblen

210   5 Indivisible und Infinitesimale in der Renaissance

Keplers zusammen und ging weit darüber hinaus. Besonders hervorzuheben ist dabei das „Cavalierische Prinzip", nach dem zwei Flächen (Körper) flächengleich (volumengleich) sind, wenn sie dieselbe Höhe haben und wenn jeder Schnitt der beiden in gleicher Höhe zu Linien (Flächen) gleicher Länge (gleichen Inhalts) führt. Insbesondere aus dem Kreis der Jesuiten wurde Cavalieri scharf angegriffen, besonders heftig von Paul Guldin (1577–1643). Guldin wurde als Habakuk Guldin in St. Gallen geboren und war protestantisch getauft, trat aber 1597 zum Katholizismus über und änderte seinen Namen in Paul Guldin. Kurz darauf trat er in den Jesuitenorden ein. Sein mathematisches Werk *Centrobaryca* erschien in vier Bänden 1635, 1640 und 1641 in Wien, und enthält unter anderem die berühmte „Guldinsche Regel":

Guldinsche Regel: *Das Volumen eines Drehkörpers errechnet sich aus dem Produkt der Fläche mit dem Schwerpunktsweg.* **Beispiel:** Um die Guldinsche Regel zu illustrieren, betrachten wir die Drehung eines Dreiecks um die x-Achse, so dass ein Kreiskegel entsteht, vgl. Abb. 5.5.3. Die Fläche des Dreiecks ist offenbar

$$A := \frac{1}{2} r \cdot h$$

und der Weg, den der Schwerpunkt S bei einer vollen Rotation zurücklegt, ist die Kreislinie mit Radius s. Der Schwerpunkt liegt im Dreieck bei

$$s = \frac{1}{3} r$$

und damit ergibt sich für den Schwerpunktsweg

$$\ell := 2\pi s = \frac{2}{3} \pi \cdot r.$$

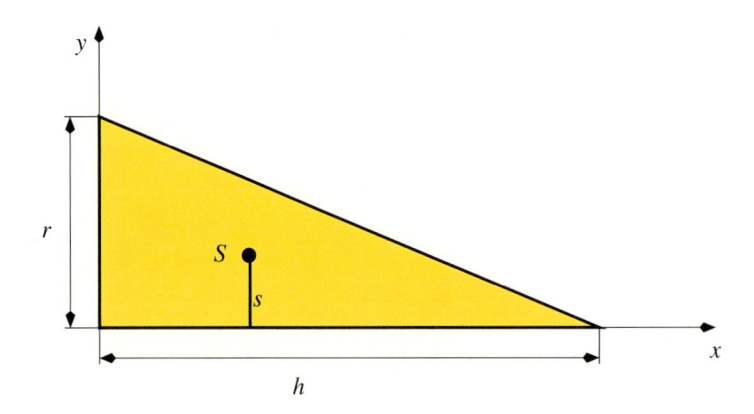

Abb. 5.5.3 Zur Guldinschen Regel

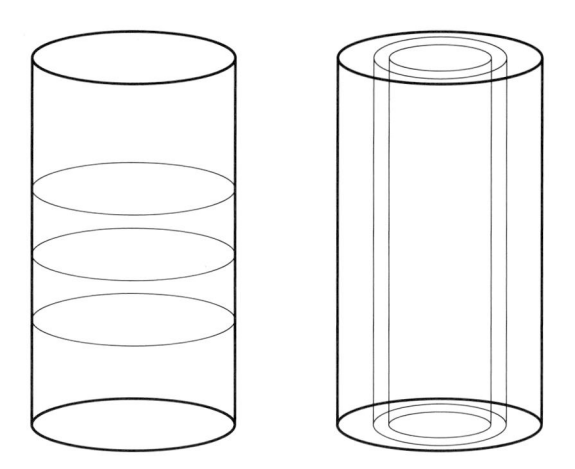

Abb. 5.5.4 Cavalierische (li.) und Torricellische (re.) Indivisible im Zylinder

Nach der Guldinschen Regel hat damit der Kreiskegel das Volumen

$$V := A \cdot \ell = \frac{1}{3}\pi \cdot r^2 \cdot h.$$

Aufgrund der zahlreichen Angriffe auf Cavalieris Indivisiblenmethode schob er 1647 die Schrift *Exercitationes geometricae sex* nach, die zur meistzitierten Quelle zu Flächen- und Volumenberechnungen im 17. Jahrhundert wurde.

Cavalieri stand in einem intensiven Briefwechsel mit Galileo Galilei, aber auch mit Marin Mersenne in Frankreich und Evangelista Torricelli (1608–1647). Der Italiener Torricelli kam mit den Schriften Galileis in Kontakt und war sofort beeindruckt. Er wurde zu einem der wichtigsten Physiker des Barocks und beeinflusste mit seinen Schriften zur Mechanik und zum Luftdruck zahlreiche Wissenschaftler, unter anderen auch Blaise Pascal. Auch Torricelli stand der Indivisiblenmethode Cavalieris zuerst skeptisch gegenüber, dann jedoch erkannte er ihren Wert und ging noch über sie hinaus, indem er nicht nur ebene, sondern gekrümmte Flächen als Indivisiblen verwendete. So kann man, wie Cavalieri, sich einen Zylinder aus ebenen Kreisen aufgebaut denken, man kann aber auch, wie Torricelli, den Zylinder durch zylinderförmige Flächen aufbauen, vgl. Abb. 5.5.4. So einen Aufbau eines Zylinders aus zylindrischen Indivisiblen hatte bereits 1615 Kepler verwendet, siehe [Knobloch 2005]. Im Jahr 1644 veröffentlichte Cavalieri die *Opera Geometrica*. Cavalieris Arbeiten waren nur äußerst schwierig lesbar – man lese die englische Übersetzung eines Auszuges aus Cavalieris Werken in [Struik 1969, S. 209–219] – aber Torricellis Werk war zugänglich und erklärte Cavalieris Ideen so, dass Andere ihnen folgen konnten. Die Rezeption der Cavalierischen Ideen insbesondere durch John Wallis in England ist ohne Torricelli nicht denkbar.

Abb. 5.5.5 Evangelista Torricelli und seine Quecksilbersäule zur Messung des Luftdrucks

5.5.1 Die Indivisiblenrechnung nach Cavalieri

Wir folgen hier Margaret Baron [Baron 1987, S. 122–135] und der grundlegenden Arbeit [Andersen 1985] von Kirsti Andersen und entwickeln die Cavalierische Theorie der Indivisiblen am Beispiel der Berechnung der Fläche unter der Kurve $f(x) = x^n$ mit einer natürlichen Zahl n über dem Intervall $[0, 1]$, also in moderner Notation

$$\int_0^1 x^n \, dx.$$

Cavalieri baut seine Theorie der Indivisiblen auf zwei Grundprinzipien auf, nämlich dem „kollektiven" und dem „distributiven" Prinzip. Bei dem kollektiven Prinzip werden Indivisible zweier Flächen (Körper) zusammengefasst und dann ins Verhältnis gesetzt. Sind zwei Flächen F_1 und F_2 gegeben, so

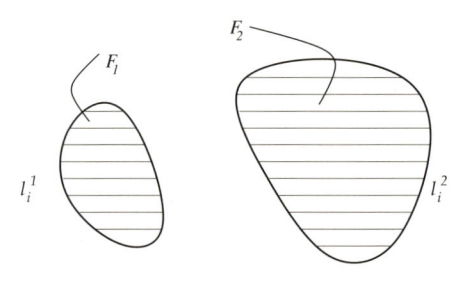

Abb. 5.5.6 Cavalieris Indivisible in Flächen

zerlegt Cavalieri beide in äquidistante Indivisible (=Linien) ℓ_i^1 bzw. ℓ_i^2, wobei i aus irgendeiner Indexmenge stammt². Obwohl die Zusammenfassung (oder Gesamtheit) der Indivisiblen natürlich keine gewöhnliche Summe ist, schreiben wir trotzdem das Symbol einer gewöhnlichen Summe $\sum$. Die Gesamtheit der Indivisiblen für F_1 bzw. für F_2 ist damit

$$\sum_i \ell_i^1, \quad \text{bzw.} \quad \sum_i \ell_i^2.$$

Gilt dann mit zwei Zahlen $\alpha, \beta > 0$

$$\frac{\sum_i \ell_i^1}{\sum_i \ell_i^2} = \frac{\alpha}{\beta},$$

so folgt nach Cavalieri für die Flächeninhalte

$$\frac{F_1}{F_2} = \frac{\alpha}{\beta}.$$

Noch bleiben die Indivisiblen für uns nicht greifbar und abstrakt, aber wir werden uns gleich der konkreten Realisierung zuwenden.

Das distributive Prinzip wird ausgedrückt durch den

Satz von Cavalieri: *Ist E eine ebene Figur und R eine räumliche mit zugehörigen Indivisiblen ℓ (Linien) und e (ebene Flächen), dann sind zwei ebene Flächen E_1 und E_2 (flächen)gleich, wenn $\sum_i \ell_i^1 = \sum_i \ell_i^2$ gilt. Zwei räumliche Figuren R_1 und R_2 sind (volumen)gleich, wenn $\sum_i e_i^1 = \sum_i e_i^2$ gilt.*

Neben der „Gleichheit" von Figuren ist ein wichtiges Konzept das der Ähnlichkeit. Betrachten wir zwei ähnliche Parallelogramme wie in Abb. 5.5.7.

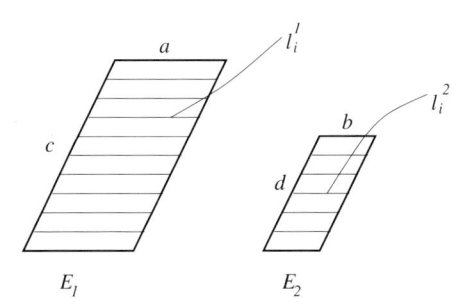

Abb. 5.5.7 Ähnliche Parallelogramme mit Indivisiblen

---

[2] Die hochgestellten Zahlen 1 und 2 sind dabei keine Potenzen, sondern lediglich Bezeichnungen. Um Verwechslungen auszuschließen, schreiben wir später $(\ell_i)^2$ etc.

Alle Indivisiblen in E_1 haben die Länge a, die in E_2 die Länge b. Also gilt offenbar

$$\frac{\ell_i^1}{\ell_i^2} = \frac{a}{b}.$$

Wegen der Ähnlichkeit der Parallelogramme ist aber

$$\frac{a}{b} = \frac{c}{d},$$

so dass sich insgesamt

$$\frac{\ell_i^1}{\ell_i^2} = \frac{a}{b} = \frac{c}{d} \qquad (5.5)$$

ergibt. Nun bilden wir die Gesamtheit der Indivisiblen:

$$\frac{E_1}{E_2} = \frac{\sum_i \ell_i^1}{\sum_i \ell_i^2} = \frac{\sum_i a}{\sum_i b} = \frac{c \cdot a}{d \cdot b} \stackrel{(5.5)}{=} \frac{a^2}{b^2}.$$

Dieses Resultat erlaubt uns nun, krummlinig berandete Flächen mit Hilfe der Cavalierischen Indivisiblen zu untersuchen und ihre Flächen zu berechnen, denn man kann beliebige ähnliche Figuren in ähnliche Parallelogramme einschließen, wie in Abb. 5.5.8 gezeigt. Für den Quotienten der Gesamtheiten der Indivisiblen gilt dann

$$\frac{\sum_i \ell_i^1}{\sum_i \ell_i^2} = \frac{\sum_i a}{\sum_i b} = \frac{c \cdot a}{d \cdot b} = \frac{a^2}{b^2} \stackrel{(5.5)}{=} \left(\frac{\ell_i^1}{\ell_i^2}\right)^2.$$

Nun betrachten wir eine Kurve DHB in einem Rechteck $ABCD$ wie in Abb. 5.5.9. Wir betrachten Indivisible parallel zu AB; die Indivisible EF ist eine aus dieser Schar, die die Kurve im Punkt H und die Diagonale DB im Punkt G schneidet. Wir führen die Bezeichnungen

$$\ell_i^1 = HF, \quad \ell_i^2 = GF$$

ein. Dann gilt

$$\frac{\text{Fläche } CBHD}{\text{Fläche } ABCD} = \frac{\sum_i \ell_i^1}{\sum_i a}$$

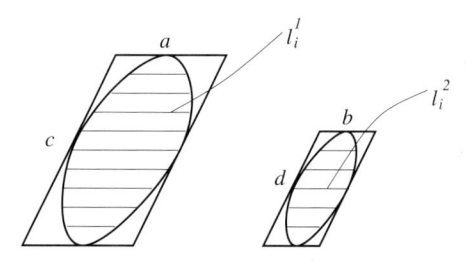

Abb. 5.5.8 Ähnliche ebene Figuren in Parallelogrammen mit Indivisiblen

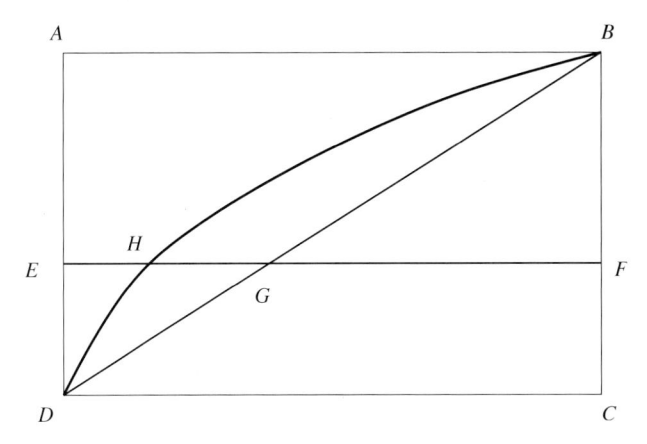

5.5 Cavalieri, Guldin, Torricelli und die hohe Kunst der Indivisiblen

Abb. 5.5.9 Zerlegung von Indivisiblen durch eine Kurve. Die Kurve DHB zerlegt das Rechteck $ABCD$ in zwei Teile. Denkt man sich das Rechteck aufgebaut aus Indivisiblen EF, dann gehört EH zu dem einen Teil des Rechtecks und HF zu dem anderen

mit $a = AB = CD$. Nehmen wir nun an, dass wir die Kurve DHB als Funktion in der Form

$$\ell_i^1 = f(\ell_i^2)$$

darstellen können, dann folgt

$$\frac{\sum_i \ell_i^1}{\sum_i a} = \frac{\sum_i f(\ell_i^2)}{\sum_i a}.$$

Ist f eine Potenzfunktion, dann können wir die Fläche $CBHD$ durch gewisse Potenzen von Indivisiblen ℓ_i^2 im Dreieck BCD berechnen. Trivial ist das für den Fall, dass die Kurve DHB gerade die Diagonale BD ist. Die Fläche des Dreiecks BCD ist offenbar genau die Hälfte der Fläche des Rechtecks $ABCD$, d. h. es gilt $\ell_i^1 = \ell_i^2 =: \ell_i$ und

$$\frac{\sum_i \ell_i}{\sum_i a} = \frac{1}{2}.$$

Dieses Resultat gilt natürlich auch noch dann, wenn es sich bei $ABCD$ nicht um ein Rechteck, sondern um ein Parallelogramm handelt, und wir werden auf diesen allgemeineren Fall übergehen. Nun will Cavalieri höhere Potenzen wie

$$\frac{\sum_i (\ell_i)^2}{\sum_i a^2}, \quad \frac{\sum_i (\ell_i)^3}{\sum_i a^3},$$

usw. berechnen. Dazu verwendet Cavalieri ein algebraisches Resultat, das ihm von dem französischen Mathematiker Jean Beaugrand übermittelt worden ist:

$$(a+b)^n + (a-b)^n = 2\left(a^n + n \cdot C_2 \cdot a^{n-2} \cdot b^2 + n \cdot C_4 \cdot a^{n-4} \cdot b^4 + \ldots\right) \quad (5.6)$$

mit gewissen Zahlen $C_2, C_4, \ldots$. So ergibt sich zum Beispiel für den Fall $n = 1$:

$$(a+b) + (a-b) = 2a.$$

Für $n = 2$ folgt
$$(a+b)^2 + (a-b)^2 = 2(a^2 + b^2),$$

usw. Wir wollen uns den Fall $n = 5$ ansehen. Dann gilt

$$(a+b)^5 + (a-b)^5 = 2(a^5 + 10a^3b^2 + 5ab^4). \tag{5.7}$$

Wir nehmen weiterhin an, dass Cavalieri mit Hilfe der Methode, die wir gleich im Detail beschreiben, bereits die Resultate

$$\frac{\sum_i (\ell_i)^2}{\sum_i a^2} = \frac{1}{3}, \quad \frac{\sum_i (\ell_i)^3}{\sum_i a^3} = \frac{1}{4}, \quad \frac{\sum_i (\ell_i)^4}{\sum_i a^4} = \frac{1}{5} \tag{5.8}$$

erhalten hat. Er sucht nun nach dem Wert $\sum_i (\ell_i)^5 / \sum_i a^5$. Dazu betrachtet er ein Parallelogramm $ACGQ$ wie in Abb. 5.5.10. Das Parallelogramm wird durch die Diagonale QC in zwei kongruente Dreiecke ACQ und CGQ zerlegt. Zerlegt man nun weiter durch die Verbindungen der gegenüberliegenden Seitenmitten wie rechts in Abb. 5.5.10, so erhält man vier kongruente Parallelogramme $ABMD$, $BCHM$, $DMQN$ und $MHGN$. In einem letzten Schritt zerlegen wir noch weiter durch die Linien RV und $R'V'$ parallel zu DH und von DH gleich weit entfernt, siehe Abb. 5.5.11. Die Länge der Strecke RS sei a, die von ST sei b. Dann ergibt sich für das Parallelogramm $ACHD$ mit Hilfe der Formel (5.7)

$$\sum_{ACMD} (a+b)^5 + \sum_{CHM} (a-b)^5 = 2 \sum_{ABMD} a^5 + 20 \sum_{BCM} a^3 b^2 + 10 \sum_{BCM} ab^4$$

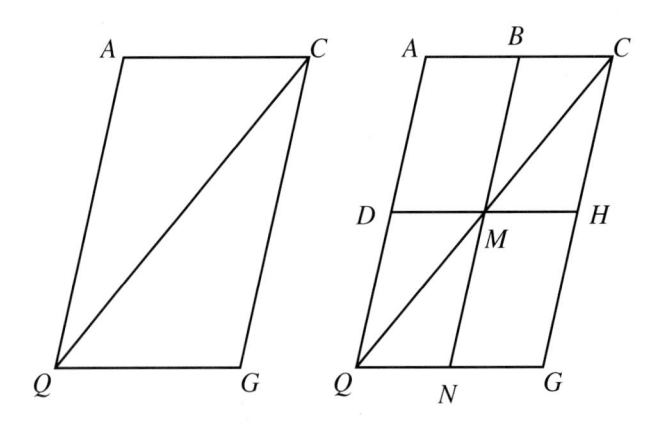

Abb. 5.5.10 Zerlegung eines Parallelogramms

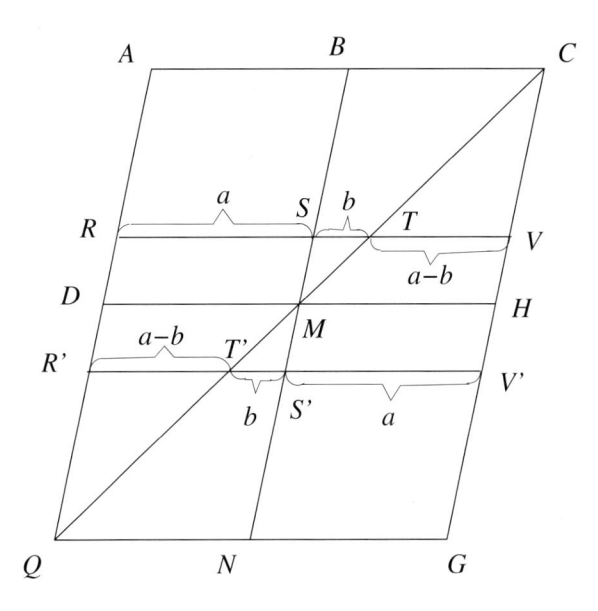

Abb. 5.5.11 Fortgesetzte Zerlegung eines Parallelogramms

und für $DHGQ$ entsprechend:

$$\sum_{MHGQ}(a+b)^5 + \sum_{DMQ}(a-b)^5 = 2\sum_{MHGN} a^5 + 20\sum_{QMN} a^3b^2 + 10\sum_{QMN} ab^4.$$

Es gilt $ABMD = MHGN$ und $BMC = QMN$, also, wenn man die „Summationen" für $ACHD$ und $DHGQ$ addiert:

$$\sum_{ACGQ}\left((RT)^5 + (TV)^5\right) = 2\sum_{ABNQ} a^5 + 40\sum_{BCM} a^3b^2 + 20\sum_{BCM} ab^4. \quad (5.9)$$

Nun ist $ACQ = CQG$, also

$$\sum_{ACQ}(RT)^5 = \sum_{CGQ}(TV)^5$$

und

$$\sum_{ACGQ}\left((RT)^5 + (TV)^5\right) = 2\sum_{ACQ}(RT)^5. \quad (5.10)$$

Nun verwenden wir die vorher mit derselben Methode gewonnenen Ergebnisse (5.8). Damit erhalten wir

$$\sum_{BCM} b^2 = \frac{1}{3}\sum_{BCHM} a^2 = \frac{1}{6}\sum_{BCGN} a^2 \quad (5.11)$$

und
$$\sum_{BCM} b^4 = \frac{1}{5} \sum_{BCHM} a^4 = \frac{1}{10} \sum_{BCGN} a^4 \quad . \tag{5.12}$$

Nun fassen wir alle Teilergebnisse zusammen und erhalten für (5.10)

$$\sum_{ACGQ} \left((RT)^5 + (TV)^5\right) = 2 \sum_{ACQ} (RT)^5$$

$$\stackrel{(5.9),(5.11),(5.12)}{=} 2 \sum_{ABNQ} a^5 + \frac{40}{6} \sum_{BCGN} a^5 + \frac{20}{10} \sum_{BCGN} a^5$$

$$= \frac{32}{3} \sum_{ABNQ} a^5 \stackrel{AC=2a}{=} \frac{1}{3} \sum_{ACGQ} (AC)^5.$$

Damit steht fest:
$$\sum_{ACQ} (RT)^5 = \frac{1}{6} \sum_{ACGQ} (AC)^5$$

oder, nur anders geschrieben,

$$\frac{\sum_i (\ell_i)^5}{\sum_i a^5} = \frac{1}{6}.$$

Was Cavalieri mit seiner Methode ausgerechnet hat, ist eigentlich eine Integraltafel für die Funktionen $f(x) = x^n$. Aus seinen Ergebnissen

$$\frac{\sum_i \ell_i}{\sum_i a} = \frac{1}{2}, \quad \frac{\sum_i (\ell_i)^2}{\sum_i a^2} = \frac{1}{3}, \quad \ldots, \quad \frac{\sum_i (\ell_i)^5}{\sum_i a^5} = \frac{1}{6}$$

schließt Cavalieri auf den allgemeinen Zusammenhang

$$\frac{\sum_i (\ell_i)^n}{\sum_i a^n} = \frac{1}{n+1}.$$

Er hat damit in moderner Notation die Beziehung

$$\int_0^1 x^n \, dx = \frac{1}{n+1}$$

bewiesen: Die Fläche unter den Kurven von $f(x) = x^n$ auf dem Intervall $[0, 1]$ ergibt sich zu $1/(n+1)$.

Bei der Betrachtung der Cavalierischen „Summationen" bricht uns Heutigen vermutlich der Schweiß aus und stehen die Haare zu Berge. Da werden munter Linien der Dicke 0 „summiert" und ins Verhältnis gesetzt, und so ist es vielleicht nicht verwunderlich, dass sich schnell eine Opposition gegen die Indivisiblenmethode nach Cavalieri bildete. Nichtsdestotrotz sind die von Cavalieri erzielten Ergebnisse nicht nur alle korrekt, sondern er hat damit auch

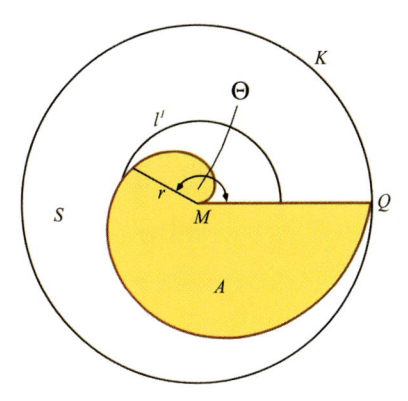

5.5 Cavalieri, Guldin, Torricelli und die hohe Kunst der Indivisiblen

Abb. 5.5.12 Zur Berechnung der Fläche unter der archimedischen Spirale mit Indivisiblen

eine konkrete Methode angegeben, mit der sich Quadraturen (und analog natürlich Volumenberechnungen, also Kubaturen) durchführen lassen.

Wie einfach Cavalieris Methode tatsächlich ist, zeigt sich an einer Flächenberechnung, die bereits Archimedes an der Spirale vorgenommen hatte, vgl. Seite 80. Cavalieri betrachtet eine archimedische Spirale, die in Polarform als $r = a \cdot \Theta$ beschrieben werden kann. Dabei ist r die Länge des Fahrstrahls, $a > 0$ und $\Theta \in [0, 2\pi]$. Bei einem Winkel von $\Theta = 0$ ist auch der Fahrstrahl $r = 0$, beim Winkel $\pi/2 = 90°$ ist $r = a \cdot \pi/2$, usw. Die Spirale ist in Abb. 5.5.12 gezeigt. Zu berechnen ist die Fläche A. Die Fläche S ist gerade die Differenzfläche zwischen der Kreisfläche und A. Cavalieri benutzt als Indivisiblen Kreisbögen in Umfangsrichtung, und zwar ℓ_i^1 für die Indivisible bis zur Spirale und ℓ_i^2 als Indivisible des Kreises K mit Radius R. Cavalieri denkt sich

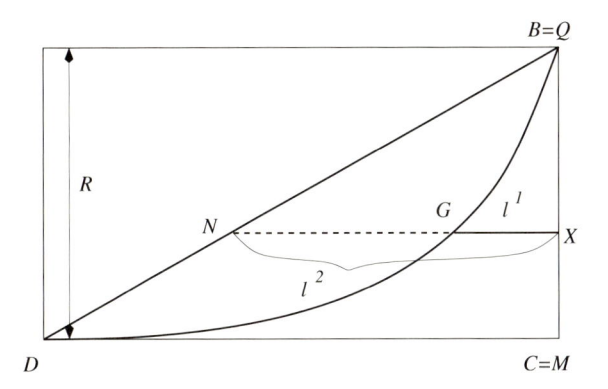

Abb. 5.5.13 Archimedische Spirale aufgebogen

nun den Kreis an der Linie MQ aufgeschnitten und dann wie ein Rechteck aufgebogen wie in Abb. 5.5.13 gezeigt.

Für die Flächen gilt dann

$$\frac{\text{Fläche } S}{\text{Fläche } K} = \frac{\sum_i \ell_i^1}{\sum_i \ell_i^2} = \frac{\sum_i GX}{\sum_i NX} = \frac{\text{Fläche } BGDC}{\text{Fläche } BNDC}$$

Nun ist $R = 2\pi a$ und

$$\ell^1 = r \cdot \Theta \stackrel{r=a\Theta}{=} \frac{r^2}{a} \stackrel{a=\frac{R}{2\pi}}{=} \frac{2\pi}{R} \cdot r^2.$$

Die Spirale ist im aufgebogenen Zustand nichts anderes als eine Parabel, und die hat Cavalieri bereits untersucht. Für die Parabel gilt

$$\frac{\text{Fläche } BGDC}{\text{Fläche } BCD} = \frac{2}{3}$$

und damit gilt für die Flächen:

$$\text{Fläche } S = \frac{2}{3} \text{ Kreisfläche } K, \quad \text{Fläche } A = \frac{1}{3} \text{ Kreisfläche } K.$$

5.5.2 Die Kritik durch Guldin

Paul Guldin beschuldigte Cavalieri nach der Veröffentlichung von dessen *Geometria indivisibilibus continuorum nova quadam ratione promota* 1635, dass die Indivisiblenmethoden lediglich von Johannes Kepler übernommen worden seien. Dieser haltlose Plagiatsvorwurf war für die Methode aber kein so großer Schlag wie Guldins Behauptung, die Indivisiblenmethode von Cavalieri würde zu Paradoxien führen. Als Beispiel betrachtete Guldin in seinem Buch *Centrobaryca* ein nicht gleichseitiges Dreieck AGH, siehe Abb. 5.5.14. Schneidet man jetzt in gleichen Abständen parallel zu AB durch die Linien KM, JL, NR, etc., dann entstehen senkrecht dazu die Indivisiblen KB, JC, NE, usw. links vom Fußpunkt D der Dreieckshöhe DH, und RF, LO, MI, usw. rechts davon. Nun gilt aber

$$KB = MI, \quad JC = LO, \quad NE = RF$$

und so weiter für alle Indivisiblen. Nach Cavalieri wäre dann aber

$$\sum_{ADH} JC = \sum_{HDG} LG,$$

das heißt, die Fläche ADH wäre der Fläche HDG gleich, was jedoch Unsinn ist.

Cavalieri hat auf diesen Einwand in *Exercitationes geometricae sex* klug geantwortet. Er stellt klar, dass die Methode der Indivisiblen darauf basiert, dass man nur Indivisible mit derselben Verteilung vergleichen darf. Die Verteilung der Indivisiblen im Dreieck AGH ist auf der Seite ADH aber eine gänzlich andere als auf der Seite HDG.

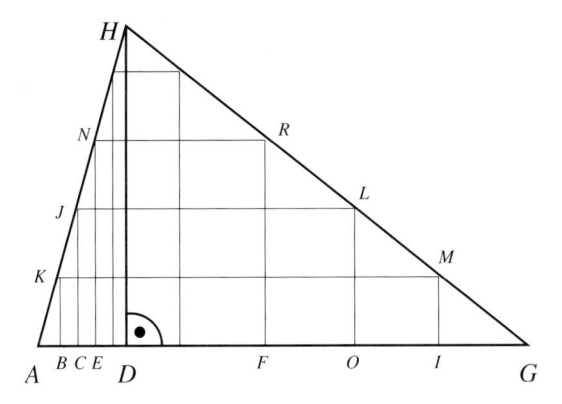

Abb. 5.5.14 Figur zum Guldinschen Paradoxon

5.5.3 Die Kritik durch Galilei

Auch Galileo Galilei sah Paradoxien bei der Verwendung Cavalierischer Indivisiblen [Mancosu 1996, S. 119 ff.]. Einer seiner Einwände erinnert stark an die Argumente der christlichen Scholastiker gegen den Atomismus. Er betrachtet eine Schar von konzentrischen Kreisen, die er durch Radien schneidet wie in Abb. 5.5.15. Jeder der Kreise wird durch einen radialen Strahl in genau einem Punkt getroffen, also besteht jeder der Kreise aus unendlich vielen Punkten, wobei aber jeder Punkt des größten Kreises umkehrbar eindeutig zu einem zugehörigen Punkt auf dem kleinsten der Kreise gehört. Also haben alle Kreise dieselbe Anzahl von Punkten. Da, wie Cavalieri behauptet, alle Linien aus den Indivisiblen – also hier den Punkten – bestehen, müssten demnach auch

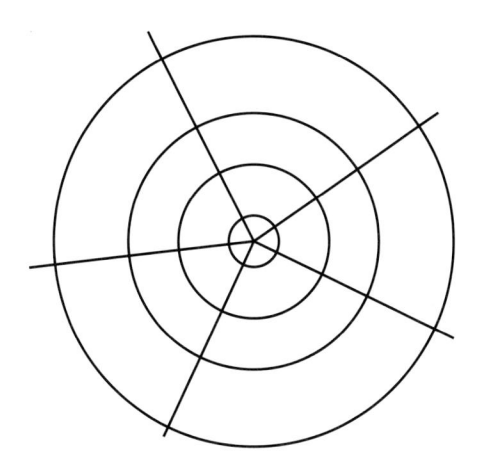

Abb. 5.5.15 Figur zum Galileischen Paradoxon

alle Kreise denselben Umfang haben, was offensichtlich unsinnig ist. Cavalieris Antwort auf dieses Paradoxon ist doppelt interessant. Zum einen sagt er ganz klar, dass seine Theorie der Indivisiblen es nicht ermöglicht zu zeigen, dass das Kontinuum aus Punkten aufgebaut ist. Des Weiteren aber weiß Cavalieri offenbar genau, dass eine gleiche Anzahl von Punkten noch keine gleichen Längen bedeutet, oder, wie Mancosu in [Mancosu 1996, S. 122] bemerkt, dass gleiche Kardinalität noch keine Aussage über eine Metrik erlaubt. Außerdem liegt hier ein analoger Fall vor wie bei dem Paradoxon von Guldin, denn die Indivisiblen in einem großen Kreis haben offenbar eine andere Verteilung als die Indivisiblen auf einer kleineren Kreislinie.

5.5.4 Torricellis scheinbares Paradoxon

Wir haben schon darüber berichtet, dass Evangelista Torricelli noch über Cavalieris Indivisiblentheorie hinausging und gekrümmte Flächen als Indivisible einführte. Im Jahr 1641 machte er damit eine scheinbar paradoxe Entdeckung, die ihn schnell unter den Mathematikern seiner Zeit bekannt machte.

Im Jahr 1642 war er Galileis Nachfolger auf dem mathematischen Lehrstuhl von Florenz geworden, aber als Geometer weithin unbekannt. Zwei Jahre später, als er seine *Opera Geometrica* publizierte, war er allseits bekannt. Der Grund hierfür liegt in einem Resultat, das er schon 1641 seinem Freund Cavalieri mitteilte: Lässt man die nach unten beschränkte Hyperbel $xy = a^2$ um die Ordinate rotieren, so entsteht ein unendlich langer Rotationskörper mit endlichem Volumen! Torricelli war der Ansicht, er sei der Erste gewesen, der das endliche Volumen eines unendlichen Körpers berechnet hat, aber natürlich hat das bereits Nicole Oresme im 14. Jahrhundert getan, vgl. Seite 144, [Boyer 1959, S. 125 f.]. Abb. 5.5.16 zeigt die beiden Äste der Hyperbel $xy = a^2$, die nach unten durch die Gerade ED begrenzt sein soll. Bei Rotation um die Ordinatenachse HAB entsteht ein Drehköper, der in Richtung B unendlich lang ist. Das Interessante an Torricellis Beweis zur Endlichkeit des Volumens liegt in der Tatsache, dass er zylindrische Indivisiblen verwendete; in der Abb. 5.5.16 sind es die Mantelflächen der durch $ONLI$ definierten Zylinder. Zur besseren Vorstellbarkeit der dreidimensionalen Situation dient Abb. 5.5.17. Der Punkt S auf der Hyperbel markiert den Punkt der kürzesten Verbindung zwischen A und den Hyperbelästen und es soll gelten:

$$AH = 2 \cdot AS.$$

Der unter der Hyperbel eingezeichnete Zylinder $ACGH$ wird ebenfalls von seinen Indivisiblen – das sind Kreisscheiben – gebildet.

Torricelli stellt seinem Hauptresultat fünf Lemmata voraus, die er ohne die Hilfe von Indivisiblen beweist [Mancosu 1996, S. 133]. In „Lemma 5" wird bewiesen, dass die Fläche des Zylindermantels $ONLI$ der Fläche eines Kreises mit Radius AS entspricht, und zwar für alle Zylinder $ONLI$, dass also z.B. die

5.5 Cavalieri, Guldin, Torricelli und die hohe Kunst der Indivisiblen

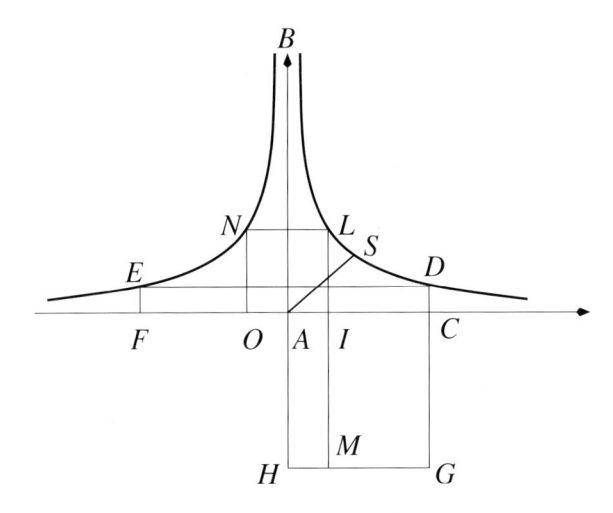

Abb. 5.5.16 Figur zu Torricellis scheinbarem Paradoxon

Zylindermäntel $ONLI$ und $FEDC$ gleich groß sind. Damit ist klar, dass jede Zylinderindivisible $ONLI$ einer Kreisscheibenindivisiblen aus dem Zylinder $ACGH$ entspricht, und damit erhält Torricelli den

Satz: *Das Volumen des in Richtung B unendlich ausgedehnten Rotationskörpers EDB entspricht genau dem Volumen des Zylinders ACGH.*

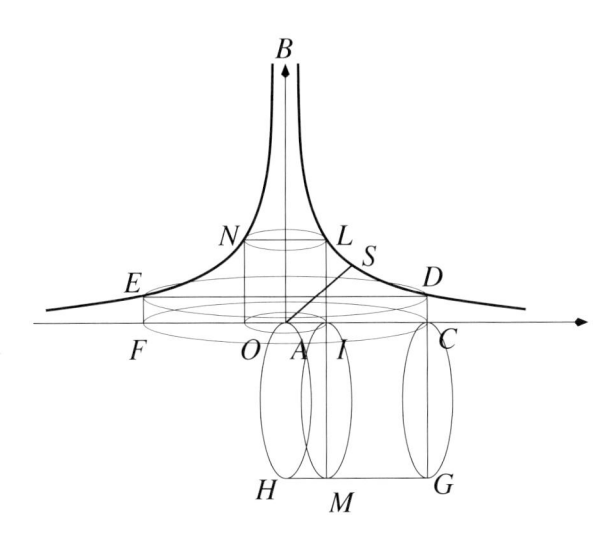

Abb. 5.5.17 Torricellis scheinbares Paradoxon in dreidimensionaler Sicht

Torricelli hat sicher gewusst, dass sich gegen seinen Indivisiblenbeweis eine Opposition bilden würde, zumal das (völlig korrekte) Resultat kontraintuitiv ist. Daher hat er einen zweiten Beweis gegeben, der sich der klassischen griechischen Exhaustionsmethode bedient [Mancosu 1996, S. 135].

Mancosu und Vailati [Mancosu/Vailati 1991, S. 136] haben auf die philosophische Bedeutung des Torricellischen Resultats hingewiesen. Für Torricelli ist der entstehende Rotationskörper tatsächlich unendlich lang, also aktualunendlich. Für diejenigen Denker, die bezüglich des Unendlichen eine negative Position vertraten, wie Pierre Gassendi (1592–1655) in Frankreich und Thomas Hobbes (1588–1679) in England, war der Torricellische Rotationskörper ein Schock, aber auch die positiv eingestellten Philosophen, die durchaus der Meinung waren, man wisse ein wenig über das Unendliche, bewerteten den Satz von Torricelli durchaus unterschiedlich.

Torricellis unendlich langer Rotationskörper besitzt übrigens eine unendlich große Oberfläche und auch einen unendlich großen Querschnitt! Betrachten wir nur die Mantelfläche des Rotationskörpers, dann haben wir einen (unendlichen) „Kühlturm" vor uns, den wir zwar mit endlich viel Farbe füllen können (endliches Volumen!), aber den wir nicht mit endlich viel Farbe anstreichen könnten (unendliche Oberfläche!). Und darin kommt das Paradoxe klar zum Vorschein!

5.5.5 De Saint-Vincent und die Fläche unter der Hyperbel

Grégoire de Saint-Vincent (1584–1667), latinisiert Gregorius a Sancto Vincentio, wurde in Brügge geboren und war ein Student des großen Christophorus Clavius (1538–1612)[3], den man den „Euklid des 16. Jahrhunderts" nannte und der der Architekt der Gregorianischen Kalenderreform wurde. Wie sein Lehrer war auch de Saint-Vincent Jesuit. Er entwickelte sich zu einem hervorragenden Mathematiker und baute in Antwerpen eine mathematische Schule um sich auf. Von ihm stammt das Wort „Exhaustion" für die griechische Quadraturmethode, vgl. S.33. Von ihm stammt weiterhin eine saubere Behandlung der geometrischen Reihe, mit der er das Zenonsche Paradoxon von Achilles und der Schildkröte (siehe S. 54) erklärte. Außerdem arbeitete de Saint-Vincent an den Grundlagen der Analytischen Geometrie und verwendete Indivisiblenmethoden, die unabhängig von denen Cavalieris waren, sowie Methoden, in denen er infinitesimale Rechtecke verwandte. In seinem Werk *Opus geometricum* aus dem Jahr 1647 versuchte er sich auch an der Kreisquadratur, was ihm aber nicht gelang. Er war der Erste, der die Fläche unter der Hyperbel bestimmte und herausfand, dass sich dabei der Logarithmus ergibt.

---

[3] Wie Eberhard Knobloch in [Knobloch 1988] nachgewiesen hat, ist Clavius *nicht* 1537 geboren, wie man es immer noch vielfach nachlesen kann, sondern 1538.

Abb. 5.5.18 Christophorus Clavius im Stich nach einem Ölgemälde von Francisco Villamena aus dem Jahre 1606 und Grégoire de Saint-Vincent. Das Bild von Clavius diente vermutlich als Vorlage des Ölgemäldes von Guldin (s. Abb. 5.5.2)

Die geometrische Reihe bei Saint-Vincent

De Saint-Vincent betrachtet eine Strecke AB wie in Abb. 5.5.19 mit einer Teilung so, dass

$$\frac{AB}{CB} = \frac{CB}{DB} = \frac{DB}{EB} = \ldots$$

gilt.

Abb. 5.5.19 Unterteilung einer Strecke AB in geometrischer Progression

Es liegt also eine geometrische Progression

$$AB, CB, DB, EB, \ldots$$

vor. De Saint-Vincent stellt fest [Baron 1987, S. 136], dass wegen

$$\frac{AB-CB}{CB-DB} = \frac{CB-DB}{DB-EB} = \ldots = \frac{AB}{CB}, \qquad (5.13)$$

also

$$\frac{AC}{CD} = \frac{CD}{DE} = \frac{DE}{EF} = \ldots, \qquad (5.14)$$

eine geometrische Progression auch für die Differenzstrecken $AC, CD, DE, \ldots$ vorliegt. Damit ist durch die Folge

$$AC, CD, DE, \ldots$$

eine geometrische Reihe gegeben, wobei wegen (5.14) und (5.13)

$$\frac{AC}{CD} = \frac{AB}{CB}$$

gilt. Betrachten wir nun die geometrische Reihe der Differenzen,

$$AC + CD + DE + \ldots$$

Dann wird der Abstand einer solchen Summe mit wachsender Anzahl der Summanden sich immer mehr an AB annähern. AB kann also als „Summe" der geometrischen Folge $AC, CD, DE, \ldots$ angesehen werden.

Umgekehrt kann man nun eine beliebige geometrische Progression AB, BC, $CD, \ldots$ wie in Abb. 5.5.20 betrachten und dann einen Punkt K so bestimmen, dass

$$\frac{AB}{BC} = \frac{BC}{CD} = \ldots = \frac{AK}{BK}$$

gilt. Die Größe AK ist damit als die „Summe" der geometrischen Reihe $AB + BC + CD + \ldots$ anzusehen.

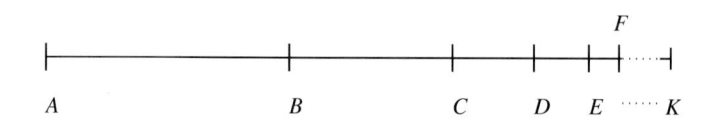

Abb. 5.5.20 Summe einer geometrischen Reihe als Strecke

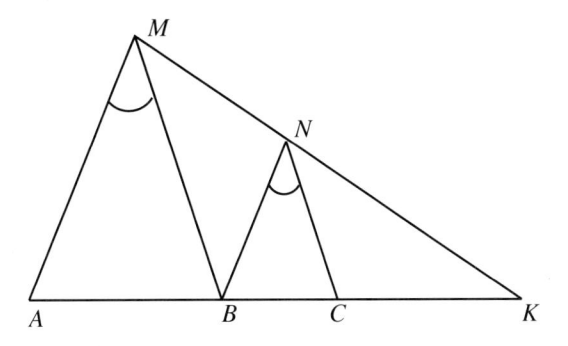

5.5 Cavalieri, Guldin, Torricelli und die hohe Kunst der Indivisiblen

Abb. 5.5.21 Konstruktion des Grenzwertes einer geometrischen Reihe

De Saint-Vincent, der das Konzept einer „Summe" einer geometrischen Reihe als Grenzwert von Teilsummen mit immer wachsender Summandenanzahl offenbar verstanden hatte, gab auch eine geometrische Konstruktion der „Summe" an, und zwar mit Hilfe ähnlicher Dreiecke wie in Abb. 5.5.21. Konstruiert man in Abb. 5.5.21 so, dass

$$\frac{AM}{BN} = \frac{AB}{BC}$$

gilt, dann folgt wegen der Ähnlichkeit der eingezeichneten Dreiecke:

$$\frac{AM}{BN} = \frac{AK}{BK}$$

und

$$\frac{AB}{BC} = \frac{AK}{BK}.$$

Damit ist AK der Grenzwert der geometrischen Reihe $AB + BC + \ldots$.

Mit diesem Wissen um die geometrische Reihe geht de Saint-Vincent das Zenonsche Paradoxon von Achilles und der Schildkröte an. Er erkennt, dass die Laufzeiten der beiden eine geometrische Reihe bilden und errechnet deren „Summe". Er erkennt, dass dieser Grenzwert genau diejenige Zeit darstellt, bei der Achilles die Schildkröte überholen würde.

Kontingenzwinkel bei Saint-Vincent

Grégoire de Saint-Vincent konnte auch nicht widerstehen, sich dem Problem der Kontingenzwinkel zu widmen. Dazu betrachtete er zwei Kreise mit unterschiedlichen Radien, deren Mittelpunkte auf BH liegen und für die AB die gemeinsame Tangente darstellt, vgl. Abb. 5.5.22.

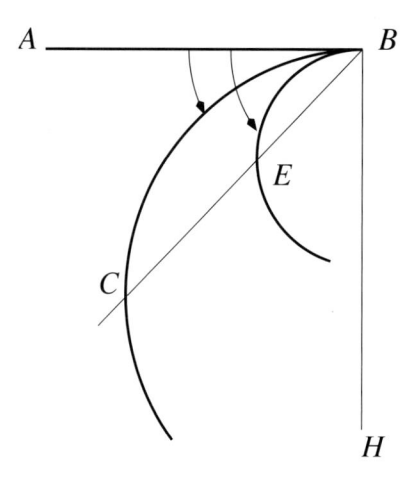

Abb. 5.5.22 Zur Behandlung der Kontingenzwinkel

Es scheint intuitiv klar, dass

$$\measuredangle ABC < \measuredangle ABE,$$

wobei mit den Winkeln die Kontingenzwinkel gemeint sind. Wenn man nun wie in [Baron 1987, S. 137] die Kontingenzwinkel mit dem (echten) Winkel ABH vergleicht, dann ergibt sich

$$\measuredangle ABH > \frac{\measuredangle ABH}{2} > \frac{\measuredangle ABH}{2^2} > \frac{\measuredangle ABH}{2^3} > \ldots > \frac{\measuredangle ABH}{2^n} > \ldots > \measuredangle ABC$$

für alle n und entsprechend

$$\measuredangle ABH > \ldots > \frac{\measuredangle ABH}{2^n} > \ldots > \measuredangle ABE.$$

Für wachsendes n wird aber $\measuredangle ABH/2^n$ immer kleiner und so ist klar, dass für die Kontingenzwinkel

$$\measuredangle ABC = \measuredangle ABE = 0$$

gilt. Grégoire de Saint-Vincent hat dies sehr wohl gesehen, aber konnte es nicht akzeptieren. Vielmehr folgert er, dass im Bereich des unendlich Kleinen die Gesetze der finiten Geometrie nicht mehr gelten und er zweifelt an Euklids Grundsatz: „Das Ganze ist größer ist als der Teil". Das wiederum wird Gottfried Wilhelm Leibniz später aufnehmen.

Die Fläche unter der Hyperbel nach Saint-Vincent

De Saint-Vincent betrachtet die durch

$$xy = 1$$

definierte Hyperbel, also die Funktion $y = f(x) = 1/x$, auf dem Intervall $[a, b]$ mit positiven a und b [Edwards 1979, S. 154 ff.], [Volkert 1988, S. 78 ff.]. Teilt man das Intervall in n gleiche Teile

$$a = x_0 < x_1 < x_2 < \ldots < x_{i-1} < x_i < \ldots < x_{n-1} < x_n = b,$$

dann kann man obere und untere Schranken für den Flächeninhalt unter der Hyperbel von a bis b berechnen, in dem man die Fläche auf zwei verschiedene Arten durch Summen von Rechtecken der Breite $x_i - x_{i-1}$ annähert – eine Vorahnung der späteren Definition des bestimmten Integrals durch Riemann. Betrachten wir als Rechteckshöhen jeweils den kleinsten Funktionswert, dann ist die i-te Rechteckfläche gegeben durch

$$(x_i - x_{i-1}) \cdot f(x_i) = \frac{x_i - x_{i-1}}{x_i},$$

da die Hyperbel monoton fallend ist und der kleinere Wert jeweils am rechten Teilintervallrand angenommen wird. Entscheiden wir uns für den größten Funktionswert auf jedem Teilintervall, dann wird dieser am linken Intervallrand angenommen und es ergibt sich

$$(x_i - x_{i-1}) \cdot f(x_{i-1}) = \frac{x_i - x_{i-1}}{x_{i-1}}.$$

Nun ist aber

$$x_i - x_{i-1} = \frac{b - a}{n},$$

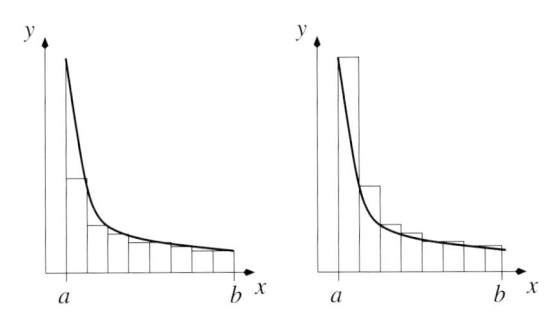

Abb. 5.5.23 Zur Berechnung der Fläche unter der Hyperbel

230   5 Indivisible und Infinitesimale in der Renaissance

so dass wir für die wahre Fläche $A_{a,b}$ zwischen a und b die Abschätzung

$$\sum_{i=1}^{n} \frac{b-a}{nx_i} \leq A_{a,b} \leq \sum_{i=1}^{n} \frac{b-a}{nx_{i-1}} \qquad (5.15)$$

erhalten. Nun betrachtet de Saint-Vincent das verschobene Intervall $[ta, tb]$ mit $t > 0$. Eine Unterteilung in n Teilintervalle liefert Teile der Länge

$$\frac{tb - ta}{n}$$

und die Wiederholung der obigen Ideen zur Abschätzung des Flächeninhalts unter der Hyperbel auf $[ta, tb]$ liefert

$$\sum_{i=1}^{n} \frac{tb - ta}{ntx_i} \leq A_{ta,tb} \leq \sum_{i=1}^{n} \frac{tb - ta}{ntx_{i-1}},$$

was nach Kürzen des Faktors t wieder auf (5.15) führt. Damit hat de Saint-Vincent die Eigenschaft

$$A_{a,b} = A_{ta,tb} \qquad (5.16)$$

für jedes positive t bewiesen.

Folgen wir [Baron 1987, S. 139], dann hat de Saint-Vincent eine geometrische Progression zur Teilung der Abszisse verwendet, wobei er bei einem positiven x_1 begann:

$$x_1, \quad x_2 := tx_1, \quad x_3 := t^2 x_1, \quad x_4 := t^3 x_1, \quad x_5 := t^4 x_1, \ldots.$$

Dann betragen die Differenzen $x_{i+1} - x_i$ auf der Abszisse

$$x_1(t-1), \quad x_1 t(t-1), \quad x_1 t^2(t-1), \quad x_1 t^3(t-1), \ldots.$$

Der Funktionswert an der Stelle x_1 ist $y_1 := 1/x_1$. Betrachten wir nun die Funktionswerte an den anderen Stellen $x_i = t^{i-1} x_1$, dann folgt

$$y_i = \frac{1}{x_i} = \frac{1}{t^{i-1} x_1} = \frac{y_1}{t^{i-1}}.$$

Damit sind die zu den x_i zugehörigen Ordinatenwerte gegeben durch

$$y_1, \quad \frac{y_1}{t}, \quad \frac{y_1}{t^2}, \quad \frac{y_1}{t^3}, \quad \frac{y_1}{t^4}, \ldots.$$

Wir können also nun die Flächeninhalte der Rechtecke berechnen, die durch die Unterteilung der Abszisse und die Funktionswerte auf der Ordinate entstehen. Unser erstes Rechteck hat die Breite $x_2 - x_1 = x_1(t-1)$ und die Höhe y_1, also ergibt sich ein Flächeninhalt von $x_1 y_1 (t-1)$. Für das zweite Rechteck ergibt sich die Breite $x_3 - x_2 = x_1 t(t-1)$ und die Höhe y_1/t. Demnach gilt für die Fläche wieder $x_1 y_1 (t-1)$, usw. Wir erhalten daher für die Fläche jedes Teilrechtecks den Wert

$$x_1 y_1 (t-1).$$

Damit ist folgendes gezeigt: Es gilt immer

$$\frac{x_{r+m}}{x_r} = \frac{t^{r+m-1} x_1}{t^{r-1} x_1} = t^m$$

und

$$\frac{x_{s+n}}{x_s} = \frac{t^{s+n-1} x_1}{t^{s-1} x_1} = t^n$$

und für die Flächen unter der Hyperbel von x_r bis x_{r+m} bzw. von x_s bis x_{s+n} gilt

$$\frac{\int_{x_r}^{x_{r+m}} y\, dx}{\int_{x_s}^{x_{s+n}} y\, dx} = \frac{m \cdot x_1 \cdot y_1 \cdot (t-1)}{n \cdot x_1 \cdot y_1 \cdot (t-1)} = \frac{m}{n}.$$

Das ist aber genau das Verhältnis der Logarithmen

$$\frac{m}{n} = \frac{\log(x_{r+m}/x_r)}{\log(x_{s+n}/x_s)},$$

und damit verhalten sich die Flächen unter der Hyperbel wie die Logarithmen.

De Saint-Vincents Student Alphonse Antonio de Sarasa (1618–1667) las beim Studium des *Opus geometricum* seines Lehrers eine besondere Flächenfunktion aus der Beziehung (5.16) heraus [Edwards 1979, S. 156 f.], nämlich

$$L(x) := \begin{cases} A_{1,x} \ ; \ x \geq 1 \\ -A_{x,1} \ ; \ 0 < x < 1 \end{cases}.$$

Für diese Funktion weist man leicht nach, dass

$$L(x \cdot y) = L(x) + L(y)$$

gilt, und diese Gleichung ist das Logarithmengesetz, das man die Funktionalgleichung des Logarithmus nennt. In der Tat ist die Funktion $x \mapsto L(x)$ der natürliche Logarithmus, was Edwards in einer kurzen Rechnung in [Edwards 1979, S. 157 f.] nachweist.

Isaac Newton wird ebenfalls die Fläche unter der Hyperbel berechnen wie vor ihm Mercator. Die Idee der Logarithmen lag in der Luft, und 1614 erschien die erste Logarithmentabelle des Schotten John Napier im Druck, was wir später detailliert diskutieren wollen. Unter dem Begriff „Logarithmus" fasste man eine weite Klasse von Funktionen zusammen, so dass man vorsichtig sein muss, wenn man diesem Begriff im 17. Jahrhundert begegnet, vgl. [Burn 2001]. Eine umfassende Untersuchung der Mathematik im 17. Jahrhundert, in der auch die Rolle der Logarithmen beleuchtet wird, hat Whiteside in [Whiteside 1960–62] vorgelegt.

Analysis und Astronomie während der Renaissance

1494–1575	FRANCESCO MAUROLICO, Universalgelehrter und Übersetzer antiker Werke, löst komplizierte Schwerpunktsaufgaben von Körpern
1543	In Nürnberg erscheint *De Revolutionibus Orbium Caelestium* von NICOLAUS COPERNICUS
1548–1620	SIMON STEVIN, genialer niederländischer Mathematiker, Physiker und Ingenieur, verwendet bei Schwerpunktsberechnungen saubere Grenzübergänge
1565	FEDERICO COMMANDINO schreibt *Liber de centro gravitatis solidorum*. Er übersetzt auch antike Texte und gibt sie heraus
1569	Mercators winkeltreue Erdkarte erscheint
1589	GALILEI wird Mathematiklektor an der Universität Pisa
1589–1592	GALILEI arbeitet an seinem Thermometer, an den Fallgesetzen und den Pendelgesetzen
1592	GALILEI erhält den Lehrstuhl für Mathematik an der Universität Padua. Er ist inzwischen Anhänger des Kopernikanischen Systems
1597	KEPLERS *Mysterium Cosmographicum* erscheint in Tübingen
1600	WILLIAM GILBERT publiziert in London *De magnete*
1604	*Ad Vitellionem paralipomena quibus astronomiae pars optica traditur*, ein Buch zur Optik von KEPLER, erscheint
1604	Eine Supernova wird in ganz Europa beobachtet
1609	GALILEI erfährt von der Erfindung des Fernrohres, baut es nach
1609	KEPLERS *Astronomia nova* erscheint
1610	KEPLERS Buch *Dioptrice* zur Theorie des Fernrohrs erscheint
1610	GALILEIS Buch *Sidereus nuncius* erscheint und berichtet von vier neuen Planeten, die Galilei gefunden zu haben glaubte. GALILEI wird zum Hofmathematiker und Hofphilosophen bei Cosimo II. de'Medici berufen. Gleichzeitig wird er Mathematikprofessor in Pisa
1615	KEPLERS *Nova stereometria* erscheint
1616	Der Kleriker PAOLO ANTONIO FOSCARINI veröffentlicht seine Meinung, dass das Kopernikanische System nicht im Widerspruch zur Bibel steht. Die Inquisition eröffnet gegen ihn ein Verfahren; sein Buch wird gebannt
1617	KEPLER lernt in Prag die Logarithmen kennen
1619	KEPLERS *Weltharmonik* erscheint
1620	Die Logarithmentabelle des JOST BÜRGI erscheint
1623	GALILEIS provokante Schrift *Saggiatore* wird publiziert
1627	KEPLER publiziert *Rudolphinische Tafeln*
1630	GALILEIS *Dialog über die beiden hauptsächlichen Weltsysteme, das ptolemäische und das kopernikanische* erscheint in italienischer Sprache
1633	GALILEI wird in einem Prozeß der Inquisition zum Widerruf der Kopernikanischen Lehrer gezwungen. Er erhält Hausarrest
1635	GALILEIS *Unterredungen und mathematische Demonstrationen über zwei neue Wissenszweige, die Mechanik und die örtlichen Bewegungen betreffend* erscheint zuerst nördlich der Alpen in einer lateinischen Übersetzung
1638	Der italienische Text der *Unterredungen und mathematische Demonstrationen* von GALILEI erscheint in Leiden

5.6 Aufgaben zu Kapitel 5

Aufgabe 5.6.1 *(zu 5.1)* Zeichnen Sie ein beliebiges Dreieck wie in Abb. 5.2.10, in das Sie wie dort gezeigt 5 Rechtecke einbeschreiben. Messen Sie die Fläche der Rechtecke aus und verifizieren Sie die Beziehung

$$F - I_5 = \frac{F}{5},$$

wobei F die Fläche des Dreiecks und I_5 die Fläche der einbeschriebenen Rechtecke bezeichnet.

Aufgabe 5.6.2 *(zu 5.2)* Fertigen Sie für die Keplersche Form der „Zitrone" eine zu Abb. 5.3.17 analoge Zeichnung an und bestimmen Sie die zugehörige Gleichung für die Indivisiblen analog zu (5.4).

Aufgabe 5.6.3 *(zu 5.3)* Finden Sie Argumente gegen die Folgerung aus dem aristotelischen Rad, dass alle Kreise denselben Umfang besitzen, vgl. Abb. 5.4.7(b). Was würde *mechanisch* passieren, wenn die Kreise wirklich so wie in Abb. 5.4.7(b) auf einer festen Unterlage abrollen würden?

Aufgabe 5.6.4 *(zu 5.3)* Zeigen Sie mit der von Galilei angegebenen Abzählungsmethode, dass die Mächtigkeiten der geraden und der ungeraden Zahlen gleich sind und der Mächtigkeit der natürlichen Zahlen entsprechen.

Aufgabe 5.6.5 *(zu 5.4)* Berechnen Sie mit der Guldinschen Regel das Volumen der Kugel, indem Sie einen Halbkreis mit Radius r um den Durchmesser rotieren lassen. Hinweis: Der Schwerpunkt des Halbkreises liegt im Abstand von $\frac{4r}{3\pi}$ senkrecht über dem Mittelpunkt des Vollkreises.

Aufgabe 5.6.6 *(zu 5.4)* Torricellis unendlich ausgedehnter Körper entstand durch Rotation einer nach unten begrenzten Hyperbel $y = 1/x$ um die Ordinatenachse. Untersuchen Sie, wie sich Oberfläche und Volumen von Rotationskörpern verhalten, die durch Rotation von $y = 1/x^2$ bzw. $y = 1/\sqrt{x}$ entstehen.

Aufgabe 5.6.7 *(zu 5.4)* Für die Fläche unter der Hyperbel $y = 1/x$ von $x = 1$ bis $x = b$ gilt

$$\int_1^b \frac{dx}{x} = \log b.$$

Zeigen Sie für $t > 0$, dass die Fläche

$$\int_t^{tb} \frac{dx}{x}$$

genau so groß ist.

6 An der Wende vom 16. zum 17. Jahrhundert

Th. Sonar, *3000 Jahre Analysis*, Vom Zählstein zum Computer,
DOI 10.1007/978-3-642-17204-5_6, © Springer-Verlag Berlin Heidelberg 2011

1556–1598	Philipp II. König von Spanien
1558	Elisabeth I. wird Königin von England
1560	Karl IX. französischer König. Die Bezeichnung „Hugenotten" für die calvinistisch orientierten Protestanten kommt auf
1562	Edikt von Saint-Germain: Französische Protestanten erhalten rechtliche Anerkennung. Massaker von Vassy an Protestanten
1562/63	Erster Religionskrieg in Frankreich
1568–1648	Achtzigjähriger Krieg zwischen den Niederlanden und Spanien endet zeitgleich mit dem Dreißigjährigen Krieg und markiert die Geburt der „Republik der Vereinigten Niederlande"
1572	Bartholomäusnacht, ca. 13 000 Hugenotten werden in Frankreich ermordet
1577–1580	Der Engländer Francis Drake umsegelt als zweiter Mensch der Welt die Erde
1587	Hinrichtung Maria Stuarts
1588	Die Spanische Armada wird von den Engländern vernichtend geschlagen
1589	Beginn der Aufführungen von William Shakespeares Werken in London
1598	Das Edikt von Nantes beendet die Religionskriege und sichert die Position der Hugenotten
1603	Elisabeth I stirbt. Der schottische König Jakob VI. wird als Jakob I. König von England. Frieden mit Spanien und England
1605	Gunpowder Plot in England am 5. November
1610–1643	Ludwig XIII. französischer König
1622	England im Krieg gegen Spanien
1624–1642	Kardinal Richelieu wird leitender Minister in Frankreich
1625	Jakob I. stirbt in England. Sein Sohn wird als Karl I. König
1629	Karl I. löst das englische Parlament auf und regiert 11 Jahre ohne. Frieden mit Spanien und Frankreich. Sein Gegenspieler und Führer der Revolutionsarmee ist Oliver Cromwell
1629	Edikt von Alès: Hugenotten wird jede politische Eigenständigkeit verboten
1635	Frankreich greift auf schwedischer Seite für die Protestanten offen in den 30-jährigen Krieg ein
1642	Karl I. muss London verlassen. Der Bürgerkrieg beginnt. Karl I. nimmt sein Winterquartier in Oxford
1648	Zweiter englischer Bürgerkrieg durch Einfall der Schotten. Cromwell siegt
1649	Karl I. wird hingerichtet. Die Monarchie in England wird abgeschafft
1653	Oliver Cromwell wird *Lord Protector* Englands
1660	Die englische Restauraton beginnt mit der Krönung Karl II.
1661–1715	Ludwig XIV. französischer König
1665–1683	Colbert Generalkontrolleur der französischen Finanzen
1665	Pest in London
1672–1679	Krieg Frankreichs gegen Holland
1685	Edikt von Nantes wird aufgehoben. 300 000 Hugenotten verlassen Frankreich
1713	Päpstliche Bulle „Unigenitus" gegen die Jansenisten.

6.1 Analysis vor Leibniz in Frankreich

6.1.1 Frankreich an der Wende vom 16. zum 17. Jahrhundert

Auch Frankreich blieb im 16. Jahrhundert von religiösen Verwerfungen nicht verschont. Die katholische Hofpartei unter der Familie Guise stand um 1560 unversöhnlich gegen die führenden Protestanten des Landes, um Einfluss auf den noch minderjährigen König Franz II. zu erlangen. Die Mutter des jungen Königs war Katharina von Medici, die sich um den Ausgleich beider Parteien bemühte und von dem 1560 berufenen Kanzler Michel de l'Hôpital unterstützt wurde, der bereits religiöse Toleranz einforderte. Von außen mischte sich der spanische König Philipp II. ein, der sich Sorgen um die Ausbreitung der „Ketzerei" in Frankreich machte. Unterstützung erhielt er durch die Jesuiten. Am 17. Januar 1562 erließ Katharina gegen alle Widerstände das Edikt von Saint-Germain, in dem den französischen Protestanten erstmals eine rechtliche Existenzsicherheit gegeben wurde. Leider folgte dem Edikt eine mehr als 30jährige Phase der Religionsfehden und -kriege. Insgesamt zählt die Geschichtsschreibung acht Religionskriege zwischen 1562 und 1598. Die heftigste und am weitesten ausstrahlende Auseinandersetzung zwischen Katholiken und Protestanten fand in der Nacht vom 23. auf den 24. August 1572 statt: die Bartholomäusnacht. Was war geschehen? Während der Spanier Philipp II. Frankreich angriff, um selbst nach der französischen Königswürde zu greifen, wurden die protestantischen Heere im zweiten französisch-spanischen Krieg

Abb. 6.1.1 Philipp II., König von Spanien (1556–1598) (Gemälde von Antonio Moro 1606) und Katharina von Medici (1519–1589), Gemahlin des französischen Königs Heinrich II. und Mutter seiner Nachfolger Franz II., Karl IX. und Heinrich III. Als Regentin anstelle ihrer minderjährigen Söhne Franz und Karl erließ sie 1560 das Edikt von St. Germain zum Schutz der Protestanten, löste dann aber 1572 das Blutbad unter ihnen in der Bartholomäusnacht aus

so mächtig und wichtig, dass der Admiral von Frankreich, Herzog Gaspard de Coligny, schon laut von einem protestantischen Königshaus träumte. Daraufhin wandte sich Katharina von Medici empört der katholischen Seite zu und ließ während der Hochzeitsfeiern ihrer Tochter einen Mordanschlag auf Coligny verüben, der jedoch nur mit einer Verwundung des Opfers endete. Als die Protestanten daraufhin zu rebellieren begannen, gab Katharina den Befehl, die führenden Hugenotten in Paris zu ermorden. Dieser Befehl wuchs sich jedoch aus, so dass es im ganzen Land zu einer unbeschreiblichen Mordserie kam, die als Bartholomäusnacht in die Geschichte einging.

In der Folgezeit gründete sich eine katholische Liga mit dem Ziel, ganz Frankreich zu katholisieren, und die Situation eskalierte erneut, als mit Heinrich von Navarra 1584 ein protestantischer Thronanwärter auftauchte, der als Heinrich IV. regierte und 1593 zum Katholizismus konvertierte. Heinrich war nun von keiner Seite mehr geliebt, er schaffte aber zumindest die oberflächliche Befriedung der religiösen Streitparteien. Er war ein früher absolutistischer Monarch und steuerte Frankreich auf das Königtum seiner Nachfolger Ludwig XIII. und Ludwig XIV. hin. Auf Unruhen in der bäuerlichen Bevölkerung um 1600, die unter der Pest und marodierenden Söldnergruppen litt, reagierte er durch Senkung der Bauernsteuer. Allerdings gingen damit indirekte Steuern in die Höhe. Heinrich förderte auch Handel und Gewerbe und bereitete den Merkantilismus vor. Er starb bei einem Attentat, aber der Weg des französischen Absolutismus war geebnet für seinen Sohn Ludwig XIII. und dessen mächtigen Minister Richelieu.

Mit der Regierung Ludwig XIV. beginnt 1661 eine große Zeit für Frankreich in Kultur, Wissenschaft und Politik. Zu Zeiten des Sonnenkönigs Ludwig XIV. entwickelte sich in Frankreich eine religiöse Gruppe innerhalb der Katholiken, die der Lehre des Bischofs von Ypern, Cornelius Jansen (1585–1638), anhingen. Jansens Schrift *Augustinus* erschien erst 1640 nach dem Tod ihres Verfassers. In ihr legt Jansen einen Gegenentwurf des Katholizismus zu den Jesuiten dar. Dabei beruft er sich auf den Kirchenlehrer Augustinus (354–430) und dessen Gnadenlehre. Jansen propagiert die Ursünde des Menschen und seine Errettung ausschließlich durch Gottes Willen. Jansen sah sich und seine Lehre durchaus als Teil der Gegenreformation, allerdings lehnte er den Weg der Jesuiten ab und vertraute nur auf Gottes Gnade, nicht aber auf die kirchliche Autorität und menschlichen Willen. Zentrum des Jansenismus wurde das Kloster Port Royal nahe Versailles, und neben den Mathematikern und Philosophen Blaise Pascal (1623–1662) und Antoine Arnauld (1612–1694) war auch Frankreichs großer Tragödiendichter Jean Racine (1639–1699) ein überzeugter Jansenist. Streitereien mit den Jesuiten waren so vorprogrammiert. Aber erst als die Jansenisten Richelieu angriffen, weil er im Dreißigjährigen Krieg die protestantische Sache unterstützte, kam es zu ernsten Konflikten mit dem französischen Hof. Im Jahr 1709 wurde Port Royal auf Befehl Ludwig XIV. zerstört, der Jansenismus wurde 1719 von päpstlicher Seite verboten.

Abb. 6.1.2 Frankreichs Könige aus dem Hause Bourbon: (o. li.:) Ludwig XIII. (1610–1643), (o. re.:) Ludwig XIV. (1643–1715), (u. li.:) Heinrich IV. (1589–1610), (u. re.:) Kardinal Richelieu, leitender Minister unter Ludwig XIII. im Kampf gegen die Hugenotten und für den König als absoluten Herrscher

Abb. 6.1.3 Cornelius Jansen und der Titel seines Hauptwerkes *Augustinus*. Er war Urheber des nach ihm benannten und später vom Papst verbotenen „Jansenismus", einer von den Jesuiten bekämpften Überspitzung der Gnadenlehre des Augustinus

6.1.2 René Descartes

Am 31. März 1596 wird René Descartes in La Haye[1] in der Touraine geboren. Nach einem äußerst bewegten Leben als hervorragender Philosoph, Mathematiker, Physiker, Lebemann, Söldner und Streithahn stirbt er am 11. Februar 1650, kurz vor seinem 54. Geburtstag, in Stockholm. Sein Leben war so bewegt, dass es sich in neuerer Zeit sogar für eine romanähnliche Darstellung eignete [Davidenko 1993]. Wie Antoine Arnauld und Blaise Pascal entstammt auch Descartes den Kreisen liberaler Juristen. Die Familie Descartes gehört zum niedrigen Adel, Renés Vorfahren und er selbst schrieben sich noch „Des Cartes" [Specht 2001]. Ein Jahr nach seiner Geburt verliert der Junge seine Mutter. Mit acht Jahren, 1604, kommt René auf die kurz zuvor gegründete jesuitische Knabenschule Collège Royal in La Flèche – eine der besten Schulen in ganz Europa. Als Kind wohlhabender Eltern bekommt René ein Einzelzimmer, und er wird auch morgens nicht geweckt wie die an-

---

[1] Zu Ehren Descartes' wurde La Haye 1802 in „La Haye Descartes" umbenannt und schließlich 1967 in „Descartes".

Abb. 6.1.4 René Descartes (Gemälde von Frans Hals, Musée du Louvre Paris)

deren. Ob er als Kind zu zart war oder wegen seines Onkels, der Pater war, wissen wir nicht. Die Anekdote, dass er wegen seiner guten Leistungen im Fach Mathematik ausschlafen durfte, ist sicher nicht mehr als eine gut erfundene Geschichte. Sicher ist jedoch, dass Descartes im Fach Mathematik so gut war, dass er von Zeit zu Zeit seine Lehrer in Verlegenheit brachte. Hier lernt er auch sein hervorragendes Latein und seine Liebe zur französischen Sprache. Im Jahr 1610 wird in La Flèche das Herz Heinrichs IV. bestattet und Descartes nimmt an der Zeremonie teil, weil die Patres den Schülern auch die Liebe zu ihrem Schulgründer Heinrich beigebracht haben. Descartes lernt auch das Fechten und Kämpfen, die Jesuiten begeistern ihn für Astronomie und sogar die Lektüre „verbotener Schriften" war möglich [Specht 2001, S. 13].

Descartes verlässt schließlich die Schule und seine Spur verliert sich zwischen 1612 und 1618. Wir wissen nur, dass der Vater ihn 1618 zur militärischen Ausbildung nach Holland schickte. Dort hatte sich auf protestantischer Seite eine neue flexible Kriegführung entwickelt, mit der man sogar die als unbesiegbar geltenden spanischen Truppen besiegt hatte. Dass Descartes nun auf protestantischer Seite steht, hat ihn offenbar nicht gestört. In Holland begegnet er dem acht Jahre älteren Isaac Beeckman, der davon träumt, die Physik zu mathematisieren. Die beiden Männer erkennen in sich gegenseitig die gleichen Interessen und Neigungen und schließen Freundschaft.

242   6 An der Wende vom 16. zum 17. Jahrhundert

Im Jahr 1619 ist Descartes in Kopenhagen und reist weiter nach Danzig, Polen, Ungarn, Österreich und Böhmen. In Ulm trifft er den Mathematiker und Ingenieur Johannes Faulhaber, der Mitglied der Geheimgesellschaft der Rosenkreuzer ist. Am 10. November 1619 ereignet sich etwas Seltsames: Descartes sagt, er habe beim Nachdenken die Fundamente einer wunderbaren Erfindung entdeckt. Wir wissen nicht, was er damit meinte, aber ganz sicher ging es um eine Mathematisierung von Erkenntnis; vielleicht hat er schon die Grundlagen seiner späteren analytischen Geometrie entdeckt. Kurz darauf hat er drei seltsame Träume, die ihn stark verunsichern und in eine Krise führen. Er verlässt Ulm, kämpft als Freiwilliger in der Truppe des Herzogs von Bayern und schreibt [Specht 2001, S. 20]:

> *Am 11. November 1620 begann ich, die Grundlagen einer wunderbaren Erfindung zu erkennen.*

In den Jahren von 1620 bis 1625 ist er quer durch Europa unterwegs. Ab 1625 ist er in Paris, wo er lange schläft und über seine neue Philosophie nachdenkt. Aber 1628 emigriert er nach Holland, wo er bis 1649 bleiben wird. Dort findet er nicht nur Ruhe und Sicherheit. Die Niederlande werden durchweht von der trockenen Luft des Protestantismus. Die Forschung ist frei, Religionsfreiheit ist gegeben und die Universitäten und Bibliotheken gehören zu den besten Europas. Hier fällt ein „Papist" wie Descartes nicht auf. Er lernt interessante Leute kennen: Constantin Huygens (1596–1687), Sekretär des Prinzen von Oranien, und seinen sehr begabten Sohn Christiaan (1629–1695). Descartes erkennt dessen Begabung und findet Christiaan so sympathisch, dass er sich dessen Vater nennt. Auch Christiaan Huygens hat Descartes wohl mehr verehrt als seinen eigenen Vater. Descartes trifft auch auf den Vater des Mathematikers Frans van Schooten (1615–1660). Frans wird später wichtige Illustrationen für Descartes liefern, er wird aber auch die neue Geometrie des Descartes verbreiten und popularisieren. Descartes seziert Tiere, ist an Medizin interessiert, wechselt häufiger den Wohnsitz und schreibt seine großen Werke. Er zeugt mit einer Magd ein Kind, das aber fünfjährig verstorben ist. Alles in Holland.

Obwohl Jesuitenschüler und dem Papsttum treu, entwickelt Descartes die Vorstellung, dass man unabhängig von Autoritäten mit seinem eigenen Kopf denken sollte. Überlieferte Lehrmeinungen sind nicht *a priori* richtig, sondern sollten stets neu überdacht und mit dem eigenen Gewissen abgeglichen werden. Damit ist Descartes in Opposition zur kirchlichen Lehrmeinung geraten. Der als schwierig geltende Mathematiker Gilles Personne de Roberval (1602–1675), über den wir noch gesondert sprechen müssen, schreibt 1638 [Specht 2001, S. 37 f.] über Descartes:

> *Er deduziert seine Privatmeinungen mit ziemlicher Klarheit [...] Ob sie wahr sind oder nicht, weiß ausschließlich der, der alles weiß. Was uns betrifft, so haben wir keinerlei Beweise, weder dafür noch dagegen; und vielleicht besitzt sogar der Autor selber keine. Denn wie wir*

glauben, befände er sich in ziemlicher Verlegenheit, wenn er seine Obersätze beweisen sollte.

Das „Deduzieren der Privatmeinung mit ziemlicher Klarheit" hat Descartes offenbar freizügig angewendet, denn es gibt kaum einen französischen Philosophen oder Mathematiker, mit dem er nicht im Streit lag: Pascal (Vater und Sohn), Fermat und der Theologe Pierre Gassendi. Nur sein Schulfreund Marin Mersenne (1588–1648) blieb sein Freund. Mersenne, der heute für die Entdeckung der Mersenneschen Primzahlen bekannt ist, wurde Theologe und beschäftigte sich in seiner Freizeit mit Mathematik. Um 1635 gründete er die „Freie Akademie", einen Zusammenschluss mathematisch interessierter Männer, die sich bei Mersenne trafen. Man kann nur vermuten, dass Descartes deshalb so gut mit Mersenne auskam, weil er in ihm keinen Konkurrenten sah. Wir müssen heute die Rolle Mersennes neu bewerten. Er hielt in Paris die Verbindung zwischen den erstklassigen Mathematikern Frankreichs – Descartes in Holland, Roberval in Paris, Fermat in Toulouse – und den Kollegen in Italien: Galileo Galilei, Bonaventura Cavalieri und Evangelista Torricelli. Im Jahr 1644 besuchte Mersenne sogar Italien, um in persönlichen Kontakt mit den Italienern zu kommen [Baron 1987, S. 149]. Es ist hier nicht unsere Aufgabe, weit in die Philosophie des Descartes zu dringen. Seine Physik, die von Wirbeltheorien geprägt war, wurde durch die Newtonsche Physik überholt.

Im Jahr 1637 erscheint jedoch ein Werk, das die Mathematik revolutioniert hat: *Discours de la méthode pour bien conduire sa raison, & chercher la verité dans les sciences, plus la Dioptrique, les Météores et la Géométrie qui sont des essais de cete méthode* (Abhandlung über die Methode, seine Vernunft gut zu gebrauchen und die Wahrheit in den Wissenschaften zu suchen, dazu

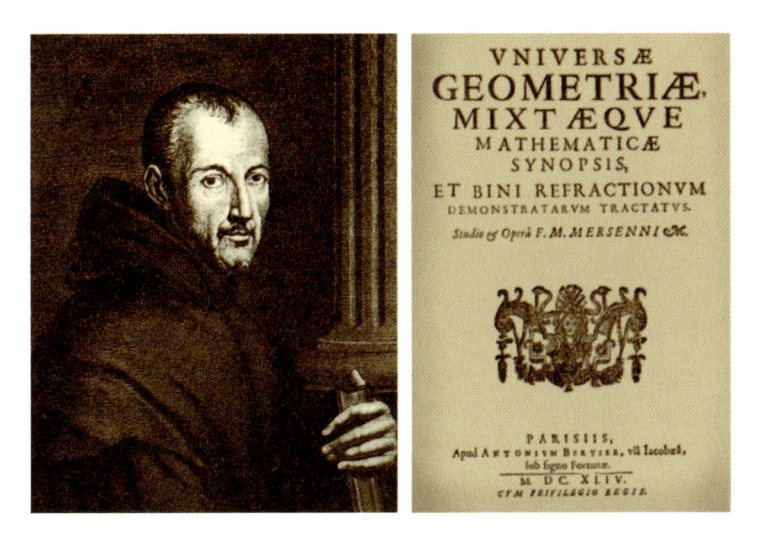

Abb. 6.1.5 Marin Mersenne und der Titel seines Werkes *Universae Geometriae*

die Lichtbrechung, die Meteore und die Geometrie als Versuchsanwendungen dieser Methode), kurz: *Discours*. Die Philosophen finden hier eine Erkenntnistheorie, auch das berühmte „Cogito ergo sum" (Ich denke, also bin ich), eine Ethik und eine Metaphysik. In dem etwa 100-seitigen Teil über Geometrie [Descartes 1969] findet sich die Geburt dessen, was wir „analytische Geometrie" nennen. Er unterscheidet zwei verschiedene Arten von „Funktionen" oder besser: Kurven, nämlich die mechanischen Kurven und diejenigen, die durch einen möglichst einfachen funktionalen Zusammenhang beschreibbar sind – bei Descartes sind dies die Polynome. Zu den mechanischen Kurven gehören etwa die Quadratrix (vgl. Seite 40 und Abb. 2.1.16(a) und 2.1.16(b)) und alle weiteren Kurven, die durch „mechanische Prozesse" zu konstruieren sind. Descartes möchte von der Behandlung der mechanischen Kurven Abstand gewinnen [Mancosu 1996, S. 81 f.], da er sich bei ihrer mathematischen Beschreibung in infiniten Prozessen der Approximation gefangen sieht. In der Tat: Wollte man Kurven wie Quadratrix und Konchoïde mit Hilfe von Polynomen beschreiben, so kommt man um die Verwendung unendlicher Reihen (und damit „unendlicher Polynome") nicht herum. In der Analysis hat

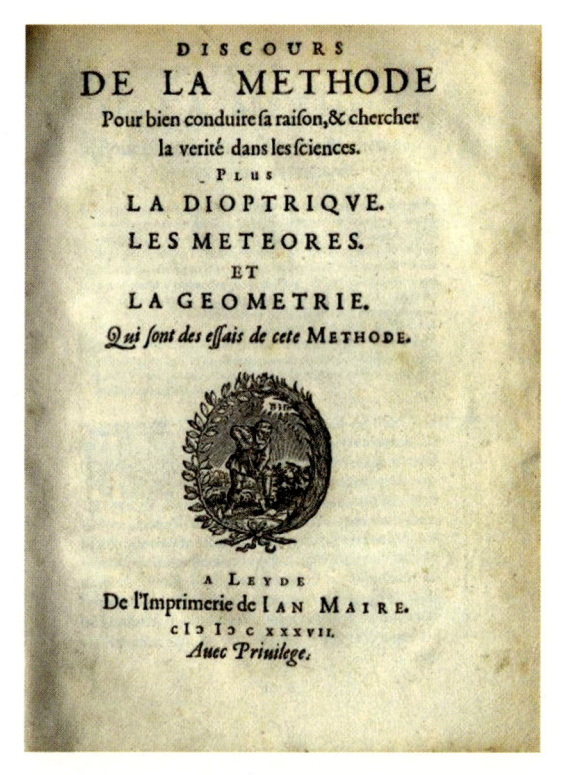

Abb. 6.1.6 Titelblatt des Buches *Discours de la méthode* von René Descartes 1637 (Leeds University Library)

Descartes eine ingeniöse Methode zur Auffindung von Tangenten an gegebene Kurven entwickelt, die man „Kreismethode" nennt. In der Physik ersetzt Descartes das Aristotelische Weltbild durch ein „kausalistisches", in dem sich alle Vorgänge in der uns umgebenden Natur durch „Druck und Stoß" ergeben. Das Descartes'sche Weltbild ist damit ein „mechanistisches" (vgl. [Sorell 1999]), und diese Denkungsart ist theoriebildend in vielen empirischen Wissenschaften geworden. Im mechanistischen Weltbild sind auch Lebewesen „Maschinen" und Tiere und Menschen werden in diesem Weltbild tatsächlich als Maschinen erklärt. Noch heute betrachten uns Orthopäden und Physiotherapeuten (mit vollem Recht!) als Bewegungsmaschinen.

Im Jahr 1614 erscheint ein weiteres philosophisches Werk: *Meditationes de prima philosophia, in qua Dei existentia et animae immortalitas demonstratur* (Meditationen über die Erste Philosophie, in welcher die Existenz Gottes und die Unsterblichkeit der Seele bewiesen wird). In diesen Meditationen [Descartes 1986] gibt Descartes einen Gottesbeweis und legt seine Überzeugung dar, mit Hilfe des eigenen Verstandes alles in Zweifel ziehen zu dürfen. Die Meditationen gehören zu den wichtigsten klassischen Werken der Philosophie.

In der Philosophie war er nun über alle Grenzen hinweg berühmt. Schon seit längerer Zeit hatte er mit der schwedischen Königin Kristina (1626–1689) in brieflichem Kontakt gestanden, im Herbst 1649 folgte er einer Einladung nach Stockholm. Die Königin, die mehr über Philosophie erfahren wollte, ordnete an, dass Descartes ihr in den frühen Morgenstunden Unterricht erteilen sollte. Zeit seines Lebens ein Langschläfer war Descartes nun im schwedischen Winter gezwungen, in aller Herrgottsfrühe den Palast der Königin aufzusuchen, was der Legende nach angesichts seiner angeschlagenen Gesundheit zu seinem Ende beitrug. Er starb Anfang 1650, nachdem er sich – nach offizieller Lesart – eine Lungenentzündung zugezogen hatte.

In neuerer Zeit ist um den Tod René Descartes' das Gerücht entstanden, dass es sich um eine gezielte Vergiftung, also um einen Mord gehandelt haben soll [Pies 1996]. Während die in [Pies 1996] gegebene Argumentation mir nicht schlüssig und zu dünn zu sein scheint, ist vor kurzem eine wissenschaftlich saubere Studie der letzten Lebenstage des René Descartes durch Theodor Ebert vorgelegt worden [Ebert 2009]. Ebert bezieht sämtliche noch vorhandenen Briefe über den Tod des Philosophen in seine Untersuchung mit ein und analysiert die Krankheitssymptome sehr genau. An der Tatsache, dass Descartes durch den Botschaftsgeistlichen der französischen Botschaft in Stockholm, Pater François Viogué, einem Angehörigen des Augustiner-Eremiten Ordens, während einer heiligen Messe am 2. Februar 1650 durch Gabe einer mit Arsenik (Arsentrioxid) behandelten Hostie vergiftet wurde, gibt es meiner Ansicht nach nun keinen Zweifel mehr. Auch eine zweite, tödlich verlaufene Vergiftung, wiederum mit einer Arsenik-Hostie von Viogué verabreicht während eines Besuchs des Kranken am 8. Februar, erscheint mir durch die von Ebert gefundenen Indizien außerordentlich wahrscheinlich. Descartes verstarb

Abb. 6.1.7 René Descartes erläutert Königin Kristina seine Philosophie (Ausschnitt aus einem Ölgemälde von Pierre Louis Dumesnil)

am 11. Februar 1650. Es spricht alles dafür, dass Descartes selbst erkannte, dass er vergiftet wurde, denn er orderte am 8. Februar ein Brechmittel. Dieses wurde jedoch im Hinblick auf seine schon stark angegriffene Gesundheit so weit verdünnt, dass es keine Wirkung hatte.

Viogué war in Schweden als „Apostolischer Missionar" für die nördlichen Länder im Auftrag von Papst Innozenz X. tätig und bereitete wohl die Konversion der Königin Kristina zum katholischen Glauben vor, die tatsächlich im Jahr 1655 in Innsbruck erfolgte, nach dem Kristina 1654 abdankte und die Krone Karl X. Gustav überließ. Sie nannte sich nach ihrer Konversion Maria Alexandra. Obwohl Descartes sich nach außen als guter Katholik gab, war aus seinen Schriften, die ab 1663 auf dem „Index librorum prohibitorum" standen, von Katholiken also nur nach einer offiziellen Erlaubnis des zuständigen Bischofs gelesen werden durften, Descartes natürlich als Freigeist erkennbar. Offenbar hatte Viogué Angst, dass ein Descartes in unmittelbarer Nähe der Königin den Konversionsplänen entgegenstehen könnte.

Die Kreismethode des Descartes

Die Methode des Descartes, beschrieben in [Descartes 1969, S. 43 ff.], fällt etwas aus dem Rahmen, wenn man die Verwendung von Indivisiblen oder Infinitesimalen studiert, denn Descartes war stolz darauf, dass er bei der

Tangentenberechnung ganz *ohne* die Verwendung unendlich kleiner Größen auskam. Warum Descartes ein „Finitist" war, liegt in seiner philosophischen Neigung begründet. Man vergleiche dazu die Studie, die Mancosu in [Mancosu 1996] vorgelegt hat. Seine Ablehnung der mechanischen Kurven hat viel mit diesem Finitismus zu tun, denn er wollte nicht in undurchsichtige infinite Operationen und Approximationen gelangen. Trotz allem besteht keinerlei Zweifel, dass Descartes die Indivisiblenmethoden und den Umgang mit Infinitesimalen beherrschte.

Descartes' Methode ist eine rein algebraisch-geometrische, weshalb sie bereits im Band [Scriba/Schreiber 2010, S. 339 ff.] beschrieben wurde. Nichtsdestotrotz hatte gerade diese Methode einen großen Einfluss auf die Entwicklung der Analysis, und daher gehört sie hier her ([Baron 1987, S. 165 f.], [Edwards 1979, S. 125 ff.], vgl. auch [Stedall 2008, S. 74 ff.]).

Descartes möchte an einem Punkt x_0 die Steigung der Tangente an eine Funktion $x \to f(x)$ berechnen. Dazu denkt er sich einen Kreis K mit Radius r und Mittelpunkt v auf der Abszisse wie in Abb. 6.1.8. Ein Kreis mit Mittelpunkt $(v, 0)$ und Radius r hat die Darstellung

$$y^2 + (x - v)^2 = r^2.$$

Schneidet der Kreis die Kurve der Funktion f in mindestens einem Punkt, dann dürfen wir in obiger Gleichung y durch $f(x)$ ersetzen, also

$$(f(x))^2 + (x - v)^2 = r^2. \tag{6.1}$$

Bei Descartes wird nun angenommen, dass die Funktion f ein Polynom ist, also ist auch f^2 ein Polynom. Diese Einschränkung erscheint uns heute als

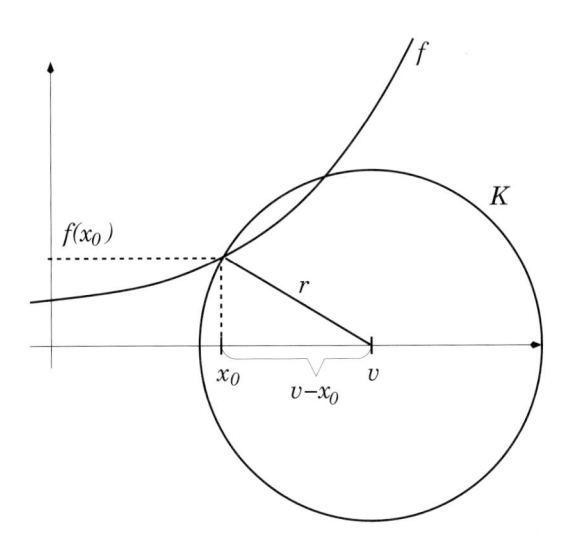

Abb. 6.1.8 Zur Kreismethode des Descartes

sehr stark, aber die nichtpolynomialen (transzendenten) Funktionen waren zum Teil noch gar nicht entdeckt.

Schneidet der Kreis die Kurve in zwei Punkten, so wie es in Abb. 6.1.8 dargestellt ist, dann hätte die Gleichung (6.1) zwei verschiedene Lösungen x_0. Ist der Radius r so klein, dass Kurve und Kreis sich gar nicht schneiden, dann hat (6.1) gar keine Lösung. Was passiert aber, wenn es *genau einen* Schnittpunkt gibt? Genau in diesem Fall liegt der Kreis K tangential an f im Punkt x_0, d. h. der Radius zwischen den beiden Punkten $(x_0, f(x_0))$ und $(v, 0)$ gibt die Richtung der *Normalen* an f im Punkt x_0. Hat man die Normale, dann kann man leicht die Tangente berechnen, denn Tangente und Normale stehen senkrecht aufeinander! Aber was bedeutet genau ein Schnittpunkt für die Gleichung (6.1)? Die Polynomgleichung (6.1) hat in diesem Fall eine doppelte Wurzel x_0. In diesem Fall hat das Polynom $(f(x))^2 + (x-v)^2 - r^2 = 0$ die Linearfaktordarstellung

$$(f(x))^2 + (x-v)^2 - r^2 = (x-x_0)^2 \cdot \sum_i c_i x^i, \qquad (6.2)$$

denn eine doppelte Nullstelle bedeutet für ein Polynom, dass ein Faktor $(x-x_0)^2$ vorkommt! Der Faktor $\sum_i c_i x^i$ ist ein Polynom niedrigerer Ordnung.

Nun gewinnt man aus einem Koeffizientenvergleich eine Beziehung für v in Abhängigkeit von x_0. Die *Normale* an f in x_0 hat dann die Steigung

$$-\frac{f(x_0)}{v - x_0}$$

und die *Tangentensteigung* ist

$$\frac{v - x_0}{f(x_0)}. \qquad (6.3)$$

Wie man zu diesen Beziehungen kommt, ist einfach der Abb. 6.1.9 zu entnehmen. Mit den Bezeichnungen aus der Abbildung ist die Tangentensteigung gegeben durch $\Delta y/\Delta x$. Nun ist das Steigungsdreieck ähnlich zu dem von den drei Punkten $(x_0, 0)$, $(v, 0)$ und $(x_0, f(x_0))$ gebildeten Dreieck, da ihre Winkel übereinstimmen. Damit ist aber

$$\frac{\Delta y}{\Delta x} = \frac{v - x_0}{f(x_0)}.$$

Normale und Tangente stehen aufeinander senkrecht. Ist die Steigung der Tangente positiv, so wird die Steigung der Normalennegativ sein und umgekehrt. In Abb. 6.1.9 haben wir aber ein bereits ein Steigungsdreieck für die Normale, nämlich das durch die Punkte $(x_0, 0)$, $(v, 0)$ und $(x_0, f(x_0))$ gegebene Dreieck. Die Steigung der Normalen ist offenbar

$$-\frac{f(x_0)}{v - x_0}.$$

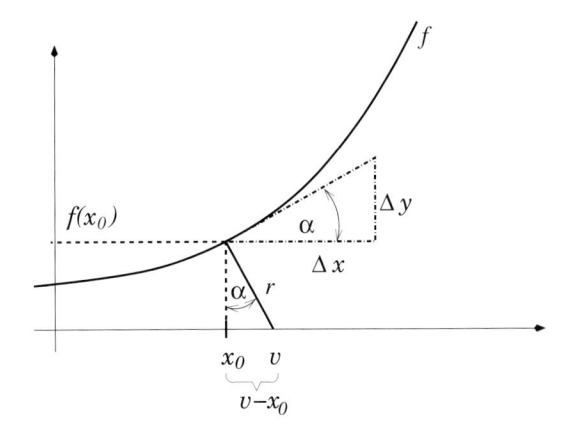

Abb. 6.1.9 Zur Bestimmung der Gleichungen von Tangente und Normale

Ganz allgemein gilt, dass wenn die Tangente die Steigung m besitzt, dann ist die Steigung der Normalen gegeben durch $-1/m$.

Beispiel: Berechnen wir das Restpolynom und die Darstellung (6.2) für die Funktion $y = f(x) = x^2$. Dann lautet (6.1):

$$x^4 + (x-v)^2 = x^4 + x^2 - 2vx + v^2 = r^2.$$

Die doppelte Nullstelle resultiert in einer Darstellung $(x-x_0)^2 \cdot \sum_i c_i x^i$. Da wir ein Polynom vom Grad 4 haben und $(x-x_0)^2$ ein Polynom vom Grad 2 ist, muss das Restpolynom ein Polynom vom Grad 2 sein, also gilt

$$x^4 + x^2 - 2vx + v^2 - r^2 = (x-x_0)^2 \cdot (x^2 + ax + b)$$

mit unbekannten Koeffizienten a und b. Ausmultiplizieren und Koeffizientenvergleich liefert

$$a - 2x_0 = 0$$
$$b - 2ax_0 + x_0^2 = 1$$
$$ax_0^2 - 2bx_0 = -2v,$$

was auf $v = 2x_0^3 + x_0$ führt. Für die *Subnormale* $v-x$, die Projektion der Normalen auf die Abszisse, folgt also:

$$v - x_0 = 2x_0^3.$$

Damit ergibt sich die Steigung der Tangente an $f(x) = x^2$ an der Stelle x_0 nach (6.3) zu

$$\frac{v-x_0}{f(x_0)} = \frac{2x_0^3}{x_0^2} = 2x_0.$$

Da x_0 eine beliebige Stelle war, können wir nun in moderner Terminologie sagen, dass die Tangentensteigung $f'(x)$ an $f(x) = x^2$ an der Stelle x gegeben ist durch
$$f'(x) = 2x.$$

6.1.3 Pierre de Fermat

Fermat ist der unauffälligste der französischen Mathematiker des 17. Jahrhunderts – keine bekannten Skandale, kein Leben als Söldner und keine scharfen Einschnitte in seinem Leben, jedenfalls soweit wir es wissen. Allerdings ist er wohl auch der tiefste mathematische Denker seiner Zeit. Trotzdem ist er in unserer Zeit wohl der Bekannteste, denn er hat den „Großen Fermatschen Satz" hinterlassen, der vor nicht langer Zeit von Andrew Wiles nach Jahrzehnten intensiver Arbeit und in einem monumentalen *tour de force* durch einige mathematische Theorien hindurch endlich bewiesen werden konnte. Dabei handelt es sich jedoch um ein Ergebnis aus der Zahlentheorie und nicht aus der Analysis, vgl. [Wußing 2008, S. 407], [Wußing 2009, S. 541 ff. und Singh 1998]. Fermat ist auch ohne seinen so berühmten Satz ein Mathematiker ersten Ranges gewesen, von dem wichtige Anregungen zur Entwicklung der Analysis ausgingen.

Bis vor kurzem stand außer Frage, dass Pierre de Fermat am 17. August 1601 das Licht der Welt erblickte. Wie Barner im Jahr 2001 in [Barner 2001] und [Barner 2001a] überzeugend nachgewiesen hat, wurde am 17. August 1601 ein früh verstorbener Halbbruder unseres Fermat aus der ersten Ehe seines Vaters geboren. Als korrektes Geburtsdatum *unseres* Pierre, der traditionsgemäß den Namen seines verstorbenen Halbbruders erhielt, kommen nur das Ende des Jahres 1607 oder der Beginn des Jahres 1608 in Frage.

Pierres Vater war ein wohlhabender Lederhändler aus dem französischen Städtchen Beaumont-de-Lomagne nahe den Pyrenäen. Dort, im Ort seiner Geburt, wuchs unser Pierre mit zwei Schwestern und einem Bruder auf und ging dort auch zur Schule, vermutlich auf die Schule des örtlichen Franziskanerklosters. Sein Name war da noch Pierre Fermat. Er besucht dann die Universität von Toulouse und lässt sich in der zweiten Hälfte der 1620er Jahre in Bordeaux nieder. In diese Zeit fallen schon wichtige Arbeiten zur Analysis, so etwa seine Überlegungen zu Maxima und Minima. Bereits 1626 soll Fermat mit Jean Beaugrand (ca. 1590–1640), vielleicht ein Schüler von François Viète (1540–1603), siehe auch [?, S. 266 ff.], zusammengetroffen sein, der ihn auch auf einen aktiven Zirkel von Mathematikern in Bordeaux hingewiesen haben soll, woraufhin Fermat sich dann tatsächlich dort niederließ. Über Beaugrand ist nur wenig bekannt. Er war der Kalligraphie-Lehrer von Ludwig XIII., arbeitete über Themen der Geostatik und über Mathematik und war in Kontakt mit Descartes, Mersenne und eben Fermat.

Von Bordeaux geht Fermat an die Universität von Orléans, wo er Zivilrecht studiert und einen Abschluss erwirbt. Mit diesem Abschluss im Rücken kauft

Abb. 6.1.10 Pierre de Fermat als Marmorskulptur auf hohem Sockel vor dem Dach der großen Markthalle von Beaumeont-de-Lomagne [Foto Barner] und als Gemälde

er sich 1631 einen Sitz im Rat der Stadt Toulouse und darf sich nun Pierre „de" Fermat nennen.

Wenn man das Leben Fermats bis jetzt nicht gerade als spannend bezeichnen kann, so wird es nun noch unspektakulärer: Er bleibt sein Leben lang in Toulouse wohnen, arbeitet auch noch als Anwalt in seinem Heimatort Beaumont-de-Lomagne und dem in der Nähe liegenden Castres. Im Jahr 1638 steigt er im Stadtparlament von Toulouse auf und erreicht 1652 eine leitende Position im Strafgericht von Toulouse. Im Jahr 1653 erkrankt Fermat an der Pest, die in der Region in den 1650er Jahren zahlreiche Todesopfer fordert. Er wird zwar für tot erklärt, aber das stellt sich als Falschmeldung heraus, weil er die Pest überlebt.

In seinem ansonsten wohl eher ruhigen Leben blieb viel Zeit für die Mathematik, in der er ein ganz Großer seiner Zeit wurde. Die Freundschaft mit Beaugrand blieb erhalten, aber als neuer Freund in Sachen Mathematik erwies sich Pierre de Carcavi (1600–1684), wie auch Fermat ein „Amateurmathematiker", allerdings ohne jegliche Universitätsbildung. Carcavi ist nicht für seine mathematischen Arbeiten bekannt geworden, wohl aber durch seine Korrespondenz mit Fermat, Pascal und Huygens.

In Toulouse hat Fermat seinem Freund von seinen mathematischen Entdeckungen berichtet, und als Carcavi 1636 nach Paris umzieht und königlicher Bibliothekar wird, kommt er in die Gruppe um Marin Mersenne, und ein Briefwechsel zwischen Fermat und Mersenne beginnt. Die beiden Männer korrespondieren zuerst über Fallgesetze und einen Fehler, den Fermat bei Galilei glaubt gefunden zu haben, aber Fermat ist eigentlich nicht an den physikalischen Anwendungen der Mathematik interessiert. Allerdings erhält der erste Brief auch zwei Probleme, bei denen es um die Bestimmung von Maxima und Minima geht. Typisch für Fermat ist die Aufforderung an Mersenne, diese Probleme den Pariser Mathematikern vorzustellen. Im weiteren Verlauf der Korrespondenz müssen Roberval und Mersenne feststellen, dass Fermats Probleme nicht mit den gängigen Techniken lösbar sind, und so wird Fermat gebeten, seine Methoden offenzulegen. Fermat schickt 1637 seine Arbeiten *Methodus ad disquirendam maximam et minimam et de tangentibus linearum curvarum* (Methoden zur Bestimmung von Maxima und Minima und von Tangenten an gekrümmte Kurven), *Apollonii Pergaei libri duo de locis planis restituti* – die Fermatsche Wiederherstellung eines Textes von Apollonius von Perge (ca. 262 v. Chr.–ca. 190 v. Chr.) über Kegelschnitte – und *Ad locos planos et solidos isagoge* (Einführung in ebene und räumliche Örter) an Mersenne. In dieser letztgenannten Publikation steckt ungewollt Zündstoff, der sich wenig später gefährlich entwickeln wird! Fermat hat die Grundlagen einer analytischen Geometrie erarbeitet, und zwar unabhängig von Descartes. Kurze Zeit nachdem Mersenne dieses Manuskript erhielt, schickte ihm Réne Descartes die Fahnenkorrekturen seines *Discours*, die die Descartes'sche Version der analytischen Geometrie enthält. Descartes war nicht gewillt, einen weiteren Erfinder der neuen Methoden neben sich zu dulden! Zudem war die Arbeit zur Bestimmung von Maxima und Minima und Tangenten nicht besonders ausführlich und verständlich geschrieben, so dass Kritik Tür und Tor geöffnet war.

Warum kamen zwei Wissenschaftler ungefähr zur gleichen Zeit zur selben Theorie? Zum einen gibt es einen gemeinsamen mathematischen Hintergrund. Beide Männer hatten Interesse an „Kurven" – Kegelschnitte des Apollonius, die Kurven in den Schriften des Pappos von Alexandria (um 300 n. Chr.), die Konchoïde, die Archimedische Spirale, usw. Des Weiteren war die Algebra u. a. durch François Viète (1540–1603) nun so weit entwickelt (vgl. [Alten et al. 2005]), dass man ihre Techniken auf die Geometrie anwenden konnte. Aus heutiger Sicht gebührt Descartes die Priorität bei der Entwicklung der analytischen Geometrie, da er sich schon deutlich früher als Fermat mit solchen Ideen beschäftigt hat [Mahoney 1994, S. 73 ff.].

Wie um einen Konflikt mit Descartes noch zu schüren, hatte Fermat eine Kritik der optischen Theorien Descartes' für Mersenne verfasst, an deren Gültigkeit er nicht glaubte. Die *Dioptrique* des Descartes wurde ihm von seinem Freund Beaugrand im Mai 1637 gezeigt und Mersenne bat um einen Kommentar. Fermat, der später selbst zum (richtigen) Brechungsgesetz kommen sollte, erkannte die Unzulänglichkeit der Descartschen Argumentation natürlich sofort. Zu Fermats Verteidigung sei gesagt, dass er weder das Temperament von Descartes kannte, noch von den Angriffen wusste, denen Descartes bereits von anderer Seite ausgesetzt war. Zudem hatte Beaugrand die Kopie der *Dioptrique* auf dunklen Wegen bekommen und war keinesfalls autorisiert, sie Fermat zu zeigen. Jedenfalls brach 1638 ein Sturm los [Mahoney

1994, S. 171 f.]. Mersenne hatte Fermats Brief ein paar Monate liegen lassen – schließlich kannte er Descartes – aber als Descartes ihn um alle Kritiken zur *Dioptrique* bat, schickte er ihm den Fermatschen Kommentar. Es entwickelte sich ein hässlicher Streit zwischen Fermat und Descartes, der auf Seiten von Descartes bis hin zu persönlichen Beleidigungen geführt wurde. Hätte Descartes Fermat vernichten können, er hätte es getan. Er versuchte nun, Fermat unter allen Umständen zu diskreditieren. Im Briefwechsel der beiden wurden immer wieder Probleme gestellt, um Fermat bloßzustellen, aber dieser konnte die ihm gestellten Aufgaben nutzen, um seine Methoden zu verfeinern. Wie Mahoney in [Mahoney 1994, S. 171] feststellt, lernte Descartes von diesem Briefwechsel nichts, auch wenn er im Unrecht war – er war und blieb ein Sturkopf, aber Fermat gelangen neue Einsichten, so dass der Streit mit Descartes, in den auch bald Roberval und der ältere Pascal eintraten, für die Entwicklung der Analysis vorteilhaft war.

Von 1643 bis 1654 verliert sich der Kontakt mit der Pariser Gruppe. Fermat war beruflich stark eingespannt, politische Krisen, die Toulouse betrafen, kamen hinzu und schließlich kam die Pest. In diesen Jahren arbeitete Fermat in seiner nicht sehr üppigen Freizeit an Problemen der Zahlentheorie. Erst 1654 wandten sich Étienne und Blaise Pascal an Fermat, um kombinatorische Probleme aus der Wahrscheinlichkeitsrechnung zu diskutieren.

Etwa zu dieser Zeit wandte sich ein Student Descartes', der den Briefwechsel seines Lehrers herausgeben wollte, an Fermat mit der Bitte um Hilfe bei der Descartes-Fermat Korrespondenz. Dies gab Fermat die Gelegenheit, seine nun fast 20 Jahre alten Argumente gegen Descartes' *Dioptrique* zu überdenken, und er fand das Snellius'sche Brechungsgesetz mit Hilfe des Prinzips, dass das Licht immer den kürzesten möglichen Weg nimmt (Fermatsches Prinzip). Obwohl das Fermatsche Prinzip zu dieser Zeit nicht viele Anhänger unter den Mathematikern fand, war es eine frühe Anwendung einer neuen Theorie innerhalb der Analysis, der Variationsrechnung, die erst im 18. Jahrhundert ausgebildet wurde.

Es ist instruktiv, zum Abschluss einer Lebensbeschreibung dieses großen „Freizeitmathematikers" die Meinungen einiger seiner Zeitgenossen zu notieren:

> Descartes: „Maulheld"
> Pascal: „Der größte Mathematiker in ganz Europa"
> Mersenne: „Der gelehrte Ratsherr aus Toulouse"
> Wallis: „Dieser verdammte Franzose"

Die Quadratur höherer Parabeln

Schon die Pythagoreer und Archimedes kannten die Summenformeln für $\sum_{k=1}^{n} k$ und $\sum_{k=1}^{n} k^2$ und Alhazen hatte bereits die Formeln für $\sum_{k=1}^{n} k^3$ und $\sum_{k=1}^{n} k^4$ verwendet. Johannes Faulhaber, den René Descartes in Ulm

Abb. 6.1.11 Johannes Faulhaber und ein Ausschnitt aus *Perspektive & Geometrie & Würfel & Instrument* [Faulhaber/Remmelin, 1610]

besuchte, war im Besitz der Formel für $\sum_{k=1}^{n} k^{13}$ und heute spricht man von „Faulhaber-Polynomen". Fermat benutzt solche Formeln zur Quadratur von „höheren Parabeln", definiert durch

$$\frac{y}{a} = \left(\frac{x}{b}\right)^p$$

für positives $p = 1, 2, 3, \ldots$. Fermat verwendet nach [Baron 1987, S. 151 f.] die rekursiven Beziehungen

$$2\sum_{k=1}^{n} k = n(n+1)$$

$$3\sum_{k=1}^{n} k(k+1) = n(n+1)(n+2)$$

$$4\sum_{k=1}^{n} k(k+1)(k+2) = n(n+1)(n+2)(n+3)$$

$$\vdots \quad \vdots \quad \vdots$$

um für $y = x^p$ dann

$$\lim_{n \to \infty} \sum_{k=1}^{n} \frac{k^p}{n^{p+1}} = \frac{1}{1+p} \qquad (6.4)$$

zu beweisen. Das kann vermutlich so geschehen sein, dass Fermat für $p = 2, 3, 4, \ldots$ aus

$$(p+1)\sum_{k=1}^{n} k(k+1)(k+2)\cdot\ldots\cdot(k+p-1) = n(n+1)(n+2)\cdot\ldots\cdot(n+p-1)(n+p)$$

gefolgert hat, dass

$$(p+1)\sum_{k=1}^{n} k^p + \text{Terme kleinerer Ordnung} = n^{p+1} + \text{Terme kleinerer Ordnung}$$

gilt. Division durch n^{p+1} und $p+1$ ergibt

$$\frac{1}{n^{p+1}}\sum_{k=1}^{n} k^p = \sum_{k=1}^{n} \frac{k^p}{n^{p+1}} + \frac{1}{n^{p+1}} \cdot \text{Terme kleinerer Ordnung}$$

$$= \frac{1}{p+1} + \frac{1}{n^{p+1}} \cdot \text{Terme kleinerer Ordnung}$$

und mit wachsendem n werden die Terme

$$\frac{1}{n^{p+1}} \cdot \text{Terme kleinerer Ordnung}$$

immer kleiner und verschwinden im Grenzwert $n \to \infty$ schließlich, so dass man (6.4) erhält.

Teilt man das Intervall $[0,1]$ in n Teile der Länge $1/n$, dann ergeben sich die zugehörigen Funktionswerte $y = x^p$ als

$$y_k = \left(k \cdot \frac{1}{n}\right)^p, \quad k = 0, 1, 2, \ldots, n.$$

Damit hat man eine Annäherung an die Fläche unter der Funktion $y = x^p$ in Form von Rechtecksummen gewonnen, wie in Abb. 6.1.12 (links) gezeigt. Das k-te Rechteck hat die Fläche

$$\frac{1}{n} \cdot \left(k \cdot \frac{1}{n}\right)^p = \frac{k^p}{n^{p+1}}.$$

Damit ist die Rechtecksumme

$$\sum_{k=1}^{n} \frac{k^p}{n^{p+1}}$$

eine Annäherung an die wahre Fläche, und wegen (6.4) folgt

$$\int_0^1 x^p \, dx = \frac{1}{p+1}.$$

Mit dieser Methode war Fermat aber offenbar nicht zufrieden und so wandte er sich einer anderen Idee zu. Statt einer Einteilung des Intervalls $[0,1]$ in

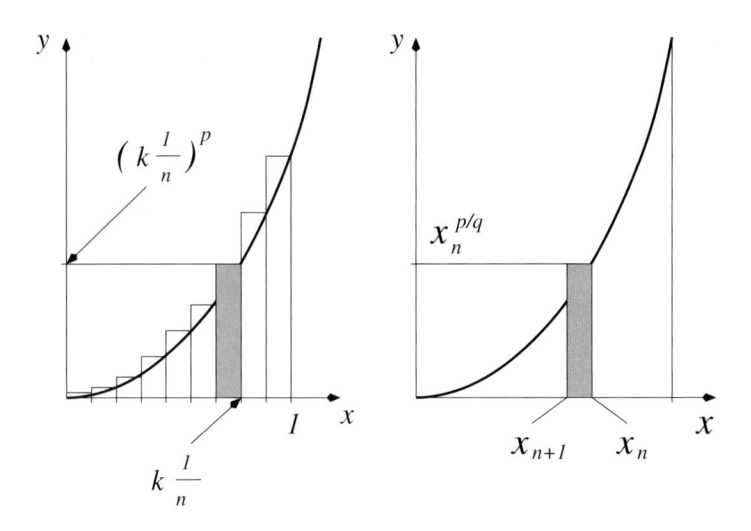

Abb. 6.1.12 Zur Quadratur von $y = x^p$

äquidistante Stücke verwendet Fermat nun eine geometrische Progression, d. h. eine Folge von Punkten $(x_n)_{n=0}^{\infty}$ mit der Eigenschaft

$$x_n = at^n, \quad 0 < t < 1. \tag{6.5}$$

Damit ist der erste Punkt x_0 der Zerlegung gerade a, und für wachsendes n nähert sich x_n immer weiter der 0. Fermat will die Funktion

$$y = x^{\frac{p}{q}}, \quad p, q = 1, 2, 3, \ldots$$

auf $[0, a]$ quadrieren, d. h.

$$\int_0^a x^{\frac{p}{q}} \, dx$$

berechnen.

Betrachtet man auf dieser Einteilung ein Rechteck wie in Abb. 6.1.12 (rechts), dann folgt für die Rechtecksumme

$$S = \sum_{k=0}^{\infty} x_k^{p/q}(x_k - x_{k+1}) \stackrel{(6.5)}{=} \sum_{k=0}^{\infty} (at^k)^{p/q}(at^k - at^{k+1})$$

$$= a^{(p+q)/q}(1-t) \sum_{k=0}^{\infty} t^{k(p+q)/q}.$$

Nun führen wir mit $s := t^{(p+q)/q}$ die neue Variable s ein und erhalten

$$S = a^{(p+q)/q}(1-t) \sum_{k=0}^{\infty} s^k = a^{(p+q)/q} \frac{1-t}{1-s},$$

wobei wir den – Fermat natürlich bekannten – Reihenwert für die geometrische Reihe verwendet haben. Führen wir nochmals eine neue Variable $u := t^{1/q}$ ein, dann gilt $t = u^q$ und $s = t^{p+q}$ und damit ist

$$S = a^{(p+q)/q}\frac{1-u^q}{1-u^{p+q}}.$$

Nun verwendet Fermat die Gleichung

$$(1-u)(1+u+u^2+\ldots+u^{k-1}) = 1-u^k,$$

womit sich unsere Rechtecksumme schließlich in der Form

$$S = a^{(p+q)/q}\frac{1+u+u^2+\ldots+u^{q-1}}{1+u+u^2+\ldots+u^{p+q-1}}$$

schreibt. Die wahre Fläche folgt nun, wenn man den Fall $t \to 1$ betrachtet. Wegen $u = t^{1/q}$ geht dann auch u gegen 1 und es folgt als Grenzwert

$$\int_0^a x^{p/q}\,dx = \frac{q}{p+q}a^{(p+q)/q}.$$

Fermats Pseudogleichheitsmethode

Fermat ist vermutlich der Erste, der einen wahrhaft dynamischen Gedanken in die Analysis getragen hat: Befindet man sich an einem Extremum (Maximum oder Minimum) einer Funktion, dann ändert eine kleine Veränderung der Abszissenwerte x den Funktionswert y nur ganz unwesentlich, vgl. [Stedall 2008, S. 72 ff.]. Exemplarisch kann das folgende geometrische Problem gesehen werden:

Teile eine Strecke der Länge b bei x so in zwei Teile x und $b - x$, dass der Flächeninhalt des aus den beiden Teilstrecken gebildeten Rechtecks maximal ist.

Der Flächeninhalt ist offenbar gegeben durch das Produkt

$$f(x) := x(b-x) = bx - x^2.$$

Nun argumentiert Fermat wie folgt: Ist x bereits die Abszisse des Maximums von f, dann ändert f auch dann den Wert „kaum", wenn man x um ein „kleines" e stört, also wenn man

$$f(x+e) = b(x+e) - (x+e)^2 = bx + be - x^2 - 2ex - e^2$$

betrachtet. Fermat setzt nun $f(x)$ und $f(x+e)$ formal gleich (sie sind es nicht wirklich, daher der Name „Pseudogleichheitsmethode") und erhält so

$$f(x) \sim f(x+e) \quad \Rightarrow \quad bx - x^2 \sim bx + be - x^2 - 2ex - e^2,$$

wobei wir das Zeichen ∼ für die Pseudogleichheit schreiben. Behandeln wir „∼" genau so wie „=", dann bleibt

$$2ex + e^2 \sim be.$$

Nun ist e zwar klein, aber nicht Null, also darf man durch e dividieren und erhält

$$2x + e \sim b.$$

Jetzt gibt Fermat die Anweisung, e zu vernachlässigen, als sei e nun Null geworden, und er bekommt als Lösung des Extremalproblems

$$x = \frac{b}{2}.$$

In der Tat führt Fermats Methode zum richtigen Ziel, aber ohne eine klare Vorstellung von Grenzwerten erscheint die Behandlung von e doch merkwürdig. Einmal ist $e \neq 0$, denn sonst hätten wir nicht dividieren dürfen, andererseits wird an geeigneter Stelle das e einfach weggelassen.

Was hat Fermat aus heutiger Sicht getan? Er hat $f(x)$ mit $f(x+e)$ gleichgesetzt und durch e dividiert, d. h. er hat

$$\frac{f(x+e) - f(x)}{e} \sim 0$$

berechnet. Und das ist der Leibnizsche Differenzenquotient!

Die Pseudogleichheit hat Fermat auch benutzt, um Tangenten an Kurven zu berechnen. Aus Abb. 6.1.13 lesen wir ab:

$$\frac{s+e}{s} = \frac{k}{f(x)}.$$

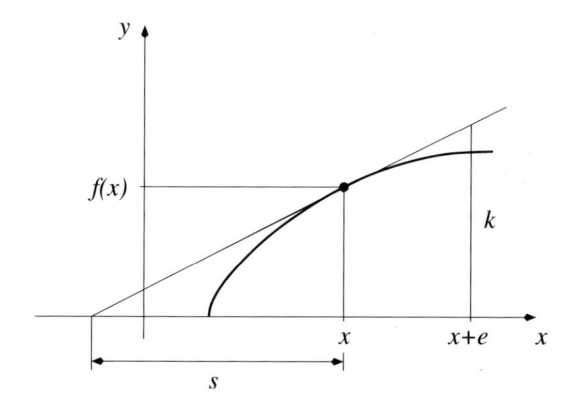

Abb. 6.1.13 Zur Berechnung der Tangente

Die Größe s bezeichnet man als Subtangente der Funktion f. Wir ersetzen nun k durch $f(x+e)$ in Pseudogleichheit in der Hoffnung, dass für „kleines" e der Unterschied $k - f(x+e)$ ebenfalls klein wird. Löst man dann die letzte Gleichung nach der Subtangente auf, ergibt sich

$$s \sim \frac{ef(x)}{f(x+e) - f(x)}.$$

Division durch e liefert

$$s \sim \frac{f(x)}{\frac{f(x+e)-f(x)}{e}}$$

und im Nenner erkennen wir jetzt den Differenzenquotienten. In moderner Notation folgt nun für $e \to 0$:

$$s = \frac{f(x)}{f'(x)},$$

was den Zusammenhang zwischen der Ableitung (Steigung) f' und der Subtangente zeigt. Fermats Vorgehen lässt sich am Beispiel der Funktion $f(x) = x^2$ beschreiben. Für diese Funktion gilt

$$s \sim \frac{x^2}{\frac{(x+e)^2 - x^2}{e}} = \frac{x^2}{2x + e}$$

und wieder lässt man e fort, um bei

$$s \sim \frac{x^2}{2x}$$

anzukommen. Damit ist die Steigung der Tangente an $f(x) = x^2$ gegeben durch $f'(x) = 2x$.

Descartes hat nicht an die Durchschlagskraft der Fermatschen Tangentenberechnungen geglaubt. Insbesondere vermutete er, dass Fermat auf eine Gleichung der Form $y = f(x)$ angewiesen war, um seine Technik anwenden zu können. Daher stellte er Fermat vor die Aufgabe, die Tangente an das Cartesische Blatt

$$f(x, y) = x^3 + y^3 - nxy = 0$$

zu berechnen [Baron 1987, S. 169 f.]. Aber Fermat hatte damit keine Schwierigkeiten. Aus dem Dreieck der Abb. 6.1.13, dargestellt in Abb. 6.1.14 mit Zuwachs, liest man mit dem Strahlensatz ab:

$$\frac{y + \delta y}{s + e} = \frac{y}{s}.$$

Also ist der Zuwachs δy gegeben durch

$$\delta y = \frac{ye}{s}$$

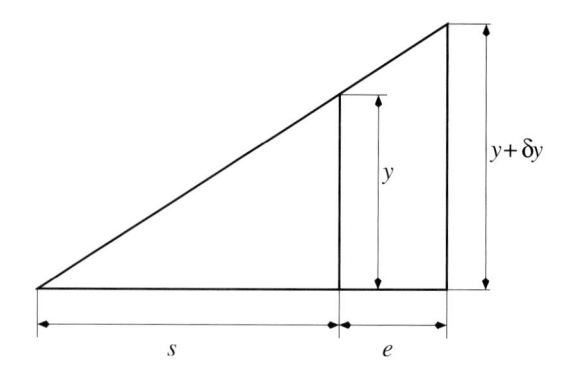

Abb. 6.1.14 Das Dreieck der Subtangente s mit Zuwachs

und damit nach Fermats Ansatz

$$f(x,y) \sim f(x+e, y+\delta y) = f\left(x+e, y+\frac{ye}{s}\right).$$

Worauf Fermats weitere Rechnung hinausläuft, lässt sich am besten mit Hilfe der Reihenentwicklung

$$f\left(x+e, y+\frac{ye}{s}\right) = f(x,y) + e\frac{\partial f}{\partial x} + \frac{ye}{s}\frac{\partial f}{\partial y} + \ldots = 0$$

erläutern. Vernachlässigen der ...-Terme und Division durch e führt auf

$$\frac{\partial f}{\partial x} + \frac{y}{s}\frac{\partial f}{\partial y} = 0$$

und damit gilt für die Steigung der Tangente

$$\frac{y}{s} = -\frac{\frac{\partial f}{\partial x}}{\frac{\partial f}{\partial y}},$$

und das ist nichts anderes als die Formel für implizite Differentiation.

6.1.4 Blaise Pascal

Blaise Pascal wurde 1623 in Clermont (heute: Clermont-Ferrand) in der Auvergne geboren und starb bereits 1662 im Alter von 39 Jahren, ausgezehrt und von Krankheit gezeichnet. Er hat eine faszinierende Lebensgeschichte, war ein „Wunderkind" und hat seine Spuren nicht nur in der Mathematik, sondern auch in der Physik, Philosophie und Theologie hinterlassen. Nichtsdestotrotz ist Blaise Pascal

> ... eine faszinierende, aber schwer fassbare Persönlichkeit ...,

Abb. 6.1.15 Zwei Gemälde von Blaise Pascal (1623–1662)

wie Loeffel in seiner Pascal-Biographie [Loeffel 1987] schreibt.
Sein Vater Étienne Pascal, wie auch die Mutter Antoinette, stammte aus dem französischen Beamtenadel und war als Vizepräsident am Obersteuergericht tätig. Er war selbst ein guter Mathematiker, der nicht nur mit den großen Wissenschaftlern seiner Zeit verkehrte, sondern auch eigene Entdeckungen machte. So ist die „Pascalsche Schnecke"

$$(x^2 + y^2 - ax)^2 = b^2(x^2 + y^2),$$

eine Kurve vierter Ordnung, nach ihm und nicht nach seinem Sohn Blaise benannt. Zur Familie gehören noch die beiden Schwestern Gilberte und Jacqueline, die im Alter von 26 Jahren in das Kloster von Port-Royal eintritt. Als im Jahr 1626 die Mutter stirbt, ist der Vater für die Erziehung seiner Kinder allein verantwortlich und er stellt sich dieser Verantwortung, was für die Zeit sicher ungewöhnlich ist. Erzogen wird ganz im Sinne des großen Michel de Montaigne (1533–1592), eines unorthodoxen Humanisten und Moralphilosophen, der uns mit seinen *Essais* [Montaigne 1998] ein monumentales Werk zur Philosophie hinterlassen hat. Gelerntes wird nach Montaignes Ideen nicht mehr „gedrillt", sondern es wird versucht, echtes Verständnis zu entwickeln. Der Vater achtet sehr auf gute Kenntnisse der griechischen und der lateinischen Sprache, aber der kleine Blaise zeigt schon sehr früh, dass er eine herausragende mathematische Begabung hat. Der Vater, wohl etwas erschrocken über sein Wunderkind, versucht einer einseitigen Beschäftigung mit Mathematik entgegenzuwirken und entzieht ihm sämtliche Mathematikbücher, woraufhin Blaise beginnt, Mathematik mit eigenen Begriffen zu betreiben! Schließlich wird der zwölfjährige Blaise vom Vater dabei ertappt,

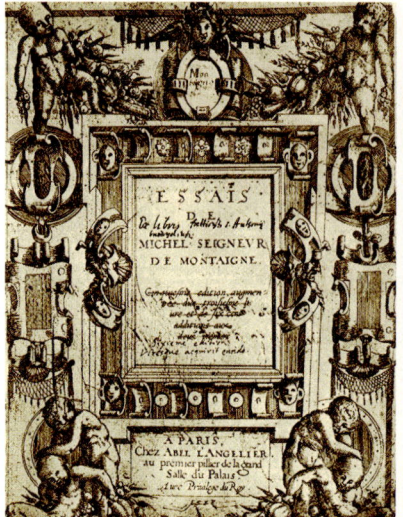

Abb. 6.1.16 Michel de Montaigne und das Titelblatt seiner *Essais*

wie er mit Begriffen wie „Runden" und „Stangen" eigene geometrische Sätze formuliert [Loeffel 1987, S. 13 f.]. Er soll sogar mit seinen eigenen Begriffen bis zum 32. Satz aus Euklids *Elementen* gekommen sein! Wieder erschrickt der Vater, denn eine Isolation des Sohnes in seiner eigenen Begriffswelt soll keinesfalls geschehen. Im Jahr 1631 reist er mit seiner Familie nach Paris, kommt in Kontakt mit Gilles Personne de Roberval, der gerade die Professur für Mathematik am Collège Royal angetreten hat, und gerät so in den Umkreis der „Freien Akademie", die 1635 von Marin Mersenne gegründet wird und in der über Mathematik, Physik, Philosophie und auch Theologie diskutiert wird. Man kann sich Mersenne am besten als zentrale Spinne in einem Europa umspannenden Netz vorstellen. Er hielt Kontakt mit den Gelehrten aus Frankreich und Italien und über seinen „Nachrichtendienst" verbreiteten sich mathematische Neuigkeiten schnell.

Die zentralen Daten einer echten „Mathematisierung" der Naturwissenschaften sind die Erscheinungstermine von Descartes' *Discours de la méthode* 1637 und von Galileis *Discorsi* ein Jahr später. Blaise Pascal wurde von dieser Entwicklung erfasst. Im Jahr 1638 fällt Étienne Pascal bei Minister Richelieu in Ungnade, weil er gegen eine Streichung der Staatsrenten protestiert, und er muss fliehen, um nicht eingekerkert zu werden. Im Jahr darauf wird er begnadigt und 1640 zum königlichen Steuerkommissar der Normandie ernannt. Um dessen Arbeit zu erleichtern, erfindet Blaise 1624 eine Rechenmaschine, die berühmte „Pascaline", deren Kinderkrankheiten 1645 überwunden sind und die ab diesem Jahr verkauft wird (siehe [Wußing 2008, S. 422 f.]).

Abb. 6.1.17 René Descartes und Blaise Pascal zur ehrenden Erinnerung auf Briefmarken [Monaco, Frankreich 1962]

Aber auch die Mathematik kommt bei dem jungen Pascal nicht zu kurz. Bereits 1639 zirkuliert in Pariser Kreisen als Manuskript die schwer verständliche Schrift *Brouillon project d'une atteinte aux événements des rencontres du Cone avec un Plan*, in der der Architekt und Mathematiker Girard (Gérard) Desargues (1591–1661), eine Persönlichkeit aus dem Mersenneschen Kreis, die Idee der projektiven Geometrie entwirft. Der junge Blaise erfasst Inhalt und Bedeutung dieser Schrift und legt 1640 seine erste mathematische Schrift *Essay pour les coniques* (Abhandlung über die Kegelschnitte) vor. Mit den Jahren entsteht die Arbeit *Traité des coniques* über Kegelschnitte, von der wir wissen, dass Leibniz sie sehr bewundert hat. Er hat nach der Studie dieses Werkes den Autor als einen der größten Geister des Jahrhunderts bezeichnet [Loeffel 1987, S. 45]. Mit seiner projektiven Auffassung von Geometrie steht der junge Pascal im Gegensatz zur analytischen Geometrie von René Descartes. Beide begegnen sich am 23. und 24. September 1647, wobei am ersten Treffen noch Roberval teilnahm. Die Ansichten von Pascal und Descartes waren entgegensetzter Natur, so dass keine echte Verständigung erreicht werden konnte. Vater und Sohn Pascal hatten den *Discours de la méthode* von René Descartes scharf kritisiert, und Blaises projektive Anschauung von Geometrie ließ ihn den Wert einer analytischen Geometrie nicht erkennen.

Anfang 1646 hat Vater Étienne einen schweren Unfall auf Glatteis und muss gepflegt werden. Das übernehmen zwei Jansenisten, also Anhänger der Lehre des niederländischen Theologen Cornelius Jansen, die in Port Royal vertreten wird. Durch die Begegnung mit diesen Jansenisten geraten Vater und Sohn Pascal in den Kreis der Jansenisten und Blaises Schwester Jacqueline wird 1653, dem Jahr, in dem Papst Innozenz X. einige Lehrsätze Jansens verdammt, ins Kloster Port Royal eintreten. Die Hinwendung zum Jansenismus bei Blaise Pascal nennt man seine „Erste Bekehrung". Im Spätherbst 1646 erfährt Pascal von den Barometerversuchen Torriccellis, und Vater und Sohn vollziehen diese Versuche nach. Schon im Oktober 1647 erscheint eine Abhandlung über den luftleeren Raum aus der Pascalschen Feder.

Auf religiösem Gebiet entwickelt sich der seit seiner Geburt kränkliche Blaise zu einem Überzeugungstäter. Als in Rouen der junge Theologe Jacques Forton, genannt Frère Saint-Ange, auftritt und eine rationalistisch geprägte Philosophie predigt, wird er von Pascal angezeigt, um keine jungen Menschen verführen zu können! Forton muss einige seiner Thesen tatsächlich widerrufen, aber seine unduldsame Haltung in religiösen Fragen wird sich später gegen Blaise Pascal wenden. Étienne Pascal verstirbt im September 1651, und Blaise ergeht sich in Grübeleien über die Unsterblichkeit der Seele. Im Juli 1652 beginnt die sogenannte „weltliche Periode" Pascals. Offenbar hat er durch einen schmeichelhaften Brief an Schwedens Königin Christine versucht, den inzwischen verstorbenen Descartes zu ersetzen, was aber nicht gelang. Bei der Untersuchung der Verteilung von Gewinnchancen bei Spielen entwickelt Pascal wichtige Grundlagen der Wahrscheinlichkeitsrechnung, die er mit Fermat diskutiert. Dabei spielt auch die Entdeckung des „Pascalschen Dreiecks" eine wichtige Rolle. Das Jahr 1654 ist wissenschaftlich für Blaise besonders fruchtbar, aber es wächst auch seine Abscheu gegen die Welt. Langjährige Überarbeitung, eine kränkliche Konstitution und seine Suche nach Gott führen dann zu einem einschneidenden Ereignis, der „Zweiten Bekehrung". In der Nacht vom 23. auf den 24. November 1654 hat Pascal eine mystische „Erleuchtung". Er schreibt das *Mémorial*, das er in das Futter seines Rockes einnäht [Beguin 1998, S. 111 f.]:

Jahr der Gnade 1654

Montag, den 23. November, Tag des heiligen Klemens, Papst und Märtyrer, und anderer im Martyrologium.
Vorabend des Tages des heiligen Chrysogonos, Märtyrer, und anderer.
Seit ungefähr abends zehneinhalb bis ungefähr eine halbe Stunde nach Mitternacht.

FEUER

Gott Abrahams, Gott Isaaks, Gott Jakobs,
nicht der Philosophen und Gelehrten.
Gewißheit, Gewißheit, Empfinden. Freude. Friede.
Gott Jesu Christi.
Deum meum et deum vestrum.
„Dein Gott wird mein Gott sein."
Vergessen der Welt und aller Dinge außer Gott.
Nur auf den Wegen, die das Evangelium lehrt, ist er zu finden.
Größe der menschlichen Seele.
„Gerechter Vater, die Welt kennt dich nicht;
ich aber kenne dich."
Freude, Freude, Freude, Tränen der Freude.
Ich habe mich von ihm getrennt.
Dereliquerunt me fontem aquae vivae.

„Mein Gott, warum hast du mich verlassen?"
Möge ich nicht auf ewig von ihm geschieden sein.
„Das aber ist das ewige Leben, daß sie dich, der du allein wahrer Gott bist, und den du gesandt hast, Jesum Christum, erkennen."
Jesus Christus.
Jesus Christus.
Ich habe mich von ihm getrennt. Ich bin vor ihm geflohen, habe mich losgesagt von ihm, habe ihn gekreuzigt.
Möge ich nie von ihm geschieden sein!
Nur auf den Wegen, die das Evangelium lehrt, kann man ihn bewahren.
Vollkommene und liebevolle Entsagung.
(Vollkommene Unterwerfung unter Jesus Christus und meinen geistlichen Führer. Ewige Freude für einen Tag der Mühe auf Erden. Non obliviscar sermones tuos. Amen)

Unter dem Eindruck dieser Nacht zieht sich Pascal von der Welt zurück und will auf alle Annehmlichkeiten verzichten und alles Überflüssige meiden. Seine Beziehung zu seiner Schwester Jacqueline wird wieder enger, 1655 wird Blaise Pascal ein Einsiedler in der Nähe des Klosters von Port-Royal. Von dort schreibt er seine *Lettres à un Provincial* unter dem Pseudonym Louis de Montalte. Diese Briefe, die zum Schatz der französischen Prosa gehören, greifen heftig die Jesuiten als Gegner der Jansenisten an, und zwar besonders die jesuitische Moralphilosophie. Die Provinzialbriefe enthalten zu viel Zündstoff, so werden sie 1657 auf den Index gesetzt – Pascals religiöse Intoleranz wendet sich nun gegen ihn selbst.

Pascal ist immer noch an Mathematik interessiert und schreibt weiter mathematische Manuskripte und Bücher. Aber er hat sich vorgenommen, eine große Apologie des Christentums zu verfassen. Seine Gedanken dazu schreibt er auf – sie werden als *Pensées* (Gedanken) nach seinem Tod veröffentlicht und zählen heute zu den großen philosophischen Schriften [Pascal 1997]. Die große Apologie, die daraus entstehen sollte, ist nicht mehr fertig geworden.

Noch einmal wendet sich Pascal ganz der Mathematik zu: Unter dem Einfluss von Cavalieris Schriften zu den Indivisiblen gelingen ihm Techniken zu Flächen- und Volumenberechnungen. Im Juni 1658 erscheint eine öffentliche Preisaufgabe, die an alle berühmten Mathematiker seiner Zeit gerichtet ist. Als Autor fungiert Amos Dettonville, das ist ein Anagramm[2] auf Pascals Pseudonym Louis de Montalte und der Titel der Preisaufgabe ist *Première lettre circulaire relative à la cycloide*. Die Mathematiker werden aufgefordert, gewisse Grundaufgaben der Analysis an der Zykloide zu bewerkstelligen, und zwar innerhalb einer gewissen Zeit. Als Preis setzt Pascal 60 spanische Golddublonen aus. Er brauchte den Preis nicht auszuzahlen – zu unzufrieden war

---

[2] Ein Anagramm ist eine Umstellung von Buchstaben in einem Wort, Satz oder Namen. So ist „Naros" ein Anagramm auf den Namen „Sonar".

er mit den Einsendungen. Pascals Stil in der mathematischen Literatur ist konservativ. Obwohl es bereits durch Vorarbeiten von François Viète (1540–1603) und anderen eine gewisse mathematische Notation gab, verzichtet Pascal völlig auf deren Nutzung und formuliert alle Resultate rein verbal, was das Verständnis massiv erschwert.

Die religiösen Querelen in Pascals Leben nehmen noch einmal zu. Er soll ein Schreiben unterzeichnen, das den Jansenismus verdammt, verweigert sich aber. Dann wendet er sich von der Mathematik ab. Am 10. August 1660 schreibt er an Pierre de Fermat [Loeffel 1987, S. 27 f.]:

> *Ich halte zwar die Mathematik als die höchste Schule des Geistes, gleichzeitig aber erkannte ich sie als nutzlos, daß ich wenig Unterschied mache zwischen einem Manne, der nur ein Mathematiker ist und einem geschickten Handwerker ... Bei mir kommt aber jetzt noch hinzu, daß ich in Studien vertieft bin, die so weit vom Geist der Mathematik entfernt sind, dass ich mich kaum mehr daran erinnere, daß es einen solchen gibt.*

Pascal wendet sich der Hilfe von Bedürftigen zu und erhält das königliche Patent auf die erste Omnibuslinie der Welt, die 1662 in Paris eröffnet wird. Im August 1662 schreibt Pascal sein Testament und empfängt kurz darauf die Sterbesakramente. Am 19. August 1662 stirbt er und wird hinter dem Chor der Kirche von Saint-Étienne-du-Mont in Paris beigesetzt.

Die Integration von x^p

Das „Pascalsche Dreieck" war bereits vor Pascal in verschiedenen Kulturkreisen bekannt. Es handelt sich um das Zahlendreieck

n						
0			1			
1			1	1		
2		1	2	1		
3		1	3	3	1	
4	1	4	6	4	1	
5	1	5	10	10	5	1

das sich nach unten beliebig verlängern läßt. Ein Eintrag in diesem „arithmetischen" Dreieck entsteht jeweils dadurch, dass man die beiden Einträge links und rechts in der darüberliegenden Zeile addiert. Die Einträge im Pascalschen Dreieck heißen „Binomialkoeffizienten", definiert durch

$$\binom{n}{k} := \frac{n!}{k! \cdot (n-k)!} \qquad (6.6)$$

für $k = 0, 1, 2, \ldots, n$. Dabei ist „!" die Fakultätsfunktion, die durch

$$n! := \begin{cases} 1 \cdot 2 \cdot 3 \cdot 4 \cdots (n-1) \cdot n & ; n = 1, 2, 3, \ldots \\ 1 & ; n = 0 \end{cases}$$

definiert ist. Damit schreibt sich das Pascalsche Dreieck in der Form

n				$\binom{n}{k}$			
0				$\binom{0}{0}$			
1			$\binom{1}{0}$		$\binom{1}{1}$		
2			$\binom{2}{0}$	$\binom{2}{1}$	$\binom{2}{2}$		
3		$\binom{3}{0}$	$\binom{3}{1}$	$\binom{3}{2}$	$\binom{3}{3}$		
4		$\binom{4}{0}$	$\binom{4}{1}$	$\binom{4}{2}$	$\binom{4}{3}$	$\binom{4}{4}$	
5	$\binom{5}{0}$	$\binom{5}{1}$	$\binom{5}{2}$	$\binom{5}{3}$	$\binom{5}{4}$	$\binom{5}{5}$	

und nun ist klar, wie man das Dreieck beliebig nach unten vergrößern kann. Pascal wußte um 1654, dass die Binomialkoeffizienten durch

$$\binom{n}{k} = \frac{n \cdot (n-1) \cdot (n-2) \cdots (n-k+1)}{k!}, \quad n = 1, 2, 3, \ldots$$

gegeben sind, was für positive n äquivalent zu (6.6) ist. In der Schrift *Potestatum numericarum summa* gab er dafür auch einen „Beweis", der allerdings heutigen Ansprüchen in keiner Weise genügt [Baron 1987, S. 197 f.]. Die Binomialkoeffizienten sind die Koeffizienten bei der Berechnung der sogenannten Binome $(a+b)^n$:

$$(a+b)^0 = 0$$
$$(a+b)^1 = 1 \cdot a + 1 \cdot b$$
$$(a+b)^2 = 1 \cdot a^2 + 2 \cdot ab + 1 \cdot b^2$$
$$(a+b)^3 = 1 \cdot a^3 + 3 \cdot a^2 b + 3 \cdot ab^2 + 1 \cdot b^3$$
$$\vdots \quad \vdots \quad \vdots$$

Allgemein gilt der Binomische Lehrsatz:

$$(a+b)^p = \sum_{k=0}^{p} \binom{p}{k} a^{p-k} b^k \qquad (6.7)$$

für zwei beliebige Zahlen a und b.

Pascal sucht nun die Fläche unter den Kurven $f(x) = x^p$ für $p = 1, 2, 3, \ldots$ von $x = 0$ bis zu einem positiven Wert $x = c$, also in heutiger Notation:

$$\int_0^c x^p \, dx.$$

6 An der Wende vom 16. zum 17. Jahrhundert

Wir werden sehen, wie geschickt Pascal den Binomischen Lehrsatz einsetzt. Allerdings müssen wir erst ein wenig Vorarbeit leisten. Zuerst schreiben wir

$$S_n^{(p)} := \sum_{k=1}^{n} k^p = 1^p + 2^p + 3^p + \ldots + n^p \qquad (6.8)$$

für die Summe der p-ten Potenzen der ersten n natürlichen Zahlen. Nach dem Binomischen Lehrsatz (6.7) gilt

$$(n+1)^{p+1} = \sum_{k=0}^{p+1} \binom{p+1}{k} n^{p+1-k} \cdot 1^k \qquad (6.9)$$

$$= n^{p+1} + \binom{p+1}{1} n^p + \binom{p+1}{2} n^{p-1} + \ldots + \binom{p+1}{p} n + 1,$$

und wir setzen nun für n die Werte $n = 0, 1, 2, \ldots, N$ ein:

$$(0+1)^{p+1} = 1$$
$$(1+1)^{p+1} = 1^{p+1} + \binom{p+1}{1} 1^p + \binom{p+1}{2} 1^{p-1} + \ldots + \binom{p+1}{p} 1 + 1$$
$$(2+1)^{p+1} = 2^{p+1} + \binom{p+1}{1} 2^p + \binom{p+1}{2} 2^{p-1} + \ldots + \binom{p+1}{p} 2 + 1$$
$$(3+1)^{p+1} = 3^{p+1} + \binom{p+1}{1} 3^p + \binom{p+1}{2} 3^{p-1} + \ldots + \binom{p+1}{p} 3 + 1$$
$$\vdots \quad \vdots \quad \vdots$$
$$(N+1)^{p+1} = N^{p+1} + \binom{p+1}{1} N^p + \binom{p+1}{2} N^{p-1} + \ldots + \binom{p+1}{p} N + 1.$$

Summieren wir alle Terme auf der linken Seite, so erhalten wir

$$1^{p+1} + 2^{p+1} + 3^{p+1} + \ldots + (N+1)^{p+1} = S_{N+1}^{(p+1)},$$

wobei wir unsere Definition (6.8) benutzt haben. Summation aller Terme auf der rechten Seite liefert:

$$\underbrace{(1+1+\ldots 1)}_{(N+1)\text{-mal}} + (1^{p+1} + 2^{p+1} + \ldots N^{p+1}) + \binom{p+1}{1}(1^p + 2^p + \ldots + N^p)$$

$$+ \binom{p+1}{2}(1^{p-1} + 2^{p-1} + \ldots N^{p-1}) + \ldots$$

$$\ldots + \binom{p+1}{p}(1 + 2 + \ldots + N)$$

$$= (N+1) + S_N^{(p+1)} + \binom{p+1}{1} S_N^{(p)} + \binom{p+1}{2} S_N^{(p-1)}$$

$$+ \ldots + \binom{p+1}{p} S_N^{(1)}.$$

Da linke und rechte Summe gleich sein müssen, sind wir glücklich bei

$$S_{N+1}^{(p+1)} = (N+1) + S_N^{(p+1)} + \binom{p+1}{1} S_N^{(p)} + \binom{p+1}{2} S_N^{(p-1)} + \ldots + \binom{p+1}{p} S_N^{(1)}$$

angekommen. Mit Blick auf (6.8) sehen wir, dass

$$S_{N+1}^{(p+1)} - S_N^{(p+1)} = (N+1)^{p+1}$$

gilt, und damit haben wir die wichtige Gleichung

$$(N+1)^{p+1} - 1 = N + \binom{p+1}{1} S_N^{(p)} + \binom{p+1}{2} S_N^{(p-1)} + \ldots + \binom{p+1}{p} S_N^{(1)} \quad (6.10)$$

gewonnen, die natürlich für alle N gilt.

Wir haben das Pascalsche Resultat in unserer modernen Terminologie formuliert. Wie schon erwähnt, hat Pascal selbst die zu seiner Zeit vorhandene Formelsprache nicht benutzt, sondern alles verbal beschrieben. Bourbaki kommentiert das in [Bourbaki 1971, S. 222 f.] so:

Pascals Sprache ist ganz besonders klar und präzise, und wenn man auch nicht begreift, warum er sich den Gebrauch algebraischer Bezeichnungsweisen – nicht nur der von Descartes, sondern auch der von Viète eingeführten – versagt, so kann man doch nur die Gewalttour, die er vollbringt und zu der ihn allein seine Beherrschung der Sprache befähigt, bewundern.

Wir benutzen nun (6.10), um die Größe $S_N^{(p)}$ durch die anderen $S_N^{(k)}$, $k < p$, auszudrücken und erhalten nach Division von (6.10) durch N^{p+1}:

$$\frac{S_N^{(p)}}{N^{p+1}} = \frac{1}{p+1} \left[\left(1 + \frac{1}{N}\right)^{p+1} - \frac{1}{N^{p+1}} - \frac{N}{N^{p+1}} \right.$$
$$\left. - \frac{\binom{p+1}{2} S_N^{(p-1)}}{N^{p+1}} - \frac{\binom{p+1}{3} S_N^{(p-2)}}{N^{p+1}} - \ldots - \frac{\binom{p+1}{p} S_N^{(1)}}{N^{p+1}} \right] \quad (6.11)$$

Nach diesen Vorarbeiten geht Pascal das eigentliche Problem an: Die Bestimmung der Fläche unter der Funktion $f(x) = x^p$ auf dem Intervall $[0, c]$. Pascal ist *kein* Indivisiblenmathematiker wie Cavalieri, obwohl er dessen Mathematik bewundert. Für ihn ist eine Indivisible immer ein „unendlich kleines Rechteck" [Loeffel 1987, S. 100]. Es wird also nicht, wie bei Cavalieri, eine Indivisible ℓ als Linie in einer Fläche betrachtet, sondern ein infinitesimales Rechteck $\ell \cdot dx$. Für das Problem der Flächenberechnung unter $f(x) = x^p$ zerlegt Pascal das Intervall $[0, c]$ in N gleiche Teile der Länge

$$h := \frac{c}{N}.$$

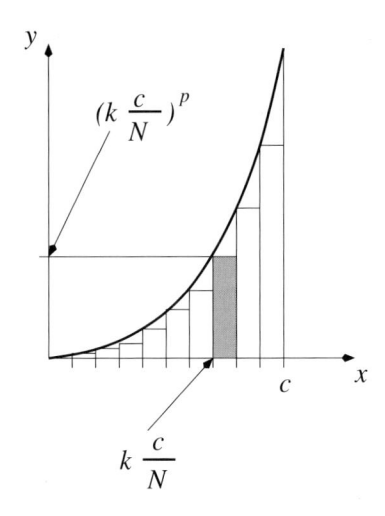

Abb. 6.1.18 Figur zu Pascals Flächenberechnung

Der Flächeninhalt eines in Abb. 6.1.18 gekennzeichneten Rechtecks ist

$$\frac{c}{N} \cdot \left(k\frac{c}{N}\right)^p,$$

für $k = 0, 1, 2, \ldots, N$. Damit beträgt die Summe aller solcher Rechtecksflächen

$$\frac{c}{N} \cdot \sum_{k=0}^{N} \left(k\frac{c}{N}\right)^p = \frac{c^{p+1}}{N^{p+1}} \sum_{k=0}^{N} k^p = c^{p+1} \frac{S_N^{(p)}}{N^{p+1}}$$

und wir sehen jetzt, warum Pascal so viel Vorarbeit zur Bestimmung von $S_N^{(p)}/N^{p+1}$ investiert hat! Zur Berechnung des wahren Flächeninhalts unter x^p muss Pascal den Grenzwert

$$\int_0^c x^p \, dx = \lim_{N\to\infty} \frac{c}{N} \cdot \sum_{k=0}^{N} \left(k\frac{c}{N}\right)^p$$

berechnen. Das ist aber nichts anderes als

$$\int_0^c x^p \, dx = c^{p+1} \lim_{N\to\infty} \frac{S_N^{(p)}}{N^{p+1}}.$$

Mit Blick auf (6.11) argumentiert Pascal geometrisch, dass für großes N sämtliche $S_N^{(k)}$ mit $k < p$ gegenüber N^{p+1} vernachlässigbar sind, also dass

$$\lim_{N\to\infty} \frac{S_N^{(k)}}{N^{p+1}} = 0 \quad \text{für } k < p.$$

Wächst N über alle Grenzen, dann verschwinden also alle Summanden in (6.11) bis auf $(1+1/N)^p$, dieser wird dann aber zu 1, weil $1/N$ für wachsendes N immer kleiner wird. Damit hat Pascal das Resultat

$$\int_0^c x^p \, dx = \frac{c^{p+1}}{p+1}$$

bewiesen.

Das charakteristische Dreieck

In der Abhandlung *Traité des sinus du quart de cercle* (Abhandlung über die Ordinaten im Viertelkreis) verwendet Pascal zum ersten Mal eine Technik, die später Leibniz als zentraler Keim seiner Differentialrechung dienen wird. Es handelt sich um die Verwendung des – in Leibnizens Sprache – charakteristischen Dreiecks. Wir folgen in unseren Erläuterungen [Loeffel 1987, S. 108 ff.].

In einem Viertelkreis wie in Abb. 6.1.19 betrachtet Pascal im Punkt D die Tangente und bildet mit ihr das Dreieck $EE'K$, das Leibniz später das charakteristische Dreieck nennen wird. Die Dreiecke ODI und EKE' sind ähnliche Dreiecke, daher gilt

$$DI : OD = EK : EE',$$

oder

$$y : r = \Delta x : \Delta s,$$

also

$$y \cdot \Delta s = r \cdot \Delta x. \tag{6.12}$$

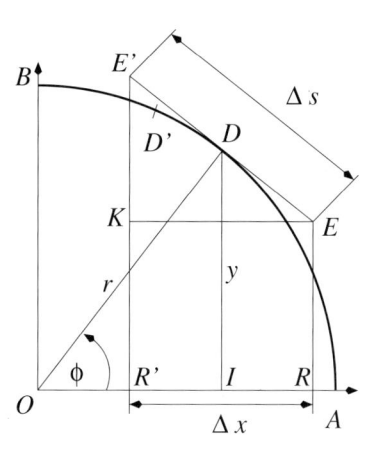

Abb. 6.1.19 Das charakteristische Dreieck am Viertelkreis

6 An der Wende vom 16. zum 17. Jahrhundert

Nun berechnet Pascal die „Summe der Ordinaten", womit er die Summe

$$\sum DI \cdot \text{Bogen}(DD')$$

zwischen zwei Abszissenwerten x_1 und x_2 meint. Der Bogen DD' ist dabei so zu verstehen, dass man das charakteristische Dreieck ja nicht nur an einem Punkt D auf dem Viertelkreis konstruieren kann, sondern an vielen verschiedenen, also auch an einer von D verschiedenen Stelle D'. Der Bogen DD' soll dann als das Stück Kreisbogen zwischen zwei benachbarten Punkten D verstanden werden. Gibt es unendlich viele Summanden, so Pascal, dann kann man den Bogen DD' mit beliebiger Genauigkeit auch durch die Strecke EE' ersetzen, also

$$\sum DI \cdot \text{Bogen}(DD') = \sum DI \cdot EE'$$

und mit unseren Bezeichnungen in Abb. 6.1.19 ist das

$$\sum DI \cdot \text{Bogen}(DD') = \sum DI \cdot EE' = \sum y \cdot \Delta s.$$

Die letzte Summe läuft nun über die Bogenlänge s des Bogens DD', und zwar von der Bogenlänge $s := s_2$, zugehörig dem Abszissenwert x_2, bis zu $s := s_1$, zugehörig zu $x_1 < x_2$. Wir durchlaufen also den Bogen im mathematisch positiven Sinne.

Verwendet man nun (6.12), so ergibt sich schließlich

$$\sum_{s_2}^{s_1} y \cdot \Delta s = -\sum_{x_2}^{x_1} r \cdot \Delta x = r \cdot (x_2 - x_1). \tag{6.13}$$

Das negative Vorzeichen erklärt sich daraus, dass ein positives Durchlaufen des Bogens von s_2 nach s_1 ein Rückwärtsdurchlaufen der Abszisse von x_2 bis $x_1 < x_2$ zur Folge hat.

Übersetzen wir nun in Leibnizsche (also unsere heutigen) Symbole, dann gilt für die Bogenlänge

$$s = r \cdot \varphi$$

und damit für die Differentiale $ds = r \cdot d\varphi$. Weiterhin ist

$$y = r \cdot \sin\varphi, \quad x = r \cdot \cos\varphi.$$

Damit können wir die Punkte x_1, x_2 schreiben als

$$x_1 = r \cdot \cos\varphi_1, \quad x_2 = r \cdot \cos\varphi_2$$

und aus (6.1.19) folgt

$$\int_{x_1}^{x_2} y \cdot ds = \int_{\varphi_1}^{\varphi_2} r \cdot \sin\varphi \cdot r \cdot d\varphi = r(x_2 - x_1) = r^2(\cos\varphi_1 - \cos\varphi_2).$$

Division durch r^2 liefert

$$\int_{\varphi_1}^{\varphi_2} \sin\varphi\, d\varphi = \cos\varphi_1 - \cos\varphi_2 = -\cos\varphi\big|_{\varphi_1}^{\varphi_2}.$$

Aus heutiger Sicht hat Pascal also mit elementargeometrischen Mitteln das Integral der Sinus-Funktion berechnet.

Weitere Arbeiten zur Analysis

Pascal hat auch Schwerpunkts- und Volumenberechnungen durchgeführt. In der Arbeit *Traité des Trilignes Rectangles et de leurs Onglets* (Abhandlung über Kurvendreiecke und ihre „adjungierten Körper"[3]), die 1658 als Teil des *Lettre de A. Dettonville à M. Carcavy* erschien, findet sich sogar die Regel der partiellen Integration in geometrischer Form und natürlich nicht als Integration, sondern als Summation von Infinitesimalen [Loeffel 1987, S. 106]. Seine Flächenberechnung bei der Zykloide im *Traité général de la Roulette* („Roulette" ist die Bezeichnung für die Zykloide!) bestätigt ein Resultat, das vor ihm von Roberval gewonnen wurde. Pascal führt die geometrischen Größen der Zykloide zurück auf die Geometrie des Kreises und kann dann bereits bekannte Tatsachen der Kreisgeometrie verwenden. Auch an der Rektifizierung der Zykloide (Berechnung der Bogenlänge) hat er sich erfolgreich versucht. Zu Tangentenberechnungen findet sich in Pascals Werk keinerlei Fortschritt. Loeffel schreibt in [Loeffel 1987, S. 118]:

> *Das konsequente Umgehen des Tangentenproblems und das Verharren in rein geometrischen Vorstellungen ist vielleicht ein Grund dafür, daß ihm der entscheidende Durchbruch zur Schaffung eines universellen Infinitesimalkalküls versagt blieb. Doch Pascals Genius ist mehr in der Spontaneität und Einmaligkeit seiner Ideen zu sehen, als in der kontinuierlichen und konsequenten Verarbeitung eines Gedankens.*

6.1.5 Gilles Personne de Roberval

Gilles Personne wurde 1602 in Roberval als Sohn einer einfachen Bauernfamilie geboren, genoß aber einen gewissen Schulunterricht. Später nannte er sich Gilles Personne *de Roberval*, wohl auch um den Eindruck zu erwecken, er stamme aus dem Adel. Als Autodidakt reiste er durch Frankreich und arbeitete als Lehrer, bis er in Paris in den Kreis von Marin Mersenne geriet. Dort wurde er zu dem einzigen wirklich professionellen Mathematiker der Gruppe, denn seine Kenntnisse in den Wissenschaften müssen so gut gewesen sein, dass er 1632 Professor am Collège Gervais wurde. Schon 1634

---

[3] Das Wort „onglet" bezeichnet eigentlich „Klaue" oder „Huf".

Abb. 6.1.20 Jean Baptiste Colbert, Finanzminister unter Ludwig XIV., stellt dem König Mitglieder der königlichen Gesellschaft der Wissenschaften vor, darunter auch Gilles Personne de Roberval (Gemälde von Henri Testelin um 1660, Musée du Château, Versailles)

übernahm er den Lehrstuhl von Petrus Ramus (1515–1572) am Collège Royal (später umbenannt in Collège de France). In regelmäßigen Abständen musste er sich nun neu bewerben und er tat das mit einer ganz eigenen Taktik. Er publizierte seine Resultate nicht, sondern stellte sie bei den regelmäßigen Bewerbungsvorträgen vor, um Mitbewerber aus dem Feld zu schlagen. Diese Taktik, zusammen mit einem aufbrausenden Charakter, brachte Roberval in Auseinandersetzungen mit zahlreichen anderen Mathematikern. So warf er Cavalieri und Torricelli vor, sie hätten ihm seine Ideen gestohlen, und mit Descartes lag er in einem bis ins Persönliche gehenden Streit. Als im Jahr 1666 die Académie des Sciences gegründet wurde, war Roberval eines der ersten Mitglieder. Er arbeitete an physikalischen Problemen – es gibt eine Roberval-Waage – aber bekannt ist er als ein von Cavalieri unabhängiger Erfinder eines Indivisiblenkalküls.

Die Fläche unter der Zykloide

Eine Zykloide ist diejenige Kurve, die entsteht, wenn man den Weg eines festen Punktes auf dem Umfang eines auf einer Ebene abrollenden Kreises verfolgt wie in Abb. 6.1.21. Roberval wurde auf das Problem der Flächenberechnung unter der Zykloide von Marin Mersenne hingewiesen. Zuerst galt

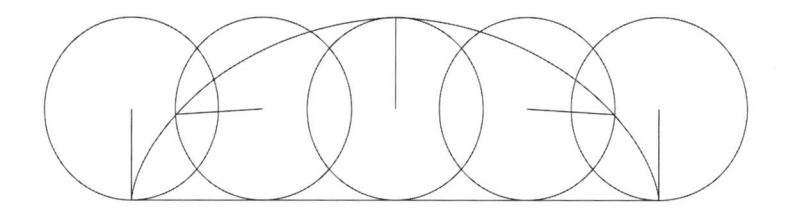

Abb. 6.1.21 Die Zykloide als Rollkurve eines Kreises

es, die Zykloide mathematisch zu beschreiben. Dies bewerkstelligt Roberval, indem er die Geschwindigkeit des sich auf dem Kreisumfang (Radius a) bewegenden Punktes in seine zwei Komponenten als Rotation um den Kreismittelpunkt und Translation in y-Richtung zerlegt und das Problem kinematisch angeht [Edwards 1979, S. 135 f.]. Durch Addition beider Komponenten kommt er auf die Parameterdarstellung der Geschwindigkeit des Punktes und von da auf die Parameterdarstellung der Zykloide, wobei der Drehwinkel Θ als Parameter fungiert:

$$x(\Theta) = a(\Theta - \sin \Theta) \tag{6.14}$$
$$y(\Theta) = a(1 - \cos \Theta). \tag{6.15}$$

Nun bestimmt er den Flächeninhalt unter der Zykloide in einer Periode, d. h. nachdem der Kreis genau ein Mal seinen Umfang abgerollt hat bei $\Theta = 2\pi$. Wir folgen [Baron 1987, S. 156] und argumentieren an Abb. 6.1.22. Dort ist der halbe Kreis APB mit Mittelpunkt O zur Zeit $t = 0$ zu sehen, der durch horizontale Indivisible gebildet wird. Bewegt sich der Kreismittelpunkt durch Drehung des Kreises um Θ von O nach O', dann gilt offenbar

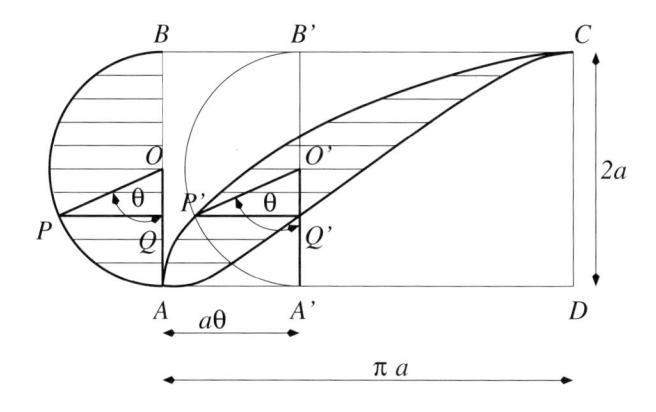

Abb. 6.1.22 Zur Berechnung der Fläche unter der Zykloide

und
$$AA' = OO'$$
$$PP' = QQ' = AA' = a\Theta.$$

Die Kurve $AP'C$ ist Teil der Zykloide und die Punkte auf der Zykloide haben die Koordinaten (6.14) und (6.15). Der Punkt Q' liegt hingegen auf einer anderen Kurve, die Roberval den „compagnon" der Zykloide nennt. Es handelt sich um eine Sinuskurve, denn offenbar hat der „compagnon" die Parameterdarstellung

$$x(\Theta) = a\Theta \qquad (6.16)$$
$$y(\Theta) = a(1 - \cos \Theta). \qquad (6.17)$$

Weil $P'Q' = PQ$ gilt und eine solche Gleichheit für alle Indivisiblen gilt, entspricht der Flächeninhalt $AP'CQ'A$ zwischen der Zykloide und dem „compagnon" genau der Fläche des Halbkreises APB. Der Flächeninhalt des Rechtecks $ABCD$ ist genau die doppelte Fläche des Kreises, $2\pi a^2$. Wenn wir nun den Flächeninhalt $AQ'CD$ unter dem „compagnon" berechnen könnten, wären wir am Ziel. Setzt man (6.16) in der Form $\Theta = x/a$ in (6.17) ein, dann entsteht die Funktion

$$y(x) = a\left(1 - \cos\frac{x}{a}\right),$$

die den „compagnon" beschreibt. Diese Funktion ist aber vollständig symmetrisch auf $[0, \pi a]$, so dass der Graph des „compagnon" das Rechteck $ABCD$ genau in zwei gleiche Flächen teilt. Roberval hat diese Symmetrie aus den vertikalen Indivisiblen im Rechteck $ABCD$ sehen können, vgl. Abb. 6.1.23. Die Länge der Indivisiblen von der Strecke AD nach oben bis an den Graph des „compagnon" ist nach (6.17) $a(1 - \cos \Theta)$, diejenigen von BC nach unten bis zum Graph dementsprechend $2a - a(1 - \cos \Theta) = a(1 + \cos \Theta)$. Da der Cosinus

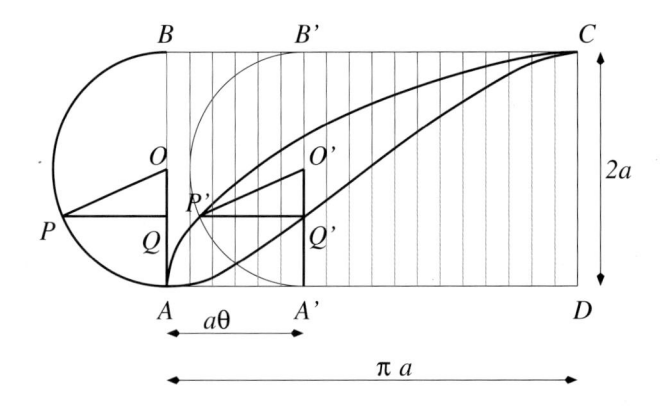

Abb. 6.1.23 Zur Berechnung der Fläche unterhalb des „compagnon"

auf $[0, \pi]$ sein Vorzeichen bei $\Theta = \pi/2$ wechselt, findet man die untere Indivisible für Θ im oberen Teil bei $\pi-\Theta$ wieder, denn $a(1+\cos(\pi-\Theta)) = a(1-\cos\Theta)$. Mit diesem Symmetrieargument ist Roberval nun am Ziel: Die Fläche $AP'CD$ unter der (halben) Zykloide ist

$$\text{Rechtecksfläche } ABCDA - \text{Fläche } AP'CQ'A,$$

also

$$a\pi \cdot 2a - \frac{1}{2}\pi a^2 = \frac{3}{2}\pi a^2.$$

Über Mersenne wurde dieses Ergebnis Robervals an die Mathematiker Frankreichs mitgeteilt. Auch Descartes und Fermat haben daraufhin die Zykloide quadriert, vgl. [Baron 1987, S. 157–160].

Die Quadratur von x^p

Robervals Methode zur Berechnung der Fläche unter den Funktionen $f(x) = x^p$ im *Traité des indivisibles* ist selbst bei der großen Vielfalt der Methoden seiner Zeit bemerkenswert. Roberval spricht zwar von Indivisiblen, rechnet aber stets mit Infinitesimalen. Das sind bei ihm Streifen, die stets die Breite 1 haben. So zerlegt er die Fläche unter der Geraden $y = x$ auf dem Intervall $[0, b]$ wie in Abb. 6.1.24. Wird $[0, b]$ in n Teile zerlegt, so gilt nach Roberval, da ja jedes Teil die Breite 1 hat,

$$b = 1 \cdot n.$$

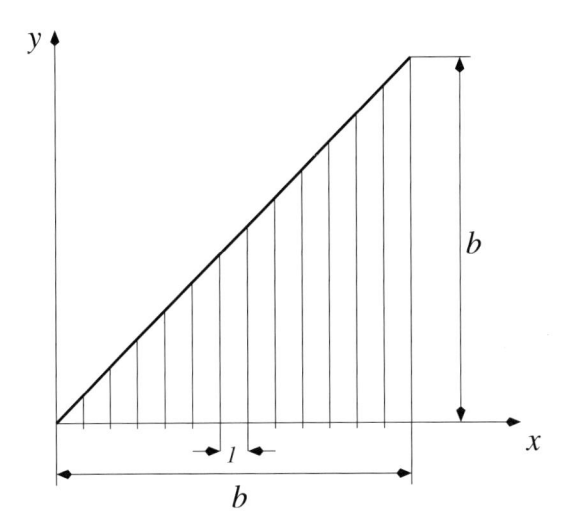

Abb. 6.1.24 Robervals Infinitesimale am Dreieck

Das ist natürlich schwer zu schlucken und die „1" kann hier nicht wirklich unsere Zahl 1 sein, sondern eine merkwürdige „Robervalsche Einheit", denn auch wenn n wächst, muss ja stets $1 \cdot n = b$ gelten! Bei der Verwendung von n durch Roberval ist also durchaus Vorsicht angebracht, vgl. [Baron 1987, S. 154 f.]. Roberval war der Auffassung, dass, wenn Cavalieri eine Linie sich aufgebaut aus indivisiblen Punkten dachte, er eigentlich kleine Strecken meinte, vgl. [Boyer 1959, S. 141 f.]. Diese Interpretation trifft jedoch nicht zu, zeigt aber, dass Roberval die Indivisiblenrechnung als Rechnung mit Infinitesimalen interpretierte.

Roberval arbeitet wie Fermat zu Beginn seiner Flächenberechnungen mit Summenformeln wie

$$\sum_{k=1}^{n} k = \frac{1}{2}n(n+1), \quad \sum_{k=1}^{n} k^2 = \frac{1}{3}n(n+1)(n+2)$$

usw. Für die Funktion $f(x) = x$ in Abb. 6.1.24 benutzt Roberval

$$\sum_{k=1}^{n} k = \frac{n^2}{2} + \frac{n}{2}$$

und argumentiert wie folgt: Wenn n über alle Grenzen wächst, dann liefert $n/2$ keinen Beitrag zur Fläche, denn es handelt sich ja nicht um einen zu einer Fläche gehörigen Term, sondern zu einer Linie. Also ist die gesuchte Fläche (jedes Rechteck hat die Fläche $k \cdot 1$)

$$\sum k = \frac{n^2}{2}$$

und, wegen $1 \cdot n = b$, ergibt sich

$$\int_0^b x \, dx = \frac{b^2}{2}.$$

Ebenso geht Roberval für die Fläche unter $f(x) = x^2$ auf $[0, b]$ vor. Hier verwendet er

$$\sum_{k=1}^{n} k^2 = \frac{n^3}{3} + \frac{n^2}{2} + \frac{n}{6}$$

und nun liefern weder $n^2/2$ noch $n/6$ einen Beitrag, weil weder ein Quadrat noch eine Linie ein Verhältnis zu einem Kubus haben. Ganz allgemein folgert Roberval, dass die Differenz

$$\sum_{k=1}^{n} k^p - \frac{n^{p+1}}{p+1}$$

vernachlässigt werden kann, so lange man n beliebig groß machen kann. In diesem Fall ist

$$\lim_{n\to\infty} \sum_{k=1}^{n} \frac{k^p}{n^p} = \frac{1}{p+1}$$

und wenn $\sum k^p$ die Summe aller zur y-Achse parallelen Infinitesimalen unter der Kurve

$$\frac{y}{a} = \left(\frac{x}{b}\right)^p$$

bedeutet, dann ergibt sich offenbar

$$\int_0^b y\,dx = \frac{ab}{p+1},$$

vgl. Abb. 6.1.25.

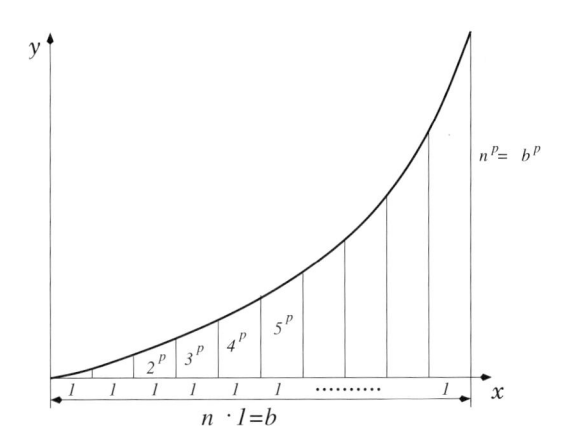

Abb. 6.1.25 Zur Integration von $f(x) = (x/b)^p$

6.2 Analysis vor Leibniz in den Niederlanden

Wenn wir von Analysis in den Niederlanden schreiben, dann meinen wir *nicht* das Holland in den heutigen Grenzen, sondern den Raum, für den die Engländer die Bezeichnung „low countries" geprägt haben. Im späten 15. Jahrhundert gelangten die Niederlande unter die Habsburgische Herrschaft insbesondere von Kaiser Karl V. Im Zuge der Reformation konvertierten große Teile der Bevölkerung zum Protestantismus, was zu Verfolgungen und Unterdrückung durch Kaiser Karl und seinen Sohn, Philipp II. von Spanien, führte.

Die „Spanischen Niederlande" umfassten die Gebiete der heutigen Niederlande, Belgiens und Luxemburgs. Schließlich führten die Repressionen und Rekatholisierungsversuche zu einem Aufstand. Die sieben nördlichen niederländischen Provinzen Holland, Zeeland, Groningen, Utrecht, Friesland, Gelderland und Overijssel schlossen sich 1579 zusammen und bildeten die „Utrechter Union", aus der 1581 die „Republik der Sieben Vereinigten Provinzen" hervorging. Im sogenannten „Achtzigjährigen Krieg" oder auch „Spanisch-Niederländischen Krieg" erkämpfte der Zusammenschluß der sieben Provinzen von 1568 bis 1648 die Unabhängigkeit von Spanien. Der Westfälische Friede nach dem Dreißigjährigen Krieg 1648 war dann die Geburtsstunde der „Republik der Vereinigten Niederlande". Die südlichen Provinzen, die noch spanisch regiert waren, wurden abgetrennt und bildeten ein Gebiet, aus dem später Belgien wurde.

Wegen der Nähe zu Frankreich erscheint es natürlich, dass sich die Mathematik der Franzosen schnell in den Niederlanden ausbreitete.

Abb. 6.2.1 Die Aufteilung der „Spanischen Niederlande" im Westfälischen Frieden 1648 in die unabhängigen Vereinigten Niederlande und das bei Spanien verbleibende Gebiet. Vom Boden der Spanischen Niederlande aus sollte 1588 der Angriff auf England erfolgen, mit Truppen die von der Armada dorthin gebracht werden sollten. Das Gebiet der Spanischen Niederlande ab 1648 entspricht ungefähr dem heutigen Staatsgebiet von Belgien.

6.2.1 Frans van Schooten jr.

Als Lehrmeister der Niederländer hat Frans van Schooten (1615–1660) zu gelten. In Leiden trifft er Descartes, der wiederum bei van Schootens Vater (Frans van Schooten Senior) zu Besuch war. Van Schooten bekommt Einblick in die Korrekturabzüge von *La Géométrie* und kommt in Paris durch Mersenne in Kontakt mit Roberval. In Paris wird er auch mit den Fermatschen Arbeiten vertraut, die damals im Mersenneschen Kreis diskutiert wurden. Zurück in Leiden, wo er eine Professur für Mathematik erhält, entwickelt sich van Schooten zu einem großen Protagonisten der neuen Descartes'schen Geometrie, und es gelingt ihm, eine Schar junger, begabter Niederländer um sich zu versammeln, darunter für kurze Zeit im Jahr 1646 auch den späteren Superstar der Niederlande, Christiaan Huygens.

Im Jahr 1646 gibt van Schooten die *Opera mathematica* von François Viète heraus, allerdings hat er die umständliche Symbolsprache Viètes durch die moderne Notation von Descartes ersetzt. Er übersetzt Descartes' *La Géométrie* ins Lateinische und gibt sie, mit ausführlichen Kommentaren angereichert, 1649 heraus. In seinen Anmerkungen betont van Schooten die Bedeutung der Descartes'schen Kreismethode (vgl. Abschnitt 6.1.2). Diese Ausgabe des Descartes'schen Werkes hat weite Verbreitung gefunden und das allgemeine Interesse an Tangentenberechnungen angeregt. Van Schootens Schüler haben in eigenständigen Arbeiten die Entwicklung der Analysis vorangebracht.

6.2.2 René François Walther de Sluse

Der aus der Region Lüttich gebürtige René François Walther de Sluse (1622–1685) (Slusius) studierte in Lyon und hielt sich zehn Jahre lang in Italien auf, wo er mit einem Freund und Schüler Torricellis zusammenarbeitete. Er lernte in Italien die Indivisiblenmethode Cavalieris kennen und natürlich auch Torricellis mathematische Arbeiten. De Sluse entwickelte eine eigene Tangentenmethode um 1655, die allerdings erst 1673 publiziert wurde, als de Sluse durch Newtons Arbeiten um seine Priorität fürchten musste. Zur Illustration der Methode [Baron 1987, S. 215 f.] betrachten wir Funktionen

$$f(x,y) = \sum_{i=1}^{n} \sum_{j=1}^{m} a_{ij} x^i y^j =: \sum a_{ij} x^i y^j = 0.$$

Ist (x_1, y_1) ein Punkt der Kurve, der zu (x, y) infinitesimal benachbart ist, dann gilt wie bei Fermat

$$f(x_1, y_1) - f(x, y) = 0,$$

also

$$\sum a_{ij}\left(x_1^i y_1^j - x^i y^j\right) = \sum a_{ij}\left(x_1^i(y_1^j - y^j) + y^j(x_1^i - x^i)\right). \qquad (6.18)$$

Aus den bekannten Beziehungen

$$\frac{x_1^i - x^i}{x_1 - x} = x_1^{i-1} + x_1^{i-2}x + x_1^{i-3}x^2 + \ldots + x^{i-1}$$

$$\frac{y_1^j - y^j}{y_1 - y} = y_1^{j-1} + y_1^{j-2}y + y_1^{j-3}y^2 + \ldots + y^{j-1}$$

folgt

$$x_1^i(y_1^j - y^j) = x_1^i(y_1 - y)\left(y_1^{j-1} + y_1^{j-2}y + y_1^{j-3}y^2 + \ldots y^{j-1}\right)$$
$$y_1^j(x_1^i - x^i) = y^j(x_1 - x)\left(x_1^{i-1} + x_1^{i-2}x + x_1^{i-3}x^2 + \ldots x^{i-1}\right).$$

Setzen wir dies in (6.18) ein, so ergibt sich

$$(y_1 - y)\sum a_{ij}\left[x_1^i\left(y_1^{j-1} + y_1^{j-2}y + \ldots + y^{j-1}\right)\right]$$
$$+ (x_1 - x)\sum a_{ij}\left[y^j\left(x_1^{i-1} + x_1^{i-2}x + \ldots + x^{i-1}\right)\right] = 0$$

Löst man nun nach dem Quotienten $(y_1 - y)/(x_1 - x)$ auf, so hat man

$$\frac{y_1 - y}{x_1 - x} = -\frac{\sum a_{ij}[y^j(x_1^{i-1} + x_1^{i-2}x + \ldots + x^{i-1})]}{\sum a_{ij}[x_1^i(y_1^{j-1} + y_1^{j-2}y + \ldots + y^{j-1})]}. \qquad (6.19)$$

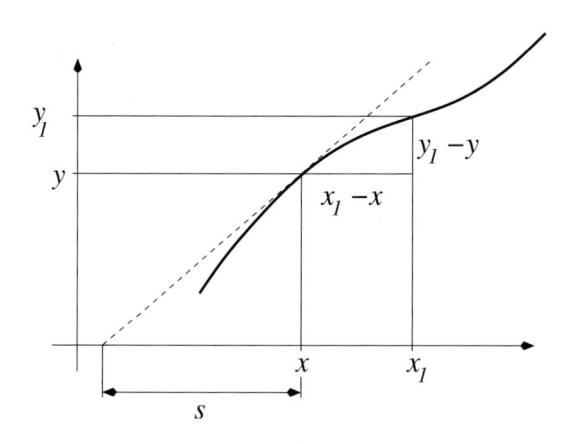

Abb. 6.2.2 Zum Grenzübergang $(x_1, y_1) \to (x, y)$

Jetzt lassen wir den Punkt (x_1, y_1) gegen den Punkt (x, y) wandern. Nach Abb. 6.2.2. gilt im Grenzwert

$$\lim_{(x_1,y_1)\to(x,y)} \frac{y_1 - y}{x_1 - x} = \frac{y}{s}$$

und auf der rechten Seite von (6.19) setzen wir einfach brutal $x_1 = x$ und $y_1 = y$ und erhalten so

$$\frac{y}{s} = -\frac{\sum a_{ij} y^j \cdot i \cdot x^{i-1}}{\sum a_{ij} x^i \cdot j \cdot y^{j-1}}.$$

Auf der linken Seite steht die Steigung der Tangente. Zähler und Nenner der rechten Seite sind die Ableitungen von f nach x bzw. y, also hat de Sluse

$$\frac{dy}{dx} = -\frac{\frac{\partial f}{\partial x}}{\frac{\partial f}{\partial y}},$$

die Formel für die implizite Differentiation, gefunden.

6.2.3 Johann van Waveren Hudde

Johann Hudde (1628–1704), geboren in Amsterdam, studierte an der Universität Leiden die Rechtswissenschaften und gelangte dort in den Kreis um van Schooten. Die auf uns gekommene Mathematik Huddes beschränkt sich auf den Zeitraum von 1654 bis 1663. Danach engagierte sich Hudde für seine Geburtsstadt Amsterdam und war bis zu seinem Lebensende 21 mal Bürgermeister, was deutlich für seine Qualitäten als Politiker spricht. Hudde war sehr an Algebra interessiert, vgl. [Lüneburg 2008, S. 55 f.], aber als er mit Fermats Tangentenmethode vertraut wurde, versuchte er, diese wenigstens für Polynome zu vereinfachen. Hudde beschreibt seine Methode in einem Brief aus dem Jahr 1659; dieser Brief wird allerdings erst 1713 im Zusammenhang mit dem Prioritätsstreit zwischen Leibniz und Newton publiziert [Baron 1987, S. 217]. Ein Beispiel seiner Methode, die man „Hudde-Regel" nennt, erscheint 1657 in den *Exercitationes mathematicae* von van Schooten. Van Schooten gab der 1659er Auflage der lateinischen *La Géométrie* von Descartes noch einen kurzen Traktat Huddes *De maximis et minimis* mit.

Hudde betrachtet Polynome

$$f(x) = a_0 + a_1 x + a_2 x^2 + a_3 x^3 + \ldots + a_n x^n$$

und sucht Nullstellen, an denen f Extremwerte hat, d. h. Stellen $x = \alpha$, für die $f(\alpha) = 0$ und die Tangentensteigung $f'(\alpha)$ Null ist. Damit hat die erste Ableitung f' an der Stelle $x = \alpha$ eine Nullstelle und die Funktion f eine doppelte Nullstelle. Hudde schreibt [Baron 1987, S. 218]:

Abb. 6.2.3 Johann Hudde, Bürgermeister und Mathematiker (Gemälde Michiel van Musscher)

Besitzt eine Gleichung eine doppelte Nullstelle und wird die Gleichung mit irgendeiner arithmetischen Progression multipliziert, d. h. der erste Term mit dem ersten Term der Progression, der zweite Term mit dem zweiten der Progression, und so weiter, dann sage ich, dass die Gleichung bestehend aus den Summen dieser Produkte eine Nullstelle mit der Ausgangsgleichung gemeinsam haben wird.

Wählt man eine arithmetische Progression

$$p, p+q, p+2q, p+3q, \ldots,$$

dann berechnet Hudde also die Produkte

$$p \cdot a_0$$
$$(p+q) \cdot a_1 x$$
$$(p+2q) \cdot a_2 x^2$$
$$\vdots$$
$$(p+nq) \cdot a_n x^n$$

und summiert diese zu

$$0 = \underbrace{pa_0 + pa_1 x + pa_2 x^2 + \ldots + pa_n x^n}_{=p \cdot f(x)}$$
$$+ qa_1 x + 2qa_2 x^2 + 3qa_3 x^3 + \ldots + nqa_n x^n,$$

also

$$p \cdot f(x) + q \cdot \underbrace{\left(x + 2a_2 x^2 + 3a_3 x^3 + \ldots + na_n x^n\right)}_{x \cdot f'(x)} = 0.$$

Hudde erhält also – in moderner Notation – die Gleichung

$$p \cdot f(x) + q \cdot x \cdot f'(x) = 0. \tag{6.20}$$

Nun ist klar, dass (6.20) eine Nullstelle mit $f(x) = 0$ gemeinsam hat, denn $f(\alpha) = f'(\alpha) = 0$ und damit ist $p \cdot f(\alpha) + q \cdot \alpha \cdot f'(\alpha) = 0$.

Aus diesen algebraischen Überlegungen entwickelt Hudde nun die „Hudde-Regel" [Baron 1987, S. 218]:

Bringe alle Terme auf eine Seite. [...]. Ordne nach absteigenden Potenzen von y und multipliziere jeden Term mit dem korrespondierenden Term irgendeiner arithmetischen Progression. Wiederhole dies für die Terme, die x enthalten. Dividiere die erste Summe der Produkte durch die zweite. Multipliziere den Quotienten mit $-x$ und dies wird die Subtangente ergeben.

Zur Illustration der Hudde-Regel starten wir mit

$$f(x, y) = 0$$

und denken uns die Terme in y und x so angeordnet wie gefordert. Nach (6.20) liefert die Multiplikation mit einer arithmetischen Progression $p, p+q, p+2q, p+3q, \ldots$ für die y-Terme

$$p \cdot f(x, y) - q \cdot y \cdot \frac{\partial f}{\partial y}(x, y)$$

und für die x-Terme bei Multiplikation mit $r, r+s, r+2s, r+3s, \ldots$

$$r \cdot f(x,y) - s \cdot x \cdot \frac{\partial f}{\partial x}(x,y).$$

Baron [Baron 1987, S. 218] weist darauf hin, dass Hudde in seinen Beispielen stets $q = s = -1$ gewählt hat, d. h. man erhält nach der Hudde-Regel für die Subtangente s

$$s = -x \cdot \frac{p \cdot f(x,y) + y\frac{\partial f}{\partial y}(x,y)}{r \cdot f(x,y) + x\frac{\partial f}{\partial x}(x,y)}$$

und da $f(x,y) = 0$ gilt, folgt

$$s = -x \cdot \frac{\frac{\partial f}{\partial y}(x,y)}{\frac{\partial f}{\partial x}(x,y)},$$

die Formel für die Subtangente mittels impliziter Differentiation.

Die Bedeutung der Hudde-Regel liegt nicht so sehr in der Methode an sich, sondern in der „Mechanisierung" der Aufgabe der Tangentenberechnung. Huddes Regel ist ein klarer Algorithmus, der auch ohne tieferes Wissen durchgeführt werden kann.

6.2.4 Christiaan Huygens

Christiaan (Christian) Huygens (1629–1695) wurde als Sohn des einflussreichen Diplomaten und Künstlers Constantin (Constantijn) Huygens in Den Haag geboren. Der Umgang mit berühmten Männern seiner Zeit war für ihn Normalität, denn der Vater hatte den Maler Rubens ebenso zu Gast wie den Mathematiker und Philosophen René Descartes. Mit Mersenne stand der Vater ebenso in Verbindung wie mit dem englischen Hof, so dass Christiaan Huygens als Erwachsenem sowohl in Paris wie auch in London alle Türen offenstanden. Bis zu seinem 16. Lebensjahr wurde Huygens privat unterrichtet. Er lernte unter anderem Geometrie, aber auch den Modellbau und das Lautenspiel. Wir können sicher davon ausgehen, dass diese Erziehung direkt durch Descartes beeinflußt war, den Huygens wie seinen Vater verehrte. An der Universität Leiden studierte Huygens die Rechte von 1645 bis 1647 und wurde von van Schooten in Mathematik unterrichtet. Von 1647 bis 1649 führte er seine Studien in Breda weiter. Schon 1649 nahm er an einer diplomatischen Mission nach Dänemark teil und erhoffte sich einen Besuch bei Descartes in Schweden, der aber wegen des schlechten Wetters nicht zustande kam.

De Saint-Vincent hatte behauptet, das Problem der Kreisquadratur gelöst zu haben. In seiner ersten Publikation *Cyclometria* aus dem Jahr 1651 weist der junge Huygens einen Fehler im Beweis nach und schreibt 1654 mit *De*

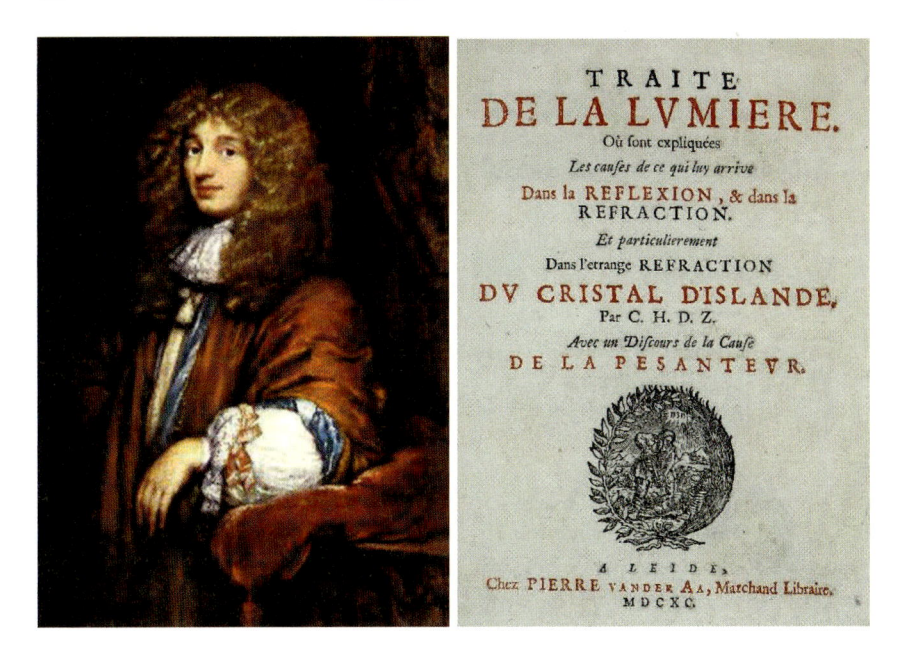

Abb. 6.2.4 Christiaan Huygens und die Titelseite seines Buches über das Licht

circuli magnitudine inventa ein größeres Werk dazu. Aber Huygens war auch als Praktiker erzogen, und die neuen Teleskope und Mikroskope waren faszinierende Neuentwicklungen der Zeit. So wendet er sich dem Prozess des Linsenschleifens zu und entwickelt Methoden, die zu besseren Resultaten führen als die seiner Zeitgenossen. Er konstruiert ein Teleskop mit selbst geschliffenen und polierten Linsen und entdeckt damit 1655 den ersten Saturnmond; eine Entdeckung, die er stolz nach Paris meldet. Von dort erfährt er von den wahrscheinlichkeitstheoretischen Arbeiten von Fermat und Pascal und veröffentlicht dazu das erste gedruckte kleine Buch.

Schon 1656 entdeckte er die wahre Gestalt des Saturnringes und konnte die unterschiedliche Erscheinungsform des Ringes in gewissen Phasen erklären. Gegen einige Widerstände musste die Huygens'sche Theorie kurz darauf anerkannt werden – Huygens verfügte offenbar über das bessere Teleskop. Da die genaue Zeitmessung in der Astronomie von essentieller Bedeutung ist, wundert es nicht, wenn Huygens sich auch mit der Konstruktion genauer Uhren beschäftigte. Er gilt heute als Erfinder der Pendeluhr, die er sich 1656 patentieren ließ: zu seiner Zeit und noch lange danach lieferte sie die genaueste Methode zur Messung der Zeit. Durch Pascals unter dem Pseudonym Dettonville gestellte Aufgaben zur Zykloide wurde er zur Konstruktion einer zykloidalen Pendeluhr geführt, bei der das Pendel sich auf einer Zykloide bewegt. Ein solches Pendel ist isochron, d. h. hat immer dieselbe Schwingungsdauer, und zwar unabhängig von der Amplitude des Pendels. Huygens glaubte, das berühmte Längengradproblem [Sobel/Andrewes 1999] mit Hilfe einer solchen Penduluhr lösen zu können, und mehrere Experimente wurden auf See durchgeführt. Sein vielleicht berühmtestes Buch *Horologium oscillatorium sive de motu pendulorum* aus dem Jahr 1673 enthält die Theorie der Pendelbewegung und kann als hinführendes Werk zu Newtons *Principia* verstanden werden. Huygens entdeckt das Gesetz der Zentrifugalkraft bei gleichförmiger Kreisbewegung und liefert damit Newton und Hooke die Steilvorlage für das $1/r^2$-Gesetz der Gravitation, das auch Huygens selber formulierte.

1660 geht Huygens nach Paris und nimmt an zahlreichen Treffen der dortigen Gelehrten teil, bei denen er Roberval, Pascal, Desargues und andere trifft. Ein Jahr später besucht er London, führt sein überlegenes Teleskop vor und nimmt an Experimenten von Robert Boyle (1627–1692) teil, in denen Boyle seine Vakuumpumpe demonstriert. Huygens ist sehr angetan von den mathematischen Arbeiten von John Wallis (1616–1703) und anderen Engländern, und er hält den Kontakt nach London auch weiterhin aufrecht. Im Jahr 1663 wird er in die Royal Society aufgenommen, 1666 wird er auf Einladung von Staatssekretär Jean-Baptiste Colbert (1619–1683) in die durch diesen gegründete Académie Royale des Sciences in Paris aufgenommen und verlegt seinen Wohnsitz nach Paris. Dort entstehen Arbeiten zur Physik, die auch einige der Descartes'schen Theorien widerlegen. Huygens bleibt stets in engem Kontakt mit der Royal Society in London, und als er 1670 ernsthaft erkrankt und glaubt sterben zu müssen, lässt er seine unveröffentlichten Manuskripte zur Mechanik an die Royal Society schicken. Nach seiner Krankheit, die Huygens in Holland auskuriert, trifft er 1672 in Paris auf den jungen Gottfried Wilhelm Leibniz, dessen Lehrer und Mentor er wird. Huygens ist ein großartiger Mathematiker, der die Tangentenmethoden seiner Zeit versteht und mit den Techniken vertraut ist. Als Leibniz der Durchbruch zur Differential- und Integralrechnung gelingt, ist es Huygens aber nicht möglich, sich mit den Methoden seines Schülers anzufreunden. Er bleibt sein Leben lang der klassischen Geometrie verbunden und löst auch komplizierteste Aufgaben, die Leibniz in wenigen Zeilen bearbeiten kann, mit geometrischen Konstruktionen.

Weitere Zeiten der Krankheit bringen Huygens wieder zurück nach Den Haag, wo er seine wissenschaftlichen Arbeiten fortsetzt. Im Jahr 1683 stirbt Colbert, 1687 Huygens' Vater. Eine Rückkehr nach Paris ohne die Protektion seines Gönners Colbert scheint nicht möglich, und so geht Huygens 1689 nach England, wo er mit Newton, Boyle und anderen Mitgliedern der Royal Society zusammentrifft. Huygens verehrte Newton, obwohl er dessen Gravitationstheorie für absurd hielt, und auch Newton war Huygens sehr zugetan, nannte er ihn doch stets „Summus Hugenius" – der überaus große Huygens! Huygens starb 1695 in seiner Geburtsstadt Den Haag.

6.3 Analysis vor Newton in England

6.3.1 Die Entdeckung der Logarithmen

In der Analysis spielen die Logarithmen eine außerordentlich wertvolle Rolle als Umkehrfunktionen der Potenzfunktionen. Ist

$$x = a^y, \quad a > 0,$$

dann ist der Logarithmus zur Basis a definiert als

$$y = \log_a x.$$

Besonders hervorzuheben sind die speziellen Logarithmen zur Basis e, $\ln x = \log_e x$ („Logarithmus naturalis", natürlicher Logarithmus), und zur Basis 10, $\log_{10} x$ (Dekadischer Logarithmus, Briggs'scher Logarithmus). Weil alle Logarithmenfunktionen die Funktionalgleichung

$$\log_a(x \cdot z) = \log_a x + \log_a z$$

erfüllen, wurde der Logarithmus in früherer Zeit zur Vereinfachung von Rechnungen eingesetzt, denn Multiplikation/Division werden auf Addition/Subtraktion zurückgeführt und wegen $\log_a b^x = x \cdot \log_a b$ wird die Handhabung von Potenzen stark vereinfacht. Bis weit ins 20. Jahrhundert hinein wurden zum Zahlenrechnen Rechenschieber verwendet. Ihr Grundprinzip basiert auf logarithmischen Skalen, so dass Multiplikationen bzw. Divisionen durch Aneinanderreihung bzw. Wegnahme von Strecken berechnet werden können.

Obwohl man die eigentliche Erfindung der Logarithmen als eine rein englische Angelegenheit ansehen kann (der Schweizer Jost Bürgi (1552–1632) publizierte 1620 mit seinen *Progreß Tabulen* ebenfalls Logarithmen, aber er setzte sich nicht durch [Goldstine 1977, S. 20 ff.]), gab es einen wichtigen Vorläufer, nämlich den deutschen Augustinermönch Michael Stifel (1487?–1567) [Alten et al. 2005, Abschnitt 4.6.3]. Stifel schrieb in seinem Werk *Arithmetica Integra* [Stifel 2007] 1544 die arithmetische Skala (Folge)

$$\ldots, -3, -2, -1, 0, 1, 2, 3, \ldots$$

auf und darunter korrespondierend die geometrische Skala (Folge)

$$\ldots, 2^{-3}, 2^{-2}, 2^{-1}, 2^0, 2^1, 2^2, 2^3, \ldots$$

Er bemerkte, dass die Multiplikation auf der geometrischen Skala durch Addition auf der arithmetischen Skala erledigt werden konnte. Will man z. B. $4 \cdot 16$ rechnen, dann addiert man die korrespondierenden Einträge auf der arithmetischen Skala, $2 + 4$, und findet die Lösung 64 auf der geometrischen Skala unter der 6 auf der arithmetischen Skala. Da die Stifelschen Skalen jedoch nur die Multiplikation von Zweierpotenzen erlaubten, hat Stifel seine Idee nicht weiter in Richtung auf Logarithmen verfolgt [Hofmann 1968]. Dieser intellektuelle Sprung wurde erst – durch Kenntnis des Stifelschen Buches – in Schottland und England gewagt.

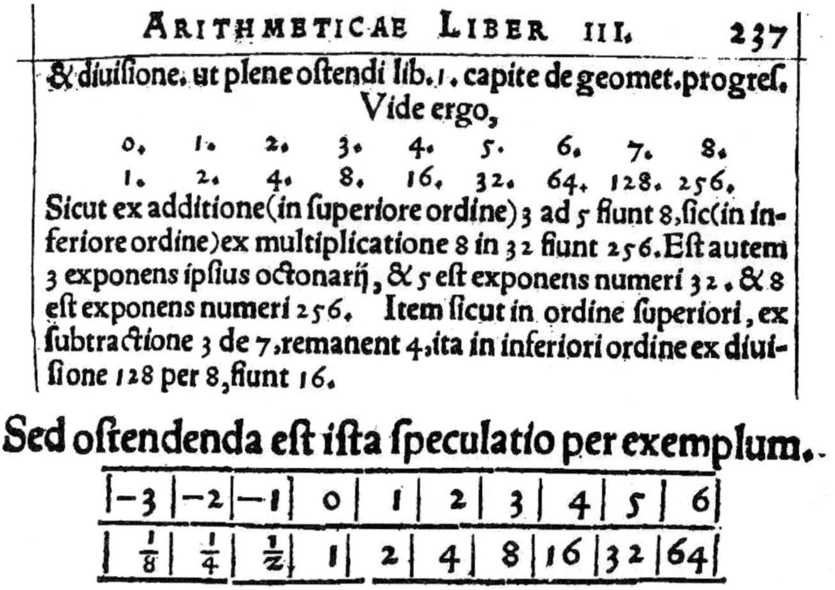

> **ARITHMETICAE LIBER III.** 237
>
> & diuifione, ut plene oftendi lib.1. capite de geomet.progref.
> Vide ergo,
>
> 0. 1. 2. 3. 4. 5. 6. 7. 8.
> 1. 2. 4. 8. 16. 32. 64. 128. 256.
>
> Sicut ex additione(in fuperiore ordine) 3 ad 5 fiunt 8, fic(in inferiore ordine)ex multiplicatione 8 in 32 fiunt 256. Eft autem 3 exponens ipfius octonarij, & 5 eft exponens numeri 32. & 8 eft exponens numeri 256. Item ficut in ordine fuperiori, ex fubtractione 3 de 7, remanent 4, ita in inferiori ordine ex diuifione 128 per 8, fiunt 16.

Sed oftendenda eft ifta fpeculatio per exemplum.

-3	-2	-1	0	1	2	3	4	5	6
$\frac{1}{8}$	$\frac{1}{4}$	$\frac{1}{2}$	1	2	4	8	16	32	64

Abb. 6.3.1 Die Stifelschen Skalen aus der „Arithmetica Integra" von 1544

6.3.2 England an der Wende vom 16. zum 17. Jahrhundert

König Heinrich VIII. stirbt im Jahr 1547 und hinterlässt nicht nur die Grundlagen einer Seeflotte und moderne Befestigungsanlagen an der englischen Küste, sondern auch ein religiös zerrissenes und zutiefst gespaltenes Land. Da der Papst die erste Ehe mit Katharina von Aragón nicht scheiden wollte, löste Heinrich sein Land in einem jahrelangen Prozess von der katholischen Kirche und begründete eine reformierte protestantische Staatskirche in Gestalt der anglikanischen Kirche. Aus der ersten Ehe stammte die im Jahr 1516 geborene Maria. Seine zweite Frau, Anne Boleyn, gebar 1533 ein kleines Mädchen, das später als Köngin Elisabeth I. England zur führenden Weltmacht machen sollte. Nachdem Anne in einem hässlichen Prozess wegen Ehebruchs mit fünf Männern schuldig gesprochen und geköpft wurde, war der Weg frei für die dritte Ehe, die mit Jane Seymour 1536 geschlossen wurde. Aus dieser Ehe ging nun endlich der so sehnlich erwartete männliche Thronerbe, Eduard, hervor, allerdings starb die Mutter eine Woche nach der Geburt. Von den noch folgenden weiteren drei Ehen wurde die erste annulliert (Anna von Kleve 1541), die zweite wieder durch Hinrichtung wegen angeblichen Ehebruchs beendet (Katharina Howard 1542), und nur die letzte mit Katharina Parr wurde durch den Tod des Königs beendet.

Abb. 6.3.2 Heinrich VIII. und seine Tochter Elisabeth I., dominierende Herrscher Englands im 16. Jahrhundert.

In der von Heinrich VIII. selbst festgelegten Thronfolge stand Eduard auf dem ersten Platz, Maria auf dem zweiten, und dann folgte Elisabeth. Allerdings war Eduard noch ein Kind, und so riss der Herzog von Hertford die Macht an sich, ließ Eduard als Eduard VI. zum König krönen und regierte selbst als Protektor des Jungen, der aber schon 1553, im Alter von sechzehn Jahren, an der Schwindsucht starb. Nach intensiven, aber vergeblichen Versuchen von protestantischer Seite, die streng katholisch erzogene Maria auf dem Thron zu verhindern, wurde Maria I. als legitime Nachfolgerin Eduards die neue Regentin. Sie war vom Hass auf alles Protestantische beseelt und ging als *Bloody Mary* oder *Maria, die Katholische* in die Geschichte ein. Als sie die Heiratspläne mit Philipp II. von Spanien bekannt gab, verlor sie jedoch auch die Zustimmung vieler katholisch Gesinnter, die den Verlust der englischen Selbständigkeit befürchteten. Ein Versuch der protestantischen Seite, Maria zu stürzen und Elisabeth als Königin einzusetzen, schlug fehl und brachte Elisabeth in Lebensgefahr, der nun der Hass ihrer Halbschwester entgegenschlug. Nur durch kluges Verhalten rettete Elisabeth ihr Leben, musste aber für zwei Monate in den Tower und blieb danach unter Beobachtung. Ohne

Zweifel sorgte ihre aufrechte Haltung in dieser Krise und ihr loyales Festhalten am Protestantismus für die Bewunderung, die sie nun in weiten Teilen der Bevölkerung genoss. Zudem waren viele Engländer entsetzt über das Ausmaß von Gewalttätigkeit nach der Hochzeit Marias mit Philipp. Beide wollten nun das Land schnell und endgültig rekatholisieren. Nach einer vermuteten Schwangerschaft Marias im Jahr 1555, die sich aber nicht einstellte, wendete sich Philipp von ihr ab. Sie litt nun an Wassersucht und unter Todesahnungen und söhnte sich kurz vor ihrem Tod mit ihrer Halbschwester Elisabeth aus. Im Jahr 1558 starb Maria und die 25jährige Elisabeth I. übernahm die Regierung.

Unter Elisabeths Regierung entwickelt sich England zur führenden Seemacht der Erde. Die überaus kluge und gebildete junge Frau versteht es, im Land eine Aufbruchstimmung zu erzeugen. Protestantische Emigranten kehren in großer Zahl nach England zurück. Eine neue Flotte wird aufgebaut und der Erzfeind Spanien durch doppeltes Spiel geschickt geschwächt. Wir kennen aus dieser Zeit die berühmten englischen Piraten, unter ihnen Francis Drake, deren Treiben gegen die spanischen Galeonen im Pazifik und Atlantik offiziell von Elisabeth verurteilt wurde, die aber inoffiziell in ihrem Auftrag fuhren und ihre Beute mit der Krone teilten. Im Jahr 1588 führt der Angriff der Spanischen Armada gegen England im Kanal zu einem Desaster für die Spanier, die nun ihren Rang als führende Seemacht an England abgeben müssen.

In den Künsten ist es die große Zeit William Shakespeares und des Theaters, und in der Wissenschaft führt dieses *Goldene Zeitalter* ebenfalls zu einer Blüte. Der geheimnisvolle John Dee (1527–1608/9) [Woolley 2001], [French 1972] bereist den Kontinent, lernt Gerhard Mercator und dessen neue Kartenprojektion [Scriba/Schreiber 2010] kennen und führt sie in England ein. Berühmt ist sein Vorwort zu der Ausgabe von Euklids *„Elementen"* [Scriba/Schreiber 2000, Abschnitt 2.3] durch Henry Billingsley 1570 [Dee 1570], in dem er die Mathematik seiner Zeit in einem Diagramm in Subdisziplinen unterteilt und darstellt. Als Ratgeber der Königin prägt er den Begriff des „British Empire" und wenn er geheime Botschaften versendet unterzeichnet er mit „007", was den Schriftsteller Ian Fleming in unserer Zeit dazu brachte, seinen Geheimagenten James Bond ebenfalls 007 zu nennen. Der geniale Mathematiker Thomas Harriot (1560–1621) [Alten et al. 2005, Abschnitt 5.2] arbeitet zu Fragen der Navigation und Algebra. Forschungen in neuerer Zeit [Stedall 2003] haben gezeigt, dass Harriot ein Algebraiker ersten Ranges war und vermutlich Mathematiker auf dem Kontinent, wie René Descartes, beeinflusst hat. William Gilbert (1540–1603) publiziert 1600 in London sein bahnbrechendes Werk *De Magnete, Magneticisque corporibus, et de magno magnete tellure; Physiologia nova, plurimis & argumentis, & experimentis demonstrata* zur Theorie des Magnetismus und begründet damit die englische „Natural Philosophy". Das Buch ist so berühmt, dass es noch heute in einer englischen Übersetzung [Gilbert 1958] nachgedruckt wird und war in Teilen eine Gemeinschaftsarbeit mehrerer Mathematiker am Londoner Gresham

Abb. 6.3.3 Engländer im Kampf gegen die spanische Armada am 8. August 1588 (Gemälde von Phillip James de Loutherbourg 1796, National Maritime Museum, Greenwich)

College [Pumfrey 2002, S. 175], unter anderen Edward Wright und Henry Briggs (1561–1631), die beide wichtige Arbeiten zur Theorie der Navigation leisteten [Sonar 2001].

Die Universitäten Oxford und Cambridge waren in bemitleidenswertem Zustand [Hill 1997]. Man lehrte aristotelische Physik, den geozentrischen ptolemäischen Aufbau der Welt und galenische Medizin und hörte kein Wort über Copernicus und sein heliozentrisches Weltbild, nichts über fortgeschrittene Geometrie und Trigonometrie und ebenfalls nichts über Probleme der Navigation. Mathematiker der Zeit zog es daher nach London, wo Thomas Gresham ein College gestiftet hatte, um die Defizite von Oxford und Cambridge auszugleichen. Aber auch die Landbevölkerung zog es vermehrt in die Städte. Lag die Bevölkerung Londons vor Elisabeths Amtsantritt noch bei ungefähr 100 000 Einwohnern, so waren es im Jahr 1600 etwa doppelt so viele [Suerbaum 2003, S. 314]. Im Jahr 1596 wurde Henry Briggs erster *Gresham professor of Geometry*, bevor er im Zuge einer von Henry Savile in Oxford gestarteten Reformbewegung 1619 erster *Savilian professor of Geometry* in Oxford und durch seine Arbeiten zu Logarithmen berühmt wurde.

Die entscheidende Vorarbeit dazu leistete ein schottischer Lord in Merchiston in der Nähe von (heute in) Edinburgh, indem er eine frühe Form von Logarithmen ersann.

6.3.3 John Napier und die Napierschen Logarithmen

John Napier (1550–1617) war der achte Graf von Merchiston. Wie Stifel war auch er Apokalyptiker und publizierte 1593 *A Plaine Discovery of the Whole Revelation of St. John,* in dem er mit (pseudo)mathematischen Methoden zu beweisen meinte, dass der Papst der in der Apokalypse des Johannes auftretende Antichrist sei. Er kannte die *Arithmetica Integra* Stifels und es war ihm klar, dass die Stifelschen Skalen für das Rechnen viel zu grob waren. Bezeichnen wir die Zahlen der geometrischen Skala (vgl. Abb. 6.3.1)

Abb. 6.3.4   John Napier (Gemälde als Geschenk der Enkelin Napiers an die Universität Edinburgh 1616)

i	-1	0	1	2	3	4	5	6
g_i	1/2	1	2	4	8	16	32	64

mit $g_i := 2^i$, d. h.

$$g_0 = 2^0 = 1, \quad g_1 = 2, \quad g_2 = 4, \quad \text{usw.},$$

dann ergibt sich für den Quotienten zweier aufeinander folgender Zahlen

$$\frac{g_{i+1}}{g_i} = 2.$$

Die geometrische Skala bekommt also immer größere Lücken, je weiter man auf der Skala fortschreitet. Man vermeidet diese Problematik nur dann, wenn man eine Skala mit

$$\frac{g_{i+1}}{g_i} \approx 1$$

realisiert. Napiers Wahl fiel auf $g_{i+1}/g_i = 0.9999999 = 1 - 10^{-7}$. Er begann mit einer Tabelle der ersten 100 Zahlen der Form

$$10^7(1 - 10^{-7})^n, \quad n = 0, 1, 2, 3, \ldots, 100.$$

Die Zahl n bezeichnete Napier als den *Logarithmus* der Zahl $10^7(1-10^{-7})^n$. Die Wahl der Zahl 10^7 war übrigens sehr weise! In Napiers Zeiten kam die Verwendung des Dezimalpunktes gerade erst auf und war nur wenigen vertraut, alle Rechnungen mussten also so ausführbar sein, dass keine Kommastellen eine Rolle spielen konnten. Die Bezugsgröße aller Berechnungen damals war der „whole sine", der „ganze Sinus". Dies war bei Berechnungen im rechtwinkligen Dreieck stets die Hypotenuse, und Napier zielte mit seinen Logarithmen schließlich auf Rechnungen im Bereich der Geometrie und Navigation (sphärische Trigonometrie). Wird der „whole sine" deutlich kleiner als 10^7 gewählt, dann laufen Berechnungen ohne Rücksicht auf Nachkommastellen schief; wählt man eine Zahl weit größer als 10^7, dann hat man nur unnötig viel Arbeit. Napier wusste also sehr genau, was er da tat!

Im Jahr 1614 erschien seine Logarithmentafel *Mirifici Logarithmorum Canonis Descriptio* (Die Beschreibung der wundervollen Tafel der Logarithmen), die zwar die Benutzung der Tafel erläuterte, aber nichts über die eigentliche Berechnung sagte. Das ist erst nach Napiers Tod klargeworden. Im Jahr 1619 erschien sein Buch *Mirifici Logarithmorum Canonis Constructio* (Die Konstruktion der wundervollen Tafel der Logarithmen), aus dem wir nun berichten.

Die Konstruktion der Napierschen Logarithmen

Die erste Zahl in der Tabelle ($n = 0$) ist klar: 10^7. Bei der zweiten muss man $10^7(1 - 10^{-7})^1 = 10^7 - 10^7 10^{-7} = 10^7 - 1$ berechnen. Bei der dritten müsste man eigentlich schon potenzieren: $10^7(1 - 10^{-7})^2$. Aber hier hatte Napier vorgesorgt: Alle Zahlen der Tabelle sind allein durch Subtraktion zu berechnen. Das sieht man so: Nehmen wir an, die Zahl $10^7(1 - 10^{-7})^k$ ist bereits berechnet. Dann ist

$$10^7(1-10^{-7})^{k+1} = \underbrace{10^7(1-10^{-7})^k}_{\text{bereits berechnet!}} \cdot (1-10^{-7})$$

$$= \underbrace{10^7(1-10^{-7})^k}_{\text{bereits berechnet!}} - \underbrace{10^7(1-10^{-7})^k}_{\text{bereits berechnet!}} \cdot 10^{-7},$$

aber die Multiplikation mit 10^{-7} ist nichts anderes als eine Kommaverschiebung um sieben Stellen nach links. Man muß also zur Berechnung einer neuen Zahl in der Tabelle nur die vorhergehende Zahl nehmen, das Komma sieben Stellen nach links schieben, und diese Zahl von der vorhergehenden abziehen. Damit ergibt sich die erste Tabelle in Napiers *Descriptio* wie in Abb. 6.3.5. Nach Napier ist also 100 der Logarithmus von 9999900,0004950. Der Napier-

n	$10^7(1-10^{-7})^n$.
0	10000000.0000000
	-1.0000000
1	9999999.0000000
	-0.9999999
2	9999998.0000001
	....
100	9999900.0004950

Abb. 6.3.5 Napiers erste Tabelle

sche Logarithmus einer Zahl x ist daher die Anzahl der Multiplikationen von 10^7 mit $1 - 10^{-7}$, bis x herauskommt. Wir schreiben dafür

$$y = \text{NapLog}\, x \quad :\Leftrightarrow \quad x = 10^7(1-10^{-7})^y. \tag{6.21}$$

Sind zwei Logarithmen $y, \tilde{y}$ gegeben:

$$x = 10^7(1-10^{-7})^y,$$
$$\tilde{x} = 10^7(1-10^{-7})^{\tilde{y}},$$

dann ist ihr Quotient

$$\frac{x}{\tilde{x}} = (1-10^{-7})^{y-\tilde{y}}.$$

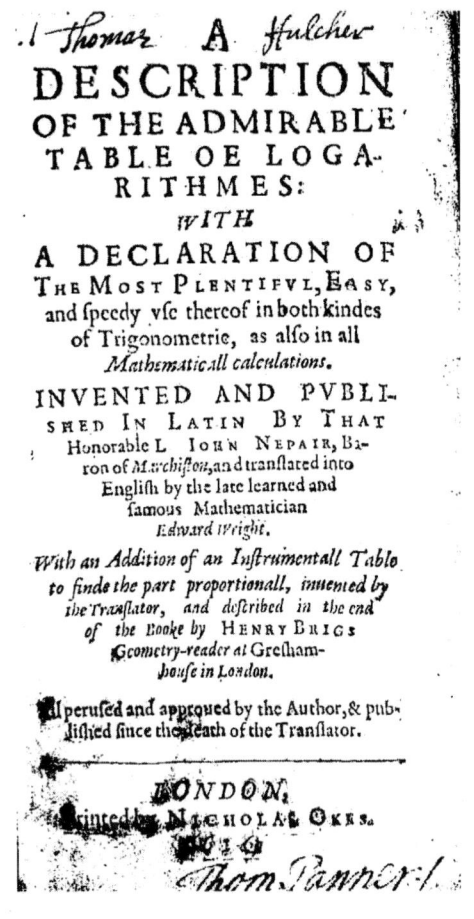

Abb. 6.3.6 Napiers *Descriptio* in einer englischen Übersetzung aus dem Jahr 1619 [Early English Books Online]

Die Differenzen der Logarithmen sind also nur abhängig vom Quotienten von x und $\tilde{x}$. Daher kommt der Name 'Logarithmus', der aus den griechischen Wörtern *logos* und *arithmos* gebildet wurde und so viel wie „Quotientenzahl" bedeutet.

Es ist interessant zu berechnen, wie viele Schritte John Napier hätte machen müssen, um die Ausgangszahl 10^7 auf die Hälfte, also $5 \cdot 10^6$, zu reduzieren. Wir fragen damit nach der Anzahl der Schritte, so dass $(1-10^{-7})^n = \frac{1}{2}$ gilt. Mit unserem modernen dekadischen Logarithmus folgt

$$n \log_{10}(1 - 10^{-7}) = -\log_{10} 2,$$

also

$$n = -\frac{\log_{10} 2}{\log_{10}(1 - 10^{-7})} \approx 6931471.$$

Eine solch riesige Anzahl von Schritten hätte das Aus für eine praktisch brauchbare Logarithmentafel bedeutet. Aber nun bemerkt Napier, dass

$$10^7(1-10^{-7})^{100} \approx 10^7(1-10^{-5})$$

gilt! Er macht jetzt also weiter mit einer zweiten Tabelle, die die Zahlen $10^7(1-10^{-5})^n, n = 0, 1, 2, \ldots, 50$ enthält. Aus den ersten beiden Tabellen wird sodann eine dritte erstellt, die aus 21 Zeilen und 69 Spalten besteht. Aus dieser dritten Tabelle interpoliert Napier nun seine Logarithmen [Edwards 1979].

Napiers kinematisches Modell

Die eben geschilderte Vorgehensweise zur Berechnung einer Logarithmentabelle hat zwei offensichtliche Nachteile. Zum einen hängt ein berechneter Logarithmus von den vorher berechneten ab. Macht Napier also einen Rechenfehler (und die hat er tatsächlich ab und zu gemacht!), dann sind alle nachfolgenden Logarithmen fehlerhaft. Der zweite Nachteil liegt im gewählten Ansatz: Es gilt

$$\text{NapLog}10^7 = 0$$

und NapLogx_1 > NapLogx_2 für $x_1 < x_2$. Das ist ja nun wirklich nicht der Logarithmus, den wir heute kennen. Aber noch etwas ist nicht schön: Wir haben eine *diskrete* Version des Napierschen Logarithmus kennengelernt, die Zahl für Zahl definiert ist. Wir brauchen aber eine *Funktionsdefinition*, um vernünftig arbeiten zu können. Diese Interpretation als *kontinuierliche* Funktion hat aber schon Napier selbst gegeben, natürlich ohne über den Begriff der *Funktion* verfügt zu haben.

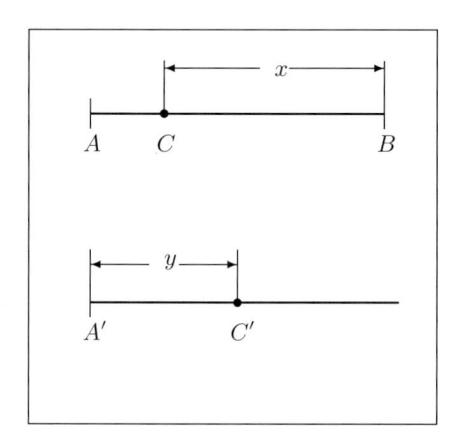

Abb. 6.3.7 Figur zu Napiers kinematischem Modell

John Napier bediente sich bei seiner Idee der Logarithmen eines kinematischen Modells. Dazu betrachtete er eine Strecke AB, auf der ein Punkt C zur Zeit $t = 0$ bei A startet. Seine Geschwindigkeit ist stets gleich dem Abstand CB, d.h. bei $t = 0$ ist die Geschwindigkeit gerade $v_C(0) = AB$ und dann wird der Punkt beständig langsamer, $v_C(t) = CB = x$. Zur gleichen Zeit ($t = 0$) startet ein Punkt C' auf einer nach rechts unbeschränkten Strecke am Punkt A'. Seine Geschwindigkeit ist konstant $v_{C'}(t) = AB$. Wählt man den Abstand AB als $AB = 10^7$, dann kann man zeigen, dass sich aus diesem kinematischen Modell genau der vorher betrachtete Napiersche Logarithmus ergibt, d.h. es gilt $y = \text{NapLog}\,x$ [Phillips 2000, S. 60]. Napier diente das kinematische Modell als *Definition* seines Logarithmus.

Das kinematische Modell Napiers erlaubt uns nun eine moderne Analyse des Napierschen Logarithmus. Die Geschwindigkeit des Punktes C ist offenbar die Änderung des Weges bezüglich der Zeit. Der Weg ist offenbar $AC = AB - CB = 10^7 - x$, und die Geschwindigkeit ist gleich dem Abstand $CB = x$, also

$$\frac{d}{dt}(10^7 - x) = x.$$

Bei y ist es noch einfacher, denn die Geschwindigkeit ist konstant. Hier gilt

$$\frac{dy}{dt} = AB = 10^7.$$

Aus der ersten Gleichung folgt $\frac{dx}{dt} = -x$ und es ergibt sich als Lösung $x(t) = K e^{-t}$, was man, wenn man es nicht sofort erkennt, durch Ableiten verifizieren kann. Wegen $x(0) = AB = 10^7$ folgt $K = 10^7$, also

$$x(t) = 10^7 e^{-t}. \tag{6.22}$$

Die Gleichung für y ist noch einfacher zu lösen, denn $y(t) = 10^7 t + k$, wobei wegen $y(0) = 0$ die Konstante k zu $k = 0$ folgt, also

$$y(t) = 10^7 t. \tag{6.23}$$

Wendet man den natürlichen Logarithmus $\ln = \log_e$ auf (6.22) an, dann folgt

$$\ln x = \ln 10^7 - t \underbrace{\ln e}_{=1} = \ln 10^7 - t,$$

also

$$t = \ln 10^7 - \ln x = \ln\left(\frac{10^7}{x}\right).$$

Dies eingesetzt in (6.23) bringt uns schließlich

$$y = \text{NapLog}\,x = 10^7 \ln\left(\frac{10^7}{x}\right). \tag{6.24}$$

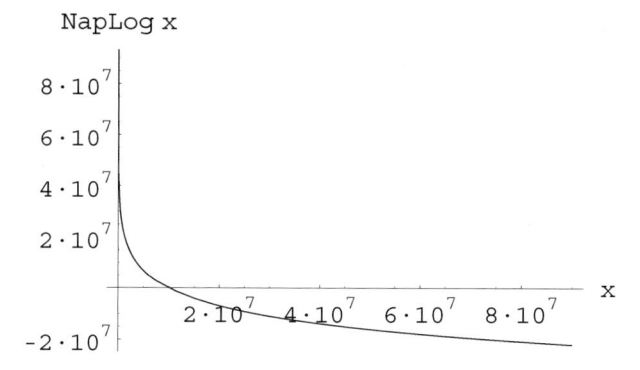

Abb. 6.3.8 Die Funktion NapLog $x = 10^7(\ln 10^7 - \ln x)$

Die Funktionsdarstellung (6.24) erlaubt es, mit wenigen Schritten die Funktionalgleichung des Napierschen Logarithmus herzuleiten. Man erhält

$$\text{NapLog}\,(x_1 \cdot x_2) = \text{NapLog}\,x_1 + \text{NapLog}\,x_2 - \text{NapLog}\,1.$$

Zu allem Überfluß gilt also noch nicht einmal eine „saubere" Funktionalgleichung, sondern es muss immer noch der Wert NapLog 1 subtrahiert werden.

Nun lässt sich auch leicht

$$\text{NapLog}\,x^n = n \cdot \text{NapLog}\,x + (1-n) \cdot \text{NapLog}\,1$$

beweisen, was dem Leser zur Übung empfohlen sei.

Aus (6.24) lässt sich nun auch ermitteln, zu welcher Basis der Napiersche Logarithmus gehört. In der Umgangssprache hat man oft den natürlichen Logarithmus als „Neperschen" Logarithmus bezeichnet. Diese Bezeichnungsweise ist aber falsch, denn die Basis ist genau diejenige Zahl a, für die $y = \text{NapLog}\,(a) = 1$ ist. Aus (6.24) folgt

$$a = 10^7 \cdot \frac{1}{e^{10^{-7}}} = 10^7 \cdot \left(\frac{1}{e}\right)^{0.0000001}.$$

Die frühe Bedeutung der Napierschen Logarithmen

Zur Bedeutung der Logarithmen direkt nach der Veröffentlichung von Napiers erstem Buch 1614 sei auf Johannes Kepler (1571–1630) verwiesen, der zu den ersten Anwendern der Napierschen Logarithmen gehörte. Ohne dieses Rechenhilfsmittel wären seine astronomischen Berechnungen nur mit einem enorm höheren Zeitaufwand – wenn überhaupt! – möglich gewesen [Horsburgh 1982].

Wollte man vor Napier das Produkt zweier Zahlen auf die Addition zurückführen, dann verwendete man das Verfahren der „Prostaphärese" [Toeplitz 1949]. Die Methode basiert auf den Additionstheoremen

$$\begin{aligned} &\cos(x+y) = \cos x \cdot \cos y - \sin x \cdot \sin y \\ +\;&\cos(x-y) = \cos x \cdot \cos y + \sin x \cdot \sin y \\ \hline &\cos(x+y) + \cos(x-y) = 2 \cdot \cos x \cdot \cos y \end{aligned}$$

also
$$\cos x \cdot \cos y = \frac{1}{2}\cos(x+y) + \frac{1}{2}\cos(x-y).$$

Wollte man zwei Zahlen A und B miteinander multiplizieren, suchte man in der Sinus-Tabelle (die ja auch eine Cosinus-Tabelle ist) diejenigen Winkel x und y, für die $\cos x = A$ und $\cos y = B$ ist. Nun suchte man in der Tafel den Cosinus von $x+y$ und $x-y$ und berechnete nach obiger Formel das Produkt $A \cdot B$! Die Einschätzung dieser Methode überlassen wir Otto Toeplitz [Toeplitz 1949]:

> *Für die Zwecke der Astronomie und Nautik, die an sich viel Sinus und Kosinus zu multiplizieren haben, eine gar nicht üble Methode; und doch umständlich.*

6.3.4 Henry Briggs und seine Logarithmen

Der aus Yorkshire stammende Henry Briggs (1561–1631) studierte in Cambridge und verließ die Universität im Jahr 1596 in Richtung London, wo er der erste Professor für Geometrie am Gresham College wurde. Wir haben bereits oben auf den damals miserablen Zustand der englischen Universitäten hingewiesen und auf die Rolle, die das Gresham College in der Ausbildung junger, wissbegieriger Männer und Seefahrer spielte. In kürzester Zeit wurde Briggs das Zentrum eines Kreises von Kopernikanern, zu dem der Arzt und Naturphilosoph[4] William Gilbert, der „angewandte" Mathematiker und Navigator Edward Wright, der Instrumentenmacher William Barlow und der große Popularisierer von wissenschaftlichen Erkenntnissen seiner Zeit, Thomas Blundeville, gehörten [Hill 1997, S. 36]. Bevor Briggs 1614 aus Napiers erstem Buch über die Logarithmen erfuhr, leistete er wichtige Arbeiten für die Navigation; unter anderem gehen zahlreiche astronomische Tafeln in Edward Wrights *Certain Errors in Navigation*, das in zahlreichen Auflagen ab 1599

---

[4] Die in England ausgeprägte „*Natural Philosophy*" meint die Naturwissenschaften in einem umfassenden und „harten" Sinn. Diese Bezeichnung hat nichts mit einer als „Naturphilosophie" bekannt gewordenen Strömung der Philosophie im Deutschland der Romantik zu tun, zu der zahlreiche Schwärmer und Verächter der Naturwissenschaften gehörten.

verbreitet ist, auf sein Konto. Auch zur Breitengradbestimmung mit Hilfe eines neuen Instruments, das erstmals in Gilberts *De Magnete* 1600 beschrieben wurde, hat Briggs maßgeblich beigetragen [Sonar 2001, Kapitel 2].

Im historischen Kontext ist seine religiöse Einstellung kennzeichnend für die gesamte englische Periode. Er war ein strenger Presbyterianer, der schon zu den Zeiten seines Wirkens in Cambridge aktiv die Puritaner unterstützte [Hill 1997, S. 52]. Neben den im Land lebenden Katholiken und den Angehörigen der anglikanischen Amtskirche waren neue religiöse Strömungen im reformierten Lager entstanden. Die Presbyterianer lehnten die bischöfliche Verfassung der anglikanischen Kirche ab und standen im Widerstand zu den sogenannten Indepedenten (Kongregationalisten). Der Begriff „Puritaner" entstand Mitte des 16. Jahrhunderts als Spottbezeichnung für streng calvinistisch gesinnte Protestanten und die Presbyterianer können als eine Strömung innerhalb des Puritanismus angesehen werden. Strenge Puritaner lehnen jegliches Bildwerk ab; so ist es nicht verwunderlich, das es keinerlei Bildnisse von Briggs gibt. Aus dem Konflikt eines mit dem Katholizismus liebäugelnden Königtums mit den Puritanern wird sich in der Mitte des 17. Jahrhunderts der englische Bürgerkrieg entwickeln. Aus der Freundschaft von Briggs mit dem Puritaner James Usher, dem späteren Erzbischof von Armagh, Irland, entsteht ein Briefwechsel, der neben religiösen Themen auch Aufschluss über Briggs' wisenschaftliche Arbeit gibt. Wir erfahren unter anderem von seinem Studium der Keplerschen Kosmologie und seiner ersten Begegnung mit der Napierschen *Descriptio* [Sonar 2001, S. 28–29].

Briggs war auch involviert in die Geschicke der Seefahrt. Er war Mitglied der „Virginia Company", sehr interessiert an der Auffindung der Nord-West-Passage, und von ihm stammt sogar eine Karte Nordamerikas – die erste, auf der Kalifornien fälschlicherweise als Insel zu sehen ist.

Briggs' Leben ändert sich, als er 1614 Napiers *Descriptio* in die Hand bekommt und sofort sowohl den Wert, als auch die Probleme der Napierschen Logarithmen erkennt. Noch im Sommer 1615 unternimmt er die strapaziöse Reise nach Merchiston Castle, wo er von Napier warm aufgenommen wird [Gibson 1914]. Briggs sieht die Probleme mit dem Napierschen Logarithmus und schlägt vor, einen Logarithmus so zu konstruieren, dass $\log 1 = 0$ gilt. Napier soll sofort zugestimmt haben (vermutlich hatte er die Unzulänglichkeiten seines Logarithmus selbst bemerkt). Briggs' Idee ist gestützt durch die konsequente Verwendung der Basis 10:

$$10^0 = 1 \quad \leftrightarrow \quad \log_{10} 1 = 0$$
$$10^1 = 10 \quad \leftrightarrow \quad \log_{10} 10 = 1$$
$$10^2 = 100 \quad \leftrightarrow \quad \log_{10} 100 = 2$$

und führt so auf den dekadischen Logarithmus, den wir ab jetzt mit log an Stelle von $\log_{10}$ bezeichnen wollen.

Es lohnt sich, die nachfolgenden Ausführungen über die Konstruktion der Briggs'schen Logarithmen durchzugehen. Zum einen erlebt man hier nur mit Hilfe ganz elementarer Mathematik die Geburt eines Grundpfeilers der frühen Analysis, die Differenzenrechnung, zum anderen ist die Literatur hierzu etwas dünn und im Fall von [Goldstine 1977] außerordentlich schwierig zu verstehen. Eine positive Ausnahme ist lediglich [Phillips 2000, S. 65–71], an der wir uns im Folgenden orientieren wollen.

Die Konstruktionsidee der Briggs'schen Logarithmen

In Erweiterung der obigen Tabelle kann man schreiben

$$10^{\frac{1}{2}} = \sqrt{10} \quad \leftrightarrow \quad \log\sqrt{10} = \frac{1}{2}$$

$$10^{\frac{1}{4}} = \sqrt{\sqrt{10}} \quad \leftrightarrow \quad \log\sqrt{\sqrt{10}} = \frac{1}{4}$$

$$10^{\frac{1}{8}} = \sqrt{\sqrt{\sqrt{10}}} \quad \leftrightarrow \quad \log\sqrt{\sqrt{\sqrt{10}}} = \frac{1}{8}$$

$$10^{\frac{1}{16}} = \sqrt{\sqrt{\sqrt{\sqrt{10}}}} \quad \leftrightarrow \quad \log\sqrt{\sqrt{\sqrt{\sqrt{10}}}} = \frac{1}{16}$$

und so weiter. Das bringt Briggs auf die Idee, eine Logarithmentabelle auf der Basis fortgesetzten Wurzelziehens zu konstruieren.

Zieht man n mal die Wurzel aus der Zahl 10, $\sqrt{\ldots\sqrt{10}}$, dann ist das gleichbedeutend mit $10^{\frac{1}{2^n}}$. Für große n ist $10^{\frac{1}{2^n}}$ nahe bei 1, denn:

$$\lim_{n\to\infty} 10^{\frac{1}{2^n}} = 1.$$

Bei Experimenten (Briggs muss viele Tage und Nächte geschrieben und überlegt haben!) stellt er fest, daß der Logarithmus von $1+x$ dividiert durch x für „kleine" x konstant ist. Was heißt das? Er hat vermutlich eine Liste wie Tabelle 6.1 aufgestellt.

Wir wollen erst später diskutieren, wie Briggs die vielen Wurzeln gezogen hat (ohne Computer!), aber er muss noch viel weiter gerechnet haben (und mit viel mehr Stellen!!), um zu erkennen, dass

$$\lim_{x\to 0} \frac{\log(1+x)}{x} = K \qquad (6.25)$$

mit einer Konstanten K gilt, für die Briggs

$$K \approx 0.4342944819032518 \qquad (6.26)$$

berechnet.

$1+x$	$\log(1+x)$	$\frac{\log(1+x)}{x}$
10	1	0.111
$\sqrt{10} \approx 3.162278$	$\frac{1}{2}$	0.231
$\sqrt{\sqrt{10}} \approx 1.778279$	$\frac{1}{4}$	0.321
$\sqrt{\sqrt{\sqrt{10}}} \approx 1.333521$	$\frac{1}{8}$	0.375
$\sqrt{\sqrt{\sqrt{\sqrt{10}}}} \approx 1.154782$	$\frac{1}{16}$	0.404
$\sqrt{\sqrt{\sqrt{\sqrt{\sqrt{10}}}}} \approx 1.074608$	$\frac{1}{32}$	0.419
$\sqrt{\sqrt{\sqrt{\sqrt{\sqrt{\sqrt{10}}}}}} \approx 1.036633$	$\frac{1}{64}$	0.427
$\sqrt{\sqrt{\sqrt{\sqrt{\sqrt{\sqrt{\sqrt{10}}}}}}} \approx 1.018152$	$\frac{1}{128}$	0.430
$\sqrt{\sqrt{\sqrt{\sqrt{\sqrt{\sqrt{\sqrt{\sqrt{10}}}}}}}} \approx 1.009035$	$\frac{1}{256}$	0.432
$\sqrt{\cdots\sqrt{10}} \approx 1.004507$	$\frac{1}{512}$	0.433
$\sqrt{\cdots\sqrt{10}} \approx 1.002251$	$\frac{1}{1024}$	0.434

Tabelle 6.1 Fortgesetztes Wurzelziehen aus der Zahl 10

Wir wissen heute, dass man Logarithmen zu verschiedenen Basen durch

$$\log_b x = \log_b a \cdot \log_a x$$

umrechnen kann. Daher kann man $\log(1+x) = \log e \cdot \ln(1+x)$ schreiben (log heißt bei uns immer $\log_{10}$!). Außerdem kennt man heute eine Reihendarstellung der Funktion $\ln(1+x)$ für $|x| < 1$ nach Mercator, nämlich

$$\ln(1+x) = x - \frac{x^2}{2} + \frac{x^3}{3} - \frac{x^4}{4} + \frac{x^5}{5} - \frac{x^6}{6} + \ldots, \qquad (6.27)$$

was sich leicht mit Hilfe von Taylor-Reihen nachrechnen lässt[5]. Daher ist $\frac{\ln(1+x)}{x} = 1 - \frac{x}{2} + \frac{x^2}{3} - \ldots$ und damit folgt $\lim_{n\to\infty} \frac{\ln(1+x)}{x} = 1$. Setzen wir

---

[5] In Abschnitt 6.3.8 wird beschrieben, welche Rolle Mercator in der Weiterentwicklung und im Verständnis der Logarithmen gespielt hat.

unsere Umrechnung ein, dann folgt $\lim_{x\to 0} \frac{\log(1+x)}{\log e}/x = 1$ und, weil $\log e$ ja gar nicht von n abhängt,

$$\lim_{x\to 0} \frac{\log(1+x)}{x} = \log e.$$

Also ist die Briggs'sche Konstante gerade $K = \log e$, aber das konnte Briggs noch nicht wissen!

Hatte er aber erst einmal den Wert von K auf 16 Stellen genau, dann konnte er dank (6.25) den Logarithmus von $1 + x$ für kleine x berechnen durch

$$\log(1+x) \approx Kx.$$

Damit können wir nun die Konstruktion der Briggs'schen Logarithmentafel beschreiben: Briggs berechnet nur Logarithmen von Primzahlen, da man jede natürliche Zahl über die Primzahlzerlegung darstellen kann, z. B. ist $60 = 2^2 \cdot 3 \cdot 5$ und damit ist $\log 60 = 2\log 2 + \log 3 + \log 5$. Für eine Primzahl p zieht Briggs nun wiederholt die Wurzel, und zwar so lange, bis er die Wurzel darstellen kann als

$$p^{\frac{1}{2^n}} = 1 + x$$

mit einem $x \approx 10^{-16}$. Dann folgt

$$\log\left(p^{\frac{1}{2^n}}\right) = \frac{1}{2^n}\log p = \log(1+x) \approx Kx,$$

und damit ergibt sich der Logarithmus von p zu

$$\log p \approx 2^n Kx.$$

Man kann nun nachrechnen, dass Briggs die Quadratwurzel etwa fünfzig (!) mal gezogen haben muß, um die obige Konstruktion zu ermöglichen! Wie hat er dieses Wurzelziehen durchgeführt? Ganz sicher *nicht* mit einem iterativen Verfahren wie etwa dem Heron-Verfahren [Alten et al. 2005, Abschnitt 1.3.6], denn dann wäre er nie fertig geworden! Bei der Beantwortung der Frage nach dem Wurzelziehen erweist sich Henry Briggs als wahrer mathematischer Genius und bedient sich eines Differenzenkalküls.

Das wiederholte Wurzelziehen

Henry Briggs gilt als einer der Erfinder der Differenzenrechnung [Goldstine 1977, S. 13], der andere ist sein Landsmann Thomas Harriot, mit dem wir uns noch beschäftigen müssen. Beide benutzten eine sehr ähnliche Interpolationsvorschrift, aber ob sie Kontakt hatten und Briggs eine von Harriot stammende Methode übernahm, kann heute nicht mehr geklärt werden [Beery/Stedall 2009].

Der Flaschenhals seines Algorithmus' ist ganz sicher das wiederholte Wurzelziehen, und Briggs muss lange und intensiv darüber nachgedacht haben, wie er diesen Schritt ökonomisch ausführen konnte. Bei seinen Experimenten hat er irgendwann mühsam per Hand (wahrscheinlich mit einem direkten händischen Verfahren) die ersten sechs oder sieben Wurzeln gezogen, etwa so wie in Tabelle 6.2 für $p=3$, aber er hat 30 Dezimalstellen berechnet: Briggs muss gewusst haben, dass er auf diese Weise in seinem Leben keine auch nur annähernd ausreichende Logarithmentafel zuwege gebracht hätte, denn immerhin war er weit jenseits der 50, als er erstmals mit den Logarithmen in Kontakt kam! Nun zeigt er aber eine Meisterschaft, die vielen brillianten Mathematikern eigen ist: Er sieht in der Tabelle 6.2 ein Muster! Schenken wir der Stelle *vor* dem Komma keine Bedeutung, denn bei Logarithmen kommt es ja gar nicht auf Stellen an. Es ist ja $\log_{10} 5.1 = \log_{10} \frac{51}{10} = \log_{10} 51 - \log_{10} 10 = \log_{10} 51 - 1$ und beim Rechenschieber macht sich diese Eigenschaft schließlich dadurch bemerkbar, daß man sich über die Kommastelle seines Ergebnisses zusätzliche Gedanken machen muss.

Ohne Vorkommastellen erhalten wir aus Tabelle 6.2 die Tabelle 6.3. In der

$$3^1 = 3.000000000$$
$$\sqrt{3} = 3^{1/2} \approx 1.732050808$$
$$\sqrt{\sqrt{3}} = 3^{1/4} \approx 1.316074013$$
$$\sqrt{\sqrt{\sqrt{3}}} = 3^{1/8} \approx 1.147202690$$
$$\sqrt{\sqrt{\sqrt{\sqrt{3}}}} = 3^{1/16} \approx 1.071075483$$
$$\sqrt{\sqrt{\sqrt{\sqrt{\sqrt{3}}}}} = 3^{1/32} \approx 1.034927767$$
$$3^{1/64} \approx 1.017313996$$
$$3^{1/128} \approx 1.008619847$$

Tabelle 6.2 Die ersten sieben Wurzeln aus 3

n	Wurzeln	$Z(n)$
0	3^1	0000000000
1	$3^{1/2}$	732050808
2	$3^{1/4}$	316074013
3	$3^{1/8}$	147202690
4	$3^{1/16}$	71075483
5	$3^{1/32}$	34927767
6	$3^{1/64}$	17313996
7	$3^{1/128}$	8619847

Tabelle 6.3 Die ersten sieben Wurzeln aus 3 ohne Vorkommastelle

zweiten Spalte bemerkt Briggs, dass jeder Eintrag ungefähr die Hälfte des vorhergehenden Eintrages ist. Das ist noch schlecht sichtbar im zweiten Eintrag, denn (0.)732050808 ist deutlich mehr als die Hälfte der vorhergehenden Ziffernfolge (1.)000000000, aber schon etwas tiefer ist die Übereinstimmung weit besser! Um zu notieren, wie gut seine Idee der Halbierung wirklich ist, bildet Briggs die *erste Briggs'sche Differenz*

$$B_1^n := \frac{1}{2}Z(n) - Z(n+1).$$

Damit ergibt sich

$$B_1^0 = \frac{1}{2}Z(0) - Z(1) = 0000000000 - 732050808 = 267949192$$

$$B_1^1 = \frac{1}{2}Z(1) - Z(2) = \frac{1}{2}732050808 - 316074013 = 49951391$$

$$\vdots \ \vdots \ \vdots \ ,$$

was wir in Tabelle 6.4 notieren wollen. Ein Blick in die Spalte der ersten Briggs'schen Differenzen in Tabelle 6.4 zeigt Briggs, dass hier jeder Eintrag etwa ein Viertel des vorhergehenden ist! Um die Güte dieser Idee zu dokumentieren, bildet er die *zweite Briggs'sche Differenz*

$$B_2^n := \frac{1}{4}B_1^n - B_1^{n+1},$$

n	$Z(n)$	B_1
0	0000000000	
		267949192
1	732050808	
		49951391
2	316074013	
		10834317
3	147202690	
		2525862
4	71075483	
		609975
5	34927767	
		149888
6	17313996	
		37151
7	8619847	

Tabelle 6.4 Die ersten Briggs'schen Differenzen

n	$Z(n)$	B_1	B_2
0	0000000000		
		267949192	
1	732050808		17035907
		49951391	
2	316074013		1653531
		10834317	
3	147202690		182717
		2525862	
4	71075483		21491
		609975	
5	34927767		2606
		149888	
6	17313996		321
		37151	
7	8619847		

Tabelle 6.5 Die ersten und zweiten Briggs'schen Differenzen

n	$Z(n)$	B_1	B_2	B_3
0	0000000000			
		267949192		
1	732050808		17035907	
		49951391		475957
2	316074013		1653531	
		10834317		23974
3	147202690		182717	
		2525862		1349
4	71075483		21491	
		609975		80
5	34927767		2606	
		149888		5
6	17313996		321	
		37151		
7	8619847			

Tabelle 6.6 Die ersten, zweiten und dritten Briggs'schen Differenzen

die wir in Tabelle 6.5 notieren. Nun ist klar, wie es weitergeht! Die zweiten Briggs'schen Differenzen achteln sich offenbar und geben Anlass zur Definition der *dritten Briggs'schen Differenz*

$$B_3^n := \frac{1}{8}B_2^n - B_2^{n+1},$$

wie in Tabelle 6.6.

6.3 Analysis vor Newton in England 309

n	$Z(n)$	B_1	B_2	B_3	B_4
0	0000000000				
		267949192			
1	732050808		17035907		
		49951391		475957	
2	316074013		1653531		5773
		10834317		23974	
3	147202690		182717		149
		2525862		1349	
4	71075483		21491		4
		609975		80	
5	34927767		2606		$\boxed{0}$
		149888		5	
6	17313996		321		
		37151			
7	8619847				

Tabelle 6.7 Die ersten, zweiten, dritten und vierten Briggs'schen Differenzen

Eine weitere Differenz wollen wir noch betrachten, die *vierte Briggs'sche Differenz*

$$B_4^n := \frac{1}{16}B_3^n - B_3^{n+1}.$$

Das ergibt Tabelle 6.7 und damit ist Henry Briggs am Ziel! Die Geburtsstunde der Differenzenrechnung wird markiert durch die in der letzten Spalte mit einem Kästchen umrahmte Null! Alle weiteren Einträge in dieser Spalte werden Null sein, denn die Zahlen nehmen offenbar von oben nach unten ab. Also wird auch $B_4^4 = B_4^5 = 0$ sein. Um die Bezeichnungen noch einmal ganz klarzustellen, sind die Differenzen in Tabelle 6.8 explizit bezeichnet worden. Im Fettdruck sehen wir dort Differenzen, die früher nicht berechnet werden konnten, denn dazu hätten wir noch weitere Wurzeln ziehen müssen. Nun sind wir aber in der Lage, die Logarithmentabelle von hinten nach vorne aufzufüllen, ohne jemals wieder eine Wurzel explizit ziehen zu müssen! In der Spalte der dritten Differenzen ist der Eintrag B_3^5 unbekannt, aber wir wissen ja, dass

$$B_4^4 = \frac{1}{2^4}B_3^4 - B_3^5$$

gelten muss. Daraus können wir aber B_3^5 berechnen, nämlich durch

$$B_3^5 = \frac{1}{2^4}B_3^4 - B_4^4 = \frac{1}{16}5 - 0 = 0,$$

denn 5/16 unterschreitet unsere darstellbare Genauigkeit (wir unterschreiten die Ziffer 1). Schauen wir noch eine Spalte nach vorne. Die Differenz B_2^6 ist noch unbekannt, wir wissen aber, dass

n	$Z(n)$	B_1	B_2	B_3	B_4
0	0000000000				
		$267949192 = B_1^0$			
1	732050808		$17035907 = B_2^0$		
		$49951391 = B_1^1$		$475957 = B_3^0$	
2	316074013		$1653531 = B_2^1$		$5773 = B_4^0$
		$10834317 = B_1^2$		$23974 = B_3^1$	
3	147202690		$182717 = B_2^2$		$149 = B_4^1$
		$2525862 = B_1^3$		$1349 = B_3^2$	
4	71075483		$21491 = B_2^3$		$4 = B_4^2$
		$609975 = B_1^4$		$80 = B_3^3$	
5	34927767		$2606 = B_2^4$		$\boxed{0 = B_4^3}$
		$149888 = B_1^5$		$5 = B_3^4$	
6	17313996		$321 = B_2^5$		$\mathbf{0 = B_4^4}$
		$37151 = B_1^6$		$\mathbf{B_3^5}$	
7	8619847		$\mathbf{B_2^6}$		$\mathbf{0 = B_4^5}$
		$\mathbf{B_1^7}$		$\mathbf{B_3^6}$	
8	$\mathbf{Z(8)}$		$\mathbf{B_2^7}$		
		$\mathbf{B_1^8}$			
9	$\mathbf{Z(9)}$				

Tabelle 6.8 Fortgesetzte Briggs'sche Differenzen

$$B_3^5 = \frac{1}{2^3}B_2^5 - B_2^6$$

gelten muss. Also lässt sich B_2^6 berechnen aus

$$B_2^6 = \frac{1}{2^3}B_2^5 - B_3^5 = \frac{1}{8}321 - 0 = 40,$$

wobei die 'Nachkommastellen' $321/8 = 40.125$ aus unserer Genauigkeit herausfallen. Nun ist aber auch B_1^7 berechenbar, denn aus

$$B_2^6 = \frac{1}{2^2}B_1^6 - B_1^7$$

folgt

$$B_1^7 = \frac{1}{2^2}B_1^6 - B_2^6 = \frac{1}{4}37151 - 40 = 9248,$$

denn $\frac{1}{4}37151 - 40 = 9247.75$, und das ist aufgerundet gerade 9248. Damit sind wir nun in der Spalte für Z angekommen und können $Z(8)$ aus

$$B_1^7 = \frac{1}{2}Z(7) - Z(8)$$

berechnen zu

$$Z(8) = \frac{1}{2}Z(7) - B_1^7 = \frac{1}{2}8619847 - 9248 = 4300676,$$

denn $\frac{1}{2}8619847 - 9248 = 4300675.5$.

6.3 Analysis vor Newton in England 311

n	$Z(n)$	B_1	B_2	B_3	B_4
0	0000000000				
		$267949192 = B_1^0$			
1	732050808		$17035907 = B_2^0$		
		$49951391 = B_1^1$		$475957 = B_3^0$	
2	316074013		$1653531 = B_2^1$		$5773 = B_4^0$
		$10834317 = B_1^2$		$23974 = B_3^1$	
3	147202690		$182717 = B_2^2$		$149 = B_4^1$
		$2525862 = B_1^3$		$1349 = B_3^2$	
4	71075483		$21491 = B_2^3$		$4 = B_4^2$
		$609975 = B_1^4$		$80 = B_3^3$	
5	34927767		$2606 = B_2^4$		$0 = B_4^3$
		$149888 = B_1^5$		$5 = B_3^4$	
6	17313996		$321 = B_2^5$		$0 = B_4^4$
		$37151 = B_1^6$		$0 = B_3^5$	
7	8619847		$40 = B_2^6$		$\mathbf{0 = B_4^5}$
		$9241 = B_1^7$		$\mathbf{B_3^6}$	
8	*4300676*		$\mathbf{B_2^7}$		
		$\mathbf{B_1^8}$			
9	$\mathbf{Z(9)}$				

Tabelle 6.9 Zur Rückwärtsberechnung der Wurzeln aus den Briggs'schen Differenzen

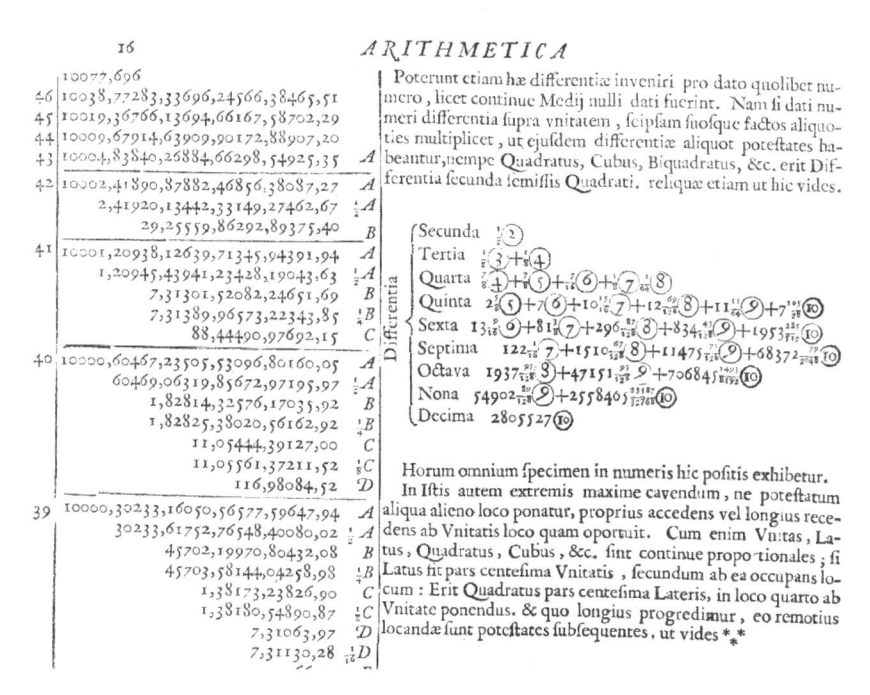

Abb. 6.3.9 Die Berechnung der Briggs'schen Differenzen in der *Arithmetica Logarithmica*

Damit haben wir die Tabelle 6.9 erhalten. Die kursiv gedruckten Einträge sind genau diejenigen, die wir aus $B_4^4 = 0$ zurückgerechnet haben.

Nun nimmt man sich den Eintrag $B_4^5 = 0$ vor und rechnet von dort zurück bis man $Z(9)$ bestimmt hat, und so weiter und so weiter. Für jede Primzahl musste Henry Briggs also nur wenige Wurzeln per Hand ziehen, alle weiteren hat er durch die von ihm entdeckte geniale Technik der Differenzenrechnung bestimmen können.

Die frühe Entdeckung des Binomialtheorems

Briggs hat stets Quadratwurzeln aus $(1 + x)$ ziehen müssen. In unserer Notation berechnen wir schrittweise Wurzeln durch $(1 + Z(j)) = \sqrt{1 + Z(j-1)}$. Man kann nun recht einfach zeigen, dass Briggs damit als Nebenresultat einen Spezialfall des Binomialtheorems entdeckt hat [Phillips 2000, S. 71], nämlich

$$(1+x)^{\frac{1}{2}} = 1 + \frac{1}{2}x - \frac{1}{8}x^2 + \frac{1}{16}x^3 - \frac{5}{128}x^4 + \dots.$$

Wir schreiben heute das allgemeine Binomialtheorem Newton zu, der natürlich über die Briggs'sche Tafel [Briggs 1976] in seiner Bibliothek verfügte.

6.3.5 England im 17. Jahrhundert

Königin Elisabeth I. stirbt am 24. März 1603 im Alter von 69 Jahren. Im Jahr 1603 beginnt die bis 1714 andauernde Regierungszeit der Stuarts in England, eine Zeit des Umbruchs – politisch wie auch in mathematischer Hinsicht. Jakob I. (Regierungszeit 1603–1625) ist der Sohn Maria Stuarts, der 1587 unter Elisabeth I. hingerichteten Königin Schottlands. Jakob wurde protestantisch erzogen. Nachdem 1583 ein Plan, seine Mutter aus der englischen Gefangenschaft mit französischer Hilfe zu befreien, durch das Eingreifen der protestantischen Lords vereitelt wird, versucht Jakob durch Verhandlungen mit Elisabeth, seinen Anspruch auf den englischen Thron zu sichern. Der 1586 geschlossene Vertrag von Berwick verbindet England und Schottland in einer strategischen Allianz und ist letztlich die Grundlage für eine reibungslose Thronfolge von Jakob [Haan/Niedhart 2002, S. 149 f.]. Er strebt absolute Herrschaft an; seine Außenpolitik ist aber nur als schwach zu bezeichnen. Unter seiner Personalunion England-Schottland wächst der Einfluss des niederen Adels im Parlament stark an. Gleichzeitig erlebt das Land eine religiöse Strömung hin zum Puritanimsus, der durch seine Forderung, die christliche Lehre und den Gottesdienst von jedem katholischen Einfluss zu reinigen, in starken Gegensatz zur anglikanischen Kirche gerät. Viele Puritaner wandern in die neuen englischen Siedlungen Nordamerikas aus. Schon im Jahr 1640 zählt man in Neuengland etwa 25000 Siedler. In diese Zeit

Abb. 6.3.10 Englands Herrscher nach dem Tod von Elisabeth I.: Jakob I., Karl I., Cromwell, Karl II. (Gemälde von P. van Somer, Daniel Mytens, Robert Walker und Thomas Mathew im Prado, Madrid und der National Portrait Gallery, London)

religiöser Spannungen fällt die Regierung von Jakobs Nachfolger Karl I. (Regierungszeit 1625–1649), der neben absolutistischen Neigungen auch stark dem Katholizismus zugeneigt ist. Während der Zeit des dritten Parlaments von 1627 bis 1629 kommt es zu einer Polarisierung der politischen Nation in *Court* und *Country*, also vom Hof und dem Rest des Landes [Haan/Niedhart 2002, S. 163]. Bedingt durch den Krieg mit Spanien und Frankreich fordert der König ständig neue Steuern, was die Abgeordneten mit der „Petition of rights" 1628 beantworten, in dem sie die parlamentarischen Rechte auf Basis der Magna Charta einfordern. Der König hatte schon von Beginn des Krieges an nach Ansicht der Abgeordneten gegen das bestehende Recht verstoßen. Obwohl der König die Petition unterzeichnete, sah er sich nicht an ihre Inhalte gebunden, was weiteren Unmut auslöste und 1629 zur „Protestation of the Commons" führte, die nun auch der Öffentlichkeit bekannt gemacht wurde. Jakob löste daraufhin kurzerhand das Parlament auf und regierte elf Jahre lang absolutistisch ohne Parlament. Erst 1640 rief der König wieder ein Parlament ein, um Geld für die gewaltsame Einführung des Gebetsbuches und der Bischofskirche in Schottland zu verlangen. Überstürzt löste er es wieder auf. Aber als im Sommer die Schotten in Nordengland einfielen und ein Frieden nur gegen tägliche Zahlungen möglich war, wurde erneut ein Parlament einberufen, in dem aber nun radikale Reformer die Mehrheit hatten. Karl versuchte daraufhin, die gemäßigten Parlamentsmitglieder in die Regierung einzubinden und die radikalsten fünf Parlamentarier zu verhaften, was ihm misslang. Er musste aus Angst um Leib und Leben am 10. Januar 1642 London verlassen. Diese Situation führte schließlich zum Bürgerkrieg.

Für den Philosophen Thomas Hobbes (1588–1679) war die Zeit zwischen 1640 und 1660 der „Höhepunkt der Zeit". Die Kämpfe um Macht in Staat und Gesellschaft lieferten ihm „einen Überblick über alle Arten von Ungerechtigkeiten und Torheiten, die die Welt sich je leisten konnte" [Haan/Niedhart 2002, S. 167]. Der berühmte Hobbes'sche Ausspruch, dass der Mensch des Menschen Wolf sei, ist nur vor den Ausschreitungen des Bürgerkrieges zu verstehen. Sein philosophisches Hauptwerk *Leviathan* erschien 1651 in englischer Sprache und erklärt den Menschen als armseligen Krieger gegen jeden anderen Menschen, da es im „Naturzustand" nur um das Überleben und den eigenen Vorteil gehe. Daher sei es die Aufgabe des Staates, für Sicherheit und Schutz zu sorgen. Die Menschen geben daher alle Macht dieser einen Instanz, dem Staat in Gestalt eines Leviathan, und zahlen als Preis die Aufgabe der Freiheit des Willens.

Zwischen Hobbes und John Wallis wird sich ein „Krieg" um die Quadratur des Kreises entwickeln, von der Hobbes glaubte, er habe sie bewältigt. Allerdings

Abb. 6.3.11 Der Philosoph und Mathematik-Dilettant Thomas Hobbes und die Titelseite seines Hauptwerkes *Leviathan* (li.: Ausschnitt aus einem Gemälde von John Michael Wright, ca. 1669–1670, National Portrait Gallery, London)

war Hobbes als Mathematiker einem Wallis keineswegs gewachsen [Jesseph 1999]. Obwohl Hobbes 1640 das Land wegen seiner royalistischen Einstellung verlassen musste, entfernte er sich durch seine scharfe Kirchenkritik immer weiter von der Position des Königs. Er wurde von Anglikanern und Presbyterianern gleichermaßen angegriffen und neigte den von Cromwell, dem Heerführer des Parlamentheeres bevorzugten Independenten zu. Seit 1642 befand sich der Hof Karls in Oxford, das aber 1646 an die Parlamentarier fiel. Karl ergab sich den Schotten, wurde aber ausgeliefert und 1649 hingerichtet, womit die Monarchie in England abgeschafft wurde. Cromwell baute seine Militärherrschaft bis zu seinem Tod am 3. September 1658 aus.

Da seinem Sohn und Nachfolger die Unterstützung der Armee versagt blieb, bildete sich in London ein Rumpfparlament, das den Sohn des hingerichteten Königs aus dem Ausland holte, der nach einer Amnestie für alle Taten der vergangenen Jahre und der Zusicherung von Gewissensfreiheit 1660 als Karl II. den Thron besteigen konnte. Die Revolution war beendet – die Restauration begann.

Nachdem Cromwell Oxford erorbert hatte, brachen dort auch in der Wissenschaft neue Zeiten an. Nach der Übernahme einiger Colleges durch Cromwells Anhänger konnten sich Männer mit neuen wissenschaftlichen Interessen durchsetzen, insbesondere in der Mathematik und den Naturwissenschaften. „Das Baconische Ideal der Vermehrung des Wissens aus Beobachtung griff Raum" [Maurer 2002, S. 208].

Im Jahr 1643 wird Isaac Newton geboren. Er wird davon sprechen, dass er auf den Schultern von Riesen gestanden und daher weiter habe blicken können [Wußing 1984, S. 121]. Die *englischen* Riesen waren ohne Zweifel John Wallis in Oxford und Isaac Barrow in Cambridge.

6.3.6 John Wallis und die Arithmetik des Unendlichen

John Wallis wurde am 23. November 1616 in Ashford im Osten der Grafschaft Kent als ältester Sohn eines anglikanischen Geistlichen geboren. Bereits während seiner Schulzeit an verschiedenen Schulen zeigte er sich als ein sehr guter Schüler und insbesondere hervorragend in Latein, Griechisch und Hebräisch. Viel später schrieb er (zitiert nach [Scott 1981, S. 3]):

> *Schon als Kind hatte ich die Neigung, in allen Dingen des Lernens oder der Bildung nicht auswendig zu lernen, was schnell vergessen ist, sondern die Begründungen oder die Argumente dessen, was ich lernte, zu erfassen; mein Urteilsvermögen sowie mein Gedächtnis zu stärken und dadurch beide zu vertiefen.*

Mathematik gehörte allerdings nicht zu den Interessengebieten des jungen Wallis. Erst zu Weihnachten des Jahres 1630 wird John Wallis' Interesse geweckt, denn da muss ein jüngerer Bruder, der Kaufmann werden will, elementares Rechnen lernen. Wie er selbst schreibt, lernt er *Common Arithmeticke* in weniger als zwei Wochen. Wir wissen über seine Entwicklung so viel, weil er selbst als achtzigjähriger Greis eine Autobiographie verfasste, die in [Scriba 1970] abgedruckt und kommentiert wurde. Er studiert seit 1632 am Emmanuel College in Cambridge, wo er sich in logische Studien vertieft, aber auch unter Doktor Glisson Medizin studiert. Im akademischen Jahr 1636–37 wird er *Bachelor of Arts*, vier Jahre später beendet er die Studien mit der Verleihung des Titels *Master*. Man stelle diesem Zeitraum die Zeit gegenüber, die im modernen europäischen Universitätssystem nach der „Bologna-Reform" für ein Masterstudium noch zur Verfügung steht: Maximal zwei Jahre!

Wallis' Genialität war nun sicher zu Tage getreten, denn er sollte *Fellow* des Colleges werden. Nach den Regeln sollte es für jede englische Grafschaft genau einen Fellow geben, aber leider war die Grafschaft Kent bereits vertreten, so dass es nicht zu einer frühen Bindung an sein College kam. Er wurde als Fellow an das Queens College in Cambridge berufen, das er aber bald verließ, um als privater Kaplan und geistlicher Ratgeber tätig zu werden. Er wurde zunächst Kaplan für Sir Richard Darley von Buttercamp, Yorkshire, ein Jahr später finden wir ihn außerhalb Yorkshires als Kaplan von Lady Vere, der Witwe von Lord Horatio Vere.

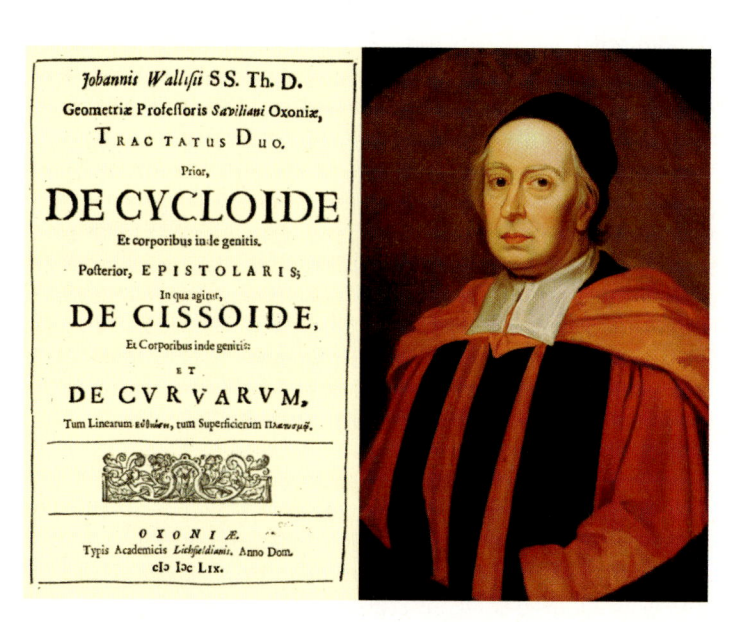

Abb. 6.3.12 John Wallis und das Titelblatt seines Traktates *De Cycloide*[National Portrait Gallery, London]

In diese Zeit fällt ein Ereignis, das zu Wallis' Berühmtheit beitragen sollte. Ihm wird ein verschlüsselter Brief gezeigt, der bei der Eroberung von Chichester am 29. Dezember 1642 der parlamentarischen Seite im Englischen Bürgerkrieg in die Hände fiel. In unglaublicher Geschwindigkeit gelingt ihm die Entschlüsselung der Nachricht und er wird nun als Kryptologe beschäftigt. Zum Dank für seine Dienste erhält er Einkünfte aus der Londoner Kirchengemeinde St. Gabriel. Schon 1644 wird er Sekretär der Westminster-Synode (*Assembly of Divines at Westminster*) und heiratet Susanna Glyde, mit der er mehrere Kinder hat, von denen aber nur ein Sohn und zwei Töchter das Erwachsenenalter erleben.

Nun war Wallis noch nicht ganz dreißig Jahre alt und seine Karriere war steil gewesen, aber den Zugang zur Mathematik fand er erst durch die Gründung der *Royal Society*.

Wallis und die Gründung der Royal Society

Wie wir bereits in Abschnitt 6.3.2 berichtet haben, wurde als Gegengewicht zu den schwachen Universitäten Oxford und Cambridge in London das *Gresham College* gegründet. Überall in Europa finden wir im 17. Jahrhundert Gründungen von außeruniversitären Akademien; die früheste in Neapel bereits im 16. Jahrhundert und dann die berühmte *Accademia dei Lincei* im Jahr 1603. Das *New Learning*, der Aufbruch einer vom Aristotelismus befreiten Wissenschaft, wurde in England ganz wesentlich von Francis Bacon (1561–1626) befördert, dessen Ausspruch „Wissen ist Macht" weltweite Berühmtheit erlangt hat. Wallis war stark interessiert an den Vorlesungen im Gresham College und gehörte zu einer Gruppe von Männern, die mit diesem College assoziiert waren: Dr. Wilkins, später Bischof von Chester, Dr. Goddard, Gresham Professor für Physik, und andere. Der Anstoß zur Bildung einer eigenen Gruppierung von wissenschaftlichen Enthusiasten mit regelmäßigen Treffen kam dann von Theodore Haak. Die Gruppe traf sich in Goddards Räumen oder im Gresham College. Im Jahr 1648 gingen ein paar Mitglieder der Gruppe nach Oxford, die sich ab 1651 *Philosophical Society of Oxford* nannte. Der Londoner Zweig traf sich noch bis 1658 am Gresham College, bis schließlich 1662 durch königliche Gnade daraus die Royal Society entstand. Wir dürfen uns nicht vorstellen, dass die Royal Society in den Anfängen bereits die anerkannte Institution war, zu der sie im 19. Jahrhundert wurde – eher das Gegenteil ist der Fall! Zu Beginn waren viele Dilettanten mit eigenwilligen naturphilosophischen Ideen im Kreis der Mitglieder, und so wundert es vielleicht nicht, dass die junge Gesellschaft bereits zum Ziel der Satire eines Jonathan Swift wurde. In seinem erstmals 1726 erschienenen Welterfolg *Gullivers Reisen* beschreibt er seltsame Gestalten im zweiten Kapitel der Reise nach Laputa, das die Mitglieder der Royal Society aufs Korn nimmt [Swift 1974, S. 225 ff.]. Ein gewisser Steele schrieb in der Zeitschrift *Tatler* im Oktober 1710 (zitiert nach [Scott 1981, S. 11]):

Abb. 6.3.13 Grandvilles Zeichnung der Swiftschen Laputier

I have made some observations in this matter so long that when I meet with a young fellow that is an humble admirer of the sciences, but more dull than the rest of the company, I conclude him to be a Fellow of the Royal Society. (Ich habe diesbezüglich so lange Beobachtungen angestellt, dass wenn ich heute einen jungen Burschen treffe, der ein hingebungsvoller Bewunderer der Wissenschaften ist, aber noch dämlicher als der Rest seiner Begleitung, ich sofort schließe, dass er ein Mitglied der Royal Society ist.)

Unbestreitbar ist Wallis ein ernstzunehmender Motor der neuen Gesellschaft. Er wirft sich in Arbeiten zu allen Bereichen der neuen Wissenschaften, führt physikalische Experimente durch, unternimmt astronomische Beobachtungen und untersucht die Erdanziehung. Seine größten Leistungen liegen jedoch in der Mathematik.

Wallis' Mathematik in Oxford

Es ist heute unzweifelhaft, dass Wallis seine Berufung auf den Savilianischen Lehrstuhl für Geometrie in Oxford im Jahr 1649 seinen Leistungen und seiner Loyalität im Bürgerkrieg zur parlamentarischen Seite Cromwells verdankt. Der Vorgänger, Peter Turner, war als treuer Royalist entlassen worden. Obwohl also die Umstände der Berufung mehr als fraglich waren, hat wohl selten jemand einen Lehrstuhl so sehr durch seine mathematischen Leistungen verdient wie Wallis.

Abb. 6.3.14 William Oughtred, Autor des Lehrbuches Clavis mathematicae (Gemälde von Wenzel Hollar (1607–1677) in der Universität Toronto); Francis Bacon, Philosoph und Staatsmann, Bekämpfer der scholastischen Lehre und Förderer der Naturwissenschaften („Wissen ist Macht")

Im Jahr 1647 bekommt er das Buch *Clavis mathematicae* von William Oughtred (1573–1660) in die Hände. Die *Clavis* war ein Lehrbuch der elementaren Algebra, erstmals gedruckt im Jahr 1631 und bereits zum Zeitpunkt ihres Erscheinens hoffnungslos veraltet [Stedall 2002, S. 55]. Es war ein kleines Büchlein von nur 88 Seiten mit dem Titel *Arithmeticae in numeris et speciebus institutio: quae tum logisticae, tum analyticae, atque adeo totius mathematicae quasi clavis est* (Einführung in das Rechnen mit Zahlen und Buchstaben: welches gleichsam der Schlüssel ist zu Arithmetik, dann zur Analysis und sogar zur ganzen Mathematik), aber der laufende Titel war *Clavis mathematicae*, was sich schließlich als Titel durchsetzte. Obwohl das Buch veraltet war und selbst in England durch die Arbeiten von Thomas Harriot längst überholt [Stedall 2003], hat es seinen Autor um 40 Jahre überlebt. Motor der immer wieder erscheinenden Neuauflagen war Wallis, der sein Leben lang ein Bewunderer dieses Werkes blieb. Wallis meistert die Inhalte der *Clavis* in wenigen Wochen und produziert von da an eigene Mathematik.

Die beiden Bücher, die Wallis neben der *Clavis* am meisten prägten, waren Descartes' *La Géométrie* in der lateinischen Ausgabe *Geometria* von Frans van Schooten aus dem Jahr 1649 und Torricellis *Opera geometrica* von 1644. Unter dem Einfluss von Descartes schreibt Wallis im Jahr 1652 *De sectionibus conicis*, in dem er die Kegelschnitte nicht geometrisch, sondern mit Hilfe ihrer algebraischen Gleichungen behandelt. Er war dabei nicht der Erste, aber

Wallis gehörte zu dieser Zeit nicht zu den Kreisen, in denen man die mathematischen Manuskripte eines Pierre de Fermat las [Stedall 2004, S. xiii]. Das Buch von Torricelli war eigentlich nur eine Information aus zweiter Hand, denn es berichtete über die Methode der Indivisiblen des Cavalieri. Unglücklicherweise war Cavalieris Buch *Geometria indivisibilibus continuorum nova quadam ratione promota* aus dem Jahr 1635 schwer zu bekommen und so las Wallis Torricelli und war fasziniert von den Möglichkeiten der Methode der Indivisiblen. Noch im gleichen Jahr, in dem *De sectionibus conicis* entstand, schrieb Wallis sein für die Analysis so wichtiges Werk *Arithmetica infinitorum* [Stedall 2004]. Es ist William Oughtred gewidmet. Der Druck beider Bücher begann 1655 und sie erschienen schließlich 1656 in den *Opera mathematica*. Obwohl einige der in der *Arithmetica Infinitorum* gezeigten Resultate schon vor Wallis bekannt waren, ist Wallis als der Erste zu sehen, der einen *systematischen* Zugang zu Quadraturproblemen verfolgte. Es sind zwei neue Techniken, die Wallis durchgehend verwendet: Die Induktion und die Interpolation. Dabei ist Wallis' Induktion nicht mit der heute verwendeten Technik der vollständigen Induktion zu vergleichen, denn Wallis wendet sie heuristisch an – es scheint ihm einfach „klar" zu sein. Als Beispiel möge *Proposition 1* zu Beginn der *Arithmetica Infinitorum* dienen [Stedall 2004, S. 13]:

> *Ist eine Folge von Größen in arithmetischer Proportion gegeben (oder eine Folge natürlicher Zahlen), startend von irgendeinem Punkt oder 0, also wie $0, 1, 2, 3, 4$, etc., finde das Verhältnis ihrer Summe zur Summe mit der gleichen Anzahl von Summanden jeweils gleich der größten Zahl.*

In heutiger Notation lautet die Aufgabe, die Quotienten

$$\frac{0+1+2+3+\ldots+n}{n+n+n+n+\ldots+n}$$

in Abhängigkeit von n zu berechnen. Wallis' Methode der Induktion ist es nun, ein paar Fälle aufzuschreiben, und dann auf ein allgemeines Gesetz zu schließen. Scott schreibt in [Scott 1981, S. 30]:

> *Wallis used the term Induction in the Baconian sense – namely, a generalization from a number of cases which would prove true universally.* (Wallis verwendete den Terminus Induktion im Bacon'schen Sinne – nämlich als Verallgemeinerung einiger Fälle, die sich als universell wahr herausstellten.)

Johannis Wallisii, ss. Th. D.

GEOMETRIÆ PROFESSORIS

SAVILIANI in Celeberrimà

Academia OXONIENSI,

ARITHMETICA INFINITORVM,

SIVE

Nova Methodus Inquirendi in Curvilineorum Quadraturam, àliaq; difficiliora Mathefeos Problemata.

OXONII,

Typis LEON: LICHFIELD Academiæ Typographi, Impenfis THO. ROBINSON. *Anno* 1656.

Abb. 6.3.15   Titelblatt der *Arithmetica Infinitorum* von John Wallis 1656

Wallis rechnet:

$$\frac{0+1}{1+1} = \frac{1}{2} \qquad \frac{0+1+2}{2+2+2} = \frac{1}{2}$$

$$\frac{0+1+2+3}{3+3+3+3} = \frac{1}{2} \qquad \frac{0+1+2+3+4}{4+4+4+4+4} = \frac{1}{2}$$

$$\frac{0+1+2+3+4+5}{5+5+5+5+5+5} = \frac{1}{2} \qquad \frac{0+1+2+3+4+5+6}{6+6+6+6+6+6+6} = \frac{1}{2}$$

und schreibt dann:

Und auf diese Weise, wie weit wir auch immer fortschreiten, wird das Resultat immer 1/2 sein.

Dieses „Argument" reicht Wallis als Beweis aus. Mit Hilfe solcher, durch „Induktion" gewonnenen Summenformeln, gelingt es Wallis, Aufgaben der Quadratur aus der bisher vorherrschenden geometrischen Behandlungsweise in eine arithmetische Behandlungsweise zu überführen. Hierin müssen wir tatsächlich den Fortschritt sehen, den Wallis in die englische Analysis gebracht hat [Stedall 2005, S. 25].

Wir wollen als Beispiel die Quadratur der Parabel betrachten [Stedall 2005]. In Proposition 19 betrachtet Wallis zunächst mit der oben beschriebenen Methode der Induktion das von n abhängige Verhältnis

$$\frac{0^2 + 1^2 + 2^2 + \ldots n^2}{n^2 + n^2 + n^2 + \ldots + n^2}$$

und berechnet

$$\frac{0+1}{1+1} = \frac{3}{6} = \frac{1}{3} + \frac{1}{6}$$

$$\frac{0+1+4}{4+4+4} = \frac{5}{12} = \frac{1}{3} + \frac{1}{12}$$

$$\frac{0+1+4+9}{9+9+9+9} = \frac{7}{18} = \frac{1}{3} + \frac{1}{18}$$

$$\frac{0+1+4+9+16}{16+16+16+16} = \frac{9}{24} = \frac{1}{3} + \frac{1}{24}.$$

Daraus folgert er, dass für immer weiter wachsendes n der Wert dieses Verhältnisses genau 1/3 wird, da die Abweichung von 1/3 immer kleiner wird.

Nun will Wallis das Verhältnis der Flächen ATO (konkaver Zwickel) zum Verhältnis des Rechtecks $ATOD$ im Fall der Parabel aus Abb. 6.3.16 berechnen. Getreu der Cavalierischen Indivisiblenmethode hat er dazu die Linien TO zu summieren. Jedes TO ist aber durch die Parabel gerade $(OD)^2$. Denken wir uns einen kleinen Abstand[6] a zwischen den Linien TO, dann muss Wallis also

---

[6] Hier zeigt sich wunderbar, dass Wallis der Unterschied zwischen *Indivisiblen* und *Infinitesimalen* ganz gleichgültig war. Er verwendet beide Techniken, ohne jeweils auch nur darauf einzugehen.

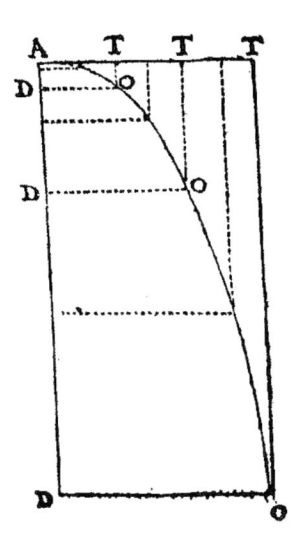

Abb. 6.3.16 Zur Quadratur der Parabel nach Wallis

das Verhältnis
$$\frac{0^2 + a^2 + (2a)^2 + (3a)^2 + \ldots + (na)^2}{(na)^2 + (na)^2 + (na)^2 + \ldots + (na)^2}$$
für wachsendes n bei immer kleiner werdendem a bestimmen. Aus der obigen Induktion folgt nun für diesen Fall sofort, dass dieses Verhältnis gerade 1/3 ist.

Dieses Resultat war bereits bekannt, aber Wallis' „Beweis" ist erstmals ein arithmetischer Beweis, der ihn davon überzeugt, dass seine Methode tatsächlich Resultate liefert. Wir sehen hier nichts weniger als den Übergang von Cavalieris *geometria indivisibilium* zur Wallis'schen *Arithmetica infinitorum*. So bestärkt wendet er nun seine Methode auf die Quadratur von Monomen höherer Ordnung an.

So „sieht" er, dass für jede natürliche Zahl k

$$\lim_{n \to \infty} \frac{0^k + 1^k + 2^k + \ldots + n^k}{n^k + n^k + n^k + \ldots + n^k} = \frac{1}{k+1} \qquad (6.28)$$

gilt, speziell also für die Parabel $f(x) = x^2$

$$\lim_{n \to \infty} \frac{0^2 + 1^2 + 2^2 + 3^2 + \ldots + n^2}{n^2 + n^2 + n^2 + n^2 + \ldots + n^2} = \frac{1}{3} = \frac{\text{Fläche } ATO}{\text{Fläche } ATOD}.$$

Wenn die Fläche des Zwickels ATO in Abb. 6.3.16 also der dritte Teil der Rechteckfläche ist, dann beträgt die Fläche AOD zwei Drittel der Rechtecksfläche. Diese Fläche ist aber die Fläche unter der Umkehrfunktion von

$f(x) = x^2$, und das ist die Funktion $y = \sqrt{x}$. Durch „Summation" der Indivisiblen DO, die die Länge $\sqrt{DO}$ haben, gewinnt Wallis die Beziehung

$$\lim_{n \to \infty} \frac{\sqrt{0} + \sqrt{1} + \sqrt{2} + \sqrt{3} + \ldots + \sqrt{n}}{\sqrt{n} + \sqrt{n} + \sqrt{n} + \sqrt{n} + \ldots \sqrt{n}} = \frac{\text{Fläche } ATOD - \text{Fläche } ATO}{\text{Fläche } ATOD} = \frac{2}{3}.$$

Wallis formt um:
$$\frac{2}{3} = \frac{1}{\frac{3}{2}} = \frac{1}{1 + \frac{1}{2}}$$

und vergleicht mit (6.28), was ihn zu der Erkenntnis bringt, dass die Wurzel eine gebrochene Potenz ist, nämlich

$$\sqrt{n} = n^{\frac{1}{2}}.$$

Ganz analog stellt er fest, dass $\sqrt[3]{n} = n^{1/3}$ ist und dass $n^0 = 1$ gelten muss.

So weit zu Wallis' erstem Eckpfeiler, der Induktion. Die Interpolation verwendet er als Argument dafür, dass wenn (6.28) für alle $k \in \mathbb{N}$ gilt, eine solche Beziehung

$$\lim_{n \to \infty} \frac{0^p + 1^p + 2^p + \ldots + n^p}{n^p + n^p + n^p + \ldots + n^p} = \frac{1}{p+1}$$

auch *für alle rationalen Zahlen p* gelten muss. Damit gelingt ihm der arithmetische Beweis für die Formel

$$\int_0^1 x^{\frac{p}{q}} \, dx = \frac{q}{p+q}.$$

Auch dieses Resultat war bekannt, aber der Weg dorthin ist ganz neu. Eine weitere Perle findet Wallis bei Anwendung seiner „Interpolation" auf die Kreisquadratur, nämlich

$$\frac{4}{\pi} = \frac{1 \cdot 3 \cdot 3 \cdot 5 \cdot 5 \cdot 7 \cdot 7 \cdot 9 \cdot 9 \cdot \ldots}{2 \cdot 4 \cdot 4 \cdot 6 \cdot 6 \cdot 8 \cdot 8 \cdot 10 \cdot 10 \cdot \ldots}$$

Der adlige Ire William Brouncker (1620–1684), erster Präsident der Royal Society, der seine Ausbildung in Oxford erhielt und der eng mit Wallis kollaborierte, war von dieser Formel so angetan, dass er 1655 eine eigene Darstellung in Form einer Kettenbruchentwicklung fand:

$$\frac{4}{\pi} = 1 + \cfrac{1^2}{2 + \cfrac{3^2}{2 + \cfrac{5^2}{2 + \cfrac{7^2}{2 + \cfrac{9^2}{\ddots}}}}}.$$

Diese Darstellung findet sich mit einem Hinweis auf Brouncker in Wallis' *Arithmetica Infinitorum*.

Abb. 6.3.17 William Brouncker, erster Präsident der Royal Society; Isaak Barrow, erster Mathematikprofessor auf dem von Henry Lucas gestifteten Lehrstuhl am Trinity College in Cambridge und Lehrer von Isaac Newton

6.3.7 Isaac Barrow und die Liebe zur Geometrie

Neben Wallis in Oxford ist es Isaac Barrow (1630–1677) in Cambridge, auf dessen Schultern stehend Isaac Newton, der Nachfolger Barrows, die moderne Analysis begründen konnte.

Isaacs Vater Thomas Barrow konnte seinem Wunsch, ein gelehrter Mann zu werden, nicht nachgehen. Obwohl die Familie schon bekannte Mediziner und andere Absolventen der Universität Cambridge aufzuweisen hatte, wurde Thomas durch die Härte seines Vaters abgestoßen, verließ früh sein Elternhaus und ging in den Handelsberuf. Durch diese Erfahrung geprägt setzte Thomas alles daran, seinem Sohn Isaac eine Karriere in den Wissenschaften zu ermöglichen [Feingold 1990]. Er zahlte dem Schulmeister von Charterhouse die doppelten Schulgebühren, damit er sich besonders um Isaac kümmere, was aber offenbar nicht geschah, denn Isaac entwickelte sich zu einem Raufbold. Es wurde so schlimm, dass der Vater in einem Stoßgebet darum bat, dass falls Gott ihm eines seiner Kinder nehmen würde, es Isaac sein möge! Nach zwei oder drei Jahren musste Isaac die Schule verlassen und wurde nach Essex in die Felsted School gebracht, wo John Wallis eine Dekade vor Barrow Schüler war. Als Thomas Barrow durch den Zusammenbruch der Handelsbeziehungen mit Irland vor dem Bankrott stand, nahm der Schulmeister Martin Holbeach Isaac bei sich auf und vermittelte ihn als Tutor an Thomas Fairfax. Als der junge Adlige Fairfax sich unsterblich in ein Mädchen verliebte und es auch heiratete, verlor er alle Unterstützung, und Isaac Barrow war ohne Anstellung. Daraufhin wollte Holbeach Isaac wieder zurück nach Felsted holen, um ihn zu seinem Nachfolger zu machen, aber Isaac Barrow lehnte ab und ging mit einem früheren Schulfreund 1646 an das Trinity College in Cambridge.

Dort wird James Duport sein Tutor, unter dessen Anleitung er Griechisch, Latein, Hebräisch, Spanisch, Italienisch, aber auch Chronologie, Geographie und Theologie lernt. Dem ernsthaften Studium der Mathematik wendet sich Barrow 1648 oder 1649 zu, vermutlich bei John Smith vom Queens College, der über Descartes' *Géométrie* liest. Auch Trinity College macht einen Sprung im Fach Mathematik durch die Ankunft der Fellows Nathaniel Rowles und Charles Robotham im Jahr 1645, die später Universitätsprofessoren werden. Im Jahr 1649 schließt Barrow das Studium mit dem B. A. ab, wird Fellow des Trinity College und studiert intensiv Mathematik. Ohne Zweifel ist Barrow ein Royalist, obwohl er sich zu Cromwells Zeiten öffentlich zur parlamentarischen Seite bekennt. Dies zieht er später zurück und wird zwei Mal vom Master des College davor bewahrt, von der Universität verwiesen zu werden. So kann er 1654 seinen M.A. abschließen. Er leistet seinen Eid zum Studium der Theologie, interessiert sich aber auch für Medizin und wird durch sein Studium der Kirchengeschichte zur Astronomie geführt. Im Jahr 1655 erscheint eine von Barrow verfasste vereinfachte Ausgabe der *Elemente* von Euklid, was sein dauerhaftes Interesse an Mathematik dokumentiert. Eine „Lectureship", also eine Stelle als Universitätslehrer zerschlägt sich unter fadenscheinigen Gründen, aber Barrows politische Einstellung ist wohl der wahre Grund dieser Ablehnung.

Mit Hilfe einer finanziellen Unterstützung durch die Universität reist Barrow 1655 nach Frankreich, wo er sich zehn Monate lang in Paris aufhält. Er ist enttäuscht von der dortigen Universität, die er sich wohl eindrucksvoller vorgestellt hatte, aber er trifft Roberval. Im Februar 1656 geht die Reise weiter nach Florenz, wo er acht Monate bleibt. Ein Rombesuch kommt wegen der dort grassierenden Pest nicht zustande. In Florenz arbeitet er in der Bibliothek der Medici und wird zu einem Experten für Münzen. Er trifft auch mit italienischen Mathematikern zusammen, unter anderen mit Galileis letztem Schüler, Vincenzo Viviani (1622–1703), und Carlo Renaldini (1615–1679), der gerade ein Buch zur Algebra verfasst. Hier hat Barrow die italienische Mathematik, speziell die Indivisiblenmethode, kennengelernt. Von Florenz geht es weiter mit dem Schiff in die Türkei, aber Barrows Schiff wird von Piraten angegriffen und er landet in Smyrna, wo er sieben Monate bleibt, bevor er weiter nach Konstaninopel reist, und dort über ein Jahr beim englischen Botschafter wohnt. Er widmet sich nun dem Studium der Theologie und der griechischen Kirche. Er hat versäumt, sich regelmäßig bei seiner Universität mit Berichten über seine Reise zu melden, dennoch erhält er aus Cambridge die Erlaubnis, seine Reise auszuweiten. Erst 1658 tritt er die Rückreise an. Das Schiff legt in Venedig an, da bricht ein Feuer aus und vernichtet Barrows sämtlichen Besitz, der an Bord war. Durch Deutschland und Holland geht es dann zurück nach Cambridge, wo er im September 1659 ankommt. In England hat sich das politische Klima durch die Restauration völlig verändert; Karl (Charles) II.

Abb. 6.3.18 Vincenzo Viviani; Galileo Galilei und sein Schüler Vincenzo Viviani (Ölgemälde von Tito Lessi 1892 im Istituto di Storia della Scienza, Florenz)

ist nun König, und Barrow erhält die Professur für Griechisch. Sein Lehrer Duport, der aus dem Amt verdrängt worden war, sollte diese Professur wieder besetzen, aber er verzichtete, so dass Barrow nun ein Jahressalär von £40 sein Eigen nennen kann. Allerdings darf er keine anderen Positionen an der Universität einnehmen und keine Einnahmen aus seiner Zugehörigkeit zum Trinity College ziehen. Nun startet Barrow eine erfolgreiche Kampagne, die den Fellows Bezüge aus ihrer College-Zugehörigkeit ermöglicht. Aber der finanzielle Rahmen bleibt dennoch eng, und so bewirbt sich Barrow auf die 1662 frei gewordene Geometrie-Professur am Gresham College, die er auch erhält. Als Gresham-Professor kann er weiter seine Professur für Griechisch in Cambridge behalten, liest jetzt eine Stunde wöchentlich Geometrie in englischer und eine in lateinischer Sprache am Gresham College und erhält dafür jährlich £50.

Auf einer der ersten Sitzungen der noch jungen Royal Society wird Isaac Barrow am 20. Mai 1663 zum Fellow gewählt, allerdings kümmert er sich so gut wie gar nicht um die Society, zahlt seine Beiträge nicht und wird wieder ausgeschlossen. Inzwischen hatte Henry Lucas, Parlamentsvertreter von Cambridge im Unterhaus, Landbesitz für eine Professur am Trinity College gestiftet. Der Lucasische Lehrstuhl für Mathematik schien wie für Barrow geschaffen, und im Jahr 1663 tauscht er die Professur für Griechisch und wird erster Lusasischer Mathematikprofessor. Wegen der Pest wird die Universität Cambridge 1665 geschlossen und öffnet erst wieder im April 1666 bis zum zweiten Ausbruch der Pest, wodurch dann erst wieder Ostern 1667 die Universität ihre Pforten öffnen kann. Neben Vorlesungen zur Mathematik gibt Barrow 1668–69 Vorlesungen zur Optik, die Isaac Newton hört und so mit seinem Lehrer in privaten Kontakt kommt. Als mathematische Periode

Barrows können die Jahre von 1663 bis 1669 gelten, in denen er sich auch der Analysis zuwendet. Newton hilft Barrow bei der Abfassung des Buches *Lectiones Opticae*, das John Collins, damals in Diensten der Royal Society, 1669 publiziert. Die mathematischen Werke erscheinen ebenfalls von Collins herausgegeben, und zwar *Lectiones Geometricae* 1670 und *Lectiones Mathematicae* 1683 [Barrow 1973].

Im Jahr 1669 tritt Barrow vom Lucasischen Lehrstuhl zurück. Sicher hatte Barrow das Genie seines Schülers Newton erkannt und ebenso sicher ist, dass er Bewunderung für dessen Fähigkeiten empfand. Hans Wußing [Wußing 1984, S. 21] gibt uns eine Überlieferung eines Zeitgenossen:

Der Doktor [Barrow] hatte eine gewaltige Hochachtung vor seinem Schüler und pflegte des öfteren zu sagen, daß er wahrhaftig Einiges an Mathematik verstehe, daß er aber im Vergleich zu Newton wie ein Kind rechne.

Dennoch ist die Geschichte, Barrow habe zu Gunsten Newtons auf den Lucasischen Stuhl verzichtet, vermutlich frei erfunden. In Barrows mathematischem Werk findet sich eine Meisterschaft in der Geometrie und der Verwendung unendlich kleiner Größen, ja, er hatte sich sogar bis zum Hauptsatz der späteren Differential- und Integralrechnung vorgearbeitet, so dass er im Vergleich mit Newton sicher nicht „wie ein Kind" rechnete. Glaubhafter sind die Argumente, die Mordechai Feingold in [Feingold 1990, S. 80–83] ausbreitet. Barrow war in einer Krise und in Besorgnis um sein Seelenheil und so unternahm er den einzig folgerichtigen Schritt: Er trat von seiner Professur zurück und zog sich gleichzeitig von der Mathematik zurück. Feingold zitiert einen frühen Biographen Barrows [Feingold 1990, S. 80 f.]:

Er war als Mann der Kirche besorgt, zu viel Zeit für die Mathematik aufzuwenden, weil er bei seiner Ordination gelobt hatte, Gott im Evangelium seines Sohnes zu dienen und er konnte aus seinem Euklid keine Bibel oder eine Kanzel aus seinem Lehrstuhl machen.

Barrow verzichtete mit seinem Schritt auf einen großen Teil seines Gehalts; andererseits war er nicht bereit, eine gut dotierte Position in der Kirche anzunehmen, obwohl er 1670 in Salisbury zum königlichen Kaplan von Karl II. gewählt wurde. Karl II. war es auch, der Barrow schließlich im Februar 1673 zum „Master of Trinity College" machte, wodurch Barrow nach Cambridge zurückkehrte. Im April 1677 unternahm er eine Reise nach London, wo er sich eine fieberhafte Erkrankung zuzog. Er soll versucht haben, sich durch Fasten und die Einnahme von Opium zu heilen, starb aber am 4. Mai 1677 im Alter von 47 Jahren. Er wurde in Westminster Abbey beigesetzt.

Barrows Mathematik

In den *Lectiones Geometricae* aus dem Jahr 1670 diskutiert Barrow Probleme der Teilung von Zeit und Raum und ist damit Oresme und Galilei nahe, wie Barrows Mathematik generell einerseits altertümlich erscheint, andererseits sehr modern anmutende Ideen umfasst [Mahoney 1990]. Das Kontinuum ist beliebig teilbar, sowohl was Raum, als auch was Zeit anbetrifft. Im unendlich Kleinen, so Barrow, besteht die Zeit aus „timelets" und der Raum aus „linelets". Heute interpretieren wir diese Größen als unendlich kleine Geradenstückchen. Barrow denkt sich also alle Kurven aus unendlich kleinen Geradenstücken bestehend. Damit wären alle höheren Ableitungen lokal Null und dies würde konsequenterweise zu nilpotenten Infinitesimalen führen, d. h. ist o eine infinitesimale Größe, dann folgte

$$o^n = 0, \quad n > 1.$$

Wir werden in einem späteren Kapitel, in dem es um moderne Entwicklungen geht, wieder auf diese Ideen zurückkommen.

Zur Berechnung von Tangenten verwendet Barrow eine Methode, die von Fermat stammt [Edwards 1979, S. 132], von diesem aber nicht publiziert wurde. Es handelt sich um die Tangentenberechnung an Funktionen, die implizit durch

$$f(x,y) = 0$$

gegeben sind. Barrow betrachtet zwei infinitesimal benachbartePunkte M und N wie in Abb. 6.3.19.

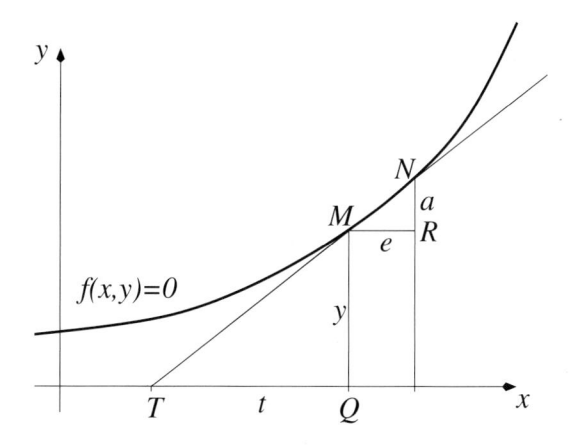

Abb. 6.3.19 Zur Tangentenberechnung durch Barrow

Die Koordinaten von M sind (x,y), die von N hingegen $(x+e, y+a)$. Da sowohl M als auch N Punkte auf der Kurve sind, gilt

$$f(x+e, y+a) = f(x,y) = 0.$$

Der Bogen MN ist für Barrow dabei kein Bogen, sondern ein „linelet", d. h. ein Geradenstückchen. In der obigen Gleichung setzt er daher höhere Potenzen von a und e zu Null, „for these terms have no value". Wir folgen Edwards [Edwards 1979, S. 133] und demonstrieren die Methode am Cartesischen Blatt

$$f(x,y) = x^3 + y^3 - 3xy = 0.$$

Aus $f(x+e, y+a) = f(x,y) = 0$ folgt

$$(x+e)^3 + (y+a)^3 - 3(x+e)(y+a) = x^3 + y^3 - 3xy = 0,$$

bzw.

$$3x^2 e + \underbrace{3xe^2}_{=0} + \underbrace{e^3}_{=0} + 3y^2 a + \underbrace{3ya^2}_{=0} + \underbrace{a^3}_{=0} - 3xa - 3ye - \underbrace{3ae}_{=0} = 0,$$

wobei alle Potenzen von a und e mit Exponenten größer als 1 (und damit natürlich auch das Produkt $a \cdot e$) zu Null gesetzt werden. Damit folgt

$$3x^2 e + 3y^2 a - 3xa - 3ye = 0$$

und man erhält für die Steigung der Tangente

$$\frac{a}{e} = \frac{y - x^2}{y^2 - x}.$$

Besonders beeindruckend sind Barrows geometrische Überlegungen, die zum Hauptsatz der Differential- und Integralrechnung führen. Im Jahr 1916 veröffentlichte J. M. Child eine englische Übersetzung von Teilen der *Lectiones Geometricae* [Child 1916]. Im Vorwort erhebt er Barrow zu dem eigentlichen und einzigen Erfinder der Differential- und Integralrechnung. Damit ging Child zu weit, denn man kann aus Barrows geometrischen Konstruktionen den Hauptsatz herauslesen, allerdings tat Child dies aus der Position des heutigen, mathematisch gebildeten Menschen. Barrow blieb es versagt, diese tiefe Einsicht aus seinen eigenen Arbeiten zu gewinnen.

Bewegt sich ein Punkt mit Geschwindigkeit $t \mapsto v(t)$ entlang einer Geraden, dann ist die Fläche unter der Geschwindigkeits-Zeit-Kurve die zurückgelegte Strecke, was man aus Indivisiblenargumenten erschließen kann. Stellt man dieselbe Bewegung in einem Weg-Zeit-Diagramm dar, dann hat der Geschwindigkeits*vektor* an einem Punkt der Kurve die Komponenten 1 in t-Richtung und v in y-Richtung, vgl. Abb. 6.3.20. Ist die Geschwindigkeit gegeben durch

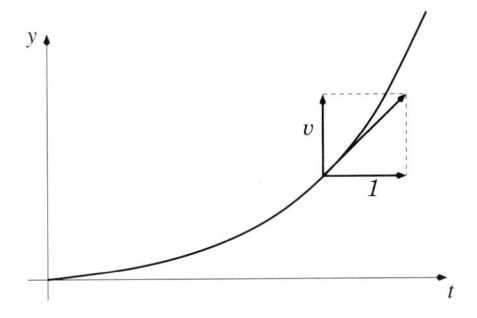

Abb. 6.3.20 Bewegung im Weg-Zeit-Diagramm

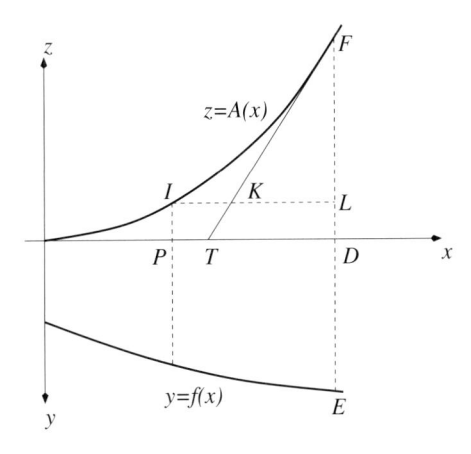

Abb. 6.3.21 Figur zu Barrows Weg zum Hauptsatz

$v = t^n$, dann folgt für den Weg $y = \frac{t^{n+1}}{n+1}$. Die Tatsachen, dass die Fläche unter $y = x^n$ gegeben ist durch $x^{n+1}/(n+1)$ und dass die Tangente an $y = x^{n+1}/(n+1)$ gerade die Steigung x^n hat, sind in der Geschichte auf völlig unterschiedliche Weise gewonnen worden. Hier, am Beispiel der Bewegung, wird erstmals klar, dass und wie sie zusammengeören. Edwards nennt diese Erkenntnis, die vor Barrow auch Torricelli hatte, „embryonic formulation of the fundamental theorem of calculus". Sehen wir uns nun an, wie Barrow diesen Zusammenhang geometrisch erfasste. Abb. 6.3.21 zeigt eine monoton wachsende Funktion $y = f(x)$ in einer für uns heute ungewöhnlichen Darstellung. Dazu zeigt die Abbildung die Funktion $z = A(x)$, die die Fläche unter f von 0 bis x darstellen soll. Sei D der Punkt $(x_0, 0)$ auf der x-Achse und T ein Punkt, für den gilt:

$$DT = \frac{DF}{DE} = \frac{A(x_0)}{f(x_0)}.$$

Dann zeigt Barrow, dass die Gerade TF die Kurve $z = A(x)$ nur im Punkt F berührt.

Die Steigung von TF ist

$$\frac{DF}{DT} = \frac{A(x_0)}{\frac{A(x_0)}{f(x_0)}} = f(x_0).$$

Es sei I ein Punkt auf der Kurve bei $x = x_1 < x_0$, und K der Schnittpunkt von TF mit der Parallelen IL zur x-Achse. Barrow zeigt nun, dass der Punkt K immer rechts von I liegt. Dazu folgert er aus

$$\frac{LF}{LK} = \frac{DF}{DT} = DE,$$

also

$$LF = LK \cdot DE,$$

dass

$$LF = DF - PI = A(x_0) - A(x_1) < \underbrace{DP \cdot DE}_{\text{Rechteckfläche}}$$

gilt. Damit ist aber $LF = LK \cdot DE < DP \cdot DE$ bzw. $LK < DP = LI$ gezeigt. Der Fall $x_1 > x_0$ ist ganz analog zu behandeln.

6.3.8 Die Entdeckung der Reihendarstellung des Logarithmus durch Nicolaus Mercator

Nicolaus Mercator hieß eigentlich Nicolaus Kauffman und wurde 1620 im damals dänischen Eutin geboren. Sein Vater war von 1623 bis zu seinem Tod 1638 Schulmeister im holsteinischen Oldenburg und es ist zu vermuten, dass der kleine Nicolaus seine schulische Ausbildung bei seinem Vater erhielt. In den berühmten Kurzbiographien der Zeit, John Aubreys *Brief Lives* [Aubrey 1982, S. 200], finden wir den Hinweis, dass Philipp Melanchthon der Bruder von Mercators Urgroßmutter war; dass er von kleiner Statur gewesen ist, mit lockigem schwarzem Haar und dunklen Augen und von unglaublicher Erfindungskraft. Im Jahr 1632 finden wir ihn an der Universität Rostock, an der er 1641 sein Studium abschließt, um nach Leiden zu gehen. Bereits 1642 ist er zurück in Rostock, wo er nun eine Position in der philosophischen Fakultät bekleidet. Aber 1648 geht er an die Universität Copenhagen, wo er produktiv ist und Lehrbücher zu Geographie (*Cosmographia*, 1651), Astronomie (*Astronomia sphaerica*, 1651) und sphärischer Trigonometrie (*Trigonometria sphaericorum logarithmica*, 1651) verfasst. Seinen Namen hat er – den Gepflogenheiten der Zeit gemäß – latinisiert und nennt sich fortan Mercator (=Kaufmann). In der Astronomie stand er Keplers Planetentheorie aufgeschlossen gegenüber. In seinem Werk *Rationes mathematicae subductae* von 1653, in dem er rationale und irrationale Zahlen dadurch unterscheidet, dass in der Musik rationale Verhältnisse zu harmonischen Tönen, irrationale aber zu Dissonanzen führen würden, findet sich das Beispiel, dass Keplers Planetentheorie zu rationalen Verhältnissen der Umlaufbahnen korrespondiert, während die beobachteten Daten auf irrationale Verhältnisse schließen ließen. Mercator war auch sehr an Kalenderreformen interessiert und entwarf in *De emendatione annua* einen Kalender mit 12 Monaten und von 29 bis 31 Tagen variierender Monate.

Noch vor 1660 wendet sich Mercator nach England. Vermutungen, nach denen er von Cromwell eingeladen wurde, um eine in England längst fällige Kalenderreform durchzuführen, sind nicht beweisbar. Es gelang ihm nicht, eine Stelle an einer der beiden englischen Universitäten zu erhalten, so dass er seinen Lebensunterhalt als Privatlehrer in London verdienen musste. Seine mathematischen Fähigkeiten sprachen sich in England schnell herum. Er korrespondierte mit Oughtred und Pell und veröffentlichte 1664, nach einer mehr als zehnjährigen Publikationspause, seine Ideen zum Aufbau des Weltalls in *Hypothesis astronomica nova*, bei der Keplers Planententheorie grundlegend ist.

Ein brennendes Problem der Zeit war die exakte Bestimmung des Längengrades auf See. Breitengrade sind unter der Erdrotation invariant und lassen sich durch Beobachtung der Sonne zur Mittagszeit oder durch Anpeilung des Polarsterns bei Nacht bestimmen. Bei Längengraden sieht die Sache sehr viel komplizierter aus, denn die Erde dreht sich um ihre Achse und dreht die Längengrade damit mit. Die spannende Geschichte der Längengradbestimmung ist in jüngster Zeit durch Dava Sobel [Sobel 1996] populär rekonstruiert worden, allerdings wurde dabei Mercator offenbar vergessen. Es war bekannt, dass man das Problem der Längengradbestimmung durch eine sehr genau gehende Uhr lösen könnte, die man mit an Bord an eines Schiffes nehmen müsste. Aus der Zeitdifferenz der wahren Mittagszeit, wenn die Sonne am höchsten steht, und der Zeit auf der Uhr, die ja immer die Ortszeit des Starthafens zeigt, lässt sich dann der Längengrad ermitteln.

Christiaan Huygens hatte bereits seine Pendeluhr erfunden, deren Genauigkeit aber für wochen- und monatelange Seereisen nicht ausreichte. Auch Mercator entwarf eine Pendeluhr zur Verwendung auf See, die ihm im Jahr 1666 die Mitgliedschaft in der Royal Society einbrachte und damit den Kontakt zu Robert Hooke, der sich damals in einem Prioritätsstreit mit Huygens um die Erfindung der Unruh befand. Mercators Uhr, deren Genauigkeit aller Wahrscheinlichkeit nach ebenfalls nicht ausgereicht hätte, war kein Glück beschieden. Aubrey [Aubrey 1982, S. 200] berichtet, dass Mercator seine Uhr König Karl II. präsentierte, der sich sehr lobend äußerte, aber keinen Penny bezahlte. Die Uhr geriet an einen Höfling, der sie an einen Uhrmacher namens Knibb verkaufte. Da Knibb die Funktion der Uhr nicht verstand, verkaufte er sie an den Uhrmacher Fromanteel, der sie einmal angefertig hatte. Der Verkaufspreis soll 5 Pfund betragen haben, und Aubrey bemerkt nicht ohne Häme, dass Fromanteel die Uhr 1638 für 200 Pfund anbot.

LOGARITHMO-TECHNIA:
SIVE
Methodus conſtruendi
LOGARITHMOS
Nova, accurata, & facilis;
SCRIPTO
Antehàc Communicata, Anno Sc. 1667.
Nonis *Auguſti* : Cui nunc accedit.
Vera Quadratura Hyperbolæ,
&
Inventio *Summæ* Logarithmorum.

AUCTORE *NICOLAO MERCATORE*
Holſato, è Societate Regia.

HUIC ETIAM JUNGITUR
MICHAELIS ANGELI RICCII Exercitatio
Geometrica de Maximis & Minimis; hîc ob Argumenti
præſtantiam & Exemplarium raritatem recuſa.

LONDINI,
Typis *Guilielmi Godbid*, & Impenſis *Moſis Pitt* Bibliopolæ, in
vico vulgò vocato *Little Britain*. Anno M. DC. LXVIII.

Abb. 6.3.22 Titelblatt der *Logarithmotechnia*, 1668

Im Jahr 1668 publiziert Mercator seinen bedeutenden Beitrag zur Analysis, die *Logarithmotechnia* [Mercator 1975], in der die berühmte Reihe

$$\ln(1+x) = x - \frac{x^2}{2} + \frac{x^3}{3} - \frac{x^4}{4} + \frac{x^5}{5} - \cdots$$

rein verbal auftaucht, d. h. ohne die Verwendung von Formeln!

Die *Logarithmotechnia* besteht aus drei Teilen. In den ersten beiden Teilen, die nach [Hofmann 1939] bereits 1667 separat veröffentlicht wurden, wird die Berechnung von Logarithmen behandelt. Der Zahlbereich von 1 bis 10 wird durch die Einführung von geometrischen Mitteln, die Mercator „ratiunculae" nennt, in 10 Millionen Teile geteilt. Damit ist der Logarithmus einer Zahl zwischen 1 und 10 die Anzahl der ratiunculae zwischen 1 und dieser Zahl. Durch ein äußerst geschicktes Verfahren zur fortgesetzten Quadrierung gewinnt er zu einer Zahl die Anzahl der ratiunculae und damit den Logarithmus. Im dritten Teil der *Logarithmotechnia* wird $1/(1+x)$ durch formale Polynomdivision als

$$\frac{1}{1+x} = 1 - x + x^2 - x^3 + \cdots$$

dargestellt. Ganz im Sinne Wallis' und mit dessen Methoden aus der *Arithmetica Infinitorum* stellt Mercator die Fläche unter dieser Hyperbel als „Summe" von Indivisiblen dar, vgl. Abb. 6.3.23. Wie genau man die Indivisiblen im

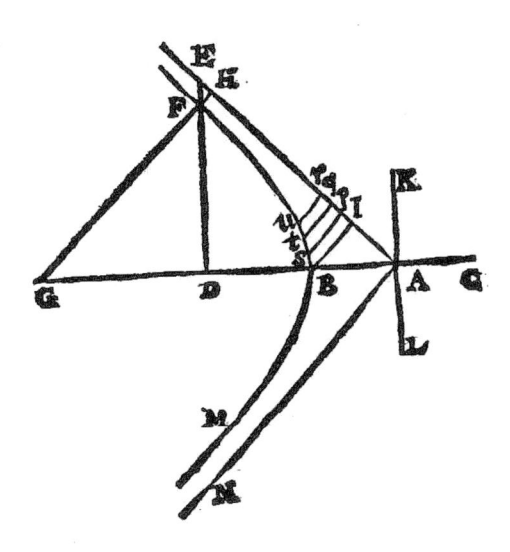

Abb. 6.3.23 Indivisible, die die Fläche unter der Hyperbel bilden [Mercator 1668]

Hinblick auf die in der Logarithmusreihe auftauchenden Monome $1, x, x^2, \ldots$ summieren muss, behandelt Mercator nur kurz. Hofmann hat vermutet [Hofmann 1939, Anmerkung 9 auf S.44], dass die Art und Weise des Vorgehens darauf schließen lässt, dass Mercator nicht Cavalieris Originalarbeiten gekannt hat, sondern seine Kenntnisse aus Vorlesungen in Rostock, Copenhagen oder Danzig gewonnen hat. Liest man jedoch Wallis, dann wird schnell klar, dass Mercator dessen Methoden verwendet hat. In moderner Notation hat Mercator damit

$$\int_0^x \frac{d\xi}{1+\xi} = x - \frac{x^2}{2} + \frac{x^3}{3} - \frac{x^4}{4} + \ldots \qquad (6.29)$$

erhalten, und in einer verwegenen Gedankenführung erklärt er, dies lasse sich auch durch den Logarithmus von $1 + x$ ausdrücken. Die *Logarithmotechnia* endet mit einer ebenfalls rein verbalen Beschreibung einer Rechnung mit Cavalieris Indivisiblen, die auf

$$\int_0^x \log(1+\xi)\,d\xi = \frac{x^2}{1 \cdot 2} - \frac{x^3}{2 \cdot 3} + \frac{x^4}{3 \cdot 4} - \ldots$$

führt.

Der dritte Teil der *Logarithmotechnia* wurde sofort nach Erscheinen durch Wallis in einer Buchbesprechung in den *Philosophical Transactions* den englischen Wissenschaftlern ans Herz gelegt. Wallis verbessert in seiner Besprechung die Mercatorsche Art der Beschreibung durch die Einführung von Formeln. Er erkennt, dass die Mercatorsche Reihe (6.29) nur für $|x| < 1$ gültig ist und komplettiert die Mercatorschen Überlegungen durch die Reihe

$$\int_0^x \frac{d\xi}{1-\xi} = x + \frac{x^2}{2} + \frac{x^3}{3} + \frac{x^4}{4} + \ldots, \qquad 0 < x < 1.$$

In einer ebenfalls 1668 erschienenen kurzen Arbeit *Some Illustration of the Logarithmotechnia of M Mercator, who communicated it to the publisher, as follows* in den *Philosophical Transactions* nennt Mercator den durch (6.29) definierten Logarithmus *logarithmus naturalis*. Dort erkennt Mercator auch, dass der natürliche Logarithmus durch Multiplikation der Größe $K = \log e = \frac{1}{\ln 10}$ (6.26) aus dem dekadischen (Briggs'schen) Logarithmus hervorgeht.

Die Mercatorsche Reihe (6.29) spielt eine gar nicht hoch genug zu schätzende Rolle bei den frühen mathematischen Studien Newtons. Zu einem gewissen Abschluss kommen die Arbeiten zum Logarithmus erst durch Robert Cotes (1682–1716), der, aufbauend auf Überlegungen von Edmund Halley (1656–1742), die Funktionalgleichung der Logarithmen erkennt, die wir heute in der Form

$$\log_b a^x = x \log_b a$$

schreiben, und die *Definition* der Logarithmusfunktion durch diese Funktionalgleichung vornimmt. Damit ist der Logarithmus erstmals von geometrischen Überlegungen um Hyperbeln getrennt worden.

Als Übersetzer des dänischen Werkes *Algebra ofte Stelkonst* von Kinckhuysen ins Lateinische kommt Mercator 1669 in Kontakt mit Newton und korrespondiert mit ihm über die Mondbewegung. In Newtons Bibliothek fand sich zudem ein Exemplar des zweibändigen Mercatorschen Werkes *Institutiones astronomicae* aus dem Jahr 1676, das Newton mit eigenen Anmerkungen versehen hat.

Trotz Mercators anerkannter Leistungen gelang es ihm nicht, an einer englischen Universität Fuß zu fassen. Noch 1676 schlug Hook ihn für eine Stelle als *Mathematical Master* am Christ Hospital vor, aber Mercator bekam auch diese Stelle nicht. So ging er 1682 nach Frankreich, um auf Einladung des Gründungsmitglieds der Académie des Sciences und französischen Finanzministers Jean-Baptiste Colbert die Wasserkunst in Versailles zu entwerfen. Aber Mercator überwarf sich mit Colbert, das Projekt scheiterte und Mercator starb am 14. Januar 1687 in Paris.

6.3.9 Die ersten Rektifizierungen: Harriot und Neile

Die Berechnung der Länge von Kurven oder Kurvenstücken ist eine der Grundaufgaben der Analysis. Früh schon war der Umfang eines Kreises mit Radius r als $2\pi r$ bekannt und der Kreis damit die historisch erste krummlinige Figur, deren Länge man berechnen konnte. Die Geschichte der eigentlichen *Rektifizierung* von Kurven beginnt jedoch erst mit Thomas Harriot (1560–1621), den wir bereits in [Alten et al. 2005] als eminenten Algebraiker kennengelernt haben.

Thomas Harriot

Thomas Harriot wurde 1560 in oder um Oxford in einem ärmlichen Elternhaus geboren. Wir wissen sehr wenig über die ersten zwanzig Jahre seines Lebens, aber er muss ein hervorragender Schüler gewesen sein, denn wir finden im Jahr 1577 in dem Matrikelbuch der Universität Oxford den Aufnahmeeintrag in Saint Mary Hall [Shirley 1983, S. 51]:

1577
20 Dec.   S. Mary H.   Hariet, Thomas;   Oxon.,   pleb. f.,   17.

Im Trinity College in Oxford befindet sich das Portrait aus Abb. 6.3.24, das Harriot zeigen soll. Allerdings ist das nicht sicher, zumal die auf dem Portrait vermerkten Jahreszahlen nicht stimmen können, vgl. [Batho 2000].

Harriot kam früh in Kontakt mit Walter Raleigh, der die Elisabethanische Flotte organisierte, und wurde dadurch mit den brennenden Problemen der Navigation auf See vertraut gemacht. Zu Harriots Aufgaben gehörte die Berechnung von Tabellen zur Navigation (Deklinationstafeln), aber auch die

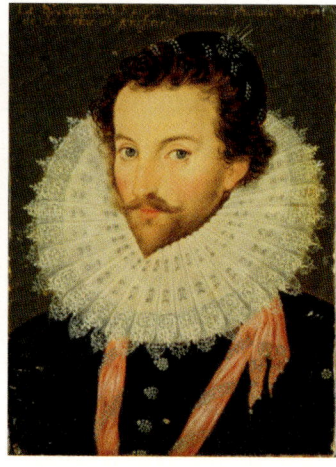

Abb. 6.3.24 Thomas Harriot (Gemälde im Trinity College Oxford); Sir Walter Raleigh (Gemälde in der National Gallery of Art, London)

Ausbildung von Navigatoren. In [Pepper 1974] werden Manuskripte diskutiert, die Harriot selbst für die Guayana-Expedition Raleighs im Jahr 1595 zusammengestellt hat. Diese Papiere belegen, dass Harriot nicht nur ein ausgezeichneter Theoretiker gewesen ist, sondern den Navigatoren durchaus praktische Anleitung zum Umgang mit den Navigationsinstrumenten der damaligen Zeit geben konnte.

Das Problem, in dessen Umfeld Harriot die erste Rektifizierung einer Kurve vornahm, war das Problem einer praktisch brauchbaren Seekarte. Bis ins 16. Jahrhundert hinein wurden Platt- oder Portolankarten verwendet, bei denen so getan wurde, als sei der zu kartierende Erdausschnitt eben. Bei größeren Ausschnitten der Erde zeigen diese Karte extreme Fehler, die sie zur Verwendung auf längeren Seereisen ungeeignet machen. Für das Mittelmeer gab es Karten, auf denen Strahlen der Kompassrose an verschiedenen Stellen eingezeichnet waren, die zu einem Muster von Rhomben führten. Segeln nach diesen Strahlen war jedoch gefährlich, da ein fester Kurs nicht mit einer geraden Linie auf den Karten übereinstimmte! Jeder Navigator möchte gerne den Kurs direkt von der Ablesung am Kompass auf seine Seekarte übertragen, d. h. so lange keine Kursänderung auftritt, soll der wahre Kurs auf der Karte tatsächlich eine gerade Linie sein.

Die erste zur Navigation brauchbare winkeltreue Karte, auf der ein fester Kurs unter festem Winkel zu den Breitengraden eine Gerade ist, wurde möglich durch die Arbeiten von Gerhard Mercator (1512–1594), der im belgischen Städtchen Louvain in der bekannten Werkstatt für Navigationsinstrumente und Globen des Gemma Frisius (1508–1555) für seine hervorragende Arbeit bei der Globenherstellung bekannt war. Gerhard Mercator – nicht zu verwechseln mit Nicolaus Mercator! – erdachte eine Zylinderprojektion, bei der die

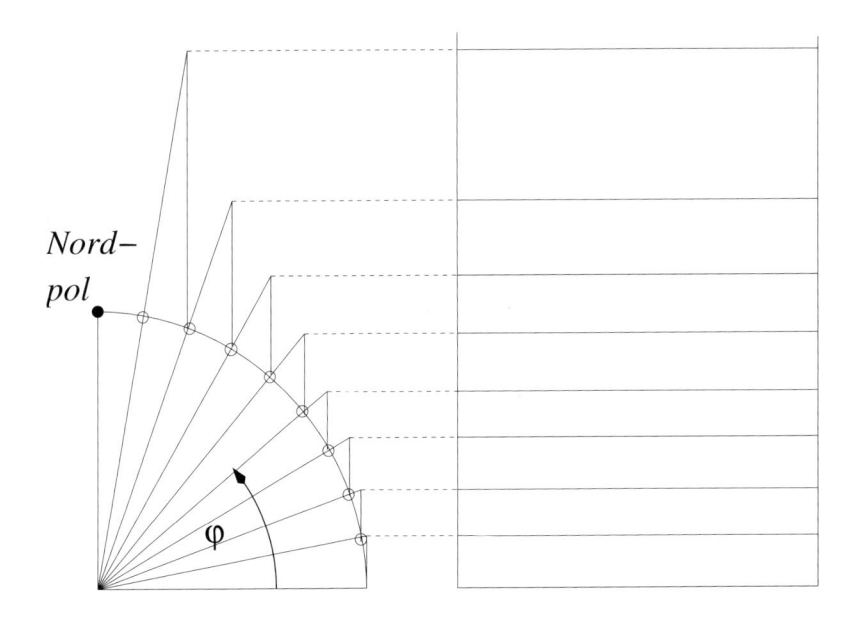

Abb. 6.3.25 Prinzip der Mercator-Abbildung

Erdkugel in einen Zylinder so eingesetzt wird, dass Erde und Zylinder sich im Erdäquator berühren. Dann wird die Erdoberfläche vom Erdmittelpunkt aus auf den Zylindermantel projiziert, wodurch die Verzerrungen immer stärker werden, je näher man an die Pole kommt. Abb. 6.3.25 zeigt das Prinzip der Mercatorschen Abbildung. Die Breitengrade φ sind in 9 Teile zu $\Delta\varphi = 10°$ unterteilt worden und die Abbildung ist graphisch dargestellt. Die Abstände der Breitengrade auf der Karte werden dann um so größer, je näher man zum Pol kommt.

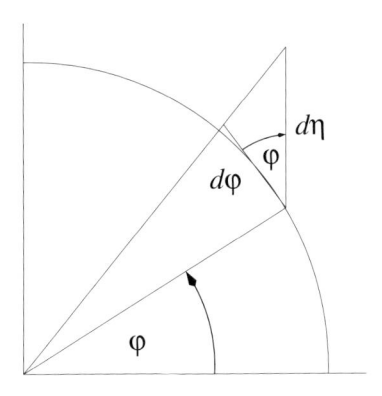

Abb. 6.3.26 Mathematischer Hintergund der Mercator-Abbildung

Wir heute sehen sofort die Mathematik hinter dieser Abbildung, dargestellt in Abbildung 6.3.26. Wir betrachten dazu einen Punkt auf der Erdoberfläche am Breitengrad φ und bilden ein infinitesimales Stück $d\varphi$ nach Mercator ab, so dass dieses Stück auf der Karte die Länge $d\eta$ hätte. Aus der Abbildung entnimmt man sofort die Beziehung $\cos\varphi = d\varphi/d\eta$, also

$$d\eta = \frac{d\varphi}{\cos\varphi} = \sec\varphi \cdot d\varphi, \tag{6.30}$$

wobei, wie bei Kartographen üblich, der Sekans verwendet wurde, der durch $\sec\varphi := 1/\cos\varphi$ definiert ist. Diese zentrale Gleichung war Mercator natürlich fremd; er wird seine Karten und Globen vermutlich mit einer approximativen Methode konstruiert haben, indem er wie in Abb. 6.3.25 eine gewisse Unterteilung der Breitengrade vorgenommen hat. Nach England kam das Wissen um die Mercator-Abbildung durch John Dee (1527–1608/1609), der auf dem Kontinent herumreiste und in Louvain eine Freundschaft mit Mercator aufbaute. Als er nach 1550 wieder nach England zurückkehrte, brachte er mit sich

> *Two Globes of Gerardus Mercators best making [...] also divers other instruments [...] of Gerhardus Mercator his own making for me purposedly,*

wie er in einer autobiographischen Notz 1592 rückblickend schrieb [Skelton 1962]. Dee arbeitete für die *Muscovy Company* als Instrukteur für die Kapitäne und Navigatoren und hatte direkten Kontakt mit Thomas Harriot [Woolley 2001].

Bekannt wurde die Mercator-Abbildung aber erst mit der Publikation des Buches *Certaine Errors in Navigation, Arising either of the ordinarie erroneous making or using of the sea Chart, Compasse, Crosse staffe, and Tables of declination of the Sunne, and fixed Starrs detected and corrected*, das, von Edward Wright geschrieben, im Jahr 1599 in London erschien. Wright hatte die Mercator-Abbildung tabelliert, und zwar in Abständen der Breitengrade von 10 Bogenminuten. In der zweiten Auflage seines unter Navigatoren berühmt gewordenen Buches ist sogar die Einteilung von einer Bogenminute gewählt worden. Daher ist es nicht verwunderlich, dass die Mercator-Karte in England häufig *Mr Wright's chart* hieß [Skelton 1962, S. 165].

Die geraden Verbindungen eines Ortes A mit einem Ort B auf einer Mercator-Karte entsprechen einem Kurs, der jeden Breitengrad unter einem festem Winkel α schneidet. Auf der Erdkugel ist das eine spiralförmige Linie, die sogenannte *Loxodrome*, die der Gleichung

$$\begin{pmatrix} x(t) \\ y(t) \\ z(t) \end{pmatrix} = \frac{1}{\cosh(t \cdot \tan\alpha)} \begin{pmatrix} \cos t \\ \sin t \\ \sinh(t \cdot \tan\alpha) \end{pmatrix}$$

gehorcht. Da die Strahlen der Kompassrosen auf den alten Portolankarten rhombenförmige Muster erzeugten, nannte man die Loxodrome in England auch die *rhumb line*, also *Rhombenlinie*. Abb. 6.3.27 (li.) zeigt eine Loxodrome, die die Breitengrade in einem Winkel von $\alpha = 5°$ schneidet. Die Loxodromen nähern sich den Polen in immer enger werdenden Spiralen. Für den Navigator ist nun die Länge eines Loxodromenabschnittes wichtig, denn das ist die tatsächlich zu fahrende Strecke von A nach B. Von essentieller Bedeutung ist auch die Differenz im Längengrad von A nach B. Edward Wright hatte diese Längen noch durch Addition kleiner Stückchen ermittelt, und auch Harriot hat zu Beginn seiner Beschäftigung mit der Loxodrome solche Summationen durchgeführt. Pepper hat in [Pepper 1968] nachgewiesen, dass Harriot sehr wahrscheinlich bereits 1614 die Rektifizierung der Loxodrome mit Hilfe infinitesimaler Methoden bewerkstelligt hat. Wir betrachten eine Loxodrome die am Äquator startet wie in Abb. 6.3.27 (re.) und die alle Breitengrade unter dem Winkel α schneidet. Die Stückchen $A'B$, $B'C$, usw. sind Abschnitte auf Breitengraden. Die Zerlegung sei so gewählt, dass $AB = BC = \cdots = d$ mit einem konstanten Wert d gilt. Die Dreiecke $AA'B$, $BB'C$, usw. seien so klein, dass ungefähr

$$AA' = BB' = \cdots = d \cdot \cos \alpha$$
$$A'B = B'C = \cdots = d \cdot \sin \alpha$$

gilt. Die Strecken AA', BB', usw. sind direkt Differenzen von Breitengraden, so dass bei einer Reise auf der Loxodrome die Breitengraddifferenz

$$\cos \alpha \sum d$$

zurückgelegt wird, wobei die Summation so oft auszuführen ist, wie es zurückgelegte Unterteilungsstückchen gibt. Bei der Längengraddifferenz ist das

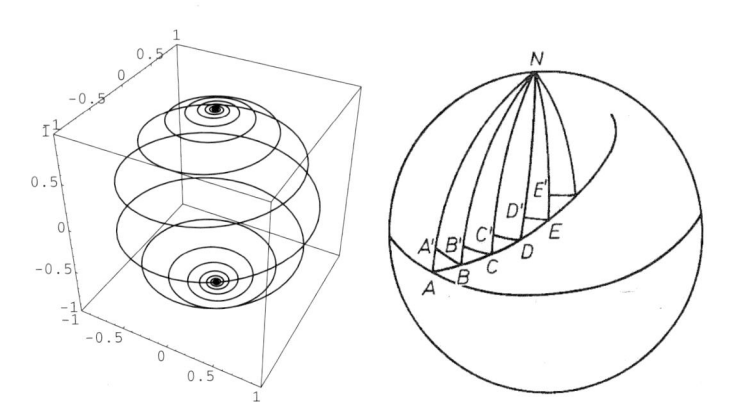

Abb. 6.3.27 (li.) Eine Loxodrome. (re.) Zur Rektifikation der Loxodrome [Pepper 1968]

anders, denn der Streckungsfaktor (6.30) der Mercator-Abbildung ist zu berücksichtigen. So erhält man für die Längengraddifferenz

$$\sin\alpha \sum_i d \cdot \sec\varphi_i,$$

wobei φ_i die Breitengrade sind, die während der Reise auf den Stückchen der Unterteilung passiert werden. Diese Gleichung war schon Wright bekannt, und dieser hat für seine Tabellen mühsam die Sekans-Werte addiert. In unserer Notation folgt für die zurückgelegte Längengraddifferenz L vom Breitengrad 0 (Äquator) zu einem Breitengrad β:

$$L(\beta) = k \lim_{i\to\infty} \sum_i \sec\varphi_i,$$

wobei wir eine Skalierungskonstante k eingeführt haben, um uns nicht mehr um Nullfolgen von Werten von ds kümmern zu müssen. Diese Gleichung ist aber nichts anderes als

$$L(\beta) = k \int_0^\beta \sec\varphi\, d\varphi = k \ln\tan\left(\frac{\pi}{4} + \frac{\beta}{2}\right). \qquad (6.31)$$

Es erscheint unglaublich, dass Harriot diese Beziehung gekannt hat, aber genau das hat Pepper schlüssig aus Harriotschen Manuskripten nachgewiesen. Harriot entwickelt die Fundamentalgleichung

$$\tan\left(\frac{\pi}{4} - \frac{\Theta_n}{2}\right) = \tan^n\left(\frac{\pi}{4} - \frac{\Theta_1}{2}\right)$$

für eine Folge von Winkeln $\Theta_1, \Theta_2, \ldots$ und tabelliert die Werte (6.31) durch eine geniale Berechnung des Logarithmus der Tangensfunktion, bei der er neben einer eigenständigen Form der Logarithmentafel auch Interpolation verwendet, um den Rechenaufwand kleinzuhalten. Den eigentlichen Zusammenhang zwischen dem zu berechnenden Integral und dem Logarithmus des Tangens findet Harriot durch eine subtile Untersuchung der Länge einer Spirale und der von der Spirale eingeschlossenen Fläche. Pepper schreibt in [Pepper 1968] voller Bewunderung, dass allein diese auf infinitesimalen Methoden basierenden Rechnungen an der Spirale außerordentlich hoch in der Geschichte der Rektifizierung und der Quadratur anzusiedeln sind.

Harriot hat also bereits 1614 die Loxodrome rektifiziert. Wir berechnen heute die Länge der Loxodrome zu

$$s = \frac{1}{\cos\alpha} \int_0^t \frac{d\xi}{\cosh(\xi \cdot \tan\alpha)} = \frac{2}{\sin\alpha}\left(\arctan e^{t\cdot\tan\alpha} - \arctan 1\right).$$

William Neile

Über William Neile (1637–1670) ist nur wenig bekannt. Er erwarb Weltruhm durch die Rektifizierung der sogenannten semikubischen Parabel, die heute auch Neilesche Parabel genannt wird, im Jahr 1657. In der älteren Literatur wird diese Rektifizierung als die erste bezeichnet, doch Thomas Harriot hat Neile den Rang als erster Rektifizierer abgelaufen, da er etwa fünfzig Jahre vor Neile die Loxodrome rektifizierte.

Neile, als Enkel des Erzbischofs von York in dessen Palast geboren, studierte ab 1652 am Wadham College in Oxford und kam so in Kontakt mit Seth Ward, dem Savilian Professor für Astronomie, und John Wilkins, einem Gründungsmitglied der Royal Society. Beide Männer erkannten das mathematische Genie Neiles und unterstützten ihn [Scott 1981, S. 206]. Er wurde 1663 Mitglied der Royal Society und legte dieser 1669 ein geschätztes Werk *De Motu* (Über die Bewegung) vor. Die großen Hoffnungen, die man in ihn gesetzt hatte, wurden durch seinen frühen Tod im Alter von 33 Jahren zerstört.

Die Rektifizierung der semikubischen Parabel, in unserer Notation

$$9y^2 = 4kx^3,$$

wurde von Neile ganz geometrisch durch „Summation" von Indivisiblen gewonnen. Durch den Vergleich der Glieder seiner „Summen" von unendlich kleinen Größen stößt er dann auf bekannte Ausdrücke und kann so die Länge des Funktionsgraphen ermitteln. Wallis fiel es nicht schwer, den Neileschen Beweis rein arithmetisch umzuschreiben, und Lord Brouncker lieferte sogar noch ein weitergehendes Resultat [Stedall 2004]. Publiziert wurden alle drei Resultate von Wallis in seinem Tractat *De Cycloide* aus dem Jahr 1659. Wir können uns die zentrale Idee Neiles klarmachen, wenn wir die semikubische Parabel

$$y^2 = x^3$$

betrachten, denn auf die Faktoren kommt es nicht an. Nach dem Satz des Pythagoras können wir, Abb. 6.3.28 folgend, die Bogenlänge der Neileschen Parabel in der Form

$$s \approx \sum_{i=1}^{n} s_i$$

mit

$$s_i := \sqrt{(x_i - x_{i-1})^2 + (y_i - y_{i-1})^2}$$

ausdrücken, wenn wir eine Unterteilung $0 = x_0 < x_1 < x_2 < \ldots < x_n =: a$ zugrunde legen.

Neile weiß also, dass er infinitesimal kleine Werte der *Wurzelfunktion* summieren muss und schaut sich deshalb die Wurzelfunktion genauer an. Die Fläche

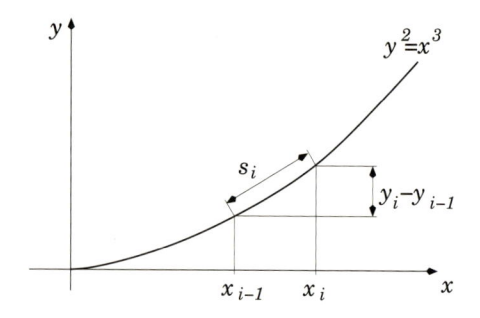

Abb. 6.3.28 Die Neilesche Parabel

unter der Wurzelfunktion $z = \sqrt{x}$ von $x = 0$ bis $x = x_i$ ist, in heutiger Notation

$$A_i := \int_0^{x_i} \sqrt{x}\, dx,$$

und das ist gerade eine solche Summe, wie sie bei der Bogenlänge vorkommt. In Abb. 6.3.29 ist die dargestellte Fläche gerade $A_i - A_{i-1}$. Neile kannte das Wallis'sche Ergebnis

$$\int_0^a x^{\frac{p}{q}}\, dx = \frac{q}{p+q} a^{\frac{p+q}{q}}$$

und damit ist die Darstellung der Fläche in der Form

$$A_i = \int_0^{x_i} x^{\frac{1}{2}}\, dx = \frac{2}{3} x_i^{\frac{3}{2}}$$

möglich. Nun ergibt sich durch Einsetzen

$$y_i - y_{i-1} = x_i^{\frac{3}{2}} - x_{i-1}^{\frac{3}{2}} = \frac{3}{2}(A_i - A_{i-1})$$

und wenn man die Fläche $A_i - A_{i-1}$ durch ein Rechteck approximiert, folgt

$$y_i - y_{i-1} \approx \frac{3}{2} z_i (x_i - x_{i-1}). \tag{6.32}$$

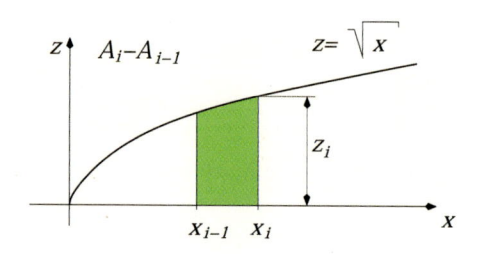

Abb. 6.3.29 Die Funktion $z = \sqrt{x}$

Um diese "Gleichung" mit Erfolg verwerten zu können, formen wir unsere Formel für die Bogenlänge ein wenig um:

$$s \approx \sum_{i=1}^{n}[(x_i - x_{i-1})^2 + (y_i - y_{i-1})^2]^{\frac{1}{2}}$$

$$= \sum_{i=1}^{n}\left[(x_i - x_{i-1})^2\left\{1 + \left(\frac{y_i - y_{i-1}}{x_i - x_{i-1}}\right)^2\right\}\right]^{\frac{1}{2}}$$

$$= \sum_{i=1}^{n}\left[1 + \left(\frac{y_i - y_{i-1}}{x_i - x_{i-1}}\right)^2\right]^{\frac{1}{2}}(x_i - x_{i-1}).$$

Setzen wir nun (6.32) ein, dann ergibt sich

$$s \approx \sum_{i=1}^{n}\left[1 + \frac{9}{4}z_i^2\right]^{\frac{1}{2}}(x_i - x_{i-1})$$

und weil $z_i = \sqrt{x_i}$ ist, ist das gerade

$$s \approx \sum_{i=1}^{n}\left[1 + \frac{9}{4}x_i\right]^{\frac{1}{2}}(x_i - x_{i-1}) = \sum_{i=1}^{n}\frac{3}{2}\left[\frac{4}{9} + x_i\right]^{\frac{1}{2}}(x_i - x_{i-1}).$$

Das bedeutet aber gerade, dass s näherungsweise die Fläche unter der Kurve $y(x) = \frac{3}{2}\sqrt{\frac{4}{9} + x}$ von $x = 0$ bis $x = a$ ist. Diese Überlegung ist in Abb. 6.3.30 dargestellt. Verschiebt man die gesamte Funktion um $4/9$ nach rechts, dann ergibt sich die Bogenlänge als Fläche unter der Funktion $y = \frac{3}{2}\sqrt{x}$ von $x = \frac{4}{9}$ bis $\frac{4}{9} + a$. Damit können wir das Neilesche Ergebnis in moderner Notation angeben:

$$s = \int_{\frac{4}{9}}^{\frac{4}{9}+a} \frac{3}{2}x^{\frac{1}{2}}\, dx = \frac{(9a+4)^{\frac{3}{2}} - 8}{27}.$$

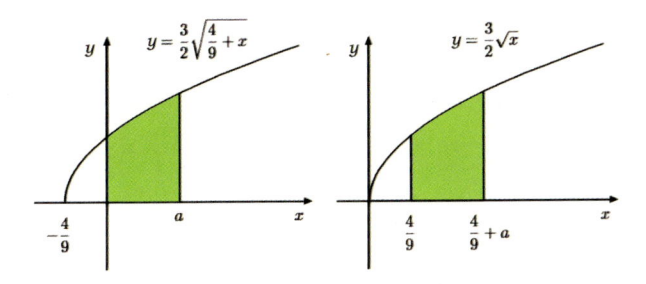

Abb. 6.3.30 Die Bogenlänge der Neileschen Parabel als Fläche unter einer Wurzelfunktion

6.3.10 James Gregory

Der Schotte James Gregory (1638–1675) war zweifellos ein großes Genie im England des 17. Jahrhunderts, das nur noch von Isaac Newton übertroffen wurde [Turnbull 1940]. Gregory studierte von 1664 bis 1668 in Italien, wo er von Stefano degli Angeli (1623–1697) die Indivisiblenmethoden Cavalieris und Torricellis kennenlernte [Turnbull 1939, S. 1–15]. Gregory bekleidete Professuren an der University of St. Andrews und an der University of Edinburgh und hat – wie Newton – an einem Spiegelteleskop gearbeitet, das man „Gregorian telescope" nannte und das 1673 von Robert Hooke tatsächlich gebaut wurde. Als Astronom entwickelte er aus dem Venusdurchgang eine Methode, um die Entfernung der Erde von der Sonne zu berechnen.

Im Jahr 1667 publizierte er, während er in Padua war, in *Vera Circuli et Hyperbolae Quadratura* konvergente unendliche Reihen für die Kreisfläche und zur Berechnung der Fläche unter der Hyperbel. Er war offenbar auch im Besitz des Hauptsatzes der Differential- und Integralrechnung, der besagt, dass die Quadratur die zur Tangentenmethode inverse Operation darstellt. Auch die später nach Brooke Taylor benannten Taylor-Reihen finden sich in seinem Werk. Auch die Reihendarstellungen für die Funktionen $\sin x, \cos x, \arccos x, \arcsin x, \arctan x$ hat Gregory gefunden. Gregory war ein Bewunderer von Newton und korrespondierte mit ihm, allerdings hat sein früher Tod dafür gesorgt, dass sich sein Genie nicht vollständig entfalten konnte. Einige seiner mathematischen Arbeiten finden sich in [Baron 1987, S. 228 ff.], insbesondere seine Form des Hauptsatzes.

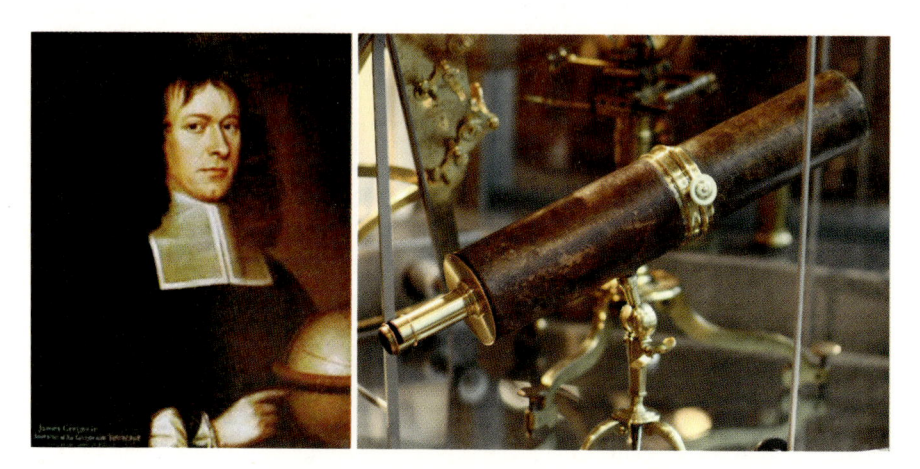

Abb. 6.3.31 James Gregory und sein Spiegelteleskop aus der Zeit um 1735 in der Putman Gallery, Harvard Science Center [Foto Sage Ross]

6.4 Analysis in Indien

Die Darstellung war bisher – bis auf die Anfänge der Mathematik in Ägypten und Mesopotamien – rein europäisch zentriert, und die Frage liegt nahe, ob sich „Analysis" nicht auch in außereuropäischen Ländern hat entwickeln können. Der wahrscheinlichste Kandidat ist auf den ersten Blick China; wurden doch so viele Entdeckungen und Erfindungen zuerst in China gemacht. Aber die Chinesen hatten offenbar kein gesteigertes Interesse an der Entwicklung analytischer Begriffe und Methoden und auch einzelne bekannte Arbeiten zu unendlichen Reihen stammen erst aus der Mitte des 18. Jahrhunderts und sind mit hoher Wahrscheinlichkeit durch den Import von europäischen Ideen entstanden [Martzloff 2006, S. 353 f.]. Sehr viel ergiebiger ist die Lage in Indien [Baron 1987, S. 61 f.].

In der Hindu-Mathematik stehen rechnerische Aspekte durchaus im Vordergrund, so dass es nicht zu einer Herausbildung einer Beweiskultur wie etwa bei den Griechen kommt. Für die Analysis ist interessant, dass sich schon Brahmagupta (598–668) im Jahr 628 mit dem Rechnen mit Null beschäftigt hat. Demnach gelten die algebraischen Regeln

$$a - a = 0, \quad a + 0 = 0, \quad a - 0 = 0, \quad 0 \cdot a = 0, \quad a \cdot 0 = 0.$$

Aber Brahmagupta lässt auch die Division durch 0 zu, in dem er sich 0 als Infinitesimale vorstellt, die tatsächlich zu Null wird, und schreibt $a/0$, ohne dem Quotienten allerdings einen Wert zuzuweisen.

Bhāskara II (1114–1185) formuliert um 1150 die Idee

$$a/0 = \infty, \quad \infty + a = \infty$$

und Ganeśa wird 1558 noch deutlicher [Baron 1987, S. 62]:

> $a/0$ ist eine unbestimmte und unbegrenzte oder unendliche Größe, denn ihre Größe kann nicht bestimmt werden. Sie wird durch Addition oder Subtraktion endlicher Größen nicht geändert.

Arithmetische und geometrische Reihen waren in Indien bereits im 4. Jahrhundert vor Christus bekannt, und um 200 v. Chr. scheint Pingala die Binomialkoeffizienten gekannt zu haben. Zwischen 300 und 1350 findet man Aufgaben, in denen Quadrate und Kuben natürlicher Zahlen summiert werden mussten. Schon im 15. Jahrhundert waren die Reihenentwicklungen von $\sin x, \cos x, \arctan x$ bekannt, und in der Astronomie wurden numerische Quadraturmethoden angewendet, die in Europa erst zwei Jahrhunderte später gefunden wurden.

Im Jahr 1671 entdeckt James Gregory die Reihe des Arcus Tangens, aber den Hindu-Mathematikern war diese Reihe bereits im 15. Jahrhundert bekannt und hieß „Talakulatturas Reihe". Zur Herleitung verwendeten die Inder einen

348   6 An der Wende vom 16. zum 17. Jahrhundert

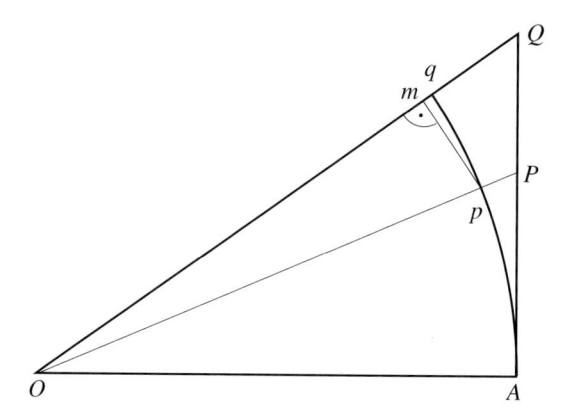

Abb. 6.4.1 Zur Herleitung der Reihe des Arcus Tangens in Indien, Teil 1

Kreisbogen Apq mit Radius OA wie in Abb. 6.4.1. Die Radien Op, Oq treffen die Kreistangente in den Punkten P und Q. Sei pm das Lot von p auf OQ und $OA = Op = Oq = 1$. Dann gilt nach dem Sinussatz

$$\frac{PQ}{OP} = \frac{\sin \angle QOP}{\sin \angle OQP}.$$

Wegen

$$\sin \angle OQP = \frac{OA}{OQ} = \frac{1}{OQ},$$
$$\sin \angle QOP = \frac{pm}{Op} = pm,$$

folgt daher

$$\frac{PQ}{OP} = \frac{pm}{\frac{1}{OQ}} = pm \cdot OQ,$$

und damit

$$pm = \frac{PQ}{OP \cdot OQ}.$$

Ist PQ „klein", dann ist $pm \approx$ Bogen $pq = \frac{PQ}{OP^2}$ und nach dem Satz des Pythagoras ist dann

$$pm \approx \frac{PQ}{1 + AP^2}.$$

Wir wechseln jetzt auf Abb. 6.4.2 und setzen $\angle BOA < \frac{\pi}{4}$ voraus. Wir nennen $t := \tan \angle AOB = AB$ und teilen die Strecke AB in n äquidistante Teile, so dass sich die Punkte $A = P_0, P_1, P_2, \ldots, P_n = B$ ergeben. Der Punkt b sei der Schnittpunkt von OB mit dem Kreisbogen. Dann gilt

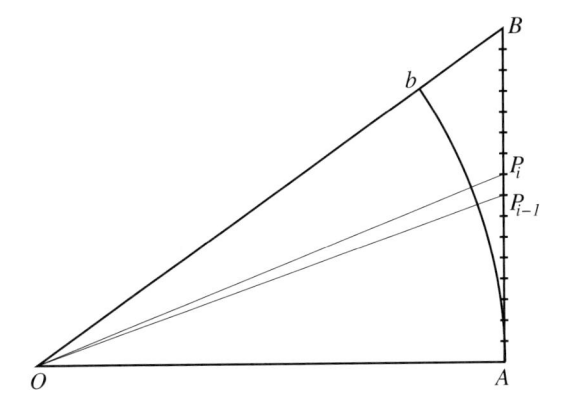

Abb. 6.4.2 Zur Herleitung der Reihe des Arcus Tangens in Indien, Teil 2

$$\text{Bogen } Ab = \lim_{n\to\infty} \sum_{r=0}^{n-1} \frac{P_r P_{r+1}}{1 + AP_r^2}$$

$$= \lim_{n\to\infty} \sum_{r=0}^{n-1} \frac{\frac{t}{n}}{1 + \left(\frac{rt}{n}\right)^2}$$

$$= \lim_{n\to\infty} \sum_{r=0}^{n-1} \frac{t}{n} \left(1 - \left(\frac{rt}{n}\right)^2 + \left(\frac{rt}{n}\right)^4 - + \ldots\right).$$

Nun folgt ein bemerkenswerter Schritt. Die Hindu-Mathematiker um 1500 wussten, dass

$$\lim_{n\to\infty} \frac{\sum_{r=0}^{n-1} r^p}{n^{p+1}} = \frac{1}{1+p}$$

gilt, und das lange vor Wallis und anderen Mathematikern in Europa. Wendet man dieses Ergebnis oben an, dann folgt

$$\text{Bogen } Ab = t - \frac{t^3}{3} + \frac{t^5}{5} - \frac{t^7}{7} + - \ldots$$

und das ist die Reihe für die Funktion $\arctan t$. Um diese Anwendung rigoros zu begründen, muss die Vertauschbarkeit zweier Grenzprozesse gezeigt werden:

$$\lim_{n\to\infty} \sum_{r=0}^{n-1} \sum_{p=0}^{\infty} (-1)^p t^{2p+1} \frac{r^{2p}}{n^{2p+1}} \overset{!}{=} \sum_{p=0}^{\infty} (-1)^p t^{2p+1} \lim_{n\to\infty} \sum_{r=0}^{n-1} \frac{r^{2p}}{n^{2p+1}}.$$

Wir dürfen davon ausgehen, dass auch die indischen Mathematiker sich dieser Konvergenzprobleme nicht bewusst waren. Setzt man $t = 1$, d.h. $\arctan 1 = \pi/4$, dann folgt Leibnizens berühmte Reihe (vgl. Seite 420)

$$\frac{\pi}{4} = 1 - \frac{1}{3} + \frac{1}{5} - \frac{1}{7} + - \cdots .$$

Die Hindu-Mathematik kam sicher durch Handelsbeziehungen in die arabische Welt, wie auch das indische Stellensystem mit den Ziffern $0, 1, \ldots, 9$. Dies ist ein bemerkenswertes Beispiel für Leistungen, die Hindu-Mathematiker schon deutlich vor den Europäern erbracht haben. Eine detailliertere Übersicht über die Leistungen der indischen Mathematik findet man in [Plofker 2007].

Entwicklung der Analysis im 16./17. Jahrhundert

um 1500	In Indien ist die Reihendarstellung des Arcus Tangens bekannt
1544	MICHAEL STIFEL veröffentlicht arithmetische und geometrische Skalen in seiner *Arithmetica Integra*
1558	In Indien erkennt GANEŚA die Unbegrenztheit bei Division durch Null
1596	HENRY BRIGGS wird erster Gresham Professor für Geometrie
1600	WILLIAM GILBERT begründet mit *De Magnete* die englische Naturphilosophie
1614	JOHN NAPIER veröffentlicht mit *Mirifici Logarithmorum Canonis Descriptio* die ersten Logarithmen
ca. 1614	THOMAS HARRIOT rektifiziert die Loxodrome
1619	HENRY BRIGGS wird erster Savilian Professor für Geometrie an der Universität Oxford
1624	Die *Arithmetica Logarithmorum* des HENRY BRIGGS erscheint in London. Die Logarithmen sind etabliert
1629–1695	CHRISTIAAN HUYGENS. Der Niederländer wird der größte Naturforscher sein Landes, gilt als Lehrer von Leibniz und wurde selbst von Newton hoch geschätzt
1635	Marin Mersenne gründet in Paris die „Freie Akademie"
vor 1636	GILLES PERSONNE DE ROBERVAL gelingt in Paris die Quadratur der Zykloide
1637	RENÉ DESCARTES veröffentlicht sein Buch *Discours de la méthode ...*, in dem die analytische Geometrie geboren wird. Auch die „Kreismethode" zur Bestimmung von Tangenten an Kurven findet sich hier
1637	PIERRE DE FERMAT schickt seine Arbeiten zur Mathematik an *Mersenne* nach Paris. Darunter sind geniale Arbeiten zur Bestimmung von Maxima und Minima
1640	BLAISE PASCAL publiziert seine erste mathematische Arbeit, in der es um Kegelschnitte geht
1649	Der Niederländer FRANS VAN SCHOOTEN JR. übersetzt *La Géométrie* von Descartes ins Lateinische. Diese Übersetzung wird einflussreich
1654–1663	Der Niederländer JOHANN VAN WAVEREN HUDDE entwickelt die „Hudde-Regel"
1656	Die *Arithmetica Infinitorum* von JOHN WALLIS erscheint im Druck in Oxford
1657	WILLIAM NEILE rektifiziert die semikubische Parabel
1658	BLAISE PASCAL publiziert in Paris seine berühmte Preisaufgabe unter dem Pseudonym „Amos Dettonville"
1659	BLAISE PASCAL publiziert die Arbeit *Traité des sinus du quart de cercle*, in der Leibniz später die Idee des charakteristischen Dreiecks findet
1668	NICOLAUS MERCATOR veröffentlicht die *Logarithmotechnia* in London, in der die Mercatorsche Reihe für den Logarithmus hergeleitet wird
1673	RENÉ FRANÇOIS WALTHER DE SLUSE publiziert in Holland eine eigene Tangentenmethode, in deren Kenntnis er bereits um 1655 war

6.5 Aufgaben zu Kapitel 6

Aufgabe 6.5.1 *(zu 6.1)* Berechnen Sie die Steigung der Tangente an die Funktion
$$f(x) = x^3$$
mit Hilfe der Descartes'schen Kreismethode im Punkt $(2, 8)$.

Aufgabe 6.5.2 *(zu 6.1)* Beweisen Sie
$$\sum_{r=1}^{n} r(r+1) = \frac{1}{3}n(n+1)(n+2)$$
mit vollständiger Induktion.

Aufgabe 6.5.3 *(zu 6.1)* Berechnen Sie mit Hilfe der Pseudogleichheitsmethode von Fermat die erste positive Extremstelle von
$$f(x) = \sin x.$$
Verwenden Sie das Additionstheorem $\sin(x+e) = \sin x \cdot \cos e + \cos x \cdot \sin e$.

Aufgabe 6.5.4 *(zu 6.1)* Beweisen Sie
$$\binom{n}{k} = \frac{n \cdot (n-1) \cdot (n-2) \cdot \ldots \cdot (n-k+1)}{k!}, \quad n = 1, 2, 3, \ldots$$
mit vollständiger Induktion.

Aufgabe 6.5.5 *(zu 6.2)* Berechnen Sie die Tangentensteigung an die Funktion
$$f(x, y) = 2xy - 5x^2y + 3xy^2 = 0$$
am Punkt $(1, 1)$ mit der Tangentenmethode von de Sluse.

Aufgabe 6.5.6 *(zu 6.2)* Wiederholen Sie die Berechnung der vorherigen Aufgabe mit der Hudde-Regel.

Aufgabe 6.5.7 *(zu 6.3)* Beweisen Sie die Formel
$$\text{NapLog } x^n = n \cdot \text{NapLog } x + (1-n) \cdot \text{NapLog } 1$$
für den Napierschen Logarithmus.

Aufgabe 6.5.8 *(zu 6.3)* Beweisen Sie
$$\frac{0^2 + 1^2 + 2^2 + \ldots + n^2}{n^2 + n^2 + n^2 + \ldots + n^2} = \frac{1}{3} + \frac{1}{6n}.$$

Aufgabe 6.5.9 *(zu 6.3)* Berechnen Sie die Tangentensteigung von

$$f(x,y) = x^2 + y^3 - 5xy^2 = 0$$

mit der Tangentenmethode von Barrow.

Aufgabe 6.5.10 *(zu 6.3)* Es gilt

$$\frac{1}{1+x} = 1 - x + x^2 - x^3 + x^4 - + \ldots.$$

Setzt man $x = 1$, dann folgt

$$\frac{1}{2} = 1 - 1 + 1 - 1 + 1 - 1 + 1 - + \ldots.$$

Je nach Klammersetzung erhält man also

$$\frac{1}{2} = 1 + (-1 + 1) + (-1 + 1) + (-1 + 1) + \ldots = 1$$

oder

$$\frac{1}{2} = (1 - 1) + (1 - 1) + (1 - 1) + (1 - 1) + \ldots = 0.$$

Leibniz argumentierte, 1/2 sei eben gerade der Mittelwert von 1 und 0. Was sagen Sie dazu?

7 Newton und Leibniz – Giganten und Widersacher

1618–1648	Dreißigjähriger Krieg
1620	Die Pilgerväter, Puritaner aus England, landen in Nordamerika an Cape Cod
1633	Galilei muss vor der Inquisition sein Bekenntnis zum copernicanischen Weltsystem widerrufen
1643–1715	Ludwig XIV. König von Frankreich
1643	Isaac Newton wird am 4. Januar in Woolsthorpe bei Grantham geboren (Gregorianische Notierung)
1644	Blaise Pascal baut die erste erhalten gebliebene mechanische Rechenmaschine
1646	Gottfried Wilhelm Leibniz wird am 1. Juli in Leipzig geboren
1649	König Karl I. von England wird hingerichtet. Das Commonwealth wird durch Cromwell eingeführt
1660–1685	Karl II. König von England
1658–1705	Kaiser Leopold I.
1658	Der erste Rheinbund (Rheinischer Bund) formiert sich gegen den Kaiser
1662	Gründung der Royal Society in London
1665–1667	Zweiter Seekrieg Englands mit Holland
1665	Ausbruch der Pest in London
1666	Großes Feuer vernichtet einen großen Teil Londons, Wiederaufbau unter Christopher Wren und Robert Hooke
	Gründung der Pariser Akademie der Wissenschaften
1672	Leibniz erfindet die Staffelwalze als Element mechanischer Rechenmaschinen
1672–1678	Eroberungskrieg Ludwig XIV. gegen die Niederlande
1683–1699	Türkenkrieg
1685–1688	Der Katholik Jakob II. König von England
1688	Protestanten laden Wilhelm von Oranien ein, der Ende Dezember in London einzieht. Jakob flieht nach Frankreich
1688–1713	Friedrich III. Kurfürst von Brandenburg. Ab 1701 als Friedrich I. König von Preußen
1689–1725	Peter der Große Zar von Russland
1702–1714	Queen Anne Königin von England
1702–1713	Englische Beteiligung am Spanischen Erbfolgekrieg
1703	Gründung von St. Petersburg
1705–1711	Kaiser Joseph I.
1709	Ehrenfried Walter von Tschirnhaus und Johann Friedrich Böttger erfinden das europäische weiße Hartporzellan
1711–1740	Kaiser Karl VI.
1714–1727	Der Kurfürst von Hannover Georg Ludwig wird englischer König als Georg I.
1725	Eröffnung der Petersburger Akademie der Wissenschaften

7.1 Isaac Newton

Am ersten Weihnachtstag des Jahres 1642 eilen zwei Geburtshelferinnen von Woolsthorpe-by-Colsterworth in Lincolnshire nach North-Witham. Sie wollen stärkende Mittel für den nach nur sieben Monaten Schwangerschaft viel zu früh geborenen Sohn Isaac der Witwe Hannah Newton holen. Der Winzling hat kaum eine Chance, denn er passt in einen „quart mug"; das ist ein Krug von etwa einem Liter Inhalt. Wie der alte Newton erzählte, ließen sich seine Geburtshelferinnen bei dem Weg Zeit, glaubten sie doch nicht daran, den Säugling bei ihrem Eintreffen lebend vorzufinden [Westfall 2006, S. 49]. Wer hätte in dieser Situation gedacht, dass das Frühchen nicht nur 84 Jahre alt werden sollte, sondern auch einer der größten Mathematiker und Physiker aller Zeiten werden würde?

7.1.1 Kindheit und Jugend

Zuerst zum Geburtsdatum: Auf dem Kontinent ist der neue Gregorianische Kalender schon weitgehend akzeptiert – nicht so im protestantischen England. Newton ist also ein Weihnachtskind des Jahres 1642 nur nach dem alten Julianischen Kalender, nach unserer Zeitrechnung ist sein Geburtstag der 4. Januar 1643. Newtons Vater Isaac war ein „yeoman", einer der vielen freien Bauern mit kleinem Grundbesitz, Woolsthorpe Manor. Als der kleine Isaac in dieses Leben geworfen wird, ist sein Vater bereits tot – gestorben während

Abb. 7.1.1 Woolsthorpe Manor: Newtons Geburtshaus

der Schwangerschaft seiner Frau Hannah, einer geborenen Ayscough. Die Ayscoughs waren deutlich besser gestellt als die Newtons, und wir müssen in dieser Verbindung den geglückten Versuch Newtons sehen, im gesellschaftlichen Ansehen seiner Zeit ein wenig zu steigen. Hannah Newton konnte sicher nicht mit Geld um sich werfen, aber eine wirklich arme Familie waren die Newtons auch nicht. Zwischen dem kleinen Isaac und seiner Mutter muss sich bei fehlendem Vater eine noch tiefere Mutter-Sohn-Beziehung herausgebildet haben, als dies schon in vollständigen Familien der Fall ist. Als die Mutter sich dann entschloss, den 63-jährigen Geistlichen Barnabas Smith zu heiraten, mit ihm in die Nachbargemeinde North-Witham zu ziehen und den dreijährigen Isaac bei seiner Großmutter in Woolsthorpe zurückzulassen, muss in dem Kind eine Welt zusammengebrochen sein. Zahlreiche Autoren haben zu untersuchen versucht, ob Newtons späteres Verhalten aus dieser seelischen Katastrophe heraus erklärbar ist. An herausragender Stelle ist Frank Edward Manuels Buch [Manuel 1968] zu nennen, in dem diese Frage untersucht wurde. Klar ist, dass Newton Tötungsphantasien gegenüber seinem Stiefvater und sogar seiner Mutter entwickelte. In seinem zwanzigsten Lebensjahr, der Stiefvater ist lange tot, gesteht Newton in „Sünde No. 13" in einem Notizbuch [Manuel 1968, S. 26]:

> *Threatning my father and mother Smith to burne them and the house over them.* (Vater und Mutter Smith bedroht, sie und das Haus über ihnen anzuzünden.)

Newton galt Zeit seines Lebens als schwieriger Charakter. Insbesondere im Prioritätsstreit mit Leibniz hat er sich von seiner schlechtesten Seite gezeigt. Der Physiker Stephen Hawking, einer der Nachfolger Newtons auf dem Lucasischen Lehrstuhl in Cambridge, hat ihn in [Hawking 1988, S. 191] wie folgt charakterisiert:

> *Isaac Newton was not a pleasant man. His relations with other academics were notorious, with most of his later life spent embroiled in heated disputes.* (Isaac Newton war kein angenehmer Mensch. Seine Beziehungen zu anderen Akademikern waren berüchtigt, und die meiste Zeit seines späteren Lebens verwickelte er sich in hitzige Auseinandersetzungen.)

Es liegt nahe, Manuel zu folgen und Newtons bedenklichen Charakter mit seinem entsetzlichen Trennungserlebnis zu verbinden.

Sein Stiefvater, Barnabas Smith, stirbt im August 1653 und Newtons Mutter kehrt nach Woolsthorpe zurück – mit drei Halbgeschwistern Isaacs: Benjamin, Mary und Hannah Smith. Newton ist 10 Jahre alt und lebt sieben davon schon ohne die Mutter. Obwohl Barnabas Smith sich offenbar nie um den Sohn aus Hannahs erster Ehe gekümmert hat, finden sich nach Smiths Ableben auf den selbstgebauten Bücherregalen in Newtons Zimmer in Woolsthorpe manor als „Erbe" etwa zwei- bis dreihundert theologische Bücher, die vorher Smith gehörten. Ob damit Newtons Leidenschaft für theologische Fragestellungen begonnen hat ist nicht sicher, aber wahrscheinlich. Zwei Jahre blieben Newton, um die Anwesenheit seiner Mutter zu genießen – was durch die drei kleineren Halbgeschwister sicher auch nicht spannungsfrei blieb – bis er in die *free grammar school* in Grantham, der nächst größeren Ortschaft etwa 9 km nördlich von Woolsthorpe, eintrat. Vorher hatte er die Elementarschule besucht; Grantham war also schon eine höhere Schule. Obwohl die Schule eine hervorragende Reputation besaß, sollten wir uns die Lehrinhalte klarmachen: Latein, ein klein wenig Griechisch und die Bibel – so gut wie keine Mathematik [Westfall 2006, S. 56]; das entsprach den Ansprüchen der Zeit. Der schwächliche Newton soll von seinen derberen Klassenkameraden verprügelt worden sein. Obwohl er die Prügel nach Schulschluss voller Wut zurückgab, entschloss er sich, sich auch auf intellektuellem Gebiet zu rächen und wurde schnell der Primus der Klasse. Die in Grantham erworbenen Lateinkenntnisse leisteten Newton sein Leben lang hervorragende Dienste, nicht nur beim Abfassen seiner wichtigsten Werke, sondern auch im Briefwechsel mit Wissenschaftlern vom Kontinent.

In Grantham lebte der junge Schüler im Haus des Apothekers Clark. Mit gleichaltrigen Kindern, insbesondere mit Jungen, kam Newton nicht zurecht. Die lange Zeit allein mit der Großmutter hatte ihn sicherlich geprägt. Als Klassenprimus war er zudem den üblichen Hänseleien ausgesetzt und andere Kinder spielten nicht gerne mit ihm, weil er eine schnellere Auffassungsgabe hatte. Der Heranwachsende soll hier ein zartes Techtelmechtel mit der Stieftocher Clarks, einer Ms. Storer, gehabt haben. Dies ist die erste und letzte Geschichte, die Newton jemals in die Nähe eines weiblichen Wesens, ausgenommen seine Mutter, rückt.

In der Zeit in Grantham zeigte sich Newtons großes mechanisches Geschick, ja, man ist versucht, hier bereits den jungen Experimentalphysiker zu sehen. Sein Zimmer füllte sich mit Werkzeugen, für die er das gesamte Geld verwendete, das seine Mutter ihm gab. Er baute Puppenmöbel für die Mädchen und ein Modell einer Windmühle, die im Original gerade in Grantham im Bau war. Diese vervollständigte er mit einem Laufrad, das von einer Maus betrieben wurde. Für sich selbst baute er einen vierrädrigen Wagen, den er mit einer Kurbel antreiben konnte. Mit einer selbstgebauten faltbaren Laterne beleuchtete er seinen Schulweg im Winter und befestigte sie auch an Drachen, die er bei Nacht steigen ließ, um die abergläubischen Bewohner Granthams zu ängstigen. In einem Sturm experimentierte er mit der Kraft des Windes, in dem er einmal mit, einmal gegen den Wind sprang und die Strecken maß. Er maß auch die Länge der Schatten von Stäben im Licht der Sonne und konstruierte Sonnenuhren. Dabei soll er so gut gewesen sein, dass er aus der Länge der Schatten nicht nur die Sonnenwenden ablesen konnte, sondern auch die verschiedenen Tage des Monats. Das Leben im Haus eines Apothekers brachte auch Newtons Interesse für Chemikalien und Medikamente mit sich. Diese Liebe wird sich bis zu seinem Lebensende erhalten und man muss feststellen, dass er mehr Arbeit in die (Al)Chemie investierte, als in Mathematik und Physik und Astronomie [Westfall 2006, S. 63].

Ende 1659 – Newton steht vor seinem 17. Geburtstag – wird die Schulzeit beendet und er kehrt nach Woolsthorpe zur Mutter zurück, die sich Hilfe auf dem Hof erhofft und später sicherlich auch die Übernahme des kleinen Anwesens. Diese Hoffnung der Mutter wird jedoch enttäuscht. Obwohl ein Knecht den Auftrag erhält, Newton im Umgang mit einem Bauernhof zu schulen, ist dieser in Gedanken ganz woanders. Als er die Schafe hüten soll, baut er statt dessen eine Wassermühle, und die Schafe zertrampeln das Korn des Nachbarn. Newton besticht den Knecht an Markttagen, ihn hinter der ersten Biegung vom Wagen zu lassen und die Verkäufe selbst zu tätigen. Er selbst liest derweil ein Buch oder bastelt eine neue kleine Maschine. Kommt er nach Grantham, ist die Bibliothek des Apothekers sein Ziel, die dieser ihm früh geöffnet hat. Bei einer Gelegenheit führte er ein Pferd an einer Leine, war aber so in Gedanken, dass er nicht bemerkte, dass sich das Pferd losmachte und weglief. Er kam mit der Leine in der Hand zu Hause an – das Pferd war weg. Nein, auf landwirtschaftlichem Gebiet war mit Isaac Newton kein Staat zu machen.

Nun springt aber der Bruder der Mutter, der Geistliche William Ayscough, zu Gunsten Newtons ein. Ayscough muss seinen Neffen wohlwollend betrachtet und erkannt haben, dass der Junge auf eine Universität gehörte. Schützenhilfe erhält er vom Granthamer Schulmeister Mr. Stokes, der Newtons Mutter unmissverständlich klarmacht, dass ein Einsatz in der Landwirtschaft die Verschwendung eines Talentes bedeuten würde. Stokes ging dabei so weit, dass er Newton das Schulgeld erließ und bereit war, ihn in seinem eigenen Haus unterzubringen. Im Herbst 1660 ist Isaac Newton wieder Schüler in Grantham, dieses Mal mit dem klaren Ziel, eine Universität besuchen zu können.

7.1.2 Der Student in Cambridge

Newton zog im Juni 1661 in die Universität Cambridge ein. Er war nicht der Sohn eines reichen Großgrundbesitzers oder Adligen, und so trat er sein Studium als „subsizar" an, als Diener für die Fellows und ältere und reichere Studenten. Das hätte nicht sein müssen. Die Mutter Hannah Newton hatte ein Jahreseinkommen von etwa £700 [Westfall 2006, S. 72] und hätte ihrem Sohn den Besuch der Universität demnach finanziell leicht ermöglichen können. Offenbar war die Mutter doch enttäuscht, dass der Sohn sich von der häuslichen Landwirtschaft ab- und sich den für sie, die sie nur mühsam schreiben konnte, brotlosen akademischen Studien zugewandt hatte. Er erhielt von seiner Mutter lediglich ein Jahressalär von £10. Newton immatrikulierte sich im *Trinity College*, wo auch schon sein Onkel William Ayscough studiert hatte. Auch der Bruder der Apothekersfrau Clark aus Grantham,

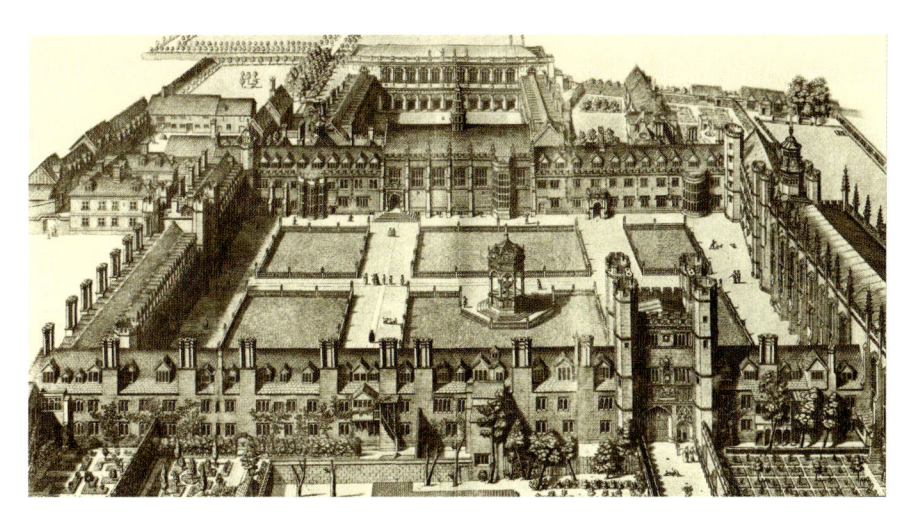

Abb. 7.1.2 Trinity College in Cambridge in einem Stich aus dem Jahr 1690 (Newtons Räume befanden sich rechts des Haupteingangs im ersten Stock)

Humphrey Babington, mag ein Grund für die Wahl gerade dieses Colleges gewesen sein. Babington war ein einflussreicher Fellow von Trinity College und muss Newton sehr zugewandt gewesen sein.

In Trinity teilte sich Newton ein Zimmer mit John Wickins, mit dem sich eine Art Freundschaft entwickelte, wenn für einen Einzelgänger wie Newton der Begriff „Freundschaft" überhaupt angemessen ist. Was aber lernte Newton als Student in Cambridge? Gehört Cambridge heute zu den Spitzenuniversitäten der Welt, so war der Zustand dieser Universität zu Newtons Zeit außerordentlich beklagenswert. Aristoteles war immer noch die zentrale Autorität und so lernte man Aristotelische Logik, Rhetorik, Naturphilosophie und Physik. Viele reiche Studenten kamen nach Cambridge und Oxford, um sich Hunderennen, ausufernden Saufereien und den Abenteuern mit Frauen hinzugeben. Meinten die Väter solcher Studenten, dass es nun Zeit für ihren Nachwuchs sei, ins Leben einzutreten, so wurde ein Abschlusszeugnis für viel Geld gekauft. Dazu passend gab es viele Dozenten, die zwar von den Colleges lebten, aber niemals eine einzige Vorlesung gaben.

Aber Newton ist anders. Er ersteht auch neben dem Curriculum Bücher und wirft sich in ein Selbststudium: Er liest Descartes, Galileis *Dialog über die beiden hauptsächlichen Weltsysteme*, Robert Boyle, Thomas Hobbes, Henry More und weitere damals moderne Autoren. Auf Empfehlung seines Onkels liest er vor Eintritt in die Universität ein Buch über Logik, das bereits der Onkel dreißig Jahre zuvor studieren musste. An der Universität stellt Newton nun fest, dass dieses Buch immer noch zum Pflichtstoff gehört, dass er aber mehr über Logik weiß als sein Tutor.

Abb. 7.1.3 Isaac Newton(Statue im University Museum of Natural History, Oxford) [Foto Sonar]

In 1662 durchlebt Newton offenbar eine religiöse Krise und schreibt eine Liste seiner begangenen Sünden nieder. In einem eigens angelegten Notizbuch finden wir im Jahr 1663 Newtons eigentliche Beschäftigung: Sätze zu Kegelschnitten nach Pappos, zu geometrischen Sätzen von Viète, van Schooten und Oughtred, zur Arithmetik von John Wallis, zu Methoden zum Schleifen von Linsen, zu naturphilosophischen, theologischen und alchemischen Fragen. Er ist sehr an optischen Fragestellungen interessiert. Woher kommen die Farben? Zur Beantwortung solcher Fragen ist er bereit, sogar seine eigene Gesundheit aufs Spiel zu setzen. Als er bemerkt, dass auch Druck auf den Augapfel Farbempfindungen erzeugt, schiebt er sich eine Hutnadel hinter das Auge und übt Druck in der Nähe des Sehnervs aus (Abb. 7.1.4).

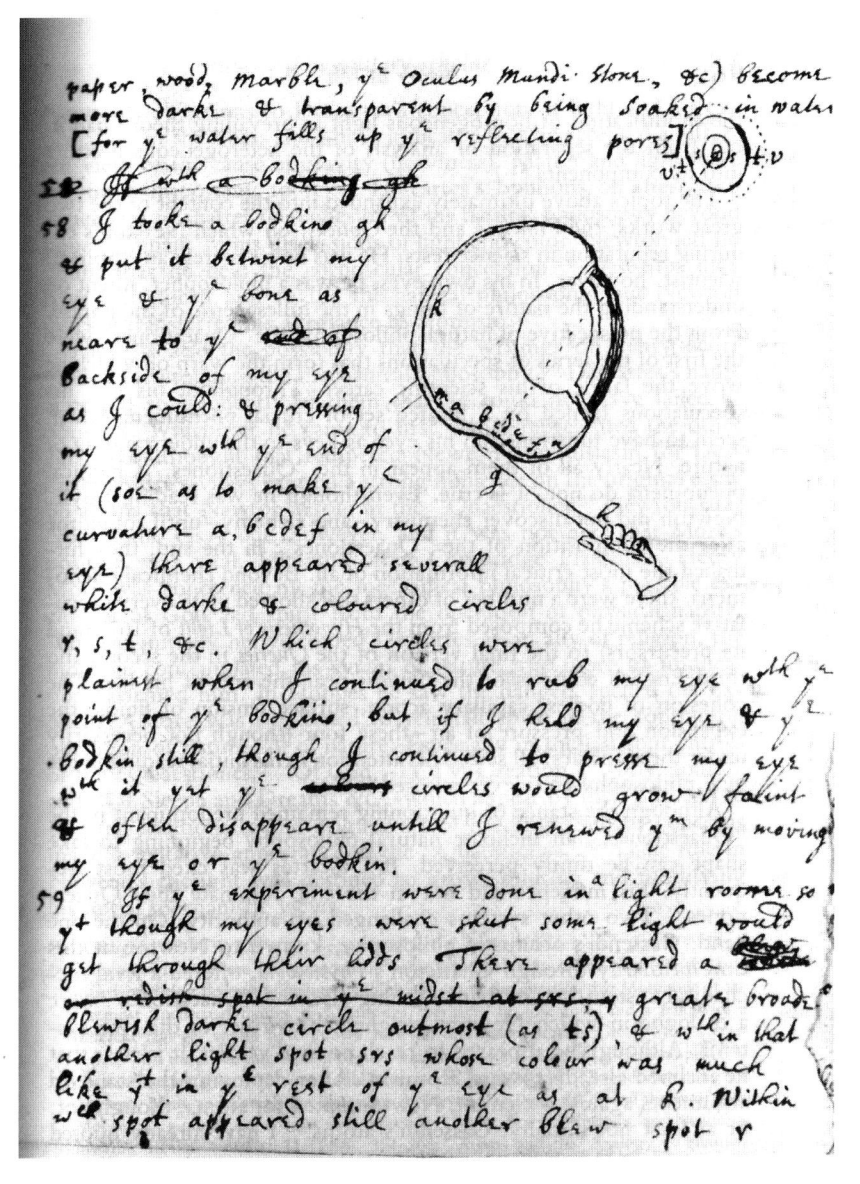

Abb. 7.1.4 Newtons Aufzeichnungen zu seinem Experiment mit seinem Auge (reproduced by kind permission of the Syndics of the Cambridge University Library)

Er verliert das Auge nicht, kann aber längere Zeit nicht sehen und muss in seinem abgedunkelten Raum bleiben.

Im Jahr 1663 war in Cambridge der Lucasische Lehrstuhl eingerichtet worden und der erste Inhaber, Isaac Barrow, begann 1664 mit seinen Vorlesungen.

Barrow war nicht Newtons Tutor, aber Westfall vermutet [Westfall 2006, S. 99], dass es in ganz Cambridge nur Barrow gewesen sein kann, der Newton die Bücher von Wallis auslieh. Eine erneute Krise bahnte sich 1664 an, als es um die Vergabe von Stipendien ging. Newton stellte all seine privaten Studien zurück und kümmerte sich um das vernachlässigte Universitätscurriculum. Tatsächlich wurde Newton erwählt und war nun „scholar". Mit dieser Wahl verband sich eine jährliche Zuwendung aus Mitteln des College und ein jährliches Stipendium. Für Newton noch wichtiger waren aber wohl die damit garantierten nächsten vier Jahre, in denen er seine Studien fortsetzen konnte.

Nun konnte er sich mit ganzer Kraft seinen Studien widmen und das machte er mit völliger Hingabe; ja, man kann schon von einer Obsession sprechen, mit der Newton sich nun in seine Arbeit stürzte. Er vergaß häufig zu essen; dafür wurde die Katze, die mit Newton und seinem Mitstudenten Wickins das Zimmer im College bewohnte, immer fetter, weil sie Newtons Essen zu sich nahm. So wenig er zeitweise aß, so wenig schlief er. Hatte ihn eine Berechnung gepackt, dann dachte er nicht daran, ins Bett zu gehen, sondern ruhte nicht eher, bis er die Lösung hatte. Noch im hohen Alter riefen die Bediensteten Newton eine halbe Stunde vor der Zeit zum Abendessen. Wenn er dann aus seinem Arbeitszimmer kam und zufällig ein interessantes Buch oder Manuskript sah, dann blieb das Essen stehen. Nicht selten aß Newton über Nacht kalt gewordenen Haferschleim oder Eier in Milch dann eben zum Frühstück. Es besteht auch kein Zweifel daran, dass Newtons Psychose(n), die er aus Woolsthorpe nach Cambridge mitbrachte, sich in der Zeit der äußersten Hingabe an seine wissenschaftlichen Arbeiten verstärkte, denn er reagierte Wickins und anderen gegenüber oft seltsam [Westfall 2006, S. 104].

Einer Anekdote nach wurde Newton im Alter gefragt, wie er das Gravitationsgesetz entdeckt habe und er antwortete: „Durch dauerndes Nachdenken". Ob diese Anekdote nur gut erfunden ist oder nicht – sie zeigt einen charakteristischen Zug Newtons: Arbeiten, Arbeiten, Arbeiten und nochmals Arbeiten. Wir müssen uns dabei vor Augen führen, dass Newton dabei nicht die Gedanken anderer nachvollzog. Er hatte sich längst in neue Gefilde aufgemacht, die er zum ersten Mal unter allen Menschen seiner Zeit betrat. Nachdem er die Schriften von Wallis, Descartes (in van Schootens zweiter lateinischer Ausgabe) und Viète studiert hatte, war er zwischen Winter 1664 und Sommer 1665 im Besitz des Binomialtheorems. Mitten in den Geburtswehen der neuen Analysis wurde er für 1665 zu den Prüfungen für den Bachelorgrad bestellt, die er mit Ach und Krach erfolgreich hinter sich brachte. Im Sommer 1665 brach die Pest aus. Die Universität wurde geschlossen und die Studenten wurden nach Hause geschickt. Newton ging noch vor dem 7. August 1665 zurück zu seiner Mutter nach Woolsthorpe und kehrte erst am 20. März 1666 nach Cambridge zurück. Dann kam es noch einmal zu einem Aufflackern der Pest; wieder wurde die Universität geschlossen, wieder ging Newton nach Woolsthorpe, und erst Ende April 1667 war er wieder in Cambridge. Die Jahre

1664 bis 1666 werden in Newtons Leben als die „anni mirabiles" bezeichnet. Newton schreibt ca. 50 Jahre nach dieser Zeit [Westfall 2006, S. 143]:

> *In the beginning of the year 1665 I found the Method of approximating series & the Rule for reducing any dignity of any Binomial into such a series. The same year in May I found the method of Tangents of Gregory & Slusius, & in November had the direct method of fluxions & the next year in January had the Theory of Colours & in May following I had entrance into ye inverse method of fluxions. And the same year I began to think of gravity extending to ye orb of the Moon & (having found out how to estimate the force with w^{ch} [a] globe revolving within a sphere presses the surface of the sphere) from Keplers rule of the periodical times of the Planets being in sesquialterate proportion of their distances from the center of their Orbs, I deduced that the forces wch keep the Planets in their Orbs must [be] reciprocally as the squares of their distances from the centers about wch they revolve: & therebye compared the force requisite to keep the Moon in her Orb with the force of gravity at the surface of the earth, & found them answer pretty nearly. All this was in the two plague years of 1665–1666. For in those days I was in the prime of my age for invention & minded Mathematickes & Philosophy more then at any time since.*[1]

Im Jahr 1666 wendet sich Newton vorerst von der Mathematik ab und der Physik zu – mit derselben Ausschließlichkeit und Energie. Die oft kolportierte Geschichte, Newton habe das Gravitationsgesetz entdeckt, als ihm beim Nachdenken in Woolsthorpe ein Apfel auf den Kopf gefallen ist, ist gut erfunden. Er trug sich *nicht* bereits zwanzig Jahre lang mit den fertigen Ideen herum, die schließlich zur Publikation seiner *Principia* führten, sondern aus

---

[1] Am Anfang des Jahres 1665 fand ich die Methode Reihen anzunähern und die Regel, jedes Binom in eine solche Reihe zu entwickeln. Im Mai fand ich die Tangentenmethode von Gregory und Sluse und im November hatte ich die direkte Methode der Fluxionen und nächstes Jahr im Januar die Theorie der Farben und im folgenden Mai hatte ich Zugang zur inversen Methode der Fluxionen. Und in demselben Jahr begann ich, über die Ausdehnung der Gravitation bis zum Mond nachzudenken und (nachdem ich herausgefunden hatte, wie man die Kraft abschätzt, die ein rotierender Globus auf die Kreisbahn ausübt) folgerte aus Keplers Gesetz der Periodenzeiten von Planeten, die in ihren Abständen wie $1\frac{1}{2} : 1$ vom Zentrum ihrer Orbits laufen, dass die Kräfte, die die Planeten in ihren Bahnen halten, sich umgekehrt zu den Quadraten ihrer Abstände vom Rotationsmittelpunkt verhalten. Dabei verglich ich die benötigte Kraft, den Mond in der Umlaufbahn um die Erde zu halten, mit der Gravitationskraft auf der Erdoberfläche und fand mich bestätigt. Alles dies geschah in den beiden Pestjahren 1665–1666. In diesen Tagen war ich im besten Alter für Entdeckungen und achtete Mathematik und Philosophie mehr als in allen Zeiten danach.

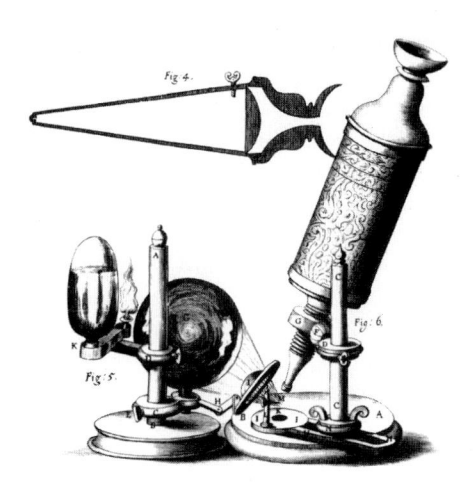

Abb. 7.1.5 Abbildung eines Horoskops aus Hookes *Micrographia*

seinem Notizbuch, den *Quaestiones*, ist klar ersichtlich, dass sich sein physikalisches Weltbild ab 1666 erst mit der Zeit entwickelte. Er ist interessiert an der Optik; insbesondere nach wie vor an der Entstehung der Farben, denn 1665 ist die *Micrographia* von Robert Hooke (1635–1703) erschienen, in der Hooke, Kurator der physikalischen Sammlung der Royal Society, über das Mikroskop schreibt und eine Farbenlehre diskutiert, die Newton ablehnt. Er kauft sich ein Prisma und beginnt zu experimentieren. Er schreibt in der Arbeit *A new Theory about Light and Colours* aus dem Jahr 1672 rückblickend (zitiert nach [Wickert 1995, S. 19]):

> *In dem Jahre 1666, als ich mich mit dem Schleifen von Linsengläsern von anderer als Kugelform beschäftigte, verschaffte ich mir auch ein dreiseitiges Glasprima, um damit die berühmten Farbenerscheinungen zu untersuchen. Zu dem Zwecke verdunkelte ich mein Zimmer, schnitt zum Einlassen einer passenden Menge Sonnenlichts eine kleine kreisrunde Öffnung in den Fensterladen und setzte mein Prisma so hinter die Öffnung, dass das Licht nach der gegenüberliegenden Wand gebrochen wurde. Es war zuerst eine angenehme Belustigung, die lebhaften und intensiven Farben zu betrachten, welche dadurch hervorgebracht wurden, als ich sie aber nach einiger Zeit sorgfältiger beobachtete, erstaunte ich, ihre Form länglich zu finden, während diese nach dem angenommenen Brechungsgesetz doch eine kreisförmige hätte sein sollen. Die Farben waren an den langen Seiten von geraden Linien begrenzt; an den Enden nahm das Licht so allmählich ab, dass es schwer hielt, die Figur des Bildes zu bestimmen, doch schien dieselbe hier kreisförmig zu sein. Beim Vergleichen der Länge dieses farbigen Spektrums mit seiner Breite fand ich die erste fünfmal größer*

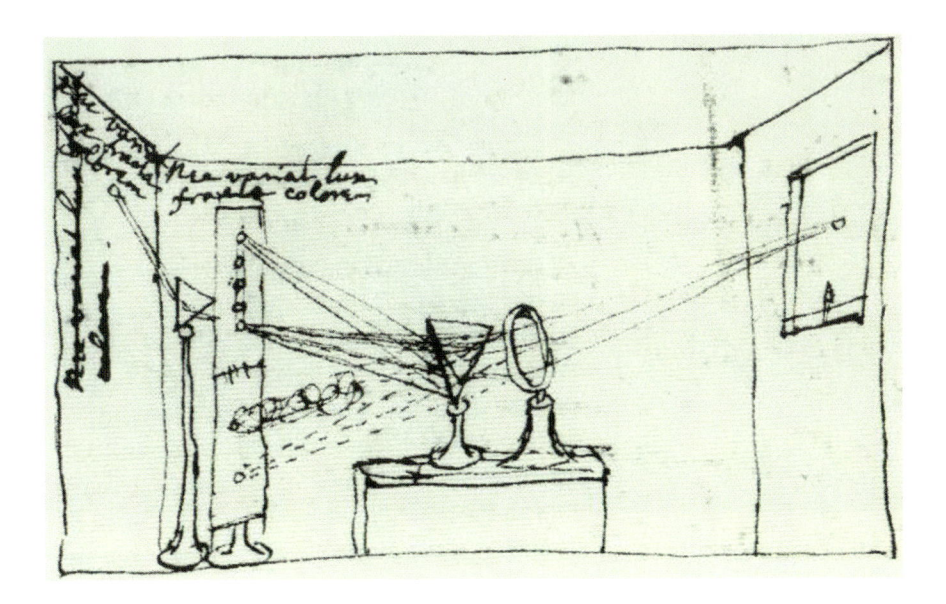

Abb. 7.1.6 Newtons Skizze des experimentum crucis

als die letztere, ein so starkes Mißverhältnis, dass mich das äußerst lebhafte Verlangen überkam, die Ursache desselben zu erforschen.

Nach weiteren Beschreibungen vieler Versuche, die dazu dienen, Hypothesen anderer zu widerlegen, beschreibt Newton schließlich sein „experimentum crucis", vgl. [Rosenberger 1987, S. 63f.]. Er kann damit beweisen, dass das weiße Licht aus einer Mischung von farbigem Licht besteht.

Im Jahr 1667 wird Newton in Cambridge zum „minor fellow" seines Colleges gewählt und kurz darauf, nachdem er zum „Master" ernannt wurde, wurde er „major fellow" – seine Zukunft war damit gesichert. Bei der Wahl zum „minor fellow" wurde er auf die 39 Artikel der anglikanischen Kirche verpflichtet und legte das Zölibatsgelübde ab. Inzwischen hatte Isaac Barrow das mathematische Talent seines Schülers erkannt und wollte es bekannt machen. Er schickte das Newtonsche Manuskript *De Analysi per Aequationes Numero Terminorum Infinitas* 1669 an John Collins (1625–1683), den Bibliothekar und mathematischen Impressario der Royal Society in London. Barrow hatte die *Logarithmotechnia* von Mercator, die er von Collins zugeschickt bekommen hatte, eifrig studiert und gesehen, dass Newton etwas Ebenbürtiges geleistet hatte. Mit Erlaubnis Newtons zeigte Collins das Manuskript dem damaligen (und ersten) Präsidenten der Royal Society, Lord William Brouncker (1620–1684), aber dann verlangte Newton plötzlich sein Manuskript zurück. Es ist aber sicher, dass Sluse und Gregory durch Collins von Newtons Arbeit erfuhren.

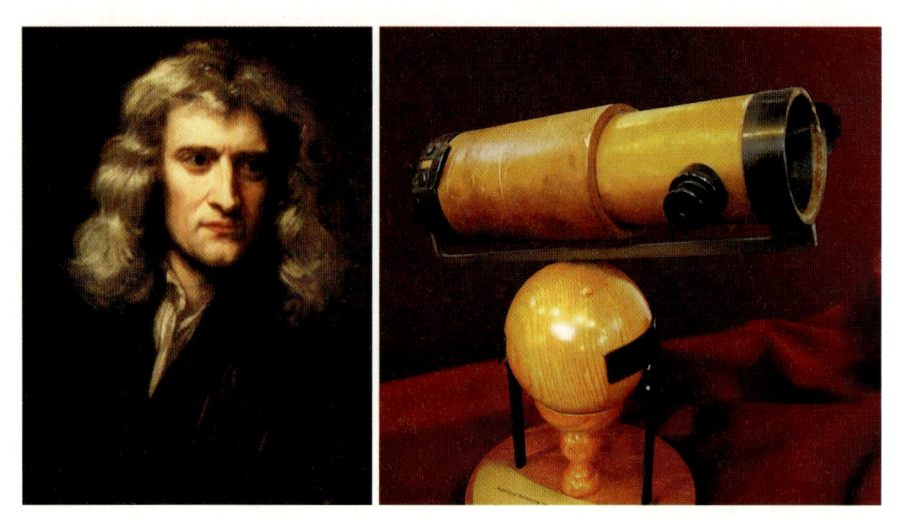

Abb. 7.1.7 Isaac Newton (Gemälde von Godfrey Kneller 1689) und sein Spiegelteleskop [Foto Andrew Dunn]

7.1.3 Der Lucasische Professor

Isaac Barrow trug sich schon einige Zeit mit dem Gedanken, eine Karriere in der anglikanischen Kirche zu machen. Im Jahr 1669 verzichtete er auf seinen Lehrstuhl in Cambridge und empfahl seinen Schüler Isaac Newton als seinen Nachfolger. So wurde der erst 27-jährige Newton Professor auf dem Lucasischen Lehrstuhl. Seine erste Vorlesung in Cambridge beschäftigte sich nicht mit Mathematik, sondern mit der Optik. Weil die Linsen seiner Zeit – so gut und genau man auch schliff – verzerrten, entwickelte Newton ein ganz neues Prinzip des Teleskops: das Spiegelteleskop. Noch heute kann man Spiegelteleskope „Newtonscher Bauart" zur Himmelsbeobachtung kaufen. Im Jahr 1672 wurde Newton auf Grund des Spiegelteleskops Mitglied der Royal Society. Im selben Jahr legte er in der Royal Society eine Arbeit über seine Farbenlehre vor, die die Ergebnisse seiner Experimente der letzten Jahre enthielt. Die Arbeit wurde sehr gut aufgenommen, lediglich Robert Hooke lehnte Newtons Theorie brüsk ab. Eine neue Feindschaft entwickelt sich: Im Jahr 1675 wird Hooke behaupten, Newton habe sogar einige seiner eigenen Resultate in der Theorie der Optik gestohlen. Wieder bricht Newtons Psychose durch: Er wird den Sitzungen der Royal Society fernbleiben, bis Robert Hooke schließlich im März 1703 stirbt! Obwohl beide Männer noch höfliche Briefe austauschten, kann man davon ausgehen, dass Newton in Hooke seinen Erzfeind sah. Auch Christiaan Huygens übt Kritik an Newtons Theorie, glaubt er doch an die Wellenstruktur des Lichts, während für Newton Licht aus Partikeln besteht. Erst zu Beginn des 20. Jahrhunderts wird diese Kontroverse durch den Welle-Teilchen-Dualismus beigelegt werden. Vermutlich hätte Newton sein Buch *Opticks* schon früher veröffentlicht, aber jetzt kam es erst nach dem Tod Hookes im Jahr 1704 heraus. Beigebunden war dem Buch die Arbeit *De quadratura curvarum*, eine Arbeit zur Fluxionsrechnung, was einige Leser doch etwas verwirrt haben muss . Aber Newton hatte bis 1704 *nichts* zu seiner Analysis veröffentlicht und geriet durch die Aktivitäten von Leibniz und anderen auf dem Kontinent unter Druck, seine Ergebnisse der Öffentlichkeit darzulegen. Mit Hooke steht 1679 Newton auch im Briefwechsel über das Gravitationsgesetz. Hooke hatte Newton mitgeteilt, dass die Anziehung sich wie das inverse Abstandsquadrat verhält, aber Hooke hatte dafür keinen Beweis und lieferte auch keinen. Newton hingegen hatte aus den Keplerschen Gesetzen und seinem Gesetz der Zentrifugalkraft diesen Zusammenhang *bewiesen*. Natürlich beanspruchte Hooke das Gravitationsgesetz für sich allein, aber schließlich war es Edmond Halley (1656–1742), dem die Prahlerei Hookes so auf die Nerven ging, dass er Newton zu einer Publikation drängte. Halley, ein studierter Mathematiker und genialer Astronom, hatte früh Reisen unternommen, um einen Merkurtransit zu beobachten und Sternpositionen zu vermessen. In einem der damals beliebten Kaffeehäuser diskutierte er 1684 mit Christopher Wren und Robert Hooke Beweise für die Keplerschen Gesetze, die man aber nicht finden konnte. So reiste er noch im selben Jahr nach Cambridge um Newton zu treffen, der die Beweise in der Schublade hatte. Im Jahr 1703 wurde Halley auf den Savilianischen Lehrstuhl für Geometrie in Oxford berufen. Er arbeitete an Bahnbestimmungen für Kometen und an der Bestimmung des Längengrades auf See. Nach dem Tod des „Astronomer Royal" John Flamsteed (1646–1719) wurde Halley dessen Nachfolger in Greenwich.

Drei Jahre nach dem Besuch Halleys bei Newton in Cambridge, im Jahr 1687, erscheint schließlich Newtons opus magnum, die *Philosophiae Naturalis Principia Mathematica*, kurz: *Principia*. Es ist dies die Geburtsstunde der modernen Physik. Finanziert hat den Druck des Buches niemand anderes als Edmond Halley. In drei „Büchern" finden wir in den *Principia* die Bewegungsgesetze der Mechanik, die Mechanik der Bewegung in viskosen Flüssigkeiten, das Gravitationsgesetz und die Himmelsmechanik. Es spricht für die ungeheure Bedeutung dieses Buches, dass man es noch heute in verschiedenen Nachdrucken und Übersetzungen kaufen kann, wovon [Newton 1999] wohl am empfehlenswertesten ist.

Die Vermutung, dass es in Newtons *Principia* von Anwendungen der Fluxionsrechnung nur so wimmelt, ist falsch! Bis auf einen Hilfssatz, in dem von „letzten Größen" die Rede ist, basiert das gesamte Werk auf klassischen, geometrischen Argumenten. Fast fühlt man sich an Archimedes erinnert, der seine Resultate mit Hilfe seiner Indivisiblenmethode gewann, sie dann jedoch geometrisch umformulierte. Die Durchdringung der Physik mit der neuen Analysis hat jedoch erst Leonhard Euler im 18. Jahrhundert bewerkstelligt.

Im Jahr 1685 wurde James II. König von England. Er war zum katholischen Glauben konvertiert und versuchte nach und nach, wichtige Posten mit Katholiken zu besetzen. Als er verlangte, man möge einem Benediktinermönch

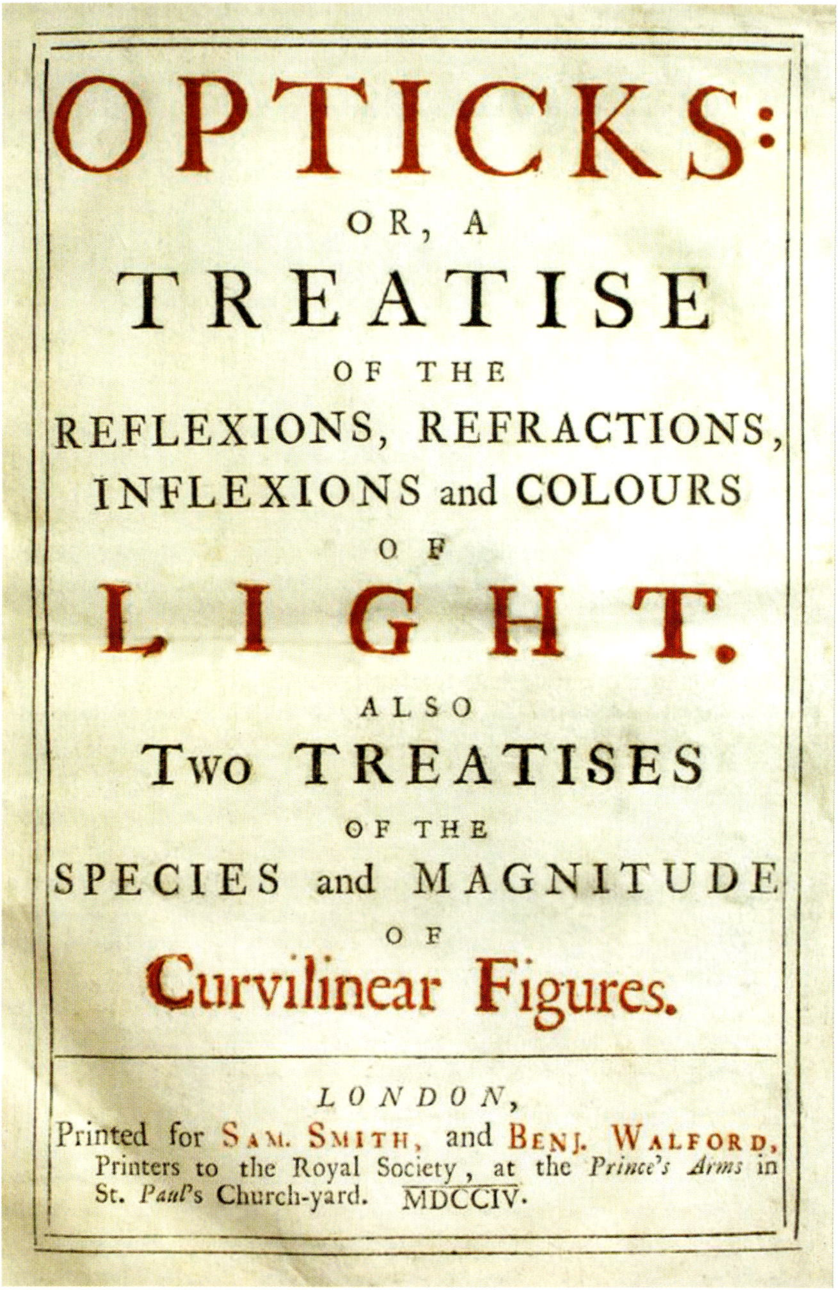

OPTICKS:
OR, A
TREATISE
OF THE
REFLEXIONS, REFRACTIONS,
INFLEXIONS and COLOURS
OF
LIGHT.
ALSO
Two TREATISES
OF THE
SPECIES and MAGNITUDE
OF
Curvilinear Figures.

LONDON,
Printed for SAM. SMITH, and BENJ. WALFORD,
Printers to the Royal Society, at the *Prince's Arms* in
St. *Paul's* Church-yard. MDCCIV.

Abb. 7.1.8 Newtons *Opticks*, Titelblatt der Ausgabe von 1704

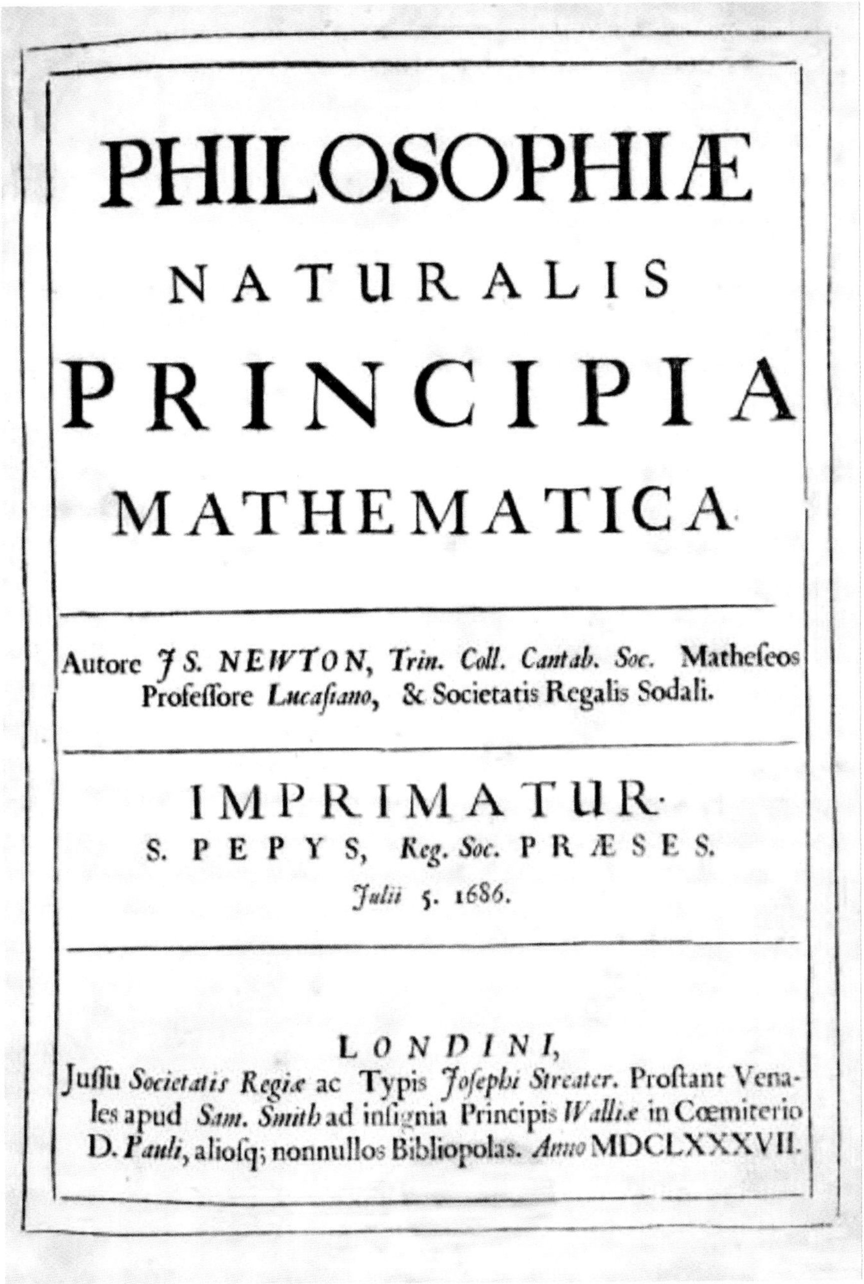

PHILOSOPHIÆ

NATURALIS

PRINCIPIA

MATHEMATICA

Autore *JS. NEWTON,* Trin. Coll. Cantab. Soc. Mathefeos Profeffore *Lucafiano,* & Societatis Regalis Sodali.

IMPRIMATUR·
S. PEPYS, *Reg. Soc.* PRÆSES.
Julii 5. 1686.

LONDINI,
Juſſu *Societatis Regiæ* ac Typis *Joſephi Streater.* Proſtant Venales apud *Sam. Smith* ad infignia Principis *Walliæ* in Cœmiterio D. *Pauli,* aliofq; nonnullos Bibliopolas. *Anno* MDCLXXXVII.

Abb. 7.1.9 Titelblatt von Newtons „*Principia*" 1687

Abb. 7.1.10 Edmond Halley und der nach ihm benannte Komet. Büste im Museum Royal Greenwich Observatory, London [Foto K.-D. Keller], Foto des Kometen vom [Kuiper Airborne Observatory]

ohne Prüfungen einen Universitätsabschluss geben, rebellierte Newton. Er bestärkte den Vizekanzler der Universität Cambridge, sich streng an die Regeln zu halten, die ein solches Ansinnen nicht zuließen, und der Vizekanzler hielt sich an Newtons Rat, woraufhin er abgelöst wurde. Aber Newton war nicht bereit klein beizugeben und bereitete Schriftstücke zur Verteidigung der Universität vor. Im November 1688 landete Wilhelm von Oranien auf Einladung zahlreicher Führer der Protestanten in England und James floh nach Frankreich. Newton ging für die Universität Cambridge am 15. Januar 1689 sogar ins Londoner Parlament.

Ob es die Parlamentszeit in London war oder ob Newton einfach über seine singuläre Lage in Cambridge enttäuscht war – er wollte Cambridge verlassen. Eine Gelegenheit bot sich 1696, als man in London bei der Einführung einer neuen Währung einen neuen „Warden of the Mint" – der höchste Vorsteher der Königlichen Münzanstalt – benötigte. Newton nahm das Angebot an, war offenbar sehr erfolgreich (er hatte auch Falschmünzer aufzuspüren) und wurde 1699 „Master of the Mint", also der Leiter der Münze. Im Jahr 1701 gab er alle Positionen in Cambridge auf und ging nach London.

7.1.4 Alchemie, Religion und die große Krise

Wir haben Newton bisher als großen Naturwissenschaftler und Mathematiker kennengelernt. Weniger bekannt ist, dass Newton deutlich mehr Arbeit in chemische Experimente und religiöse Studien gesteckt hat, als in mathematische und physikalische! Seine Beschäftigung mit der Religion beginnt sicherlich mit dem Nachlass seines Stiefvaters Barnabas Smith, der aus einer theologischen Bibliothek bestand. Zeit seines Lebens hat Newton theologische Bücher gesammelt und studiert. Er kam dabei zu der Überzeugung, dass er

Abb. 7.1.11 Sir Isaac Newton (Gemälde von Godfrey Kneller, National Portrait Gallery, London)

die Trinitätslehre ablehnen musste und wurde zum Arianer. Die Lehre des Arius (um 260–336) aus Alexandria sieht in Gott allein den Vater, der Sohn ist eine Schöpfung Gottes, aber nicht Gott gleichzusetzen. Der Arianismus wurde als Häresie angesehen und so musste Newton seine religiöse Überzeugung streng für sich behalten.

Die Beschäftigung mit der Chemie beginnt bei Newton etwa im Jahr 1669, denn in diesem Jahr finden sich Ausgaben für Gläser und Chemikalien in seinen Büchern. Er muss die antike Literatur zu alchemischen Studien über Jahrzehnte betrieben haben und betrieb viele Jahre lang ein eigenes Laboratorium. Wie Dobbs [Dobbs 1991] überzeugend nachgewiesen hat, hat die Alchemie auch Newtons Physik beeinflusst, zum Beispiel bei der Postulierung des Äthers oder bei der Korpuskulartheorie des Lichts. Die Alchemie soll es auch gewesen sein, die Newton Anfang der 1690er Jahre in eine tiefe Krise stürzte. Der Legende nach [Rosenberger 1987, S. 278] soll Newton bei einem Kirchgang im Jahr 1692 sein Hündchen bei einer brennenden Kerze gelassen haben. Der Hund warf die Kerze um und der Brand vernichtete wichtige Manuskripte zur Alchemie. Andere sprechen von einem Brand in seinem Laboratorium. Wie dem auch sei: Newton fällt plötzlich in eine Art geistiger Verwirrtheit. An Samuel Pepys (1633–1703), den berühmten Verfasser des „Geheimen Tagebuches" und Präsident der Royal Society von 1684–1686 schreibt Newton am 13. September 1693 einen seltsamen Brief [Rosenberger 1987, S. 280]. Er schreibt:

[...] Denn ich bin durch meine Krankheit ausserordentlich zerrüttet und habe wohl die letzten zwölf Monate weder gegessen noch geschlafen, auch besitze ich nicht mehr meine frühere Kraft des Geistes. [...] ich merke jetzt, dass ich Eure Bekanntschaft aufgeben muss und dass ich weder Euch noch die übrigen meiner Freunde irgend mehr wiedersehen darf. Ich bitte um Verzeihung, dass ich versprochen habe Euch wieder zu besuchen.

Pepys weiß nicht so recht, was er von dem Brief zu halten hat und erkundigt sich vorsischtig und zurückhaltend bei Mr. Millington vom Magdalen College in Cambridge, von dem in Newtons Brief auch die Rede war, aber er bekommt nur eine unbefriedigende, nichtssagende Antwort. Daraufhin schreibt Pepys am 26. September 1693 ganz offen an Millington [Rosenberger 1987, S. 280 f.]:

Ich mochte Euch nicht geradezu sagen, dass ich letzthin einen Brief von Newton empfangen habe, der mich durch die Widersprüche in allen Theilen ebenso sehr erstaunt, als bei dem Antheil, den ich an ihm nehme, in grosse Unruhe versetzt hat. Denn aus dem Briefe war zu folgern, was ich vor allen Anderen am wenigsten von Newton fürchten möchte und am meisten bei ihm bedauern würde – nämlich eine Verwirrung des Verstandes oder des Gemüthes, oder beides. Ich bitte darum, lasst mich die genaue Wahrheit der Sache, soweit wenigstens, als sie Euch selbst bekannt ist, wissen.

Abb. 7.1.12 John Locke und Samuel Pepys (Gemälde von Godfrey Kneller und John Hayls, National Portrait Gallery, London)

Millington antwortet am 30. September 1693 [Rosenberger 1987, S. 281]:

Newton hat mir selbst gesagt, dass er an Euch einen seltsamen Brief geschrieben habe, der ihm nun sehr leid sei. Er ist jetzt wieder ganz wohl, und obgleich man annehmen muss, dass er noch an einem geringen Grade von Melancholie leidet, so existirt doch kein Grund zu glauben, dass dadurch sein Verstand noch irgendwie geschwächt sei, und ich hoffe, dass dies niemals eintritt. Sicherlich sollten alle, denen die Wissenschaft oder die Ehre der Nation am Herzen liegt, dasselbe wünschen. [...]

Der Philosoph John Locke (1632–1704), mit dem Newton befreundet war, erhielt einen noch seltsameren Brief von ihm [Rosenberger 1987, S. 281]:

Von der Meinung, dass Ihr mich durch Weiber oder andere Mittel in Verwirrung zu bringen suchtet, war ich so erregt, dass ich, als Jemand mir erzählte, Ihr wäret krank und würdet sterben, antwortete, es würde besser sein, wenn Ihr todt wäret. Ich bitte, vergebt mir diese Lieblosigkeit, [...]

Die Vorstellung, Newtons angegriffener Geisteszustand kam durch einen Brand in seinem Laboratorium oder auf seinem Schreibtisch zustande, erscheint unhaltbar. Glaubwürdig sind wohl nur zwei Varianten. Die eine geht davon aus, dass Newton Anfang der 1690er Jahre körperlich und geistig ausgelaugt war und dass seine Psychosen zu Phasen manischer Depression führten [Lieb/Hershman 1983]. Demnach ist die große Krise nur eine besonders heftige manische Depression. Die andere Variante macht eine Vergiftung

Abb. 7.1.13 Brand im Laboratorium von Newton (Stich, Paris 1874)

durch Schwermetalle – insbesondere Quecksilber – für Newtons seltsames Verhalten verantwortlich, vgl. [Keynes 1980], [Johnson/Wolbarsht 1979], [Spargo/Pounds 1979]. Newton schlief phasenweise wochenlang in seinem Laboratorium neben dem Feuer, während gefährliche Mischungen von Schwermetallen vor sich hin köchelten. Die Symptome können daher auch Symptome schwerer Blei-, Quecksilber- oder anderer Vergiftungen mit Schwermetallen sein. Es sind Haare von Newton überliefert und auch auf Schwermetalle untersucht worden, vgl. [Spargo/Pounds 1979]. Sie zeigen übereinstimmend eine hohe Schwermetallbelastung, allerdings ist der Zeitpunkt, an dem die Haare abgeschnitten wurden, nicht sicher und andererseits hatten eigentlich *alle* experimentell arbeitenden Wissenschaftler dieser Zeit solch hohe Dosen an Schwermetallen abbekommen. Da Newton in der Westminster Abbey begraben liegt und dort Exhumierungen nicht erlaubt sind, wird sich dieses Geheimnis in Newtons Leben wohl nie klären lassen.

In die Zeit der Krise fällt auch das Ende einer merkwürdigen, sehr innigen Beziehung zwischen Newton und dem Schweizer Mathematiker Nicolas Fatio de Duillier (1664–1753). Als Fatio 18 Jahre alt ist, geht er nach Paris, um bei Giovanni Domenico Cassini an der Pariser Sternwarte astronomische Studien durchzuführen. Spätestens nach der Begegnung mit Jakob Bernoulli und Christiaan Huygens im Jahr 1686 war Fatio sehr an den neuen Methoden der Infinitesimalmathematik interessiert. Ein Jahr später reiste er nach London, traf Wallis und Locke und wurde 1688 in die Royal Society aufgenommen. Er arbeitete auch auf dem Gebiet der Gravitation, wo er versuchte, eine Theorie Huygens' mit der von Newton in Einklang zu bringen. Auch an einer eigenen Gravitationstheorie hat Fatio gearbeitet. Von Newton war Fatio sehr angetan und umgekehrt fühlte sich auch Newton von Fatio angezogen. Es entwickelte

Abb. 7.1.14 Nicolas Fatio de Duillier und Giovanni Domenico Cassini (vor der Pariser Sternwarte)

sich eine sehr enge Freundschaft mit merkwürdiger Ausprägung. Als Fatio mit einer Grippe darniederlag, schrieb Newton besorgte Briefe von einer Intensität, die wohl in seinem Leben einzigartig ist. Den Versuch, im Jahr 1691 eine Neuauflage von Newtons *Principia* auf den Weg zu bringen, konnte Fatio nicht zum Abschluss bringen. Dann kühlte die Beziehung zwischen Newton und Fatio im Jahr 1694 schlagartig ab. Fatio wird eine unwürdige Rolle im Prioritätsstreit zwischen Newton und Leibniz spielen.

7.1.5 Newton als Präsident der Royal Society

Newton wurde im Jahr 1703 zum ersten Mal zum Präsidenten der Royal Society gewählt und bis zu seinem Tod Jahr für Jahr wiedergewählt. Beim Prioritätsstreit mit Leibniz, über den wir noch gesondert berichten, spielte Newton eine schändliche Rolle. Queen Anne schlug ihn 1705 zum Ritter, und damit ist er der erste Wissenschaftler, dem eine solche Ehre zuteil wurde. Am 1. Juli 1725 leitete Newton eine Sitzung der Royal Society, in der der Erzieher Ludwigs XV., Abbé Alari, geehrt wurde. Ein Bericht über diesen Besuch gibt einmal mehr Einblick in Newtons Charakter [Rosenberger 1987, S. 387]:

> *[...] Da der Abbé in der Lectüre griechischer und lateinischer Autoren sehr bewandert war, so gefiel er dem alten Gelehrten und wurde zum Dinner behalten. Newton war geizig, die Mahlzeit abscheulich, die Getränke, die er seinem Gaste vorsetzte, nur geschenkte Weine von Palma und Madeira. Nach seinem Dinner führte er den Gast in die Royal Society und liess ihn zu seiner Rechten sitzen. Gleich nach Beginn der Sitzung schlief Newton ein. [...]*

Abb. 7.1.15 Isaac Newton, geehrt auf einer britischen Ein-Pfund-Note

376   7 Newton und Leibniz – Giganten und Widersacher

Noch am 2. März 1727 sitzt er zum letzten Mal einer Sitzung der Royal Society vor. Am 20. März 1727 stirbt Isaac Newton und wird mit allen Ehren in der Westminster Abbey begraben. Sein Grabmonument wurde 1731 von seinen Erben errichtet. Es trägt die Inschrift (deutsche Übersetzung in [Rosenberger 1987, S. 388]):

> *Hier ruht Sir Isaac Newton, welcher als der Erste mit fast göttlicher Geisteskraft die Bewegungen und Formen der Planeten, die Bahnen der Kometen und die Fluth des Meeres durch die von ihm entwickelte Mathematik bestimmte, die Verschiedenheit der Lichtstrahlen, sowie die daraus hervorgehenden Eigenthümlichkeiten der Farben, welche vor ihm Niemand auch nur geahnt hatte, erforschte, die Natur, die Geschichte wie die Heilige Schrift fleissig, scharfsinnig und zuverlässig erklärte, die Majestät des höchsten Gottes durch seine Philosophie darlegte und in evangelischer Einfachheit der Sitten sein Leben vollbrachte. Es dürfen sich alle Sterbliche beglückwünschen, dass eine solche und so grosse Zierde des menschlichen Geschlechts ihnen geworden ist.*

Abb. 7.1.16 Newtons Grabmonument in Westminster Abbey
[Foto Klaus-Dieter Keller]

Der englische Dichter Alexander Pope (1688–1744) brachte die Bedeutung Newtons auf den Punkt:

> *Nature and nature's laws lay hid in night;*
> *God said: „Let Newton be!" and all was light.*

7.1.6 Das Binomialtheorem

Nach der Lektüre des Buches *Arithmetica infinitorum* von John Wallis im Jahr 1664 wurde Newton 1665 zu einer Entdeckung angeregt, die sich zu einem Kernelement und Arbeitspferd der Analysis entwickeln sollte. Im ersten Brief an Leibniz (epistola prior) 1676 berichtet er darüber [Edwards 1979, S. 178]:

> *Das Wurzelziehen wird durch dieses Theorem sehr abgekürzt,*
> $$(P+PQ)^{m/n} = P^{m/n} + \frac{m}{n}AQ + \frac{m-n}{2n}BQ + \frac{m-2n}{3n}CQ + \frac{m-3n}{4n}DQ + etc.$$
> *wobei $P + PQ$ die Größe bezeichnet, deren Wurzel oder irgend eine Potenz oder die Wurzel irgendeiner Potenz gefunden werden soll; P bezeichnet den ersten Term dieser Größe, Q den verbleibenden Term geteilt durch den ersten und m/n ist der numerische Index der Potenz von $P + PQ$, ganz gleich ob die Potenz ganzzahlig oder (sozusagen) gebrochen ist oder ob sie positiv oder negativ ist.*

Die Größen $A, B, C, \cdots$ bezeichnen den gerade vorhergegangenen Term, also $A = P^{m/n}$, $B = (m/n)AQ$, usw. In dieser Form ist das Binomialtheorem heute recht unverdaulich. Wir schreiben dieses Theorem in der Form

$$(1+x)^\alpha = \sum_{k=0}^\infty \binom{\alpha}{k} x^k$$

für beliebiges $\alpha \in \mathbb{R}$ mit den Binomialkoeffizienten $\binom{\alpha}{k}$, die für ganzzahliges α aus dem Pascalschen Dreieck entnommen werden können. In diesem Fall ist die obige Reihe endlich und bricht bei $k = \alpha$ ab. Setzen wir $P = 1$, dann können wir Newtons Binomialtheorem in die für uns angenehmere Form bringen:

$$(1+Q)^{m/n} = 1 + \frac{m}{n}Q + \frac{m}{n}\frac{m-n}{2n}Q^2 + \frac{m}{n}\frac{m-n}{2n}\frac{m-2n}{3n}Q^3 + \ldots$$

Wir haben bereits diskutiert, dass das Binomialtheorem für den Spezialfall $\alpha = 1/2$ schon von Henry Briggs bei der Berechnung seiner Logarithmen entdeckt wurde, aber Newton geht hier natürlich einen weiten Schritt vorwärts. Newton hat für sein so wichtiges Theorem nie einen Beweis geliefert. Für ihn gab es genug numerische und experimentelle Evidenz, um das Theorem zu validieren [Stedall 2008, S. 191]. Fragen nach der Konvergenz der Reihe und damit verbundene Einschränkungen an die Größe Q hat Newton nicht diskutiert. In der weiteren Geschichte der Analysis erweist sich Newton als ein Meister im Umgang mit unendlichen Reihen. Diese Hinwendung zu den Reihen und die Überzeugung, mit unendlichen Reihen ein wichtiges Werkzeug zur Entwicklung der Analysis in der Hand zu haben, ist sicher durch die frühe Entdeckung des Binomialtheorems angestoßen worden.

7.1.7 Die Fluxionsrechnung

Will man einen einzigen prinzipiellen Unterschied zwischen Newton und Leibniz pointiert herausheben, so kann man Newton in seinem Vorgehen den „Physiker" nennen, während man Leibniz als „Mathematiker" bezeichnen müsste. Newton denkt in Bewegungen und Geschwindigkeiten, wenn er an die Tangentenberechnung an Kurven der Form $f(x,y) = 0$ geht. Die Kurve $f(x,y) = 0$ „entsteht" für Newton durch die Schnittpunkte zweier sich bewegender Linien, die wir als Geschwindigkeitskomponenten in x- und y-Richtung deuten können. Die Geschwindigkeit in x-Richtung bezeichnet Newton ab etwa 1690 mit $\dot{x}$ und die in y-Richtung mit $\dot{y}$. Vorher schrieb er p und q. Es ist eine Ironie der Geschichte, dass wir Newtons Analysis heute in Leibnizscher Schreibweise diskutieren, aber die Newtonschen Notationen haben sich gegen Leibnizens geniale Bezeichnungen nicht halten können. Der Zusammenhang ist gegeben durch

$$\dot{x} = \frac{dx}{dt}, \quad \dot{y} = \frac{dy}{dt},$$

wobei man sich unter t tatsächlich die Zeit vorstellen sollte.

Da die Kurve $f(x,y) = 0$ durch eine „fließende" Bewegung zustande kommt, nennt Newton die Größen x und y die „Fluenten" und $\dot{x}$ und $\dot{y}$ „Fluxionen". Aus den Fluxionen zur Zeit t folgt sofort die Tangentensteigung an der Kurve (vgl. Abb. 7.1.17) zu

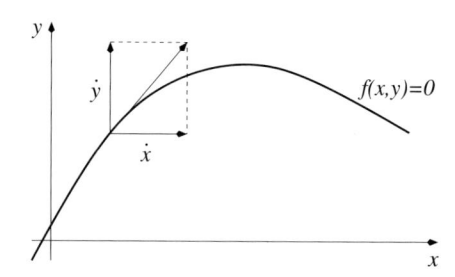

Abb. 7.1.17 Fluxionen (Geschwindigkeitskomponenten) bei Bewegung längs einer Kurve

$$\frac{\dot{y}}{\dot{x}} = \frac{\frac{dy}{dt}}{\frac{dx}{dt}} = \frac{dy}{dx}.$$

Newton hat im Oktober 1666 seine Arbeiten zur Fluxionsrechnung in einem Manuskript zusammengefasst, das zwar unveröffentlicht blieb, aber durch Kopien den Mathematikern in England zur Verfügung stand. Dieser „Oktobertraktat" [Whiteside 1967–1981, Vol.I, S. 400–448] befindet sich in Newtons gesammelten, edierten und komplett ins Englische übersetzten *Mathematical Papers*, die durch Derek Thomas Whiteside (1932–2008) in acht Bänden von 1967 bis 1981 herausgegeben wurden [Whiteside 1967–1981]. In diesem Traktat fragt Newton nach dem Verhältnis der Fluxionen $\dot{x}$ und $\dot{y}$ im Fall der Kurve

$$f(x,y) = \sum_{i,j} a_{ij} x^i y^j = 0,$$

wobei endliche Summen gemeint sind. Lesen wir Newton selbst, wobei wir „y^e" als „the" und „w^{ch}" als „which" zu lesen haben [Edwards 1979, S. 193]:

> Set all y^e termes on one side of y^e equation that they become equal to nothing. And first multiply each terme by so many times $\dot{x}/x$ as x hath dimensions in that terme. Secondly multiply each terme by so many times $\dot{y}/y$ as y hath dimensions in it [...] the summe of all these products shall bee equall to nothing. W^{ch} Equation gives y^e relation of y^e velocitys.

Folgen wir den Newtonschen Anweisungen Schritt für Schritt, so haben wir zuerst alle Terme zu Null zu setzen, also

$$\sum_{i,j} a_{ij} x^i y^j = 0.$$

Nun soll jeder Term so oft mit $\dot{x}/x$ multipliziert werden, wie die „Dimension" von x in dieser Gleichung ist. Mit „Dimension" bezeichnet Newton die Potenz, die Dimension von x ist also i. Ebenso sollen wir j-mal mit $\dot{y}/y$ multiplizieren. Die Summe aller dieser Produkte soll Null gesetzt werden. So erhalten wir

$$\sum_{ij} \left(\frac{i\dot{x}}{x} + \frac{j\dot{y}}{y} \right) a_{ij} x^i y^j = 0. \tag{7.1}$$

Sehen wir uns diese Summe genauer an und räumen ein wenig auf, dann folgt

$$\sum_{ij} a_{ij} i x^{i-1} \dot{x} y^j + \sum_{ij} a_{ij} j y^{j-1} \dot{y} x^i = 0,$$

aber es ist doch $\frac{\partial f}{\partial x} = \sum_{i,j} a_{ij} i x^{i-1} y^j$ und $\frac{\partial f}{\partial y} = \sum_{i,j} a_{ij} j y^{j-1} x^i$, so dass

Newtons Gleichung nichts anderes aussagt als

$$\dot{x}\frac{\partial f}{\partial x} + \dot{y}\frac{\partial f}{\partial y} = 0,$$

oder

$$\frac{\dot{y}}{\dot{x}} = \frac{dy}{dx} = -\frac{\frac{\partial f}{\partial x}}{\frac{\partial f}{\partial y}},$$

und das ist die Regel für die implizite Differentiation.

Wie aber beweist Newton dieses Resultat? Er denkt in Bewegungen! Er führt ein infinitesimales Zeitintervall o ein, und da $\dot{x}$ die Geschwindigkeit in x-Richtung bezeichnet, bewegt sich in der Zeit o ein Punkt von der Position x zur Position $x + o\dot{x}$. Daher setzt er nun an Stelle von x und y die Größen $x + o\dot{x}$ und $y + o\dot{y}$ in die Gleichung $f(x,y) = 0$ ein:

$$\sum_{i,j} a_{ij}(x + o\dot{x})^i (y + o\dot{y})^j = 0.$$

Auf jeden Faktor wendet Newton nun sein Binomialtheorem an:

$$\sum_{i,j} a_{ij} x^i y^j + \sum_{i,j} a_{ij} x^i (jy^{j-1} o\dot{y} + \text{ Terme in } o^2)$$
$$+ \sum_{i,j} a_{ij} y^j (ix^{i-1} o\dot{x} + \text{ Terme in } o^2)$$
$$+ \sum_{i,j} a_{ij} (ix^{i-1} o\dot{x} + \ldots)(jy^{j-1} o\dot{y} + \ldots) = 0.$$

Nun ist aber nach Voraussetzung $\sum_{i,j} a_{ij} x^i y^j = 0$ und Newton setzt weiter alle Terme zu Null, die o^2 und höhere Potenzen enthalten,

> ... because they are infinitely lesse y^n those in wch o is but of one dimension.

Damit bleibt noch der Ausdruck

$$\sum_{i,j} a_{ij}(ix^{i-1} y^j o\dot{x} + jx^i y^{j-1} o\dot{y}) = 0$$

übrig. Division durch o liefert schließlich das Ergebnis

$$\sum_{i,j} a_{ij}(ix^{i-1} y^j \dot{x} + jx^i y^{j-1} \dot{y}) = 0.$$

7.1.8 Der Hauptsatz

Erst mit der vollen Erkenntnis, dass sich die Operationen von Differentiation und Integration invers zueinander verhalten, konnte die moderne Analysis beginnen. Barrow war implizit im Besitz dieses Ergebnisses, andere ahnten es, aber es blieb in letzter Konsequenz Newton und Leibniz überlassen, die zentrale Stellung des Hauptsatzes zu erkennen. Es erscheint heute als ganz natürlich, wenn nach der Lösung der Aufgabe, die Steigung $dy/dx = \dot{y}/\dot{x}$ einer Kurve $f(x,y) = 0$ zu berechnen, nun der Wunsch nach der Lösung des inversen Problems entsteht, d. h. die Bestimmung der Kurve bei gegebener Tangentensteigung. In Newtons Notation geht es darum, eine Funktion $y(x)$ aus einer Gleichung der Form

$$\frac{\dot{y}}{\dot{x}} = \phi(x)$$

zu finden. Dieser Fall wird von Newton „Antidifferentiation" genannt, während der kompliziertere Fall

$$g(x, \dot{y}/\dot{x}) = 0$$

die Lösung einer gewöhnlichen Differentialgleichung erfordert. Die historisch erste saubere Darstellung des Hauptsatzes befindet sich ebenfalls im Oktobertraktat Newtons. Bezeichnet A die Fläche unter einer Funktion $y = f(x)$, dann lautet Newtons Formulierung des Hauptsatzes (in Leibnizscher Notation)

$$\frac{dA}{dx} = y.$$

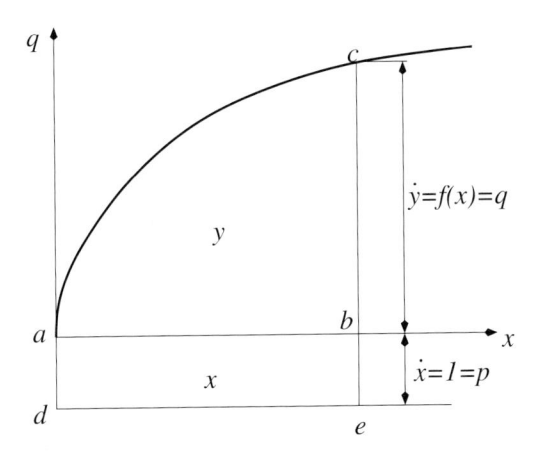

Abb. 7.1.18 Zur Herleitung des Hauptsatzes

Es ist jetzt keine Überraschung mehr, dass Newton auch dieses Ergebnis aus Überlegungen zur Bewegung erhielt. Wie in Abb. 7.1.18 angedeutet, soll mit y die Fläche unter der Funktion $q = f(x)$ bezeichnet werden.

Wir stellen uns dabei vor, dass diese Fläche durch eine Horizontalbewegung der in der Länge variablen Strecke bc entsteht. Die Geschwindigkeit der Bewegung in x-Richtung sei dabei $\dot{x} = 1$. Gleichzeitig mit bc läuft die Strecke ad mit $\dot{x} = 1$ mit und bildet so ein Rechteck $adeb$ mit Flächeninhat x. Nun argumentiert Newton, siehe [Edwards 1979, S. 196], [Whiteside 1967–1981, Vol. I S. 427]:

supposing y^e line cbe by parallel motion to describe y^e two [areas] x and y; The velocity wth wch they increase will bee, as be to bc: y^t is, y^e motion by wch x increaseth being be $= p = 1$, y^e motion by wch y increaseth will be bc $= q$. which therefore may bee found by prop: 7th. viz: $\frac{-\mathcal{X}y}{\mathcal{X}x} = q = bc$.

Newton hat also die Änderungsrate der Fläche y als $q = f(x)$ bei $\dot{x} = 1$ eher intuitiv erkannt, d. h.

$$\frac{\dot{y}}{\dot{x}} = \dot{y} = f(x).$$

In Newtons Schreibweise ist $\mathcal{X} = f(x,y) = f(x,y(x)) = 0$, $\mathcal{X} = x\frac{\partial f}{\partial x}$, $\mathcal{X} = y\frac{\partial f}{\partial y}$ und es gilt $\frac{\partial f}{\partial x} + \frac{\partial f}{\partial y}\frac{dy}{dx} = 0$. Also ist

$$q = -\frac{\mathcal{X}y}{\mathcal{X}x} = \frac{dy}{dx},$$

und für die Fläche unter der Kurve zwischen a und b gilt

$$\int q\,dx = y,$$

also in Leibnizscher Schreibweise

$$\int \frac{dy}{dx}\,dx = \int dy = y.$$

Nun wird klar, warum die Tangentensteigung an die Kurve

$$x \mapsto \frac{x^{n+1}}{n+1}$$

gerade x^n ist und die Fläche unter x^n gerade $\frac{x^{n+1}}{n+1}$, denn wenn man

$$y = \frac{x^{n+1}}{n+1}$$

als Fläche ansetzt, dann folgt aus (7.1)

$$\frac{\dot{y}}{\dot{x}} = x^n$$

und umgekehrt. Setzt man $\dot{x} = p = 1$ und $\dot{y} = q$, dann ist

$$q = x^n$$

gerade die Kurve aus Abb. 7.1.18. Um Integrationskonstanten hat sich Newton nie gekümmert, d. h. er nahm immer an, dass alle betrachteten Funktionen durch den Ursprung verlaufen.

7.1.9 Kettenregel und Substitutionen

Mit Hilfe von Differentiation und Antidifferentiation war Newton in der Lage, wichtige Regeln der neuen Analysis herzuleiten. Betrachten wir wie [Edwards 1979, S. 197] die Funktion

$$y = \sqrt{(1+x^n)^3} = (1+x^n)^{\frac{3}{2}},$$

in der Newton $z = 1 + x^n$ substituiert. Die Fluxion von z ist $\dot{z} = nx^{n-1}\dot{x}$ nach (7.1). Nun gilt

$$y^2 = (1+x^n)^3 = z^3$$

und die Fluxionen erfüllen damit

$$2y\dot{y} = 3z^2 \dot{z}.$$

Löst man nach $\dot{y}/\dot{x}$ auf und setzt $z^2 = (1+x^n)^2$ und $y = (1+x^n)^{3/2}$ ein, dann erhält man

$$\frac{\dot{y}}{\dot{x}} = \frac{dy}{dx} = \frac{3}{2}n(1+x^n)^{1/2}x^{n-1},$$

wie man es mit der Leibnizschen Kettenregel leicht bestätigt. Die Bücher [Baron 1987] und [Edwards 1979] enthalten weitere Beispiele dieser Technik. Edwards schreibt [Edwards 1979, S. 196] zu Recht, dass die Kettenregel in Newtons Fluxionsrechnung „eingebaut" ist („built in"). Wir sehen darin eher einen Nachteil der Newtonschen Analysis, da diese wichtige Regel nicht als *Regel* erscheint, sondern im Einzelfall einfach „entsteht".

7.1.10 Das Rechnen mit Reihen

Im Jahr 1666 verfasste Newton eine Schrift *De Analysi per Aequationes Numero Terminorum Infinitas* (Über die Analysis mit Gleichungen, die in der Anzahl ihrer Terme unbegrenzt sind), die erst 1711 publiziert wurde, aber in Manuskriptform zirkulierte. In dieser Schrift entwickelte er unter anderem eine Methode zur approximativen Bestimmung der Nullstellen von Funktionen, die man heute „Newton-Verfahren" nennt. Gesucht ist eine Nullstelle der Gleichung

$$f(x) = \sum_{i=0}^{k} a_i x^i = 0.$$

Nehmen wir an, wir hätten eine Näherung x_n an eine Nullstelle gefunden. Dann setzt man $x_* := x_n + p$ in die Gleichung ein:

$$0 = \sum_{i=0}^{k} a_i x_*^i = \sum_{i=0}^{k} a_i (x_n + p)^n.$$

Nun kommt wieder das Binomialtheorem zum Zuge und man erhält

$$0 = \sum_{i=0}^{k} a_i \left(x_n^i + i x_n^{i-1} p + \ldots \right) = \underbrace{\sum_{i=0}^{k} a_i x_n^i}_{=f(x_n)} + p \underbrace{\sum_{i=0}^{k} i a_i x_n^{i-1}}_{=f'(x_n)} + \ldots,$$

also

$$0 = f(x_n) + p f'(x_n) + \ldots.$$

Vernachlässigt man die Terme höherer Ordnung, dann folgt für p

$$p \approx -\frac{f(x_n)}{f'(x_n)}$$

und damit ist die (hoffentlich!) verbesserte Näherung der Nullstelle gegeben durch

$$x_* \approx x_n + p = x_n - \frac{f(x_n)}{f'(x_n)} =: x_{n+1}.$$

Nirgends gibt Newton eine Herleitung seiner Methode auf geometrischem Weg, obwohl dies doch nahezuliegen scheint. Er weitet seine Methode noch aus für die Nullstellenbestimmung von Funktionen, die implizit durch $f(x,y) = 0$ gegeben sind.

Im wesentlichen benötigt Newton diese Methode bei der Umkehrung von Reihen, wenn er z. B. in der Reihendarstellung

$$z = x - \frac{1}{2}x^2 + \frac{1}{3}x^3 - \frac{1}{4}x^4 + \frac{1}{5}x^5 - + \ldots,$$

(das ist die Fläche unter der Hyperbel $y = (1+x)^{-1}$), nach x auflösen möchte. Newton schneidet alle Terme mit Potenz 6 und größer ab und erhält

$$\frac{1}{5}x^5 - \frac{1}{4}x^4 + \frac{1}{3}x^3 - \frac{1}{2}x^2 + x - z = 0. \tag{7.2}$$

Die erste Approximation besteht in der brutalen Linearisierung $x \approx z$. Nach dem Newton-Verfahren setzt Newton nun $x = z + p$ in (7.2) ein und erhält

$$0 = \left(-\frac{1}{2}z^2 + \frac{1}{3}z^3 - \frac{1}{4}z^4 + \frac{1}{5}z^5\right) + p(1 - z + z^2 - z^3 + z^4)$$
$$+ p^2 \left(-\frac{1}{2} + z - \frac{3}{2}z^2 + 2z^3\right) + \ldots$$

Läßt man alle Terme mit p^2 und höheren Potenzen fort, dann folgt

$$p \approx \frac{\frac{1}{2}z^2 - \frac{1}{3}z^3 + \frac{1}{4}z^4 - \frac{1}{5}z^5}{1 - z + z^2 - z^3 + z^4} = \frac{1}{2}z^2 + \ldots,$$

also ergibt sich die neue Näherung zu

$$x \approx z + \frac{1}{2}z^2.$$

Jetzt wird wieder eingesetzt, usw. Schließlich erhält Newton

$$x = z + \frac{1}{2}z^2 + \frac{1}{6}z^3 + \frac{1}{24}z^4 + \frac{1}{120}z^5 + \ldots$$
$$= z + \frac{1}{2!}z^2 + \frac{1}{3!}z^3 + \frac{1}{4!}z^4 + \frac{1}{5!}z^5 + \ldots$$

und das ist die Reihendarstellung für $x = e^z - 1$, denn $z = \ln(1+x)$ ist vollständig äquivalent zu $x = e^z - 1$.

Durch Anwendung dieser Technik ist Newton in der Lage, die Reihen für $\sin x$ und $\cos x$ herzuleiten, vgl. [Edwards 1979, S. 205 ff.].

7.1.11 Integration durch Substitution

In seiner Arbeit *De methodis serierum et fluxionum* [Whiteside 1967–1981, Vol. III, S. 32–372], vergl. [Hairer/Nørsett/Wanner 1987, S. 388] aus dem Jahr 1671[2] beschäftigt sich Newton unter „Problem 8" (S. 119–209) mit flächenerhaltenden Transformationen. Dazu betrachtet er zwei Funktionen $v = f(x)$ und $y = g(z)$, vgl. [Edwards 1979, S. 210], die die Kurven FDH und GEI wie in Abb. 7.1.19 definieren. Wie schon beim Hauptsatz denkt Newton sich die Flächen s und t durch horizontale Bewegung der Strecken BD und EC erzeugt. Die Änderung der Fläche s mit der Zeit ist damit gegeben durch

---

[2] Diese Arbeit erschien nicht zu Newtons Lebzeiten. Posthum brachte John Colson 1736 in London eine englische Übersetzung unter dem Titel *The Method of Fluxions and Infinite Series; With its Application to the Geometry of Curve Lines* heraus. Die erste Publikation in lateinischer Sprache erschien erst 1779 und wurde von Samuel Horsley herausgegeben. Seither ist diese Arbeit unter dem Titel *Methodus fluxionum et serierum infinitarum* bekannt.

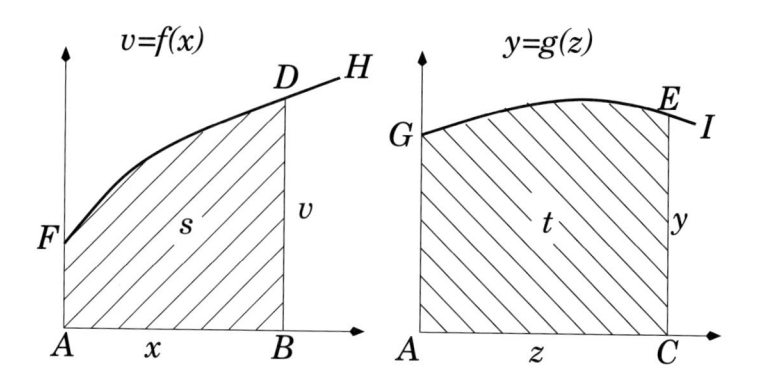

Abb. 7.1.19 Figur zur Integration durch Substitution

die Länge v multipliziert mit der Geschwindigkeit $\dot{x}$ in horizontaler Richtung und Analoges gilt für die zeitliche Änderung von t. Damit erhält Newton

$$\frac{\dot{s}}{\dot{t}} = \frac{v\dot{x}}{y\dot{z}}.$$

Setzen wir $\dot{x} = 1$, dann ist $\dot{s} = v$. Wegen $\dot{t} = y\dot{z}$ folgt $y = \dot{t}/\dot{z}$. Nehmen wir weiterhin an, dass die Flächengleichheit $s = t$ gilt, dann folgt $\dot{s} = \dot{t} = v$ und damit

$$y = \frac{v}{\dot{z}}. \tag{7.3}$$

Wir nehmen weiter an, zwischen x und z gebe es wechselseitig einen funktionalen Zusammenhang, z. B.

$$z = \phi(x), \quad x = \psi(z), \tag{7.4}$$

dann *definiert* (7.3) diejenige Funktion $y = g(z)$, für die die Flächengleichheit gilt, nämlich

$$y = \frac{v}{\dot{z}} = \frac{f(x)}{\phi'(x)\dot{x}} = \frac{f(\psi(z))}{\phi'(\psi(z))\dot{x}} \stackrel{\dot{x}=1}{=} \frac{f(\psi(z))}{\phi'(\psi(z))}.$$

Wegen (7.4) ist aber $x = \psi(z) = \psi(\phi(x))$ und damit $\dot{x} = 1 = \psi'(z)\phi'(x)$, also $\phi'(x) = \phi'(\psi(z)) = (\psi'(z))^{-1}$. Damit ist $y = g(z)$ gefunden:

$$y = f(\psi(z))\psi'(z),$$

und damit hat Newton bewiesen, dass die Transformationsformel

$$\int f(x)\, dx = \int f(\psi(z))\psi'(z)\, dz$$

gilt.

7.1.12 Newtons letzte Arbeiten zur Analysis

Im Jahr 1704 erschien Newtons Opus *Opticks* [Newton 1979]. Im Anhang befand sich die Arbeit *De quadratura curvarum* (nicht aufgenommen in [Newton 1979]), die aus der Zeit zwischen 1691 und 1693 stammt und Newtons reife Analysis darstellt [Edwards 1979, S. 226]. Eine deutsche Übersetzung ist in [Leibniz/Newton 1998] zu finden. Es handelt sich um die am stärksten mathematiktechnisch geprägte Arbeit Newtons in dem Versuch, seine Fluxions-/Fluentenrechnung zu fundieren. Zahlreiche Probleme werden gestellt und gelöst und zahlreiche Theoreme werden formuliert. Wir wollen an dieser Stelle nur ein Beispiel aus *De quadratura* zitieren [Edwards 1979, S. 229]:

Sei
$$R = e + fx^\eta + gx^{2\eta} + hx^{3\eta} + \ldots$$
$$S = a + bx^\eta + cx^{2\eta} + dx^{3\eta} + \ldots$$
$$r = \theta/\eta, s = r + \lambda, t = s + \lambda, v = t + \lambda, \ldots$$

Dann gilt

$$\int x^{\theta-1} R^{\lambda-1} S \, dx = x^\theta R^\lambda \left[\frac{a/\eta}{re} + \frac{b/\eta - sfA}{(r+1)e} x^{2\eta} \right.$$
$$+ \frac{c/\eta - (s+1)fB - tgA}{(r+2)e} x^{2\eta}$$
$$\left. + \frac{d/\eta - (s+2)fC - (t+1)gB - vhA}{(r+3)e} x^{3\eta} + \ldots \right].$$

Dabei sind $A, B, C, \ldots$ Koeffizienten der jeweils vorhergehenden Potenz von x, also

$$A = \frac{a/\eta}{re}, B = \frac{b/\eta - sfA}{(r+1)e}, C = \frac{c/\eta - (s+1)fB - tgA}{(r+2)e}, \ldots$$

Was hier so technisch daherkommt ist nichts anderes als eine Integrationsformel für gebrochen rationale Funktionen. Der französische Mathematiker Jacques Hadamard (1865–1963) hat dazu 1947 einmal bemerkt (zitiert nach [Edwards 1979, S. 229]):

De quadratura bringt die Integration der rationalen Funktionen auf einen Stand, der dem von heute schwerlich nachsteht.

7.1.13 Differentialgleichungen bei Newton

Wir können im Rahmen dieses Buches die Geschichte der Differentialgleichungen nicht aufzeichnen, da man dazu ein eigenes Buch benötigte! Die gewöhnlichen und – in noch stärkerem Maße – die partiellen Differentialgleichungen stellen sehr aktive und große Bereiche innerhalb der Analysis dar und sind für die Anwendungen lebenswichtig. Da aber Newton und Leibniz sofort nach der Entdeckung ihrer neuen Analysis begannen, Differentialgleichungen zu lösen, wollen wir wenigstens ein kleines Schlaglicht darauf werfen.

Eine besonders einfache Differentialgleichung ist die Gleichung

$$y' = y$$

für eine Funktion $x \mapsto y(x)$, an der man schon das Prinzip ablesen kann: Eine (gewöhnliche) Differentialgleichung ist eine Gleichung für eine gesuchte Funktion, in der auch Ableitungen der Funktion auftreten. Für die obige Differentialgleichung kann man die Lösung sofort sehen: Alle Funktionen $y(x) = C \cdot e^x$ mit einer beliebigen Konstanten C erfüllen offenbar die Gleichung (natürlich ist auch $y = 0$ eine Lösung). Will man aus der großen Menge der Lösungen eine herausstellen, so versieht man die Differentialgleichung mit einer „Anfangsbedingung". So führt die Anfangsbedingung $y(0) = 5$ für die obige Differentialgleichung auf die (eindeutig bestimmte) Lösung $y(x) = 5 \cdot e^x$.

Newton hat in *De methodis serierum et fluxionum* bzw. *Methodus fluxionum et serierum infinitarum* aus dem Jahr 1671 (vgl. [Hairer/Nørsett/Wanner 1987, S. 4 f.]) seine Reihenlehre angewendet, um die Differentialgleichung

$$\frac{\dot{y}}{\dot{x}} = 1 - 3x + y + xx + xy$$

mit der Anfangsbedingung $y(0) = 0$ zu lösen. Wir schreiben für die Differentialgleichung

$$y' = 1 - 3x + y + x^2 + xy.$$

Newton sucht die Lösung als Reihe

$$y(x) = a_0 + a_1 x + a_2 x^2 + a_3 x^3 + a_4 x^4 + \ldots$$

und erkennt aus dem Anfangswert für $y(0) = 0$, dass $a_0 = 0$ sein muss, d. h. die Reihe beginnt mit

$$y(x) = 0 + \ldots.$$

Jetzt wird $y = 0$ in die Differentialgleichung eingesetzt, was zu $y' = 1 + \ldots$ führt. Integration liefert

$$y(x) = x + \ldots,$$

was nun wiederum in die Differentialgleichung eingesetzt wird, um auf $y' = 1 - 3x + x + \ldots = 1 - 2x + \ldots$ zu kommen. Dies integriert führt auf

$$y(x) = x - x^2 + \ldots.$$

und so geht es weiter, bis Newton schließlich bei

$$y(x) = x - x^2 + \frac{1}{3}x^3 - \frac{1}{6}x^4 + \frac{1}{30}x^5 - \frac{1}{45}x^6 + - \ldots$$

endet.

7.2 Gottfried Wilhelm Leibniz

7.2.1 Kindheit, Jugend und Studium

Gottfried Wilhelm Leibniz (1646–1716) wird am Ende des Dreißigjährigen Krieges als Sohn des Leipziger Professors und Aktuars Friedrich Leibnütz und seiner dritten Frau Catharina Schmuck geboren. Die Familie gehörte damit zum gehobenen Bürgertum und ein Vorfahre, Hauptmann Paul von Leubnitz, hatte für seine Dienste im Jahr 1600 sogar einen Adelstitel und ein Wappen bekommen [Finster/van den Heuvel 1990, S. 7]. Der Titel war nicht erblich, dennoch benutzte Leibniz später für sich bei Gelegenheit den Titel „Gottfried Wilhelm von Leibniz" der ihm eigentlich gar nicht zustand, aber auf einige seiner Briefpartner sicher Eindruck machte. Über Leibnizens Kindheit wissen wir wenig; das meiste aus den Erinnerungen des erwachsenen Leibniz. Er muss eine Leseratte gewesen sein, denn er schreibt [Müller/Krönert 1969, S. 4]:

> *Als ich heranwuchs, fand ich am Lesen von Geschichten ein außerordentliches Vergnügen, und die deutschen Bücher, deren ich habhaft werden konnte, legte ich nicht eher aus der Hand, als bis ich sie ganz gelesen hatte.*

Abb. 7.2.1 Gottfried Wilhelm Leibniz (Gemälde von B. Chr. Franke (um 1700), Herzog Anton Ulrich-Museum, Braunschweig)

Im Jahr 1654 bringt Leibniz sich selbst die lateinische Sprache bei, und zwar mit einer bebilderten Livius-Ausgabe. Er selbst berichtet aus der Retrospektive [Müller/Krönert 1969, S. 4]:

In dem Livius dagegen blieb ich öfter stecken; [...]. Weil es aber eine alte Ausgabe mit Holzschnitten war, so betrachtete ich diese eifrig, las hier und da die darunterstehenden Worte, um die dunklen Stellen wenig bekümmert, und das, was ich gar nicht verstand, übersprang ich. Als ich dies öfter getan, das ganze Buch durchgeblättert hatte und nach einiger Zeit die Sache von vorn begann, verstand ich viel mehr davon. Darüber hoch erfreut, fuhr ich so ohne irgendein Wörterbuch fort, bis mir das meiste ebenso klar war, und ich immer tiefer in den Sinn eindrang.

Ab 1653 besucht Leibniz die Leipziger Nicolaischule, auf der er bis Ostern 1661 bleibt. Bei einer Schulfeier 1659 trägt er ein selbstgeschriebenes Gedicht in lateinischer Sprache vor, das aus 300 Hexametern bestanden haben soll. Leibniz wird Zeit seines Lebens ein einwandfreies Latein schreiben. Mit dem Schulbeginn wird er schon an der Leipziger Universität immatrikuliert, was ein Privileg der Professorensöhne war. Ab 1661 studiert er dort Philosophie, hört aber auch Vorlesungen über Mathematik und Poesie. Im Jahr 1663 erscheint aus Anlass seines Baccalaureats die erste wissenschaftliche Schrift *Disputatio metaphysica de principio individui*, in der schon Elemente seiner späteren Metaphysik anklingen. Das Sommersemester 1663 verbringt er an der Universität Jena, wo er Vorlesungen von Erhard Weigel (1625–1699) folgt. Weigel verwendete mathematische Argumentation, um Widersprüche in der

Abb. 7.2.2 Nikolaischule in Leipzig. Leibniz besuchte sie acht Jahre lang. Erhard Weigel. Seine Vorlesungen hörte Leibniz in Jena

scholastischen Philosophie aufzudecken. Aber Leibniz hörte bei Weigel wohl etwas „Arithmetik, die niedere Analysis und Combinationen", wie Guhrauer [Guhrauer 1966, Band I, S. 26] im Jahr 1846 schreibt.

Zurück in Leipzig nimmt Leibniz 1663 das Studium beider Rechte – Kirchen- und Staatsrecht – auf. Er ist ein hervorragender Student und möchte zum Dr. jur. promovieren, was ihm allerdings unter fadenscheinigen Gründen verwehrt wird. Offenbar lehnten sich ältere Studierende dagegen auf, dass ein so junger Spund wie Leibniz vor ihnen promovieren sollte. So verlässt der junge Jurist, dessen Vater bereits 1652 verstarb, seine Heimatstadt, brennend, wie er schreibt [Finster/van den Heuvel 1990, S. 14]:

vor Begierde, größeren Ruhm in den Wissenschaften zu erwerben und die Welt kennenzulernen.

„Die Welt" ist vorerst die Universität Altdorf bei Nürnberg, auf der bereits Wallenstein als Student eingeschrieben war. Leibniz erringt in Altdorf die Doktorwürde und bekommt – er ist 21 Jahre alt! – das Angebot, auf einer Professur in Altdorf zu verbleiben. Aber der junge Mann will weiter „in die Welt". Er bleibt zwar noch etwas und gewinnt Zutritt zum Geheimbund der Rosenkreuzer, in dem er sogar bis zum Sekretär aufsteigt, aber im Jahr 1667 bricht er zu neuen Ufern auf und will nach Holland.

Abb. 7.2.3 Die Universität Altdorf im Jahr 1714

7.2.2 Leibniz in Mainzer Diensten

Auf seinem Weg über Frankfurt, wo er noch Verwandte besucht, bleibt er jedoch in Mainz hängen. Dort soll ein neues „Corpus juris" durch Hofrat Lasser entstehen, und der junge Jurist empfiehlt sich sogleich mit einer dem Mainzer Kurfürsten gewidmeten Schrift, woraufhin er eine Stelle bei Lasser erhält. Beim Mainzer Kurfürsten in Ungnade gefallen und bis 1664 Minister, bahnt sich für den zum Katholizismus konvertierten Johann Christian von Boineburg (1622–1672) gerade wieder eine Aussöhnung mit dem Kurfürsten an, als Leibniz als persönlicher Berater in Boineburgs Dienst tritt. Leibniz beginnt nun seine rastlosen Aktivitäten auf zahlreichen Gebieten: alle wissenschaftlichen, juristischen, politischen, historischen und theologischen Fragen seiner Zeit interessieren ihn und werden von ihm beackert. Sein Briefwechsel mit Gelehrten in aller Welt beginnt zu seiner Mainzer Zeit und wird am Ende seines Lebens 1100 Briefpartner in 16 Ländern umfassen – China ist darunter. Am Mainzer Hof bleibt sein Treiben nicht ohne Folgen: 1670 wird der Protestant aus Anerkennung seiner Leistungen zum Revisionsrat des Oberappellationsgerichts im erzkatholischen Mainz ernannt.

Ludwig XIV. ist französischer König mit Expansionsdrang. Mainz hat Angst, dass der Franzose seine Hand auch dorthin ausstrecken könnte, und so erhält Leibniz den Auftrag, nach Versailles zu reisen, um Ludwig von Mainz abzulenken. Leibniz gedenkt dies mit einem Plan der Eroberung Ägyptens zu bewerkstelligen, den er Ludwig schmackhaft machen möchte. Als er 1672 in Paris ankommt, steht ein Einmarsch nach Holland unmittelbar bevor und Pläne zur Eroberung Ägyptens werden nicht beachtet. Diese Leibnizsche Mission war auf ganzer Linie gescheitert, aber nun beginnt die eigentliche wissenschaftliche Karriere des jungen Leipzigers, denn er ist im Zentrum der Wissenschaften Europas und lernt schnell bedeutende Gelehrte kennen. Noch 1672 macht er Bekanntschaft mit Christiaan Huygens (siehe Abschnitt 6.2.4), der ihn auf die *Arithmetica infinitorum* von John Wallis und auf das *Opus geometricum* von de Saint-Vincent hinweist. Erste Kontakte zur Académie des Sciences knüpft er über deren Sekretär Jean Gallois. Allerdings stirbt im Jahr 1672 auch sein Gönner Boineburg. Im Januar 1673 nimmt Leibniz für den Mainzer Hof an einer Gesandschaftsreise nach England teil. Nun ist er in London, dem zweiten europäischen Weltzentrum der Wissenschaften seiner Zeit. Aus Paris hat Leibniz ein Modell einer Rechenmaschine dabei, die er konstruiert hat. Es handelt sich um eine ausgeklügelte Vierspeziesmaschine (Addition, Subtraktion, Multiplikation, Division waren möglich), die auf Basis einer echten Leibnizschen Erfindung, des Staffelrades oder der Staffelwalze, funktioniert. Die Maschine wurde der Royal Society vorgestellt und trotz einiger missgünstiger Äußerungen von Robert Hooke (1635–1703) und aktueller Probleme beim Übertrag machte die Maschine Eindruck. Der Engländer Samuel Morland (1625–1695) hatte ebenfalls eine Rechenmaschine entwickelt, allerdings konnte Leibniz nach einem Treffen mit Morland feststellen, dass dessen Maschine auf einem ganz anderen Prinzip beruhte.

Abb. 7.2.4 Nachbau der Leibnizschen Rechenmaschine [Gottfried Wilhelm Leibniz Bibliothek-Niedersächsische Landesbibliothek Hannover, Leibniz' Vier-Spezies-Rechenmaschine]

Leibniz, dessen oberster Herr, der Mainzer Kurfürst, inzwischen verstorben war, nimmt auch an chemischen Experimenten Robert Boyles (1627–1692) teil, bei denen er den Mathematiker John Pell (1611–1685) kennenlernt. Stolz berichtet er Pell von seinen Arbeiten zur Darstellung von Reihen mittels Differenzenreihen, aber Pell kann ihn darauf hinweisen, dass solche Arbeiten bereits vor Leibniz durchgeführt und sogar publiziert wurden. Leibniz fühlt sich genötigt, in schriftlicher Form einem Plagiatsvorwurf vorzubeugen. Pell berichtet ihm auch über die *Logarithmotechnia* des Nicolaus Mercator und Leibniz nimmt dieses Buch mit zurück nach Paris. So ist Leibnizens erste London-Reise auf englischer Seite eher als Misserfolg zu werten. Die nicht korrekt funktionierende Rechenmaschine, die negativen Bemerkungen Hookes und schließlich Pells Verdacht, Leibniz berichte ihm von den mathematischen Arbeiten anderer, die längst publiziert waren, ließen die Mitglieder der Royal Society misstrauisch werden, vgl. [Hofmann 1949, Kap. 3]. Sekretär der Royal Society ist ein Deutscher, der gebürtige Bremer Henry Oldenburg (1618–1677). Leibniz und sein Landsmann verstehen sich offenbar gut, denn Oldenburg hilft dem jungen Mann, ein Aufnahmegesuch in die Royal Society zu verfassen. Am 19. April 1673 wird Leibniz aufgenommen. Zurück in Paris empfindet Leibniz die Notwendigkeit, sich besser in Mathematik zu bilden. Christiaan Huygens wird sein Lehrer und Mentor, und Leibniz vertieft

Abb. 7.2.5 Henry Oldenburg, John Pell, Baruch de Spinoza

sich nun in die Lektüre mathematischer Arbeiten. Im Jahr 1691 schreibt er rückblickend [Müller/Krönert 1969, S. 33 f.]:

Ich war noch ganz und gar ein Fremdling in der höheren Geometrie, als ich in Paris 1672 die Bekanntschaft Christiaan Huygens' machte. Ich bekenne, dass [...] ich ganz persönlich vor allem diesem Mann nach Galilei und Descartes das meiste verdanke. Als ich sein Buch „Horologium Oscillatorium" las und Dettonvilles Briefe[3] und das Werk des Gregorius a S. Vincentio[4] ebenfalls durcharbeitete, da ging mir plötzlich ein Licht auf, das mir und auch anderen, die mich hierin als Neuling kannten, unerwartet war. Dies stellte ich bald durch Beispiele unter Beweis. So erschloß sich mir eine ungeheure Zahl von Theoremen, die nur ein Abschlag einer neuen Methode waren, wovon ich einen Teil darauf bei Jac. Gregory und Isaac Barrow fand.

Leibniz hatte unter Pascals Arbeiten das charakteristische Dreieck (Abb. 6.1.19) entdeckt, das dieser am Viertelkreis angewendet hatte und das nun von Leibniz als universelles Hilfsmittel erkannt wurde. Wenn es für Leibniz ein besonderes „annus mirabilis" gibt, dann ist es dieses Jahr 1673 in Paris: Er erfindet die Grundlagen der Differential- und Integralrechnung.

Aber Leibniz ist in Schwierigkeiten. Durch den Tod des Kurfürsten seines Arbeitgebers beraubt, wird ihm das Leben in Paris zu teuer. Zudem verschlingt der Bau der Rechenmaschine größere Summen. Er sondiert daher bei einigen Fürstenhäusern und wünscht sich insgeheim, er könne als eine Art „freischaffender Wissenschaftler" zwischen einer Brotstelle in Deutschland und Paris pendeln. Das einzige in Frage kommende Angebot war das von Herzog Johann Friedrich von Braunschweig-Calenberg aus Hannover, der

---

[3] Amos Dettonville ist das Pseudonym von Blaise Pascal, vgl. Abschnitt 6.1.4
[4] Grégoire de Saint-Vincent, vgl. Abschnitt 5.5.5

Leibniz eine Bibliothekarsstelle als Hofrat anbot. Aber Hannover lag so gar nicht im Sinn eines jungen Wissenschaftlers, der sich in Paris und London wohl fühlte. Erst zu Beginn des 17. Jahrhunderts war Hannover Herrschaftssitz der Herzöge von Calenberg geworden. Die Einwohnerzahl betrug im Jahr 1766 nicht einmal 12000 Seelen und von einer attraktiven Stadt für Leibniz war Hannover Lichtjahre entfernt. Aber der Herzog blieb hartnäckig, das Angebot kam mehrfach und andere rührten sich nicht, so dass Leibniz sich 1676 entschloss, nach Hannover zu gehen. Wie „gerne" er nach Hannover ging lässt sich vielleicht daran ablesen, dass er von Paris nach London reiste. Dort hielt er sich 10 Tage lang auf und bekam von Oldenburg Einblick in einige Arbeiten Newtons und anderer Engländer, vgl. [Hofmann 1949, Kap. 20]. Dieser Besuch wird Leibniz im späteren Prioritätsstreit schwer zu schaffen machen, denn die englische Partei wird argumentieren, dass der Deutsche dort die Fluxionsrechnung Newtons kennengelernt und dann lediglich in ein anderes Gewand gekleidet hat. Von London geht es nach Holland, wo Leibniz in Amsterdam Johann Hudde und in Den Haag den Philosophen Baruch de Spinoza (1632–1677) besucht.

7.2.3 Leibniz in Hannover

Im Dezember 1676 trifft Leibniz in Hannover ein; er wird dort 40 Jahre lang in Diensten bleiben und schließlich dort sterben.

In Hannover bekommt er Räume in der Bibliothek im Schloss zugewiesen. Mit seinem ersten Hannoverschen Dienstherren hat er es gut getroffen – Herzog Johann Friedrich lässt seinem Gelehrten freien Lauf und Leibniz bedankt sich mit einem Feuerwerk von Projekten. Eines ist die Entwässerung der Bergwerke im Harz mit der Hilfe von Horizontalwindmühlen; es beginnt 1679 und wird scheitern. Anfang Januar 1680 stirbt der Herzog, und für Leibniz wird es nun weniger angenehm. Nachfolger wird nämlich der Bruder Johann Friedrichs, Herzog Ernst August. Dieser Herzog hat für die Wissenschaften so gar keinen Sinn und setzt seinen Hofrat vor allem dazu ein, die Glorie seines Hauses durch Memoranden, Gutachten, Münzprägungen oder Geburtstagsgedichte zu vermehren. Der Leibnizsche Bibliotheksetat wird von 1500 Reichstalern jährlich auf weniger als 100 Taler gekürzt, was eigentlich schon alles über Ernst Augusts Einstellung aussagt. Die Herzogin Sophie wird allerdings zu einer Stütze des Gelehrten. Sie ist – im Gegensatz zu ihrem Mann – hochgebildet und geistreich und genießt kluge Gespräche mit Leibniz sehr.

Im Jahr 1684 erscheint die erste Arbeit zur neuen Differentialrechnung in den „Acta Eruditorum": *Nova Methodus pro maximis et minimis, itemque tangentibus quae nec fractas nec irrationales quantitates moratur, & singulare pro illis calculi genus* [Leibniz/Newton 1998, S. 3–11]. Nachdem die Windkraftversuche im Harz durch den Herzog 1685 abgebrochen wurden, erhält Leibniz einen neuen Auftrag: er soll die Geschichte des Welfenhauses schreiben. Ernst

Abb. 7.2.6 Ansicht Hannovers von Nordwesten um 1730, Kupferstich von F. B. Werner (Historisches Museum Hannover)

August möchte Kurfürst werden und dazu käme eine glorreiche Geschichte des Hauses gerade recht. Hatte der Herzog mit einer kurzen Arbeit gerechnet, die er bald in Händen halten könne, so macht ihm Leibniz einen Strich durch die Rechnung: er erfindet die moderne Geschichtswissenschaft! Auf Reisen nach Österreich und Italien besucht Leibniz Archive und versucht akribisch, die Geschichte der Welfen ans Licht zu holen. Als er 1716 stirbt, ist er im Jahr 1000 angekommen.

Unter Hinweis auf dringend nötige Recherchen zur Welfengeschichte in der Wolfenbütteler Bibliothek nimmt Leibniz 1691 die Stelle eines Bibliothekars in Wolfenbüttel an. Damit steht er nun auch in den Diensten der Herzöge Rudolf August (1627–1704) und Anton Ulrich (1633–1714) von Braunschweig-Wolfenbüttel, bei denen er sich weitaus besser verstanden fühlt als in Hannover. Im Jahr 1696 wird ihm aufgrund seiner Verdienste um das Haus Braunschweig-Lüneburg der Titel eines Geheimen Justizrates verliehen. Seine Aktivitäten aufzulisten wäre ein zum Scheitern verurteiltes Unterfangen: Er arbeitet an mathematischen, physikalischen, juristischen, theologischen, philosophischen und historischen Problemen und hinterlässt auf jedem dieser Gebiete bahnbrechende Werke. *Die Theodizee von der Güte Gottes, der Freiheit des Menschen und dem Ursprung des Übels* [Leibniz 1985–1992, Bände II/1, II/2] und die *Monadologie* [Leibniz 2005] sind vielleicht die bekanntesten philosophischen Werke Leibnizens, aber auch seine *Neue Abhandlungen über den menschlichen Verstand* [Leibniz 1985–1992, Bände III/1, III/2] sind Wer-

Abb. 7.2.7 Arbeitszimmer von Leibniz im Leibnizhaus (Historisches Museum Hannover)

ke, die heute zum Grundbestand philosophischer Literatur gehören. Mit der einzigen Tochter Ernst Augusts und Sophie, Sophie-Charlotte (1668–1705), verbindet Leibniz eine innige Freundschaft. Am 8. Oktober 1684 wurde die blitzgescheite Sophie-Charlotte mit dem Kurprinzen Friedrich von Brandenburg verheiratet, der vier Jahre später preußischer König wurde. Im Jahr 1698 war in Hannover Kurfürst Georg Ludwig seinem verstorbenen Vater Ernst August als Landesherr nachgefolgt. War Leibnizens Situation schon unter Ernst August schwierig, so wurde es nun noch problematischer. So wandte sich Leibniz mehr und mehr Berlin zu, wo Sophie-Charlotte umtriebig einen Ausbau der Wissenschaften vorantrieb. Leibniz plante für Berlin eine Akademie. Sie sollte sich durch ein Kalendermonopol finanzieren, durch Lotterien und durch Seidenraupenzucht, die Leibniz durch Kontakte mit Jesuiten in China kennengelernt hatte. Er betrieb sogar einige Zeit in Hannover einen Versuchsgarten mit Maulbeerbäumen und chinesischen Seidenraupen um zu testen, ob die Raupen dem hiesigen rauen Klima standhalten konnten. Nur die erste der Finanzierungsideen war wirklich erfolgreich, aber die Akademie wurde gegründet und Leibniz am 12. Juli 1700 zu ihrem ersten Präsidenten berufen. Im März 1700 war er auswärtiges Mitglied in der Pariser Akademie geworden und schlug nun vor, die Berliner Akademie „Mathematisch-naturwissenschaftliche Societät" zu nennen. Seine häufigen Besuche in Berlin bei Sophie-Charlotte trugen auch nicht dazu bei, sein schlechtes Verhältnis zu Georg Ludwig aufzubessern, der immer dringlicher auf die Fortsetzung

MENSIS OCTOBRIS A. M DC LXXXIV. 467

NOVA METHODUS PRO MAXIMIS ET MI-
nimis, itemque tangentibus, quæ nec fractas, nec irrationales quantitates moratur, & singulare pro illis calculi genus, per G. G. L.

Sit axis AX, & curvæ plures, ut VV, WW, YY, ZZ, quarum ordi- TAB. XII. natæ, ad axem normales, VX, WX, YX, ZX, quæ vocentur respe- ctive, v, w, y, z; & ipsa AX abscissa ab axe, vocetur x. Tangentes sint VB, WC, YD, ZE axi occurrentes respective in punctis B, C, D, E. Jam recta aliqua pro arbitrio assumta vocetur dx, & recta quæ sit ad dx, ut v (vel w, vel y, vel z) est ad VB (vel WC, vel YD, vel ZE) vocetur dv (vel dw, vel dy vel dz) sive differentia ipsarum v (vel ipsarum w, aut y, aut z) His positis calculi regulæ erunt tales:

Sit a quantitas data constans, erit da æqualis o, & d ax erit æqu- a dx: si sit y æqu v (seu ordinata quævis curvæ YY, æqualis cuivis ordinatæ respondenti curvæ VV) erit dy æqu. dv . Jam *Additio & Subtractio*: si sit z — y + w + x æqu. v, erit d z — y + w + x seu dv, æqu dz — dy + dw + dx. *Multiplicatio*, d x v æqu. x dv + v dx, seu posito y æqu. x v, fiet d y æqu x dv + v dx. In arbitrio enim est vel formulam, ut x v, vel compendio pro ea literam, ut y, adhibere. Notandum & x & d x eodem modo in hoc calculo tractari, ut y & dy, vel aliam literam indeterminatam cum sua differentiali. Notandum etiam non dari semper regressum a differentiali Æquatione, nisi cum quadam cautione, de quo alibi. Porro *Divisio*, d $\frac{v}{y}$ vel (posito z æqu. $\frac{v}{y}$) dz æqu.

$\frac{\pm v \, dy \mp y \, dv}{yy}$

Quoad *Signa* hoc probe notandum, cum in calculo pro litera substituitur simpliciter ejus differentialis, servari quidem eadem signa, & pro + z scribi + dz, pro — z scribi — dz, ut ex additione & subtractione paulo ante posita apparet; sed quando ad exegesin valorum venitur, seu cum consideratur ipsius z relatio ad x, tunc apparere, an valor ipsius dz sit quantitas affirmativa, an nihilo minor seu negativa: quod posterius cum fit, tunc tangens ZE ducitur a puncto Z non versus A, sed in partes contrarias seu infra X, id est tunc cum ipsæ ordinatæ

Nnn 3   z decre-

Abb. 7.2.8 Titelseite der ersten Arbeit zur Differentialrechnung aus dem Jahr 1684: *Nova methodus ...* aus [Acta Eruditorum]

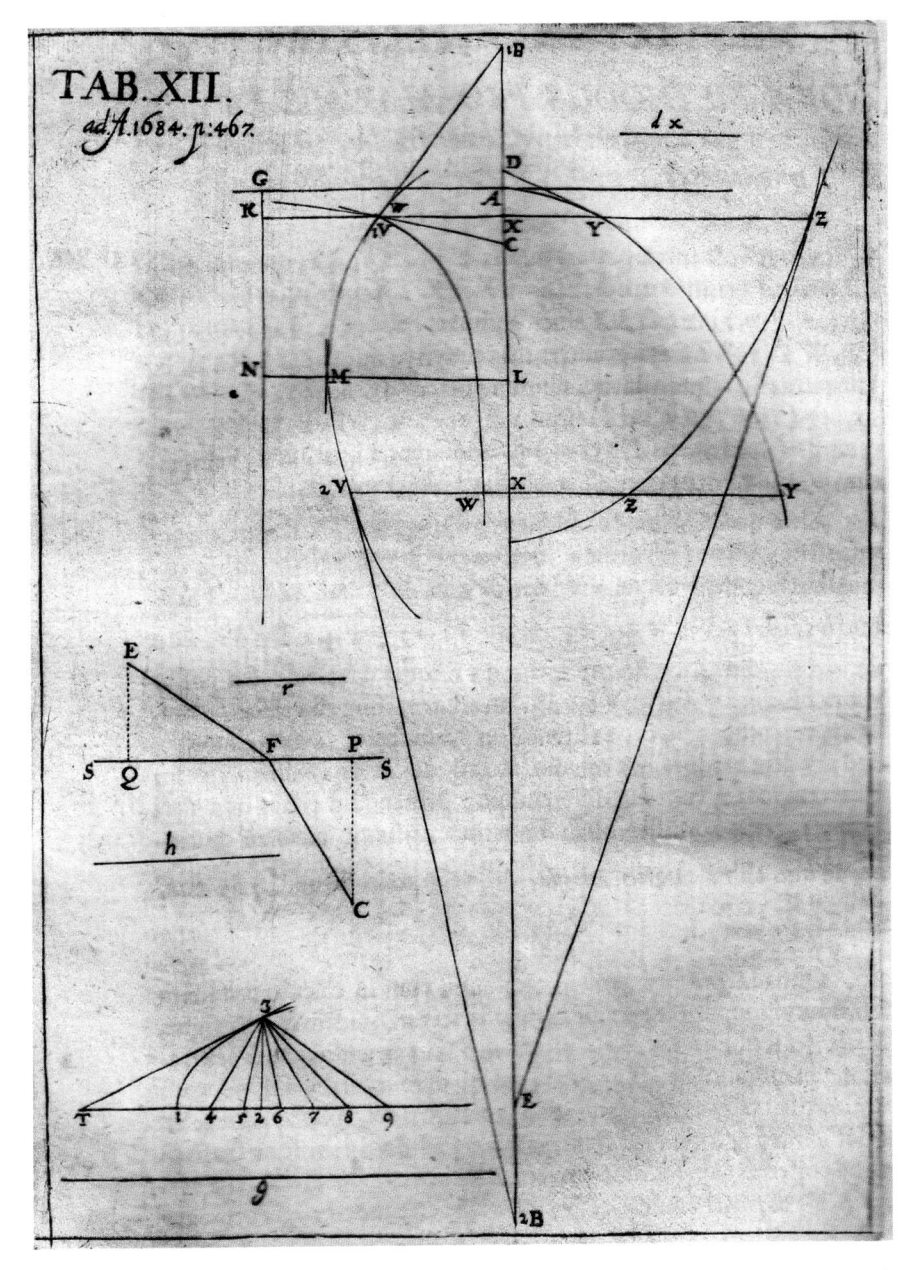

Abb. 7.2.9 Diagramm aus der Arbeit *Nova methodus*, in der Leibniz seinen Differentialkalkül erläuterte [Acta Eruditorum]

der Arbeiten an der Welfengeschichte pochte. Leibniz weicht aus; er nimmt Kontakte zum Kaiser in Wien auf, will in Sachsen eine Akademie gründen und auch in Russland. Als am 1. Februar 1705 Sophie-Charlotte plötzlich stirbt, verliert Leibniz seine wichtigste Fürsprecherin. Der Braunschweiger Anton Ulrich verschafft ihm Zugang zu Zar Peter I., der sein Land westlichen Einflüssen öffnen und modernisieren möchte. Leibniz wird zwar zum russischen Geheimen Justizrat ernannt, aber seine Pläne kann er nicht umsetzen. Leibniz ist krank und erschöpft. Er leidet an Gicht, hat offene Beine und ist überarbeitet und in zahllose Projekte verstrickt. Im Sommer 1716 reist er noch einmal zur Kur nach Bad Pyrmont. Ein Steinleiden stellt sich ein. Am 14. November 1716, abends gegen zehn Uhr, stirbt Leibniz in seinem Haus in Hannover. Er wird in der Hofkirche St. Johannis in Hannovers Neustadt ohne jeden Pomp beigesetzt [Sonar 2006], [Sonar 2008].

Abb. 7.2.10 Leibniz und seine Grabstätte in der Neustädter Kirche in Hannover (Historisches Museum Hannover) [Foto Gottwald]

7.2.4 Der Prioritätsstreit

Newton hatte seine ersten Erfolge auf dem Gebiet der Fluxionsrechnung 10 Jahre vor Leibniz gehabt und darf als erster Erfinder der Differential- und Integralrechnung gelten. Newtons „Erstlingswerk", die *Analysis per aequationes numero terminorum infinitas* hat sein Lehrer Barrow am 10. August 1669 an John Collins geschickt, der als der „englische Mersenne" gelten kann. Collins war Mitglied der Royal Society und ihr Bibliothekar und stand mit zahlreichen Mathematikern seiner Zeit in Briefkontakt. Collins lobte Newtons Arbeit, machte sich eine Abschrift und zeigte die Arbeit dem Präsidenten der Royal Society, Brouncker. Auch Henry Oldenburg hat diese Arbeit zur Kenntnis genommen, wie wir aus einem Brief Oldenburgs an de Sluse vom 14. September 1669 wissen [Fleckenstein 1977, S. 20]. Obwohl also Newton nichts über seine Fluxions- und Fluentenrechnung publizierte, waren die englischen Mathematiker mit Newtons neuer Mathematik bekannt. Gegenüber Ausländern war man jedoch nicht sehr auskunftsfreudig. Lediglich in einem Streit um Tangentenmethoden zwischen Newton und de Sluse ließ Newton über Collins am 20. Dezember 1672 einen Brief an de Sluse abgehen, in dem er an Beispielen seine Methode erläuterte. Bei seinem zweiten Besuch 1676 in London hatte Leibniz Einblicke in die Newtonschen Arbeiten bei Collins bekommen und sich auch in Auszügen Abschriften gemacht, aber er hatte seine Differential- und Integralrechnung bereits 1675 entdeckt.

Schließlich wird am 26. Juli 1676 über Oldenburg ein Newtonscher Brief (die „epistola prior") an Leibniz geschickt, in dem Newton über seine mathematischen Techniken berichtet. Die in dem Brief behandelten Probleme und ihre Lösungen waren allesamt bekannt; über die eigentliche Fluxionsmethode fand sich nichts. Der Brief gelangte erst am 24. August in Leibnizens Hände, der ihn bereits am 27. August beantwortete. Er schreibt ganz offen über sein „Transmutationstheorem" in der Hoffnung, Newton würde nun auch offener schreiben. Eine Passage des Briefes muss Newton neugierig gemacht haben [Fleckenstein 1977, S. 21]:

> *[...] Wenn Ihr sagt, die meisten Schwierigkeiten ließen sich durch unendliche Reihen erledigen, so will mir das nicht recht scheinen. Vieles Wunderbare und Verwickelte hängt weder von Gleichungen noch von Quadraturen ab. So zum Beispiel die Aufgaben der umgekehrten Tangentenmethode, von welchen auch Descartes eingestand, dass er sie nicht in seiner Gewalt habe.*

Die „inverse Tangentenmethode", auf die Leibniz hier anspielt, geht auf ein Problem des französischen Mathematikers Florimond de Beaune (Debeaune) (1601–1652) zurück, der ein Jugendfreund Descartes' war. Gesucht ist in diesem Debeauneschen Problem eine Kurve bei gegebenen Eigenschaften ihrer Tangente, wozu man Integralrechnung benötigt. Newton war sich über die Tragweite der Leibnizschen Methoden klar und hatte nun wohl Angst, dass seine Methoden hinter denen von Leibniz zurückstehen würden. In einem Schreiben an Collins vom 8. November 1676 beteuert Newton jedenfalls, dass seine eigenen Methoden nicht weniger allgemein und auch nicht umständlicher seien als die Leibnizschen. Nun hatte Leibniz Newton um weitere Offenlegung seiner Methoden gebeten. Wozu wollte er mehr wissen, wenn er doch selbst über kraftvolle Methoden verfügte? Und überhaupt: Warum hatte die Rückantwort Leibnizens so lange gedauert? In Newtons Hirn braute sich eine Antwort auf diese Fragen zusammen: Leibniz hatte vielleicht eine Zufallsentdeckung gemacht, schwafelte aber von angeblichen Resultaten, die er gar nicht hatte, um ihn, Newton, aus der Reserve zu locken und ihm dann seine Geheimnisse zu entreißen. Um aber sicher zu gehen, dass es tatsächlich so war, geht über Oldenburg am 2. Mai 1677 ein Brief an Leibniz ab (die „epistola posterior"), der von Newton schon am 24. Oktober 1676 abgefasst wurde – Oldenburg hatte den Brief schlicht ein halbes Jahr liegengelassen. Leibniz erhält diesen Brief am 1. Juli 1677 und beantwortet ihn am gleichen Tag. Offenbar war Newtons Ziel, sich die Priorität der Entdeckung der Differential- und Integralrechnung zu sichern. Er legt den Beweis seines Binomialtheorems offen und gibt die Formel für binomische Integrale ohne Herleitung an, die Leibniz aber sofort gesehen hat, wie wir aus einer Randnotiz auf dem Brief wissen, vgl. [Fleckenstein 1977, S. 22]. Über seine Fluxionsrechnung spricht er nicht. Statt dessen gibt er Leibniz zwei Anagramme bei [Fleckenstein 1977, S. 22]:

6 a c c d & 13 e f f 7 i 3 l 9 n 4 o 4 q r r 4 s 9 t 12 v x

und

5 a c c d & 10 e f f h 12 i 4 l 3 m 1 o n 6 o q q r 7 s 11 t 10 v 3 x: 11 a b 3 c d d 10 e & g 10 i l l 4 m 7 n 6 o 3 p 3 q 6 r 5 s 11 t 7 v x, 3 a c & 4 e g h 6 i 4 l 4 m 5 n 8 o q 4 r 3 s 6 t 4 v, a a d d & e e e e e i i i m m n n o o p r r r s s s s s t t u u.

Wäre es Leibniz möglich gewesen, diese Rätsel so in lateinische Sätze zu verwandeln, dass er daraus die Fluxionsrechnung hätte verstehen können? Sicher nicht. Selbst wenn ihm die Auflösung geglückt wäre, hätte er nicht viel Erkenntnis daraus ziehen können. Im *Commercium Epistolicum* aus dem Jahr 1712 wird die Auflösung gegeben. Das erste Anagramm bedeutet

Data aequatione quotcumque fluentes quantitates involvente fluxiones invenire & viceversa (Bei gegebener Gleichung zwischen beliebig vielen fließenden Größen deren Fluxionen zu finden und umgekehrt)

und das zweite

Una methodus consistit in extractione fluentis quantitatis ex aequatione simul involvente fluxionem ejus: altera tantum in assumptione seriei pro quantitate qualibet incognita ex qua caetera commodo derivari possunt, & in collatione terminorum homologorum aequationis resultantis ad eruendos terminos assumptae seriei. (Die eine Methode [besteht] im Herausziehen der Fluenten aus einer Gleichung, welche zugleich auch deren Fluxion mit einschließt; die andere [Methode] besteht darin, für eine beliebige unbekannte Größe eine Reihe anzunehmen, woraus das Übrige leicht abgeleitet werden kann, und im Vergleich einander entsprechender Glieder der sich ergebenden Gleichung, um die Glieder der angenommenen Reihe zu ermitteln.)

Leibniz legt in seinem Antwortschreiben seine Differentialrechnung offen, nicht aber die Integralrechnung. Er zeigt seine Lösung des Debeauneschen Problems durch Differentialgleichungen und nicht wie bei Newton durch unendliche Reihen. Newton weiß spätestens jetzt, dass ihm in dem Deutschen ein ebenbürtiger Geist gegenübersteht und beantwortet den Leibnizschen Brief nicht mehr. Bis zur zweiten Auflage seiner *Principia* im Jahr 1713 befindet sich in Liber II, Sect. II, Prop. VII eine Anmerkung zu Leibniz, die freundlich und anerkennend klingt [Fleckenstein 1977, S. 19]:

In Briefen, welche ich vor etwa 10 Jahren mit dem sehr gelehrten Mathematiker G. W. Leibniz wechselte, zeigte ich demselben an, dass ich mich im Besitz einer Methode befände, nach welcher man Maxima und Minima bestimmen, Tangenten ziehen und ähnliche Aufgaben lösen könne, und zwar lassen sich dieselben ebensogut auf irrationale wie auf rationale Größen anwenden. Indem ich die Buchstaben der Worte (wenn eine Gleichung mit beliebig vielen Fluenten gegeben ist, die Fluxionen zu finden und umgekehrt), welche meine Meinung aussprachen, versetzte, verbarg ich dieselbe. Der berühmte Mann antwortete mir darauf, er sei auf eine Methode derselben Art verfallen, die er mir mitteilte und welche von meiner kaum weiter abwich als in der Form der Worte und Zeichen.

In der dritten Auflage ist dieser Abschnitt verschwunden. Als 1684 Leibnizens erste Publikation zur Differentialrechnung erscheint und der Siegeszug des Leibnizschen Kalküls beginnt, kann Newton nur zusehen. So tickte lange eine von Leibniz vermutlich gar nicht bemerkte Zeitbombe in Newton, die 1699 zum Ausbruch kommen sollte. Als Jakob Bernoulli (1655–1705) 1696 das Problem der Brachistochrone, der Kurve der kürzesten Laufzeit einer zwischen zwei Punkten rollenden Kugel, stellte, fand unter anderen Leibniz schnell die Lösung. Mit der Lösung veröffentlichte er auch die Bemerkung, dass nur diejenigen, die in die neue Analysis eingeweiht seien, diese Aufgabe zu lösen verstünden, und er nannte explizit Newton, Huygens und Hudde. Daraufhin fühlte sich Nicolas Fatio de Duillier, Newtons enger Parteigänger und Freund, herausgefordert und verärgert, dass Leibniz ihn übergangen hatte. Im Jahr 1699 publizierte Fatio in *Lineae brevissimi descensus investigatio geometrica duplex* auch eine Lösung mit Newtons Methode und nutzte die Gelegenheit, Leibniz anzugreifen. Wenn man die Korrespondenz zwischen Newton und Huygens publizieren würde, so Fatio, würde man bemerken,

> *dass Newton der erste und um mehrere Jahre älteste Erfinder dieses Kalküls war, denn dazu nötigt mich die Augenscheinlichkeit der Dinge. Ob Leibniz, der zweite Erfinder, etwas von jenem entlehnt hat, darüber sollen lieber andere als ich ihr Urteil abgeben, denen Einsicht in die Briefe oder sonstige Handschriften Newtons gestattet wird. Niemanden, der durchstudiert, was ich selber an Dokumenten aufgerollt habe, wird das Schweigen des allzu bescheidenen Newton oder Leibnizens vordringliche Geschäftigkeit täuschen.*

In den Acta Eruditorum des Jahres 1700 antwortet Leibniz ganz ruhig auf diesen Angriff und gibt zu bedenken, dass Newton in seinen *Principia* ihn selbst ja als unabhängigen Erfinder anerkannt habe. Auch könne er sich nicht vorstellen, dass Newton etwas von dem Vorstoß Fatios wisse. Eine Antwort Fatios auf Leibnizens Entgegnung wurde von den Acta Eruditorum nicht mehr zum Druck angenommen – man wollte sich keine Streitfälle aufhalsen. Als Leibniz 1705 Newtons *Opticks: Or, a Treatise of the Reflections, Refractions, Inflections and Colours of Light* in den Acta Eruditorum anonym bespricht, geht er auch auf die beigebundene Arbeit *Quadratura curvarum* ein. Er schreibt, dass die Fluxionsrechnung Newtons nur eine andere Schreibweise des Leibnizschen Kalküls sei. Obwohl die Rezension anonym erschien wusste jeder, dass sie von Leibniz stammte und obwohl sie sehr wohlwollend abgefasst war, mussten Leibnizens Bemerkungen zur Newtonschen Fluxionsrechnung den Zorn Newtons wecken. Dieser blieb jedoch für die Öffentlichkeit stumm; intern zog er jedoch die Fäden und ließ John Keill (1671–1721), einen jungen schottischen Mathematiker in der Royal Society, Leibniz der Fälschung bezichtigen. In einer Arbeit über die Gesetze der Zentralkräfte in den „Philosophical Transactions 1707/08", der 1710 erschien, steht völlig zusammenhanglos der Abschnitt [Fleckenstein 1977, S. 24]:

> *Alle diese Dinge folgen aus der jetzt so berühmten Methode der Fluxionen, deren erster Erfinder ohne Zweifel Sir Isaac Newton war, wie das Jeder leicht feststellen kann, der jene Briefe von ihm liest, die Wallis zuerst veröffentlicht hat. Dieselbe Arithmetik wurde dann später von Leibniz in den Acta Eruditorum veröffentlicht, der dabei nur den Namen und die Art und Weise der Bezeichnung wechselte.*

Und nun begeht Leibniz – vielleicht aus einer gewissen Naivität und aus dem Glauben heraus, dass Newton unmöglich ein solches Verhalten gut heißen kann – einen schweren Fehler: Er beschwert sich bei der Royal Society, deren Präsident seit 1703 Isaac Newton hieß. Die Royal Society setzte flugs eine Kommission ein, die sich vordergründig um Leibnizens Beschwerde kümmern sollte. Obwohl Newton nicht auftrat wissen wir heute, dass er im Hintergrund die Fäden zog und keine Entscheidung in der Kommission ohne sein

Zutun gefällt wurde. Als Kommissionsmitglieder wurden berufen: Edmond Halley, John Arbuthnot, William Burnett, Abraham Hill, John Machin und William Jones am 6. März 1712, Francis Robartes am 20. März, Louis Frederick Bonet (der Vertreter des preußischen Königs in London) am 27. März, und Francis Aston, Brook Taylor, Abraham de Moivre am 17. April [Djerassi 2003, S. 78 f.]. Die drei Letztgenannten dürften auf Grund ihrer späten Nominierung keinerlei Möglichkeit gehabt haben, an der Beurteilung mitzuwirken. Die Kommission wählte scheinbar objektiv Manuskripte und Briefe aus, um unmissverständlich klarzustellen, dass Leibniz Ideen von Newton übernommen hatte. Am 24. April wurde ein Urteil verlesen, nach dem Leibniz ein Plagiator war. Dieses Urteil wurde in London 1712 als *Commercium epistolicum D. Johannis Collins, et aliorum de Analysi promota: Jussu Societas Regiae in lucem editum* gedruckt und kostenlos in Europa verteilt, später auf Kosten der Royal Society dem öffentlichen Buchhandel übergeben. Als Leibniz 1716 stirbt, glaubt er immer noch nicht daran, dass Newton hinter seiner Verurteilung steckt. Heute ist gesichert, dass Newton und Leibniz unabhängig und auf verschiedenen Wegen zur Differential- und Integralrechnung gekommen sind. Der Prioritätsstreit bleibt als hässliches Stück Geschichte der Analysis eine spannende Episode, mit deren Details man ganze Bücher füllen kann [Hall 1980]. Carl Djerassi hat in seinem Theaterstück „Kalkül" [Djerassi 2003], das in den Räumen der Royal Society in London spielt und die Protagonisten Newton und Leibniz zu Wort kommen lässt, den Prioritätsstreit gewählt, um über die Bedeutung der Begriffe „Erfindung" und „Priorität" zu reflektieren. Das Stück wurde u. a. 2004 in den Räumen der Berlin-Brandenburgischen Akademie der Wissenschaften und 2008 in der Ludwig-Maximilians-Universität München szenisch aufgeführt.

7.2.5 Erste Erfolge mit Differenzenfolgen

In der Schrift *Historia et origo calculi differentialis*, verfasst Ende des Jahres 1714, gibt Leibniz einen Einblick in den Anfang seiner Beschäftigung mit der Analysis. Kurz nach der Ankunft in Paris entdeckt er eine interessante Eigenschaft von Differenzensummen. Ist mit

$$a_1, a_2, a_3, \ldots, a_n$$

eine endliche Folge von Zahlen vorgelegt, und ist

$$d_1, d_2, d_3, \ldots, d_{n-1}$$

die durch $d_i := a_i - a_{i+1}$ definierte Differenzenfolge, dann ist die Differenzensumme

$$\begin{aligned}d_1 + d_2 + d_3 + \ldots + d_{n-1} &= (a_1 - a_2) + (a_2 - a_3) + (a_3 - a_4) + \ldots \\ &\quad \ldots + (a_{n-2} - a_{n-1}) + (a_{n-1} - a_n) \\ &= a_1 - a_n\end{aligned} \qquad (7.5)$$

in heutigem Sprachgebrauch eine „Teleskopsumme". Leibniz folgert, dass bei einer unendlichen Folge

$$a_1, a_2, a_3, \ldots$$

mit $\lim_{n\to\infty} a_n = 0$ dann für die Differenzensumme

$$d_1 + d_2 + d_3 + \ldots = a_1 \qquad (7.6)$$

gilt. Als Leibniz dieses Ergebnis Huygens berichtet, regt dieser ihn an, sich mit der Reihe

$$\frac{1}{1} + \frac{1}{3} + \frac{1}{6} + \frac{1}{10} + \ldots + \frac{1}{n(n+1)/2} + \ldots$$

zu beschäftigen [Edwards 1979, S. 236 f.]. Leibniz kennt das Pascalsche Dreieck (vgl. Seite 266)

$n =$										
0					1					
1				1		1				
2			1		2		1			
3		1		3		3		1		
4	1		4		6		4		1	
5	1	5		10		10		5		1
6	1	6	15		20		15	6		1
7	1	7	21	35		35	21	7	1	
8	1	8	28	56	70	56	28	8	1	
9	1	9	36	84	126	126	84	36	9	1

in dem jede Zahl die Summe der beiden darüberliegenden Zahlen ist. Er konstruiert nun ein Dreieck, in dem jeder Eintrag die *Differenz* zweier benachbarter Zahlen ist und nennt es „harmonisches Dreieck".

$n =$													
0							$\frac{1}{1}$						
1						$\frac{1}{2}$		$\frac{1}{2}$					
2					$\frac{1}{3}$		$\frac{1}{6}$		$\frac{1}{6}$				
3				$\frac{1}{4}$		$\frac{1}{12}$		$\frac{1}{12}$		$\frac{1}{4}$			
4			$\frac{1}{5}$		$\frac{1}{20}$		$\frac{1}{30}$		$\frac{1}{20}$		$\frac{1}{5}$		
5		$\frac{1}{6}$		$\frac{1}{30}$		$\frac{1}{60}$		$\frac{1}{60}$		$\frac{1}{30}$		$\frac{1}{6}$	
6	$\frac{1}{7}$		$\frac{1}{42}$		$\frac{1}{105}$		$\frac{1}{140}$		$\frac{1}{105}$		$\frac{1}{42}$		$\frac{1}{7}$

Das harmonische Dreieck ist diagonal zu lesen, daher ist es übersichtlicher, es in Rechteckform darzustellen, beginnend mit der äußeren rechten Diagonale:

$$\frac{1}{1} \quad \frac{1}{2} \quad \frac{1}{3} \quad \frac{1}{4} \quad \frac{1}{5} \quad \frac{1}{6} \quad \frac{1}{7} \quad \cdots$$

$$\frac{1}{2} \quad \frac{1}{6} \quad \frac{1}{12} \quad \frac{1}{20} \quad \frac{1}{30} \quad \frac{1}{42} \quad \cdots \quad \cdots$$

$$\frac{1}{3} \quad \frac{1}{12} \quad \frac{1}{30} \quad \frac{1}{60} \quad \frac{1}{105} \quad \cdots \quad \cdots \quad \cdots$$

$$\frac{1}{4} \quad \frac{1}{20} \quad \frac{1}{60} \quad \frac{1}{140} \quad \cdots \quad \cdots \quad \cdots \quad \cdots$$

$$\frac{1}{5} \quad \frac{1}{30} \quad \frac{1}{105} \quad \cdots \quad \cdots \quad \cdots \quad \cdots \quad \cdots$$

$$\frac{1}{6} \quad \frac{1}{42} \quad \cdots \quad \cdots \quad \cdots \quad \cdots \quad \cdots$$

$$\frac{1}{7} \quad \cdots \quad \cdots \quad \cdots \quad \cdots \quad \cdots \quad \cdots \quad \cdots$$

Jede Zeile ist die Differenzenfolge der darüberliegenden Zeile und jede Zeile stellt eine Nullfolge dar. Nach Leibnizens Resultat (7.6) gilt dann für die zweite Zeile:
$$\frac{1}{2} + \frac{1}{6} + \frac{1}{12} + \frac{1}{20} + \ldots = 1,$$

für die dritte
$$\frac{1}{3} + \frac{1}{12} + \frac{1}{30} + \frac{1}{60} + \ldots = \frac{1}{2},$$

für die vierte
$$\frac{1}{4} + \frac{1}{20} + \frac{1}{60} + \frac{1}{140} + \ldots = \frac{1}{3},$$

und so weiter. Leibniz hat also mit einem Schlag unendlich viele Reihen summiert. Die Huygenssche Reihe ist auch darunter: Man multipliziere die Summe der zweiten Zeile mit dem Faktor 2 und erhält
$$\frac{1}{1} + \frac{1}{3} + \frac{1}{6} + \frac{1}{10} + \ldots = 2.$$

7.2.6 Die Leibnizsche Notation

Wir sind es gewohnt, die Newtonschen Ergebnisse in der Notation von Leibniz darzustellen, weil letztlich diese Bezeichnungen sich als deutlich praktikabler herausstellten als die Newtonschen. Lediglich in der Mechanik haben sich Zeitableitungen in der Form des Newtonschen Punktes $\dot{x}$, $\ddot{x}$, usw. für dx/dt, d^2x/dt^2, usw. erhalten. Der Erfolg der Leibnizschen Bezeichnungen liegt in Leibnizens langer Suche nach einer „characteristica universalis" begründet. Diese universale Sprache oder Zeichenkunst sollte es ermöglichen, komplizierte Begriffe in einfache zu zerlegen, die durch umsichtig gewählte Symbole gekennzeichnet sind. Wäre so ein „Symbolverzeichnis" und eine zugehörige „Grammatik" vorhanden, dann sollte sich ein Weg zur „ars inveniendi", der

Kunst des Erfindens, öffnen. Aus Kombination der Symbole sollten sich, fast wie von selbst, neue Erkenntnisse ergeben.

Wir wissen heute, dass es keine umfassende characteristica universalis geben kann, mit der man in Poesie, Politik, Theologie, Mathematik, usw. gleichermaßen agieren kann. Aber in der Analysis hat Leibniz durch eine sehr kluge Wahl der Symbole tatsächlich den Zustand erreicht, dass man durch die Symbole die höheren Weihen der Differential- und Integralrechnung sogar Schülerinnen und Schülern unserer Gymnasien zumuten kann. Leibniz hat im Wortsinne einen „Kalkül" geschaffen, so dass das Rechnen mit den Symbolen fast von selbst funktioniert. Hier die Motivation, die modernen Mathematiklehrern vermutlich den Schweiß auf die Stirn treibt: Die Steigung der Sekante an eine Funktion $y = f(x)$ kann durch

$$\frac{\Delta y}{\Delta x}$$

angegeben werden, vgl. Abb. 7.2.11. Wird Δx unendlich klein (was immer das heißen mag!), dann auch Δy und wir erhalten für die Steigung der Funktion an der betrachteten Stelle

$$\frac{dy}{dx}$$

mit infinitesimalen Größen dx und dy. Was Leibniz darunter verstanden hat, bleibt noch zu besprechen; das d hat Leibniz von dem Wort „Differenz" abgeleitet. Heute schreiben wir sauber

$$f'(x_0) = \frac{df}{dx}(x_0) = \lim_{h \to 0} \frac{f(x_0 + h) - f(x_0)}{h} = \lim_{x \to x_0} \frac{f(x) - f(x_0)}{x - x_0}$$

und haben eine klare Vorstellung von dem Grenzübergang. Der Leibnizsche Differential„quotient" dy/dx ist von ihm mit Bedacht als Quotient gewählt worden, denn Leibniz erlaubt das Rechnen mit den Infinitesimalen dx und dy wie mit reellen Zahlen; insbesondere ist die Division zulässig.

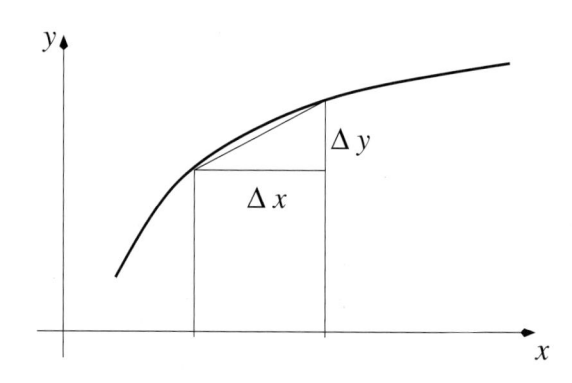

Abb. 7.2.11 Figur zur Steigung der Sekante

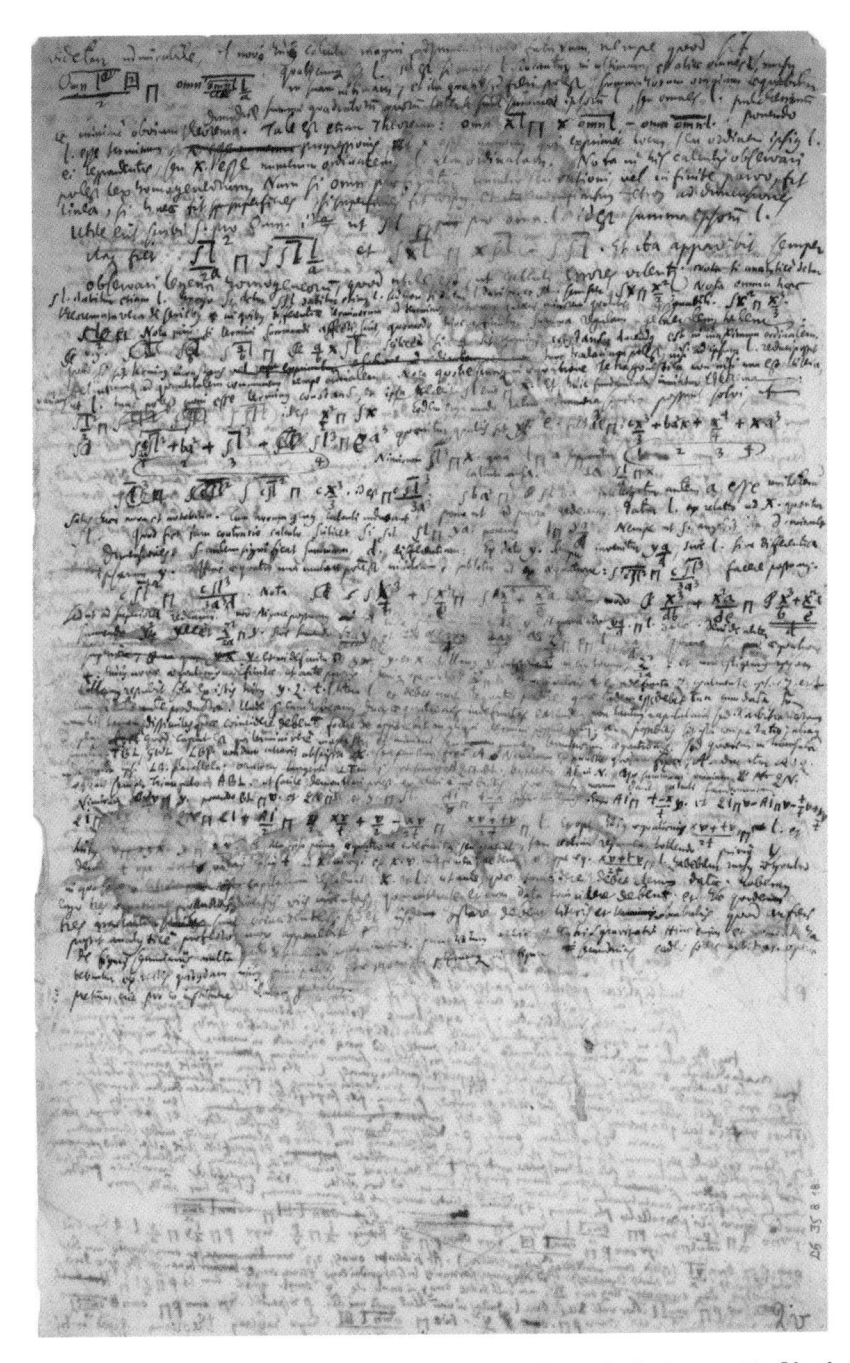

Abb. 7.2.12 Reproduktion der Originalhandschrift von Leibniz vom 29. Oktober 1675 mit der Einführung des Integral- und Differentialzeichens. Man liest ungefähr in der Mitte: ∫ .autem significat summarum, d. differentiam [Gottfried Wilhelm Leibniz Bibliothek - Niedersächsische Landesbibliothek Hannover, Signatur LH XXXV, VIII, 18, Bl. 2^v]

Will man etwa die Tangentensteigung der zusammengesetzten Funktion

$$h(g(f(x)))$$

berechnen, dann lautet die Kettenregel in Leibnizscher Form

$$\frac{dh}{dx} = \frac{dh}{dg} \cdot \frac{dg}{df} \cdot \frac{df}{dx}$$

und Kürzen von dg und df zeigt, dass auf beiden Seiten tatsächlich dasselbe steht. Infinitesimale Differenzen schreibt Leibniz vor Ende 1675 als ℓ. Am 29. Oktober 1675 schreibt Leibniz $\ell = y/d$ und am 2. November ist dann das Symbol dy entstanden [Edwards 1979, S. 253]. Das Symbol $\int$ als stilisierte Abkürzung von „Summe" benutzt Leibniz erstmals in seiner Abhandlung *Analysis tetragonistica* 1675, in der schreibt:

> *Utile erit scribi* $\int$ *pro omnia* (Es wird nützlich sein, $\int$ an Stelle von omnia zu schreiben).

„Omnia" – „Alles" – ist die damals gebräuchliche Bezeichnung für die Gesamtheit von Cavalierischen Indivisiblen. Schrieb Leibniz vor 1675

$$\frac{\overline{\text{omn. } \ell}^2}{2} = \text{omn. } \overline{\text{omn. } \ell \cdot \frac{\ell}{a}},$$

wobei der Überstrich als Klammer dient, so schreibt er dafür nach 1675, wobei er noch die Konstante a durch 1 ersetzt,

$$\frac{1}{2}\left(\int dy\right)^2 = \int \left(\int dy\right) dy,$$

wobei wir die Oberstriche der besseren Lesbarkeit wegen durch runde Klammern ersetzt haben.

Für Leibniz ist $\int f(x)\,dx$ tatsächlich die Summe von infinitesimalen Rechtecken mit dem Flächeninhalt $f(x) \cdot dx$, vgl. Abb. 7.2.13.

Wie wunderbar die Leibnizschen Symbole „automatisch" arbeiten, kann man nun auch an der Integration demonstrieren. Substituiert man in

$$\int f(x)\,dx$$

die Funktion $x = g(z)$, dann ist $dx/dz = g'(z)$, also ist $dx = g'(z)dz$, und damit folgt die Regel für die Substitution in Integralen

$$\int f(x)\,dx = \int f(g(z)) \cdot g'(z)\,dz.$$

Allein die kluge Symbolik – d für Differenz, $\int$ für Summe – lässt den Hauptsatz der Differential- und Integralrechnung in der Form

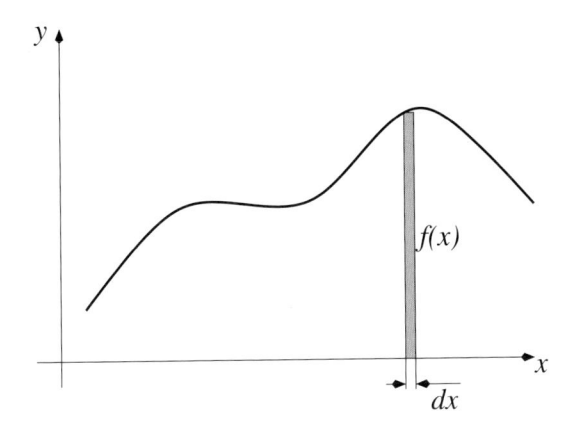

Abb. 7.2.13 Ein infinitesimales Rechteck als Fläche unter einer Kurve

$$\frac{d}{dx}\int f(x)\,dx = f(x)$$

als ganz natürlich erscheinen: Differentiation und Integration sind zueinander inverse Operationen.

7.2.7 Das charakteristische Dreieck

Als Leibniz in Paris in Pascals *Lettres de A. Dettonville* das charakteristische Dreieck in Abb. 6.1.19 fand, wurde ihm schlagartig klar, dass sich dieses Werkzeug nicht nur am Kreis, sondern an jeder Kurve bewähren würde. Wir folgen in unserer Darstellung [Edwards 1979, S. 241 f.]. Bezeichnet in Abb. 7.2.14 $n(x)$ die Normale an eine Kurve im Punkt (x, y) und $t(x)$ die Subnormale, und trägt man am Punkt (x, y) ein charakteristisches Dreieck mit unendlich kleinen Katheten dx und dy an, dann sind die beiden Dreiecke in der Abbildung ähnlich und es gilt daher

$$\frac{ds}{n} = \frac{dx}{y}$$

oder

$$y\,ds = n(x)\,dx.$$

Das Bogenlängenelement ds ist im charakteristischen Dreieck natürlich ebenfalls ein infinitesimales Geradenstück, und nach dem Satz des Pythagoras gilt $ds^2 = dx^2 + dy^2$. Summiert man nun die infinitesimalen Größen, dann folgt mit Leibniz' Integralsymbol

$$\int y\,ds = \int n(x)\,dx.$$

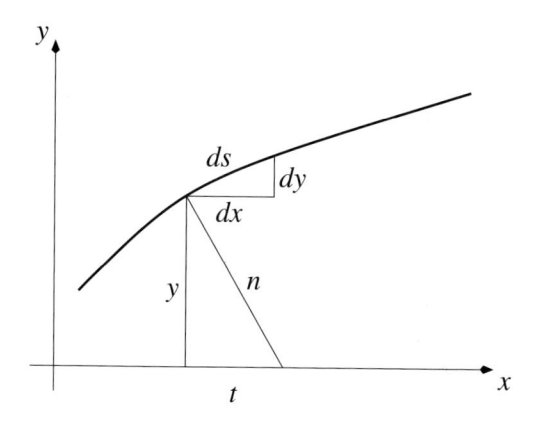

Abb. 7.2.14 Das charakteristische Dreieck an einer beliebigen Kurve

Das Integral $\int y\,ds$ nennt man das „Moment der Kurve", und es spielt eine große Rolle in den Ingenieurwissenschaften. Multipliziert man mit 2π, dann ergibt sich die Oberfläche des Rotationskörpers bei Rotation der Kurve um die Abszissenachse, also aus der Formel

$$O := \int 2\pi y\,ds = \int 2\pi n(x)\,dx$$

mit den entsprechenden Integrationsgrenzen. Man kann damit die Oberfläche von Rotationskörpern dadurch berechnen, dass man die Normale n an die erzeugende Kurve bestimmt.

Aus Abb. 7.2.14 folgt wegen der Ähnlichkeit der Dreiecke auch

$$\frac{dy}{t} = \frac{dx}{y},$$

also $t(x)\,dx = y\,dy$. Nach Summation der Infinitesimalen folgt

$$\int t(x)\,dx = \int y\,dy. \tag{7.7}$$

Zur Bedeutung dieser Beziehung wollen wir die Fläche unter der Kurve x^n von $x=0$ bis $x=a$ berechnen, also $\int_0^a x^n\,dx$. Fände man nun eine Funktion $y = f(x)$, deren Subnormale gerade $t(x) = x^n$ wäre, dann würde aus (7.7)

$$\int_0^a x^n\,dx = \int_{x=0}^{x=a} y\,dy = \frac{1}{2}y^2\Big|_{x=0}^{x=a} = \frac{1}{2}(f(a))^2 - \frac{1}{2}(f(0))^2$$

folgen. Nun gilt für die Subnormale

$$t = y \cdot \frac{dy}{dx}.$$

Versucht man also $y = bx^k$, dann ist die Steigung $dy/dx = kbx^{k-1}$ und für die Subnormale würde

$$t = bx^k \cdot kbx^{k-1} = b^2 k x^{2k-1}$$

gelten. Dies soll nun x^n sein, also haben wir die Forderung

$$t = b^2 k x^{2k-1} \stackrel{!}{=} x^n,$$

die wir mit

$$k = \frac{1}{2}(n+1), \quad b = \frac{1}{\sqrt{\frac{1}{2}(n+1)}}$$

erfüllen können. Für $y = f(x) = bx^k$ gilt sogar $f(0) = 0$, also folgt

$$\int_0^a x^n \, dx = \frac{1}{2} f(a)^2 = \frac{1}{2}(ba^k)^2 = \frac{a^{n+1}}{n+1}.$$

Als weitere Anwendung des charakteristischen Dreiecks folgt aus Abb. 7.2.15 wegen der Ähnlichkeit der Dreiecke

$$\frac{ds}{r} = \frac{dy}{a},$$

wobei r die Länge der Tangente zwischen ihrem Schnittpunkt mit der Abszissenachse und einer vertikalen Geraden mit einem Abschnitt der festen Länge

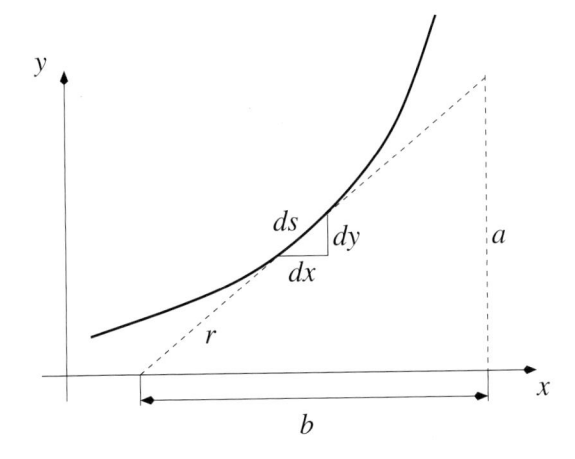

Abb. 7.2.15 Noch einmal das charakteristische Dreieck

a bezeichnet, siehe Abb. 7.2.15. Also gilt $a\,ds = r\,dy$, oder, nach Summation der Infinitesimalen

$$\int a\,ds = \int r\,dy.$$

Setzt man $a = 1$, dann ist $\int ds$ die Bogenlänge der Kurve, die man nun leicht berechnen kann, wenn man die Länge r der Tangente als Funktion von y kennt.

7.2.8 Die unendlich kleinen Größen

Es besteht kein Zweifel, dass wir Leibniz auf die Seite der Infinitesimalmathematiker rechnen können und dass er kein Indivisiblenmathematiker war. Das Aktual-Unendliche lehnte er ab, und sein Kontinuitätsprinzip, über das noch zu sprechen sein wird, spricht für seine Akzeptanz eines Kontinuums im klassisch griechischen Sinne. Aber in welchem Sinn will Leibniz die unendlich kleinen Größen verstanden wissen?

Volkert hat in [Volkert 1988, S. 98 f.] drei verschiedene Interpretationen gegeben und diese jeweils mit Leibnizschen Zitaten belegt. Diese drei Interpretationen gibt Volkert wie folgt:

1 „Unendlich klein = vernachlässigbar"

2 „Unendlich klein = Konvergenz gegen Null"

3 „Unendlich klein = 0"

Lesen wir zur ersten Interpretation Leibniz, wie er von Volkert [Volkert 1988, S. 99] zitiert wird:

> *Ich halte für gleich nicht nur diejenigen Größen, deren Differenz durchaus Null ist, sondern auch diejenigen, deren Differenz unvergleichbar klein ist. [...] Mit Euklid (fünftes Buch, fünfte Definition) halte ich für vergleichbar solche gleichartigen Größen, von denen die eine eine andere übertreffen kann, wenn sie mit einer endlichen Zahl multipliziert wird.*

Volkert merkt hier an, dass diese Auffassung derjenigen in der Nichtstandardanalysis (siehe Abschnitt 11.3) nahe kommt.

Die zweite Interpretation wird besonders deutlich aus einem Brief von Leibniz an den französischen Mathematiker und Physiker Pierre de Varignon (1654–1722) vom 2. Februar 1702 [Leibniz 1985–1992, Band IV, S. 250 ff.]. Volkert zitiert daraus in [Volkert 1988, S. 99] Leibniz wie folgt:

> *Hierbei ist jedoch zu berücksichtigen, dass die unvergleichlich kleinen Größen, selbst in ihrem populären Sinne genommen, keineswegs konstant und bestimmt sind, dass sie vielmehr da man sie so klein annehmen kann, als man nur will, in geometrischen Erwägungen dieselbe Rolle wie die Unendlichkleinen im strengen Sinne spielen. Will nämlich ein Gegner unseren Sätzen die Richtigkeit absprechen, so zeigt unser Kalkül, dass der Irrtum geringer ist, als irgendeine angebbare Größe, da es in unserer Macht steht, das Unvergleichbarkleine – das man ja immer so klein, als man nur will, annehmen kann – zu diesem Zwecke hinlänglich zu verringern.*

In Leibnizens Schrift *Theoria motus abstracti ...*, einer Arbeit zur Bewegungslehre, finden wir einen Beitrag zur dritten Interpretation [Lasswitz 1984, Band 2, S. 464]:

> *Und dies ist das Fundament der cavalierischen Methode, wodurch ihre Wahrheit evident bewiesen wird, indem man gewisse sozusagen Rudimente oder Anfänge der Linien und Figuren denkt, kleiner als jede beliebige angebbare Größe.*

Der dritten Interpretation, so widersinnig sie auf den ersten Blick erscheinen mag, wird Leonhard Euler folgen und das „Rechnen mit Nullen" zu höchster Perfektion bringen.

Drei verschiedene Interpretationen von Infinitesimalen diskutiert auch Laugwitz [Laugwitz 1990, S. 10 f.] und zieht analoge Schlüsse. Außerdem behandelt Laugwitz auch den Leibniz'schen Umgang mit dem unendlich Großen. In der Arbeit *Specimen novum analyseos pro scientia infiniti circa summas et quadraturas* zur Integration rationaler Funktionen mit Partialbruchzerlegung aus dem Jahr 1702 gibt Leibniz ein Beispiel zur Reihenberechnung, vgl. [Laugwitz 1990, S. 11 f.]. Er sagt ausdrücklich, dass die harmonische Reihe

$$\sum_{k=1}^{\infty} \frac{1}{k}$$

eine unendlich große Summe hat, rechnet dann aber

$$\frac{1}{3} + \frac{1}{8} + \frac{1}{15} + \frac{1}{24} + \ldots = \sum_{k=2}^{\infty} \frac{1}{k^2-1} = \sum_{k=2}^{\infty} \frac{1}{2}\left(\frac{1}{k-1} - \frac{1}{k+1}\right)$$

$$= \frac{1}{2}\sum_{k=2}^{\infty} \frac{1}{k-1} - \frac{1}{2}\sum_{k=2}^{\infty} \frac{1}{k+1}$$

$$= \frac{1}{2}\left(1 + \frac{1}{2} + \frac{1}{3} + \frac{1}{4} + \frac{1}{5} + \ldots\right)$$

$$+ \frac{1}{2}\left(- \frac{1}{3} - \frac{1}{4} - \frac{1}{5} - \ldots\right)$$

$$= \frac{1}{2}\left(1 + \frac{1}{2}\right) = \frac{3}{4}.$$

Eine solche Subtraktion zweier divergenter Reihen wurde damals akzeptiert, und noch Euler wird solche Methoden ausbauen.

Es wäre vermessen, die drei Interpretationen als die Summe dessen betrachten zu wollen, was Leibniz hinter seinen Infinitesimalen gesehen hat. Trotz großer Anstrengungen der Leibniz-Edition, die in acht Reihen die gesammelten Schriften Leibnizens ediert[5], kennen wir von den mathematischen Schriften erst ca. 25% [Knobloch 2009]. Eine große Entdeckung wurde z. B. erst 1993 publiziert, als Eberhard Knobloch die Leibniz-Schrift *De quadratura arithmetica circuli ellipseos et hyperbolae cujus corollarium est trigonometria sine tabulis* [Knobloch 1993] transkribierte und kommentierte. Diese Schrift hatte Leibniz in seiner Pariser Zeit angefertigt, musste das Manuskript jedoch 1676 dort zurücklassen und zum Druck kam es nicht mehr. Schon der Leibniz-Forscher Joseph Ehrenfried Hofmann (1900–1973) hatte auf diese Arbeit hingewiesen, vgl. [Hofmann 1949], aber es dauerte bis 1993, bis dieses Manuskript gedruckt vorlag. Darin gibt Leibniz sich alle Mühe, die Grundlagen seiner Analysis niederzulegen und dort findet man auch, in Satz VI, eine Bedeutung der Infinitesimalen, die keiner der obigen drei Interpretationen entspricht [Knobloch 1993, S. 15]:

> *Der „sehr spitzfindige" (spinosissima) Satz 6 gibt eine Grundlegung der Infinitesimalgeometrie mittels der analytischen Geometrie. Er zeigt, dass eine krummlinig begrenzte Fläche durch eine geradlinig begrenzte treppenförmige Fläche beliebig genau angenähert werden kann.* **Beliebig genau heißt: der Fehler kann kleiner als jede vorgegebene positive Zahl gemacht werden.**[6]

Diese hier von Leibniz gegebene Erklärung ist nichts weniger als unsere heutige, arithmetische Auffassung eines Grenzübergangs, der sich erst im 19. Jahrhundert herauskristallisierte. Man beachte den fundamentalen Unterschied zwischen der Interpretation in *Theoria motus abstracti ...*, in der Leibniz von „kleiner als irgendeine angebbare Größe" spricht, und der Erklärung aus dem Manuskript von 1676, in der es „kleiner als jede vorgegebene Zahl" heißt. Knobloch schreibt in [Knobloch 2004, S. 498]:

> *Der sechste Satz gibt die exakte Begründung der Infinitesimalmathematik mit Hilfe Riemannscher Summen und endlichen Mitteln. Er besagt in heutiger Terminologie, dass stetige Funktionen Riemannintegrierbar sind.*
>
> *Der Beweis arbeitet mit der Verfeinerung von Integrationsintervallen und einer Abschätzungsmethode, die auch Weierstraß zufriedengestellt hätte.*

---

[5] Band 5 der siebenten Reihe enthält wichtige Arbeiten aus der Pariser Zeit 1674–1676 [Leibniz 2008].
[6] Hervorhebung von mir.

Diese Entdeckung legt die Vermutung nahe, dass Leibniz je nach Diskussionspartner verschiedene Interpretationen von Infinitesimalen verwendete, um sich verständlich zu machen (das gilt insbesondere für die erste Interpretation als „vernachlässigbare" Größen, wie der Brief [Leibniz 1985–1992, Band IV, S. 250 ff.] an Varignon zeigt). Für sich scheint er aber eine sehr klare, moderne Grenzwertidee entwickelt zu haben.

In [Knobloch 2004] schlägt Knobloch schließlich die Brücke von Cusanus über Galilei zu Leibniz. Hatten Galileis Untersuchungen gezeigt, dass „Nichtquanten" wie Indivisible und das Aktualunendlich die Gültigkeit gewisser mathematischer Grundannahmen verletzten und damit für einen Kalkül unbrauchbar sind, so sind Leibnizens Infinitesimale „kleiner als jede vorgegebene Größe", also unendlich klein, aber noch „Größen". Auch unendlich große Größen sind „größer als jede vorgegebene Größe" und damit noch Größen. Knobloch [Knobloch 2004, S. 498] weiter:

> *Keine cusanische Koinzidenz des Entgegengesetzten, die in der Mathematik nicht stattfindet, sondern archimedische oder Weierstraßsche Strenge. Statt der galileischen Nichtquanten verwendet Leibniz das quantifizierte Unendlich, das anders als jene verstehbar ist, das kalkülgeeignet ist und mit dem man sicher umgehen kann. Leibniz entwickelt eine entsprechende „Arithmetik des Unendlichen".*

Wir sollten an dieser Stelle auch nicht vergessen, dass wir heute das „Kontinuum" in einem ganz anderen Sinne als Leibniz verwenden, ebenso den Begriff „Analysis", worauf Breger in [Breger 1999] hingewiesen hat. Eine Kritik an Leibnizens Verwendung der Differentiale aus exklusiver Sicht der heutigen Mathematik geht daher in mehr als einer Hinsicht fehl!

Neben den infinitesimal kleinen Differentialen dx, dy, etc. benötigt die Analysis natürlich auch Differentiale höherer Ordnung; Differenzen von Differenzen, etc. Differentiale zweiter Ordnung sind definiert durch

$$d(dx) = d\,dx = d^2x$$

und Differentiale beliebiger Ordnung n rekursiv durch

$$d^n x = d(d^{n-1}x).$$

Leibniz führt damit im unendlich Kleinen eine Skala ein [Bos 1975]. Das Differential dx ist unvergleichbar klein im Vergleich zu x und das Differential zweiter Ordnung d^2x ist unvergleichbar klein im Vergleich zu dx, usw. Weiter wird postuliert, dass für eine glatte Funktion $y = f(x)$ die n-te Potenz $(dx)^n = dx^n$ in derselben Skala wie $d^n y$ liegt, so dass der Quotient

$$\frac{d^n y}{dx^n}$$

eine endliche Zahl ist. Für weitere Untersuchungen zu den Differentialen höherer Ordnung verweisen wir auf die Untersuchung [Bos 1975].

7.2.9 Das Transmutationstheorem

Leibniz beschreibt dieses wichtige Theorem in seinem Brief an Newton, den er als Antwort auf die epistola prior, den ersten Brief Newtons, nach England schickte. Wir folgen [Edwards 1979, S. 246] und betrachten in Abb. 7.2.16 zwei infinitesimal benachbarte Punkte P und Q auf dem Graphen einer Funktion $y = f(x)$ mit den Koordinaten (x, y) für P und $(x+dx, y+dy)$ für Q zwischen $x = a$ und $x = b$. Im Dreieck PQR erkennen wir das charakteristische Dreieck. Auch OPQ ist ein infinitesimales Dreieck. Das Bogenlängenelement ds definiert die Tangente an f in P, die im Punkt T mit den Koordinaten $(0, z)$ die Ordinatenachse schneidet. Die Steigung der Tangente ist

$$\frac{dy}{dx} = \frac{y-z}{x},$$

daher ist z gegeben durch

$$z = y - x\frac{dy}{dx}. \tag{7.8}$$

Die Strecke OS stehe senkrecht auf der Tangente an f. Die Länge von OS sei mit p bezeichnet. Das Dreieck OST und das charakteristische Dreieck PQR sind ähnlich, das heißt:

$$\frac{dx}{p} = \frac{ds}{z}.$$

Damit lässt sich der Flächeninhalt des Dreiecks OPQ zu

$$F(OPQ) = \frac{1}{2}p \cdot ds = \frac{1}{2}z \cdot dx$$

berechnen. Summiert man alle diesen infinitesimalen Dreiecke, dann erhält man den Flächeninhalt des nach oben durch den Graphen von f beschränkten und damit krummlinig berandeten Dreiecks OAB, also

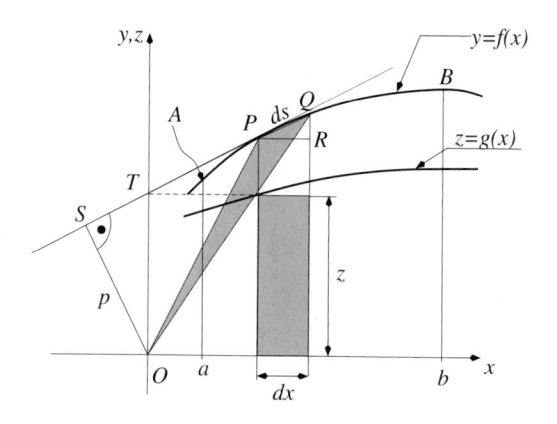

Abb. 7.2.16 Figur zum Transmutationssatz

$$F(OAB) = \frac{1}{2}\int_a^b z\,dx,$$

wobei $z = g(x)$ durch (7.8) definiert ist. Jetzt können wir daran gehen, den Flächeninhalt unter der Funktion $y = f(x)$ zwischen $x = a$ und $x = b$ zu berechnen. Es gilt

$$\int_a^b y\,dx = \frac{1}{2}b \cdot f(b) - \frac{1}{2}a \cdot f(a) + F(OAB),$$

wovon man sich leicht in Abb. 7.2.17 überzeugt. Nun ist es üblich, die Differenz $bf(b) - af(a)$ in der Form $xf(x)|_{x=a}^{x=b}$ zu schreiben. Damit erhalten wir das „Transmutationstheorem"

$$\int_a^b y\,dx = \frac{1}{2}\left(xy\big|_{x=a}^{x=b} + \int_a^b z\,dx\right). \qquad (7.9)$$

Wir werden uns gleich ein Beispiel ansehen, in dem das Transmutationstheorem eine wichtige Rolle spielt. Der Grund, dass Leibniz dieses Theorem für so wichtig hielt, liegt in verschiedenen Konsequenzen. Zum Einen zeigt das Theorem – wie der Hauptsatz – den Zusammenhang der Quadratur ($\int y\,dx$) mit der Tangente, denn z ist durch die Tangente definiert. Leibniz nannte die Funktion $z = g(x)$ die „Quadratrix", da sie die Quadratur ermöglicht. In diesem Sinne ist auch die Namensgebung des Theorems zu sehen: Das Quadraturproblem wird umgewandelt in ein anderes, das die Quadratrix enthält. Ersetzen wir nun z in (7.9) durch (7.8), dann erhalten wir sofort die wichtige Regel der partiellen Integration

$$\int_a^b y\,dx = xy\big|_{x=a}^{x=b} - \int_{f(a)}^{f(b)} x\,dy.$$

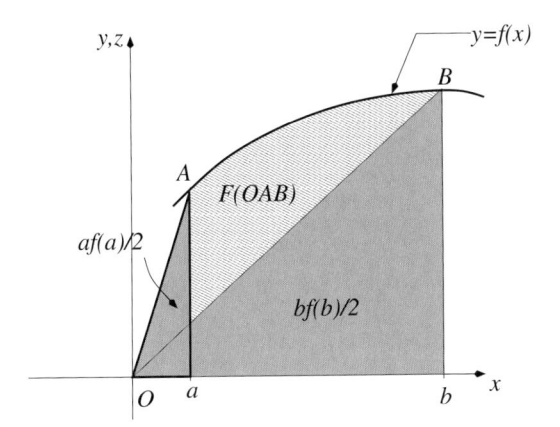

Abb. 7.2.17 Figur zum Verhältnis der Flächen

420 7 Newton und Leibniz – Giganten und Widersacher

Das Transmutationstheorem ist also zum Anderen ein äußerst versatiles Werkzeug in Leibnizens neuer Analysis.

Ein wichtiges Beispiel für das Transmutationstheorem ist Leibnizens „arithmetische Quadratur des Kreises", d. h. die Berechnung der Kreisfläche. Dazu betrachtet Leibniz den Halbkreis mit Radius $r = 1$ in Abb. 7.2.18. Dieser Halbkreis besitzt die Darstellung

$$y = \sqrt{2x - x^2}.$$

Die Tangentensteigung, also die erste Ableitung, ist

$$\frac{dy}{dx} = \frac{1-x}{\sqrt{2x-x^2}} = \frac{1-x}{y}$$

und damit folgt aus (7.8) für die Quadratrix z die Darstellung

$$z = y - x\frac{1-x}{y} = \sqrt{2x-x^2} - x\frac{1-x}{\sqrt{2x-x^2}} = \sqrt{\frac{x}{2-x}},$$

bzw.

$$x = \frac{2z^2}{1+z^2}.$$

Jetzt wenden wir das Transmutationstheorem (7.9) an und erhalten für die Fläche des Viertelkreises

$$I := \int_0^1 y\,dx = \frac{1}{2}\left(x\sqrt{2x-x^2}\Big|_0^1 + \int_0^1 z\,dx \right).$$

Die Quadratrix $z = \sqrt{\frac{x}{2-x}}$ verläuft durch die Punkte $(0,0)$ und $(1,1)$ und teilt die Fläche des Einheitsquadrates damit in zwei Teile A und B wie in Abb. 7.2.18 rechts dargestellt.

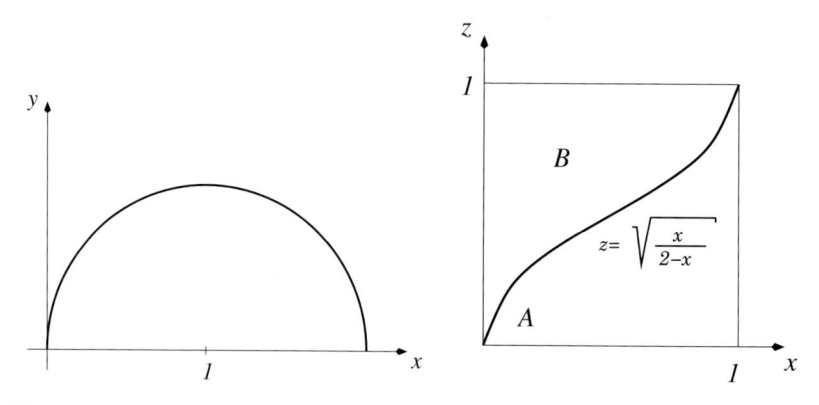

Abb. 7.2.18 Quadratur des Kreises (li.) Zerlegung des Einheitsquadrates durch die Quadratrix (re.)

Die Fläche A ist $\int_0^1 z\,dx$, die Fläche B ist $\int_0^1 x\,dz$, nämlich die Fläche unter $x = \frac{2z^2}{1+z^2}$ von $z = 0$ bis $z = 1$. Nun ist $B + A = 1$, also $A = 1 - B$ oder $\int_0^1 z\,dx = 1 - \int_0^1 x\,dz$ und damit

$$I = \frac{1}{2}\left(1 + \left(1 - \int_0^1 x\,dz\right)\right) = 1 - \int_0^1 \frac{z^2}{1+z^2}\,dz.$$

Leibniz entwickelt nun $1/(1+z^2)$ in die geometrische Reihe $1 - z^2 + z^4 - + \ldots$, erhält

$$I = 1 - \int_0^1 z^2 \left(1 - z^2 + z^4 - + \ldots\right)\,dz,$$

und integriert gliedweise, was auf

$$I = 1 - \left(\frac{1}{3}z^3 - \frac{1}{5}z^5 + \frac{1}{7}z^7 - + \ldots\right)\Big|_0^1 = 1 - \frac{1}{3} + \frac{1}{5} - \frac{1}{7} + - \ldots$$

führt. Da die Fläche eines Viertelkreises mit Radius 1 gerade $\pi/4$ beträgt, hat Leibniz das wunderschöne Ergebnis

$$\frac{\pi}{4} = 1 - \frac{1}{3} + \frac{1}{5} - \frac{1}{7} + \frac{1}{9} - \frac{1}{11} + - \ldots$$

errechnet. Er selbst bemerkte dazu: „Numero deus impare gaudet" (Gott freut sich der ungeraden Zahl) – ein Zitat, das schon auf Vergil (8. Ekloge 76) [Vergil 2001] zurückgeht.

7.2.10 Das Kontinuitätsprinzip

Leibniz war ein Kenner der antiken griechischen Philosophen und so wundert es nicht, dass Leibnizens Überlegungen zur Kontinuität als Ausgangspunkt auf Aristoteles zurückgehen, der die Diskussionen um das Kontinuum wiederum bei den Eleaten gefunden hat. Eine Grundannahme des Aristoteles ist „natura non facit saltus" – Die Natur macht keine Sprünge. Leibnizens Kontinuitätsprinzip entstammt so also nicht seiner Mathematik, und es ist unzulässig, es als eine Verallgemeinerung von Ideen seiner Analysis zu sehen. Viel eher hat er die aus der Philosophie stammende Idee in seine Analysis einfließen lassen, weshalb ich mich hier auch scheue, „Kontinuität" mit dem mathematisch besetzten Begriff der „Stetigkeit" gleichzusetzen.

In der Arbeit *Ein allgemeines Prinzip, das nicht nur in der Mathematik, sondern auch in der Physik von Nutzen ist* [Leibniz 1985–1992, Band IV, S. 230 ff.] spricht er vom „Prinzip der allgemeinen Ordnung", das seinen Ursprung aus dem Unendlichen habe. Obwohl die Arbeit weitgehend Problemen aus der Physik gewidmet ist, finden sich interessante Aussagen auch für die Mathematik, etwa wenn Leibniz schreibt [Leibniz 1985–1992, Band IV, S. 231]:

Wenn sich (bei den gegebenen Größen) zwei Fälle stetig einander nähern, so dass schließlich der eine in den anderen übergeht, muß notwendig bei den abgeleiteten bzw. abhängigen (gesuchten) Größen dasselbe geschehen.

Das hängt von dem folgenden noch allgemeineren Prinzip ab:

Einer Ordnung im Gegebenen entspricht eine Ordnung im Gesuchten.

In einem Brief an Varignon aus dem Jahr 1702 [Leibniz 1985–1992, Band IV, S. 260 ff.] versucht Leibniz, sein Kontinuitätsprinzip zu erläutern:

Ich bin von der Allgemeingültigkeit und dem Wert dieses Prinzips nicht nur für die Geometrie, sondern auch für die Physik vollkommen überzeugt. Da die Geometrie nichts anderes als die Wissenschaft von den Grenzen und der Größe des Kontinuums ist, so ist es nicht verwunderlich, dass dieses Gesetz überall in ihr beobachtet wird: denn woher sollte eine plötzliche Unterbrechung bei einem Gegenstand kommen, der kraft seiner Natur keine zuläßt? Auch ist uns wohlbekannt, dass alles in dieser Wissenschaft vollkommen miteinander verbunden ist, und man kann hier kein einziges Beispiel dafür geben, dass irgendeine Eigenschaft plötzlich aufhörte oder entstände, ohne dass man den Übergang vom einen zum anderen Zustand, die Wende- und Schnittpunkte, welche die Veränderung erklärlich machen, angeben könnte, derart, dass eine einzige algebraische Gleichung, die einen bestimmten Zustand exakt darstellt, praktisch alle anderen darstellt, die sich auf denselben Gegenstand beziehen können.

Abb. 7.2.19 George Berkeley, Pierre Varignon

Daraus (und aus weiteren Äußerungen von Leibniz, vgl. [Volkert 1988, S. 103]) folgt recht unmissverständlich, dass es für Leibniz keine Funktionen gibt, die Unstetigkeiten aufweisen. Mehr noch, eine „Funktion im Leibnizschen Sinne" war immer *glatt*, d. h. mindestens einmal stetig differenzierbar! Wir werden in Abschnitt 11.5 den Weg zurück zu Leibniz finden, denn die moderne Mathematik hat in der Tat „glatte Welten" für die Analysis aufgetan, in denen keine nicht-glatten Funktionen existieren.

7.2.11 Differentialgleichungen bei Leibniz

Wie Newton, so hat auch Leibniz sofort nach der Erfindung seines Kalküls begonnen, Differentialgleichungen zu lösen. Differentialgleichungen entstehen fast von selbst, wenn man kontinuierlich ablaufende Prozesse modelliert. In seiner Pariser Zeit hat Leibniz während eines Gespräches einen Gesprächspartner beobachtet, der eine der damals neuen (und teuren!) Taschenuhren an einer silbernen Kette über die Tischplatte zog. Sofort kam die Frage auf, welche Kurve denn die Uhr auf dem Tisch beschreibt. Leibniz charakterisierte die gesuchte Kurve dadurch, dass der Tangentenabschnitt in jedem Punkt eine konstante Länge a besitzt. Mit den Bezeichnungen aus Abb. 7.2.20 gilt

$$\frac{dy}{dx} = -\frac{y}{z}.$$

Aus dem Satz des Pythagoras folgt

$$z^2 + y^2 = a^2.$$

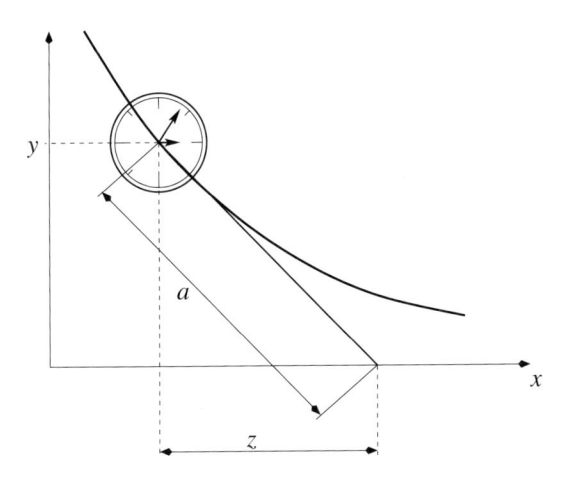

Abb. 7.2.20 Die gezogene Uhr

Damit ergibt sich die Differentialgleichung

$$y' = \frac{dy}{dx} = -\frac{y}{\sqrt{a^2 - y^2}}.$$

Da für Leibniz der Differentialquotient ein echter Quotient ist, trennt er die Terme wie folgt:

$$-\frac{\sqrt{a^2 - y^2}}{y} dy = dx$$

und kann die Differentialgleichung durch Quadratur lösen:

$$-\int \frac{\sqrt{a^2 - y^2}}{y} dy = \int dx.$$

Nun ist $\int dx = x$, und für Leibniz ist das Integral auf der linken Seite bereits bekannt [Hairer/Wanner 1997, S. 135]. Er erhält die Gleichung für die „Schleppkurve" oder Traktrix

$$x = -\sqrt{a^2 - y^2} - a \ln \frac{a - \sqrt{a^2 - y^2}}{y}.$$

Die Methode, Differentialgleichungen durch Trennung des Differentialquotienten zu lösen, nennt man die Methode der „Trennung der Veränderlichen".

7.3 Erste Kritik: George Berkeley

Die Verwendung von infinitesimalen Größen in der in den Anwendungen so erfolgreichen Differential- und Integralrechnung stieß nicht überall auf begeisterten Zuspruch. Ein erster Kritiker war der irische Theologe George Berkeley (1685–1753), der 1734 Bischof von Cloyne wurde [Breidert 1989]. Bei der Frage nach dem Unendlichen berühren sich Mathematik und Theologie und Berkeley hatte Sorge, dass die Mathematiker, die über das Unendliche sprachen, der Theologie einen Teil ihrer Legitimation nähmen. Ein erster Vortrag *Vom Unendlichen*, gehalten am 19. November 1707 vor der neu gegründeten Dublin Philosophical Society, zeigt schon die Neigung des ganz jungen Berkeley, Fragen nach der Unendlichkeit nicht den Mathematikern oder Philosophen zu überlassen. Zudem war Berkeley Zeit seines Lebens beunruhigt über die „Freidenker", die sich mehr und mehr auch öffentlich religionsfeindlich zeigten, unter anderen auch Edmond Halley, der Religion schlicht als Betrug ansah. Eine besonders aggressive Schrift Berkeleys ist *The Analyst* [Berkeley 1985, S. 81–141] aus dem Jahr 1734 – *Der Analytiker, oder, eine an einen ungläubigen Mathematiker gerichtete Abhandlung, in der geprüft wird, ob der Gegenstand, die Prinzipien und die Folgerungen der modernen Analysis deutlicher erfaßt und klarer hergeleitet sind als religiöse Geheimnisse und Glaubenssätze* – und diese Schrift traf ins Schwarze. Wir zitieren hier den Punkt 14 [Berkeley 1985, S. 97 f.]. Es geht um die Berechnung der Fluxion einer allgemeinen Potenz x^n, die Berkeley schon unter Punkt 13 nach Newtonscher Manier berechnet hat:

> *Um diesen Punkt deutlicher zu machen, werde ich den Beweisgang enthüllen und in einem helleren Licht vor Ihre Augen stellen. Er läuft also auf folgendes hinaus oder kann in anderen Worten so dargestellt werden: Ich nehme an, dass die Größe x fließt und durch das Fließen angewachsen ist. Ihr Inkrement nenne ich o, so dass sie durch das Fließen zu $x+o$ wird. Und da x wächst, folgt, dass jede Potenz von x in einem entsprechenden Verhältnis ebenfalls wächst. Da x zu $x+o$ wird, wird also x^n zu $(x+o)^n$, d. h. nach der Methode der unendlichen Reihen*
> $$x^n + nox^{n-1} + \frac{nn-n}{2}oox^{n-2} + usw.$$
> *Wenn wir von den beiden vermehrten Größen die Wurzel bzw. die Potenz subtrahieren, werden wir die beiden Inkremente zurückbehalten, nämlich*
> $$o \text{ und } nox^{n-1} + \frac{nn-n}{2}oox^{n-2} + usw.$$
> *Dividiert man diese beiden Inkremente durch den gemeinsamen Teiler o, so ergeben sich die Quotienten*
> $$1 \text{ und } nx^{n-1} + \frac{nn-n}{2}ox^{n-2} usw.$$
> *Diese stellen also das Verhältnis der Inkremente dar. Bisher habe ich vorausgesetzt, dass x fließt, dass x ein wirkliches Inkrement hat, dass o etwas ist, und ich bin immer an Hand dieser Voraussetzung, ohne die ich nicht einmal einen einzigen Schritt hätte machen können, vorgegangen. Aus dieser Voraussetzung erhielt ich das Inkrement von x^n, durch sie konnte ich es mit dem Inkrement von x vergleichen und das Verhältnis der beiden Inkremente finden. Nun aber bitte ich darum, eine neue Annahme machen zu dürfen, die der ersten entgegengesetzt ist, d. h. ich werde annehmen, dass es kein Inkrement von x gibt, oder dass o nichts ist. Diese zweite Annahme vernichtet meine erste, sie ist mit ihr unverträglich und also auch mit allem, was sie voraussetzt. Ich bitte trotzdem darum, nx^{n-1} beibehalten zu dürfen, obwohl es ein Ausdruck ist, der mit Hilfe meiner ersten Annahme gewonnen wurde, der notwendig diese Annahme voraussetzt, und der ohne sie nicht gewonnen werden könnte. All das scheint eine höchst widerspruchsvolle Art der Beweisführung und eine solche, die man in der Theologie nicht erlauben würde.*

Berkeley hat ganz klar erkannt, dass die neue Analysis auf schwachen Füßen stand. Aber er war nicht nur destruktiv, sondern erkannte die Resultate der Fluxionsrechnung durchaus an und versuchte, sie durch Argumente mit endlichen Größen sauber zu begründen, was aber nicht gelang. Antworten von Mathematikern auf *The Analyst* blieben nicht aus. Sie klärten nichts, wurden oft persönlich, und wir wollen sie daher nicht diskutieren. Die weitere Verwendung infinitesimaler Argumente und die zahlreichen Entdeckungen damit konnte Berkeley nicht aufhalten. Es bleibt aber sein Verdienst, den Finger in die Wunde der Newton-Leibnizschen Analysis gelegt zu haben. Erst im 19. Jahrhundert werden die Grundlagenfragen so drängend, dass hervorragende Mathematiker sich an eine Lösung machen.

Entwicklung der Infinitesimalrechnung und der Prioritätsstreit

1664	ISAAC BARROW beginnt seine Vorlesungen in Cambridge
1664/65	NEWTON ist im Besitz des Binomialtheorems
1665/66	NEWTON entdeckt die Fluxionsrechnung, das Gravitationsgesetz und macht bedeutende Entdeckungen in der Optik
1665	ROBERT HOOKEs Buch *Micrographia* erscheint
1669	NEWTON wird Professor auf dem Lucasischen Lehrstuhl
1672–1676	LEIBNIZ in Paris. Die Differential- und Integralrechnung entsteht
1673	LEIBNIZ führt der Royal Society in London seine Rechenmaschine vor und wird in die Royal Society aufgenommen
1676	Der Sekretär der Royal Society, Henry Oldenburg, gibt Leibniz Einblick in Schriften Newtons. Ab Dezember ist LEIBNIZ in Hannover
	NEWTON sendet seinen ersten Brief (epistola prior) an LEIBNIZ. Ein Briefwechsel entwickelt sich
1677	Zweiter Brief (epistola posterior) von NEWTON an LEIBNIZ
1684	Die erste Publikation der Differentialrechnung von LEIBNIZ erscheint in den *Acta Eruditorum*
1687	Mit den *Principia* erscheint NEWTONs bahnbrechendes Werk zur Physik
1699	Der Prioritätsstreit zwischen NEWTON und LEIBNIZ beginnt mit einem Angriff von FATIO
1703	NEWTON wird erstmals Präsident der Royal Society
1704	Das Buch *Opticks* erscheint. Im Anhang befindet sich NEWTONs erste Veröffentlichung zur Fluxionsrechnung
1712	Das Urteil der Royal Society im Prioritätsstreit wird als „Commercium epistolicum" verteilt; LEIBNIZ wird ungerechtfertigterweise als Plagiator verurteilt. NEWTON hat die Fäden im Hintergrund gezogen
1716	LEIBNIZ stirbt in Hannover und wird in der Neustädter Kirche beigesetzt
1727	NEWTON stirbt und wird in Westminster Abbey beigesetzt

7.4 Aufgaben zu Kapitel 7

Aufgabe 7.4.1 *(zu 7.1)* Zeigen Sie
$$(1+x)^{\frac{1}{3}} = 1 + \frac{1}{3}x - \frac{2}{3\cdot 6}x^2 + \frac{2\cdot 5}{3\cdot 6\cdot 9}x^3 - +\ldots,$$
indem Sie den Ansatz
$$(1+x)^{1/3} = 1 + ax + bx^2 + cx^3 + \ldots$$
zweimal mit sich selbst multiplizieren und dann Koeffizienten vergleichen.

Aufgabe 7.4.2 *(zu 7.1)* Schreiben Sie $y = x^n$ in der Form $f(x,y) = y - x^n = 0$ und beweisen Sie mit Hilfe von (7.1) die wichtige Beziehung
$$\frac{\dot y}{\dot x} = nx^{n-1}.$$

Aufgabe 7.4.3 *(zu 7.1)* Betrachten Sie die Funktion
$$y = (f(x))^{m/n},$$
wobei f ein Polynom bezeichnen soll. Nutzen Sie Newtons „eingebaute" Kettenregel, führen Sie die Substitution $z = f(x)$ mit der Fluxion $\dot z = f'(x)\dot x$ ein und zeigen Sie mit Hilfe von (7.1), dass
$$\frac{\dot y}{\dot x} = \frac{m}{n}(f(x))^{m/n-1}f'(x)$$
gilt.

Aufgabe 7.4.4 *(zu 7.1)* Sei $y = f(x)\cdot g(x)$ das Produkt zweier Funktionen $r = f(x)$ und $s = g(x)$ mit Fluxionen $\dot r$ und $\dot s$. Zeigen Sie
$$\dot y = r\dot s + \dot r s$$
mit Hilfe von (7.1).

Aufgabe 7.4.5 *(zu 7.2)* Die Differenzenfolge der Folge $0, 1, 4, 9, 16, 25, \ldots, n^2$ ist die Folge der negativen ungeraden Zahlen $-1, -3, -5, -7, -9, \ldots, -(2n-1)$. Nach (7.5) folgt damit $-1 - 3 - 5 - 7 - 9 - \ldots - (2n-1) = 0 - n^2$, also gilt für die Summe der ersten n ungeraden Zahlen
$$1 + 3 + 5 + 7 + 9 + \ldots + (2n-1) = n^2.$$
Addieren Sie $2 + 4 + 6 + \ldots + 2n$ zu beiden Seiten der vorstehenden Gleichung und zeigen Sie
$$1 + 2 + 3 + \ldots + 2n = \frac{2n}{2}(2n+1).$$
Addieren Sie noch $(2n+1)$ auf beiden Seiten und zeigen Sie dann das bekannte Resultat
$$1 + 2 + 3 + \ldots + n = \frac{n}{2}(n+1).$$

Aufgabe 7.4.6 *(zu 7.2)* Bestimmen Sie die Ableitung der Funktion $f(x) = e^{\sin(\cos x)}$ nach Leibniz. Verwenden Sie die Bezeichnungen $w(x) := \cos x$, $v(w) := \sin w$ und $u(v) := e^v$ und leiten Sie

$$f(x) = u(v(w(x)))$$

ab.

Aufgabe 7.4.7 *(zu 7.2)* Weisen Sie nach, dass die Funktion $y = \ln(1+x)$ die Differentialgleichung

$$(1+x)y' = 1$$

mit der Anfangsbedingung $y(0) = 0$ erfüllt.

Aufgabe 7.4.8 *(zu 7.2)* Berechnen Sie die ersten Teilsummen in der Leibnizschen Reihendarstellung

$$\pi = 4 \cdot \left(1 - \frac{1}{3} + \frac{1}{5} - \frac{1}{7} + - \ldots\right)$$

mit Hilfe eines Taschenrechners. Wie viele Glieder der Reihe benötigt man, bis π auf die erste Nachkommastelle genau dargestellt ist? Vergleichen Sie mit einer Formel von Euler:

$$\pi = 8 \cdot \left(\frac{1}{1^2} + \frac{1}{3^2} + \frac{1}{5^2} + \frac{1}{7^2} + \ldots\right).$$

Aufgabe 7.4.9 *(zu 7.2)* Berechnen Sie mit den Regeln des Leibnizschen Kalküls die Ableitung dy/dx vom „Cartesischen Blatt"

$$axy = x^3 + y^3.$$

Hinweis: Der erste Schritt ist $d(axy) = d(x^3 + y^3)$.

8 Absolutismus, Aufklärung, Aufbruch zu neuen Ufern

1643–1715	Ludwig XIV. König von Frankreich. Höhepunkt des Absolutismus
1648	Mit dem Westfälischen Frieden endet am 24. Oktober der 30jährige Krieg
1662	Gründung der Royal Society in London
1683	Die Türken vor Wien
1689–1725	Peter I. (der Große) Zar von Russland
1700	Kurfürst Friedrich III. gründet in Berlin die Societas Scientiarum Brandenburgica (Brandenburgische Gesellschaft der Wissenschaften) nach einem Plan von Leibniz
1717	Landesweite Schulpflicht in Preußen
1725	Akademie der Wissenschaften in St. Petersburg gegründet
1740–1780	Maria Theresia Erzherzogin von Österreich, Königin von Böhmen und Ungarn
1740–1786	Friedrich II. (der Große) König von Preußen
1756–1763	Siebenjähriger Krieg
1762–1796	Katharina II. regiert Russland als Zarin
1766	Erfindung der Dampfmaschine durch James Watt
1768–1779	Entdeckungsreisen von James Cook
um 1770	Beginn der Industriellen Revolution in England
1776	Unabhängigkeitserklärung von 13 Kolonien im Nationalkongress von Philadelphia
1765–1790	Joseph II. Deutscher Kaiser, Vertreter des „aufgeklärten Absolutismus"
1784	Mechanischer Webstuhl von E. Cartwright
1789	Die Französische Revolution beginnt. Sturm auf die Bastille am 14. Juli
1794	Gründung der École Polytechnique in Paris
1799	Bonaparte wird erster Konsul
1804	Kaiserkrönung Napoleons I.
1805	Vernichtung der französischen Flotte durch die Engländer bei Trafalgar
1812	Untergang der „Großen Armee" in Russland
1813/14	Befreiungskriege
1815	Napoleon unterliegt endgültig in Waterloo
1814–1815	Wiener Kongress
1822	Charles Babbage stellt die erste programmgesteuerte Rechenmaschine her. Brasilien wird unabhängiges Kaiserreich
1825	Ende des spanischen Kolonialreiches in Südamerika. Gründung des Polytechnikums Karlsruhe. Erste Eisenbahn (für Güter) in England (Stephenson)
1830	Julirevolution in Frankreich. Erste Eisenbahnlinie für Personenverkehr von Liverpool nach Manchester

8.1 Historische Einführung

Mit den Friedensschlüssen von Münster und Osnabrück am Ende des Dreißigjährigen Krieges war die Hoffnung auf einen „immerwährenden" Frieden verbunden, die sich allerdings nicht erfüllte. Im Heiligen Römischen Reich herrschten absolute Potentaten und die Herrschaft wurde in der Regel innerhalb einer Familiendynastie vererbt. Starb eine solche Linie aus, begann ein in der Regel komplizierter Erbschaftsprozeß, denn man war durch mehr oder weniger glückliche Verheiratungen in mehreren Richtungen gebunden. Die aus solchen Konflikten mehrerer erbberechtigter Parteien hervorgegangenen Kriege nennt man treffend Erbfolgekriege und bezeichnet damit ein echtes Leiden der Zeit nach dem Dreißigjährigen Krieg.

Abb. 8.1.1 Herrscher des Absolutismus in Frankreich: Ludwig XIV; Ludwig XV; Ludwig XVI.

Ludwig XIV., Prototyp des absoluten Monarchen in seiner Zeit, steht für eine expansive Außenpolitik Frankreichs. Schon 1658 hatte sich der erste Rheinbund gebildet, in dem sich verschiedene Reichsfürsten mit Frankreich zusammenschlossen, um ihre Souveränität zu sichern. Die Heirat Ludwigs XIV. mit Maria Theresia, der ältesten Tochter Philipps IV. von Spanien, sicherte Frankreich ein Erbrecht auf Spanien. Allerdings war auch der Kaiser Leopold I. mit einer Tochter des Spaniers vermählt, so dass Konflikte um die spanische Erbfolge vorprogrammiert waren. Als Philipp IV. 1665 starb, beanspruchte Ludwig die Spanischen Niederlande. Als ihm diese „Gabe" von Spanien verweigert wurde, eroberte Ludwig diese Gebiete einfach im sogenannten Devolutionskrieg, an dessen Ende sich der Rheinbund auflöste. Aber

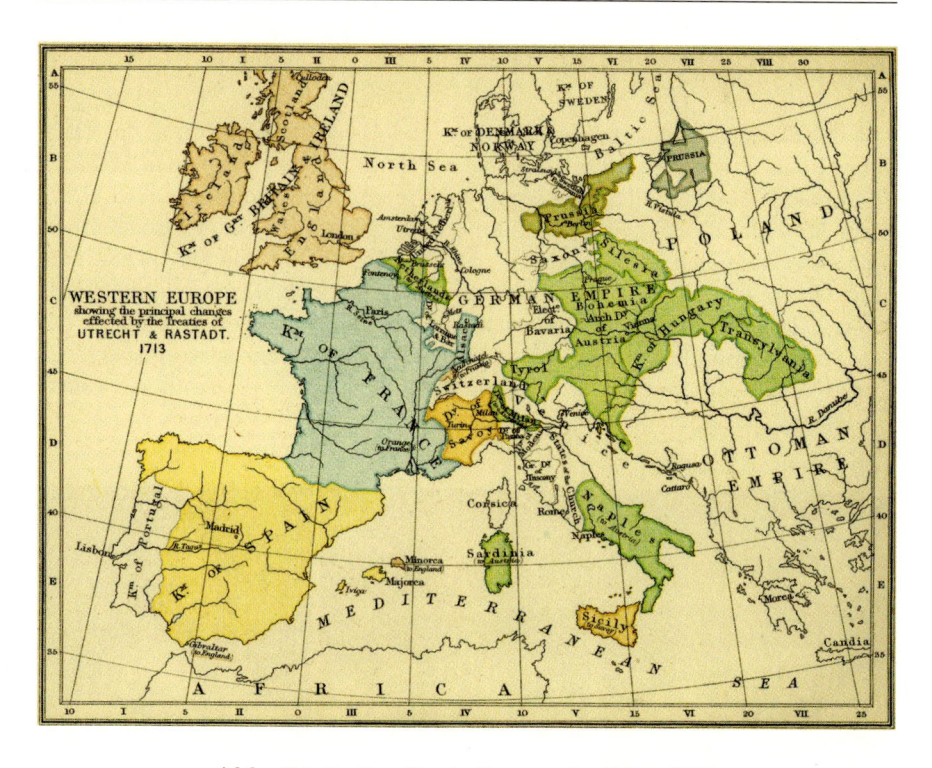

Abb. 8.1.2 Landkarte Europas im Jahre 1713

erst nachdem Ludwig 1670 Lothringen besetzte und 1672 die Vereinigten Niederlande angriff, formierte sich im Reich Widerstand und es kam 1674 zur Reichskriegserklärung an Frankreich. Die Kämpfe zogen sich zäh dahin. Noch dazu standen 1683 die Türken vor Wien. Im Reich praktizierten die Franzosen die Taktik der „verbrannten Erde": Heidelberg, Mannheim, Worms und Speyer wurden bei Abzug der französischen Truppen verheert. Als schließlich Friedensverhandlungen stattfanden, kam Frankreich sehr glimpflich davon.

Im Ostseeraum tobte von 1700 bis 1721 der Nordische Krieg, der aus einem Konflikt zwischen Dänemark und Schweden entstanden war. Dänemark hatte Russland und Polen auf seiner Seite und am Ende des Krieges war Russlands Vorherrschaft im Ostseeraum manifestiert. Von 1701 bis 1713/14 kam es zum Spanischen Erbfolgekrieg, an dem sich auch England und die Niederlande auf Seiten des Kaisers gegen Frankreich engagierten. Als mit Karl VI. nach dem Tod des Kaisers Joseph I. im Jahr 1711 ein neuer Kaiser auf den Thron kam, der einen tatsächlichen Anspruch auf die Herrschaft in Spanien hatte, wurde den Engländern und Holländern die Sache zu heiß: Sie zogen sich aus der Allianz mit dem Kaiser zurück und schlossen einen Frieden mit Frankreich durch dynastische Trennung zwischen dem Haus Bourbon in Spanien und seiner französischen Linie. Dem Kaiser wollte man zum Trost die Spanischen

Abb. 8.1.3 „Aufgeklärte" Monarchen: Friedrich II. von Preußen, Kaiser Joseph II., Peter I. (der Große, Russland).

Niederlande und italienische Besitzungen Spaniens überlassen. Der fühlte sich übervorteilt und kämpfte noch bis 1714 weiter, musste aber schließlich einlenken.

Die Universität Halle wurde im Jahr 1694 gegründet und zu einem Zentrum der Frühaufklärung, mit der sich tiefe geistige Umbrüche einzustellen begannen. Die Gottergebenheit der Menschen wurde ersetzt durch eine weltlichere Sichtweise. Man konnte nun nicht nur Größen wie Zeit und Raum durch Messungen quantifizieren, sondern auch die Produktivität der Wirtschaft, und vormals statische Betrachtungsweisen der Welt verwandelten sich in der zweiten Hälfte des 18. Jahrhunderts zu einer dynamischen Weltsicht [Dirlmeier et al. 2007, S. 220]. Astronomen wie Kepler hatten den Horizont der Menschen erweitert, Newton hatte viele Vorgänge auf der Welt und im Kosmos wissenschaftlich geklärt, und das Interesse der Menschen an den modernen Naturwissenschaften war so groß, dass das Buch *Le Newtonianisme pour les dames* (Der Newtonianismus für die Damenwelt) von Francesco Algarotti (1712–1764) stark nachgefragt wurde. Im Jahr 1700 war es Leibniz gelungen, dass die Brandenburgische Societät der Wissenschaften in Berlin vom Kurfürsten Friedrich III. gegründet wurde. Bereits 1717 wurde in Preußen die allgemeine Schulpflicht eingeführt. In Göttingen wurde 1737 mit der Georgia Augusta eine neue Universität gegründet, die als „Reform-Universität" an den Start ging. Im Verlauf des 18. Jahrhunderts bildeten sich Lesegemeinschaften und Salons, in denen auch Mathematik und die Naturwissenschaften diskutiert wurden. Mit Immanuel Kant (1724–1804), der 1784 in der „Berlinischen Monatsschrift" die *Beantwortung der Frage: Was ist Aufklärung?* gab, erlebte die Philosophiegeschichte einen einzigartigen Wendepunkt. Mit der *Kritik*

Abb. 8.1.4 Philosophen der Aufklärung in Frankreich: Jean-Jacques Rousseau, Jean Baptiste Voltaire und Charles-Louis de Montesquieu

der reinen Vernunft stellte Kant endgültig den Verstand in den Mittelpunkt der Erkenntnis. Mit seiner Schrift *Allgemeine Naturgeschichte und Theorie des Himmels* [Kant 2005] spekulierte Kant auch über die Entstehung von Sonnensystemen und Galaxien auf Basis newtonscher Physik.

Die Aufklärung breitete sich schnell über ganz Europa aus. Einflussreiche Vertreter einer aufklärerischen Philosophie waren neben Kant die englischen Empiristen John Locke (1632–1704) und David Hume (1711–1776) sowie die Franzosen Voltaire (1694–1778) und Jean-Jacques Rousseau (1712–1778). Auch an einigen Höfen hielt die Aufklärung Einzug, so dass unter anderen Friedrich II. von Preußen, Kaiser Joseph II. und Peter I. von Russland als aufgeklärte Monarchen bezeichnet werden können.

1737 wird in Hamburg die erste Freimaurerloge Deutschlands gegründet und zahlreiche weitere Gründungen folgen in schneller Folge landesweit. Die Logen sind der Aufklärung ebenso verpflichtet wie der von Adam Weishaupt 1776 gegründete Illuminatenorden, der allerdings einer radikalen Aufklärung verpflichtet war und 1785 verboten wurde. Die Aufklärung kommt gegen Ende des 18. Jahrhunderts auch in der Bevölkerung an. Das Buch *Noth- und Hülfs-Büchlein für Bauersleute*, ein Buch zur Volksaufklärung von Rudolf Zacharias Becker, erscheint in zwei Bänden 1778 und 1780 und ist 1810 in einer Auflage von über eine Million Exemplare verbreitet [Dirlmeier et al. 2007, S. 228 f.]. Reformpädagogen wie Johann Heinrich Campe (1746–1818), der Hauslehrer der beiden Humboldt-Brüder, gründet in Braunschweig die „Braunschweigische Schulbuchhandlung" und erfindet damit die Massenproduktion von Büchern. Seine Übersetzung und Adaption des *Robinson Crusoe* von Daniel Defoe erscheint 1779/80 in Hamburg unter dem Titel *Robinson der Jüngere* und wird der erste Bestseller der Jugendliteratur.

Abb. 8.1.5 Philosophen der Aufklärung in England und Deutschland: John Locke, David Hume, Immanuel Kant

In Frankreich begann 1723 mit der Regierung Ludwigs XV. (1715–1774) die Epoche, die man später das „Ancien Régime" nennen sollte. Während die Wirtschaft Frankreichs von 1730 bis 1770 zu einer Blüte gelangte, hielten kriegerische Auseinandersetzungen außerhalb des Landes an. Frankreich war im Polnischen Erbfolgekrieg 1733–1738 ebenso involviert wie im Österreichischen (1740–1748), in dem Frankreich sich auf Seiten Preußens befand. Zu Beginn des Siebenjährigen Krieges 1756 stellte sich Frankreich dann gegen Preußen. Von 1744 bis 1748 dauerten die Auseinandersetzungen mit Großbritannien im Kolonialkrieg, 1778 tritt Frankreich gegen England in den Amerikanischen Unabhängigkeitskrieg ein. Die Staatsfinanzen waren schließlich zerrüttet, eine Reform des Staatswesens kam nicht zustande. Eine Finanzpolitik des „Weiterwurstelns" [Haupt et al. 2008, S. 241] tat das übrige. Die Krise des Ancien Régime wurde durch Skandale und Affären am Hof Königs Ludwig XVI. (1754–1793, König ab 1774) und seiner Königin Marie Antoinette (1755–1793) noch verstärkt. Im Volk hatte die Aufklärung seit 1720 nach und nach zu einer Politisierung geführt. Noch galt die alte Ständeordnung. Die beiden ersten Stände Klerus und Adel waren stark privilegiert. Demgegenüber war der Dritte Stand – freie Bauern und Bürger – ein sehr heterogenes Gemisch von Großbürgern bis hin zu Tagelöhnern. Dieser Dritte Stand machte etwa 98% der Bevölkerung aus. Alle drei Stände waren in den „Generalständen" vertreten, die über Steuerbewilligungen zu entscheiden hatte. Wegen der katastrophalen Finanzlage des Landes musste Ludwig XVI. die Generalstände einberufen, allerdings war nicht klar, ob nach Ständen oder nach Köpfen abgestimmt werden sollte. Da der Dritte Stand über die doppelte Anzahl von Abgeordneten verfügte, wäre eine Abstimmung nach Köpfen vorteilhaft gewesen. Dieser Forderung wollte Ludwig aber nicht nachgeben. Dadurch erklärte sich der Dritte Stand am 17. Juni 1798 zur Nationalver-

Abb. 8.1.6 Eine zeitgenössische Karrikatur: Der Dritte Stand trägt Klerus und Adel

sammlung und legte den Ballhausschwur ab: Man wollte nicht eher auseinandergehen, bis eine Verfassung für Frankreich ausgearbeitet sei. Der König orderte Truppen nach Paris, was die Bevölkerung doppelt verunsicherte, denn man befürchtete bei den schon horrenden Brotpreisen eine weitere Verknappung von Nahrungsmitteln. Nun stellten sich auch Adlige auf die Seite der Nationalversammlung. Der Volkszorn schwoll weiter an und am 14. Juli kam es zum Sturm auf die Bastille – die Französische Revolution begann. Die Feudalrechte wurden abgeschafft, die Zünfte ebenfalls, und der Klerus gab sich eine vom Papst verurteilte Zivilverfassung. Im Jahr 1791 endete ein Fluchtversuch des Königs in Varennes.

Von außen drohten nun Kaiser Leopold II. in Wien, König Friedrich Wilhelm II. von Preußen und der Bruder des französischen Königs mit einer militärischen Aktion gegen Frankreich, sollte die Monarchie oder ihre Vertreter angetastet werden. Unter dem Eindruck dieser Provokation wurde Ludwig XVI. gezwungen, Österreich den Krieg zu erklären, wonach sich Preußen auf die Seite Österreichs stellte. Es wurde ein schlecht ausgebildetes Revolutionsheer aufgestellt, das jedoch gegen die vom Braunschweiger Herzog Karl Wilhelm Ferdinand geführte Koalitionsarmee nicht bestehen konnte. Johann Wolfgang

Abb. 8.1.7 Napoleon Bonaparte in seinem Arbeitszimmer 1812 (Gemälde von Jacques-Louis David 1812, National Gallery of Art, Washington DC)

von Goethe begleitete auf diesem Feldzug seinen Herzog von Sachsen-Weimar-Eisenach und hat die entscheidende Kanonade von Valmy eindrucksvoll in seinem Buch *Kampagne in Frankreich* beschrieben. Beim Dorf Valmy kam es zu einer Schlacht, in der die Revolutionstruppen dem Koalitionsheer standhielten. Wegen des einsetzenden schlechten Wetters kam es bald zu einer Belagerungssituation, in der sich die beiden Armeen gegenüber lagen. Da es dauernd regnete, die Soldaten der Koalition Hunger litten und es in der Führung der Koalitionsarmee Unstimmigkeiten gab, zog das Koalitionsheer ab, ohne sich auf einen weiteren Schußwechsel eingelassen zu haben. Goethe schreibt in *Kampagne in Frankreich*, er habe nach der Kanonade im Kreis von Offizieren gesagt:

Von hier und heute, meine Herren, geht eine neue Epoche der Weltgeschichte aus, und ihr könnt sagen, ihr seid dabei gewesen.

Abb. 8.1.8 Schlacht bei Waterloo 1815, Gemälde von Clément-Auguste Andrieux (Musée National du Château de Versailles)

Das Revolutionsheer marschierte nun aber vorwärts, eroberte die gesamte linke Rheinseite und die Niederlande und beendete diesen Krieg 1795 siegreich.

Ein gewisser Napoleon Bonaparte (1769–1821) wird 1796 kommandierender General der französischen Italienarmee und erweist sich als militärisches Talent ersten Ranges und als politische Hoffnung seines Landes. Sein Feldzug nach Ägypten, auf den er zahlreiche Wissenschaftler mitnimmt, ist militärisch sinnlos, begründet aber die Wissenschaft der Ägyptologie. Am 9. November 1799 kommt es zu einem Staatsstreich in Frankreich, der die Revolution beendet und Napoleon zum Ersten Konsul der Französischen Republik macht. Napoleon ist nun Alleinherrscher Frankreichs. Zahlreiche napoleonische Reformen formen die staatlichen Strukturen Frankreichs bis in die heutige Zeit. Im Jahr 1804 macht sich Napoleon selbst zum Kaiser der Franzosen. In Feldzügen ohne gleichen gelingt ihm die Eroberung weiter Teile Europas. Erst der russische Winter lässt die französische „Grande Armée" 1812 scheitern und nur ein Bruchteil der Armee kehrt geschlagen zurück. Nun beginnt der Kampf gegen Napoleon in den Befreiungskriegen. Die endgültige Niederlage erleiden die Franzosen in der Völkerschlacht bei Leipzig, und die alliierten Truppen marschieren nun in Richtung Paris, das sie am 31. März 1814 einnehmen. Napoleon wird zum Abdanken gezwungen und auf die Insel Elba verbannt. In Frankreich greift die Restauration: Ludwig XVIII. wird neuer König. Sehr schnell sind die Franzosen mit der Restauration und ihrem neuen König unzufrieden und diese Unzufriedenheit spricht sich auch nach Elba herum. Am 1. März 1815 kehrt Napoleon von Elba zurück und es gelingt ihm erneut, die Herrschaft zu übernehmen und eine neue Armee aufzubauen.

Auf dem Wiener Kongress beschließen daher die besorgten Alliierten, ihre Allianz zu erneuern und wieder gemeinsam gegen Napoleon in den Krieg zu ziehen. Tatsächlich gelingt es den Franzosen, bei Quatre-Bras und Ligny die gegnerischen Truppen zu schlagen, und am 18. Juni 1815 greift Napoleon die englischen Truppen unter Wellington an, denen aber Blücher mit seinen preußischen Truppen zu Hilfe eilt. Die Franzosen werden vernichtend geschlagen und die „Herrschaft der 100 Tage" Napoleons geht zu Ende. Auf Beschluss der Alliierten muss Napoleon Frankreich verlassen und geht ins Exil auf die britische Insel St. Helena, wo er am 5. Mai 1821 stirbt.

8.2 Jakob und Johann Bernoulli

Mit den Arbeiten von Newton und Leibniz öffneten sich für die Analysis neue Welten. Newton und Leibniz nutzten ihre Analysis sofort, um physikalische Probleme, die durch Differentialgleichungen beschrieben werden, zu lösen. Überall in Europa warfen sich Mathematiker auf die neue Analysis und entwickelten sie weiter; auf dem Kontinent folgte man Leibniz, in England blieb man Newton treu. Diese Entwicklung hatte für die englische Analysis fatale Folgen: Durch die nicht sonderlich instruktiven Bezeichnungen Newtons ergab sich kein „Kalkül", den man lehren und lernen konnte, während Leibniz ja ganz bewusst einen Calculus geschaffen hatte, der auch weniger begabten Mathematikern ermöglichte, die Analysis anzuwenden. Seit 1696 lag mit *Analyse des infiniment petits pour l'intelligence des lignes courbes* des Autors Guillaume François Antoine de l'Hospital (1661–1704) das erste Lehrbuch der Leibnizschen Analysis vor, die damit ihren Siegeszug antrat. Den Beginn dieser stürmischen Entwicklung markiert eine Mathematikerfamilie, die in ihrer Art einzigartig in der Geschichte ist – die Familie Bernoulli.

Die Familie Bernoulli ist eine in Basel ansässige wohlhabende Kaufmannsfamilie, in die 1655 Jakob Bernoulli (1655–1705) als Sohn des Nicolaus, Ratsherr in Basel, hineingeboren wird. Sein Bruder Nicolaus, geboren 1662, wird später Maler. Jakob ist 12 Jahre alt, als sein Bruder Johann (1667–1748) in Basel zur Welt kommt. Die Brüder Jakob, Nicolaus und Johann werden die Stammväter mehrerer Generationen von Bernoullis, die in Mathematik, Physik und Astronomie Außergewöhnliches geleistet haben. Da es über verschiedene Generationen hinweg Bernoullis mit den Namen Jakob, Johann und Nicolaus gab (vgl. Abb. 8.2.1), muss man die Bernoullis nummerieren, um eindeutig über sie sprechen zu können. Jakob und Johann als Mathematiker der ersten Generation sind in dieser Nummerierung dann Jakob I und Johann I.

Jakob I studierte in Basel Theologie und Philosophie und vertiefte sich gegen den Willen seines Vaters in mathematische und astronomische Studien. Im Jahr 1676 schloss Jakob seine offiziellen Studien erfolgreich ab, aber längst hatte er sich der Mathematik verschrieben. Er reiste in der Schweiz umher,

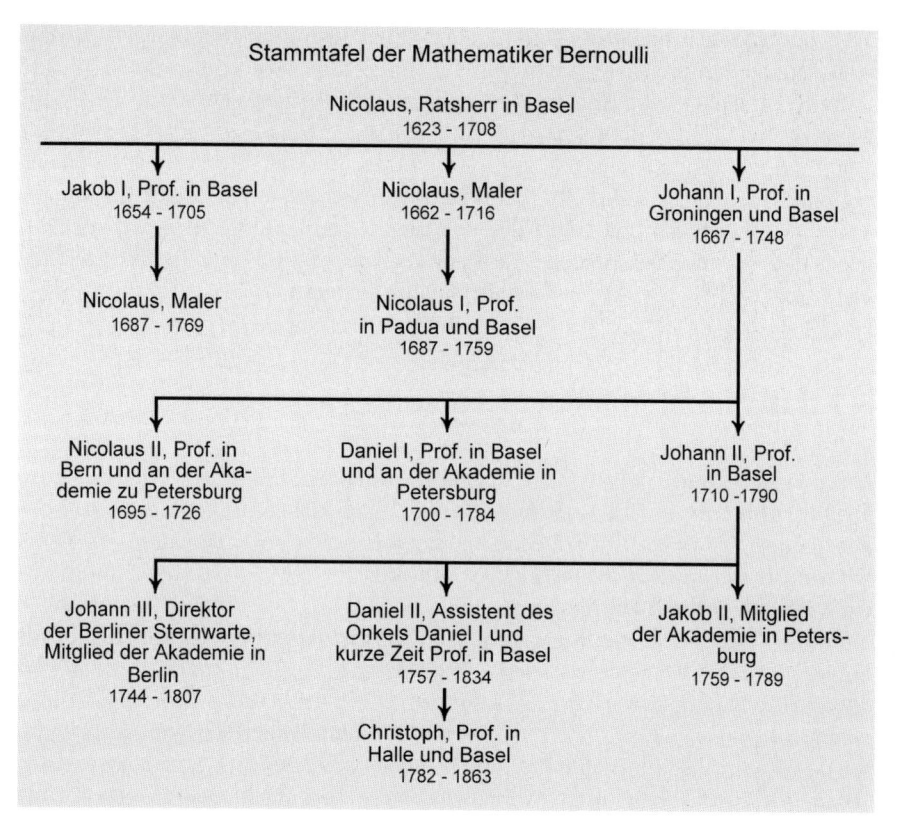

```
Stammtafel der Mathematiker Bernoulli

                    Nicolaus, Ratsherr in Basel
                           1623 - 1708

Jakob I, Prof. in Basel    Nicolaus, Maler    Johann I, Prof. in
     1654 - 1705            1662 - 1716       Groningen und Basel
                                                  1667 - 1748

   Nicolaus, Maler        Nicolaus I, Prof.
     1687 - 1769         in Padua und Basel
                            1687 - 1759

Nicolaus II, Prof. in   Daniel I, Prof. in Basel   Johann II, Prof.
Bern und an der Aka-    und an der Akademie in        in Basel
demie zu Petersburg          Petersburg            1710 - 1790
    1695 - 1726              1700 - 1784

Johann III, Direktor    Daniel II, Assistent des   Jakob II, Mitglied
der Berliner Sternwarte, Onkels Daniel I und       der Akademie in Peters-
Mitglied der Akademie in kurze Zeit Prof. in Basel       burg
        Berlin               1757 - 1834             1759 - 1789
      1744 - 1807
                          Christoph, Prof. in
                           Halle und Basel
                             1782 - 1863
```

Abb. 8.2.1 Stammbaum der Familie Bernoulli (nach Fleckenstein 1949). Da einige Vornamen mehrfach auftreten, hat man eine Numerierung eingeführt: z.B. Johann I, Johann II, Johann III

war zwischen 1676 und 1680 als Hauslehrer auf verschiedenen Stellen tätig und unternahm in dieser Zeit auch mehrere Reisen nach Frankreich und Holland. Bei einer Bildungsreise von 1681 bis 1682 kam Jakob nach England, Deutschland und Holland und lernte Robert Hooke, Robert Boyle und Johann van Waveren (Jan) Hudde kennen. So kam er früh in Kontakt mit führenden Mathematikern seiner Zeit. Ab 1683 bot er in Basel private Vorlesungen zur Experimentalphysik an und begann, die Schriften von John Wallis, Isaac Barrow und René Descartes zu studieren, die sein Interesse für die Infinitesimalmathematik weckten. In dem Jahr, in dem Leibnizens erste Publikation *Pro maximis et minimis ...* in den Acta Eruditorum erschien, 1684, heiratete Jakob Judith Stupanus. Aus dieser Ehe gingen zwei Kinder hervor, eine Tochter und ein Sohn, der sich jedoch den schönen Künsten zuwandte. Einen Lehrstuhl für Mathematik an der Universität Basel bekam Jakob 1687, den er bis zu seinem Tod bekleidete und der dann von seinem Bruder Johann I übernommen wurde.

Abb. 8.2.2 Jakob I Bernoulli, Johann I Bernoulli, Daniel I Bernoulli

Jakob begann seine eigene wissenschaftliche Karriere mit Arbeiten zur Kometentheorie und zu physikalischen Problemen. Mit der Art, in der Wallis in der *Arithmetica infinitorum* mit der Induktion umging, war Jakob gar nicht einverstanden. Er entwickelte die erste rigoros begründete Theorie der vollständigen Induktion schon 1685/86. Gemeinsam mit seinem Bruder Johann I., der Medizin studiert hatte und von Jakob persönlich in die Mathematik eingeführt wurde, studierte er Leibnizens erste Abhandlung zur Differentialrechnung. Die beiden Brüder hatten Probleme, diese Arbeit zu verstehen, und so schrieb Jakob Ende 1687 an Leibniz und bat ihn um Erläuterungen. Unglücklicherweise befand sich Leibniz auf seiner Italienreise zu Forschungen an der Welfengeschichte und konnte so nicht antworten. Erst drei Jahre später wird Leibniz antworten, aber die beiden Brüder hatten die Arbeit da längst aus eigener Kraft verstanden und durchdrungen. Zwischen Leibniz und den Bernoullis entwickelte sich jedoch eine fruchtbare Korrespondenz und es ist nicht übertrieben, wenn man sagt, dass die Bernoullis die größten Propagandisten für die Leibnizsche Analysis wurden. Der Begriff „Integral" für Leibnizens „$\int$" ist aus einem Vorschlag Jakobs im Briefwechsel mit Leibniz entstanden. Erstmal verwendet hat Jakob dieses Wort in seiner ersten in den Acta Eruditorum erschienenen Abhandlung, in der er seine Lieblingsfigur – die Spirale – mit Hilfe der Leibnizschen Analysis untersuchte. Nach seinem frühen Tod im Alter von 50 Jahren wurde eine Spirale mit dem Text „Eadem mutata resurgo" – verändert kehre ich als dieselbe wieder – an seinem Grab im Basler Münster angebracht, siehe Abb. 8.2.3. Zahlreiche Ergebnisse der Mathematik sind nach Jakob Bernoulli benannt, so die Bernoullische Ungleichung, die Bernoullische Differentialgleichung, die Bernouli-Verteilung in der Wahrscheinlichkeitsrechnung und die Bernoullischen Annahmen in der Balkentheorie. Die bedeutendsten Entdeckungen machte er jedoch in einem Streit mit seinem Bruder Johann – die beiden begründeten ein ganz neues Gebiet der Analysis, die „Variationsrechnung".

Abb. 8.2.3 Grabstein von Jakob Bernoulli mit der „logarithmischen" Spirale im Münster von Basel [Foto Kahle]

Johann I, übrigens das zehnte Kind seiner Eltern, war von seinem Vater dazu bestimmt worden, Kaufmann zu werden. Er erfüllte die väterlichen Vorgaben nicht, sondern studierte Medizin und bekam 1690 die Approbation. Er war von seinem älteren Bruder Jakob in die Mathematik eingeführt worden und hatte mit ihm die Leibnizsche Analysis verstanden. Seine Genialität zeigte sich früh: 1690 löste er das Problem der Kettenlinie. Dabei geht es um diejenige Kurve, die eine ideale Kette einnimmt, die an zwei Enden eingespannt durch den Einfluss der Schwerkraft durchhängt. Galilei hatte geglaubt, dass die gesuchte Kurve die Parabel sei. Johann zeigte nun, dass es sich um eine transzendente Funktion, den „Cosinus hyperbolicus" $\cosh x$ handelt. Auch Huygens und Leibniz kamen auf diese Funktion. Nach seiner Approbation als Mediziner reiste Johann nach Genf und Paris, wo er 1691 den Marquis de l'Hospital (1661–1704) kennenlernte, der aus altem französischem Adel stammte. De l'Hospital war ein begabter Mathematiker, der schon als junger Mann ein Pascalsches Problem um die Zykloide gelöst haben soll. Der Tradition seiner Familie folgend ging er zum Militär, aber er war kein überzeugter Soldat und dazu so kurzsichtig, dass er für den Dienst eigentlich nicht taugte. So zog er sich vom Militär zurück um sich mathematischen Studien zu widmen. De l'Hospital führte den 24jährigen Johann in die mathematischen Kreise Frankreichs ein, und er konnte dort Vorlesungen über Leibnizens neue Analysis halten. Johann Bernoulli wurde sogar als Privatlehrer von de l'Hospital angestellt. Es kam zu einer Art Vertrag, in dem Johann sich ver-

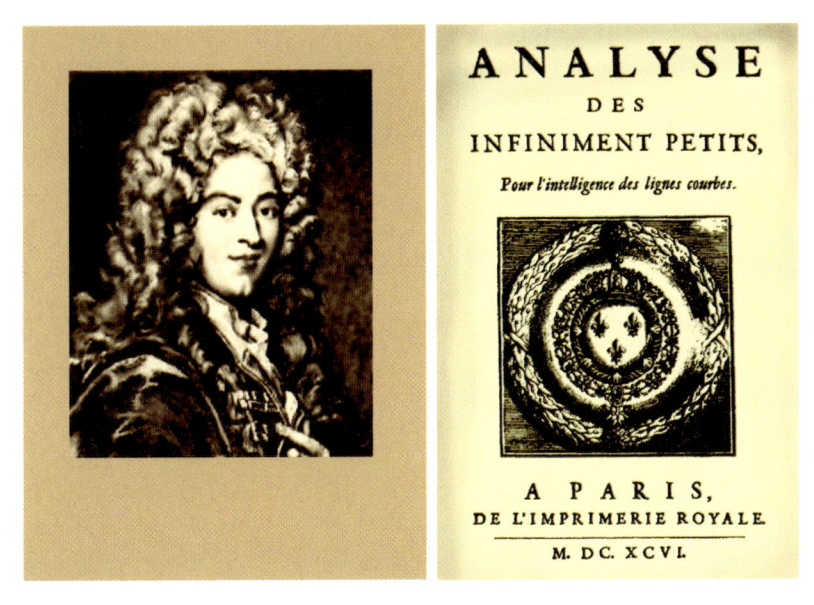

Abb. 8.2.4 Guillaume François Antoine de l'Hospital und das Titelblatt seiner *Analyse des infiniment petits pour l'intelligence des lignes courbes* 1696

plichtete, gegen gute Bezahlung mathematische Resultate an de l'Hospital zu verkaufen. So sind die „Regeln von de l'Hospital" über Terme der Gestalt „0/0" oder „∞/∞" von Johann Bernoulli gekauft worden. Die Regeln besagen, dass für einen Quotienten, der für $x \to x_0$

$$\lim_{x \to x_0} \frac{f(x)}{g(x)}$$

den Fall „0/0" oder „∞/∞" ergibt, im Fall differenzierbarer Funktionen f und g der Grenzwert des Quotienten der Ableitungen betrachtet werden kann, d. h.

$$\lim_{x \to x_0} \frac{f(x)}{g(x)} = \lim_{x \to x_0} \frac{f'(x)}{g'(x)},$$

wenn $g'(x_0) \neq 0$ ist. Ein schönes Beispiel gibt die sogenannte sinc-Funktion („sinus cardinalis")

$$\frac{f(x)}{g(x)} = \frac{\sin x}{x} =: \mathrm{sinc}(x),$$

die für $x \to 0$ formal zu einem Term „0/0" führt. Nach der Bernoulli-l'Hospitalschen Regel sieht man, dass

$$\lim_{x \to 0} \frac{\sin x}{x} = \lim_{x \to 0} \frac{\cos x}{1} = 1$$

gilt.

Nach dem Tod de l'Hospitals 1704 hat Johann Bernoulli Anspruch auf dieses Resultat erhoben. Mit der Hilfe Johann Bernoullis gelang es de l'Hospital 1696 das erste Lehrbuch zur Leibnizschen Analysis, *Analyse des infiniment petits pour l'intelligence des lignes courbes*, zu publizieren, das schnell in weiteren Auflagen erschien.

Durch die Empfehlung von Christiaan Huygens erhielt Johann Bernoulli 1695 einen Ruf auf eine Professur für Mathematik an der Universität Groningen, wohin Johann mit seiner Frau, Dorothea Falkner, und einem gemeinsamen Kind, Nikolaus II, übersiedelte. Mit seinem älteren Bruder Jakob sollte er sich kurze Zeit danach heillos zerstreiten. Nach dem Tod seines Bruders übernahm Johann die Professur für Mathematik an der Universität Basel. Als der Prioritätsstreit zwischen Newton und Leibniz eskalierte, nahm Johann, der als außerordentlich streitsüchtig bekannt war, klar die Leibnizsche Seite ein und verteidigte diese auch noch nach Leibnizens Tod 1716. Weitere Streitigkeiten folgten, so ein Prioritätsstreit mit dem englischen Mathematiker Brook Taylor (1685–1731), und sogar mit seinem eigenen Sohn, Daniel Bernoulli (1700–1782), der 1700 in Groningen geboren wurde, zankte er sich um die Priorität bei mathematischen und physikalischen Entdeckungen. Daniel hatte sein Manuskript *Hydrodynamica, sive de viribus et motibus fluidorum commentarii*, kurz: *Hydrodynamica*, 1733 der Petersburger Akademie übergeben. Publiziert wurde es 1738 in Straßburg und auf dem Titelblat nennt sich Daniel „Sohn des Johann". Nun hatte auch der zänkische Vater Johann ein Buch zur Strömungsmechanik geschrieben, *Hydraulica, nunc primum detecta ac demonstrata directe ex fundamentis pure mechanicis*, kurz: *Hydraulica*. Diese *Hydraulica* wurde jedoch frühestens 1738 begonnen und frühestens 1740 beendet, dennoch befindet sich das Publikationsjahr 1732 im Buch! Bis heute findet man in der Literatur daher den Vorwurf, Johann hätte sein Werk absichtlich vordatiert, um sich die Priorität gegenüber seinem Sohn zu sichern. Solche Vorwürfe wurden aber von Szabo in [Szabó 1996, S. 166 ff.] klar widerlegt. Nach Leibnizens Tod war Johann Bernoulli die anerkannte Autorität der Analysis. Noch zu seinen Lebzeiten gab er seine gesammelten Werke in vier Bänden heraus. In der Physik konnte er sich nicht mit Newtons Gravitationstheorie abfinden – wohl auch aus Starrsinnigkeit gegen die Engländer – und vertrat die falsche Wirbeltheorie Descartes'. Nach Johann sollte die Analysis mit seinem Schüler Leonhard Euler (1707–1783) zu einem einzigartigen Höhepunkt des 18. Jahrhunderts kommen.

8.2.1 Die Variationsrechnung

Das Jahr 1696 gilt als das Geburtsjahr einer neuen Disziplin der Analysis – der Variationsrechnung. Im Juni-Heft erschien in den Acta Eruditorum eine (in Latein formulierte) Aufgabe von Johann unter dem Titel *Einladung zur Lösung eines neuen Problems* [Stäckel 1976, S. 3] (mit veränderten Bezeichnungen passend zu Abb. 8.2.5):

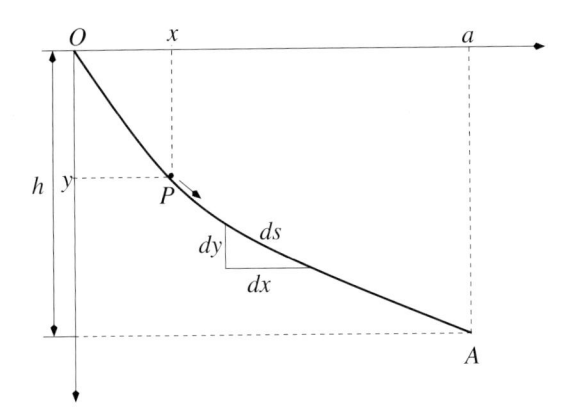

Abb. 8.2.5 Figur zum Brachistochronenproblem

Wenn in einer verticalen Ebene zwei Punkte O und A gegeben sind, soll man dem beweglichen Punkte P eine Bahn OPA anweisen, auf welcher er von O ausgehend vermöge seiner eigenen Schwere in kürzester Zeit nach A gelangt.

Johann weist noch darauf hin, dass die gerade Verbindung zwischen O und A *nicht* Lösung dieses Problems ist, dass man das „Brachistochronenproblem" (*brachystos* = kürzeste, *chronos* = Zeit) nennt.

Was ist an diesem Problem so besonders? Klassischerweise sucht man bei einer Funktion $y = f(x)$ Maxima und Minima mit Hilfe der Analysis. Hier kommt etwas Neues ins Spiel: Unter einer Menge von Funktionen (nämlich unter all denen, die O und A miteinander verbinden und noch gewisse Glattheitsbedingungen erfüllen) sucht man nun diejenige, die eine Minimaleigenschaft aufweist, hier ist es die kürzeste Laufzeit eines reibungsfrei unter dem Einfluss der Gravitation sich auf der Funktion (Kurve) bewegenden Punktes. Das Brachistochronenproblem war nicht etwa das erste Problem dieser Art. Schon in den *Principia* hatte Newton unter allen Rotationskörpern denjenigen gesucht, der den kleinsten Widerstand bei der Bewegung durch ein Medium wie Wasser aufweist, aber dieser Teil der *Principia* wurde nicht rezipiert. Johann gab für seine Aufgabe ein halbes Jahr Zeit und wartete auf Lösungen, aber außer einer (richtigen) Lösung von Leibniz, der das Problem „sehr schön und bis jetzt unerhört" [Stäckel 1976, S. 4] nannte, kam keine Zusendung. Daher gab Johann im Januar 1697 in Groningen eine Ankündigung heraus, in der er die Frist zur Einsendung von Lösungen verlängerte, wie Leibniz ihm geraten hatte. Die Ankündigung beginnt mit den Worten [Stäckel 1976, S. 3]:

Die scharfsinnigsten Mathematiker des ganzen Erdkreises grüßt Johann Bernoulli, [...]

Es ist gut sich klarzumachen, wer denn die „scharfsinnigsten Mathematiker des ganzen Erdkreises" waren. Huygens war 1695 gestorben; damit blieben Bruder Jakob, de l'Hospital, Newton und Leibniz übrig und es bestehen wenig Zweifel dass Johann hoffte, sein Bruder würde eine falsche Lösung einsenden.

In der Mai-Ausgabe der Acta Eruditorum des Jahres 1697 erschien Johanns Lösung dieses Problems mit der richtigen Lösung seines Bruders Jakob und einem Hinweis, dass auch Leibniz das Problem gelöst habe. Es handelt sich bei der gesuchten Funktion um die Zykloide, eine Funktion, an der die Infinitesimalmathematiker seit langem Interesse hatten. Johanns Lösung ist außerordentlich elegant. Er spielte das Problem auf das optische Brechungsgesetz zurück und stellte sich den Punkt P als Lichtstrahl vor, der durch ein Medium geht, das kontinuierlich seinen Brechungsindex ändert. Jakobs Lösung weist diese Eleganz nicht auf, doch ist sie – im Gegensatz zu Johanns Lösung – der Verallgemeinerung auf weitere Aufgaben fähig! Auch Newton publizierte eine Lösung, allerdings anonym und in der Januar-Ausgabe 1669 der *Philosophical Transactions*. Newton soll die Lösung kurz vor dem Zubettgehen niedergeschrieben haben, und zwar an dem Tag, als er die Problembeschreibung bekam [Goldstine 1980, S. 34]. Leibniz sah das Problem am 9. Juni 1696 und Johann hatte seine Lösung schon am 16. Juni in Händen! Aufgaben dieses Typs liegen außerhalb der Schulmathematik, weshalb wir uns die eigentlichen Lösungen dieses Problems hier versagen müssen. Im Detail findet man die Lösungen in [Goldstine 1980], [Thiele 2007] und [Stäckel 1976]. Hier nur so viel:

Betrachten wir die Geometrie des Problems wie in Abb. 8.2.5 und nehmen wir an, dass die Anfangsgeschwindigkeit unseres Masseküglchens bei O Null war, dann folgt für den Zusammenhang zwischen Geschwindigkeit v und Fallhöhe h nach Galilei die Gleichung

$$v = \sqrt{2gh},$$

wobei g die Erdbeschleunigung bezeichnet. Das Verhältnis der Geschwindigkeiten bei P und A ist demnach

$$\frac{v_P}{v_A} = \sqrt{\frac{y}{h}},$$

das heißt

$$v := v_P = v_A \frac{\sqrt{y}}{\sqrt{h}} = \sqrt{2gy}.$$

Betrachten wir ein infinitesimales Zeitelement dt, in dem unsere Masse eine Strecke ds zurücklegt, dann gilt für die Geschwindigkeit

$$v = \frac{ds}{dt}$$

und für das Bogenlängenelement nach dem Satz des Pythagoras

$$ds = \sqrt{dx^2 + dy^2} = \sqrt{1 + \left(\frac{dy}{dx}\right)} = \sqrt{1 + (y')^2}.$$

Fügen wir alles zusammen, dann ergibt sich

$$dt = \frac{1}{\sqrt{2g}} \sqrt{\frac{1 + (y')^2}{y}}\, dx$$

und die „Summe" aller dt, also die gesamte Laufzeit, soll minimal werden:

$$T := \int_0^T dt = \frac{1}{\sqrt{2g}} \int_0^a \sqrt{\frac{1 + (y')^2}{y}}\, dx \stackrel{!}{=} \text{Min.} \qquad (8.1)$$

Die Minimierung eines *Integrals* ist eine der typischen Aufgaben der Variationsrechnung.

Nun konnte Jakob, der sich von Johann gefordert fühlte, sich nicht mehr zurückhalten. In der Mai-Ausgabe 1697 der Acta Eruditorum erscheint von ihm die *Lösung der Aufgaben meines Bruders, dem ich dafür eine andere vorlege*. Neben der Lösung des Brachistochronenproblem stellt Jakob dort eine „isoperimetrische" Aufgabe. Die berühmteste solche Aufgabe wird schon in der Antike beschrieben: Dido, eine phönizische Prinzessin, musste vor ihrem brutalen Bruder Pygmalion fliehen und kam an die Küste Tunesiens. Als sie beim dortigen Häuptling Jarbas um Land für sich und ihre Getreuen bat, versprach Jarbas ihr so viel Land, wie sie mit einer einzigen Kuhhaut umspannen konnte. Daraufhin schnitt Dido die Kuhhaut in sehr feine Streifen und steckte so ein großes Gebiet ab, das nach der Legende das Gebiet des späteren Karthagos wurde. Es war bekannt, dass der Kreis unter allen ebenen Figuren diejenige ist, die bei vorgegebenem Umfang die kleinste Fläche umschließt. Jakobs Aufgabe für Johann war ein verallgemeinertes Problem [Stäckel 1976, S. 19f.] (vgl. Abb. 8.2.6):

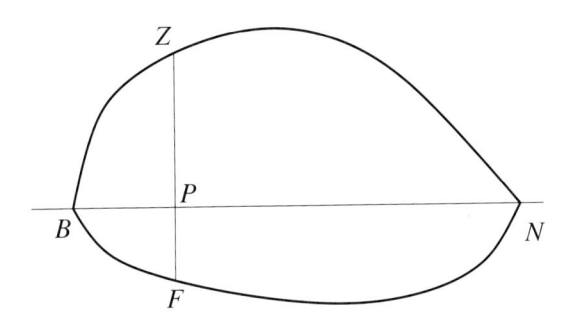

Abb. 8.2.6 Figur zum verallgemeinerten isoperimetrischen Problem

> *Unter allen isoperimetrischen Figuren über der gemeinsamen Basis BN soll die Kurve BFN bestimmt werden, welche zwar nicht selbst den größten Flächeninhalt hat, aber bewirkt, dass es eine andere Kurve BZN tut, deren Ordinate PZ irgend einer Potenz oder Wurzel der Strecke PF oder des Bogens BF proportional ist. [...] Und da es unbillig ist, dass jemand für eine Arbeit nicht entschädigt wird, die er zu Gunsten eines anderen mit Aufwand seiner eigenen Zeit und zum Schaden seiner eigenen Angelegenheiten unternimmt, so will ein Mann, für den ich bürge, meinem Bruder, wenn er die Aufgaben lösen sollte, ausser dem verdienten Lobe ein Honorar von fünfzig Dukaten unter der Bedingung zusichern, dass er binnen drei Monaten nach dieser Veröffentlichung verspricht es zu versuchen und bis Ende des Jahres die Lösung mittels Quadraturen, was möglich ist, vorlegt. Giebt sie Niemand nach Ablauf dieses Jahres, so werde ich die meinigen vorlegen.*

Johann soll nach eigener Aussage nur wenige Minuten für seine Lösung benötigt haben, doch war seine Lösung falsch! Genüsslich fragte sein Bruder Jakob mehrmals bei ihm an, ob er denn an seiner Lösung festhalte, was Johann bejahte. Dann erschien eine vernichtende Kritik Jakobs an der Lösung seines Bruders mit der Bemerkung, er, Jakob, hätte auch nie angenommen, dass Johann diese Aufgabe lösen könnte [Wußing/Arnold 1978, S. 235].

Der Tod Jakobs verhinderte wohl, dass der Streit der beiden Brüder noch weiter eskalieren konnte. Johann nahm später die Arbeit an isoperimetrischen Problemen wieder auf und entwickelte die Lösungstechniken bedeutend weiter, was später für Euler der Ausgangspunkt einer allgemeinen Theorie sein sollte.

8.3 Leonhard Euler

Leonhard Euler (1707–1783) ist einer der produktivsten Mathematiker aller Zeiten. Im 18. Jahrhundert wurde er als „fleischgewordene Analysis" und „Sonne aller Mathematiker" gefeiert. Pierre Simon Laplace (1749–1827) riet seinen Studenten:

> *Lest Euler, lest Euler, er ist unser aller Meister!*

Leonhard wurde als Sohn des evangelisch-reformierten Pfarrers Paul Euler und seiner Frau Margaretha Brucker in Basel geboren und getauft [Thiele 1982], bevor der Vater 1708 eine Pfarrstelle in Riehen bekam. Das geistige Klima im Pfarrhaushalt war inspirierend: Eulers Mutter kam aus einer gebildeten Familie, und der Vater hatte mathematische Interessen und bei Jakob Bernoulli nicht nur Vorlesungen gehört, sondern auch 1688 eine mathematische Dissertation verfasst. Den ersten Unterricht bekam Leonhard vom Vater.

Abb. 8.3.1 Leonhard Euler (Gemälde von E. Handmann, Kunstmuseum Basel)

Sein erstes Mathematikbuch war die „Coß" (genauer Titel: *Behend und hübsch Rechnung durch die kunstreichen regeln Algebre, so gemeinicklich die Coß genennt werden*) von Christoph Rudolff (1499–1545) in der Bearbeitung von Michael Stifel (um 1487–1567) aus dem Jahr 1553; ein schwieriges Buch, das von Leonhard aber vollständig durchgearbeitet und verstanden wurde [Thiele 1982, S. 16]. So wächst Euler in einem einfachen, frommen, wissenschaftlich offenen Elternhaus auf und besucht wohl ab 1713 die Lateinschule in Basel. Die Lateinschulen waren schlecht; das Fach Mathematik war gestrichen worden, daher besorgte Vater Euler als Privatlehrer für Leonhard den jungen Theologen Johann Burckhardt, den Eulers Freund Daniel Bernoulli später als den „Lehrer des großen Euler in der Mathematik" bezeichnen wird.

Am 20. Oktober 1720, im Alter von 13 Jahren, kommt Leonhard schon an die philosophische Fakultät der Universität Basel, was damals nicht ungewöhnlich war. Die Karriere Eulers muss steil gewesen sein, denn schon 1722 bewirbt er sich auf eine Logik- und eine Juraprofessur, was allerdings nicht zum Ziel führte. Im Juni 1724 hält er seine erste öffentliche Rede über den Vergleich der Philosophien von Descartes und Newton. Auf Wunsch seines Vaters hat sich Euler 1723 an der theologischen Fakultät eingeschrieben, hört aber auch mathematische Einführungsvorlesungen bei Johann Bernoulli. Bei ihm bemüht sich Euler um Privatstunden, was aber wegen der Arbeitsbelastung Bernoullis nicht gelingt. Aber Bernoulli empfiehlt das Studium einiger mathematischer Werke, und Leonhard darf samstags Fragen stellen, auf die er beim Durcharbeiten der Lektüre gestoßen ist. Was sich für heutige Pädagogen anhört wie die Hölle auf Erden, beschreibt Euler später als den *besten* Weg, um in der Mathematik voranzukommen. Euler hat mit Nicolaus II, einem der Söhne Johanns, gemeinsam das Magisterexamen abgelegt, und so wird er auch mit der Familie Bernoulli, insbesondere mit Nicolaus' Bruder Daniel, bekannt. Der streitbare und jähzornige Johann Bernoulli erkennt das Genie seines Schülers und seine Achtung vor Euler wächst mit den Jahren, was man aus verschiedenen Briefanfängen erkennen kann [Thiele 1982, S. 22]:

1728   Dem hochgelehrten und ingeniosen jungen Mann
1729   Dem hochberühmten und gelehrten Mann
1737   Dem hochberühmten und weitaus scharfsinnigsten Mathematiker
1745   Dem unvergleichlichen L. Euler, dem Fürsten unter den Mathematikern.

Im Alter von 18 Jahren wird die erste mathematische Arbeit Eulers (in lateinischer Sprache) *Konstruktion zeitgleicher Kurven im widerstehenden Mittel* in den *Acta Eruditorum* veröffentlicht. Es handelt sich dabei um die Lösung des Brachistochronenproblems, wenn man den Luftwiderstand mit einbezieht. Auf eine Preisfrage der Pariser Akademie nach der optimalen Bemastung von Segelschiffen reicht er 1726 ein Manuskript ein, für das er eine lobende Anerkennung erhält. Insgesamt wird Euler bis zu seinem Lebensende zwölf Mal den ersten Preis der Pariser Akademie erringen. Im September 1726 wird eine Physikprofessur in Basel frei und Euler bewirbt sich mit einer Dissertation über den Schall. Die Bewerbung ist nicht erfolgreich, weil Euler nichts Bedeutendes zu bieten hat, und so schaut er sich nach anderen Wirkungsfeldern um.

Im Jahr 1703 hatte Peter I., Zar Russlands, im Newadelta eine Festung anlegen lassen, um den Zugang zur Ostsee zu sichern, aus der kurz darauf die Stadt St. Petersburg entstand. Peter, ein zum Westen hin offener Monarch, will sein Land modernisieren und sieht die Notwendigkeit, nach Leibnizschem Vorbild eine Akademie einzurichten. Diese wird nach Peters Tod von seiner Witwe, der Zarin Katharina I., in St. Petersburg gegründet. Im Herbst 1725 waren Johann Bernoullis Söhne Daniel und Nicolaus gutbezahlte Professoren an der St. Petersburger Akademie geworden und sie hatten Euler versprochen, ihn nachzuholen. Mit der Hilfe von Christian Goldbach (1690–1764) erreichen die Bernoullis Eulers Berufung auf eine freigewordene Adjunktenstelle in der Physiologie, also in der Medizin. Als die Bewerbungen in Basel erfolglos bleiben, reist er 1727 aus Basel in Richtung St. Petersburg ab.

Als Euler St. Petersburg erreichte, starb Katharina I., und auch die Akademie wurde dadurch ungünstig beeinflusst, aber schließlich erhielt Euler eine Ad-

Abb. 8.3.2 Die Akademie der Wissenschaften in St. Petersburg, gegründet von Zarin Katharina I., der Witwe Peters d. Großen [Foto Alten]

junktenstelle in der mathematischen Klasse. Zahlreiche Akademiker stammten aus dem deutschsprachigen Raum, dennoch lernte Euler schnell Russisch in Schrift und Wort. Im Jahr 1731 wurde er Professor für Physik und war damit ein vollwertiges Mitglied der Akademie. Seinem Freund Daniel Bernoulli (1700–1782) setzte aber das ungünstige Klima in St. Petersburg mehr und mehr zu, so dass er 1733 nach Basel auf einen Lehrstuhl für Medizin zurückkehrte.

In Russland wurde die politische Lage langsam instabil, aber Euler wurde nach wie vor gut bezahlt und konnte am 7. Januar 1734 Katharina Gsell, die Tochter eines in St. Petersburg lebenden Schweizer Malers heiraten. Aus dieser Ehe gingen 13 Kinder hervor, von denen nur drei Söhne und zwei Töchter überlebten. Eulers Arbeitspensum wuchs nun stark an und er war ein fleißiger Arbeiter. Als die politischen Verhältnisse unter Zarin Anna immer chaotischer wurden, verließen zahlreiche Akademiemitglieder Russland und gingen in ihre Heimatländer zurück – nicht so Euler. Euler übernahm 1735 das Geographische Department, arbeitete in einer Kommission zu Maßen und Gewichten mit und hielt Unterricht am Gymnasium und an der Kadettenanstalt. Es soll eine Generalkarte des russischen Reiches entstehen, und Euler arbeitet unablässig bis hin zur Erfindung einer neuen Kartenprojektion [Hoffmann 2008, S. 455–465]. Über dieser Arbeit bekommt er Probleme durch eine Infektion im rechten Auge, das er 1738 verliert. Euler selbst war der Ansicht, dass die anstrengende Arbeit über den Karten zum Verlust des rechten Auges geführt habe, aber das stimmt natürlich nicht. Thiele weist in [Thiele 1982, S. 36] auch auf eine andere gut erfundene, aber unwahre Geschichte hin, die Eulers Frömmigkeit betonen sollte. Angeblich war der französische Enzyklopädist Denis Diderot am Petersburger Hof zu Gast und äußerte klar atheistische Überzeugungen. Man holte Euler, der gesagt haben soll:

Monsieur, es ist
$$\frac{a+b^n}{n} = x.$$
Also existiert Gott. Antworten Sie!

Diderot soll daraufhin wortlos gegangen sein.

Euler bearbeitet nun Probleme aus allen Bereichen der Mathematik. In der Physik führt er die Analysis in die Mechanik ein, er arbeitet zur Hydromechanik, zum Schiffbau und zur Astronomie. Er löst zahlentheoretische Probleme, begründet die Graphentheorie mit dem berühmten „Königsberger Brückenproblem" [Löwe 2008a, S. 227–235], und findet den „Eulerschen Polyedersatz", nach dem für jedes konvexe Polyeder mit e Ecken, f Flächen und k Kanten die Beziehung
$$e + f - k = 2$$
gilt. Eulers Beweis ist nicht stichhaltig und viele Mathematiker werden versuchen, diesen Satz zu präzisieren und zu beweisen, aber es gelingt erst Henry Poincaré (1854–1912) mit der Begründung der algebraischen Topologie, diesen Schatz der Mathematik sauber zu behandeln [Löwe 2008b, S. 207–225].

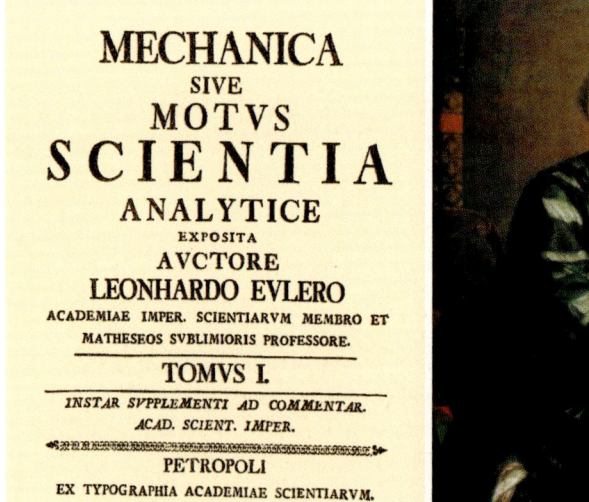

Abb. 8.3.3 Euler und das Titelblatt seiner *„Mechanica"*

Als Hauptwerk von Eulers „erster Petersburger Periode" gilt jedoch das zweibändige Lehrbuch *Mechanica sive motus scientia analytice exposita* (Mechanik oder die Wissenschaft von der Bewegung, analytisch dargestellt) zur Mechanik aus dem Jahr 1736 [Iro 2008, S. 237–269]. Hier erleben wir erstmals die vollständige Durchdringung der Mechanik mit der Leibnizschen Analysis, in der Euler ein wahrer Meister ist [Sonar 2008c]. Weitere Höhepunkte dieser Schaffenszeit sind die *Scientia Navalis* (Wissenschaft vom Schiffswesen), [Nowaki 2008, S. 421–453] und eine neue Musiktheorie [Odefey 2008, S. 467–481]. Die Akademie in St. Petersburg wird durch Euler zu einer bedeutenden Forschungsstätte.

Aber nach dem Tod der Zarin Anna I. im Oktober 1740 kamen politische Wirren und Machtkämpfe. Die Stellung der Akademie litt, und so entschloss sich Euler, der Einladung des preußischen Königs Friedrich II. nach Berlin zu folgen. Friedrich II. war philosophisch gebildet und musikalisch begabt. Als er 1740 preußischer König wurde, verfolgte er auch den Plan, die alte von Leibniz konzipierte Brandenburgische Societät in Berlin, die unter dem Soldatenkönig stark gelitten hatte, wieder zu beleben. Dazu lud der Monarch berühmte Wissenschaftler ein, unter anderen auch Euler. Obwohl Euler der Weggang aus St. Petersburg schwer gemacht wurde, zog er endlich 1741 mit seiner Familie nach Berlin um. Noch tobte aber der erste Schlesische Krieg, und die Akademie konnte erst ab 1743 durch eine königliche Kommission vorbereitet werden, bevor sie 1746 im Saal des königlichen Schlosses einen Platz fand [Thiele 1982, S. 56]. Erster Präsident wurde Pierre Louis Moreau de Maupertuis (1698–1759), ein französischer Mathematiker und Astronom, Euler wurde Direktor der mathematischen Klasse. Euler und Maupertuis hatten ein sehr gutes Verhältnis zueinander, denn sie standen sich weltanschaulich

Abb. 8.3.4 Zarin Anna I., Friedrich II. von Preußen, Zarin Katharina II. – die Regenten und Förderer Eulers in seinen drei Schaffensperioden

Abb. 8.3.5 Pierre Louis Moreau de Maupertuis und Leonhard Euler (auf dem Schweizer 10-Franken-Schein): Freunde aber auch Rivalen um die Präsidentschaft der Akademie

nahe. Die Zeit an der Berliner Akademie ist vortrefflich von Thiele in [Thiele 2008a, S. 63–77] eingefangen worden.

In der Analysis erkennt Euler die Lösungsstrategie allgemeiner homogener linearer Differentialgleichungen n-ter Ordnung mit konstanten Koeffizienten

$$y^{(n)} + a_{n-1} y^{(n-1)} + \ldots + a_2 y'' + a_1 y' + a_0 y = 0$$

durch den Ansatz $y(x) = e^{\lambda x}$, die Gleichungen

$$e^x = \lim_{n \to \infty} \left(1 + \frac{x}{n}\right)^n$$

mit der „Eulerschen Zahl" e und

$$\sin x = \frac{1}{2}\left(e^{ix} - e^{-ix}\right), \quad \cos x = \frac{1}{2}\left(e^{ix} + e^{-ix}\right)$$

werden entwickelt, wobei $i := \sqrt{-1}$ die „imaginäre Einheit" darstellt. Überhaupt beginnt mit Euler das, was wir heute die „Komplexe Analysis" nennen, das ist die Analysis von Funktionen in den komplexen Zahlen $z = a + ib$, vgl. [Euler 1996]. Wir schließen das gesamte Gebiet der komplexen Analysis für dieses Buch völlig aus, da man für die Geschichte dieses Gebietes ein eigenes Buch benötigen würde. Interessierte seien auf [Bottazzini 1986] verwiesen. In Eulers „Berliner Periode", die 25 Jahre dauerte, schrieb er etwa 380 Abhandlungen und mehrere Bücher. Er hielt noch weiter Kontakte zur St. Petersburger Akademie und bezog auch noch eine Pension [Thiele 1982, S. 59]. Aus einer Idee Johann Bernoullis in dessen Werk *Hydraulica* und aus der Anwendung eines Schnittprinzips an einem infinitesimal kleinen Volumenelement gewinnt Euler den Impulssatz der Mechanik,

$$dK = dm \cdot \frac{d^2 x}{dt^2},$$

also das heute so geläufige „Kraft = Masse × Beschleunigung", das immer Newton zugeschrieben wird, sich dort aber nicht findet. Im Jahr 1750 publiziert Euler diesen Satz. Etwa 25 Jahre später wird er den Drallsatz finden. Damit erst ist die Mechanik „fertig"; Newton konnte nur reine Translationsbewegungen punktförmiger Massen behandeln. Auch auf dem Gebiet der Strömungsmechanik sorgt Euler für Durchbrüche [Sonar 2008a, S. 363–371]. Immer an praktischen Fragen interessiert entwickelt er die erste Wasserturbine der Welt [Balck 2008, S. 387–405], berechnet eine neue Fontäne für Sanssouci [Eckert 2008, S. 373–385] und erfindet die Zykloidenverzahnung für Zahnräder [Gottschalk 2008, S. 311–331].

Aber Euler war auch in akademische Zänkereien verstrickt, den sogenannten „Monadenstreit", siehe dazu [Thiele 1982, S. 66 ff.], und einen Streit um das „Prinzip der kleinsten Aktion", eine Art Sparsamkeitsprinzip, das nach Maupertuis die Natur beherrschte. Euler wusste, dass dieses Prinzip nicht durchgehend in der Natur vorkommt, stellte sich aber in diesem Streit wider sein besseres Wissen auf die Seite Maupertuis' gegen den Mathematiker Johann Samuel König (1712–1757), der den Stein des Anstoßes gegeben hatte. König hatte in einer Arbeit aus dem Jahr 1751 behauptet, schon Leibniz hätte das „Prinzip der kleinsten Wirkung" 1707 in einem Brief erwähnt und wurde nun von Maupertuis und Euler angegriffen, er habe den Brief Leibnizens gefälscht. Dieser Streit zog große Kreise; die Akademie in Berlin verurteilte König, aber der große Philosoph und Lästerer Voltaire (1694–1778) schlug sich auf Königs Seite und nutzte den Streit, um sich über Maupertuis lustig zu machen.

Uns soll hier mehr die Analysis interessieren. Schon früh hatte sich Euler mit Variationsproblemen befasst, nun formte er eine ganze Theorie, die 1744 in Lausanne als *Methodus inveniendi lineas curvas maximi minimive proprietate gaudentes, sive solutio problematis isoperimetrici latissimo sensu accepti* (Methode, Kurven zu finden, denen eine Eigenschaft im höchsten oder geringsten Grade zukommt oder Lösung des isoperimetrischen Problems, wenn es im weitesten Sinne des Wortes aufgefasst wird) publiziert wurde. Er arbeitete am Hauptsatz der Algebra, er untersuchte den Rösselsprung auf dem Schachbrett und machte bahnbrechende Entdeckungen in der Zahlentheorie. Für die Analysis ist Euler ein echter Gigant. In die Analysis zieht mit ihm erstmals ein fester Begriff von „Funktion" ein. In seiner *Introductio in analysin infinitorum* (Einführung in die Analysis des Unendlichen), vgl. [Euler 1983] und [Euler 1988], als Lehrbuch 1748 publiziert, stellt Euler die Funktion in das Zentrum der Analysis und benutzt konsequent die Schreibweise $f(x)$, was wir heute noch tun. Schon Newton und Leibniz war die Bedeutung der unendlichen Reihen für die Analysis klar, aber Euler wird zum ungeschlagenen Meister im Umgang mit ihnen. Die Potenzreihe

$$f(x) = \sum_{i=0}^{\infty} a_i x^i$$

Abb. 8.3.6 „Euler in Variationen" in der Ausstellung der Humboldt-Universität Berlin zum Jahr der Mathematik 2008 [Foto Alten]

wird in seinem Werk – verstanden als „unendliches Polynom" – zu einem Arbeitspferd der Analysis. Bereits 1727 hatte Euler an Johann Bernoulli geschrieben und über seine Probleme mit der merkwürdigen Funktion

$$f(x) = (-1)^x$$

berichtet, eine Funktion, die in der Mathematik des 18. Jahrhunderts als Anomalie aufgefasst wurde und erst in der zweiten Hälfte des 19. Jahrhunderts erklärt werden konnte. Er arbeitete auch an Schwingungsproblemen. Das Problem der schwingenden Saite hatte schon Daniel Bernoulli gefesselt, aber erst Euler beschäftigt sich ernsthaft mit trigonometrischen Reihen und stößt damit eine Entwicklung an, die bis ins 19. Jahrhundert reicht und letztlich zur Geburt der Mengenlehre geführt hat.

Den beiden Bänden der *Introductio* folgen 1755 zwei Bände *Institutiones calculi differentialis* zur Differentialrechnung und zwischen 1768 und 1770 erscheinen drei Bände *Institutiones calculi integralis* zur Integralrechnung. Auch auf populärwissenschaftlichem Gebiet ist Euler aktiv. Von 1760 bis 1762 schreibt er auf Bitten ihres Vaters erläuternde Briefe über die Wissenschaften und Philosophie der Zeit an die 16-jährige Friederike von Brandenburg-Schwedt. Diese Briefe hat Euler 1768 in französischer Sprache als *Lettres à une princesse d'Allemagne sur divers sujets de physique et de philosophie*

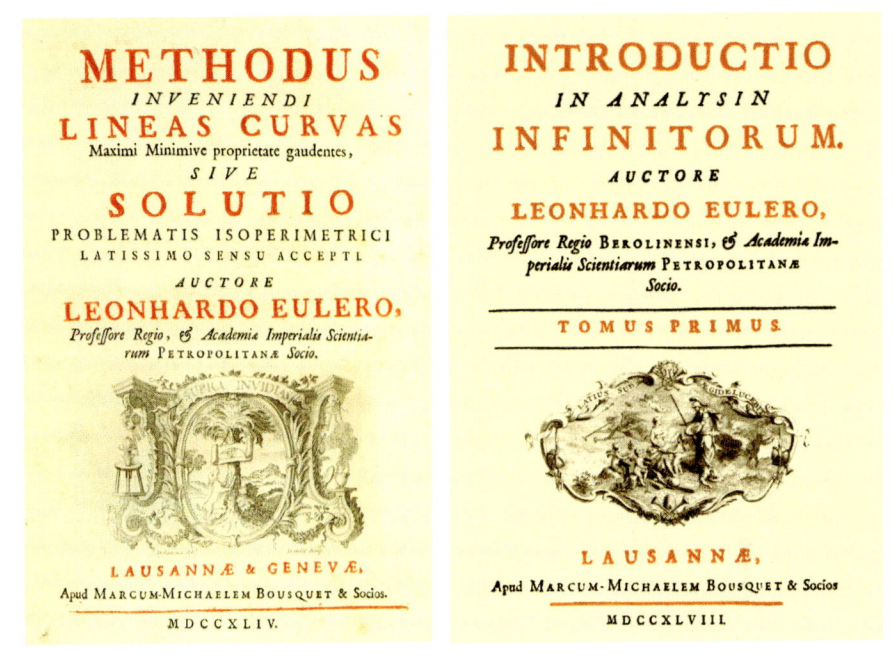

Abb. 8.3.7 *Methodus inveniendi lineas curvas* (1744) und *Introductio in Analysin Infinitorum* (1748): Zwei wegweisende Werke Leonhard Eulers

(deutsch: Briefe an eine Prinzessin aus Deutschland über verschiedene Themen der Physik und Philosophie) publiziert. In der Optik leistet er fundamentale Arbeit. Hatte Newton noch geschrieben, dass es nicht möglich sei, achromatische Linsen (Linsen ohne Farbfehler) zu konstruieren, so erfindet und untersucht Euler den Achromaten [Reich/Wiederkehr 2008, S. 333–347]. Für Friedrich will er ein englisches Buch – *New principles in gunnery* von Benjamin Robins (1707–1751) – übersetzen, aber im Laufe der Übersetzung entwickelt er die Ballistik auf Basis der Analysis ganz neu und verfünffacht den Umfang des Robins'schen Werkes. Er räumt Fehler aus, die Robins gemacht hat, macht neue, aber schließlich wird *Neue Grundsätze der Artillerie*, 1745 erschienen, zur Grundlage der modernen Ballistik, s. [Sonar/Loewe 2008, S. 293–309], [Sonar 2008b].

So produktiv die Zeit in Berlin war, so unwürdig endete sie. Friedrich II. liebte alles Französische, er hielt größte Stücke auf Männer wie Voltaire oder Maupertuis, die bei Hofe trefflich parlieren konnten; der trockene Protestant Euler blieb ihm wohl immer fremd. Euler hatte keine Neigung zur Poesie und seine Versuche, die Musik auf Basis der Mathematik zu behandeln, konnten bei Friedrich nur hämische Bemerkungen hervorrufen. Am 28. Oktober 1746 schreibt der Bruder des Königs, Prinz August Wilhelm, an Friedrich [Fellmann 1995, S. 85 f.]:

> *Herr von Maupertuis hat mich mit dem Mathematiker Euler bekannt gemacht. Ich fand an ihm die Wahrheit von der Unvollkommenheit aller Dinge bestätigt. Durch Fleiß hat er sich logisches Denken und damit einen Namen erworben: aber seine Erscheinung und sein unbeholfener Ausdruck verdunkeln alle diese schönen Eigenschaften und verhindern, daß man sie sich zunutze macht.*

Friedrich antwortet seinem Bruder am 31. Oktober:

> *Liebster Bruder! Ich dachte mir schon, daß Deine Unterhaltung mit Herrn Euler Dich nicht erbauen würde. Seine Epigramme bestehen in Berechnungen neuer Kurven, irgendwelcher Kegelschnitte oder astronomischer Messungen. Unter den Gelehrten gibt es solche gewaltige Rechner, Kommentatoren, Übersetzer und Kompilatoren, die in der Republik der Wissenschaften nützlich, aber sonst alles andere als glänzend sind. Man verwendet sie wie die dorischen Säulen in der Baukunst. Sie gehören in den Unterstock, als Träger des ganzen Bauwerkes und der korinthischen Säulen, die seine Zierde bilden.*

Auch hässliche Bemerkungen über Eulers Einäugigkeit („Mein Zyklop") sind von Friedrich überliefert. Der eigentliche Bruch geschah, als Maupertuis 1759

Abb. 8.3.8 Jean-Baptiste le Rond d'Alembert (Gemälde von Maurice Qentin de la Tour)

starb. Er war schon seit einiger Zeit aus Berlin abwesend, und Euler hatte als *de facto*-Präsident die Akademie geleitet. Nun war eigentlich klar, dass Euler der einzig ernstzunehmende neue Akademiepräsident sein sollte, aber Friedrich lud den französischen Mathematiker Jean-Baptiste le Rond d'Alembert (1717–1783) ein und bot ihm die Präsidentschaft an. Sicher war d'Alembert ein eminenter Mathematiker, aber gegen Euler verblasst er denn doch. Euler war tief verletzt, aber d'Alembert wollte gar nicht der Akademiepräsident sein und schlug dafür Euler vor: Der König überging diesen Vorschlag. Obwohl kein Nachfolger gefunden werden konnte, bekam Euler den Posten des Präsidenten einfach nicht und reichte 1766 sein Entlassungsgesuch ein. Noch zwei Mal musste Euler das Abschiedsgesuch wiederholen, bevor ihn Friedrich endlich ziehen ließ [Thiele 1982, S. 137]. Unmittelbar nach Eulers Weggang gelang es Friedrich mit d'Alemberts Hilfe, den einzig würdigen Ersatz für Euler zu berufen, Jean-Louis Lagrange (1736–1823), mit dem Euler in der Entwicklung der Variationsrechnung zusammengearbeitet hatte.

Euler hatte die Kontakte nach St. Petersburg nie abreißen lassen, und so hatte er als fast Sechzigjähriger 1766 die Gelegenheit, dorthin zurück zu gehen um seine „zweite Petersburger Periode" zu beginnen. Ihm wurde ein triumphaler Empfang bereitet: Die Zarin Katharina II. empfing ihn, er erhielt ein fürstliches Gehalt, freie Wohnung mit kostenlosem Brennholz und Geld zum Kauf eines eigenen Hauses. Euler war gerade in sein neues Haus gezogen, da verlor er durch eine Krankheit auch noch das zweite Auge durch Altersstar.

Abb. 8.3.9 Eulers Grab auf dem Lazarus-Friedhof am Alexander-Newski-Kloster in St. Petersburg

Sollte man nun glauben, dass ihn das von seiner Produktivität abbrachte, so ist man getäuscht: Die Hälfte aller seiner Arbeiten entstand in der Zeit der völligen Blindheit! Im Jahr 1771 brannte sein Haus ab und zahlreiche Manuskripte gingen verloren, wurden aber nochmals erstellt. Dann starb 1773 seine Frau und Euler war ohne Pflege. Daher heiratete er 1776 die Halbschwester seiner Frau. Am 18. September 1783 unterrichtete er wie üblich einen seiner zahlreichen Enkel und diskutierte mit seinen jungen Mitarbeitern. Gegen 17 Uhr saß er rauchend auf dem Sofa, als ihm die Tabakspfeife aus den Händen rutschte. Euler rief: „Meine Pfeife!", bückte sich, kam ohne Pfeife wieder hoch, fasste sich an den Kopf und wurde mit den Worten: „Ich sterbe!" bewusstlos. Er starb gegen 23 Uhr; oder, wie der Franzose Marquis de Condorcet schrieb: „Euler hat aufgehört zu leben und zu rechnen." [Thiele 1982, S. 150]. Er wurde auf dem Lutheranischen Smolenski-Friedhof auf der Wassili-Insel begraben und 1956 auf den alten Friedhof der Aleksandr-Newski-Lawra (Alexander-Nevski-Kloster) umgebettet.

8.3.1 Der Funktionsbegriff bei Euler

Wir haben uns bisher um den Begriff „Funktion" herumgedrückt; an dieser Stelle können wir es nicht mehr, denn der Funktionsbegriff wird mit Euler für die Analysis zentral. Der Name „Funktion" findet sich bereits bei Leibniz und Johann Bernoulli schrieb fx für den Funktionswert von f an der Stelle x [Thiele 1982, S. 111]. Johann Bernoulli hatte 1718 definiert [Bottazzini 1986, S. 9]:

> *Ich nenne Funktion einer variablen Größe eine Quantität, die in irgendeiner Weise aus dieser variablen Größe und aus Konstanten zusammengesetzt ist.*

Zunächst schließt sich Euler dem Funktionsverständnis seines Lehrers Johann Bernoulli an und schreibt in einem um 1730 verfaßten Manuskript [Thiele 1982, S. 111]:

> *Eine Quantität, die aus einer oder mehreren Quantitäten irgendwie zusammengesetzt ist, wird ihre Funktion genannt.*

Die Arten einer solchen Zusammensetzung beschreibt Euler als: algebraische Operationen $(+, -, *, /)$, Potenzierung. Logarithmierung und Kombination daraus. In der *Introductio* von 1745 findet sich im wesentlichen dieselbe Funktionsdefinition [Euler 1983, S. 4]:

> *Eine Function einer veränderlichen Zahlgröße ist ein analytischer Ausdruck, der auf irgend eine Weise aus der veränderlichen Zahlgröße und aus eigentlichen Zahlen oder aus constanten Zahlgrößen zusammengestzt ist.*

Allerdings hat Euler nun die zulässigen Operationen auf beliebige transzendente Operationen erweitert. Er hielt es für sicher (konnte es aber nicht beweisen), dass eine Funktion, die seiner Definition genügte, eine Potenzreihenentwicklung

$$f(x) = \sum_{k=0}^{\infty} a_k x^k$$

hatte. Diese Funktionenklasse wird Lagrange später die Klasse der „analytischen Funktionen" nennen. Euler bemerkte jedoch im Laufe der Zeit, dass er auch andere Gebilde als „Funktionen" anerkennen musste, die sich nicht seiner Definition beugen wollten, so etwa bei Lösungen der Schwingungsgleichung, wo Funktionen auftreten, die auf verschiedenen Abszissenabschnitten durch verschiedene analytische Ausdrücke zu beschreiben sind. Heuser hat in [Heuser 2008a, S. 147–163] zum Ausdruck gebracht, wie unwohl Euler sich mit dem Auftreten solcher „Funktionen" gefühlt haben muss, denn er wählt Adjektive wie „irregulär", „diskontinuierlich" oder „gemischt". Im Jahr 1747 streitet er sich mit dem französischen Mathematiker Jean-Baptist le Rond d'Alembert um das berühmte Problem der schwingenden Saite. Im Jahr 1747 gewinnt d'Alembert die Differentialgleichung der schwingenden Saite

$$\frac{\partial^2 u}{\partial t^2} - \frac{\partial^2 u}{\partial x^2} = 0$$

für die Auslenkung u der Saite, die natürlich vom Ort und der Zeit abhängig ist, also $u = f(x,t)$, weshalb wir die „partiellen Ableitungen" verwenden müssen. Um die Schwingungsgleichung für eine spezielle Anfangssituation lösen zu können, müssen zwei Anfangsbedingungen vorgegeben werden, die Auslenkung $u(x,0)$ der Saite zur Zeit $t = 0$ und die Anfangsgeschwindigkeit der Saite in jedem Punkt. Man sucht eine „spezielle" Lösung. Verzichtet man auf spezielle Anfangsbedingungen, dann heißt eine Lösung „allgemeine" Lösung. Diese allgemeine Lösung der d'Alembertschen Gleichung enthielte dann zwei freie Parameter, mit denen man die allgemeine Lösung an gegebene Anfangsbedingungen anpassen könnte. Nach Eulers Funktionsbegriff müssen die Anfangsbedingungen natürlich „analytische Ausdrücke" sein, aber schon die gezupfte Saite führt zu einer dreieckigen Form der Anfangsauslenkung, die sich nur mit zwei verschiedenen analytischen Ausdrücken (einer links und ein anderer rechts vom Knick der Saite) beschreiben lässt. D'Alembert gab schließlich auf; er schrieb [Heuser 2008a, S. 154]:

La nature même arrête le calcul (Die Natur selbst stoppt den Kalkül).

Damit konnte und wollte Euler sich nicht abfinden! Die Natur konnte den Kalkül gar nicht stoppen, da die Natur nach dem Kalkül funktionierte! Also musste eine andere Funktionsdefinition her und 1755 (geschrieben 1748) finden wir sie in den *Institutiones calculi differentialis* [Heuser 2008a, S. 154]:

> *Sind nun Größen auf die Art voneinander abhängig, daß keine davon eine Veränderung erfahren kann, ohne zugleich eine Veränderung in der anderen zu bewirken, so nennt man diejenige, deren Veränderung man als die Wirkung von der Veränderung der anderen betrachtet, eine Funktion von dieser, eine Benennung, die sich so weit erstreckt, daß sie alle Arten, wie eine Größe durch eine andere bestimmt werden kann, unter sich begreift.*

Diese Definition entspricht noch nicht einer modernen Definition, wie sie Dirichlet zuerst gegeben hat, aber sie ist ein ganz wichtiger Meilenstein dorthin.

Übrigens hat Euler schon früher einen weiteren Funktionsbegriff benutzt, der eher mit dem Namen „Kurve" zusammengeht. Aus geometrischer Sicht betrachtet Euler auch sogar mit freier Hand, aber kontinuierlich gezeichnete Linien als Funktionen – eine Definition, die sicher nicht mit seiner ersten Definition kompatibel ist.

8.3.2 Das unendlich Kleine bei Euler

Wir hatten bei der Diskussion der Leibnizschen Analysis gesehen, dass Leibniz schon über eine klare Vorstellung seiner Infinitesimalen verfügte: „Kleiner als jede *vorgegebene* Größe". Interessanterweise fällt Euler hinter diese Definition zurück und wählt die Interpretation: „Kleiner als jede *angebbare* Größe"! In den *Institutiones calculi differentialis* aus dem Jahr 1755 definiert Euler im dritten Kapitel unter der Nummer 83 [Euler 2000, S. 51]:

> *Es gibt keinen Zweifel, dass jede Größe so lange vermindert werden kann, bis sie verschwindet und zu Nichts wird. Aber eine unendlich kleine Größe ist nichts anderes als eine verschwindende Größe und damit ist sie wirklich 0.*

Euler betrachtet also das Rechnen mit unendlich kleinen Größen als „Nullenrechnung" – und diese beherrscht er natürlich virtuos. Im siebten Kapitel seiner *Introductio* [Euler 1983, S. 86 ff.] werden Exponential- und Logarithmusfunktionen untersucht, nachdem Euler in Kapitel 6 den Logarithmus zur Basis a, $\log_a x$, sauber eingeführt hat. Die Überlegungen des siebten Kapitels erfordern eine unendlich kleine Größe ω und eine unendlich große Größe i, die Euler ohne Federlesen als existent voraussetzt. Hier sei ein Wort der Warnung angebracht: Euler benutzt in der *Introductio* noch *nicht* das Symbol i für die imaginäre Einheit, sondern schreibt noch $\sqrt{-1}$. Man darf daher nicht die unendlich große Größe i mit der imaginären Einheit i verwechseln!

Euler startet mit der Feststellung, dass wegen $a^0 = 1$ auch

$$a^\omega = 1 + k\omega$$

gelten muss, wobei k erst einmal irgend eine Zahl sein soll. Nun wird eine endliche Zahl x betrachtet, für die $x = \omega \cdot i$ gelten soll. Dann folgt

$$a^x = a^{\omega i} = (a^\omega)^i = (1 + k\omega)^i = \left(1 + \frac{kx}{i}\right)^i. \tag{8.2}$$

Nun setzt Euler das Binomialtheorem ein und erhält:

$$a^x = 1 + i\left(\frac{kx}{i}\right) + \frac{i(i-1)}{2!}\left(\frac{kx}{i}\right)^2 + \frac{i(i-1)(i-2)}{3!}\left(\frac{kx}{i}\right)^3 + \ldots,$$

also

$$a^x = 1 + kx + \frac{1}{2!}\frac{i(i-1)}{i^2}k^2 x^2 + \frac{1}{3!}\frac{i(i-1)(i-2)}{i^3}k^3 x^3 + \ldots.$$

Wer sich schon jetzt unwohl fühlt bei der freien Verwendung von ω und i, der schnalle sich jetzt an, denn Euler argumentiert, dass

$$\frac{i-1}{i} = 1 - \frac{1}{i} = 1,$$

$$\frac{i-2}{i} = 1 - \frac{2}{i} = 1,$$

usw., und daher folgt

$$\frac{i(i-1)}{i^2} = \frac{i-1}{i} = 1,$$

$$\frac{i(i-1)(i-2)}{i^3} = \frac{i(i-1)}{i^2} \cdot \frac{i-2}{i} = 1,$$

usw., also erhalten wir

$$a^x = 1 + \frac{kx}{1!} + \frac{k^2 x^2}{2!} + \frac{k^3 x^3}{3!} + \ldots. \tag{8.3}$$

Nun setzt Euler $x = 1$ und erhält

$$a = 1 + \frac{k}{1!} + \frac{k^2}{2!} + \frac{k^3}{3!} + \ldots$$

und für $k = 1$ seine berühmte Zahl

$$\mathrm{e} = 1 + \frac{1}{1!} + \frac{1}{2!} + \frac{1}{3!} + \ldots = \sum_{k=0}^{\infty} \frac{1}{k!},$$

die er als Basis des natürlichen (hyperbolischen) Logarithmus $\ln x := \log_\mathrm{e} x$ identifiziert. Euler gibt e auf 23 Nachkommastellen an:

$$\mathrm{e} = 2.718\,281\,828\,459\,045\,235\,360\,28.$$

Damit erhalten wir aus (8.2)

$$e^x = \left(1 + \frac{x}{i}\right)^i,$$

was wir als $e^x = \lim_{k\to\infty} \left(1 + \frac{x}{k}\right)^k$ interpretieren müssen, und aus (8.3) folgt dann

$$e^x = 1 + \frac{x}{1!} + \frac{x^2}{2!} + \frac{x^3}{3!} + \ldots = \sum_{k=0}^{\infty} \frac{x^k}{k!}.$$

Ebenso virtuos geht Euler an die Analysis der Logarithmusfunktion [Edwards 1979, S. 273 f.] und leitet Mercators Reihe

$$\log(1+x) = x - \frac{1}{2}x^2 + \frac{1}{3}x^3 - + \ldots \qquad (8.4)$$

her.

Konsequent setzt Euler die Idee der „Nullenrechnung" auch bei den Differentialen ein. So schreibt er für $y = f(x) = x^n$:

$$dy = (x+dx)^n - x^n$$

und setzt wieder das Binomialtheorem ein:

$$dy = (x^n + nx^{n-1}dx + \frac{1}{2}n(n-1)x^{n-2}(dx)^2 + \ldots) - x^n$$
$$= nx^{n-1}dx + \frac{1}{2}n(n-1)x^{n-2}(dx)^2 + \ldots.$$

Nun werden alle Differentiale höherer Ordnung $(dx)^2, (dx)^3, \ldots$ zu Null gesetzt und Euler erhält

$$dy = nx^{n-1}dx.$$

Für den Logarithmus rechnet Euler

$$d(\log x) = \log(x+dx) - \log x = \log\left(\frac{x+dx}{x}\right) = \log\left(1 + \frac{dx}{x}\right)$$

und wendet dann Mercators Reihe (8.4) an:

$$d(\log x) = \frac{dx}{x} - \frac{dx^2}{2x^2} + \frac{dx^3}{3x^3} - + \ldots.$$

Nun werden wieder alle Differentiale höherer Ordnung zu Null gesetzt und es bleibt

$$d(\log x) = \frac{dx}{x}.$$

Euler gibt noch eine weitere Herleitung dieser Formel und diese lässt selbst eingefleischten Freunden des Umgangs mit unendlich kleinen und großen Größen das Blut in den Adern gefrieren! Wie gehabt schreibt Euler

$$a^x = a^{\omega \cdot i} = (1+k\omega)^i$$

und schreibt dies als $1+y$, also

$$1+y = (1+k\omega)^i,$$

woraus
$$\log_a(1+y) = x = \omega \cdot i \qquad (8.5)$$
folgt. Nun folgt aber auch $1+k\omega = (1+y)^{1/i}$ und daraus

$$\omega = \frac{(1+y)^{1/i}-1}{k},$$

was, eingesetzt in (8.5), die Beziehung

$$\log_a(1+y) = \frac{i}{k}\left((1+y)^{\frac{1}{i}}-1\right)$$

ergibt. Jetzt wählt Euler $a = e$, was, wie wir schon wissen, $k=1$ nach sich zieht. Der Logarithmus ist dann der natürliche Logarithmus, den wir einfach als log schreiben. Außerdem nennen wir noch $1+y$ in x um und erhalten schließlich

$$\log x = i\left(x^{\frac{1}{i}}-1\right).$$

Nun ist i unendlich groß, ω unendlich klein; was liegt also näher, $i = 1/\omega$ zu setzen, was auf

$$\log x = \frac{x^\omega - 1}{\omega}$$

führt. Mit der Ableitungsregel der Potenzfunktion folgt dann

$$d(\log x) = \frac{1}{\omega}(d(x^\omega - 1)) = \frac{1}{\omega}\omega x^{\omega-1}dx = \frac{x^\omega dx}{x}.$$

Die Größe ω ist unendlich klein, also nach Euler Null, und damit ist $x^\omega = x^0 = 1$ und es folgt

$$d(\log x) = \frac{dx}{x}.$$

8.3.3 Die trigonometrischen Funktionen

Euler ist der erste Autor, der die Winkelfunktionen auf einen Kreis mit Radius 1 bezieht und sie dadurch normiert. Das geschieht im sechsten Kapitel der *Introductio*. Insbesondere folgt nach dem Satz des Pythagoras dann sofort

$$\sin^2 x + \cos^2 x = 1.$$

Induktiv erhält er die „Gleichung von Moivre"

$$(\cos z \pm i \sin z)^n = \cos nz \pm i \sin nz$$

mit der imaginären Einheit $i = \sqrt{-1}$. Mit der unendlich kleinen Größe ω und der unendlich großen Größe i erhält Euler daraus für $z = i\omega$ die beiden Gleichungen (Achtung: i und i nicht verwechseln!)

$$\cos i\omega + i \sin i\omega = (\cos \omega + i \sin \omega)^i$$
$$\cos i\omega - i \sin i\omega = (\cos \omega - i \sin \omega)^i$$

und durch Addition und Subtraktion ergeben sich

$$\cos i\omega = \frac{1}{2}\left((\cos \omega + i \sin \omega)^i + (\cos \omega - i \sin \omega)^i\right)$$
$$\sin i\omega = \frac{1}{2i}\left((\cos \omega + i \sin \omega)^i - (\cos \omega - i \sin \omega)^i\right).$$

Wieder verwendet Euler jetzt das für ihn so wichtige Binomialtheorem, um die rechten Seiten in unendliche Reihen zu entwickeln:

$$\cos i\omega = \cos^i \omega - \frac{i(i-1)}{2!} \cos^{i-2} \omega \sin^2 \omega$$
$$+ \frac{i(i-1)(i-2)(i-3)}{4!} \cos^{i-4} \omega \sin^4 \omega - \ldots$$
$$\sin i\omega = i\cos^{i-1} \omega \sin \omega - \frac{i(i-1)(i-2)}{3!} \cos^{i-3} \omega \sin^3 \omega$$
$$+ \frac{i(i-1)(i-2)(i-3)(i-4)}{5!} \cos^{i-5} \omega \sin^5 \omega - \ldots.$$

Dann setzt er $\cos \omega = 1$ und $\sin \omega = 0$, da ω als unendlich kleine Zahl ja Null ist. Da i unendlich groß ist, setzt er weiter $i = i - 1 = i - 2 = \ldots$ und erhält für $x := i\omega$ die beiden unendlichen Reihen

$$\cos x = 1 - \frac{x^2}{2!} + \frac{x^4}{4!} - + \ldots$$
$$\sin x = x - \frac{x^3}{3!} + \frac{x^5}{5!} - + \ldots.$$

Jetzt ist es ein Leichtes, die berühmte Eulersche Formel

$$e^{ix} = \cos x + i \sin x$$

aus dem Vergleich der Reihen von e^{ix} und der beiden trigonometrischen Funktionen $\sin x$ und $\cos x$ herzuleiten. Für $x = \pi$ ergibt sich

$$e^{i\pi} = -1,$$

eine wunderschöne Formel, die die vier Zahlen $i, 1, \pi$ und e miteinander verbindet.

8.4 Brook Taylor

Die Engländer hingen nach Newton stur an der Fluxionen-/Fluentenrechnung ihres Meisters fest und koppelten sich damit bis ins 19. Jahrhundert von den Hauptströmungen der Analysis auf dem Kontinent ab. Dennoch brachte auch England im 18. Jahrhundert geniale Mathematiker hervor; unter ihnen Brook Taylor (1685–1731), dessen Name eng mit dem Problem der schwingenden Saite verbunden ist. Taylor kam während seines Studiums der Rechte am St. John's College in Cambridge in Kontakt mit Mathematik, und als er 1709 das Studium mit dem Grad eines Bachelors abschloss, hatte er bereits eigene Forschungen in der Mathematik begonnen. Im Jahr 1712 wurde er in die Royal Society aufgenommen und war Mitglied in der Kommission, die über den Prioritätsstreit zwischen Newton und Leibniz entscheiden sollte. Erst 1714 wurden seine Forschungen aus früheren Jahren über den Schwingungsmittelpunkt publiziert, was zu einem eigenen Prioritätsstreit mit Johann Bernoulli führte.

Taylors Arbeit gehört in die Mechanik und basiert ganz auf Newtons Fluxionsrechnung. Im Jahr 1714 wurde er auch zum Sekretär der Royal Society, eine Position, die er bis 1718 bekleidete. Schon 1715 erscheinen zwei Bücher, die in der Geschichte der Mathematik eine wichtige Position einnehmen: *Methodus incrementorum directa et inversa* und *Linear Perspective*, wovon das Erstgenannte für die Analysis von Bedeutung ist. Es enthält eine Theorie der finiten Differenzen, d. h. eine Theorie einer Art diskreter Differentialrechnung, die noch heute in der Numerischen Mathematik sehr aktuell ist. Man findet in diesem Buch auch die Reihenentwicklung, die seinen Namen trägt. Ist f eine beliebig glatte Funktion, dann lässt sich f in eine „Taylor-Reihe um x_0" entwickeln:

$$f(x) = f(x_0) + f'(x_0)(x - x_0) + \frac{1}{2!}f''(x_0)(x - x_0)^2 + \frac{1}{3!}f'''(x_0)(x - x_0)^3 + \ldots$$
$$= \sum_{k=0}^{\infty} \frac{f^{(k)}(x_0)}{k!}(x - x_0)^k. \tag{8.6}$$

So wie hier formuliert gilt der Taylorsche Satz leider nicht; ein Gegenbeispiel ist die Funktion

$$f(x) = \begin{cases} e^{-\frac{1}{x^2}} & ; x \neq 0 \\ 0 & ; x = 0 \end{cases},$$

siehe Abb. 8.4.1. Diese Funktion ist beliebig oft stetig differenzierbar, wenn man den Wert aller Ableitungen an der Stelle $x_0 = 0$ immer wieder stetig durch $f^{(k)}(0) = 1$ ergänzt. Aber eine solche Funktion wäre Taylor (und Euler) noch gar nicht in den Sinn gekommen; sie erfüllt auch gar nicht Eulers Definition von *einem* analytischen Ausdruck. Aber es war schließlich die Aufgabe

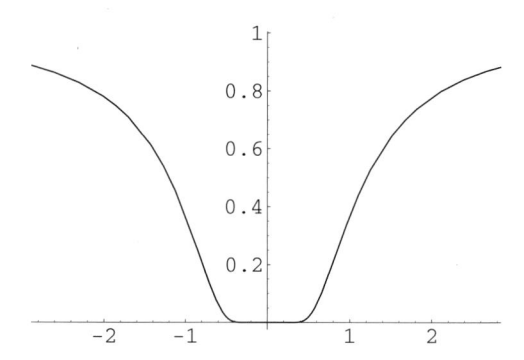

Abb. 8.4.1 Darstellung einer beliebig glatten, aber nicht in eine Taylor-Reihe um $x_0 = 0$ entwickelbaren Funktion

des 19. Jahrhunderts, solche Funktionen zu entdecken und die genauen Bedingungen der Entwickelbarkeit (=„Konvergenz") zu enthüllen. Die Entdeckung des obigen Gegenbeispiels verdanken wir Augustin Louis Cauchy [Belhoste 1991, S. 79].

Die Taylor-Reihe war Euler bekannt; Newton kannte und formulierte sie in seinem Manuskript zu *De quadratura*, für die Publikation als Anhang zur *Opticks* wurde sie allerdings weggelassen [Edwards 1979, S. 289]. Weitere Mathematiker kannten solche Reihen in speziellen Fällen auch schon vor Taylor, aber ihre Bedeutung als Herzstück der Analysis wurde nicht gleich erkannt. Es kommt Lagrange 1772 die Ehre zu, die Bedeutung der Taylor-Reihen klar erfasst zu haben. Bei Taylor taucht die Reihe übrigens in der Form

$$y = y_0 + (x - x_0)\frac{\dot{y}_0}{\dot{x}_0} + \frac{(x-x_0)^2}{2!}\frac{\ddot{y}_0}{(\dot{x}_0)^2} + \frac{(x-x_0)^3}{3!}\frac{\dddot{y}_0}{(\dot{x}_0)^3} + \ldots$$

auf. Wir müssen die Newtonsche Punktnotation wieder in Leibnizsche Differentialquotienten übersetzen zu

$$\dddot{y}_0 = \left.\frac{d^3 y}{dt^3}\right|_{x_0}, \quad (\dot{x}_0)^3 = \left.\left(\frac{dx}{dt}\right)^3\right|_{x_0}$$

und damit

$$\frac{\dddot{y}_0}{(\dot{x}_0)^3} = \left.\frac{d^3 y \cdot dt^3}{dt^3 \cdot dx^3}\right|_{x_0} = \left.\frac{d^3 y}{dx^3}\right|_{x_0}.$$

Taylors weiteres Leben verläuft auf privater Ebene tragisch. Er heiratet 1721 ein armes Mädchen aus guter Familie und überwirft sich deshalb mit seinem Vater. Als die Taylors 1723 ihr erstes Kind erwarten, sterben Mutter und Kind im Kindsbett. Taylor heiratet 1725 ein zweites Mal; auch diesmal stirbt seine Frau im Kindbett 1730, aber das Kind, eine Tochter, überlebt.

8.4.1 Die Taylor-Reihe

Es ist sehr instruktiv, die Idee der Taylor-Reihe an einem Beispiel nachzuvollziehen. Wir wählen die Funktion
$$f(x) = e^x$$
und den Entwicklungspunkt $x_0 = 0$. Die eigentliche Idee der Taylor-Reihe besteht darin, eine komplizierte Funktion sukzessive durch Polynome immer höheren Grades anzunähern. Fragen wir uns, welches Polynom vom Grad 0 die Funktion f um den Entwicklungspunkt am besten repräsentiert, dann bleibt nur das konstante Polynom
$$p_0(x) = e^{x_0} = 1.$$

Welches Polynom vom Grad 1 repräsentiert f um x_0 am besten? Aus dem Ansatz
$$p_1(x) = a_0 + a_1(x - x_0)$$
bestimmen wir a_0 und a_1 durch die Bedingung, dass am Punkt $x_0 = 0$ $p_1(x_0) = f(x_0)$ und $p_1'(x_0) = f'(x_0)$ gelten soll, also
$$p_1(x_0) = a_0 = f(x_0) = 1$$
$$p_1'(x_0) = a_1 = f'(x_0) = 1.$$

Damit ist p_1 gefunden:
$$p_1(x) = 1 + x.$$

Nun suchen wir
$$p_2(x) = a_0 + a_1(x - x_0) + a_2(x - x_0)^2$$
durch die Bedingungen $p_2(x_0) = f(x_0)$, $p_2'(x_0) = f'(x_0)$, $p_2''(x_0) = f''(x_0)$. Wegen
$$p_2'(x) = a_1 + 2a_2(x - x_0)$$
$$p_2''(x) = 2a_2$$
folgt
$$p_2(x_0) = a_0 = f(x_0) = 1$$
$$p_2'(x_0) = a_1 = f'(x_0) = 1$$
$$p_2''(x_0) = 2a_2 = f''(x_0) = 1$$
und damit $p_2(x) = 1 + x + \frac{1}{2}x^2$. Weiter geht es mit $p_3(x) = a_0 + a_1(x - x_0) + a_2(x - x_0)^2 + a_3(x - x_0)^3$. Das führt mit analoger Rechnung auf
$$p_3(x) = 1 + x + \frac{x^2}{2} + \frac{x^3}{2 \cdot 3}.$$

und so weiter. Das n-te Taylor-Polynom wird also

$$1 + x + \frac{x^2}{2!} + \frac{x^3}{3!} + \frac{x^4}{4!} + \ldots + \frac{x^n}{n!}$$

sein, und das führt auf die Potenzreihe der Funktion $f(x) = e^x$.

8.4.2 Bemerkungen zur Differenzenrechnung

Das Rechnen mit Differenzen ist alt und geht schon auf Henry Briggs und Thomas Harriot zurück [Goldstine 1977]. Taylor erhob die Differenzenrechnung jedoch zu einer „kleinen Schwester" der Differentialrechnung. Im Diskreten tritt an die Stelle des Operators d der durch eine Differenz definierte Operator Δ. Auch im Diskreten gibt es eine Produktregel und eine partielle Integration, die dort „partielle Summation" heißt. Diese Art der Differenzenrechnung wurde unter Anderen von dem schottischen Mathematiker James Stirling (1692–1771) ausgebaut, dessen Buch *Methodus Differentialis: sive Tractatus de Summatione et Interpolatione Serierum Infinitarum* in London 1730 erschien. Es wurde 2003 wegen seiner Bedeutung ins Englische übersetzt und publiziert [Tweddle 2003]. Heute ist die Differenzenrechnung ein unverzichtbarer Bestandteil der Numerischen Mathematik, aber auch der Mathematischen Modellierung und weiterer Gebiete innerhalb der Mathematik. Eine Geschichte der Differenzenrechnung muss erst noch geschrieben werden; Anfänge findet man in Goldstines Buch [Goldstine 1977].

Entscheidend für die Bedeutung der Differenzenrechnung in Taylors *Methodus incrementorum directa et inversa* ist jedoch ihre Brückenfunktion zwischen

Abb. 8.4.2 Brook Taylor und Colin MacLaurin

der Newtonschen und der Leibnizschen Analysis, worauf Jahnke in [Jahnke 1999, S. 140] hingewiesen hat. Man muss dafür nur die Leibnizschen Differentiale als spezielle, unendlich kleine Differenzen auffassen, dann gilt als „Korrespondenz"

$$dx = \dot{x} \cdot o,$$

wobei o ein infinitesimales Zeitinkrement ist.

8.5 Colin Maclaurin

Eine spezielle Form der Taylorschen Reihe wurde von dem Schotten Colin Maclaurin (1698–1746) gefunden. Die „Maclaurinsche Reihe" ist nichts weiter als die Taylorreihe zum Entwicklungspunkt $x_0 = 0$. Man kennt seinen Namen auch aus der „Euler-Maclaurin-Formel", die etwas mit der Darstellung von Integralen zu tun hat. Maclaurin war ein echter Newtonianer, der Berkeleys Kritik an Newtons Fluxionsrechnung aufnahm und dagegen argumentierte. Sein berühmtestes Buch ist sicher *A treatise of fluxions*, ein zweibändiges Werk aus dem Jahr 1742. Es handelt sich dabei um das erste Lehrbuch der Newtonschen Analysis mit einer systematischen Einführung in deren Gebrauch. Maclaurin verstarb über einem Buch mit dem Titel *An Account of Sir Isaac Newton's Philosophical Discoveries* [Maclaurin 1971], das von seiner Witwe herausgegeben wurde.

8.6 Die Algebraisierung beginnt: Joseph-Louis Lagrange

Joseph-Louis (de) Lagrange (1736–1813) wurde in Turin als Giuseppe Lodovico Lagrangia geboren. In Briefen, die er zwischen 1754 und 1756 an Euler schrieb, beschrieb er seine „δ-Methode" zur Lösung von Variationsproblemen und wurde damit zu einem Mitbegründer der Theorie der Variationsrechnung. Er konnte Eulers Analysis solcher Probleme stark vereinfachen; Euler erkannte den Wert der Lagrangeschen Ideen, die vom Variationsproblem direkt zur „Euler-Lagrangeschen-Differentialgleichung" führen und empfahl ihn schließlich (gemeinsam mit d'Alembert) als seinen Nachfolger an der Akademie in Berlin, vgl. Seite 459. Im Jahr 1766 trat Lagrange die Stelle als Leiter der mathematischen Klasse der Akademie in Berlin an und blieb dort zwanzig Jahre lang. Neben der Variationsrechnung, die das Fundament der Mechanik bildet, machte sich Lagrange einen Namen durch sein in Berlin geschriebenes Werk *Mécanique Analytique*, das 1788 erstmals erschien und zu einem Standardwerk auf dem Gebiet der Mechanik wurde. In die Pariser Akademie wurde Lagrange 1787 aufgenommen und ging daraufhin nach Paris. Er überlebte die Französische Revolution und wurde 1794, dem Jahr der Gründung der École Polytechnique, dort der erste Professor für Analysis. Da

Abb. 8.6.1 Joseph-Louis Lagrange

seine Studierenden ein Lehrbuch benötigten, gab er seine Vorlesungen 1797 als *Théorie des fonctions analytiques* heraus. Unter Napoleon I. wurde er zum Senator und erhielt einen Grafentitel. Er traf mit Augustin Louis Cauchys Vater zusammen, erkannte das mathematische Genie dessen Sohnes und förderte es. Lagrange ist im Panthéon bestattet und sein Name befindet sich unter den 72 Namen berühmter Wissenschaftler am Eiffelturm.

8.6.1 Lagranges algebraische Analysis

Lagrange verspürte das Bedürfnis, die Analysis ganz *ohne* Rückgriff auf unendlich kleine Größen zu begründen. Er wollte die Analysis „algebraisieren", indem er nur mit endlichen Größen in algebraischen Manipulationen arbeitete. Wie Euler stellt auch Lagrange seinen Aufführungen eine Definition des Funktionsbegriffes voraus, die sich deutlich an die Eulersche aus der *Introductio* anlehnt. Ebenso wie bei Euler sind auch bei Lagrange die unendlichen Reihen der Dreh- und Angelpunkt in der Analysis; allerdings geht Lagrange über Euler hinaus: Er verwendet Reihen für *alle* Funktionen. Er schreibt [Bottazzini 1986, S. 48]:

> *Wir betrachten daher eine Funktion $f(x)$ von irgendeiner Variablen x. Wenn wir an Stelle von x $x + i$ einsetzen, wobei i irgendeine unbestimmte Größe bezeichnet, dann erhalten wir $f(x + i)$ und, durch die Theorie der Reihen, können wir das in eine Reihe der Form*

8.6 Die Algebraisierung beginnt: Joseph-Louis Lagrange

$$f(x) + pi + qi^2 + ri^3 + \ldots$$

entwickeln, wobei die Größen $p, q, r, \ldots$ *die Koeffizienten der Potenzen von* i, *neue Funktionen von* x *sind und unabhängig von der Größe* $i \ldots$

Zur bisherigen Verwendung unendlich kleiner Größen merkt Lagrange an, dass *A treatise of fluxions* von Maclaurin deutlich zeige, wie schwer es sei, diese rigoros einzuführen. Newton habe in seinen *Principia* daher auch nicht den Weg der Herleitung durch Fluxionen, sondern den Weg der klassischen Geometrie gewählt.

Wir haben bereits erwähnt, dass Lagrange für *alle* Funktionen Reihenentwicklungen annahm. Dafür, dass solches möglich ist, gibt er keinen Beweis. In der Reihe (Lagrange schreibt fx an Stelle von $f(x)$, vgl. [Stedall 2008, S. 402 ff.])

$$f(x+i) = fx + ip + i^2 q + i^3 r + \ldots$$

substituiert er an Stelle von x nun $x + o$, wobei o eine von i unabhängige Größe sein soll. Dann erhält er für die Reihe dasselbe Resultat, als hätte er $i + o$ an Stelle von i substituiert, also

$$fx + p(i+o) + q(i+o)^2 + r(i+o)^3 + \ldots.$$

Diese Reihe kann man schreiben als

$$fx + pi + qi^2 + ri^3 + \ldots + po + 2qio + 3ri^2 o + \ldots. \tag{8.7}$$

Ersetzen wir in den Größen $fx, p, q, \ldots$ nun x durch $x + o$, dann erhalten wir

$$f(x+o) = fx + f'xo + \ldots,$$
$$p(x+o) = p + p'o + \ldots,$$
$$q(x+o) = q + q'o + \ldots$$

und damit folgt die Reihe

$$fx + pi + qi^2 + ri^3 + \ldots + f'xo + p'io + q'i^2 o + \ldots. \tag{8.8}$$

Lagrange vergleicht die beiden Reihen (8.7) und (8.8) und erhält

$$p = f'x, \quad , 2q = p', \quad 3r = q', \ldots,$$

also

$$p = f'x, \quad q = \frac{f''x}{2}, \quad r = \frac{f'''x}{3!}, \ldots$$

und damit die Reihe

$$f(x+i) = fx + if'x + \frac{f''x}{2}i^2 + \frac{f'''x}{3!}i^3 + \ldots.$$

Hier ist nun das Arbeitspferd der Lagrangeschen Analysis: die Taylorsche Reihe, die Lagrange auf die oben geschilderte *algebraische* Weise hergeleitet hat, obwohl das Problem der Grenzwerte nur scheinbar überwunden ist.

Selbst die Schreibweise f' an Stelle von $\frac{dy}{dx}$ stammt von Lagrange, um den Verdacht zu vermeiden, es handele sich bei der Ableitung um einen tatsächlichen Quotienten von zwei unendlich kleinen Größen.

Lagrange studiert nicht die Konvergenz seiner Reihen, aber er führt für die Taylor-Reihe eine Restgliedarstellung ein, die heute zum Kern des Taylorschen Satzes gehört:

Satz von Taylor: *Ist f eine (n + 1) Mal stetig differenzierbare Funktion, dann gilt*

$$f(x) = T_n(x) + R_n(x),$$

wobei T_n das „Taylor-Polynom" vom Grad n um den Entwicklungspunkt x_0 ist:

$$T_n(x) = f(x_0) + f'(x_0)(x - x_0) + \frac{f''(x_0)}{2!}(x - x_0)^2 + \frac{f'''(x_0)}{3!}(x - x_0)^3$$
$$+ \ldots + \frac{f^{(n)}(x_0)}{n!}(x - x_0)^n$$

und R_n das Restglied, das nach Lagrange die Form

$$R_n(x) = \frac{f^{(n+1)}(\xi)}{(n+1)!}(x - x_0)^{n+1}$$

mit $x_0 < \xi < x$ hat.

Mit der Restgliedabschätzung verbunden ist auch der Mittelwertsatz, der auf Lagrange zurückgeht:

Mittelwertsatz: *Ist $f : [a, b] \to \mathbb{R}$ eine stetige Funktion und differenzierbar auf $]a, b[$, dann existiert eine Zahl $\xi \in]a, b[$, so dass*

$$f'(\xi) = \frac{f(b) - f(a)}{b - a}$$

gilt.

Lagrange ist auch derjenige, der das Rechnen mit Ungleichungen in die Beweistechniken der Analysis gebracht hat. Lagranges Analysis beeinflusste die französische Entwicklung auf diesem Gebiet stark. Allerdings hat Bottazzini [Bottazzini 1986, S. 54] darauf hingewiesen, dass in *dem* französischen Lehrbuch zur Analysis, dem *Traité du calcul différentiel et du calcul intégral* von Sylvestre Lacroix (1765–1843) aus den Jahren 1797–1800, siehe [Domingues 2008], neben Lagranges algebraischer Analysis auch die Eulersche Analysis stark vertreten war, so dass man annehmen kann, das die unendlich kleinen Größen im Unterricht nicht verschwunden waren.

8.7 Fourier Reihen und mehrdimensionale Analysis

8.7.1 Joseph Fourier

Neben den Taylor-Reihen spielten in der Geschichte der Analyis die trigonometrischen und die Fourier-Reihen eine entscheidende Rolle, und zwar war ihre Bedeutung größer als die der Taylor-Reihen. Manche Autoren unterscheiden sauber zwischen trigonometrischen und Fourier-Reihen. Jede Fourier-Reihe ist eine trigonometrische Reihe, aber eine trigonometrische Reihe heißt nur dann Fourier-Reihe, wenn ihre Koeffizienten tatsächlich Fourier-Koeffizienten bestimmter Funktionen sind. Diese Unterscheidung ist für unseren Überblick aber nicht von Bedeutung, so dass wir die Ausdrücke „trigonometrische Reihe" und „Fourier-Reihe" synonym gebrauchen.

Am Beginn der nun zu schildernden Entwicklungen steht das Problem der schwingenden Saite. D'Alembert hatte 1747 die Gleichung der schwingenden Saite hergeleitet,

$$\frac{\partial^2 u}{\partial t^2} - \frac{\partial^2 u}{\partial x^2} = 0, \tag{8.9}$$

wobei u die Auslenkung der Saite, t die Zeit und x die Position eines Punktes auf der Saite bezeichnet (vgl. Seite 461). Brook Taylor, Johann Bernoulli,

Abb. 8.7.1 Jean Baptiste Joseph Fourier (Portrait von Julien Léopold Boilly)

Jean le Rond d'Alembert, Daniel Bernoulli, Leonhard Euler und Joseph-Louis Lagrange lauten die Namen der Mathematiker, die sich mit der Herleitung oder der Lösung der Schwingungsgleichung beschäftigt haben [Volkert 1988, S. 159]. D'Alembert gelang auch schon eine partielle Lösung mit Hilfe eines Separationsansatzes der Form $u(x,t) = f(t) \cdot g(x)$, aber erst Jean Baptiste Joseph Fourier (1768–1830) gelang eine voll befriedigende Lösung.

Fourier war der Sohn eines Schneiders, der auf einer Kriegsschule in Auxerre erzogen wurde, wo man ihn mit 18 Jahren zum Professor machte. Obwohl er Anhänger der Ideen der Französischen Revolution war, kam er aber fast selbst während der Terrorherrschaft der Jakobiner um. Als Nachfolger von Lagrange wurde er 1797 Professor für Analysis und Mechanik an der École Polytechnique. Er nahm an Napoleons berühmten Ägyptenfeldzug teil und leitete das Sekretariat des Institut d'Égypte; auch an dem berühmten Buch *Description*

Abb. 8.7.2 Académie des Sciences 1671. Sie wurde 1666 von Colbert ins Leben gerufen, 1699 von Ludwig XIV. (Bildmitte links) in Académie Royale unbenannt. Heute führt sie den Namen Académie des Sciences de l' Institut de France. Zu denen, die an die Akademie berufen wurden, zählen Maupertuis, de Roberval, Fourier, E. Cartan, A. Weil und viele andere.

de l'Egypte, in dem die wissenschaftliche Ausbeute des Feldzugs beschrieben wurde, war er maßgeblich beteiligt. Wieder zurück in Frankreich ernannte ihn Napoleon 1802 zum Präfekten des Département Isère und er erhielt den Titel eines Barons. Als Napoleon 1815 von Elba zurückkehrte, wurde Fourier Präfekt des Département Rhône. Er lebte in Paris und war von 1815 an auf Lebenszeit Sekretär der Académie des Sciences. Sein berühmtestes Werk ist *Théorie analytique de la chaleur* (Analytische Theorie der Wärme) aus dem Jahr 1822, in der er mit den nach ihm benannten Reihen die Fourier-Analyse begründet, die heute aus Mathematik und Physik nicht mehr wegzudenken ist.

8.7.2 Frühe Diskussionen um die Schwingungsgleichung

D'Alembert war es gelungen, Funktionen der Gestalt

$$u(x,t) = \frac{1}{2}(y(t+x) - y(t-x))$$

als Lösungen der Schwingungsgleichung (8.9) nachzuweisen. Die Funktion y muss dabei die Bedingungen erfüllen [Volkert 1988, S. 161]:

- *y ist ungerade,*
- *y ist periodisch mit Periode 2l, wenn l die Länge der Saite bezeichnet,*
- *y stimmt zur Zeit $t = 0$ mit der Anfangsauslenkung überein.*

D'Alembert wies darauf hin, dass $u(x,0)$ nur auf der Saitenlänge $[0,l]$ definiert ist, während y auf ganz $\mathbb{R}$ definiert ist. Von $u(x,0)$ komme man auf $y(x)$, indem man die Anfangslage der Saite ungerade und periodisch fortsetzt. Nach d'Alemberts Meinung müsse die periodische Fortsetzung $u(x)$ derselben Gleichung wie $u(x,0)$ genügen, was man als „Kontinuitätsprinzip" bezeichnete [Volkert 1988, S. 161]. Euler sah sich schließlich genötigt, dieses Kontinuitätsprinzip aufzugeben, vgl. Seite 461. Euler führte die Schreibweise $f{:}(x)$ ein, um eine ganz willkürliche Funktion zu kennzeichnen und gab dann die Lösung der Wellengleichung in der Form

$$u = \frac{1}{2}f{:}(x+t) + \frac{1}{2}f{:}(x-t)$$

an. Euler gab sogar eine geometrische Konstruktionsvorschrift der Lösung als arithmetisches Mittel von $f{:}(x+t)$ und $f{:}(x-t)$ an. Ist die Lösung aber eine „kontinuierliche", dann zeigte Euler, dass sie eine trigonometrische Reihe der Form

$$u = \alpha \sin \frac{\pi y}{l} + \beta \sin \frac{2\pi y}{l} + \gamma \sin \frac{3\pi y}{l} + \ldots$$

sein muss. Damit war die Frage in der Welt, welche Funktionen sich in Form einer trigonometrischen Reihe darstellen lassen. D'Alembert argumentierte gegen Eulers „willkürliche" Funktionen; für ihn forderte die Schwingungsgleichung die Glattheitseigenschaften, und es machte daher keinen Sinn, über Funktionen mit Knicken zu sprechen. Damit war aber auch die gezupfte Saite nicht mehr im Kalkül zu behandeln und d'Alembert gab auf, vgl. Seite 461.

Ein weiterer früher Protagonist war Daniel Bernoulli, der Sohn Johanns und guter Freund Leonhard Eulers. Er hatte den Blick des Physikers, vgl. [Struik 1969, S. 361 f.], und war der Meinung, dass *alle* Schwingungen sinusförmig sind. In diesen frühen Diskussionen von partiellen Differentialgleichungen, denn um eine solche handelt es sich bei der Schwingungsgleichung (8.9), griff Euler seiner Zeit weit voraus. Er ahnte schon, dass der klassische Lösungsbegriff à la d'Alembert, der sich an den Glattheitsforderungen der Differentialgleichungen orientiert, auf Dauer nicht tragen würde. Heute betrachtet man sogenannte „schwache" Lösungen, die eine partielle Differentialgleichung auch nur noch in einem schwachen Sinne erfüllen, und hat somit Eulers Idee der willkürlichen Funktion realisiert.

8.7.3 Partielle Differentialgleichungen und mehrdimensionale Analysis

Mit dem Problem der schwingenden Saite und der Schwingungsgleichung (8.9) beginnt auch die Theorie der partiellen Differentialgleichungen, die heute innerhalb der Analysis eine prominente und aktive Rolle spielt. Zur Behandlung partieller Differentialgleichungen benötigt man die Analysis von Funktionen mehrerer Veränderlicher bzw. sogar von Funktionen $f : \mathbb{R}^n \to \mathbb{R}^m$. Diese sogenannte mehrdimensionale Analysis entwickelte sich im 18. Jahrhundert im wesentlichen an physikalischen Problemen. Im 18. Jahrhundert machte die mehrdimensionale Analysis große Fortschritte durch die Frage nach der wahren Gestalt der Erde. Dem Franzosen Alexis-Claude Clairaut (Clairault) (1713–1765) gelang in jahrelanger Arbeit die Modellierung der Erde als eines aus Schichten unterschiedlicher Dichte zusammengesetzten flüssigen Körpers, auf den Gravitation und Fliehkraft wirken, die sich im Gleichgewicht befinden. Mit diesem Modell konnte Clairaut nachweisen, dass die Erde notwendig an den Polen abgeplattet sein muss. Dieser mathematische Nachweis war allerding nicht mehr nötig, da Expeditionen zur Vermessung der Erde bereits diese Tatsache bestätigt hatten. Im Rahmen der Arbeiten an Clairauts Hauptwerk *Théorie de la figure de la terre* aus dem Jahr 1743 entstanden große Teile der mehrdimensionalen Analysis wie z. B. die Potentialtheorie. Clairault stand im Briefwechsel mit Euler und in Kontakt mit zahlreichen herrvorragenden Mathematikern in Frankreich wie Alexis Fontaine des Bertins (1704–1771), vgl. [Greenberg 1995]. Im 19. Jahrhundert entwickelt sich unter dem Einfluß der Physik die Vektoranalysis. Mit den Integralsätzen von Carl Friedrich Gauß (1777–1855), George Gabriel

Abb. 8.7.3 Alexis Claude Clairaut und Rudolph Lipschitz

Stokes (1819–1903) und George Green (1793–1884) konnten nun strömende Flüssigkeiten, elektrische und elektromagnetische Felder und allgemeine Feldprobleme bearbeitet werden [Crowe 1994].

Wir werden im Rahmen dieses Buches weder der Geschichte der partiellen Differentialgleichungen nachgehen, noch uns um die Geschichte der mehrdimensionalen Analysis oder gar der Vektoranalysis kümmern. Zu diesen Themen wäre je ein eigenes Buch notwendig.

8.7.4 Eine Vorausschau: Die Bedeutung der Fourier-Reihen für die Analysis

Fourier hatte sich in seinem Buch *Théorie analytique de la chaleur* von 1822 mit Reihen der Form

$$\varphi(x) = a\sin x + b\sin 2x + c\sin 3x + d\sin 4x + \ldots$$

beschäftigt, die er mit der Taylor-Reihe

$$\varphi(x) = x\varphi'(0) + \frac{x^2}{2!}\varphi''(0) + \frac{x^3}{3!}\varphi'''(0) + \ldots$$

koeffizientenweise verglich [Stedall 2008, S. 223]. Er erhielt so unendlich viele Bestimmungsgleichungen für die Koeffizienten $a, b, c, d, \ldots$. Nun könnte es sein, dass die Taylor-Reihe eine ganz andere Funktion darstellt als die trigonometrische Reihe oder dass Konvergenzprobleme auftreten, aber alle diese Fragen kümmern Fourier nicht. In einem *tour de force*, in deren Verlauf Fourier

THÉORIE

ANALYTIQUE

DE LA CHALEUR,

Par M. FOURIER.

A PARIS,

CHEZ FIRMIN DIDOT, PÈRE ET FILS,

LIBRAIRES POUR LES MATHÉMATIQUES, L'ARCHITECTURE HYDRAULIQUE
ET LA MARINE, RUE JACOB, N° 24.

1822.

Abb. 8.7.4 Titelblatt der *Théorie analytique de la chaleur* von Fourier

Differentialgleichungen lösen muss, stellt er schließlich fest, dass die Koeffizienten $a, b, c, d, \ldots$ sich durch Integrale darstellen lassen.

In heutiger Notation ist eine Fourier- oder trigonometrische Reihe einer 2π-periodischen Funktion f eine unendliche Reihe der Form

$$F(x) = a_0 + \sum_{k=1}^{\infty}(a_k \sin kx + b_k \cos kx),$$

wobei die Koeffizienten durch

$$a_0 = \frac{1}{2\pi}\int_{-\pi}^{\pi} f(x)\,dx$$

und

$$a_k = \frac{1}{\pi}\int_{-\pi}^{\pi} f(x)\cdot \cos kx\,dx, \quad b_k = \frac{1}{\pi}\int_{-\pi}^{\pi} f(x)\cdot \sin kx\,dx, k = 1, 2, 3, \ldots,$$

gegeben sind. Unter welchen Bedingungen an f gilt nun $F = f$, d. h. wann ist eine Funktion als Fourier-Reihe darstellbar?

Augustin Louis Cauchy hatte sich an der Beantwortung dieser Frage versucht, aber der deutsche Mathematiker Peter Gustav Lejeune Dirichlet fand ein Haar in der Suppe der Cauchyschen Argumentation. In einer Arbeit des Jahres 1829 formulierte er die folgenden „Dirichletschen Bedingungen" [Dauben 1979, S. 9]:

Die vorstehenden Überlegungen beweisen rigoros, dass wenn eine Funktion $\varphi(x)$ (bei der alle Werte endlich und eindeutig bestimmt sein sollen) nur eine endliche Anzahl von Unstetigkeiten zwischen den Grenzen $-\pi$ und π aufweist und wenn sie nur eine feste Anzahl von Maxima und Minima zwischen diesen Grenzen hat, dann ist die Reihe

$$\frac{1}{2\pi}\int \varphi(\alpha)\,d\alpha + \frac{1}{\pi}\left\{\begin{array}{l}\cos x \int \varphi(\alpha)\cos \alpha\,d\alpha + \cos 2x \int \varphi(\alpha)\cos 2\alpha\,d\alpha + \ldots \\ \sin x \int \varphi(\alpha)\sin \alpha\,d\alpha + \sin 2x \int \varphi(\alpha)\sin 2\alpha\,d\alpha + \ldots\end{array}\right\}$$

(bei der die Koeffizienten bestimmte Integrale sind, die von $\varphi(x)$ abhängen) konvergent und hat einen Wert von

$$\frac{1}{2}(\varphi(x+\varepsilon) + \varphi(x-\varepsilon)),$$

wobei ε eine unendlich kleine Zahl ist.

Dirichlet selbst war nicht glücklich mit den Voraussetzungen, die er an seine entwickelbaren Funktionen stellen musste, und so ging die Suche nach einer Verschärfung des Dirichletschen Resultats weiter. Als Begründung für die Notwendigkeit solcher Voraussetzungen gibt Dirichlet in der Arbeit von 1829 eine Funktion an, die die Bedingungen *nicht* erfüllt und daher auch nicht in eine Fourier-Reihe entwickelbar ist. Es handelt sich um die berühmte Dirichlet-Funktion

$$D(x) := \begin{cases} c \, ; \, x \in \mathbb{Q} \\ d \, ; \, x \in \mathbb{R}\backslash\mathbb{Q} \end{cases}, \qquad (8.10)$$

die für rationale Zahlen den Wert c annimmt und für irrationale Zahlen einen Wert $d \neq c$. Volkert nennt solche Funktionen zu recht „Monster" und die obige Funktion „Dirichlet-Monster" [Volkert 1988, S. 197]. Das Dirichlet-Monster hat auch die Integrationstheorie maßgeblich beeinflusst und gilt als ein Paradigma der Überlegenheit des Lebesgueschen Integrals (nach Henri Léon Lebesgue (1875–1941)) über das Riemannsche Integral.

Als nächster wandte sich ein Dirichlet-Schüler der Frage der Darstellbarkeit von Funktionen in Fourier-Reihen zu: Georg Friedrich Bernhard Riemann (1826–1886). Bei der Gelegenheit musste er feststellen, dass das Integral gar nicht sauber definiert war. Er schuf das „Riemann-Integral", das wir später noch zu diskutieren haben. Neben Riemann arbeiteten Rudolph Otto Sigismund Lipschitz (1832–1903) und Hermann Hankel (1839–1873) an diesem Problem. Auch das werden wir an geeigneter Stelle noch einmal genauer betrachten müssen. Im Jahr 1873 findet schließlich Paul du Bois-Reymond (1831–1889) eine stetige Funktion, deren Fourier-Reihe divergiert. Die Vorarbeiten dieser Wissenschaftler waren der Ausgangspunkt für die ersten mathematischen Arbeiten von Georg Cantor (1845–1918), die dann zur Erschaffung der Mengenlehre führten. Nur wenige Probleme haben so weit ausgestrahlt und die Grundlagenfragen der Analysis berührt.

Mathematiker und ihre Werke zur Analysis im 18. Jahrhundert

1687	JAKOB BERNOULLI erhält den Lehrstuhl für Mathematik an der Universität Basel
1690	JOHANN BERNOULLI löst das Problem der Kettenlinie
1691	JOHANN BERNOULLI lernt den Marquis DE L'HOSPITAL kennen und schließt mit ihm einen Vertrag über den Kauf mathematischer Resultate
1695	JOHANN BERNOULLI erhält eine Professur in Groningen
1696	DE L'HOSPITAL publiziert das erste Lehrbuch zur Leibnizschen Differential- und Integralrechnung
1713	JAKOB BERNOULLIs *Ars conjectandi* wird posthum herausgegeben
	Im Streit zwischen JAKOB BERNOULLI und JOHANN BERNOULLI beginnt die Variationsrechnung
1715	BROOK TAYLOR publiziert ein wichtiges Buch zur Analysis, in dem sich die „Taylor-Reihe" befindet
1720	LEONHARD EULER wird Student an der Universität Basel
1725	LEONHARD EULER publiziert seine erste Arbeit in den „Acta Eruditorum"
1727	EULER geht an die Akademie nach St. Petersburg
1730	Das Buch *Methodus Differentialis* von JAMES STIRLING erscheint in London
1731	EULER wird in St. Petersburg Professor für Physik
1741	EULER geht an die Berliner Akademie
1742	MACLAURIN veröffentlicht mit *A treatise of fluxions* ein Lehrbuch zur Newtonschen Fluxionsrechnung
1744	EULERs *Methodus inveniendi* erscheint als erstes Lehrbuch der Variationsrechnung
1747	D'ALEMBERT leitet mit der Wellengleichung die partielle Differentialgleichung der schwingenden Saite her
1748	EULER publiziert die *Introductio in analysin infinitorum*: Auftakt einer Reihe einflussreicher Lehrbücher zur Analysis. Der Funktionsbegriff wird für die Analysis verallgemeinert in den *Institutiones calculi differentialis*
1748–1766	EULER revolutioniert die Analysis und die Physik. Er entwickelt die Variationsrechnung in eine mathematische Theorie
1754–1756	Im Briefwechsel zwischen LAGRANGE und EULER entwickelt sich die Variationsrechnung weiter
1765	EULERs *Theoria motus corporum ...* (Mechanik) erscheint
1766	EULER geht zurück nach St. Petersburg. Er erblindet
1783	Euler stirbt und wird in St. Petersburg beerdigt
1788	LAGRANGEs *Méchanique analytique* erscheint endlich im Druck
1797	Es erscheint das einflussreiche Lehrbuch *Théorie des fonctions analytiques* von LAGRANGE in Paris
1822	FOURIER veröffentlicht in *Théorie analytique de la chaleur* die nach ihm benannte Fourier-Analysis

8.8 Aufgaben zu Kapitel 8

Aufgabe 8.8.1 *(zu 8.2)* Berechnen Sie den Grenzwert

$$\lim_{x \to 0} \frac{\cos x - 1}{\tan x}$$

mit der Bernoulli-l'Hospitalschen Formel.

Aufgabe 8.8.2 *(zu 8.3)* Machen Sie für die Differentialgleichung

$$y'' + a_1 y' + a_0 y = 0$$

den Ansatz $y(x) := e^{\lambda x}$. Welche Rolle spielt die resultierende algebraische Gleichung in λ und was bedeuten die beiden Lösungen?

Aufgabe 8.8.3 *(zu 8.3)* Euler argumentierte wie folgt: Nach dem Binomialtheorem gilt

$$\left(1 + \frac{1}{n}\right)^n = 1 + \frac{n}{n} + \frac{n(n-1)}{1 \cdot 2} \frac{1}{n^2} + \frac{n(n-1)(n-2)}{1 \cdot 2 \cdot 3} \frac{1}{n^3} + \ldots$$

$$= 1 + 1 + \frac{1\left(1 - \frac{1}{n}\right)}{1 \cdot 2} + \frac{1\left(1 - \frac{1}{n}\right)\left(1 - \frac{2}{n}\right)}{1 \cdot 2 \cdot 3} + \ldots.$$

Ist n nun eine Zahl größer als jede angebbare Zahl, dann ist $(n-1)/n = 1 - 1/n = 1 - 2/n = \ldots = 1$ und damit gilt

$$\lim_{n \to \infty} \left(1 + \frac{1}{n}\right)^n = 1 + 1 + \frac{1}{1 \cdot 2} + \frac{1}{1 \cdot 2 \cdot 3} + \frac{1}{1 \cdot 2 \cdot 3 \cdot 4} + \ldots = e.$$

Wie beurteilen Sie diese Argumentation?

Aufgabe 8.8.4 *(zu 8.3)* Es gilt

$$e^x = 1 + x + \frac{1}{2!}x^2 + \frac{1}{3!}x^3 + \frac{1}{4!}x^4 + \ldots$$

$$\sin x = 1 - \frac{1}{2!}x^2 + \frac{1}{4!}x^4 - + \ldots$$

$$\cos x = x - \frac{1}{3!}x^3 + \frac{1}{5!}x^5 - + \ldots.$$

Zeigen Sie:

$$e^{ix} = \cos x + i \sin x.$$

Aufgabe 8.8.5 *(zu 8.4)* Entwickeln Sie die Funktion

$$f(x) = e^{\sin x}$$

in eine Taylor-Reihe um den Punkt $x_0 = 0$.

9 Auf dem Weg zu begrifflicher Strenge im 19. Jahrhundert

Von der Französischen Revolution zum Deutschen Kaiserreich

1789	Beginn der Französischen Revolution. Sturm auf die Bastille am 14. Juni
1798	Britischer Seesieg über die französische Flotte bei Abukir (Ägypten)
1799	Napoleon wird für 10 Jahre erster Konsul
1804	Kaiserkrönung Napoleons I.
1805	Vernichtung der französischen Flotte durch die Engländer unter Admiral Nelson bei Trafalgar
1806/07	Napoleons Feldzug gegen Preußen und Frieden von Tilsit
1812	Untergang der „Großen Armee" in Rußland
1813/14	Befreiungskriege
1815	Napoleon unterliegt endgültig in der Schlacht bei Waterloo
1815-1866	Deutscher Bund mit 39 Mitgliedern
1814–1815	Wiener Kongress
1821-1829	Griechischer Freiheitskampf, Anerkennung der Souveränität Griechenlands
1822	Brasilien wird unabhängiges Kaiserreich
1825	Ende des spanischen Kolonialreiches in Südamerika
1827	Vernichtung der türkisch-ägiptischen Flotte bei Navarino
1830	Julirevolution in Frankreich. Erste Eisenbahnlinie von Liverpool nach Manchester
1834	Gründung des Deutschen Zollvereins
1837	Victoria wird Königin von Großbritannien und Irland König Ernst August I. von Hannover entlässt die „Göttinger Sieben"
1845/46	Hungerkatastrophe in Irland
1848	Das *Manifest der kommunistischen Partei* von Karl Marx und Friedrich Engels erscheint. Revolution in Paris. Arbeiteraufstand. Erfolgreiche Revolution in vielen deutschen Staaten. Verfassunggebende Nationalversammlung in der Frankfurter Paulskirche
1848–1916	Franz Joseph I. Kaiser von Österreich
1850	Einrichtung des Frankfurter Bundestages
1852–1870	Napoleon III. Kaiser von Frankreich
1854–1856	Krimkrieg, endet mit der Niederlage Russlands
1856–1871	Nationale Einigung Italiens
1861–1865	Sezessionskrieg in den USA
1862	Otto von Bismarck wird preußischer Ministerpräsident
1864	Das „Rote Kreuz" entsteht Deutsch-Dänischer Krieg
1866	Sieg Preußens über Österreich und das Königreich Hannover
1870–1871	Deutsch-Französischer Krieg
1871	König Wilhelm I. von Preußen wird in Versailles zum Deutschen Kaiser ausgerufen

Wissenschaft und Technik in der Industriellen Revolution

1765	James Watt erfindet die Kondensationsdampfmaschine
	In Freiberg/Sachsen wird die Bergakademie gegründet
1767	Der Nullmeridian wird durch Greenwich gehend festgelegt
1772	James Cook beginnt seine zweite Weltumseglung
	D. Rutherford entdeckt Stickstoff als Bestandteil der Luft
1774	J. Priestley und C.W. Scheele stellen Sauerstoff dar
1779	Erste gusseiserne Brücke wird über den Severn gebaut
1781	F.W. Herschel entdeckt den Planeten Uranus
1783	J.E. und J.M. Montgolfier lassen erstmals öffentlich einen Heißluftballon steigen
1784	Patent auf das Puddelverfahren zur Stahlherstellung
	Ch.A. Coulomb entdeckt das nach ihm benannte Gesetz über die Anziehung elektrischer Ladungen
1794	Gründung der École Polytechnique in Paris
1800	A. Volta erfindet die Voltasche Säule, die erste elektrochemische Stromquelle
1802	Grotefend entziffert die Keilschrift
1803	R. Trevithick konstruiert die erste Dampflokomotive
1805	J.M. Jacquard entwickelt programmgesteuerte Webautomaten
1808	É.L. Malus entdeckt die Polarisation des Lichtes
1810	Annales de mathématiques von Gergonne erscheinen als erste rein mathematische Zeitschrift
1814	J.v. Fraunhofer entdeckt die nach ihm benannten dunklen Linien im Spektrum
	G. Stephenson baut seine erste Lokomotive
1817	K. v. Drais erfindet die Laufmaschine (Draisine), einen Vorläufer des Fahrrads
1819	Erstes Dampfschiff überquert den Atlantik
1820	H.C. Oersted entdeckt den Elektromagnetismus
1821	T.J. Seebeck teilt seine Entdeckung der Thermoelektrizität mit
1822	J.N. Nièpce erfindet die Photographie
1824	S. Carnot beschreibt den Arbeitszyklus einer Wärmekraftmaschine als Kreisprozess
1825	Erste öffentliche Eisenbahnlinie in England
	Erste deutsche technische Lehranstalt wird in Karlsruhe gegründet
1826	G.S. Ohm findet das nach ihm benannte Gesetz
1827	F. Wöhler gelingt die Harnstoffsynthese als erste organische Synthese
1829	G. Coriolis bestimmt die Trägheitskräfte bei Bewegungen in einem rotierenden System

1831	J.v. Liebig verbessert die Methode der Elementaranalyse
1832	J.-F. Champollion entziffert die ägyptischen Hieroglyphen
1832/33	M. Faraday erklärt die elektromagnetische Induktion und entdeckt das nach ihm benannte Gesetz der Elektrolyse
1833	C.F. Gauß und W. Weber konstruieren die erste funktionierende Telegraphenlinie
1835	Erste deutsche Eisenbahn fährt am 7. Dezember von Nürnberg nach Fürth
1837	L.J.M. Daguerre erfindet das nach ihm benannte Verfahren der Fotografie
1838	Erste deutsche Staatsbahn fährt von Braunschweig nach Wolfenbüttel
1842	J.R. Mayer formuliert das Gesetz von der Erhaltung der Energie und bestimmt das mechanische Wärmeäquivalent
	Ch. Darwin entwickelt seine Deszendenztheorie
1845	G.R. Kirchhoff formuliert die Regeln für verzweigte Stromkreise (Kirchhoffsche Gesetze)
1848	C. Doppler entdeckt den nach ihm benannten Effekt der Verschiebung der Spektrallinien im Sternspektrum
1851	Pendelversuche von J.B.L. Foucault
	Erste Weltausstellung in London
1854	H. Goebel (Göbel) erfindet die elektrische Glühlampe
1855	H. Bessemer entwickelt Verfahren zur Herstellung von Gussstahl
1859	C. Darwin begründet seine Evolutionstheorie
1857	R. Clausius leitet die kinetische Gastheorie mathematisch ab
1859	Erschließung der ersten Erdölquelle
1861	R. Kirchhoff und R.W. Bunsen entdecken die Spektralanalyse
	Ph. Reis erfindet das Telefon
1862	N. Riggenbach konstruiert die erste Zahnradbahn
1863	Erste Untergrundbahn in London
1864	É. und P.-É. Martin erfinden das Herdfrischverfahren und stellen im Siemens-Martin-Ofen erstmalig flüssigen Stahl her
1865	J.C. Maxwell entwickelt die elektromagnetische Lichttheorie
1866	J.G. Mendel publiziert seine Vererbungsgesetze
	W. v.on Siemens erfindet die Dynamomaschine
	P. Mitterhofer baut die erste Schreibmaschine mit Typenkorb und Schreibwalze
1867	N.A. Otto konstruiert den ersten Verbrennungsmotor
	A. Nobel erfindet das Dynamit
1869	D.J. Mendelejew und L. Meyer stellen unabhängig voneinander das Periodensystem der Elemente auf
	Eröffnung des Suezkanals
1870	J.D. Rockefeller gründet die Standard Oil Company

9.1 Vom Wiener Kongress zum Deutschen Kaiserreich

Nach dem endgültigen Sieg über Napoleon wurde Europa im Wiener Kongress neu geordnet. Auf Kosten Polens, das eine erneute Teilung zu erdulden hatte, wurden die Großmächte England, Preußen, Österreich und Rußland gestärkt. Gemeinsam mit Frankreich zementierte man so ein System der Pentarchie, das auf ein gewisses Gleichgewicht ausgerichtet war. Die Segnungen der Napoleonischen Fremdherrschaft – Trennung von Legislative, Judikative und Exekutive und die Ideen von Freiheit, Gleichheit und Brüderlichkeit – wurden durch das wesentlich von dem österreichischen Kanzler Fürst Clemens Wenzel von Metternich (1773–1865) auf dem Wiener Kongress durchgesetzte „Metternichsche System" der politischen Neuordnung wieder teilweise aufgehoben. Es setzte sich eine Restauration in ganz Europa durch, in der liberale Strömungen wie die aufkommende Studentenbewegung massiv unterdrückt wurden. In der Julirevolution von 1830 wurden die Bourbonen endgültig von der Herrschaft in Frankreich vertrieben. Als König Karl X. versuchte, das Parlament aufzulösen, erhob sich das Volk und zwang Karl zur Abdankung. Die Julirevolution hatte zahlreiche Auswirkungen in weiten Teilen Europas. Die liberalen Kräfte erhielten Aufschwung, in einigen Staaten des Deutschen Bundes wie auch in Italien, Polen und den Niederlanden kam es zu Unruhen. In Frankreich wurde der „Bürgerkönig" Ludwig Philipp I. (Louis-Philippe)

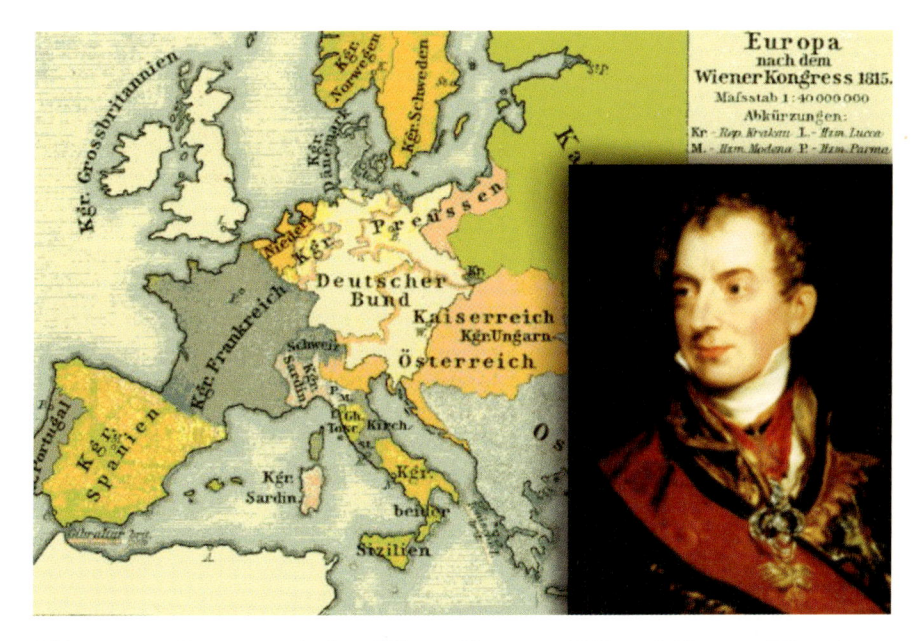

Abb. 9.1.1 Europa nach dem Wiener Kongress 1815 und Clemens Wenzel von Metternich. Von ihm als österreichischem Kanzler wurde die Neuordnung Europas maßgeblich bestimmt

Abb. 9.1.2 „Die Freiheit führt das Volk" (Gemälde von Eugene Delacroix 1830, Musée du Louvre, Paris)

eingesetzt, der sich allerdings bald von seinen liberalen Wurzeln entfernte und sich der „Heiligen Allianz" anschloss, die vom Metternichschen System geprägt war.

Diese Entwicklung führte in Frankreich 1848 zur Februarrevolution, der die Gründung der Zweiten Französischen Republik folgte. In vielen anderen Staaten Europas, so auch im Deutschen Bund, löste diese Revolution die Märzrevolution 1848 aus, die die metternichsche Restauration schließlich langfristig beendete. Vorerst scheiterte die Märzrevolution jedoch. Vom 18.5.1848 bis 31.5.1849 tagte die Frankfurter Nationalversammlung in der dortigen Paulskirche – das erste frei gewählte Parlament von ganz Deutschland. Die Nationalversammlung erarbeitete eine liberale Verfassung, die allerdings an der Weigerung des preußischen Königs Friedrich Wilhelm IV. scheiterte, die Kaiserwürde anzunehmen. Der Versuch, einen gesamtdeutschen Nationalstaat zu etablieren, misslang aber bereits 1849 durch den Einsatz preußischer und österreichischer Truppen. Nach dem Scheitern der Märzrevolution wurde der Frankfurter Bundestag, der schon vor der Nationalversammlung existierte, wieder zu einem Instrument der deutschen Fürsten. Die Verfassungsideen der Nationalversammlung konnten erst in der Weimarer Republik (1918–1933) verwirklicht werden.

Abb. 9.1.3 „Eisenwalzwerk (Moderne Cyclopen)" 1872–1875 von Adolph Menzel. Hier wird die Arbeitsrealität von Arbeitern im 19. Jahrhundert dargestellt (Alte Nationalgalerie Berlin)

Ab 1848 geht auch das „Gespenst des Kommunismus" in Europa um. Karl Marx (1818–1883) und Friedrich Engels (1820–1895) publizieren in diesem Jahr *Das Manifest der kommunistischen Partei*, im Jahr 1865 erscheint der erste Band *Das Kapital* von Marx, dessen zwei folgende Bände Engels in den Jahren 1885 und 1895 herausgibt.

Einer der wichtigsten Gründe für die politischen Entwicklungen in Europa ist die Industrielle Revolution, die mit der Entwicklung und dem Einsatz leistungsfähiger Dampfmaschinen in England an der Wende vom 18. zum 19. Jahrhundert begann. Der Begriff „Industrielle Revolution" kam schon in der französischen Revolution auf, um die Umwälzungen zu charakterisieren, die sich in der industriellen Produktion, hauptsächlich in England, zeigten. Schlüsselindustrie der englischen Industriellen Revolution war die Textilindustrie, die mit modernen Erfindungen wie der „spinning Jenny" und dem mechanischen Webstuhl ungeahnte Produktionssteigerungen bei gleichzeitiger Verelendung der Arbeiter möglich machte. Zentrum der englischen Textilindustrie war Manchester, denn zahlreiche Bäche lieferten dort die idealen Bedingungen für die Baumwollspinnerei. Nicht umsonst bezeichnen wir heute einen rücksichtslosen Kapitalismus als „Manchesterkapitalismus". In der Mitte des 19. Jahrhunderts ist die Industrielle Revolution auch in Kontinentaleuropa angekommen. Es bildet sich eine Arbeiterklasse heraus und die Wirtschaftsform des Kapitalismus entwickelt sich. Gemäßigtere politische Ideen

Abb. 9.1.4 „Ein Hundeleben" von Gustave Doré 1872. Doré zeigt hier die Lebenssituation der verarmten Unterschicht

als die von Marx und Engels führen 1863 zur Gründung des Deutschen Arbeitervereins durch Ferdinand Lasalle (1825–1864), 1869 formiert sich durch August Bebel (1840–1913) und Wilhelm Liebknecht (1826–1900) die Sozialdemokratische Arbeiterpartei SDAP, aus der später die SPD hervorgehen wird. Diese Entwicklungen werden von den Regierungen und dem Bürgertum als Bedrohung empfunden und man reagiert 1878 mit dem Sozialistengesetz, das erst 1890 aufgehoben wird. Nach dem Motto „Zuckerbrot und Peitsche" werden als Vorbeugemaßnahmen gegen Emanzipationsbewegungen 1883 eine Krankenversicherung, 1884 eine Unfallversicherung und 1889 eine Alters- und Invaliditätsversicherung mit den sogenannten Bismarckschen Sozialgesetzen eingeführt. Dem konservativen Reichskanzler Otto von Bismarck (1815–1898) gelingt es, die preußische Dominanz in Deutschland durch eine Politik der harten Hand, die auch vor Kriegen nicht zurückschreckte, durchzusetzen. Nach

Abb. 9.1.5 Michael Faraday in seinem Laboratorium. Die „Royal Institution of Great Britain" wurde 1799 zu dem Zweck der wissenschaftlichen Ausbildung und Forschung gegründet. Durch Vorträge, Experimente und Kurse sollten einem weiteren Publikum die neuen Anwendungen der Wissenschaften nahegebracht werden. Die Royal Institution existiert noch heute und kommt ihrem Auftrag nach

dem Deutsch-Französischen Krieg 1871 wird das Deutsche Kaiserreich in Versailles ausgerufen. Die Kleinstaaterei hat nun keine Zukunft mehr.

Für die Industrielle Revolution war die Analysis ein regelrechter Antrieb. Nun konnten Biegelinien von Trägern und Schwingungen von Maschinen berechnet und ganz neue Maschinen konzipiert werden. Schon 1824 untersuchte der französische Physiker Nicolas Léonard Sadi Carnot (1796–1832) die Wärmemenge einer Dampfmaschine und stellte den Arbeitsvorgang einer Dampfmaschine als Kreisprozess dar. Wenig später erfasste Benoît Pierre Émile Clapeyron (1799–1864) Carnots Resultate in mathematischer Form. Damit sind die Anfänge einer neuen physikalischen Wissenschaft, der Thermodynamik, gelegt. Im Jahr 1814 formuliert der deutsche Arzt Julius Robert Mayer (1814–1878) den Energieerhaltungssatz und 1854 entdeckt der deutsche Physiker Rudolf Clausius den Wirkungsgrad von Wärmekraftmaschinen und führt die Entropie als neue Zustandsgröße ein. Die Thermodynamik wird erst im 20. Jahrhundert als axiomatische Theorie formuliert und die Analysis ist aus dieser Theorie nicht wegzudenken. In Physik und Astronomie werden zu Beginn des 19. Jahrhunderts große Fortschritte gemacht. Von 1799 bis 1825 erscheint die *Mécanique céleste* (Himmelsmechanik) von Pierre Simon Laplace (1749–1827) und setzt Standards in der rechnerischen Behand-

Abb. 9.1.6 George Stephensons „Rocket" (Zeichnung) und die Ehrung auf einer Briefmarke [Großbritanien 1975]. Stephensons „Locomotion No. 1" zog die erste öffentliche Dampfeisenbahn (zunächst nur für Güter) 1825 von Darlington nach Stockton mit 15–17 km/h

lung der Bewegung der Himmelskörper. Im Jahr 1800 berichtet der Italiener Alessandro Volta (1745–1827) der Royal Society in London über eine Methode, konstante Gleichströme zu erzeugen. Damit rückt die Elektrizität als neue „Kraft" in den Blickpunkt der Wissenschaftler und der Industriemagnaten. Noch im Jahr 1800 beginnen in England umfangreiche Forschungsarbeiten mit galvanischen Elelementen – wir würden heute „Batterien" sagen. In Deutschland entdeckt der Gymnasiallehrer Georg Simon Ohm (1787–1854) das nach ihm benannte Ohmsche Gesetz $U = R \cdot I$ (Spannung = Widerstand · Stromstärke) und publiziert es 1826 und 1827. Gustav Kirchhoff erweitert das Ohmsche Gesetz auf kompliziertere Netzwerke und stellt 1845 die nach ihm benannten zwei Kirchhoffschen Gesetze (Knoten- und Maschenregel) auf. Kirchhoff ist es auch, der den Zusammenhang zwischen der Lösung der Poissonschen Differentialgleichung (dem „Potential") und der „elektroskopischen" Kraft erkennt. Auch der Zusammenhang zwischen der Elektrizität und dem (Elektro)Magnetismus steht nun zur Debatte. Schon 1820 hatte André Marie Ampère (1775–1836) ein Gesetz zur Beschreibung der elektrodynamischen Wechselwirkung der Ströme abgeleitet, aber es wird Engländern vorbehalten sein, die Elektrodynamik vollständig mathematisch zu verstehen.

Abb. 9.1.7 Die „Great Eastern" - Segelschiff und Dampfschiff zugleich. Im Jahr 1852 entwarf und baute der englische Ingenieur Isambard Kingdom Brunel (1806–1859) ein mit 18 916 Bruttoregistertonnen gewaltiges Schiff, die „Great Eastern". Für ein Passagierschiff erwies es sich als viel zu groß für die damalige Zeit, so dass es als Kabelleger über den Antlantik eingesetzt wurde. Brunel machte sich auch einen Namen mit Brückenkonstruktionen

Der große Experimentator Michael Faraday (1791–1867) entdeckt 1831 das Induktionsgesetz, 1833 das Gesetz der Elektrolyse und 1845 den Faraday-Effekt. Faraday „sieht" den Raum um einen elektrischen Leiter von Feldlinien durchdrungen und beschäftigt sich mit Fernwirkungskräften. Diese Ideen nimmt der wohl bedeutendste theoretische Physiker des 19. Jahrhunderts, James Clerk Maxwell (1831–1879), begierig auf und entwickelt eine neue Theorie, durch die die klassische Physik als vollendet angesehen werden kann [Simonyi 2001, S. 346]. Im Jahr 1862 erscheint Maxwells Abhandlung *On Physical Lines of Force* und 1873 sein zweibändiges Buch *A treatise on electricity and magnetism*. Zur Formulierung der „Maxwellschen Gleichungen" wird die Vektoranalysis benötigt, die im 19. Jahrhundert entwickelt wurde und die wir in Abschnitt 10.5 kurz vorstellen wollen.

Mit der technischen Industrialisierung wurden die Ansprüche der Ingenieure größer und damit wurde auch mehr Mathematik nötig – insbesondere Analysis. Man konnte nun die Spannungen in Stahlbrücken berechnen und sich damit an Konstruktionen wagen, die noch im 18. Jahrhundert undenkbar waren. Die Dampfmaschine trat nicht nur in ihrer stationären Form als direkter Motor ihren Siegeszug an, sondern wurde nun auch als Antrieb für Schiffe verwendet. Schon 1825 wurde in England die erste Eisenbahnlinie eingeweiht, auf der George Stephensons (1781–1848) berühmte „Locomotion" fuhr. Schon

1829 wurde die Strecke Liverpool-Manchester eingeweiht und damit wurde die dampfgetriebene Eisenbahn zu einem weltweiten Erfolg.

Um die neuen Errungenschaften stolz der Welt präsentieren zu können wurde auf Anregung von Prinz Albert im Jahr 1851 die erste „Weltausstellung" (die heutige EXPO) im Londoner Hyde Park durchgeführt. Zu diesem Zweck wurde ein einzigartiges Gebäude – der Kristallpalast – errichtet, das erst im Jahr 1936 durch Brand zerstört wurde. In der folgenden Weltausstellung 1855 in Paris konnte man neben einem Boot aus Beton auch die ersten Streichhölzer und die erste Espressomaschine bewundern.

War die Schulbildung im 18. Jahrhundert noch stark konfessionell geprägt, so wird Europa zu Beginn des 19. Jahrhunderts von einer Säkularisationswelle erfasst. Die Kirche wird dem Staat unterstellt und die Freiheit des Bekenntnisses setzt sich durch. Die Literatur ist nicht mehr fast ausschließlich religiös geprägt, sondern die Belletristik erobert sich Raum in den Buchhandlungen. Die Bedeutung der Nationalstaaten wird hervorgehoben. Bedingt durch das Beispiel der französischen polytechnischen Hochschulen rollt eine Gründungswelle technischer Schulen durch Deutschland. Berlin erhielt eine technische Anstalt schon 1821, Karlsruhe 1825, München 1827 und Hannover 1831. Allerdings handelte es sich noch nicht um Technische Hochschulen sondern um reine Ausbildungsstätten, die noch einen langen Weg bis zur Anerkennung als „echte" Hochschulen" im Sinne von Universitäten zurückzulegen hatten.

Abb. 9.1.8 Der *Kristallpalast* in London. Hier fand 1851 die erste Weltausstellung statt. Der Palast fiel 1936 einem Brand zum Opfer

9.2 Die Entwicklungslinien der Analysis im 19. Jahrhundert

Nach dem Tod Eulers glaubten viele Mathematiker, dass es in der Mathematik nicht mehr viel zu erforschen gebe. Andererseits empfand man aber auch ein gewisses Unwohlsein bei den Grundlagen der Analysis, die zwar so unglaublich erfolgreich in den Anwendungen war, aber nach wie vor mit unendlich kleinen Größen oder gar, wie bei Euler, mit „Nullen" operierte. Insbesondere die Diskussionen um die Lösungen der Schwingungsgleichung hatten gezeigt, dass man Begriffe wie „Funktion", „Stetigkeit" und „Konvergenz", aber auch „Integral" und „Ableitung" noch nicht sauber gefasst hatte. Diese Aufgabe blieb den Mathematikern des 19. Jahrhunderts vorbehalten.

Der Prager Bernhard Bolzano betrieb seine Forschungen noch als reines Hobby und hatte deshalb zu seiner Zeit keine große Wirkung. In Frankreich arbeitete Augustin Louis Cauchy an der Grundlegung der Analysis und hatte mit seinen neuen Lehrbüchern eine Wirkung weit über sein Land hinaus. In Deutschland war der Gymnasiallehrer und spätere Mathematikprofessor Karl Weierstraß die treibende Kraft hinter der Präzisierung der Grundlagen der Analysis, und die „Weierstraß-Schule" hat die moderne Analysis maßgeblich geprägt. Bernhard Riemann klärt den Integralbegriff und definiert das, was wir heute das „Riemann-Integral" nennen. In seinem Habilitationsvortrag öffnet er die Türen für eine moderne Differentialgeometrie, d.h. die Anwendung analytischer Methoden in der Geometrie. Mit dem Wunsch nach Präzisierung kommen auch Fragen zur Konstruktion der irrationalen Zahlen auf. Seit Jahrhunderten wurde schon mit reellen Zahlen wie π und $\sqrt{2}$ gerechnet – über den Aufbau des Zahlensystems hatte man jedoch keine klare Vorstellung. Auch diese Fragen werden im 19. Jahrhundert gelöst, und zwar durch Richard Dedekind und Georg Cantor.

9.3 Bernhard Bolzano und die Paradoxien des Unendlichen

Bernardus Placidus Johann Nepomuk Bolzano (1781–1848) – kurz: Bernard Bolzano – wurde in Prag als Sohn eines norditalienischen Kunsthändlers und seiner Frau, die aus einer deutschen Kaufmannsfamilie in Prag stammte, geboren. Seine Familie war sehr religiös und Bolzano wurde dadurch so stark beeinflusst, dass er ab 1801 an der Prager Karls-Universität Theologie studierte. Nach Besuch des Gymnasiums von 1791 bis 1796 hatte Bolzano erst Philosophie, Mathematik und Physik studiert, und er blieb Zeit seines Lebens ein hervorragender Mathematiker mit visionärer Begabung. Mathematik studierte er bei dem Jesuiten Stanislav Vydra (1741–1804), einem eher schwachen Mathematiker, und bei Franz Josef Ritter von Gerstner (1756–1832), der es

Abb. 9.3.1 Bernard Bolzano

verstand, Bolzano zu fesseln. Auch war Gerstner in der Lage, Bolzanos Genie zu erkennen, obwohl beide Männer durchaus unterschiedliche Auffassungen von Mathematik hatten. Für Gerstner, der auch Physiker und Techniker war, war die Mathematik nur die wichtige Hilfswissenschaft, mit der sich Probleme anderer Wissenschaften lösen ließen. Bolzanos Interesse galt jedoch der Mathematik an sich und den innermathematischen Problemen. Im Studium waren ihm die Lehrbücher von Abraham Gotthelf Kästner (1719–1800) in die Hände gefallen, die ihn sehr für die Mathematik einnahmen. Kästner hat durch seine Lehrbücher im 19. Jahrhundert eine starke Wirkung entfaltet und selbst eine „Geschichte der Mathematik" verfasst [Kästner 1970]. Die konsequente Berufung auf die Vernunft und die Logik wurde bei Bolzano zu einem Charakterzug [Wußing/Arnold 1978, S. 321]. Nach Absolvierung der philosophischen Fakultät 1799 wollte der Vater, dass Bolzano in den Handel gehen sollte, während die Mutter ihn gerne als Priester sehen wollte. Nach einer Bedenkzeit entschied sich Bolzano dann für die Theologie. Im Wintersemester 1804/1805 beendete er sein Theologiestudium mit der Promotion und wurde zwei Jahre später zum Priester geweiht. Im Jahr 1804 wurden an der Karls-Universität zwei Lehrstühle frei. Stanislav Vydra war verstorben und damit der Lehrstuhl für Elementarmathematik vakant; neu etabliert wurde ein Lehrstuhl für Religionswissenschaft. Bolzano bewarb sich auf beide Lehrstühle und wurde von Gerstner nachdrücklich für den mathematischen Lehr-

Abb. 9.3.2 Franz Josef von Gerstner und Abraham Gotthelf Kästner

stuhl empfohlen. Dennoch entschied Wien, die Mathematikprofessur an einen Kandidaten zu vergeben, der nie eine eigenständige mathematische Arbeit verfasst hatte, und Bolzano erhielt den religionswissenschaftlichen Lehrstuhl. Innerhalb kurzer Zeit waren die Vorlesungen Bolzanos unter den Studenten beliebt. Er verband religiöse Themen mit Gesellschaftskritik und ging dabei sogar bis zu utopisch-sozialistischen Ideen und Verfassungskritik. Als Sohn einer Deutschen und eines Italieners versuchte er, einen eigenen böhmischen Patriotismus zu propagieren, was bei seinen böhmischen Studenten natürlich gut ankam. Ein solches Verhalten konnte allerdings auch der österreichischen Obrigkeit nicht verborgen bleiben. Erste Versuche, ihn aus dem Amt zu drängen, konnten noch abgewehrt werden, aber im Zuge einer Ermittlung gegen ihn wurde er von Kaiser Franz I. am 24. Dezember 1819 aus dem Dienst entfernt und ihm wurde weitere öffentliche Betätigung verboten. Der erste Band seiner *Erbauungsreden* von 1813 und sein *Lehrbuch der Religionswissenschaft* wurden auf den Index verbotener Schriften gesetzt. Erst als Franz I. 1835 gestorben war, wurde die Überwachung Bolzanos gelockert, und später wurde ihm sogar erlaubt, nichttheologische Arbeiten in den Abhandlungen der Königlichen Böhmischen Gesellschaft der Wissenschaften zu publizieren.

Bolzano verbrachte die Jahre nach 1819 mit mathematischen Untersuchungen und dafür – aber nur dafür – kann man Kaiser Franz wohl dankbar sein. Durch seine isolierte Position in Europa hat Bolzano zu seiner Zeit nicht viel bewirkt; aus heutiger Sicht muss man ihn jedoch in eine Reihe mit Cauchy und Weierstraß stellen. Die Ideen zur rigorosen Aufarbeitung der Grundlagen der Analysis lagen wohl „in der Luft", denn nur so ist zu erklären, dass im 19. Jahrhundert verschiedene Mathematiker unabhängig voneinander an denselben Problemen arbeiteten.

9.3.1 Bolzanos Beiträge zur Analysis

Im Jahr 1816 schreibt Bolzano *Der binomische Lehrsatz und als Folgerung aus ihm der polynomische und die Reihen, die zur Berechnung der Logarithmen und Exponentialgrössen dienen, genauer als bisher erwiesen*. Dort finden wir Bolzanos Definition der Gleichheit zweier Zahlen [Stolz 1881, S. 257]:

> *Wenn in der Gleichung $A + \omega = B + \omega^1$ die Grössen ω, ω^1 so klein werden können, als man nur immer will, während A und B unverändert bleiben: so muss genau $A = B$ sein.*

Hier wird schon ein Charakteristikum der Bolzanoschen Denkweise deutlich: die Vermeidung des Begriffs der unendlich kleinen Größe. Bolzano schreibt [Wußing/Arnold 1978, S. 328]:

> *... wie ich denn auch statt der so genannten unendlich kleinen Größen mich durchgängig mit demselben Erfolge des Begriffes solcher Größen bediene, die kleiner als jede gegebene werden können, oder (wie ich sie zur Vermeidung der Eintönigkeit gleichfalls nenne, ...) der Größen, welche so klein werden können, als man nur immer will. Hoffentlich wird man den Unterschied zwischen den Größen dieser Art und dem, was man sich sonst unter dem Namen des unendlich Kleinen denkt, nicht verkennen.*

Bolzano hält den binomischen Lehrsatz für einen der wichtigsten Sätze der Analysis, ist aber mit den bisherigen Beweisen unzufrieden. Seine Behandlung des Binomialtheorems stellt ihn mit Cauchy auf eine Stufe [Dieudonné 1985, S. 363].

In der Schrift *Rein analytischer Beweis des Lehrsatzes, dass zwischen je zwei Werthen, die ein entgegengesetztes Resultat gewähren, wenigstens eine reelle Wurzel der Gleichung liege*, die in Prag 1817 erscheint, beweist Bolzano nicht nur rigoros den Mittelwertsatz (wie im Titel versprochen), sondern er gibt auch eine Definition von „Stetigkeit", die nicht nur exakt ist, sondern auch zeitlich vor der Definition Cauchys erschienen ist. Eine Größe, die zwischen zwei gegebenen Werten alle möglichen Werte annehmen kann, heißt nach Bolzano „frei veränderlich". Nimmt eine Größe in der Umgebung eines jeden ihr zugeordneten Wertes auch Werte an, die beliebig wenig abweichen, dann heißt diese Größe „stetig veränderlich". Zur Stetigkeit einer Funktion schreibt er (zitiert nach [Wußing/Arnold 1978, S. 328]):

> *[...], daß, wenn x irgend ein solcher Werth ist, der Unterschied $f(x+\omega) - f(x)$ kleiner als jede gegebene Größe gemacht werden könne, wenn man ω so klein, als man nur immer will, annehmen kann.*

9.3 Bernhard Bolzano und die Paradoxien des Unendlichen

Dies ist eine Definition der Stetigkeit, die wir (in anderer Form) noch heute verwenden. Bei der Konvergenz von unendlichen Reihen formuliert Bolzano das Cauchysche Konvergenzkriterium und verwendet sauber die Idee der Partialsummen. Die *notwendige* Konvergenzbedingung beschreibt Bolzano wie folgt (zitiert nach [Stolz 1881, S. 259]):

> *Wenn man den Werth, welchen die Summe der ersten n, $n + 1$, ..., $n + r$ Glieder einer [...] Reihe hat, der Ordnung nach durch $F^n x, F^{n+1} x, \ldots, F^{n+r} x$ bezeichnet, so stellen die Größen*
>
> $$F^1 x, F^2 x, \ldots, F^n x, \ldots, F^{n+r} x$$
>
> *nun eine neue Reihe vor. [...] Diese hat [...] die besondere Eigenschaft, dass der Unterschied, der zwischen ihrem nten Gliede $F^n x$ und jedem späteren $F^{n+r} x$, es sei auch noch so weit von jenem nten entfernt, kleiner als jede gegebene Grösse bleibt, wenn man erst n gross genug angenommen hat.*

Und weiter die *hinreichende* Konvergenzbedingung:

> *Wenn eine Reihe von Grössen*
>
> $$F^1 x, F^2 x, \ldots, F^n x, \ldots, F^{n+r} x, \ldots$$
>
> *von der Beschaffenheit ist, dass der Unterschied zwischen ihrem nten Gliede $F^n x$ und jedem späteren $F^{n+r} x$, sei dieses von jenem auch noch so weit entfernt, kleiner als jede gegebene Grösse verbleibt, wenn man n gross genug angenommen hat: so giebt es jedesmal eine gewisse beständige Grösse und zwar nur eine, der sich die Glieder dieser Reihe immer mehr nähern und der sie so nahe kommen können, als man nur will, wenn man die Reihe weit genug fortsetzt.*

Faszinierend ist Bolzanos „Größenlehre". Es handelt sich dabei um eine Art Mengenlehre, deren Grundparadigma der „Inbegriff", also das „Ganze" ist [Spalt 1990, S. 193], das bereits in irgendeiner Weise strukturiert oder geordnet ist. Sieht man von Ordnung und Struktur ab, dann entstehen bei Bolzano „Mengen". Dies steht in Kontrast mit der heute akzeptierten Cantorschen Mengenlehre, in der die „Menge" das allumfassende Abstraktum darstellt. Ebenfalls für uns ungewohnt ist Bolzanos Umgang mit unendlichen Mengen. Bolzano verwendet den Begriff der „Weite", um Mengen vergleichen zu können. So gibt es Mengen mit unvergleichbaren Weiten, z. B. die Menge aller Würfel und die Menge aller Kugeln. Vergleichbare Weiten haben die Menge aller Dreiecke und die Menge aller rechtwinkligen Dreiecke [Spalt 1990, S. 197]. „Weite" hat also etwas mit der konkreten Gegenstandsmenge zu tun. Dann gibt es den Fall, dass die Weiten von unendlichen Mengen in einem gewissen Verhältnis zueinander stehen. Nach Bolzano verhalten sich die

Mengen $[0, 5]$ und $[0, 12]$ wie $5 : 12$. Das lässt darauf schließen, dass Bolzanos unendliche Mengen sich viel hierarchischer verhalten als die Cantorschen Mengen, denn nach Cantor haben $[0, 5]$ und $[0, 12]$ dieselbe Mächtigkeit, aber bei Bolzano sind in $[0, 12]$ „mehr" Zahlen als in $[0, 5]$! Tatsächlich erlaubt der Begriff der „Großheit" einer unendlichen Menge bei Bolzano eine klare Abstufung in den Unendlichkeiten. Wie Spalt in [Spalt 1990, S. 198 f.] dargelegt hat, gilt für Bolzano stets:

Das Ganze ist stets (auch für unendliches Ganzes) größer als sein echter Teil.

Für unendliche Mengen scheint uns diese Aussage im Licht der Cantorschen Mengenlehre falsch zu sein, aber wir müssen uns erinnern, dass für Bolzano nur das Ganze Struktur und Ordnung hat. Nimmt man vom Ganzen einen echten Teil weg, dann kann man ganz genau sagen, wo „Leerstellen" entstanden sind, an denen gewisse Teile des Ganzen fehlen. Wir können an dieser Stelle nicht weiter ausholen und etwa noch Bolzanos Theorie der messbaren Zahlen diskutieren, verweisen aber auf [Spalt 1990]. Uns erscheint Bolzanos Größenlehre noch viel zu wenig beachtet und bearbeitet worden zu sein.

Nach Bolzanos Tod erschien 1851 sein Buch *Paradoxien des Unendlichen* [Bolzano 2006], das von seinem Freund Franz Přihonsky herausgegeben wurde. Geschrieben wurde es ein Jahr vor Bolzanos Tod und blieb völlig unbeachtet, bis Hermann Hankel (1839–1873) darauf hinwies, dass dieses Buch (zitiert nach [Dieudonné 1985, S. 387])

treffliche Bemerkungen über den Begriff des Unendlichen enthält.

In 70 Paragraphen führt Bolzano hier alles auf, was es an Paradoxien beim Umgang mit der Unendlichkeit gibt und erweist sich dadurch als derjenige Denker seiner Zeit, der sich nicht nur am intensivsten mit den Problemen der Unendlichkeit beschäftigt hat, sondern auch am tiefsten in sie eingedrungen ist. Wir finden hier wieder das Beispiel der unendlichen Mengen $[0, 5]$ und $[0, 12]$; Bolzano schreibt [Bolzano 2006, S. 28], dass die eine Menge deutlich größer sei als die andere, aber nun zeigt Bolzano auch, dass sich diese beiden Mengen wechselseitig entsprechen können, d. h. gleichmächtig sind. Er bewerkstelligt das mit der Gleichung

$$5y = 12x$$

und argumentiert, dass für x zwischen 0 und 5 die Größe y zwischen 0 und 12 liegt und dass zu jedem x genau ein y existiert und umgekehrt. Damit ist der Boden bereitet für den Mächtigkeitsbegriff der Cantorschen Mengenlehre und man kommt nicht umhin anzuerkennen, dass Bolzano auch hier seiner Zeit weit voraus war.

9.4 Die Arithmetisierung der Analysis: Cauchy

Augustin Louis Cauchy wurde 1798 in Paris in die Familie eines streng katholischen Royalisten geboren und starb 1857 in Sceaux. Während der französischen Revolution verlor Cauchys Vater seinen Posten bei der Polizei und kurz darauf wurde Augustin Louis geboren. Aus Angst vor Verfolgung durch den Terror der Revolutionäre floh die Familie in ihr Landhaus nach Arcueil im Département Val-de-Marne, wo sie in bitterer Armut lebte [Belhoste 1991]. Vater Cauchy, der ein sehr belesener Mann war, unterrichtete seinen Sohn, bis die Familie wieder nach Paris zurückkehren konnte. Mit dem Staatsstreich Napoleons vom 9. November 1799 wurde Vater Cauchy zum Generalsekretär des Senats befördert und kam in Kontakt mit zwei eminenten Mathematikern: der Innenminister war Pierre-Simon Laplace (1749–1827) und Joseph-Louis Lagrange ein Senator. Beide Männer haben Cauchys Sohn eine glänzende Karriere als Mathematiker vorhergesagt. Lagrange soll dem Vater sogar den folgenden Rat gegeben haben [Kowalewski 1938, S. 274]:

> *Lassen Sie dieses Kind vor dem siebzehnten Lebensjahr kein mathematisches Buch anrühren. Wenn Sie sich nicht beeilen, ihm eine gründliche literarische Erziehung zu geben, so wird ihn seine Neigung fortreissen. Er wird ein grosser Mathematiker werden, aber kaum seine Muttersprache schreiben können.*

So erhielt der Sohn eine hervorragende Ausbildung in klassischen Sprachen, bevor er sich entschied, in eine Ingenieurlaufbahn einzutreten. Wir müssen hier einen Moment innehalten und etwas über die Mathematikausbildung französischer Ingenieure in der Napoleonischen Ära berichten. Im Vergleich zur Ingenieurausbildung in England, die traditionell mehr praktisch und weniger mathematisch orientiert war (und ist), galt die Mathematik in Frankreich als Schlüssel der Ingenieurwissenschaften. Die École Polytechnique war im Jahr 1794 als École centrale des travaux publics gegründet worden, um für Nachwuchs in den immer wichtiger werdenden Ingenieurwissenschaften zu sorgen. Schon ein Jahr später erfolgte die Umbenennung in École Polytechnique. Im Jahr 1805 wird diese École dem Kriegsminister unterstellt und dort werden Heeresingenieure ausgebildet. Die École Polytechnique hat dann in Deutschland als Blaupause für die modernen Technischen Hochschulen gedient, die im 19. Jahrhundert gegründet wurden. Von Anfang an musste man eine strenge Aufnahmeprüfung absolvieren, für die Mathematik zum notwendigen Wissen gehörte. So nahm Cauchy 1804 Mathematikunterricht und ging 1805 als Zweitbester aus den Aufnahmeprüfungen hervor. Man musste sich recht schnell für eine Spezialisierungsrichtung entscheiden, denn der öffentliche Dienst brauchte dringend Ingenieure, und Cauchy wählte den Straßen- und Brückenbau. Er hatte vorzügliche Lehrer, unter anderen Sylvestre François de Lacroix (1765–1843), der sich durch die Abfassung hervorragender Lehrbücher zur höheren Mathematik einen Namen machte [Domingues 2008], und André Marie Ampère (1775–1836), der durch seine Arbeiten

Abb. 9.4.1 Augustin Louis Cauchy

zur Elektrizität unsterblich wurde. Man studierte damals zwei Jahre lang und Cauchy wurde Jahrgangsbester. Er konnte die École Nationale des Ponts et Chaussées, die Grande École für Bauingenieurwesen besuchen, die er 1810 als „aspirant-ingénieur" verließ. Im Gegensatz zu vielen seiner Kommilitonen war Cauchy nicht für revolutionäre oder nur liberale Gedanken zu haben; er trat in die Kongregation der Jesuiten ein und blieb Zeit seines Lebens ein äußerst konservativer Katholik.

Abb. 9.4.2 Ecole Polytechnique [Foto Jastrow]

Napoleon benötigte einen neuen großen Hafen im Norden, wenn er es mit den Engländern aufnehmen wollte, und so wurde ein Großprojekt – der Port Napoléon – für einen Hafenbau in Cherbourg ins Leben gerufen. Cauchy wurde 1810 dorthin abkommandiert und verlor bei der täglichen Arbeit seine Liebe zum praktischen Ingenieurwesen – er wollte sich einer wissenschaftlichen Betätigung widmen. Während seiner Freizeit arbeitete er an mathematischen Problemen. So präsentierte er eine Verbesserung des Beweises für Eulers Polyedersatz. Im September 1812 wurde er krankgeschrieben und kehrte zu seiner Familie nach Paris zurück. Dort fand er wichtige Sätze der Gruppentheorie. Er wollte auf keinen Fall zurück zum Hafenbau und so war er froh, als sich ihm 1813 die Möglichkeit bot, stattdessen an einem Kanalprojekt in Paris mitzuwirken. Er heiratete und bewarb sich auf zahlreiche freie Stellen in Paris, jedoch wollte nichts gelingen und er ließ sich erneut krankschreiben. Das Jahr 1814 war das Jahr der Niederlage Napoleons – am 2. April erklärte der Senat Napoleon für abgesetzt – und Frankreich hatte wieder einen König. Für Cauchy war das günstig, denn er musste nicht mehr zurück zum Kanalprojekt und hatte Zeit für die Mathematik. Mit dem neuen König erhielten die konservativen Kräfte im Land Auftrieb und auch Cauchy profitierte, denn er bekam im November 1815 eine Assistenzprofessur an der École Polytechnique. Ein Jahr später griff der König persönlich in die Académie des Sciences ein und entließ liberale Mitglieder, darunter Gaspard Monge (1746–1818), dessen Platz nun Cauchy gegeben wurde.

Seine Rolle als Mitglied der Akademie blieb zwiespältig. Er hatte auch die eingereichten Arbeiten von jungen Mathematikern zu begutachten. Sein Urteil war bald gefürchtet, aber er war offenbar zu Zeiten schlampig und verlegte oder verlor wichtige Manuskripte, so etwa eine große Arbeit von Niels Henrik Abel (1802–1829), der in dem Glauben, seine Arbeit sei für immer verloren, kurz darauf an Tuberkolose starb.

Als Lehrender war Cauchy ein Revolutionär. Da er die Analysis für unverzichtbar für Ingenieure hielt, gab er Vorlesungen zu diesem Gebiet. Er entwickelte eine saubere Begriffsbildung des Grenzwertes und legte Wert auf äußerste Genauigkeit, was seine Studenten abschreckte. Aus seinen Vorlesungen entwickelte sich sein Lehrbuch *Cours d'analyse*, das im Jahr 1821 veröffentlicht wurde und zu einem Manifest der neuen Strenge in der Analysis wurde. Im Vorwort schreibt Cauchy [Cauchy 1885, S. V–VI]:

> *Was die Methoden anbetrifft, so bin ich bemüht gewesen, dieselben mit derjenigen Strenge zu geben, welche man in der Geometrie fordert, wo man keineswegs alle aus der algebraischen Allgemeingültigkeit entspringenden Beziehungen beachtet. Obwohl Beziehungen dieser Art sehr häufig angenommen werden, so vor allem bei dem Uebergange von den convergenten zu den divergenten Reihen, bei dem von den reellen Zahlgrössen zu den imaginären Ausdrücken, so scheint es mir, dass derartige Inductionen, wenn man auch durch dieselben häufig zu richtigen Resultaten geführt wird, dennoch wenig verträglich mit der so arg gerühmten Strenge der mathematischen Wissenschaften sind. Man dürfte wohl gewahr werden, dass sie dazu führen, den algebraischen Formeln eine beliebige Ausdehnung zu geben, während in Wirklichkeit die meisten Formeln nur unter gewissen Bedingungen und nur für gewisse Werte der in ihnen enthaltenen Zahlgrössen Gültigkeit behalten. Indem ich diese Bedingungen und diese Werte aufsuche und in ganz bestimmter Weise die Bedeutung der Bezeichnungen, deren ich mich bediene, festsetze, schwindet jede Ungenauigkeit; die verschiedenen Formeln liefern dann nur noch Beziehungen zwischen reellen Zahlgrössen, Beziehungen, welche man leicht dadurch erhalten kann, dass man die Zahlgrössen durch Zahlen ersetzt. Zwar bin ich, um diesen Principien stets treu zu bleiben, gezwungen gewesen, einige Annahmen zu machen, welche vielleicht auf den ersten Blick etwas gewagt erscheinen mögen. So zum Beispiel spreche ich im VI. Capitel davon, dass eine divergente Reihe keine Summe hat, [...]*

Der letzte Satz mag uns heute seltsam erscheinen, aber noch zu Cauchys Zeiten benutzte man divergente Reihen, um mathematische Resultate aus ihnen herzuleiten. Noch Lagrange hatte in *Théorie des fonctions analytiques* aus dem Jahr 1797 der Konvergenz unendlicher Reihen keine Beachtung

Abb. 9.4.3 Cauchy und sein Werk „Cours d' Analyse" von 1821

geschenkt und Cauchy kannte dieses Buch natürlich gut. Die Geheimwaffe Cauchys zur Grundlegung der Analysis waren *Grenzwerte*, wie wir noch sehen werden.

Als 1830 der König Karl X. gestürzt und durch einen „Bürgerkönig" ersetzt wurde, floh Cauchy ohne seine Familie aus Paris in die Schweiz. Eine Rückkehr auf seine Professur nach Frankreich wäre nur mit einem Treueschwur auf das neue Regime möglich gewesen, und das kam für Cauchy keinesfalls in Betracht. Er verlor in Paris alle seine Posten, wurde aber 1831 auf eine Physikprofessur nach Turin berufen und ging 1833 als Hauslehrer des Enkels von Karl X. nach Prag, der dazu ausersehen war, zu gegebener Zeit seinen Anspruch auf den französischen Thron geltend zu machen. Bis zum Abschluss der Ausbildung hatte Cauchy es geschafft, in diesem Enkel eine starke Abneigung gegen Mathematik zu erzeugen. Seine Familie sah Cauchy nur sporadisch bei Besuchen in Paris, holte sie aber 1834 zu sich. Mit dem 18. Geburtstag des Enkels von Karl X. 1838 war die Arbeit als Hauslehrer beendet und Cauchy erhielt als Dank den Titel eines Barons. Er und seine Familie kehrten nach Paris zurück. Er war zwar noch Mitglied der Akademie, aber auf eine Professur konnte er sich ohne Treueeid nicht bewerben. Nur am Bureau des Longitudes, einem astronomischen Institut, das 1795 gegründet wurde, um das Längengradproblem zu lösen (vgl. [Sobel 1996]), nahm man die Treueeide nicht ganz so ernst und Cauchy wurde dort Professor, weil man vier Jahre lang das Verbot der Einstellung ignorierte. Die nun folgende Zeit war für Cauchy die produktivste: Es entstanden zwischen 1839 und 1848 mehr als 300 mathematische Arbeiten, die in der Zeitschrift der Academie, den Comptes rendus, erschienen. Als 1843 Lacroix starb und damit eine Professur am Collège de France frei wurde, bewarb sich Cauchy. Es wurde ihm ein politisch opportuner, aber inkompetenter Kollege vorgezogen und nun griff die Regierung durch: Cauchy verlor die Stelle am Bureau des Longitudes und musste bis zur Februarrevolution 1848 warten, bis sich seine berufliche Lage verbesserte. Obwohl er auch mit dem Präsidenten und späteren Kaiser Napoleon III. nicht einverstanden war und sich weigerte, einen Treueeid zu leisten, wurde nun für ihn eine Ausnahme gemacht: 1849 erhielt er – ohne Treueeid – eine Professur. Seine Bewerbung auf eine Professur am Collège de France 1850 scheiterte – Joseph Liouville (1809–1882) wurde ihm vorgezogen, was zu einem heftigen Streit zwischen Cauchy und Liouville führte. In seinen letzten Jahren muss Cauchy wirklich unleidlich und streitlustig gewesen sein, aber sein Einfluss auf die weitere Entwicklung der Analysis war so bedeutend, dass missliche Charakterzüge zurückstehen mögen.

9.4.1 Grenzwert und Stetigkeit

Im *Cours d'analyse* findet man die heute klassischen Definitionen von Grenzwert und Stetigkeit. So definiert Cauchy (zitiert nach [Bottazzini 1986, S. 103], vgl. auch [Lützen 1999, S. 196]) den Grenzwert:

> *Wenn die sukzessiven Werte derselben Veränderlichen sich einem festen gegebenen Wert so nähern, dass sie sich von diesem Wert so wenig als man nur will unterscheiden, dann heißt der feste Wert der Grenzwert aller anderen Werte.*

Auch der Begriff „unendlich kleine Größe" wird bei Cauchy definiert (zitiert nach [Bottazzini 1986, S. 103]):

> *Wenn die aufeinanderfolgenden numerischen Werte derselben Variablen unbegrenzt abnehmen, so dass sie unter jede gegebene Zahl fallen, dann wird die Variable zu einer Infinitesimalen oder eine infinitesimale Größe. Eine Variable dieser Art hat den Grenzwert Null.*

Ebenso werden unendlich große Größen definiert als Variable, die unbeschränkt gegen $\pm\infty$ wachsen. Es folgt eine Definition der Stetigkeit einer Funktion (zitiert nach [Bottazzini 1986, S. 104]):

> *Sei $f(x)$ eine Funktion der Variablen x und nimm an, dass für jedes x zwischen zwei Grenzen diese Funktion einen eindeutig bestimmten und endlichen Wert annimmt. Wenn man dann einem x zwischen den zwei Grenzen ein infinitesimales Inkrement α zuweist, dann wird der Zuwachs der Funktion durch die Differenz*

$$f(x+\alpha) - f(x)$$

gegeben, die gleichzeitig von der neuen Variablen α und von x abhängt. Unter dieser Voraussetzung heißt die Funktion $f(x)$ eine stetige Funktion dieser Variablen zwischen den beiden Grenzen, falls die numerischen Werte der Differenz

$$f(x+\alpha) - f(x)$$

mit α unbegrenzt abnehmen.

Interessanterweise formuliert Cauchy dann das Konzept der Stetigkeit mit Hilfe infinitesimaler Größen (zitiert nach [Bottazzini 1986, S. 105]):

Mit anderen Worten wird die Funktion $f(x)$ bezüglich x zwischen zwei Grenzen stetig bleiben, wenn zwischen diesen Grenzen eine infinitesimale Zunahme der Variablen immer eine infinitesimale Zunahme der Funktion zur Folge hat.

Der Funktionsbegriff, den Cauchy dabei zugrundelegt, ist von dem Eulers verschieden. Cauchy verzichtet vollständig darauf, dass eine Funktion durch „einen analytischen Ausdruck" gegeben sein muss, vgl. [Lützen 1999, S. 193]. Grabiner hat in [Grabiner 2005] eine eindrucksvolle Studie vorgelegt, in der den Bezügen und Hintergründen der Cauchyschen Begriffe und Ideen nachgegangen wird.

9.4.2 Die Konvergenz von Folgen und Reihen

Ebenfalls ist im *Cours d'analyse* der Konvergenzbegriff sauber gefasst. Cauchy beschäftigt sich mit den Grenzwerten gewisser Funktionswerte für die Fälle $x \to \pm\infty$ und $x \to 0$. Er notiert die so entstehenden „unbestimmten Formen" $0/0$, ∞/∞, $\infty - \infty$, $0 \cdot \infty$, 0^0, ∞^0, 1^∞. Die folgenden Sätze sind inzwischen klassisch (zitiert nach [Bottazzini 1986, S. 109]):

Satz I. *Falls für zunehmende Werte von x die Differenz $f(x+1) - f(x)$ gegen einen Grenzwert k konvergiert, dann wird der Quotient $f(x)/x$ gleichzeitig gegen denselben Grenzwert konvergieren.*

Satz II. *Ist $f(x)$ positiv für sehr große Werte von x und falls der Quotient $f(x+1)/f(x)$ für unbestimmt zunehmendes x gegen einen Grenzwert k konvergiert, dann wird der Ausdruck $(f(x))^{1/x}$ gleichzeitig gegen denselben Grenzwert konvergieren.*

Zur Erläuterung von Satz II. betrachte man die Funktion $f(x) = \mathrm{e}^x$. Dann ist $f(x+1) = \mathrm{e}^{x+1} = \mathrm{e} \cdot \mathrm{e}^x$ und damit

$$\lim_{x \to \infty} \frac{f(x+1)}{f(x)} = \lim_{x \to \infty} \frac{\mathrm{e} \cdot \mathrm{e}^x}{\mathrm{e}^x} = \mathrm{e} =: k.$$

Wie im Satz behauptet, folgt dann auch

$$\lim_{x \to \infty} (f(x))^{1/x} = \lim_{x \to \infty} (\mathrm{e}^x)^{1/x} = \mathrm{e} =: k.$$

Die Sätze bleiben natürlich richtig, wenn f eine Funktion auf den natürlichen Zahlen ist, und damit sind sie anwendbar auf reelle Zahlenfolgen. Dies benutzt Cauchy im sechsten Kapitel des *Cours d'analyse* um die Konvergenz unendlicher Reihen zu definieren. Er definiert dabei die Konvergenz einer Reihe als die Konvergenz ihrer Partialsummen, gerade so, wie wir das auch heute noch tun. Danach beweist Cauchy das heute so genannte „Cauchysche Konvergenzkriterium" (zitiert nach [Bottazzini 1986, S. 109]):

Zur Konvergenz der Reihe

$$u_0 + u_1 + u_2 + \ldots + u_n + \ldots$$

ist es notwendig und hinreichend, dass für zunehmende Werte von n die Summe

$$s_n = u_0 + u_1 + u_2 + \ldots + u_{n-1}$$

gegen einen festen Grenzwert s konvergiert; in anderen Worten: Es ist notwendig und hinreichend, dass die Summen

$$s_n, s_{n+1}, s_{n+2}, \ldots$$

für unendlich große Werte von n vom Grenzwert s und damit voneinander sich nur um unendlich kleine Größen unterscheiden.

Dass die Bedingung des sich Unterscheidens von beliebigen Werten s_n und s_{n+r} für großes n notwendig ist, ist für Cauchy leicht zu zeigen. Dass diese Bedingung auch hinreichend ist, hängt mit einer wichtigen Eigenschaft der reellen Zahlen, der „Vollständigkeit", zusammen, was Cauchy nicht wusste, da eine saubere Definition von $\mathbb{R}$ erst nach ihm bewerkstelligt wurde. Für Cauchy schien die Tatsache, dass wenn sich zwei beliebige Folgenglieder s_n und s_{n+r} „hinter" einem gewissen großen n nur um beliebig wenig unterscheiden, daraus auch die Konvergenz der Folge der Partialsummen folgt, intuitiv klar. Wir werden aber sehen (vgl. Seite 537), dass die Eigenschaft der Vollständigkeit etwas ganz besonderes ist, denn $\mathbb{Q}$ hat diese Eigenschaft nicht! Heute nennen wir eine Folge s_k eine „Cauchy-Folge", wenn es für alle $\varepsilon > 0$ einen Index N gibt, so dass für alle $n > N$ und alle m immer

$$|s_{n+m} - s_n| < \varepsilon$$

gilt. Ein Zahlkörper heißt dann vollständig, wenn jede Cauchy-Folge konvergiert.

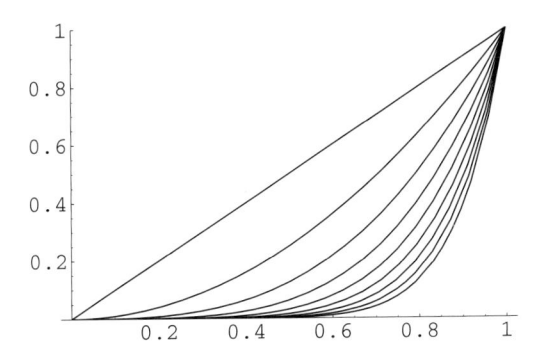

Abb. 9.4.4 Graphen der Funktionen $f_n(x) = x^n$ für $n = 1, \ldots, 9$

Der Bedeutung wegen müssen wir uns an dieser Stelle noch um den von Gudermann geprägten Begriff der „gleichmäßigen Konvergenz" kümmern, der zu Kontroversen zwischen Mathematikern führte, vgl. Seite 527. Neben dem Begriff der punktweisen Konvergenz, dass nämlich die Werte einer Funktionenfolge f_n an einer Stelle x_0 für $n \to \infty$ einem Grenzwert $\lim_{n\to\infty} f_n(x_0) = f(x_0)$ zustreben, gibt es noch den Begriff der gleichmäßigen Konvergenz, der Studienanfängern aller Erfahrung nach große Probleme macht. Wir wollen uns mit einem einfachen Beispiel begnügen. Dazu betrachten wir auf dem Intervall $[0, 1]$ die Folge von Funktionen

$$f_n(x) := x^n.$$

Wir können nun ganz einfach die Grenzfunktion f punktweise bestimmen. Für $x \in [0, 1[$ konvergiert x^n mit wachsendem n gegen 0 und für $x = 1$ bleibt x^n immer 1, also ist

$$f(x) = \begin{cases} 0 \, ; \, 0 \leq x < 1 \\ 1 \, ; \quad x = 1 \end{cases}$$

die punktweise bestimmte Grenzfunktion. Wir haben damit etwas für die Analysis ganz Unangenehmes entdeckt: Alle Funktionen f_n – und zwar wirklich alle – sind stetige Funktionen; die Grenzfunktion ist jedoch unstetig! Wir können daher einen Satz wie: „Die Grenzfunktion stetiger Funktionen ist stetig" *nicht* erwarten. Wenn aber alle Funktionen f_n ab einem gewissen n in einem Schlauch der Breite 2ε um die Grenzfunktion f verbleiben (n hängt dabei natürlich von dem vorgegebenen ε ab), dann spricht man von gleichmäßiger Konvergenz. Nun gilt der Satz: „Die Grenzfunktion einer gleichmäßig konvergenten Folge stetiger Funktionen ist stetig". Cauchy hat nun den sogenannten „Summensatz" bewiesen, nach dem die Grenzfunktion einer konvergenten Reihe stetiger Funktionen stetig ist, was ja, wie wir sahen, falsch ist. Mathematikhistoriker haben immer argumentiert, dass Cauchy da wirklich ein „Schnitzer" unterlaufen ist und er es einfach nicht besser wusste. Dagegen hat sich Detlef Spalt ausgesprochen und seine Argumente in mehreren

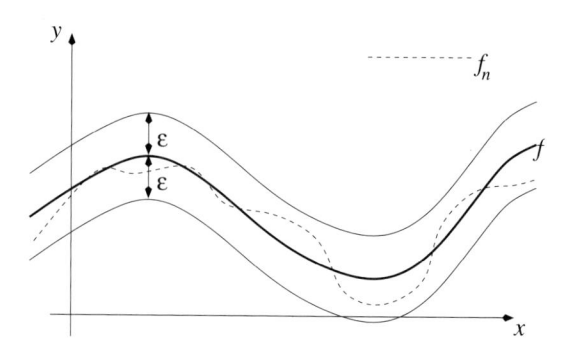

Abb. 9.4.5 Zum Begriff der gleichmäßigen Konvergenz

Veröffentlichungen dargelegt [Spalt 1996], [Spalt 2002]. Spalt argumentiert, dass man Cauchy nicht aus heutiger Sicht interpretieren darf, sondern ihn so lesen muss, wie es seiner Zeit entspricht. Täte man das, dann erkenne man, dass Cauchy durchaus im Beweis des Summensatzes die gleichmäßige Konvergenz verwendet habe. Wir können hier die Kontroverse nicht entscheiden, sie zeigt aber, wie aktiv das Gebiet der Mathematikgeschichte ist und dass es sich lohnt, alte Einstellungen durch genaues Quellenstudium immer wieder auf den Prüfstand zu stellen.

Der Begriff der gleichmäßigen Konvergenz, den wir hier beleuchtet haben, war übrigens nicht der einzige „Gleichmäßigkeitsbegriff", der in der zweiten Hälfte des 19. Jahrhunderts diskutiert wurde. Es gab nach 1880 weitere Modi der Konvergenz, wie etwa die „quasi-gleichmäßige Konvergenz", die wir hier nicht diskutieren können, vgl. [Grattan-Guinness 1980, S. 137].

9.4.3 Ableitung und Integral

In den *Leçons sur le calcul differentiel* aus dem Jahr 1829 gibt Cauchy die folgende Definition (zitiert nach [Lützen 1999, S. 197]):

> *Wenn die Function $f(x)$ zwischen zwei gegebenen Grenzen der Veränderlichen x continuierlich bleibt, und wenn man der Veränderlichen einen zwischen diesen Grenzen liegenden Werth beilegt, so wird ein der Veränderlichen ertheiltes unendlich kleines Increment auch eine unendlich kleine Veränderung der Function zur Folge haben. Also werden, wenn man $\Delta x = i$ setzt, die beiden Glieder des Differenzenverhältnisses:*
> $$\frac{\Delta y}{\Delta y} = \frac{f(x+i) - f(x)}{i}$$
> *unendlich kleine Größen sein. Aber während sich diese beiden Glieder unbestimmt und gleichzeitig der Grenze Null nähern, wird ihr Verhältnis selbst gegen eine andere Grenze, sie sei positiv oder negativ,*

convergieren können, welche das letzte Verhältnis der unendlich kleinen Differenzen Δy, Δx sein wird. Diese Grenze, oder dieses letzte Verhältnis, hat, wenn es existirt, für jeden particulären Werth von x einen bestimmten Werth; aber es variiert mit x ...; nur wird die Form der neuen Function, welche die Grenze des Verhältnisses $\frac{f(x+i)-f(x)}{i}$ ist, von der Form der gegebenen $y = f(x)$ abhängig sein. Um diese Abhängigkeit auszudrücken, gibt man der neuen Funktion den Namen abgeleitete (derivierte) Funktion, und bezeichnet sie vermittelst eines Accents durch: y' oder f'.

Auch bei der Integration macht Cauchy durch eine Definition des Integrals einen wichtigen Schritt. Für Leibniz war das Integral die unendliche Summe infinitesimaler Streifen. Durch den Hauptsatz der Differential- und Integralrechnung erschien die Integration als Umkehrung der Differentiation und damit konnte man das Integral aus Ableitungstafeln entnehmen. So interpretierten die Bernoullis und auch Euler das Integral als das durch Umkehrung der Ableitung gewonnene „unbestimmte" Integral und das daraus durch Einsetzen der Grenzen gewonnene „bestimmte" Integral. Cauchy hingegen entwickelt nun einen davon gänzlich unabhängigen Integralbegriff für das bestimmte Integral. Er teilt ein Intervall $[a, b]$ in n Teilintervalle durch Einfügung der Punkte $a = x_0 < x_1 < x_2 < \ldots < x_{n-1} < x_n = b$ wie in Abb. 9.4.6 für $n = 4$ gezeigt. Dann bildet Cauchy die Summe

$$S = (x_1 - x_0) \cdot f(x_0) + (x_2 - x_1) \cdot f(x_1) + \ldots + (x_n - x_{n-1}) \cdot f(x_{n-1}).$$

Diese Summe hängt ab von der Anzahl n und natürlich von der Art der Teilung. Die Abhängigkeit von der Art der Teilung, so Cauchy [Lützen 1999, S. 198], wird aber immer kleiner, je größer n, die Anzahl der Teile, wird. Lässt man nun n über alle Grenzen wachsen, dann werden die Teilintervalle

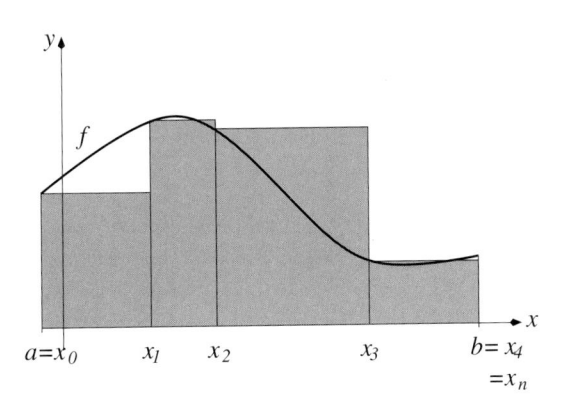

Abb. 9.4.6 Figur zum Cauchy-Integral

unendlich klein und es wird sich für S ein Grenzwert einstellen, den man das „bestimmte Integral"

$$\int_a^b f(x)\,dx$$

nennt. Das Cauchy-Integral ist noch nicht ausreichend, um die Probleme des 19. Jahrhunderts erfolgreich beantworten zu können, und es wird noch im 19. Jahrhundert durch das Riemannsche Integral ersetzt. Allerdings erweist sich auch dieses Integral nicht in der Lage, subtile Probleme der Integrationstheorie befriedigend zu lösen, und so wird zu Beginn des 20. Jahrhunderts das Lebesgue-Integral schließlich zu *dem* bis heute beherrschenden Integralbegriff [Knobloch 1983].

9.5 Die Entwicklung des Integralbegriffs

Wir haben bereits über das Cauchy-Integral berichtet und auch über die Probleme, die bei der Behandlung allgemeiner trigonometrischer Reihen auftauchten. Mit den trigonometrischen bzw. Fourierschen Reihen kamen unstetige Funktionen in das Blickfeld der Mathematiker und im 19. Jahrhundert tauchten „Monster" auf – Funktionen, die überall stetig, aber nirgends differenzierbar waren oder andere befremdliche Eigenschaften hatten. Die Frage war nun: Welche Funktionen sind denn noch integrierbar und was ist die größte Klasse solcher Funktionen [Wußing 2009, S. 263 ff.]?

Betrachtet man Funktionen, die an nur endlich vielen Stellen eine Sprungunstetigkeit aufweisen, dann macht der Cauchysche Integralbegriff keine Probleme. Man verwendet die Intervallteilung in den Teilintervallen, die durch die Sprungunstetigkeiten definiert sind, und addiert die Teilintegrale. Was aber passiert, wenn die Anzahl der Unstetigkeiten unendlich groß wird? Wir können hier dieses für die Entwicklung der Analysis so wichtige Thema nicht im Detail diskutieren, weil es doch sehr technisch wird [Wußing 2009, S. 407–409 und S. 480]. Einen entscheidenden Schritt vorwärts machte der Deutsche Peter Gustav Lejeune Dirichlet (1805–1859), der 1837 einen neuen Funktionsbegriff für stetige Funktionen in die Analysis brachte (zitiert nach [Volkert 1988, S. 198]):

> *Man denke sich unter a und b zwei feste Werte, und unter x eine veränderliche Größe, welche nach und nach alle zwischen a und b liegenden Werte annehmen soll. Entspricht nun jedem x ein einziges, endliches y, und zwar so, daß während x das Intervall von a bis b stetig durchläuft, y = f(x) sich ebenfalls allmählich verändert, so heißt y eine stetige oder kontinuierliche Funktion von x für dieses Intervall. Es ist dabei gar nicht nötig, daß y in diesem ganzen Intervalle nach demselben Gesetz von x abhängig sei, ja man braucht nicht einmal an*

eine durch mathematische Operationen ausdrückbare Abhängigkeit zu denken.

Schon 1837 gab Dirichlet ganz allgemein eine „moderne" Definition des Begriffes Funktion: Hängt eine Variable y so von einer Variablen x ab, dass wenn x ein Wert zugewiesen wird, einer Regel zufolge ein eindeutig bestimmter Wert für y folgt, dann nennt man y eine Funktion von x. Nur zur Abrundung sei an dieser Stelle die heute akzeptierte Definition von Bourbaki zitiert [Bourbaki 1968, S. 352]:

Seien E und F zwei Mengen die nicht notwendig verschieden sein müssen. Eine Relation zwischen einem veränderlichen Element x von E und einem veränderlichen Element y von F heißt funktionale Relation *in y, wenn für alle $x \in E$ ein eindeutig bestimmtes $y \in F$ existiert, das in der gegebenen Relation mit x steht.*

Wir vergeben den Namen Funktion für die Operation, die in dieser Art mit jedem Element $x \in E$ das Element $y \in F$ assoziiert, das in der gegebenen Relation mit x steht; y heißt der Wert der Funktion an dem Element x und die Funktion heißt bestimmt durch die gegebene funktionale Relation. Zwei äquivalente funktionale Relationen bestimmen dieselbe Funktion.

Bernhard Riemann (1826–1866) war eine Zeit lang Schüler und Mitarbeiter von Dirichlet an der Universität Göttingen und wurde durch Dirichlet mit den Problemen der trigonometrischen Reihen bekanntgemacht. In seiner Habilitationsschrift *Über die Darstellbarkeit einer Funktion durch eine trigonometrische Reihe* aus dem Jahr 1854, in den Abhandlungen der Königlichen Gesellschaft der Wissenschaften in Göttingen erst 1868 publiziert, beginnt Riemann seine Untersuchungen mit der Frage, welche Funktionen denn integrierbar seien. Dazu führt er die „Riemann-Summen" wie folgt ein. Das Intervall $[a,b]$, auf dem das Integral von f gesucht wird, wird in n Teilintervalle $[x_i, x_{i+1}]$, $i = 0, 1, 2, \ldots, n-1$ mit $a = x_0 < x_1 < x_2 < \ldots < x_n = b$ zerlegt. In jedem Teilintervall wählt man eine Zahl $0 \leq \varepsilon_i \leq 1$ und bildet dann die Riemann-Summe

$$S = \delta_1 \cdot f(x_0 + \varepsilon_1 \delta_1) + \delta_2 \cdot f(x_1 + \varepsilon_2 \delta_2) + \ldots + \delta_1 \cdot f(x_{n-1} + \varepsilon_n \delta_n),$$

wobei

$$\delta_i := x_i - x_{i-1}$$

die Breite des jeweiligen Teilintervalls ist. Nähert sich nun die Riemannsche Summe bei beliebiger Zerlegung und beliebiger Wahl der ε_i einer festen Grenze an, wenn man alle δ_i unendlich klein werden läßt (so schreibt Riemann! Vgl. [Dieudonné 1985, S. 381]), dann heißt dieser Wert das Integral und wird bezeichnet mit

$$\int_a^b f(x)\,dx.$$

Abb. 9.5.1 Bernhard Riemann

Bei der Frage, unter welchen Bedingungen denn die Riemann-Summen konvergieren, formuliert er, das sei der Fall, falls [Hawkins 1979, S. 17]:

(R_1):
$$\lim_{\|Z\|\to 0}(D_1\delta_1 + D_2\delta_2 + \ldots + D_n\delta_n) = 0$$

gelte. Dabei ist Z eine Zerlegung aus der Menge aller möglichen Zerlegungen in Teilintervalle, $\|Z\|$ die Feinheit dieser Zerlegung (d. i. die größte Teilintervalllänge), D_k ist die „Oszillation" oder „Schwankung" der Funktion f auf dem k-ten Teilintervall, also die Differenz zwischen größtem und kleinstem

9.5 Die Entwicklung des Integralbegriffs

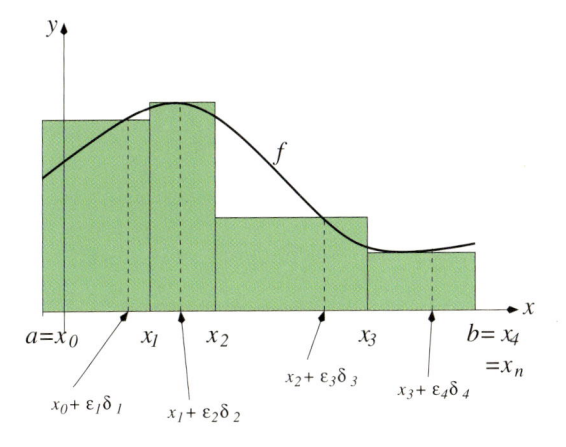

Abb. 9.5.2 Zur Definition des Riemann-Integrals

Funktionswert, und δ_k ist wieder die Breite des k-ten Teilintervalls. Riemann erkennt eine zu (R_1) äquivalente Bedingung [Hawkins 1979, S. 18]:

(R_2):

Zu jedem Paar positiver Zahlen ε und σ gibt es ein positives d, so dass für jede Zerlegung Z mit $\|Z\| \leq d$ gilt:

$$s(Z, \sigma) < \varepsilon.$$

Was ist nun dieses seltsame $s(Z, \sigma)$? Riemann betrachtet auch Funktionen, bei denen die Oszillation im k-ten Teilintervall (Breite δ_k) größer als ein vorgeschriebenes σ ist. Dann ist $s(Z, \sigma)$ die Summe aller derjenigen δ_k, für die die Oszillation von f größer als σ ist. Wenn man nun dieses s – die Menge, auf der die Funktion unangenehm ist – beliebig klein machen kann, dann ist die Funktion f auch integrierbar.

Riemanns (R_2) weist nun schon auf eine moderne Entwicklung der Analysis, auf die wir hier nicht weiter eingehen können: Die Entwicklung der Maßtheorie, die heute der modernen Integrationstheorie wie auch der Stochastik zugrunde liegt.

(R_2) ist völlig unabhängig von irgendwelchen Stetigkeitsforderungen an die Funktion f. Riemann weist daher darauf hin, dass auch Funktionen integrierbar sein können, die in jedem Intervall unendlich viele Unstetigkeitsstellen haben und er gibt ein Beispiel einer solchen Funktion. Für jede reelle Zahl x bezeichne $m(x)$ diejenige ganze Zahl, für die $|x - m(x)|$ am kleinsten ist. Man definiere weiter

$$((x)) := \begin{cases} x - m(x) & ; x \neq \frac{n}{2}, n \text{ ungerade} \\ 0 & ; x = \frac{n}{2}, n \text{ ungerade} \end{cases}$$

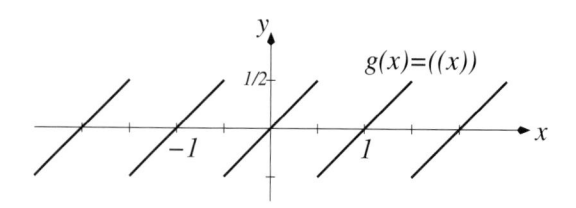

Abb. 9.5.3 Die Funktion $g(x) = ((x))$

Damit ist die Funktion $y = g(x) = ((x))$ unstetig an allen Punkten $x = n/2$ für ungerades n.

Aus dieser Funktion bildet Riemann nun eine neue Funktion vermöge der Definition

$$f(x) := ((x)) + \frac{((2x))}{2^2} + \frac{((3x))}{3^2} + \ldots + \frac{((nx))}{n^2} + \ldots$$

Diese Funktion hat Unstetigkeiten in jedem rationalen Punkt x, ist also auf einer dichten Teilmenge der reellen Zahlen unstetig. Man kann diese Funktion nicht zeichnen, aber in [Bressoud 2008, S. 34] kann man den Graphen einer Partialsumme sehen. Trotz dieser unendlich vielen Unstetigkeiten ist diese Funktion jedoch integrierbar im Sinne von Riemann.

Auf dem Kontinent nicht bekannt geworden ist die 1875 in den Proceedings of the London Mathematical Society publizierte Arbeit *On the Integration of Discontinuous Functions* des Oxforder Mathematikprofessors Henry John Stephen Smith (1826–1883), [Glaisher 1965, Vol.II, S. 86–100]. Smith ist eigentlich als Zahlentheoretiker bekannt, aber in seiner Arbeit zur Integration trug er erheblich zum Verständnis der Integration bei und griff den Entwicklungen auf dem Kontinent voraus. Durch seine Konstruktion von gewissen nicht dichten Mengen auf der reellen Achse und der Untersuchung der Integration von Funktionen, die genau auf dieser Menge Unstetigkeiten aufweisen, hat er schon auf die moderne Maßtheorie gewiesen.

Aber auch mit dem Riemannschen Integral gab es Probleme, denn das Dirichletsche Monster (8.10)

$$D(x) := \begin{cases} c \; ; \; x \in \mathbb{Q} \\ d \; ; \; x \in \mathbb{R} \backslash \mathbb{Q} \end{cases}$$

ist nicht Riemann-integrierbar! Außerdem ist der Grenzwert einer Folge von Riemann-integrierbaren Funktionen nicht notwendig Riemann-integrierbar, was sich als sehr unschön erweist. Erst mit der Herausbildung der Maßtheorie zu Beginn des 20. Jahrhunderts gelang es dem Franzosen Henri Léon Lebesgue (1875–1941), zu einer noch größeren Klasse integrierbarer Funktionen durchzudringen. Seine zentrale Idee in seiner 1901 in den Comptes

Abb. 9.5.4 Henri L. Lebesgue und Henry J. S. Smith. Lebesque entwickelte den weitreichenden, nach ihm benannten Integralbegriff. Smith war einer der Wegbereiter moderner Integrations- und Maßtheorie

Rendus veröffentlichten Arbeit *Sur une généralisation de l'intégrale définie* besteht darin, nicht etwa die Abszisse in Teilintervalle zu zerlegen, sondern die Ordinate. Wird die Ordinate (also die „y-Richtung") zwischen $y = y_0$ und $y = Y$ durch $y = y_0 < l_1 < l_2 < \ldots < l_n = Y$ geteilt, dann kann man damit Mengen

$$S_i := \{x \mid l_i \leq f(x) < l_{i+1}\}$$

betrachten und das Integral einschließen durch

$$\sum_{i=0}^{n-1} l_i \cdot |S_i| \leq \int_a^b f(x)\,dx \leq \sum_{i=0}^{n-1} l_{i+1} \cdot |S_i|,$$

wobei $|S_i|$ die „Größe" der Menge S_i bezeichnet – im einfachsten Fall die Länge eines Intervalls. Die Bedingung an die Mengen S_i ist, dass sie „messbar" sein müssen und Lebesgue entwickelte die zugehörige Maßtheorie gleich mit. Nichtmessbare Mengen sind nicht einfach zu finden, aber inzwischen sind einige dieser seltsamen Mengen bekannt und gut untersucht worden. Da solche Mengen aber recht künstlich sind, ist die Menge aller Lebesgue-integrierbaren Funktionen außerordentlich groß, siehe [Wußing 2009, S. 408 f.].

Bei der Entwicklung der Maßtheorie haben sich insbesondere der Italiener Giuseppe Peano (1858–1932) und der Franzose Camille Jordan (1838–1922) hervorgetan. Insbesondere war Jordan enorm einflußreich durch sein dreibändiges Lehrbuch *Cours d'analyse*, das in Frankreich schnell zu einem Standard wurde und die Weierstraßsche Analysis verbreitete. In der Maßtheorie geht es eigentlich „nur" darum, Mengen eine Maßzahl (Länge, Fläche, Volumen) zuzuordnen, und das so, dass diese Maßzahl auch für uns bekannte Mengen zu

Abb. 9.5.5 Zwei frühe Maßtheoretiker: Camille Jordan und Giuseppe Peano

vernünftigen Ergebnissen führt. Die Konstruktionen von Peano und Jordan waren noch keine Maße in heutigem Sinne, sondern sogenannte „Inhalte". Das allgemeine Maßproblem für die reellen Zahlen lässt sich wie folgt beschreiben:

Finde eine Funktion μ, die jeder Teilmenge von $\mathbb{R}$ eine eindeutig bestimmte Zahl aus dem Intervall $[0, \infty]$ zuordnet. Diese Zahl heißt dann das „Maß" der Menge. Das Maß μ soll dabei den folgenden Forderungen genügen:

1. Für alle Teilmengen A der reellen Zahlen soll $\mu(A) \geq 0$ gelten,
2. Sind A und B zwei kongruente Mengen, dann soll $\mu(A) = \mu(B)$ gelten,
3. Das Maß des Intervalls $[0, 1]$ soll $\mu([0, 1]) = 1$ sein,
4. Für die Vereinigung abzählbar unendlich vieler, elementfremder Mengen A_i soll gelten:

$$\mu\left(\bigcup_{i=1}^{\infty} A_i\right) = \sum_{i=1}^{\infty} \mu(A_i) \qquad (9.1)$$

Eigentlich haben wir nur Selbstverständlichkeiten formuliert, denn schließlich wollen wir keine negative Zahl als Maßzahl zulassen, gleiche Mengen sollen gleiche Maße haben, eine Strecke von einem Meter soll die Maßzahl 1 haben und das Maß der Vereinigung von elementfremden Mengen soll die Summe der Einzelmaße sein. Es war daher ein Schock, als der Italiener Giuseppe Vitali (1875–1932) zeigen konnte, dass das allgemeine Maßproblem unlösbar ist! Man hat nun im Prinzip zwei Auswege. Man kann auf die Eigenschaft (9.1) – die sogenannte σ-Additivität – verzichten und diese Forderung durch eine Additivität endlich vieler elementfremder Mengen ersetzen. Dann nennt man μ nicht mehr Maß, sondern „Inhalt". Diesen Zugang hat Felix Hausdorff (1868–1942) versucht. Er konnte zeigen, dass es für die Raumdimensionen 1 und 2

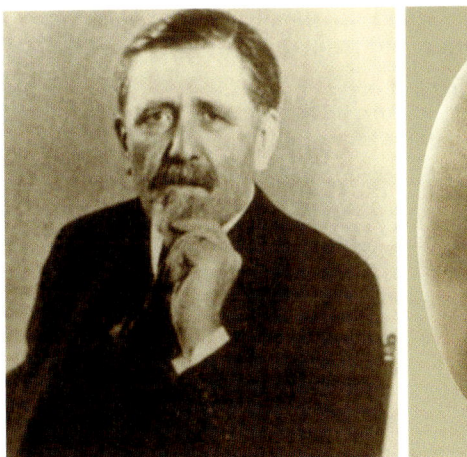

Abb. 9.5.6 Emile Borel und Felix Hausdorff – zwei weitere Begründer moderner Maßtheorie

solche Inhaltsfunktionen gibt, aber schon für den dreidimensionalen Raum (und höherdimensionale Räume) gibt es auch keine derartige Inhaltsfunktion mehr! Der schließlich erfolgreiche Zugang besteht darin, die σ-Additivität als Forderung zu belassen, und dafür die Mengen einzuschränken, die man messen will. Man lässt also gar nicht mehr alle möglichen Teilmengen der reellen Zahlen zu und betrachtet nur noch die „messbaren". In diesem Zusammenhang spielen die „Borelmengen" – benannt nach dem Franzosen Émile Borel (1871–1956) – eine ausgezeichnete Rolle, aber davon können wir hier nicht berichten, vgl. [Wußing 2009, S. 480].

Das Lebesgue-Integral ist das heute in der Analysis gebräuchliche Integral, aber die Integrationstheorie ist nach wie vor ein aktives Gebiet der Analysis! So haben der Tscheche Jaroslav Kurzweil (geboren 1926) 1957 und der Engländer Ralph Henstock (1923–2007) etwa zur gleichen Zeit ein weiteres Integral, das „Kurzweil-Henstock-Integral" entwickelt, das eher im Sinne des Riemannschen Integrals interpretiert werden kann und in einigen Situtationen dem Lebesgue-Integral bevorzugt wird [Bartle 1996].

9.6 Die finale Arithmetisierung der Analysis: Weierstraß

Die endgültige Transformation in eine rigorose mathematische Theorie erfährt die Analysis im 19. Jahrhundert durch Karl Weierstraß (1815–1897). Weierstraß wurde in eine streng katholische Familie in Ostenfelde im Münsterland geboren, wo sein Vater der Sekretär des Bürgermeisters war. Mit dem Aufstieg des Vaters zum Steuerinspektor begann für den achtjährigen Karl ein Zug kreuz und quer durch Preußen, bis im Jahr 1827 der Vater eine feste Stellung in Paderborn erhielt. In diesem Jahr starb auch Karls Mutter. Karl besuchte das Gymnasium Theodorianum in Paderborn, musste wegen der knappen familiären Mittel in der Buchführung arbeiten und las in seiner Freizeit das Crellesche Journal für die reine und angewandte Mathematik – eine der zu seiner Zeit berühmtesten Fachzeitschriften für mathematische Forschungen. Auf Wunsch des Vaters studierte Karl von 1834 bis 1838 in Bonn Jura und Finanzwesen, denn schließlich sollte der Sohn eine Laufbahn als preußischer Beamter machen. Karl war in dieser Zeit Mitglied im Corps Saxonia und soll dort nicht nur „einer der Lustigsten", sondern ein ständiger Gast auf dem Paukboden gewesen sein [Klein 1926, S. 277]. Felix Klein schreibt dazu:

> *Wie sich das mit seiner übrigen Entwicklung verträgt, ist mir, wie gesagt, gänzlich unverständlich.*

Nun las aber Weierstraß „nebenbei" mathematische Werke von Laplace, Abel und Jacobi und verließ die Universität Bonn schließlich ohne Abschluss. Obwohl der Vater sehr aufgebracht und enttäuscht gewesen sein muss, stimmte er schließlich einem Studium der Mathematik und Physik an der Akademie Münster, der Vorläuferin der heutigen Westfälischen Wilhelms-Universität, von 1838 bis 1840 zu.

Nach dem Examen ging Weierstraß 1841 in den Schuldienst an Gymnasien in Münster, forschte aber in seiner Freizeit weiter und entwickelte eine Theorie der komplexen Funktionen, die er allerdings nicht veröffentlichte. Zu Ostern 1843 ging er als Lehrer nach Deutsch-Krone in Westpreußen, 1848 nach Braunsberg in Ostpreußen (heute Braniewo in Polen). Neben der Mathematik und der Physik hatte er auch Botanik zu unterrichten und Turnunterricht zu geben, wofür er 1844 in Berlin eine Zusatzausbildung erhielt. Einige seiner bahnbrechenden Forschungen publizierte er – wie damals durchaus üblich – in der Schulzeitung, aber 1854 erschien in Crelles Journal *Zur Theorie der Abelschen Funktionen* und zwei Jahre später daselbst eine umfassendere Arbeit zu diesem Thema. Beide Arbeiten schlugen in der mathematischen Welt derartig ein, dass die Universität Königsberg ihm die Ehrendoktorwürde verlieh. Führende Mathematiker aus Berlin, unter ihnen Dirichlet und Kummer, versuchten, ihn an die Berliner Universität zu ziehen. So kam er 1856 nach Berlin, um am Königlichen Gewerbeinstitut zu unterrichten; schon im selben Jahr wurde er Professor an der Universität. Um Weierstraß bildete sich schnell eine „Schule" und die „Weierstraßsche Strenge" wurde innerhalb der Mathematik zu einem geflügelten Wort.

Weierstraß, der Zeit seines Lebens unverheiratet blieb, setzte sich sehr für die aus Moskau stammende Sofia Wassiljewna Kowalewskaja (1850–1891) ein. Frauen durften an der Berliner Universität (und nicht nur dort!) nicht zum Studium zugelassen werden, so dass Weierstraß sie ab 1870 privat unterrichtete. Durch seinen Einfluss konnte sie 1874 an der Universität Göttingen, die progressiver war als andere Hochschulen, promovieren, und erhielt 1884 eine Stelle als Privatdozentin in Stockholm.

Weierstraßens Gesundheit war schon in seiner Zeit als Schullehrer fragil. Ende 1861 erlitt er einen völligen Zusammenbruch. Er wurde so sehr von seinen Schülern und Freunden verehrt, dass man ihm zum siebzigsten Geburtstag ein Photoalbum mit deren Porträts überreichte [Bölling 1994]. Zum 80. Geburtstag war er bereits an den Rollstuhl gefesselt und starb 1897 in Berlin. Beim Bau der Mauer musste der Grabstein auf dem alten St. Hedwigs-Friedhof versetzt werden und das eigentliche Grab befand sich dann mitten im Todesstreifen. In der Mathematik hat Weierstraß auf zahlreichen Gebieten bahnbrechende Arbeiten geleistet. So in der Funktionentheorie, also der Theorie der Funktionen einer komplexen Veränderlichen, der Variationsrechnung [Thiele 2007], der Differentialgeometrie und der Theorie der elliptischen Funktionen – alles bedeutende Gebiete der Analysis, denen wir uns wegen ihres Umfanges in diesem Buch nicht widmen können. Für die Analysis schaffte er den echten Durchbruch zu einer rigorosen Theorie. Seit Weierstraß ist das unendlich Kleine aus der klassischen Analysis verschwunden!

Abb. 9.6.1 Sofia (Sophie) Kowalewskaja und Karl Weierstraß

9.6.1 Die reellen Zahlen

Grundlegend für eine Arithmetisierung der Analysis ist die Kenntnis des Zahlkörpers $\mathbb{R}$ der reellen Zahlen. Weierstraß musste nicht auf Dedekind und Cantor warten, sondern er entwickelte eine eigene Konzeption der Irrationalzahlen (und damit von $\mathbb{R}$). Diese Theorie entstand um 1863, wurde aber erst 1872 von Ernst Kossak in dessen Buch *Die Elemente der Arithmetik* publiziert. Es gibt Anlass zu vermuten, dass Weierstraß sogar schon 1861 im Besitz dieser Theorie war [Dieudonné 1985, S. 397]. Die Weierstraßsche Konstruktion erscheint uns heute etwas mühsam und wir wollen seinen Ideen auch hier nicht folgen; sie sind in [Dieudonné 1985, S. 389–391] beschrieben. Es ist für uns hier nur wichtig, dass Weierstraß auf einem sauberen Konzept der reellen Zahlen aufbauen konnte. Nur so ist es ihm möglich gewesen, den Begriff der unendlich kleinen Größe so zu ersetzen [Dieudonné 1985, S. 397]:

Abb. 9.6.2 Karl Weierstraß in jungen Jahren

Eine unendlich kleine Größe ist eine Funktion φ der Variablen h derart, daß man zu gegebenem ε immer ein δ mit der Eigenschaft finden kann, daß für alle Werte von h, deren absoluter Betrag kleiner als δ ist, $\varphi(h)$ kleiner als ε ist.

9.6.2 Stetigkeit, Differenzierbarkeit und Konvergenz

Weierstraß legte in seinen Vorlesungen dar, dass aus der Differenzierbarkeit einer Funktion f ihre Stetigkeit folgt, aber nicht umgekehrt. Er konstruierte ein „Monster"; eine Funktion, die überall stetig, aber nirgends differenzierbar ist:

$$f(x) = \sum_{k=0}^{\infty} b^k \cos(a^k \cdot \pi \cdot x)$$

mit der Bedingung $a \cdot b > 1 + \frac{3}{2}\pi$. Abb. 9.6.3 zeigt die Partialsummen

$$f_n(x) = \sum_{k=0}^{n} 4^k \cos(4^k \cdot \pi \cdot x)$$

für vier verschiedene Werte von n auf dem Intervall $[-0.1, 0.1]$.

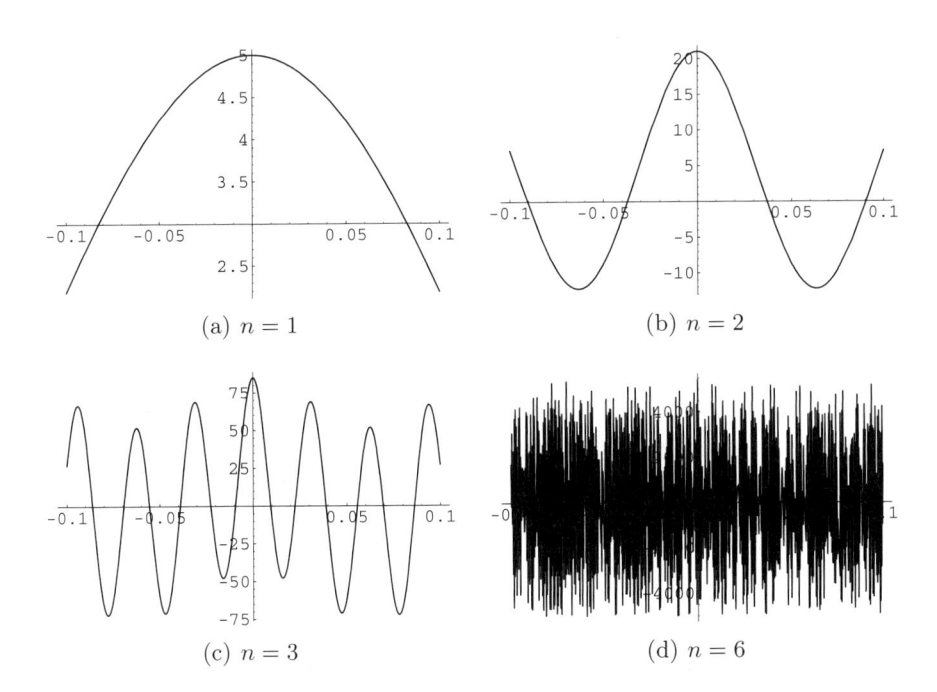

Abb. 9.6.3 Partialsummen des Weierstraß'schen Monsters

Ein wichtiges Werkzeug der Analysis – geradezu ein Kraftzentrum – ist der „Satz von Bolzano-Weierstraß":

Jede beschränkte Folge reeller Zahlen enthält eine konvergente Teilfolge.

Zur Unterscheidung des eindeutig bestimmten Grenzwertes einer Zahlenfolge nennt man die Grenzwerte der Teilfolgen „Häufungspunkte" der Folge. So ist die Folge

$$s_n = (-1)^n$$

sicher beschränkt, aber nicht konvergent; sie besitzt also keinen Grenzwert. Man kann sie aber in die zwei konvergenten Teilfolgen

$$1, 1, 1, 1, \ldots$$

und

$$-1, -1, -1, -1, \ldots$$

zerlegen. Die Folge hat demnach zwei Häufungspunkte, nämlich $+1$ und -1. Die erste Formulierung des Begriffs des Häufungspunktes findet man – typisch für Weierstraß – in einer Vorlesungsnachschrift von Moritz Pasch (1843–1930), [Dieudonné 1985, S. 397].

Weierstraß hat als erster ganz klar zwischen punktweiser und gleichmäßiger Konvergenz unterschieden. Nach der expliziten Konstruktion der reellen Zahlen durch Richard Dedekind und Georg Cantor konnte Weierstraß dann ein und für alle Mal den Begriff der Konvergenz in algebraischer Art und Weise fassen:

Eine reelle Zahlenfolge s_n besitzt einen Grenzwert s, wenn es für alle $\varepsilon > 0$ einen Index N gibt, so dass für alle weiteren Indizes $n > N$

$$|s_n - s| < \varepsilon$$

gilt.

Auch der Grenzwert von Funktionen wurde von Weierstraß klar gefasst:

$$\lim_{x \to x_0} f(x) = y_0$$

bedeutet demnach, dass

für alle $\varepsilon > 0$ ein $\delta > 0$ existiert, so dass

$$|f(x) - y_0| < \varepsilon,$$

wenn nur

$$|x - x_0| < \delta$$

ist.

9.6.3 Gleichmäßigkeit

Das Konzept der gleichmäßigen Konvergenz stammt von Christoph Gudermann (1798–1852), dem Lehrer von Weierstraß [Dieudonné 1985, S. 376]. Weierstraß hörte 1839/40 bei Gudermann in Münster eine Vorlesung über elliptische Funktionen – sicher die erste ihrer Art weltweit – und wurde dadurch in seinen eigenen Forschungen stark beeinflußt. Gudermann veröffentlichte 1838 im Crelleschen Journal eine Arbeit, in der das Konzept der gleichmäßigen Konvergenz erstmals erschien. Schon um 1874 entwickeln auch Philipp Ludwig Ritter von Seidel (1821–1896) in Deutschland, bekannt durch das Gauß-Seidel-Verfahren zur iterativen Lösung von linearen Gleichungssystemen, und George Gabriel Stokes (1819–1903) in England ähnliche Terminologien, die sich aber nicht durchsetzen, weil sie unbeachtet bleiben. Um die Bedeutung der gleichmäßigen Konvergenz würdigen zu können, müssen wir noch einmal auf das Beispiel der Funktionenfolge

$$f_n(x) = x^n$$

auf $[0, 1]$ zurückkommen. Wir hatten im Abschnitt 9.4.2 dieses Beispiel bereits als Paradigma für punktweise Konvergenz gegen die Funktion

$$f(x) = \begin{cases} 0\,;\, 0 \le x < 1 \\ 1\,;\, x = 1 \end{cases}$$

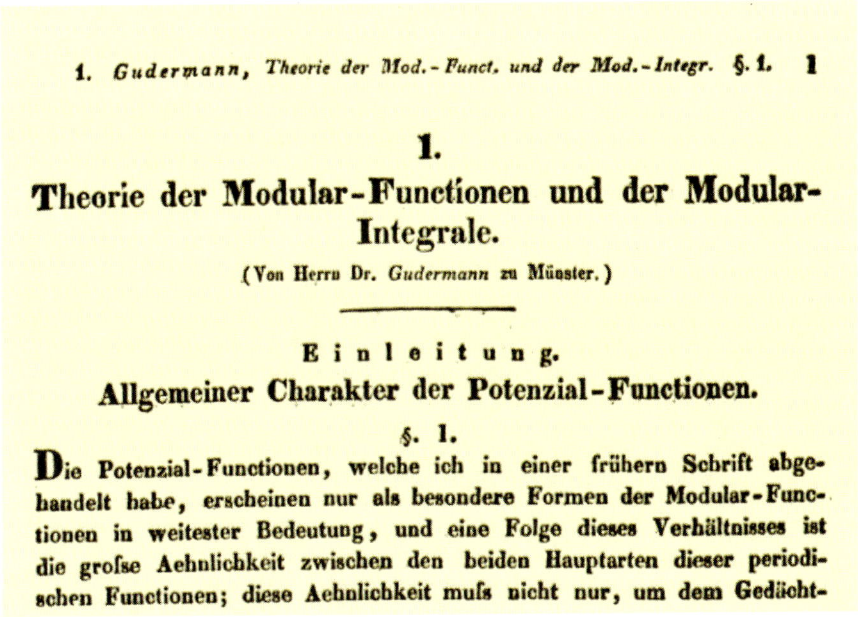

1. *Gudermann, Theorie der Mod.-Funct. und der Mod.-Integr.* §. 1. 1

1.

Theorie der Modular-Functionen und der Modular-Integrale.

(Von Herrn Dr. *Gudermann* zu Münster.)

Einleitung.

Allgemeiner Charakter der Potenzial-Functionen.

§. 1.

Die Potenzial-Functionen, welche ich in einer frühern Schrift abgehandelt habe, erscheinen nur als besondere Formen der Modular-Functionen in weitester Bedeutung, und eine Folge dieses Verhältnisses ist die grofse Aehnlichkeit zwischen den beiden Hauptarten dieser periodischen Functionen; diese Aehnlichkeit mufs nicht nur, um dem Gedächt-

Abb. 9.6.4 Anfang einer Arbeit von Christoph Gudermann in Crelles Journal 1838, in der das Konzept der gleichmäßigen Konvergenz erstmals auftritt betrachtet. Jetzt wollen wir den Punkt $x = 1$, der uns offenbar Kummer macht, ausschließen, und die Konvergenz auf dem halboffenen Intervall $[0, 1[$ betrachten. Der Unterschied zwischen punktweiser und gleichmäßiger Konvergenz ist der Folgende:

I. Die Folge $f_n(x)$ konvergiert *punktweise* auf $[0, 1[$ gegen eine Funktion f, wenn es für jedes $\varepsilon > 0$ und für jede Stelle $x \in [0, 1[$ einen (von ε in der Regel abhängigen) Index $N = N(\varepsilon)$ gibt, so dass für alle Indizes $n \geq N(\varepsilon)$ gilt:

$$|f_n(x) - f(x)| \leq \varepsilon.$$

II. Die Folge $f_n(x)$ konvergiert *gleichmäßig* auf $[0, 1[$ gegen eine Funktion f, wenn es für jedes $\varepsilon > 0$ einen (von ε in der Regel abhängigen) Index $N = N(\varepsilon)$ gibt, so dass für alle Indizes $n \geq N(\varepsilon)$ und **für jede Stelle** $x \in [0, 1[$ gilt:

$$|f_n(x) - f(x)| \leq \varepsilon.$$

Es besteht wohl keinerlei Zweifel, dass f_n auf $[0, 1[$ punktweise gegen $f(x) = 0$ konvergiert. Ist dieses f nun auch die Grenzfunktion bei gleichmäßiger Konvergenz? Wäre dem so, müssten wir zu jedem $\varepsilon > 0$ ein $N(\varepsilon)$ finden, so dass

$$|f_n(x) - f(x)| = |x^n - 0| = |x^n| = x^n \stackrel{!}{\leq} \varepsilon$$

für alle $n > N(\varepsilon)$ und für alle Punkte $x \in [0, 1[$ gilt. Für $x = 0$ gilt $f_n(0) = 0 \leq \varepsilon$ für alle n. Für $0 < x < 1$ folgt aus der obigen Ungleichung durch Logarithmieren (der Logarithmus ist monoton wachsend und ändert daher die Ungleichung nicht)

$$n \cdot \log x \leq \log \varepsilon.$$

Wenn wir durch $\log x$ dividieren, ist zu beachten, dass für $0 < x < 1$ der Logarithmus negativ ist! Es folgt also

$$n \geq \frac{\log \varepsilon}{\log x}.$$

Würde gleichmäßige Konvergenz vorliegen, müssten wir *einen* Index N finden, der für alle x passt, aber das können wir nicht! Geben wir nämlich ein $\varepsilon > 0$ (so klein wir nur wollen) vor, dann können wir n beliebig in die Höhe treiben, indem wir mit x beliebig nahe an $x = 1$ heranrutschen. Ein N für alle x ist also nicht zu finden und die Konvergenz ist deshalb auch auf dem Intervall $[0, 1[$ nicht gleichmäßig.

Stokes spricht in einem solchen Fall übrigens von „unendlich langsamer" Konvergenz, denn $N(\varepsilon)$ wächst hier für $x \to 1$ tatsächlich über alle Grenzen.

Es gebührt Weierstraß das Verdienst, die Bedeutung des Gleichmäßigkeitsbegriffes voll erkannt und ihn in die Analysis eingeführt zu haben. Weierstraß spricht von „Konvergenz in gleichem Grade". Der von Weierstraß stammende Satz:

Wenn eine unendliche Reihe stetiger Funktionen auf $[a,b]$ gleichmäßig konvergiert, dann darf man gliedweise integrieren, um das Integral über die Summe der Reihe zu erhalten.

wurde erstmals von Heinrich Eduard Heine (1821–1888) publiziert, der mit Weierstraß befreundet war. Im Jahr 1872 führte Heine in *Die Elemente der Functionenlehre* den Begriff der gleichmäßigen Stetigkeit ein und bewies, dass jede auf dem „kompakten" (d. h. beschränkten und abgeschlossenen) Intervall $[a,b]$ stetige Funktion gleichmäßig stetig ist.

9.7 Richard Dedekind und seine Wegbegleiter

Richard Dedekind (1831–1916) wird als jüngstes von vier Kindern eines Professors der Rechtswissenschaften am Collegium Carolinum in Braunschweig geboren. Das Collegium Carolinum war eine den Universitäten vorgeschaltete Institution der höheren Bildung, aus der sich unter der Leitung Richard Dedekinds später die heutige Technische Universität Braunschweig entwickeln sollte. Die Familie Dedekind lebt mit ihren vier Kindern Julie, Mathilde, Adolf

Abb. 9.7.1 Richard Dedekind

Abb. 9.7.2 Carl Friedrich Gauß und Richard Dedekind: der Doktorvater und sein letzter Doktorand. (li.: Ausschnitt aus einem Gemälde von Gottlieb Biermann 1887 [Foto A. Wittmann], re.: Bildarchiv der Universität Leipzig)

und Richard in einer Dienstwohnung im Collegium Carolinum. Mutter Dedekind entstammt einer einflussreichen Braunschweiger Familie; im Hof des Collegiums arbeiten der Bildhauer Howaldt und der Maler Heinrich Brandes, und so waren die Kinder von Beginn ihrer Entwicklung an wissenschaftlichen und schöngeistigen Einflüssen ausgesetzt. Richard Dedekind verfügt über das absolute Gehör und liebt die Musik. Als begnadeter Cellist und Pianist wird er sich einen Namen machen, aber die Musik verliert den Kampf mit der Mathematik bei der Berufswahl. Dedekinds bester Freund in Jugendjahren ist Hans Zincke, genannt „Sommer", der ebenfalls Mathematik und Musik liebt, sich aber später der Musik widmen wird. Am 2. Mai 1848 immatrikuliert sich Dedekind am Collegium Carolinum, um sich auf ein Studium an der Universität Göttingen vorzubereiten, die er ab 1850 besucht, denn die eigentliche Braunschweigische Landesuniversität Helmstedt, gegründet 1576, war schon Ende des Wintersemesters 1809/10 unter Napoleonischer Herrschaft geschlossen worden.

In Göttingen hat im Jahr 1849 der große Mathematiker Carl Friedrich Gauß (1777–1855) sein 50-jähriges Doktorjubiläum gefeiert. Es sind Revolutionszeiten in Deutschland. Dedekinds älterer Bruder Adolf, der in Göttingen Jura studiert, schreibt 1849 an seinen Vater [Dedekind 2000, S. 74]:

Das Gauß'sche 50jährige Doctor-Jubiläum ist ohne allen Prunk vorbei gegangen und die Studenten, die sich nicht einigen konnten, wurden sogar vom Prorector gezwungen, einen ihm zugedachten Fackelzug zu unterlassen. Übrigens soll er viele Decorationen, z. B. den Orden „Heinrich des Löwen", sowie das Braunschweiger Ehren=Bürgerrecht erhalten.

Richard Dedekind hört Vorlesungen bei Moritz Abraham Stern, Wilhelm Weber, Johann Benedict Listing (ein Pionier auf dem Gebiet der Topologie), Quintus Icilius und – bei Carl Friedrich Gauß! Nach viersemestrigem Studium reicht Dedekind seine Dissertation über Eulersche Integrale ein und im Alter von 21 Jahren ist er ein Gaußscher Doktorsohn – der letzte. Am 30. Juni 1854 ist die Habilitation erfolgreich erfolgt und Dedekind ist nun Privatdozent, d. h. er muss mit den Hörergebühren zu seinen Vorlesungen leben. In seiner ersten Veranstaltung sitzen aber nur zwei Hörer, einer davon der Freund Zincke, der nun ebenfalls in Göttingen studiert. Aus dem Jahr 1856 wissen wir von einer Vorlesung mit zwei Hörern (einer davon wieder Zincke) und von einer mit nur einem Hörer (Zincke). Im Winter 1856 hält Dedekind – unbemerkt von der Welt – eine bahnbrechende Vorlesung zur modernen Algebra; wohl die erste ihrer Art überhaupt. Sie ist inzwischen publiziert in [Scharlau 1981].

Im Jahr 1855 war Gauß verstorben. Es ist der Nachfolger, Peter Gustav Lejeune Dirichlet (1805–1859), der für Dedekind prägend wird.

Im Gegensatz zu Gauß, der verschlossen und zurückgezogen war, ist Dirichlet ein offener Gesprächspartner, der stets an den Arbeiten seiner Schüler, Mitarbeiter und Kollegen Interesse zeigt. Dedekind schreibt [Dedekind 2000, S. 81]: *„bei dem ich eigentlich erst recht zu lernen anfange"*. Dirichlets Ehefrau ist Rebecca Mendelssohn-Bartholdy, eine Schwester von Felix Mendelssohn-Bartholdy, und schnell sorgt Dedekinds Liebe zur Musik dafür, dass er im Hause Dirichlet ein gerngesehener Gast für Hausmusik ist, an der sich auch illustre Gäste wie Brahms oder Liszt beteiligen, wenn sie Rebecca besuchen. Über Dirichlet schreibt der Berliner Mathematiker Carl Gustav Jakob Jacobi (1804–1851) in einem Brief an Alexander von Humboldt [Dieudonné 1985, S. 389]:

Wenn Gauß sagt, er habe etwas bewiesen, ist es mir sehr wahrscheinlich, wenn Cauchy es sagt, ist eben so viel pro als contra zu wetten, wenn Dirichlet es sagt, ist es gewiß.

Eine weitere Begegnung wird für Dedekind prägend, nämlich die mit dem Mathematiker Georg Friedrich Bernhard Riemann (1826–1866).

Bernhard Riemann, geboren in Breselenz bei Dannenberg, ist der Sohn eines lutherischen Pastors, der mit seinen vier Geschwistern in beengten Verhältnissen aufgezogen wurde. Auf dem Gymnasium in Lüneburg gab ein Lehrer

Abb. 9.7.3 Peter Gustav Lejeune Dirichlet und Georg Friedrich Bernhard Riemann – zwei prägende Wegbegleiter Richard Dedekinds

dem aufgeweckten und an Mathematik interessierten Jungen das Buch *Théorie des Nombres* des Pariser Mathematikers Adrien-Marie Legendre[1] (1752–1833), etwa 860 Seiten, und Riemann hatte es nach einer Woche nicht nur durchgearbeitet, sondern auch verstanden. Obwohl er eigentlich, dem Wunsch des Vaters entsprechend, Theologie studieren sollte, siegte doch die Liebe zur Mathematik, und er wechselte an der Universität Göttingen daher sein Studienfach. Im Jahr 1851 schloss er seine Dissertation ab, mit der er die Funktionentheorie revolutionierte. In seinem Habilitationsvortrag entwarf er eine Theorie der Mannigfaltigkeiten, die späteren Generationen die Wege gewiesen hat und arbeitete zeitweise als Assistent des Physikers Wilhelm Eduard Weber (1804–1891). Er löste ein wichtiges Problem der Strömungsmechanik (fast) richtig: Das heute nach ihm benannte Riemannsche Stoßrohrproblem. Mit einem Wort: Riemann war ein Genie.

Die beiden jungen Männer Dedekind und Riemann fühlen sich zueinander hingezogen. Am 3. November 1856 schreibt Dedekind an seine Schwester Julie [Dedekind 2000, S. 18]:

---

[1] Wie Peter Duren in dem Aufsatz *Changing Faces: The Mistaken Portrait of Legendre* (Notices of the AMS, Vol.56, No.11, 2009) nachgewiesen hat, zeigt das weitläufig bekannte Portrait von Adrien-Marie Legendre, das sich in fast allen Büchern zur Mathematikgeschichte befindet, *nicht* unseren Legendre, sondern einen Politiker mit Namen Louis Legendre, der mit Adrien-Marie Legendre nichts zu tun hatte.

Außerdem verkehre ich sehr viel mit meinem vortrefflichen Kollegen Riemann, der ohne Zweifel nach oder gar mit Dirichlet der tiefsinnigste Mathematiker ist und bald als solcher anerkannt sein wird, wenn seine Bescheidenheit ihm erlaubt, gewisse Dinge zu veröffentlichen, die allerdings vorläufig nur Wenigen verständlich sein werden.

Ohne Zweifel haben beide Männer in ihrem jeweiligen Gegenüber das mathematische Genie erkannt. Dedekind war der ruhige Durchdenker, der alle Zusammenhänge genauestens verstehen wollte, während Riemann ein eher stürmisches Genie war, der das Ziel klar vor Augen hatte. Zweifellos findet sich eine Wurzel des „abstrakten" Gesichtspunktes der Mathematik, der heute so bedeutend ist, bei Riemann und Dedekind [Ferreirós 1999, S. 31]. Aber Riemann ging es schlecht. Er war überarbeitet und erlitt 1857 einen Zusammenbruch. Freund Dedekind schickte ihn in die Sommerfrische zu seiner Familie, die sich in Bad Harzburg aufhielt.

Im Januar 1858 wird eine Professur für Mathematik am Zürcher Polytechnikum, der Vorläuferinstitution der heutigen Eidgenössischen Technischen Hochschule ETH in Zürich, europaweit ausgeschrieben. Es gehen fast 50 Bewerbungen ein, darunter auch die von Dedekind und Riemann. Um ein Gutachten gebeten, empfiehlt Dirichlet beide Männer wärmstens, gibt aber Riemann „den ersten Rang". Daraufhin kommt Schulratspräsident Karl Kappeler persönlich nach Göttingen, um beide Bewerber genauer unter die Lupe zu nehmen. Mit großer Menschenkenntnis stellt er fest, Riemann sei „zu stark in sich gekehrt, um zukünftige Ingenieure zu lehren" [Sonar 2007, S. 20]. Denn das Zürcher Polytechnikum ist zu dieser Zeit eine reine Ingenieurschmiede, und der introvertierte und sensible Riemann hätte eine solche Bewährungsprobe nicht bestanden. So geht Dedekind 1858 als Professor nach Zürich und unterrichtet zukünftige Ingenieure. Zur Situation schreibt er an seine Schwester Mathilde am 27. Januar 1859 [Dedekind 2000, S. 331]:

Ich kann auch nicht sagen, dass ich so ganz und gar glücklich mit meiner Schulmeisterei bin; von den mir überlieferten älteren Schülern will ich gar nicht sprechen, die sind zum grossen Theil verdorben; von meinen neuen ist ein Drittel ganz vorzüglich, ein anderes Drittel mässig gut, der Rest schwach, zum Theil erbärmlich. Meine Ideen von Freiheit, freier Entwicklung der Schüler sind radical vernichtet; so wie Österreich in Italien, so bin ich auch eine Zeit lang zu milde gewesen; die Schüler verstehen das nicht zu würdigen, es sind Kinder wie unsere Progymnasiasten, wenigstens in ihrem Benehmen. Jetzt genire ich mich gar nicht mehr, einen Übelthäter vor versammelter Menge so niederzudonnern, dass er zusammensinkt und Respect kriegt. Das hat eine sehr heilsame Wirkung. Aber ärgerlich ist es immer und mir zuwider.

Es passiert in Zürich, im Jahr 1858, bei den Vorlesungen für Ingenieurstudenten, dass Dedekind das Fehlen der Grundlagen des Zahlensystems schmerzlich empfindet. Im Vorwort seines im Jahr 1872 in Braunschweig erschienenen Buches *Stetigkeit und Irrationale Zahlen* schreibt er [Dedekind 1965, S. 3 f.]:

> *Die Betrachtungen, welche den Gegenstand dieser kleinen Schrift bilden, stammen aus dem Herbst des Jahres 1858. Ich befand mich damals als Professor am eidgenössischen Polytechnikum zu Zürich zum ersten Male in der Lage, die Elemente der Differentialrechnung vortragen zu müssen, und fühlte dabei empfindlicher als jemals früher den Mangel einer wirklich wissenschaftlichen Begründung der Arithmetik. Bei dem Begriffe der Annäherung einer veränderlichen Größe an einen festen Grenzwert und namentlich bei dem Beweise des Satzes, daß jede Größe, welche beständig, aber nicht über alle Grenzen wächst, sich gewiß einem Grenzwert nähern muß, nahm ich meine Zuflucht zu geometrischen Evidenzen. [...] Für mich war damals dies Gefühl der Unbefriedigung ein so überwältigendes, daß ich den festen Entschluß faßte, so lange nachzudenken, bis ich eine rein arithmetische und völlig strenge Begründung der Prinzipien der Infinitesimalanalysis gefunden haben würde.*

Dedekind findet eine Lösung: Die reellen Zahlen werden durch „Schnitte" in den rationalen Zahlen definiert. Die Ähnlichkeit des Vorgehens von Dedekind mit dem von Eudoxos im fünften Buch der *Elemente* von Euklid ist dabei verblüffend.

Im Jahr 1859 stirbt plötzlich Dirichlet. Dedekind wird 1879 die *Vorlesungen über Zahlentheorie* seines Lehrers Dirichlet herausgeben und daran seine berühmt gewordenen „Supplemente" anhängen, in denen Dedekind seine Idealtheorie (vgl. [Löwe 2007]) publiziert. In Braunschweig stirbt 1861 der Mathematikprofessor am Collegium Carolinum, August Wilhelm Julius Uhde, und damit wird eine Stelle in Dedekinds Heimatstadt frei, auf die Dedekind sich bewirbt. Allerdings ist er durch den Unterricht der Ingenieure so frustriert, dass er an seine Bewerbung eine Bedingung knüpft: Er möchte nie wieder „niedere Mathematik" lesen müssen! Nach einiger Bedenkzeit stimmt die Braunschweigische Regierung 1862 den Bedingungen zu und damit wird Dedekind Professor in Braunschweig. Schon 1863 erhält er den ersten Ruf auf eine Professur in Hannover, den er jedoch ablehnt. Weitere Rufe, u. a. zwei nach Göttingen, folgen, aber Dedekind bleibt Braunschweig treu.

Auf einer Urlaubs- und Erholungsreise im Jahr 1872 trifft Dedekind zufällig den Mathematiker Georg Cantor (1845–1918) aus Halle an der Saale. Die beiden Männer sind sich sympathisch und es beginnt eine anhaltende Freundschaft, in deren Verlauf sie die ersten Grundlagen der Mengenlehre erarbeiten. In Dedekinds Schrift *Was sind und was sollen die Zahlen* [Dedekind 1965] aus dem Jahr 1888 findet sich die erste saubere Definition einer unendlichen Menge:

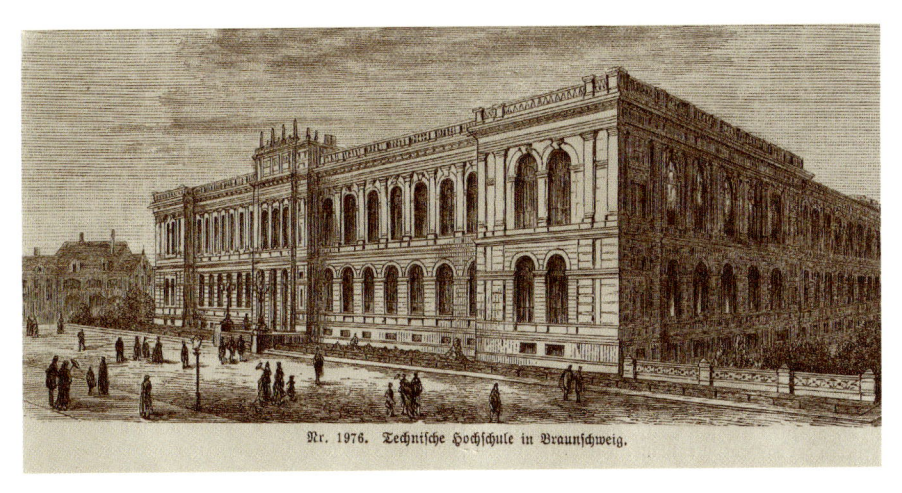

Abb. 9.7.4 Hauptgebäude der „Herzoglichen Technischen Hochschule Carolo-Wilhelmina" (jetzt Technische Universität Braunschweig)

Erklärung. Ein System S heißt unendlich, wenn es einem echten Teile seiner selbst ähnlich ist.

Euklids so einsichtig erscheinender Satz, ein Teil sei immer kleiner als das Ganze, gilt im Unendlichen nicht! Darüber werden wir im Zusammenhang mit Cantor genauer berichten.

Inzwischen ist in Braunschweig das Collegium Carolinum zu klein geworden; die technischen Fächer spielen eine immer größere Rolle. Mitten in der Innenstadt gelegen ist auch eine direkte Erweiterung des Collegiums nicht möglich, und so entschließt man sich zu einem Neubau außerhalb der Stadtmauer. Richard Dedekind leitet die Baukommission, was ihm als tätigen Mathematiker gar nicht behagt. Der Architekt des neuen Gebäudes ist Konstantin Uhde (1836–1905), der Sohn des Mathematikprofessors Uhde. Von 1872 an ist Dedekind auch der erste Direktor der „Herzoglichen Technischen Hochschule Carolo-Wilhelmina", wie die neue Hochschule nun heißt, und er bleibt bis 1875 in dieser Position. Am 16. Oktober 1877 kann die neue Hochschule feierlich eröffnet werden.

Die Familie Dedekind stand fest auf der Seite der braunschweigischen Welfen. Als Herzog Wilhelm 1884 ohne Erben starb, setzten sich die Dedekinds für den hannoverschen Zweig der Welfen als Nachfolger ein, was auch der Gesetzeslage entsprochen hätte. Allerdings waren die meisten Braunschweiger gegen die Hannoveraner eingestellt und liebäugelten mit einem preußischen Herrscher, so dass der Hannoveraner nicht zum Zuge kam. Als 1897 ein Verbot der Mitgliedschaft in den beiden Braunschweigischen Welfenparteien ausgesprochen wurde, kam es zum Eklat. Richard Dedekind und sein Bruder Adolf erklärten sich offen gegen einen solchen Akt des Hochverrats und gerieten

Abb. 9.7.5 Georg Cantor und Richard Dedekind (Gemälde in der TU Braunschweig; re.: [Foto Wesemüller-Kock])

damit in Braunschweig stark unter Druck. Als Richard sich 1914 auch noch weigert, das „Intellektuellenmanifest" zu unterzeichnen, in dem die Schuld an Kriegsgreueln der Deutschen Truppen in Belgien den Gegnern in die Schuhe geschoben werden sollte, war er ein Außenseiter. Als er am 12. Februar 1916 hochbetagt in Braunschweig starb, erschien eine erste Würdigung im März 1916 von der Pariser Akademie der Wissenschaften.

9.7.1 Die Dedekindschen Schnitte

Worum geht es Dedekind in *Stetigkeit und irrationale Zahlen*? Es scheint den meisten Menschen natürlich, dass die natürlichen Zahlen $\mathbb{N} = \{1, 2, 3, \ldots\}$ „da" sind. Die Addition ist in $\mathbb{N}$ unbeschränkt ausführbar, aber die Subtraktion nicht, denn $3 - 5$ liefert offenbar keine Zahl aus $\mathbb{N}$. Das bringt uns zur Erweiterung der natürlichen Zahlen zu den ganzen Zahlen $\mathbb{Z} = \{\ldots, -3, -2, -1, 0, 1, 2, 3, \ldots\}$, mit denen Addition und Subtraktion unbeschränkt möglich sind. Auch Multiplikation ist unbeschränkt ausführbar, aber bei der Division hapert es, denn $2 : 5$ ist keine Zahl aus $\mathbb{Z}$. Dies wiederum führt zur Einführung der rationalen Zahlen $\mathbb{Q} = \{p/q \mid p \in \mathbb{Z}, q \in \mathbb{N} \text{ und } p, q \text{ teilerfremd}\}$. Nun können wir alle vier Grundrechenarten bis auf die Division durch 0 unbeschränkt ausführen und man könnte denken, wir seien am Ziel unserer Wünsche angekommen. Aber wir haben bereits gesehen, dass weitere Zahlen bereits in der Antike entdeckt wurden, z. B. $\sqrt{2}$, vgl.

S. 26. Bis ins 19. Jahrhundert wurde die Existenz der reellen Zahlen $\mathbb{R}$, die aus $\mathbb{Q}$ *und* irrationalen Zahlen wie $\sqrt{2}, \pi$, usw. bestehen, naiv angenommen und akzeptiert. Aber man kommt nicht von $\mathbb{Q}$ zu $\mathbb{R}$, in dem man eine weitere Rechenoperation findet, die in den rationalen Zahlen nicht mehr funktioniert! Die Menge $\mathbb{Q}$ ist mit ihren algebraischen Operationen bereits ein „Körper" – besser geht es eben nicht.

Die Schwäche der Brüche $\mathbb{Q}$ liegt in ihren „Löchern". Betrachten wir das Heron-Verfahren zum Wurzelziehen, über das vermutlich schon die Babylonier verfügten, das aber nach Heron von Alexandria (ca. erstes Jh. n. Chr.), genannt „Mechanicus", benannt worden ist, vgl. [Clagett 2001]. Gesucht ist die Seitenlänge eines Quadrats, das die Fläche A haben soll. Zu Beginn werden zwei Zahlen a_0 und b_0 gesucht, so dass $a_0 \cdot b_0 = A$ gilt, m. a. W.: Man startet mit einem Rechteck, dessen Flächeninhalt schon „stimmt". Im nächsten Schritt berechnet man die Kantenlänge eines neuen Rechtecks durch das arithmetische Mittel

$$a_1 := \frac{a_0 + b_0}{2},$$

denn das liegt zwischen a_0 und b_0. Die neue zweite Rechteckseite b_1 wird aus der Forderung $a_1 \cdot b_1 = A$ berechnet, also

$$b_1 = \frac{A}{a_1}.$$

So fährt man nun fort. Allgemein hat man folgendes iterative Verfahren: Bei gegebenen Zahlen a_0 und b_0 aus $\mathbb{Q}$ berechne

$$\text{für } i = 1, 2, 3, \ldots : a_i = \frac{a_{i-1} + b_{i-1}}{2}$$
$$b_i = \frac{A}{a_i}.$$

Durch diese Vorschrift werden zwei Folgen (a_i) und (b_i) von Zahlen aus $\mathbb{Q}$ definiert, die hoffentlich beide gegen den Wert $\sqrt{A}$ konvergieren. In einem Beispiel geben wir $A = 2$ und $a_0 = 1$, $b_0 = 2$ vor. Dann berechnet man

$$a_1 = \frac{3}{2} = 1.5$$
$$a_2 = \frac{17}{12} = 1.41667$$
$$a_3 = \frac{577}{408} = 1.41422$$
$$a_4 = \frac{665857}{470832} = 1.41421$$
$$a_5 = \frac{886731088897}{627013566048} = 1.41421$$
$$\vdots \ldots \vdots$$

und

$$b_1 = \frac{4}{3} = 1.33333$$
$$b_2 = \frac{24}{17} = 1.41176$$
$$b_3 = \frac{816}{577} = 1.41421$$
$$b_4 = \frac{941664}{665857} = 1.41421$$
$$b_5 = \frac{1254027132096}{886731088897} = 1.41421$$
$$\vdots \ldots \vdots$$

Man kann nun leicht zeigen, dass die Folge (a_i) eine monoton fallende, nach unten beschränkte Folge ist. Die Folge (b_i) ist monoton wachsend und nach oben beschränkt. Der gemeinsame Grenzwert ist $\sqrt{2}$ und das ist keine Zahl aus $\mathbb{Q}$!

Nun gibt es mehrere Wege, die irrationalen Zahlen sauber zu definieren, vgl. [Knoche/Wippermann 1986]. Dedekind hat sich für einen Weg entschieden, der an die Proportionenlehre des Eudoxos erinnert. Die rationalen Zahlen werden in Mengen U und O eingeteilt, die einen „Dedekindschen Schnitt" wie folgt definieren:

Definition (Dedekindscher Schnitt): Das Paar (U, O) mit $U, O \subset \mathbb{Q}$ heißt ein Dedekindscher Schnitt in $\mathbb{Q}$, wenn

1. $U, O \neq \emptyset$, $\quad U \cap O = \emptyset$, $\quad U \cup O = \mathbb{Q}$
2. Für alle Zahlen $u \in U$ und $o \in O$ gilt: $u < o$.

In einem Dedekindschen Schnitt heißt U Unterklasse und O Oberklasse. Ein Schnitt heißt „Lücke", wenn U kein Maximum und O kein Minimum besitzt.

Die Zahl $\sqrt{2}$ ist offenbar eine Lücke in einem Dedekindschen Schnitt. Man kann nun leicht einsehen, dass man auch entweder nur mit Unterklassen oder nur mit Oberklassen arbeiten kann; die jeweils andere Klasse erhält man durch mengentheoretische Komplementbildung. Mit Hilfe der Definition der Dedekindschen Schnitte werden also alle reellen Zahlen identifiziert mit offenen Intervallen, die nach unten (wenn man mit O arbeitet) oder nach oben beschränkt sind (wenn man mit U arbeitet).

Abb. 9.7.6 *Stetigkeit und irrationale Zahlen* von Richard Dedekind. Titelseite des vielfach unverändert aufgelegten Buches (Erstauflage 1872)

Was sind und was sollen

die

Zahlen?

Von

Richard Dedekind
Professor an der technischen Hochschule zu Braunschweig

───────

Dritte unveränderte Auflage

ἀεὶ ὁ ἄνθρωπος ἀριθμητίζει

Braunschweig
Druck und Verlag von Friedr. Vieweg & Sohn
1911

Abb. 9.7.7 *Was sind und was sollen die Zahlen?* von Richard Dedekind. Titelseite seines oft unverändert aufgelegten berühmten Werkes.

Wesentliche Ergebnisse in der Analysis 1800-1872

1816–1848	BERNHARD BOLZANO begründet zahlreiche Sätze der Analysis rigoros
1821	CAUCHYs *Cours d'analyse* wird publiziert. Darin finden sich die heute klassischen Definitionen von Grenzwert, Stetigkeit und Differenzierbarkeit
1823	CAUCHY definiert im *Résumé des Leçons* das bestimmte Integral als Grenzwert einer Summe sowie uneigentliche Integrale, Kurven- und Flächenintegrale
1828	G. GREEN publiziert den nach ihm benannten Integralsatz und entwickelt mit der Greenschen Funktion eine Methode zur Lösung von Randwertaufgaben (deutsch erst zwischen 1850 und 1854 in Crelles Journal veröffentlicht)
1829	CAUCHY publiziert seine *Leçons sur le calcul differentiel*
1825–1854	G.P.L. DIRICHLET liefert wesentliche Beiträge zur Konvergenz trigonometrischer Reihen (Dirichlet-Kern), publiziert einen neuen Funktionsbegriff, formuliert das nach ihm benannte Minimum-Prinzip und das sogenannte Dirichlet-Problem der Potentialtheorie
1838	CHR. GUDERMANN veröffentlicht sein Konzept der gleichmäßigen Konvergenz
1839–1848	CAUCHYs produktivste Phase; mehr als 300 Arbeiten entstehen
um 1840	GAUSS beweist den nach ihm benannten Integralsatz der Vektoranalysis, den sogenannten Divergenzsatz
1854	BERNHARD RIEMANN entwickelt den nach ihm benannten neuen Integralbegriff
	G.G. STOKES beweist den nach ihm benannten Integralsatz der Vektoranalysis
1856	Der Gymnasiallehrer KARL WEIERSTRASS erhält eine Professur in Berlin. Er stellt die gesamte Analysis auf eine rigorose Grundlage. Er propagiert eine arithmetische Fundierung der Analysis und entwickelt dazu ein sauberes Konzept der reellen Zahlen und strenge Definitionen von Grenzwert, Stetigkeit, Differenzierbarkeit, Konvergenz mit Hilfe der „Epsilontik"
1858	RICHARD DEDEKIND wird Professor am Zürcher Polytechnikum
1862	DEDEKIND wird Professor für Mathematik in Braunschweig
1872	DEDEKIND veröffentlicht in seinem Buch *Stetigkeit und irrationale Zahlen* den Aufbau des Systems der reellen Zahlen mit Hilfe seiner Definition irrationaler Zahlen als Schnitte von Mengen rationaler Zahlen

9.8 Aufgaben zu Kapitel 9

Aufgabe 9.8.1 *(zu 9.3)* In den *Paradoxien des Unendlichen* von Bolzano findet man folgende Argumentation. Bolzano betrachtet die unendlichen Reihen
$$1^0 + 2^0 + 3^0 + \ldots + n^0 + (n+1)^0 + (n+2)^0 + \ldots =: \overset{o}{N}$$
und
$$(n+1)^0 + (n+2)^0 + (n+3)^0 + \ldots =: \overset{n}{N},$$
die natürlich beide keine endlichen Werte liefern. Die Differenz
$$\overset{o}{N} - \overset{n}{N} = 1^0 + 2^0 + 3^0 + \ldots + n^0 = n$$
ist jedoch endlich. Bolzano schließt daraus, dass auch zwei unendlich große Größen eine endliche Differenz haben können. Diskutieren Sie diese Argumentation.

Untersuchen Sie die Funktionenfolge $f_n(x) := x^n, n = 1, 2, 3, \ldots$ auf dem Intervall $[0, 1-a]$ für $0 < a < 1$ auf gleichmäßige Konvergenz. Was ist anders als im Fall $[0, 1[$?

Aufgabe 9.8.2 *(zu 9.4)* Zeigen Sie mit Hilfe der Stetigkeitsdefinition von Cauchy (Seite 508), dass die Funktion
$$f(x) = \mathrm{e}^x$$
überall stetig ist.

Aufgabe 9.8.3 *(zu 9.5)* Beweisen Sie, dass die Funktion
$$f(x) = ax$$
für beliebiges $a \neq 0$ im Riemannschen Sinne integrierbar ist und berechnen Sie das Integral als gemeinsamen Grenzwert von Unter- und Obersummen.

Aufgabe 9.8.4 *(zu 9.6)* Untersuchen Sie die Funktionenfolge
$$f_n(x) := \frac{2nx}{1 + n^2 x^2}$$
auf gleichmäßige Konvergenz. Hinweis: Finden Sie das Maximum von f_n.

10 An der Wende zum 20. Jahrhundert: Mengenlehre und die Suche nach dem wahren Kontinuum

Allgemeine Geschichte 1871 bis 1945

1871	Gründung des Deutschen Kaiserreiches. Wilhelm I. von Hohenzollern wird in Versailles zum Deutschen Kaiser ausgerufen
1878	Berliner Kongress
1888–1918	Wilhelm II. Deutscher Kaiser und König von Preußen
1890	Bismarcks Entlassung
1905	Revolution in Rußland. Ende des russisch-japanischen Krieges
1914	Mit der Ermordung des österreichischen Thronfolgers in Sarajevo beginnt am 28. Juni der Erste Weltkrieg
1917	Oktoberrevolution in Russland. Waffenstillstand mit den Mittelmächten am 15. Dezember
1918	Friede von Brest-Litowsk am 3. März: Zerfall des Zarenreiches, Bildung der Russischen Sozialistischen Föderativen Sowjetrepublik. Matrosenaufstand in Kiel und Novemberrevolution führen zur Abdankung von Kaiser Wilhelm II. und Ausrufung der Republik durch Scheidemann am 9. November. Auflösung der Habsburger Monarchie und Ausrufung der Republik Deutsch-Österreich
	Am 11. November Waffenstillstand. Ende des Ersten Weltkriegs.
1919	Am 28. Juni wird der Friedensvertrag von Versailles unterzeichnet.
	Der Völkerbund wird gegründet. Mit der Weimarer Verfassung beginnt die Zeit der Weimarer Republik.
	Friedensschluss mit Österreich im Vertrag von St. Germain am 10. September
1919–1923	Inflation
1920	Vertrag von Sèvres am 10. August: Auflösung des Osmanischen Reiches
1922	Mussolini übernimmt in Italien die Macht
1923	Putschversuch Hitlers in München
1924	Tod Lenins
1926	Deutschland wird in den Völkerbund aufgenommen
1929	Beginn der Weltwirtschaftskrise
1932	Hindenburg siegt bei der Reichstagswahl über Hitler
1933	Am 30. Januar wird Hitler zum Reichskanzler ernannt. Nach dem Reichstagsbrand in der Nacht zum 28. Februar folgt das Ermächtigungsgesetz. Parteien und Gewerkschaften werden aufgelöst. Boykott jüdischer Geschäfte beginnt. Deutschland tritt aus dem Völkerbund aus
1935	Nürnberger Rassengesetze
1936–1939	Spanischer Bürgerkrieg
1938	Reichskristallnacht
1939	Am 1. September beginnt der zweite Weltkrieg mit dem deutschen Einmarsch in Polen
1941–1945	Systematische Massenvernichtung der Juden
1945	Im Mai kapituliert die deutsche Wehrmacht bedingungslos. Mit der Kapitulation Japans am 2. September endet der Zweite Weltkrieg

Technik und Naturwissenschaften zwischen 1871 und 1945

1875	Internationale Meterkonvention
1876	N. Otto: erster Viertaktmotor wird patentiert
1877	Th.A. Edison: Phonograph
1882	R. Koch entdeckt den Tuberkelbazillus
1886	H. Hertz erzeugt elektromagnetische Radiowellen, Patentwagen C.F. Benz
1887	Motorwagen von G. Daimler
1889	Weltausstellung in Paris; Eiffelturm von G. Eiffel
1890	Erste elektrische U-Bahn in London
1893	Erfindung des Dieselmotors durch R. Diesel. Panamakanal im Bau
1895	W.C. Röntgen entdeckt die nach ihm benannten X-Strahlen
1896	A.H. Becquerel entdeckt die Radioaktivität
1897	Erster internationaler Mathematikerkongress in Zürich
1900	Graf Zeppelins erste Versuchsfahrt mit starrem Luftschiff. M. Planck begründet die Quantentheorie. Hilbert formuliert auf dem Pariser Internationalen Mathematikerkongress 23 Probleme
1901	Marconi überbrückt den Atlantik mit elektromagnetischen Wellen. Erste Nobelpreise: Physik (Röntgen), Chemie (van't Hoff), Medizin (v. Behring)
1902	Carnegie-Institution und Rockefeller-Foundation gegründet
1904	Amundsen bestimmt die genaue Lage des magnetischen Nordpols
1905	Einstein: Spezielle Relativitätstheorie, erklärt die Brownsche Molekularbewegung, Beziehung $e = m \cdot c^2$, Photon entdeckt
1911	„Kaiser-Wilhelm-Gesellschaft" gegründet
1915	Einstein: Allgemeine Relativitätstheorie
1919	Eddington: Expeditionen bestätigen die Lichtablenkung durch die Sonne und damit die Relativitätstheorie
1920	Öffentlicher Rundfunk in den USA
1925	Fischer-Tropsch-Verfahren zur Kohlenwasserstoffsynthese
1927	Heisenberg: Unschärferelation
1929	Hubble entdeckt Expansion des Weltalls und erklärt die Rotverschiebung
1929	N. Bohr vertritt den Dualismus von Welle und Korpuskel Einstein entwirft eine neue Feldtheorie
1931	Arktisflug mit dem Luftschiff „Graf Zeppelin"
1932	Heisenberg: Theorie des Atomkerns
1934	Irène und Frédéric Joliot-Curie: künstliche Radioaktivität
1938	Hahn/Strassmann: Kernspaltung des Urans
1936	Öffentliches Fernsehen überträgt die Olympiade in Berlin
1939	L. Meitner/Frisch/Bohr: Energetische Betrachtung der Kernspaltung. Eine Gruppe französischer Mathematiker schließt sich unter dem Namen Bourbaki zusammen
1941	K. Zuse: erste programmgesteuerte elektromechanische Rechenanlage
1944/45	In den USA Beginn der Konstruktion von Großrechnern mit „Elektronengehirn": ENIAC, EDVAC

10.1 Von der Gründung des Deutschen Kaiserreiches zu den Weltkatastrophen

Mit der Gründung des Deutschen Kaiserreiches 1871 entstand erstmals ein deutscher Nationalstaat. Das Reich war ganz wesentlich durch den Kanzler Otto von Bismarck geprägt, und damit verschoben sich auch die politischen Gewichte in Europa. Als 1888 Wilhelm II. als Enkel des Gründungskaisers Wilhelm I. den Kaiserthron besteigt, kommt es schnell zu Konfrontationen mit Bismarck, der schon 1890 die politische Bühne verlassen muss. Im Gegensatz zu Bismarck ist Wilhelm II. unbeherrscht und will unter allen Umständen, dass sein Reich expandiert.

Die europäische Welt ist in diesen Zeiten im Fieber des Kolonialismus. Großbritannien ist unter seiner Königin Victoria (1819–1901) zu einer gewaltigen

Abb. 10.1.1 Proklamation des Preußenkönigs Wilhelm zum Deutschen Kaiser in Versailles (Gemälde von Anton von Werner um 1885). „Der Lotse geht von Bord", Abdankung Bismarcks in einer Karikatur der englischen Zeitschrift Punch im März 1890 (gezeichnet von John Tenniel). Das Bild trägt den Titel „Dropping the Pilot" und ist in unserem Sprachraum als „Der Lotse geht von Bord" bekannt. Bismarck verlässt die politische Bühne, Kaiser Wilhelm II. bleibt zufrieden zurück.

10.1 Von der Gründung des Deutschen Kaiserreiches zu den Weltkatastrophen

Kolonialmacht aufgestiegen. Schon 1876 wurde Victoria Kaiserin von Indien, 1882 wurde Ägypten okkupiert, 1887 wurde Kenia dem Imperium einverleibt, 1889 Rhodesien (Simbabwe), 1891 Britisch-Zentralafrika, 1894 Uganda, 1899 der Sudan und 1902 die Burenrepubliken. Auch Frankreich war früh in die Kolonialzeit gestartet. Von 1830 bis 1885 wurde Algerien französisch, Tunesien 1881, der untere Kongo ein Jahr später, 1885 Madagaskar, 1887 Kambodscha, 1893 Elfenbeinküste; 1895 entsteht Französisch-Westafrika, 1896 Französisch-Somaliland, 1919 Französisch-Äquatorialafrika und 1912 wird Marokko unter Protektorat gestellt. Portugal hatte zwar 1822 seine Kolonie Brasilien verloren, aber seine Besitzungen in Asien (Goa, Diu und Damao in Indien, Macao in China) blieben ihm bis nach dem Zweiten Weltkrieg; Angola, Moçambique und Portugiesisch-Guinea in Afrika kamen hinzu. Auch Spanien hatte seine Kolonien in Südamerika bereits anfangs des 19. Jhs. verloren, büßte in dessen zweiter Hälfte auch Mexico, Kuba und die Philippinen ein und behielt lediglich seine Besitzungen in Afrika (Spanisch-Marokko, Westsahara, Rio Muni) bis in die zweite Hälfte des 20. Jhs. Italien sicherte sich 1889 Eritrea und Teile Somalias als Protektorat, verschmolz sie mit dem 1936 eroberten Äthiopien zu Italienisch-Ostafrika und vereinigte die ihm 1911/12 von der Türkei überlassenen Provinzen Tripolitanien und Cyrenaika 1934 zur Kolonie Libyen. Die Niederlande waren in Südafrika und in Indonesien als Kolonisten aktiv, Belgien hielt Kongo unter Verwaltung.

Demgegenüber meinte Wilhelm II., dass das Deutsche Reich ebenfalls einen „Platz an der Sonne" erobern müsste. Neben Togo, Kamerun und Deutsch-Südwestafrika sowie Deutsch-Ostafrika, die 1884 bzw. 1885 „deutsch" wurden, wandte man sich nach Osten. Im Jahr 1899 wurde Kiautschou von China an das Deutsche Reich verpachtet und West-Samoa deutsches Schutzgebiet, 1900 kamen die Marianen, die Karolinen, Palau, Nauru und die Salomonen in deutsche Verwaltung. Auf Grund dieser Entwicklungen und des übermäßig angewachsenen Nationalstolzes in Europa beäugten sich die europäischen Staaten misstrauisch. Zudem unterstützte die fortschreitende Industrialisierung ein gegenseitiges Wettrüsten.

Neben der beschleunigten wissenschaftlichen Entwicklung war auch eine schnelle kulturelle Entwicklung zu beobachten. Hatte zu Beginn des 19. Jahrhunderts die europäische Klassik die Umbrüche in der Zivilgesellschaft nach der französischen Revolution und Napoleons Niederlage bei Waterloo aufzufangen versucht, so hatte sie auch für ein universalistisches Bildungsideal gesorgt, das sich an der Antike orientierte. In der Philosophie und Soziologie entdeckt man naturwissenschaftliche Erkenntnisfortschritte – der Positivismus entsteht. Im deutschen Kulturraum steuert mit Johann Gottlieb Fichte (1762–1814), Friedrich Georg Wilhelm Hegel (1770–1831) und Friedrich Wilhelm Joseph Schelling (1775–1854) der deutsche Idealismus seinem Höhepunkt entgegen, der die Transzendentalphilosophie Kants ablöst. In Opposition zu Hegel publizieren Arthur Schopenhauer (1788–1860) und Sören Kierkegaard (1813–1855) über die Bedeutung der Triebe und des Unbewuss-

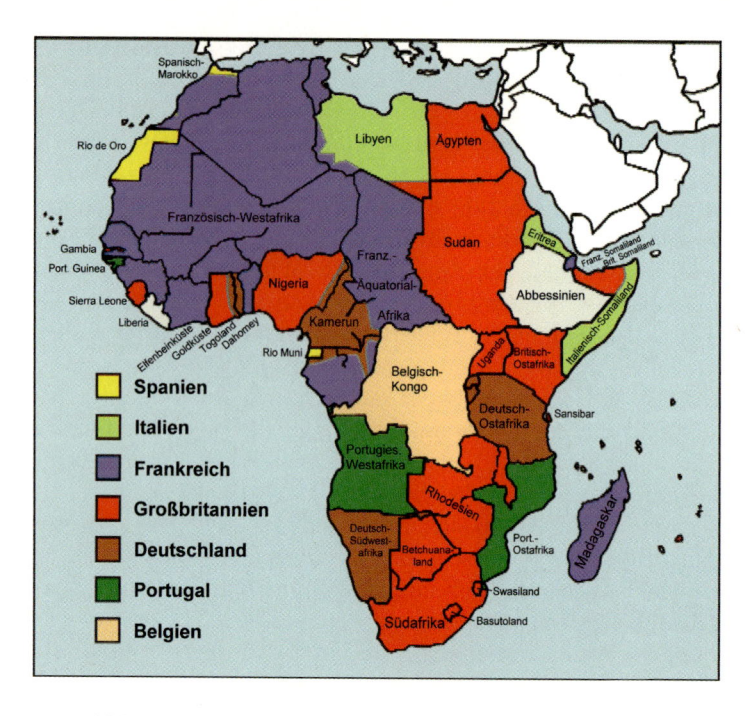

Abb. 10.1.2   Afrika in der Kolonialzeit im Jahr 1914

ten in der menschlichen Existenz. In der Dichtung und in der Musik geht die Romantik langsam in individuellere Formen des Ausdrucks über. In der Forschung tut sich einiges. Waren die Universitäten in der ersten Hälfte des 19. Jahrhunderts noch auf das Sammeln, Bewahren, Ordnen und das Vermitteln von Wissen konzentriert, so bewirken die technischen Elitehochschulen Frankreichs und das Humboldtsche Bildungsideal der Einheit von Forschung und Lehre eine Neuorientierung. Ab 1880 werden an deutschen Universitäten neue wissenschaftliche Fakultäten gegründet. Praktische Übungen in Form von Seminaren werden eingeführt und Laboratorien und Kliniken werden an Universitäten angegliedert. Erst am Ende des 19. Jahrhunderts wurden Frauen allmählich zum Studium zugelassen. Die berühmte Algebraikerin Emmy Noether (1882–1935) konnte sich 1903 in Erlangen immatrikulieren wo sie 1907 promovierte. Im Jahr 1909 wurde sie durch David Hilbert (1862–1943) und Felix Klein (1849–1925) an die Universität Göttingen gerufen, allerdings war die Habilitation von Frauen durch einen Erlass aus dem Jahr 1908 an preußischen Universitäten verboten, so dass 1915 eine Sondererlaubnis eingeholt werden musste, die 1917 abschlägig beschieden wurde. Erst nach dem Ersten Weltkrieg, im Jahr 1919, konnte sich Emmy Noether habilitieren. Unter dem Eindruck der französischen polytechnischen Hochschulen gab es in Deutschland zu Beginn des 19. Jahrhunderts eine Gründungswelle Technischer Hochschulen, die sich meist aus früheren Militärakademien entwickelten. In erster Linie waren diese frühen technischen Schulen aber Ausbildungsstätten; Forschung spielte noch keine Rolle. Das änderte sich erst ab 1850, als die Hochindustrialisierung nach gut ausgebildeten und forschungsaktiven Ingenieuren verlangte. Erst 1899 verlieh Kaiser Wilhelm II. den preußischen Technischen Hochschulen das Promotionsrecht, die anderen deutschen Länder folgten 1901. Eine Ausnahme bildet nur England. Hier war die Ausbildung von Ingenieuren traditionell praktisch geprägt und es bestand kein Bedarf für technische Ausbildungsstätten auf höherem Niveau. Erst 1907 führte Oxford einen Lehrstuhl für Ingenieurwissenschaften ein.

In Russland werden zu Begin des 20. Jahrhunderts linke Intellektuelle und Kommunisten brutal verfolgt. Als sich nach dem russisch-japanischen Krieg die wirtschaftliche Situation in Russland dramatisch verschlechtert und die Probleme durch die Industrialisierung wachsen, kommt es 1905 zu einer Revolution, die durch die Verfilmung der Ereignisse um den Panzerkreuzer Potemkin aus dem Jahr 1925 unvergesslich geworden ist. Die Revolution wird beendet, als Zar Nikolaus II. die Staatsduma auflöst und ein neues Wahlrecht einführt. Allerdings sorgt er dafür, dass konservative Kräfte die Oberhand behalten, so dass die russische Revolution als gescheitert betrachtet werden kann.

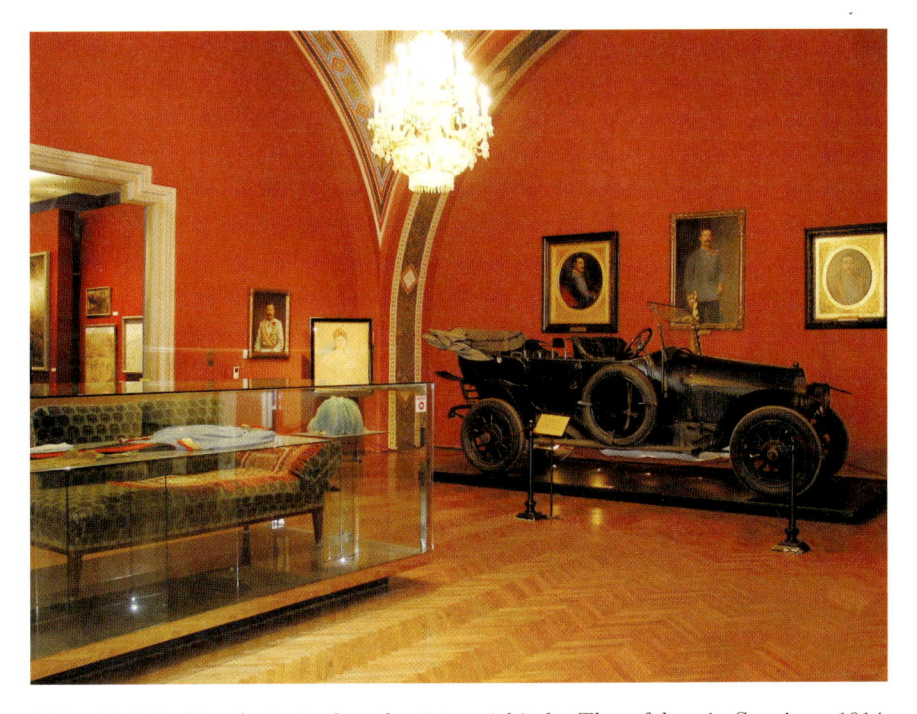

Abb. 10.1.3 Das Auto, in dem der österreichische Thronfolger in Sarajewo 1914 durch einen Attentäter erschossen wurde. Der Wagen befindet sich im Heeresgeschichtlichen Museum in Wien. Links in der Vitrine ist die Uniformjacke des Thronfolgers ausgestellt, die das Einschussloch aufweist

Mit der Ermordung des österreichischen Thronfolgers in Sarajewo bricht 1914 die erste Katastrophe des 20. Jahrhunderts über die Welt herein. Der Erste Weltkrieg verschlingt ca. 17 Millionen Menschenleben, davon ca. 7 Millionen Zivilisten, und endet 1918 mit der Kapitulation Deutschlands und Österreich-Ungarns. Mit dem Ende des Ersten Weltkriegs, der „Urkatastrophe des 20. Jahrhunderts", geht eine Epoche zu Ende. Der deutsche Kaiser Wilhelm II. geht ins Exil, Österreich-Ungarn löst sich auf. Das riesige Osmanische Reich zerfällt, schrumpft auf die 1923 von Kemal Atatürk gegründete Republik Türkei. In Russland übernehmen die Bolschewiki unter Wladimir Illjitsch Ulanov (1870–1924), genannt Lenin, nach der Oktoberrevolution 1917 die Regierung.

Die Katastrophe des ersten Weltkrieges hatte auch tiefe Einschnitte an den Universitäten zur Folge. In England, Frankreich und Deutschland wurde eine ganze Generation junger Männer brutal vernichtet. Nur kriegswichtige Forschungen wurden noch vorangetrieben. Nach dem Krieg kam es zu einer Rückkehrerwelle an die Hochschulen.

Im Vertrag von Versailles werden Deutschland 1919 von den Alliierten hohe Reparationsforderungen auferlegt, was nationalen Strömungen in Deutschland starken Auftrieb gibt und bereits den Keim zur zweiten Katastrophe des 20. Jahrhunderts pflanzt. Die 1919 gegründete „Weimarer Republik" startet schon in starken Turbulenzen: War die deutsche Mark am Ende des Ersten Weltkriegs nur noch die Hälfte wert, so setzte 1919 eine Hyperinflation ein. Am 20. November 1923 betrug der Dollarkurs 4 200 000 000 000 (4200 Milliarden) Mark. Das Vertrauen in die neue Republik ist im kleinen und mittleren Bürgertum dadurch erschüttert, und zu allem Überfluss bricht im Jahr 1929 nach einer kurzen Zeit des moderaten Aufschwungs die Weltwirtschaftskrise los und stürzt die ökonomische Lage der jungen Republik zurück ins Jahr 1923.

Mit der Machtübernahme Adolf Hitlers 1933 wird Deutschland faschistisch. Die jüdische Elite wird massiv unterdrückt und bedroht. Zahlreiche hervorragende Wissenschaftler, darunter Mathematiker ersten Ranges, verlassen Deutschland, vgl. [Wußing 2009, S. 363–370], [Siegmund-Schultze 2009]. Größenwahn und Rassenfanatismus der Nationalsozialisten stürzen die Welt 1939 in den Zweiten Weltkrieg, in dem 55–60 Millionen Menschen den Tod finden. Der Versuch der Ausrottung der Juden in Europa fordert ca. 6 Millionen Opfer. Neben dem Holocaust (oder Schoa = große Katastrophe) an den Juden werden Homosexuelle, Sinti und Roma, Kommunisten, Sozialdemokraten und Behinderte gezielt getötet. Im Mai 1945 kapituliert die deutsche Wehrmacht bedingungslos. Mit der Kapitulation Japans am 2. September endet die zweite Weltkatastrophe des 20. Jahrhunderts.

Abb. 10.1.4 Die brennende Innenstadt von Braunschweig nach dem Feuersturm am 15.10.1944 (li.). Die meisten deutschen Städte erlitten ähnliche Katastrophen. Explosion der Atombombe in Hiroshima am 6.8.1945 (re.)

10.2 Der heilige Georg erlegt den Drachen: Cantor und die Mengenlehre

Georg Cantor (1845–1918) wurde als Sohn eines erfolgreichen Kaufmanns in St. Petersburg geboren. Der Vater war liebevoll, akademisch interessiert und hinterließ seinem Sohn ein gewisses Vermögen. Auch war der Vater sehr religiös – ein frommer lutherischer Christ aus Überzeugung – und sein Sohn folgte und übertraf ihn wohl noch in seiner Religiosität. Zur Konfirmation Pfingsten 1860 schreibt der Vater an seinen Sohn einen Brief, den dieser sein Leben lang aufbewahrt hat [Meschkowski 1967, S. 3]. Vermutungen und Gerüchte, Georg Cantor sei jüdischer Herkunft, sind haltlos, vgl. [Purkert/Ilgauds 1987, S. 15], obwohl dies z. B. von Abraham Fraenkel in seinen Lebenserinnerungen [Fraenkel 1967, S. 152] und in seiner Lebensbeschreibung Cantors in [Cantor 1980, S. 481] behauptet wird. Georg wuchs mit drei jüngeren Geschwistern, Ludwig, Sophie und Constantin in St. Petersburg auf, einer Metropole, in der um 1850 etwa 40 000 Deutsche lebten. Die Familie übersiedelte 1856 wegen eines Lungenleidens des Vaters nach Frankfurt am Main. In einem Brief vom 4.7.1894 schreibt Georg Cantor über seine Zeit in Russland [Purkert/Ilgauds 1987, S. 16]:

Meine 11 ersten wundervollen Lebensjahre habe ich in der herrlichen Newastadt verlebt, seitdem bin ich leider nie wieder in meine Heimath zurückgekommen.

Nach dem Besuch von Privatschulen in Frankfurt/Main und dem Gymnasium in Wiesbaden möchte Georg Cantor Mathematik studieren, der Vater aber hält eine Ingenieurausbildung für wirtschaftlich sicherer. Also besucht er ab 1859 die „Höhere Gewerbeschule des Großherzogthums Hessen" und die damit verbundene Realschule zu Darmstadt, von der er auf die Höhere Gewerbeschule wechselt, die 1859 eine polytechnische Schule erhalten hatte. Die Höhere Gewerbeschule hatte einen schlechten Ruf, so dass sie Jahr um Jahr an Schülern verlor. Der Vater war zusätzlich beunruhigt, denn mit dem Alter von 16 Jahren genoss man die „studentischen Freiheiten" und Georg nutzte diese, um einer Burschenschaft beizutreten. Der Vater spricht über das „lächerliche, äffische Corpswesen" [Purkert/Ilgauds 1987, S. 18], unterlässt aber autoritäres Auftreten, und so ist dieses kurze Intermezzo für Georg wohl schon 1861 zu Ende. Der Mathematiklehrer Jacob Külp hat mit seiner profunden Ausbildung sicher auf Georg Cantor großen Eindruck gemacht, und die ohnehin große Liebe zur Mathematik wurde nochmals vergrößert. Im Jahr 1862 gibt der Vater dem Sohn schriftlich die Erlaubnis, sich einem Mathematikstudium widmen zu dürfen und am 18. August 1862 hat Georg die Abschlussprüfung erfolgreich abgelegt.

Schon im Herbst 1862 ist Georg Cantor Student an der Universität Zürich. Während kein sonderlich ausgezeichneter Mathematikprofessor zu dieser Zeit an der Züricher Universität tätig war, ergab es sich dennoch, dass Cantor die Vorlesungen der Professoren der Eidgenössischen Polytechnischen Schule in Zürich hören konnte. Beide Hochschulen, die Universität und das Polytechnikum, befanden sich nämlich bis 1864 im selben Gebäude und die Professoren beider Hochschulen lasen auch wechselseitig für die Studenten der jeweils anderen. Im Herbst 1862 war allerdings Cantors späterer Freund, Richard Dedekind, von Zürich nach Braunschweig zurückgekehrt.

Im Frühsommer 1863 stirbt der geliebte Vater, der stets intensiv an der Entwicklung seines Sohnes interessiert war, und die Mutter siedelt nach Berlin um. Georg Cantor pausiert in seinen Studien für ein Semester und immatrikuliert sich dann in Berlin an der Friedrich-Wilhelms-Universität. Für die Mathematik ist ein goldenes Zeitalter in Berlin angebrochen. So lesen unter Anderen Karl Weierstraß (1815–1897), Leopold Kronecker (1823–1891) und Ernst Eduard Kummer (1810–1893). Kronecker liest über neueste Resultate aus der Theorie der algebraischen Gleichungen und der Zahlentheorie, Weierstraß über seine aktuellen Forschungen aus der Analysis und Kummer über klassische Gebiete wie Analytische Geometrie und Mechanik. Neben der Mathematik hört Cantor auch Vorlesungen zur Physik und zur Philosophie. Im Jahr 1866 geht er für ein Semester an die Universität Göttingen. Ein Wechsel für ein oder mehrere Semester gehört im 19. Jahrhundert zum guten Ton. In

10.2 Der heilige Georg erlegt den Drachen: Cantor und die Mengenlehre

Abb. 10.2.1 Leopold Kronecker und Ernst Eduard Kummer

Berlin reicht Cantor im Jahr 1867 seine Dissertation *De aequationibus secundi gradus indeterminatis* (Über unbestimmte Gleichungen zweiten Grades) ein, in der es um diophantische Gleichungen geht. Der erste Gutachter ist Kummer, der zweite Weierstraß. Das Ergebnis von Doktorarbeit und mündlicher Prüfung ist ein „magna cum laude", aber Cantor bleibt noch in Berlin, um die Staatsprüfung für das höhere Lehramt abzulegen. In Berlin wird der um zwei Jahre ältere Hermann Amandus Schwarz (1843–1921) Cantors enger Freund. Beide eint die Verehrung für Weierstraß und beide sorgen sich um den Einfluss Kroneckers, der sein Herz auf der Zunge führt und keiner Konfrontation aus dem Weg geht. Am 17.12.1868 stellt Cantor den Antrag zur Aufnahme in das Seminar von Karl Schellbach am Königlichen Friedrich-Wilhelms-Gymnasium, in dem die pädagogische Ausbildung der Mathematik- und Physiklehrer vorgenommen wurde. Cantor bleibt nur zwei Monate bei Schellbach, dann ergibt sich eine Möglichkeit, an der Universität Halle zu habilitieren. Er hat also sehr klar zu dieser Zeit seine Zukunft in einer Hochschullaufbahn gesehen. An seine Schwester Sophie schreibt er am 7. Februar 1869 [Meschkowski 1967, S. 7]:

Ich sehe doch immer mehr ein, wie sehr mir meine Mathematik ans Herz gewachsen ist oder vielmehr, daß ich eigentlich dazu geschaffen bin, um in dem Denken und Trachten in dieser Sphäre Glück, Befriedigung und wahrhaften Genuß zu finden.

In Halle lehrt Eduard Heine (1821–1888), bekannt durch den Heine-Borelschen Überdeckungssatz, und Cantors Freund Hermann Amandus Schwarz war dort seit 1867 außerordentlicher Professor. Schwarz geht 1869 auf eine Professur nach Zürich und hat Cantor in Halle sicher empfohlen. So habilitiert sich Cantor im Frühjahr 1869 mit einer zahlentheoretischen Arbeit und wird Pri-

Abb. 10.2.2 Eduard Heine und Hermann Amandus Schwarz

vatdozent in Halle. Mit Heine pflegt Cantor einen regen Gedankenaustausch. Während Cantor auf zahlentheoretischem Gebiet arbeitet, interessiert Heine die Theorie der trigonometrischen Reihen – speziell der Fourier-Reihen

$$\frac{a_0}{2} + \sum_{k=1}^{\infty} \left(a_k \cos(kx) + b_k \sin(kx) \right).$$

Die Untersuchung der Fourier-Reihen stellte eine echte Herausforderung dar, an der sich weite Teile der Analysis entwickelt haben. An ihnen schärfte sich der Funktionsbegriff (Dirichlet) und Riemann schuf einen neuen Integralbegriff, wie wir bereits in Kapitel 8 und 9.5 gesehen haben.

In der Arbeit *Beweis, daß eine für jeden reellen Wert von x durch eine trigonometrische Reihe gegebene Funktion f(x) sich nur auf eine einzige Weise in dieser Form darstellen läßt* [Cantor 1980, S. 80–83] legte Cantor auf der Basis von Riemannschen Ergebnissen einen Eindeutigkeitssatz vor. Danach ist die Darstellung einer Funktion durch eine Fourier-Reihe eindeutig, wenn die Fourier-Reihe überall konvergiert. Einige Zeit später veröffentlichte Cantor eine Notiz zu dieser Arbeit. Nun konnte er zeigen, dass sein Eindeutigkeitsresultat auch dann noch richtig bleibt, wenn man die Konvergenz der Fourier-Reihe in einer Ausnahmemenge von endlich vielen Punkten gar nicht mehr verlangt. Nun scheint Cantors Neugier vollends entfacht zu sein: Er fragt nach den möglichen Ausnahmemengen von *unendlich vielen* Punkten, so dass der Eindeutigkeitssatz noch gilt. Schon Hermann Hankel (1839–1873) hatte in einer Arbeit *Untersuchungen über die unendlich oft oszillierenden und unstetigen Funktionen* aus dem Jahr 1870 unendliche Punktmengen von reellen Zahlen untersucht und versucht, ihre Eigenschaften zu charakterisieren.

10.2 Der heilige Georg erlegt den Drachen: Cantor und die Mengenlehre

Abb. 10.2.3 Georg Cantors Wohnhaus in Halle in der Zeit von 1886 bis 1918 [Foto Thiele]

Der Freund Schwarz hatte Cantor auf die Hankelsche Arbeit hingewiesen und Cantor schrieb sogar eine Rezension [Purkert/Ilgauds 1987, S. 36]. Für den Kontext der Fourier-Reihen hat Cantor aber keine Vorbilder. Schon 1872 publiziert Cantor die Arbeit *Über die Ausdehnung eines Satzes aus der Theorie der trigonometrischen Reihen* in den Mathematischen Annalen [Cantor 1980, S. 92–102]. In dieser Arbeit muss er erst einmal feststellen, dass es gar keine saubere Definition der reellen Zahlen gibt! Man vergleiche die Situation mit der von Richard Dedekind, der bei Vorlesungen für Ingenieurstudenten auf dieses Dilemma geführt wurde. Cantor schreibt [Cantor 1980, S. 92]:

Zu dem Ende bin ich aber genötigt, wenn auch zum größten Teile nur andeutungsweise, Erörterungen voraufzuschicken, welche dazu dienen mögen, Verhältnisse in ein Licht zu stellen, die stets auftreten, sobald Zahlengrößen in endlicher oder unendlicher Anzahl gegeben sind; dabei werde ich zu gewissen Definitionen hingeleitet, welche hier nur zum Behufe einer möglichst gedrängten Darstellung des beabsichtigten Satzes, dessen Beweis im §3 gegeben wird, aufgestellt werden.

Abb. 10.2.4   Hermann Hankel und Georg Cantor

Bis zu diesem §3 sind es etwa $4\frac{1}{2}$ Druckseiten und die haben es in sich! Cantor entwirft eine Theorie der reellen Zahlen. Wie Purkert und Ilgauds in [Purkert/Ilgauds 1987, S. 36] schreiben, ist es eine Theorie,

> *die allein hingereicht hätte, ihm einen Platz in der Geschichte der Mathematik zu sichern.*

Diese neue Theorie, die ganz auf Cauchy-Folgen basiert, trägt Cantor bereits im Sommersemester 1870 vor.

Auf ein freigewordenes Extraordinariat in Halle bewarben sich Cantor und ein weiterer junger Privatdozent, der Funktionentheoretiker Thomae. Nach einigem Hin und Her wird ein zweites Extraordinariat bewilligt. Thomae wird im Mai 1872 mit dem vollen Gehalt von 500 Talern berufen, Cantor am 16. Mai 1872 – allerdings ohne jegliches Gehalt! Als Vorstöße zur Änderung dieses Zustandes nichts fruchteten, stellte Cantor am 1. Juli 1873 den Antrag, sein Extraordinariat niederlegen zu dürfen. Dieses Gesuch wirkte nun im Kultusministerium: Cantor erhielt ein Gehalt von 400 Talern.

Im Jahr 1872 reist Cantor zur Erholung in die Schweiz, wo er zufällig mit Richard Dedekind zusammentrifft. Aus dem Briefwechsel der beiden Männer erwächst die Grundlage der Mengenlehre, die Cantor später so weit entwickeln wird, dass er den „Drachen" Unendlichkeit erlegen kann. Mit Cantor gewinnt das Aktualunendliche ein Hausrecht in der modernen Mathematik.

Im Frühjahr 1874 verlobt sich Cantor mit Vally Guttmann, einer Freundin seiner Schwester. Aus der Ehe, die kurz darauf geschlossen wird, gehen 6 Kinder hervor. Cantor arbeitet nun an seiner Theorie der Mengen, die ein unglaubliches Resultat nach dem anderen liefert. Am 12. Juli 1877 reicht Cantor seine

Abb. 10.2.5 Georg Cantor 1880 mit seiner Frau Vally

Arbeit *Ein Beitrag zur Mannigfaltigkeitslehre* [Cantor 1980, S. 119–133] im Crelleschen Journal ein. Darin enthalten sind die Aussagen über die Gleichmächtigkeit von Mengen unterschiedlicher Dimension – ein so ungeheuerliches Ergebnis zu der damaligen Zeit, dass sich Widerstand regt. Der Abdruck wird bis 1878 verzögert[1], vermutlich durch Leopold Kronecker [Purkert/Ilgauds 1987, S. 51]. Kronecker sollte sich zu einem der schärfsten Kritiker Cantors und seiner Mengenlehre entwickeln. Ein berühmtes Zitat Kroneckers ist: *„Die ganzen Zahlen hat der liebe Gott gemacht, alles andere ist Menschenwerk"* und das zeigt schon seine ganze Philosophie. Mit einer Mathematik unendlicher Mengen konnte man Kronecker nicht kommen, der sogar die irrationalen Zahlen und die „continuierlichen Größen" von der Mathematik „abstreifen" wollte. David Hilbert (1862–1943), der größte Mathematiker des 20. Jahrhunderts, nannte Kronecker „den klassischen Verbotsdiktator" [Purkert/Ilgauds 1987, S. 53].

Schon 1874 hatte sich Cantor bei Dedekind über die Enge Halles beklagt. Er sucht eine neue Stelle an einer bedeutenderen Universität und bewirbt sich auf ein Extraordinariat in Berlin. Obwohl er (mit einem weiteren Bewerber) an erste Stelle gesetzt wird, lässt das Ministerium einen Weggang von Halle nicht zu. Außerdem wird 1876 eine bereits gewährte Gehaltsaufbesserung von 900 Mark ersatzlos gestrichen, so dass wir von einem Fauxpas ausgehen müssen, den Cantor offenbar begangen hatte. Als im Jahr 1877 der Hallenser Ordinarius Otto August Rosenberger (1800–1890) seinen Entlas-

---

[1] Es ist heute ganz normal, wenn die Zeit zwischen dem Einreichen einer mathematischen Arbeit und dem Erscheinungstermin mehrere Monate beträgt. Zu Cantors Zeiten war das sehr ungewöhnlich.

sungsantrag stellt und als seinen Nachfolger Cantor vorschlägt, erhält dieser – wieder mit unerklärlicher Verzögerung von Seiten des Ministeriums in Berlin – am 12. April 1879 ein Ordinariat. Die Jahre zwischen 1878 und 1884 sind die produktivsten Jahre in Cantors mathematischem Schaffen. In dieser Zeit entsteht das, was für die moderne Mathematik als Grundlage angesehen werden muss. In dieser Zeit wächst aber auch die Gruppe seiner Gegner. Besonders schmerzhaft ist, dass sich auch der alte Freund Schwarz ganz gegen Cantor wendet.

Unterstützung bei den Publikationen seiner Arbeiten findet er schließlich bei dem schwedischen Mathematiker Magnus Gösta Mittag-Leffler (1846–1927), der 1882 die mathematische Fachzeitschrift „Acta Mathematica" gegründet hatte, in der nun Cantors Arbeiten erscheinen. Im Jahr 1884 schreibt Cantor an Mittag-Leffler [Meschkowski 1967, S. 131],

dass Schwarz und Kronecker seit Jahren fürchterlich gegen mich intriguieren, [...]

Als der Druck zu groß wird, schreibt Cantor im Sommer 1884 einen „Versöhnungsbrief" an Kronecker und versucht, mit ihm wieder ins Gespräch zu kommen. Im Antwortschreiben zeigt sich Kronecker persönlich konziliant, in den mathematischen Differenzen bleibt aber eine „Divergenz". Für Kronecker waren die mit der Behandlung des Aktualunendlichen einhergehenden philosophischen Aspekte, denen sich Cantor so gerne widmete, unerträglich.

Bereits 1884 stellen sich bei Cantor gesundheitliche Probleme ein. Er leidet an manischen Depressionen, die ihn bis 1899 nur in geringem Umfang befallen haben können, denn er konnte sein Ordinariat und die damit verbundenen Pflichten ohne Einschränkungen ausfüllen. 1885 wird eine Arbeit über Ordnungstypen von Mittag-Leffler zurückgewiesen. Diese Arbeit ist zu Lebzeiten Cantors nicht erschienen, wurde aber von Ivor Grattan-Guinness wiederentdeckt und 1970 publiziert [Grattan-Guinness 1970]. Wegen dieser Zurückweisung wandte sich Cantor anderen Interessensgebieten zu, etwa der Philosophie und Theologie, aber auch der Bacon-Shakespeare Theorie. Nach dieser Theorie, die in Deutschland in den 1880er Jahren populär wurde, versteckte sich der englische Philosoph Francis Bacon (1561–1626) hinter dem Pseudonym Shakespeare. Cantor war an Bacon an sich interessiert und wurde zu einem aktiven Unterstützer der Bacon-Shakespeare Theorie, zu der er auch ernsthafte literaturwissenschaftliche Studien anstellte. Etwas bedenklicher sind wohl die ernsthaften Versuche Cantors zu werten, die „wahre Identität" des Görlitzer Philosophen Jakob Böhme oder die „wahre Bedeutung" des englischen Wissenschaftlers John Dee zu ermitteln. Aus einschlägigen Briefsammlungen wie [Meschkowski/Nilson 1991] ist nicht ersichtlich, dass Cantor sich auch vermehrt Geistlichen zuwandte, um seine transfiniten Zahlen und seine philosophischen Überzeugungen zum Unendlichen zu diskutieren. Erst in jüngerer Zeit hat Christian Tapp den Briefwechsel mit Theologen

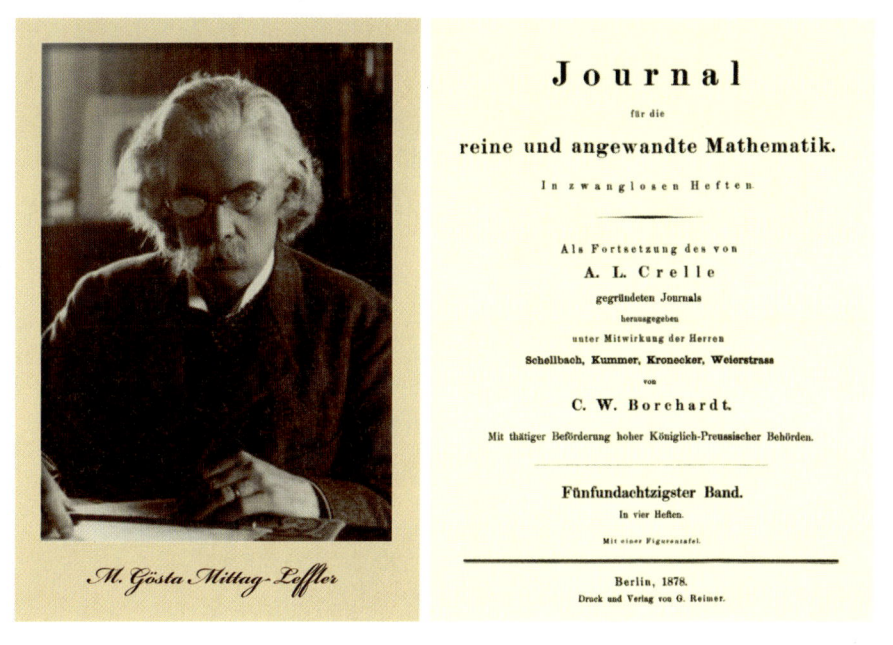

Abb. 10.2.6 Magnus Gösta Mittag-Leffler; Crelles Journal 1878 mit dem Beitrag von Cantor zur *Mannigfaltigkeitslehre*

bearbeitet [Tapp 2005], vgl. auch [Thiele 2008]. Tiefe Einblicke in Cantors Metaphysik und in sein Verhältnis zur Religion findet man in [Thiele 2005].

Nach dem Tod von Alfred Clebsch (1833–1872) übernimmt es Cantor, die Deutsche Mathematiker Vereinigung DMV zu gründen. Als Gründungsjahr gilt 1890, und 1891 fand das erste Treffen der DMV in Halle unter Cantors Leitung statt, der auch zum ersten Präsidenten dieser Vereinigung gewählt wurde und es bis 1893 blieb. Auf dem ersten Internationalen Kongress der Mathematiker 1897 in Zürich erhielt Cantor dann die ihm lange versagt gebliebene Anerkennung seiner Mengenlehre. Allerdings hatte er bereits vorher Antinomien – logische Widersprüche – entdeckt, die zu Problemen innerhalb der Mengenlehre führten. Im Jahr 1897 entdeckte Cesare Burali-Forti (1861–1931) eine solche Antinomie und publizierte sie. Diese Antinomien entstehen bei einer unbeschränkten Mengenbildung und lassen sich am besten an der berühmten Russellschen Antinomie zeigen. Bertrand Russell (1872–1970) kam vermutlich 1901 bei den Arbeiten zu seinem Buch *The Principles of Mathematics* auf diese Antinomie, die er bereits 1903 publizierte. Er bildet die Menge aller Mengen, die sich selbst nicht als Element enthalten:

$$R = \{x \mid x \notin x\}.$$

Abb. 10.2.7 Gottlob Frege und Bertrand Russell

Enthält R sich selbst, dann enthält es sich nicht. Enthält R nicht sich selbst, dann müsste es sich aber enthalten. Im Jahr 1918 gab Russell ihm die folgende Form eines leicht verständlichen Paradoxons:

> In einem Dorf lebt ein Barbier, der genau diejenigen Männer rasiert, die sich nicht selbst rasieren.

Fragt man nun danach, ob der Barbier sich selbst rasiert, dann müsste er zu den Männern gehören, die sich nicht selbst rasieren. Rasiert er sich aber nicht selbst, dann müsste er sich rasieren. Russell teilte seine Antinomie 1902 dem Mathematiker und Philosophen Gottlob Frege mit, der 1884 den ersten Band seines Werkes *Die Grundlagen der Arithmetik* [Frege 1987] veröffentlicht hatte und nun am zweiten Band arbeitete. Frege, der versuchte, die Arithmetik auf ein mengentheoretisches Axiomensystem zu gründen, wandte sich daraufhin von seinen diesbezüglichen Arbeiten ab.

Erst die moderne Mengenlehre nach Zermelo und Fraenkel, über die wir noch zu berichten haben, schließt diese Antinomien aus.

Kurz nach einem zweiten Aufenthalt in einem Sanatorium verstirbt Cantors jüngster Sohn im Oktober 1899. Von diesem Zeitpunkt an treten die Anfälle von Depressionen häufiger auf und Cantor wendet sich von der aktiven mathematischen Arbeit ab. Im Jahr 1904 präsentiert auf dem Internationalen Mathematikerkongress im Beisein von Cantor der Ungar Julius (Gyula) König einen „Beweis", der Cantors Arbeiten zu den transfiniten Zahlen widerlegt. Cantor ist außer sich, aber schon am nächsten Tag kann Ernst Zermelo (1871–1953) zeigen, dass Königs Beweis falsch ist. Die Universität St. Andrews in

10.2 Der heilige Georg erlegt den Drachen: Cantor und die Mengenlehre

Schottland verleiht Cantor 1912 die Ehrendoktorwürde, die er seiner Krankheit wegen nicht persönlich annehmen kann. Er geht 1913 in den Ruhestand, ist während des ersten Weltkriegs mangelernährt und stirbt schließlich am 6. Januar 1918 in Halle in dem Sanatorium, in dem er die letzten Jahre seines Lebens verbracht hat.

10.2.1 Cantors Konstruktion der reellen Zahlen

In Dedekinds Schrift *Stetigkeit und irrationale Zahlen* aus dem Jahr 1872 schreibt der Verfasser im Vorwort [Dedekind 1965, S. 5]:

> *Und während ich an diesem Vorwort schreibe (20. März 1872) erhalte ich eine interessante Abhandlung: „Über die Ausdehnung eines Satzes aus der Theorie der trigonometrischen Reihen" von G. Cantor (Math. Annalen von Clebsch und Neumann, Bd. 5), für welche ich dem scharfsinnigen Verfasser meinen besten Dank sage. Wie ich bei raschem Durchlesen finde, so stimmt das Axiom in §2 derselben, abgesehen von der äußeren Form der Einkleidung, vollständig mit dem überein, was ich unten in §3 als das Wesen der Stetigkeit bezeichne.*

Es ist an dieser Stelle wichtig, dass wir den Begriff „Stetigkeit" richtig auffassen. Man hat nämlich zwei verschiedene Dinge mit dem gleichen Wort versehen, vgl. [Volkert 1988, S. 186]:

- Stetigkeit in Bezug auf die reellen Zahlen: Hierbei geht es um die *Vollständigkeit* der reellen Zahlen. Heute sagen wir: Jede Cauchy-Folge konvergiert.
- Stetigkeit von Funktionen: Kleine Änderungen im Argument haben auch nur kleine Änderungen des Funktionswertes zur Folge.

Nur von der ersten Bedeutung von Stetigkeit ist hier die Rede. Dedekind hatte die reellen Zahlen durch seine Schnitte definiert, vgl. Seite 536. Cantor greift zu den Cauchy-Folgen rationaler Zahlen. Eine Folge rationaler Zahlen (s_k) ist eine Cauchy- oder Fundamentalfolge, wenn es zu jedem $\varepsilon > 0$ einen Index N gibt, so dass für alle $n > N$ und alle m immer

$$|s_{n+m} - s_n| < \varepsilon$$

gilt. Wollen wir wieder unsere Anschauung hinzuziehen, dann sind Cauchy-Folgen gerade solche, bei denen man zu beliebig großen Indices die Folgenelemente in beliebig kleinem Abstand zueinander findet. Eine solche Folge haben wir beim Heron-Verfahren in Abschnitt 9.7.1 schon kennengelernt. Konvergiert eine solche Cauchy-Folge gegen eine rationale Zahl, dann ist alles in Ordnung. Konvergiert sie aber nicht gegen eine rationale Zahl, so nimmt

Cantor sie zur Definition einer neuen, irrationalen Zahl. Nun kann man viele verschiedene Cauchy-Folgen angeben, die alle dieselbe Zahl definieren. Das ist schon bei rationalen Grenzwerten so, z. B. haben die Cauchy-Folgen $(\frac{1}{n})$, $(\frac{1}{n^2})$, $(\frac{1}{n^3})$ usw. alle den Grenzwert 0. Um diese Vieldeutigkeit zu umgehen, fasst Cantor alle Cauchy-Folgen, die einen gemeinsamen Grenzwert haben, in einer Äquivalenzklasse zusammen. Eine reelle Zahl war bei Dedekind identifiziert mit einem Intervall, bei Cantor ist eine reelle Zahl eine Äquivalenzklasse von Cauchy-Folgen!

Man spricht heute vom „Kontinuum", wenn man die Menge der reellen Zahlen meint. Aber dieses durch Cantor und Dedekind geschaffene „Kontinuum" hat mit dem Kontinuum der griechischen Antike *nichts* mehr zu tun! Die Gerade g, definiert durch

$$y = 2x + 3,$$

die ja nach griechischer Auffassung ein (Linear)Kontinuum darstellt, hat in der Cantorschen Mathematik die Darstellung

$$g = \{(x,y) \mid y = 2x + 3\}$$

und ist damit eine *Menge von Punkten*! Man kann also mit gutem Recht sagen, dass Cantor das Kontinuum diskretisiert, d. h. in einzelne Punkte zerschlagen hat. Aristoteles hätte sich geekelt, Demokrit sich hämisch gefreut.

10.2.2 Cantor und Dedekind

Als Cantor 1872 im Urlaub auf Dedekind trifft, kommen die beiden Männer auf die Untersuchungen zu sprechen, die Cantor gerade bei seinen Arbeiten zu den Ausnahmemengen bei den Fourier-Reihen beschäftigen. Ganz natürlich kommt die Frage auf, „wie viele" reelle Zahlen es eigentlich gibt. Der für endliche Mengen definierte Begriff „Anzahl" versagt bei unendlichen Mengen. An seine Stelle treten deshalb die von Cantor geprägten Begriffe „Kardinalität" oder " Mächtigkeit" und „Kardinalzahl" einer Menge. Schon Galileis Untersuchungen mit Quadratzahlen haben gezeigt, dass man bei unendlichen Mengen mit Überraschungen rechnen darf, vgl. Abschnitt 5.4.1. Im Briefwechsel, der sich nach dem Treffen in der Schweiz ergibt, entsteht nun eine Theorie der Kardinalität. Am 29. November 1873 schon schreibt Cantor an Dedekind [Noether/Cavaillés 1937, S. 13]:

> *Wäre man nicht auch auf den ersten Anblick geneigt zu behaupten, dass sich (n) nicht eindeutig zuordnen lasse dem Inbegriffe $\left(\frac{p}{q}\right)$ aller positiven rationalen Zahlen $\frac{p}{q}$? Und dennoch ist es nicht schwer zu zeigen, dass sich (n) nicht nur diesem Inbegriffe, sondern noch dem allgemeineren [...] eindeutig zuordnen läßt, [...]*

10.2 Der heilige Georg erlegt den Drachen: Cantor und die Mengenlehre

Abb. 10.2.8 Georg Cantor (ca. 1894) und Richard Dedekind

Cantor hat damit einen Beweis dafür angesprochen, dass die Mächtigkeit der natürlichen Zahlen sich nicht unterscheidet von der Mächtigkeit der Brüche, in Zeichen
$$|\mathbb{Q}| = |\mathbb{N}|.$$
Es gibt also „nicht mehr" Brüche als natürliche Zahlen und das scheint ungeheuerlich, denn zwischen 1 und 2 gibt es schon unendlich viele Brüche! Seinen Beweis legt Cantor in einem Brief vom 18. Juni 1886 an den Berliner Gymnasiallehrer Goldschneider vor, der mit einer sauberen Einführung und Begriffsdefinition beginnt [Meschkowski 1990, S. 189 ff.]:

I. *Abstrahiert man bei einer gegebenen, bestimmten Menge M, bestehend aus konkreten Dingen oder abstrakten Begriffen, welche wir Elemente nennen, sowohl von der Beschaffenheit der Elemente, wie auch von der Ordnung ihres Gegebenseins, so erhält man einen bestimmten Allgemeinbegriff, den ich die Mächtigkeit von M oder die der Menge M zukommende Cardinalität nenne.*

II. *Zwei bestimmte Mengen M und M_1 heißen äquivalent, in Zeichen $M \sim M_1$, wenn es möglich ist, sie nach einem Gesetz gegenseitig eindeutig und vollständig, Element für Element einander zuzuordnen. Ist $M \sim M_1$ und $M_1 \sim M_2$, so ist auch $M \sim M_2$.*

⋮

III. *Aus I und II schließt man, dass äquivalente Mengen immer dieselbe Mächtigkeit haben und dass auch umgekehrt Mengen von derselben Cardinalzahl äquivalent sind.*

Cantor hat sich für dieselbe Methode wie Galilei entschieden, wenn es um den Vergleich der Anzahl der Elemente von unendlichen Mengen geht, der „Durchnummerierung". In heutiger Sprache muss es eine bijektive Abbildung zwischen der Menge der natürlichen und der Menge der rationalen Zahlen geben, und das beweist Cantor jetzt:

> VII. *Nun mache ich sie mit dem allgemeinen Begriff einer wohlgeordneten Menge vertraut, [...] .*
> *Beispiele:*
> I. *(a,b,c,d,e,f,g,h,i,k) ist eine wohlgeordnete Menge im Gegensatz zu*
>
> $$\begin{matrix} & & a & & \\ & b & & c & \\ d & & e & & f \\ g & & h & i & k; \end{matrix}$$
>
> *beide Mengen bestehen aus denselben Elementen, haben also auch gleiche Mächtigkeit.*
> II. *die Reihe der endlichen Cardinalzahlen in ihrer natürlichen Folge*
>
> $$(1, 2, 3, \ldots, \nu, \ldots)$$
>
> *die Menge aller positiven rationalen Zahlen in folgender Anordnung:*
>
> $$\left(\frac{1}{1}, \frac{1}{2}, \frac{2}{1}, \frac{1}{3}, \frac{3}{1}, \frac{1}{4}, \frac{2}{3}, \frac{3}{2}, \frac{4}{1}, \frac{1}{5}, \frac{5}{1}, \frac{1}{6}, \frac{2}{5}, \frac{3}{4}, \frac{4}{3}, \frac{5}{2}, \frac{6}{1}, \ldots\right)$$
>
> *Das Gesetz der Anordnung ist hier dieses, dass von zwei in der irreduciblen[2] Form genommenen Rationalzahlen $\frac{m}{n}$ und $\frac{m'}{n'}$ die erstere einen niederen oder höheren Rang als die andere erhält, je nachdem $m + n$ kleiner oder größer als $m' + n'$; ist aber $m + n = m' + n'$ so richtet sich die Rangbezeichnung nach der Größe von m und m'.*

Und damit ist der Beweis schon erbracht. Nun lässt sich in eindeutiger Weise jedem Bruch eine natürliche Zahl und umgekehrt jeder natürlichen Zahl ein Bruch zuordnen. Man bezeichnet heute diese Beweismethode als erstes Cantorsches Diagonalverfahren. Man kann die positiven Brüche in folgendem Tableau ordnen:

---

[2] Gemeint ist Teilerfremdheit

10.2 Der heilige Georg erlegt den Drachen: Cantor und die Mengenlehre

$$\frac{1}{1}, \frac{2}{1}, \frac{3}{1}, \frac{4}{1}, \frac{5}{1}, \frac{6}{1}, \ldots$$

$$\frac{1}{2}, \frac{2}{2}, \frac{3}{2}, \frac{4}{2}, \frac{5}{2}, \frac{6}{2}, \ldots$$

$$\frac{1}{3}, \frac{2}{3}, \frac{3}{3}, \frac{4}{3}, \frac{5}{3}, \frac{6}{3}, \ldots$$

$$\frac{1}{4}, \frac{2}{4}, \frac{3}{4}, \frac{4}{4}, \frac{5}{4}, \frac{6}{4}, \ldots$$

$$\frac{1}{5}, \frac{2}{5}, \frac{3}{5}, \frac{4}{5}, \frac{5}{5}, \frac{6}{5}, \ldots$$

$$\vdots \quad \vdots \quad \vdots \quad \vdots \quad \vdots \quad \vdots$$

Die Art der Ordnung ist klar: in der ersten Zeile stehen alle positiven Brüche mit Nenner 1, in der zweiten Zeile alle mit Nenner 2, usw. Jetzt gehen wir in einer Zickzack-Form durch unsere Brüche.

Abb. 10.2.9 Eine Seite des Cantor Würfels in Halle [Foto Richter]

$$
\begin{array}{cccccc}
\frac{1}{1} \to \frac{2}{1} & \frac{3}{1} \to \frac{4}{1} & \frac{5}{1} \to \frac{6}{1} & \cdots \\
\frac{1}{2} & \frac{2}{2} & \frac{3}{2} & \frac{4}{2} & \frac{5}{2} & \cdots \cdots \\
\frac{1}{3} & \frac{2}{3} & \frac{3}{3} & \frac{4}{3} & \cdots & \cdots \cdots \\
\frac{1}{4} & \frac{2}{4} & \frac{3}{4} & \cdots & \cdots & \cdots \cdots \\
\frac{1}{5} & \frac{2}{5} & \cdots & \cdots & \cdots & \cdots \cdots \\
\frac{1}{6} & \cdots & \cdots & \cdots & \cdots & \cdots \cdots \\
\vdots & \vdots & \vdots & \vdots & \vdots & \vdots & \ddots
\end{array}
$$

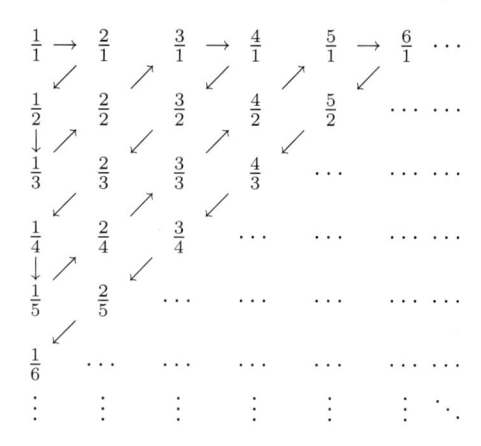

Mit diesem Diagonalverfahren haben wir alle positiven rationalen Zahlen wie auf einer Perlenschnur aufgereiht und können sie daher durchnummerieren. Wir folgen dem Zickzack-Weg und erhalten die Auflistung

$$\frac{1}{1}, \frac{2}{1}, \frac{1}{2}, \frac{1}{3}, \frac{3}{1}, \frac{4}{1}, \frac{3}{2}, \frac{2}{3}, \frac{1}{4}, \frac{1}{5}, \frac{5}{1}, \frac{6}{1}, \frac{5}{2}, \frac{4}{3}, \frac{3}{4}, \frac{2}{5}, \frac{1}{6}, \ldots,$$

wobei wir die Zahlen $\frac{2}{2}$, $\frac{2}{4}$, $\frac{3}{3}$, $\frac{4}{2}$ fortgelassen haben, denn wir haben ja bereits $\frac{1}{1}$, $\frac{1}{2}$ und $\frac{2}{1}$, worauf sich diese Brüche durch Kürzen reduzieren lassen. Jeder positiven rationalen Zahl in unserer Liste kann nun in eindeutiger und umkehrbarer Weise eine natürliche Zahl zugeordnet werden. Damit sind die positiven rationalen Zahlen abgezählt. Genau so verfährt man mit den negativen Brüchen, womit die Abzählbarkeit von $\mathbb{Q}$ bewiesen ist.

Nun wird fieberhaft nach der Mächtigkeit der reellen Zahlen gesucht. Cantor schreibt am 29. November 1873 an Dedekind, dass er nicht glauben mag, dass auch die reellen Zahlen abzählbar, d. h. von der Mächtigkeit der natürlichen Zahlen sind, da die reellen Zahlen schließlich ein Kontinuum bilden. Leider sind die meisten Antwortschreiben Dedekinds nicht erhalten, aber man kann gut aus Cantors Antworten erschließen, was Dedekind geschrieben hat. In einem Antwortschreiben [Noether/Cavaillés 1937, S. 18 ff.] berichtet Dedekind, dass auch er die Frage nach der Abzählbarkeit der reellen Zahlen nicht beantworten kann, aber er hat die Abzählbarkeit der algebraischen Zahlen bewiesen. Algebraische Zahlen sind solche, die Lösungen von algebraischen Gleichungen der Form

$$a_0 + a_1 x + a_2 x^2 + a_3 x^3 + \ldots + a_n x^n = 0$$

mit ganzzahligen Koeffizienten a_k sind. Cantor bedankt sich für dieses Ergebnis am 2. Dezember 1873 und schreibt [Noether/Cavaillés 1937, S. 13]:

Übrigens möchte ich hinzufügen, dass ich mich nie ernstlich mit ihr [d. h. der Frage nach der Abzählbarkeit der reellen Zahlen] *beschäftigt*

10.2 Der heilige Georg erlegt den Drachen: Cantor und die Mengenlehre 567

habe, weil sie kein besonderes practisches Interesse für mich hat und ich trete Ihnen ganz bei, wenn Sie sagen, dass sie aus diesem Grunde nicht zu viel Mühe verdient.

Es scheint heute, da Cantors Arbeiten die Grundlage aller höheren Mathematik bilden, geradezu grotesk, dass beide Männer sich über die Bedeutung ihrer Überlegungen nicht im Klaren waren. Erst später hat Cantor die eigentliche Bedeutung dieser frühen Diskussionen gewürdigt. Am 7. Dezember 1873 teilt Cantor Dedekind schließlich einen Beweis für die *Nicht*abzählbarkeit der reellen Zahlen mit [Noether/Cavaillés 1937, S. 15]. Der Beweis ist schwerfällig, aber schon am 9. Dezember kündigt Cantor einen vereinfachten Beweis an, allerdings hatte Dedekind da seinem Freund bereits eine vereinfachte Version zugesandt. Unter dem Datum 7.12.1873 notiert Dedekind [Noether/Cavaillés 1937, S. 19]:

C. theilt mir einen strengen, an demselben Tage gefundenen Beweis des Satzes mit, dass der Inbegriff aller positiven Zahlen [...] dem Inbegriff (n) nicht eindeutig zugeordnet werden kann.

Diesen, am 8. December erhaltenen Brief beantworte ich an demselben Tage mit einem Glückwunsch zu dem schönen Erfolg, indem ich zugleich den Kern des Beweises „wiederspiegele"; diese Darstellung ist ebenfalls fast wörtlich in Cantor's Abhandlung (Crelle Bd. 77) übergegangen; [...]

Der Beweis ist heute als zweites Cantorsches Diagonalverfahren bekannt. Wir zeigen, dass die Mächtigkeit der Zahlen zwischen 0 und 1 bereits größer ist als die Kardinalzahl $|\mathbb{N}| = |\mathbb{Q}|$. Dazu nehmen wir an, die Menge aller positiven reellen Zahlen zwischen 0 und 1 sei abzählbar. Dann können wir alle Zahlen in einer nummerierten Liste notieren. Schreiben wir also alle Zahlen als Dezimaldarstellung auf, dann ist eine solche Liste z.B. gegeben durch

$$1 : 0.000234821818.....$$
$$2 : 0.356678299100.....$$
$$3 : 0.028320477930.....$$
$$4 : 0.999998998766.....$$
$$5 : 0.005434578899.....$$
$$6 : 0.675676767676.....$$
$$\vdots \qquad \vdots$$

Jede solche Liste kann natürlich anders beginnen, aber im Prinzip können wir unter der Annahme der Abzählbarkeit *alle* positiven reellen Zahlen in eine solche Liste bringen. Nun konstruieren wir eine neue Zahl $Z = 0.a_1 a_2 a_3 a_4 a_5 a_6 \ldots$ nach folgendem Algorithmus:

Die erste Ziffer (nach dem Dezimalpunkt) a_1 ist die erste Ziffer der Zahl 1 unserer Liste, zu der wir 1 addieren, also $a_1 = 1$. Die zweite Ziffer a_2 ist die zweite Ziffer der Zahl 2 der Liste plus 1, also $a_2 = 6$. Die dritte Ziffer a_3 ist die dritte Ziffer der dritten Zahl der Liste, plus 1. also $a_3 = 9$. Ist eine Ziffer in der Liste eine 9, dann wollen wir verabreden, die 9 durch 0 zu ersetzen. damit ist die vierte Ziffer $a_4 = 0$, $a_5 = 4$, $a_6 = 7$, und so weiter. Unsere neue Zahl

$$Z = 0.169047\ldots$$

liegt sicher zwischen 0 und 1, sie ist aber nicht in unserer Liste enthalten! Beweis: Z kann nicht die erste Zahl der Liste sein, denn beide unterscheiden sich in der ersten Ziffer nach dem Dezimalpunkt. Z kann auch nicht die zweite Zahl der Liste sein, denn beide Zahlen sind mindestens in der zweiten Ziffer verschieden. Auch die dritte Zahl kommt nicht in Frage, denn sie unterscheidet sich von Z in der dritten Stelle, und so weiter für die gesamte Liste. Unsere Annahme, die positiven reellen Zahlen seien abzählbar, muss also falsch sein.

Im Jahr 1873 wird also klar, dass es (mindestens) zwei verschieden große „Unendlich" gibt: Die Mächtigkeit von natürlichen und rationalen Zahlen einerseits, und die größere Mächtigkeit der reellen Zahlen. Sicher inspiriert von seinen theologischen Überlegungen gibt Cantor diesen Mächtigkeiten den ersten Buchstaben im hebräischen Alphabet, „Aleph":

$$\aleph_0 := |\mathbb{N}| = |\mathbb{Q}|,$$
$$\aleph := |\mathbb{R}| > \aleph_0.$$

Nach diesem Durchbruch wendet sich Cantor weiteren Problemen des Unendlichen zu. In einem Brief vom 5. Januar 1874 [Noether/Cavaillés 1937, S. 20] stellt Cantor Dedekind die Frage, ob es zu einem Punkt auf einer Strecke immer genau einen Punkt in einem Quadrat gebe, d. h. er fragt nach der Gleichmächtigkeit von Strecke und Quadrat. Cantor ist sich sicher, dass das nicht sein kann, aber er findet keinen Beweis. Drei Jahre nach der Fragestellung, in einem Brief vom 20. Juni 1877, teilt Cantor mit, dass er einen Beweis dafür gefunden habe, dass Quadrat und Strecke gleichmächtig sind. Der Beweis beruht auf der Angabe einer Abbildung, die jedem Punkt des Quadrates in eindeutiger Weise genau einen Punkt der Strecke zuweist und umgekehrt. Sind die Koordinaten eines Punktes im Einheitsquadrat gegeben durch

$$x = 0.a_1 a_2 a_3 a_4 \ldots$$
$$y = 0.b_1 b_2 b_3 b_4 \ldots,$$

dann konstruiert Cantor die Abbildung als

$$(x,y) \leftrightarrow 0.a_1 b_1 a_2 b_2 a_3 b_3 a_4 b_4 \ldots.$$

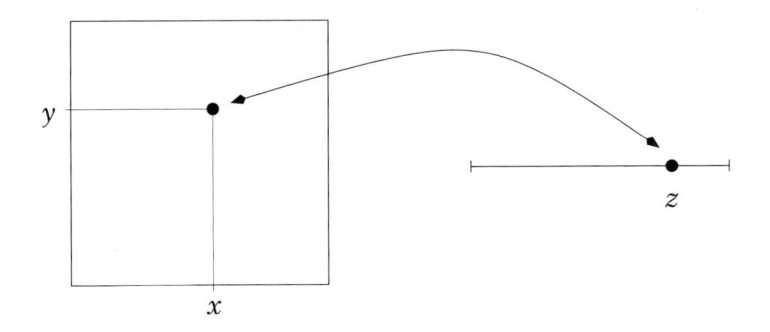

10.2 Der heilige Georg erlegt den Drachen: Cantor und die Mengenlehre

Abb. 10.2.10 Bijektive Abbildung eines Quadrates auf eine Strecke

In seiner Antwort [Noether/Cavaillés 1937, S. 27] bezeichnet Dedekind Cantors Resultat als *„interessante Schlussfolgerung"*, findet aber ein Haar in der Suppe, die mit der Nichteindeutigkeit der Zahldarstellung zu tun hat. So ist $0.9999999\ldots = 1$, $0.19999999\ldots = 0.2$ usw. und das bewirkt, dass in Cantors Abbildung zu einigen Punkten des Quadrats kein Punkt auf der Strecke gehört, vgl. [Sonar 2007a, S. 95].

Cantor reagiert sofort und schreibt eine Postkarte am 23. Juni 1877. Er akzeptiert den Dedekindschen Einwand, sieht aber, dass er sogar mehr bewiesen hat als die bijektive Abbildung von Quadrat auf Strecke, nämlich die bijektive Abbildung des Quadrats auf eine Teilmenge der Strecke. Allerdings modifiziert Cantor etwas später seinen Beweis, so dass nun das Quadrat auf die gesamte Strecke abgebildet wird.

Cantor weiß, dass er etwas Ungeheuerliches bewiesen hat, aber Dedekind hat den Beweis überprüft und alles geht mit rechten Dingen zu. Auch Dedekind kann nicht glauben, dass ein zweidimensionales Gebilde dieselbe Mächtigkeit haben soll wie ein eindimensionales. Ihm fällt auf, dass Cantors Abbildung unstetig ist und er schreibt an Cantor [Meschkowski 1967, S. 41]:

> *[...] die Ausfüllung der Lücken zwingt sie, eine grauenhafte, Schwindel erregende Unstetigkeit in der Correspondenz[3] eintreten zu lassen, durch welches Alles in Atome aufgelöst wird, so dass jeder noch so kleine stetig zusammenhängende Theil des einen Gebietes in seinem Bilde als durchaus zerrissen, unstetig erscheint.*

Dedekind vermutet, dass es an dieser Unstetigkeit liegt, dass der Dimensionsunterschied im Licht der Mächtigkeiten keine Rolle mehr spielt. Er vermutet [Meschkowski/Nilson 1991, S. 44]:

---

[3] Damit ist die Abbildung zwischen Quadrat und Strecke gemeint.

Gelingt es, eine gegenseitige eindeutige und vollständige Correspondenz zwischen den Puncten einer stetigen Mannigfaltigkeit A von a Dimensionen einerseits und den Punkten einer stetigen Mannigfaltigkeit B von b Dimensionen andererseits herzustellen, so ist diese Correspondenz selbst, wenn a und b ungleich sind, nothwendig eine durchweg unstetige.

Tatsächlich ist diese Vermutung richtig, sie wurde aber erst 1911 durch Luitzen Egbertus Jan Brouwer (1881–1961) bewiesen.

10.2.3 Die transfiniten Zahlen

Die endlichen Kardinalzahlen sind $1, 2, 3, 4, 5, 6, \ldots$. Für $\mathbb{N}$ ist die Kardinalzahl $\aleph_0$. Hat eine Menge M genau N Elemente, dann kann man die Menge aller ihrer Teilmengen bilden, die sogenannte Potenzmenge. Die Menge $\{a, b, c\}$ hat $N = 3$ Elemente. Mögliche Teilmengen sind $\{a\}$, $\{b\}$, $\{c\}$, $\{a, b\}$, $\{b, c\}$, $\{a, c\}$, $\{a, b, c\}$ und die leere Menge $\emptyset$, also gibt es 8 Teilmengen. Man kann leicht zeigen, dass die Potenzmenge $\mathcal{P}$ einer N-elementigen Menge M immer 2^N Elemente hat, also

$$|\mathcal{P}(M)| = 2^N$$

und wegen $2^N > N$ gibt es keine bijektive Abbildung von M auf $\mathcal{P}(M)$. Überträgt man die Potenzschreibweise und die Relation „>" auf die unendliche Menge $\mathbb{N}$, so gilt dann

$$|\mathcal{P}(\mathbb{N})| = 2^{\aleph_0} > \aleph_0.$$

Damit erhält man also eine neue Kardinalzahl $\aleph_1$:

$$\aleph_1 := |\mathcal{P}(\mathbb{N})| > \aleph_0.$$

Bildet man weiter Potenzmengen, dann erhält man durch

$$\aleph_2 := |\mathcal{P}(\mathcal{P}(\mathbb{N}))| > \aleph_1,$$
$$\aleph_3 := |\mathcal{P}(\mathcal{P}(\mathcal{P}(\mathbb{N})))| > \aleph_2,$$
$$\vdots \quad \vdots \quad \vdots$$

immer größere Mächtigkeiten, d. h. immer weiter wachsende Abstufungen im Unendlichen. Für Kardinalzahlen gibt es sogar eine Arithmetik, d. h. man kann mit ihnen rechnen, vgl. [Deiser 2004]. Cantor war besonders von der Frage bewegt, ob denn

$$\aleph = \aleph_1$$

gilt, ob also die Mächtigkeit der reellen Zahlen der Mächtigkeit der „zweiten Zahlklasse", der Potenzmenge von $\mathbb{N}$ entspricht. Dieses Problem nennt man das „Kontinuumproblem", das man auch anders formulieren kann:

Beiträge zur Begründung der transfiniten Mengenlehre.

Von

GEORG CANTOR in Halle a./S.

(Erster Artikel.)

„Hypotheses non fingo."

„Neque enim leges intellectui aut rebus damus ad arbitrium nostrum, sed tanquam scribae fideles ab ipsius naturae voce latas et prolatas excipimus et describimus."

„Veniet tempus, quo ista quae nunc latent, in lucem dies extrahat et longioris aevi diligentia."

§ 1.
Der Mächtigkeitsbegriff oder die Cardinalzahl.

Unter einer ‚Menge' verstehen wir jede Zusammenfassung M von bestimmten wohlunterschiedenen Objecten m unsrer Anschauung oder unseres Denkens (welche die ‚Elemente' von M genannt werden) zu einem Ganzen.

In Zeichen drücken wir dies so aus:

(1) $$M = \{m\}.$$

Die Vereinigung mehrerer Mengen $M, N, P, \ldots$, die keine gemeinsamen Elemente haben, zu einer einzigen bezeichnen wir mit

(2) $$(M, N, P, \ldots).$$

Die Elemente dieser Menge sind also die Elemente von M, von N, von P etc. zusammengenommen.

‚Theil' oder ‚Theilmenge' einer Menge M nennen wir jede *andere* Menge M_1, deren Elemente zugleich Elemente von M sind.

Ist M_2 ein Theil von M_1, M_1 ein Theil von M, so ist auch M_2 ein Theil von M.

Jeder Menge M kommt eine bestimmte ‚Mächtigkeit' zu, welche wir auch ihre ‚Cardinalzahl' nennen.

‚Mächtigkeit' oder ‚Cardinalzahl' von M nennen wir den Allgemeinbegriff, welcher mit Hülfe unseres activen Denkvermögens dadurch aus der Menge M hervorgeht, dass von der Beschaffenheit ihrer verschiedenen Elemente m und von der Ordnung ihres Gegebenseins abstrahirt wird.

Abb. 10.2.11 Erste Seite der *Beiträge zur Begründung der transfiniten Mengenlehre* von Georg Cantor [Math. Ann. XLVI, 1895, S. 481 ff.]

Abb. 10.2.12 Kurt Gödel und Paul Cohen [Foto Chuck Painter]

Gibt es eine Mächtigkeit zwischen den Mächtigkeiten $\aleph_0$ und $\aleph_1$? Cantor hat bis zu seinem Lebensende an dieser Frage gearbeitet, konnte sie aber nicht beantworten. Erst 1938 konnte der Logiker Kurt Gödel (1906–1978) die Unabhängigkeit der Kontinuumhypothese von den Axiomen der Mengenlehre, die inzwischen von Zermelo und Fraenkel formuliert worden waren, beweisen. Die Kontinuumhypothese „stört" also nicht. Abschließend wurde die Frage erst von dem amerikanischen Mathematiker Paul Cohen (1934–2007) im Jahr 1963 geklärt, und zwar in unerwarteter Hinsicht. Man kann zwei „Mathematiken" betreiben: Eine, die auf den Axiomen der Mengenlehre *mit* der Kontinuumhypothese als gültiger Aussage beruht, und eine andere, in der die Kontinuumhypothese *nicht* gilt!

Am Ende dieser Stufen der Unendlichkeit hat Cantor als gläubiger und frommer Christ Gott gesehen. Der Mathematiker Kowalewski schrieb (zitiert nach [Meschkowski 1967, S. 110]):

> *Diese Mächtigkeiten, die Cantorschen Alephs, waren für Cantor etwas Heiliges, gewissermaßen die Stufen, die zum Throne der Unendlichkeit, zum Throne Gottes emporführen. Seiner Überzeugung nach waren mit diesen Alephs alle überhaupt denkbaren Mächtigkeiten erschöpft.*

Neben den Kardinalzahlen hat Cantor noch weitere interessantere Zahlgrößen erschaffen, nämlich die „Ordinalzahlen" oder „Ordnungszahlen". Bei ihnen kommt es auf die Ordnung in einer Menge an. Sprachlich gibt die Kardinalzahl die Information „wieviel Elemente gibt es?", während die Ordinalzahl die Position „erstes, zweites, drittes, ... Element" angibt. Natürliche Zahlen kann man für beide Zwecke verwenden, für eine Anzahl und für die Position.

Die Ordinalzahl für die Menge der natürlichen Zahlen bezeichnet man als ω; dies ist die erste „transfinite Zahl". Aber man kann weiterzählen: $\omega + 1$, $\omega + 2, \ldots, 2\omega, \ldots, \omega^2, \ldots, \omega^\omega, \ldots$. Auch für die Ordnungszahlen gibt es eine Arithmetik, aber dafür und für die weiteren Ausführungen zur modernen Mengenlehre verweisen wir auf die Fachliteratur, z. B. [Deiser 2004].

10.2.4 Die Rezeption der Mengenlehre

Trotz des heftigen Widerstandes, der Cantor zu Lebzeiten entgegenschlug, dauerte es nicht lange, bis sich die Mengenlehre etabliert hatte. Bereits 1906 erschien das Lehrbuch *The Theory of Sets of Points* des englischen Ehepaares William Henry Young (1863–1942) und Grace Chisholm Young (1868–1944), [Young/Chisholm Young 1972]. Das erste deutsche Lehrbuch erschien 1914 mit einer Widmung für Georg Cantor: *Grundzüge der Mengenlehre* von Felix Hausdorff (1868–1942), ein Buch, das sich schnell zur „Bibel" der Mengenlehre entwickelte und noch heute außerordentlich lesenswert ist [Hausdorff 1978], [Hausdorff 2002]. Wichtig für eine schnelle Rezeption war aber nicht nur das Vorliegen erster Lehrbücher. Das Gespenst der Antinomien musste unbedingt verjagt werden, denn eine Theorie mit inneren Widersprüchen hat keine Freunde. Dazu musste die uneingeschränkte Mengenbildung verhindert werden, also Dinge wie „Die Menge aller Mengen" mussten als unzulässig gekennzeichnet werden. Eine erste Axiomatisierung der Mengenlehre, die dieses Ziel erreichte, stammt von Ernst Zermelo aus dem Jahr 1907 [Ebbinghaus 2007], war aber noch verbesserungswürdig. Im Jahr 1921 fügte Adolf (später Abraham) Fraenkel[4] (1891–1965) ein Axiom an, 1930 wurde das Axio-

Abb. 10.2.13 Abraham Fraenkel und Ernst Zermelo [Foto Konrad Jacobs] – Schöpfer des nach ihnen benannten Axiomensystems der Mengenlehre

---
[4] Fraenkel war ein brillanter jüdischer Mathematiker, der in München geboren wurde. Als Zionist verließ er Deutschland 1929 und blieb bis zu seinem Lebensende im späteren Israel. Er änderte seinen Namen in „Abraham Halevi Fraenkel".

mensystem dann durch Zermelo in seine endgültige Form gebracht. Dieses Axiomensystem heißt Zermelo-Fraenkelsche Mengenlehre, kurz ZF. Zusammen mit dem Auswahlaxiom bezeichnet man dieses System als ZFC. Im Lauf der Zeit sind verschiedene andere Axiomensysteme formuliert worden. Eines der bekanntesten ist das System von Neumann-Bernays-Gödel (NBG), das äquivalent zu ZFC ist.

10.2.5 Cantor und das unendlich Kleine

Cantor ist der Bezwinger des unendlich Großen; zumindest hat er *einen* gangbaren Weg zum Umgang mit diesem Drachen gewiesen, auf den sich die Majorität der heutigen Mathematiker verständigt hat. Was läge näher, als nun – sozusagen im Vorbeigehen – gleich noch die unendlich kleinen Größen in einem Aufwasch zu reformieren? Genau das hat Cantor *nicht* gemacht! Bereits am 29.12.1878 schreibt er an Richard Dedekind [Meschkowski/Nilson 1991, S. 50]:

> *Ein solcher Missgriff ist von mir nie auch nur entfernt beabsichtigt worden; ich sage ausdrücklich in meiner Arbeit, dass jede von mir mit c bezeichnete Zahl einer Zahl b gleichgesetzt werden kann. Uebrigens ist dieser Missgriff von einer andern Seite wirklich gemacht worden, so unerhört dies auch klingen mag; ich weiss nicht, ob Ihnen Thomaes Abriss einer Theorie der complexen Functionen und der Thetafunctionen bekannt ist; in der zweiten Auflage pag. 9. findet man Zahlen, welche (horribile dictu) kleiner als jede denkbare reelle Zahl und dennoch von Null verschieden sind.*

In einem Brief an Kerry vom 4.2.1887, [Meschkowski/Nilson 1991, S. 275 f.], zeigt er, dass die scheinbar naheliegende Idee, eine unendlich kleine Größe durch den Kehrwert der Ordnungszahl ω zu erzeugen, zu Widersprüchen führt. An Mittag-Leffler macht er am 10.5.1882 vernichtende Bemerkungen zu Paul Du Bois-Reymonds Buch *Die allgemeine Functionentheorie* [Meschkowski/Nilson 1991, S. 71]:

> *Er scheint darin eine Wiederherstellung der <u>unendlich kleinen Größen</u> zu beabsichtigen, die doch als <u>solche</u> keine <u>Existenzberechnung mehr</u> haben; für mich wenigstens giebt es nur unendlich klein <u>werdende, veränderliche</u> Größen, aber <u>keine</u> unendlich kleinen Größen.*

Und so findet man zahlreiche Briefstellen, die Cantor als klaren Weierstraß-Schüler ausweisen. Besonders deutlich wird er an Vivanti [Meschkowski 1967, S. 117], wenn er das unendlich Kleine als „infinitären Cholera Bacillus der Mathematik" bezeichnet.

10.3 Auf der Suche nach dem wahren Kontinuum: Paul Du Bois-Reymond

Spätestens mit der Cantorschen Mengenlehre und Dedekinds Schnitten haben die meisten Mathematiker ein „zertrümmertes" Kontinuum akzeptiert: Die reellen Zahlen, die als Punktmenge daherkommen. Gegen eine solche Vorstellung vom Kontinuum wandten sich vorerst nur einzelne, unter ihnen der deutsche Mathematiker Paul Du Bois-Reymond (1831–1889), der aus einer hugenottischen Familie stammte, die in Berlin lebte. Du Bois-Reymonds Überlegungen zum Kontinuum sind älter als die Ideen Cantors und wurden durch diese – zu Unrecht – verdrängt. Pauls Bruder Emil Heinrich Du Bois-Reymond (1818–1896) wurde ein bedeutender Mediziner und gilt als Vater der Elektrophysiologie. Durch öffentliche Vorträge über Wissenschaft und kulturelle Fragen wurde Emil zu einem der bekanntesten Wissenschaftler des 19. Jahrhunderts.

Paul wollte seinem älteren Bruder Emil nacheifern und begann ein Studium der Medizin an der Universität Zürich. Als er an die Universität Königsberg wechselte, brachte ihn der Physiker Franz Neumann (1798–1895) dazu, Mathematik zu studieren. Im Jahr 1853 schloss er sein Studium mit einer Dissertation bei Kummer ab. Paul begann seine Karriere als Gymnasiallehrer in Berlin und publizierte wichtige Beiträge zur Theorie partieller Differentialgleichungen, die später als Grundlage für die Arbeiten des Norwegers Sophus Lie (1842–1899) dienten. Im Jahr 1865 erhielt er eine Professur in Heidelberg und wurde 1870 ordentlicher Professor an der Universität Freiburg i. Brsg., ging 1874 nach Tübingen und schließlich 1884 an die Technische Hochschule in Berlin. Bekannt wurde er durch eine Arbeit zur Konvergenz von Fourierreihen, die 1873 erschien und in der er eine Vermutung Dirichlets widerlegen konnte, indem er eine stetige Funktion angab, deren Fourier-Entwicklung an einem Punkt divergiert. Von ihm stammt auch ein Beispiel einer stetigen Funktion, die nirgendwo differenzierbar ist. Sein eigentliches Arbeitsgebiet war jedoch die Theorie der Differentialgleichungen.

Für uns besonders interessant ist Du Bois-Reymonds Buch *Die Allgemeine Functionenlehre* [Du Bois-Reymond 1968], das im Jahr 1882 erschien. In diesem Buch diskutiert Du Bois-Reymond die reellen Zahlen und das Kontinuum in einer sehr originellen Weise, die von seinen Zeitgenossen offenbar nicht rezipiert wurde. Du Bois-Reymond war unzufrieden mit der durch Dedekind und Cantor vorgenommenen Identifizierung der Punkte auf einer Geraden mit den reellen Zahlen. Ist doch die Gerade etwas vollständig kontinuierliches, während die reellen Zahlen etwas durch und durch Diskretes sind. Laugwitz schreibt in seinem Nachwort [Du Bois-Reymond 1968, S. 294 f.]:

> *Damit* [mit den Dedekindschen und Cantorschen Definitionen von $\mathbb{R}$] *wird der Unterschied zwischen Kontinuierlichem und Diskretem hinwegdefiniert – und es läßt sich nicht leugnen, daß in den vergangenen*

Abb. 10.3.1 Paul Du Bois-Reymond und Godfrey Harold Hardy

hundert Jahren damit eine von Skrupeln über subtilere Feinheiten der Begriffe weitgehend unbelastete Entwicklung der Analysis ermöglicht wurde. Heute gehört das zum Schulstoff. Du Bois-Reymond war einer der ersten unter den Mathematikern, denen bei diesem gewaltsamen Zerhauen eines gordischen Knotens unbehaglich wurde.

Dabei gibt Du Bois-Reymond in seinem Buch zwei Antworten; er zeigt mögliche Wege zu anderen Zahlbereichen auf. Im Wesentlichen lässt er dazu zwei fiktive Mathematiker unterschiedlicher philosophischer Prägung auftreten, den „Empiristen" und den „Idealisten". Für den Empiristen gibt es „zu viele" reelle Zahlen. Er zieht sich auf das Argument zurück, dass wir auf Grund unserer Beschränkungen immer nur endlich viele Punkte auf einer Strecke unterscheiden können. Der Idealist hingegen vertritt die These, dass die reellen Zahlen „zu dünn" sind, es also von ihnen zu wenige gibt, denn die Differenz zweier solcher Zahlen ist immer nur wieder eine solche Zahl, während in der Analysis schon die fundamentalen Definitionen von „unendlich kleinen" Größen leben. Dann begründet Du Bois-Reymond einen Umgang mit unendlich kleinen Größen, den er „Infinitärkalkül" nennt.

Du Bois-Reymonds *Die Allgemeine Functionenlehre* hätte früh die Grundlage für Diskussionen werden können, die später mit den Intuitionisten und Konstruktivisten Brouwer, Weyl und Lorenzen wieder hochkamen, aber dieses Schicksal war diesem wichtigen Buch nicht vergönnt. Erst der englische Mathematiker Godfrey Harold Hardy (1877–1947) hat wohl als erster die Bedeutung des Infinitärkalküls für die Analysis erkannt. Im Jahr 1910 erscheint sein Buch *Orders of Infinity – The 'Infinitärcalcül' of Paul Du Bois-Reymond*, das bis 1954 zwei weitere Auflagen erlebte.

10.4 Auf der Suche nach dem wahren Kontinuum: Die Intuitionisten

Es hätte wohl vor dem Ersten Weltkrieg kaum jemand für möglich gehalten, dass der holländische Mathematiker Luitzen Egbertus Jan Brouwer (1881–1966) eine neue Grundlagenkrise der Mathematik heraufbeschwören würde. Brouwer erhielt im Alter von 16 Jahren seinen Gymnasialabschluss und besuchte im Anschluss die Universität Amsterdam, um Mathematik zu studieren. Dort kam er in Kontakt mit dem Philosophen und Mathematiker Gerrit Mannoury, der ihn in die neuen Entwicklungen der Mengenlehre einführte und ihm den Logizismus Bertrand Russells nahebrachte. Als Ergebnis dieser Beschäftigung ist Brouwers Doktorarbeit *Over de grondslagen der wiskunde* (über die Grundlagen der Mathematik) aus dem Jahr 1907 zu sehen. Schon 1908 ist Brouwers Skeptizismus den Grundlagen der Mathematik gegenüber zu sehen: In seiner Arbeit *De onbetrouwbaarheid der logische principes* (Die Unverlässlichkeit der logischen Prinzipien) lehnt er erstmals den Satz vom ausgeschlossenen Dritten ab, das „tertium non datur" $P \vee \neg P$ – Eine Aussage P gilt oder es gilt nicht P. Die Verwendung dieses *tertium non datur* bei unendlichen Mengen sah Brouwer als echten Fehler an, der zu falschen Resultaten führen würde. Brouwer zielte damit früh gegen das „Hilbert-Programm", das der deutsche David Hilbert (1862–1943) in den 1920er Jahren auflegte, vgl. [Brouwer 1924]. Es sollte mit finiten Methoden die Widerspruchsfreiheit der in der Mathematik verwendeten Axiomensysteme bewiesen werden, was sich als undurchführbar erwies. Dieses Programm für die Cantorsche Mengenlehre entwarf Hilbert 1926 in der Arbeit [Hilbert 1926], siehe auch [Taschner 2006, S. 67 ff.]. Zum Sturz des Hilbert-Programms, zu dem es schon 1931 kam, hat ganz wesentlich Kurt Gödel beigetragen. Aber noch ist Brouwer

Abb. 10.4.1 L. E. J. Brouwer, in den Niederlanden mit einer Briefmarke geehrt

Abb. 10.4.2 David Hilbert (Bildarchiv der Berlin-Brandenburgischen Akademie der Wissenschaften)

nicht „reif" für die große Revolution. Ab 1908 wendet sich Brouwer der (mengentheoretischen) Topologie zu und entwickelt sich schnell zu einem „Star" auf diesem Gebiet. Er klärt den Begriff „Dimension" – kann insbesondere die Dedekindsche Vermutung, es gebe keine stetige bijektive Abbildung vom Quadrat auf die Strecke (vgl. Seite 570), beweisen – entdeckt den Abbildungsgrad und den heute so genannten Brouwerschen Fixpunktsatz. Seine Arbeiten begeisterten insbesondere David Hilbert, der als verantwortlicher Redakteur der Mathematischen Annalen viele Arbeiten Brouwers in dieser wichtigen Zeitschrift publizierte. Als Brouwer 1912 einen Lehrstuhl an der Universität Amsterdam bekommt, kehrt er zu seinen philosophisch-mathematischen Anfängen zurück. Er ist gegen einen ihm zu weit gehenden Formalismus und lehnt die Axiomatisierung der Mengenlehre ab. Er führt den Intuitionismus in die Mathematik ein, der Mathematik als eine rein intuitive Betätigung sieht [van Stigt 1990]. Eine „Wahrheit" in der Mathematik wird nur durch Verifikation im menschlichen Geist erkannt. „Wahrheiten" sind also nicht wie in einer platonischen Sichtweise auf die Mathematik unabhängig von allen Gegebenheiten, sondern sie sind das Produkt eines verifizierenden Geistes. Mit dieser Auffassung musste Brouwer sich in Opposition zu Hilbert begeben, der die axiomatische Methode zum Leitbild erhoben hatte, aber 1914 wurde er noch Mitherausgeber der Mathematischen Annalen.

Während des Ersten Weltkrieges erarbeitete Brouwer eine vom Satz vom ausgeschlossenen Dritten unabhängige Mengenlehre, die zu einer konstruktivistischen Grundlegung der Analysis führte. Hilbert schrieb 1928 [Hilbert 1928, S. 80]:

Dieses tertium non datur dem Mathematiker zu nehmen, wäre etwa, wie wenn man dem Astronomen das Fernrohr oder dem Boxer den Gebrauch der Fäuste untersagen wollte.

Der Hilbert-Schüler Hermann Weyl (1885–1955) war dagegen mit Brouwer bereit, das *tertium non datur* zu opfern. Als Beispiel, dass dieser Satz nicht gelten konnte, war für Brouwer z. B. die Aussage

P: Es gibt in der Dezimalentwicklung von π die Folge 0123456789.

Wie, so fragte Brouwer, wollen wir denn diese Aussage überprüfen? Wir können Sie doch gar nicht verifizieren, so lange wir nicht aus Zufall bei der Berechnung von immer mehr Stellen von π auf eine solche Ziffernfolge stoßen. Also können wir *nicht* sagen: „Es gilt P oder es gilt nicht-P", denn wir können es nicht verifizieren.

Brouwers „intuitionistisches Kontinuum" folgt aus seiner Mengenlehre aus dem Jahr 1918. Brouwer lässt Punkte zu, wenn man sie in endlich vielen Schritten charakterisieren kann oder wenn es eine Konstruktionsvorschrift in endlich vielen Schritten gibt. Außerdem sind sogenannte Wahlfolgen zugelassen, die allerdings nicht vollständig angegeben werden können. Wir dürfen uns eine „Brouwersche reelle Zahl" als eine Folge von sich überlappenden Intervallen vorstellen, die in einem Auswahlprozess kleiner und kleiner werden. Das Kontinuum ist bei Brouwer also keine festgefügte, aus konkreten Zahlen bestehende Größe, sondern, wie Weyl es in [Weyl 1921, S. 50] ausdrückt, „ein Medium freien Werdens".

Als Folge dieses intuitionistischen Kontinuums und dem Fehlen des *tertium non datur* gibt es in Brouwers Analysis keine Sprungfunktionen

$$f(x) = \begin{cases} a \; ; \; x < c \\ b \; ; \; x \geq c \end{cases},$$

mehr noch, es gibt überhaupt keine unstetigen Funktionen. Und es kommt noch besser: Jede überall definierte reelle Funktion ist automatisch gleichmäßig stetig – ein Satz, der in der klassischen Analysis *nicht* gilt. Brouwers Intuitionismus führt also dazu, dass „die Mathematik keine Sprünge

Abb. 10.4.3 Hermann Weyl (ca. 1930 in Göttingen) und Paul Lorenzen (1967 in Erlangen) [Foto Konrad Jacobs]

kennt" und wir haben hier einen Rückbezug auf Leibniz, der in seiner Vorstellung des Kontinuums ebenfalls keine unstetigen Funktionen kannte [Brouwer 1925], [Brouwer 1926], [Brouwer 1927].

Im Gegensatz zu Hilbert, der über Brouwers intuitionistische Mathematik entsetzt war, empfand Hermann Weyl Brouwers Ansätze zur Neubegründung der Mathematik als befreiend, hatte er doch schon 1917 in seinem Aufsatz *Das Kontinuum* [Weyl 1917] einen ähnlichen Versuch zu einer Neubegründung des Kontinuums unternommen. Über die Frage der Existenz reeller Zahlen schreibt er in [Weyl 1921, S. 46]:

> *Durch diese Begriffseinschränkung* [der klassischen Analysis] *wird aus dem fließenden Brei des Kontinuums sozusagen ein Haufen einzelner Punkte herausgepickt. Das Kontinuum wird in isolierte Elemente zerschlagen und das Ineinanderverflossensein aller seiner Teile ersetzt durch gewisse, auf dem „größer-kleiner" beruhende begriffliche Relationen zwischen diesen isolierten Elementen. Ich spreche daher von einer* atomistischen Auffassung des Kontinuums.

Und weiter [Weyl 1921, S. 47] spricht er von der „kontinuierlichen Raumsoße", die zwischen zwei Punkten ergossen ist. Weyl und seine Veröffentlichung aus 1921 hat maßgeblich zu der Krise beigetragen, die man heute den Grundlagenstreit nennt.

10.4 Auf der Suche nach dem wahren Kontinuum: Die Intuitionisten

Brouwer kämpfte in den 1920er Jahren dafür, dass die internationale Mathematik die deutschen Mathematiker wieder berücksichtigen möge, hatte aber keinen Erfolg; man boykottierte nach dem verheerenden Ersten Weltkrieg die deutschen Kollegen. Als dann 1928 wieder ein internationaler Kongress in Bologna mit deutscher Beteiligung stattfinden sollte, rief Brouwer die deutschen Kollegen auf, nun ihrerseites diesen Kongress zu boykottieren. Hilbert verbat sich diese Einmischung von außen und nahm in Bologna teil. Noch im Jahr 1928 entfernte Hilbert von einer Ausgabe zur anderen Brouwer aus dem Herausgebergremium der Mathematischen Annalen. Die Differenzen zwischen den mathematischen Auffassungen der beiden Männer waren zu groß geworden.

Der Intuitionismus war aber in der Welt und fand besonders in den Konstruktivisten seinen Fortgang. Weyl scherte jedoch aus: Er kehrte zur klassischen Analysis zurück. Andere aber wollten eine Analysis auf finitären konstruktiven Argumenten aufbauen. Nichtkonstruktive Existenzbeweise sind aus dem Konstruktivismus verbannt. In Deutschland war der Wissenschaftstheoretiker und Mathematiker Paul Lorenzen (1915–1994) ein bekannter Konstruktivist, vgl. [Lorenzen 1965], [Lorenzen 1986]. In den Vereinigten Staaten wurde Erret Bishop (1928–1983) zum Vater der konstruktivistischen Analysis [Bishop/Bridges 1985]. Ein interessantes Beispiel zum Unterschied zwischen klassischer Analysis und konstruktivistischer Analysis ist der Zwischenwertsatz:

> Ist f eine stetige Funktion auf einem reellen Intervall $[a,b]$ und hat $f(a)$ ein anderes Vorzeichen als $f(b)$ (also falls $f(a) \cdot f(b) < 0$), dann existiert eine Zahl c, für die $f(c) = 0$ gilt.

Der Zwischenwertsatz gilt in der konstruktivistischen Mathematik *nicht*, denn „Existenz" muss die Konstruierbarkeit beinhalten. Daher ersetzt die konstruktivistische Mathematik den Zwischenwertsatz durch verschiedene alternative Formulierungen, z. B. in der Form: Ist f stetig auf dem Intervall $[a,b]$ und gilt $f(a) \cdot f(b) < 0$, dann findet man für jede natürliche Zahl n konstruktiv eine reelle Zahl $c(n)$, so dass $f(c(n)) < 1/n$ ist.

Konstruktivistische Mathematik hat im Computerzeitalter wieder einigen Aufschwung bekommen. Es bleibt allerdings festzuhalten, dass die überwiegende Mehrheit der Mathematiker an der klassischen Analysis nach Weierstraß festgehalten hat. Eine sehr schöne Einführung in die konstruktivistische Analysis gibt in jüngerer Zeit [Taschner 2005].

Interessanterweise kann man den Gegensatz zwischen der intuitionistischen und der konstruktivistischen Mathematik und der klassischen Auffassung durchaus mit dem Universalienstreit der christlichen Scholastik vergleichen. Die Intuitionisten bzw. Konstruktivisten entsprechen den Nominalisten und die klassischen Mathematiker den Realisten. Dass diese Interpretation nicht so weit hergeholt ist wie man vermuten könnte, zeigen Stegmüller und andere in [Stegmüller 1978].

10.5 Vektoranalysis

Im 19. Jahrhundert entwickelte sich die Physik in Riesenschritten. Mit den Navier-Stokesschen Gleichungen wurden Bewegungen reibungsbehafteter Fluide beschrieben, mit den Maxwellschen Gleichungen wurde die Grundlage der Elektrodynamik geschaffen. So unterschiedlich die physikalischen Anwendungen auch waren: Immer zeigte sich eine einheitliche Struktur. Bei Skalarfeldern $\mathbb{R}^3 \ni x \mapsto f(x) \in \mathbb{R}$ (Temperatur, Druck, etc.) spielt der Gradient

$$\nabla f(x) := \left(\frac{\partial f}{\partial x_1}(x), \frac{\partial f}{\partial x_2}(x), \frac{\partial f}{\partial x_3}(x) \right)^T$$

als Differentialoperator eine Rolle, bei Vektorfeldern (Geschwindigkeit, etc.) $\mathbb{R}^3 \ni x \mapsto F(x) \in \mathbb{R}^3$ die Divergenz

$$\nabla \cdot F(x) := \sum_{k=1}^{3} \frac{\partial F_k}{\partial x_k}$$

und die Rotation

$$\nabla \times F(x) := \begin{pmatrix} \frac{\partial F_3}{\partial x_2} - \frac{\partial F_2}{\partial x_3} \\ \frac{\partial F_1}{\partial x_3} - \frac{\partial F_3}{\partial x_1} \\ \frac{\partial F_2}{\partial x_1} - \frac{\partial F_1}{\partial x_2} \end{pmatrix}.$$

Die Divergenz macht eine Aussage über die Quellen und Senken in einem Vektorfeld, und die Rotation hat tatsächlich etwas mit der Drehung eines Feldes zu tun. Die Zusammenhänge zwischen diesen Differentialoperatoren wurden im 19. Jahrhundert geklärt, insbesondere durch den Deutschen Carl Friedrich Gauß (1777–1855), den Iren George Gabriel Stokes (1819–1903) und den Engländer George Green (1793–1841), nach denen wichtige Integralsätze benannt sind.

Der Integralsatz von Green wurde bereits 1828 in seinem berühmten Essay in Nottingham publiziert. Green besuchte die Schule nur zwei Jahre lang, bevor er in der Mühle seines Vaters arbeiten musste. Auf den Gebieten Mathematik und Physik war Green ein Autodidakt, der in seiner Freizeit die wissenschaftlichen Bücher der „Nottingham Subscription Library" studierte. Erst im Alter von 40 Jahren, 1833, ging Green nach Cambridge und schloss 1837 sein Studium mit Auszeichnung ab, während er nebenbei in seiner Mühle arbeitete und ein Vermögen machte. Er ist heute anerkannt als einer der wichtigsten Forscher auf dem Gebiet der Potentialtheorie, des Elektromagnetismus und der Hydrodynamik. Er starb 1841 in Nottingham an einer Grippe.

Der Integralsatz von Gauß lautet

$$\iiint_G \nabla \cdot F(x)\, dx = \oint_{\partial G} \langle F(x), n(x) \rangle\, ds,$$

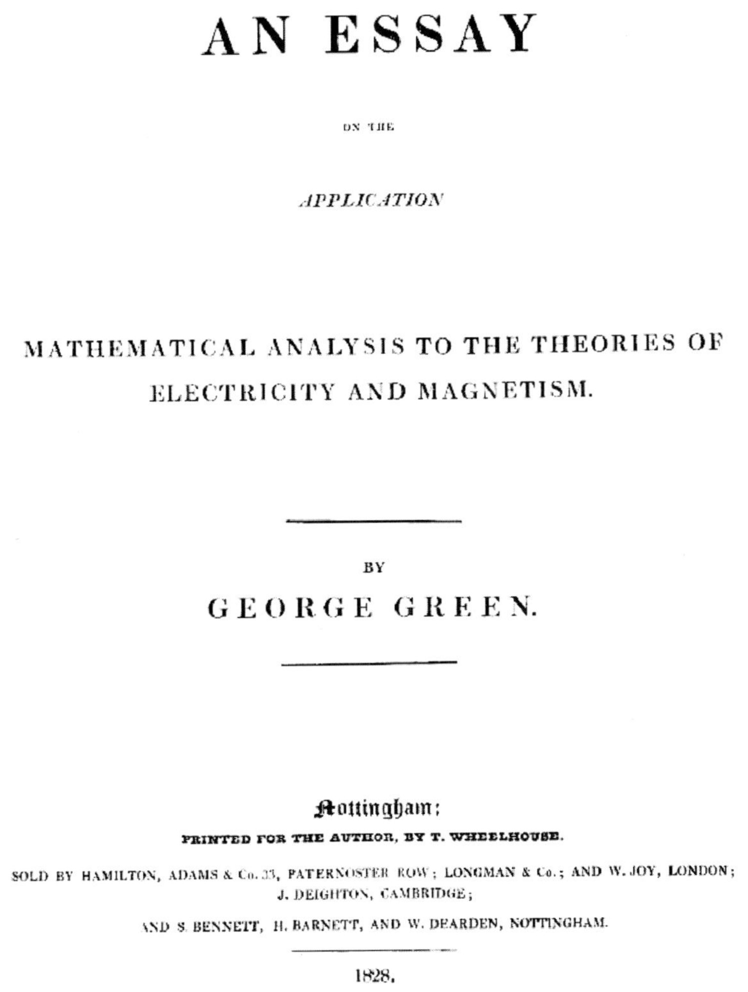

AN ESSAY

ON THE

APPLICATION

MATHEMATICAL ANALYSIS TO THE THEORIES OF
ELECTRICITY AND MAGNETISM.

BY

GEORGE GREEN.

Nottingham:
PRINTED FOR THE AUTHOR, BY T. WHEELHOUSE.

SOLD BY HAMILTON, ADAMS & Co., PATERNOSTER ROW; LONGMAN & Co.; AND W. JOY, LONDON;
J. DEIGHTON, CAMBRIDGE;
AND S. BENNETT, H. BARNETT, AND W. DEARDEN, NOTTINGHAM.

1828.

Abb. 10.5.1 George Greens berühmter *Essay*, publiziert 1828 in Nottingham

wobei G ein Gebiet im $\mathbb{R}^3$ mit Rand ∂G bezeichnet und n den nach außen weisenden Einheitsnormalenvektor an ∂G. Der Gaußsche Integralsatz erlaubt also die Verwandlung eines Gebietsintegrals in ein Oberflächenintegral und erlaubt auch sofort eine physikalische Deutung: Die Wirkung aller Quellen und Senken im Feld in G ist gleich dem Fluß $\oint_{\partial G} \langle F(x), n(x) \rangle \, ds = \oint_{\partial G}(F_1(x)n_1(x) + F_2(x)n_2(x) + F_3(x)n_3(x)) \, ds$ über den Rand von G. Mit den Integralsätzen von Gauß, Green und Stokes waren die wichtigsten Werkzeuge der Vektoranalysis für die Mathematik des 19. Jahrhunderts gefunden.

Abb. 10.5.2 Carl Friedrich Gauß auf dem 10 DM-Schein der Deutschen Bundesbank

Es erwies sich aber als ärgerlich, dass die Rotation nur für den dreidimensionalen Fall zu definieren war (und auch für den zweidimensionalen Fall, aber da ist die Rotation dann eine skalare Größe), während die Mathematik und Physik des 20. Jahrhunderts nach Verallgemeinerungen strebten. In der ersten Hälfte des 20. Jahrhunderts entwickelte der französische Mathematiker Èlie Joseph Cartan (1869–1951) eine Theorie der alternierenden Differentialformen, die die Vektoranalysis in Räumen beliebiger Dimension erlaubte. So ist zum Beispiel

$$\omega := f(x_1, \ldots, x_n) dx_1 \wedge dx_2 \wedge \ldots \wedge dx_n$$

eine mögliche Differentialform, wobei $\wedge$ das sogenannte „äußere Produkt" bezeichnet und die Differentiale dx_k als Projektionsabbildungen definiert sind. Das Integral über die obige Differentialform ist dann als

$$\int_G \omega := \int_G f(x_1, x_2, \ldots, x_n)\, dx_1\, dx_2 \ldots dx_n$$

definiert. Es kann auch eine „äußere Ableitung" d definiert werden und schließlich kann der verallgemeinerte Stokessche Satz in der Form

$$\int_G d\omega = \int_{\partial G} \omega$$

Abb. 10.5.3 Elie Cartan und George Gabriel Stokes

bewiesen werden. Aus diesem verallgemeinerten Integralsatz lassen sich die klassischen Sätze von Gauß, Green und Stokes für den dreidimensionalen Fall leicht rekonstruieren.

Der Differentialformenkalkül ist aus der Mathematischen Physik nicht mehr wegzudenken, hat aber auch in der Mathematik einen Siegeszug hinter sich, z. B. in der Differentialgeometrie. Eine sehr lesbare Geschichte der Vektoranalysis hat Michael Crowe mit [Crowe 1994] vorgelegt.

10.6 Differentialgeometrie

Differentialgeometrie als Wissenschaft beginnt mit Carl Friedrich Gauß und seinen Arbeiten als Landvermesser. Gauß ging es um Begriffe wie „Krümmung" von Kurven- und Flächenstücken und er fragte sich bereits, ob Dreiecke auf der Erdoberfläche tatsächlich über eine Winkelsumme von 180° verfügen. Leonhard Euler betrieb die Differentialgeometrie vor Gauß und emanzipierte sie bereits als eigenständiges Gebiet der Analysis.

Das Studium von Kurven und Flächen als Elemente des umgebenden zwei- oder dreidimensionalen Raumes bezeichnet man heute als „klassische" Differentialgeometrie. Mit Bernhard Riemann (1826–1866) und seinem Habilitationsvortrag *Hypothesen, welche der Geometrie zugrunde liegen* aus dem Jahr 1854 begann die moderne Differentialgeometrie. Riemann löste Kurven und Flächen aus dem sie umgebenden Raum und entwickelte später die Ansätze einer intrinsischen Analysis solcher Objekte. Damit schuf Riemann den Begriff der „Mannigfaltigkeit". Eine differenzierbare n-Mannigfaltigkeit

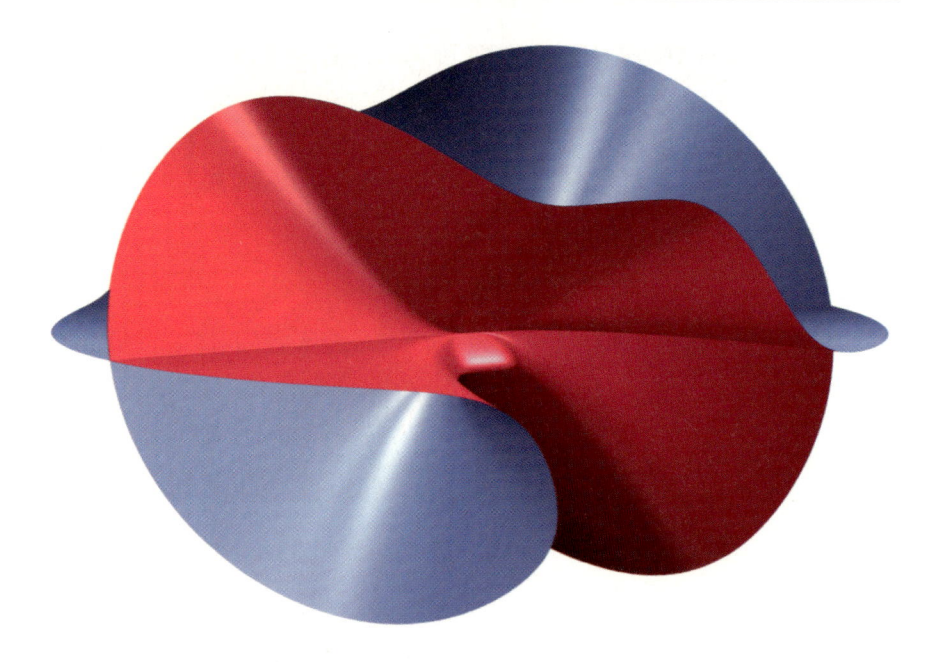

Abb. 10.6.1 Algebraische Fläche gemäß der Formel $x^4 + x^5 + z^5yx - y^4 = 0$

ist ein topologischer Raum, der lokal so aussieht wie der n-dimensionale Euklidische Raum. Mannigfaltigkeiten werden lokal durch „Karten" beschrieben, das sind lokale Parameterdarstellungen, die man durch Kartenwechsel ineinander überführen kann. Gibt man auf einer Mannigfaltigkeit eine Metrik (also einen Zollstock) vor, dann spricht man von Riemannschen Mannigfaltigkeiten, die z. B. in der Relativitätstheorie eine herausragende Rolle spielen. Man kann Mannigfaltigkeiten auch mit Methoden der Topologie analysieren. Dann spricht man von „Differentialtopologie". Auch die vom Norweger Sophus Lie (1842–1899) entwickelten Lie-Gruppen – das sind Gruppen stetiger Transformationen – sind heute aus der Differentialgeometrie nicht mehr wegzudenken. Man untersucht damit Symmetrien von geometrischen Strukturen.

Eine wichtige Klasse mathematischer Objekte in der Differentialgeometrie sind die „Tensoren". Tensoren sind Verallgemeinerungen von Skalaren, Vektoren und Matrizen. Der Begriff des Tensors in heutigem Sinn taucht erstmals 1898 in einem Lehrbuch des deutschen Physikers Woldemar Voigt (1850–1919) auf, und auch aus der Physik sind Tensoren und Tensorfelder nicht mehr wegzudenken. Für die Differentialgeometrie waren die Arbeiten des Italieners Gregorio Ricci-Cubastro (1853–1925) und seines Schülers Tullio Levi-Civita (1873–1941) zu ihrem „absoluten Differentialkalkül" (= Tensorkalkül) entscheidend. Der Niederländer Jan Arnoldus Schouten (1883–1971) formte

Abb. 10.6.2 Georgio Ricci-Cubastro, Tullio Levi-Civita, Jan Arnoldus Schouten

aus den Arbeiten Ricci-Cubastros und Levi-Civitas schließlich die Tensoranalysis, die er in seinem Buch *Der Ricci-Kalkül* 1924 publizierte. Die von Schouten verwendete Notation ist so kompliziert, dass sich die Setzer des Springer-Verlages (damals wurde alles noch im Bleisatz gesetzt!) mit diesem Buch ein Denkmal gesetzt haben. Die Entwicklung der Relativitätstheorie und der Differentialgeometrie ist ohne den Ricci-Kalkül jedoch nicht denkbar. Die Geschichte des Tensorkalküls ist von Karin Reich in [Reich 1994] detailliert untersucht worden.

Als fruchtbare Mischung von Differentialgeometrie, Variationsrechnung und Topologie hat sich in jüngerer Zeit die „Geometrische Maßtheorie" entwickelt, mit deren Hilfe man Minimalflächen studieren kann, die Knicke aufweisen. Solche Minimalflächen treten z. B. auf, wenn mehrere Seifenblasen zusammen wachsen, aber auch im Kristallwachstum beim Erkalten flüssiger Metalle.

10.7 Gewöhnliche Differentialgleichungen

Unter der Bezeichnung „Gewöhnliche Differentialgleichungen" fasst man die Theorie derjenigen Gleichungen zusammen, bei denen die Unbekannte eine gesuchte Funktion *einer* Veränderlichen ist, und in denen Ableitungen dieser Funktion auftreten. Gewöhnliche Differentialgleichungen tauchen wie von selbst in der Modellierung physikalischer, biologischer, chemischer oder ökonomischer Systeme auf und waren daher erstes Ziel der neuen Differential- und Integralrechnung von Newton und Leibniz.

Hängt eine Masse m an einer idealen Feder mit Federkonstante k und kann frei um die Ruhelage schwingen, dann spielen zwei Kräfte eine Rolle: Nach Newton ist Kraft = Masse · Beschleunigung, also

$$F = mx''(t),$$

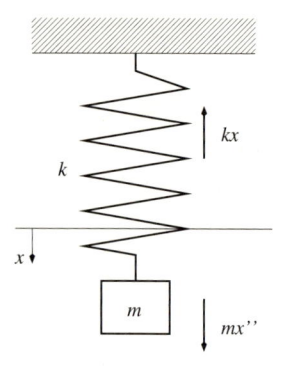

Abb. 10.7.1 Der harmonische Oszillator

und diese Kraft entspricht der Rückstellkraft der Feder,

$$mx''(t) = -kx(t).$$

Division durch m und $\omega := k/m$ liefert die Differentialgleichung der harmonischen Schwingung

$$x''(t) + \omega x(t) = 0.$$

Lösungen dieser Differentialgleichung sind harmonische Schwingungen der Form $x(t) = c\sin(\omega t + \Phi)$. Amplitude c und Phase Φ werden durch Anfangsbedingungen der Form $x(0) = x_0$ und $x'(0) = v_0$ festgelegt. Im 19. Jahrhundert konnten wichtige Fragen nach der Existenz und Eindeutigkeit von Lösungen gewöhnlicher Differentialgleichungen beantwortet werden. Der Italiener Giuseppe Peano (1858–1932) konnte 1886 den nach ihm benannten Existenzsatz beweisen: Ist die Funktion f in der Differentialgleichung

$$x'(t) = f(t, x(t))$$

„nur" stetig, dann existiert wenigstens lokal eine Lösung. Der Satz gilt auch für Systeme von Differentialgleichungen erster Ordnung, und lineare Differentialgleichungen höherer Ordnung (wie unsere Gleichung der harmonischen Schwingung) lassen sich auf einfache Weise in solche Systeme verwandeln. Erstmals 1890 konnte der finnische Mathematiker Ernst Leonard Lindelöf (1870–1946) einen Existenz- und Eindeutigkeitssatz für Anfangswertprobleme beweisen. Dazu muss die rechte Seite f nicht nur stetig sein, sondern „Lipschitz-stetig". Um die gleiche Zeit arbeitete auch der Franzose Charles Émile Picard (1856–1941) an einem solchen Resultat, so dass der Satz heute „Satz von Picard-Lindelöf" genannt wird.

Im 20. Jahrhundert wurde die Theorie der gewöhnlichen Differentialgleichungen weit entwickelt. Das Gebiet der Dynamischen Systeme beschäftigt sich mit dem Langzeitverhalten von Lösungen, die Bifurkationstheorie erlaubt

Abb. 10.7.2 Ponte de Dom Luis I., Brücke über den Douro in Porto. Sie wurde 1881-1885 von einer belgischen Gesellschaft gebaut, deren Ingenieure sich die Erfahrungen des französischen Ingenieurs Gustave Eiffel beim Bau der weiter flussaufwärts gelegenen Eisenbahnbrücke zunutze machten. Die Bogenbrücke verbindet mit einer aufgeständerten Fahrbahn die Oberstädte von Porto und Vila Nova de Gaia, mit der am einzigen Bogen von 172 Metern Spannweite aufgehängten unteren Fahrbahn die beiden Unterstädte [Foto Alten]

Untersuchungen über Lösungsverzweigungen bei Lösungen nichtlinearer Differentialgleichungen. Da man nur sehr wenige Differentialgleichungen exakt lösen kann, hat auch die Numerik gewöhnlicher Differentialgleichungen im 20. Jahrhundert großen Aufschwung genommen, indem man das jeweilige Problem durch Linearisierung und Diskretisierung in riesengroße Systeme linearer Gleichungen überführt, deren Lösungen durch moderne Computer berechnet werden können und approximative Werte für die Lösung in dicht benachbarten Punkten liefern.

10.8 Partielle Differentialgleichungen

Partielle Differentialgleichungen sind Gleichungen für eine gesuchte Funktion mehrerer Veränderlicher, in der partielle Ableitungen auftauchen. Wir haben uns bereits mit der Gleichung der schwingenden Saite beschäftigt:

$$\frac{\partial^2 u}{\partial t^2} - \frac{\partial^2 u}{\partial x^2} = 0.$$

Es handelt sich um eine partielle Differentialgleichung zweiter Ordnung (weil zweite partielle Ableitungen auftreten) für die Auslenkung u der Saite, die vom Punkt x und der Zeit t abhängig ist. Eine unübersehbar große Zahl von Problemen der Naturwissenschaften führt auf partielle Differentialgleichungen. So sind die Eulerschen Gleichungen der Gasdynamik, die Navier-Stokes-Gleichungen reibungsbehafteter Fluide und die Maxwellschen Gleichungen der Elektrodynamik partielle Differentialgleichungen bzw. Systeme solcher Gleichungen. Aber auch in anderen Bereichen der Mathematik haben sich partielle Differentialgleichungen als wichtige Werkzeuge erwiesen, z. B. in der Differentialgeometrie.

Lange Zeit hatte man geglaubt, dass sich zumindest für lineare partielle Differentialgleichungen eine einfache Existenz- und Eindeutigkeitstheorie wie im Fall der gewöhnlichen Differentialgleichungen entwickeln lassen würde. Erst 1957 publizierte Hans Lewy (1904–1988) in der Zeitschrift „Mathematische Annalen" die Arbeit *An example of a smooth linear partial differential equation without a solution*, in der er beweisen konnte, dass es eine lineare partielle Differentialgleichung mit analytischen (d. h. beliebig „gutartigen") Koeffizienten gibt, die keine Lösung besitzt.

Bereits Euler hatte verlangt, dass man auch mit einer gezupften Saite rechnen können müsste. Obwohl die gezupfte Saite einen Knick aufweist und damit ihre Anfangswertfunktion $u(x,0)$ nicht differenzierbar ist (geschweige denn zweimal differenzierbar, wie es die Gleichung verlangt!), taucht dieser Fall bei realen Musikinstrumenten ja auf. Auch eine einfache eindimensionale Wellengleichung der Form

$$\frac{\partial u}{\partial t} + \frac{\partial u}{\partial x} = 0,$$

10.8 Partielle Differentialgleichungen

Abb. 10.8.1 Laurent Schwarz, Sergej Sobolew, Hans Lewy

in der u nach Differenzierbarkeit in Raum und Zeit verlangt, liefert mit einer sogar unstetigen Anfangswertfunktion wie

$$u(x,0) = u_0(x) = \begin{cases} 0 \; ; \; x < 0 \\ 1 \; ; \; x \geq 0 \end{cases}$$

eine „Lösung"

$$u(x,t) = u(0, x-t) = u_0(x-t) = \begin{cases} 0 \; ; \; x < t \\ 1 \; ; \; x \geq t \end{cases},$$

die für alle Zeiten unstetig bleibt. Zumindest formal ist $\frac{\partial u}{\partial t} = -u_0'$ und $\frac{\partial u}{\partial x} = u_0'$ und damit $\partial u/\partial t + \partial u/\partial x = -u_0' + u_0' = 0$.

Erst im 20. Jahrhundert konnten solche und andere Absonderlichkeiten sauber aufgelöst werden. In der Sowjetunion arbeitete Sergej L'vovič Sobolew (1908–1989) in den 1930er Jahren an der Theorie der heute nach ihm benannten Funktionenräume. Sobolew-Räume enthalten Funktionen, die in einem schwachen Sinne differenzierbar sind. So sind zum Beispiel Funktionen mit einem Knick einmal schwach differenzierbar. Sobolew-Räume spielen heute in der Mathematik und insbesondere in der Theorie partieller Differentialgleichungen eine herausragende Rolle.

In Frankreich arbeitete Laurent Schwartz (1915–2002) in der Zeit nach dem Zweiten Weltkrieg an einer noch radikaleren Form schwacher Lösungen, den „Distributionen". Distributionen sind gar keine Funktionen mehr, sondern „lineare Funktionale", d.h. Abbildungen von einem Funktionenraum (dem Raum der „Testfunktionen") in die reellen Zahlen. Testfunktionen sind dabei beliebig glatte Funktionen, die nur auf etwa einem kompakten Intervall von Null verschieden sind. Auch eine so verrückt erscheinende Abbildung wie

$$\varphi \mapsto \delta(\varphi) := \varphi(0),$$

die einer Testfunktion φ ihren Wert bei $x = 0$ zuweist, ist eine Distribution, die nach dem englischen Physiker Paul Adrien Maurice Dirac (1902–1984) benannte Dirac-Distribution. Distributionen erwiesen sich schließlich als die Schlüssel zu einer Theorie linearer partieller Differentialgleichungen mit konstanten Koeffizienten. Für nichtlineare Differentialgleichungen sind Distributionen nicht einsetzbar, da das Produkt zweier Distributionen in der Regel nicht erklärt werden kann, aber auch hier hört die Mathematik natürlich nicht auf. Das Gebiet der partiellen Differentialgleichungen ist eines der aktivsten Gebiete innerhalb der Mathematik überhaupt. Wegen der Bedeutung partieller Differentialgleichungen in den Natur- und Ingenieurwissenschaften hat sich auch die Numerische Analysis seit der Mitte des 20. Jahrhunderts zu einem großen Forschungsgebiet entwickelt, unterstützt durch die modernen Computer und Supercomputer, die mit ihren ständig wachsenden und kaum noch vorstellbaren Rechenkapazitäten arbeiten und dabei noch immer schneller werden.

10.9 Die Analysis wird noch mächtiger: Funktionalanalysis

Die Analysis hat sich von ihren Anfängen in der Antike zu einem mächtigen eigenständigen Bereich innerhalb der Mathematik entwickelt, der sich weit verzweigt hat und mit anderen Bereichen der Mathematik fruchtbare Verbindungen eingegangen ist. Hier konnten nur die Wurzeln dieser wunderbaren Entwicklungen beschrieben werden, denn die Analysis ist nach wie vor ein äußerst aktives Forschungsgebiet. *Eine* moderne Entwicklung soll zum Abschluss dieses Kapitels jedoch noch verfolgt werden: Die Funktionalanalysis.

10.9.1 Grundbegriffe der Funktionalanalysis

Hier sind wir schon in Schwierigkeiten, denn eine einheitliche Definition existiert nicht. Funktionalanalysis hat sich zu einer übergreifenden Theorie in fast allen Bereichen der Mathematik entwickelt und kein Studierender der Mathematik verlässt heute die Universität, ohne wenigstens einen kleinen Einblick in dieses Gebiet bekommen zu haben. Machen wir den Versuch einer Definition!

Wir kennen den uns umgebenden dreidimensionalen Raum und sind gewohnt, darin Entfernungen und Winkel zu messen. Der Raum, in dem wir leben, ist endlichdimensional, nämlich von der Dimension drei, oder, wenn wir die Zeit hinzunehmen, von der Dimension vier. Nun fällt es Mathematikern nicht schwer, von der Raumdimension zu abstrahieren und sich auch fünf-, sechs-, oder tausenddimensionale Räume vorzustellen – die Punkte in solchen Räumen haben einfach mehr Koordinaten. Studieren wir Abbildungen zwischen

solchen Räumen, dann sind wir in der klassischen Analysis. Wir haben uns im Rahmen dieses Buches nur mit Abbildungen $f : \mathbb{R} \to \mathbb{R}$ beschäftigt, aber die mehrdimensionale Analysis befasst sich mit Abbildungen $f : \mathbb{R}^n \to \mathbb{R}^m$ für $n, m \in \mathbb{N}$. Die Geometrie solcher Räume wird durch das Gebiet der „Linearen Algebra" oder, wie mein verehrter Lehrer Horst Tietz mit Recht zu sagen pflegte: „Linearen Geometrie", abgedeckt. Nun gibt es aber Räume, die sich von den endlichdimensionalen Räumen deutlich unterscheiden. Die Menge aller stetigen Funktionen auf dem Intervall [0, 1] ist schon nicht mehr endlich, aber wir können natürlich alle solchen Funktionen in eine große Menge packen und diese Menge
$$C([0,1])$$
nennen (von Continuierlich). Das ist noch nichts Besonderes, denn wir haben einfach nur alle stetigen Funktionen in einen großen Sack gepackt. Der Pfiff bei den endlichdimensionalen Räumen ist ja, dass wir Längen und auch Winkel messen können; außerdem können wir Punkte addieren und mit einer rellen Zahl multiplizieren – mit anderen Worten: Die endlichdimensionalen Räume tragen eine „Struktur". Können wir der Menge $C([0,1])$ auch eine solche Struktur geben, d. h. können wir „Abstände" von Funktion zu Funktion messen und sogar „Winkel" zwischen zwei Funktionen? Die Antwort ist „ja" und jetzt sind wir in der Funktionalanalysis!

Wie können wir zwei Funktionen $f, g \in C([0,1])$ addieren und wie regeln wir die Multiplikation mit einer reellen Zahl α? Das ist trivial, denn das können wir punktweise machen:

$$(f + g)(x) := f(x) + g(x)$$
$$(\alpha \cdot f)(x) := \alpha \cdot f(x).$$

Damit ist die Menge $\{C([0,1]), +, \cdot\}$ schon ein sogenannter „Vektorraum" – eine außerordentlich fruchtbare Struktur. Zur Einführung weiterer Strukturen wollen wir uns fragen, was wir von einem Zollstock beim Arbeiten im dreidimensionalen Raum erwarten. Wir messen Längen von Abständen und aus mathematischer Sicht sind dazu nur vier Anforderungen zu erfüllen:

1. Die Entfernung von x zu sich selbst soll 0 sein:

    M1 $\quad d(x, x) = 0.$

2. Zeigt der Zollstock bei Messung zwischen zwei Punkten x und y die Distanz $d(x, y) = 0$ an, dann habe ich gar keine verschiedenen Punkte betrachtet:

    M2 $\quad d(x, y) = 0 \quad \Rightarrow \quad x = y.$

3. Es ist ganz egal, ob ich die Länge von einem Punkt x zu einem Punkt y messe oder andersherum:

    M3 $\quad d(x, y) = d(y, x).$

4. In einem Dreieck der Punkte x, y, z ist der direkte Abstand zwischen x und y nie größer als die Summe der Abstände von x nach z und von z nach y:

M4 $\qquad d(x,y) \leq d(x,z) + d(z,y).$

Diese Ungleichung heißt deshalb „Dreiecksungleichung".

Besitzt ein Vektorraum einen solchen Zollstock, d. h. eine Abstandsfunktion $d(x,y)$, dann ist dieser Vektorraum ein „metrischer Raum".

Führen wir als Zollstock die Abstandsfunktion

$$d(f,g) := \max_{x \in [0,1]} |f(x) - g(x)|$$

in dem Vektorraum $\{C([0,1]), +, \cdot\}$ ein, dann erfüllt dieser Zollstock tatsächlich alle vier Bedingungen! Der Vektorraum $\{C([0,1]), +, \cdot, d\}$ (oder kürzer: $(C([0,1]), d)$) ist also ein metrischer Raum, d. h. wir können jetzt „Abstände" von Funktionen messen! Wir hätten auch den Zollstock

$$d(x,y) := \sqrt{\int_0^1 |f(x) - g(x)|^2 \, dx}$$

einführen können; auch der ist eine gültige Abstandsfunktion in $C([0,1])$. Aber im Vektorraum $\{C[0,1]), +, \cdot\}$ gibt es sogar einen „De luxe"-Zollstock – eine Abbildung $C([0,1]) \ni f \mapsto \|f\| \in \mathbb{R}_0^+$, die man „Norm" nennt. Eine Norm soll immer drei Bedingungen erfüllen, nämlich

N1 $\qquad \|f\| = 0 \Leftrightarrow f = 0$

N2 $\qquad \|\alpha \cdot f\| = |\alpha| \cdot \|f\|$

N3 $\qquad \|f + g\| \leq \|f\| + \|g\|$

Trägt ein Vektorraum eine Norm, dann heißt er „normierter Vektorraum". Für $C([0,1])$ ist

$$\|f\|_\infty := \max_{x \in [0,1]} |f(x)| \qquad (10.1)$$

eine Norm ebenso wie

$$\|f\|_2 := \sqrt{\int_0^1 |f(x)|^2 \, dx}. \qquad (10.2)$$

Jeder normierte Raum ist automatisch ein metrischer Raum, denn der edle De luxe-Zollstock induziert durch

$$d(f,g) := \|f - g\|$$

immer eine Metrik. So viel zu den Längen und den Abständen, aber was ist mit den Winkeln? In endlichdimensionalen Räumen wie dem $\mathbb{R}^3$ kennen wir das Skalarprodukt

$$\langle x, y \rangle := x \cdot y = |x| \cdot |y| \cdot \cos \angle(x, y),$$

mit dem wir den Winkel zwischen den Vektoren x und y messen können. Zwei Vektoren x und y stehen senkrecht aufeinander, wenn $\langle x, y \rangle = 0$ ist. Man verallgemeinert den Begriff des Skalarprodukts jetzt auf allgemeine Räume und sagt, dass eine Funktion $\langle \cdot, \cdot \rangle : V \times V \to \mathbb{R}$ vom cartesischen Produkt eines Vektorraumes V in die reellen Zahlen ein „Skalarprodukt" oder „inneres Produkt" heißen soll, wenn die folgenden drei Bedingungen erfüllt sind:

S1
$$\langle f + g, h \rangle = \langle f, h \rangle + \langle g, h \rangle$$
$$\langle f, g + h \rangle = \langle f, g \rangle + \langle f, h \rangle$$
$$\langle f, \alpha g \rangle = \langle \alpha f, g \rangle = \alpha \cdot \langle f, g \rangle$$

S2 $\quad \langle f, g \rangle = \langle g, f \rangle$

S3 $\quad \langle f, f \rangle \geq 0 \quad$ und $\quad \langle f, f \rangle = 0 \Leftrightarrow f = 0.$

Räume, in denen man Winkel messen kann, sind ganz besonders wichtig und exklusiv und heißen „Prä-Hilbert-Räume" nach dem deutschen Mathematiker David Hilbert (1862–1943). Jedes innere Produkt induziert bereits einen De luxe-Zollstock durch

$$\|f\| := \sqrt{\langle f, f \rangle}.$$

Damit ist jeder Prä-Hilbert-Raum automatisch ein normierter Raum. Jede Norm definiert auf dem betrachteten Vektorraum eine „Topologie", d. h. einen Modus der Konvergenz. Ist ein Vektorraum unter einer Norm „vollständig", d. h. konvergiert jede Cauchy-Folge in diesem Raum, dann heißt der normierte Raum zu Ehren von Stefan Banach (1892–1945) „Banach-Raum". Ist ein Prä-Hilbert-Raum vollständig, dann heißt er „Hilbert-Raum". Zahlreiche Subtilitäten gilt es zu beachten. Unser Paradebeispiel $C([0, 1])$ ist *kein* Banach-Raum unter der Norm (10.2), wohl aber unter (10.1)!

Nun können wir den Versuch einer Definition von „Funktionalanalysis" machen:

> Die Funktionalanalysis ist die Analysis von Abbildungen zwischen unendlich-dimensionalen Räumen.

Dabei bezeichnet man eine allgemeine Abbildung zwischen zwei Räumen als „Operator". Eine Abbildung von einem Funktionenraum in die Menge $\mathbb{R}$ der reellen Zahlen heißt „Funktional" und daher stammt auch der Name „Funktionalanalysis". Jacques Hadamard (1865–1963) prägte das Wort „fonctionelle" (Funktional), Paul Pierre Lévy (1886–1971) verwendete in seinem 1922 erschienen Buch *Leçons d'analyse fonctionelle* erstmals den Begriff „analyse fonctionelle" [Siegmund-Schultze 1999, S. 490 f.].

10.9.2 Ein geschichtlicher Abriss der Funktionalanalysis

Jean Dieudonné (1906–1992) gibt in seinem äußerst aufschlussreichen Buch [Dieudonné 1981, S. 8] eine Graphik zur Entwicklung der Funktionalanalysis, die abschreckend komplex ist. Etwas übersichtlicher (aber naturgemäß gröber) ist die Graphik, die in [Siegmund-Schultze 1999, S. 488] gegeben ist. Für Dieudonné beginnt die Funktionalanalysis bereits im 18. Jahrhundert mit der Variationsrechnung und dem Anfang der Theorie der partiellen Differentialgleichungen. In der Variationsrechnung haben wir schon einen großen Abstraktionsschritt vor uns: Jetzt werden Extrema nicht für eine einzelne, gegebene Funktion gesucht, sondern unter einer Menge von Funktionen (die *Punkte* in einem Funktionenraum sind!) wird diejenige gesucht, die einer bestimmten Extremaleigenschaft genügt. Ein zu minimierendes Integral wie dasjenige im Brachistochronenproblem (8.1),

$$\frac{1}{\sqrt{2g}} \int_0^a \sqrt{\frac{1+(y')^2}{y}}\, dx \stackrel{!}{=} \min.,$$

ist nichts anderes als ein Funktional, das Funktionen $y = f(x)$ aus einem Funktionenraum in die reellen Zahlen abbildet.

Einen weiteren Kristallisationspunkt für die Funktionalanalysis stellen die Fourier-Reihen dar. Schon Fourier selbst war auf unendliche lineare Gleichungssysteme zur Berechnung der Koeffizienten in den Reihen gestoßen, die er mehr intuitiv als rigoros löste [Siegmund-Schultze 1999, S. 489]. Als man am Ende des 19. Jahrhunderts Integralgleichungen der zweiten Art behandelte, kam das Problem der unendlichen Gleichungssysteme wieder hoch. Integralgleichungen der zweiten Art sind Gleichungen der Form

$$\lambda u(x) + \int_a^b k(x,y) u(y)\, dy = f(x),$$

in denen der „Kern" k, die rechte Seite f und die Zahl λ gegeben sind und u eine gesuchte Funktion bezeichnet. Schon der italienische Mathematiker Vito Volterra (1860–1940) hatte 1896 erstmals darauf hingewiesen, dass man diese Integralgleichungen als Grenzfälle unendlicher Gleichungssysteme auffassen könne [Goodstein 2007]. Volterra hatte bereits 1887 den Versuch unternommen, einen Funktionalkalkül (von Salvatore Pincherle später „calcolo funzionale" genannt) zu entwickeln. Dieser Versuch wurde jedoch als „Verallgemeinerung um ihrer selbst willen" [Siegmund-Schultze 1999, S. 491] abgelehnt – er kam schlicht zu früh. Der Schwede Erik Ivar Fredholm (1866–1927) nahm 1903 die Volterraschen Bemerkungen zu den Integralgleichungen wieder auf und sah diese als Grenzfall des diskretisierten Problems

$$\lambda u_i + \sum_{j=0}^n \frac{1}{n} k_{ij} u_i = f_i.$$

10.9 Die Analysis wird noch mächtiger: Funktionalanalysis

Abb. 10.9.1 Vito Volterra und Erik Ivar Fredholm

Dazu denke man sich das Intervall $[a,b]$ äquidistant zerlegt durch $a = x_0 < x_1 < x_2 < \ldots < x_n = b$. Die so entstehenden Teilintervalle haben die Breite $1/n$. Der Kern k ist als Funktion zweier Veränderlicher eine Funktion auf dem cartesischen Produkt $[a,b] \times [a,b]$ und k_{ij} bedeutet einfach die Auswertung $k(x_i, y_j)$. Fredholm bildete eine heute nach ihm benannte Theorie der Integralgleichungen aus, in der immer wieder Anklänge an moderne funktionalanalytische Ideen zu erkennen sind.

Einen kreativen Schub erhielt die werdende Funktionalanalysis durch die Arbeiten der Göttinger Schule, insbesondere durch David Hilbert (1862–1943) und seinen Schüler Erhard Schmidt (1876–1959). In einer Folge von Mitteilungen in den Nachrichten der Königlichen Gesellschaft der Wissenschaften zu Göttingen von 1904 bis 1910 begründet Hilbert die Theorie der Integralgleichungen völlig neu. Insbesondere schlägt er für sogenannte symmetrische Kerne ($k(x,y) = k(y,x)$) eine Brücke zur Eigenwerttheorie der linearen Algebra. Er behandelt also Integraloperatoren so wie die linearen Operatoren (=Matrizen) der linearen Algebra. Sein Schüler Schmidt promovierte bei ihm in Göttingen 1905 mit einer Arbeit über Integralgleichungen und ging mit der Wahl gänzlich anderer Methoden über seinen Lehrer hinaus, indem er wichtige Resultate Hilberts nur aus strukturellen Gegebenheiten eines Funktionenraumes folgerte und dabei größere Allgemeinheit erreichte. Die für die Entwicklung der Funktionalanalysis so wichtigen Arbeiten Hilberts und Schmidts sind in jüngerer Zeit noch einmal gemeinsam publiziert worden [Hilbert/Schmidt 1989].

Auf dem Weg, den Volterra vorgezeichnet hatte, ging sein Schüler Cesare Arzelà (1847–1912) weiter. Er versuchte, die Weierstraßschen Sätze über stetige Funktionen zu verallgemeinern und auf Volterras calcolo funzionale zu

Abb. 10.9.2 David Hilbert (1937) und sein Schüler Erhard Schmidt [Foto Konrad Jacobs]

übertragen. Dabei stützte er sich auf Ergebnisse von Giulio Ascoli (1843–1896) aus dem Jahr 1884. So entstand der Satz von Arzelà-Ascoli, der über das Verhalten stetiger und beschränkter Familien von Funktionen Auskunft gibt. In [Siegmund-Schultze 1999, S. 492] wird der Satz von Ascoli aus dem Jahr 1884 als das erste substantielle Resultat über unendlichdimensionale Funktionenräume bezeichnet.

Unmittelbar an die Arbeiten von Arzelà knüpft der Franzose Maurice René Fréchet (1878–1973) an, der in seiner Dissertation aus dem Jahr 1906 nicht nur den Begriff des abstrakten metrischen Raumes einführt, sondern auch Funktionale auf solchen Räumen untersucht und den Begriff der Kompaktheit abstrakt fasst [Siegmund-Schultze 1999, S. 492]. Auch Felix Hausdorff (1868–1942) ist hier zu nennen, der sich abstrakt mit „topologischen Räumen" beschäftigte. Der Italiener Salvatore Pincherle, der den Begriff des „calcolo funzionale" prägte, untersuchte schon 1901 auf abstrakter Ebene lineare Operatoren in unendlichdimensionalen Vektorräumen und axiomatisierte diese. Die Arbeiten Pincherles wurden aber nicht rezipiert [Siegmund-Schultze 1999, S. 493] und so blieb es der polnischen Schule vorbehalten, die „lineare Funktionalanalysis" zu begründen. Einen ersten Sieg des Lebesgue-Integrals konnten 1907 der österreichische Mathematiker Ernst Sigismund Fischer (1875–1954) und, unabhängig von ihm, der Ungar Frigyes Riesz (1880–1956) mit dem Beweis des berühmten Satzes von Riesz-Fischer, der die Fourier-Analysis in Hilbert-Räumen begründet, erzielen.

Am 30. März 1892 wird Stefan Banach in Krakau in ungeordnete Familienverhältnisse geboren und wächst in einer Pflegefamilie auf. Er kann ein Gymnasium besuchen, das er 1910 erfolgreich abschließt. Dann arbeitet er

Abb. 10.9.3 Maurice René Fréchet, Cesare Arzelà, Salvatore Pincherle

in einer Krakauer Buchhandlung und studiert in der Freizeit Mathematik als Autodidakt. Von 1911 bis 1913 studiert er Mathematik an der Universität Lemberg (polnisch: Lwów, heute ukrainisch: Lwiw) und legt dort das Vordiplom ab. Für den Armeedienst im Ersten Weltkrieg war er wegen seiner schlechten Augen nicht geeignet. Stattdessen arbeitete er als Aufseher beim Straßenbau, bevor er nach dem Ende des Krieges wieder nach Krakau zurückkehrte. Über die Kriegszeit sind nur sehr wenig Informationen über Banach erhalten [Kałuża 1996]. So weit wir wissen, verdiente Banach sich seinen Lebensunterhalt durch Nachhilfestunden und studierte weiter im Privaten Mathematik. Im Jahr 1916 kommt es zu einer Bekanntschaft mit dem Mathematiker Hugo Dionizy Steinhaus (1887–1972). Steinhaus ist von dem jungen Mathematiker beeindruckt und nach kurzer Zeit entsteht nicht nur eine erste gemeinsame Publikation, sondern eine lang anhaltende Freundschaft. Steinhaus setzt sich für Banach ein und so finden wir ihn von 1920 bis

Abb. 10.9.4 Stefan Banach, geehrt mit einer Briefmarke (Polen 1982)

Abb. 10.9.5 Kawiarnia Szkocka (Schottisches Café) in Lemberg, jetzt die „Desertniy Bar" in Lwiw (Ukraine); Hugo Steinhaus

1922 auf einer Assistentenstelle in der Abteilung für Mechanik des Lehrstuhls für Mathematik am Polytechnikum Lemberg bei Antoni Łomnicki (Łomnicki wurde gemeinsam mit 25 weiteren polnischen Professoren am 4. Juli 1941 kurz nach dem Einmarsch der deutschen Wehrmacht ermordet). Banach publiziert weiter und legt 1922 an der Jan Kazimierz-Universität in Lemberg seine Doktorprüfung ab. Das Thema der Dissertation lautet *Sur les opérations dans les ensembles abstraits et leur application aux équations intégrales* (Über die Operationen in abstrakten Mengen und ihre Anwendung auf Integralgleichungen). In ihr dürfen wir das eigentliche Geburtsdokument der Funktionalanalysis sehen. Noch im selben Jahr habilitiert sich Banach in Lemberg und erhält eine außerordentliche Professur, von der er 1927 auf ein Ordinariat wechselt.

Banach war ein Exzentriker. In den Jahren 1922 und 1939 saß er in einem Lemberger Café und arbeitete dort, anstatt in seinem Büro an der Universität. In diesem „Kawiarnia Szkocka", dem „Schottischen Café", scharte sich um Banach nach und nach die Créme de la Créme der polnischen Mathematik. Man schrieb mit Fettstiften auf den Tischplatten, was zu aufwändigen täglichen Reinigungsaktionen auf Seiten des Cafés führte. Schnell wurde es dem Besitzer des Cafés zu viel und er kaufte ein Buch, in dem sich nur leere Seiten befanden. Nun konnten die polnischen Mathematiker ihre Ideen, Aufgaben und Theoreme in dieses Buch eintragen, das dadurch zu Weltruhm gekommen ist.

Das „Schottische Buch" hat den Zweiten Weltkrieg überdauert und liegt inzwischen in einer englischen Teilübersetzung vor [Mauldin 1981], befindet sich auch frei zugänglich im Internet [Szkocka]. Die im Internet verfügbare Version ist von einem Mitglied des Lemberger Kreises und Schüler Banachs,

10.9 Die Analysis wird noch mächtiger: Funktionalanalysis 601

Abb. 10.9.6 Stanisław Mazur übergibt den „Preis" an Per Enflo

Stanisław Marcin Ulam (1909–1984), angefertigt worden. Das Buch enthält praktisch alle wichtigen grundlegenden Sätze der Funktionalanalysis. Aufgaben wurden gestellt und auch Preise ausgelobt. So lobte Stanisław Mazur (1905–1981), ein Schüler Banachs, im Jahr 1936 als Preis für den Beweis eines Satzes aus der Theorie der Banach-Räume eine lebende Gans aus. Im Jahr 1972 konnte Mazur diesen Preis noch selbst an den Schweden Per Enflo (*1944) übergeben.

Banach erhielt zahlreiche Ehrungen und war Mitglied in der Polnischen Akademie der Wissenschaften, der Warschauer Wissenschaftlichen Gesellschaft und der Wissenschaftlichen Gesellschaft Lemberg. Schon 1919 war er Gründungsmitglied der Polnischen Mathematischen Gesellschaft. Im Jahr 1932 erschien Banachs Buch *Théorie des opérations linéaires* [Banach 1987] – die „Bibel" der neuen Funktionalanalysis. In diesem Buch legte Banach den Grundstein für die Theorie der nach ihm benannten Räume.

Im Jahr 1939 marschierte die Rote Armee in Lemberg ein und gliederte die Stadt bis 1941 in die Ukrainische Sowjetrepublik ein. Banach wurde korrespondierendes Mitglied der Akademie der Wissenschaften der Ukrainischen Sowjetrepublik und behielt seine Professur in Lemberg, wo er der erste Lehrstuhlinhaber für Mathematische Analysis war und Dekan der mathematisch-physikalischen Fakultät wurde. Im Jahr 1941 brach auch für Lemberg der Naziterror an. Der gezielten Ermordung der 25 Lemberger Professoren konnte Banach entgehen, aber er wurde gedemütigt. Im Institut des polnischen

Bakteriologen Rudolf Weigl arbeitete er als „Lebendfutter" für die Läuse, an denen geforscht wurde, und konnte so unauffällig abtauchen. Wie sich die Lemberger Mathematikerin Jadwiga Hallaunbrenner erinnerte [Kałuża 1996, S. 88 f.], war Banach zu dieser Zeit in einer erbarmungswürdigen körperlichen Verfassung. Weigl gelang es, ein Mittel gegen das durch Läuse übertragene Fleckfieber zu finden und Banach blieb „Läusefutter" noch bis zum Ende der Naziokkupation, also bis Juli 1944. Dann übernahm die Rote Armee wieder die Herrschaft in Lemberg, und Banach wurde erneut als Mathematikprofessor bestellt. Der Kettenraucher Banach war da aber schon an Lungenkrebs erkrankt. Er starb am 31. August 1945 und wurde auf dem Lytschakiwski-Friedhof in Lemberg begraben.

Entwicklung der Analysis im 19. und 20. Jahrhundert

1828	GEORGE GREEN publiziert den nach ihm benannten Integralsatz und entwickelt mit der Greenschen Funktion eine Methode zur Lösung von Randwertaufgaben (deutsch erst zwischen 1850 und 1854 in Crelles Journal veröffentlicht)
1840	CARL-FRIEDRICH GAUSS beweist den nach ihm benannten Integralsatz der Vektoranalysis, den sogenannten Divergenzsatz
1854	GEORGE GABRIEL STOKES beweist den nach ihm benannten Integralsatz der Vektoranalysis
	BERNHARD RIEMANN begründet mit seinem Habilitationsvortrag *Hypothesen, welche der Geometrie zugrunde liegen* die moderne Differentialgeometrie
1870	EDUARD HEINE definiert die gleichmäßige Stetigkeit von Funktionen und beweist den Satz von der gliedweisen Integration einer gleichmäßig konvergenten Reihe
1872	GEORG CANTOR veröffentlicht eine Konstruktion der reellen Zahlen mit Hilfe von Cauchy-Folgen. CANTOR entwickelt die Mengenlehre. HEINE formuliert den von E. Borel 1895 erstmals als eigenständiges Theorem aufgestellten und für Punkte einer Geraden bewiesenen berühmten Überdeckungssatz von Heine-Borel
1882	PAUL DU BOIS-REYMOND veröffentlicht *Die Allgemeine Functionenlehre*
1883	GIULIO ASCOLI definiert die gleichgradige Stetigkeit und beweist den nach ihm benannten und von C. ARZELÀ verallgemeinerten Satz (von Arzelà-Ascoli).
	CANTOR teilt DEDEKIND seinen Beweis für die Nichtabzählbarkeit der reellen Zahlen mit
1887	VITO VOLTERRA entwickelt seinen „Funktionalkalkül".

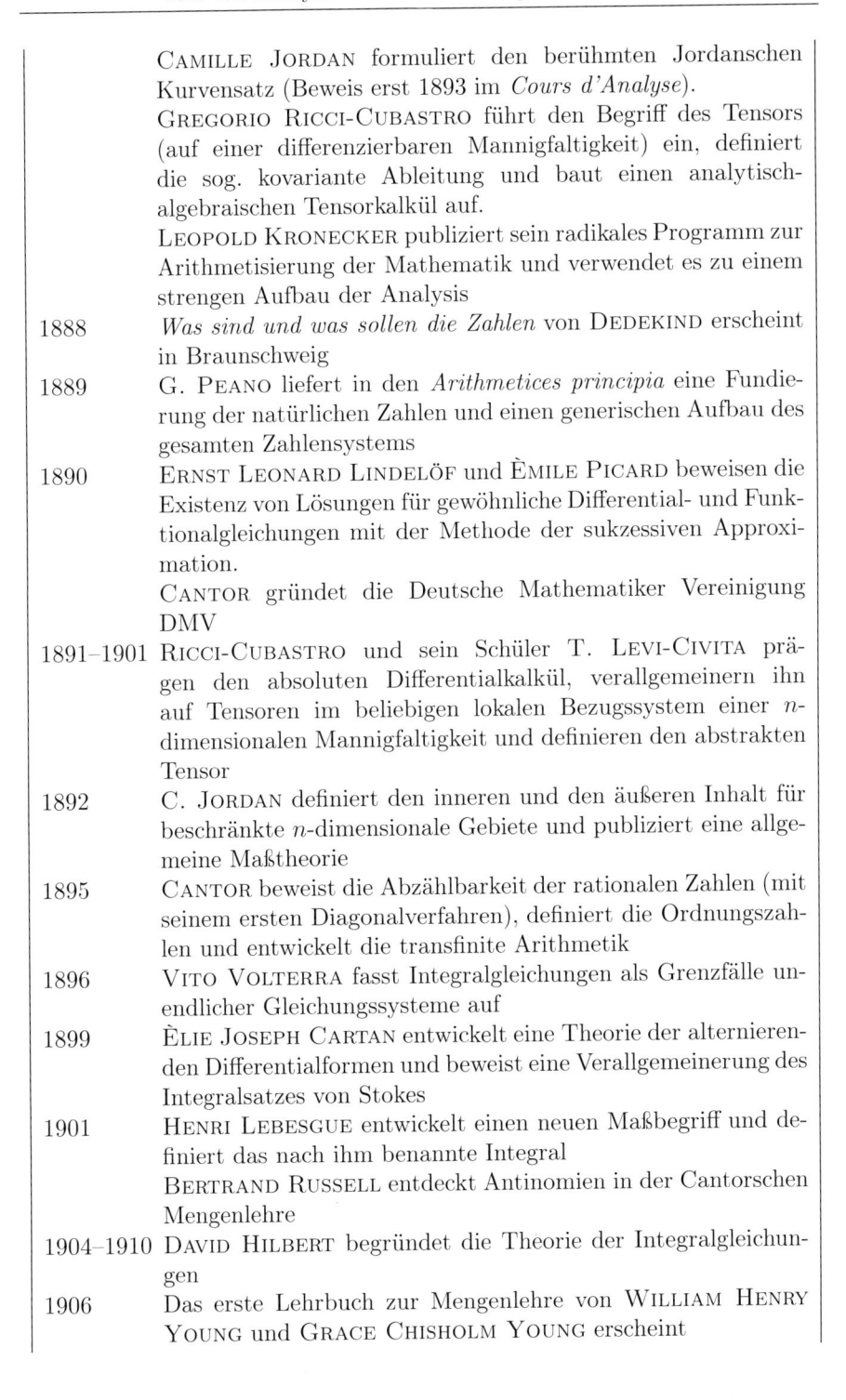

CAMILLE JORDAN formuliert den berühmten Jordanschen Kurvensatz (Beweis erst 1893 im *Cours d'Analyse*).
GREGORIO RICCI-CUBASTRO führt den Begriff des Tensors (auf einer differenzierbaren Mannigfaltigkeit) ein, definiert die sog. kovariante Ableitung und baut einen analytisch-algebraischen Tensorkalkül auf.
LEOPOLD KRONECKER publiziert sein radikales Programm zur Arithmetisierung der Mathematik und verwendet es zu einem strengen Aufbau der Analysis

1888 *Was sind und was sollen die Zahlen* von DEDEKIND erscheint in Braunschweig

1889 G. PEANO liefert in den *Arithmetices principia* eine Fundierung der natürlichen Zahlen und einen generischen Aufbau des gesamten Zahlensystems

1890 ERNST LEONARD LINDELÖF und ÊMILE PICARD beweisen die Existenz von Lösungen für gewöhnliche Differential- und Funktionalgleichungen mit der Methode der sukzessiven Approximation.
CANTOR gründet die Deutsche Mathematiker Vereinigung DMV

1891–1901 RICCI-CUBASTRO und sein Schüler T. LEVI-CIVITA prägen den absoluten Differentialkalkül, verallgemeinern ihn auf Tensoren im beliebigen lokalen Bezugssystem einer n-dimensionalen Mannigfaltigkeit und definieren den abstrakten Tensor

1892 C. JORDAN definiert den inneren und den äußeren Inhalt für beschränkte n-dimensionale Gebiete und publiziert eine allgemeine Maßtheorie

1895 CANTOR beweist die Abzählbarkeit der rationalen Zahlen (mit seinem ersten Diagonalverfahren), definiert die Ordnungszahlen und entwickelt die transfinite Arithmetik

1896 VITO VOLTERRA fasst Integralgleichungen als Grenzfälle unendlicher Gleichungssysteme auf

1899 ÊLIE JOSEPH CARTAN entwickelt eine Theorie der alternierenden Differentialformen und beweist eine Verallgemeinerung des Integralsatzes von Stokes

1901 HENRI LEBESGUE entwickelt einen neuen Maßbegriff und definiert das nach ihm benannte Integral
BERTRAND RUSSELL entdeckt Antinomien in der Cantorschen Mengenlehre

1904–1910 DAVID HILBERT begründet die Theorie der Integralgleichungen

1906 Das erste Lehrbuch zur Mengenlehre von WILLIAM HENRY YOUNG und GRACE CHISHOLM YOUNG erscheint

1907	ERNST ZERMELO legt die erste Axiomatisierung der Mengenlehre vor.
	ERNST FISCHER und FRIGYES RIESZ beweisen (unabhängig voneinander) den berühmten Satz von Fischer-Riesz (über die Vollständigkeit des Raumes L^2 der im Sinne von Lebesgue quadratisch integrierbaren Funktionen)
1912	LUITZEN BROUWER wird Mathematikprofessor in Amsterdam. Er entwickelt die intuitionistische Mathematik.
1914	FELIX HAUSDORFF veröffentlicht das erste deutsche Lehrbuch zur Mengenlehre
	Das Kontinuum von HERMANN WEYL erscheint
1921	ADOLF (ABRAHAM) FRAENKEL beginnt mit der Verbesserung des Zermeloschen Axiomensystems
1922	STEFAN BANACH entwickelt wichtige Grundlagen der Funktionalanalysis
1927	BANACH und H. STEINHAUS beweisen grundlegende Sätze über lineare Operatoren in Banach-Räumen
1929	BANACH verallgemeinert einen von HAHN 1927 aufgestellten Satz zum Satz von Hahn-Banach und beweist ihn mit Hilfe des Zornschen Lemmas
1930	Endgültige Form der Zermelo-Fraenkelschen Mengenlehre
1932	STEFAN BANACH veröffentlicht *Théorie des opérations linéaires*
1938	KURT GÖDEL beweist die Unabhängigkeit der Kontinuumhypothese von den Axiomen der Mengenlehre
1945	LAURENT SCHWARTZ verallgemeinert den Funktionsbegriff zur Distribution
1948	J. MIKUSINSKI liefert einen abstrakten Aufbau der Distributionentheorie
	LAURENT SCHWARTZ setzt seinen Ausbau der Distributionentheorie fort
1950	L. SCHWARTZ publiziert sein grundlegendes Buch *Théorie des distributions*.
	SERGEJ L'VOVIČ SOBOLEW baut seine Theorie der verallgemeinerten Ableitungen mit Anwendungen der Funktionalanalysis in der Mathematischen Physik systematisch auf
1963	PAUL COHEN beweist die Existenz zweier Mathematiken – in einer gilt die Kontinuumhypothese, in der anderen nicht

10.10 Aufgaben zu Kapitel 10

Aufgabe 10.10.1 *(zu 10.2)* Das Heron-Verfahren zum Wurzelziehen aus Abschnitt 9.7.1 liefert zwei Folgen $(a_n)_{n\in\mathbf{N}}$ und $(b_n)_{n\in\mathbf{N}}$, wenn $a_0 = 1$ und $b_0 = 2$ gegeben sind. Die Bildungsvorschriften sind

$$a_n = \frac{1}{2}(a_{n-1} + b_{n-1}), \quad b_n = \frac{2}{a_n}.$$

Zeigen Sie, dass $(a_n)_{n\in\mathbf{N}}$ eine monoton wachsende Folge ist, die nach oben beschränkt ist, und dass $(b_n)_{n\in\mathbf{N}}$ monoton fällt und nach unten beschränkt ist. Folgern Sie, dass es einen gemeinsamen Grenzwert gibt.

Aufgabe 10.10.2 *(zu 10.2)* Versuchen Sie so genau wie möglich, die Unmöglichkeit der Konstruktion unendlich kleiner Zahlen aus den Kehrwerten der Cantorschen Ordinalzahlen zu begründen. Welche Widersprüche träten dabei auf?

Aufgabe 10.10.3 *(zu 10.4)* Warum ist die Aussage der Goldbachschen Vermutung:

> Jede gerade Zahl größer als 2 kann als Summe zweier Primzahlen geschrieben werden.

in der intuitionistischen Mathematik weder wahr noch falsch?

Aufgabe 10.10.4 *(zu 10.5)* In der Abbildung sehen Sie links das Vektorfeld

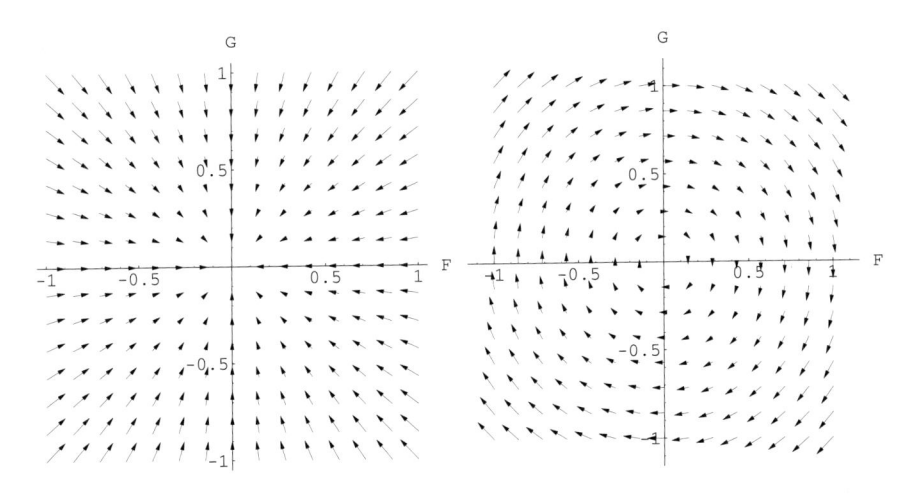

Abb. 10.10.1 Vektorfelder

$$V^1 = \begin{pmatrix} F^1 \\ G^1 \end{pmatrix} = \begin{pmatrix} -x \\ -y \end{pmatrix}$$ und rechts das Feld $V^2 = \begin{pmatrix} F^2 \\ G^2 \end{pmatrix} = \begin{pmatrix} y \\ -x \end{pmatrix}$. Im zweidimensionalen Fall berechnet sich die Rotation zu

$$\nabla \times V = \frac{\partial G}{\partial x} - \frac{\partial F}{\partial y}$$

und die Divergenz

$$\nabla \cdot V = \frac{\partial F}{\partial x} + \frac{\partial G}{\partial y}.$$

Für V^1 und V^2 ergeben sich

$$\nabla \cdot V^1 = -2 \, , \, \nabla \cdot V^2 = 0$$
$$\nabla \times V^1 = 0 \, , \, \nabla \times V^2 = -2.$$

Die Divergenz wird auch Quellstärke genannt. Machen Sie sich an den Abbildungen klar, was ein „quellenfreies" bzw. ein „drehungsfreies" Vektorfeld ist. Können sie diese Eigenschaften an den Vektorfeldern „sehen"? Wie würde ein Feld aussehen, bei dem die Rotation den Wert +2 hat?

Aufgabe 10.10.5 *(zu 10.9)* Beweisen Sie, dass die Euklidische Länge

$$\left| \begin{matrix} x \\ y \end{matrix} \right| := \sqrt{x^2 - y^2}$$

die ersten beiden Normaxiome erfüllt.

11 Ein Kreis schließt sich: Infinitesimale in der Nichtstandardanalysis

Allgemeine Geschichte vom Ende des zweiten Weltkriegs bis heute

1945	Im Potsdamer Abkommen vom 2.8.1945 werden Ostpreußen, Hinterpommern und Schlesien unter sowjetische bzw. polnische Verwaltung gestellt. Österreich verkündet seine Unabhängigkeit und wird wie das restliche Deutschland in jeweils 4 Besatzungszonen der Siegermächte aufgeteilt. Gründung der Vereinten Nationen (UNO) am 24.10.
1947	Am 15.8. entstehen Indien und Pakistan als unabhängige Nationalstaaten durch Aufteilung von Britisch-Indien. In Kaschmir wird dadurch der heute noch andauernde Konflikt ausgelöst
1948	Beginn der Hilfe durch den Marshall-Plan
1949	Spaltung Deutschlands durch Gründung der Bundesrepublik Deutschland (BRD) und der Deutschen Demokratischen Republik (DDR). Die Länder im Einflussbereich der Sowjetunion werden Volksrepubliken: Albanien, Bulgarien, Jugoslawien, Polen, Rumänien, Ungarn, Nordkorea, Nord-Vietnam, Mongolei. Mao Tse-tung (Mao Zedong) ruft am 1.10. in Peking die Volksrepublik China aus
1949–1963	Konrad Adenauer Bundeskanzler der BRD
1950–1953	Korea-Krieg
1953–1960	Dwight D. Eisenhower Präsident der USA
1953	Stalin stirbt am 5.3. Volksaufstand in der DDR am 17. Juni, ausgelöst in Ost-Berlin, niedergeschlagen von sowjetischen Truppen
1955	Die BRD wird souveräner Staat und Mitglied der NATO, die DDR wird Mitglied des Warschauer Paktes
1956	Volksaufstand in Ungarn am 23.10., von sowjetischen Streitkräften blutig beendet
1957	Mit dem „Sputnik" bringt die Sowjetunion am 4.10. den ersten künstlichen Satelliten ins All. Der „Sputnikschock" führt in den USA und später in anderen westlichen Ländern zu Investitionen in das Bildungssystem. Anfänge der Europäischen Union EU: Die Europäische Wirtschaftsgemeinschaft EWG wird gegründet
1958–1964	Nikita Sergejewitsch Chruschtschow Regierungschef der UdSSR
1959–1969	Charles de Gaulle französischer Präsident
1960	„Afrikanisches Jahr": Neue unabhängige afrikanische Staaten entstehen aus belgischen, britischen und französischen Kolonien. Blutige Kämpfe und Stammesfehden sind vielerorts die Folge, vor allem im einstigen Belgisch-Kongo
1961	Mauerbau beginnt in Berlin
1961–1963	John F. Kennedy Präsident der USA
1962	Kuba-Krise
1964–1982	Leonid Iljitsch Breschnew Parteichef der KPdSU
1965–1975	Vietnam-Krieg
1965–1975	„Große Proletarische Kulturrevolution" in China

1968	Einmarsch der Truppen des Warschauer Paktes in die Tschechoslowakei beendet den „Prager Frühling". „Pariser Mai": Nach Studentenprotesten kommt es in ganz Frankreich zu wochenlangen Generalstreiks. Die Studentenunruhen greifen auf Deutschland über
1969–1974	Willy Brandt Kanzler der BRD
1969	Die Apollo 11 Mission bringt die ersten Menschen auf den Mond
1976	Mao Zedong, Staatspräsident der Republik China, stirbt
1979	Der „Gottesstaat" des Ayatollah Khomeini beendet die Herrschaft des Schahs im Iran
1979–1989	Besetzung Afghanistans durch die Sowjetunion
1979–1990	Margaret Thatcher Premierministerin von Großbritannien
1982–1998	Helmut Kohl Kanzler der BRD
1988–1991	Michail Sergejewitsch Gorbatschow ist das letzte Staatsoberhaupt der Sowjetunion
1989	Fall der Berliner Mauer am 9. November
1990	Deutsche Wiedervereinigung. Die DDR tritt der BRD bei Zweiter Golfkrieg: Mit UN-Mandat erzwingen die USA den Abzug irakischer Truppen aus dem annektierten Kuwait
1991	Auflösung der Sowjetunion
ab 1991	Zerfall Jugoslawiens (Slowenien 1991, Kroatien 1991, Mazedonien 1991, Bosnien/Herzogowina 1992, Montenegro 2006)
1993	Gründung der Europäischen Union
1999	Die europäischen Bildungsminister beschließen die Bologna-Reform des Hochschulwesens
2001	Am 11. September: Anschläge von Al-Qaida in New York und Washington provozieren die USA zum „Krieg gegen den Terror". Am 7. Oktober beginnen die USA und Großbritannien mit der „Nordallianz" die Operation *Enduring Freedom* gegen die Herrschaft der Taliban in Afghanistan
2001–2009	George W. Bush Präsident der USA
2002	Einführung des Euros
2003	Die USA stürzen Saddam Hussein durch die Besetzung Iraks mit einer „Koalition der Willigen"
2005	Wahl von Angela Merkel zur Kanzlerin der BRD
2008	Die Insolvenz der US-Investmentbank *Lehman Brothers* löst eine globale Wirtschaftskrise aus
2009	Wahl von Barack Obama zum Präsidenten der USA. Verschärfung der Wirtschafts- und Finanzkrise
2010	Finanzkrisen in Griechenland und Irland führen zur Finanzkrise des EURO
2011	Aufstände in Tunesien, Ägypten, Libyen, Syrien und im Jemen führen zu demokratischen Reformen in arabischen Ländern

Entwicklungen in Naturwissenschaften und Technik

1951 Versuche zur kontrollierten Kernfusion in den USA und in Großbritannien
1954 Erste Kernfusionsanlage (Tokomak) in der UdSSR gebaut
    Erste Solarzelle zur Gewinnung elektrischer Energie aus Strahlungsenergie
1957 UdSSR: Erster künstlicher Erdsatellit „Sputnik"
1959 Lunik III fotografiert die Mondrückseite
1960 Baubeginn des Nil-Staudammes bei Assuan
1961 Erster bemannter Raumflug (UdSSR)
    Erste amerikanische Erdumrundung
1967 Erste Herztransplantation durch Christiaan Barnard in Kapstadt
1971 Erste Aufnahme mit einem Computertomographen (CT)
1972 Erstes kommerzielles CT-System
1974 Die Gefahr der Zerstörung der Ozonschicht wird erkannt
1976 Computergestützter Beweis des Vier-Farben-Satzes
1979 Erste Weltklimakonferenz
1983 Raumfähre Columbia (USA) mit Weltraumlabor Spacelab gestartet
1985 Ozonloch über der Antarktis nachgewiesen.
    Personalcomputer halten Einzug in die Arbeitswelt.
    Durchbruch in der Entwicklung der Magnetresonanztomographie (MRT). Die MRT wird klinisch eingesetzt
1986 Sowjetische Raumstation „Mir".
    Reaktorexplosion in Tschernobyl (Ukraine).
    Raumfähre Challenger (USA) explodiert 73 Sekunden nach dem Start
1988 Ergänzung der Theorie vom Urknall
1990 Das Hubble-Weltraumteleskop in einer Erdumlaufbahn
1991 Die 6800 Jahre alte Kreisgrabenanlage bei Goseck entdeckt. Sie gilt als das weltweit älteste „Sonnenobservatorium"
1992 Einweihung des letzten Teilstückes des Rhein-Main-Donau-Kanals
1993 Das World Wide Web (WWW) wird weltweit zur allgemeinen Benutzung freigegeben
1994 Jahrtausendereignis: Einschlag des Kometen „Shoemaker-Levy 9" auf dem Jupiter zu beobachten.
    Eisenbahntunnel unter dem Ärmelkanal eröffnet
1995 Endgültiger Beweis des Großen Fermatschen Satzes durch Andrew Wiles.
    Raumsonde „Galileo" (gestartet 1989) erreicht den Jupiter.
    Microsoft bringt „Windows 95" auf den Markt
1996 22.6 Millionen HIV-Infizierte
1997 Klon-Schaf „Dolly" wird präsentiert.
    Schachweltmeister Kasparow tritt gegen ein auf dem IBM-Supercomputer „Deep Blue" installiertes Schachprogramm an und verliert
1999 Erste Ballonfahrt rund um die Erde unter Leitung von B. Picard.
    Entdeckung der „Himmelsscheibe von Nebra" aus der Bronzezeit
2000 Neue Raumstation ISS wird bezogen
2003 Raumfähre Columbia (USA) bricht beim Wiedereintritt in die Erdatmosphäre auseinander
2004 Raumsonde „Mars Express" beginnt mit der Kartierung der Mars-Oberfläche (3D-Fotos)

11.1 Vom Kalten Krieg bis heute

Nach dem Ende des Zweiten Weltkriegs 1945 wurde Deutschland von den Alliierten besetzt. Flüchtlingsströme durchzogen ein in weiten Teilen zerstörtes Land und verstärkten das soziale Elend der Bevölkerung. Die Alliierten konnten sich zunächst nicht auf eine gemeinsame Politik verständigen, und so kam es zur Einrichtung von Besatzungszonen. In der sowjetischen Besatzungszone verfolgte die Besatzungsmacht von Beginn an eine zentralistische Staatsführung. Die schon seit 1945 bestehenden Spannungen zwischen den Westalliierten USA, Großbritannien, Frankreich und der Sowjetunion führten schnell zu einem „kalten" Krieg, der bis in die 1980er Jahre anhielt. Die Berlin-Blockade 1948, in der West-Berlin durch die UdSSR vom Westen abgeschnitten wurde, eskalierte beinahe. In China rief Mao Tse-tung am 1. Oktober 1949 die Volksrepublik aus.

Im Jahr 1949 wurde die Bundesrepublik Deutschland (BRD) aus den Westzonen gegründet, während die sowjetische Besatzungszone im selben Jahr zur Deutschen Demokratischen Republik (DDR) wurde. Planwirtschaft stand nun gegen Kapitalismus, Kommunismus gegen Demokratie nach westlichem Muster. Obwohl der hauptsächlich zwischen den USA und der UdSSR schwelende kalte Krieg immer unterhalb der Schwelle zu einem echten kriegerischen Konflikt blieb, wurden sogenannte Stellvertreterkriege geführt. Der erste dieser Stellvertreterkriege fand ab 1950 in Korea statt, wo die USA Südkorea unterstützten und die Volksrepublik China Nordkorea. Drei Jahre nach Beginn des Konfliktes kam es zu einem Waffenstillstand, aber in der Folge des Koreakrieges entwickelte sich in den USA eine hysterische Stimmung gegen den Kommunismus. Schon 1938 war das „Komitee für unamerikanische Umtriebe" gegründet worden, das nun unter Leitung des Senators Joseph McCarthy wieder aktiv wurde und neben Kommunisten auch liberale Intellektuelle unterdrückte. Erst 1954 wurde McCarthy abgelöst.

In der BRD begann 1952 die Wiederbewaffnung, in der DDR wurde die kasernierte Volkspolizei als paramilitärische Einheit eingerichtet. Als nach Stalins Tod 1953 unter dessen Nachfolger Chruschtschow zunächst mit einer leichten Entspannung gerechnet werden konnte, war das Modell einer „friedlichen Koexistenz" in greifbare Nähe gerückt. Der Berliner Arbeiteraufstand vom 17. Juni 1953, der von sowjetischen Truppen mit Waffengewalt niedergekämpft wurde, ließ den kalten Krieg jedoch wieder Einzug in die Weltpolitik halten. Das „Gleichgewicht des Schreckens" zwischen den zwei Supermächten wurde ab 1954 erreicht, als die Sowjetunion mit der Wasserstoffbombe und Flugzeugen mit interkontinentaler Reichweite mit den USA waffentechnisch gleichzog. Als die BRD 1955 in das Verteidigungsbündnis NATO aufgenommen wurde, gründete die Sowjetunion als Gegenorganisation den „Warschauer Pakt". Im Ungarnaufstand von 1956 setzte die UdSSR wieder Waffengewalt ein, um den Aufstand blutig zu unterdrücken.

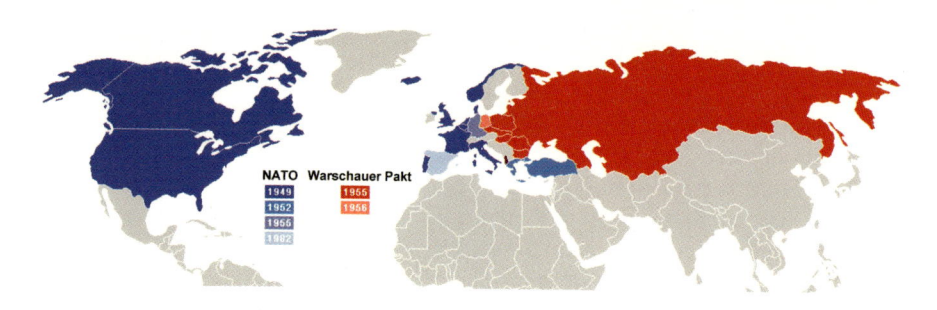

Abb. 11.1.1 Länder der NATO und des Warschauer Paktes

Die 1950er Jahre waren in der Bundesrepublik geprägt von der Verdrängung der Nazizeit, wobei das einsetzende „Wirtschaftswunder" diese Verdrängung begünstigte. Am 5. Mai 1955 wurde die BRD wieder souverän. Der Bau der Mauer zwischen den beiden deutschen Staaten 1961 zementierte im wahrsten Sinn des Wortes die Grenze zwischen dem kapitalistischen Westen und dem kommunistischen Osten. Während in der BRD eine soziale Marktwirtschaft entwickelt wurde, herrschte in der DDR das System der Planwirtschaft.

In den 1950er Jahren begannen auch die Bestrebungen zur Gründung einer Europäischen Union, die schließlich mit dem Vertrag von Maastricht im Jahr 1992 realisiert wurde. Am 25. März 1957 wurde die Europäische Wirtschaftsgemeinschaft EWG gegründet, der die Länder Italien, Luxemburg, die Niederlande, die BRD, Belgien und Frankreich angehörten. Die Verträge zur Gründung der Europäischen Gemeinschaften (EGKS/Montanunion (1951), EWG (1957), EGKS/Euratom (1957)) wurden mit grundlegender Änderung und Ergänzung durch den am 1.11.1993 in Kraft getretenen Vertrag über die Europäische Union ersetzt. Dieser Vertrag wurde durch die Verträge von Amsterdam (in Kraft 1.5.1999) und Nizza (in Kraft 1.2.2003) revidiert, zuletzt im Vertrag von Lissabon, der am 1. Dezember 2009 in Kraft trat.

In der zweiten Hälfte des 20. Jahrhunderts geht auch die Kolonialzeit zu Ende. Schon 1945 werden Korea und Indonesien selbständig, 1947 Indien und Pakistan. Das Jahr 1960 wird als „Afrikanisches Jahr" bezeichnet, da zahlreiche afrikanische Kolonien in die Selbständigkeit entlassen werden. Dabei entstehen vielerorts blutige Auseinandersetzungen zwischen alteingesessenen Stämmen und rivalisierenden neuen Machthabern, vor allem im einst belgischen Kongo. In Nordafrika hatten Tunesien und Marokko schon 1956 ihre Unabhängigkeit von Frankreich erlangt. Algerien wurde nach vielen Aufständen erst 1962 selbständige Republik, die portugiesischen Kolonien Angola und Moçambique erst 1975. Es dauert aber noch bis 1999, bis die Kolonialzeit als vorerst abgeschlossen bezeichnet werden kann. Im Jahr 1997 wird die britische Kronkolonie Hongkong samt den New Territories an die Volksrepublik China zurückgegeben, 1999 die seit 1577 portugiesische Kolonie (seit 1951 „Überseeprovinz") Macao.

11.1.1 Computer und Sputnikschock

Nach ersten programmierbaren Rechnern, die der deutsche Bauingenieur Konrad Zuse (1910–1995) in den 1940er Jahren konstruierte und baute, erlebt die Computertechnik nach dem Ende des zweiten Weltkriegs einen enormen Aufschwung, vgl. [Wußing 2009, S. 517–528]. Waren die ersten großen Maschinen der IBM noch Forschungszentren und großen Firmen vorbehalten, so führte die Einführung des „Personal Computers" (PC) Ende der 1970er Jahre zu einer weiten Verbreitung der Computer auch in privaten Haushalten.

Der Computer ist heute aus unserem Leben nicht mehr wegzudenken und hat auch auf die Analysis gewirkt, denn seit den 1950er Jahren hat die „Numerische Analysis" große Fortschritte gemacht, die sich mit der mathematischen Untersuchung von Algorithmen für Computer beschäftigt.

Schon in den 1960er Jahren hatte das US-amerikanische Verteidigungsministerium den Auftrag zur Bildung eines Computernetzes gegeben, das im Jahr 1969 als ARPANET (Advanced Research Project Agency NET) den Betrieb aufnahm. Während das ARPANET einige wenige Universitäten und Forschungseinrichtungen in den USA verband, um Computerressourcen besser auszunutzen, entwickelte sich daraus schnell das Internet. Seit 1993 gibt es das „World Wide Web WWW", das 1989 am Forschungszentrum CERN entwickelt wurde. Das WWW hat sicher so stark in gesellschaftliche Aspekte eingegriffen wie vorher wohl nur die Industrielle Revolution des 19. Jahrhunderts.

Durch die Computer wurde auch der Prozess der „Globalisierung" vorangetrieben. Heute sind Finanzmärkte auf allen Kontinenten digital vernetzt, Konsumenten können Bücher, Kleider oder Schmuck in Ländern auf der anderen Seite der Erde bestellen, und auch die Politik ist an der Globalisierung nicht vorbei gekommen. Hat diese Globalisierung zahlreiche Vorteile für die Menschen in allen Teilen der Welt, so liegen die Nachteile, mit denen wir fertig werden müssen, auf der Hand: Ist der Kapital- und Warenverkehr globalisiert, dann können Entscheidungen z.B. über Produktionsstätten auch aus globaler Sicht getroffen werden und in einzelnen Ländern Arbeitslosigkeit zur Folge haben.

Der „Sputnikschock" sorgte im Westen für eine Bildungsinitiative, von der auch die Mathematik profitierte. Im Jahr 1957 meldete sich mit dem sowjetrussischen „Sputnik" der erste künstliche Satellit von seiner Umlaufbahn und sorgte in den USA für Aufruhr. Der sicher geglaubte technologische Vorsprung Amerikas war nun dahin. Man vervierfachte den Etat der „National Science Foundation", förderte die Lehrerausbildung und baute neue Schulen. Die Fächer Mathematik und Physik bekamen einen hohen Stellenwert und 1958 wurde die NASA gegründet. Als 1961 mit Juri Gagarin auch ein Russe der erste Mensch im All wurde, begann der „Wettlauf ins Weltall", den die USA mit der Mondlandung 1968 schließlich gewannen.

Abb. 11.1.2 Laserreflektor auf dem Mond; Aufgang der Erde über dem Mondhorizont. Mit Hilfe von Laserreflektoren (hier von der Besatzung der Apollo 11 aufgestellt) kann die (variierende) Entfernung Erde – Mond milimetergenau gemessen werden. Die Entfernung Erde – Mond hat sich in den vergangenen 40 Jahren demnach um etwa 1,5 m verlängert [Fotos: NASA, AS11-40-5952 HR und AS11-44-6550]

In den 1960er und 1970er Jahren wurde der Schulunterricht in vielen Ländern reformiert, was in der Mathematik auch den Nachwirkungen des Sputnik-Schocks geschuldet war. Daher kam diese Reformbewegung auch aus den USA, wo sie unter dem Schlagwort „NewMath" gehandelt wurde. Nach dem Vorbild der Bourbaki-Gruppe, die seit 1935 die Mathematik stark unter Strukturaspekten behandelt hatte und sehr wirkungsmächtige Bücher publizierte [Mashaal 2006], wollte man auch die Schulmathematik auf abstrakterer Grundlage lehren. Trotz heftigen Widerstandes und Bedenken einiger weitsichtiger Universitätsmathematiker wurde das Programm des „NewMath" umgesetzt. Selbst der Mathematiker Jean Dieudonné (1906–1992), der ein wichtiges Mitglied der Bourbaki-Gruppe war, distanzierte sich klar von „NewMath" an Schulen. Auch in Deutschland griffen die Didaktiker die Abstrahierung des Mathematikunterrichts unter dem Schlagwort „Mengenlehre" in den 1970er Jahren begierig auf, allerdings galt zu dieser Zeit „NewMath" in den USA schon als gescheitert. Hat man einmal die Mathematik von den speziellen Beispielen bis zur abstrakten Theorie verstanden (in dieser Richtung!), dann beherrscht man sie auch. Das Erlernen von abstrakten Mengenbegriffen schon in der Grundschule führte jedoch dazu, dass elementare Rechenfertigkeiten auf der Strecke blieben. Da in Deutschland der Widerstand von Eltern und Lehrern gegen die Mengenlehre außerordentlich groß war und sich herausstellte, dass eine Studie, die die Überlegenheit des neuen Unterrichts zeigen sollte, formal fehlerhaft war, kam man auch in Deutschland wieder zum klassischen Mathematikunterricht zurück. Allerdings wurde damit der Reformwahn der Bildungspolitiker und der ihnen zuarbeitenden Mathematikdidaktiker nicht gedämpft. Heute stehen die Verwendung von leistungsfähigen Taschenrechnern und Computer-Algebra-Systemen auf der Reform-Agenda, sowie die Stochastik, die einige wichtige Inhalte – auch der Analysis – aus unseren Schulen verdrängt hat.

11.1.2 Der „Kalte Krieg" und sein Ende

Eine äußerst ernsthafte Konfrontation zwischen den USA und der UdSSR stellte die Kuba-Krise des Jahres 1962 dar. Im Jahr 1965 griffen die USA militärisch in Vietnam ein. Während der Norden Vietnams kommunistisch geworden war, war der Süden antikommunistisch geblieben. Als im Süden ein Bürgerkrieg ausbrach, sahen die USA ihre Interessen in der Region verletzt und griffen ein, während der Norden durch die UdSSR und die VR China unterstützt wurde. Kriegsgräuel zusammen mit ungeheuerlichen Verlustzahlen der Bevölkerung wie auch von amerikanischen Soldaten ließen weltweit Protestbewegungen entstehen. Insbesondere Studenten übten sich im zivilen Ungehorsam und verlangten eine Veränderung von Gesellschaftsstrukturen. Die aufkommenden Proteste fielen in den USA mit der schwarzen Bürgerrechtsbewegung zusammen und mit einer weitgehenden Emanzipation der Jugend in der Hippiebewegung. In der BRD war das positive Bild der USA in Studentenkreisen stark beschädigt. Erst 1973 kam es zu einem Friedensabkommen, 1975 marschierten die Kommunisten in Saigon ein und damit war Vietnam ganz unter kommunistischer Kontrolle.

In der BRD besteht Ende der 60er Jahre die Studentenschaft aus den Kindern der Generation, die im Nationalsozialismus gelebt hat. Durch die Sprachlosigkeit der Elterngeneration enttäuscht, verlangte man nun nach einer Aufarbeitung der Vorgänge in der Nazi-Diktatur. Getrieben durch die Mai-Revolte der Pariser Studenten entwickelte sich bis 1968 eine vielschichtige Studentenbewegung, die sich gegen die „Tätergeneration" stellte, sich aber auch von der Sexualmoral der Adenauer-BRD und den autoritären Tendenzen der 50er Jahre emanzipieren wollte und eine weitgehende Demokratisierung des Landes forderte. Der Beginn der Studentenbewegung fällt bereits in das Jahr 1961. Die Erschießung des Studenten Benno Ohnesorg am 2. Juni 1967 und das Attentat auf Rudi Dutschke am 11. April 1968 sorgten für eine Radikalisierung der Studentenbewegung. Eine radikale Minderheit wählte den Weg in den Untergrund und bildete die „Rote Armee Fraktion" RAF, deren Terror im „Deutschen Herbst" September–Oktober 1977 seinen Höhepunkt erreichte.

Einen Wettlauf mit dem Westen konnte eine zentralistisch gelenkte Planwirtschaft wie im Ostblock nicht auf die Dauer bestreiten. Erste Ansätze zur Öffnung der UdSSR kamen 1988 mit der Wahl von Michail Sergejewitsch Gorbatschow zum Staatsoberhaupt der Sowjetunion. Seine Politik des „Glasnost" (Offenheit, Transparenz) brachte eine Demokratisierung und eine

Abb. 11.1.3 West-Berliner an der Mauer nahe des Reichstags im Dezember 1989
[Foto Dr. Alexander Mayer]

„Perestroika" (Umbau, Umgestaltung) des Ostblocks mit sich. Die Sowjetunion zerfiel 1990/1991 mit der Unabhängigkeitserklärung der baltischen Republiken Litauen, Lettland und Estland. Die Union wurde noch im Dezember 1991 aufgelöst. In der DDR gingen unzufriedene Bürger zu Tausenden auf die Straßen und erreichten 1989 den Rücktritt des Regimes. Am 3. Oktober 1990 trat die DDR auf der Basis des Einigungsvertrages der BRD bei.

11.1.3 Bologna-Reform, Krisen, Terrorismus

Zur Schaffung eines europäischen Hochschulraums unterzeichneten 29 europäische Bildungsminister im Jahr 1999 das Bologna-Abkommen. Bis zum Jahr 2010 sollte in Europa ein einheitliches Hochschulwesen mit vergleichbaren Abschlüssen realisiert sein. Die Bologna-Reform stieß auf breite Kritik in Hochschulkreisen und ist bis heute Gegenstand heftiger Kontroversen.

Die zweite Hälfte des 20. Jahrhunderts ist auch geprägt von großen Krisen, die unsere Zukunft auf diesem Planeten bedrohen. Lebten auf der Erde 1960 noch 3 Milliarden Menschen, so waren es 1974 schon 4 Milliarden, 1987 waren es 5 Milliarden, und die 7 Milliarden-Grenze wird voraussichtlich 2012 erreicht werden. Diese Überbevölkerung geht einher mit wachsenden Problemen des Weltklimas. Durch die zunehmende Industrialisierung seit dem

Abb. 11.1.4 Die neue Landkarte Europas (2007) nach dem Zerfall der Sowjetunion und Jugoslawiens

19. Jahrhundert und die Massenverbreitung des Automobils ist die Abgabe des Treibhausgases Kohlendioxid in die Atmosphäre über alle Maßen angestiegen und sorgt für eine Erhöhung der mittleren Atmosphärentemperatur. Diese globale Erwärmung, die nach Schätzungen von Experten bis zum Jahr 2100 auf bis zu 6.4° ansteigen kann, hat schon jetzt das Abschmelzen einiger Gletscher und die Veränderung des lokalen Klimas zur Folge. Würden die Pole abschmelzen, dann stiege der Meeresspiegel so stark an, dass es zu zahlreichen Überschwemmungen kommen würde. Schon heute fürchten die Malediven, dass sie in wenigen Jahren im Meer verschwinden werden. Hier kann nur eine globalisierte Klimapolitik – und natürlich der Einsatz von Mathematik und den Naturwissenschaften – helfen.

Am 11. September 2001 wurden in den USA vier reguläre Passagierflugzeuge von Mitgliedern der islamistischen Terrororganisation al-Qaida entführt. Zwei Flugzeuge wurden in die Türme des World Trade Center in New York gelenkt, eines raste ins Pentagon, und ein weiteres stürzte nach einem Kampf mit den Entführern in Pennsylvania ab. Etwa 3000 Menschen starben. Der Präsident George W. Bush leitete daraufhin noch im Oktober 2001 den Krieg in Afghanistan ein. Auch der Beginn des Irakkrieges 2003 wurde zum Teil mit den Terroranschlägen begründet. Die Anschläge stellten eine historische Zäsur dar, die weltweite Auswirkungen hatte und immer noch hat.

Die Gefahren der Globalisierung waren deutlich zu sehen im Zusammenbruch der „New Economy". Im März 2000 platzte die sogenannte „dotcom"-Blase. Der Markt der im Internet handelnden Firmen mit WWW-Endung „.com"

Abb. 11.1.5 Die Trümmer des World Trade Centers nach dem Terroranschlag

(dotcom) wurde an der Börse stark überbewertet und führte in den Jahren 2000 bis 2003 zu großen Vermögensverlusten der Anleger. Zahlreiche der „dotcom"-Unternehmen gingen in den Konkurs und verschwanden vom Markt.

In den Jahren 2007/2008 lösen massive Verluste und Liquiditätsengpässe von Banken in den USA und Europa Turbulenzen der Finanzmärkte aus und führen nach der Insolvenz der US-Investmentbank *Lehman Brothers* am 15.09.2008 zu einer weltweiten Wirtschafts- und Finanzkrise. Diese erreicht trotz intensiver Maßnahmen und Hilfsprogramme vieler Staaten – auch der Europäischen Union – im Jahr 2009 einen Höhepunkt und mündet 2010 durch drohenden Kollaps des Staatshaushalts von Griechenland und Irland in der EU im Zweifel an der Stabilität des EURO.

11.2 Die Wiedergeburt der unendlich kleinen Zahlen

Ab 1949 studiert der gebürtige Breslauer Detlef Laugwitz (1932–2000) Mathematik, Physik und Philosophie an der Universität Göttingen, die als einzige deutsche Universität bereits zum Wintersemester 1945/46 unter der Kontrolle der britischen Militärregierung ihre Tore wieder öffnen konnte. Bereits

11.2 Die Wiedergeburt der unendlich kleinen Zahlen

Abb. 11.2.1 Detlef Laugwitz [Foto Konrad Jacobs]

im Jahr 1954, also als 22-Jähriger, promoviert er mit dem Thema *Differentialgeometrie ohne Dimensionsaxiom* und erhält ein Forschungsstipendium der Deutschen Forschungsgemeinschaft DFG zu Studien am Mathematischen Forschungsinstitut Oberwolfach und an der Universität Erlangen. Nach seiner Habilitation an der Universität München wird er 1958 dort Privatdozent, wechselt dann aber an die Technische Hochschule Darmstadt (heute: Technische Universität Darmstadt). Im Jahr 1962 wird er Professor für Mathematik an der Technischen Hochschule Darmstadt, der er bis auf zwei Aufenthalte am California Institute for Technology (CalTech) als Gastprofessor 1976/77 und 1984/85 bis zu seiner Emeritierung treu bleibt. Die Ernennung zum Universitätsprofessor nimmt der damalige Rektor der TH, Curt Schmieden, vor [Spalt 2001, S. 141].

Ende der 1950er Jahre war Laugwitz in Darmstadt mit dem älteren Curt Schmieden (1905–1991) zusammengetroffen, der 1929 in Berlin bei Richard von Mises (1883–1953) über ein Thema aus der Strömungsmechanik promoviert hatte. In Dresden habilitierte sich Schmieden 1931 ebenfalls mit einer strömungsmechanischen Arbeit und wurde 1934 außerordentlicher Professor für Mathematik an der Universität Rostock. Im Jahr 1937 erhielt er eine Professur für Mathematik an der TH Darmstadt. Schmieden war ein Angewandter Mathematiker im besten Sinne und ein Experte im Fach Strömungsmechanik. Daher übernahm er während des zweiten Weltkriegs Arbeiten für die Deutsche Versuchsanstalt für Luftfahrt in Berlin. Nach dem Krieg wurde Schmieden 1957/58 Rektor der TH Darmstadt und dort 1970 emeritiert. Schmieden führte seit Ende der 1940er Jahre ein merkwürdiges Buch, das er „Das schwarze Buch" nannte. Mit diesem „schwarzen Buch" beginnt die Wiedergeburt der Infinitesimalen.

11.2.1 Die Infinitesimalmathematik im „schwarzen Buch"

Das „schwarze Buch" von Curt Schmieden ist bis heute nicht publiziert worden. Allerdings hat Detlef Spalt, einer der letzten Laugwitzschen Studenten, Curt Schmieden im Dezember 1979 besucht und durfte das Manuskript *Vom Unendlichen und der Null – Versuch einer Neubegründung der Analysis* (das ist das „schwarze Buch") kopieren. Wir folgen hier der Spaltschen Arbeit [Spalt 2001].

Schmieden hatte in den 1940er Jahren eine für seine Zeit ungewöhnliche Idee – er wollte die „Paradoxien" der klassischen Analysis beseitigen. Natürlich können wir nicht von wirklichen Paradoxien der Analysis sprechen, denn das 19. Jahrhundert hatte ja die Analysis auf eine sichere Grundlage gestellt. Sagen wir: Schmieden fühlte sich (wie viele Studierende noch heute) bei einigen Begriffen und Resultaten der Analysis unwohl und empfand sie für zu kompliziert oder zu überzogen, insbesondere wenn er an Ingenieure und Physiker dachte. Wir werden gleich ein Beispiel diskutieren. Zu seiner „Neubegründung der Analysis" führte Schmieden einen „Horizont der Endlichkeit" ein. Jenseits dieses Horizontes gibt es unendliche Zahlen, die nicht durch den Prozess des fortwährenden Addierens erreicht werden können, sondern nur durch einen Sprung. Dennoch soll die Regel gelten, dass man mit den unendlich großen Zahlen genau so rechnen kann wie mit den endlichen Zahlen. Im „schwarzen Buch" bezeichnet Schmieden eine unendlich große Zahl mit „Ω". Dann sind für alle n und m natürlich auch

$$\Omega + 1, \Omega + 2, \ldots, \Omega + n$$

und

$$\Omega - 1, \Omega - 2, \ldots, \Omega - m$$

unendlich große Zahlen, aber es gilt

$$\Omega - \Omega = 0, \quad \Omega - (\Omega - 1) = 1,$$

usw., vgl. [Spalt 2001, S. 142]. Da auch Konstruktionen wie $\Omega \cdot \Omega$ oder Ω^Ω möglich sind, ergeben sich offenbar Skalen im Unendlichen. Schmieden wählt

$$\Omega := \lim_{n \to \infty} n$$

als unendlich große Zahl und legt damit eine Skala fest. Mit dieser Festlegung ist dann

$$\omega := \frac{1}{\Omega}$$

eine unendlich kleine Zahl. Die verschiedenen Skalen der Unendlichkeit führen ganz natürlich zu verschiedenen Skalen im unendlich Kleinen. Gilt in der klassischen Analysis

$$\lim_{n\to\infty}\frac{1}{n}=\lim_{n\to\infty}\frac{1}{n^2}=0,$$

so führen die Schmiedenschen Skalen zu

$$\omega=\lim_{n\to\infty}\frac{1}{n}\neq\lim_{n\to\infty}\frac{1}{n^2}=\omega^2,$$

und $\omega>\omega^2$. Damit verlieren wir sofort ein wichtiges Resultat der Analysis, dass alle Teilfolgen einer konvergenten Folge gegen denselben Grenzwert konvergieren! Führt man allerdings eine „Gleichheit bis auf unendlich kleine Größen" ein, Spalt schreibt dafür das Symbol „$\stackrel{\circ}{=}$", so gilt

$$\lim_{n\to\infty}\frac{1}{n}\stackrel{\circ}{=}\lim_{n\to\infty}\frac{1}{n^2}\stackrel{\circ}{=}0$$

und $\omega\stackrel{\circ}{=}\omega^2\stackrel{\circ}{=}0$. Für die Eulersche e-Funktion gilt in der Schmiedenschen Analysis

$$\mathrm{e}^x=\lim_{n\to\infty}\left(1+\frac{x}{n}\right)^n=\left(1+\frac{x}{\Omega}\right)^\Omega=(1+\omega x)^\Omega.$$

man kann also

$$\mathrm{e}^x\stackrel{\circ}{=}(1+\omega x)^\Omega$$

schreiben, vgl. [Spalt 2001, S. 143].

Welche „Paradoxien" lassen sich denn nun mit Schmiedens Analysis beseitigen? Wir betrachten wie [Spalt 2001, S. 144 f.] die Reihendarstellung von $\ln 2$:

$$\ln 2=1-\frac{1}{2}+\frac{1}{3}-\frac{1}{4}+\frac{1}{5}-\frac{1}{6}+\frac{1}{7}-\frac{1}{8}+-\ldots,$$

die wir aus der Mercatorschen Reihe (6.27) durch Einsetzen von $x=1$ gewinnen. Division durch 2 liefert die Reihe

$$\frac{1}{2}\ln 2=\frac{1}{2}-\frac{1}{4}+\frac{1}{6}-\frac{1}{8}+-\ldots$$

und Multiplikation mit 3 führt schließlich auf

$$\frac{3}{2}\ln 2=1+\frac{1}{3}-\frac{1}{2}+\frac{1}{5}+\frac{1}{7}-\frac{1}{4}++-\ldots.$$

Offenbar hat die Reihe für $\frac{3}{2}\ln 2$ dieselben Glieder wie die für $\ln 2$, aber in anderer Reihenfolge, und die Werte der beiden Reihen sind offensichtlich verschieden. In der klassischen Analysis ist dieses Problem wohlbekannt. Die Reihe für $\ln 2$ ist nicht „absolut" konvergent und darf daher nicht umgeordnet werden. Unsere Reihe $\frac{3}{2}\ln 2$ ist aber eine Umordnung der Reihe für $\ln 2$ und so ist es – aus Sicht der klassischen Analysis – kein Wunder, dass wir auf ein „Paradoxon" geführt wurden. Schmieden löst dieses „Paradoxon" wie folgt auf. Es ist

$$A := \ln 2 = 1 - \frac{1}{2} + \frac{1}{3} - \frac{1}{4} + - \ldots + \frac{1}{\Omega - 1} - \frac{1}{\Omega} = \sum_{n=1}^{\Omega} \frac{(-1)^{n-1}}{n}.$$

Wir sind nur an Gleichheit bis auf unendlich kleine Größen interessiert, also dürfen wir annehmen, dass Ω ohne Rest durch 4 teilbar ist. Dann ergibt sich

$$B := \frac{3}{2} \ln 2 = 1 + \frac{1}{3} - \frac{1}{2} + \frac{1}{5} + \frac{1}{7} - \frac{1}{4} + + - \ldots + \frac{1}{\Omega - 3} + \frac{1}{\Omega - 1} - \frac{1}{\Omega/2}$$
$$= \sum_{n=1}^{\Omega/4} \left(\frac{1}{4n - 3} + \frac{1}{4n - 1} - \frac{1}{2n} \right).$$

Nun ergibt sich eine Differenz zwischen den beiden Reihen, nämlich

$$C := A - B = -\frac{1}{\Omega/2 + 2} - \frac{1}{\Omega/2 + 4} - \ldots - \frac{1}{\Omega} = -\sum_{n=\frac{\Omega}{4}+1}^{\Omega/2} \frac{1}{2n}.$$

Diese Terme sind in A enthalten, aber nicht in B. Schmieden erweitert nun mit ω, setzt $x := 2n\omega$ und daher $dx = 2\omega$, d. h.

$$C = -\sum_{n=\frac{\Omega}{4}+1}^{\Omega/2} \frac{1}{2n} = -\sum_{n=\frac{\Omega}{4}+1}^{\Omega/2} \frac{\omega}{2n\omega} \stackrel{\circ}{=} -\frac{1}{2} \int_{1/2}^{1} \frac{dx}{x} = -\frac{1}{2} \ln x \Big|_{1/2}^{1}$$
$$= \frac{1}{2} \ln \frac{1}{2} = -\frac{1}{2} \ln 2.$$

Die Grenzen $1/2$ und 1 des Integrals entstehen dabei einfach durch Einsetzen von n. Für $n = \Omega/4 + 1$ ergibt sich $x = 2n\omega = 2(\Omega/4 + 1)\omega \stackrel{\circ}{=} (\Omega\omega)/2$ und damit $x = 1/2$. Entsprechend erhält man für $n = \Omega/2$ die obere Grenze.

In Schmiedens Analysis ist also die Reihe für $\frac{3}{2} \ln 2$ gar keine Umordnung der Reihe von $\ln 2$, sondern es fehlen in B unendlich viele Terme, die sich zu $-\frac{1}{2} \ln 2$ aufsummieren! Also ist

$$\ln 2 \stackrel{\circ}{=} A = B + C \stackrel{\circ}{=} \frac{3}{2} \ln 2 - \frac{1}{2} \ln 2.$$

In [Spalt 2001] finden sich noch zahlreiche weitere instruktive Beispiele aus dem „schwarzen Buch".

Schmieden ist auch der Erfinder der Technik des „Mikroskops", d. h. der Untersuchung von Funktionen in unendlich kleiner Entfernung von einer interessanten Stelle. Dieses „Mikroskop" ist später in Form eines Vergrößerungsglasses in die Lehrbuchliteratur der Nichtstandardanalysis eingeflossen, vgl. [Keisler 1986].

11.2.2 Die Nichtstandardanalysis von Laugwitz und Schmieden

In einem Manuskript [Laugwitz 1999] aus dem Jahr 1999 beschreibt Detlef Laugwitz seine Bekanntschaft mit Curt Schmieden und dem „schwarzen Buch". Bereits 1954 hatte Laugwitz ein etwa fünfzigseitiges Manuskript von Carl Friedrich von Weizsäcker erhalten, um darüber im Seminar vorzutragen. Laugwitz fand die Beispiele aus der Analysis interessant, in denen frei mit unendlich großen und kleinen Zahlen gearbeitet wurde, und so eröffnete ihm von Weizsäcker den Autor des Manuskripts: Curt Schmieden. Nach jahrelanger Diskussion zwischen den beiden und, wie Laugwitz schreibt, mit Paul Lorenzen, der als Gutachter fungierte, wurde 1957 eine gemeinsame Arbeit zur neuen Analysis angenommen, die 1958 erschien [Schmieden/Laugwitz 1958]. Das Thema sollte Laugwitz bis zu seinem Tod nicht mehr loslassen. Neben zahllosen Artikeln in Fachzeitschriften erschienen zwei Bücher, *Infinitesimalkalkül* [Laugwitz 1978] und *Zahlen und Kontinuum* [Laugwitz 1986].

Der von Laugwitz gewählte Zugang, um die Infinitesimalrechnung von Curt Schmieden mathematisch wasserfest zu machen, orientiert sich an Georg Cantors Konstruktion der reellen Zahlen. Zur Erinnerung: Cantor startet von den rationalen Zahlen $\mathbb{Q}$, also der Menge aller Brüche, und betrachtet Cauchy- oder Fundamentalfolgen, d. h. solche Folgen (r_n) von rationalen Zahlen, bei denen für jede noch so kleine Schranke $\varepsilon > 0$ ein Index N existiert, so dass für alle größeren Indizes m und n

$$|r_m - r_n| < \varepsilon$$

gilt. Wir haben schon an Beispielen gesehen, dass nicht jede Cauchy-Folge von Zahlen aus $\mathbb{Q}$ auch in $\mathbb{Q}$ konvergiert. Eine solche Folge definiert dann eine neue, irrationale Zahl. Da verschiedene Cauchy-Folgen die gleiche Zahl zum Grenzwert haben können, mussten wir sogar eine reelle Zahl als Äquivalenzklasse von Cauchy-Folgen definieren.

Laugwitz schränkt sich *nicht* auf Cauchy-Folgen ein, sondern er läßt *alle* Folgen zu. Eine Folge (r_n) von Zahlen aus $\mathbb{Q}$ ist eine Abbildung vom Indexraum $\mathbb{N}$ nach $\mathbb{Q}$; dafür schreiben wir

$$\mathbb{Q}^{\mathbb{N}}.$$

Cantor hatte auf der Menge der Cauchy-Folgen eine Äquivalenzrelation definiert, in der zwei Cauchy-Folgen äquivalent sind, wenn ihre Differenz eine Nullfolge ist. Laugwitz verwendet eine schwächere Äquivalenzrelation. Zwei Folgen (r_n), (s_n) (alle sind zugelassen!) von Zahlen aus $\mathbb{Q}$ sind äquivalent genau dann, wenn für fast alle (d. h. mit Ausnahme von nur endlich vielen) n

$$r_n = s_n$$

gilt. Die Folge (n), also $1, 2, 3, 4, \ldots$ definiert dann die unendlich große Zahl Ω. Bei Cantor ist diese Folge gar nicht zugelassen, denn da der Abstand zweier Folgenglieder immer mindestens 1 beträgt, ist sie keine Cauchy-Folge.

Laugwitz überträgt die Operationen „+", „·" und die Relation „≤" noch sauber auf das Rechnen mit den „Ω"-Zahlen [Laugwitz 1978, S. 27] und erhält so aus $\mathbb{Q}$ eine Menge von Äquivalenzklassen, ganz so, wie Cantor die reellen Zahlen als Äquivalenzklassen gewonnen hatte. Seine neue „Rechenmenge" schreibt Laugwitz[1]

$$^\Omega\mathbb{Q}.$$

Die rationalen Zahlen $\mathbb{Q}$ bilden einen angeordneten Körper und natürlich auch die reellen Zahlen $\mathbb{R}$. Mit $^\Omega\mathbb{Q}$ von Laugwitz verhält es sich leider nicht so! Es stellt sich heraus, dass $^\Omega\mathbb{Q}$ *kein* Körper mehr ist, sondern nur noch ein Ring, und es gibt Nullteiler. Nullteiler sind von Null verschiedene Elemente a, so dass die Multiplikation mit einem anderen von Null verschiedenen Element b trotzdem $a \cdot b = 0$ ergibt. Nullteiler in $^\Omega\mathbb{Q}$ sind

$$\alpha := (1 + (-1)^\Omega), \quad \beta := (1 - (-1)^\Omega),$$

denn diese Ω-Zahlen sind definiert durch die Folgen mit den Gliedern

$$a_n = 1 + (-1)^n, \quad b_n = 1 - (-1)^n,$$

und so gilt weder $\alpha = 0$, noch $\beta = 0$. Das Produkt

$$\alpha \cdot \beta = (1 + (-1)^\Omega) \cdot (1 - (-1)^\Omega) = 1 - (-1)^{2\Omega} = 0$$

ist jedoch Null. Es ist erstaunlich, zu welchen Resultaten man in einem solchen Ring mit Nullteilern trotzdem kommen kann. Um von diesem Ring $^\Omega\mathbb{Q}$ zu einem Körper $^*\mathbb{R}$ zu kommen, benötigt man allerdings schweres Geschütz, nämlich Ultrafilter. Dadurch ist die Konstruktion eines Zahl*körpers* aus dem Ring $^\Omega\mathbb{Q}$ nicht konstruktiv, d. h. man kann den Prozess des Werdens dieses Körpers nicht beobachten, wie das bei der Cantorschen oder Dedekindschen Konstruktion der reellen Zahlen möglich ist.

In seinem zweiten Buch [Laugwitz 1986] geht Laugwitz einen etwas anderen Weg. Wie Spalt in [Spalt 2001, S. 160] schreibt, mochte Laugwitz seine Analysis nicht auf der Mengenlehre aufbauen. Daher konstruiert er nun eine neue „Theorie" zusammen mit einem Prinzip, das Laugwitz das „Leibnizsche Prinzip" nennt [Laugwitz 1986, S. 88]:

Leibnizsches Prinzip: Es sei $A(\cdot)$ eine Aussageform, formuliert in der Sprache von K. Wenn es ein $n_0 \in \mathbb{N}$ gibt so daß für alle $n \geq n_0$ die Aussag $A(n)$ in der zugrunde gelegten Theorie von K wahr ist, dann soll $A(\Omega)$ als wahrer Satz in die neue Theorie von $^\Omega K$ aufgenommen werden.

---

[1] Laugwitz schreibt in [Laugwitz 1978] eigentlich $^\Omega K$, weil er einen beliebigen angeordneten Körper K betrachten will.

Hier ist K ein angeordneter Körper, also z. B. $\mathbb{Q}$ und die „Sprache" besteht aus Sätzen der Logik. Auch dieser Zugang resultiert in einer Nichtstandardanalysis, aber auch hier sind schwere Geschütze wie Ultrafilter nötig, um zu einem Körper zu gelangen, in dem es infinitesimale Größen gibt.

Bereits kurz nach der Veröffentlichung des ersten Artikels [Schmieden/Laugwitz 1958] zu einer Nichtstandardanalysis veröffentlichte Abraham Robinson in den USA ein Buch, das zur eigentlichen Bibel der Nichtstandardanalysis wurde.

11.3 Robinson und die Nichtstandardanalysis

Abraham Robinson (1918–1974) hatte ein bewegtes Leben, vgl. [Dauben 1995]. Gebürtig zu Waldenburg in Schlesien als Sohn einer traditionell zionistisch orientierten jüdischen Familie, musste er ohne Vater aufwachsen, der vor seiner Geburt gestorben war. Die Familie verließ Deutschland 1933 und ging nach Palästina, wo Robinson an der Hebräischen Universität in Jerusalem ein Student von Abraham Fraenkel wurde, der durch das Zermelo-Fraenkelsche Axiomensystem für die Mengenlehre unsterblichen Ruhm in der Mathematik geerntet hatte. Robinson erwies sich als brillanter Student und gewann 1939 ein Stipendium an der Sorbonne in Paris. Er reiste in dieser politisch furchtbaren Zeit nach Paris, nahm seine Studien auf, musste aber 1940 wegen der deutschen Invasion in Frankreich aus Paris fliehen, was ihm auf einem der letzten Schiffe nach England gelang. In England schloss er sich der Freien Französischen Luftwaffe an. Robinson, der immer schon an Logik und abstrakter Algebra interessiert war, wurde nun dem Royal Aircraft Establish-

Abb. 11.3.1 Abraham Robinson; Luftströmung an einer Tragfläche. Robinson war ein Experte für Tragflügelströmungen und konstruierte ein Nichtstandard-Modell der Analysis

ment (RAE) in Farnborough als Mathematiker zugeteilt, wo er sich schnell zu einem Experten für Überschallströmungen entwickelte – er war ein „angewandter" Mathematiker geworden. Im Jahr 1956 erschien sogar das Buch *Wing Theory*, in dem Robinson eindrucksvoll zeigte, dass er zu einem Experten für Tragflügelströmungen geworden war. In England lernte er zu Beginn der 1940er Jahre auch seine spätere Frau, Renée Rebecca Kopel, kennen, die aus einer wohlhabenden jüdischen Familie aus Wien stammte.

Robinsons mathematische Liebe, die Logik, ließ ihn aber trotz seiner aerodynamischen Arbeiten nicht los. Im Sommer 1946 verließen die Robinsons England und gingen nach Palästina, wo Abraham seine Logikstudien an der Hebräischen Universität fortsetzte und mit der Dissertation *The metamathematics of algebraic systems* im Jahr 1951 abschloss. Schon 1951 wurde er nach Toronto berufen, wo er Professor für Angewandte Mathematik (!) wurde. In der Zeit in Toronto machte er große Fortschritte auf dem Gebiet der „Modelltheorie". Was praktisch klingt, ist eine Disziplin der mathematischen Logik: zu gegebenen Axiomensystemen werden „Modelle" konstruiert, die aus Mengen mit gewissen Strukturen bestehen. Naiv gesprochen kann man diesen Vorgang wie folgt verstehen: Gibt man ein Axiomensystem vor, dann sucht der Modelltheoretiker mathematische Strukturen, die nach den Regeln dieses Axiomensystems arbeiten.

Abraham Fraenkel stand derweil in Palästina kurz vor seiner Emeritierung, und sein Schüler Robinson wurde 1957 sein Nachfolger an der Hebräischen Universität. Bereits 1962 ging er an die UCLA (University of California in Los Angeles) und 1967 wechselte er an die Yale University. Im Jahr 1973 wurde bei ihm Bauchspeicheldrüsenkrebs diagnostiziert. Er wurde noch operiert, starb aber kurze Zeit später.

Wir haben bei der Behandlung der griechischen Mathematik das Archimedische Axiom 2.1.3 kennengelernt, das die Existenz unendlich kleiner Größen verbietet. Im Jahr 1933 hatte der Norweger Thoralf Albert Skolem (1887–1963) wichtige Arbeiten auf dem Gebiet nicht-archimedischer Zahlbereiche begonnen und gezeigt, dass sich Nichtstandardmodelle der Arithmetik modelltheoretisch etablieren ließen. Robinson nahm diese Arbeiten auf und versuchte erfolgreich, ein Nichtstandardmodell der Analysis zu konstruieren. Die Konstruktion benötigt Wissen aus der Modelltheorie, das wir an dieser Stelle nicht diskutieren können, und führt von den reellen Zahlen $\mathbb{R}$ zu den „hyperreellen Zahlen" $\mathbb{R}^*$, die die reellen Zahlen umfassen. $\mathbb{R}^*$ ist eine Körpererweiterung von $\mathbb{R}$; sie ist angeordnet, aber nicht-archimedisch. Die Theorie und ihre Anwendungen auf die Analysis hat Robinson in seinem Standardwerk *Non-standard Analysis* [Robinson 1996], das 1961 zum ersten Mal erschien, niedergelegt. Will man sich nicht mit den modelltheoretischen Grundlagen beschäftigen, so kann man nach Keisler [Keisler 1976] mit einem Axiomensystem beginnen, das die Existenz von $\mathbb{R}^*$ fordert. In $\mathbb{R}^*$ gibt es Infinitesimale dx, für die

$$|dx| < r \quad \text{für alle } r \in \mathbb{R}, r > 0,$$

gilt. Ebenso existieren unendlich große Zahlen. Zwei Zahlen $x, y \in \mathbb{R}^*$ heißen infinitesimal benachbart, $x \approx y$, wenn ihre Differenz $x - y$ infinitesimal ist. Jede endliche hyperreelle Zahl x ist infinitesimal benachbart zu einer reellen Zahl r, $r \approx x$, und dieses eindeutig bestimmte r heißt der „Standardteil" von x, geschrieben $r = \mathsf{std}(x)$. Wenn $x, y \in \mathbb{R}^*$ endlich sind, dann gilt $x \approx y$ genau dann, wenn $\mathsf{std}(x) = \mathsf{std}(y)$. Ganz entsprechend gibt es hyperreelle Erweiterungen f^* von reellen Funktionen f; wir schreiben aber weiterhin f. Die erste Ableitung ist dann nichts anderes als

$$f'(x) = \mathsf{std}\left(\frac{f(x+dx) - f(x)}{dx}\right)$$

für infinitesimales dx, d. h. $dx \approx 0$. Die gesamte reelle Analysis läßt sich nun auf Basis dieses Kontinuums $\mathbb{R}^*$ entwickeln, das den Namen „Kontinuum" viel eher verdient als das Cantor-Dedekindsche Kontinuum $\mathbb{R}$.

Während die „Bibel" [Robinson 1996] nur für mathematisch entsprechend vorgebildete Leser geeignet ist, haben insbesondere die Bücher [Keisler 1976] und [Keisler 1986] dafür gesorgt, die Robinsonsche Nichtstandardanalysis in weiteren Kreisen bekannt zu machen. In diesem Zusammenhang ist auch das kleine Buch [Henle/Kleinberg 1979] von Henle und Kleinberg zu nennen, das auch Schülerinnen und Schüler mit Gewinn lesen können. Heute ist das Interesse an der Nichtstandardanalysis ungebrochen hoch, die Mehrzahl der Mathematiker betreibt aber weiterhin klassische Analysis im Sinne von Weierstraß.

11.4 Nichtstandardanalysis durch Axiomatisierung: Der Ansatz von Nelson

Ist man mit Modelltheorie nicht so vertraut, dass man Robinson in dem Aufbau der hyperreellen Zahlen folgen kann, dann sehnt man sich nach anderen Wegen zum Ziel. Ein solcher „anderer Weg" wurde von Edward Nelson (*1932) 1977 in seiner Arbeit [Nelson 1977] aufgezeigt. Nelson, der von 1956 bis 1959 Mitglied des *Institute for Advanced Study* war und seit 1959 an der Princeton University forscht und lehrt, versuchte nicht, neue Elemente in die reellen Zahlen zu bringen, sondern er bereicherte das Zermelo-Fraenkelsche Axiomensystem der Mengenlehre. Dazu schuf er die „interne Mengenlehre" IST (Internal Set Theory), die aus nur drei Axiomen besteht, die man zu den Zermelo-Fraenkelschen Axiomen hinzuzufügen hat. Die drei Axiome heißen ebenfalls IST: „Idealisation", „Standardisation" und „Transfer". Entscheidend ist die Axiomatisierung des Begriffs „Standard" aus der Robinsonschen Nichtstandardanalysis, die eine Unterscheidung von Elementen ermöglicht, die in den reellen Zahlen vorher nicht möglich war. Durch Nelsons IST werden die hyperreellen Zahlen axiomatisch definiert und ein Weg über die Modelltheorie ist daher nicht nötig. Die Nichtstandardanalysis Nelsons ist von Robert in [Robert 2003] beschrieben worden.

Abb. 11.4.1 Edward Nelson (Juni 2003, Department of Mathematics, Princeton University, USA); Francis William Lawvere

11.5 Nichtstandardanalysis und glatte Welten

In jüngster Zeit ist ein weiterer, aber von Robinsons und Nelsons Nichtstandardanalysis grundlegend verschiedener Ansatz zum Aufbau einer Analysis mit Infinitesimalen gelungen. Dieser Ansatz, der in [Bell 1998] dargestellt ist, kommt aus der Kategorientheorie und der Garbentheorie und entstammt dem Ansatz des amerikanischen Mathematikers Francis William Lawvere (geb. 1937), die Mathematik an Stelle der Mengenlehre auf die Kategorientheorie aufzubauen. Es handelt sich dabei um die „Glatte Infinitesimalanalysis" (Smooth Infinitesimal Analysis), deren mathematische Grundlagen in [Moerdijk/Reyes 1991] dargelegt sind. Es geht dabei um die Konstruktion „glatter Welten", in denen eine Infinitesimalanalysis möglich wird. Solch eine glatte Welt ist – mathematisch gesprochen – eine Kategorie, die alle notwendigen Objekte (Euklidischer Raum, reelle Zahlengerade) und die Abbildungen zwischen ihnen enthält, wobei alle Abbildungen glatt, d. h. differenzierbar sein müssen. Es gibt nicht nur eine glatte Welt, sondern eine Vielzahl solcher Welten, aus der wir uns eine herausnehmen, die wir $\mathbb{S}$ nennen wollen. Die Zahlengerade in $\mathbb{S}$ werden wir in Anlehnung an $\mathbb{R}$ mit $\mathcal{R}$ bezeichnen.

In $\mathbb{S}$ gilt der Satz vom ausgeschlossenen Dritten (tertium non datur) *nicht*, was an Brouwers intuitionistische Analysis erinnert. Das Fehlen des *tertium non datur* passt natürlich dazu, dass es in $\mathbb{S}$ keine unstetigen Funktionen gibt. Der logische Satz

Für alle reellen Zahlen gilt entweder $x = 0$ oder $\neg(x = 0)$

ist in $\mathbb{S}$ falsch, weil es keine unstetigen Funktionen wie z. B.

11.5 Nichtstandardanalysis und glatte Welten

$$f(x) = \begin{cases} -1 \;;\; x \leq 0 \\ 1 \;;\; x > 0 \end{cases}$$

gibt. Weiter zeigt man leicht, dass die Logik in $\mathbb{S}$ polyvalent, d. h. mehrwertig ist. Wenn der Satz vom ausgeschlossenen Dritten nicht gilt, dann gilt auch das Gesetz der doppelten Verneinung *nicht*, d. h. in $\mathbb{S}$ gilt

$$\neg\neg P \not\Rightarrow P$$

für jede Aussage P. Was bringt diese ungewohnte Einschränkung? Sie erlaubt die Existenz von Infinitesimalen!

Nennt man zwei Zahlen a, b unterscheidbar, $a \neq b$, wenn sie nicht identisch sind und schreiben wir dafür

$$\neg(a = b),$$

und nennen wir a, b identisch, wenn

$$\neg(a \neq b)$$

gilt, dann folgt in $\mathbb{S}$ *nicht*, dass

$$\neg(a \neq b) = \neg\neg(a = b) \Rightarrow a = b,$$

d. h. wenn $a \neq b$ nicht gilt, dann gilt in $\mathbb{S}$ noch lange nicht $a = b$. Das läßt nun die Existenz einer infinitesimalen Nachbarschaft I von 0 zu, d. h. die Menge aller Punkte x, die von 0 nicht unterscheidbar sind. Die Elemente von I heißen Infinitesimale.

Allerdings existieren die Infinitesimalen in einem seltsamen Sinn: ihre Existenz ist „potentiell". Wir können in $\mathbb{S}$ keinen Satz der Form: „es existiert eine Infinitesimale $\neq 0$" beweisen, denn dazu müssten wir in der Lage sein, die Infinitesimale von 0 zu unterscheiden, aber per Definition sind die Elemente von I von 0 nicht unterscheidbar.

Mit dem tertium non datur ist auch die Negation des Allquantors nicht mehr gültig, d. h.

Es gilt nicht: Für alle x gilt $A(x) \Rightarrow$ Es gibt ein x, so dass $A(x)$ nicht gilt,

oder, in logischer Symbolik,

$$\neg(\forall x A(x)) \Rightarrow \exists x \neg A(x).$$

Dagegen bleibt die Umkehrung

$$\exists x \neg A(x) \Rightarrow \neg(\forall x A(x))$$

genau so gültig wie die Regel zur Negation des Existenzquantors

$$\neg(\exists x A(x)) \Leftrightarrow \forall x \neg A(x).$$

Damit soll es mit der (auf den ersten Blick abschreckenden) Logik in glatten Welten genug sein. Wir merken uns, dass wir mit der Menge der Infinitesimalen

$$I := \{x \mid \neg(x \neq 0)\}$$

im potentiellen Sinne arbeiten dürfen, weil wir deren Nichtexistenz (und deren Existenz) nicht beweisen können.

Glatte Welten erinnern stark an die Leibnizsche Auffassung vom Kontinuum und von Kontinuität und somit schließt sich auch hier ein Kreis, der schon bei den Vorsokratikern begann. Man hüte sich aber davor, die Theorie glatter Welten oder irgend eine andere moderne Theorie der Nichtstandardanalysis als *Rechtfertigung* des Umgangs mit unendlich kleinen Größen bei Leibniz oder anderen Altvorderen anzusehen. Die mathematischen Apparate der neuen Theorien sind erst in der Mitte des 20. Jahrhunderts entwickelt worden und wir dürfen davon ausgehen, dass Leibniz nicht implizit eine Kategorientheorie im Kopf hatte. Der Umgang mit Infinitesimalen und Indivisiblen ist stets aus der Zeit heraus zu interpretieren, in der man sich mit ihnen beschäftigt hat.

Oft haben wir bisher Beispiele kennengelernt, in denen in einer Rechnung die Quadrate von infinitesimalen Größen zu Null gesetzt wurden. Dies läßt sich in glatten Welten ganz einfach realisieren, in dem man „nilquadratische" Infinitesimale betrachtet, d. h. ist $\varepsilon \in I$, dann ist $\varepsilon^2 = 0$. Die nilquadratischen Infinitesimalen werden zusammengefasst in der Menge

$$\Delta := \{x \in I \mid x^2 = 0\}.$$

Damit liegt das „Gesetz der Mikroaffinität" nahe, das man in $\mathbb{S}$ als Axiom fordert: Zu jeder Funktion $g : \Delta \to \mathcal{R}$ mit Bildern in der glatten Zahlengeraden $\mathcal{R}$ existiert ein $b \in \mathcal{R}$, so dass für alle $\varepsilon \in \Delta$ gilt:

$$g(\varepsilon) = g(0) + b \cdot \varepsilon.$$

Durch Verschiebung erhält man dann das Gesetz der Mikroaffinität an jedem Punkt $x \in \mathcal{R}$. Alle Funktionen sind damit in jeder infinitesimalen Umgebung linear, d. h. bestehen aus infinitesimalen Geradenstückchen. Dies wiederum erinnert an Auffassungen, die sich schon bei Johann Bernoulli oder Isaac Barrow („linelets", „timelets") finden.

Nun steht der Weg in die Differential- und Integralrechnung offen. Definiert man zu jedem Punkt $x \in \mathcal{R}$ die Funktion $g_x : \Delta \to \mathcal{R}$ durch

$$g_x(\varepsilon) = f(x + \varepsilon),$$

dann gibt es nach dem Gesetz der Mikroaffinität ein eindeutiges $b_x \in \mathcal{R}$, so dass für alle $\varepsilon \in \Delta$ gilt

$$f(x + \varepsilon) = g_x(\varepsilon) = g_x(0) + b_x \cdot \varepsilon = f(x) + b_x \cdot \varepsilon.$$

Die Funktion $f' : \mathcal{R} \to \mathcal{R}$, definiert durch $x \mapsto b_x$, ist dann die „Ableitung" von f, die man in natürlicher Weise nun in der Form

$$f'(x) = \frac{f(x+\varepsilon) - f(x)}{\varepsilon}, \quad \varepsilon \in \Delta \tag{11.1}$$

schreiben kann. Als weiteres wichtiges Gesetz gilt das „Prinzip der Mikroangleichung": Für alle $a, b \in \mathcal{R}$ gilt:

$$\text{Gilt für alle } \varepsilon \in \Delta : \quad \varepsilon a = \varepsilon b, \text{ dann gilt } a = b. \tag{11.2}$$

Wir haben nun schon genug Mathematik entwickelt, um uns ein Beispiel der Analysis in glatten Welten anzusehen. Berechnet werden soll das Volumen eines Kreiskegels wie in Abb. 11.5.1. Wie hatte sich dereinst Demokrit gequält? Wir hatten auf Seite 52 Plutarch zitiert, der dem Demokritos die folgenden Zeilen zuschreibt, vgl. [Heath 1981, Vol. I, S. 179 f.]:

Wird ein Kegel von Ebenen parallel zu seiner Grundfläche geschnitten, sind die Schnittflächen dann gleich oder ungleich? Sind sie ungleich, dann hat der Kegel eine Treppenform, aber wenn sie gleich sind, dann würde der Kegel aussehen wie ein Zylinder, und das tut er auch nicht.

Wir hatten bereits auf Seite 53 [Knobloch 2000] zitiert, der detailliert untersucht hat, dass dieses Problem Demokrits eigentlich viel tiefer liegt, aber darauf brauchen wir an dieser Stelle nicht einzugehen. In unserer glatten Welt

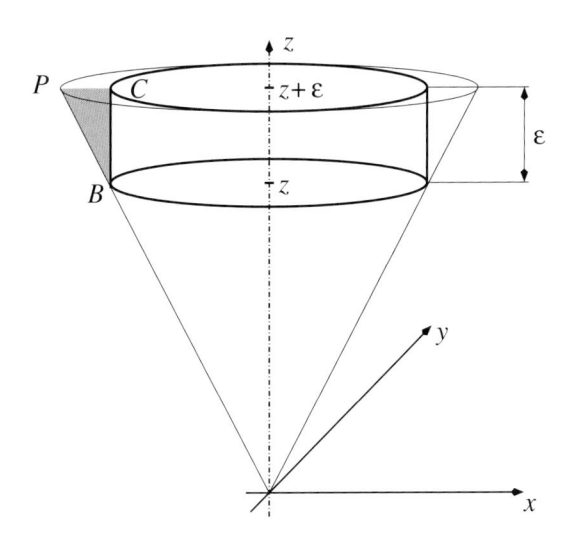

Abb. 11.5.1 Zur Volumenberechnung eines Kegels mit Hilfe infinitesimaler Zylinderscheiben

𝕊 können wir Demokrits Zweifel – in Knoblochs Worten: „das Pseudoproblem" – einfach ausräumen! Wir bezeichnen mit $V(z)$ das Volumen des Kreiszylinders bis zur Koordinate z. Nun legen wir in den Kreiskegel ein Zylinderstück der Höhe $\varepsilon \in \Delta$. Die Volumendifferenz ist

$$V(z+\varepsilon) - V(z),$$

und wegen (11.1) können wir das als

$$V(z+\varepsilon) - V(z) = \varepsilon V'(z)$$

schreiben. Bezeichnen wir die Steigung $BC : PC$ des Kegels mit b, dann ist wegen $BC = \varepsilon$ die Länge $PC = \varepsilon b$ und damit die Fläche des Dreiecks PBC in Abb. 11.5.1 gegeben durch

$$\frac{1}{2} \cdot \varepsilon \cdot \varepsilon b = \frac{1}{2}\varepsilon^2 b,$$

aber ε ist nilquadratisch und damit ist die Dreiecksfläche Null! Damit ist aber auch das durch das Dreieck erzeugte Volumen des Ringelements Null.

Unsere Zylinderscheibe hat einen Radius von $r = bz$ und damit ein Volumen von

$$\pi b^2 z^2 \cdot \varepsilon,$$

also

$$\varepsilon V'(z) = V(z+\varepsilon) - V(z) = \varepsilon \pi b^2 z^2.$$

Nun kommt das Prinzip der Mikroangleichung zum Tragen und wir folgern aus (11.2):

$$V'(z) = \pi b^2 z^2.$$

Das Prinzip der Mikroangleichung hat uns also ermöglicht, die infinitesimale Zylinderscheibe zu verlassen. Integration ist in glatten Welten natürlich auch möglich und wir erhalten

$$V(z) = \frac{1}{3}\pi b^2 z^3.$$

Entwicklung der Nichtstandardanalysis

1933	THORALF ALBERT SKOLEM beginnt seine Arbeiten zu nichtarchimedischen Zahlbereichen
Ende 1940er	CURT OTTO SCHMIEDEN beginnt sein „schwarzes Buch"
1958	DETLEF LAUGWITZ und C. SCHMIEDEN schaffen ein Modell der Nichtstandardanalysis im Raum der unendlichen Folgen und wenden die dabei formulierten Prinzipien auf viele topologische Strukturen an
1961	ABRAHAM ROBINSON veröffentlicht sein Buch zur Nichtstandardanalysis
1962	W.A.J. LUXEMBURG konstruiert (in Anknüpfung an Ideen von Laugwitz, Robinson und Schmieden) mit Ultrafiltern im Raum der unendlichen Folgen reeller Zahlen eine total geordnete, nicht-archimedische, nullteilerfreie Erweiterung des reellen Zahlkörpers und damit ein Modell der Nichtstandardanalysis
1966	A. ROBINSON entwickelt und publiziert eine allgemeine Methode zum Aufbau einer Nichtstandardanalysis, in der auch infinitesimale und unendlich große Größen enthalten sind, die auf einer nicht-archimedischen Erweiterung des Körpers der reellen Zahlen basiert, den sogenannten „hyperreellen Zahlen"
1977	EDWARD NELSON publiziert eine auf der „internen Mengenlehre" (IST=Internal Set Theory) basierende axiomatische Definition der hyperreellen Zahlen
1977	C. SCHMIEDEN. Vom Unendlichen und der Null-Versuch einer Neubegründung der Analysis, das sog. „schwarze Buch" liegt als Manuskript vor, wird aber nicht publiziert
1978	D. LAUGWITZ: *Infinitesimalkalkül – eine elementare Einführung in die Nichtstandard-Analysis*
> 1980	FRANCIS WILLIAM LAWVERE entwickelt die „Glatte Infinitesimalanalysis" auf der Basis der Kategorientheorie und damit sogenannte „glatte Welten", in denen alle Abbildungen differenzierbar sind, jedoch der Satz vom ausgeschlossenen Dritten nicht gilt
1986	D. LAUGWITZ: *Zahlen und Kontinuum – Eine Einführung in die Infinitesimalmathematik*
1988	A.M. ROBERT: *Nonstandard Analysis*
1996	Bislang letzter Nachdruck von ROBINSONs *Non-standard Analysis* erscheint

11.6 Aufgaben zu Kapitel 11

Aufgabe 11.6.1 *(zu 11.2)* Schon Galileo Galilei kam zu dem Schluss, dass die Mächtigkeit der Menge der Quadratzahlen $1, 4, 9, 16, 15, \ldots$ der Mächtigkeit der Menge der natürlichen Zahlen $1, 2, 3, 4, 5, \ldots$ entspricht, obwohl doch unter den ersten 100 natürlichen Zahlen nur 10 Quadratzahlen sind, unter den ersten 10000 Zahlen nur 100 Quadratzahlen, usw. Im Endlichen gibt es also bis 10^{2n} nur 10^n Quadratzahlen und für den Anteil gilt

$$\frac{10^n}{10^{2n}} = 10^{-n}.$$

In der Laugwitzschen Analysis betrachten wir die unendlich vielen Zahlen $1, 2, 3, 4, \ldots, 10^{2\Omega}$. Dann gibt es darunter 10^{Ω} Quadratzahlen, das Verhältnis ist also

$$\frac{10^{\Omega}}{10^{2\Omega}} = 10^{-\Omega}.$$

Diskutieren Sie diese Argumentation.

Aufgabe 11.6.2 *(zu 11.5)* Beweisen Sie die Produktregel

$$(fg)' = f'g + fg'$$

der Differentialrechnung in einer glatten Welt mit nilquadratischen Infinitesimalen.

12 Analysis auf Schritt und Tritt

Th. Sonar, *3000 Jahre Analysis*, Vom Zählstein zum Computer,
DOI 10.1007/978-3-642-17204-5_12, © Springer-Verlag Berlin Heidelberg 2011

Abb. 12.0.1 Die von dem englischen Ingenieur Isambard Kingdom Brunel (1806–1859) entworfene Hängebrücke „Clifton Suspension Bridge". Die Brücke über den Fluss Avon bei Bristol konnte erst 1864 nach dem Tod Brunels fertiggestellt werden und ist seitdem ununterbrochen geöffnet. Sie gilt als eine der größten Ingenieurleistungen ihrer Zeit

„Was sind und was sollen die Zahlen?" fragte sich der Braunschweiger Mathematiker Richard Dedekind in seinem 1888 erschienenen und immer wieder aufgelegten Buch. „Was ist und was soll Analysis?" fragt sich entsprechend der Analytiker. Was Analysis ist – darüber ist in diesem Buch viel gesagt worden. Was sie soll, wofür sie dient, wofür man sie braucht und wo sie uns im täglichen Leben begegnet – darüber lohnt es sich nachzudenken. Die Antwort ist einfach: Die Analysis und ihre Anwendungen begegnen uns buchstäblich auf Schritt und Tritt!

Durch die Entwicklung der Analysis im 18. Jahrhundert, speziell durch die Theorie der Differentialgleichungen, öffnete sich die Möglichkeit für eine Fülle technischer Entwicklungen, insbesondere auch für große Stahlkonstruktionen wie Brücken, größere Schiffe und den Eiffelturm. Das hervorragende Buch von Kurrer über die Geschichte der Baustatik [Kurrer 2002] enthält daher auch eine einzigartige Hommage an die Analysis.

Bei der Entwicklung der Ingenieurwissenschaften im 19. Jahrhundert haben sich dabei zwei verschiedene Traditionen entwickelt. Während auf dem europäischen Kontinent und insbesondere in Frankreich die sogenannte „Höhere Mathematik", zu der auch die Analysis zählt, als unverzichtbar für die Ausbildung fähiger Ingenieure angesehen wurde, war das britische Ingenieurwesen traditionell eher mathematikfern. „Engineers" waren in Großbritannien auch Handwerker, und die fähigsten von ihnen schlossen sich zur „Institution of

Abb. 12.0.2 Die Millennium Bridge in London (links) und die am 7.11.1940 völlig zerstörte Tacoma-Narrows-Bridge in den USA während der durch Resonanz ausgelösten Katastrophe

Civil Engineers" zusammen, um sich von den reinen Handwerkern abzusetzen [Kaiser/König 2006]. Der größte englische Ingenieur des 19. Jahrhunderts, Isambard Kingdom Brunel (1806–1859), war jedoch eine Ausnahme von dieser Regel. Seine Familie stammte aus Frankreich, wo Brunel am Lycée Henri IV. zur Schule ging. Diese Schule war und ist eine der berühmtesten höheren Schulen Frankreichs, so dass Brunel über gute Kenntnisse in Mathematik verfügte.

Die noch heute in England gepflegte Ausbildung der Ingenieure, bei der Mathematik nur eine untergeordnete Rolle spielt, ist für einige Beobachter verantwortlich für eine der größten Bausünden der Neuzeit, die „Millennium Bridge". Diese 18.2 Millionen Pfund teure, reine Fußgängerbrücke über die Themse in London wurde im Jahr 2000 für die Bevölkerung freigegeben. Die Brücke erwies sich jedoch als instabil und begann seitlich stark zu schwingen, wenn viele Fußgänger auf ihr gingen. Man hatte das Phänomen der Resonanz nicht berücksichtigt. Jedes Bauwerk besitzt eine Resonanzfrequenz, die sich aus der Schwingungsdifferentialgleichung für das Bauwerk ergibt. Wird die Brücke mit dieser Frequenz angeregt, z.B. durch periodisch gehende Fußgänger oder durch Wind, dann schwingt die Brücke immer stärker und kann sogar zerstört werden. Während die Millennium Bridge mit Dämpfern nachgerüstet wurde und heute gefahrlos begehbar ist, wurde die Tacoma-Narrows Brücke, eine Hängebrücke im Staat Washington, durch Resonanz am 7. November 1940 vollständig zerstört. Bereits kurz nach ihrer Einweihung am 1. Juli 1940 erhielt die Brücke wegen ihres starken Schwingungsverhaltens den Spitznamen „Galloping Gertie". Am 7. November desselben Jahres zogen starke Seitenwinde über die Brücke, bei denen periodische Wirbel entstanden, deren Periode der Resonanzfrequenz der Brücke entsprach. Auch in den USA setzte sich in den einstigen englischen Kolonien zu Beginn der Prototyp des englischen Ingenieurs als gebildeter Praktiker durch, allerdings bildeten sich im 19. Jahrhundert spezielle Ingenieurschulen heraus, von denen einige schließlich zu Elite-Universitäten wurden, wie etwa das Massachusetts Institute of Technology MIT in Cambridge, Mass., oder das California Institute of Technology CALTECH in Pasadena.

Mit den immer weiter greifenden Ideen von Ingenieuren wurde auch immer mehr Analysis gefordert. Stationäre Dampfmaschinen, die im 18. Jahrhundert die Industrielle Revolution befeuerten, wurden in der Regel mit einem Fliehkraftregler gesteuert. War die Dampfzufuhr zu groß, erhöhte sich die Drehzahl der Maschine. Dabei wurden zwei Metallkugeln durch Fliehkraft nach außen gedrückt und reduzierten die Dampfzufuhr, so dass im Mittel die gewünschte Drehzahl konstant blieb und eine Zerstörung der Maschine ausgeschlossen war. Die Regelungen, die damit in weiteren Gebrauch kamen, ließen sich als gekoppelte Systeme von Differentialgleichungen modellieren. Zu ihrer Berechnung war die Analysis gefordert. Die Regelungstechnik basiert heute vollständig auf analytischen Methoden und hat sogar neue Entwicklungen innerhalb der Analysis angeregt.

Die Möglichkeiten des Ingenieurwesens wurden vervielfacht durch die Entwicklung der Computer und damit der „Numerischen Analysis" im 20. Jahrhundert. Der erste programmgesteuerte Computer der Welt war die *Analytical Engine* des englischen Mathematikers und Erfinders Charles Babbage (1791–1871). Babbage hatte die programmgesteuerten Webstühle in Englands Industriezentren gesehen und wollte seinen Computer, der rein mechanisch funktioniert hätte, mit Hilfe von Lochkarten programmieren. Zum Bau dieser Maschine kam es nie, allerdings wurde die *Difference Engine*, ein

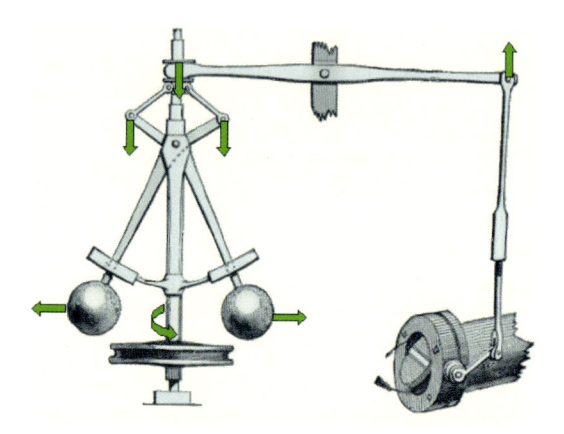

Abb. 12.0.3 Wirkungsweise eines klassischen Fliehkraftreglers an einer stationären Dampfmaschine. Dreht die Maschine zu hoch, werden die Kugeln durch die Fliehkraft nach außen gedrückt und über einen Schieber wird die Dampfzufuhr gedrosselt. Fällt die Drehzahl der Maschine zu sehr ab, wird der Schieber entsprechend geöffnet und mehr Dampf kann nachströmen.

Abb. 12.0.4 Die CPU, genannt „the mill" (die Mühle), der *Difference Engine* von Charles Babbage 1833 [Science Museum / Science & Society Picture Libary].

früheres Projekt von Babbage, tatsächlich gebaut. Sie besass schon eine CPU, die von Babbage „the mill" genannt wurde und konnte mit Hilfe eines mechanischen Druckers Tabellen wie Logarithmentafeln oder Versicherungstabellen erstmals fehlerfrei herstellen. Ein moderner und voll funktionfähiger Nachbau der *Difference Engine* steht heute im Londoner *Science Museum*, vgl. [Swade 2000].

Der nächste große Schritt in Richtung leistungsstarker Computer wurde in den 1940er Jahren von einem deutschen Bauingenieur gemacht. Konrad Zuse (1910–1995) waren die umfangreichen Berechnungen, wie sie von Ingenieuren des frühen 20. Jahrhunderts durchgeführt werden mussten, zuwider. Im Wohnzimmer seiner Eltern konstruierte er seinen ersten programmierbaren Computer, den „Z1", der allerdings noch mechanisch funktionierte. Dieser Z1 diente Zuse dann als Vorlage für seine berühmt gewordenen Z3, die alle Berechnungen mit Telephonrelais ausführte. Die Z3 erblickte das Licht der Welt im Jahr 1941 – keine gute Zeit für bahnbrechende Erfindungen in Deutschland, die in Ruhe und mit Überlegung hätten weiterentwickelt werden müssen. Das Original der ersten Z3 wurde dann auch im Krieg zerstört, ein Nachbau befindet sich im Deutschen Museum in München. Obwohl Zuse nach dem Krieg eine eigene Firma zum Bau von Computern gründete, war der Zeitgeist in den deutschen Banken gegen ihn. Die Firma expandierte schnell, der welterste Plotter wurde dort gebaut, aber die Banken weigerten sich, dem unbekannten Computergeschäft mit Finanzierungen unter die Arme zu greifen, so dass die „Zuse KG" schließlich 1969 im Konzern Siemens aufging.

Inzwischen hatten die Amerikaner aber das Geschäft mir dem Bau leistungsfähiger Computer übernommen, vgl. [Goldstine 1972], [Ifrah 2001], [Williams 1997]. Durch den Bau von Transistoren wurden in den 1950er Jahren nach und nach die bis dahin verwendeten Elektronenröhren verdrängt, aber erst mit der Technologie der integrierten Schaltkreise kamen Anfang der achtziger Jahre die Bausteine der VLSI (Very Large Scale Integration) in Computern zum Einsatz, die Hunderttausende von Transistoren auf einem Chip vereinigten. Aktuelle Graphik-Prozessoren tragen übrigens bis zu 2.1 Milliarden Transistoren. Mit den Großrechenanlagen von IBM, aber auch mit den spezialisierten Höchstleistungsrechnern der Firma Cray Research, wurde es möglich, große und komplexe Probleme der Ingenieurwissenschaften und der Physik numerisch zu behandeln. Dazu bildete sich aus der Analysis seit den 1950er Jahren die „Numerische Analysis". Leider wird diese Bezeichnung häufig missbraucht, und man versteht darunter fälschlicherweise die Umsetzung eines Problems auf einen Computer und die Erstellung einer „numerischen" Lösung in Form eines bunten Bildes. Damit hat Numerische Analysis aber nur wenig zu tun, sondern es handelt sich um Analysis, die auf Numerische Methoden angewendet wird.

Eine solche mathematische Methode ist die Finite-Elemente-Methode FEM. Ihre Grundlagen wurden bereits um 1940 von dem aus Göttingen vor den Nazis in die USA emigrierten Mathematiker Richard Courant ersonnen, aber ihre Hoch-Zeit begann erst mit den Computern. Bei der FEM zerlegt man ein Gebiet, z.B. die Karosserie eines Autos, in zusammenhängende kleine Stücke, etwa Dreiecke oder Vierecke. Will man wissen, wie sich das Auto bei einem Aufprall verformt, dann müsste man komplizierte Systeme partieller Differentialgleichungen lösen, die die Verformung des Blechs beschreiben. Diese Systeme sind nach heutigem Stand der Technik nicht in geschlossener Form lösbar, also schränkt man die Systeme auf die Teile der Zerlegung der Karaosserie ein und löst nicht die Differentialgleichungen selbst, sondern ihre diskreten Analoga. Das sind Gleichungen, die als Lösungen nur Polynome haben, und man muss dann mit Hilfe der Numerischen Analysis beweisen, dass die polynomialen Ergebnisse einer solchen Rechnung tatsächlich gute Approximationen an die Ausgangsgleichungen sind.

Abb. 12.0.5 Ergebnis einer FEM-Rechnung bei der asymmetrischen Kollision eines Fahrzeuges mit einem stehenden Hindernis. Die unterschiedlichen Farben geben unterschiedliche Spannungen im Material wieder.

Für andere Typen von Differentialgleichungen stellt die Numerik weitere Verfahren zur Verfügung, so etwa die Finite-Differenzen-Methode FDM oder die Finite-Volumen-Methode FVM, die insbesondere bei strömungsmechanischen Problemen Verwendung findet.

Neben der Möglichkeit, nie dagewesene Bauwerke zu berechnen und zu bauen und neuartige Maschinen zu realisieren, eröffnete die Analysis und gerade auch die Numerische Analysis weitere vormals ungeahnte Möglichkeiten in den Ingenieurwissenschaften. Hatte schon Leonhard Euler im 18. Jahrhundert die grundlegenden Gleichungen der reibungsfreien Strömungsmechanik in Form eines Systems partieller Differentialgleichungen formuliert, so gelang es dem französischen Mathematiker und Physiker Claude Louis Marie Henri Navier (1785–1836) und dem irischen Mathematiker George Gabriel Stokes (1819–1903) im 19. Jahrhundert, den Einfluss der Reibung der Flüssigkeiten mathematisch zu fassen. Die Navier-Stokes-Gleichungen bilden ein System partieller Differentialgleichungen, deren Lösungen die Strömungen von Flüssigkeiten und Gasen realistisch beschreiben. Wir kennen noch heute keinen Existenzsatz für die Lösungen dieses Gleichungssystems, und ein solcher Satz würde dem Mathematiker, der ihn fände, den Preis von einer Million amerikanischer Dollar einbringen [Sonar 2009]. Schon Ende des 19. Jahrhunderts war die Mathematik so weit, einfache zweidimensionale Umströmungen von Tragflügelprofilen berechnen zu können. Für inkompressible, reibungsfreie und drehungsfreie Strömungen reduziert sich Eulers Differentialgleichungssystem nämlich auf eine einfache lineare partielle Differentialgleichung zweiter Ordnung, die man mit Hilfe funktionentheoretischer Mittel

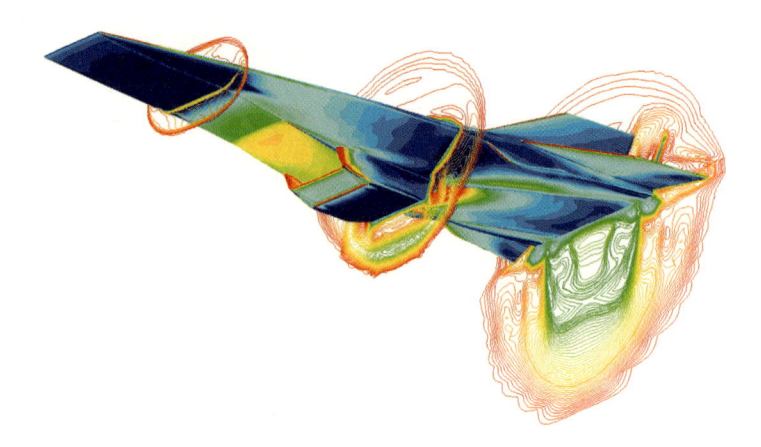

Abb. 12.0.6 Ergebnis einer Computersimulation der NASA. Es handelt sich um ein Experimentalflugzeug „Hyper-X" (X43A) im Flug bei siebenfacher Schallgeschwindigkeit und bei arbeitendem Triebwerk. Die Farben auf der Oberfläche des futuristischen Fluggeräts geben den Wärmestrom wieder, während die an drei Stellen gezeigten farbigen Linien im Feld um das Flugzeug die lokalen Geschwindigkeiten der Strömung anzeigen. In der Farbkodierung bedeutet rot einen hohen, grün einen niedrigen Wert. Die Kunst, komplexe Differentialgleichungssysteme der Strömungsmechanik mit Hilfe von Numerischer Analysis und Computern zu berechnen, wird seit einiger Zeit *Computational Fluid Dynamics* CFD genannt.

in der komplexen Ebene behandeln kann. Für die Tragflügeltheorie wurde insbesondere der deutsche Physiker Albert Betz (1885–1968) bekannt, der in Göttingen neben dem „deutschen Vater der Strömungsmechanik", Ludwig Prandtl (1875–1953), tätig war. Solch eine Tragflügeltheorie reicht natürlich keinesfalls aus, um die Strömung um ein ganzes Flugzeug beurteilen zu können. Dies wurde wiederum erst möglich mit leistungsfähigen Computern und – natürlich mit Numerischer Analysis. Heute werden überall auf der Welt bei der Konstruktion neuer Flugzeuge unzählige Stunden im Windkanal gespart, da man die Strömung um das Flugzeug in einer Vielzahl von Flugsituationen numerisch auf einem Höchstleistungsrechner berechnen kann.

Auch bei Umströmungen von Autos ist man in den letzten Jahrzehnten mehr und mehr dazu übergegangen, Computer einzusetzen und Methoden der „Computational Fluid Dynamics" (CFD) zu verwenden. Einerseits bedeutet ein hoher Widerstand eines Fahrzeugs einen hohen Benzinverbrauch, so dass allein aus Gründen des Ressourcenschutzes strömungsgünstige Autos wünschenswert sind. Andererseits sind aber moderne Motoren so leise geworden, dass sich Strömungsgeräusche während der Fahrt sehr störend auswirken können. Selbst solche Details wie Außenspiegel oder Regenrinnen am Dach können sich als wahre Krachmacher erweisen. Das Gebiet der „Aeroakustik" verbindet daher die Strömungsmechanik mit der Akustik und ist in den letzten Jahren im Automobilbau immer wichtiger geworden. Selbstverständlich geht auch hier *nichts* ohne Analysis.

Jüngere Menschen können in unserer Zeit häufig auf den Straßen und in Zügen und Bahnen mit kleinen Kopfhörern beobachtet werden, aus denen sie sich von miniaturisierten „MP3-Playern" beschallen lassen. Kaum einer dieser jungen Menschen ahnt, dass sie ohne Analysis keinen einzigen Ton hören würden! Ein Musikstück ist mathematisch nichts anderes als eine komplizierte Abfolge von Schwingungen, die in der Luft Druckschwankungen hervorrufen, die wiederum vom Trommelfell wahrgenommen werden. Mit Hilfe der Analysis kann man jedes Musikstück nach Frequenzen getrennt in Fourier-Reihen entwickeln. Jeder Koeffizient dieser Reihen steht für eine bestimmte Frequenz. Fasst man nun eng beieinander liegende Frequenzen zusammen, dann kann man schon einen gewissen Kompressionseffekt erzielen, denn unser Ohr benötigt gar nicht das vollständige Signal. Eine sehr viel ausgeklügeltere Kompressionsmethode ist schließlich „MP-3", die eigentlich „MPEG-1 Audio Layer 3" heißt. Damit ist es möglich, umfangreiche Musikstücke und ganze Musikbibliotheken auf relativ kleinem Speicherplatz unterzubringen. Auch das bei Computerbenutzern beliebte „jpg"-Format für Abbilder beruht auf einem Kompressionsalgorithmus der Analysis und jedes Gerät zum Abspielen von DVDs rekonstruiert den Film aus einer komprimierten Datei.

Der JPEG-2000 Standard für die Kompression von Bildern verwendet eine relativ neue Technik, die auf sogenannten „Wavelets" basiert. Fourierdarstellungen von Signalen haben den Nachteil, dass man noch eine relativ große

Abb. 12.0.7 Zu den beliebtesten MP3-Playern unserer Zeit gehört die iPod-Familie der Firma Apple. Auf ihnen lassen sich Musikbibliotheken und auch Videos unterbringen, die beim Abspeichern komprimiert und beim Anhören oder Ansehen dekomprimiert werden. Ohne Analysis würde es solche kleinen Geräte für die Hosentasche gar nicht geben [Foto Matthieu Riegler]

Menge von Fourier-Koeffizienten speichern muss, da sich die Frequenzinformation nicht gut lokalisieren läßt. Mit der Einführung der Wavelets („kleine Wellen; Wellchen") hat man Funktionen zur Hand, die nur auf einem einstellbaren kleinen Bereich von Null verschieden sind. Diesen kleinen Bereich kann man nicht nur in der Größe verändern, sondern man kann ihn auch verschieben. Tastet man mit solchen Wavelets ein Signal ab, dann lassen sich lokal Aussagen über die Frequenzen machen und die Kompressionsrate ist in der Regel sehr hoch. Bis vor kurzem speicherte das FBI Fingerabdrücke, indem man die Bilder mit Hilfe einer Fourier-Technik komprimierte. Neuerdings werden auch hier Wavelets verwendet. Einige dieser Techniken sind komplett verlustfrei, d.h. es lässt sich das Ausgangssignal wieder vollständig herstellen. Aber auch verlustbehaftete Methoden sind in Gebrauch, wenn man die Genauigkeit des Ursprungssignals gar nicht benötigt, was sehr häufig der Fall ist.

Solche modernen Kompressionstechniken finden auch bei der numerischen Lösung partieller Differentialgleichungen in Physik und Technik Anwendung, insbesondere wenn man Probleme lösen möchte, in denen viele unterschiedliche Skalen eine Rolle spielen. Standardbeispiel ist hier die Berechnung einer turbulenten Strömung um ein Flugzeug. Während die Außenströmung eher großskalig ist, kann man die turbulente Strömung in der Nähe eines Randes nur sehr kleinskalig auflösen. In solchen Fällen greift man häufig zu „Mehrskalenverfahren", in denen verschiedene numerische Methoden für verschiedene Skalen verwendet werden.

Auch in der Medizin begegnet uns Analysis auf Schritt und Tritt. Heute sind Untersuchungen in Computertomographen CT oder Magnetresonanztomographen MRT an der Tagesordnung. Im Jahr 2003 erhielten die Erfinder des MRT sogar den Nobelpreis für Medizin. Bei der Tomographie wird der Pa-

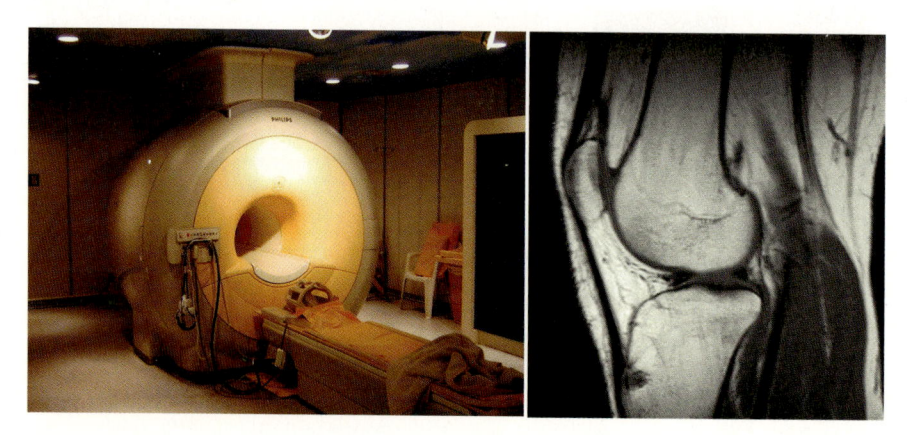

Abb. 12.0.8 Ein modernes MRT-Gerät [Foto Kasuga Huang] neben der MRT-Aufnahme eines menschlichen Knies. Mit Hilfe von Tomographen lassen sich Organe auch in Echtzeit beobachten und dreidimensionale Bilder von Patienten erstellen.

tient liegend durch eine meist ringförmige Apparatur gefahren, in dem sich ein Detektorkopf um 360° um den Patienten dreht. Man ermittelt so die Intensität von Signalen bei Verlassen des Körpers und vergleicht diese mit der Intensität des ausgesandten Signals. Eine solche Messung sagt gar nichts, aber wenn aus vielen verschiedenen Winkeln gemessen wird, kann man ein Schnittbild des Patienten erstellen und aus allen Schnittbildern schließlich ein dreidimensionales Bild des „Inneren" des Patienten. Möglich ist dies alles nur durch eine Entwicklung des österreichischen Mathematikers Johann Radon (1887–1956), der sie 1917 (!) veröffentlichte. Ein schöneres Beispiel dafür, dass Grundlagenforschung in der Mathematik wichtig ist, gibt es wohl kaum. Die Radon-Transformation ermöglicht die Berechnung eines Integrals längs einer Geraden. Die (unbekannte) Funktion, über die integriert wird, ist die Dichte des Gewebes längs der Geraden. Die Rekonstruktion der Werte dieser Funktion an irgendwelchen Punkten auf der Geraden ist natürlich nicht ohne Weiteres möglich; es handelt sich um ein sogenanntes „schlecht gestelltes Problem". Erst mit Hilfe von Regularisierungstechniken (natürlich auch aus der Analysis) ist die Berechnung möglich. In einem Computertomographen werden laufend Radon-Transformationen berechnet und aus ihnen wird schließlich das Gewebe dargestellt. Die mathematische Theorie hinter der Computertomographie verdanken wir übrigens ganz wesentlich dem deutschen Mathematiker Frank Natterer von der Universität Münster, der in den 1970er Jahren begann, die Radon-Transformation bezüglich der Tomographie mathematisch zu untersuchen [Natterer 2001].

Ob Autos, Flugzeuge, Nachrichtenübermittlung, Musikwiedergabe, drahtlose Telephonie, Medizintechnik – es gibt wohl kaum einen Bereich unseres Lebens, der nicht durch die Errungenschaften der Analysis geprägt ist. Mögen die Leser dieses Buches mit offenen Augen und wachem Geist durch die Welt gehen und die ungeheure Bedeutung der Analysis auf Schritt und Tritt erfahren!

Literatur

[Aaboe 1998] Aaboe, A.: Episodes from the Early History of Mathematics. 12th printing, Mathematical Association of America, 1998.
[Alten et al. 2005] Alten, H.-W.; Djafari Naini, A.; Folkerts, M.; Schlosser, H.; Schlote, K.-H.; Wußing, H.: 4000 Jahre Algebra. Hrsg. von: Alten, Djafari Naini, Wesemüller-Kock. Berlin, Heidelberg, New York 2003.
[Altgeld 2001] Altgeld, W.: Kleine italienische Geschichte. Ditzingen, 2001.
[Andersen 1985] Andersen, K.: Cavalieri's Method of Indivisibles. Archive for History of Exact Sciences, Vol.31, No.4, S. 291–367, 1985.
[Archimedes 1972] Archimedes: Werke. Darmstadt, 1972.
[Aristoteles 1876] Aristoteles: Kategorien oder Lehre von den Grundbegriffen. Übersetzung von Heinrich von Kirchmann 1876, http://www.zeno.org/Philosophie/M/Aristoteles/Organon/Kategorien+oder+Lehre+von+den+Grundbegriffen/7.+Kapitel.
[Aristoteles 1995] Aristoteles: Physikvorlesung. Akademieausgabe, Berlin, 1995.
[Aubrey 1982] Aubrey, J.: Brief Lives. Edited by Richard Barber, Woodbridge 1982.
[Balck 2008] Balck, F.: Eulers Aufsatz zur Physik der Reaktionsturbine – ein wichtiger Baustein zur Technikgeschichte der Wasserräder, Turbinen und anderer Energiewandlungs-Maschinen. in: [Biegel/Klein/Sonar 2008].
[Banach 1987] Banach, S.: Theory of Linear Operations. Amsterdam, New York, etc., 1987.
[Barner 2001] Barner, K.: Das Leben Fermats. Mitt. DMV Heft 3/2001, S. 12–26, 2001.
[Barner 2001a] Barner, K.: How old did Fermat become? N.T.M. 9, S. 209–228, 2001.
[Baron 1987] M.E. Baron: The Origins of the Infinitesimal Calculus. Nachdruck der Ausgabe Oxford 1969, New York, 1987.
[Barrow 1973] Barrow, I.: The Mathematical Works. Edited by W. Whewell, 2 Bände in einem Band, Hildesheim, New York, 1973.
[Bartle 1996] Bartle, R.G.: Return of the Riemann Integral. The American Mathematical Monthly 103, S. 625–632, 1996.
[Batho 2000] Batho, G.R.: The possible portraits of Thomas Harriot. in: [Fox 2000].
[Baumann 1991] Baumann, U.: Heinrich VIII. Reinbek, 1991.
[Becker 1964] Becker, O.: Grundlagen der Mathematik in geschichtlicher Entwicklung. 2. Aufl., Freiburg, 1964.
[Becker 1998] Becker, O.: Das mathematische Denken der Antike. 2. Auflage, Göttingen, 1998.
[Beckmann 1971] Beckmann, P.: A History of π. New York, 1971.
[Beery/Stedall 2009] Beery, J., Stedall J. (eds.): Thomas Harriot's Doctrine of Triangular Numbers: the 'Magisteria Magna'. Zürich, 2009.
[Beguin 1998] Béguin, A.: Pascal. 13. Auflage, Hamburg, 1998.
[Behrends/Colognesi 1992] Behrends, O., Colognesi, L.C. (Hrsg.): Die römische Feldmeßkunst. Interdisziplinäre Beiträge zu ihrer Bedeutung für die Zivilisationsgeschichte Roms. Göttingen, 1992.

[Belhoste 1991] Belhoste, B.: Augustin-Louis Cauchy – A Biography. New York, Berlin, Heidelberg, 1991.
[Bell 1998] Bell, J. L.: A Primer of Infinitesimal Analysis. Cambridge, 1998.
[Berkeley 1985] Berkeley, G.: Schriften über die Grundlagen der Mathematik und Physik. Frankfurt am Main, 1985.
[Biegel/Klein/Sonar 2008] Biegel, G.; Klein, A.; Sonar, Th. (Hrsg.): Leonhard Euler – Mathematiker, Mechaniker, Physiker. Braunschweig, 2008.
[Bishop/Bridges 1985] Bishop, E.; Bridges, D.: Constructive Analysis. New York, Heidelberg, etc., 1985.
[Bölling 1994] Bölling, R. (Hrsg.): Das Photoalbum für Weierstraß. Braunschweig, 1994.
[Boethius 2005] Boëthius: Trost der Philosophie. München, 2005
[Bolzano 2006] Bolzano, B.: Paradoxien des Unendlichen. Photokopiertes Taschenbuch nach der Erstausgabe 1851, Saarbrücken, 2006.
[Bos 1975] Bos, H. J. M.: Differentials, higher-order differentials and the derivative in the Leibnizian calculus. Arch. Hist. Exact Sci. 14, S. 1–90, 1975.
[Bottazzini 1986] Bottazzini, U.: The Higher Calculus – A History of Real and Complex Analysis from Euler to Weierstrass. New York, Berlin, Heidelberg, etc., 1986.
[Bourbaki 1968] Bourbaki, N.: Theory of Sets. Berlin, Heidelberg, 1968.
[Bourbaki 1971] Bourbaki, N.: Elemente der Mathematikgeschichte. Göttingen, 1971.
[Boyer 1959] Boyer, C. B.: The History of the Calculus and its Conceptual Development. Nachdruck der Erstausgabe 1949, New York, 1959.
[Breidert 1979] Breidert, W.: Das aristotelische Kontinuum in der Scholastik. 2. Auflage, Münster, 1979.
[Breidert 1989] Breidert, W.: George Berkeley 1685–1753. Basel, Boston, Berlin, 1989.
[Breger 1999] Breger, H.: Analysis und Beweis. Internationale Zeitschrift für Philosophie, 1, S. 95–106, 1999.
[Bressoud 2008] Bressoud, D. M.: A Radical Approach to Lebesgue's Theory of Integration. Cambridge, New York, etc., 2008.
[Briggs 1976] Briggs, H.: Arithmetica Logarithmica. Nachdruck der Ausgabe London 1628, Hildesheim, New York, 1976.
[Brouwer 1924] Brouwer, L. E. J.: Über die Bedeutung des Satzes vom ausgeschlossenen Dritten in der Mathematik, insbesondere in der Funktionentheorie. Journal für reine und ang. Math. 154, S. 1–7, 1924.
[Brouwer 1925] Brouwer, L. E. J.: Zur Begründung der intuitionistischen Mathematik I. Math. Annalen 93, S. 244–257, 1925.
[Brouwer 1926] Brouwer, L. E. J.: Zur Begründung der intuitionistischen Mathematik II. Math. Annalen 95, S. 453–472, 1926.
[Brouwer 1927] Brouwer, L. E. J.: Zur Begründung der intuitionistischen Mathematik III. Math. Annalen 96, S. 451–488, 1927.
[Burn 2001] Burn, R. P.: Alphonse Antonio de Sarasa and Logarithms. Historia Mathematica, No.28, S. 1–17, 2001.
[Cajori 1918] Cajori, F.: Pierre Laurent Wantzel. Bull. Amer. Math. Soc. 24(7), 339–347, 1918.

[Cajori 2000] Cajori, F.: History of Mathematics. 5th edition. Nachdruck der fünften Auflage 1991, Rhode Island, 2000.
[Cantor 1875] Cantor, M.: Die römischen Agrimensoren und ihre Stellung in der Geschichte der Feldmesskunst. Eine historisch-mathematische Untersuchung. Leipzig, 1875.
[Cantor 1980] Cantor, G.: Gesammelte Abhandlungen mathematischen und philosophischen Inhalts. Nachdruck der Erstauflage 1932, Berlin, Heidelberg, New York, 1980.
[Cantor 2002] Cantor, N.: In the Wake of the Plague. New York, 2002.
[Capelle 2008] Capelle, W. (Hrsg.): Die Vorsokratiker. 6. Auflage, Stuttgart, 2008.
[Caspar 1993] Caspar, M.: Kepler. New York, 1993.
[Cauchy 1885] Cauchy, A. L.: Algebraische Analysis. Deutsch von Carl Itzigsohn. Berlin, 1885.
[Chaucer 1971] Chaucer, G.: Canterbury-Erzählungen. Zürich, 1971.
[Child 1916] Child, J. M.: Geometrical Lectures of Isaac Barrow. Chicago, London, 1916.
[Child 2005] Child, J. M. (Übers.): The Early Mathematical Manuscripts of Leibniz. Nachdruck der Originalausgabe 1920, Mineola, New York, 2005.
[Cicero 1989] Cicero: Über das höchste Gut und das größte Übel. Stuttgart, 1989.
[Cicero 1997] Cicero: Gespräche in Tusculum. Stuttgart, 1997.
[Clagett 1961] Clagett, M.: The Science of Mechanics in the Middle Ages. Wisconsin, 1961.
[Clagett 1968] Clagett, M.: Nicole Oresme and the Medieval Geometry of Qualities and Motions. Madison, Milwaukee, London, 1968.
[Clagett 2001] Clagett, M.: Greek Science in Antiquity. Nachdruck der Erstauflage 1955, Mineola, New York, 2001.
[Copernicus 1992] Copernicus, N.: On the Revolutions. Baltimore, London, 1992.
[Crombie 1953] Crombie, A. C.: Robert Grosseteste and the Origins of Experimental Science 1100–1700. Oxford, 1953.
[Crombie 1995] Crombie, A. C.: The History of Science. From Augustine to Galileo. 2 vols. bound as one, New York, 1995.
[Crowe 1994] Crowe, M. J.: A History of Vector Analysis. Korrigierter Nachdruck der Erstauflage 1967, New York, 1994.
[Cuomo 2001] Cuomo, S.: Ancient Mathematics. London and New York, 2001.
[Dauben 1979] Dauben, J. W.: Georg Cantor – His Mathematics and Philosophy of the Infinite. Princeton, 1979.
[Dauben 1995] Dauben, J. W.: Abraham Robinson – The Creation of Nonstandard Analysis, a Personal and Mathematical Odyssey. Princeton, 1995.
[Davidenko 1993] Davidenko, D.: Ich denke, also bin ich – Descartes' ausschweifendes Leben. Frankfurt/Main, 1993.
[De Crescenzo 1990] L. de Crescenzo: Geschichte der griechischen Philosophie. 2 Bände, Zürich, 1990.
[Dedekind 1965] Dedekind, R.: Was sind und was sollen die Zahlen? / Stetigkeit und Irrationale Zahlen. Berlin, 1965.
[Dedekind 2000] Dedekind, I.: Unter Glas und Rahmen – Briefe und Aufzeichnungen 1850–1950. Braunschweig, 2000.
[Dee 1570] Dee, Dr. J.: Mathematicall Praeface to the Elements of Geometrie of Euclid of Megara (1570). Kessinger Publishing, USA, ohne Druckdatum.

[Deiser 2004] Deiser, O.: Einführung in die Mengenlehre. Zweite Auflage, Berlin, Heidelberg, 2004.
[Descartes 1969] Descartes, R.: Geometrie. Darmstadt, 1969.
[Descartes 1986] Descartes, R.: Meditationen über die Erste Philosophie. Ditzingen, 1986.
[Dieudonné 1981] Dieudonné, J.: History of Functional Analysis. Amsterdam, New York, Oxford, 1981.
[Dieudonné 1985] Dieudonné, J.: Geschichte der Mathematik 1700–1900 – Ein Abriß. Braunschweig, Wiesbaden, 1985.
[Diogenes Laertius 2008] Diogenes Laertius: Leben und Meinungen berühmter Philosophen. 2 Bände, Hamburg, 2008.
[Dirlmeier et al. 2007] Dirlmeier, U.; Gestrich, A.; Herrmann, U.; Hinrichs, E.; Jarausch, K. H.; Kleßmann, Ch.; Reulecke, J.: Kleine deutsche Geschichte. Ditzingen, 2007.
[Djerassi 2003] Djerassi, C.: Kalkül/Unbefleckt – Zwei Theaterstücke aus dem Reich der Wissenschaft. Innsbruck, 2003.
[Dobbs 1991] Dobbs, B.J.T.: The Janus Face of Genius – The Role of Alchemy in Newton's thought. Cambridge, 1991.
[Domingues 2008] Domingues, J. C.: Lacroix and the Calculus. Basel, Boston, Berlin, 2008.
[Drake 2003] Drake, S.: Galileo at Work – His Scientific Biography. Nachdruck der Erstausgabe 1978, Mineola, New York, 2003.
[Du Bois-Reymond 1968] Du Bois-Reymond, P.: Die Allgemeine Functionenlehre – Erster Teil. Darmstadt, 1968.
[Du Sautoy 2008] du Sautoy, M.: The Story of Maths. DVD, Open University International / BBC, 2008.
[Dudley 1987] Dudley, U.: The Trisectors.Washington, 1987.
[Ebbinghaus 2007] Ebbinghaus, H.-D.: Ernst Zermelo – An Approach to His Life and Work. Berlin, Heidelberg, 2007.
[Ebert 2009] Ebert, Th.: Der rätselhafte Tod des René Descartes. Aschaffenburg, 2009.
[Eckert 2008] Eckert, M.: Hydraulik im Schloßpark – War Euler schuld am Versagen der Wasserkunst in Sanssouci? in: [Biegel/Klein/Sonar 2008].
[Edwards 1979] Edwards, C. H., Jr.: The Historical Development of the Calculus. New York, Heidelberg, Berlin, 1979.
[Euklid 1980] Euklid: Die Elemente. 7. Auflage, Darmstadt, 1980.
[Euler 1983] Euler, L.: Einleitung in die Analysis des Unendlichen. Erster Teil. Berlin, Heidelberg, New York, 1983.
[Euler 1988] Euler, L.: Introduction to Analysis of the Infinite. 2 vols., New York, Berlin, Heidelberg, etc.,1988.
[Euler 1996] Euler, L.: Zur Theorie komplexer Funktionen. Frankfurt am Main, 1996.
[Euler 2000] Euler, L.: Foundations of Differential Calculus. New York, Berlin, Heidelberg, etc., 2000.
[Feingold 1990] Feingold, M. (edt.): Before Newton – The life and times of Isaac Barrow. Cambridge, New York, etc., 1990.
[Feingold 1990a] Feingold, M.: Isaac Barrow – divine, scholar, mathematician. in: [Feingold 1990].

[Fellmann 1995] Fellmann, E. A.: Leonhard Euler. Reinbek, 1995.
[Ferreirós 1999] Ferreirós, J.: Labyrinth of Thought – A History of Set Theory and its Role in Modern Mathematics. Basel, Boston, Berlin, 1999.
[Finster/van den Heuvel 1990] Finster, R.; van den Heuvel, G.: Gottfried Wilhelm Leibniz. Reinbek, 1990.
[Flasch 2004] Flasch, K.: Nikolaus von Kues in seiner Zeit – Ein Essay. Stuttgart, 2004.
[Flasch 2005] Flasch, K.: Nicolaus Cusanus. Zweite Auflage, München, 2005.
[Flasch 2008] Flasch, K.: Nikolaus von Kues: Geschichte einer Entwicklung. Dritte Auflage, Frankfurt/Main, 2008.
[Fleckenstein 1977] Fleckenstein, J. O.: Der Prioritätsstreit zwischen Leibniz und Newton – Isaac Newton. 2. Auflage, Basel, 1977.
[Fox 2000] Fox, R. (edt.): Thomas Harriot: An Elizabethan Man of Science. Aldershot, Burlington, Singapore, Sydney, 2000.
[Fraenkel 1967] Fraenkel, A. A.: Lebenskreise – Aus den Erinnerungen eines jüdischen Mathematikers. Stuttgart, 1967.
[Frege 1987] Frege, G.: Die Grundlagen der Arithmetik. Stuttgart, 1987.
[French 1972] French, P.: John Dee: The World of an Elizabethan Magus. New York, 1972.
[Galilei 1973] Galilei, G.: Unterredungen und mathematische Demonstrationen über zwei neue Wissenszweige, die Mechanik und die Fallgesetze betreffend. Darmstadt, 1973.
[Galilei 1982] Galilei, G.: Dialog über die beiden hauptsächlichen Weltsysteme. Darmstadt, 1982.
[Galilei 2003] Galilei, G.: Schriften, Briefe, Dokumente. Wiesbaden, 2003.
[Gericke 2003] Gericke, H.: Mathematik in Antike, Orient und Abendland. Sonderausgabe in einem Band, 6. Auflage, Wiesbaden, 2003.
[Gerlach/List 1987] Gerlach, W.; List, M.: Johannes Kepler – Der Begründer der modernen Astronomie. München, Zürich, 1989.
[Gibson 1914] Gibson, G. A.: Napier's Life and Works. in: [Horsburgh 1982].
[Gilbert 1958] Gilbert, W.: De Magnete. New York, Translated by P. Fleury Mottelay in 1893, 1958.
[Gilder 2005] Gilder, J.; Gilder, A.-L.: Der Fall Kepler – Mord im Namen der Wissenschaft. Berlin, 2005.
[Gillings 1982] Gillings, R. J.: Mathematics in the Time of the Pharaohs. Nachdruck der Ausgabe 1972. New York, 1982.
[Gilson 1989] Gilson, E.: History of Christian Philosophy in the Middle Ages. 3. Auflage, London, 1989.
[Glaisher 1965] Glaisher, J. W. L. (edt.): The Collected Mathematical Papers of Henry John Stephen Smith. 2 Volumes. Nachdruck der Originalausgabe 1894, New York, 1965.
[Goldstine 1977] Goldstine, H. H.: A History of Numerical Analysis from the 16th to the 19th Century. New York, Heidelberg, Berlin, 1977.
[Goldstine 1980] Goldstine, H. H.: A History of the Calculus of Variations from the 17th through the 19th Century. New York, Heidelberg, Berlin, 1980.
[Goldstine 1972] Goldstine, H.H.: The Computer from Pascal to von Neumann. Princeton, 1972.

[Goodstein 2007] Goodstein, J. R.: The Volterra Chronicles – The Life and Times of an Extraordinary Mathematician 1860–1940. Providence, Rhode Island, 2007.
[Gottschalk 2008] Gottschalk, J.: Kurze geschichtliche Entwicklung des Zahnrades und Eulers Einfluss auf die Entwicklung der Verzahnung. in: [Biegel/Klein/Sonar 2008].
[Grabiner 2005] Grabiner, J. V.: The Origins of Cauchy's Rigorous Calculus. Unveränderter Nachdruck der Erstauflage 1981, Mineola, New York, 2005.
[Grattan-Guinness 1970] Grattan-Guinness, I.: An unpublished paper by Georg Cantor: Principien einer Theorie der Ordnungstypen. Erste Mitteilung. Acta math. 124, S. 65–107, 1970.
[Grattan-Guinness 1980] Grattan-Guinness, I.: The emergence of mathematical analysis and its foundational progress, 1780-1880. in: [Grattan-Guinness 1980a, S. 94-148].
[Grattan-Guinness 1980a] Grattan-Guinness, I. (edt.): From Calculus to Set Theory 1630–1910. An introductory History. Princeton and Oxford, 1980.
[Grattan-Guinness 2005] Grattan-Guinness, I.: Landmark Writings in Western Mathematics 1640–1940. Elsevier, Amsterdam, Boston, etc., 2005.
[Greenberg 1995] Greenberg, J. L.: The Problem of the Earth's Shape from Newton to Clairaut – The Rise of Mathematical Science in Eighteenth-Century Paris and the Fall of 'Normal' Science. Cambridge, 1995.
[Gronau 2009] Gronau, D.: Paulus Guldin, 1577-1643, Jesuit und Mathematiker. in: [Pichler/von Renteln 2009], S. 101-120, 2009.
[Guhrauer 1966] Guhrauer, G. E.: Gottfried Wilhelm Freiherr von Leibniz – Eine Biographie. 2 Bände, Nachdruck der Originalausgabe von 1846, Hildesheim, 1966.
[Gutas 1988] Gutas, D.: Avicenna in the Aristotelian Tradition, 4 vols. Leiden, 1988.
[Guthrie 1987] Guthrie, K. S.: The Pythagorean Sourcebook and Library. Grand Rapids, Michigan, 1987.
[Haan/Niedhart 2002] Haan, H.; Niedhart, G.: Geschichte Englands vom 16. bis zum 18. Jahrhundert. München 2002.
[Hairer/Nørsett/Wanner1987] Hairer, E.; Nørsett, S. P.; Wanner, G.: Solving Ordinary Differential Equations I. Berlin, Heidelber, New York, etc., 1987.
[Hall 1980] Hall, A. R.: Philosophers at war – The quarrel between Newton and Leibniz. Cambridge, London, New York, etc., 1980.
[Harborth/Heuer/Löwe/Löwen/Sonar 2007] Harborth, H.; Heuer, M.; Löwe, H.; Löwen, R.: Gedenkschrift für Richard Dedekind. Braunschweig, 2007.
[Haupt et al. 2008] Haupt, H. G.; Hinrichs, E.; Martens, S.; Müller, H.; Schneidmüller, B.; Tacke, Ch.: Kleine Geschichte Frankreichs. Ditzingen, 2008.
[Hausdorff 1978] Hausdorff, F.: Grundzüge der Mengenlehre. Nachdruck der Erstauflage 1914, New York, 1978.
[Hausdorff 2002] Hausdorff, F.: Gesammelte Werke, Band II: Grundzüge der Mengenlehre. Berlin, Heidelberg, etc., 2002.
[Hawking 1988] Hawking, S. W.: A Brief History of Time. Toronto, New York, London, Sidney, Auckland, 1988.
[Hawkins 1979] Hawkins, T.: Lebesgue's Theory of Integration – Its Origins and Development. Korrigierter Nachdruck der Erstauflage 1970, Providence, Rhode Island, 1979.

[Hairer/Wanner 1997] Hairer, E.; Wanner, G.: Analysis by its History. New York, Heidelberg, Berlin, 2nd edt., 1997.
[Heath 1981] Sir Heath, T.: A History of Greek Mathematics, 2 Vols. New York, 1981.
[Heath 2002] Sir Heath, T. L.: The Works of Archimedes. Nachdruck der Erstauflage 1897, Mineola, New York, 2002.
[Heath 2004] Sir Heath, T.: A Manual of Greek Mathematics. New York, 2004.
[Hein 2010] Hein, W.: Die Mathematik im Mittelalter – Von Abakus bis Zahlenspiel. Darmstadt, 2010.
[Hemleben 2006] Hemleben, J.: Galilei. 19. Auflage, Reinbek, 2006.
[Henle/Kleinberg 1979] Henle, J. M.; Kleinberg, E. M.: Infinitesimal Calculus. Cambridge, Mass., 1979.
[Heuser 2008] Heuser, H.: Unendlichkeiten – Nachrichten aus dem Grand Canyon des Geistes. Wiesbaden, 2008.
[Heuser 2008a] Heuser, H.: Eulers Analysis. in: [Biegel/Klein/Sonar 2008].
[Hilbert 1926] Hilbert, D.: Über das Unendliche. Math. Annalen 95, S. 161–190, 1926.
[Hilbert 1928] Hilbert, D.: Die Grundlagen der Mathematik. Abhandlungen aus dem mathematischen Seminar der Hamburgischen Universität, Band VI, 1928.
[Hilbert/Schmidt 1989] Hilbert, D.; Schmidt, E.: Integralgleichungen und Gleichungen mit unendlich vielen Unbekannten. Leipzig, 1989.
[Hill 1997] Hill, Ch.: Intellectual Origins of the English Revolution Revisited. Oxford, New York, 1997.
[Hinrichs 1992] Hinrichs, F. T.: Die 'agri per extremitatem mensura comprehensi'. Diskussion eines Frontintextes und der Geschichte seines Verständnisses. in: [Behrends/Colognesi 1992], S. 348–374, 1992.
[Höppner 1992] Höppner, H.-J.: Die Rache der Schildkröte – über akataleptische Zenon-Bahnen. in: Das Wilhelm-Gymnasium. Mitteilungsblatt des Vereins „Ehemalige Wilhelm-Gymnasium e. V.", Heft 59, S. 59–69, Hamburg, 1992.
[Hoffmann 2008] Hoffmann, P.: Die Entwicklung der Geographie in Russland und Leonhard Euler. in: [Biegel/Klein/Sonar 2008].
[Hofmann 1939] Hofmann, J. E.: On the Discovery of the Logarithmic Series and Its Development in England up to Cotes. National Mathematics Magazine, Vol.14, No.1., 37–45, 1939.
[Hofmann 1949] Hofmann, J. E.: Die Entwicklungsgeschichte der Leibnizschen Mathematik während des Aufenthaltes in Paris (1672–1676). München 1949.
[Hofmann 1951] Hofmann, J. E.: Zum Gedenken an Thomas Bradwardine. Centaurus, 1, 293–308, 1951.
[Hofmann 1968] Hofmann, J. E.: Michael Stifel (1487?–1567): Leben, Wirken und Bedeutung für die Mathematik seiner Zeit. OSudhoffs Archiv, Beiheft 9, Wiesbaden, 1968.
[Hogrebe/Broman 2004] Hogrebe, W.; Bromand, J. (Hrsg.): Grenzen und Grenzüberschreitungen – XIX. Deutscher Kongress für Philosophie. Berlin, 2004.
[Honnefelder/Wood/Dreyer/Aris 2005] Honnefelder, L., Wood, R., Dreyer, M., Aris, M.-A. (Hrsg.): Albertus Magnus und die Anfänge der Aristoteles-Rezeption im lateinischen Mittelalter. Von Richardus Rufus bis zu Franciscus de Mayronis. Münster 2005.

[Horsburgh 1982] Horsburgh, E. M. (edt.): Handbook of the Napier Tercentenary Celebration or Modern Instruments and Methods of Calculation. Nachdruck der Originalausgabe 1914, Los Angeles, San Francisco, 1982.

[Ifrah 2001] Ifrah, G.: The Universal History of Computing – From the Abacus to the Quantum Computer. New York, Chichester, Weinheim, etc., 2001.

[Iro 2008] Iro, H.: Eulers analytische Mechanik. in: [Biegel/Klein/Sonar 2008].

[Jahnke 1999] Jahnke, H. N. (Hrsg.): Geschichte der Analysis. Heidelberg, Berlin 1999.

[Jahnke 1999a] Jahnke, H. N.: Algebraische Analysis. in: [Jahnke 1999].

[Jesseph 1999] Jesseph, D. M.: Squaring the Circle – The War between Hobbes and Wallis. Chicago, London, 1999.

[Johnson/Wolbarsht 1979] Johnson, L. W.; Wolbarsht, M. L.: Mercury Poisoning: A Probable Cause of Isaac Newton's Physical and Mental Ills. Notes and Records of the Royal Society of London, Vol.34, No.1, 1–9, 1979.

[Juschkewitsch 1964] Juschkewitsch, A. P.: Geschichte der Mathematik im Mittelalter. Leipzig, 1964.

[Kästner 1970] Kästner, A. G.: Geschichte der Mathematik. 4 Bände, Hildesheim, 1970.

[Kaiser/König 2006] Kaiser, W., König, W. (Hrsg.): Geschichte des Ingenieurs – Ein Beruf in sechs Jahrtausenden. München, Wien, 2006.

[Kant 2005] Kant, I.: Allgemeine Naturgeschichte und Theorie des Himmels oder Versuch von der Verfassung und dem mechanischen Ursprunge des ganzen Weltgebäudes nach Newtonischen Grundsätzen abgehandelt. Frankfurt am Main, 2005.

[Kałuża 1996] Kałuża, R.: Through a reporter's eyes – The Life of Stefan Banach. Boston, Basel, Berlin, 1996.

[Katz 2007] Katz, V. J. (edt.): The Mathematics of Egypt, Mesopotamia, China, India, and Islam – A Sourcebook. Princeton and Oxford, 2007.

[Keisler 1976] Keisler, H. J.: Foundations of Infinitesimal Calculus. Boston, 1976.

[Keisler 1986] Keisler, H. J.: Elementary Calculus: An Infinitesimal Approach. 2nd edt., Boston, 1986.

[Kepler 1908] Kepler, J.: Neue Stereometrie der Fässer. Besonders der in der Form am meisten geeigneten österreichischen, und Gebrauch der kubischen Visierrute; Mit einer Ergänzung zur Stereometrie des Archimedes. Leipzig, 1908.

[Kepler 2003] Kepler, J.: Dioptrik. Frankfurt/Main, 2003.

[Kepler 2005a] Kepler, J.: Mysterium Cosmographicum. in: [Kepler 2005].

[Kepler 2005b] Kepler, J.: Astronomia Nova. Wiesbaden, 2005.

[Kepler 2005] Kepler, J.: Was die Welt im Innersten zusammenhält: Antworten aus Keplers Schriften. Wiesbaden, 2005.

[Kepler 2006] Kepler, J.: Weltharmonik. München, 2006.

[Keynes 1980] Keynes, M.: Sir Isaac Newton and his Madness of 1692–93. The Lancet, March 8, 1980.

[Klein 1926] Klein, F.: Vorlesungen über die Entwicklung der Mathematik im 19. Jahrhundert. Teil I. Berlin, 1926.

[Knobloch 1983] Knobloch, E.: Von Riemann zu Lebesgue – Zur Entwicklung der Integrationstheorie. Historia Mathematica 10, 318-343, 1983.

[Knobloch 1988] Knobloch, E.: La vie et l'oeuvre de Christoph Clavius. Revue d'Histoire des Sciences 41, 331-356, 1988.

[Knobloch 1993] Knobloch, E. (Hrsg.): Gottfried Wilhelm Leibniz – De quadratura arithmetica circuli ellipseos et hyperbolae cujus corollarium est trigonometria sine tabulis. Göttingen, 1993.
[Knobloch 1999] Knobloch, E.: Galileo und Leibniz: Different approaches to infinity. Archive for History of Exact Sciences 54, 87-99, 1999.
[Knobloch 2000] Knobloch, E.: Archimedes, Kepler, and Guldin: the role of proof and analogy. in: [Thiele 2000], 82-100, 2000.
[Knobloch 2004] Knobloch, E.: Von Nicolaus von Kues über Galilei zu Leibniz – Vom mathematischen Umgang mit dem Unendlichen. in: [Hogrebe/Broman 2004], S. 490–503.
[Knobloch 2005] Knobloch, E.: Archimedes, Kepler und Guldin - Zur Rolle von Beweis und Analogie. in: [Peckhaus 2005], 15-34, 2005
[Knobloch 2009] Knobloch, E.: persönliche Mitteilung, 2009.
[Knobloch 2010] Knobloch, E: persönliche Mitteilung, 2010.
[Knoche/Wippermann 1986] Knoche, N.; Wippermann, H.: Vorlesungen zur Methodik und Didaktik der Analysis. Mannheim, Wien, Zürich, 1986.
[König 1990] König, G. (Hrsg.): Konzepte des mathematisch Unendlichen im 19. Jahrhundert. Göttingen, 1990.
[Körle 2009] Körle, H.-H.: Die phantastische Geschichte der Analysis. München, 2009.
[Koestler 1989] Koestler, A.: The Sleepwalkers. London, 1989.
[Koetsier/Bergmans 2005] Koetsier, T.; Bergmans, L. (edt.): Mathematics and the Divine – A historical study. Amsterdam, 2005.
[Kowalewski 1938] Kowalewski, G.: Große Mathematiker – Eine Wanderung durch die Geschichte der Mathematik vom Altertum bis zur Neuzeit. München, Berlin, 1938.
[Kühn 2009] Kühn, E.: Persönliche Korrespondenz, 2009.
[Kuhn 2009] Kuhn, Th. S.: Die Struktur wissenschaftlicher Revolutionen. Frankfurt am Main, Nachdruck 2009.
[Lasswitz 1984] Lasswitz, K.: Geschichte der Atomistik vom Mittelalter bis Newton, 2 Bde. 2. Nachdruck von 1890, Hildesheim, 1984.
[Laugwitz 1978] Laugwitz, D.: Infinitesimalkalkül – Eine elementare Einführung in die Nichtstandard-Analyse. Mannheim, Wien, Zürich, 1978.
[Kurrer 2002] Kurrer, K.-E.: Geschichte der Baustatik. Berlin, 2002.
[Laugwitz 1986] Laugwitz, D.: Zahlen und Kontinuum – Eine Einführung in die Infinitesimalmathematik. Mannheim, Wien, Zürich, 1986.
[Laugwitz 1990] Laugwitz, D.: Das mathematisch Unendliche bei Euler und Cauchy. in: [König 1990].
[Laugwitz 1999] Laugwitz, D.: Curt Schmieden's approach to infinitesimals – an eye-opener to the historiography of analysis. Preprint Nr. 2053, Fachbereich Mathematik, Technische Universität Darmstadt, August 1999.
[Leibniz 1985–1992] Leibniz, G. W.: Philosophische Schriften. Darmstadt, 1985–1992.
[Leibniz/Newton 1998] Leibniz, G. W.; Newton, I.: Über die Analysis des Unendlichen / Abhandlung über die Quadratur der Kurven. Frankfurt am Mein, 1998.
[Leibniz 2005] Leibniz, G. W.: Monadologie. Stuttgart, 2005.

[Leibniz 2008] Leibniz, G. W.: Mathematische Schriften, Fünfter Band. Berlin, 2008.

[Lelgemann 2010] Lelgemann, D.: Die Erfindung der Messkunst – Angewandte Mathematik im antiken Griechenland. Darmstadt, 2010.

[Lemcke 1995] Lemcke, M.: Johannes Kepler. Reinbek, 1995.

[Lewis 2005] Lewis, N.: Robert Grosseteste and the Continuum. in: [Honnefelder/Wood/Dreyer/Aris 2005, S. 159–187].

[Lieb/Hershman 1983] Lieb, J.; Hershman,D.: Isaac Newton: Mercury Poisoning or Manic Depression? The Lancet, December 24/31, 1479–1480, 1983.

[Livius 2004] Livius: Ab urbe condita Liber XXIV (lateinisch/deutsch). Stuttgart, 2004.

[Livius 2006] Livius: Ab urbe condita Liber XXV (lateinisch/deutsch). Stuttgart, 2006.

[Loeffel 1987] Loeffel, H.: Blaise Pascal 1623–1662. Basel, Boston, 1987.

[Löwe 2007] Löwe, H.: Dedekinds Theorie der Ideale. In: [Harborth/Heuer/Löwe/Löwen/Sonar 2007], S. 51–82.

[Löwe 2008a] Löwe, H.: Das Königsberger Brückenproblem – Der Beginn der modernen Graphentheorie. in: [Biegel/Klein/Sonar 2008].

[Löwe 2008b] Löwe, H.: Eulers Polyederformel. in: [Biegel/Klein/Sonar 2008].

[Lorenzen 1965] Lorenzen, P.: Differential und Integral – Eine konstruktive Einführung in die klassische Analysis. Frankfurt am Main, 1965.

[Lorenzen 1986] Lorenzen, P.: Die Theoriefähigkeit des Kontinuums. in: Jahrbuch Überblicke Mathematik 1986, S. 147–153, 1986.

[Lüneburg 2008] Lüneburg, H.: Von Zahlen und Größen – Dritthalbtausend Jahre Theorie und Praxis, Band 2. Basel, Boston, Berlin, 2008.

[Lützen 1999] Lützen, J.: Grundlagen der Analysis im 19. Jahrhundert. in: [Jahnke 1999], S. 191–244.

[Lutsdorf/Walter 1992] Lutsdorf, H.; Walter, M.: Jost Bürgis „Progress Tabulen" (Logarithmen). Schriftenreihe der ETH-Bibliothek Nr.28, Zürich, 1992.

[Natterer 2001] Natterer, F.: The Mathematics of Computerized Tomography. Nachdruck der Erstauflage von 1991, Philadelphia, 2001.

[Neugebauer 1969] Neugebauer, O.: The Exact Sciences in Antiquity. New York, Nachdruck der zweiten Auflage 1969.

[Newton 1999] Newton, I.: The Principia – Mathematical Principles of Natural Philosophy. Translated by I. Bernard Cohen and Anne Whitman, Berkeley, Los Angeles, London, 1999.

[Nikolaus 1952] Nikolaus von Kues: Die mathematischen Schriften – übersetzt von Josepha Hofmann. Hamburg, 1952.

[Nikolaus 2002a] Nikolaus von Kues: De docta ignorantia/Die belehrte Unwissenheit. in: [Nikolaus 2002].

[Nikolaus 2002] Nikolaus von Kues: Philosophisch-Theologische Werke. Vier Bände, Lateinisch-Deutsch, Hamburg, 2002.

[Noether/Cavaillés 1937] Noether, E.; Cavaillés, J. (Hrsg.): Briefwechsel Cantor-Dedekind. Paris, 1937.

[Maclaurin 1971] Maclaurin, C.: An Account of Sir Isaac Newton's Philosophical Discoveries. Nachdruck der Erstausgabe London 1748, Hildesheim, 1971.

[Mahoney 1990] Mahoney, M. S.: Barrow's mathematics – between ancients and moderns. in: [Feingold 1990].

[Mahoney 1994] Mahoney, M. S.: The Mathematical Career of Pierre de Fermat 1601–1665. Überarbeitung der Erstauflage 1973, Princeton, 1994.
[Maier 1949] Maier, A.: Die Vorläufer Galileis – Studien zur Naturphilosophie der Spätscholastik. Rom, 1949.
[Maier 1964] Maier, A.: Ausgehendes Mittelalter – Gesammelte Aufsätze zur Geistesgeschichte des 14. Jahrhunderts. Rom, 1964.
[Mancosu 1996] Mancosu, P.: Philosophy of Mathematics & Mathematical Practice in the Seventeenth Century. New York, Oxford, 1996.
[Mancosu/Vailati 1991] Mancosu, P.; Vailati, E.: Torricelli's Infinitely Long Solid and Its Philosophical Reception in the Seventeenth Century. ISIS No. 82, S. 50–70, 1996.
[Mansfeld 1999] Mansfeld, J. (Übers.): Die Vorsokratiker. 2 Bände, Stuttgart, 1999.
[Manuel 1968] Manuel, F. E.: A Portrait of Isaac Newton. Cambridge, Mass., 1968.
[Martzloff 2006] Martzloff, J.-C.: A History of Chinese Mathematics. Berlin, Heidelberg, 2006.
[Mashaal 2006] Mashaal, M.: Bourbaki – A Secret Society of Mathematicians. Rhode Island, 2006.
[Mauldin 1981] Mauldin, R. D.: The Scottish Book – Mathematics from the Scottish Cafe. Basel, 1981.
[Maurer 2002] Maurer, M.: Kleine Geschichte Englands. Stuttgart, 2002.
[Mercator 1975] Mercator, N.: Logarithmotechnia. Nachdruck der Ausgabe 1666, Hildesheim, New York, 1975.
[Meschkowski 1967] Meschkowski, H.: Probleme des Unendlichen – Werk und Leben Georg Cantors. Braunschweig, 1967.
[Meschkowski 1990] Meschkowski, H.: Denkweisen großer Mathematiker – Ein Weg zur Geschichte der Mathematik. Braunschweig, 1990.
[Meschkowski/Nilson 1991] Meschkowski, H.; Nilson, W. (Hrsg.): Georg Cantor – Briefe. Berlin, Heidelberg, New York, etc., 1991.
[Moerdijk/Reyes 1991] Moerdijke, I.; Reyes, G. E.: Models for Smooth Infinitesimal Analysis. New York, Berlin, Heidelberg, etc., 1991.
[Montaigne 1998] de Montaigne, M.: Essais. Frankfurt/Main, 1998.
[Müller/Krönert 1969] Müller, K.; Krönert, G.: Leben und Werk von Gottfried Wilhelm Leibniz – Eine Chronik. Frankfurt am Main, 1969...
[Neidhart 2007] Neidhart, L.: Unendlichkeit im Schnittpunkt von Mathematik und Theologie. Göttingen, 2007.
[Nelson 1977] Nelson, E.: Internal set theory, a new approach to NSA. Bull. Amer. Math. Soc. 83, S. 1165–1198, 1977.
[Nette 1982] Nette, H.: Elisabeth I. Reinbek, 1982.
[Netz/Noel 2008] Netz, R.; Noel, W.: Der Kodex des Archimedes. Dritte Aufl., München, 2008.
[Newton 1979] Newton, Sir I.: Opticks. Nachdruck der Ausgabe von 1931 mit überarbeitetem Vorwort, New York, 1979.
[Nowaki 2008] Nowaki, H.: Leonhard Euler und die Theorie des Schiffes. in: [Biegel/Klein/Sonar 2008].
[Odefey 2008] Odefey, A.: Eulers Musiktheorie. in: [Biegel/Klein/Sonar 2008].
[Oeser 1971] Oeser, E.: Kepler – die Entstehung der modernen Wissenschaft. Zürich, Göttingen, 1971.

[Oestmann 2004] Oestmann, G.: Heinrich Rantzau und die Astrologie. Braunschweig, 2004.
[Pascal 1997] Pascal, B.: Gedanken. Ditzingen, 1997.
[Peckhaus 2005] Peckhaus, V. (Hrsg.): Oskar Becker und die Philosophie der Mathematik. München, 2005.
[Pepper 1968] Pepper, J. V.: Harriot's Calculation of Meridional Parts as Logarithmic Tangents. Archive for the History of Exact Sciences, Vol.4, No.5, 1968. Nachgedruckt in: [Shirley 1974].
[Pepper 1974] Pepper, J. V.: Harriot's Earlier Work on Mathematical Navigation. in: [Shirley 1974].
[Phillips 2000] Phillips, G. M.: Two Millennia of Mathematics: From Archimedes to Gauss. New York, Berlin, Heidelberg, 2000.
[Pichler/von Renteln 2009] Pichler, F., von Renteln, M. (Hrsg.): Kosmisches Wissen von Peurbach bis Laplace - Astronomie, Mathematik, Physik. Peurbach Symposium 2008, Linz, 2009.
[Pies 1996] Pies, E.: Der Mordfall Descartes – Dokumente, Indizien, Beweise. Solingen, 1996.
[Platon 2004] Platon: Sämtliche Werke, 3 Bände. Darmstadt, 2004.
[Ploetz 2008] Der große Ploetz – Die Enzyklopädie der Weltgeschichte. Göttingen, 2008.
[Plutarch 2004] Plutarch: Lives, Vol. V. Nachdruck von 1917, Cambridge, Mass., 2004.
[Plofker 2007] Plofker, K.: Mathematics in India. in: [Katz 2007, S. 385–514].
[Popper 2006] K. R. Popper: Die Welt des Parmenides. 2. Auflage, München, Zürich, 2006.
[Pumfrey 2002] Pumfrey, S.: Latitude & The Magnetic Earth. Cambridge, 2002.
[Purkert/Ilgauds 1987] Purkert, W.; Ilgauds, H. J.: Georg Cantor 1845–1918. Basel, Boston, Stuttgart, 1987.
[Reich 1994] Reich, K.: Die Entwicklung des Tensorkalküls – Vom absoluten Differentialkalkül zur Relativitätstheorie. Basel, Boston, Berlin, 1994.
[Reich/Wiederkehr 2008] Reich, K.; Wiederkehr, K. H.: Der Achromat, die bedeutendste Erfindung des 18. Jahrhunderts in der Optik. in: [Biegel/Klein/Sonar 2008].
[Robert 2003] Robert, A. M.: Nonstandard Analysis. Nachdruck der amerikanischen Ausgabe 1988, 2003.
[Robinson 1996] Robinson, A.: Non-standard Analysis. Princeton, 1996.
[Rosenberger 1987] Rosenberger, F.: Isaac Newton und seine Physikalischen Prinzipien – Ein Hauptstück aus der Entwicklungsgeschichte der modernen Physik. Nachdruck der Erstauflage 1895, Darmstadt, 1987.
[Runciman 2008] Runciman, S.: Geschichte der Kreuzzüge. Achte Auflage, München, 2008.
[Russell 1903] B. A. W. Russell: The Principles of Mathematics. Cambridge, 1903.
[Scharlau 1981] Scharlau, W. (Hrsg.): Richard Dedekind 1831–1981. Braunschweig, 1981.
[Schmieden/Laugwitz 1958] Schmieden, C.; Laugwitz, D.: Eine Erweiterung der Infinitesimalrechnung. Math. Zeitschrift 69, S. 1–39, 1958.
[Schofield 1980] Schofield, M.: An Essay on Anaxagoras. Cambridge, 1980.

[Schramm 1994] Schramm, M.: Kritische Tage in Mikro- und Makrokosmos. in: [von Gotstedter 1994], 563-673, 1994.
[Scott 1981] Scott, J.: The Mathematical Work of John Wallis, D. D., F. R. S (1616–1703). New York, Nachdruck der Erstauflage 1938, 1981.
[Simonyi 2001] Simonyi, K.: Kulturgeschichte der Physik – Von den Anfängen bis heute. Dritte Auflage, Frankfurt am Main, 2001.
[Sobel/Andrewes 1999] Sobel,D: Andrewes, W. J. H.: Längengrad – Die illustrierte Ausgabe. Berlin, 1999.
[Scriba 1970] Scriba, Chr. J..: The Autobiography of John Wallis, F. R. S.. Notes and Records of the Royal Society of London 25, 17–46, 1970.
[Scriba/Schreiber 2000] Scriba, Chr. J.; Schreiber, P.: 5000 Jahre Geometrie. Hrsg. von: Alten, Djafari Naini, Wesemüller-Kock. Berlin, Heidelberg, New York 2000, Nachdrucke 2002 und 2003, 2. Auflage 2005.
[Scriba/Schreiber 2010] Scriba, Chr. J.; Schreiber, P.: 5000 Jahre Geometrie. Hrsg. von: Alten, Djafari Naini, Wesemüller-Kock. 3. Auflage, Berlin, Heidelberg 2010.
[Seek 1975] Seek, G. A.: Die Naturphilosophie des Asristoteles. Darmstadt, 1975.
[Shirley 1974] Shirley, J. W. (edt.): Thomas Harriot: Renaissance Scientist. Oxford 1974.
[Shirley 1983] Shirley, J. W.: Thomas Harriot: A Biography. Oxford 1983.
[Siegmund-Schultze 1999] Siegmund-Schultze, R.: Die Entstehung der Funktionalanalysis. in: [Jahnke 1999], S. 487–503.
[Siegmund-Schultze 2009] Siegmund-Schultze, R.: Mathematicians Fleeing from Nazi Germany - Individual Fates and Global Impact. Princeton and Oxford, 2009.
[Singh 1998] Singh, S.: Fermats letzter Satz – Die abenteuerliche Geschichte eines mathematischen Rätsels. München, Wien, 1998.
[Skelton 1962] Skelton, R. A.: Mercator and English Geography in the 16th Century. in: [Stadtarchiv Duisburg 1962].
[Sobel 1996] Sobel, D.: Längengrad. Berlin 1996.
[Sonar 2001] Sonar, Th.: Der fromme Tafelmacher: Die frühen Arbeiten des Henry Briggs. Berlin, 2001.
[Sonar 2006] Sonar, Th.: Some Differentials on Gottfried Wilhelm Leibniz's Death, Burial, and Remains. in: Mathematical Intelligencer, Vol.28, No.2, S. 37–40, 2006.
[Sonar 2007] Sonar, Th.: Richard Dedekind und seine Beziehungen in der Gelehrtenrepublik. in: [Harborth/Heuer/Löwe/Löwen/Sonar 2007], S. 13–24.
[Sonar 2007a] Sonar, Th.: Die Bändigung des Unendlichen – Richard Dedekind und die Geburt der Mengenlehre. in: [Harborth/Heuer/Löwe/Löwen/Sonar 2007], S. 85–97.
[Sonar 2008] Sonar, Th.: Der Tod des Gottfried Wilhelm Leibniz. Wahrheit und Legende im Licht der Quellen. in: Abhandlungen der Braunschweigischen Wissenschaftlichen Gesellschaft, Band LIX, S. 161–201, 2008.
[Sonar 2008a] Sonar, Th.: Eulers Arbeiten zur Strömungsmechanik. in: [Biegel/Klein/Sonar 2008].
[Sonar 2008b] Sonar, Th.: Die Entwicklung der Ballistik von Aristoteles bis Euler. in: Abhandlungen der Braunschweigischen Wissenschaftlichen Gesellschaft, Band LIX, S. 203–230, 2008.

[Sonar 2008c] Sonar, Th.: Leonhard Euler – Analysis und Mechanik. Mitt. Math. Gesell. in Hamburg, Band 27, S. 5–22, 2008.
[Sonar 2009] Sonar, Th.: Turbulenzen um die Fluidmechanik. in: Spektrum der Wissenschaft 04/09, 78-87, 2009.
[Sonar/Loewe 2008] Eulers Arbeiten zur Ballistik. in: [Biegel/Klein/Sonar 2008].
[Sorell 1999] Sorell, T.: Descartes. Freiburg, Basel, Wien, 1999.
[Spalt 1990] Spalt, D. D.: Die Unendlichkeiten bei Bernard Bolzano. in: [König 1990, S. 189–218].
[Spalt 1996] Spalt, D. D.: Die Vernunft im Cauchy-Mythos. Frankfurt am Main, 1996.
[Spalt 2001] Spalt, D. D.: Curt Schmieden's Non-Standard Analysis – A Method of Dissolving the Standard Paradoxes of Analysis. Centaurus No.43, S. 137–174, 2001.
[Spalt 2002] Spalt, D. D.: Cauchys Kontinuum – Eine historiographische Annäherung via Cauchys Summensatz. Arch. Hist. Exact Sci. 56, S. 285–338, 2002.
[Spargo/Pounds 1979] Spargo, P. E.; Pounds, C. A.: Newton's 'Derangement of the Intellect' – New Light on an Old Problem. Notes and Records of the Royal Society, Vol.34, 11–32, 1979.
[Specht 2001] Specht, R.: Descartes. 9. Auflage, Reinbek, 2001.
[Stadtarchiv Duisburg 1962] Stadtarchiv Duisburg (Hrsg.): Duisburger Forschungen. Schriftenreihe für Geschichte und Heimatkunde Duisburgs, Band 6., Duisburg-Ruhrort, 1962.
[Stäckel 1976] Stäckel, P. (Hrsg.): Variationsrechnung. Darmstadt, 1976.
[Stamm 1937] Stamm, E.: Tractatus de Continuo von Thomas Bradwardina. Isis 26, 13–32, 1937.
[Stedall 2002] Stedall, J. A.: A Discourse Concerning Algebra. English algebra to 1685. Oxford, New York, 2002.
[Stedall 2003] Stedall, J. A.: The Greate Invention of Algebra: Thomas Harriot's Treatise on Equations. Oxford, New York, 2003.
[Stedall 2004] Stedall, J. A.: The Arithmetic of Infinitesimals: John Wallis 1656. New York, 2004.
[Stedall 2005] Stedall, J. A.: John Wallis, Arithmetica Infinitorum (1656). in: [Grattan-Guinness 2005].
[Stedall 2008] Stedall, J.: Mathematics Emerging – A Sourcebook 1540–1900. Oxford, New York, 2008.
[Stegmüller 1978] Stegmüller, W. (Hrsg.): Das Universalien-Problem. Darmstadt 1978.
[Stein 1999] Stein, S.: Archimedes – What Did He Do Besides Cry Eureka?. Washington, 1999.
[Stifel 2007] Stifel, M.: Vollständiger Lehrgang der Arithmetik. Deutsche Übersetzung von Eberhard Knobloch und Otto Schönberger. Würzburg, 2007.
[Stolz 1881] Stolz, O.: B. Bolzano's Bedeutung in der Geschichte der Infinitesimalrechnung. Math. Annalen Bd. 18, S. 255–279, 1881.
[Strohmaier 2006] Strohmaier, G.: Avicenna. Zweite Auflage, München, 2006.
[Struik 1969] Struik, D. J.: A Source Book in Mathematics, 1200–1800. Cambridge, Mass., 1969.
[Suerbaum 2003] Suerbaum, U.: Das elisabethanische Zeitalter. Stuttgart, 2003.

[Sutter 1984] Sutter, B.: Der Hexenprozeß gegen Katharina Kepler. Zweite Auflage, Weil der Stadt, 1984.
[Swade 2000] Swade, D.: The Cogwheel Brain - Charles Babbage and the Quest to Build the First Computer. London, 2000.
[Swift 1974] Swift, J.: Gullivers Reisen. Frankfurt/Main, 1974.
[Sylla 1973] Sylla, E.: Medieval concepts of the latitude of forms: The Oxford calculators. Archives d'Histoire Doctrinal et Littéraire du Moyen Âge 40, 223–283, 1973.
[Szabó 1996] Szabó, I.: Geschichte der mechanischen Prinzipien. Dritte Auflage, Basel, Boston, Berlin, 1996.
[Szkocka] http://banach.univ.gda.pl/pdf/ks-szkocka/ks-szkocka3ang.pdf
[Tapp 2005] Tapp, Chr.: Kardinalität und Kardinäle. Wiesbaden, 2005.
[Taschner 2005] Taschner, R.: The Continuum – A Constructive Approach to Basic Concepts of Real Analysis. Wiesbaden, 2005.
[Taschner 2006] Taschner, R.: Das Unendliche: Mathematiker ringen um einen Begriff. Zweite Auflage. Berlin, Heidelberg, New York, 2006.
[Thiele 1982] Thiele, R.: Leonhard Euler. Leipzig, 1982.
[Thiele 1999] Thiele, R.: Antike. in: [Jahnke 1999], S. 5–42.
[Thiele 2000] Thiele, R. (Hrsg.): Mathesis. Festschrift zum siebzigsten Geburtstag von Matthias Schramm. Berlin, Diepholz, 2000.
[Thiele 2005] Thiele, R.: Georg Cantor (1845–1918). in: [Koetsier/Bergmans 2005, S. 523–547].
[Thiele 2007] Thiele, R.: Von der Bernoullischen Brachistochrone zum Kalibrator-Konzept. Turnhout, 2007.
[Thiele 2008] Thiele, R.: Buchbesprechung zu [Tapp 2005]. Sudhoffs Archiv 92, S. 126–128, 2008.
[Thiele 2008a] Thiele, R.: „... unsere Mathematiker können es mit denen aller Akademien aufnehmen" – Leonhard Eulers Wirken an der Berliner Akademie als Mathematiker und Mechaniker 1741–1766. in: [Biegel/Klein/Sonar 2008].
[Thoren 1990] Thoren, V. E.: The Lord of Uraniborg. A Biography of Tycho Brahe. Cambridge, New York, etc., 1990.
[Toeplitz 1949] Toeplitz, O.: Die Entwicklung der Infinitesimalrechnung: Erster Band. Berlin, Göttingen, Heidelberg, 1949.
[Toomer 1998] Toomer, G. J.: Ptolemy's Almagest. Princeton, 1998.
[Tropfke 1980] Tropfke, J.: Geschichte der Elementarmathematik – Band I: Arithmetik und Algebra. Vierte Auflage, Berlin, New York, 1980.
[Turnbull 1939] Turnbull, H. W. (edt.): James Gregory Tercentenary Memorial Volume. London, 1939.
[Turnbull 1940] Turnbull, H. W.: Early schottish relations with the Royal Society: I. James Gregory, F. R. S. (1638–1675). Notes and Records of the Royal Society of London 3, S. 22–38, 1940/41.
[Tweddle 2003] Tweddle, I.: James Stirling's Methodus Differentialis – An Annotated Translation of Stirling's Text. London, Berlin, Heidelberg, 2003.
[van der Waerden 1940] van der Waerden, B.: Zenon und die Grundlagenkrise der Mathematik. Math. Ann. 117, S. 141–161, 1940.
[van der Waerden 1956] van der Waerden, B: Erwachende Wissenschaft. Basel, Stuttgart, 1956.
[van der Waerden 1979] van der Waerden, B.: Die Phytagoreer. Zürich, 1979.

[van Stigt 1990] van Stigt, W. P.: Brouwer's Intuitionism. Amsterdam, New York, Oxford, Tokyo, 1990.
[Vergil 2001] Vergil: Bucolica/Hirtengedichte. Stuttgart, 2001.
[Vitruv 2008] Vitruv: Zehn Bücher über Architektur. 6. Auflage Darmtadt, 2008.
[Volkert 1988] Volkert, K.: Geschichte der Analysis. Mannheim, Wien, Zürich, 1988.
[von Fritz 1971] von Fritz, K.: Grundprobleme der Geschichte der antiken Wissenschaften. Berlin, New York, 1971.
[von Gotstedter 1994] von Gotstedter, A. (Hrsg.): Ad radices. Festband zum 50jährigen Bestehen des Institutes für Geschichte der Naturwissenschaften der Johann Wolfgang Goethe-Universität Frankfurt/Main. Stuttgart, 1994.
[Westfall 2006] Westfall, R. S.: Never at Rest – A Biography of Isaac Newton. 18th printing, Cambridge, 2006.
[Weyl 1917] Weyl, H.: Das Kontinuum. in: Das Kontinuum und andere Monographien, New York, 1973.
[Weyl 1921] Weyl, H.: Über die neue Grundlagenkrise der Mathematik. Math. Zeitschr. 10, S. 39–79, 1921.
[Weyl 1966] Weyl, H.: Philosophie der Mathematik und Naturwissenschaft. München, Wien, 1966.
[Whiteside 1960–62] Whiteside, D. T.: Patterns of Mathematical Thought in the later Seventeenth Century. Archive for History of Exact Sciences, No.1, S. 179–388, 1960–1962.
[Whiteside 1967–1981] Whiteside, D. T. (edt.): The Mathematical Papers of Isaac Newton. 8 Vols., Cambridge, 1967–1981.
[Wickert 1995] Wickert, J.: Isaac Newton. Reinbek, 1995.
[Wieland 1965] Wieland, W.: Das Kontinuum in der Aristotelischen Physik. In: [Seek 1975].
[Williams 1997] Williams, M.R.: A History of Computing Technology. 2nd edt., Los Alamitos, 1997.
[Woolley 2001] Woolley, B.: The Queen's Conjuror: The Science and Magic of Dr Dee. London, 2001.
[Wußing/Arnold 1978] Wußing, H.; Arnold, W.: Biographien bedeutender Mathematiker. Köln, 1978.
[Wußing 1984] Wußing, H.: Isaac Newton. Leipzig, 1984.
[Wußing 2008] Wußing, H.: 6000 Jahre Mathematik – Eine kulturgeschichtliche Zeitreise. Band I: Von den Anfängen bis Leibniz und Newton. Berlin, Heidelberg, 2008.
[Wußing 2009] Wußing, H.: 6000 Jahre Mathematik – Eine kulturgeschichtliche Zeitreise. Band II: Von Euler bis zur Gegenwart. Berlin, Heidelberg, 2009.
[Young/Chisholm Young 1972] Young, W. H.; Chisholm Young, G.: The Theory of Sets of Points. Bearbeiteter Nachdruck von 1906, New York, 1972.
[Zhmud 1997] Zhmud, L.: Wissenschaft, Philosophie und Religion im frühen Pythagoreismus. Berlin, 1997.

Abbildungsverzeichnis

Für einige Abbildungen in diesem Buch ist es uns nicht gelungen, die Rechtsinhaber zu ermitteln, bzw. unsere Anfragen blieben unbeantwortet. Betroffene und Personen, die zur Klärung in einzelnen Fällen beitragen können, werden gebeten, sich beim Verlag zu melden.

1.1.1	Ägypten und Mesopotamien in vorchristlicher Zeit	3
1.2.1	Der Anfang vom Papyrus Rhind [Department of Ancient Egypt and Sudan, British Museum EA 10057, London; Creative Commons Lizenz CC-BY-SA 2.0]	5
1.2.2	Näherung der Kreisfläche von außen	6
1.2.3	Königin Nefertari (Wandmalerei Grabkammer Nefertari, Theben-West) [Wikimedia Commons, gemeinfrei]	7
1.3.1	Näherung der Kreisfläche von innen	8
1.4.1	Berechnung des Volumens eines Pyramidenstumpfes (Papyrus Moskau)	9
1.4.2	Eine symmetrische und eine rechtwinklige Pyramide	9
1.4.3	Zerlegung eines Würfels in Pyramiden	10
1.4.4	Die Berechnung eines Pyramidenstumpfes	10
1.4.5	Stufenpyramide des Pharao Djoser in Sakkara (um 2600 v. Chr.) [Foto Alten]	11
1.4.6	„Knickpyramide" von Dahschur [Foto Wesemüller-Kock]	11
1.4.7	Schichtenaufbau der Cheops-Pyramide (Giza, Kairo) [Foto Alten]	12
1.5.1	Zur Berechnung von $\sqrt{2}$: a) Keilschrifttext YBC 7289 aus der Babylonischen Sammlung Yale, b) Reproduktion des Textes YBC 7289 nach Resnikoff, c) Schreibung dieses Textes mit indisch-arabischen Ziffern im Sexagesimalsystem	13
2.1.0	Karte zur griechisch-hellenistischen Antike	17
2.1.1	Thronsaal, Palastanlage Knossos, Kreta [Foto Alten]	18
2.1.2	Thales von Milet, Tor von Milet [Foto Alten]	19
2.1.3	Anaxagoras und Anaximenes auf Münzen	20
2.1.4	Pythagoras von Samos [Foto Wesemüller-Kock]	23
2.1.5	Symbol der Pythagoreer: Das Pentagramm	24
2.1.6	Wechselwegnahme zum Beweis der Inkommensurabilität	25
2.1.7	Bildnisse von Euklid ((li.) Tafelbild des Joos von Wassenhove um 1474, Galleria delle Marche, Urbino, Italien) [Wikimedia Commons gemeinfrei]; (re.) Phantasiebild eines unbekannten Küstlers) [Wikimedia Commons gemeinfrei]	27
2.1.8	Fragment der Elemente des Euklid [Oxyrhynchus Papyrus, University of Pennsylvania, P.OXY.l 29, Wikimedia Commons, gemeinfrei]	28
2.1.9	*Elemente* des Euklid von Henry Billingsley aus dem Jahr 1570 [Wikimedia Commons, gemeinfrei]	29
2.1.10	Euklid (Statue im Oxford University Museum of Natural History) [Foto Sonar]	32

Abbildungsverzeichnis

2.1.11	Das Exhaustionsprinzip am Kreis	35
2.1.12	Reguläre Polygone in Kreisen	36
2.1.13	Kontingenz- oder Hornwinkel	37
2.1.14	Möndchen des Hippokrates	39
2.1.15	Sphinx und Säule des Pompeius in Alexandria [Foto Alten]	41
2.1.16	Die Quadratrix – eine Hilfskurve zur Winkeldreiteilung	42
2.1.17	Die Konchoïde – eine weitere Hilfskurve zur Winkeldreiteilung	44
2.1.18	Eine Mechanik zur Konstruktion der Konchoïde	44
2.2.1	Parminedes [Wikimedia Commons, GNU FDL, Büste vermutlich aus römischer Zeit]; Zenon von Elea (Nationalmuseum Neapel) [http://www.danieltubau.com/images/zenon2.jpg]	48
2.2.2	Demokrit von Abdera, Ausschnitt aus Geldschein (100 griech. Drachmen 1967)	49
2.2.3	Indivisible und Infinitesimale	52
2.2.4	Tetraeder von Bottrop [Foto Wesemüller-Kock]	53
2.2.5	Stadion in Delphi [Foto J. Mars]	55
2.2.6	Figur zum Stadion-Paradoxon	56
2.2.7	Marmorbüste von Aristoteles (Nationalmuseum Rom) [Foto Jastrow 2006; Wikipedia Commons, gemeinfrei]	58
2.3.1	Archimedes, Ölgemälde von Domenico Fetti (1620) (Gemäldegalerie alter Meister, Staatliche Kunstsammlungen Dresden) [Wikipedia Commons, gemeinfrei]	60
2.3.2	Archimedische Schraube [*Chambers's Encyclopedia Vol. I.* Philadelphia: J. B. Lippincott & Co. 1871, S. 374]	61
2.3.3	Archimedes' Beitrag zur Verteidigung von Syrakus, Collage [Wesemüller-Kock]	63
2.3.4	Kupferstich auf dem Titelblatt der lateinischen Ausgabe des *Thesaurus opticus* von Alhazen (Bayrische Staatsbibliothek München) [Wikimedia Commons, gemeinfrei]	65
2.3.5	Tod des Archimedes (Mosaik Städtische Galerie Frankfurt) [www.math_inf.uni-greifswald.de]	66
2.3.6	Manuskript aus dem Archimedes-Palimpsest [Auktionskatalog der Fa. Christies, New York 1998]	68
2.3.7	Eratosthenes von Kyrene [Wikimedia Commons, public domain]	69
2.3.8	Figur zum Hebelgesetz	72
2.3.9	Zum Wiegen eines Parabelsegments	73
2.3.10	Das Paraboloid im Zylinder und auf der Waage	75
2.3.11	Quadratur eines Parabelsegments durch Exhaustion	77
2.3.12	Quadratur eines Parabelsegments durch Exhaustion	78
2.3.13	Zur Bestimmung der Fehlflächen	80
2.3.14	Zur Berechnung der Fläche unter der Spirale	81
2.3.15	Schätzungen des Spiralensegments im k-ten Sektor	81
2.3.16	Idee zur Flächenberechnung eines Kreises	84
2.4.1	Cicero entdeckt das Grab des Archimedes (Gemälde von Benjamin West aus dem Jahr 1797, Yale University Art Gallery, New Haven) [Wikimedia Commons, public domain]	87
2.5.1	Zur Wechselwegnahme am Quadrat	89

Abbildungsverzeichnis 665

2.5.2 Zu Aufgaben 2.5.3 und 2.5.4 89

3.1.0 Die Ausbreitung des Islam 92
3.1.1 Boëthius lehrt vor seinen Schülern (Glasgow University Library) [Wikimedia Commons, public domain] 93
3.1.2 Boëthius: *De institutione arithmetica*, Handschrift aus dem 10. Jh., Seite 4 links [St. Laurentius Digital Library, Lund University] 94
3.1.3 Tabelle aus der der Handschrift *De institutione arithmetica* des Boëthius mit indisch-arabischen Ziffern anstelle römischer Zahlzeichen . 94
3.1.4 Wie Wissen wanderte – Hauptströme der Tradierung mathematischen Wissens aus [Wußing 1997, S. 42] 96
3.2.1 Ibn Sīnā (Avicenna) war ein großer Universalgelehrter (Expo Hannover, 2000, Stand des Iran) [Foto Wesemüller-Kock] 98
3.2.2 Banknote mit dem Porträt von Abu Ali al-Hasan ibn al-Hasan ibn al-Hai_tam (Irak 1982) [www.princeton.edu/ jbourjai/money4.htm] ... 100
3.2.3 Figur zur Erzeugung einer parabolischen Spindel 101
3.2.4 Eine weitere Drehachse für die Parabel bei Alhazen 101
3.2.5 Volumenberechnung bei Rotation eines Parabelsegments um AB 102
3.2.6 Figur zu Rechnungen für das Volumen der parabolischen Spindel nach Alhazen 103
3.2.7 Zur Herleitung der Summenformeln 104
3.2.8 Averroës (Ibn Rušd), Statue in Córdoba [Wikimedia Commons, gemeinfrei] 106
3.2.9 Kommentar von Averroës zu *De anima* des Aristoteles (Manuskript aus dem 13. Jh., Paris) [Wikimedia Commons, gemeinfrei] 107

4.1.1 Islamischer Herrschaftsbereich auf der iberischen Halbinsel zu Beginn des 10. Jahrhunderts (Landkarte, bearbeitet v. Wesemüller-Kock) [Wikimedia Commons, GNU FDL] 111
4.1.2 Gebetssaal der Mezquita von Córdoba [Foto Alten] 112
4.1.3 Grab von Karl Martell in St. Denis [Foto J. Patrick Fischer] [Wikimedia Commons, GNU FDL]; Karl der Große (Gemälde 1512/13 von Albrecht Dürer, Germanisches Nationalmuseum Nürnberg) [Wikimedia Commons, GNU FDL] 113
4.1.4 Beda Venerabilis [Wikimedia Commons, gemeinfrei]; Alcuin in der Palastschule Karls des Großen (Holzschnitt aus „Deutsche Geschichte" von 1862) 114
4.1.5 Hrabanus Maurus in einem Manuskript aus Fulda um 830/40 (Österreichische Nationalbibliothek Wien) [ÖNB cod. 652, fol. 2v, Wikimedia Commons, gemeinfrei] 115
4.1.6 Gerbert von Aurillac (Ausschnitt aus französischer Briefmarke); Denkmal [Foto Alten] 116
4.1.7 Kathedrale Notre Dame de Chartres [Foto Wesemüller-Kock] 117
4.1.8 Europäische Universitätsstädte im Mittelalter 119
4.2.1 Adelards Euklid-Übersetzung (The British Library)[Wikimedia Commons, gemeinfrei] 121
4.2.2 Einnahme Jerusalems im ersten Kreuzzug 1099 (Darstellung um 1300, Bibliothéque Nationale, Paris) [http://www.heiligenlexikon.de/Fotos/Belagerung_von_Jerusalem.jpeg] 122

Abbildungsverzeichnis

4.2.3 Friedrich II., links im Gespräch mit al-Kamil Muhammad al-Malik [http://www.al-sakina.de/inhalt/artikel/Islam_Europa/islam_europa.html], rechts als Vogelkundler mit einem Falken (aus seinem Buch *De arte venandi cum avibus*) [http://www.ostpreussen.org/Haupt/THRRDN_FrederickIIandEagle.jpg] .. 123

4.2.4 Saal der Gesandten im Alkazar von Sevilla – eines der schönsten Beispiele der sog. Mudejarkunst [Foto Alten] 124

4.2.5 Hufeisenarkaden, Santa Maria la Blanca, Toledo [Foto Alten] 125

4.2.6 Schreibstube in einer Kirche in Lille [Wikimedia Commons, gemeinfrei] 126

4.2.7 Weltbild des Ptolemaios aus einer Übersetzung des Almagest (1661) [http://nla.gov.au/nla.map-nk10241]; Loon, J. van (Johannes), ca. 1611-1686 [Wikimedia Commons, gemeinfrei] 127

4.3.1 Anselm von Canterbury [Wikimedia Commons, gemeinfrei]; Fenster in der Kathedrale von Canterbury [Foto Alten] 128

4.3.2 Abaelard und Heloise (aus einer Handschrift des 14. Jahrhunderts, Musée Condé Chantilly) [Wikimedia Commons, gemeinfrei] 129

4.3.3 Robert Grosseteste, Bischof von Lincoln [Wikimedia Commons, gemeinfrei] 130

4.3.4 Ausschnitt aus einer Buchseite zur Optik aus dem 1267 erschienenen Werk *Opus Maius* von Roger Bacon [Wikimedia Commons, gemeinfrei]; Statue von Bacon im Oxford University Museum of Natural History [Foto Michael Reeve, 2004, GNU FDL] 132

4.3.5 Figur zu Roger Bacons Argument gegen das Unendliche 133

4.3.6 Figur zu Roger Bacons Argument gegen den Atomismus 133

4.3.7 Albertus Magnus (Fresco von 1352 in Treviso) [Wikimedia Commons, gemeinfrei] 134

4.3.8 Merton College, Universität Oxford [Foto Gottwald] 137

4.3.9 Gefolge eines Pesttoten (Szene aus dem Film: *Vom Zählstein zum Computer – Mittelalter*); Darsteller von „Kramer Zunft und Kurzweyl" bei einem Mittelalterfest in Stadthagen [Aufnahme: Wesemüller-Kock] 138

4.3.10 Bradwardines unendlich viele Würfel 139

4.3.11 Nicole Oresme. Miniatur aus dem Traité de l'espère (Bibliothéque Nationale Paris, fonds français 565, fol. 15) 142

4.3.12 Nicole Oresmes Beweis der Swineshead-Summe, Teil 1 144

4.3.13 Nicole Oresmes Beweis der Swineshead-Summe, Teil 2 145

4.3.14 Oresmes graphische Darstellungen 146

4.3.15 Die Merton-Regel in Oresmes Diagramm 147

4.4.1 Aristoteles, Thomas von Aquin und Platon im Gemälde *Triumph des Hl. Thomas von Aquin über Averroës* von Benezzo Gozzoli 1468–1484 (Louvre, Paris) [Wikimedia Commons, gemeinfrei] 149

4.4.2 Thomas von Aquin (Gemälde Carlo Crivelli, 1476) [Wikimedia Commons gemeinfrei]; Nicolaus von Kues (Gemälde im Hospital von Kues; "from a painting by Meister des Marienlebens") [Wikimedia Commons, gemeinfrei] 150

4.5.1 (li.) Karte von (re.) Paolo dal Pozzo Toscanelli [Wikimedia Commons, gemeinfrei] 152

5.1.1 Schule von Athen (Fresco im Vatikan von Raffael 1510/11) 159

Abbildungsverzeichnis   667

5.1.2 Der große Humanist Erasmus von Rotterdam (li.) (Hans Holbein dem Jüngeren 1523) [Wikimedia Commons, gemeinfrei]; Martin Luther (re.) (Lucas Cranach der Ältere 1529; Hessisches Landesmuseum Darmstadt) [Wikimedia Commons, gemeinfrei] 160
5.1.3 Ptolemäisches System mit Epizyklen 161
5.2.1 Ausschnitt eines Gemäldes aus dem 17. Jh. (vermutlich von Hendrick van Balen); Francesco Maurolico (unbekannter Künstler) [Wikimedia Commons, gemeinfrei] 163
5.2.2 Verschiedene Gewichte an einer Stange 163
5.2.3 Einbeschriebene und umbeschriebene Zylinderstücke am Rotationsparaboloid 164
5.2.4 Vergleichsflächen am Dreieck 164
5.2.5 Dreiecke auf dem Hebelarm 165
5.2.6 Verschobene Dreiecke auf dem Hebelarm 166
5.2.7 Dreiecksfläche als Summe oder Differenz 166
5.2.8 Federico Commandino und das Titelblatt seiner Übersetzung der Werke des Pappos, 1589 [Wikimedia Commons, gemeinfrei] 167
5.2.9 Simon Stevin und der von ihm entwickelte Segelwagen für Prinz Moritz von Oranien, 1649 [Wikimedia Commons, gemeinfrei] 168
5.2.10 Ein Dreieck mit einbeschriebenen Rechtecken 169
5.3.1 Johannes Kepler (Kopie eines verlorengegangenen Originals von 1610 im Benediktinerkloster in Krems) [Wikimedia Commons, gemeinfrei] und sein Geburtshaus in Weil der Stadt [Foto Markus Hagenlocher, GNU FDL] 171
5.3.2 Der große Komet von 1577 über Prag (Holzschnitt von J. Daschitzsky) [Wikipedia gemeinfrei] 172
5.3.3 Keplers Weltmodell aus dem *Mysterium Cosmographicum*, 1596. Darstellung dieses Modells in Harmonice mundi, 1619 [Wikimedia Commons, gemeinfrei] 176
5.3.4 Tycho Brahe mit dem Mauerquadranten aus *Astronomiae instauratae mechanica*, Wandsbek 1598 [Wikimedia Commons, gemeinfrei] 177
5.3.5 (li.) Rudolf II., Gemälde um 1590 von Joseph Heintz d. Ä. (Kunsthistorisches Museum Wien, Inv. Nr. GG 1124); (re.) in einem Gemälde von G. Arcimboldo [Wikimedia Commons, gemeinfrei] 179
5.3.6 Frontispiz der Rudolphinischen Tafeln 1627 (gestochen von Georg Keller nach einem Entwurf von Johannes Kepler 1627) [Wikimedia Commons, gemeinfrei] 180
5.3.7 Figur zur richtigen Berechnung der Geschwindigkeit beim Umlauf eines Planeten 181
5.3.8 Diskretisierung der Planetenbahn mit der archimedischen Idee der Zerlegung des Kreises in Dreiecke 182
5.3.9 Jost Bürgi [Wikimedia Commons, gemeinfrei] und seine astronomische Stutzuhr (Astronomisch-Physikalisches Kabinett in Museumslandschaft Hessen, Kassel, H. J. Emck, 1590/91 Kassel) [Foto Wesemüller-Kock] 186
5.3.10 Titelblatt der Progress Tabulen 1620 (Rara Sammlung der Universitätsbibliothek Graz) [http://www.kfunigraz.ac.at/~gronau/ Gronau_Guldin.pdf] 188
5.3.11 Tilly (Fine Arts Museums of San Francisco, Urheber: Pieter de Jode II (engraver-Kupferstecher) nach Anthonis van Dyck (painter)) [Wikimedia Commons, gemeinfrei] und Wallenstein (Anthonis van Dyck) [Wikimedia Commons, gemeinfrei] 189

5.3.12	Zur Berechnung der Kreisfläche	191
5.3.13	Zur Berechnung des Kugelvolumens nach Kepler	191
5.3.14	Rotationskörper im Schnitt: Ring, Apfel, Zitrone	192
5.3.15	„Infinitesimale" Schnitte eines Ringes	193
5.3.16	Schnitt durch Keplers Apfel	193
5.3.17	(li.) Der Apfel als Zylinder; (re.) Der Apfel als Gesamtheit von Indivisiblen	194
5.3.18	Figur zur Keplerschen Faßregel	194
5.4.1	Galileo Galilei (Gemälde von Justus Susterman, 1636; National Maritime Museum, Greenwich) [Wikimedia Commons, gemeinfrei]	196
5.4.2	Galilei Thermometer (li.) [Foto Fenners 22.05.2006, Wikimedia Commons, gemeinfrei] (re.) [Foto Grin 03.01.2005, GNU FDL]	197
5.4.3	Der Schiefe Turm von Pisa neben dem Dom. Von diesem Turm soll Galilei seine Fallversuche ausgeführt haben. Doch dies ist nur eine oft wiederholte Legende [Foto Gottwald]	199
5.4.4	Die Supernova (N) des Jahres 1604 in einer Zeichnung von Johannes Kepler in seinem Buch *De Stella Nova in Pede Serpentarii*. Die Kombination von Aufnahmen dreier Teleskope [NASA 2000-2004, NASA/ESA/JHU/R.Sankrit&W.Blair]	200
5.4.5	Zwei Titel des *Dialogo* von Galilei, 1632 und 1635 [Wikimedia Commons, gemeinfrei]	202
5.4.6	Grab des Galilei in Santa Croce, Florenz [Foto: Melissa Ranieri; Wikimedia Commons, gemeinfrei]	203
5.4.7	Das Rad des Aristoteles	204
5.4.8	Figur mit Schnitt durch Galileis „Schüssel"	205
5.5.1	Bonaventura Cavalieri [Wikimedia Commons, gemeinfrei] und der Titel seines Werkes zu den Indivisiblen von 1635 (Geometria Indivisibilibus, Universität Ferrara, Italien) [http://web.unife.it/progetti/communicare-la-matematica/filemath/espv1.htm]	208
5.5.2	Paul Guldin (Ölgemälde in der Fachbibliothek Mathematik, Universität Graz, Gronau 2009) [http://www.kfunigraz.ac.at/~gronau/Gronau_Guldin.pdf]	209
5.5.3	Zur Guldinschen Regel	210
5.5.4	Cavalierische,Torricellische Indivisible im Zylinder	211
5.5.5	Evangelista Torricelli [Wikimedia Commons, gemeinfrei] und seine Quecksilbersäule [Wikimedia Commons, public domain U.S.]	212
5.5.6	Cavalieris Indivisible in Flächen	212
5.5.7	Ähnliche Parallelogramme mit Indivisiblen	213
5.5.8	Ähnliche ebene Figuren in Paralleogrammen mit Indivisiblen	214
5.5.9	Zerlegung von Indivisiblen durch eine Kurve	215
5.5.10	Zerlegung eines Parallelogramms	216
5.5.11	Fortgesetzte Zerlegung eines Parallelogramms	217
5.5.12	Zur Berechnung der Fläche unter der archimedischen Spirale mit Indivisiblen	219
5.5.13	Archimedische Spirale aufgebogen	219
5.5.14	Figur zum Guldinschen Paradoxon	221
5.5.15	Figur zum Galileischen Paradoxon	221

5.5.16	Figur zu Torricellis scheinbarem Paradoxon	223
5.5.17	Torricellis scheinbares Paradoxon in dreidimensionaler Sicht	223
5.5.18	Christophorus Clavius im Stich nach einem Ölgemälde von Francisco Villamena aus dem Jahre 1606, Grégoire de Saint-Vincent [Wikimedia Commons, gemeinfrei]	225
5.5.19	Unterteilung einer Strecke AB in geometrischer Progression	225
5.5.20	Summe einer geometrischen Reihe als Strecke	226
5.5.21	Konstruktion des Grenzwertes einer geometrischen Reihe	227
5.5.22	Zur Behandlung der Kontingenzwinkel	228
5.5.23	Zur Berechnung der Fläche unter der Hyperbel	229
6.1.1	Philipp II., König von Spanien (1556–1598), (Gemälde von J. Pantoja de la Cruz, nach Antonio Moro 1606) [Wikimedia Commons, gemeinfrei]; Katharina von Medici (1519–1589), (Victoria & Albert Museum, London) [Wikimedia Commons, gemeinfrei]	237
6.1.2	Frankreichs Könige aus dem Hause Bourbon: Ludwig XIII. (Künstler: Peter Paul Rubens, Standort: Norton Simon Museum, Pasadena, Kalifornien); Ludwig XIV. (Musée d'Agesci, Niort, Frankreich, INV. 7492); Heinrich IV. (Künstler: Frans Pourbus the Younger), Kardinal Richelieu (Portrait von Cardinal Richelieu aus der Nationalgalerie, London, etwa 1637) [Wikimedia Commons, gemeinfrei]	239
6.1.3	Cornelius Jansen und der Titel seines Hauptwerkes *Augustinus* [Portait: Wikimedia Commons, gemeinfrei]	240
6.1.4	René Descartes (Gemälde von Frans Hals, Musée du Louvre Paris) [Wikimedia Commons, gemeinfrei]	241
6.1.5	Marin Mersenne und der Titel seines Werkes *Universae Geometriae*; Portrait [http://www-history.mcy.st-and.ac.uk/history/PictDisplay/Mersenne.html]	243
6.1.6	Titelblatt des Buches *Discours de la méthode* von René Descartes 1637 (Leeds University Library) [Wikimedia Commons, gemeinfrei]	244
6.1.7	René Descartes erläutert Königin Kristina seine Philosophie (Ausschnitt aus einem Ölgemälde von Pierre Louis Dumesnil, Kopie von Nils Forsberg, 1884) [Wikimedia Commons, gemeinfrei]	246
6.1.8	Zur Kreismethode des Descartes	247
6.1.9	Zur Bestimmung der Gleichungen von Tangente und Normale	249
6.1.10	Pierre de Fermat als Marmorskulptur [Foto Martin Barner] und als Gemälde [Wikimedia Commons, gemeinfrei]	251
6.1.11	Johannes Faulhaber [Wikimedia Commons, gemeinfrei] und ein Ausschnitt aus *Perspektive & Geometrie & Würfel & Instrument* [Faulhaber/Remmelin, 1610] (SLUB, Deutsche Fotothek, Dresden) [Wikimedia Commons, gemeinfrei]	254
6.1.12	Zur Quadratur von $y = x^p$	256
6.1.13	Zur Berechnung der Tangente	258
6.1.14	Das Dreieck der Subtangente s mit Zuwachs	260
6.1.15	Zwei Gemälde von Blaise Pascal (1623–1662), [Wikimedia Commons, gemeinfrei]	261
6.1.16	Michel de Montaigne und das Titelblatt seiner *Essais* [Wikimedia Commons, gemeinfrei]	262
6.1.17	René Descartes und Blaise Pascal zur ehrenden Erinnerung auf Briefmarken [Monaco, Frankreich 1962]	263
6.1.18	Figur zu Pascals Flächenberechnung	270

6.1.19	Das charakteristische Dreieck am Viertelkreis	271
6.1.20	Jean Baptiste Colbert stellt dem König Mitglieder der königlichen Gesellschaft der Wissenschaften vor (Gemälde von Henri Testelin um 1660, Musée du Château, Versailles) [Wikimedia Commons, gemeinfrei]	274
6.1.21	Die Zykloide als Rollkurve eines Kreises	275
6.1.22	Zur Berechnung der Fläche unter der Zykloide	275
6.1.23	Zur Berechnung der Fläche unterhalb des „compagnon"	276
6.1.24	Robervals Infinitesimale am Dreieck	277
6.1.25	Zur Integration von $f(x) = (x/b)^p$	279
6.2.1	Karte spanische Niederlande	280
6.2.2	Zum Grenzübergang $(x_1, y_1) \to (x, y)$	282
6.2.3	Johann Hudde, Bürgermeister und Mathematiker [Gemälde: Michiel van Musscher, Wikimedia Commons, gemeinfrei]	284
6.2.4	Christiaan Huygens und die Titelseite seines Buches über das Licht	287
6.3.1	Die Stifelschen Skalen aus der „Arithmetica Integra" [Hairer / Wanner 1997]	290
6.3.2	Heinrich VIII. (Maler: Hans Holbein der Jüngere, 1539/40; Galeria Nazionale d'Arte Antica, Rom) [Wikimedia Commons, gemeinfrei] Elisabeth I. (National Portrait Gallery, London, NPG 5175) [Wikimedia Commons, gemeinfrei]	291
6.3.3	Engländer im Kampf gegen die spanische Armada, 8. August 1588 (Gemälde von Phillip James de Loutherbourg 1796, National Maritime Museum Greenwich, Hospital Collection) [Wikimedia Commons, gemeinfrei]	293
6.3.4	John Napier (Gemälde als Geschenk der Enkelin Napiers an die Universität Edinburgh 1616) [Wikimedia Commons, gemeinfrei]	294
6.3.5	Napiers erste Tabelle	296
6.3.6	Napiers *Descriptio* in einer englischen Übersetzung aus dem Jahr 1619 [Early English Books Online]	297
6.3.7	Figur zu Napiers kinematischem Modell	298
6.3.8	Die Funktion NapLog $x = 10^7 (\ln 10^7 - \ln x)$	300
6.3.9	Die Berechnung der Briggs'schen Differenzen in der *Arithmetica Logarithmica* (London 1624)	311
6.3.10	Englands Herrscher nach dem Tod von Elisabeth I.: Jakob I. (Gemälde von P. van Somer, Museo del Prado Madrid); Karl I. Charles (Gemälde von by Daniel Mytens, 1631; National Portrait Gallery, London: NPG 1246); Cromwell (Maler: Robert Walker; National Portrait Gallery, London: NPG 536); Karl II. Charles (1680 by Thomas Hawker, National Portrait Gallery, London: NPG 4691) [Wikimedia Commons, gemeinfrei]	313
6.3.11	Der Philosoph und Mathematik-Dilettant Thomas Hobbes und die Titelseite seines Hauptwerkes *Leviathan* (Ausschnitt aus einem Gemälde von John Michael Wright, ca. 1669–1670, National Portrait Gallery, London, NPG225) [Wikimedia Commons, gemeinfrei]	314
6.3.12	John Wallis und das Titelblatt seines Traktates *De Cycloide* (National Portrait Gallery, London, NPG578) [Wikimedia Commons, gemeinfrei]	316
6.3.13	Grandvilles Zeichnung der Swiftschen Laputier [Swift 1974]	318
6.3.14	William Oughtred, Autor des Lehrbuches Clavis mathematicae (Gemälde von Wenzel Hollar in der Universität Toronto) [Wikimedia Commons, gemeinfrei]; Francis Bacon, Philosoph und Staatsmann [Wikimedia Commons, gemeinfrei]	319

Abbildungsverzeichnis 671

6.3.15 Titelblatt der *Arithmetica Infinitorum* von John Wallis 1656 aus [Stedall 2004] 321
6.3.16 Zur Quadratur der Parabel nach Wallis [Mercator 1668] 323
6.3.17 William Brouncker; Isaak Barrow [Wikimedia Commons, gemeinfrei] .. 325
6.3.18 Vincenzo Viviani [Wikimedia Commons, gemeinfrei]; Galileo Galilei besucht Vincenzo Viviani (Ölgemälde von Tito Lessi 1892 im Istituto e Museo di Storia della Scienza, Florenz) [Wikimedia Commons, gemeinfrei] 327
6.3.19 Zur Tangentenberechnung durch Barrow 329
6.3.20 Bewegung im Weg-Zeit-Diagramm 331
6.3.21 Figur zu Barrows Weg zum Hauptsatz 331
6.3.22 Titelblatt der *Logarithmotechnia*, Nachdruck der Ausgabe 1668 [Mercator 1975] 334
6.3.23 Indivisible, die die Fläche unter der Hyperbel bilden, Nachdruck der Ausgabe London 1668 [Mercator 1975] 335
6.3.24 Thomas Harriot (Gemälde im Trinity College Oxford) [Wikimedia Commons, gemeinfrei]; Sir Walter Raleigh (Gemälde in der National Gallery of Art, London) [Wikimedia Commons, gemeinfrei] 338
6.3.25 Prinzip der Mercator-Abbildung 339
6.3.26 Mathematischer Hintergund der Mercator-Abbildung 339
6.3.27 (li.) Eine Loxodrome. (re.) Zur Rektifikation der Loxodrome [Pepper 1968] 341
6.3.28 Die Neilesche Parabel 344
6.3.29 Die Funktion $z = \sqrt{x}$ 344
6.3.30 Die Bogenlänge der Neileschen Parabel als Fläche unter einer Wurzelfunktion 345
6.3.31 James Gregory [Portrait Wikimedia Commons, gemeinfrei] und sein Spiegelteleskop aus der Zeit um 1735 (Putman Gallery, Harvard Science Center) [Foto Sage Ross, GNU FDL] 346
6.4.1   Zur Herleitung der Reihe des Arcus Tangens in Indien, Teil 1 348
6.4.2   Zur Herleitung der Reihe des Arcus Tangens in Indien, Teil 2 349
7.1.1   Woolsthorpe Manor: Newtons Geburtshaus (http://en.wikipedia.org/wiki/image:woolsthorpe-manor.ips) [Wikimedia Commons, GNU FDL] 355
7.1.2   Trinity College (Stich aus dem Jahr 1690, David Loggan, Cantabrigia Illustrata, Plate XXIX (cropped)) [Wikimedia Commons, gemeinfrei] .. 359
7.1.3   Isaac Newton (Statue im University Museum of Natural History, Oxford) [Foto Sonar] 360
7.1.4   Newtons Aufzeichnungen zu seinem Experiment mit seinem Auge (reproduced by kind permission of the Syndics of the Cambridge University Library, Ms. Add. 3995 p. 15 Bound notebook of 174 leaves) 361
7.1.5   Abbildung eines Horoskops aus Hookes *Micrographia* 1665 [Wikimedia Commons, gemeinfrei] 364
7.1.6   Newtons Skizze des experimentum crucis (New College Library, Oxford) 365
7.1.7   Isaac Newton (Gemälde von Godfrey Kneller 1689) [Wikimedia Commons, gemeinfrei] und sein Spiegelteleskop [Foto Andrew Dunn, 5.11.2004, Creative Commons Lizenz CC-BY-SA 2.0] 366
7.1.8   Newtons*Opticks*, Titelblatt der Ausgabe von 1704 [Wikimedia Commons, gemeinfrei] 368

672 Abbildungsverzeichnis

7.1.9 Titelblatt von Newtons „*Principia*" 1687 [Wikimedia Commons, gemeinfrei] 369

7.1.10 Halley: Museum Royal Greenwich Observatory, London [Foto Klaus-Dieter Keller, Germany; Wikimedia Commons, gemeinfrei] Comet (Photo No. AC86-0720-2 taken from Kuiper Airborne Observatory C141 aircraft April 8/9, 1986, New Zealand Expedition, Halley's Comet crossing Milky Way) [Wikimedia Commons, gemeinfrei] 370

7.1.11 Sir Isaac Newton (Gemälde von Godfrey Kneller, National Portrait Gallery, London: NPG 2881) [Wikimedia Commons, gemeinfrei] 371

7.1.12 John Locke (Gemälde von Godfrey Kneller, 1646–1723, State Hermitage Museum, St. Petersburg, Russland) [Wikimedia Commons, gemeinfrei] und Samuel Pepys (Gemälde von John Hayls, National Portrait Gallery, London) [Wikimedia Commons, gemeinfrei] 372

7.1.13 Brand im Laboratorium von Newton (Stich, Paris 1874) [Wikimedia Commons, gemeinfrei] 373

7.1.14 Nicolas Fatio de Duillier [Wikimedia Commons, gemeinfrei] und Giovanni Domenico Cassini (Gemälde von Durangel 1879) [Wikimedia Commons, gemeinfrei] 374

7.1.15 Isaac Newton, geehrt auf einer britischen Ein-Pfund-Note (Ausschnitt aus: [http://www.executedtoday.com/tag/john-locke/]) 375

7.1.16 Newtons Grabmonument in Westminster Abbey [Foto Klaus-Dieter Keller, Germany, Wikimedia Commons, gemeinfrei] 376

7.1.17 Fluxionen bei Bewegung längs einer Kurve 378

7.1.18 Zur Herleitung des Hauptsatzes 381

7.1.19 Figur zur Integration durch Substitution 386

7.2.1 Gottfried Wilhelm Leibniz (Gemälde von B. Chr. Franke (um 1700) Herzog Anton Ulrich-Museum, Braunschweig) [Wikimedia Commons, gemeinfrei] 389

7.2.2 Nikolaischule in Leipzig [Foto: Appaloosa, 10.11.2009, Wikimedia Commons GNU FDL, CC-BY-SA 3.0]; Erhard Weigel [Wikimedia Commons, gemeinfrei] 390

7.2.3 Universität Altdorf, 1714 [Wikimedia Commons, gemeinfrei] 391

7.2.4 Nachbau der Leibnizschen Rechenmaschine [Gottfried Wilhelm Leibniz Bibliothek-Niedersächsische Landesbibliothek Hannover, Leibniz' Vier-Spezies-Rechenmaschine] 393

7.2.5 Henry Oldenburg [Wikimedia Commons, gemeinfrei]; John Pell (Gemälde: Godfrey Kneller) [Wikimedia Commons, gemeinfrei]; Baruch de Spinoza (Portrait, ca. 1665, Gemäldesammlung der Herzog-August-Bibliothek Wolfenbüttel) [Wikimedia Commons, gemeinfrei] 394

7.2.6 Ansicht Hannovers von Nordwesten um 1730, Kupferstich von F. B. Werner (Historisches Museum Hannover) 396

7.2.7 Arbeitszimmer von Leibniz im Leibnizhaus (Historisches Museum Hannover) 397

7.2.8 Titelseite der ersten Arbeit zur Differentialrechnung aus dem Jahr 1684: *Nova methodus* ...[Acta Eruditorum] [Wikimedia Commons, gemeinfrei] 398

7.2.9 Diagramm aus der Arbeit *Nova methodus*, in der Leibniz seinen Differentialkalkül erläuterte (Quelle: www.astro.physik.uni-potsdam.de) [Acta Eruditorum, Creative Commons, CCBYSA2.0/de] . 399

7.2.10 Leibniz (Portrait: Historisches Museum Hannover) u. sein Grab (Neustädter Kirche Hannover) [Foto Gottwald] 400

7.2.11 Figur zur Steigung der Sekante 408

Abbildungsverzeichnis   673

7.2.12   Reproduktion Originalhandschrift Leibniz [Niedersächsische
         Landesbibliothek Hannover, Signatur LH XXXV, VIII, 18, Bl. 2^v] 409
7.2.13   Ein infinitesimales Rechteck als Fläche unter einer Kurve 411
7.2.14   Das charakteristische Dreieck an einer beliebigen Kurve 412
7.2.15   Noch einmal das charakteristische Dreieck 413
7.2.16   Figur zum Transmutationssatz 418
7.2.17   Figur zum Verhältnis der Flächen 419
7.2.18   Quadratur des Kreises; Zerlegung des Einheitsquadrates durch die
         Quadratrix 420
7.2.19   George Berkeley (John Smibert, National Portrait Gallery, London:
         NPG 653) [Wikimedia Commons, gemeinfrei]; Pierre Varignon
         [Wikimedia Commons, gemeinfrei] 422
7.2.20   Die gezogene Uhr 423

8.1.1   Herrscher des Absolutismus in Frankreich: Ludwig XIV (Gemälde:
         Pierre Mignard); Ludwig XV (Gemälde: Hyacinthe Rigaud, 1730);
         Ludwig XVI (Gemälde: A. F. Callet) [Wikimedia Commons, gemeinfrei] 431
8.1.2   Landkarte Europas im Jahre 1713 (University of Texas at Austin.
         From the public schools history atlas edited by C. Colbec) 432
8.1.3   „Aufgeklärte" Monarchen: Friedrich II. von Preußen [Wikimedia
         Commons, gemeinfrei]; Kaiser Joseph II. (Gemälde: Joseph Hickel,
         Heeresgeschichtliches Museum Wien) [Foto Pappenheim, 9.Juli 2010,
         Wikipedia gemeinfrei]; Peter I. (der Große, Russland) (Gemälde ca.
         1710, unbekannter Künstler, Hermitage, St. Petersburg) [Wikimedia
         Commons, gemeinfrei] 433
8.1.4   Philosophen der Aufklärung in Frankreich: Jean-Jacques Rousseau
         (Pastell von Maurice Quentin de La Tour, 1753, Musée Antoine
         Lécuyer, Saint-Quentin) [Wikimedia Commons, gemeinfrei]; Jean
         Baptiste Voltaire (Catherine Lusurier, 1778, Musée national du
         Château et des Trianons, Versaille) [Wikimedia Commons, gemeinfrei]
         und Charles-Louis de Montesquieu (Musée national du Château,
         Versailles) [Wikimedia Commons, gemeinfrei] 434
8.1.5   Philosophen der Aufklärung in England und Deutschland: John
         Locke (Gemälde: 1697, Sir Godfrey Kneller) [Wikimedia Commons,
         gemeinfrei]; David Hume (Gemälde: 1766, Allan Ramsay, National
         Gallery of Scotland, Edinburgh) [Wikimedia Commons, gemeinfrei];
         Immanuel Kant (unbekannter Maler) [Wikimedia Commons, gemeinfrei] 435
8.1.6   Eine zeitgenössische Karrikatur: Der Dritte Stand trägt Klerus und
         Adel, um 1790 [Wikimedia Commons, gemeinfrei] 436
8.1.7   Napoleon Bonaparte in seinem Arbeitszimmer 1812 (Gemälde von
         Jacques-Louis David 1812, National Gallery of Art, Washington DC)
         [Wikimedia Commons, gemeinfrei] 437
8.1.8   Schlacht bei Waterloo 1815 (Clément-Auguste Andrieux, Musée
         national du Château de Versailles) [Wikimedia Commons, gemeinfrei] 438
8.2.1   Stammbaum der Familie Bernoulli (nach Fleckenstein 1949) 440
8.2.2   Jakob I Bernoulli [Wikipedia gemeinfrei]; Johann I Bernoulli und
         Daniel I Bernoulli [Wikimedia Commons, gemeinfrei] 441
8.2.3   Grabstein von Jakob Bernoulli mit der „logarithmischen" Spirale im
         Münster von Basel [Foto Kahle] 442
8.2.4   Guillaume François Antoine de l'Hospital [Wikimedia Commons,
         gemeinfrei] und das Titelblatt seiner *Analyse des infiniment petits
         pour l'intelligence des lignes courbes* 1696 [Wikipedia, gemeinfrei] 443
8.2.5   Figur zum Brachistochronenproblem 445

Abbildungsverzeichnis

8.2.6	Figur zum verallgemeinerten isoperimetrischen Problem	447
8.3.1	Leonhard Euler (Gemälde von E. Handmann, 1753, Kunstmuseum Basel) [Wikimedia Commons, gemeinfrei]	449
8.3.2	Akademie der Wissenschaften, St. Petersburg [Foto Alten]	451
8.3.3	Euler und das Titelblatt seiner „Mechanica", Portrait [Wikimedia Commons, gemeinfrei]	452
8.3.4	Zarin Anna I. (Gemälde: Louis Caravaque, 1730, State Tretyakov Gallery, Moskau) [Wikimedia Commons, gemeinfrei]; Friedrich II. von Preußen (Gemälde: 1781, Anton Graff, Schloß Charlottenburg, Berlin) [Wikimedia Commons, gemeinfrei]; Zarin Katharina II. (Gemälde: Johann- Babtist Lampi d.Ä., Kunsthistorisches Museum, Gemäldegalerie, Wien) [Wikimedia Commons, gemeinfrei]	453
8.3.5	Pierre Louis Moreau de Maupertuis [Wikimedia Commons, gemeinfrei] und Leonhard Euler (Schweizer 10-Franken-Schein, Ausschnitt)	454
8.3.6	„Euler in Variationen" (Ausstellung, Humboldt-Universität Berlin, 2008) [Foto Alten]	456
8.3.7	*Methodus inveniendi lineas curvas* (1744) [Wikimedia Commons, gemeinfrei] und *Introductio in Analysin Infinitorum* (1748)	457
8.3.8	Jean-Baptiste le Rond d'Alembert (Gemälde von Maurice Qentin de la Tour, Département des Arts graphiques; Sully, Inventarnr.: RF 3893, Recto) [Wikimedia Commons, gemeinfrei]	458
8.3.9	Eulers Grab, St. Petersburg [Foto: Pausanias2, 22. Sep. 2007 (CEST), Creative Commons Lizenz CC-BY-SA-2.0-de]	459
8.4.1	Darstellung einer beliebig glatten, aber nicht in eine Taylor-Reihe um $x_0 = 0$ entwickelbaren Funktion	468
8.4.2	Brook Taylor [Wikipedia gemeinfrei] und Colin MacLaurin [Wikimedia Commons, gemeinfrei]	470
8.6.1	Joseph-Louis Lagrange [Wikimedia Commons, gemeinfrei]	472
8.7.1	Jean Baptiste Joseph Fourier (Portrait von Julien Léopold Boilly) [Wikimedia Commons, gemeinfrei]	475
8.7.2	Académie des Sciences 1671 [Wikimedia Commons, gemeinfrei]	476
8.7.3	Alexis Claude Clairaut und Rudolph Lipschitz [Wikimedia Commons, gemeinfrei]	479
8.7.4	Titelblatt der *Théorie analytique de la chaleur* von Fourier	480
9.1.1	Europa nach dem Wiener Kongress 1815 (Karte aus Putzger von 1890) und Clemens Wenzel von Metternich (Gemälde: Sir Thomas Lawrence, Kunsthistorisches Museum Wien) [Wikimedia Commons, gemeinfrei]	489
9.1.2	„Die Freiheit führt das Volk" (Gemälde von Eugene Delacroix, Öl auf Leinwand, 1830, Musée du Louvre, Paris) [Wikimedia Commons, gemeinfrei]	490
9.1.3	„Eisenwalzwerk" Ausschnitt, von A. Menzel (Alte Nationalgalerie Berlin) [Wikimedia Commons, gemeinfrei]	491
9.1.4	„Ein Hundeleben" von Gustave Doré 1872 [Wikimedia Commons, gemeinfrei]	492
9.1.5	Faraday in seinem Laboratorium (Gemälde: Harriet Moore, 19. Jh.) [Wikimedia Commons, gemeinfrei]	493
9.1.6	George Stephensons „Rocket" (Zeichnung aus Mechanics Magazin, 1829) [Wikimedia Commons, gemeinfrei] und die Ehrung auf einer Briefmarke [Briefm. Großbritanien 1975]	494

Abbildungsverzeichnis   675

9.1.7   Die „Great Eastern" – Segelschiff und Dampfschiff zugleich. (Gemälde von Charles Parsons, 1858) [Wikimedia Commons, gemeinfrei] 495
9.1.8   Der *Kristallpalast* in London (The Crystal Palace from the northeast from Dickinson's Comprehensive Pictures of the Great Exhibition of 1851, published 1854) [Wikimedia Commons, gemeinfrei] 496
9.3.1   Bernard Bolzano [Wikimedia Commons, gemeinfrei] 498
9.3.2   Franz Josef von Gerstner (Stich von J. Passini aus dem Jahr 1833) und Abraham Gotthelf Kästner (Gemälde: Johann Heinrich Tischbein, der Ältere) [Wikimedia Commons, gemeinfrei] 499
9.4.1   Augustin Louis Cauchy [Wikimedia Commons, gemeinfrei] 504
9.4.2   Ecole Polytechnique [Foto Jastrow, Wikimedia Commons, gemeinfrei] . 505
9.4.3   Cauchy und sein Werk „Cours d' Analyse" von 1821 (Titelblatt: Title page of textbook by Cauchy. First published in 1897 by Académie des sciences (France), Ministère de l'éducation nationale, Paris, Gauthier-Villars) (Portrait Cauchy aus: "Cours d'analyse", 1821) [Wikimedia Commons, gemeinfrei] 507
9.4.4   Graphen der Funktionen $f_n(x) = x^n$ für $n = 1, \ldots, 9$ 511
9.4.5   Zum Begriff der gleichmäßigen Konvergenz 512
9.4.6   Figur zum Cauchy-Integral 513
9.5.1   Bernhard Riemann [Wikimedia Commons, gemeinfrei] 516
9.5.2   Zur Definition des Riemann-Integrals 517
9.5.3   Die Funktion $g(x) = ((x))$ 518
9.5.4   Henri L. Lebesgue [Wikimedia Commons, gemeinfrei] und Henry J. S. Smith [Wikipedia, public domain] 519
9.5.5   Zwei frühe Maßtheoretiker: Camille Jordan und Giuseppe Peano [Wikimedia Commons, gemeinfrei] 520
9.5.6   Emile Borel [Wikimedia Commons, gemeinfrei] und Felix Hausdorff (Universitätsbibliothek Bonn. Fotograf/Zeichner: Hausdorff Edition Bonn, das Foto entstand zwischen 1913 und 1921) 521
9.6.1   Sofia (Sophie) Kowalewskaja und Karl Weierstraß [Wikimedia Commons, gemeinfrei] 523
9.6.2   Karl Weierstraß in jungen Jahren [Mathematische Werke von Karl Weierstraß, 6. Band, Mayer & Müller, Berlin 1915] 524
9.6.3   Partialsummen des Weierstraß'schen Monsters 525
9.6.4   Anfang einer Arbeit von Christoph Gudermann in Crelles Journal 1838 (Journal für die reine und angewandte Mathematik. Band 1838, Heft 18, Seiten 1-54, ISSN (Online) 1435-5345, ISSN (Print) 0075-4102, DOI: 10.1515/crll.1838.18.1, //1838 Published Online: 08/12/2009 unter: http://www.reference-global.com/doi/abs/10.1515/crll.1838.18.1) 527
9.7.1   Richard Dedekind (1870) [Wikimedia Commons, gemeinfrei] 529
9.7.2   Carl Friedrich Gauß (li.) Ausschnitt aus einem Gemälde von Gottlieb Biermann 1887) [Foto A. Wittmann, Wikimedia Commons], und Richard Dedekind (re.) Bildarchiv der Universität Leipzig) 530
9.7.3   Peter Gustav Lejeune Dirichlet und Georg Friedrich Bernhard Riemann [Wikimedia Commons, gemeinfrei] 532
9.7.4   Hauptgebäude der „Herzoglichen Technischen Hochschule Carolo-Wilhelmina" (Universitätsbibliothek TU Braunschweig) 535
9.7.5   Georg Cantor [Wikimedia Commons, gemeinfrei] und Richard Dedekind (re.) (Gemälde im Forum der TU Braunschweig) [Foto Wesemüller-Kock] 536

9.7.6	*Stetigkeit und irrationale Zahlen* von Richard Dedekind. Titelseite (Universitätsbibliothek TU Braunschweig.)	539
9.7.7	*Was sind und was sollen die Zahlen?* von Richard Dedekind. Titelseite (Universitätsbibliothek TU Braunschweig.)	540
10.1.1	Proklamation des Preußenkönigs Wilhelm zum Deutschen Kaiser in Versailles (Ausschnitt aus Gemälde von Anton von Werner um 1885) [Wikipedia gemeinfrei]; „Der Lotse geht von Bord", Abdankung Bismarcks (Karikatur der englischen Zeitschrift Punch, John Tenniel) London 1890 [Wikimedia Commons, gemeinfrei]	546
10.1.2	Afrika in der Kolonialzeit im Jahr 1914 (Quelle: de.academic.ru/dic.nsf/dewiki/784613) (Zeichnung nach Wikimedia Commons, GNU-FDL)	548
10.1.3	Das Auto, in dem der österreichische Thronfolger in Sarajewo 1914 durch einen Attentäter erschossen wurde. (Heeresgeschichtliches Museum, Wien) [Wikimedia Commons, Foto Pappenheim]	549
10.1.4	Die brennende Innenstadt von Braunschweig nach dem Feuersturm am 15.10.1944 [Wikimedia Commons, gemeinfrei]; Explosion der Atombombe in Hiroshima am 6.8.1945 [Department of Defense, Department of the Air Force, ARC (Archival Research Catalog) ID: 542192, Wikimedia Commons, gemeinfrei]	551
10.2.1	Leopold Kronecker [http://www-history.mcs.st-and.ac.uk/PictDisplay/Kronecker.html] und Ernst Eduard Kummer [Wikimedia Commons, gemeinfrei]	553
10.2.2	Eduard Heine [Wikimedia Commons, gemeinfrei] und Hermann Amandus Schwarz [http://www-history.mcs.st-andrews.ac.uk/PictDisplay/Schwarz.html]	554
10.2.3	Georg Cantors Wohnhaus in Halle [Foto Thiele]	555
10.2.4	Hermann Hankel und Georg Cantor [Wikimedia Commons, gemeinfrei]	556
10.2.5	Georg Cantor 1880 mit seiner Frau Vally [http://math.sfsu.edu/smith/Math800/Outlines/Cantor1880.jpg]	557
10.2.6	Magnus Gösta Mittag-Leffler [Wikimedia Commons, gemeinfrei]; Crelles Journal 1878 mit dem Beitrag von Cantor zur Mannigfaltigkeitslehre *(Journal für die reine und angewandte Mathematik (Crelle's Journal), Band 1878, Heft 85, ISSN (Online) 1435-5345, ISSN (Print) 0075-4102, DOI: 10.1515/crll.1878.85.0, //1878 Published Online: 14/12/2009) [unter: http://www.reference-global.com/doi/abs/10.1515/crll.1878.85.0]*	559
10.2.7	Gottlob Frege und Bertrand Russell [Wikimedia Commons, gemeinfrei]	560
10.2.8	Georg Cantor (ca. 1894, Universität Hamburg, Mathematische Gesellschaft) und Richard Dedekind (Gemälde in der Universität Braunschweig) [Foto Wesemüller-Kock]	563
10.2.9	Eine Seite des Cantor Würfels in Halle [Foto Richter]	565
10.2.10	Bijektive Abbildung eines Quadrates auf eine Strecke	569
10.2.11	Erste Seite der *Beiträge zur Begründung der transfiniten Mengenlehre* von Georg Cantor [Math. Ann. XL VI, 1895, S. 481 ff.]	571
10.2.12	Kurt Gödel [http://www-history.mcs.st-andrews.ac.uk/PictDisplay/Godel.html] und Paul Cohen (Stanford University News Service) [Foto Chuck Painter]	572
10.2.13	Abraham Fraenkel [http://www-history.mcs.st-andrews.ac.uk/PictDisplay/Fraenkel.html] und Ernst Zermelo (Oberwolfach Fotoarchiv) [Foto Konrad Jacobs, Erlangen, Foto ID: 8666, Creative Commons Lizenz CC-BY-SA-2.0-de]	573

10.3.1	Paul Du Bois-Reymond (Universitätsarchiv Heidelberg) [Wikimedia Commons, gemeinfrei] und Godfrey Harold Hardy [Wikimedia Commons, gemeinfrei in EU]	576
10.4.1	L. E. J. Brouwer [http://www-history.mcs.st-andrews.ac.uk/PictDisplay/Brouwer.html], in den Niederlanden mit einer Briefmarke geehrt [Briefm. Niederlande 2007]	577
10.4.2	David Hilbert (Bildarchiv der Berlin-Brandenburgischen Akademie der Wissenschaften)	578
10.4.3	Hermann Weyl (ca. 1930 in Göttingen, Bildarchiv des Mathematischen Forschungsinstituts Oberwolfach) und Paul Lorenzen (1967 in Erlangen, Mathematisches Institut Oberwolfach (MFO) [Foto Konrad Jacobs, Erlangen, Creative Commons Lizenz CC-BY-SA-2.0-de]	580
10.5.1	George Greens berühmter *Essay*, publiziert 1828	583
10.5.2	Carl Friedrich Gauß auf dem 10 DM-Schein der Deutschen Bundesbank	584
10.5.3	Elie Cartan [http://www-history.mcs.st-andrews.ac.uk/PictDisplay/Cartan.html] und George Gabriel Stokes [Wikimedia Commons, gemeinfrei]	585
10.6.1	Algebraische Fläche erstellt von Wesemüller-Kock mit „Surfer", Software des MFO (GNU FDL)	586
10.6.2	Georgio Ricci-Cubastro [Wikimedia Commons,gemeinfrei], Tullio Levi-Civita [http://www-history.mcs.st-andrews.ac.uk/PictDisplay/Levi-Civita.html], Jan Arnoldus Schouten [www.learn-math.info/history/photos/Schouten.jpeg]	587
10.7.1	Der harmonische Oszillator	588
10.7.2	Ponte de Dom Luis I., Brücke über den Douro in Porto [Foto Alten]	589
10.8.1	Laurent Schwarz (Mathematisches Institut Oberwolfach (MFO)) [Foto Konrad Jacobs, Erlangen, Creative Commons Lizenz CC-BY-SA-2.0-DE], Sergej Sobolew (Mathematisches Institut Oberwolfach (MFO)) [Foto Konrad Jacobs, Erlangen, Creative Commons Lizenz CC-BY-SA-2.0-DE]; Hans Lewy [Wikimedia Commons, Foto George M. Bergmann, 1975, GNU FDL]	591
10.9.1	Vito Volterra (1860–1940)[http://www-history.mcs.st-andrews.ac.uk/PictDisplay/Volterra.html] und Erik Ivar (1866–1927) Fredholm [Wikimedia Commons, gemeinfrei]	597
10.9.2	David Hilbert (1937) [http://www-history.mcs.st-andrews.ac.uk/PictDisplay/Hilbert.html] und sein Schüler Erhard Schmidt (Mathematisches Institut Oberwolfach (MFO)) [Foto Konrad Jacobs, Erlangen, Creative Commons Lizenz CC-BY-SA-2.0-DE]	598
10.9.3	Maurice René Fréchet [Wikimedia Commons, gemeinfrei], Cesare Arzelà [Wikimedia Commons, gemeinfrei], Salvatore Pincherle [http://www-history.mcs.st-andrews.ac.uk/PictDisplay/Pincherle.html]	599
10.9.4	Stefan Banach geehrt mit einer Briefmarke (Polen 1982). Portrait: [Foto: Archiwum] [http://archiwum.wiz.pl/images/duze/1999/05/99053602.JPG]	599
10.9.5	Kawiarnia Szkocka (Schottisches Café) in Lemberg, jetzt die „Desertniy Bar" in Lwiw (Ukraine) [http://www-history.mcs.st-andrews.ac.uk/history/Miscellaneous/Scottish_Cafe.html]; Hugo Steinhaus [Wikimedia Commons, gemeinfrei]	600
10.9.6	Stanisław Mazur übergibt den „Preis" an Per Enflo [http://www-history.mcs.st-andrews.ac.uk/PictDisplay/Mazur.html]	601
10.10.1	Vektorfelder	605
11.1.1	Länder der NATO und des Warschauer Paktes (Quelle: Image: NATO vs. Warsaw (1949–1990).png) [Wikimedia Commons, GNU FDL]	612

Abbildungsverzeichnis

11.1.2 Laserreflektor auf dem Mond [Foto: NASA, AS11-40-5952 HR, Wikimedia Commons, gemeinfrei]; Aufgang der Erde über dem Mondhorizont [Foto: NASA, AS11-44-6550 Wikimedia Commons, gemeinfei] 614

11.1.3 West-Berliner an der Mauer, Dezember 1989 [Foto Dr. Alexander Mayer, Wikimedia Commons, GNU FDL] 616

11.1.4 Die neue Landkarte Europas (2007) [San Jose, Länder in Europa, GNU FDL] 617

11.1.5 Die Trümmer des World Trade Centers nach dem Terroranschlag [Foto NOAA (National Oceanic and Atmospheric Administration), Wikimedia Commons, gemeinfrei] 618

11.2.1 Detlef Laugwitz [Foto Konrad Jacobs, Erlangen] (Mathematisches Institut Oberwolfach (MFO), FotoID=2454) [Creative Commons Lizenz CC-BY-SA-2.0-DE] 619

11.3.1 Abraham Robinson [Wikimedia Commons, gemeinfrei]; Luftströmung an einer Tragfläche. (Uni Hamburg, Strömungsmechanik) [http://www.hsu-hh.de/images/mzpVfznyhjEVuMg5.JPG] 625

11.4.1 Edward Nelson (Juni 2003, Department of Mathematics, Princeton University, USA) [http://www.math.princeton.edu/~nelson/100_0028s.jpg]; Francis William Lawvere [http://andrej.com/mathematicians/large/Lawvere_William.jpg] 628

11.5.1 Zur Volumenberechnung eines Kegels mit Hilfe infinitesimaler Zylinderscheiben 631

12.0.1 Die „Clifton Suspension Bridge" über den Fluss Avon bei Bristol [http://www.gutenberg.org/files/19032/19032-h/images/img18.jpg] (Lippincott's Magazine of Popular Literature and Science, Vol. XXII, Juli 1878) 636

12.0.2 Millennium Bridge in London [Foto Adrian Pingstone, Juni 2005]; Tacoma-Narrows-Bridge in den USA. [United States Federal Government, Wikimedia Commons, gemeinfrei] 637

12.0.3 Wirkungsweise eines klassischen Fliehkraftreglers an einer stationären Dampfmaschine [Wikipedia Commons gemeinfrei] 638

12.0.4 Die CPU, genannt „the mill" (die Mühle), der *Difference Engine* von Charles Babbage 1833 [Science Museum / Science & Society Picture Libary] 639

12.0.5 Ergebnis einer FEM-Rechnung bei der asymmetrischen Kollision eines Fahrzeuges [http://smggermany.typepad.com/photos/uncategorized/2007/06/18/fae_visualization.jpg] 641

12.0.6 Ergebnis einer Computersimulation der NASA (NASA Photo ID: ED97-43968-1) [Wikimedia Commons, gemeinfrei] 642

12.0.7 Zu den beliebtesten MP3-Playern unserer Zeit gehört die iPod-Familie der Firma Apple [Foto Matthieu Riegler, Wikimedia Commons, Creative Commons-Lizenz CC-BY-SA-3.0] 643

12.0.8 MRT-Gerät [Foto Kasuga Huang on Mar 27, 2006, Wikimedia Commons, GNU FDL]; MRT-Aufnahme eines menschlichen Knies [Autor: Test21, Wikimedia Commons, GNU FDL] 644

GNU Free Documentation License Version 1.3, 3 November 2008 Copyright © 2000, 2001, 2002, 2007, 2008 Free Software Foundation, Inc. <http://fsf.org/>
Everyone is permitted to copy and distribute verbatim copies of this license document, but changing it is not allowed.

PREAMBLE

The purpose of this License is to make a manual, textbook, or other functional and useful document "free" in the sense of freedom: to assure everyone the effective freedom to copy and redistribute it, with or without modifying it, either commercially or noncommercially. Secondarily, this License preserves for the author and publisher a way to get credit for their work, while not being considered responsible for modifications made by others. This License is a kind of "copyleft", which means that derivative works of the document must themselves be free in the same sense. It complements the GNU General Public License, which is a copyleft license designed for free software. We have designed this License in order to use it for manuals for free software, because free software needs free documentation: a free program should come with manuals providing the same freedoms that the software does. But this License is not limited to software manuals; it can be used for any textual work, regardless of subject matter or whether it is published as a printed book. We recommend this License principally for works whose purpose is instruction or reference.

1. APPLICABILITY AND DEFINITIONS

This License applies to any manual or other work, in any medium, that contains a notice placed by the copyright holder saying it can be distributed under the terms of this License. Such a notice grants a world-wide, royalty-free license, unlimited in duration, to use that work under the conditions stated herein. The "Document", below, refers to any such manual or work. Any member of the public is a licensee, and is addressed as "you". You accept the license if you copy, modify or distribute the work in a way requiring permission under copyright law. A "Modified Version" of the Document means any work containing the Document or a portion of it, either copied verbatim, or with modifications and/or translated into another language. A "Secondary Section" is a named appendix or a front-matter section of the Document that deals exclusively with the relationship of the publishers or authors of the Document to the Document's overall subject (or to related matters) and contains nothing that could fall directly within that overall subject. (Thus, if the Document is in part a textbook of mathematics, a Secondary Section may not explain any mathematics.) The relationship could be a matter of historical connection with the subject or with related matters, or of legal, commercial, philosophical, ethical or political position regarding them. The "Invariant Sections" are certain Secondary Sections whose titles are designated, as being those of Invariant Sections, in the notice that says that the Document is released under this License. If a section does not fit the above definition of Secondary then it is not allowed to be designated as Invariant. The Document may contain zero Invariant Sections. If the Document does not identify any Invariant Sections then there are none. The "Cover Texts" are certain short passages of text that are listed, as Front-Cover Texts or Back-Cover Texts, in the notice that says that the Document is released under this License. A Front-Cover Text may be at most 5 words, and a Back-Cover Text may be at most 25 words. A "Transparent" copy of the Document means a machine-readable copy, represen-

ted in a format whose specification is available to the general public, that is suitable for revising the document straightforwardly with generic text editors or (for images composed of pixels) generic paint programs or (for drawings) some widely available drawing editor, and that is suitable for input to text formatters or for automatic translation to a variety of formats suitable for input to text formatters. A copy made in an otherwise Transparent file format whose markup, or absence of markup, has been arranged to thwart or discourage subsequent modification by readers is not Transparent. An image format is not Transparent if used for any substantial amount of text. A copy that is not "Transparent" is called "Opaque". Examples of suitable formats for Transparent copies include plain ASCII without markup, Texinfo input format, LaTeX input format, SGML or XML using a publicly available DTD, and standard-conforming simple HTML, PostScript or PDF designed for human modification. Examples of transparent image formats include PNG, XCF and JPG. Opaque formats include proprietary formats that can be read and edited only by proprietary word processors, SGML or XML for which the DTD and/or processing tools are not generally available, and the machine-generated HTML, PostScript or PDF produced by some word processors for output purposes only. The "Title Page" means, for a printed book, the title page itself, plus such following pages as are needed to hold, legibly, the material this License requires to appear in the title page. For works in formats which do not have any title page as such, "Title Page" means the text near the most prominent appearance of the work's title, preceding the beginning of the body of the text. The "publisher" means any person or entity that distributes copies of the Document to the public. A section "Entitled XYZ" means a named subunit of the Document whose title either is precisely XYZ or contains XYZ in parentheses following text that translates XYZ in another language. (Here XYZ stands for a specific section name mentioned below, such as "Acknowledgements", "Dedications", "Endorsements", or "History".) To "Preserve the Title" of such a section when you modify the Document means that it remains a section "Entitled XYZ" according to this definition. The Document may include Warranty Disclaimers next to the notice which states that this License applies to the Document. These Warranty Disclaimers are considered to be included by reference in this License, but only as regards disclaiming warranties: any other implication that these Warranty Disclaimers may have is void and has no effect on the meaning of this License.

2. VERBATIM COPYING

You may copy and distribute the Document in any medium, either commercially or noncommercially, provided that this License, the copyright notices, and the license notice saying this License applies to the Document are reproduced in all copies, and that you add no other conditions whatsoever to those of this License. You may not use technical measures to obstruct or control the reading or further copying of the copies you make or distribute. However, you may accept compensation in exchange for copies. If you distribute a large enough number of copies you must also follow the conditions in section 3. You may also lend copies, under the same conditions stated above, and you may publicly display copies.

3. COPYING IN QUANTITY

If you publish printed copies (or copies in media that commonly have printed covers) of the Document, numbering more than 100, and the Document's license notice requires Cover Texts, you must enclose the copies in covers that carry, clearly and legibly, all these Cover Texts: Front-Cover Texts on the front cover, and Back-Cover Texts on the back cover. Both covers must also clearly and legibly identify you as the publisher of these copies. The front cover must present the full title with all words of the title equally prominent and visible. You may add other material on the covers in addition. Copying with changes limited to the covers, as long as they preserve the title of the Document and satisfy these conditions, can be treated as verbatim copying in other respects. If the required texts for either cover are too voluminous to fit legibly, you should put the first ones listed (as many as fit reasonably) on the actual cover, and continue the rest onto adjacent pages. If you publish or distribute Opaque copies of the Document numbering more than 100, you must either include a machine-readable Transparent copy along with each Opaque copy, or state in or with each Opaque copy a computer-network location from which the general network-using public has access to download using public-standard network protocols a complete Transparent copy of the Document, free of added material. If you use the latter option, you must take reasonably prudent steps, when you begin distribution of Opaque copies in quantity, to ensure that this Transparent copy will remain thus accessible at the stated location until at least one year after the last time you distribute an Opaque copy (directly or through your agents or retailers) of that edition to the public. It is requested, but not required, that you contact the authors of the Document well before redistributing any large number of copies, to give them a chance to provide you with an updated version of the Document.

4. MODIFICATIONS

You may copy and distribute a Modified Version of the Document under the conditions of sections 2 and 3 above, provided that you release the Modified Version under precisely this License, with the Modified Version filling the role of the Document, thus licensing distribution and modification of the Modified Version to whoever possesses a copy of it. In addition, you must do these things in the Modified Version: [A.] Use in the Title Page (and on the covers, if any) a title distinct from that of the Document, and from those of previous versions (which should, if there were any, be listed in the History section of the Document). You may use the same title as a previous version if the original publisher of that version gives permission. [B.] List on the Title Page, as authors, one or more persons or entities responsible for authorship of the modifications in the Modified Version, together with at least five of the principal authors of the Document (all of its principal authors, if it has fewer than five), unless they release you from this requirement. [C.] State on the Title page the name of the publisher of the Modified Version, as the publisher. [D.] Preserve all the copyright notices of the Document. [E.] Add an appropriate copyright notice for your modifications adjacent to the other copyright notices. [F.] Include, immediately after the copyright notices, a license notice giving the public permission to use the Modified Version under the terms of this License, in the form shown in the Addendum below. [G.] Preserve in that license notice the full lists of Invariant Sections and required Cover Texts given in the Document's license notice. [H.] Include an unaltered copy of this License. [I.] Preserve the section Entitled "History", Preserve its Title, and add to it an item stating at least the title, year, new authors, and publisher of the Modified Version as given on the Title Page. If there is no section Entitled "History" in the Document, create one stating the title, year, authors, and publisher of the Document as given on its Title Page, then add an item describing the Modified Version as stated in the previous sentence. [J.] Preserve the network location, if any, given in the Document for public access to a Transparent copy of the Document, and likewise the network locations given in the Document for previous versions it was based on. These may be placed in the "History" section. You may omit a network location for a work that was published at least four years before the Document itself, or if the original publisher of the version it refers to gives permission. [K.] For any section Entitled "Acknowledgements" or "Dedications", Preserve the Title of the section, and preserve in the section all the substance and tone of each of the contributor acknowledgements and/or dedications given therein. [L.] Preserve all the Invariant Sections of the Document, unaltered in their text and in their titles. Section numbers or the equivalent are not considered part of the section titles. [M.] Delete any section Entitled "Endorsements". Such a section may not be included in the Modified Version. [N.] Do not retitle any existing section to be Entitled "Endorsements" or to conflict in title with any Invariant Section. [O.] Preserve any Warranty Disclaimers. If the Modified Version includes new front-matter sections or appendices that qualify as Secondary Sections and contain no material copied from the Document, you may at your option designate some or all of these sections as invariant. To do this, add their titles to the list of Invariant Sections in the Modified Version's license notice. These titles must be distinct from any other section titles. You may add a section Entitled "Endorsements", provided it contains nothing but endorsements of your Modified Version by various parties—for example, statements of peer review or that the text has been approved by an organization as the authoritative definition of a standard. You may add a passage of up to five words as a Front-Cover Text, and a passage of up to 25 words as a Back-Cover Text, to the end of the list of Cover Texts in the Modified Version. Only one passage of Front-Cover Text and one of Back-Cover Text may be added by (or through arrangements made by) any one entity. If the Document already includes a cover text for the same cover, previously added by you or by arrangement made by the same entity you are acting on behalf of, you may not add another; but you may replace the old one, on explicit permission from the previous publisher that added the old one. The author(s) and publisher(s) of the Document do not by this License give permission to use their names for publicity for or to assert or imply endorsement of any Modified Version.

5. COMBINING DOCUMENTS

You may combine the Document with other documents released under this License, under the terms defined in section 4 above for modified versions, provided that you include in the combination all of the Invariant Sections of all of the original documents, unmodified, and list them all as Invariant Sections of your combined work in its license notice, and that you preserve all their Warranty Disclaimers. The combined work need only contain one copy of this License, and multiple identical Invariant Sections may be replaced with a single copy. If there are multiple Invariant Sections with the same name but different contents, make the title of each such section unique by adding at the end of it, in parentheses, the name of the original author or publisher of that section if known, or else a unique number. Make the same adjustment to the section titles in the list of Invariant Sections in the license notice of the combined work. In the combination, you must combine any sections Entitled "History" in the various original documents, forming one section Entitled "History"; likewise combine any sections Entitled "Acknowledgements", and any sections Entitled "Dedications". You must delete all sections Entitled "Endorsements".

6. COLLECTIONS OF DOCUMENTS

You may make a collection consisting of the Document and other documents released under this License, and replace the individual copies of this License in the various documents with a single copy that is included in the collection, provided that you follow the rules of this License for verbatim copying of each of the documents in all other respects. You may extract a single document from such a collection, and distribute it individually under this License, provided you insert a copy of this License into the extracted document, and follow this License in all other respects regarding verbatim copying of that document.

7. AGGREGATION WITH INDEPENDENT WORKS

A compilation of the Document or its derivatives with other separate and independent documents or works, in or on a volume of a storage or distribution medium, is called an "aggregate" if the copyright resulting from the compilation is not used to limit the legal rights of the compilation's users beyond what the individual works permit. When the Document is included in an aggregate, this License does not apply to the other works in the aggregate which are not themselves derivative works of the Document. If the Cover Text requirement of section 3 is applicable to these copies of the Document, then if the Document is less than one half of the entire aggregate, the Document's Cover Texts may be placed on covers that bracket the Document within the aggregate, or the electronic equivalent of covers if the Document is in electronic form. Otherwise they must appear on printed covers that bracket the whole aggregate.

8. TRANSLATION

Translation is considered a kind of modification, so you may distribute translations of the Document under the terms of section 4. Replacing Invariant Sections with translations requires special permission from their copyright holders, but you may include translations of some or all Invariant Sections in addition to the original versions of these Invariant Sections. You may include a translation of this License, and all the license notices in the Document, and any Warranty Disclaimers, provided that you also include the original English version of this License and the original versions of those notices and disclaimers. In case of a disagreement between the translation and the original version of this License or a notice or disclaimer, the original version will prevail. If a section in the Document is Entitled "Acknowledgements", "Dedications", or "History", the requirement (section 4) to Preserve its Title (section 1) will typically require changing the actual title.

9. TERMINATION

You may not copy, modify, sublicense, or distribute the Document except as expressly provided under this License. Any attempt otherwise to copy, modify, sublicense, or distribute it is void, and will automatically terminate your rights under this License. However, if you cease all violation of this License, then your license from a particular copyright holder is reinstated (a) provisionally, unless and until the copyright holder explicitly and finally terminates your license, and (b) permanently, if the copyright holder fails to notify you of the violation by some reasonable means prior to 60 days after the cessation. Moreover, your license from a particular copyright holder is reinstated permanently if the copyright holder notifies you of the violation by some reasonable means, this is the first time you have received notice of violation of this License (for any work) from that copyright holder, and you cure the violation prior to 30 days after your receipt of the notice. Termination of your rights under this section does not terminate the licenses of parties who have received copies or rights from you under this License. If your rights have been terminated and not permanently reinstated, receipt of a copy of some or all of the same material does not give you any rights to use it.

10. FUTURE REVISIONS OF THIS LICENSE

The Free Software Foundation may publish new, revised versions of the GNU Free Documentation License from time to time. Such new versions will be similar in spirit to the present version, but may differ in detail to address new problems or concerns. See http://www.gnu.org/copyleft/. Each version of the License is given a distinguishing version number. If the Document specifies that a particular numbered version of this License "or any later version" applies to it, you have the option of following the terms and conditions either of that specified version or of any later version that has been published (not as a draft) by the Free Software Foundation. If the Document does not specify a version number of this License, you may choose any version ever published (not as a draft) by the Free Software Foundation. If the Document specifies that a proxy can decide which future versions of this License can be used, that proxy's public statement of acceptance of a version permanently authorizes you to choose that version for the Document.

11. RELICENSING

"Massive Multiauthor Collaboration Site" (or "MMC Site") means any World Wide Web server that publishes copyrightable works and also provides prominent facilities for anybody to edit those works. A public wiki that anybody can edit is an example of such a server. A "Massive Multiauthor Collaboration" (or "MMC") contained in the site means any set of copyrightable works thus published on the MMC site. "CC-BY-SA" means the Creative Commons Attribution-Share Alike 3.0 license published by Creative Commons Corporation, a not-for-profit corporation with a principal place of business in San Francisco, California, as well as future copyleft versions of that license published by that same organization. "Incorporate" means to publish or republish a Document, in whole or in part, as part of another Document. An MMC is "eligible for relicensing" if it is licensed under this License, and if all works that were first published under this License somewhere other than this MMC, and subsequently incorporated in whole or in part into the MMC, (1) had no cover texts or invariant sections, and (2) were thus incorporated prior to November 1, 2008. The operator of an MMC Site may republish an MMC contained in the site under CC-BY-SA on the same site at any time before August 1, 2009, provided the MMC is eligible for relicensing.

Personenverzeichnis mit Lebensdaten

Bei den Lebensdaten bedeutet „ca." grob geschätzt, „um 370" $+(-)$ kleine Fehler, „370?" wahrscheinlich 370, aber es ist nicht ganz sicher. Im Fall noch lebender Personen wurde auf die Angabe des Geburtsjahres verzichtet.

Abaelard, Peter (1079–1142) 128
Abd ar-Rahmann (756–788) 97
Abel, Niels Henrik (1802–1829) 506, 522
Adelard (Athelard) von Bath (1080–1160) 120
Aegidius Romanus (1247–1316) 148
Ahmes (ca. 1650 v. Chr.) 4
al-Ḫwārizmī *siehe* al-Chorezmi
al-Chorezmi (ca. 780–ca. 850) 97f., 120, 124f.
al-Ghazali (1058–1111) 133
al-Mamun (Kalif von 813–833) 97
al-Walid I. (668–715) 111
Albertus Magnus (um 1200–1280) 133–135, 148, 150
Alcuin von York (735–804) 114f., 156
Algazel *siehe* al-Ghazali
Alhazen *siehe* Ibn al-Haitam
Alphonse Antonio de Sarasa, (1618–1667) 231
Alten, Heinz-Wilhelm 86
Ampère, André Marie (1775–1836) 494, 503
Anaxagoras (500–428 v. Chr.) 20f., 38, 51
Anaximander (geb. 611 v. Chr.) 20
Anaximenes (geb. 570 v. Chr.) 20
Angeli *siehe* degli Angeli
Anselm von Canterbury (um 1033–1109) 127f., 150
Antoinette, Marie (1755–1793) 435
Anton Ulrich (1633–1714) 396
Apollonios von Perge (ca. 262–ca. 190 v. Chr.) 40f., 47, 97, 161, 252
Archimedes (um 287–212 v. Chr.) V, IX, 40, 45, 53, 59, 62, 64–67, 69–74, 76, 79f., 82–86, 97, 99, 102, 104f., 119, 126, 162, 168, 182, 190, 219, 253, 367, 417, 626

Archytas von Tarent (ca. 428–ca. 365 v. Chr.) 46
Aristarchos von Samos (um 310–um 230 v. Chr.) 168
Aristoteles (384–322 v. Chr.) 20, 49–51, 54, 57, 94, 99, 106f., 117f., 120, 124–128, 131f., 134f., 140–142, 149, 151, 195, 198, 204, 359, 421
Arius (um 260–336) 371
Arnauld, Antoine (1612–1694) 238, 240
Arzelà, Cesare (1847–1912) 597f.
Ascoli, Giulio (1843–1896) 598
Atatürk, Mustafa Kemal (1881–1938) 550
Augustinus (354–430) 138, 238
Averroës *siehe* Ibn Rušd
Avicenna *siehe* Ibn Sīnā

Bürgi, Jost (1552–1632) 185–187, 289
Babbage, Charles (1791–1871) 638f.
Bacon, Francis (1561–1626) 315, 317, 319f., 558
Bacon, Roger (1214–1292/94) 130–133
Banach, Stefan (1892–1945) 595, 598–602
Barner, Klaus 250
Barrow, Isaac (1630–1677) 315, 325–332, 352, 361f., 365f., 381, 394, 401, 440, 630
Beaugrand, Jean (ca. 1590–1640) 250–252
Bebel, August (1840–1913) 492
Beda Venerabilis (627/637–735) 113f.
Berkeley, George (1685–1753) 422, 424–426
Bernegger, Matthias (1582–1640) 202
Bernoulli, Daniel (1700–1782) 444, 449–451, 456, 476, 478

Bernoulli, Jakob (1655–1705)   374, 403, 439–442, 444, 446–448
Bernoulli, Johann (1667–1748)   439–450, 454, 456, 460, 467, 475, 478, 484, 630
Bertins   *siehe* des Bertins
Betz, Albert (1885–1968)   642
Bhāskara II (1114–1185)   347
Bishop, Erret Albert (1928–1983)   581
Bismarck   *siehe* von Bismarck
Boëthius (zw. 475 und 480–zw. 524 und 526)   93–95, 116f., 128, 136, 153
Boineburg   *siehe* von Boineburg
Bolzano, Bernardus Placidus Johann Nepomuk (1781–1848)   497–502, 526, 542
Bonaparte, Napoleon (1769–1821)   437–439, 472, 476f., 547
Borel, Émile (1871–1956)   521
Bourbaki, Nicolas   269, 515, 614
Boyle, Robert (1627–1692)   288, 359, 393, 440
Brachistochronenproblem   596
Bradwardine, Thomas (um 1290–1349)   X, 135f., 138–141, 147, 149, 153
Brahe, Tycho (1546–1601)   176–179, 201
Brahmagupta (598–668)   347
Briggs, Henry (1561–1631)   293, 301–303, 305–312, 336, 470
Brouncker, William (1620–1684)   324f., 343, 365, 401
Brouwer, Luitzen Egbertus Jan (1881–1961)   570, 576–581, 628
Brunel, Isambard Kingdom (1806–1859)   636f.
Burali-Forti, Cesare (1861–1931)   559
Burckhardt, Jacob Christoph (1818–1897)   159

Campano, Giovanni   *siehe* Campanus, Johannes
Campanus, Johannes (13. Jh.)   125
Campe, Johann Heinrich (1746–1818)   434
Cantor, Georg (1845–1918)   51, 57, 482, 497, 501f., 524, 526, 534–536, 551–564, 566–570, 572–575, 577, 605, 623f., 627

Carcavi   *siehe* de Carcavi
Carnot, Nicolas Léonard Sadi (1796–1832)   493
Cartan, Élie Joseph (1869–1951)   584f.
Cassini, Giovanni Domenico (1625–1712)   374
Cauchy, Augustin Louis (1789–1857)   X, 468, 472, 481, 497, 499–501, 503–514, 531, 542
Cavalieri, Bonaventura (1598–1647)   12, 54, 170, 208, 210–216, 218–222, 224, 243, 265, 269, 274, 278, 281, 320, 322f., 336, 346
Chaucer, Geoffrey (um 1343–1400)   136
Chisholm Young, Grace (1868–1944)   573
Christina von Schweden   *siehe* Kristina von Schweden
Cicero, Marcus Tullius (106–43 v. Chr.)   86f.
Clairaut, Alexis-Claude (1713–1765)   478f.
Clapeyron, Benoît Pierre Émile (1799–1864)   493
Clavius, Christophorus (1538–1612)   168, 209, 224f.
Clebsch, Alfred (1833–1872)   559, 561
Cohen, Paul (1934–2007)   572
Colbert, Jean-Baptiste (1619–1683)   288, 337
Collins, John (1625–1683)   365, 401f., 405
Commandino, Frederico (1509–1575)   167f.
Copernicus, Nicolaus (1473–1543)   161, 195, 201
Courant, Richard (1888–1972)   640
Cromwell, Oliver (1599–1658)   315, 318, 326, 333
Crowe, Michael   585

d'Alembert, Jean-Baptiste le Rond (1717–1783)   458f., 461, 471, 475–478
Dürer, Albrecht (1471–1521)   159
de Carcavi, Pierre (1600–1684)   251
de Crescenzo, Luciano   21

de Duillier, Nicolas Fatio (1664–1753) 374f., 403f.
de Fermat, Pierre (1607/8–1665) 243, 250–260, 264, 266, 277f., 281, 283, 287, 320, 329, 351
de l'Hospital, Guillaume François Antoine (1661–1704) 439, 442–444, 446, 484
de Maupertuis, Pierre Louis Moreau (1698–1759) 453–455, 457f.
de Moivre, Abraham (1667–1754) 405
de Montaigne, Michel (1533–1592) 261
de Roberval, Gilles Personne (1602–1675) 242f., 252f., 262f., 273–278, 281, 288, 326
de Saint-Vincent, Grégoire (1584–1667) 33, 224–231, 286, 392, 394
de Sluse, René François Walther (1622–1685) 281, 283, 351, 363, 365, 401
de Spinoza, Baruch (1632–1677) 395
de Varignon, Pierre (1654–1722) 414, 417, 422
Debeaune, Florimond (1601–1652) 401, 403
Dedekind, Richard (1831–1916) 31, 497, 524, 526, 529–536, 538, 552, 555–557, 561f., 566–569, 574f., 578, 624, 627
Dee, John (1527–1608/9) 292, 340
degli Angeli, Stefano (1623–1697) 346
Deinostratos (ca. 390–ca. 320 v. Chr.) 40
Demokrit (460–371 v. Chr.) 49, 51–54, 149, 631f.
des Bertins, Alexis Fontaine (1704–1771) 478
Desargues, Girard (Gérard) (1591–1661) 263, 288
Descartes, René (1596–1650) 142, 240–247, 250, 252f., 259, 262–264, 269, 274, 277, 281, 283, 286, 288, 292, 319, 326, 351, 359, 362, 394, 401, 440, 444, 449
Dettonville, Amos 265
Dieudonné, Jean (1906–1992) 596, 614

Diogenes Laertios (ca. 3. Jh.) 19, 21, 23
Diokles (um 240– um 180 v. Chr.) 46
Diophant von Alexandrien (zw. 100 v. Chr. und 350 n. Chr.–zw. 100 v. Chr. und 350 n.Chr) 97
Dirac, Paul Adrien Maurice (1902–1984) 592
Dirichlet, Peter Gustav Lejeune (1805–1859) 462, 481f., 514f., 518, 522, 531–534, 554, 575
Du Bois-Reymond, Emile Heinrich (1818–1896) 575
du Bois-Reymond, Paul (1831–1889) 482
Du Bois-Reymonds, Paul (1831–1889) 574–576
du Sautoy, Marcus 6
Dumbleton, John (gest. ca. 1349) 140
Dutschke, Alfred Willi Rudi (1940–1979) 615

Edward II. (1284–1327?) 136
Edward III. (1312–1377) 136
Edwards, Charles H. 8
Elisabeth I. (1533–1603) 290–293, 312, 337
Enflo, Per 601
Engels, Friedrich (1820–1895) 491f.
Erasmus von Rotterdam (1465/69–1536) 160
Eratosthenes von Kyrene (zw. 276-273–um 194 v. Chr.) 69, 71
Eudoxos von Knidos (410 od. 408-355 od. 347 v. Chr.) 27, 30f., 33, 37, 52, 534, 538
Euklid (um 300 v. Chr.) 27, 30f., 33, 35, 37, 50, 52, 97, 99, 125, 132, 140f., 153f., 162, 168f., 183, 228, 262, 292, 326, 328, 534
Euler, Leonhard (1707–1783) X, 367, 415f., 428, 444, 448–468, 471f., 474, 476–478, 484, 497, 509, 513, 585, 590, 621, 641

Faraday, Michael (1791–1867) 493, 495
Fatio *siehe* de Duillier

Faulhaber, Johannes (1580–1635) 242, 253f.
Fermat *siehe* de Fermat
Fichte, Johann Gottlieb (1762–1814) 547
Fischer, Ernst Sigismund (1875–1954) 598
Flamsteed, John (1646–1719) 367
Fourier, Jean Baptiste Joseph (1768–1830) 475–477, 479
Fréchet, Maurice René (1878–1973) 598
Fraenkel, Abraham Halevi (1891–1965) 551, 560, 572–574, 625–627
Franco von Lüttich (1015/20–ca. 1083) 117–119
Fredholm, Ivar (1866–1927) 596f.
Frege, Friedrich Ludwig Gottlob (1848–1925) 560
Friedrich II. (1194–1250) 123
Friedrich II. von Preußen (1712–1786) 434, 453, 457
Frisius, Gemma (1508–1555) 338
Fulbert von Chartres (um 950–1028/29) 117

Gödel, Kurt (1906–1978) 572, 574, 577
Gagarin, Juri Alexejewitsch (1934–1968) 613
Galen um 129–um 216) 195
Galilei, Galileo (1564–1642) 142, 150, 154, 162, 168, 176, 183, 195–198, 200–208, 211, 221f., 233, 243, 251, 262, 326, 329, 359, 394, 417, 442, 446, 634
Gassendi, Pierre (1592–1655) 224, 243
Gauß, Carl Friedrich (1777–1855) 478, 527, 530f., 582f., 585
Gensfleisch, Johannes *siehe* Gutenberg (1400–1468)
Gerbert von Aurillac (um 950–1003) 116f.
Gerhard von Cremona (1114–1187) 97, 99, 124–126
Gerstner *siehe* von Gerstner
Gilbert, William (1544–1603) 179, 292, 301f.
Goldbach, Christian (1690–1764) 450

Goldstine, Herman Heine (1913–2004) 470
Gorbatschow, Michail Sergejewitsch 615
Grattan-Guinness, Ivor 558
Green, George (1793–1884) 479, 582f., 585
Gregory, James (1638–1675) 346f., 363, 365, 394
Grosseteste, Robert (ca. 1175–1253) 130f.
Gudermann, Christoph (1798–1852) 511, 527
Guldin, Paul (1577–1643) 189, 195, 208–211, 220–222, 233
Gutenberg (1400–1468) 160

Hadamard, Jacques (1865–1963) 387, 595
Halley, Edmond (1656–1742) 367, 370, 405, 424
Hankel, Hermann (1839–1873) 482, 502, 554–556
Hardy, Godfrey Harold (1877–1947) 576
Harriot, Thomas (1560–1621) 198, 292, 305, 319, 337f., 340–343, 470
Hausdorff, Felix (1868–1942) 520, 573, 598
Hegel, Friedrich Georg Wilhelm (1770–1831) 547
Heiberg, Johan Ludvig (1854–1928) 67, 69–71
Heine, Heinrich Eduard (1821–1888) 529, 553f.
Henry of Harclay (ca. 1270–1317) 139
Henstock, Ralph (1923–2007) 521
Heron von Alexandria (vermutlich 1. Jh.) 97, 537
Heuser, Harro 461
Heytesbury, William (um 1313–1327) 140
Hieron II. (um 306–215 v. Chr.) 59, 62, 64
Hilbert, David (1862–1943) 548, 557, 577–581, 595, 597f.
Hippasos von Metapont (ca. 520–ca. 480 v. Chr.) 24–26

Hippias von Elis (5. Jh. v. Chr.) 40f., 43
Hippokrates von Chios (5. Jh. v. Chr.) 39f., 45f.
Hitler, Adolf (1889–1945) 550
Hobbes, Thomas (1588–1679) 224, 314f., 359
Hoffmann, Joseph Ehrenfried (1900–1973) 416
Hooke, Robert (1635–1703) 288, 333, 346, 364, 366f., 392f., 440
Hrabanus Maurus (um 780–856) 115
Hudde, Johann (1628–1704) 283–286, 351, 403, 440
Hume, David (1711–1776) 434
Huygens, Christiaan (1629–1695) 198, 242, 251, 281, 286–288, 333, 366, 374, 392–394, 403f., 406f., 442, 444, 446
Huygens, Constantin (1596–1687) 242

Iamblichos (ca. 250–ca. 325) 22, 26, 40
Ibn al-Haitam (um 965–1039/40) 99–106, 132, 253
Ibn Rušd (1126–1198) 97, 99, 106f., 138, 150
Ibn Sīnā (980–1037) 98f., 107, 125, 132, 138, 150

Jacobi, Carl Gustav Jacob (1804–1851) 522, 531
Jahnke, Hans Niels 471
Jansen, Cornelius (1585–1638) 238, 263
Johannes von Sevilla (12. Jh.) 124
Jordan, Camille (1838–1922) 519f.
Justinian I. (ca. 482–565) 95

Kästner, Abraham Gotthelf (1719–1800) 498f.
König, Johann Samuel (1712–1757) 455
König, Julius (Gyula) (1849–1913) 560
Kant, Immanuel (1724–1804) 433f., 547
Karl der Große (747/748–814) 114f.
Karl I. (1600–1649) 313, 315
Karl II. (1630–1685) 315, 333

Karl V. (1500–1558) 279
Karl X. Gustav (1622–1660) 246
Katharina von Medici (1519–1589) 237
Kauffman, Nicolaus siehe Mercator, Nicolaus
Keill, John (1671–1721) 404
Keisler, Howard Jerome 626
Kepler, Johannes (1571–1630) 99, 161, 170–176, 178f., 181–195, 198, 200, 210f., 220, 233, 300, 302, 332f., 363, 367, 433
Kierkegaard, Sören (1813–1855) 547
Kirchhoff, Gustav Robert (1824–1887) 494
Klein, Felix (1849–1925) 522, 548
Knobloch, Eberhard 53, 71, 150, 154, 206, 224, 416f., 632
Kolumbus, Christoph (1451–1506) 151, 160
Kowalewskaja, Sofia Wassiljewna (1850–1891) 522f.
Kristina von Schweden (1626–1689) 245f.
Kronecker, Leopold (1823–1891) 552f., 557f.
Kummer, Ernst Eduard (1810–1893) 522, 552f., 575
Kurzweil, Jaroslav 521

l'Hospital siehe de l'Hospital
Lévy, Paul Pierre (1886–1971) 595
Lacroix, Sylvestre (1765–1843) 474, 503, 508
Lagrange, Jean-Louis (1736–1823) 459, 461, 468, 471–474, 476, 503, 506
Laplace, Pierre Simon (1749–1827) 448, 493, 503, 522
Lasalle, Ferdinand (1825–1864) 492
Laugwitz, Detlef (1932–2000) X, 415, 575, 618–620, 623f., 634
Lawvere, Francis William 628
Lebesgue, Henri Léon (1875–1941) 514, 518f., 521
Legendre, Adrien-Marie (1752–1833) 532
Leibniz, Gottfried Wilhelm (1646–1716) X, 3f., 38, 57f., 67, 146, 150, 162,

206, 228, 237, 258, 263, 271f., 279, 283, 288, 349, 352f., 356, 367, 375, 377f., 381–383, 388–397, 399–408, 410f., 414–424, 426, 428, 433, 439–442, 444–446, 450, 453, 455, 460, 462, 467f., 471, 513, 580, 587, 624, 630
Lenin, Wladimir Illjitsch (1870–1924) 550
Leonardo da Vinci (1452–1519) 159
Leukipp (5. Jh. v. Chr.) 49
Levi-Civita, Tullio (1873–1941) 586f.
Lewy, Hans (1904–1988) 590f.
Lie, Sophus (1842–1899) 575, 586
Liebknecht, Wilhelm (1826–1900) 492
Lindelöf, Ernst Leonard (1870–1946) 588
Lindemann, Ferdinand (1852–1939) 21
Liouville, Joseph (1809–1882) 508
Lipperhey, Hans (Jan) (um 1570–1619) 198
Lipschitz, Rudolph Otto Sigismund (1832–1903) 479, 482
Livius, Titus (ca. 59 v. Chr.–um 17 n. Chr.) 61f., 65f.
Locke, John (1632–1704) 372–374, 434
Lorenzen, Paul (1915–1994) 576, 580f., 623
Ludwig XIII. (1601–1643) 250
Ludwig XIV. (1638–1715) 392, 431
Ludwig XV. (1710–1774) 435
Ludwig XVI. (1754–1793) 435
Luther, Martin (1483–1546) 160

Mästlin, Michael (1550–1631) 173, 175f., 178
Mühlbach, Günter XI
Maclaurin, Colin (1698–1746) 470f., 473
Marcellus (Marcus Claudius) (um 268–208 v. Chr.) 61f., 64–66
Martell, Karl (ca. 688/689–741) 111, 114
Marx, Karl (1818–1883) 491f.
Maupertuis *siehe* de Maupertuis
Maurolico, Francesco (1494–1575) 162, 164f., 167, 169

Maxwell, James Clerk (1831–1879) 495
Mayer, Julius Robert (1814–1878) 493
Mazur, Stanisław (1905–1981) 601
Menaichmos (ca. 380–ca. 320 v. Chr.) 47
Mercator, Gerhard (1512–1594) 292, 338–340, 342
Mercator, Nicolaus (1620–1687) 231, 304, 332f., 335–338, 365, 393
Mersenne, Marin 243
Mersenne, Marin (1588–1648) 243, 250–253, 262f., 273f., 277, 281, 286, 401
Metternich *siehe* von Metternich
Michelangelo Buonarroti (1475–1564) 159
Mittag-Leffler, Magnus Gösta (1846–1927) 558f., 574
Moivre *siehe* de Moivre
Monge, Gaspard (1746–1818) 506
Montaigne *siehe* de Montaigne
Morland, Samuel (1625–1695) 392
Mues, Erwin XI

Napier, John (1550–1617) 185–187, 231, 294–302, 350f.
Napoleon I. *siehe* Bonaparte
Natterer, Frank 645
Navier, Claude Louis Marie Henri (1785–1836) 641
Neile, William (1637–1670) 337, 343–345
Nelson, Edward 627f.
Neumann, Franz (1798–1895) 575
Newton, Isaac (1643–1727) X, 3f., 57f., 67, 146, 200, 202, 231, 243, 281, 283, 288f., 312, 315, 325, 327f., 336f., 346, 353, 355–388, 395, 401–405, 407, 418, 423, 425–427, 433, 439, 444–446, 449, 455, 457, 467f., 471, 473, 587
Nicolaus von Kues (1401–1464) 150–154, 173, 206, 417
Niklas Chryppfs *siehe* Nicolaus von Kues
Niklas Krebs *siehe* Nicolaus von Kues
Nikolaus II. (1868–1918) 549
Nikomachos (ca. 60–ca. 120) 95

Nikomedes (ca. 280–ca. 210 v. Chr.) 40f., 43
Noether, Emmy (1882–1935) 548

Ohm, Georg Simon (1787–1854) 494
Oldenburg, Henry (1618–1677) 393–395, 401f.
Oresme, Nicole (vor 1330–1382) 140–147, 156, 329
Oughtred, William (1573–1660) 319f., 333, 360

Pappos von Alexandrien (ca. 290–ca. 350) 40, 45, 168, 252, 360
Parmenides (um 540/535–um 483/475 v. Chr.) 48, 54
Pascal, Étienne (1588–1651) 243, 253, 261–264
Pascal, Blaise (1623–1662) 211, 238, 240, 243, 251, 253, 260–273, 287f., 394, 411
Pasch, Moritz (1843–1930) 526
Peano, Giuseppe (1858–1932) 519f., 588
Pelagius (360–420) 138
Pell, John (1611–1685) 333, 393f.
Pepys, Samuel (1633–1703) 371f.
Perseus (um 150 v. Chr.) 41
Philipp II. von Spanien (1527–1598) 237, 279, 291f.
Picard, Èmile (1856–1941) 588
Pincherle, Salvatore (1853–1936) 596, 598
Platon (428/427–348/347 v. Chr.) 26, 39, 45, 48, 94
Plutarch (um 45–um 125) 52, 61f., 64–66, 86, 631
Pope, Alexander (1688–1744) 377
Prandtl, Ludwig (1875–1953) 642
Proklos (412–485) 40f.
Ptolemaios, Klaudios (um 100–um 175) 99, 124, 161, 195
Pythagoras (um 570–um 496 v. Chr.) 21–23, 87
Pythagoreer 21–24, 26, 58, 253

Racine, Jean (1639–1699) 238
Radon, Johann (1887–1956) 645
Raffael (1483–1520) 159

Raimund von Toledo (12. Jh.) 124
Raleigh, Walter (1552 od. 54–1618) 337f.
Ramus, Petrus (1515–1572) 274
Rantzau, Heinrich (1526–1598) 178
Reich, Karin 587
Renaldini, Carlo (1615–1679) 326
Ricci-Cubastro, Gregorio (1853–1925) 586f.
Riemann, Georg Friedrich Bernhard (1826–1866) 229, 482, 497, 514–518, 521, 531–533, 542, 554, 585f.
Riesz, Frigyes (1880–1956) 598
Robert von Chester (um 1150) 97, 125
Roberval siehe de Roberval
Robins, Benjamin (1707–1751) 457
Robinson, Abraham (1918–1974) X, 625–628
Rosenberger, Otto August (1800-1890) 557
Rousseau, Jean-Jacques (1712–1778) 434
Rudolf August (1627–1704) 396
Rudolff, Christoph (1499–1545) 449
Russell, Bertrand (1872–1970) 57, 559f., 577

Sarton, George (1884–1956) 99
Sartre, Jean-Paul (1905–1980) 160
Schelling, Friedrich Wilhelm Joseph (1775–1854) 547
Schmidt, Erhard (1876–1959) 597f.
Schmieden, Curt Otto Walther (1905–1991) 619–623
Schmieden, Curt Otto Walther(1905–1991) 619
Schopenhauer, Arthur (1788–1860) 547
Schouten, Jan Arnoldus (1883–1971) 586f.
Schwartz, Laurent (1915–2002) 591
Schwarz, Hermann Amandus (1834–1921) 553–555, 558
Seidel siehe von Seidel
Shakespeare, William (1564–1616) 292

Skolem, Thoralf Albert (1887–1963) 626
Sluse   *siehe* de Sluse
Slusius   *siehe* de Sluse
Smith, Henry John Stephen (1826–1883)   518f.
Sobolew, Sergej L'vovič (1908–1989) 591
Sokrates (469–399 v. Chr.)   49
Sophie-Charlotte von Hannover (1668–1705)   397, 400
Spalt, Detlef   502, 511f., 620f., 624
Spinoza   *siehe* de Spinoza
Steinhaus, Hugo Dionizy (1887–1972) 599f.
Stephenson, George (1781–1848)   495
Stevin, Simon (1548–1620)   168–170
Stifel, Michael (1487?–1567)   289f., 294, 449
Stirling, James (1692–1771)   470
Stokes, George Gabriel (1819–1903) 479, 582–585, 590, 641
Swineshead, Richard (ca. 1340–1354) 140, 143–145

Tapp, Christian   558
Taylor, Brook (1685–1731)   405, 444, 467–470, 475
Thales (um 624–um 546 v. Chr.)   19f., 49
Thomas von Aquin (um 1225–1274) 107, 148–150
Tietz, Horst   XI
Torricelli, Evangelista (1608–1647) 203, 208, 211f., 222–224, 233, 243, 274, 281, 319f., 331, 346
Toscanelli, Paolo dal Pozzo (1397–1482) 151

Uhde, Konstantin (1836–1905)   535
Ulam, Stanisław Marcin (1909–1984) 601
Ulanov   *siehe* Lenin

Valerio, Luca (1552–1618)   168
van der Waerden, Baertel (1903–1996) 52, 58
van Moerbecke, Willem (1215–1286) 126

van Schooten, Frans (1615–1660)   242, 281, 283, 286, 319, 360, 362
Varignon   *siehe* de Varignon
Viète, François (1540–1640)   250, 266, 269, 281, 360
Victoria (1819–1901)   546f.
Vitruv (Marcus Vitruvius Pollio) (1. Jh. v. Chr.)   59
Viviani, Vincenzo (1622–1703)   326f.
Voigt, Woldemar (1850–1919)   586
Volkert, Klaus   414, 482
Volta, Alessandro (1745–1827)   494
Voltaire (1694–1778)   434, 455, 457
Volterra, Vito (1860–1940)   596f.
von Bismarck, Otto (1815–1898)   492, 546
von Boineburg, Johann Christian (1622–1672)   392
von Gerstner, Franz Josef (1756–1832) 497–499
von Metternich, Clemens Wenzel (1773–1865)   489
von Mises, Richard (1883–1953)   619
von Seidel, Philipp Ludwig (1821–1896) 527
von Weizsäcker, Carl Friedrich (1912–2007)   623
Vydra, Stanislav (1741–1804)   497f.

Waldo, Clarence Abiathar (1852–1925) 85
Waldstein, Albrecht Wenzel Eusebius von (1583–1634)   189f.
Wallenstein   *siehe* Waldstein
Wallis, John (1616–1703)   211, 253, 288, 314–320, 322–325, 335f., 343f., 349, 360, 362, 374, 377, 392, 404, 440f.
Wantzel, Pierre Laurent (1814–1848) 45
Weber, Wilhelm Eduard (1804–1891) 532
Weierstraß, Karl (1815–1897)   X, 57, 417, 497, 499, 519, 521–529, 552f., 574, 581, 597, 627
Weigel, Erhard (1625–1699)   390f.
Weyl, Hermann (1885–1955)   51, 576, 579–581

Whiteside, Derek Thomas (1932–2008) 379
Wiles, Andrew 250
Wilhelm II. (1859–1941) 546f., 549f.
Wren, Christopher (1632–1723) 367
Wright, Edward (ca. 1561–1615) 293, 301, 340–342

Xenophanes (um 570–um 475 v. Chr.) 48

Young, William Henry (1863–1942) 573

Zenon von Elea (um 490–um 430 v. Chr.) X, 48f., 51, 54–58
Zermelo, Ernst Friedrich Ferdinand (1871–1953) 560, 572–574, 625, 627
Zuse, Konrad (1910–1995) 613, 639f.

Sachverzeichnis

„Nullenrechnung" 462, 464
i *siehe* Imaginäre Einheit
π
  der Ägypter 6
  in der Bibel 8
σ-Additivität 520f.
Ähnlichkeit
  von Figuren 213
Änderungsrate 382
Äquivalenzklassen von Cauchy-Folgen 562, 623
Äquivalenzrelation 623
Überdeckungssatz
  von Heine-Borel 553
Übersetzer 120, 124
Übersetzerschulen 97

Abbildung
  $f : \mathbb{R} \to \mathbb{R}$ 592
  $f : \mathbb{R}^n \to \mathbb{R}^m$ 593
  bijektive 207, 564, 569f.
  unstetige *siehe* Funktion, unstetige
  von Quadrat auf Strecke 569
Ableitung 259, 283, 388, 420, 497, 512f.
  partielle 461
Ableitungsregel 465
Abstände
  von Funktionen 593
Abstandsfunktion 594
Abszisse 146, 230, 257, 519
Abszissenwerte 257, 272
Abzählbarkeit 567
  der algebraischen Zahlen 566
Achilles und die Schildkröte 54, 56
Achilles-Paradoxon 57
Achteck
  reguläres 90
Achtkurven 41
Additionstheorem 301, 351
Aeroakustik 642
Agrimensoren 88
Akademie
  platonische *siehe* Platonische Akademie

Aktualunendlich 51, 131f., 224, 414, 417, 556, 558
Akusmatikoi 22
Akustik 642
Alexander der Große 18
Alexandria 95
Algebraische Analysis 472, 474
Algebraische Operationen 460, 472
Algorismus 124
Algorithmus 25, 97, 286, 613
Allquantor 629
Anagramme 402
Analysis IX
  algebraische *siehe* Algebraische Analysis
  konstruktivistische 581
  mehrdimensionale 478
  newtonsche 383
  Nonstandard *siehe* Nonstandard-Analysis
  Numerische *siehe* Numerische Mathematik
Analytische Ausdrücke 461, 467, 509
Analytische Geometrie 244, 252, 263
Anfangsbedingung 388, 428
Anfangswertfunktion
  unstetige 591
Antidifferentiation 383
Antinomien
  Burali-Forti 559
  der Mengenlehre 559f., 573
  Russell 559
Anzahl 562
Aphel 181
Approximation 244, 344, 385
  infinite 247
Apsiden 181
Archimedische Schraube 61
Archimedische Spirale 40, 80–82, 219f., 252
Archimedisches Axiom 27, 30f., 33–35, 37f., 626
Archimedisches Kontinuum *siehe* Kontinuum
Archimedisches Prinzip 59
Arcus Tangens 347

Aristoteles
  Rad des   *siehe* Rad des Aristoteles
Aristoteliker   131
Aristotelische Logik   *siehe* Logik
Aristotelische Schriften   128, 131
Aristotelisches Bewegungsgesetz   141
Aristotelisches Kontinuum   *siehe* Kontinuum
Aristotelisches Rad   205, 233
Aristotelismus   107, 133, 317
Arithmetik   360, 534
  des Unendlichen   417
Arithmetisches Mittel   8
Astronomie   452, 493
  kopernikanische   185
atomar   IX
Atome   47, 49, 51, 133, 139
Atomismus   49f., 57, 131, 148, 201, 221
Atomisten   148
  endliche   149
Aufeinanderfolge   50
Ausbildung
  von Ingenieuren   549
Ausdehnung (extensio)   146
Averroismus   107
Axiomatisierung
  der Mengenlehre   573
Axiome   128
Axiomensystem   626
  mengentheoretisches   560

Bürgi-Globus   186
Ballistik   457
Banach-Raum   595, 601
Bayt al-Hikma (Haus der Weisheit)   97
Beliebig genau   416
Berührung   50
Bernoulli-de l'Hospitalsche Regeln   443, 484
Bernoulli-Verteilung   441
Beschleunigung   156
  gleichförmige   140, 146, 156
Bewegende Kraft   141
Bewegung   135, 140f., 143, 146, 156, 378, 385
  örtliche   202
  gleichförmig   140
  gleichförmige   146

translation   *siehe* Translationsbewegung
Bewegungsgesetz   140f.
  aristotelisches   *siehe* Aristotelisches Bewegungsgesetz
Bewegungslehre   135
Bifurkationstheorie   588
Bildungsideal   *siehe* Humboldtsches Bildungsideal
Binom   267, 363
Binomialkoeffizienten   266f., 347, 377
Binomialtheorem   267, 312, 362, 377f., 380, 384, 402, 463f., 466, 484, 500
Binomische Formel   108
Bogen   272
Bogenlänge   183, 272f., 343–345, 414
Bogenlängenelement   411, 418, 446
Bologna
  Abkommen   616
  Reform   616
Borelmengen   521
Brachistochrone   403
Brachistochronenproblem   445, 447, 450
Brechungsgesetz   364, 446
  snelliussches   253
Breitengrade   302, 333, 338–342
Brennpunkt   100
Briggs'sche Differenzen   307–311
Bruchpotenzen   141
Buchdruck
  mit beweglichen Lettern   160
Byzanz   95

Calculus   *siehe* Kalkül
Cantor-Menge   57
Cantorsche Mengenlehre   *siehe* Mengenlehre
Cantorsche Wischmenge   *siehe* Cantor-Menge
Cantorsches Diagonalverfahren
  erstes   564, 566
  zweites   567
Cartesisches Blatt   259, 330, 428
Cartesisches Produkt   597
Cauchy-Folge   510, 556, 561f., 595, 623
Cauchy-Integral   513f.
Cavalierisches Prinzip   54, 210
CERN   613

Sachverzeichnis

CFD (Computational Fluid Dynamics) 642
characteristica universalis 407f.
Charakteristisches Dreieck 271f., 394, 411–413, 418
compagnon 276
Computer 613
   erster programmgesteuerter 638
   Z1 639
   Z3 640
Computer-Algebra-System (CAS) 615
Computertomograph 644
Computerzeitalter 581
computus 114–116
Cosinus 276
Cosinus hyperbolicus 442
CPU (Central Processing Unit) 639

Dampfmaschine 491, 493, 495
Dedekindsche Schnitte 31, 534, 561, 575
Dedekindsche Vermutung 578
Deduktion 20
Deklinationstafeln 337
Deutsche Mathematiker Vereinigung DMV 559
Dezimalpunkt 295
Dezimalzahlen 169
Diagonale 133, 216
   des Einheitsquadrates 13, 27
   Länge 14
Diagonalverfahren *siehe* Cantorsches Diagonalverfahren
Diagramme 146
Dichotomie 54f., 57
Difference Engine 638f.
Differential 272, 417, 464, 471, 584
   höherer Ordnung 417, 464
   zweiter Ordnung 417
Differential- und Integralrechnung 162, 330, 394, 401f., 405, 424, 587
Differentialformen
   alternierende 584
Differentialgeometrie 497, 523, 585–587, 590
   klassische 585
   moderne 585
Differentialgleichung 484
   bernoullische 441

   der schwingenden Saite *siehe* Schwingungsgleichung
   Existenz und Eindeutigkeit von Lösungen 588
   gewöhnliche 381, 387f., 403, 423f., 428, 439, 587f., 590
   höherer Ordnung 588
   homogene lineare 454
   lineare partielle 590, 592, 641
   nichtlineare 590
   nichtlineare partielle 592
   Numerik 644
   partielle 478f., 481, 575, 590–592, 596
   partielle zweiter Ordnung 590
   poissonsche 494
   Systeme 588
   von Euler-Lagrange 471
Differentialkalkül
   absolutes *siehe* Tensorkalkül
Differentialoperatoren 582
Differentialquotient 408, 424, 468
Differentialrechnung 4, 271, 288, 395, 403, 441, 456, 470, 534
   diskrete 467
Differentialtopologie 586
Differentiation 381, 383, 411
   implizite *siehe* Implizite Differentiation
Differenzen 408
   finite *siehe* Finite Differenzen
   infinitesimale 410
Differenzenfolge 405, 407, 427
Differenzenkalkül *siehe* Differenzenrechnung
Differenzenquotient 258f.
Differenzenrechnung 303, 305, 309, 312, 470
Differenzenreihen 393
Differenzensumme 405f.
Differenzierbarkeit 525
   im schwachen Sinn 591
dimensionstreu 24
Dirac-Distribution 592
Dirichlet-Funktion 482, 518
Dirichlet-Monster 482
Dirichletsche Bedingungen 481
disjunkt 31

Diskretisierung 590
Distribution 591
   von Dirac   *siehe* Dirac-Distribution
Divergenz 145
   Operator 582, 606
   unendlicher Reihen 506
Division durch 0 347
Dodekaeder 175
Domschulen 119
Drallsatz 455
Drehkörper 222
Drehung 210
Dreieck 215
   charakteristisches   *siehe* Charakteristisches Dreieck
Dreiecke 5
   ähnliche 271
   gleichschenklige 119
   infinitesimale 418
   kongruente 216
Dreiecksungleichung 594
Dreiteilung des Winkels   *siehe* Winkeldreiteilung
Durchmesser 6
Dynamik 140
Dynamische Systeme 588

Ebene
   schiefe 198
Eigenwerttheorie 597
Eindeutigkeitssatz
   für Fourier-Reihen 554
Einschiebungsverfahren
   zur Winkeldreiteilung 45
Elektrodynamik 494, 582, 590
Elektrolyse 495
Elektronenröhren 640
Elemente des Euklid   27, 30f., 33, 35, 37, 50, 52, 95, 120, 125, 262, 292, 326, 534
Elitehochschulen
   in Frankreich 548
Ellipsoide 70
Empiristen 576
Energieerhaltungssatz 493
Entropie 493
Entwickelbarkeit
   in eine Fourier-Reihe 481f.
   in eine Taylor-Reihe 468

Ephemeriden 185
Epizykel 161
Erdbeschleunigung 446
Erdrotation 142
Eudoxos'sche Theorie der Proportionen 31
Eudoxos'sches Axiom 30
Euklidischer Algorithmus 25
Euklidischer Raum 586, 628
Euler-Maclaurin-Formel 471
Eulers Gleichungen der Gasdynamik 590, 641
Eulersche Formel 466
Eulersche Integrale 531
Eulersche Zahl 454
Eulerscher Polyedersatz 452, 505
Exhaustion   33f., 39, 76–79, 84, 209, 224
Exhaustionsmethode 33, 90, 224
Exhaustionstechnik 35
Existenz- und Eindeutigkeitstheorie
   für partielle Differentialgleichungen 590
Existenzquantor 629
Existenzsatz von Peano 588
Exponenten
   gebrochen rationale 147
Exponentialfunktionen 462
Extrema 596
Extremalproblem 258
Extremum 257, 283

Fahrstrahl 181, 183
Fakultäten 119
Fakultätsfunktion 267
Fallgesetze 198, 251
Fallhöhe 446
Faraday-Effekt 495
Farbenlehre 364, 366
Faulhaber-Polynome 254
Feinheit
   einer Zerlegung 516
Felder
   elektrische 479
   elektromagnetische 479
Feldlinien 495
Fermatsches Prinzip 253
Fernrohr 198
Finite Differenzen 467

Sachverzeichnis

Finite-Differenzen-Methode (FDM) 641
Finite-Elemente-Methode (FEM) 640
Finite-Volumen-Methode (FVM) 641
Finitismus 247
Fixpunktsatz
   von Brouwer 578
Flächen
   zylinderförmige 211
Flächenberechnung 211, 265, 269, 278
flächengleich 210
Flächeninhalt 257, 270, 275f.
Flaschenzug 62
fliegender Pfeil *siehe* Zenonsche Paradoxien, 57
Fluenten 378, 403
Fluentenrechnung 387, 401, 467
Fluxionen 378f., 383, 402–404, 425, 427, 473
Fluxionsmethode 363, *siehe* Fluxionsrechnung
   inverse 363
Fluxionsrechnung 367, 378f., 383, 387, 395, 401f., 404, 426, 467, 471
Folge 510f., 526, 528, 537f., 561
   beschränkte 526
   konvergente 154, 621
   monoton wachsende 605
   reelle 526
   unendliche *siehe* Unendliche Folge
Formatomismus 148
Formatomisten 148
Formel
   binomische *siehe* Binomische Formel
Formlatituden 140, 146, 156
Fourier-Analyse 477, 598
Fourier-Koeffizienten 475
Fourier-Reihe 475, 479, 481f., 514, 554f., 562, 596, 643
freier Fall 142
Frequenz 643f.
Fundamentalfolge *siehe* Cauchy-Folge
Funktion 4, 215, 244, 247, 249, 255–257, 259, 269, 273, 276–278, 281, 298, 300, 304, 324, 329, 331, 333, 344–346, 349, 351, 460–462, 472, 497, 500, 508–511, 513–518, 520, 525–528, 542, 579
   „diskontinuierlich" 461
   „gemischt" 461
   „irregulär" 461
   überall stetige 525
   abelsche 522
   analytische 461
   beliebig glatte 591
   Darstellbarkeit durch Fourier-Reihe 554
   differenzierbare 474, 525
   elliptische 523, 527
   hyperreelle Erweiterung 627
   im Eulerschen Sinne 461
   im Leibnizschen Sinne 423
   integrierbare 518f.
   komplexe 522f.
   mehrerer Veränderlicher 478
   nirgends differenzierbare 525
   periodische 481
   rationale 387
   stetig differenzierbare 474
   stetige 474, 482, 511f., 514, 529, 542
   stetige, nirgends differenzierbare 575
   transzendente 43, 248, 442
   trigonometrische 465f.
   unendlich oft oszillierend 554
   unstetige 423, 514, 518, 579f., 628
   von Dirichlet *siehe* Dirichlet-Funktion
   willkürliche 477f.
Funktional 595f., 598
   lineares 591
Funktionalanalysis X, 592f., 595–598, 600f.
Funktionalgleichung
   des Logarithmus 231, 289, 300, 336
Funktionenfolge 511, 518, 527, 542
Funktionenraum 596
Funktionentheorie 454, 523, 532
Funktionsbegriff 4, 460, 462, 472, 509, 514, 554
Funktionsdefinition 298, 461
Funktionswert 257, 460, 509, 515, 517

Garbentheorie 628
Gauß-Seidel-Verfahren 527

Gaußscher Integralsatz 582
Gebietsintegral 583
Geometrie
  analytische *siehe* Analytische Geometrie
  finite 228
Geometrische Konstruktion 288
Geometrische Maßtheorie 587
Geometrische Reihe 143, 145, 156, 225–227, 257, 347, 421
Gesamtheit der Indivisiblen 194, 213f.
Geschwindigkeit 143, 146f., 156, 182, 330, 378, 386, 446
Gesetz der Mikroaffinität 630
Gitternetz 5
glatte Welten 423, 628, 630, 632, 634
Gleichheit
  von Figuren 213
Gleichmäßigkeit 527f.
Gleichmächtige Mengen *siehe* Mengen, gleichmächtige
Gleichung
  algebraische 422, 566
  d'Alembertsche *siehe* Schwingungsgleichung
  von Moivre 466
Gleichungen
  Keplersche *siehe* Keplersche Gleichungen
  maxwellsche *siehe* Maxwellsche Gleichungen
  von Navier-Stokes *siehe* Navier-Stokes-Gleichungen
Gleichungssystem
  lineares 527
Gleichungssysteme
  lineare 590
  unendliche lineare 596
Globalisierung 613
Goldbachsche Vermutung 605
Gottesbeweis 127, 245
Gottesproblem 131
Größen 206
  angebbare 462
  endliche 154
  infinitesimale 329, 408, 411, 424, 508f., 625
  inkommensurable 24, 26f., 30, 47

  kommensurable 27
  stetige 139
  unendlich große 417, 462, 464
  unendlich kleine 4, 328, 343, 414, 462, 464, 472–474, 497, 500, 508, 510, 512, 574, 576, 621f., 626, 630
  verschwindende 462
  vorgegebene 462
Größenlehre
  euklidische 154
  von Bolzano 501f.
Größensystem *siehe* Zahlensystem
Gradient 582
Graphentheorie 452
Graphik-Prozessoren 640
Gravitation 288, 374, 445
Gravitationsgesetz 363, 367
Gravitationskraft 363
Greenscher Integralsatz 583
Gregorianischer Kalender 113f., 355
Grenzübergang 170, 408
Grenzfunktion 511
  gleichmäßige 511
  punktweise 511
  unstetige 511
Grenzwert 79, 83, 144, 154, 227, 255, 270, 474, 506–511, 514, 518, 526, 534, 538, 542, 562, 605, 621
Grenzwertbegriff 34, 38
Großer Fermatscher Satz 250
Großheit
  einer unendlichen Menge 502
Großrechenanlagen 640
Grundlagenstreit 580
Gruppentheorie 505
Guldinsche Regel 195, 210f., 233

Häufungspunkt 526
Höchstleistungsrechner 642
Habilitation 548
Harmonische Reihe 145, 415
Harmonisches Dreieck 406
Hauptsatz der Algebra 455
Hauptsatz der Differential- und Integralrechnung 328, 330, 346, 381, 385, 410, 419, 513
Haus der Weisheit *siehe* Bayt al-Hikma
Hebel 73

Hebelgesetz   59, 62, 72, 74
Hellenismus   18
Hemmender Widerstand   141
Heron-Verfahren   305, 537, 561, 605
Hexaeder   175
Hilbert-Programm   577
Hilbert-Raum   595, 598
Himmelsmechanik   367
Hochschulen
   polytechnische   *siehe* Polytechnische Hochschulen
   technische   *siehe* Technische Hochschulen
Holocaust   550
Horizont der Endlichkeit   620
Hornwinkel   *siehe* Kontingenzwinkel
Hudde-Regel   283, 285f., 351
Humanismus   160
   existenzialistischer   160
Humanisten   160
Humboldtsches Bildungsideal   548
Huygenssche Reihe   407
Hydromechanik   452
Hydrostatik   197
Hydrostatisches Pradoxon   *siehe* Paradoxon, hydrostatisches
Hyperbel   222, 224, 229–231, 233, 335f., 346, 384
Hyperboloide   70
Hyperinflation   550

Idealisten   576
Idealtheorie   534
Ikosaeder   175
Imaginäre Einheit   454
Implizite Differentiation   260, 283, 286, 380
Impulssatz   454
Indivisible   12, 47, 51f., 72f., 75f., 135, 154, 194, 205f., 209, 211–215, 219, 221f., 224, 233, 246, 265, 269, 275–277, 320, 322, 324, 330, 335f., 343, 410, 417, 630
   aus Kreisscheiben   223
   Gesamtheit der   *siehe* Gesamtheit der Indivisiblen
   Potenzen von   215
   Theorie der   212
   zylindrisch   223

zylindrische   211, 222
Indivisiblenkalkül   274, 278
Indivisiblenmathematiker   414
Indivisiblenmethode   *siehe* Methoden, indivisible
Indivisiblenrechnung   *siehe* Indivisiblenkalkül
Induktion   441
   vollständige   *siehe* Vollständige Induktion, 320
   wallis'sche   320, 322, 324
Induktionsgesetz   495
Industrielle Revolution   491, 493, 613, 638
Infinitärkalkül   576
infinitesimal benachbart   281, 329, 418, 627
Infinitesimalanalysis   628
   glatte   628
Infinitesimale   47, 51f., 246f., 277–279, 322, 329, 340, 343, 347, 408, 412, 416f., 462, 508, 607, 620, 626–630
   nilpotente   329
   nilquadratische   630, 634
   potentielle Existenz   629
   Wiedergeburt   619
infinitesimale Strecken   12
Infinitesimalkalkül   273
Infinitesimalmathematik   374, 416
Infinitesimalmathematiker   414, 446
Infinitesimalrechnung   623
Ingenieurwissenschaften   549
Inhalte   520
Inhaltsfunktion   521
inkommensurabel   24f., 27, 30
Inkommensurabilität   25f.
Inkrement   425
   infinitesimales   508f., 512
   unendlich kleines   *siehe* Inkrement, infinitesimales
Integral   195, 273, 342, 412, 424, 441, 481, 497, 512–514
   bestimmtes   229, 513f.
   binomisches   402
   einer Differentialform   584
   im cauchyschen Sinne   *siehe* Cauchy-Integral

im kuzweil-henstockschen Sinne
  siehe Kurzweil-Henstock-Integral
im riemannschen Sinne *siehe*
  Riemann-Integral
im Sinne Lebesgues *siehe* Lebesgue-
  Integral
im Sinne Riemanns *siehe* Riemann-
  Integral
Minimierung 447
unbestimmtes 513
Integralbegriff 497, 514
Integralgleichung 596f., 600
Integralrechnung 4, 88, 182, 288, 401, 403, 456
Integralsätze 478, 582f., 585
Integralsatz
  von Gauß *siehe* Gaußscher Integralsatz
  von Green *siehe* Greenscher Integralsatz
  von Stoke *siehe* Stokes'scher Integralsatz
Integralsymbol
  leibnizsches 411
Integration 381, 387, 410f., 513, 518
  gliedweise 529
  partielle *siehe* Partielle Integration
  rationaler Funktionen 415
Integrationsformel
  für gebrochen rationale Funktionen 387
Integrationsgrenzen 412
Integrationskonstante 383
Integrationstheorie X, 482, 514, 517, 521
Integrationsverfahren
  geometrische 192
Integrierbarkeit 514
  im riemannschen Sinne *siehe* Riemann-integrierbar
Intensität (intensio) 146
Interpolation 305, 342
  wallis'sche 320, 324
Intervall 229, 255
  halboffenes 528
  kompaktes 529
Intervallteilung 514
Intuitionismus 578f., 581

Intuitionisten 576f., 581
Irrationales 47
Irrationalität
  von $\sqrt{2}$ 89
Isoperimetrische Figuren 448
Isoperimetrisches Problem 447f., 455
iterativ 527, 537

JPEG-2000-Format 643
jpg-Format 643
Julianischer Kalender 132, 355

Königsberger Brückenproblem 452
Körper 624
  angeordneter 624f.
  nicht-archimedischer 626
  platonische *siehe* Platonische Körper
Körpererweiterung 626
Kalender
  gregorianischer *siehe* Gregorianischer Kalender
  julianischer *siehe* Julianischer Kalender
Kalenderreform 333
Kalkül 417, 439
  leibnizscher 404, 408
Kantenlänge 7
Kardinalität 562, *siehe* Mächtigkeit
Kardinalzahl 562f., 570, 572
  $\aleph_1$ 570
  endliche 564, 570
Karte
  winkeltreu *siehe* Mercator-Karte
Karten 586
  Wechsel von 586
Kategorientheorie 628, 630
Kathedralschulen 119
Kathete 84
Kegel 52–54, 191
Kegelschnitte 47, 194, 252, 263, 319, 360, 458
Keplersche Faßregel 195
Keplersche Gleichungen 170
Keplersches Gesetz 363, 367
  drittes 187
  erstes 179
  zweites 179, 183
Kern 596

symmetrischer 597
Kettenbruchentwicklung 324
Kettenlinie 442
Kettenregel 383, 427
Kinematik 140, 275
Kirchhoffsche Gesetze 494
Kissoïde 46
Kochloïden 43
Kodex B 67
Kodex C 67, 69f., 126
Kodizes A, B 67, 69f., 126
Koeffizienten 479
Koeffizientenvergleich 248f., 427
Kolonialismus 546
Komet 172
Kometen 187, 367
kommensurabel 24f.
Kompaktheit 598
Komplexe Analysis *siehe* Funktionentheorie
komplexe Ebene 642
Kompression 84
Kompressionsalgorithmen
  für Daten 643
Kompressionsmethoden
  von Daten 643
Kompressionsrate 644
Komputist 114
Konchoïde 41, 43f., 47, 244, 252
Konchoïde des Nikomedes *siehe* Konchoïde
konstruieren 21
Konstruktivisten 576, 581
Kontingenzwinkel 37f., 227f.
kontinuierlich IXf., 462
Kontinuität 421
Kontinuitätsprinzip 414, 421, 477
Kontinuum IXf., 47, 49–52, 57f., 90, 126f., 131, 135, 139, 148f., 414, 417, 421f., 543, 562, 575, 577, 580, 627, 630
  „zertrümmertes" 575
  cantorsches 51, 562, 566, 627
  intuitionistisches 579
  reales 148
Kontinuumhypothese *siehe* Kontinuumproblem
Kontinuumproblem 570, 572

Kontinuumsannahme 57
Kontinuumstheorie 49
Kontraposition 170
Konvergenz 378, 468, 474, 497, 525f., 528, 537, 595
  „in gleichem Grade" 528
  „unendlich langsame" 528
  gleichmäßige 511f., 526–528, 542
  punktweise 511, 526f.
  unendlicher Reihen 501, 506, 509f.
  von Folgen 509f.
  von Fourier-Reihen 554, 575
Konvergenzbedingung
  hinreichende 501
  notwendige 501
Konvergenzbegriff 509
Konvergenzkriterium
  von Cauchy 501
Konvergenzprobleme
  bei trigonometrischen Reihen 479
Koordinatensystem 100f., 146
Krümmung 585
Kreisberechnung 6
Kreisbewegung
  gleichförmige 288
Kreisbogen 272
Kreise
  konzentrische 221
Kreisfläche 5f., 190, 192, 206
Kreisflächenberechnung 4f.
Kreisgeometrie 273
Kreiskegel 210f.
Kreismessung 70
Kreismethode 245–247, 281, 351
Kreismittelpunkt 275
Kreisprozess 493
Kreisquadratur 7, 21, 38–40, 43, 47, 85, 89, 117, 154, 224, 286, 314, 324
  arithmetische 420
Kreisring 206
Kreisumfang 206
Kreiszahl π 4f.
Kreiszylinder 192f.
Kreta 18
Kubatur 219
Kugel 70, 191
Kugeln 6
Kugeloberfläche 191

Kurve 248, 462
 transzendente *siehe* Funktion,
  transzendente
Kurven 244f., 252, 258, 267, 329, 337
 mechanische 244, 247
Kurzweil-Henstock-Integral 521

Längen
 in endlichdimensionalen Räumen
  593
Längengrade 288, 333, 341f., 367, 507
Lücke
 in einem dedekindschen Schnitt 538
Lücken 139, 205
Lebesgue-Integral 482, 514, 519, 521,
 598
Leibnizsches Prinzip 624
Leitlinie 100
Lemniskate 41
Licht
 Korpuskulartheorie 366, 371
 Partikeltheorie *siehe* Licht,
  Korpuskulartheorie
 Wellentheorie 366
Lie-Gruppen 586
Lineare Algebra XI, 593
Lineare Geometrie XI, 593
Linearfaktorzerlegung 248
Linearisierung 88, 385, 590
linelet 330
Lochkarten 638
Logarithmen 185, 187, 224, 231,
 289, 293, 297, 302, 304, 306, 332,
 334–336, 342, 377, 462, 464f., 528
 bürgische 186f., 289
 briggs'sche *siehe* Logarithmen,
  dekadische
 dekadische 289, 297, 301–303, 305,
  336
 keplersche 187
 napiersche 185–187, 294–302, 351
 natürliche 231, 289, 299f., 336, 463,
  465
 zur Basis a 289
Logarithmengesetz 231
Logarithmentabelle *siehe* Logarithmentafel
Logarithmentafel 295, 298, 303, 305f.,
 309, 312, 342, 639

Logarithmusfunktion(en) 462, 464
Logik 359, 498, 626
 polyvalente 629
Loxodrome 340–343

Mächtigkeit 207, 233, 562–564, 567,
 569, 572, 634
 der natürlichen Zahlen 233, 563,
  568
 der rationalen Zahlen 563, 568
 der reellen Zahlen 566, 568, 570
 größere 570
Mächtigkeitsbegriff 502
Möndchen 39
Möndchensätze 39
Maß 520
Maßproblem 520
 Unlösbarkeit 520
Maßtheorie X, 517–519
Maßzahl 519f.
Maclaurinsche Reihe 471
Magnetresonanztomograph 644
Mannigfaltigkeiten 532, 585f.
 differenzierbare n- 585
 riemannsche 586
Mathemata 22
Mathematik
 intuitionistische 580f., 605
 konstruktivistische 581
Mathematikoi 22
Mathematische Modellierung 470
Matrizen 597
Maxima 250, 252, 403, 445
Maximum 257, 542
 absolutes 154
 an Kleinheit 154
 einer Menge 538
 im Unendlichen 154
Maxwellsche Gleichungen 495, 582,
 590
Mechanik 169, 197, 202, 211, 367, 452,
 454f., 467, 471
Mehrskalenverfahren 644
Menge 207, 502, 519–521, 538
 aller Mengen 573
 Anzahl der Elemente 564
 der natürlichen Zahlen 564
 der rationalen Zahlen 564
 elementfremde 520

im Sinne von Bolzano 501f.
leere 570
messbare 519, 521
nicht dichte 518
nichtmessbare 519
unendliche 131, 207, 501f., 554, 557, 562, 564, 570, 577
wohlgeordnete 564
Mengen
  äquivalente 563
  elementfremde 520
  gleichmächtige 557
  kongruente 520
Mengenbegriffe
  abstrakte 614
Mengenlehre X, 51, 456, 482, 501f., 534, 543, 557, 559f., 572–575, 577–579, 614, 624, 628
  interne (IST) 627
  nach Neumann, Bernays und Gödel 574
  nach Zermelo und Fraenkel 574, 625, 627
Mercator-Abbildung 339f., 342
Mercator-Karte 338, 340
Mercatorsche Reihe 336, 464, 621
Mersennesche Primzahlen 243
Merton-Regel 140, 146, 156
messbar 24
Messungen
  astronomische 458
Methode
  des Cavalieri 219, 415
  indivisible 211
Methode der Exhaustion 34
Methoden
  finite 577
  indivisible 58, 69, 208, 211, 218, 220, 222, 224, 247, 281, 320, 322, 326, 346, 367
  infinitesimale 58, 342
Metrik 586, 595
Metrischer Raum 594, 598
Mikroaffinität *siehe* Gesetz der Mikroaffinität
Mikroangleichung *siehe* Prinzip der Mikroangleichung
Mikroskop 287, 364

der Nichtstandardanalysis 622
Millennium Bridge 637
Minima 250, 252, 403, 445
Minimaleigenschaft 445
Minimalflächen 587
Minimum 257
  einer Menge 538
  im Unendlichen 154
Minkowski-Welt 57
Mittel
  arithmetisches 23, 477, 537
  geometrisches 45, 147
  harmonisches 23
Mittelwertsatz 474, 500
Mittlere Proportionale 45f.
Modell
  kinematisches 298f.
Modelle
  in der Modelltheorie 626
Modellierung
  mathematische *siehe* Mathematische Modellierung
Modelltheorie 626f.
Moment
  einer Kurve 412
Momentangeschwindigkeit 140
Monadenstreit 455
Mondfinsternis 19, 173
monoton
  fallend 229
MP3
  Kompression 643
  Player 643

Näherung 6, 8, 385
Näherungswert 6
Navier-Stokes-Gleichungen 582, 590, 641
  Existenzsatz 641
Neilesche Parabel 343f.
Neusis 45
New Economy 617
NewMath 614
Newton-Verfahren 384f.
Nichtabzählbarkeit
  der reellen Zahlen 567
Nichtgrößen 206
Nichtquanten 154, 417

Nichtstandardanalysis 414, 607, 622, 625, 627f., 630
Nichtstandardmodelle
 der Analysis 626
 der Arithmetik 626
Nominalismus 150
Nominalisten 581
non quanta 154
Nonstandard-Analysis 51
Norm 594
Normale 192, 248f., 411f.
Normalensteigung 248f.
Normierter Vektorraum 594
Nullenrechnung 497
Nullfolge 407
Nullstelle 283, 384
 approximative Bestimmung 384
 doppelte 248f.
 Näherung 384
Nullteiler 624
Numerik
 gewöhnlicher Differentialgleichungen 590
Numerische Mathematik XI, 195, 467, 470, 592, 613, 638, 640–642

Oberfläche
 unendliche 224
Oberflächenintegral 583
Oberklasse 538
Obermenge 31
Ohmsches Gesetz 494
Oktaeder 175
Operation 515
 algebraische *siehe* Algebraische Operationen
Operationen
 infinite 247
 transzendente *siehe* Transzendente Operationen
Operator 595
 linearer 598
Optik 178, 364, 366
Orbit 161, 182
Ordinalzahl 572f., 605
Ordinate 146, 230, 519
Ordnung 501, 565
 in einer Menge 572
Ordnungstypen 558

Ordnungszahl *siehe* Ordinalzahl
ω 574
Oszillation
 einer Funktion 516f.

Palimpsest 67, 69–71
Papyrus
 Moskau 8
 Rhind 4
Parabel 70, 72, 74, 76, 99–102, 108, 194f., 220, 322, 442
 „höhere" 254
 neilesche *siehe* Neilesche Parabel
 semikubische *siehe* Neilesche Parabel
Parabelabschnitt 79, 106
Parabelquadratur 76, 322
Parabelsegment 72–74, 76–79, 99
Parabolische Spindel 99, 102
Paraboloid 70, 75, 164f., 167
Parabolspiegel 62
Paradoxien 502
 der klassischen Analysis 620f.
 Zenonsche *siehe* Zenonsche Paradoxien
Paradoxon
 guldinsches 222
 hydrostatisches 169
Parallele 101
Parallelität 25
Parallelogramm(e) 79, 213–217
 kongruente 216
Parameter 275
Parameterdarstellung 275f.
 lokale 586
Partialbruchzerlegung 415
Partialsumme 501, 510, 518, 525
Partielle Integration 273, 419, 470
Partielle Summation 470
Pascaline 262
Pascalsche Schnecke 261
Pascalsches Dreieck 264, 266f., 377, 406
Peloponnes 18
Peloponnesischer Bund 18
Pendel 196, 198, 287
 isochrones 287
Penduluhr 198, 287f., 333
 zykloidale 287

Pentagon 25f., 38
Pentagramm 24–26
Pergament 67
Perihel 181
Perpetuum mobile 169
Personal Computer 613
Perspektive 159, 179
Physik 421
Planeten 175, 179, 181f.
Planetenbahnen 175, 179
  elliptische 179, 181
  in Eiform 179
  kreisförmige 179
Planetenglobus 186
Planetentafeln 178
Planetentheorie
  keplersche 332f.
Platonische Körper 175
Platonsche Akademie 95
Plotter 640
Polyechnische Schule
  in Zürich 552
Polyeder
  konvexe 452
Polygon 34, 36, 38
  reguläres 34, 84f.
Polygone 33f., 38
Polynomdivision 335
Polynome 244, 247–249, 283, 427, 469
  „unendliche" 244, 456
  n-te Taylor- 470, 474
Polytechnikum Lemberg 600
Polytechnische Hochschulen 548
Potential 494
Potentialtheorie 478
Potentiell unendlich 51, 131
Potenz(en) 289, 377, 379
  von Indivisiblen 215
Potenzfunktion 215, 465
Potenzmenge 570
Potenzrechnung 141
Potenzreihe 455, 470
Potenzreihendarstellung 461
Prä-Hilbert-Raum 595
Primzahlen 305
  mersennesche *siehe* Mersennesche
    Primzahlen
Prinzip

archimedisches *siehe* Archimedisches Prinzip
cavalierisches *siehe* Cavalierisches
  Prinzip
des Cavalieri *siehe* Cavalierisches
  Prinzip
distributives 212f.
fermatsches *siehe* Fermatsches
  Prinzip
kollektives 212
Prinzip der kleinsten Aktion 455
Prinzip der Mikroangleichung 631f.
Prioritätsstreit 356, 375, 395, 401, 405
Prisma 54, 364
Problem
  inverses 381
Produkt
  äußeres 584
  cartesisches *siehe* Cartesisches
    Produkt
  inneres *siehe* Skalarprodukt
Progression 284
  arithmetische 284f.
  geometrische 226, 230, 256
Promotionsrecht 549
Proportion 24, 30
Proportionale
  mittlere *siehe* Mittlere Proportionale
Proportionalität 31, 46
Proportionalzirkel 198
Proportionen 140, 147
  ganzzahlige 141
Prostaphärese 301
Prozesse
  unendliche 4
Pseudogleichheit 258f.
Pseudogleichheitsmethode 351
  von Fermat 257f.
Punkt 49–52, 221
Pyramide 9, 52, 54
  symmetrische 10
Pyramidenstümpfe 8
Pyramidenstumpf 9

Quadrat 5, 7
  Diagonale 14
  einbeschreiben 8
  umbeschreiben 8

Quadratrix 40–43, 47, 244, 419f.
Quadratur 219, 254, 342, 346, 419, 424, 448
  des Kreises *siehe* Kreisquadratur
  der Parabel *siehe* Parabelquadratur
  von Monomen 323
Quadraturaufgaben 322
Quadraturmethode 224, 347
Quadraturproblem 4, 320, 419
Quadratzahlen 118, 207
  Verteilung 207
Quadrivium 95
Qualität 140, 146
quanta 154
Quantenmechanik 135
Quantität 146, 154
Quantum 148, 154

Rösselsprung 455
Rad des Aristoteles 204
Radius 248
Radon-Transformation 645
Rationaliät 47
Raum
  n-dimensionaler Euklidischer *siehe* Euklidischer Raum
  endlichdimensionaler 592f.
  metrischer *siehe* Metrischer Raum
  tausenddimensionaler 592
  topologischer *siehe* Topologischer Raum
  unendlichdimensionaler 598
Raumdimensionen 520
Realismus 150
Realisten 581
Rechenmaschine 393f.
Rechenschieber 198, 306
Rechteck 215, 270
  einbeschriebenes 169
Rechtecke
  indivisible 194
  infinitesimale 269, 410
reductio ad absurdum 31, 37, 167, 169f.
  doppelte 31, 36f., 84, 106
Reformation 161
Regel
  guldinsche *siehe* Guldinsche Regel, *siehe* Guldinsche Regel
  von de l'Hospital *siehe* Bernoulli-de l'Hospitalsche Regeln
  von Hudde *siehe* Hudde-Regel
Reihe
  arithmetische 347
  fouriersche *siehe* Fourier-Reihe
  geometrische *siehe* Geometrische Reihe
  harmonische *siehe* Harmonische Reihe
  huygenssche *siehe* Huygenssche Reihe
  maclaurinsche *siehe* Maclaurinsche Reihe
  mercatorsche *siehe* Mercatorsche Reihe
  taylorsche *siehe* Taylor-Reihe
  trigonometrische *siehe* Trigonometrische Reihe
  unendliche *siehe* Unendliche Reihe
Reihendarstellung 384f., 393, 428, 467
Reihenentwicklungen 260, 347, 473
Reihenwert 257
Rektifizierung 273, 337f., 341–343
Rekursive Beziehungen 254
Relation 515
  funktionale 515
Relativitätstheorie 586f.
Renaissance 159–161
Resonanz 637
Restglied 474
Restgliedabschätzung 474
Restglieddarstellung 474
Revolution
  Industrielle *siehe* Industrielle Revolution
Ricci-Kalkül 587
Riemann-Integral 482, 497, 514f., 517f., 521, 542, 554
Riemann-integrierbar 416, 515, 517f.
Riemannsche Summe 416, 515f.
Ring 624
  $^\Omega\mathbb{Q}$ 624
  mit Nullteilern 624
Rotation 193, 222, 233, 275
Rotation (Operator) 582, 584, 606
Rotationskörper 222–224, 233, 412, 445

Sachverzeichnis

Oberfläche 412
Rotationsparaboloid 75f., 164
Rudolphinische Tafeln 178, 184–186, 188f.
Saite
  gezupfte 461, 478, 590
  schwingende *siehe* Schwingende Saite
Saite, gezupfte 590
Satz
  binomischer *siehe* Binomialtheorem
  des Pythagoras 8, 13f., 20, 22, 40, 100, 206, 343, 348, 423, 446, 465
  des Thales 39
  großer fermatscher *siehe* Großer Fermatscher Satz
  vom ausgeschlossenen Dritten *siehe* tertium non datur
  von Bolzano-Weierstraß 526
  von Cavalieri 213
  von der Erhaltung der Energie *siehe* Energieerhaltungssatz
  von Heine-Borel *siehe* Überdeckungssatz
  von Picard-Lindelöf 588
  von Riesz-Fischer 598
  von Taylor 467, 474
Schüssel
  des Galilei 205
Scheiben 192
  der Dicke Null 52
  infinitesimale 192
  unendlich kleiner Dicke 52
Scheitelpunkt 100
Schichten 12
Schleppkurve *siehe* Traktrix
Schmiedensche Skalen *siehe* Unendlich, unterschiedliche Skalen
Schnitte
  dedekindsche *siehe* Dedekindsche Schnitte
Scholarenprivileg 120
Scholastik 127f., 131, 134f., 138f., 148, 151
Scholastiker 131f., 134
Schottisches Buch 600
Schottisches Café 600
Schraube

archimedische *siehe* Archimedische Schraube
Schriften
  des Aristoteles *siehe* Aristotelische Schriften
Schulmathematik 614
Schwankung
  einer Funktion 516
Schwarzes Buch 619f., 622f.
Schwerpunkt 75, 163, 165, 167, 169, 210, 233
Schwerpunktsberechnung 162, 168
Schwerpunktsbestimmung *siehe* Schwerpunktsberechnung
Schwingende Saite 456, 461, 467, 478
Schwingungen 478
  harmonische 588
Schwingungsdauer 196, 198, 287
Schwingungsgleichung 461, 476–478, 497, 590
Schwingungsprobleme 456
Sehne 76
Seitenhalbierende 169
Sekantensteigung 408
Sektoren 84
Separationsansatz 476
Sexagesimalsystem 13
Sexagesimalzahlen 14
Sinus 125, 273, 276
Sinus cardinalis 443
Sinussatz 348
Skala
  arithmetische 289
  geometrische 289, 294
Skalarfelder 582
Skalarprodukt 595
Skalen
  stifelsche 294
Sobolew-Raum 591
Sonnenfinsternis 19f.
Spannungen 495
Sparta 18
Spektrum 364
Sphärische Trigonometrie 295
Spiegelteleskop 366
spinning Jenny 491
Spirale 70, 342, 441

Archimedische *siehe* Archimedische Spirale
Spiralfläche 84
Sprache
 universale *siehe* characteristica universalis
Sprungunstetigkeiten 514
Sputnikschock 613
Stadion 55
Stadion-Paradoxon *siehe* Zenonsche Paradoxien, 57
Staffelrad *siehe* Staffelwalze
Staffelwalze 392
Standardteil 627
Steigung 249, 259, 331f., 413
 der Normale *siehe* Normalensteigung
 der Tangente *siehe* Tangentensteigung
Steigungsdreieck 248
Stereometrie 190
Sternenkataloge 185
stetig differenzierbar 423
Stetigkeit 135, 421, 497, 500f., 508f., 517, 525, 529, 534, 536, 542, 561
 gleichmäßige 529, 579
 in Bezug auf reelle Zahlen 561
Stoßrohrproblem 532
Stochastik 517, 615
Stokes'scher Integralsatz 583f.
Stomachion 70
Strömungsmechanik 455, 532, 619, 641f.
Strenge 506
 weierstraßsche 522
Struktur 501
Subnormale 249, 411–413
Substitution 383, 385, 410, 427
Subtangente 259, 285
Summation
 partielle *siehe* Partielle Summation
Summe 143f.
 riemannsche *siehe* Riemannsche Summe
 von Infinitesimalen 273
 von Rechtecken 229, 255–257
Summenformel 253, 278, 322
Summensatz 512

Supremumsprinzip 27
Syllogistik 170
Symbole
 leibnizsche 410
Symbolverzeichnis im Leibnizschen Sinne 407
Symmetrie 276
Systeme
 partieller Differentialgleichungen 640f.

Tacoma-Narrows Brücke 637
Tangens 342
Tangente 37f., 76, 80, 101, 181, 227, 245, 248f., 258f., 271, 329, 331, 401, 403, 418
 Länge 413f.
Tangentenabschnitt 423
Tangentenberechnung 329, 378
Tangentenberechnungen 259, 273, 286
Tangentenmethode 281, 283, 288, 346, 351f., 363
 inverse 401
Tangentenprobleme 4, 273
Tangentensteigung 76, 247–249, 252, 258–260, 283, 330, 351f., 381f., 410, 418, 420
tangential 248
Taschenrechner 615
Taylor-Reihe 304, 346, 467–469, 471, 474f., 479, 484
Technische Hochschule Berlin 575
Technische Hochschule Darmstadt 619
Technische Hochschulen 548f.
Teilbarkeit 148
Teilfolge
 konvergente 526
Teilintervalle 230, 513–515, 517, 519
 äquidistante 348
Teilmengen 570
 dichte 518
Teleskop 198, 287f., 346, 366
Teleskopsumme 406
Tensor 586
Tensoranalysis 587
Tensorkalkül 586
tertium non datur 577, 579, 628f.
Testfunktion 591f.

Tetraeder 52, 54, 175
Thermodynamik 493
Thermometer 197
Topologie XI, 578, 586f., 595
Topologischer Raum 586, 598
Torus 41, 192
Tragflügeltheorie 642
Traktrix 424
Transformation
   flächenerhaltende 385
Transformationsformel 386
Transistoren 640
Translation 275
Translationsbewegungen 455
Transmutationstheorem 401, 418–420
Transzendente Operationen 461
Trennung der Veränderlichen 424
Trigonometrie
   sphärische *siehe* Sphärische
     Trigonometrie
Trigonometrische Reihe 456, 475, 479, 481, 514f., 554f., 561
Trivium 95

Ultrafilter 624f.
Umgebung
   infinitesimale 630
unbestimmte Formen 509
Unendlich X, 51, 131–133, 153f., 207, 224, 417, 421, 424, 497, 502, 535, 568
   aktual *siehe* Aktualunendlich
   Großes IX, 153f., 415, 574
   kleine Zahlen 30
   Kleines IX, 30, 153f., 205, 228, 417, 462, 465, 515, 523, 574, 620
   potentiell *siehe* Potentiell unendlich
   unterschiedliche Skalen 620f.
   verschieden große 568
   viele 138f., 148, 205, 221, 554
Unendliche Folge 406
Unendliche Reihe(n) 56, 143, 145, 244, 347, 378, 383, 401, 403, 425, 455, 466, 472, 481
   divergente 506
   konvergente 346
   Umkehrung 384
Unendlicher Körper 222
Unendlichkeit

der „Drachen" der 556
der Zeit 138
Ungleichung(en) 474
   bernoullische 441
Universalienstreit 581
Universität Göttingen 552
Universität Halle 553
Universität Königsberg 575
Universität Zürich 552, 575
Universitäten 119f., 548, 550
   preußische 548
unmittelbar benachbart 148
Unstetigkeiten 514, 518
Unstetigkeitsstellen
   unendlich viele 517f.
Unteilbarkeit 149
Unterklasse 538
Untermenge 31

Variationsprobleme 455, 471
Variationsrechnung 253, 441, 444, 447, 459, 471, 523, 587, 596
Vektoranalysis 478f., 495, 583–585
Vektorfeld(er) 582, 605f.
Vektorraum 593–595
   normierter *siehe* Normierter Vektorraum
Veränderung
   unendlich kleine 512
Verdoppelung des Würfels *siehe* Würfelverdoppelung
Vergleichsreihe 145
Verhältnis 30
Vierspeziesmaschine 392
visio intellectualis 153
visio rationalis 153
VLSI (Very Large Scale Integration) 640
Vollständige Induktion 108, 351, 441
Vollständigkeit 510, 595
Volumen
   endliches 224
Volumenberechnung 211, 265
Volumenelement
   infinitesimal 454
volumengleich 210
Vorsokratiker X, 49

Wärmekraftmaschinen 493

Würfel 139
Würfelverdoppelung 38, 45–47
Wahrscheinlichkeitsrechnung 253
Wahrscheinlichkeitstheorie 287
Wavelets 643f.
Webstuhl
    mechanischer 491
    programmgesteuerter 638
Wechselwegnahme 25–27, 89
Weite 501
    unvergleichbare 501
    vergleichbare 501
    von unendlichen Mengen 501
Welle-Teilchen-Dualismus 366
Wellengleichung *siehe* Schwingungsgleichung
Weltausstellung
    in London 1851 496
    in Paris 1855 496
Weltbild
    aristotelisches 245
    descartes'sches 245
    geozentrisches 161, 195, 293
    heliozentrisches 161, 195
    kopernikanisches *siehe* Weltmodell, kopernikanisches
    mechanistisches 245
Weltmodell
    keplersches 175
    kopernikanisches 161, 195, 198, 201
Weltsystem
    kopernikanisches *siehe* Weltmodell, kopernikanisches
Weltwirtschaftskrise 550
Wert
    einer Reihe *siehe* Reihenwert
Widerspruchsfreiheit 577
Wiegeprozess 164
Winkel
    echter 228
    in endlichdimensionalen Räumen 593
Winkeldreiteilung 38, 40f., 43, 45, 47, 89
Winkelfunktionen 465
Wirkungsgrad 493
Wirkungsquantum 135
World Wide Web 613

Wurzel 248, 303–306, 309, 311f., 324, 377, 537
Wurzelfunktion 343–345
Wurzelziehen *siehe* Wurzel, 377

Zahl
    reelle 554–556, 561f., 566–568, 570, 574–576, 580f., 591, 593, 595f.
    reelle nach Brouwer 579
Zahlen
    e *siehe* Eulersche Zahl
    π 84f., 88
    ganze 536
    hyperreelle 626f.
    irrationale 14, 21, 26, 31, 47, 147, 332, 482, 524, 534, 536–538, 557, 562, 623
    messbare 502
    natürliche 22–24, 37, 51, 207, 347, 536, 563, 572
    rationale 24, 30f., 147, 332, 482, 534, 536–538, 561, 623
    rechnen mit Dezimalzahlen *siehe* Dezimalzahlen
    reelle 27, 56, 497, 506, 518, 520f., 524, 526, 534, 537f., 623f., 626, 628
    transfinite 154, 570
    transzendent irrational 21, 84
    unendlich große 620, 623, 627
    unendlich kleine 481, 605, 618, 620, 623
Zahlenfolge *siehe* Folge, reelle
Zahlensystem
    archimedisches 37
    nicht-archimedisches 37f., 626
    reelles 497, 534
Zahlentheorie 250, 253, 455
Zahlkörper 524, 624
Zahlklasse
    zweite 570
Zeitintervall 143
    infinitesimales 380, 446, 471
Zeitpunkt 135, 138
Zenonsche Paradoxien 54, 57, 224, 227
Zentralkräfte 404
Zentrifugalkraft 288, 367
Zerlegung 256, 515f.
ZF *siehe* Mengenlehre, nach Zermelo und Fraenkel

ZFC   574
Zunahme
  infinitesimale   *siehe* Inkrement, infinitesimales
Zusammenhang   50
Zuwachs   259f.
Zwischenwertsatz   581
Zykloide   265, 273–277, 287, 442, 446
Zykloidenverzahnung   455

Zylinder   53, 70, 106, 164, 193, 211, 222f., 339
  einbeschriebene   165
  umbeschriebene   165
Zylinderabschnitt   194
Zylindermantel   222f., 339
Zylinderprojektion   338
Zylinderscheiben   102f.
Zylinderstücke   164f.

Printing and Binding: Stürtz GmbH, Würzburg